**공학 문제 중심의 풍부한 예제**

보험통계 등 실생활에 활용가능한 예제

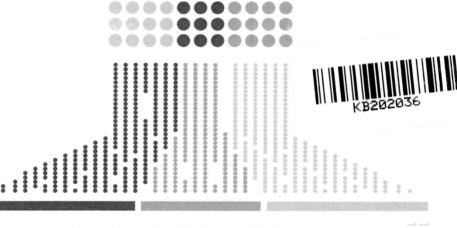

이공계 예제로 배우는

# 확률과 통계

이재원 · 이욱기 지음

북스힐

# 4판 머리말

2007년 초판이 발간된 이후 많은 교수님들과 학생들의 애정으로 4판을 출간하게 되어 감사드린다. 그동안 본 도서는 공학계열과 자연계열 및 의약계열 학생들에게 많은 사랑을 받아 왔으며, 금융과 보험을 비롯한 사회과학 학생들도 애용하고 있다. 3판에 이어 학생 중심의 생각에서 집필하고 학생이 가질 수 있는 의문점을 스스로 해결할 수 있는 능력을 함양하는 데 주안점을 두었다. 그동안 회귀분석에 대한 내용을 추가하는 것을 고민해 오던 차에, 본 도서를 사랑해주시는 독자들로부터 '단순회귀분석'에 대한 요구가 있어 교재의 양에 대한 부담에도 이 내용을 추가하였고, 학생들이 실생활에서 접할 수 있는 보다 더 실용적인 내용을 담고자 공학과 사회과학에 필수적인 내용의 예제들로 보강하였다.

본 도서를 집필하는 기본 방향은 수학적 기초가 부족한 학생을 위한다는 것이 첫째이고, 그 학생들의 통계학적 사고력을 함양시킨다는 것이 두 번째이다. 이와 같은 기본 방향 아래 한 학기용 통계학에서 필수적이고 기본이 되는 내용으로 구성하였다. 이 책은 크게 확률과 확률분포, 기술통계학 그리고 통계적 추론의 세 영역으로 이루어져 있다. 많은 통계학 교재들이 "왜, 이렇게 되는가?", "이 문제를 해결하기 위해 어떻게 해야 하는가?"라는 의문보다 공식이라는 틀에 짜 맞추다 보니, 학생들이 이해하거나 문제를 해결하는 데 많은 혼란을 겪거나 적용의 어려움을 가진다. 이에 본 도서는 수학적인 내용이 필요한 경우에는 그 전개과정을 상세히 설명하였으며, 서로 다른 상황에 적용되는 문제의 유형을 분류하여 학생들이 쉽게 이해하고 특히 통계학적 사고력과 적용능력을 함양하도록 집필되었다.

3판에 이어 본 도서도 독자 여러분의 끊임없는 사랑과 충고를 받기 바라며, 출판에 아낌없는 성원을 보낸 교수님과 학생을 비롯한 독자 여러분께 감사를 전한다. 또한 도서출판 북스힐 조승식 사장님과 편집부 직원들께 진심으로 감사드린다.

2019년 1월
대표 저자

# 차 례

# 확률

확률론은 통계학과 더불어 불확실한 현상을 다루는 수학의 한 줄기이며, 고전적인 이론은 실생활에서 관찰 가능한 사건을 중심으로 발전해 왔다. 그러나 오늘날 확률론은 수학이라는 학문에 있어서 가장 흥미롭고 가장 유용한 분야로 인식하게 되었고, 실험이나 자료를 분석함으로써 통계적 추론을 떠받쳐주는 기초과학의 한 분야로 인식하게 되었으며 공학자들에게 매우 유용한 도구로 자리매김을 하게 되었다. 특히 추측통계학은 전체 자료 중에서 일부만을 조사하여 전체 자료가 갖는 특성을 추론하는 통계학의 한 분야이다. 따라서 일부의 자료만을 조사하여 얻은 정보를 이용하므로 이 정보가 전체 자료의 특성을 올바르게 나타내는가에 대한 확신을 갖기에는 의문이 생긴다. 이러한 불확실성에 대하여 과학적인 방법으로 뒷받침해 주는 것이 바로 확률이며, 따라서 이러한 확률은 추측통계학에서 얻은 정보의 정확도에 대한 논리적 근거를 제시하는 기능을 갖는다. 이제 제1장에서 추측통계학의 근간이 되는 확률의 기본 개념에 대하여 살펴본다.

## 1.1 사건

지난 몇 년간 매년 6월부터 7월 사이에 우리나라에 찾아온 태풍과 그 피해에 대하여 조사한다고 하자. 이와 같은 조사의 목적은 우리나라에 찾아온 태풍과 그로 인한 피해지역 및 손실의 정도를 분석함으로써 앞으로 불확실한 태풍의 영향에 대하여 대비하기 위한 것이다. 이와 같이 어떤 통계적 목적 아래 관찰이나 측정을 얻어내는 일련의 과정을 **통계적 실험**(statistical experiment)이라 한다. 이때 개개의 태풍에 의한 손실의 정도와 같이 측정되거나 관찰된 값을 **관찰값**(observation)이라 한다. 확률론의 목적은 실제로 발생하는 여러 가지 유형의 결과에 대한 우연성을 설명하거나 이해하기 위한 수학적 구조를 제공하는 것이다. 따라서 확률의 개념을 이해하기 위하여 우선적으로 발생 가능한 실험 결과들의 목록을 만드는 것이 필요하다. 이와 같이 어떤 통계실험이 완성되었을 때, 측정 가능한 모든 결과들의 집합을 **표본공간**(sample space)이라 하고 표본공간을 이루는 개개의 실험 결과를 **원소**(element) 또는 **표본점**(sample point)이라 한다. 예를 들어, 어떤 특별한 기계가 작동을 멈추는 원인으로 기계의 전기적 결함과 기계부품의 구조적 결함 그리고 사용자의 실수 등이 있는 것으로 분석된다고 하자. 그러면 현재 사용 중인 기계가 어떠한 원인에 의하여 멈출 것인지 불확실하고, 따라서 기계가 멈춘다는 사실은 다음과 같은 세 가지 표본점을 갖는 표본공간으로 생각할 수 있다.

$$S = \{ \text{전기적 결함, 구조적 결함, 사용자의 실수} \}$$

---

**예제 1**

동전을 반복해서 세 번 던지는 실험을 할 때, 표본공간을 구하라.

**풀이**

동전을 반복해서 세 번 던지는 경우에 발생 가능한 결과는 다음 그림과 같이 (그림, 그림, 그림), (그림, 그림, 숫자), (그림, 숫자, 그림), (숫자, 그림, 그림), (그림, 숫자, 숫자), (숫자, 그림, 숫자), (숫자, 숫자, 그림), (숫자, 숫자, 숫자)뿐이다. 따라서 그림을 H, 숫자를 T라 하면 구하고자 하는 표본공간은 다음과 같다.

$$S = \{ HHH, HHT, HTH, THH, HTT, THT, TTH, TTT \}$$

### 예제 2

공정한 주사위를 반복해서 두 번 던지는 게임에서 나온 눈의 수에 대한 표본공간을 구하라.

**(풀이)**

주사위를 두 번 던지는 게임에서 처음에 나올 수 있는 모든 결과는 1, 2, 3, 4, 5, 6의 눈뿐이며, 또한 그 각각의 눈에 대하여 두 번째 던져서 나올 수 있는 눈의 모든 경우도 역시 동일하다. 그러므로 주사위를 두 번 던지는 게임에서 나올 수 있는 모든 가능한 결과들의 집합인 표본공간은 다음과 같다.

$$S = \begin{Bmatrix} (1,1), (1,2), (1,3), (1,4), (1,5), (1,6) \\ (2,1), (2,2), (2,3), (2,4), (2,5), (2,6) \\ (3,1), (3,2), (3,3), (3,4), (3,5), (3,6) \\ (4,1), (4,2), (4,3), (4,4), (4,5), (4,6) \\ (5,1), (5,2), (5,3), (5,4), (5,5), (5,6) \\ (6,1), (6,2), (6,3), (6,4), (6,5), (6,6) \end{Bmatrix}$$

### 예제 3

카드 한 장을 뽑는 게임을 할 때, 표본공간을 구하라.

**(풀이)**

카드는 다이아몬드(D), 하트(H), 클로버(C) 그리고 스페이드(S) 등 4종류의 무늬로 구성되어 있으며, 각 무늬에 대하여 A, 2, 3, 4, 5, 6, 7, 8, 9, 10 그리고 J, Q, K 등 13장으로 구성된다. 따라서 카드 한 장을 뽑는 게임에 대한 표본공간은 다음과 같다.

$$S = \begin{Bmatrix} DA\ D2\ D3\ D4\ D5\ D6\ D7\ D8\ D9\ D10\ DJ\ DQ\ DK \\ HA\ H2\ H3\ H4\ H5\ H6\ H7\ H8\ H9\ H10\ HJ\ HQ\ HK \\ CA\ C2\ C3\ C4\ C5\ C6\ C7\ C8\ C9\ C10\ CJ\ CQ\ CK \\ SA\ S2\ S3\ S4\ S5\ S6\ S7\ S8\ S9\ S10\ SJ\ SQ\ SK \end{Bmatrix}$$

## 예제 4

1에서 6까지의 숫자가 적힌 공이 들어 있는 주머니에서 반복하여 2개의 공을 꺼낸다고 할 때,
(1) 처음에 꺼낸 공을 주머니에 다시 넣지 않고 두 번째 공을 꺼내는 실험을 할 때, 표본공간을 구하라.
(2) 처음에 꺼낸 공을 주머니에 다시 넣고 두 번째 공을 꺼내는 실험을 할 때, 표본공간을 구하라.

**풀이**

(1) 처음에 꺼낸 공을 다시 주머니에 넣지 않고 두 번째 공을 꺼내므로, 처음에 숫자 1인 공이 나왔다면 두 번째 공은 1을 제외한 다른 숫자의 공이 나올 수밖에 없다. 같은 방법으로 처음에 나온 공의 번호가 2, 3, 4, 5, 6인 경우에도 두 번째 공은 동일한 숫자가 나올 수 없으므로 표본공간은 다음과 같다.

$$S = \left\{ \begin{array}{llllll} (1,2), & (1,3), & (1,4), & (1,5), & (1,6) \\ (2,1), & (2,3), & (2,4), & (2,5), & (2,6) \\ (3,1), & (3,2), & (3,4), & (3,5), & (3,6) \\ (4,1), & (4,2), & (4,3), & (4,5), & (4,6) \\ (5,1), & (5,2), & (5,3), & (5,4), & (5,6) \\ (6,1), & (6,2), & (6,3), & (6,4), & (6,5) \end{array} \right\}$$

(2) 처음에 꺼낸 공을 다시 주머니에 넣고 두 번째 공을 꺼낸다면, 처음에 숫자 1이 적힌 공이 나왔더라도 두 번째 역시 동일한 공이 나올 수 있다. 따라서 이와 같은 방법에 의하여 공 두 개를 꺼내는 경우에 중복을 허용하므로 구하고자 하는 표본공간은 다음과 같다.

$$S = \left\{ \begin{array}{llllll} (1,1), & (1,2), & (1,3), & (1,4), & (1,5), & (1,6) \\ (2,1), & (2,2), & (2,3), & (2,4), & (2,5), & (2,6) \\ (3,1), & (3,2), & (3,3), & (3,4), & (3,5), & (3,6) \\ (4,1), & (4,2), & (4,3), & (4,4), & (4,5), & (4,6) \\ (5,1), & (5,2), & (5,3), & (5,4), & (5,5), & (5,6) \\ (6,1), & (6,2), & (6,3), & (6,4), & (6,5), & (6,6) \end{array} \right\}$$

예제 4의 (1)과 같은 추출 방법을 **비복원추출**(without replacement) 그리고 (2)와 같은 추출 방법을 **복원추출**(replacement)이라 하며, 다음 그림 1.1은 비복원추출과 복원추출을 나타낸다.

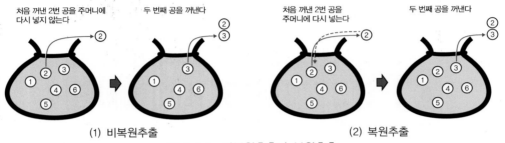

처음 꺼낸 2번 공을 주머니에 다시 넣지 않는다　　두 번째 공을 꺼낸다　　처음 꺼낸 2번 공을 주머니에 다시 넣는다　　두 번째 공을 꺼낸다

(1) 비복원추출　　　　　　　　　(2) 복원추출

**그림 1.1　비복원추출과 복원추출**

한편 표본공간의 부분집합으로 어떤 조건을 만족하는 특정한 표본점들의 집합을 **사건**(event)이라 하고 보편적으로 대문자 $A, B, C$ 등으로 나타낸다. 특히 단 하나의 표본점으로 구성된 사건을 **단순사건**(simple event) 또는 **근원사건**(elementary event)이라 하고, 두 개 이상의 표본점으로 구성된 사건을 **복합사건**(compound event)이라 한다. 그리고 표본점이 하나도 들어 있지 않은 사건을 **공사건**(empty event)이라 하며 $\varnothing$ 로 나타내고, 표본공간은 일반적으로 $S$로 나타낸다. 그러면 [부록 A-1. 집합의 기초]에서 소개하고 있는 집합의 일반적인 성질과 확률론에서 다루는 사건에 대한 성질을 동일하게 생각할 수 있다. 즉, 표본공간은 전체집합을 의미하고 사건은 전체집합의 부분집합 그리고 표본점은 집합의 원소와 동일한 개념을 갖는다. 따라서 확률론에서 사건에 대한 여러 가지 연산을 생각할 수 있으며, 그러한 연산은 집합의 연산과 동일하게 다루어진다.

그림 1.2 (a)와 같이 두 사건 $A, B$에 대하여 사건 $A$ 또는 사건 $B$의 표본점으로 구성된 사건을 $A$와 $B$의 **합사건**(union of events)이라 하고, 다음과 같이 나타낸다.

$$A \cup B = \{\omega : \omega \in A \text{ 또는 } \omega \in B\}$$

그리고 그림 1.2 (b)와 같이 사건 $A$와 $B$가 공통으로 갖는 표본점으로 구성된 사건을 $A$와 $B$의 **곱사건**(intersection of events)이라 하고, 다음과 같이 나타낸다.

$$A \cap B = \{\omega : \omega \in A \text{ 그리고 } \omega \in B\}$$

한편 그림 1.2 (c)와 같이 사건 $A$에는 있으나 사건 $B$에는 없는 표본점들의 집합을 **차사건**

(difference of events)이라 하고 다음과 같이 나타낸다.

$$A-B=\{\omega : \omega \in A \text{ 그리고} \omega \notin B\}$$

특히 그림 1.2 (d)와 같이 $A^c = S - A$를 사건 $A$의 **여사건**(complementary event)이라 한다.

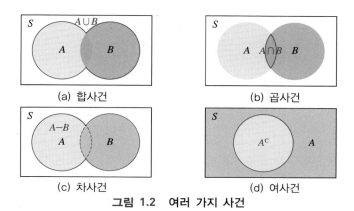

(a) 합사건    (b) 곱사건

(c) 차사건    (d) 여사건

**그림 1.2   여러 가지 사건**

또한 그림 1.3 (a)와 같이 공통의 표본점을 갖지 않는 두 사건, 즉

$$A \cap B = \varnothing$$

인 두 사건 $A, B$를 **배반사건**(mutually exclusive events)이라 하고, 그림 1.3 (b)와 같이

$$A_i \cap A_j = \varnothing, \ i \neq j, \ i, j = 1, 2, 3, \cdots, n$$

인 사건들 $\{A_i : i = 1, 2, \cdots, n\}$를 **쌍마다 배반사건**(pairwisely mutually exclusive events)이라 한다. 특히 그림 1.3 (c)와 같이 쌍마다 배반이고 합사건이 표본공간이 되는 $n$ 개의 사건들을 표본공간의 **분할**(partition)이라 한다. 즉, 다음 두 조건을 만족하는 사건들 $\{A_i : i = 1, 2, \cdots, n\}$ 은 표본공간 $S$의 분할이다.

(1) $A_i \cap A_j = \phi, \ i \neq j, \ i, j = 1, 2, 3, \cdots, n$

(2) $S = \bigcup_{i=1}^{n} A_i$

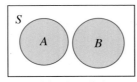
(a) 서로 배반

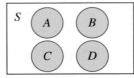
(b) 쌍마다 배반

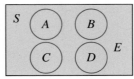
(c) $S$의 분할

**그림 1.3  배반사건과 분할**

---

**예제 5**

공정한 동전을 세 번 던지는 게임에서 그림(H)이 두 번 이상 나온 사건을 $A$, 숫자(T)가 한 번 이상 나오는 사건을 $B$라 할 때, $A \cup B$와 $A \cap B$를 구하고, 두 사건 $A$와 $B$는 표본공간의 분할이 아님을 보여라.

**풀이**

표본공간은 예제 1에서 구한 것과 동일하다. 한편 두 사건 $A$와 $B$는 다음과 같다.

$$A = \{HHH, HHT, HTH, THH\}$$
$$B = \{HHT, HTH, THH, HTT, THT, TTH, TTT\}$$

그러므로 구하고자 하는 사건은 각각 다음과 같다.

$$A \cup B = \{HHH, HHT, HTH, THH, HTT, THT, TTH, TTT\} = S$$
$$A \cap B = \{HHT, HTH, THH\}$$

따라서 $A \cup B = S$이지만 $A \cap B \neq \varnothing$ 이므로 두 사건 $A$와 $B$는 표본공간의 분할이 아니다.

---

**예제 6**

공정한 동전을 세 번 던지는 게임에서 그림(H)이 나온 횟수가 $i$ 인 사건을 $A_i$, $i = 0, 1, 2, 3$이라 하면, 이 사건들은 쌍마다 서로 배반이고 표본공간의 분할인 것을 보여라.

**풀이**

예제 1로부터 표본공간은 그림이 나온 횟수에 따라 다음과 같이 구분된다.

$$A_0 = \{TTT\}, \qquad A_1 = \{HTT, THT, TTH\}$$
$$A_2 = \{HHT, HTH, THH\} \quad A_3 = \{HHH\}$$

이때 어느 두 사건을 택하여도 공통인 표본점을 갖지 않는다. 따라서 이들 사건들은 쌍마다 서로 배반이고, 이 사건들의 합사건을 구하면 표본공간 $S$가 되므로 $\{A_0, A_1, A_2, A_3\}$은 $S$의 분할이다.

**1.** 공정한 동전을 세 번 반복하여 던지는 실험을 한다.

(1) 표본공간을 구하라.
(2) 적어도 한 번 그림이 나올 사건을 구하라.
(3) 그림보다 숫자가 많이 나올 사건을 구하라.


**2.** 다음 상황에 맞는 표본공간을 구하라.

(1) "1"의 눈이 나올 때까지 공정한 주사위를 반복하여 던진 횟수
(2) 영하 5도에서 영상 7.5도까지 24시간 동안 연속적으로 기록된 온도계의 눈금의 위치
(3) 형광등을 교체한 후로부터 형광등이 나갈 때까지 걸리는 시간


**3.** 주머니 안에 빨간색과 노란색 그리고 파란색 공이 각각 하나씩 들어 있다고 한다. 이제 이 주머니에서 복원추출에 의하여 두 개의 공을 차례로 꺼낸다.

(1) 표본공간을 구하라.
(2) 처음 꺼낸 공이 빨간색 공일 사건을 구하라.
(3) 같은 색의 공이 반복해서 나올 사건을 구하라.


**4.** 주사위를 한 번 던지는 게임에서, 홀수의 눈이 나오는 사건을 $A$, 2 또는 6의 눈이 나오는 사건을 $B$ 그리고 3의 배수가 나오는 사건을 $C$라 할 때, 다음을 구하라.

(1) $A \cap C$  (2) $B \cup C$  (3) $A \cup (B \cap C)$  (4) $(A \cup B)^c$


**5.** 주머니 안에 빨간색과 파란색의 공깃돌이 두 개씩 들어 있는 주머니에서 공깃돌 두 개를 차례로 꺼낸다.

(1) 나올 수 있는 공깃돌의 색에 대한 표본공간을 구하라.
(2) 공깃돌 두 개가 서로 다른 색인 사건을 구하라.
(3) 파란색이 많아야 한 개인 사건을 구하라.
(4) 첫 번째 공깃돌이 빨간색이고, 두 번째 공깃돌이 파란색인 사건을 구하라.

**6.** 다음 두 사건 $A$와 $B$가 서로 배반인지 아닌지 구분하라.

(1) 주사위를 던져서 짝수의 눈이 나오면 $A$, 홀수의 눈이 나오면 $B$라 한다.

(2) 임의로 선정된 사람이 서울에서 태어났으면 $A$, 대구에서 태어났으면 $B$라 한다.

(3) 임의로 선정된 여자가 25세 이상이면 $A$, 25세 이상의 기혼녀이면 $B$라 한다.

(4) 임의로 선정된 사람의 혈액형이 A이면 $A$, 혈액형이 B이면 $B$라 한다.

**7.** 주사위를 두 번 반복하여 던지는 게임에서 두 눈의 합이 짝수이면 $A$, 처음 나온 눈이 3이면 $B$ 그리고 두 눈의 합이 6이면 $C$라 할 때, 다음을 구하라.

(1) $A \cup C$      (2) $A \cap C$      (3) $B \cap C$      (4) $(B \cup C)^c$

(5) $A^c \cap B^c$      (6) $B^c \cap C$      (7) $A \cup B \cup C$      (8) $A \cap B \cap C$

**8.** 임의의 세 사건 $A$, $B$ 그리고 $C$에 대하여 다음 사건을 나타내는 벤다이어그램을 그려라.

(1) $A$만 나오는 사건

(2) $B$와 $C$는 나오지만 $A$는 안 나오는 사건

(3) 적어도 하나의 사건이 나올 사건

(4) 적어도 두 개 이상의 사건이 나올 사건

(5) 세 사건 모두 나올 사건

(6) 꼭 두 개의 사건만 나올 사건

## 1.2 확률

우리는 일상생활에서 확률이라는 단어를 떼어놓고 살 수 없을 정도로 많이 접하고 있다. 예를 들어, TV 뉴스의 날씨 예보에서 "내일은 비가 올 확률이 몇 %이다" 또는 월드컵 게임에서 대진표에 따라 "우리나라가 16강에 들어갈 확률이 몇 %이다" 등과 같이 확률이라는 단어를 너무도 쉽고 폭넓게 사용하고 있다. 이와 같은 확률의 개념을 살펴보기 위하여, 동일한 조건 아래서 동일한 실험을 계속적으로 반복한다고 하자. 그러면 실험이 반복될수록 어떤 사건 $A$의 발생 비율이 어떤 특정한 값에 가까워진다. 예를 들어, 공정한 동전을 반복하여 던지는 실험에서 "앞면(숫자)이 나올 가능성은 얼마인가?"라는 질문을 받았다고 하자. 일반적으로 앞면이 나올 가능성은 50%, 즉 $\frac{1}{2}$이라고 쉽게 대답할 것이다. 이를 확인하기 위하여 실제로 동전을 3번 던졌을 때, 처음에 앞면이 나오고 두 번째도 역시 앞면 그리고 세 번째 뒷면이 나왔다고 하자. 그러면 앞면이 나올 가능성은 50%가 아니라 $\frac{2}{3}$가 될 것이다. 따라서 앞면이 나올 가능성이 50%라는 답변은 잘못된 것이라는 결론을 얻는다. 이와 같이 앞면이 나올 가능성이 50%라는 확률의 개념은 단지 유한 번의 실험을 실시하여 얻는 것이 아니라, 동일한 조건 아래서 동전 던지기를 무수히 많이 반복하였을 때 앞면이 나올 가능성이 50%임을 의미하며 이러한 가능성을 앞면이 나올 확률이라 한다. 예를 들어, 컴퓨터 시뮬레이션을 통하여 동전 던지기를 반복하여 다음 표를 얻었다고 하자.

| 던진 횟수 | 앞면의 수 | 뒷면의 수 | 앞면의 비율(%) | 뒷면의 비율(%) |
|---|---|---|---|---|
| 10 | 4 | 6 | 40.00 | 60.00 |
| 50 | 28 | 22 | 56.00 | 44.00 |
| 100 | 53 | 47 | 53.00 | 47.00 |
| 200 | 98 | 102 | 49.00 | 51.00 |
| 1,000 | 514 | 486 | 51.40 | 48.60 |
| 2,000 | 1,019 | 981 | 50.95 | 49.05 |
| 3,000 | 1,501 | 1,499 | 50.03 | 49.85 |
| 4,000 | 1,977 | 2,023 | 49.43 | 50.58 |
| 5,000 | 2,496 | 2,504 | 49.92 | 50.08 |
| ⋮ | ⋮ | ⋮ | ⋮ | ⋮ |
| 10,000 | 5,017 | 4,983 | 50.17 | 49.83 |
| 50,000 | 25,103 | 24,897 | 50.21 | 49.79 |

이 표에서 보듯이 동전을 반복하여 던질수록 앞면이 나올 가능성과 뒷면이 나올 가능성이 거의 비슷한 것을 알 수 있으며, 동전 던지기를 거듭할수록 그림 1.4와 같이 앞면이 나올

비율이 0.5에 가까워진다. 다시 말해서, 공정한 동전을 무수히 많이 반복하여 던진다면 앞면이 나온 횟수와 뒷면이 나온 횟수가 거의 비슷하게 나타나며, 따라서 앞면과 뒷면이 나올 비율이 거의 동등하게 50%가 된다.

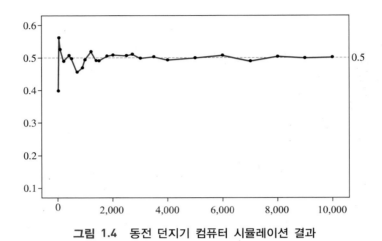

**그림 1.4  동전 던지기 컴퓨터 시뮬레이션 결과**

이와 같은 현상은 동전을 한 번 던져서 나올 수 있는 모든 경우의 표본공간 $S = \{H, T\}$에 대하여 다음과 같이 사건 $A = \{H\}$의 표본점의 비율로 생각할 수 있다.

$$\frac{\text{사건 } A \text{안의 표본점의 개수}}{\text{표본공간 } S \text{안의 표본점의 개수}} = \frac{1}{2}$$

이와 같이 동일한 조건 아래서 동일한 실험을 무수히 많이 반복하여 실시할 때, 어떤 특정한 사건이 발생하는 비율을 **확률(probability)**이라 한다. 즉, 표본점의 개수가 $N$인 표본공간 $S$에 대하여 표본점의 개수가 $n$인 사건 $A$의 확률은 다음과 같이 상대적인 비율로 정의한다.

$$P(A) = \frac{\text{사건 } A \text{안의 표본점의 개수}}{\text{표본공간 } S \text{안의 표본점의 개수}} = \frac{n}{N}$$

**예제 1**

공정한 동전을 세 번 던지는 게임에서 그림(H)이 나온 횟수가 $i$인 사건을 $A_i$, $i = 0, 1, 2, 3$이라 할 때, 이 사건들의 확률을 구하라.

(**풀이**)

표본공간은 모두 8개의 표본점으로 구성되며, 각각의 사건은 다음과 같다.

$$A_0 = \{TTT\}, \qquad\qquad A_1 = \{HTT,\ THT,\ TTH\}$$

$$A_2 = \{HHT,\ HTH,\ THH\}, \quad A_3 = \{HHH\}$$

따라서 구하고자 하는 확률은 각각 다음과 같다.

$$P(A_0) = \frac{n(A_0)}{n(S)} = \frac{1}{8}\ , \quad P(A_1) = \frac{n(A_1)}{n(S)} = \frac{3}{8}$$

$$P(A_2) = \frac{n(A_2)}{n(S)} = \frac{3}{8}\ , \quad P(A_3) = \frac{n(A_3)}{n(S)} = \frac{1}{8}$$

### 예제 2

주사위를 반복해서 두 번 던지는 게임에서 첫 번째 나온 눈의 수가 3의 배수인 사건을 $A$, 두 번째 나온 눈의 수가 3의 배수인 사건을 $B$라 할 때, $A$의 확률과 $A \cap B$의 확률을 구하라.

(풀이)

주사위를 두 번 던지는 게임에서 표본공간 안의 표본점의 개수는 36이고, 첫 번째 나온 눈의 수가 3의 배수인 사건 $A$와 두 번째 나온 눈의 수가 3의 배수인 사건 $B$ 그리고 $A \cap B$는 각각 다음과 같다.

$$A = \left\{ \begin{matrix} (3,1),\ (3,2),\ (3,3),\ (3,4),\ (3,5),\ (3,6) \\ (6,1),\ (6,2),\ (6,3),\ (6,4),\ (6,5),\ (6,6) \end{matrix} \right\}$$

$$B = \left\{ \begin{matrix} (1,3),\ (2,3),\ (3,3),\ (4,3),\ (5,3),\ (6,3) \\ (1,6),\ (2,6),\ (3,6),\ (4,6),\ (5,6),\ (6,6) \end{matrix} \right\}$$

$$A \cap B = \{(3,3),\ (3,6),\ (6,3),\ (6,6)\}$$

따라서 구하고자 하는 확률은 각각 다음과 같다.

$$P(A) = \frac{n(A)}{n(S)} = \frac{12}{36} = \frac{1}{3}$$

$$P(A \cap B) = \frac{n(A \cap B)}{n(S)} = \frac{4}{36} = \frac{1}{9}$$

### 예제 3

카드 한 장을 뽑는 게임을 할 때, 다음 확률을 구하라.

(1) 숫자 5의 배수인 카드가 나올 사건 $A$의 확률

(2) 하트 그림 카드가 나올 사건 $B$의 확률

(3) 검은색 그림 카드가 나올 사건 $C$의 확률

(풀이)

카드 한 장을 뽑는 게임에 대한 표본공간 $S$ 안의 표본점의 개수는 52이고, 52장의 카드 중에는 숫자 5의 배수인 카드는 8장, 하트 그림 카드가 3장 그리고 검은색 그림 카드가 6장이다. 따라서 각 사건들의 표본점의 개수는 다음과 같다.

$$n(A) = 8, \ n(B) = 3, \ n(C) = 6$$

그러므로 구하고자 하는 확률은 각각 다음과 같다.

(1) $P(A) = \dfrac{n(A)}{n(S)} = \dfrac{8}{52} = \dfrac{2}{13}$

(2) $P(B) = \dfrac{n(B)}{n(S)} = \dfrac{3}{52}$

(3) $P(C) = \dfrac{n(C)}{n(S)} = \dfrac{6}{52} = \dfrac{3}{26}$

이와 같이 표본점의 상대도수에 의하여 확률을 정의하면, 다음 성질을 얻는다.

## 정리 1

임의의 사건 $A$와 $B$에 대하여 다음 성질이 성립한다.

(1) $P(\varnothing) = 0$

(2) $A$와 $B$가 배반이면, $P(A \cup B) = P(A) + P(B)$

(3) $P(A^c) = 1 - P(A)$

(4) $A \subset B$이면, $P(B-A) = P(B) - P(A)$

(5) $A \subset B$인 임의의 사건 $A$, $B$에 대하여 $P(A) \leq P(B)$

(6) $P(A \cup B) = P(A) + P(B) - P(A \cap B)$

(7) $P(A \cup B) \leq P(A) + P(B)$

(증명)

(6)에 대하여 증명하고, 다른 성질들은 연습문제로 남긴다.

부록 A-1 식 (1·14)에 의하여

$$n(A \cup B) = n(A) + n(B) - n(A \cap B)$$

이므로 다음이 성립한다.

$$P(A \cup B) = \frac{n(A \cup B)}{n(S)} = \frac{n(A) + n(B) - n(A \cap B)}{n(S)}$$

$$= \frac{n(A)}{n(S)} + \frac{n(B)}{n(S)} - \frac{n(A \cap B)}{n(S)}$$

$$= P(A) + P(B) - P(A \cap B)$$

∎

특히 사건 $A$, $B$ 그리고 $C$에 대하여 다음이 성립한다.

$$P(A \cup B \cup C) = P(A) + P(B) + P(C) - P(A \cap B)$$
$$- P(A \cap C) - P(B \cap C) + P(A \cap B \cap C)$$

---

### 예제 4

주사위를 두 번 던지는 게임에서 첫 번째 나온 눈의 수가 3의 배수인 사건을 $A$, 두 번째 나온 눈의 수가 4인 사건을 $B$ 그리고 두 눈의 수의 합이 7인 사건을 $C$라 할 때, 다음 확률을 구하라.

(1) $P(A \cup C)$        (2) $P(B \cup C)$        (3) $P(A \cup B \cup C)$

**풀이**

각 사건을 나타내면 다음과 같다.

$$A = \left\{ \begin{array}{l} (3,1), (3,2), (3,3), (3,4), (3,5), (3,6) \\ (6,1), (6,2), (6,3), (6,4), (6,5), (6,6) \end{array} \right\}$$

$$B = \{(1,4), (2,4), (3,4), (4,4), (5,4), (6,4)\}$$

$$C = \{(1,6), (2,5), (3,4), (4,3), (5,2), (6,1)\}$$

따라서 다음 곱사건을 얻는다.

$$A \cap B = \{(3,4), (6,4)\}, \ A \cap C = \{(3,4), (6,1)\}, \ B \cap C = \{(3,4)\}, \ A \cap B \cap C = \{(3,4)\}$$

그러므로 구하고자 하는 확률은 각각 다음과 같다.

(1) $P(A \cup C) = P(A) + P(C) - P(A \cap C) = \dfrac{12}{36} + \dfrac{6}{36} - \dfrac{2}{36} = \dfrac{16}{36} = \dfrac{4}{9}$

(2) $P(B \cup C) = P(B) + P(C) - P(B \cap C) = \dfrac{6}{36} + \dfrac{6}{36} - \dfrac{1}{36} = \dfrac{11}{36}$

(3) $P(A \cup B \cup C) = P(A) + P(B) + P(C) - P(A \cap B) - P(A \cap C) - P(B \cap C)$
$$+ P(A \cap B \cap C)$$

$$= \frac{12}{36} + \frac{6}{36} + \frac{6}{36} - \frac{2}{36} - \frac{2}{36} - \frac{1}{36} + \frac{1}{36} = \frac{20}{36} = \frac{5}{9}$$

한편 상대도수에 의한 확률의 정의만으로는 일반적인 통계실험에 대한 확률모형을 모두 설명할 수 없다. 예를 들어, 어느 궁수가 10점짜리 과녁에 화살을 맞출 확률을 구한다고 하자. 그러면 표본공간은 화살이 꽂힐 과녁판 전체가 되고, 이 과녁판은 무수히 많은 점으로 이루어진다. 물론 10점짜리 과녁 안에도 무수히 많은 점으로 구성되어 있으므로 표본공간과 10점짜리 과녁 안에 화살촉이 꽂힐 점(표본점)의 개수를 셈할 수 없다. 그러므로 앞에서 정의한 상대도수에 의한 확률의 개념을 이용하여 확률을 구한다는 것은 불가능하다.

이러한 문제를 해결하기 위하여 다음과 같은 공리론적인 확률의 개념을 필요로 하는데, 이를 위하여 표본공간 $S$에 대하여 임의의 사건을 $A$라 하자. 이때 다음 세 가지 공리를 만족하는 실수값 $P(A)$를 사건 $A$의 공리론적인 **확률**(probability)이라 한다.

(1) $0 \leq P(A) \leq 1$

(2) $P(S) = 1$

(3) 쌍마다 배반인 사건들 $A_1, A_2, \cdots$ 에 대하여

$$P(A_1 \cup A_2 \cup \cdots) = \sum_{n=1}^{\infty} P(A_n)$$

특히 식 (3)에서 무수히 많은 쌍마다 배반인 사건들을 유한개의 서로 배반인 사건 $A_1, A_2, \cdots, A_n$ 으로 제한해도 역시 (3)의 성질이 성립한다. 즉, 유한개의 서로 배반인 사건 $A_1, A_2, \cdots, A_n$ 에 대하여 다음 등식이 성립한다.

$$P(A_1 \cup A_2 \cup \cdots \cup A_n) = \sum_{i=1}^{n} P(A_i)$$

위의 공리론적인 확률의 정의는 앞에서 살펴본 상대비율에 의한 정의에 대한 모든 성질을 만족한다.

---

### 예제 5

어떤 커플은 정오부터 1시 사이에 약속장소에서 만나기로 하였고, 누가 먼저 약속장소에 도착하든지 10분 이상 기다리지 않기로 약속했다. 이 커플이 만날 확률을 구하라.

**풀이**

남자가 약속장소에 도착한 시각을 12시 $x$분, 여자의 도착시각을 12시 $y$분이라 할 때, 두 사람의 도착 시각의 차이가 10분 이내이어야 만날 수 있다. 즉, 두 사람이 만나기 위한 조건은

$|x-y| \leq 10$이고 이 사건을 $A$라 하자. 그러면 1시간은 60분이므로 표본공간의 넓이는 $60^2 = 3600$이고, 사건 $A$는 다음 그림과 같다. 이때 여사건 $A^c$의 넓이는 한 변의 길이가 50인 직각이등변삼각형의 넓이의 2배이다. 따라서 여사건의 확률은 $P(A^c) = \dfrac{2500}{3600} = \dfrac{25}{36}$이고, 두 사람이 만날 확률은 $P(A) = 1 - \dfrac{25}{36} = \dfrac{11}{36}$이다.

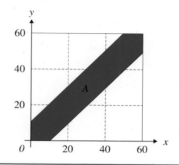

## 연습문제 1.2

**1.** 다음 경우의 수를 구하라.

(1) 문자 a, b, c, d를 순서 있게 배열할 수 있는 경우의 수

(2) 문자 a, e, i, o, u에서 3개를 택하여 순서 있게 배열할 수 있는 경우의 수

(3) 문자 a, e, i, o, u에서 중복을 허락하여 3개를 택해 순서 있게 배열할 수 있는 경우의 수

(4) 문자 a, e, i, o, u에서 순서를 고려하지 않고 3개를 택하는 방법의 수

**2.** 주사위를 세 번 던질 때, 처음 눈이 "1"이 아닐 확률을 구하라.

**3.** 주사위를 두 번 반복하여 던지는 게임에서 두 눈의 합이 7인 사건을 $A$, 적어도 한 번 6의 눈이 나오는 사건을 $B$라 할 때, $A \cup B$와 $A \cap B$를 구하라.

**4.** 표본공간 $S = \{1, 2, 3, 4, 5, 6\}$에 대하여 하나의 표본점 $i$, $i = 1,2,3,4,5,6$으로 구성된 사건을 $A_i$라 하고, $A_i$에 대한 확률이 다음과 같다.

$$P(A_1) = 0.15, \quad P(A_2) = 0.10, \quad P(A_3) = 0.25,$$
$$P(A_4) = 0.05, \quad P(A_5) = 0.30, \quad P(A_6) = 0.15$$

이때 사건 $A = \{1, 2, 3\}$, $B = \{1, 2, 4, 6\}$, $C = \{1, 5\}$에 대하여, 다음 확률을 구하라.

(1) $P(A)$, $P(B)$, $P(C)$          (2) $P(A \cup B)$, $P(A \cap B)$

(3) $P(A \cup B \cup C)$, $P(A \cap B \cap C)$      (4) $P(B \cup C)$, $P(B - C)$

**5.** 사건 $A$, $B$ 그리고 $C$에 대하여 다음 사실을 알고 있다.

$$P(A) = 0.88, \ P(B) = 0.90, \ P(C) = 0.95,$$
$$P(A \cap B) = 0.81, \ P(B \cap C) = 0.83,$$
$$P(C \cap A) = 0.85, \ P(A \cap B \cap C) = 0.75$$

다음 확률을 구하라.

(1) $P(A \cup B)$          (2) $P(A \cup B \cup C)$

**6.** 어느 모임의 구성원을 살펴보면 부자가 7%, 저명인사가 10% 그리고 부자이면서 저명인사가 3%라고 한다. 이 모임에서 어느 한 사람을 임의로 선정하여 회장으로 추대하고자 한다.

(1) 부자가 아닌 사람이 회장으로 추대될 확률을 구하라.
(2) 부자는 아니지만 저명인사가 회장이 될 확률을 구하라.
(3) 부자 또는 저명인사가 회장이 될 확률을 구하라.

**7.** 앞면이 나올 가능성이 $\frac{2}{3}$인 찌그러진 동전을 두 번 반복하여 던진다.
(1) 앞면이 한 번도 나오지 않을 확률을 구하라.
(2) 앞면이 한 번 나올 확률을 구하라.
(3) 앞면이 두 번 나올 확률을 구하라.

**8.** 두 사건 $A$와 $B$가 서로 배반일 때, $P(A)+P(B)=1.4$가 될 수 있는가? 될 수 없다면 그 이유를 말하라. 만일 두 사건이 배반이 아니라면 등식이 성립할 수 있는가? 예를 들어 설명하라.

**9.** 주머니 안에 흰색 바둑돌이 3개 그리고 검은색 바둑돌이 5개 들어 있다. 이 주머니에서 4개의 바둑돌을 임의로 꺼낸다.
(1) 추출된 바둑돌 안에 흰색 바둑돌이 포함될 모든 경우를 구하라.
(2) (1)의 각 경우에 대한 확률을 구하라.

**10.** 공정한 주사위를 독립적으로 반복해서 던지는 실험에서 2 또는 3의 눈이 나오면 주사위 던지기를 멈춘다고 한다.
(1) 처음 던진 후에 멈출 확률을 구하라.　　　(2) 5번 던진 후에 멈출 확률을 구하라.
(3) $n$번 던진 후에 멈출 확률을 구하라.

**11.** 주사위를 두 번 던지는 통계실험에서 첫 번째 나온 눈이 1, 2 또는 3인 사건을 $A$, 첫 번째 나온 눈이 3, 4 또는 5인 사건을 $B$ 그리고 두 눈의 합이 9인 사건을 $C$라 할 때, 확률 $P(A \cup B \cup C)$를 구하라.

**12.** 동전을 세 번 던지는 게임에서 세 번 모두 앞면이 나오는 사건을 $A$, 앞면이 두 번 나오는 사건을 $B$ 그리고 세 번째에서 앞면이 나오는 사건을 $C$, 처음에 앞면이 나오고 세 번째 뒷면이 나오면 $D$라 한다. 이때 다음 확률을 구하라.

(1) $P(A \cup B)$　　　　　　(2) $P(B \cup C)$　　　　　　(3) $P(A^c \cap B^c)$
(4) $P(C \cap D^c)$　　　　　(5) $P(B \cap D)$　　　　　　(6) $P(A^c \cap C)$

**13.** 지난해에 어떤 단체의 스포츠 관람 습성에 대한 조사 결과, 그들 중에서 체조와 야구 그리고 축구를 관람한 사람은 각각 28%, 29% 그리고 19%이었다. 한편 체조와 야구를 관람한 사람은 14%, 야구와 축구를 관람한 사람은 12% 그리고 체조와 축구를 관람한 사람은 10%이었으며, 세 개의 스포츠 모두를 관람한 사람은 8%이었다. 세 개의 스포츠 중 어느 것도 관람하지 않은 사람의 비율을 구하라.

**14.** 자동차보험에 가입한 150명의 보험가입자를 대상으로 자동차 사고에 대한 조사를 실시한 결과 85명이 사고의 경력을 가지고 있다는 결론을 얻었다. 이 보험에 가입한 보험가입자 중에서 임의로 한 사람을 선정하였을 때, 이 사람이 사고 경력을 가지고 있을 확률을 구하라.

**15.** 중국어와 일본어를 선택적으로 운영하고 있는 어느 고등학교에서 2학년에 진급한 120명 중에서 중국어를 선택한 학생이 32명, 일본어를 선택한 학생이 36명 그리고 중국어와 일본어를 모두 선택한 학생이 8명이라고 한다. 2학년 학생들 중에서 임의로 한 명을 선정했을 때, 두 교과목 중에서 어느 하나를 선택했을 확률을 구하라.

**16.** 미국 의학계에 따르면, 미국 성인의 32%가 비만이고 4%는 당뇨병으로 고통을 받는다고 한다. 그리고 성인 2.5%가 비만이면서 당뇨병으로 고통을 받는다고 한다. 이때 비만도 아니고 당뇨병으로 고통 받지 않는 성인의 비율을 구하라.

**17.** 양의 정수 $n$에 대하여, 단순사건 $\{n\}$의 확률을 $P(\{n\}) = \dfrac{2}{3^n}$라 한다.
사건 $A = \{n : 5 \leq n \leq 8\}$, $B = \{n : 1 \leq n \leq 8\}$에 대하여 다음을 구하라.

(1) $P(A)$　　　　　　　　　　　(2) $P(B)$

**18.** $S = A \cup B$이고 $P(A) = 0.75$, $P(B) = 0.63$이라 할 때, $P(A \cap B)$를 구하라.

**19.** 두 사건 $A$와 $B$에 대하여, $P(A) = 0.3$, $P(B) = 0.5$ 그리고 $P(A \cap B^c) = 0.2$일 때, 다음 확률을 구하라.

(1) $P(A \cap B)$　　　　　(2) $P(A \cup B)$　　　　　(3) $P(A^c \cap B^c)$

**20.** 두 사건 $A$와 $B$에 대하여, $P(A \cup B) = 0.9$, $P(A) = 0.6$, $P(B) = 0.8$일 때, 다음을 구하라.

(1) $P(A \cap B)$　　　　　　　　　(2) $P(A^c \cup B^c)$

**21.** $P(A) = P(B) = P(C) = \dfrac{1}{3}$, $P(A \cap B) = P(A \cap C) = P(B \cap C) = \dfrac{1}{9}$, $P(A \cap B \cap C) = \dfrac{1}{27}$ 일 때, $P(A \cup B \cup C)$를 구하라.

**22.** 두 사건 $A$와 $B$에 대하여, $P(A) = \dfrac{1}{4}$, $P(B) = \dfrac{1}{3}$ 그리고 $P(A \cup B) = \dfrac{1}{2}$이다.

(1) 두 사건 $A$와 $B$가 서로 배반인지 보여라.

(2) $P(A \cap B)$을 구하라.

**23.** 다음 표는 2006년 7월 통계청에서 공시한 의료산업에 종사하는 전문직 근로자 자료를 재구성한 것이다. 의료산업에 종사하는 근로자 중에서 임의로 한 사람을 선정하였을 때, 이 사람에 대하여 다음 확률을 구하라.

(1) 이 사람이 여성일 확률

(2) 이 사람이 남성인 치과의사일 확률

(3) 약사일 확률

(4) 여성일 때, 이 여성이 약사일 확률

| 직 종 | 종사자 수 | | 성별 비율 | | 전체 비율 | |
|---|---|---|---|---|---|---|
| | 여성 | 남성 | 여성 | 남성 | 여성 | 남성 |
| 의사 | 15,744 | 66,254 | 27.86 | 57.25 | 9.14 | 38.47 |
| 치과의사 | 4,738 | 16,606 | 8.38 | 14.35 | 2.75 | 9.64 |
| 한의사 | 1,910 | 13,496 | 3.38 | 11.66 | 1.11 | 7.84 |
| 약사 | 34,128 | 19,364 | 60.38 | 16.74 | 19.81 | 11.24 |
| 계 | 56,520 | 115,720 | 100.0 | 100.0 | 32.81 | 67.19 |
| | | 172,240 | | | | 100.0 |

**24.** 정리 1의 (6)을 제외한 나머지 성질을 증명하라.

**25.** $P(A \cup B \cup C) = P(A) + P(B) + P(C) - P(A \cap B) - P(A \cap C) - P(B \cap C) + P(A \cap B \cap C)$ 를 증명하라.

## 1.3  조건부 확률

조건부 확률을 정의하기에 앞서, 공정한 주사위를 반복하여 두 번 던진다고 하자. 그러면 1.1절에서 살펴본 바와 같이 표본공간은 36개의 표본점 $(i,j)$, $i,j = 1,2,\cdots,6$으로 구성되며, 각 표본점의 발생 가능성은 동등하게 $\frac{1}{36}$이다. 이때 처음 나온 주사위의 눈이 5라고 하자.

이러한 조건 아래서 두 번째 나온 주사위의 눈이 짝수일 확률을 계산하고자 한다. 그러면 처음 나온 주사위의 눈이 5인 사건을 $A$라 하면, 다음과 같다.

$$A = \{(5,1),(5,2),(5,3),(5,4),(5,5),(5,6)\}$$

그리고 이 조건으로부터 두 번째 나온 눈이 짝수인 사건은 $B = \{(5,2),(5,4),(5,6)\}$이고, 따라서 주어진 조건에 대하여 두 번째 눈이 짝수일 확률은 $\frac{3}{6}$, 즉 $\frac{1}{2}$이다.

이와 같이 어떤 사건 $A$가 주어졌다는 조건 아래서, 사건 $B$가 나타날 확률을 **조건부 확률** (conditional probability)이라 하고 $P(B|A)$로 나타낸다. 따라서 첫 번째 나온 눈의 수가 5라는 조건 아래서, 두 번째 나온 눈의 수가 짝수일 조건부 확률은 다음과 같다.

$$P(B|A) = \frac{3}{6} = 0.5$$

이와 같은 조건부 확률은 표본공간을 이미 주어진 사건 $A$로 제한하여 사건 $B$가 나타날 확률을 의미한다. 이제 조건부 확률을 좀 더 논리적으로 살펴보기 위하여 두 번째 나온 눈의 수가 짝수인 사건 $B$를 구하면 다음과 같다.

$$B = \begin{Bmatrix} (1,2),(1,4),(1,6),(2,2),(2,4),(2,6) \\ (3,2),(3,4),(3,6),(4,2),(4,4),(4,6) \\ (5,2),(5,4),(5,6),(6,2),(6,4),(6,6) \end{Bmatrix}$$

따라서 사건 $A$와 $B$의 공통부분은

$$A \cap B = \{(5,2),(5,4),(5,6)\}$$

이고, 두 사건 $A$와 $A \cap B$의 확률은 각각 다음과 같다.

$$P(A) = \frac{6}{36}, \quad P(A \cap B) = \frac{3}{36}$$

한편 앞에서 구한 조건부 확률의 분자와 분모를 각각 36으로 나누면, 다음이 성립하는 것을 알 수 있다.

$$P(B|A) = \frac{3/36}{6/36} = \frac{P(A \cap B)}{P(A)} = \frac{1}{2}$$

그러므로 조건부 확률은 그림 1.5와 같이 표본공간을 사건 $A$로 제한할 때, 사건 $B$가 나타날 상대비율로 생각할 수 있다.

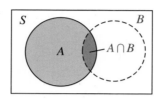

**그림 1.5   조건부 확률의 의미**

따라서 $P(A) > 0$인 사건 $A$가 발생했다는 조건 아래서, 사건 $B$가 나타날 조건부 확률을 다음과 같이 정의한다.

$$P(B \mid A) = \frac{P(A \cap B)}{P(A)}$$

[정리 1]에서 살펴본 확률에 대한 기본 성질이 조건부 확률에서도 동일하게 성립하는 것을 쉽게 살펴볼 수 있다.

## 정리 2

임의의 사건 $A$와 $B$ 그리고 $P(C) > 0$인 사건 $C$에 대하여 다음 성질이 성립한다.

(1) $P(\varnothing \mid C) = 0$

(2) $A$와 $B$가 배반이면, $P(A \cup B \mid C) = P(A \mid C) + P(B \mid C)$

(3) $P(A^c \mid C) = 1 - P(A \mid C)$

(4) $A \subset B$이면, $P(B - A \mid C) = P(B \mid C) - P(A \mid C)$

(5) $A \subset B$이면, $P(A \mid C) \leq P(B \mid C)$

(6) $P(A \cup B \mid C) = P(A \mid C) + P(B \mid C) - P(A \cap B \mid C)$

(7) $P(A \cup B \mid C) \leq P(A \mid C) + P(B \mid C)$

**증명**

(2) 두 사건 $A$와 $B$가 서로 배반이면 $A \cap B = \varnothing$이므로 $A \cap C$와 $B \cap C$도 역시 배반이고 따라서 다음이 성립한다.

$$P(A \cup B \mid C) = \frac{P[(A \cup B) \cap C]}{P(C)} = \frac{P[(A \cap C) \cup (B \cap C)]}{P(C)}$$

$$= \frac{P(A \cap C)}{P(C)} + \frac{P(B \cap C)}{P(C)}$$

$$= P(A \mid C) + P(B \mid C)$$

(4) $A \subset B$이면 $B = A \cup (B - A)$이고, 두 사건 $A$와 $B - A$가 배반이므로 $A \cap C$와 $(B - A) \cap C$도 역시 배반이다. 그러므로

$$B \cap C = [A \cup (B - A)] \cap C = (A \cap C) \cup [(B - A) \cap C]$$

이고 다음을 얻는다.

$$P(B \cap C) = P(A \cap C) + P[(B - A) \cap C]$$

따라서 사건 $C$가 주어졌을 때, 사건 $B$의 조건부 확률은 다음과 같다.

$$P(B \mid C) = \frac{P(B \cap C)}{P(C)} = \frac{P(A \cap C) + P[(B - A) \cap C]}{P(C)}$$

$$= \frac{P(A \cap C)}{P(C)} + \frac{P[(B - A) \cap C]}{P(C)}$$

$$= P(A \mid C) + P(B - A \mid C)$$

즉, $P(B - A \mid C) = P(B \mid C) - P(A \mid C)$가 성립한다.

(6) 조건부 확률의 정의와 (정리 1)로부터 다음이 성립한다.

$$P(A \cup B \mid C) = \frac{P[(A \cup B) \cap C]}{P(C)} = \frac{P[(A \cap C) \cup (B \cap C)]}{P(C)}$$

$$= \frac{P(A \cap C) + P(B \cap C) - P[(A \cap B) \cap C]}{P(C)}$$

$$= P(A \mid C) + P(B \mid C) - P(A \cap B \mid C)$$

동일한 방법에 의하여 (1), (3), (5), (7)도 살펴볼 수 있다. ■

### 예제 1

주사위를 두 번 던지는 통계실험에서 첫 번째 나온 눈이 3의 배수인 조건 아래서 두 눈의 합이 7인 확률을 구하라.

**(풀이)**

첫 번째 나온 눈이 3의 배수인 사건을 $A$ 그리고 두 눈의 합이 7인 사건을 $B$라 하면, 두 사건은 다음과 같다.

$$A = \begin{Bmatrix} (3,1), (3,2), (3,3), (3,4), (3,5), (3,6) \\ (6,1), (6,2), (6,3), (6,4), (6,5), (6,6) \end{Bmatrix}$$

$$B = \{ (1,6), (2,5), (3,4), (4,3), (5,2), (6,1) \}$$

따라서 $A \cap B = \{ (3,4), (6,1) \}$이고, 구하고자 하는 조건부 확률은 다음과 같다.

$$P(B|A) = \frac{P(A \cap B)}{P(A)} = \frac{2/36}{12/36} = \frac{1}{6}$$

### 예제 2

다음 표와 같은 어느 대학의 신입생들 중에서 임의로 한 명을 선출한다고 한다. 이때 다음 조건부 확률을 구하라.

(1) 선출된 학생이 여자일 때, 이 학생이 농어촌 출신일 확률
(2) 선출된 학생이 남자일 때, 이 학생이 대도시 출신일 확률
(3) 선출된 학생이 중소도시 출신일 때, 이 학생이 여학생일 확률

| 출신지<br>성별 | 대도시 | 중소도시 | 농어촌 | 기타 | 계 |
|---|---|---|---|---|---|
| 남학생 | 1,145 | 662 | 313 | 12 | 2,132 |
| 여학생 | 442 | 276 | 146 | 4 | 868 |
| 계 | 1,587 | 938 | 459 | 16 | 3,000 |

**(풀이)**

(1) 선출된 학생이 여자일 사건을 $A$ 그리고 농어촌 출신일 사건을 $B$라 하면, 확률 $P(A)$와 농어촌 출신의 여학생이 선출될 확률 $P(A \cap B)$는 각각 다음과 같다.

$$P(A) = \frac{868}{3000}, \quad P(A \cap B) = \frac{146}{3000}$$

따라서 선출된 학생이 여자라는 조건 아래서, 그 학생이 농어촌 출신일 확률은 다음과 같다.

$$P(B \mid A) = \frac{P(A \cap B)}{P(A)} = \frac{146/3000}{868/3000} = 0.1682$$

(2) 선출된 학생이 남자일 사건을 $A$ 그리고 대도시 출신일 사건을 $B$라 하면, 확률 $P(A)$와 대도시 출신의 남학생이 선출될 확률 $P(A \cap B)$는 각각 다음과 같다.

$$P(A) = \frac{2132}{3000}, \quad P(A \cap B) = \frac{1145}{3000}$$

따라서 선출된 학생이 남자라는 조건 아래서, 그 학생이 대도시 출신일 확률은 다음과 같다.

$$P(B \mid A) = \frac{P(A \cap B)}{P(A)} = \frac{1145/3000}{2132/3000} = 0.5371$$

(3) 선출된 학생이 중소도시 출신일 사건을 $A$ 그리고 여학생일 사건을 $B$라 하면, 확률 $P(A)$와 중소도시 출신의 여학생이 선출될 확률 $P(A \cap B)$는 각각 다음과 같다.

$$P(A) = \frac{938}{3000}, \quad P(A \cap B) = \frac{276}{3000}$$

따라서 선출된 학생이 중소도시 출신이라는 조건 아래서, 그 학생이 여학생일 확률은 다음과 같다.

$$P(B \mid A) = \frac{P(A \cap B)}{P(A)} = \frac{276/3000}{938/3000} = 0.2942$$

한편 주어진 사건 $A$에 대하여 $P(A) > 0$일 때, 조건부 확률의 정의로부터 두 사건 $A$와 $B$의 곱사건 $A \cap B$의 확률은 다음과 같다.

$$P(A \cap B) = P(A)\,P(B|A)$$

또한 조건부 확률의 정의로부터 $P(A \cap B) > 0$일 때, 임의의 사건 $C$에 대하여

$$P(C \mid A \cap B) = \frac{P(A \cap B \cap C)}{P(A \cap B)}$$

이므로 다음을 얻는다.

$$P(A \cap B \cap C) = P(A \cap B)\,P(C|A \cap B) = P(A)\,P(B|A)\,P(C|A \cap B)$$

이와 같은 방법을 반복하여 다음 **곱의 법칙**(multiplication law)을 얻는다.

$$P(A_1 \cap \cdots \cap A_n) = P(A_1)\,P(A_2|A_1)\,P(A_3|A_1 \cap A_2) \cdots P(A_n|A_1 \cap \cdots \cap A_{n-1})$$

이것은 반복되는 조건에 따른 조건부 확률 $P(A_i|A_1 \cap \cdots \cap A_{i-1})$을 이용하여 곱사건의 확률을 구할 수 있음을 의미하며, 그림 1.6은 곱사건의 수형도를 나타낸다.

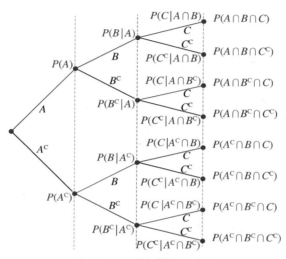

**그림 1.6 조건부 확률의 수형도**

---

**예제 3**

카드 두 장을 차례로 뽑는 게임을 할 때, 다음 확률을 구하라.
(1) 비복원추출에 의해 뽑은 두 장의 카드가 모두 하트일 확률
(2) 복원추출에 의해 뽑은 두 장의 카드가 차례로 하트와 다이아몬드일 확률

**풀이**

(1) 처음에 꺼낸 카드가 하트일 사건을 $A$, 두 번째 꺼낸 카드가 역시 하트일 사건을 $B$라 하자. 이때 처음에 뽑은 카드가 하트일 확률은 $P(A) = \dfrac{13}{52}$이고, 비복원 추출이므로 카드 상자에 들어 있는 51장의 카드 중에 하트가 12장이다. 따라서 이 조건에서 두 번째 뽑은 카드가 하트일 확률은 $P(B|A) = \dfrac{12}{51}$이다. 그러므로 차례로 뽑은 카드 두 장이 모두 하트일 확률은 다음과 같다.

$$P(A \cap B) = P(A)\,P(B|A) = \frac{13}{52} \cdot \frac{12}{51} = \frac{1}{17}$$

(2) 처음에 꺼낸 카드가 하트일 사건을 $A$, 두 번째 꺼낸 카드가 다이아몬드일 사건을 $B$라 하자.

그러면 처음에 뽑은 카드가 하트일 확률은 $P(A) = \dfrac{13}{52}$이고, 복원추출에 의해 카드를 뽑으므로 카드 상자에는 52장의 카드 중에 하트가 13장이다. 따라서 이 조건에서 두 번째 뽑은 카드가 다이아몬드일 확률은 $P(B|A) = \dfrac{13}{52}$이다. 그러므로 차례로 뽑은 카드가 하트와 다이아몬드일 확률은 다음과 같다.

$$P(A \cap B) = P(A)\,P(B|A) = \frac{13}{52} \cdot \frac{13}{52} = \frac{1}{16}$$

## 예제 4

빨간 공 3개와 흰 공 5개 그리고 검은 공 2개가 들어 있는 주머니에서 비복원 추출에 의하여 무작위로 공 3개를 차례로 꺼낼 때, 흰 공과 검은 공 그리고 빨간 공의 순서로 나올 확률을 구하라.

**풀이**

주머니에서 임의로 처음 꺼낸 공이 흰색일 사건을 $A$, 두 번째 꺼낸 공이 검은색일 사건을 $B$ 그리고 세 번째 꺼낸 공이 빨간색일 사건을 $C$라 하면, 구하고자 하는 확률은 $P(A \cap B \cap C)$이다. 이때 처음에 흰 공이 나올 확률은 $P(A) = \dfrac{5}{10}$이고, 처음에 흰 공이 나왔다면 비복원 추출이므로 주머니 안에는 흰 공 4개, 빨간 공 3개 그리고 검은 공 2개가 들어 있다. 따라서 처음에 흰 공이 나왔다는 조건 아래서 두 번째 검은 공이 나올 확률은 $P(B|A) = \dfrac{2}{9}$이다. 또한 처음 두 번의 시행에서 각각 흰 공과 검은 공이 나왔다면 주머니에는 흰 공 4개, 빨간 공 3개 그리고 검은 공 1개가 들어 있으며, 이 조건 아래서 세 번째 빨간 공이 나올 확률은 $P(C|A \cap B) = \dfrac{3}{8}$이다. 따라서 구하고자 하는 확률은 다음과 같다.

$$P(A \cap B \cap C) = P(A)\,P(B|A)\,P(C|A \cap B)$$

$$= \frac{5}{10} \cdot \frac{2}{9} \cdot \frac{3}{8} = \frac{1}{24}$$

## 예제 5

주사위를 두 번 반복하여 던지는 실험에서 첫 번째 나온 눈의 수가 2인 사건을 $A$ 그리고 두 번째 나온 눈의 수가 2인 사건을 $B$라 할 때, 다음 확률을 구하라.

(1) $P(A)$  (2) $P(B)$  (3) $P(A|B)$  (4) $P(B|A)$

**풀이**

주사위를 두 번 던질 때, 처음에 나온 눈이 2인 사건 $A$와 두 번째 나온 눈이 2인 사건 $B$는 각각 다음과 같다.

$$A = \{\,(2,1), (2,2), (2,3), (2,4), (2,5), (2,6)\,\}$$

$$B = \{\,(1,2), (2,2), (3,2), (4,2), (5,2), (6,2)\,\}$$

그리고 $A \cap B = \{\,(2,2)\,\}$ 이므로 $P(A \cap B) = \dfrac{1}{36}$ 이고, 다음을 얻는다.

(1) $P(A) = \dfrac{1}{6}$  (2) $P(B) = \dfrac{1}{6}$

(3) $P(A \mid B) = \dfrac{P(A \cap B)}{P(B)} = \dfrac{1/36}{1/6} = \dfrac{1}{6}$  (4) $P(B \mid A) = \dfrac{P(A \cap B)}{P(A)} = \dfrac{1/36}{1/6} = \dfrac{1}{6}$

[예제 5]에서 두 사건 $A$와 $B$에 대하여 다음이 성립한다.

$$P(B \mid A) = P(B) = \frac{1}{6}, \qquad P(A \mid B) = P(A) = \frac{1}{6}$$

사건 $A$가 주어졌다는 조건 아래서 사건 $B$가 나타날 확률과 조건이 주어지지 않을 때 사건 $B$가 나타날 확률이 동일하다. 또한 조건 $B$의 발생 유무에 관계없이 사건 $A$가 나타날 확률이 동일하다. 이것은 사건 $A$의 발생 유무가 사건 $B$의 발생에 아무런 영향을 미치지 못함을 의미하며, 이와 같은 경우에 두 사건 $A$와 $B$는 **독립**(independent)이라 한다. 다시 말해서, $P(A) > 0$ 또는 $P(B) > 0$일 때, 다음 조건을 만족하는 두 사건 $A$와 $B$는 독립이다.

$$P(B \mid A) = P(B) \ \text{ 또는 } \ P(A \mid B) = P(A)$$

그리고 두 사건 $A$와 $B$가 독립이 아닐 때, 두 사건 $A$와 $B$는 **종속**(dependent)이라 한다. 특히 두 사건 $A$와 $B$가 독립이면, 곱의 법칙에 의하여 다음이 성립한다.

$$A \text{와 } B \text{가 독립} \iff P(A \cap B) = P(A)\,P(B)$$

### 예제 6

프로그래머는 컴퓨터를 이용하여 작업한 파일을 습관적으로 하드와 USB에 백업을 한다. 하드에 백업할 때 훼손될 확률이 $1.2\%$이고 USB에 백업할 때 훼손될 확률은 $2.5\%$라고 한다. 두 방법으로 백업하는 사건이 서로 독립이라 할 때, 이 프로그래머가 적어도 하나의 훼손되지 않은 파일을 가질 확률을 구하라.

하드에 백업하여 훼손되지 않는 사건을 $A$, USB에 백업하여 훼손되지 않는 사건을 $B$라 하자. 그러면 하드와 USB에 백업하여 훼손되지 않을 확률은 각각 다음과 같다.

$$P(A) = 1 - 0.012 = 0.988, \quad P(B) = 1 - 0.025 = 0.975$$

이때 적어도 하나의 파일이 훼손되지 않을 사건은 $A \cup B$이고, 구하고자 하는 확률은 $P(A \cup B)$ 이다. 한편 두 사건이 독립이므로 $P(A \cap B) = P(A) P(B)$이고 따라서 구하고자 하는 확률은 다음과 같다.

$$P(A \cup B) = P(A) + P(B) - P(A \cap B) = P(A) + P(B) - P(A) P(B)$$
$$= 0.988 + 0.975 - (0.988) \cdot (0.795) = 0.9997$$

이와 같은 독립의 개념을 세 개 이상의 사건에 적용할 수 있으며, 다음 조건을 만족하는 사건 $A_1, A_2, \cdots, A_n$을 독립이라 한다.

$$P(A_1 \cap \cdots \cap A_n) = P(A_1) \cdots P(A_n)$$

그리고 사건 $A_1, A_2, \cdots, A_n$에 대하여 서로 다른 어느 두 사건을 선택하더라도 선택된 두 사건이 독립인 경우, 즉 다음을 만족하는 $n$개의 사건 $A_1, A_2, \cdots, A_n$을 **쌍마다 독립**(pairwisely independent)이라 한다.

$$P(A_i \cap A_j) = P(A_i) P(A_j), \ i \neq j, \ i, j = 1, 2, \cdots, n$$

## 예제 7

생산라인 공정은 서로 독립적인 두 부분의 기계장치로 구성되어 있으며, 두 기계장치가 고장 나면 그 즉시 교체된다고 한다. 기계장치 $A$와 $B$가 고장 날 확률은 각각 17%와 12%이다. 이때 두 기계장치 가운데 적어도 한 기계장치가 고장 날 확률을 구하라.

기계장치 $A$와 $B$가 고장 나는 사건을 각각 $A$와 $B$라 하면 $P(A) = 0.17$, $P(B) = 0.12$이다. 또한 기계장치 $A$와 $B$가 고장 나는 사건은 독립이므로 다음이 성립한다.

$$P(A \cap B) = P(A) P(B) = (0.17)(0.12) = 0.0204$$

따라서 두 기계장치 가운데 적어도 한 기계장치가 고장 날 확률은 다음과 같다.

$$P(A \cup B) = P(A) + P(B) - P(A \cap B) = 0.17 + 0.12 - 0.0204 = 0.2696$$

이제 $P(A_i) > 0$ $(i = 1, 2, \cdots, n)$인 사건 $A_1, A_2, \cdots, A_n$을 표본공간 $S$의 분할이라 하자. 그러면 그림 1.7과 같이 임의의 사건 $B$에 대하여

$$B = B \cap S = B \cap \left( \bigcup_{i=1}^{n} A_i \right) = \bigcup_{i=1}^{n} (B \cap A_i)$$

이고, $A_i$ $(i = 1, 2, \cdots, n)$가 배반이므로 $\{B \cap A_i | i = i, 2, \cdots, n\}$도 역시 배반이고 사건 $B$의 분할이다.

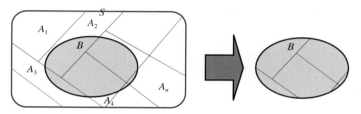

**그림 1.7  사건 $B$의 분할**

따라서 $P(B) = \displaystyle\sum_{i=1}^{n} P(B \cap A_i)$이고, $P(B \cap A_i) = P(A_i)\, P(B|A_i)$이므로 확률 $P(B)$에 대한 다음 **전확률 공식**(formula of total probability)을 얻는다.

$$P(B) = \sum_{i=1}^{n} P(A_i) P(B|A_i)$$

## 예제 8

의학 보고서에 따르면 전체 국민의 7%가 폐질환을 앓고 있으며, 그들 중 85%가 흡연가라고 한다. 그리고 폐질환을 갖지 않은 사람 중에 25%가 흡연가라 한다. 이때 임의로 선정한 사람이 흡연가일 확률을 구하라.

**(풀이)**

폐질환을 앓고 있는 사람을 $A$라 하면 $P(A) = 0.07$이므로 여사건의 확률은 $P(A^c) = 0.93$이다. 이제 임의로 선정한 사람이 흡연가일 사건을 $B$라 하면 $P(B|A) = 0.85$, $P(B|A^c) = 0.25$이다.

따라서 임의로 선정한 사람이 흡연가일 확률은 다음과 같다.

$$P(B) = P(A)\,P(B|A) + P(A^c)\,P(B|A^c)$$
$$= (0.07)(0.85) + (0.93)(0.25) = 0.292$$

한편 $P(A_i) > 0$ $(i = 1, 2, \cdots, n)$ 이고 $S$의 분할인 사건 $A_1$, $A_2$, $\cdots$ , $A_n$ 에 대하여, $P(B) > 0$인 사건 $B$가 주어졌다는 조건 아래서 사건 $A_i$의 조건부 확률은 다음과 같다.

$$P(A_i|B) = \frac{P(A_i \cap B)}{P(B)}$$

따라서 이 식에 곱의 법칙과 전확률 공식을 적용하면 **베이즈 정리**(Bayes' theorem)로 알려진 다음의 식을 얻는다.

$$P(A_i|B) = \frac{P(A_i)\,P(B|A_i)}{\displaystyle\sum_{j=1}^{n} P(A_j)\,P(B|A_j)}$$

이때, $P(A_i)$를 **사전확률**(prior probability), $P(A_i|B)$를 **사후확률**(posterior probability)이라 한다. 베이즈 정리는 사전확률들 $P(A_i)$가 미미한 정보에 기초하여 추측되는 경우에 가용할 수 있는 더 많은 정보를 수집하는 수단으로 사용될 수 있다는 점에서 확률론에서 중요한 역할을 한다.

### 예제 9

[예제 8]에서 임의로 선정한 사람이 흡연가라 할 때, 이 사람이 폐질환을 앓고 있을 확률을 구하라.

**풀이**

[예제 8]로부터 임의로 선정한 사람이 흡연가일 확률은 $P(B) = 0.292$이다. 따라서 흡연가가 선정되었을 때, 이 사람이 폐질환을 앓고 있을 확률은 다음과 같다.

$$P(A|B) = \frac{P(A)\,P(B|A)}{P(B)} = \frac{(0.07)(0.85)}{0.292} = \frac{0.0595}{0.292} = 0.2038$$

**1.** $P(A) = \dfrac{1}{4}$, $P(B) = \dfrac{1}{6}$, $P(C) = \dfrac{1}{3}$인 사건 $A$, $B$ 그리고 $C$에 대하여 다음 각 경우에 따른 확률 $P(A \cup B \cup C)$를 구하라.

(1) $A$, $B$ 그리고 $C$가 배반 사건일 때　　　　(2) $A$, $B$ 그리고 $C$가 독립 사건일 때

**2.** $P(A|B) > P(A)$이면 $P(B|A) > P(B)$임을 보여라.

**3.** 임의로 선출된 2,000명의 남학생과 여학생의 컴퓨터 메신저 사용시간을 조사한 결과 다음 표와 같은 결과를 얻었다. 다음 물음에 답하라.

(1) 임의로 한 명을 선정할 때, 이 학생이 30분 이상 메신저를 할 확률

(2) 30분 이하로 사용하는 사건과 1시간 이상 사용하는 사건은 배반인가? 그리고 남자인 사건과 1시간 이상 사용하는 사건은 배반인가?

(3) 여자인 사건과 30분에서 1시간 사용하는 사건은 독립인가?

| 성별＼사용시간 | 30분 이하 | 30분에서 1시간 | 1시간 이상 |
|---|---|---|---|
| 남자 | 231 | 552 | 478 |
| 여자 | 205 | 188 | 346 |

**4.** 지난해 결혼한 10쌍으로 구성된 20명 중에서 임의로 두 명을 선정할 때, 이 두 사람이 부부일 확률을 구하라.

**5.** 여자 4명과 남자 6명이 섞여 있는 그룹에서 두 명을 무작위로 차례로 선출할 때, 다음을 구하라.

(1) 두 명 모두 동성일 확률　　　　(2) 여자 1명과 남자 1명이 선출될 확률

**6.** 공정한 주사위를 5번 반복해서 던지는 게임을 한다.

(1) 5번 모두 짝수의 눈이 나올 확률을 구하라.

(2) 5번 모두 서로 다른 눈이 나올 확률을 구하라.

**7.** 주머니 안에 흰색 바둑돌이 4개 검은색 바둑돌이 6개 들어 있다. 꺼낸 바둑돌을 다시 주머니에 넣는 방법으로 이 주머니에서 차례로 바둑돌 3개를 꺼낼 때, 다음을 구하라.

(1) 3개 모두 흰색일 확률

(2) 바둑돌이 차례로 흰색, 검은색 그리고 흰색일 확률

**8.** 주사위를 두 번 던지는 통계실험에서 첫 번째 나온 눈이 홀수인 조건 아래서 두 번째 나온 눈이 짝수일 확률을 구하라.

**9.** 주머니 안에 흰색 바둑돌이 4개, 검은색 바둑돌이 6개 들어있다. 꺼낸 바둑돌을 다시 주머니에 넣지 않는 방법으로 이 주머니에서 차례로 바둑돌 3개를 꺼낼 때, 다음을 구하라.

(1) 3개 모두 흰색일 확률

(2) 차례로 흰색, 검은색 그리고 흰색일 확률

**10.** 다음 회로의 스위치가 작동할 확률은 각각 0.8이고 독립적으로 작동한다. 이때 각 회로에 대하여 $A$와 $B$ 두 지점에 전류가 흐를 확률을 구하라.

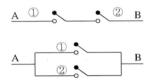

**11.** 다음 회로의 각 스위치는 독립적으로 작동하며 1번 스위치가 ON이 될 확률은 0.95, 2번 스위치와 3번 스위치가 ON이 될 확률은 각각 0.94, 0.86이라고 한다. 이 회로에 대하여 $A$와 $B$ 두 지점에 전류가 흐를 확률을 구하라.

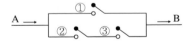

**12.** 위성 시스템은 두 개의 독립적인 백업용 컴퓨터(computer 2, computer 3)를 가진 컴퓨터(computer 1)에 의하여 조정된다. 정상적으로 computer 1은 시스템을 조정하지만 이 컴퓨터가 고장 나면 자동적으로 computer 2가 작동하고, computer 2가 고장 나면 computer 3이 작동한다. 그리고 세 컴퓨터가 모두 고장 나면 위성 시스템은 멈춘다고 한다. 그리고 각 컴퓨터들이 멈출 확률은 0.01이고, 이 컴퓨터들이 멈추는 것은 역시 독립적이다. 이때 각 컴퓨터들이 작동할 확률을 구하라. 그리고 위성 시스템이 멈출 확률을 구하라.

**13.** 지금까지 어떤 제안을 받은 개개인의 대답이 "Yes"일 확률이 0.85 그리고 "No"일 확률이 0.15이고, 개개인의 대답은 독립이라고 한다. 앞으로 네 명에게 동일한 제안을 할 경우에 다음을 구하라.

(1) 네 명 모두 동일한 대답을 할 확률

(2) 처음 두 명은 "Yes", 나중 두 명은 "No"라고 대답할 확률

(3) 적어도 한 명이 "No"라고 대답할 확률

(4) 정확히 세 명이 "Yes"라고 대답할 확률

**14.** 두 사건 $A$와 $B$가 독립이면, $A^c$과 $B^c$도 독립임을 보여라.

**15.** 자동차 소유자의 보험 선호도에 대하여 보험계리인은 다음과 같은 결론을 얻었다.

(1) 자동차 소유자는 무자격 운전자 보험보다는 접촉사고 보험에 두 배 정도 더 가입한다.

(2) 자동차 소유자가 어떤 보험에 가입하느냐는 것은 독립이다.

(3) 자동차 소유자가 무자격 운전자 보험과 접촉사고 보험에 모두 가입할 확률은 0.15이다.

이때 임의로 선정된 보험 가입자가 두 보험에 모두 가입하지 않을 확률을 구하라.

**16.** 생산라인 공정은 서로 독립적인 두 부분의 기계로 구성되어 있으며, 두 기계가 고장 나면 그 즉시 교체된다고 한다. 기계 $A$와 $B$가 고장 날 확률은 각각 17%와 12%이다. 이때 두 기계 가운데 적어도 한 기계가 고장 날 확률을 구하라.

**17.** AIDS 검사로 널리 사용되는 방법으로 ELISA 검사가 있다. 이 방법에 의하여 100,000명이 검사를 받았으며, 검사 결과 다음 표를 얻었다고 한다. 검사를 받은 사람들 중에서 임의로 한 명을 선정하였을 때, 다음을 구하라.

|  | AIDS 균 보균자 | AIDS 균 미보균자 |
|---|---|---|
| 양성반응 | 4,535 | 5,255 |
| 음성반응 | 125 | 90,085 |
| 계 | 4,660 | 95,340 |

(1) 선정한 사람이 미보균자일 때, 이 사람이 양성반응을 보일 확률

(2) 선정한 사람이 보균자일 때, 이 사람이 음성반응을 보일 확률

**18.** 스톡옵션의 변동에 대한 가장 간단한 모델은 스톡 가격이 매일 확률 $p$의 가능성으로 1단위만큼 오르고 확률 $1-p$의 가능성으로 1단위만큼 떨어지며, 그날그날의 변동은 독립이라고 가정한다. 한편 어떤 스톡에 대하여 $p = \dfrac{2}{3}$라고 한다.

(1) 이틀 후, 스톡 가격이 처음과 동일할 확률을 구하라.

(2) 3일 후, 스톡 가격이 1단위만큼 오를 확률을 구하라.

(3) 3일 후에 스톡 가격이 1단위만큼 올랐다면, 첫날 올랐을 확률을 구하라.

**19.** 의학 보고서에 따르면 전체 국민의 7.5%가 폐질환을 앓고 있으며, 그들 중 90%가 흡연가라고 한다. 그리고 폐질환을 갖지 않은 사람 중에 25%가 흡연가라 한다.

(1) 임의로 선정한 사람이 흡연가일 확률을 구하라.

(2) 임의로 선정한 흡연가가 폐질환을 가질 확률을 구하라.

**20.** 세 공장 $A, B$ 그리고 $C$에서 각각 40%, 30%, 30%의 비율로 제품을 생산한다. 그리고 이 세 공정라인에서 불량품이 제조될 가능성은 각각 2%, 3%, 5%라 한다. 어떤 제품 하나를 임의로 선정했을 때, 다음을 구하라.

(1) 이 제품이 불량품일 확률

(2) 임의로 선정된 제품이 불량품이었을 때, 이 제품이 $A$에서 만들어졌을 확률과 $B$에서 만들어졌을 확률

(3) 임의로 선정된 제품이 불량품이었을 때, 이 제품이 $A$ 또는 $B$에서 만들어졌을 확률

**21.** 지난 5년 동안 어떤 단체에 가입한 사람을 대상으로 건강에 대한 연구가 이루어져 왔다. 이 연구의 초기에 흡연의 정도에 따라 담배를 많이 피우는 사람과 적게 피우는 사람 그리고 전혀 담배를 피우지 않는 사람의 비율이 각각 20%, 30% 그리고 50%이었다. 연구가 끝난 5년 동안에, 담배를 적게 피우는 사람은 전혀 피우지 않는 사람의 두 배가 사망하였고 많이 피우는 사람에 비하여 $\frac{1}{2}$만이 사망하였다는 결과를 얻었다. 이 연구의 대상인 회원을 임의로 선정하였을 때, 이 회원이 연구 기간 안에 사망하였다. 이 회원이 담배를 많이 피우는 사람이었을 확률을 구하라.

**22.** 자동차 출고연도와 사고에 대한 연구 결과 다음 표를 얻었다.

| 출고연도 | 자동차의 비율 | 사고에 관련될 확률 |
|---|---|---|
| 2005 | 0.16 | 0.05 |
| 2006 | 0.18 | 0.02 |
| 2007 | 0.20 | 0.03 |
| 다른 연도 | 0.46 | 0.04 |

2005, 2006, 2007년 모델 중 하나인 자동차가 사고를 냈다고 한다. 이때 이 자동차가 2005년도에 출고되었을 확률을 구하라.

**23.** 두 기계 $A$와 $B$에 의하여 컴퓨터 칩이 생산되며, 기계 $A$의 불량률은 0.08이고 기계 $B$의 불량률은 0.05라고 한다. 두 기계로부터 각각 하나의 컴퓨터 칩을 선정하였을 때, 다음을 구하여라.

(1) 두 개 모두 불량품일 확률

(2) 두 개 모두 양호품일 확률

(3) 정확히 하나만 불량품일 확률

(4) (3)의 경우에 대하여, 이 불량품이 기계 $A$에서 생산되었을 확률

# 확률변수

제1장에서 확률에 대한 기본 개념을 다루었다. 여기서는 확률론과 통계적 추론에서 가장 기본이 되는 확률변수를 소개하고, 확률변수를 이용하여 확률을 계산하는 방법에 대하여 살펴본다. 특히 이산확률변수와 연속확률변수의 특성을 비교하고, 확률분포의 개념과 확률분포의 중심의 위치를 나타내는 기댓값, 분포의 흩어진 정도를 나타내는 분산과 표준편차의 개념을 살펴본다.

## 2.1 이산확률변수

어떤 확률실험이 이루어졌을 때, 개개의 실험결과에 관심을 갖기보다는 실험결과로부터 결정되는 어떤 수치적인 양에 관심을 갖는 경우가 있다. 예를 들어, 동전을 세 번 반복하여 던지는 게임에서 그림이 나온 횟수에 대한 1.2절 [예제 1]의 경우에 다음과 같은 사건을 생각할 수 있다.

$$A_0 = \{ \text{TTT} \}, \quad A_1 = \{ \text{HTT, THT, TTH} \}, \quad A_2 = \{ \text{HHT, HTH, THH} \}, \quad A_3 = \{ \text{HHH} \}$$

그러면 사건 $A_0$, $A_1$, $A_2$ 그리고 $A_3$은 각각 그림의 횟수가 0, 1, 2, 3이다. 따라서 동전을 세 번 반복하여 던지는 게임에서 그림이 나온 횟수에 따라 그림 2.1과 같이 각 사건을 수 0, 1, 2, 3과 대응시킬 수 있다.

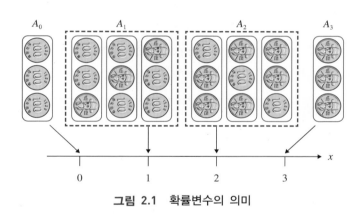

**그림 2.1  확률변수의 의미**

이때 그림이 나온 횟수를 $X$라 하면, 다음과 같이 각 사건을 $X$의 값을 이용하여 나타낼 수 있다.

$$A_0 \Leftrightarrow X = 0, \quad A_1 \Leftrightarrow X = 1, \quad A_2 \Leftrightarrow X = 2, \quad A_3 \Leftrightarrow X = 3$$

이와 같이 표본공간을 이루는 개개의 실험결과를 실수로 대응시키는 함수 $X$를 생각할 수 있다. 이때 이 함수 $X$를 **확률변수**(random variable)라 하고, 확률변수 $X$가 취하는 모든 실수들의 집합을 **상태공간**(state space)이라 한다. 따라서 동전을 세 번 반복하여 던지는 게임에서 그림이 나온 횟수를 확률변수 $X$라 하면, 이에 대한 상태공간은 $S_X = \{ 0, 1, 2, 3 \}$이다.

한편 1의 눈이 처음 나올 때까지 반복하여 주사위를 던진 횟수를 확률변수 $X$라 하자. 그러면 주사위를 처음 던져서 1의 눈이 나오는 사건은 주사위를 던진 횟수가 1회이므로 이 사건은 $X=1$로 나타낼 수 있다. 그리고 처음에 1이 아닌 눈이 나오고 두 번째 나온 눈의 수가 1인 사건 $\{(2,1), (3,1), (4,1), (5,1), (6,1)\}$은 처음으로 1의 눈이 나올 때까지 주사위를 던진 횟수가 2회이므로 $X=2$로 나타낸다. 이와 같이 처음으로 1의 눈이 나올 때까지 주사위를 던진 횟수를 확률변수 $X$라 하면, 이 확률변수가 취할 수 있는 모든 값을 나타내는 상태공간은 $S_X = \{1, 2, 3, 4, 5, \cdots \}$이다. 이 경우에 상태공간은 자연수 전체의 집합으로 무수히 많은 수로 구성되지만 셈을 할 수 있다. 이와 같이 확률변수 $X$의 상태공간이 유한집합이거나 셈을 할 수 있는 무한집합일 때, 확률변수 $X$를 **이산확률변수**(discrete random variable)라 한다. 그러면 동전을 세 번 던져서 그림이 나온 횟수를 $X$라 할 때, 이 확률변수가 취할 수 있는 값 0, 1, 2, 3에 대하여 다음 확률을 얻는다.

$$P(X=0) = P(A_0) = \frac{1}{8}, \qquad P(X=1) = P(A_1) = \frac{3}{8}$$

$$P(X=2) = P(A_2) = \frac{3}{8}, \qquad P(X=3) = P(A_3) = \frac{1}{8}$$

따라서 동전을 세 번 던져서 그림이 나온 횟수를 $X$라 할 때, $X$가 취하는 개개의 값에 대응하는 확률을 다음 표와 같이 나타낼 수 있다.

| $x$ | 0 | 1 | 2 | 3 |
|---|---|---|---|---|
| $P(X=x)$ | $\frac{1}{8}$ | $\frac{3}{8}$ | $\frac{3}{8}$ | $\frac{1}{8}$ |

또한 다음과 같이 함수식을 이용하여 나타낼 수 있다.

$$p(x) = \begin{cases} \dfrac{1}{8}, & x = 0, 3 \\[2mm] \dfrac{3}{8}, & x = 1, 2 \end{cases}$$

이와 같이 확률변수 $X$가 취하는 각 경우에 대한 확률을 표 또는 함수식을 이용하여 나타내는 것을 **확률분포**(probability distribution)라 한다. 이때 이산확률변수 $X$의 상태공간 안에 있는 개개의 값 $x$에 확률함수 $p(x)$를 대응시키고 $X$의 상태공간에 속하지 않는 모든 실수에 대하여 0으로 대응시키는 다음 함수 $f(x)$를 $X$의 **확률질량함수**(probability mass function; p.m.f)라 한다.

$$f(x) = \begin{cases} p(x), & x \in S_X \\ 0, & x \notin S_X \end{cases}$$

그러면 모든 실수 $x$에 대하여, $f(x) = P(X = x) > 0$ 또는 $f(x) = 0$이므로 $f(x) \geq 0$이고, 또한 $P(X = x)$는 발생할 것으로 기대되는 사건의 확률이므로 모든 $x$에 대한 $f(x)$의 합은 1이 되어야 한다. 따라서 확률질량함수는 다음과 같은 성질을 갖는다.

> (1) 모든 실수 $x$에 대하여, $f(x) \geq 0$이다.
> (2) $\displaystyle\sum_{x \in R} f(x) = 1$

특히 그림 2.2와 같이 이산확률변수 $X$의 상태공간 안의 각 점 $x$를 중심으로 밑면의 길이가 1이고 높이가 $p(x)$인 사각형으로 작성된 그림을 $X$의 **확률 히스토그램**(probability histogram)이라 한다.

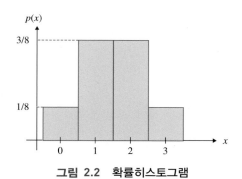

**그림 2.2　확률히스토그램**

---

**예제 1**

확률변수 $X$가 취할 수 있는 값 $-2$, $-1$, $0$, $1$, $2$에 대하여, $p(-2) = p(2) = 0.1$, $p(-1) = p(1) = 0.25$일 때, $P(X = 0)$을 구하라.

**(풀이)**

확률질량함수의 성질 (2)에 의하여 $p(-2) + p(-1) + p(0) + p(1) + p(2) = 1$이고, $p(-2) = p(2) = 0.1$, $p(-1) = p(1) = 0.25$이므로 구하고자 하는 확률은 다음과 같다.

$$P(X = 0) = p(0) = 1 - [p(-2) + p(-1) + p(1) + p(2)]$$
$$= 1 - (0.1 + 0.25 + 0.25 + 0.1) = 0.3$$

---

특히 임의의 $B \subset R$에 대하여 $[X \in B]$인 사건 즉, $\{\omega \in S : X(\omega) \in B\}$일 확률은 확률질량함수 $f(x)$를 이용하여 다음과 같이 구할 수 있다.

$$P(X \in B) = \sum_{x \in B} f(x)$$

[예제 2.1]에서 확률변수 $X$가 0 이상일 확률은 다음과 같다.

$$P(X \geq 0) = \sum_{x \geq 0} f(x) = f(0) + f(1) + f(2)$$

$$= 0.3 + 0.25 + 0.1 = 0.65$$

---

### 예제 2

주사위를 두 번 반복하여 던지는 게임에서 나온 두 눈의 합을 확률변수 $X$라 할 때 다음을 구하라.

(1) 확률변수 $X$의 상태공간

(2) $X$의 확률질량함수

(3) 두 눈의 합이 7 이상 10 이하일 확률

**풀이**

(1) 주사위를 두 번 반복하여 던지면 두 눈이 $(1,1)$인 경우부터 $(6,6)$인 경우까지 나타나므로 확률변수 $X$가 취할 수 있는 값은 $2, 3, \cdots, 12$이고, 따라서 $X$의 상태공간은 $S_X = \{2, 3, \cdots, 12\}$ 이다.

(2) $X = 2 \Leftrightarrow \{(1,1)\}$, $X = 3 \Leftrightarrow \{(1,2), (2,1)\}, \cdots, X = 11 \Leftrightarrow \{(5,6), (6,5)\}, X = 12 \Leftrightarrow \{(6,6)\}$ 이므로 확률질량함수는 다음과 같다.

$$f(x) = \begin{cases} \dfrac{1}{36}, & x = 2, 12, & \dfrac{2}{36}, & x = 3, 11 \\ \dfrac{3}{36}, & x = 4, 10, & \dfrac{4}{36}, & x = 5, 9 \\ \dfrac{5}{36}, & x = 6, 8 & \dfrac{6}{36}, & x = 7, \\ 0, & \text{다른 곳에서} \end{cases}$$

(3) $P(7 \leq X \leq 10) = \sum_{x=7}^{10} f(x) = p(7) + p(8) + p(9) + p(10)$

$$= \frac{6}{36} + \frac{5}{36} + \frac{4}{36} + \frac{3}{36} = \frac{18}{36} = \frac{1}{2}$$

이제 임의의 실수 $x$에 대하여 확률

$$P(X \leq x) = \sum_{u \leq x} f(u)$$

의 값이 어떻게 변하는지 살펴보기 위하여, 다음 확률질량함수를 생각하자.

$$f(x) = \begin{cases} \dfrac{1}{4}, & x = 0, 2 \\ \dfrac{1}{2}, & x = 1 \\ 0, & \text{다른 곳에서} \end{cases}$$

그러면 그림 2.3에서 알 수 있듯이 $u < 0$일 때 $f(u) = 0$이므로 $x < 0$에 대하여

$$P(X \leq x) = \sum_{u \leq x} f(u) = 0$$

이다. 한편 $0 \leq x < 1$이면, 구간 $(-\infty, x]$에서 0보다 큰 확률은 $f(0) = \dfrac{1}{4}$뿐이고 다른 모든 실수에서 $f(u) = 0$이다. 그러므로 $0 \leq x < 1$이면, 다음과 같다.

$$P(X \leq x) = \sum_{u \leq x} f(u) = f(0) = \frac{1}{4}$$

또한 $1 \leq x < 2$이면, 구간 $(-\infty, x]$에서 $f(0) = \dfrac{1}{4}$, $f(1) = \dfrac{1}{2}$이고, 0과 1이 아닌 구간 안의 모든 실수에서 $f(u) = 0$이다. 따라서 $1 \leq x < 2$이면,

$$P(X \leq x) = \sum_{u \leq x} f(u) = f(0) + f(1) = \frac{1}{4} + \frac{1}{2} = \frac{3}{4}$$

이다. 같은 방법으로 $x \geq 2$이면 구간 $(-\infty, x]$에서 $f(u)$가 0이 아닌 경우는 $f(0)$, $f(1)$ 그리고 $f(2)$이고, 따라서 이 경우에

$$P(X \leq x) = \sum_{u \leq x} f(u) = f(0) + f(1) + f(2) = \frac{1}{4} + \frac{1}{2} + \frac{1}{4} = 1$$

을 얻는다.

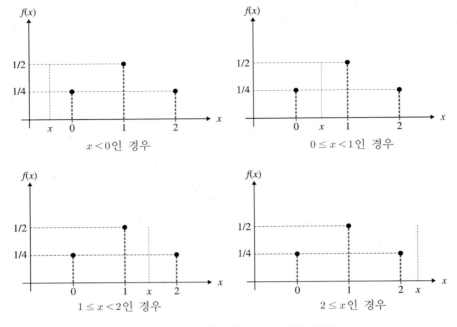

**그림 2.3**  $x$에 따른 $P(X \leq x)$의 변화

그러면 임의의 실수 $x$에 대하여 구하고자 하는 확률 $P(X \leq x)$는 다음과 같이 정의된다.

$$P(X \leq x) = \begin{cases} 0 \ , \ x < 0 \\ \dfrac{1}{4} \ , \ 0 \leq x < 1 \\ \dfrac{3}{4} \ , \ 1 \leq x < 2 \\ 1 \ , \ x \geq 2 \end{cases}$$

이때 확률 $P(X \leq x)$의 그래프는 그림 2.4와 같이, $x = 0, 1, 2$에서 불연속인 계단 모양이다.

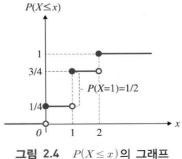

**그림 2.4**  $P(X \leq x)$의 그래프

임의의 실수 $x$에 대하여 다음과 같이 정의되는 함수 $F(x)$를 확률변수 $X$의 **분포함수** (distribution function)라 한다.

$$F(x) = P(X \le x) = \sum_{u \le x} f(u)$$

분포함수 $F(x)$는 $x$를 넘지 않는 모든 실수 $u$에 대하여 확률 $f(u) = P(X=u)$를 합한 것이고, 불연속인 점에서 점프 불연속점(부록 A-2. 함수 참조)을 갖는다. 특히, 그림 2.4에서 알 수 있듯이 각 점프 불연속점에서의 점프 크기와 확률질량함수를 살펴보면, 다음과 같은 관계가 얻어진다.

| 불연속 점 | 점프 크기 |
|---|---|
| $x = 0$ | $\dfrac{1}{4}$ |
| $x = 1$ | $\dfrac{1}{2}$ |
| $x = 2$ | $\dfrac{1}{4}$ |

| 확률변수 $X$의 값 | 확률 $P(X=x)$ |
|---|---|
| $X = 0$ | $\dfrac{1}{4}$ |
| $X = 1$ | $\dfrac{1}{2}$ |
| $X = 2$ | $\dfrac{1}{4}$ |

그러므로 이산확률변수 $X$의 확률질량함수 $f(x)$를 알고 있으면 분포함수 $F(x)$를 얻을 수 있으며, 역으로 분포함수를 알고 있으면 $X$의 확률질량함수를 얻을 수 있다. 일반적으로, 점 $x$에서 분포함수 $F$의 좌극한을 $F(x-)$라 할 때, 이산확률변수 $X$의 상태공간 $S_X$ 안의 모든 점 $x$에 대하여 다음이 성립한다.

$$P(X=x) = F(x) - F(x-)$$

물론 $F(x)$가 불연속이 아닌 모든 점 $x$에서 $F(x) = F(x-)$이고, 따라서 $P(X=x) = 0$이다.

### 예제 3

동전을 세 번 던져서 그림이 나온 횟수 $X$에 대한 분포함수를 구하라.

**(풀이)**

$X$의 확률질량함수를 구하면 다음과 같다.

$$f(x) = \begin{cases} \dfrac{1}{8}, & x = 0, 3 \\[2mm] \dfrac{3}{8}, & x = 1, 2 \\[2mm] 0, & \text{다른 곳에서} \end{cases}$$

따라서 임의의 실수 $x$에 대하여 다음을 얻는다.

$x < 0$이면, $F(x) = P(X \le x) = 0$

$0 \le x < 1$이면, $F(x) = P(X \le x) = f(0) = \dfrac{1}{8}$

$1 \le x < 2$이면, $F(x) = P(X \le x) = f(0) + f(1) = \dfrac{1}{8} + \dfrac{3}{8} = \dfrac{1}{2}$

$2 \le x < 3$이면, $F(x) = P(X \le x) = f(0) + f(1) + f(2) = \dfrac{1}{8} + \dfrac{3}{8} + \dfrac{3}{8} = \dfrac{7}{8}$

$x \ge 3$이면, $F(x) = P(X \le x) = f(0) + f(1) + f(2) + f(3) = 1$

그러므로 $X$의 분포함수 $F(x)$는 다음과 같다.

$$F(x) = \begin{cases} 0 \;, & x < 0 \\ \dfrac{1}{8} \;, & 0 \le x < 1 \\ \dfrac{1}{2} \;, & 1 \le x < 2 \\ \dfrac{7}{8} \;, & 2 \le x < 3 \\ 1 \;, & x \ge 3 \end{cases}$$

## 예제 4

이산확률변수 $X$의 분포함수가 다음과 같을 때, $X$의 확률질량함수를 구하라.

$$F(x) = \begin{cases} 0 \quad\;, & x < 0 \\ 0.2 \;, & 0 \le x < 5 \\ 0.45 , & 5 \le x < 10 \\ 0.85 , & 10 \le x < 15 \\ 1 \quad\;, & x \ge 15 \end{cases}$$

**풀이**

$X$의 분포함수가 $x = 0, 5, 10, 15$에서 점프 불연속점을 가지며, 각 점에서의 점프 크기는 다음과 같다.

$$p(0) = F(0) - F(0-) = 0.2 - 0 = 0.2$$

$$p(5) = F(5) - F(5-) = 0.45 - 0.2 = 0.25$$

$$p(10) = F(10) - F(10-) = 0.85 - 0.45 = 0.4$$

$$p(15) = F(15) - F(15-) = 1 - 0.85 = 0.15$$

따라서 $X$의 확률질량함수는 다음과 같다.

$$f(x) = \begin{cases} 0.20, & x = 0 \\ 0.25, & x = 5 \\ 0.40, & x = 10 \\ 0.15, & x = 15 \\ 0, & \text{다른 곳에서} \end{cases}$$

한편 $\{x : a < x \leq b\} = \{x : x \leq b\} - \{x : x \leq a\}$이므로 확률변수 $X$의 분포함수 $F(x)$를 이용하여 다음과 같이 $X$에 관한 여러 가지 확률을 구할 수 있다.

(1) $P(a < X \leq b) = P(X \leq b) - P(X \leq a) = F(b) - F(a)$

(2) $P(a \leq X \leq b) = P(a < X \leq b) + P(X = a) = F(b) - F(a) + P(X = a)$

(3) $P(X \geq a) = 1 - P(X < a) = 1 - [P(X \leq a) - P(X = a)] = 1 - F(a) + P(X = a)$

## 예제 5

[예제 4]에서 $P(3 < X \leq 10)$, $P(5 \leq X \leq 12)$를 구하라.

**풀이**

분포함수를 이용하여 확률을 구하면 각각 다음과 같다.

$$P(3 < X \leq 10) = F(10) - F(3) = 0.85 - 0.2 = 0.65$$

$$P(5 \leq X \leq 12) = F(12) - F(5) + P(X = 5) = 0.85 - 0.45 + 0.25 = 0.65$$

**1.** 1, 2, 3, 4, 5, 6 중에서 어느 하나를 택하는 확률변수 $X$에 대하여, 확률질량함수를 $f(x)$라 한다. 이때 다음 중에서 $f(x)$가 확률질량함수인 것은 어느 것인가? 확률질량함수가 되지 않는다면, 그 이유를 말하라.

(1)

| $X$ | 1 | 2 | 3 | 4 | 5 | 6 |
|-----|-----|-----|-----|-----|-----|-----|
| $f(x)$ | 0.3 | 0.1 | 0.0 | 0.2 | 0.3 | 0.2 |

(2)

| $X$ | 1 | 2 | 3 | 4 | 5 | 6 |
|-----|-----|-----|-----|-----|-----|-----|
| $f(x)$ | 0.3 | 0.1 | -0.1 | 0.2 | 0.3 | 0.2 |

(3)

| $X$ | 1 | 2 | 3 | 4 | 5 | 6 |
|-----|-----|-----|-----|-----|-----|-----|
| $f(x)$ | 0.3 | 0.1 | 0.1 | 0.2 | 0.1 | 0.2 |

**2.** 확률변수 $X$의 상태공간 $\{1, 2, 3, 4, 5, 6\}$에 대하여, $P(X < 4) = 0.6$, $P(X > 4) = 0.3$이라 할 때, 다음을 구하라.

(1) $P(X = 4)$              (2) $P(X < 5)$              (3) $P(X > 3)$

**3.** 양의 정수만을 취하는 확률변수 $X$의 확률질량함수 $f(x)$에 대하여, $f(x)$가 다음과 같이 정의되는 어떤 양의 상수 $k$가 존재하는가? 존재하지 않으면, 그 이유를 말하라.

(1) $f(x) = \dfrac{k}{x}$                      (2) $f(x) = \dfrac{k}{x^2}$

**4.** 다음 표는 2002년도 서울지역의 월별 강우량을 나타낸다. 이때 각 월을 확률변수 $X$라 하고, 단위는 mm이다.

| 월 | 1 | 2 | 3 | 4 | 5 | 6 | 7 |
|-----|-----|-----|-----|-----|-----|-----|-----|
| 강수량 | 112.7 | 0 | 22.2 | 65.7 | 130.1 | 20.5 | 210.3 |

(1) 상대적 비율에 의한 확률을 이용하여 $X$의 확률분포를 구하라.
(2) 확률변수 $X$에 대한 확률 히스토그램을 그려라.
(3) 2003년도 동 기간에 700mm의 강수량을 기록하였다면, 5월에서 7월 사이에 예상되는 강우량을 구하라.

**5.** 10원짜리 동전 5개와 100원짜리 동전 3개가 들어 있는 주머니에서 동전 3개를 임의로 꺼낸다고 하자. 이때 임의로 추출된 동전 3개에 포함된 100원짜리 동전의 개수에 대한 확률질량함수와 분포함수를 구하라.

**6.** 1의 눈이 나올 때까지 반복하여 주사위를 던지는 게임에서 주사위 던진 횟수를 $X$라 할 때, 다음을 구하라.

(1) $X$의 확률질량함수 $f(x)$
(2) 처음부터 세 번 이내에 1의 눈이 나올 확률
(3) 적어도 다섯 번 이상 던져야 1의 눈이 나올 확률

**7.** 이산확률변수 $X$의 확률질량함수가 $f(x) = \dfrac{1}{4}$, $x = 1, 2, 3, 4$일 때, 다음을 구하라.

(1) $X$의 확률히스토그램
(2) $X$의 분포함수 $F(x)$
(3) 컴퓨터 시뮬레이션을 이용하여 확률변수 $X$에 따르는 다음 데이터를 얻었다. 이 데이터에 대하여 관찰 횟수, 누적관찰 횟수, 상대비율에 의한 확률, 누적확률을 구하라.

> 3 4 1 3 3 4 1 2 3 3 2 2 4 1 1 1 2 4 4 1 3
> 1 2 4 3 2 1 1 3 4 3 2 1 3 2 3 4 1 4 2 4
> 3 4 4 1 1 2 2 2 1 2

(4) 실험에 의하여 얻은 데이터에 대한 상대도수, 누적상대도수 히스토그램과 $X$의 확률히스토그램, 분포함수를 비교하여 그림을 그려라.

**8.** 다섯 대의 복사기를 갖춘 사무실에서 어느 특정 시간 동안 사용되고 있는 복사기의 수 $X$에 대한 확률표가 다음과 같다. 이때 다음을 구하라.

| 복사기 수 | 0 | 1 | 2 | 3 | 4 | 5 |
|---|---|---|---|---|---|---|
| 확률 | 0.13 | 0.22 | 0.31 | 0.20 | | 0.04 |

(1) $P(X=4)$　　　　　　　　(2) $X$의 분포함수
(3) 확률변수 $X$의 확률 히스토그램　　(4) 확률 $P(1 < X \le 4)$

**9.** 두 사람이 주사위를 던져서 먼저 1의 눈이 나오면 이기는 게임을 한다. 그러면 먼저 던지는 사람과 나중에 던지는 사람 중에서 누가 더 유리한지 구하라.

**10.** 확률변수 $X$의 확률질량함수가 다음과 같을 때, $X$가 홀수일 확률을 구하라.

$$f(x) = \begin{cases} \dfrac{2}{3^x}, & x = 1, 2, 3, \cdots \\ \\ 0, & \text{다른 곳에서} \end{cases}$$

**11.** 복원추출에 의하여 52장의 카드가 들어 있는 주머니에서 임의로 세 장의 카드를 꺼낼 때, 세 장의 카드 안에 포함된 하트의 수를 확률변수 $X$라 한다.

(1) $X$의 확률질량함수를 구하라.　　　　　(2) 분포함수를 구하라.

**12.** 비복원추출에 의하여 52장의 카드가 들어 있는 주머니에서 임의로 세 장의 카드를 꺼낼 때, 세 장의 카드 안에 포함된 하트의 수를 확률변수 $X$라 한다.

(1) $X$의 확률질량함수를 구하라.　　　　　(2) 분포함수를 구하라.

**13.** 자동차 판매원은 지난해의 경험에 의하면, 한 주 동안 판매한 자동차의 수와 판매한 주의 수가 다음 표와 같음을 알았다.

| 판매 대수 | 0 | 1 | 2 | 3 | 4 | 5 | 6 |
|---|---|---|---|---|---|---|---|
| 주의 수 | 7 | 14 | 15 | 10 | 3 | 2 | 1 |

이때 임의로 선정된 어떤 주에 대하여 판매한 자동차 수 $X$에 대해 다음을 구하라.

(1) $X$의 확률질량함수　　　　　　(2) 정확히 3대를 팔았을 확률
(3) 적어도 3대를 팔았을 확률　　　　(4) 5대 미만으로 팔았을 확률
(5) 3대 이상 5대 미만으로 팔았을 확률

## 2.2  연속확률변수

이산확률변수의 상태공간이 유한집합이거나 셈할 수 있는 무한집합으로 주어지는 반면에 그렇지 않은 무한집합인 구간으로 주어지는 경우가 있다. 예를 들어, 확률변수 $X$를 새로 교체된 전구의 수명이라 하면, $X$는 교체된 순간으로부터 전구의 수명이 끝날 때까지 모든 실수로 나타나며, 언제 수명이 끝날지 모르므로 상태공간은 $S_X = \{x : x \geq 0\}$이 된다. 이와 같이 확률변수 $X$가 연속인 구간에서 값을 가지는 확률변수를 **연속확률변수**(continuous random variable)라 한다. 특히 모든 연속확률변수는 확률을 계산하기 위하여 사용되는 확률밀도함수로 알려진 곡선을 갖는다. 이때 모든 실수 $x$에 대하여 $f(x) \geq 0$이고, 상태공간 $S_X$에 대하여 다음을 만족하는 함수 $f(x)$가 존재한다면, 이 함수 $f(x)$를 연속확률변수 $X$의 **확률밀도함수**(probability density function: p.d.f.)라 한다.

$$\int_{S_X} f(x)\,dx = 1$$

그러면 연속확률변수 $X$가 $a$보다 크거나 같고 $b$보다 작거나 같을 확률, 즉 $P(a \leq X \leq b)$는 그림 2.5와 같이 $x = a$, $x = b$ 그리고 함수 $f(x)$와 $x$축으로 둘러싸인 부분의 넓이를 나타내고 다음과 같다.

$$P(a \leq X \leq b) = \int_a^b f(x)\,dx$$

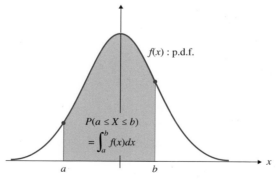

**그림 2.5**  $P(a \leq X \leq b)$의 기하학적 의미

따라서 연속확률변수의 경우에 임의의 실수 $a$에 대하여 $P(X = a)$를 다음과 같이 생각할 수 있다.

$$P(X=a) = P(a \leq X \leq a) = \int_a^a f(x)dx = 0$$

즉, 연속확률변수 $X$가 임의의 한 점을 취할 확률은 $P(X=a)=0$이다. 따라서 다음 확률 공식을 얻는다.

(1) $P(a \leq X \leq b) = P(X=a) + P(a < X < b) + P(X=b) = P(a < X < b)$

(2) $P(a \leq X \leq b) = P(a < X \leq b) = P(a \leq X < b) = P(a < X < b)$

---

### 예제 1

연속확률변수 $X$의 확률밀도함수가 다음과 같다.

$$f(x) = \begin{cases} ke^{-2x}, & x \geq 0 \\ 0, & x < 0 \end{cases}$$

(1) 상수 $k$를 구하라.

(2) 확률 $P(1 < X \leq 2)$를 구하라.

(3) 확률 $P(X \geq 1.5)$를 구하라.

**풀이**

(1) 함수 $f(x)$가 확률밀도함수이므로 다음과 같이 $\int_{-\infty}^{\infty} f(x)dx = 1$이어야 한다.

$$\int_{-\infty}^{\infty} f(x)dx = \int_{-\infty}^{0} 0\,dx + \int_{0}^{\infty} ke^{-2x}dx = -\frac{k}{2}e^{-2x}\Big|_0^{\infty}$$

$$= -\frac{k}{2}\lim_{x \to \infty}(e^{-2x}-1) = \frac{k}{2} = 1$$

따라서 구하고자 하는 상수는 $k=2$이다.

(2) 구하고자 하는 확률은 다음과 같다.

$$P(1 < X \leq 2) = \int_1^2 2e^{-2x}dx = -e^{-2x}\Big|_1^2 = e^{-2} - e^{-4} = 0.11702$$

(3) $P(X \geq 1.5) = 1 - P(X < 1.5)$이므로 구하고자 하는 확률은 다음과 같다.

$$P(X \geq 1.5) = 1 - P(X < 1.5) = 1 - \int_0^{1.5} 2e^{-2x}dx$$

$$= 1 - \left(-e^{-2x}\Big|_0^{1.5}\right) = e^{-3} = 0.0498$$

한편 이산확률변수와 동일하게 연속확률변수 $X$에 대하여 $F(x) = P(X \le x)$를 확률변수 $X$의 **분포함수**(distribution function)라 하며, 다음과 같이 정의된다(부록 A-4·1. 적분 참조).

$$F(x) = P(X \le x) = \int_{-\infty}^{x} f(u)\,du$$

그러면 임의의 확률변수 $X$의 분포함수는 다음과 같은 성질을 갖는다.

(1) $F(\infty) = P(X \le \infty) = 1$, 즉 $\lim_{x \to \infty} F(x) = 1$이다.

(2) $F(-\infty) = P(X \le -\infty) = 0$, 즉 $\lim_{x \to -\infty} F(x) = 0$이다.

(3) 모든 실수 $x$에 대하여 $0 \le F(x) \le 1$이다.

(4) $F(x)$는 단조증가한다. 즉, 분포함수는 감소하지 않는다.

(5) $F(x)$는 우측 연속이고, 특히 연속확률변수의 분포함수는 모든 실수 범위에서 연속이다.

더욱이 연속확률변수 $X$의 확률밀도함수 $f(x)$와 분포함수 $F(x)$ 사이에 다음 성질이 성립한다.

$$\frac{d}{dx}F(x) = f(x)$$

특히 다음과 같이 연속확률변수 $X$가 구간 안에 놓일 확률을 분포함수를 이용하여 구할 수 있으며, 그림 2.6은 분포함수 $F(x)$와 확률 $P(a < X \le b)$를 나타낸다.

$$P(a \le X \le b) = P(a < X \le b) = P(a \le X < b) = P(a < X < b) = F(b) - F(a)$$

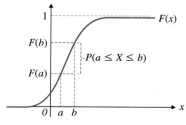

**그림 2.6 연속확률변수의 분포함수**

**예제 2**

[예제 1]의 확률밀도함수를 갖는 연속확률변수 $X$에 대하여 다음을 구하라.

$$f(x) = \begin{cases} 2e^{-2x}, & x \geq 0 \\ 0, & x < 0 \end{cases}$$

(1) 분포함수 $F(x)$

(2) 분포함수를 이용한 확률 $P(1 < X \leq 2)$

(3) 분포함수를 이용한 확률 $P(X \geq 1.5)$

**(풀이)**

(1) $x < 0$이면 $f(x) = 0$이므로 $x < 0$일 때 $F(x) = 0$이다. 그리고 $x > 0$이면 다음과 같다.

$$F(x) = \int_{-\infty}^{x} f(u)du = \int_{0}^{x} 2e^{-2u}du = -e^{-2u}\Big|_{0}^{x} = 1 - e^{-2x}$$

따라서 구하고자 하는 분포함수는 다음과 같다.

$$F(x) = \begin{cases} 0, & x < 0 \\ 1 - e^{-2x}, & x \geq 0 \end{cases}$$

(2) 구하고자 하는 확률은 다음과 같다.

$$P(1 < X \leq 2) = F(2) - F(1) = (1 - e^{-4}) - (1 - e^{-2}) = 0.11702$$

(3) 구하고자 하는 확률은 다음과 같다.

$$P(X \geq 1.5) = 1 - P(X < 1.5) = 1 - F(1.5) = 1 - (1 - e^{-3}) = e^{-3} = 0.0498$$

## 습문제 2.2

**1.** 주어진 구간에서 함수 $f(x)$가 확률밀도함수가 되도록 상수 $k$를 구하라.

**(1)** $f(x) = \dfrac{9}{8}x^2$, $A = [-2k, k]$     **(2)** $f(x) = \dfrac{1}{\sqrt{x}}$, $B = [1, k]$

**2.** 함수 $f(x) = \dfrac{k}{1+x^2}$ 이 모든 실수 범위에서 확률밀도함수가 되기 위한 상수 $k$를 구하고, 확률 $P\left(\dfrac{1}{\sqrt{3}} \leq X \leq 1\right)$을 구하라.

**3.** 다음 함수가 주어진 구간에서 확률밀도함수가 되기 위한 상수 $k$를 구하라.

**(1)** $f(x) = \dfrac{k}{x^2}$,   $1 < x < \infty$     **(2)** $f(x) = \dfrac{k}{x^3}$,   $1 < x < \infty$

**4.** 어느 대학의 농구선수가 농구 게임에서 참가 시간의 횟수는 다음 그림과 같은 확률밀도함수를 갖는다고 한다. 이 선수가 게임에 참여하는 시간이 다음과 같을 때, 확률을 구하라.

**(1)** 35분 이상         **(2)** 25분 이하         **(3)** 15분에서 33분

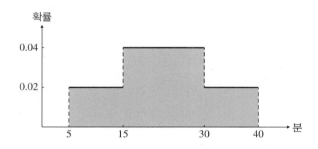

**5.** 다음 확률밀도함수에 대한 분포함수 $F(x)$를 구하고, 확률 $P(3 \leq X \leq 7)$을 구하라.

$$f(x) = \begin{cases} \dfrac{1}{10}, & 0 \leq x \leq 10 \\ 0, & \text{다른 곳에서} \end{cases}$$

**6.** 확률변수 $X$의 확률밀도함수가 다음과 같을 때, $P(X \leq a) = \dfrac{1}{2}$인 상수 $a$를 구하라.

$$f(x) = \begin{cases} 2x , & 0 \leq x \leq 1 \\ 0 , & \text{다른 곳에서} \end{cases}$$

**7.** 어느 제조업체에서 생산된 실린더의 반경은 다음과 같은 확률밀도함수를 갖는다고 한다. 이 회사에서 생산된 실린더 하나를 택했을 때, 이 실린더의 반경이 49.9와 50.1 사이일 확률을 구하라.

$$f(x) = \begin{cases} 1.5 - 6(x - 50)^2 , & 49.5 \leq x \leq 50.5 \\ 0 , & \text{다른 곳에서} \end{cases}$$

**8.** 생명보험에 가입한 어떤 가입자는 의사로부터 평균 100일 정도 살 수 있다는 통보를 받았다. 그리고 이 환자가 사망할 때까지 걸리는 기간 $X$는 다음과 같은 확률밀도함수를 갖는다고 한다.

$$f(x) = \begin{cases} \dfrac{1}{100} e^{-x/100} , & x > 0 \\ 0 , & \text{다른 곳에서} \end{cases}$$

(1) 이 환자가 150일 이내에 사망할 확률을 구하라.
(2) 이 환자가 200일 이상 생존할 확률을 구하라.

**9.** 확률변수 $X$의 확률밀도함수가 다음과 같다.

$$f(x) = \begin{cases} k|x - 1| , & 0 \leq x < 2 \\ k|x - 3| , & 2 \leq x \leq 4 \\ 0 , & \text{다른 곳에서} \end{cases}$$

(1) 상수 $k$를 구하라.  (2) 확률밀도함수 $f(x)$의 그림을 그려라.
(3) 분포함수 $F(x)$를 구하라.  (4) $P(0.5 \leq X \leq 2.2)$를 구하라.

**10.** 어떤 기계의 수명은 구간 $(0, 40)$에서 $(10 + x)^{-2}$에 비례하는 밀도함수 $f(x)$를 갖는 연속확률변수로 표현된다. 이때 이 기계의 수명이 6년 이하일 확률을 구하라.

**11.** 어느 보험회사는 내년에 새로운 설비로 수리하기 위하여 지급하는 보증보험증권을 판매한다. 한편 경험에 따르면 증권 하나에 대한 수리비용 $X$는 구간 $[0, 2000]$ 안에 들어 있으며, 가장 적은 비용에서 확률이 최대이고 수리비용이 2,000만원에 도달할 때까지 확률은 경사진 직선을 따라 감소한다.

(1) $X$의 밀도함수를 구하라.  (2) $X$의 분포함수를 구하라.

(3) $P(X > 1500)$을 구하라.

**12.** 전기회로의 가변저항 $X$는 다음과 같은 확률밀도함수를 갖는다고 한다.

$$f(x) = \begin{cases} kx^2(1-x^2), & 1 \leq x \leq 2 \\ 0, & \text{다른 곳에서} \end{cases}$$

(1) 상수 $k$를 구하라.

(2) 분포함수 $F(x)$를 구하라

(3) 이 전기저항이 1.05와 1.65 사이일 확률을 구하라.

**13.** 확률변수 $X$의 분포함수가 다음과 같다.

$$F(x) = \begin{cases} 0, & x < 0 \\ A + Be^{-x}, & 0 \leq x < \infty \end{cases}$$

(1) 상수 $A$와 $B$를 구하라.  (2) $P(2 \leq X \leq 5)$를 구하라.

(3) 확률밀도함수를 구하라.

**14.** 확률변수 $X$의 분포함수가 다음과 같을 때, 다음 확률을 구하라.

(1) $P(X = 0)$  (2) $P(0 < X \leq 3)$  (3) $P(0 < X < 3)$

(4) $P(4 < X \leq 5)$  (5) $P(X \geq 1)$

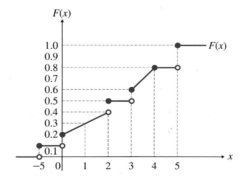

**15.** 다음 분포함수를 갖는 확률변수 $X$에 대하여 밀도함수 $f(x)$와 확률 $P(X=1)$, $P(X<1.5)$ 을 구하라.

$$F(x) = \begin{cases} 0 & , \ x < 1 \\ \dfrac{x^2 - 2x + 2}{2} & , \ 1 \le \ x < 2 \\ 1 & , \ x \ge 2 \end{cases}$$

## 2.3 기댓값

확률질량함수 또는 확률밀도함수는 확률변수 $X$의 확률적 성질에 관한 정보를 제공할 뿐만 아니라, 이러한 함수들은 확률적 성질들을 요약할 수 있는 어떤 척도를 얻기 위하여 매우 유용하게 사용된다. 이와 같은 확률분포의 특성을 요약해서 나타내는 척도로 중심의 위치를 나타내는 기댓값(평균)과 평균을 중심으로 집중된 정도를 나타내는 분산 또는 표준편차를 많이 사용한다. 이제 이러한 확률분포의 기본 척도인 기댓값과 분산에 관하여 살펴본다.

우선 이산확률변수에 대한 기댓값을 정의하기 위하여, 6개의 숫자 1, 2, 3, 4, 5, 6에 대한 평균을 구하면 다음과 같다.

$$\bar{x}_1 = \frac{1+2+3+4+5+6}{6}$$

$$= 1 \cdot \frac{1}{6} + 2 \cdot \frac{1}{6} + 3 \cdot \frac{1}{6} + 4 \cdot \frac{1}{6} + 5 \cdot \frac{1}{6} + 6 \cdot \frac{1}{6} = 3.5$$

한편 공정한 주사위를 던질 때 나온 눈의 수를 확률변수 $X$라 하면, 다음 확률분포를 생각할 수 있다.

| $X$ | 1 | 2 | 3 | 4 | 5 | 6 |
|---|---|---|---|---|---|---|
| $p(x)$ | $\frac{1}{6}$ | $\frac{1}{6}$ | $\frac{1}{6}$ | $\frac{1}{6}$ | $\frac{1}{6}$ | $\frac{1}{6}$ |

그러면 앞에서 구한 평균 $\bar{x}_1$는 이산확률변수 $X$가 취하는 각각의 값과 그 경우의 확률을 곱하여 얻은 값을 모두 더한 것과 동일한 것을 알 수 있다. 또한 1, 2, 3, 4, 4, 6에 대한 평균은 다음과 같다.

$$\bar{x}_2 = \frac{1+2+3+4+4+6}{6}$$

$$= 1 \cdot \frac{1}{6} + 2 \cdot \frac{1}{6} + 3 \cdot \frac{1}{6} + 4 \cdot \frac{2}{6} + 6 \cdot \frac{1}{6} = \frac{20}{6} = 3.333$$

이때 5의 눈이 4의 눈으로 잘못 만들어진 주사위를 던져서 나온 눈의 수를 확률변수 $X$라 하면, 다음 확률분포를 얻는다.

| $X$ | 1 | 2 | 3 | 4 | 6 |
|---|---|---|---|---|---|
| $p(x)$ | $\frac{1}{6}$ | $\frac{1}{6}$ | $\frac{1}{6}$ | $\frac{2}{6}$ | $\frac{1}{6}$ |

이 경우에도 앞에서와 동일하게 평균 $\bar{x}_2$는 이산확률변수 $X$가 취하는 각각의 값에 그 경우의 확률을 곱하여 얻은 값을 모두 더한 것과 동일하다. 이와 같은 방법에 의하여 구한 평균은 그림 2.7과 같이 확률분포의 중심을 나타내는 척도이다.

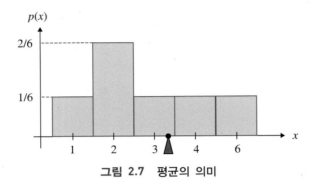

그림 2.7  평균의 의미

이와 같이 이산확률변수 $X$가 취할 수 있는 개개의 $x$에 대하여 $p(x) = P(X=x)$라 할 때, 다음과 같이 정의되는 수치를 이산확률변수 $X$의 **기댓값**(expected value) 또는 **평균**(mean)이라 한다.

$$\mu = E(X) = \sum_{x \in S_X} x\, p(x) = \sum_{x \in S_X} x\, P(X=x)$$

예를 들어, 동전을 두 번 던지는 게임에서 앞면이 나온 횟수를 확률변수 $X$라 하면, $X$의 확률질량함수는 다음과 같다.

$$f(x) = \begin{cases} \dfrac{1}{4}, & x = 0,\, 2 \\ \dfrac{1}{2}, & x = 1 \\ 0, & \text{다른 곳에서} \end{cases}$$

이때 $x = 0, 1, 2$일 때 $p(x) = f(x)$이므로 $X$의 평균은 다음과 같다.

$$E(X) = 0 \cdot \frac{1}{4} + 1 \cdot \frac{1}{2} + 2 \cdot \frac{1}{4} = 1$$

이것은 동전을 두 번 던지는 게임에서 평균적으로 앞면이 한 번 나오는 것을 의미하며, $x = 1$인 위치에 받침대를 놓았을 때 확률 히스토그램이 수평을 이루는 것을 나타낸다.

### 예제 1

500원짜리 동전과 100원짜리 동전이 각각 5개씩 들어 있는 주머니에서 임의로 동전 4개를 꺼낼 때, 꺼낸 동전 안에 포함된 100원짜리 동전의 개수를 확률변수 $X$라 한다. $X$의 확률질량함수와 평균을 구하라.

**(풀이)**

꺼낸 100원짜리 동전의 수를 $x$라 하면, 500원짜리 동전은 $4-x$이다. 한편 10개의 동전에서 4개를 꺼내는 방법의 수는 $\binom{10}{4}$이고, 5개의 100원짜리 동전 중에서 $x$개를 꺼내는 방법의 수는 $\binom{5}{x}$ 그리고 그 각각의 경우에 5개의 500원짜리 동전 중에서 $4-x$개를 꺼내는 방법의 수는 $\binom{5}{4-x}$이다. 그러므로 $X$의 확률질량함수는 다음과 같다.

$$f(x) = \frac{\binom{5}{x}\binom{5}{4-x}}{\binom{10}{4}}, \quad x = 0, 1, 2, 3, 4$$

또한 $X$의 평균은 다음과 같다.

$$E(X) = 0 \cdot f(0) + 1 \cdot f(1) + 2 \cdot f(2) + 3 \cdot f(3) + 4 \cdot f(4)$$

$$= 1 \cdot \frac{\binom{5}{1}\binom{5}{3}}{\binom{10}{4}} + 2 \cdot \frac{\binom{5}{2}\binom{5}{2}}{\binom{10}{4}} + 3 \cdot \frac{\binom{5}{3}\binom{5}{1}}{\binom{10}{4}} + 4 \cdot \frac{\binom{5}{4}\binom{5}{0}}{\binom{10}{4}}$$

$$= \frac{10}{42} + \frac{40}{42} + \frac{30}{42} + \frac{4}{42} = 2$$

동일한 방법으로 $(-\infty, \infty)$에서 값을 갖는 연속확률변수 $X$의 확률밀도함수가 $f(x)$일 때, 연속확률변수 $X$의 기댓값은 다음과 같이 정의한다(부록 A-4·1. 적분 참조).

$$\mu = E(X) = \int_{-\infty}^{\infty} x f(x) \, dx$$

그리고 이와 같이 정의된 기댓값은 이산확률분포와 마찬가지로 연속확률분포의 중심을 나타내는 척도를 나타낸다. 그러나 모든 확률변수의 기댓값이 존재하는 것은 아니다.

**예제 2**

다음 확률밀도함수를 갖는 연속확률변수 $X$의 평균을 구하라.

$$f(x) = \begin{cases} 2e^{-2x}, & x \geq 0 \\ 0, & x < 0 \end{cases}$$

**풀이**

$$E(X) = \int_{-\infty}^{\infty} x f(x)\, dx = 2\int_{0}^{\infty} x\, e^{-2x}\, dx = -2\, e^{-2x}\left(\frac{1}{4} + \frac{x}{2}\right)\Big|_{0}^{\infty}$$

$$= \frac{1}{2} - 2 \cdot \lim_{x \to \infty}\left(\frac{1}{4} + \frac{x}{2}\right)e^{-2x} = \frac{1}{2}$$

연속확률변수 $X$가 확률밀도함수 $f(x) = \dfrac{1}{\pi(1+x^2)}$, $-\infty < x < \infty$를 갖는다고 하자. 그러면 이 확률분포는 그림 2.8과 같이 $x=0$을 중심으로 좌우 대칭이고, 따라서 $x=0$이 분포의 중심이다. 그러나 이 확률분포는 기댓값이 존재하지 않음이 알려져 있고, 그 과정은 이 책의 범위를 벗어나므로 생략한다.

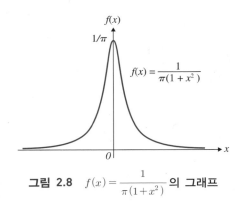

**그림 2.8**  $f(x) = \dfrac{1}{\pi(1+x^2)}$ 의 그래프

확률분포의 중심의 위치를 나타내는 척도로 기댓값만을 생각한다면, 기댓값이 존재하지 않는 경우에는 중심의 위치를 찾을 수 없다. 따라서 기댓값 또는 평균 이외의 중심의 위치를 나타내는 척도를 살펴볼 필요가 있다.

확률변수 $X$의 분포함수 $F(x)$에 대하여, 그림 2.9와 같이 $F(x_0) = 0.5$를 만족하는 상수 $x_0$을 확률변수 $X$의 **중앙값**(median)이라 하고, $M_e$로 나타낸다. 따라서 확률변수 $X$의 중앙값

$M_e$ 는 다음을 만족한다.

$$P(X \leq M_e) = P(X \geq M_e) = 0.5$$

특히 확률밀도함수가 어떤 점 $x_0$ 에 대하여 좌우 대칭이면 $x_0 = M_e$ 이다.

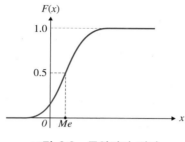

**그림 2.9  중앙값의 의미**

확률밀도함수 $f(x) = \dfrac{1}{\pi(1+x^2)}$ 는 $-\infty < x < \infty$ 에서 $x = 0$ 에 관하여 좌우 대칭이다. 따라서 확률밀도함수를 가지는 연속확률변수 $X$ 의 중앙값은 $M_e = 0$ 이다. 그러나 확률분포에 대한 중앙값은 그림 2.10과 같이 무수히 많거나 아니면 없을 수도 있다.

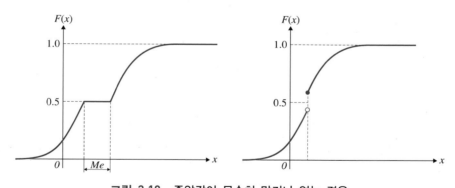

**그림 2.10  중앙값이 무수히 많거나 없는 경우**

또한 상태공간 안의 $x = x_0$ 에서 확률질량(밀도)함수가 최대인 경우, 즉 다음을 만족하는 $x = x_0$ 을 확률변수 $X$ 의 **최빈값**(mode)이라 하고 $M_o$ 로 나타낸다.

$$f(x_0) = \max \{ f(x) : x \in S_X \}$$

예를 들어, 그림 2.8에서 알 수 있듯이 확률밀도함수 $f(x) = \dfrac{1}{\pi(1+x^2)}$ 는 $x=0$ 에서 최대값 $\dfrac{1}{\pi}$ 을 가지므로 $X$ 의 최빈값은 $M_o = 0$ 이다. 그러나 그림 2.11과 같이 확률분포가 균등하게 나타나거나 쌍봉 형태인 경우와 같이 최빈값이 없거나 두 개 이상 존재할 수 있다.

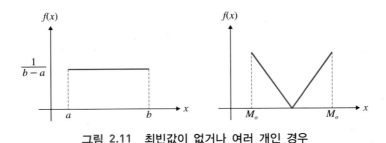

**그림 2.11  최빈값이 없거나 여러 개인 경우**

한편 확률분포를 4등분하는 수 $Q_1$, $Q_2$, $Q_3$ 을 $X$ 의 **사분위수**(quartiles)라 하며, 확률변수 $X$ 의 분포함수 $F(x)$ 에 대하여, 다음을 만족하는 수 $x_p$ 를 확률변수 $X$ 의 $100p$-**백분위수**(percentile)라 한다.

$$F(x_p) = p, \ 0 < p < 1$$

제1사분위수는 25-백분위수, 제2사분위수는 중앙값과 같으며 50-백분위수이고, 제3사분위수는 75-백분위수이다. 즉, $Q_1 = x_{0.25}$, $Q_2 = M_e = x_{0.5}$, $Q_3 = x_{0.75}$ 이다.

**예제 3**

[예제 2]에서 주어진 연속확률변수 $X$ 에 대하여 다음을 구하라.

(1) 중앙값과 최빈값

(2) 제1사분위수와 제3사분위수

**풀이**

(1) 확률밀도함수가 $f(x) = 2e^{-2x}$, $x \geq 0$ 이므로 분포함수는 $x \geq 0$ 에 대하여 다음과 같다.

$$F(x) = \int_0^x 2e^{-2u}\, du = -e^{-2u} \Big|_0^x = 1 - e^{-2x}$$

따라서 확률변수 $X$의 중앙값은 다음과 같다.

$$F(x_0) = 1 - e^{-2x_0} = 0.5 \ \ ; \ \ e^{-2x_0} = 0.5 \ \ ; \ \ x_0 = \frac{1}{2} \ln 2 = 0.3466$$

한편 $f(x) = 2e^{-2x}$ 은 $x = 0$에서 최댓값 2를 가지므로 $M_o = 0$이다.

(2) 제1사분위수 $q_1$과 제3사분위수 $q_3$은 각각 다음과 같다.

$$F(q_1) = 1 - e^{-2q_1} = 0.25 \ \ ; \ \ e^{-2q_1} = 0.75 \ \ ; \ \ q_1 = -\frac{1}{2} \ln 0.75 = 0.1438$$

$$F(q_3) = 1 - e^{-2q_1} = 0.75 \ \ ; \ \ e^{-2q_3} = 0.25 \ \ ; \ \ q_3 = -\frac{1}{2} \ln 0.25 = 0.6931$$

예제 3에 주어진 확률밀도함수는 왼쪽으로 치우치고 오른쪽으로 긴 꼬리 모양을 갖는다. 이와 같은 모양의 분포를 **양의 비대칭분포**(positive skewed distribution)라 하며, 일반적으로 세 척도 사이에 다음 관계가 성립한다.

$$M_o < \ M_e < \ \mu$$

또한 오른쪽으로 치우치고 왼쪽으로 긴 꼬리 모양을 갖는 분포를 **음의 비대칭분포**(negative skewed distribution)라 하며, 일반적으로 세 척도 사이에 다음 관계가 성립한다.

$$\mu < \ M_e < \ M_o$$

그리고 평균 $\mu$를 중심으로 대칭인 모양을 갖는 분포는 일반적으로 중심의 위치를 나타내는 세 척도가 동일하다.

$$\mu = \ M_e = \ M_o$$

다음 그림 2.12는 이와 같은 비대칭분포와 대칭분포에 대한 중심의 위치 척도를 보여준다.

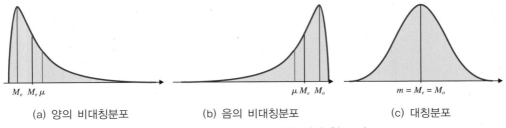

(a) 양의 비대칭분포    (b) 음의 비대칭분포    (c) 대칭분포

**그림 2.12  비대칭에 따른 중심의 위치 척도 비교**

이제 확률변수 $X$와 그의 확률질량(밀도)함수 $f(x)$를 알고 있을 때, $X$의 함수 $g(X)$의 기댓값을 구하는 방법을 살펴본다. 예를 들어, 이산확률변수 $X$의 확률질량함수가 다음과 같다고 하자.

$$f(x) = \begin{cases} \dfrac{1}{4}, & x = -1, 1 \\ \dfrac{1}{2}, & x = 0 \\ 0, & \text{다른 곳에서} \end{cases}$$

이때 함수 $Y = X^2$은 역시 확률변수이고 따라서 $Y$도 어떤 확률질량함수를 갖는다. 이제 $Y$의 확률질량함수와 기댓값을 구해보자. 우선 확률변수 $X$가 취하는 값이 $-1$, $0$, $1$이므로 $Y = X^2$의 상태공간은 $S_Y = \{0, 1\}$이다. 그리고 두 확률변수 사이에 다음과 같은 동치관계가 성립한다.

$$X = 0 \qquad \Leftrightarrow Y = 0$$
$$X = -1 \text{ 또는 } 1 \Leftrightarrow Y = 1$$

따라서 확률변수 $Y$가 취하는 각 경우에 대한 확률은 다음과 같다.

$$P(Y = 0) = P(X = 0) = \frac{1}{2}$$
$$P(Y = 1) = P(X = -1 \text{ 또는 } X = 1) = P(X = -1) + P(X = 1) = \frac{1}{2}$$

즉, $Y$의 확률질량함수는 다음과 같다.

$$h(y) = \begin{cases} \dfrac{1}{2}, & y = 0, 1 \\ 0, & \text{다른 곳에서} \end{cases}$$

그러므로 $Y$의 기댓값은 다음과 같다.

$$E(Y) = 0 \cdot \frac{1}{2} + 1 \cdot \frac{1}{2} = \frac{1}{2}$$

한편 $X$가 취하는 각 경우에 대하여 $Y=X^2$과 이에 대응하는 확률, 그리고 $x=-1, 0, 1$에 대한 $x^2 f(x)$는 다음 표와 같다.

| $X$ | $-1$ | $0$ | $1$ |
|---|---|---|---|
| $Y=X^2$ | $1$ | $0$ | $1$ |
| $f(x)$ | $\dfrac{1}{4}$ | $\dfrac{1}{2}$ | $\dfrac{1}{4}$ |
| $x^2 f(x)$ | $\dfrac{1}{4}$ | $0$ | $\dfrac{1}{4}$ |

따라서 다음과 같이 $Y$의 기댓값과 $x^2 f(x)$의 합이 일치하는 것을 알 수 있다.

$$E(Y)=\sum_x x^2 f(x)=\frac{1}{4}+0+\frac{1}{4}=\frac{1}{2}$$

즉, 확률변수 $X$의 함수 $Y=g(X)$의 기댓값은 다음과 같이 $Y$의 확률질량(밀도)함수를 구하지 않고, $X$의 확률분포를 이용하여 쉽게 구할 수 있다.

$$E(Y)=E[g(X)]=\begin{cases} \displaystyle\sum_{\text{모든 } x} g(x)f(x) & \text{, 이산확률변수인 경우,} \\[2mm] \displaystyle\int_{-\infty}^{\infty} g(x)f(x)\,dx & \text{, 연속확률변수인 경우} \end{cases}$$

더욱이 확률변수 $X$의 확률질량함수가 $f(x)$일 때, 두 함수 $u(X)$와 $v(X)$에 대하여 두 함수의 합 $u(X)+v(X)$의 기댓값은 다음과 같다.

$$E[u(X)+v(X)]=\sum_x [u(x)+v(x)]\,f(x)=\sum_x [u(x)f(x)+v(x)f(x)]$$

$$=\sum_x u(x)f(x)+\sum_x v(x)f(x)$$

$$=E[u(X)]+E[v(X)]$$

그리고 임의의 상수 $a$, $b(a\neq 0)$에 대하여 $aX+b$의 기댓값에 대하여 다음이 성립한다.

$$E(aX+b)=\sum_x (ax+b)f(x)=a\sum_x xf(x)+b\sum_x f(x)$$

$$=aE(X)+b$$

동일한 방법에 의하여 연속확률변수 $X$와 확률밀도함수 $f(x)$에 대하여 이러한 성질이 성립하는 것을 쉽게 확인할 수 있다. 그러므로 임의의 상수 $a$, $b(a\neq 0)$와 $X$의 함수 $u(X)$, $v(X)$에 대하여 다음 기댓값의 성질을 얻는다.

(1) $E(a) = a$

(2) $E(aX) = aE(X)$

(3) $E(aX+b) = aE(X)+b$

(4) $E[au(X)+bv(X)] = aE[u(X)]+bE[v(X)]$

그러나 일반적으로 $E[g(X)] \neq g[E(X)]$ 인 것을 주의해야 한다. 예를 들어, $X$의 제곱에 대한 기댓값과 $X$에 대한 기댓값의 제곱은 일치하지 않는다. 즉, $E(X^2) \neq \{E(X)\}^2$이다.

**예제 4**

동전을 세 번 반복하여 던지는 실험에서 앞면이 나온 횟수를 $X$라 할 때, $X$의 기댓값 $E(X)$와 $X^2$의 기댓값 $E(X^2)$을 구하라.

(풀이)

이미 앞에서 살펴본 바와 같이 앞면이 나온 횟수 $X$의 확률질량함수는 다음과 같다.

$$f(x) = \begin{cases} \dfrac{1}{8}, & x = 0, 3 \\ \dfrac{3}{8}, & x = 1, 2 \\ 0, & \text{다른 곳에서} \end{cases}$$

따라서 $E(X)$와 $E(X^2)$은 각각 다음과 같다.

$$E(X) = 0 \cdot \frac{1}{8} + 1 \cdot \frac{3}{8} + 2 \cdot \frac{3}{8} + 3 \cdot \frac{1}{8} = \frac{12}{8} = \frac{3}{2}$$

$$E(X^2) = 0^2 \cdot \frac{1}{8} + 1^2 \cdot \frac{3}{8} + 2^2 \cdot \frac{3}{8} + 3^2 \cdot \frac{1}{8} = \frac{24}{8} = 3$$

**예제 5**

확률변수 $X$의 확률밀도함수가 $f(x) = \dfrac{x}{8}$, $0 \leq x \leq 4$일 때, $X$의 기댓값 $E(X)$와 $X^2$의 기댓값 $E(X^2)$을 구하라.

(풀이)

$X$의 기댓값 $E(X)$와 $X^2$의 기댓값 $E(X^2)$을 구하면 각각 다음과 같다.

$$E(X) = \int_{-\infty}^{\infty} x f(x)\, dx = \frac{1}{8} \int_0^4 x^2\, dx = \frac{1}{24} x^3 \Big|_0^4 = \frac{8}{3}$$

$$E(X^2) = \int_{-\infty}^{\infty} x^2 f(x)\, dx = \frac{1}{8} \int_0^4 x^3\, dx = \frac{1}{32} x^4 \Big|_0^4 = 8$$

확률변수 $X$의 분포가 평균을 중심으로 밀집한 정도를 나타내는 척도를 **분산**(variance)이라 하며, $X$의 평균 $\mu = E(X)$에 대하여 다음과 같이 정의된다.

$$E[(X-\mu)^2] = \begin{cases} \sum_x (x-\mu)^2 f(x) & ,\ X\text{가 이산확률변수인 경우,} \\ \int_{-\infty}^{\infty} (x-\mu)^2 f(x)\, dx & ,\ X\text{가 연속확률변수인 경우} \end{cases}$$

이때 분산을 $Var(X)$ 또는 $\sigma^2$으로 나타내며, 분산의 양의 제곱근을 **표준편차**(standard deviation)라 하고 $\sigma$로 나타낸다. 즉, 확률변수 $X$의 표준편차는 다음과 같이 정의된다.

$$\sigma = \sqrt{E[(X-\mu)^2]}$$

그러므로 확률변수 $X$의 분산은 평균 $\mu$와 $X$가 취하는 값들과의 편차의 제곱에 대한 기댓값이며, 다음과 같이 간편하게 구할 수 있다.

$$\sigma^2 = E[(X-\mu)^2] = E(X^2 - 2\mu X + \mu^2)$$
$$= E(X^2) - 2\mu E(X) + \mu^2$$
$$= E(X^2) - \mu^2$$

그림 2.13 (a)는 두 확률변수의 평균이 동일하고 분산이 서로 다른 확률밀도함수를 나타내고, (b)는 분산이 동일하지만 평균이 서로 다른 확률밀도함수를 나타낸다. 이때 분산 또는 표준편차가 작을수록 확률분포는 그림 2.13 (a)와 같이 확률분포 모양이 중심인 평균에 밀집한다.

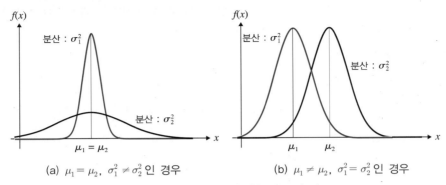

(a) $\mu_1 = \mu_2$, $\sigma_1^2 \neq \sigma_2^2$인 경우      (b) $\mu_1 \neq \mu_2$, $\sigma_1^2 = \sigma_2^2$인 경우

그림 2.13 분산에 따른 확률분포의 비교

---

### 예제 6

[예제 4]에서 주어진 이산확률변수 $X$의 분산과 표준편차를 구하라.

**(풀이)**

[예제 4]로부터 $E(X) = \dfrac{3}{2}$, $E(X^2) = 3$이므로 $X$의 분산과 표준편차는 각각 다음과 같다.

$$\sigma^2 = E(X^2) - E(X)^2 = 3 - \left(\frac{3}{2}\right)^2 = \frac{3}{4} = 0.75$$

$$\sigma = \sqrt{0.75} = 0.866$$

---

### 예제 7

[예제 5]에서 주어진 연속확률변수 $X$의 분산을 구하라.

**(풀이)**

[예제 5]로부터 $E(X) = \dfrac{8}{3}$, $E(X^2) = 8$이므로 $X$의 분산과 표준편차는 각각 다음과 같다.

$$\sigma^2 = E(X^2) - E(X)^2 = 8 - \left(\frac{8}{3}\right)^2 = \frac{8}{9} = 0.8889$$

$$\sigma = \sqrt{0.8889} = 0.9428$$

---

한편 기댓값의 성질로부터 임의의 상수 $a$, $b(a \neq 0)$에 대하여 분산과 표준편차에 대하여 다음 성질이 성립하는 것을 쉽게 확인할 수 있다.

| | | |
|---|---|---|
| (1) | $Var(a) = 0$ | $\sigma(a) = 0$ |
| (2) | $Var(aX) = a^2 Var(X)$ | $\sigma(aX) = |a|\sigma(X)$ |
| (3) | $Var(aX+b) = a^2 Var(X)$ | $\sigma(aX+b) = |a|\sigma(X)$ |

특히 임의의 확률변수 $X$에 대하여 다음과 같이 정의되는 확률변수 $Z$를 확률변수 $X$의 **표준화 확률변수(standardized random variable)**라 한다. 그러면 확률변수 $X$의 분포에 관계없이 항상 $\mu_Z = 0$이고 $\sigma_Z^2 = 1$이 성립한다.

$$Z = \frac{X - \mu}{\sigma}$$

**예제 8**

확률변수 $X$의 확률밀도함수가 $f(x) = e^{-x}$, $x > 0$일 때, $Y = 3X+1$의 평균과 분산을 구하라.

**(풀이)**

우선 $X$의 평균과 분산을 먼저 구하기 위해 $E(X)$와 $E(X^2)$을 먼저 구한다.

$$E(X) = \int_0^\infty x e^{-x} dx = -e^x(x+1)\Big|_0^\infty = 1$$

$$E(X^2) = \int_0^\infty x^2 e^{-x} dx = -e^x(x^2+2x+2)\Big|_0^\infty = 2$$

그러면 $\mu_X = 1$, $\sigma_X^2 = E(X^2) - E(X)^2 = 1$이다. 따라서 $Y$의 평균과 분산은 각각 다음과 같다.

$$\mu_Y = E(3X+1) = 3E(X)+1 = 3+1 = 4$$

$$\sigma_Y^2 = Var(3X+1) = 9 Var(X) = 9$$

임의의 확률변수 $X$의 평균 $\mu$와 분산 $\sigma^2$을 알고 있을 때, $P(\mu - k\sigma \le X \le \mu + k\sigma)$의 하한은 다음과 같으며 이것을 **체비쇼프 부등식(Chebyshev's inequality)**이라 한다.

$$P(\mu - k\sigma \le X \le \mu + k\sigma) \ge 1 - \frac{1}{k^2}, \ k > 1$$

이 부등식은 확률변수 $X$가 평균으로부터 동등한 간격으로 떨어져 있는 거리 사이에 놓일 확률의 하한값을 알려주며, 특히 확률변수 $X$가 평균으로부터 $2\sigma$ 또는 $3\sigma$ 사이에 놓일 확률은

$$P(\mu - 2\sigma \leq X \leq \mu + 2\sigma) \geq 1 - \frac{1}{2^2} = 0.75$$

$$P(\mu - 3\sigma \leq X \leq \mu + 3\sigma) \geq 1 - \frac{1}{3^2} = 0.89$$

이고, 그림 2.14와 같다.

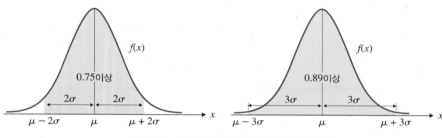

그림 2.14   체비쇼프 부등식에 의한 확률

다시 말해서, 확률변수가 평균으로부터 $2\sigma$만큼 떨어진 사이에 놓일 확률은 적어도 0.75이고, $3\sigma$만큼 떨어진 사이에 놓일 확률은 최소로 0.89임을 보여준다. 이와 같은 체비쇼프 부등식은 확률변수 $X$의 정확한 분포를 알지 못하더라도, 단지 평균과 분산을 알고 있다면 대략적인 또는 최소한도의 확률값을 계산할 수 있음을 보여주는 매우 중요한 부등식이다. 물론 정확한 분포를 알고 있거나 또는 근사적인 분포를 알고 있다면, 이 부등식에서 제공하는 확률의 한계보다 더욱 정확한 확률을 계산할 수 있을 것이다.

---

**예제 9**

확률변수 $X$의 평균이 9이고 분산이 4일 때, $P(6 \leq X \leq 12)$의 하한값을 구하라.

**풀이**

평균 $\mu = 9$와 표준편차 $\sigma = 2$이므로 다음을 얻는다.

$$P(6 \leq X \leq 12) = P(9 - 3 \leq X \leq 9 + 3) = P(9 - 2(1.5) \leq X \leq 9 + 2(1.5))$$

$$\geq 1 - \frac{1}{1.5^2} = 0.556$$

# 연습문제 2.3

**1.** 포커게임에서 이길 확률이 $\frac{3}{5}$인 사람이 이기면 4만 원을 받고 지면 5만 원을 내놓는다고 할 때, 이 사람이 벌어들일 기대수입을 구하라.

**2.** 사무실 안에 5대의 복사기가 설치되어 있다. 과거 가장 바쁜 시각인 오전 10시에 사용 중인 복사기 수 $X$에 대한 확률이 다음 표와 같다고 한다. 어느 특정한 날 오전 10시에 사용될 것으로 기대되는 복사기 수의 기댓값을 구하라.

| 복사기 수 | 0 | 1 | 2 | 3 | 4 | 5 |
|---|---|---|---|---|---|---|
| 확률 | 0.06 | 0.16 | 0.24 | 0.35 | 0.15 | 0.04 |

**3.** 10원짜리 동전 5개와 100원짜리 동전 3개가 들어 있는 주머니에서 동전 3개를 임의로 꺼낸다고 하자. 이때 임의로 추출된 동전 3개에 포함된 100원짜리 동전의 개수에 대한 기댓값을 구하라.

**4.** 1 ~ 6의 숫자가 적힌 카드가 들어 있는 주머니에서 두 카드를 임의로 비복원추출할 때, 나온 카드의 수에 대한 차의 절댓값의 기댓값을 구하라.

**5.** 다음 표는 남자 8명과 여자 8명의 연봉을 나타낸다. 남자 한 명과 여자 한 명을 임의로 선출 하였을 때, 남자와 여자의 연봉의 합에 대한 평균을 구하라. 단, 단위는 백만 원이다.

| 남자 | 35.5 | 27.4 | 28.3 | 41.1 | 25.8 | 36.6 | 27.8 | 38.2 |
|---|---|---|---|---|---|---|---|---|
| 여자 | 17.1 | 35.2 | 22.5 | 28.6 | 22.2 | 26.7 | 29.3 | 32.8 |

**6.** 동일한 직장에 다니는 사내 커플들이 있다. 여자의 연말 보너스를 확률변수라 할 때, 확률변수의 평균이 1,500,000원이라 한다.

(1) 남자들의 연말 보너스가 여자들의 85%라고 하면, 남자들의 평균 보너스를 구하라.

(2) 남자들의 보너스가 여자들보다 500,000원이 더 많다고 할 때, 남자들의 평균 보너스를 구하라.

**7.** 확률변수 $X$의 확률질량함수가 다음 표와 같다.

| $X$ | 1.0 | 1.5 | 2.0 | 2.5 | 3.0 | 3.5 | 4.0 |
|---|---|---|---|---|---|---|---|
| $f(x)$ | 0.05 | 0.15 | 0.20 | 0.15 | 0.25 | 0.10 | 0.10 |

(1) $X$의 평균 $\mu = E(X)$와 분산 $\sigma^2$을 구하라.

(2) $X$에 대한 확률 히스토그램을 그리고 $\mu$의 위치를 지정하라.

(3) $X$가 구간 $(\mu-\sigma,\ \mu+\sigma)$와 $(\mu-2\sigma,\ \mu+2\sigma)$ 안에 놓일 확률을 구하라.

**8.** 다음 표는 2005년 우리나라 인구주택총조사 결과 가구원 수별 가구 규모를 나타낸다. 이때 단위는 천 가구이다.

| 가구원 $X$ | 1 | 2 | 3 | 4 | 5 | 6 | 7 | 계 |
|---|---|---|---|---|---|---|---|---|
| 가구 수 | 3,171 | 3,521 | 3,325 | 4,289 | 1,222 | 267 | 93 | 15,887 |

(1) 평균 $\mu = E(X)$와 분산 $\sigma^2$을 구하라.

(2) $X$에 대한 확률 히스토그램을 그리고, $\mu$의 위치를 지정하라.

(3) $X$가 구간 $(\mu-\sigma,\ \mu+\sigma)$와 $(\mu-2\sigma,\ \mu+2\sigma)$ 안에 놓일 최소 확률을 구하라.

**9.** 이산확률변수 $X$의 확률표가 다음과 같다.

| $X$ | 0 | 1 | 2 | 3 |
|---|---|---|---|---|
| $f(x)$ | 1/3 | 1/6 | 1/3 | 1/6 |

(1) $X$의 평균을 구하라.

(2) 분산의 정의 $Var(X) = E[(X-E(X))^2]$을 이용하여 분산을 구하라.

(3) 분산의 간편계산방법 $Var(X) = E(X^2) - [E(X)]^2$을 이용하여 분산을 구하라.

**10.** 이산확률변수 $X$의 확률질량함수가 $f(x) = \dfrac{1}{n}, \quad x = 1, 2, 3, \cdots, n$이다.

(1) $n = 2$일 때, 기댓값 $E(X)$를 구하라.

(2) $n = 3$일 때, 기댓값 $E(X)$를 구하라.

(3) $n = 4$일 때, 기댓값 $E(X)$를 구하라.

(4) $n = k$일 때, 기댓값 $E(X)$를 유추하라.

(5) $\displaystyle\sum_{i=1}^{k} i = \dfrac{k(k+1)}{2}$ 을 이용하여 (4)에서 얻은 결과를 확인하라.

**11.** 연습문제 2·1의 문제 11에 대하여, $X$의 기댓값과 분산을 구하라.

**12.** 연습문제 2·1의 문제 5에 대한 기댓값과 분산을 구하라.

**13.** 연습문제 2·1의 문제 12에 대하여, $X$의 기댓값과 분산을 구하라.

**14.** 어떤 상수 $c$에 대하여, $P(X=c)=1$이라 한다. 이때 $X$의 분산을 구하라.

**15.** 연습문제 2·2의 문제 10에 대하여, 기계의 수명에 대한 기댓값을 구하라.

**16.** 함수 $f(x)=\dfrac{k}{x^3}$, $1<x<\infty$를 생각하자.

(1) $f(x)$가 확률밀도함수가 되기 위한 상수 $k$를 구하라.
(2) $E(X)$를 구하라.
(3) $X$의 분산이 존재하지 않음을 보여라.

**17.** 다음과 같은 확률밀도함수를 갖는 확률변수 $X$에 대한 사분위수를 구하라.

(1) $f(x)=\dfrac{1}{2}$, $-1<x<1$          (2) $f(x)=\dfrac{1+x}{2}$, $-1<x<1$

(3) $f(x)=2e^{-2(x-1)}$, $1<x<\infty$      (4) $f(x)=\dfrac{e^{-x}}{(1+e^{-x})^2}$, $-\infty<x<\infty$

**18.** 확률변수 $X$의 분포함수가 $F(x)=\dfrac{x^2}{16}$, $0\le x\le 4$이다.

(1) 기댓값 $E(X)$와 분산 $\sigma^2$을 구하라.      (2) 중앙값과 최빈값을 구하라.

**19.** 확률밀도함수 $f(x)=kx$, $0\le x\le 4$를 갖는 연속확률변수를 생각하자.

(1) 상수 $k$를 구하라.              (2) $X$의 분포함수를 구하라.
(3) 기댓값 $E(X)$와 표준편차 $\sigma$를 구하라.    (4) 중앙값을 구하라.

**20.** 확률밀도함수 $f(x)=k(x-1.5)$, $2\le x\le 3$을 갖는 연속확률변수를 생각하자.

(1) 상수 $k$를 구하라.             (2) 기댓값 $E(X)$와 분산 $\sigma^2$을 구하라.
(3) 분포함수 $F(x)$와 중앙값을 구하라.

**21.** 연습문제 2·2의 문제 14에 대하여, 확률변수 $X$의 중앙값을 구하라.

**22.** 연습문제 2·2의 문제 4에 대하여, 농구선수가 게임에 참가하는 시간의 중앙값을 구하라.

**23.** 확률밀도함수 $f(x) = \dfrac{1}{\pi(1+x^2)}$, $-\infty < x < \infty$를 갖는 확률변수 $X$의 중앙값을 구하라.

**24.** 확률변수 $X$의 분포함수가 다음과 같을 때, $X$의 기댓값과 분산을 구하라.

$$F(x) = \begin{cases} 0 & , \ x < 0 \\ x^2 & , \ 0 < x < \dfrac{1}{2} \\ x & , \ \dfrac{1}{2} \le x < 1 \\ 1 & , \ x \ge 1 \end{cases}$$

**25.** 장거리 전화통화 시간 $X$는 다음과 같은 확률밀도함수를 갖는다고 한다.

$$f(x) = \frac{1}{10} e^{-\frac{x}{10}}, \quad x \ge 0$$

(1) $X$의 기댓값과 분산을 구하라.

(2) $P(\mu - \sigma \le X \le \mu + \sigma)$와 $P(\mu - 2\sigma \le X \le \mu + 2\sigma)$를 구하라.

**26.** 패스트푸드점에서 음식이 나오는 시간은 평균 63초, 표준편차 6.5초 걸린다고 한다. 체비쇼프 부등식을 이용하여 음식이 나올 확률이 75%와 89% 이상일 시구간을 구하라.

CHAPTER **3**장

# 결합확률분포

지금까지는 단일 변량에 대한 확률분포에 대하여 살펴보았다. 그러나 보편적으로 통계적인 현상은 두 개 이상의 확률변수를 필요로 하는 경우가 많다. 예를 들어, 키와 몸무게의 관계를 생각한다면 키와 몸무게를 나타내는 두 확률변수를 필요로 한다. 여기서는 두 개 이상의 확률변수가 결합된 확률분포와 그 성질에 대해 살펴본다.

## 3.1 결합확률분포

지금까지 단일 확률변수에 대한 확률모형을 설명하였으나, 많은 통계조사에서 두 개 이상의 확률변수를 필요로 하는 상황이 발생한다. 예를 들어, A와 B 두 회사의 주식을 구입한 투자가들이 1년 후의 투자 가치에 관심을 갖는다고 하자. 이때 투자 위험을 줄이기 위한 A와 B 두 회사에 대한 투자액 $X$와 $Y$의 비율은 다음 표와 같다.

| $X$ \ $Y$ | 1 | 2 | 3 | 4 |
|---|---|---|---|---|
| 1 | 0.02 | 0.04 | 0.08 | 0.15 |
| 2 | 0.04 | 0.05 | 0.06 | 0.10 |
| 3 | 0.08 | 0.06 | 0.05 | 0.01 |
| 4 | 0.15 | 0.10 | 0.01 | 0.00 |

A와 B 두 회사에 각각 1백만 원씩 투자할 비율은 0.02이고 A 회사에 3백만 원 B 회사에 2백만 원을 투자할 비율은 0.06 그리고 두 회사에 동시에 4백만 원씩 투자하는 경우는 고려하지 않는다. 따라서 이 경우에 대한 투자액 $X$와 $Y$의 상대도수에 의한 확률은 다음과 같다.

$$P(X=1, Y=1) = 0.02, \quad P(X=3, Y=2) = 0.06, \quad P(X=4, Y=4) = 0.00$$

두 회사에 대한 투자비율을 함께 고려하는 사건 $\{X=x, Y=y\}$를 생각할 수 있으며, 이 사건에 대한 확률은 $P(X=x, Y=y)$로 표현할 수 있다.

이와 같이 이산확률변수 $X$와 $Y$의 상태공간 $S_X = \{x_1, x_2, \cdots, x_n\}$, $S_Y = \{y_1, y_2, \cdots, y_m\}$에 대하여 확률 $P(X=x, Y=y)$를 대응하는 다음 함수를 두 확률변수 $X$와 $Y$의 **결합확률질량함수**(joint probability mass function: j.p.m.f.)라 한다.

$$f(x, y) = \begin{cases} P(X=x, Y=y), & x \in S_X, y \in S_Y \\ 0, & \text{다른 곳에서} \end{cases}$$

그러면 이산확률변수 $X$와 $Y$의 상태공간 $S_{XY} = S_X \times S_Y$에 대하여 결합확률질량함수 $f(x, y)$는 다음 성질을 갖는다.

(1) 모든 $x, y$에 대하여 $f(x, y) \geq 0$이다.

(2) $\displaystyle\sum_{\text{모든 } x} \sum_{\text{모든 } y} f(x, y) = 1$

(3) $\displaystyle P(a < X \leq b, c < Y \leq d) = \sum_{a < x \leq b} \sum_{c < y \leq d} f(x, y)$이다.

공정한 주사위 두 개를 던져서 나온 결과, 작은 눈의 수를 $X$ 그리고 큰 눈의 수를 $Y$라 하자. 만일 두 눈의 수가 같으면 $X = Y$라 한다. 이때 $X$와 $Y$의 결합확률질량함수 $f(x, y)$와 확률 $P(X \geq 4,\ Y \geq 4)$를 구하라.

(풀이)

주사위 두 개를 던져서 나올 수 있는 모든 경우는 36가지이다. 나온 두 눈의 결과가 $(i, i)$이면 $X = Y = i$이고 $P(X = Y = i) = \dfrac{1}{36}$이다. 그리고 나온 눈이 $(i, j)$ 또는 $(j, i)$이고 $i < j$이면 $P(X = i,\ Y = j) = \dfrac{2}{36}$이다. 따라서 다음 결합확률표를 얻는다.

| $X$ \ $Y$ | 1 | 2 | 3 | 4 | 5 | 6 |
|---|---|---|---|---|---|---|
| 1 | $\dfrac{1}{36}$ | $\dfrac{2}{36}$ | $\dfrac{2}{36}$ | $\dfrac{2}{36}$ | $\dfrac{2}{36}$ | $\dfrac{2}{36}$ |
| 2 | 0 | $\dfrac{1}{36}$ | $\dfrac{2}{36}$ | $\dfrac{2}{36}$ | $\dfrac{2}{36}$ | $\dfrac{2}{36}$ |
| 3 | 0 | 0 | $\dfrac{1}{36}$ | $\dfrac{2}{36}$ | $\dfrac{2}{36}$ | $\dfrac{2}{36}$ |
| 4 | 0 | 0 | 0 | $\dfrac{1}{36}$ | $\dfrac{2}{36}$ | $\dfrac{2}{36}$ |
| 5 | 0 | 0 | 0 | 0 | $\dfrac{1}{36}$ | $\dfrac{2}{36}$ |
| 6 | 0 | 0 | 0 | 0 | 0 | $\dfrac{1}{36}$ |

즉, $(x, y) = (1, 1), (2, 2), (3, 3), (4, 4), (5, 5), (6, 6)$이면 $P(X = x,\ Y = y) = \dfrac{1}{36}$이고 $(x, y)$가 다음과 같을 때 $P(X = x,\ Y = y) = \dfrac{2}{36}$이다.

$$(x, y) = (1, 2), (1, 3), (1, 4), (1, 5), (1, 6), (2, 3), (2, 4),$$
$$(2, 5), (2, 6), (3, 4), (3, 5), (3, 6)), (4, 5), (4, 6), (5, 6)$$

따라서 결합확률질량함수 $f(x, y)$는 다음과 같다.

$$f(x, y) = \begin{cases} \dfrac{1}{36}, & 1 \leq x = y \leq 6 \\ \dfrac{2}{36}, & 1 \leq x < y \leq 6 \\ 0, & \text{다른 곳에서} \end{cases}$$

그리고 구하고자 하는 확률 $P(X \geq 4,\ Y \geq 4)$는 다음과 같다.

$$P(X \geq 4,\ Y \geq 4) = f(4,4) + f(4,5) + f(4,6) + f(5,5) + f(5,6) + f(6,6)$$

$$= \frac{1}{36} + \frac{2}{36} + \frac{2}{36} + \frac{1}{36} + \frac{2}{36} + \frac{1}{36} = \frac{9}{36} = \frac{1}{4}$$

예제 1에서 $X$와 $Y$의 상태공간 $S_{XY} = \{(x,y) : x, y = 1, 2, 3, 4, 5, 6\}$을 그림 3.1과 같이 $X$와 $Y$가 취하는 값에 관하여 분할할 수 있다.

|  | $Y = 1$ | $Y = 2$ | $Y = 3$ | $Y = 4$ | $Y = 5$ | $Y = 6$ |
|---|---|---|---|---|---|---|
| $X = 1$ | (1,1) | (1,2) | (1,3) | (1,4) | (1,5) | (1,6) |
| $X = 2$ | (2,1) | (2,2) | (2,3) | (2,4) | (2,5) | (2,6) |
| $X = 3$ | (3,1) | (3,2) | (3,3) | (3,4) | (3,5) | (3,6) |
| $X = 4$ | (4,1) | (4,2) | (4,3) | (4,4) | (4,5) | (4,6) |
| $X = 5$ | (5,1) | (5,2) | (5,3) | (5,4) | (5,5) | (5,6) |
| $X = 6$ | (6,1) | (6,2) | (6,3) | (6,4) | (6,5) | (6,6) |

**그림 3.1  상태공간의 분할**

이때 사건 $[X = x]$, $x = 1, 2, 3, 4, 5, 6$은 주사위를 두 번 던져서 나온 눈 중에서 작거나 같은 눈의 수가 $x$인 사건을 나타내며, $X$의 확률질량함수 $f_X(x)$는 다음과 같다.

| $X$ | 1 | 2 | 3 | 4 | 5 | 6 |
|---|---|---|---|---|---|---|
| $f_X(x)$ | $\dfrac{11}{36}$ | $\dfrac{9}{36}$ | $\dfrac{7}{36}$ | $\dfrac{5}{36}$ | $\dfrac{3}{36}$ | $\dfrac{1}{36}$ |

특히 사건 $[X = 1]$은 서로 배반인 사건 $[Y = 1]$, $[Y = 2]$, $[Y = 3]$, $[Y = 4]$, $[Y = 5]$, $[Y = 6]$으로 분할할 수 있으며, 분할된 각 사건의 확률은 다음 표와 같이 결합확률표의 $X = 1$인 행 안의 확률을 모두 합한 것과 동일하다.

| $X$ \ $Y$ | 1 | 2 | 3 | 4 | 5 | 6 | 합 |
|---|---|---|---|---|---|---|---|
| 1 | $\dfrac{1}{36}$ | $\dfrac{2}{36}$ | $\dfrac{2}{36}$ | $\dfrac{2}{36}$ | $\dfrac{2}{36}$ | $\dfrac{2}{36}$ | $\dfrac{11}{36}$ |

다시 말해서, 다음과 같다.

$$f_X(1) = P(X = 1) = f(1,1) + f(1,2) + f(1,3) + f(1,4) + f(1,5) + f(1,6) = \frac{11}{36}$$

같은 방법으로 사건 $[X=2]$, $[X=3]$, $[X=4]$, $[X=5]$, $[X=6]$일 확률은 각각 다음과 같이 분할된다.

| $X$ \ $Y$ | 1 | 2 | 3 | 4 | 5 | 6 | 합 |
|---|---|---|---|---|---|---|---|
| 2 | 0 | $\frac{1}{36}$ | $\frac{2}{36}$ | $\frac{2}{36}$ | $\frac{2}{36}$ | $\frac{2}{36}$ | $\frac{9}{36}$ |

| $X$ \ $Y$ | 1 | 2 | 3 | 4 | 5 | 6 | 합 |
|---|---|---|---|---|---|---|---|
| 3 | 0 | 0 | $\frac{1}{36}$ | $\frac{2}{36}$ | $\frac{2}{36}$ | $\frac{2}{36}$ | $\frac{7}{36}$ |

| $X$ \ $Y$ | 1 | 2 | 3 | 4 | 5 | 6 | 합 |
|---|---|---|---|---|---|---|---|
| 4 | 0 | 0 | 0 | $\frac{1}{36}$ | $\frac{2}{36}$ | $\frac{2}{36}$ | $\frac{5}{36}$ |

| $X$ \ $Y$ | 1 | 2 | 3 | 4 | 5 | 6 | 합 |
|---|---|---|---|---|---|---|---|
| 5 | 0 | 0 | 0 | 0 | $\frac{1}{36}$ | $\frac{2}{36}$ | $\frac{3}{36}$ |

| $X$ \ $Y$ | 1 | 2 | 3 | 4 | 5 | 6 | 합 |
|---|---|---|---|---|---|---|---|
| 6 | 0 | 0 | 0 | 0 | 0 | $\frac{1}{36}$ | $\frac{1}{36}$ |

그러므로 두 이산확률변수 $X$와 $Y$의 결합확률질량함수 $f(x,y)$에 대하여, $X$의 확률분포를 다음과 같이 유도할 수 있다.

$$f_X(x) = \sum_{\text{모든 } y} f(x,y), \ \ x = 1,2,3,4,5,6$$

이와 같이 두 이산확률변수 $X$와 $Y$의 상태공간 $S_X$, $S_Y$에서 결합확률질량함수를 $f(x,y)$라 할 때, 확률 $P(X=x)$에 대응하는 함수를 $X$의 **주변확률질량함수**(marginal probability mass function: m.p.m.f.)라 한다.

$$f_X(x) = P(X=x) = \sum_{\text{모든 } y} f(x,y), \ \ \ x \in S_X$$

같은 방법으로 확률 $P(Y=y)$에 대응하는 다음 함수를 $Y$의 주변확률질량함수라 한다.

$$f_Y(y) = P(Y=y) = \sum_{\text{모든 } x} f(x,y), \ \ \ y \in S_Y$$

---

**예제 2**

두 이산확률변수 $X$와 $Y$의 결합확률이 다음 표와 같다.

(1) $X$와 $Y$의 주변확률질량함수를 구하라.      (2) 확률 $P(X \leq 2)$를 구하라.

| $X$ \ $Y$ | 1 | 2 | 3 |
|:---:|:---:|:---:|:---:|
| 1 | 0.03 | 0.05 | 0.23 |
| 2 | 0.05 | 0.13 | 0.15 |
| 3 | 0.13 | 0.16 | 0.07 |

**(풀이)**

(1) $X$와 $Y$의 주변확률을 구하면 각각 다음과 같다.

$$P(X=1) = 0.03 + 0.05 + 0.23 = 0.31 \qquad P(Y=1) = 0.03 + 0.05 + 0.13 = 0.21$$

$$P(X=2) = 0.05 + 0.13 + 0.15 = 0.33 \qquad P(Y=2) = 0.05 + 0.13 + 0.16 = 0.34$$

$$P(X=3) = 0.13 + 0.16 + 0.07 = 0.36 \qquad P(Y=3) = 0.23 + 0.15 + 0.07 = 0.45$$

그러므로 $X$와 $Y$의 주변확률질량함수는 각각 다음과 같다.

$$f_X(x) = P(X=x) = \begin{cases} 0.31, & x=1 \\ 0.33, & x=2 \\ 0.36, & x=3 \\ 0, & \text{다른 곳에서} \end{cases} \quad , \quad f_Y(y) = P(Y=y) = \begin{cases} 0.21, & y=1 \\ 0.34, & y=2 \\ 0.45, & y=3 \\ 0, & \text{다른 곳에서} \end{cases}$$

(2) $x \leq 2$인 범위 안의 결합확률질량함수 값들을 모두 더하여 얻는다.

$$P(X \leq 2) = P(X=1, Y=1) + P(X=1, Y=2) + P(X=1, Y=3)$$

$$+ P(X=2, Y=1) + P(X=2, Y=2) + P(X=2, Y=3)$$

$$= 0.03 + 0.05 + 0.23 + 0.05 + 0.13 + 0.15 = 0.64$$

또는 $X$의 주변확률질량함수를 이용하여 확률을 구하면 다음과 같다.

$$P(X \leq 2) = f_X(1) + f_X(2) = 0.31 + 0.33 = 0.64$$

---

한편 연속확률변수 $X$와 $Y$의 상태공간 $S_{XY}$에 대하여 다음 두 조건을 만족하는 함수 $f(x, y)$ 를 연속확률변수 $X$와 $Y$의 **결합확률밀도함수**(joint probability density function: j.p.d.f.)라 한다.

  (1) 모든 $x, y$에 대하여 $f(x, y) \geq 0$이다.

(2) $\displaystyle\int_{-\infty}^{\infty}\int_{-\infty}^{\infty}f(x,y)\,dx\,dy=1$

연속확률변수 $X$와 $Y$의 결합밀도함수는 그림 3.2와 같이 공간 위에서 곡면을 이룬다.

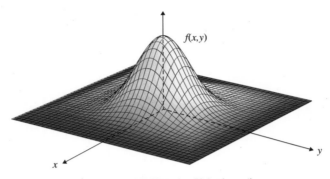

**그림 3.2   결합확률밀도함수의 그래프**

특히, 연속확률변수 $X$와 $Y$에 대하여 $A=\{(x,y): a\le x\le b,\ c\le y\le d\}$ 라 할 때, 두 확률변수가 영역 $A$ 안에 속할 확률 즉, $a\le X\le b$ 이고 $c\le Y\le d$ 일 확률은 다음과 같다.

$$P[(X,Y)\in A]=\int_a^b\int_c^d f(x,y)\,dy\,dx$$

이때 확률 $P[(X,Y)\in A]$는 그림 3.3과 같이 $xy$-평면의 영역 $A$와 함수 $f(x,y)$에 의하여 둘러싸인 입체의 부피를 의미한다.

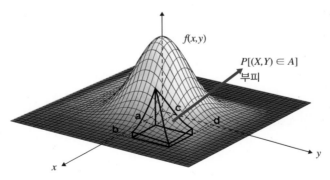

**그림 3.3   $P[(X,Y)\in A]$의 기하학적 의미**

그리고 연속확률변수 $X$와 $Y$의 **주변확률밀도함수**(marginal probability density function: m.p.d.f.) $f_X(x)$와 $f_Y(y)$를 각각 다음과 같이 정의한다.

$$f_X(x) = \int_{-\infty}^{\infty} f(x,y)\,dy, \quad f_Y(y) = \int_{-\infty}^{\infty} f(x,y)\,dx$$

2.2절에서 살펴본 바와 같이 $P(a \leq X \leq b)$는 다음과 같다.

$$P(a \leq X \leq b) = \int_a^b f_X(x)\,dx$$

이때 $f_X(x) = \int_{-\infty}^{\infty} f(x,y)\,dy$이므로 결합확률밀도함수 $f(x,y)$를 이용하여 $P(a \leq X \leq b)$를 다음과 같이 구할 수 있다.

$$P(a \leq X \leq b) = \int_a^b \int_{-\infty}^{\infty} f(x,y)\,dy\,dx$$

---

**예제 3**

연속확률변수 $X$와 $Y$의 결합확률밀도함수가 다음과 같다.

$$f(x,y) = \begin{cases} 4xy, & 0 \leq x \leq 1,\, 0 \leq y \leq 1 \\ 0, & \text{다른 곳에서} \end{cases}$$

(1) 두 확률변수 $X$와 $Y$의 주변확률밀도함수를 구하라.

(2) 확률 $P\left(0 \leq X \leq \dfrac{1}{2},\, \dfrac{1}{2} \leq Y \leq 1\right)$과 $P\left(0 \leq X \leq \dfrac{1}{2}\right)$, $P\left(\dfrac{1}{2} \leq Y \leq 1\right)$을 구하라.

**풀이**

(1) 확률변수 $X$와 $Y$의 주변확률밀도함수는 각각 다음과 같다.

$$f_X(x) = \int_{-\infty}^{\infty} f(x,y)\,dy = \int_0^1 4xy\,dy = \left[2xy^2\right]_{y=0}^{y=1} = 2x, \quad 0 \leq x \leq 1$$

$$f_Y(y) = \int_{-\infty}^{\infty} f(x,y)\,dx = \int_0^1 4xy\,dx = \left[2x^2y\right]_{x=0}^{x=1} = 2y, \quad 0 \leq y \leq 1$$

(2) 구하고자 하는 확률은 각각 다음과 같다.

$$P\left(0 \leq X \leq \frac{1}{2},\, \frac{1}{2} \leq Y \leq 1\right) = \int_0^{1/2} \int_{1/2}^1 4xy\,dy\,dx = \int_0^{1/2} 2x\left[y^2\right]_{y=1/2}^{y=1}\,dx$$

$$= \frac{3}{4} \int_0^{1/2} 2x\,dx = \frac{3}{4}\left[x^2\right]_0^{1/2} = \frac{3}{4} \cdot \frac{1}{4} = \frac{3}{16}$$

$$P\left(0 \le X \le \frac{1}{2}\right) = \int_0^{1/2} 2x\,dx = \left[x^2\right]_0^{1/2} = \frac{1}{4}$$

$$P\left(\frac{1}{2} \le Y \le 1\right) = \int_{1/2}^1 2y\,dy = \left[y^2\right]_{1/2}^1 = 1 - \frac{1}{4} = \frac{3}{4}$$

한편 두 확률변수 $X$, $Y$에 대하여, 다음과 같이 정의되는 함수를 $X$와 $Y$의 **결합분포함수** (joint distribution function)라 한다.

$$F(x, y) = P(X \le x,\, Y \le y) = \begin{cases} \displaystyle\sum_{u \le x} \sum_{v \le y} f(u, v) & ,(X,\,Y)\text{가 이산형인 경우} \\[2mm] \displaystyle\int_{-\infty}^x \int_{-\infty}^y f(u, v)\,dv\,du & ,(X,\,Y)\text{가 연속형인 경우} \end{cases}$$

이때 $x \in S_X$에 대하여 이산확률변수 $X$의 주변확률질량함수와 분포함수는 각각 다음과 같다.

$$f_X(x) = \sum_{\text{모든 } y} f(x, y)$$

$$F_X(x) = P(X \le x) = \sum_{u \le x} f_X(u)$$

따라서 결합분포에서 $X$의 분포함수는 다음과 같이 정의되며, 이것을 $X$의 **주변분포함수** (marginal distribution function)라 한다. 그리고 연속확률변수의 주변분포함수도 동일한 방법에 의하여 정의된다.

$$F_X(x) = P(X \le x) = \begin{cases} \displaystyle\sum_{t \le x} \sum_{\text{모든 } y} f(t, y) & ,X\text{가 이산형인 경우} \\[2mm] \displaystyle\int_{-\infty}^x \int_{-\infty}^{\infty} f(u, y)\,dy\,du & ,X\text{가 연속형인 경우} \end{cases}$$

그림 3.4와 같이 사건 $[a < X \le b,\, c < Y \le d]$를 $[X \le b,\, Y \le d]$, $[X \le a,\, Y \le d]$, $[X \le b,\, Y \le c]$ 그리고 $[X \le a,\, Y \le c]$에 의하여 표현할 수 있으며, 따라서 다음과 같이 결합분포함수를 이용하여 확률 $P(a < X \le b,\, c < Y \le d)$를 얻을 수 있다.

$$P(a < X \le b,\, c < Y \le d) = F(b, d) - F(a, d) - F(b, c) + F(a, c)$$

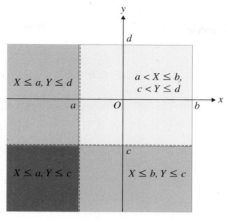

**그림 3.4** 사건 $[a < X \le b, \, c < Y \le d]$

특히 연속확률변수 $X$와 $Y$의 결합분포함수와 결합확률밀도함수 사이에 다음이 성립한다.

$$f(x, y) = \frac{\partial^2}{\partial x \, \partial y} F(x, y)$$

---

**예제 4**

확률변수 $X, Y$의 결합분포함수가 $F(x, y) = x^2(1 - e^{-2y})$, $0 \le x \le 1$, $y > 0$일 때, 다음을 구하라.

(1) $X$와 $Y$의 결합확률밀도함수          (2) $X$와 $Y$의 주변확률밀도함수

(3) 확률 $P(0 < X \le 0.5, 0 < Y \le 1)$

**풀이**

(1) 결합분포함수와 결합확률밀도함수의 관계로부터 다음을 얻는다.

$$f(x, y) = \frac{\partial^2}{\partial x \, \partial y} F(x, y) = \frac{\partial^2}{\partial x \, \partial y} x^2 (1 - e^{-2y})$$

$$= (2x)(2e^{-2y}) = 4x \, e^{-2y}, \quad 0 \le x \le 1, \, y > 0$$

(2) $f_X(x) = \displaystyle\int_0^\infty 4x \, e^{-2y} dy = \left[ (-2x) \, e^{-2y} \right]_{y=0}^{y=\infty} = 2x, \quad 0 \le x \le 1$

$f_Y(y) = \displaystyle\int_0^1 4x \, e^{-2y} dx = \left[ 2x^2 e^{-2y} \right]_{x=0}^{x=1} = 2e^{-2y}, \quad y > 0$

(3) $P(0 < X \le 0.5, 0 < Y \le 1) = F(0.5, 1) - F(0, 1) - F(0.5, 0) + F(0, 0)$

$$= \frac{1}{4}(1 - e^{-2}) - 0 - 0 + 0 = \frac{1}{4}(1 - e^{-2})$$

**1.** 공정한 주사위를 두 번 던지는 게임에서 $X$는 두 눈의 수 가운데 작은 수, $Y$는 두 눈의 수 가운데 큰 수를 나타내며, 두 눈이 동일한 수이면 $X$와 $Y$는 주사위 눈의 수를 나타낸다고 한다.

(1) $X$와 $Y$의 결합질량함수를 구하라.　　　(2) $X$와 $Y$의 주변질량함수를 구하라.

(3) $P(X \leq 3,\ Y \leq 3)$을 구하라.

**2.** 공정한 주사위를 두 번 던지는 게임에서 $X$는 처음 던져서 나온 눈의 수, $Y$는 두 눈의 차에 대한 절댓값을 나타낸다고 한다.

(1) $X$와 $Y$의 결합확률표를 만들라.　　　(2) $X$와 $Y$의 주변질량함수를 구하라.

(3) $E(Y),\ Var(Y)$를 구하라.　　　(4) $P(X \leq 3,\ Y \leq 3)$을 구하라.

**3.** 공정한 4면체를 두 번 던지는 게임에서 $X$는 처음 던져서 바닥에 놓인 수, $Y$는 두 번 던져서 바닥에 놓인 두 수의 합을 나타낸다고 한다.

(1) $X$와 $Y$의 결합확률표를 만들라.　　　(2) $X$와 $Y$의 주변질량함수를 구하라.

(3) $P(X+Y \leq 5)$를 구하라.

**4.** 52장의 카드가 들어 있는 주머니에서 비복원추출에 의하여 카드 두 장을 꺼낸다고 하자. 하트의 개수를 $X$, 스페이드의 개수를 $Y$라 한다.

(1) $X$와 $Y$의 결합질량함수를 구하라.　　　(2) $X$와 $Y$의 주변질량함수를 구하라.

(3) $X$의 평균과 분산을 구하라.

**5.** 문제 4에서 복원추출을 할 경우, (1)~(3)을 구하라.

**6.** 확률변수 $X$와 $Y$가 다음 결합확률질량함수를 갖는다.

$$f(x,y) = \begin{cases} \dfrac{2x+y}{12}, & (x,y) = (0,1),(0,2),(1,2),(1,3) \\ \\ 0, & \text{다른 곳에서} \end{cases}$$

(1) $P(X=1,\ Y=2)$과 $P(X \leq 1,\ Y < 3)$을 구하라.

(2) 이산확률변수 $X$와 $Y$의 주변확률함수를 구하라.

**7.** $X$와 $Y$의 결합질량함수가 다음과 같다.

$$f(x,y) = \frac{x+y}{110}, \quad x = 1,2,3,4, \ y = 1,2,3,4,5$$

(1) $X$와 $Y$의 주변질량함수를 구하라.  (2) $E(X), \ E(Y)$를 구하라.

(3) $P(X < Y)$  (4) $P(Y = 2X)$

(5) $P(X + Y = 5)$  (6) $P(3 \le X + Y \le 5)$

**8.** $X$와 $Y$의 결합질량함수가 다음과 같다.

$$f(x,y) = k\left(\frac{1}{3}\right)^{x-1}\left(\frac{1}{4}\right)^{y-1}, \quad x = 1,2,3,\cdots, \ y = 1,2,3,\cdots$$

(1) 상수 $k$를 구하라.  (2) $X$와 $Y$의 주변질량함수를 구하라.

(3) $P(X + Y = 4)$를 구하라.

**9.** $\{0,1,2,\cdots,9\}$에서 비복원추출에 의하여 세 자리 숫자를 만들 때, 세 숫자 중에서 가장 작은 자릿수를 $X$, 가장 큰 자릿수를 $Y$라고 한다.

(1) $X$와 $Y$의 결합확률질량함수를 구하라.

(2) $Z = Y - X$의 확률질량함수를 구하라.

(3) $P(Z \le 5)$를 구하라.

**10.** 매일 인접한 두 도시 $A$와 $B$의 교통사고 발생 시간을 조사한 결과, 두 도시의 교통사고 발생 시간을 각각 $X$와 $Y$라 할 때, 다음 결합밀도함수를 갖는다고 한다.

$$f(x,y) = \begin{cases} e^{-x-y}, & x > 0, \ y > 0 \\ 0 & , \ \text{다른 곳에서} \end{cases}$$

(1) $f(x,y)$가 결합밀도함수인 것을 보여라.

(2) 두 도시의 교통사고 발생 시간이 각각 1과 2를 초과할 확률을 구하라.

**11.** 연속확률변수 $X$와 $Y$의 결합밀도함수가 다음과 같을 때, $X$와 $Y$의 주변밀도함수를 구하라.

$$f(x,y) = \begin{cases} e^{-(x+y)}, & 0 < x < \infty, \ 0 < y < \infty \\ 0 & , \ \text{다른 곳에서} \end{cases}$$

**12.** 연속확률변수 $X$와 $Y$의 결합확률밀도함수가 다음과 같다.

$$f(x,y) = \begin{cases} kxy, & 0 \leq x \leq y \leq 1 \\ 0, & \text{다른 곳에서} \end{cases}$$

(1) 상수 $k$를 구하라.
(2) 두 확률변수 $X$와 $Y$의 주변확률밀도함수를 구하라.

**13.** 연속확률변수 $X$와 $Y$의 결합분포함수가 $F(x,y) = (1-e^{-2x})(1-e^{-3y})$, $0 < x < \infty$, $0 < y < \infty$ 이다.

(1) $X$와 $Y$의 결합밀도함수를 구하라.
(2) $X$의 주변분포함수와 주변밀도함수를 구하라.
(3) 확률 $P(1 < X \leq 2, 0 < Y \leq 1)$을 구하라.

**14.** 연속확률변수 $X$와 $Y$의 결합밀도함수가 $f(x,y) = 2e^{-x-y}$, $0 < x < y < \infty$ 이다.

(1) $X$와 $Y$의 주변밀도함수를 구하라.
(2) $X$와 $Y$의 주변분포함수를 구하라.
(3) 확률 $P(1 \leq X \leq 2, 1 \leq Y \leq 2)$을 구하라.

**15.** 연속확률변수 $X$와 $Y$의 결합밀도함수가 $f(x,y) = \dfrac{3}{16}$, $x^2 \leq y \leq 4$, $0 \leq x \leq 2$이다.

(1) $X$와 $Y$의 주변밀도함수를 구하라.      (2) $P(1 \leq X \leq \sqrt{2}, 1 \leq Y \leq 2)$
(3) $P(2X > Y)$

**16.** 연속확률변수 $X$와 $Y$의 결합밀도함수가 $f(x,y) = \dfrac{x+y}{8}$, $0 \leq x \leq 2$, $0 \leq y \leq 2$일 때, 다음 확률을 구하라.

(1) $P(X \leq Y)$                    (2) $P(X \geq 2Y)$
(3) $P(Y \geq X^2)$                  (4) $P(X^2 + Y^2 \leq 4)$

**17.** 연속확률변수 $X$와 $Y$의 결합밀도함수가 $f(x,y) = k(x-1)y^2$, $1 \leq x \leq 3$, $1 \leq y \leq 4$일 때, 다음을 구하라.

(1) 상수 $k$                         (2) $X$와 $Y$의 확률밀도함수
(3) $P(1 \leq X \leq 2, 0.5 \leq Y \leq 2)$   (4) $P(X \leq Y \leq 2X)$

**18.** 연속확률변수 $X$와 $Y$가 다음 결합밀도함수를 갖는다. $Y$의 주변밀도함수 $f_Y(y)$를 구하라.

$$f(x,y) = \begin{cases} 15y \ , \ x^2 \leq y \leq x \\ 0 \quad , \ \text{다른 곳에서} \end{cases}$$

**19.** 연속확률변수 $X$와 $Y$의 결합확률밀도함수가 다음과 같을 때, $X$와 $Y$의 주변확률밀도함수를 구하라.

$$f(x,y) = \begin{cases} e^{-(x+y)}, \ 0 < x < \infty, \ 0 < y < \infty \\ 0 \qquad , \ \text{다른 곳에서} \end{cases}$$

**20.** 두 확률변수 $X$와 $Y$의 결합확률밀도함수가 다음과 같다.

$$f(x,y) = \begin{cases} \dfrac{3}{2}y^2, \ \ 0 < x < 2, 0 < y < 1 \\ 0 \quad , \ \ \text{다른 곳에서} \end{cases}$$

(1) $X$와 $Y$의 주변확률밀도함수를 구하라.
(2) $P(X<1)$과 $P(Y \geq 0.5)$를 구하라.

**21.** 두 확률변수 $X$와 $Y$의 결합밀도함수가 다음과 같다.

$$f(x,y) = \begin{cases} 24xy, \ 0 < y < 1-x, \ 0 < x < 1 \\ 0 \qquad , \ \text{다른 곳에서} \end{cases}$$

(1) $X$와 $Y$의 주변밀도함수를 구하라.
(2) $P(X>Y)$를 구하라.

**22.** 두 확률변수 $X$와 $Y$가 결합밀도함수 $f(x,y)=1$, $0 < x < 1$, $0 < y < 1$을 갖는다고 할 때, 다음을 구하라.

(1) $X$와 $Y$의 결합분포함수
(2) $P(X \geq 0.5, X \geq Y)$
(3) $P(X^2 + Y^2 \leq 1)$
(4) $P(|X-Y| \leq 0.5)$
(5) $P(X+Y \geq 1, X^2 + Y^2 \leq 1)$

**23.** 두 확률변수 $X$와 $Y$가 $S = \{(x, y) : 0 < x < 4, \, 0 < y < 8, \, x < y\}$에서 결합밀도함수 $f(x, y) = k$를 가질 때, 다음을 구하라.

(1) 상수 $k$
(2) $X$와 $Y$의 주변밀도함수
(3) $P(X < 2)$
(4) $P(Y > 1)$
(5) $P(2X > Y)$
(6) $P(2X < Y < 4X)$

**24.** 두 확률변수 $X$와 $Y$가 $S = \{(x, y) : 0 < x < y < 2\}$에서 결합밀도함수 $f(x, y) = k$를 가질 때, 다음을 구하라.

(1) 상수 $k$
(2) $X$와 $Y$의 주변밀도함수
(3) $P(2X > Y)$
(4) $P(2X < Y < 4X)$

**25.** 두 확률변수 $X$와 $Y$가 $S = \{(x, y) : 0 < |y| < x < 2\}$에서 결합밀도함수 $f(x, y) = k$를 가질 때, 다음을 구하라.

(1) 상수 $k$
(2) $X$와 $Y$의 주변밀도함수
(3) $P(1 < X < 2)$

**26.** 두 확률변수 $X$와 $Y$ 결합밀도함수가 $f(x, y) = 3e^{-x-3y}, \, x > 0, \, y > 0$이다.

(1) 결합분포함수 $F(x, y)$를 구하라.
(2) $X$와 $Y$의 주변밀도함수를 구하라.
(3) $P(X < Y)$를 구하라.

**27.** $X$와 $Y$의 결합확률밀도함수가 다음과 같다고 한다.

$$f(x, y) = \begin{cases} k(e^{x+y} + e^{2x-y}), & 1 \le x \le 2, \, 0 \le y \le 3 \\ 0 & , \quad \text{다른 곳에서} \end{cases}$$

(1) 상수 $k$를 구하라.
(2) $P(1 \le X \le 2, \, 1 \le Y \le 2)$를 구하라.
(3) $X$와 $Y$의 주변확률밀도함수를 구하라.

**28.** 20세에서 29세 사이의 청년들에게 혈액 속의 칼슘의 양 $X$는 데시리터(dl)당 8.5에서 10.5밀리그램(mg) 그리고 콜레스테롤의 양 $Y$는 데시리터(dl)당 120에서 240밀리그램(mg) 들어 있다는 의학보고서가 있다. 이 연령대에 있는 청년들에 대하여 $X$와 $Y$는 일정하게 분포를 이룬다고 한다.

(1) $X$와 $Y$의 결합확률밀도함수를 구하라.
(2) $X$와 $Y$의 주변확률밀도함수를 구하라.

**29.** $X$와 $Y$의 결합밀도함수는 네 점 $(0,1), (1,0), (0,-1), (-1,0)$을 꼭지점으로 갖는 영역 $D$ 에서 $f(x,y) = k, (x,y) \in D$로 주어진다.

(1) 상수 $k$를 구하라.
(2) $X$와 $Y$의 주변확률밀도함수를 구하라.
(3) $X$와 $Y$의 기댓값과 분산을 구하라.

**30.** 어떤 기계장치는 두 부품 중 어느 하나가 고장 날 때까지 작동한다. 그리고 두 부품의 수명에 대한 결합밀도함수는 다음과 같다. 이때 이 장치가 1시간 안에 작동이 멈출 확률을 구하라.

$$f(x,y) = \begin{cases} \dfrac{x+y}{27}, & 0 < x < 3, 0 < y < 3 \\ 0 & , \text{ 다른 곳에서} \end{cases}$$

**31.** 보험회사는 대단히 많은 운전자를 가입자로 가지고 있다. 자동차 충돌에 의한 보험회사의 손실을 확률변수 $X$라 하고, 책임보험에 의한 손실을 $Y$라고 하자. 두 확률변수의 결합밀도함수가 다음과 같을 때, 두 손실의 총액이 적어도 1 이상일 확률을 구하라.

$$f(x) = \begin{cases} \dfrac{2x+2-y}{4}, & 0 < x < 1, 0 < y < 2 \\ 0 & , \text{ 다른 곳에서} \end{cases}$$

**32.** 어떤 기계장치는 두 개의 대단위 구성요소로 이루어져 있으며, 이 두 요소 중에서 어느 하나가 고장이 나면 이 기계장치는 자동으로 멈춘다. 그리고 두 구성요소의 수명에 대한 결합분포는 $f(x,y) = 1, 0 < x < 1, 0 < y < 1$이라 한다. 이때 처음 30분 동안 사용 중에 이 기계장치가 멈추게 될 확률을 구하라. 단, 측정 단위는 시간이다.

**33.** 두 지역의 지난 1년간 측정된 강우량을 각각 $X$와 $Y$라 할 때, 다음과 같은 결합밀도함수를 갖는다고 한다. 이때 확률 $P(X+Y \le 1)$을 구하라.

$$f(x,y) = 4xy, \ 0 \le x \le 1, \ 0 \le y \le 1$$

**34.** 자동차 보험회사는 보험금을 유리창 파손과 다른 부위의 파손에 의한 손실로 분리한다. 유리창 파손에 의한 손실을 $X$, 그리고 다른 부위의 파손에 의한 손실을 $Y$라 하면, 다음 결합밀도함수를 갖는다. 단위는 1백만 원이다.

$$f(x,y)=\begin{cases}\dfrac{1}{1875}(30-x-y), & 0<x<5,\,0<y<25\\[2mm]0 & ,\ \text{다른 곳에서}\end{cases}$$

(1) $X$와 $Y$의 결합분포함수를 구하라.
(2) $X$와 $Y$의 주변밀도함수를 구하라.
(3) $P(2<X\le 4,\,20<Y\le 25)$를 구하라.
(4) $P(2X\ge Y)$를 구하라.

**35.** 두 부품으로 구성된 어떤 기계의 수명은 다음 결합밀도함수를 갖는다. 이 두 부품이 현재로부터 20개월 이상 작동할 확률을 구하라. 단, 단위는 월이다.

$$f(x)=\begin{cases}\dfrac{6}{125000}(50-x-y), & 0<x<50-y<50\\[2mm]0 & ,\ \text{다른 곳에서}\end{cases}$$

## 3.2 조건부 확률분포

1.3절에서 사건 $B$가 주어졌을 때, 사건 $A$의 조건부 확률을 다음과 같이 정의하였다.

$$P(A|B) = \frac{P(A \cap B)}{P(B)}, \quad P(B) > 0$$

이제 이산확률변수 $X$와 $Y$의 확률질량함수를 각각 $f_X(x)$와 $f_Y(y)$ 그리고 결합확률질량함수를 $f(x, y)$라 하자. 이때 $A = \{X = x\}$와 $B = \{Y = y\}$라 하면 $A \cap B = \{X = x, Y = y\}$이고, 따라서 다음을 얻는다.

$$P(A \cap B) = P(X = x, Y = y) = f(x, y)$$
$$P(B) = P(Y = y) = f_Y(y)$$

위의 조건부 확률은 $f_Y(y) > 0$일 때, 다음과 같이 표현할 수 있다.

$$P(A|B) = \frac{P(A \cap B)}{P(B)} = \frac{P(X = x, Y = y)}{P(Y = y)} = \frac{f(x, y)}{f_Y(y)}$$

이때 조건부 확률을 $P(A|B) = P(X = x \,|\, Y = y)$로 나타내면, 이 확률은 사건 $\{Y = y\}$가 주어졌다는 조건 아래서 사건 $\{X = x\}$일 조건부 확률이다. 특히 $f_Y(y) > 0$일 때, 이 조건부 확률에 대응하는 함수를 $f(x|y)$라 하며 다음과 같다.

$$f(x|y) = P(X = x \,|\, Y = y) = \frac{f(x, y)}{f_Y(y)}$$

이와 같이 정의되는 함수 $f(x|y)$를 $f_Y(y) > 0$인 $Y = y$가 주어졌을 때, 확률변수 $X$의 **조건부 확률질량함수**(conditional probability mass function)라 한다. 같은 방법으로 $f_X(x) > 0$이고 $X = x$가 주어졌을 때, 확률변수 $Y$의 조건부 확률질량함수는 다음과 같이 정의된다.

$$f(y|x) = \frac{P(X = x, Y = y)}{P(X = x)} = \frac{f(x, y)}{f_X(x)}$$

한편 연속확률변수 $X$와 $Y$에 대하여 $P(Y = y) = 0$이지만, $f_Y(y) > 0$일 때 $X$의 **조건부 확률밀도함수**(conditional probability density function)도 다음과 같이 동일한 방법으로 정의한다.

$$f(x|y) = \frac{f(x, y)}{f_Y(y)}$$

그림 3.4 또는 그림 3.5와 같이 $X = x$ 또는 $Y = y$가 주어진 조건 아래서, 조건부 확률질량(밀도)함수 $f(y|x)$ 또는 $f(x|y)$도 또 하나의 확률질량(밀도)함수가 된다.

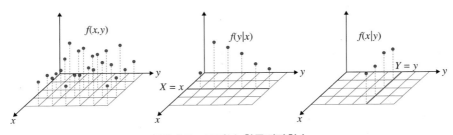

**그림 3.5  조건부 확률질량함수**

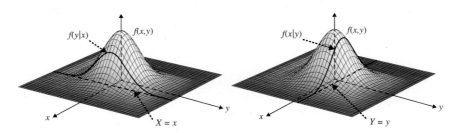

**그림 3.6  조건부 확률밀도함수**

---

### 예제 1

확률변수 $X$와 $Y$의 결합확률질량함수가 다음과 같다.

$$f(x, y) = \begin{cases} \dfrac{x+y}{21}, & x = 1,2, \ y = 1,2,3 \\ \\ 0, & \text{다른 곳에서} \end{cases}$$

(1)  $Y$의 주변확률질량함수를 구하라.

(2)  $Y = 2$인 $X$의 조건부 확률질량함수를 구하라.

(3)  $Y = y$인 $X$의 조건부 확률질량함수를 구하라.

(4)  조건부 확률 $P(X = 1 | Y = 2)$를 구하라.

(풀이)

(1) $Y$의 주변확률질량함수는 다음과 같다.

$$f_Y(y) = f(1, y) + f(2, y) = \frac{2y+3}{21}, \quad y = 1, 2, 3$$

(2) $P(Y=2) = f_Y(2) = \frac{7}{21} = \frac{1}{3}$ 이므로 $Y=2$인 $X$의 조건부 확률질량함수는 다음과 같다.

$$f(x \mid y=2) = \frac{P(X=x, Y=2)}{P(Y=2)} = \frac{(x+2)/21}{1/3} = \frac{x+2}{7}, \quad x = 1, 2$$

(3) $f_Y(y) = \frac{2y+3}{21}$ 이므로 $Y=y$인 $X$의 조건부 확률질량함수는 다음과 같다.

$$f(x \mid y) = \frac{f(x, y)}{f_Y(y)} = \frac{(x+y)/21}{(2y+3)/21} = \frac{x+y}{2y+3}, \quad x = 1, 2$$

(4) $P(X=1 \mid Y=2) = f(1 \mid y=2) = \frac{1+2}{2 \cdot 2 + 3} = \frac{3}{7}$

확률변수 $X$와 $Y$에 대하여 $Y=y$일 때, $a < X \leq b$일 조건부 확률은 다음과 같다.

$$P(a < X \leq b \mid Y=y) = \begin{cases} \displaystyle\sum_{a < x \leq b} f(x \mid y) &, (X, Y)가 \ 이산형인 \ 경우 \\[2mm] \displaystyle\int_a^b f(x \mid y)\, dx &, (X, Y)가 \ 연속형인 \ 경우 \end{cases}$$

다음 그림 3.6과 그림 3.7은 이산확률분포와 연속확률분포에 대한 조건부 확률을 나타내며, 특히 연속확률분포인 경우에 조건부 확률은 조건부 확률밀도함수와 확률변수의 경계로 둘러싸인 부분의 넓이임을 보여준다.

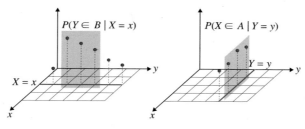

**그림 3.7 이산결합분포에 대한 조건부 확률**

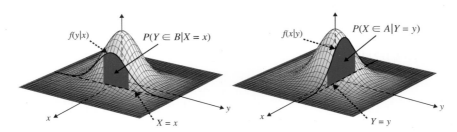

**그림 3.8 연속결합분포에 대한 조건부 확률**

---

### 예제 2

확률변수 $X$와 $Y$의 결합확률표가 다음과 같다.

(1) $X$와 $Y$의 주변확률질량함수를 구하라.

(2) $Y=2$인 조건 아래서, $X$의 조건부 확률질량함수를 구하라.

(3) $Y=2$인 조건 아래서, $X=1$ 또는 $X=3$일 확률을 구하라.

| $X$＼$Y$ | 1 | 2 | 3 | 4 |
|---|---|---|---|---|
| 1 | 0.10 | 0.06 | 0.07 | 0.04 |
| 2 | 0.05 | 0.07 | 0.11 | 0.10 |
| 3 | 0.04 | 0.06 | 0.09 | 0.05 |
| 4 | 0.02 | 0.04 | 0.03 | 0.07 |

**풀이**

(1) $X$와 $Y$의 결합확률표로부터 다음 표를 완성한다.

| $X$＼$Y$ | 1 | 2 | 3 | 4 | $f_X(x)$ |
|---|---|---|---|---|---|
| 1 | 0.10 | 0.06 | 0.07 | 0.04 | 0.27 |
| 2 | 0.05 | 0.07 | 0.11 | 0.10 | 0.33 |
| 3 | 0.04 | 0.06 | 0.09 | 0.05 | 0.24 |
| 4 | 0.02 | 0.04 | 0.03 | 0.07 | 0.16 |
| $f_Y(y)$ | 0.21 | 0.23 | 0.30 | 0.26 | 1.00 |

그러면 $X$와 $Y$의 주변확률질량함수는 각각 다음과 같다.

$$f_X(x) = \begin{cases} 0.27, & x=1 \\ 0.33, & x=2 \\ 0.24, & x=3 \\ 0.16, & x=4 \\ 0, & \text{다른 곳에서} \end{cases} \qquad f_Y(y) = \begin{cases} 0.21, & y=1 \\ 0.23, & y=2 \\ 0.30, & y=3 \\ 0.26, & y=4 \\ 0, & \text{다른 곳에서} \end{cases}$$

(2) $Y=2$가 주어졌을 때, $X$의 조건부 확률질량함수는 정의에 의하여 다음과 같다.

$$f(x|y=2) = \frac{f(x,2)}{f_Y(2)} = \frac{f(x,2)}{0.23}, \quad x=1,2,3,4$$

그러므로 $x=1,2,3,4$에 대한 각각의 확률은 다음과 같다.

$$f(1|y=2)=\frac{0.06}{0.23}=0.261, \quad f(2|y=2)=\frac{0.07}{0.23}=0.304$$

$$f(3|y=2)=\frac{0.06}{0.23}=0.261, \quad f(4|y=2)=\frac{0.04}{0.23}=0.174$$

따라서 $Y=2$가 주어졌을 때, $X$의 조건부 확률질량함수는 다음과 같다.

$$f(x|y=2)=\begin{cases}0.261, & x=1\\0.304, & x=2\\0.261, & x=3\\0.174, & x=4\\0, & \text{다른 곳에서}\end{cases}$$

(3) $Y=2$인 조건 아래서, $X=1$ 또는 $X=3$일 확률은 다음과 같다.

$$P(X=1 \text{ 또는 } X=3|Y=2)=f(1|y=2)+f(3|y=2)$$
$$=0.261+0.261=0.522$$

한편 1.3절에서 $P(A)>0$, $P(B)>0$인 두 사건 $A$와 $B$에 대하여 $P(A)=P(A|B)$일 때, 두 사건 $A$와 $B$를 독립이라고 정의하였다. 이와 같은 개념을 이산확률변수 $X$와 $Y$에 적용할 수 있으며, 이를 위하여 $A=\{X=x\}$ 그리고 $B=\{Y=y\}$라 하자. 그러면 앞에서와 같이 $P(A)=P(X=x)$, $P(A|B)=P(X=x|Y=y)$이고, 따라서 다음과 같이 표현할 수 있다.

$$P(X=x)=P(X=x|Y=y), \ P(X=x)>0, \ P(Y=y)>0$$

또는

$$f_X(x)=f(x|y), \ f_X(x)>0, \ f_Y(y)>0$$

이와 같이 $f_X(x)>0$이고 $f_Y(y)>0$일 때, 상태공간 안의 모든 $x$와 $y$에 대하여 다음이 성립하면 두 확률변수 $X$와 $Y$는 **독립(independent)**이라 하고 독립이 아닌 경우에 **종속(dependent)**이라 한다.

$$f_X(x)=f(x|y) \text{ 또는 } f_Y(y)=f(y|x)$$

이와 같은 개념은 연속확률변수 $X$와 $Y$의 결합분포에도 동일하게 적용된다.

---

**예제 3**

확률변수 $X$와 $Y$의 결합확률밀도함수가 $f(x, y) = xe^{-y/2}$, $0 \leq x \leq 1$, $y > 0$일 때, 다음을 구하라.

(1) $X$의 주변확률밀도함수

(2) $Y = y$인 조건 아래서, $X$의 조건부 확률밀도함수

(3) $X$와 $Y$가 독립성

**풀이**

(1) $X$의 주변확률밀도함수는 각각 다음과 같다.

$$f_X(x) = \int_0^\infty xe^{-y/2} dy = \left[(-2x)e^{-y/2}\right]_{y=0}^{y=\infty} = 2x, \quad 0 \leq x \leq 1$$

(2) 우선 $Y$의 주변확률밀도함수를 먼저 구하면 다음과 같다.

$$f_Y(y) = \int_0^1 xe^{-y/2} dx = \left[\frac{1}{2}x^2 e^{-y/2}\right]_{x=0}^{x=1} = \frac{1}{2}e^{-y/2}, \quad y > 0$$

그러므로 $Y = y$인 조건 아래서 $X$의 조건부 확률밀도함수는 다음과 같다.

$$f(x|y=2) = \frac{f(x, y)}{f_Y(y)} = \frac{xe^{-y/2}}{e^{-y/2}/2} = 2x, \ 0 \leq x \leq 1$$

(3) 모든 $0 \leq x \leq 1$에 대하여 $f_X(x) = 2x = f(x|y)$이므로 두 확률변수는 독립이다.

---

특히 조건부 확률질량(밀도)함수의 정의로부터 다음을 얻는다.

$$f(x, y) = f(x|y) f_Y(y) = f(y|x) f_X(x)$$

따라서 $f_X(x) > 0$이고 $f_Y(y) > 0$일 때, 두 확률변수 $X$와 $Y$가 독립이면 $f_X(x) = f(x|y)$, $f_Y(y) = f(y|x)$이므로 다음이 성립한다.

$$f(x, y) = f(x|y) \cdot f_Y(y) = f_X(x) f_Y(y)$$

$$= f(y|x) \cdot f_X(x) = f_X(x) f_Y(y)$$

즉, 독립확률변수 $X$와 $Y$에 대해 다음을 얻는다.

$$f(x, y) = f_X(x) f_Y(y)$$

한편 모든 $x$와 $y$에 대하여 $f(x,y)=f_X(x)f_Y(y)$이면, 두 확률변수 $X$와 $Y$가 독립인 것을 쉽게 알 수 있다.

---

### 예제 4

확률변수 $X$와 $Y$의 결합분포가 다음과 같을 때, 두 확률변수의 독립성을 조사하라.

(1) $f(x,y) = \begin{cases} \dfrac{1}{12}, & x=1,2,\ y=1,2,\cdots,6 \\ 0, & \text{다른 곳에서} \end{cases}$

(2) $f(x,y) = \begin{cases} \dfrac{1}{8}, & (x,y)=(0,3),(3,0) \\ \dfrac{3}{8}, & (x,y)=(1,2),(2,1) \\ 0, & \text{다른 곳에서} \end{cases}$

(3) $f(x,y) = \begin{cases} x+y, & 0 \le x \le 1,\ 0 \le y \le 1 \\ 0, & \text{다른 곳에서} \end{cases}$

(4) $f(x,y) = \begin{cases} 2e^{-(x+2y)}, & x>0,\ y>0 \\ 0, & \text{다른 곳에서} \end{cases}$

**풀이**

(1) 확률변수 $X$와 $Y$의 주변확률질량함수는 다음과 같다.

$$f_X(x) = \begin{cases} \dfrac{1}{2}, & x=1,2 \\ 0, & \text{다른 곳에서} \end{cases}, \quad f_Y(y) = \begin{cases} \dfrac{1}{6}, & y=1,2,\cdots\cdots,6 \\ 0, & \text{다른 곳에서} \end{cases}$$

따라서 $x=1,2,\ y=1,2,\cdots,6$에 대하여 다음이 성립한다.

$$f(x,y) = \frac{1}{12} = f_X(x)f_Y(y)$$

그러므로 $X$와 $Y$는 독립이다.

(2) 확률변수 $X$와 $Y$의 주변확률질량함수는 다음과 같다.

$$f_X(x) = \begin{cases} \dfrac{1}{8}, & x=0,3 \\ \dfrac{3}{8}, & x=1,2 \\ 0, & \text{다른 곳에서} \end{cases}, \quad f_Y(y) = \begin{cases} \dfrac{1}{8}, & y=0,3 \\ \dfrac{3}{8}, & y=1,2 \\ 0, & \text{다른 곳에서} \end{cases}$$

이때 $(x,y)=(1,1)$에 대하여

$$f(1,1) = 0 \ne f_X(1)\,f_Y(1) = \frac{1}{8} \cdot \frac{1}{8} = \frac{1}{64}$$

이므로 $X$와 $Y$는 독립이 아니다.

(3) 확률변수 $X$와 $Y$의 주변확률밀도함수는 각각 다음과 같다.

$$f_X(x) = \int_{-\infty}^{\infty} f(x,y)\,dy = \int_0^1 (x+y)\,dy$$

$$= \left[xy + \frac{1}{2}y^2\right]_0^1 = x + \frac{1}{2}, \quad 0 \le x \le 1$$

$$f_Y(y) = \int_{-\infty}^{\infty} f(x, y)\, dx = \int_0^1 (x+y)\, dx$$

$$= \left[\frac{1}{2}x^2 + xy\right]_0^1 = y + \frac{1}{2}, \quad 0 \le y \le 1$$

따라서 $0 \le x \le 1$, $0 \le y \le 1$에 대하여

$$f(x, y) = x + y \ne f_X(x)\, f_Y(y) = \left(x + \frac{1}{2}\right)\left(y + \frac{1}{2}\right)$$

이므로 두 확률변수 $X$와 $Y$는 독립이 아니다.

(4) 확률변수 $X$와 $Y$의 주변확률밀도함수는 각각 다음과 같다.

$$f_X(x) = \int_0^{\infty} 2e^{-(x+2y)}\, dy = e^{-x}\left(e^{-2y}\Big|_{y=0}^{\infty}\right) = e^{-x}, \quad x > 0$$

$$f_Y(y) = \int_0^{\infty} 2e^{-(x+2y)}\, dx = 2e^{-2y}\left(e^{-x}\Big|_{x=0}^{\infty}\right) = 2e^{-2y}, \quad y > 0$$

따라서 모든 $x > 0$와 $y > 0$에 대하여 다음이 성립한다.

$$f(x, y) = 2e^{-(x+2y)} = f_X(x) \cdot f_Y(y) = \left(e^{-x}\right)\left(2e^{-2y}\right)$$

그러므로 $X$와 $Y$는 독립이다.

두 확률변수의 독립성에 대한 개념을 세 개 이상의 확률변수로 확장할 수 있다. 확률변수 $X$, $Y$ 그리고 $Z$의 확률질량(밀도)함수를 각각 $f_X(x)$, $f_Y(y)$ 그리고 $f_Z(z)$라 할 때, 결합확률질량(밀도)함수 $f(x, y, z)$에 대하여 다음이 성립하면 $X$, $Y$ 그리고 $Z$는 독립이라 한다.

$$f(x, y, z) = f_X(x)\, f_Y(y)\, f_Z(z)$$

한편 세 확률변수 $X$, $Y$ 그리고 $Z$ 중에서 어느 두 확률변수를 택하여도 독립이면, 즉 다음이 성립하면 확률변수 $X$, $Y$, $Z$는 **쌍마다 독립**(pairwisely independent)이라 한다.

$$f(x, y) = f_X(x)\, f_Y(y)$$
$$f(x, z) = f_X(x)\, f_Z(z)$$
$$f(y, z) = f_Y(y)\, f_Z(z)$$

특히 두 확률변수의 독립성에 대하여 다음 성질이 성립한다.

---

**정리 1**

임의의 두 확률변수 $X$와 $Y$에 대하여 다음은 동치이다.

(1) $X$와 $Y$가 독립이다.

(2) 임의의 실수 $x$와 $y$에 대하여 $F(x, y) = F_X(x)\, F_Y(y)$이다.

(3) $P(a < X \le b, c < Y \le d) = P(a < X \le b)\, P(c < Y \le d)$

**증명**

(1) $\Leftrightarrow$ (2); $X$와 $Y$가 연속확률변수인 경우에 대하여 생각한다. 우선 $X$와 $Y$가 독립이면, $f(x, y) = f_X(x) f_Y(y)$이므로 결합분포함수는 다음과 같다.

$$F(x, y) = \int_{-\infty}^{x} \int_{-\infty}^{y} f(u, v)\, dv\, du = \int_{-\infty}^{x} \int_{-\infty}^{y} f_X(u) f_Y(v)\, dv\, du$$

$$= \int_{-\infty}^{x} f_X(u) \left( \int_{-\infty}^{y} f_Y(v)\, dv \right) du = \int_{-\infty}^{x} f_X(u)\, F_Y(y)\, du$$

$$= F_Y(y) \int_{-\infty}^{x} f_X(u)\, du = F_X(x)\, F_Y(y)$$

역으로 $F(x, y) = F_X(x)\, F_Y(y)$라 하면 $X$와 $Y$의 결합밀도함수는 다음과 같다.

$$f(x, y) = \frac{\partial^2}{\partial x \, \partial y} F(x, y) = \frac{\partial^2}{\partial x \, \partial y} F_X(x)\, F_Y(y)$$

$$= \frac{\partial}{\partial x} F_X(x) \left( \frac{\partial}{\partial y} F_Y(y) \right) = \frac{\partial}{\partial x} F_X(x)\, f_Y(y)$$

$$= f_Y(y) \left( \frac{\partial}{\partial x} F_X(x) \right) = f_X(x)\, f_Y(y)$$

그러므로 $X$와 $Y$는 독립이다.

(1) $\Leftrightarrow$ (3); $X$와 $Y$가 독립이라 하면, (2)에 의하여 $F(x, y) = F_X(x)\, F_Y(y)$이므로 다음이 성립한다.

$$P(a < X \le b, c < Y \le d) = F(b, d) - F(b, c) - F(a, d) + F(a, c)$$

$$= F_X(b)\, F_Y(d) - F_X(b)\, F_Y(c) - F_X(a)\, F_Y(d) + F_X(a)\, F_Y(c)$$

$$= \big(F_X(b) - F_X(a)\big)\big(F_Y(d) - F_Y(c)\big)$$

$$= P(a < X \le b)\, P(c < Y \le d)$$

역으로 $a = -\infty$, $c = -\infty$ 그리고 $b = x$, $d = y$라 하면,

$$P(-\infty < X \le x, -\infty < Y \le y) = P(-\infty < X \le x)\,P(-\infty < Y \le y)$$

는 $F(x,y) = F_X(x)\,F_Y(y)$와 동치이다. 따라서 식 (3)이 성립하면 $X$와 $Y$는 독립이다.∎

## 예제 5

한 달 동안 인접한 두 도시 $A$와 $B$의 교통사고 건수를 조사한 결과, 각각의 교통사고 건수 $X$와 $Y$는 다음 결합확률함수를 갖는다.

$$f(x,y) = \frac{2^x\,3^y}{(x!)\,(y!)}e^{-5}, \quad x = 0, 1, 2, \cdots\,;\ y = 0, 1, 2, \cdots$$

(1) $X$와 $Y$의 주변확률질량함수를 구하라.
(2) $X$와 $Y$의 독립성을 조사하라.
(3) 두 도시의 교통사고 건수가 각각 1을 초과하지 못할 확률을 구하라.

(풀이)

(1) $X$와 $Y$의 주변확률함수는 각각 상태공간 $x = 0,1,2,\cdots\,;\ y = 0,1,2,\cdots$에 대하여 다음과 같다 (부록 A-5·2. Maclaurin 급수 참조).

$$f_X(x) = \sum_{y=0}^{\infty} f(x,y) = \sum_{y=0}^{\infty} \frac{2^x\,3^y}{(x!)\,(y!)}e^{-5} = \frac{2^x}{x!}e^{-5}\left(\sum_{y=0}^{\infty}\frac{3^y}{y!}\right)$$

$$= \frac{2^x}{x!}e^{-5}\left(e^3\right) = \frac{2^x}{x!}e^{-2}, \quad x = 0,\ 1,\ 2,\ \cdots$$

$$f_Y(y) = \sum_{x=0}^{\infty} f(x,y) = \sum_{x=0}^{\infty} \frac{2^x\,3^y}{(x!)\,(y!)}e^{-5} = \frac{3^y}{y!}e^{-5}\left(\sum_{x=0}^{\infty}\frac{2^x}{x!}\right)$$

$$= \frac{3^y}{y}e^{-5}\left(e^2\right) = \frac{3^y}{y!}e^{-3}, \quad y = 0,\ 1,\ 2,\ \cdots$$

(2) 모든 $x = 0, 1, 2, \cdots,\ y = 0, 1, 2, \cdots$에 대하여

$$f(x,y) = \frac{2^x\,3^y}{(x!)\,(y!)}e^{-5} = f_X(x)\,f_Y(y)$$

이므로 $X$와 $Y$는 독립이다.

(3) $X$와 $Y$는 독립이므로 $P(X \le 1, Y \le 1) = P(X \le 1)\,P(Y \le 1)$이고, 다음 확률을 얻는다.

$$P(X \le 1) = f_X(0) + f_X(1) = \frac{2^0}{0!}e^{-2} + \frac{2^1}{1!}e^{-2} = 0.4060$$

$$P(Y \leq 1) = f_Y(0) + f_Y(1) = \frac{3^0}{0!}e^{-3} + \frac{3^1}{1!}e^{-3} = 0.1991$$

그러므로 $P(X \leq 1, Y \leq 1) = (0.4060)(0.1991) = 0.0808$ 이다.

또한 두 확률변수 $X$와 $Y$가 항등적인 확률분포를 가지는 경우, 즉 모든 실수 $x$에 대하여

$$f_X(x) = f_Y(x)$$

이면, $X$와 $Y$는 **항등분포**(identically distributed)를 이룬다고 한다. 예를 들어, 결합확률밀도함수가

$$f(x, y) = e^{-x}e^{-y}, \quad x > 0, \ y > 0$$

이면, $x > 0$와 $y > 0$에 대하여 다음을 얻는다.

$$f_X(x) = e^{-x}, \ f_Y(y) = e^{-y}$$

따라서 $X$와 $Y$는 독립이다. 특히, 다음이 성립하므로 $X$와 $Y$는 항등분포를 이룬다.

$$f_Y(x) = e^{-x} = f_X(x), \quad x > 0$$

이와 같이 두 개 이상의 확률변수가 독립이고 항등적인 분포를 이루는 경우에 독립인 항등분포(independent, identically distributed; i.i.d.)를 이룬다 하고 간단히 i.i.d. 확률변수라 한다.

### 예제 6

두 확률변수 $X$와 $Y$의 결합분포가 다음과 같을 때, $X$와 $Y$는 i.i.d. 확률변수인지 보여라.

(1) $F(x, y) = (1 - e^{-2x})(1 - e^{-3y})$, $x > 0$, $y > 0$

(2) $f(x, y) = \begin{cases} \dfrac{1}{8}, & (x,y) = (0,3), (3,0) \\ \dfrac{3}{8}, & (x,y) = (1,2), (2,1) \\ 0, & \text{다른 곳에서} \end{cases}$

(풀이)

(1) $X$와 $Y$의 결합확률밀도함수와 주변확률밀도함수는 각각 다음과 같다.

$$f(x, y) = \frac{\partial^2}{\partial x \, \partial y} F(x, y) = 6e^{-(2x+3y)}, \quad x > 0, \ y > 0$$

$$f_X(x) = \int_0^\infty 6 e^{-(2x+3y)}\, dy = 2 e^{-2x}, \quad x > 0$$

$$f_Y(y) = \int_0^\infty 6 e^{-(2x+3y)}\, dx = 3 e^{-3y}, \quad y > 0$$

그러므로 $x > 0,\ y > 0$에 대하여 $f(x, y) = f_X(x)\, f_Y(y)$가 성립한다. 따라서 $X$와 $Y$는 독립이다. 그러나 $x > 0$에 대하여 $f_X(x) = 2 e^{-2x} \neq f_Y(x) = 3 e^{-3x}$이므로 항등분포는 아니다.

(2) $X$와 $Y$의 주변확률질량함수는 각각 다음과 같다.

$$f_X(x) = \begin{cases} \dfrac{1}{8}, & x = 0, 3 \\[2mm] \dfrac{3}{8}, & x = 1, 2 \\[2mm] 0, & \text{다른 곳에서} \end{cases} \quad , \quad f_Y(y) = \begin{cases} \dfrac{1}{8}, & y = 0, 3 \\[2mm] \dfrac{3}{8}, & y = 1, 2 \\[2mm] 0, & \text{다른 곳에서} \end{cases}$$

그러므로 $x = 0, 1, 2, 3$에 대하여 $f_X(x) = f_Y(x)$이므로 두 확률변수는 항등분포이다. 그러나 예제 4에서 살펴본 바와 같이 $X$와 $Y$는 독립이 아니고, 따라서 i.i.d. 확률변수가 아니다.

## 연습문제 3.2

**1.** 확률변수 $X$와 $Y$가 다음 결합확률질량함수를 갖는다고 한다.

$$f(x, y) = \begin{cases} \dfrac{2x+y}{12}, & (x, y) = (0, 1), (0, 2), (1, 2), (1, 3) \\ \\ 0, & \text{다른 곳에서} \end{cases}$$

(1) $P(X=1 \,|\, Y=2)$를 구하라.

(2) $Y=2$일 때, $X$의 조건부 확률함수를 구하라.

**2.** 매일 인접한 두 도시 $A$와 $B$의 교통사고 발생 시간을 조사한 결과, 두 도시의 교통사고 발생 시간을 각각 $X$와 $Y$라 할 때, 다음 결합밀도함수를 갖는다고 한다.

$$f(x, y) = \begin{cases} 1.2e^{-(x+1.2y)}, & x > 0, \ y > 0 \\ 0, & \text{다른 곳에서} \end{cases}$$

(1) $X$와 $Y$의 주변밀도함수를 구하라.

(2) $X$와 $Y$가 독립인지 보여라.

(3) 두 도시 $A$와 $B$의 교통사고 발생 시간이 각각 1과 2를 초과할 확률을 구하라.

**3.** 연속확률변수 $X$와 $Y$의 결합밀도함수가 다음과 같다.

$$f(x, y) = \frac{1}{12}, \quad 0 < x < 4, \ 0 < y < 3$$

(1) $X$와 $Y$의 주변밀도함수를 구하라.

(2) $X$와 $Y$의 독립성을 조사하라.

(3) 확률 $P(2 < X \leq 3, 1 < Y \leq 2)$를 구하라.

(4) 확률 $P(1 < Y \leq 2 \,|\, 2 < X \leq 3)$를 구하라.

**4.** 연속확률변수 $X$와 $Y$의 결합분포함수가 다음과 같다.

$$F(x, y) = (1 - e^{-2x})(1 - e^{-3y}), \quad 0 < x < \infty, \ 0 < y < \infty$$

(1) $X$와 $Y$의 주변분포함수를 구하라.

(2) $X$와 $Y$의 독립성을 조사하라.

(3) 확률 $P(1 < X \leq 2, 0 < Y \leq 1)$을 구하라.

**5.** 연속확률변수 $X$와 $Y$가 다음의 결합밀도함수를 갖는다.

$$f(x, y) = \begin{cases} 15y \, , & x^2 \leq y \leq x \\ 0 & , \text{ 다른 곳에서} \end{cases}$$

(1) $X$의 주변밀도함수 $f_X(x)$를 구하라.
(2) $X = 0.5$일 때, $Y$의 조건부 밀도함수를 구하라.
(3) (2)의 조건 아래서 $0.3 \leq Y \leq 0.4$일 조건부 확률을 구하라.

**6.** 연속확률변수 $X$와 $Y$의 결합확률밀도함수가 다음과 같다.

$$f(x, y) = \begin{cases} \dfrac{1}{2} \, , & 0 < x < y < 2 \\ 0 & , \text{ 다른 곳에서} \end{cases}$$

(1) $X$와 $Y$의 주변확률밀도함수를 구하라.
(2) $X = 0.2$일 때, $Y$의 조건부 확률밀도함수를 구하라.
(3) $X = 0.2$일 때, $1 \leq Y \leq 1.5$일 조건부 확률을 구하라.

**7.** 확률변수 $X$와 $Y$의 결합확률질량함수가

$$f(x, y) = \begin{cases} \dfrac{1}{4} \, , & (x,y) = (0,0), (0,1), (1,0), (1,1) \\ 0 & , \text{ 다른 곳에서} \end{cases}$$

일 때, $X$와 $Y$의 독립성을 확인하라.

**8.** 확률변수 $X$와 $Y$의 결합분포함수가 다음과 같을 때,

| $X$ \ $Y$ | 0 | 1 | 2 | 3 |
|---|---|---|---|---|
| **0** | 0.01 | 0.05 | 0.04 | 0.01 |
| **1** | 0.10 | 0.05 | 0.05 | 0.30 |
| **2** | 0.04 | 0.15 | 0.10 | 0.10 |

(1) $X$와 $Y$의 주변확률질량함수를 구하라.
(2) $Y = 1$일 때, $X$의 조건부 확률질량함수를 구하라.

(3) $X$와 $Y$가 독립인지 확인하라.

**9.** 두 확률변수 $X$와 $Y$의 결합확률밀도함수가 다음과 같다.

$$f(x,y) = \begin{cases} \dfrac{3}{2}y^2, & 0 \le x \le 2,\, 0 \le y \le 1 \\[2mm] 0, & \text{다른 곳에서} \end{cases}$$

(1) $X$와 $Y$의 주변확률밀도함수를 구하라.
(2) $X$와 $Y$는 독립인지 보여라.
(3) 사건 $\{X<1\}$과 $\left\{Y\ge\dfrac{1}{2}\right\}$은 독립인지 보여라.

**10.** $X$와 $Y$의 결합확률밀도함수가 $f(x,y)=\dfrac{21}{4}x^2y,\ x^2 \le y \le 1$이다.

(1) $X=x$일 때, $Y$의 조건부 확률밀도함수를 구하라.
(2) $X=\dfrac{1}{2}$일 때, $\dfrac{1}{3} \le Y \le \dfrac{2}{3}$일 조건부 확률을 구하라.

**11.** 두 확률변수 $X$와 $Y$가 결합밀도함수

$$f(x,y) = \begin{cases} 24xy, & 0 < y < 1-x,\ 0 < x < 1 \\ 0, & \text{다른 곳에서} \end{cases}$$

을 갖는다고 하자. 이때 $P\left(Y<X\,|\,X=\dfrac{1}{3}\right)$을 구하라.

**12.** $X$와 $Y$의 결합확률밀도함수가 다음과 같다.

$$f(x,y) = \begin{cases} k(e^{x+y}+e^{x-y}), & 0 \le x \le 2,\, 0 \le y \le 2 \\ 0, & \text{다른 곳에서} \end{cases}$$

(1) 상수 $k$를 구하라.
(2) $P(1 \le X \le 2,\ 1 \le Y \le 2)$를 구하라.
(3) $X$와 $Y$의 주변확률밀도함수를 구하라.
(4) $X$와 $Y$는 독립인지 보여라.

**13.** 어떤 기계를 구성하는 두 부품의 수명은 다음 결합밀도함수를 갖는다.

$$f(x, y) = \begin{cases} \dfrac{6}{125000}(50-x-y), & 0 < x < 50-y < 50 \\ 0, & \text{다른 곳에서} \end{cases}$$

(1) $X$와 $Y$의 주변확률밀도함수를 구하라.

(2) $X$와 $Y$는 독립인지 보여라.

(3) $X = 20$일 때, $Y$의 조건부 확률밀도함수를 구하라.

(4) $X = 20$일 때, $Y \leq 20$인 조건부 확률을 구하라.

(5) 이 두 부품 모두 현재로부터 20개월 이상 작동할 확률을 구하라. 단, 단위는 월이다.

**14.** X와 Y의 결합확률함수가 다음과 같다.

$$f(x,y) = \begin{cases} \dfrac{1}{9}, & (x, y) = (0,0), (0,2), (1,0), (1,2), (2,1) \\ \dfrac{2}{9}, & (x, y) = (0,1), (2,0) \\ 0, & \text{다른 곳에서} \end{cases}$$

(1) $X$와 $Y$의 주변확률질량함수를 구하라.

(2) $X$와 $Y$는 독립인지 보여라.

(3) $X \leq 1$일 때, $Y$의 조건부 확률함수를 구하라.

**15.** $X$와 $Y$의 결합확률밀도함수가 다음과 같다.

$$f(x, y) = \begin{cases} k(x^2-2)y, & 1 \leq x \leq 4, \ 0 \leq y \leq 4 \\ 0, & \text{다른 곳에서} \end{cases}$$

(1) 상수 $k$를 구하라.

(2) $X$와 $Y$의 주변확률밀도함수가 다음과 같다.

(3) $X$와 $Y$는 독립인지 보여라.

(4) $Y = 3$일 때, $X$의 조건부 확률밀도함수를 구하라.

**16.** 두 확률변수 $X$와 $Y$의 결합확률밀도함수가 다음과 같다.

$$f(x, y) = \begin{cases} ke^{x+y}, & 0 < x < 1, \ 0 < y < 1 \\ 0, & \text{다른 곳에서} \end{cases}$$

(1) 상수 $k$를 구하라.

(2) $X$와 $Y$의 주변밀도함수를 구하라.

(3) $X$와 $Y$는 i.i.d. 확률변수인지 보여라.

(4) $P(0.2 \le X \le 0.8, 0.2 \le Y \le 0.8)$을 구하라.

(5) $Y = \dfrac{1}{2}$일 때, $X$의 조건부 밀도함수를 구하라.


**17.** 연습문제 3.1의 문제 3에 대하여 $Y = 5$일 때, $X$의 조건부 확률질량함수를 구하라.


**18.** 연습문제 3.1의 문제 7에 대하여 다음을 구하라.

(1) $X$와 $Y$의 독립성을 조사하라.

(2) $P(X \le 2 | X + Y = 5)$를 구하라.


**19.** 연습문제 3.1의 문제 8에 대하여 다음을 구하라.

(1) $X$와 $Y$의 독립성을 조사하라.

(2) $P(1 \le X \le 3, 2 \le Y \le 5)$를 구하라.


**20.** 연습문제 3.1의 문제 12에 대하여 다음을 구하라.

(1) $X$와 $Y$의 독립성을 조사하라.

(2) $P\left(\dfrac{1}{5} \le X \le \dfrac{2}{5} \mid Y = \dfrac{3}{5}\right)$을 구하라.


**21.** 연습문제 3.1의 문제 14에 대하여, $P(1 \le Y \le 2 | 1 \le X \le 2)$를 구하라.

## 3.3  결합분포에 대한 기댓값

이 절에서는 두 확률변수 $X$와 $Y$가 서로 결합되는 경우에 대한 기댓값의 개념과 공분산에 대하여 살펴본다. 2.3절에서 살펴본 바와 같이 확률변수 $X$의 함수 $g(X)$는 확률변수이고, 또한 $g(X)$의 기댓값은 확률변수 $X$의 확률함수를 이용하여 구하였다. 이와 동일한 방법으로 두 확률변수 $X$와 $Y$의 결합확률질량(밀도)함수를 $f(x, y)$라 할 때, $u(X, Y)$의 기댓값이 존재한다면 함수 $u(X, Y)$의 기댓값을 다음과 같이 정의한다.

$$E[u(X, Y)] = \begin{cases} \displaystyle\sum_x \sum_y u(x, y) f(x, y) & , \ (X, Y)\text{가 이산형인 경우} \\ \displaystyle\int_{-\infty}^{\infty} \int_{-\infty}^{\infty} u(x, y) f(x, y)\, dy\, dx & , \ (X, Y)\text{가 연속형인 경우} \end{cases}$$

그러면 결합확률함수를 이용하여 $X$만의 평균과 분산을 구할 수 있다. 예를 들어, $u(X, Y) = X$라 하면, $X$의 평균은 다음과 같다.

$$\mu_X = E(X) = \sum_x \sum_y x f(x, y)$$

또한 $u(X, Y) = (X - \mu_X)^2$이면, $X$의 분산은 다음과 같이 구할 수 있다.

$$\sigma_X^2 = E[(X - \mu_X)^2] = \sum_x \sum_y (x - \mu_X)^2 f(x, y)$$

같은 방법으로 연속확률변수 $X$와 $Y$에 대하여 $X$의 평균 $\mu_X$와 분산 $\sigma_X^2$은 각각 다음과 같다.

$$\mu_X = \int_{-\infty}^{\infty} \int_{-\infty}^{\infty} x f(x, y)\, dy\, dx$$

$$\sigma_X^2 = \int_{-\infty}^{\infty} \int_{-\infty}^{\infty} (x - \mu_X)^2 f(x, y)\, dy\, dx$$

특히 다음 선형적 성질이 성립한다.

$$E[a\,u(X,\ Y)+b\,v(X,\ Y)]=a\,E[u(X,\ Y)]+b\,E[v(X,\ Y)]$$

## 예제 1

확률변수 $X$와 $Y$의 결합확률질량함수가 다음과 같다.

(1) $E(X)$를 구하라.

(2) $E(X+Y)$를 구하라.

(3) $E(XY)$를 구하라.

| $X$ \ $Y$ | 0 | 1 | 2 | 3 |
|---|---|---|---|---|
| 0 | 0.13 | 0.08 | 0.11 | 0.17 |
| 1 | 0.06 | 0.14 | 0.16 | 0.15 |

(풀이)

우선 $X$와 $Y$의 결합확률질량함수를 구하면 각각 다음과 같다.

$$f_X(x) = \begin{cases} 0.49, & x=0 \\ 0.51, & x=1 \\ 0, & \text{다른 곳에서} \end{cases} \qquad f_Y(y) = \begin{cases} 0.19, & y=0 \\ 0.22, & y=1 \\ 0.27, & y=2 \\ 0.32, & y=3 \\ 0, & \text{다른 곳에서} \end{cases}$$

(1) $E(X)=0 \cdot f_X(0)+1 \cdot f_X(1)=0.51$

(2) $E(Y)=0 \cdot f_Y(0)+1 \cdot f_Y(1)+2 \cdot f_Y(2)+3 \cdot f_Y(3)=1.72$이므로 다음을 얻는다.

$$E(X+Y)=E(X)+E(Y)=0.51+1.72=2.23$$

(3) $E(XY)=0 \cdot (0.13)+0 \cdot (0.08)+0 \cdot (0.11)+0 \cdot (0.17)$
$$+0 \cdot (0.06)+1 \cdot (0.14)+2 \cdot (0.16)+3 \cdot (0.15)=0.91$$

특히 확률변수 $X$와 $Y$가 독립이면 다음이 성립하는 것을 쉽게 확인할 수 있다.

$$E(XY) = E(X)\,E(Y)$$

예를 들어, $X$와 $Y$가 독립인 이산확률변수이면 다음이 성립한다.

$$E(XY) = \sum_x \sum_y xy\,f(x,y) = \sum_x \sum_y xy\,f_X(x)\,f_Y(y)$$

$$= \left[\sum_x x f_X(x)\right] \left[\sum_y f_Y(y)\right] = E(X)\,E(Y)$$

그러나 역은 성립하지 않는다. 즉, $E(XY) = E(X)\,E(Y)$이지만 독립이 아닌 확률분포가 존재한다.

---

**예제 2**

두 확률변수 $X$와 $Y$의 결합확률밀도함수가 $f(x,y) = 3e^{-(x+3y)}$, $x > 0$, $y > 0$일 때, 다음을 구하고 $E(XY) = E(X)E(Y)$임을 보여라.

(1) 독립성  (2) $E(X)$  (3) $E(Y)$  (4) $E(XY)$

**풀이**

(1) $X$와 $Y$의 주변확률밀도함수를 구하면 각각 다음과 같다.

$$f_X(x) = \int_0^\infty 3e^{-(x+3y)}\,dy = \left[-e^{-(x+3y)}\right]_{y=0}^{y=\infty} = e^{-x},\ x > 0$$

$$f_Y(y) = \int_0^\infty 3e^{-(x+3y)}\,dx = \left[-3e^{-(x+3y)}\right]_{x=0}^{x=\infty} = 3e^{-3y},\ y > 0$$

따라서 $x > 0$, $y > 0$에 대하여 $f(x,y) = f_X(x) f_Y(y)$이므로 $X$와 $Y$는 독립이다.

(2) $E(X) = \int_0^\infty x e^{-x}\,dx = \left[-(x+1)e^{-x}\right]_0^\infty = 1$

(3) $E(Y) = \int_0^\infty 3y e^{-3y}\,dy = \left[-3\left(\dfrac{1}{9} + \dfrac{y}{3}\right)e^{-3y}\right]_0^\infty = \dfrac{1}{3}$

(4) $E(XY) = \int_0^\infty \int_0^\infty 3xy\,e^{-(x+3y)}\,dy\,dx = \int_0^\infty -\dfrac{1}{3}x(1+3y)e^{-x}\left[-e^{-3y}\right]_{y=0}^{y=\infty}\,dx$

$$= \dfrac{1}{3}\int_0^\infty x e^{-x}\,dx = \left[-\dfrac{1}{3}(x+1)e^{-x}\right]_0^\infty = \dfrac{1}{3}$$

그러므로 $E(XY) = E(X)E(Y)$가 성립한다.

**예제 3**

확률변수 $X$와 $Y$의 결합확률밀도함수가 다음과 같다.

$$f(x,y) = \begin{cases} \dfrac{1+xy(x^2-y^2)}{4}, & -1 \le x \le 1,\ -1 \le y \le 1 \\ \\ 0, & \text{다른 곳에서} \end{cases}$$

(1) $X$와 $Y$의 독립성을 확인하라.

(2) $E(X)$, $E(Y)$ 그리고 $E(XY)$를 구하라.

**풀이**

(1) $X$와 $Y$의 주변확률밀도함수를 구하면 각각 다음과 같다.

$$f_X(x) = \int_{-1}^{1} \frac{1+xy(x^2-y^2)}{4}dy = \frac{1}{2}, \quad -1 \le x \le 1$$

$$f_Y(y) = \int_{-1}^{1} \frac{1+xy(x^2-y^2)}{4}dx = \frac{1}{2}, \quad -1 \le y \le 1$$

그러면 모든 $-1 \le x \le 1$, $-1 \le y \le 1$에 대하여 다음을 얻는다.

$$f(x,y) = \frac{1+xy(x^2-y^2)}{4} \ne f_X(x)\,f_Y(y) = \frac{1}{4}$$

따라서 $X$와 $Y$는 독립이 아니다.

(2) $X$와 $Y$ 그리고 $XY$의 기댓값을 구하면 다음과 같다.

$$E(X) = \int_{-1}^{1} \frac{x}{2}dx = 0 \ ; \quad E(Y) = \int_{-1}^{1} \frac{y}{2}dy = 0$$

$$E(XY) = \int_{-1}^{1}\int_{-1}^{1} \frac{xy[1+xy(x^2-y^2)]}{4}dy\,dx = 0$$

그러므로 $E(XY) = E(X)E(Y)$이다.

한편 두 확률변수 $X$와 $Y$의 종속 관계를 나타내는 척도로 공분산과 상관계수를 생각할 수 있다. 우선 두 확률변수 $X$와 $Y$의 **공분산**(covariance)은 다음과 같이 정의한다.

$$\mathrm{Cov}(X,\,Y) = E[(X-\mu_X)(Y-\mu_Y)]$$

그러면 기댓값의 성질에 의하여 공분산은 다음과 같이 간단하게 표현된다.

$$\text{Cov}(X, Y) = E[(X-\mu_X)(Y-\mu_Y)] = E(XY - \mu_X Y - \mu_Y X + \mu_X \mu_Y)$$

$$= E(XY) - \mu_X E(Y) - \mu_Y E(X) + \mu_X \mu_Y$$

$$= E(XY) - \mu_X \mu_Y$$

따라서 공분산에 대한 다음 성질을 얻는다.

(1) $\text{Cov}(X, Y) = E(XY) - E(X)E(Y)$

(2) $X$와 $Y$가 독립이면, $\text{Cov}(X, Y) = 0$

(3) $\text{Cov}(X, X) = Var(X)$

(4) $\text{Cov}(aX+b, cY+d) = ac\,\text{Cov}(X, Y)$

그러나 성질 (2)의 역은 성립하지 않는다. 위의 [예제 3]에서 $E(XY) = E(X)E(Y)$이므로 $\text{Cov}(X, Y) = 0$이지만, 두 확률변수는 독립이 아니다. 또한 공분산을 이용하면 임의의 두 확률변수의 합 또는 차에 대한 분산을 다음과 같이 구할 수 있다.

$$Var(X+Y) = E\{[(X+Y)-(\mu_X+\mu_Y)]^2\} = E\{[(X-\mu_X)+(Y-\mu_Y)]^2\}$$

$$= E\{(X-\mu_X)^2 + (Y-\mu_Y)^2 + 2(X-\mu_X)(Y-\mu_Y)\}$$

$$= Var(X) + Var(Y) + 2\text{Cov}(X, Y)$$

그러므로 두 확률변수의 합에 대한 분산을 다음과 같이 얻는다.

(5) $Var(X+Y) = Var(X) + Var(Y) + 2\text{Cov}(X, Y)$

(6) $Var(X-Y) = Var(X) + Var(Y) - 2\text{Cov}(X, Y)$

(7) $X$와 $Y$가 독립이면, $Var(X \pm Y) = Var(X) + Var(Y)$

---

### 예제 4

$X$와 $Y$의 결합밀도함수가 다음과 같다.

$$f(x, y) = \begin{cases} 15x^2 y, & 0 \le x < y \le 1 \\ 0, & \text{다른 곳에서} \end{cases}$$

(1) $X$와 $Y$의 주변확률밀도함수를 구하라.

(2) $\text{Cov}(X, Y)$를 구하라.

(3) $Var(X+Y)$를 구하라.

**풀이**

(1) $X$와 $Y$의 주변확률밀도함수는 각각 다음과 같다.

$$f_X(x) = \int_x^1 15x^2 y \, dy = \left[\frac{15}{2} x^2 y^2\right]_{y=x}^{y=1} = \frac{15}{2}(x^2 - x^4), \quad 0 \le x \le 1$$

$$f_Y(y) = \int_0^y 15x^2 y \, dx = \left[5x^3 y\right]_{x=0}^{x=y} = 5y^4, \quad 0 \le y \le 1$$

(2) $X$와 $Y$ 그리고 $XY$의 기댓값은 다음과 같다.

$$E(X) = \int_0^1 \frac{15}{2} x(x^2 - x^4) \, dx = \frac{15}{2} \int_0^1 (x^3 - x^5) \, dx = \frac{15}{2}\left[\frac{1}{4}x^4 - \frac{1}{6}x^6\right]_0^1 = \frac{5}{8}$$

$$E(Y) = \int_0^1 y(5y^4) \, dy = 5\int_0^1 y^5 \, dy = \left[\frac{5}{6}y^6\right]_0^1 = \frac{5}{6}$$

$$E(XY) = \int_0^1 \int_x^1 xy(15x^2 y) \, dy \, dx = \int_0^1 \left[5x^3 y^3\right]_{y=x}^{y=1} dx$$

$$= 5\int_0^1 (x^3 - x^6) \, dx = 5\left[\frac{1}{4} - \frac{1}{7}x^7\right]_0^1 = \frac{15}{28}$$

따라서 $\text{Cov}(X, Y) = E(XY) - E(X)\,E(Y) = \frac{15}{28} - \frac{5}{8} \cdot \frac{5}{6} = \frac{5}{336}$ 이다.

(3) 우선 $X$와 $Y$의 분산을 먼저 구한다.

$$E(X^2) = \int_0^1 \frac{15}{2} x^2(x^2 - x^4) \, dx = \frac{15}{2}\int_0^1 (x^4 - x^6) \, dx = \frac{15}{2}\left[\frac{1}{5}x^5 - \frac{1}{7}x^7\right]_0^1 = \frac{3}{7}$$

$$E(Y^2) = \int_0^1 y^2(5y^4) \, dy = 5\int_0^1 y^6 \, dy = \left[\frac{5}{7}y^7\right]_0^1 = \frac{5}{7}$$

따라서 $X$와 $Y$의 분산은 각각 다음과 같다.

$$Var(X) = E(X^2) - E(X)^2 = \frac{3}{7} - \left(\frac{5}{8}\right)^2 = \frac{17}{448}$$

$$Var(Y) = E(Y^2) - E(Y)^2 = \frac{5}{7} - \left(\frac{5}{6}\right)^2 = \frac{5}{252}$$

그러므로 $Var(X+Y)$는 다음과 같다.

$$Var(X+Y) = Var(X) + Var(Y) + 2\text{Cov}(X, Y)$$

$$= \frac{17}{448} + \frac{5}{252} + \frac{2 \cdot 5}{336} = \frac{113}{4032}$$

이때 공분산의 단위는 두 확률변수의 단위의 곱으로 나타난다. 예를 들어, $X$는 키(cm)를 나타내고 $Y$는 몸무게(kg)를 나타내는 확률변수이면 공분산의 단위는 cm·kg이다. 따라서 두 확률변수 $X$와 $Y$의 종속적 성질을 분석하기 위하여 공분산을 이용할 경우에 모호함을 느낄 수 있다. 이러한 모호함을 극복하기 위하여 단위에 무관하게 두 확률변수의 종속관계를 나타내기 위한 **상관계수**(correlation coefficient)를 다음과 같이 정의한다.

$$\rho = \mathrm{Corr}(X, Y) = \frac{\mathrm{Cov}(X, Y)}{\sigma_X \sigma_Y}$$

이때 $\rho > 0$이면 확률변수는 **양의 상관관계**(positive correlation)가 있다고 하며, 이것은 두 종류의 관측값을 좌표평면에 점으로 도식화할 때, 그림 3.9와 같이 어느 한 관측값이 커지면 다른 관측값도 역시 커지며, 반대로 어느 한 관측값이 작아지면 다른 관측값도 작아지는 경우를 의미한다. 또한 $\rho < 0$이면 두 확률변수는 **음의 상관관계**(negative correlation)가 있다고 말하고, 양의 상관관계를 갖는 경우와 반대이다. 또한 $\rho = 0$인 경우에 두 확률변수는 **무상관**(no correlation)이라 한다. 특히 $X$와 $Y$가 독립이면, $\mathrm{Cov}(X, Y) = 0$이므로 상관계수는 $\rho = 0$이고, 따라서 독립인 두 확률변수는 서로 간에 상관이 없다.

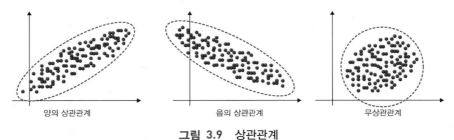

양의 상관관계      음의 상관관계      무상관관계

**그림 3.9 상관관계**

특히 $\rho = 1$일 때 두 확률변수는 **완전 양의 상관관계**(perfect positive correlation)가 있다고 하며, $\rho = -1$이면 두 확률변수는 **완전 음의 상관관계**(perfect negative correlation)가 있다고 한다. 이때 $\rho = 1$이라 함은 그림 3.10과 같이 두 확률변수 $X$와 $Y$는 양의 기울기를 갖는 직선, 즉 $Y = aX + b$, $a > 0$인 관계가 있음을 의미하며, $\rho = -1$이면 $X$와 $Y$는 음의 기울기를 갖는 직선, 즉 $Y = aX + b$, $a < 0$인 관계가 있음을 나타낸다.

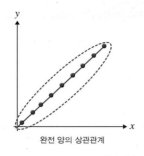 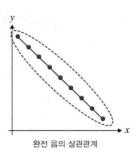

완전 양의 상관관계          완전 음의 상관관계

**그림 3.10  완전한 상관관계**

더욱이 상관계수는 다음 성질을 갖는다.

(1) $-1 \leq \rho \leq 1$

(2) $E(XY) = \mu_X \mu_Y + \rho\, \sigma_X \sigma_Y$

(3) $\mathrm{Corr}\,(aX+b,\, cY+d) = \begin{cases} \mathrm{Corr}\,(X,\ Y)\,, & ac > 0 \\ -\mathrm{Corr}\,(X,\ Y)\,, & ac < 0 \end{cases}$

---

### 예제 5

[예제 4]의 확률변수 $X$와 $Y$에 대하여 다음을 구하라.

(1) $\mathrm{Corr}\,(X,\ Y)$ (2) $\mathrm{Corr}\,(X+1,\ 1-2Y)$

**풀이**

(1) [예제 4]에서 $X$와 $Y$의 분산과 공분산을 다음과 같이 구했다.

$$Var(X) = \frac{17}{448}, \quad Var(Y) = \frac{5}{252}, \quad \mathrm{Cov}(X,\ Y) = \frac{5}{336}$$

따라서 $X$와 $Y$의 표준편차는 각각 다음과 같다.

$$\sigma_X = \sqrt{\frac{17}{448}}, \quad \sigma_Y = \sqrt{\frac{5}{252}}$$

그러므로 $X$와 $Y$의 상관계수는 다음과 같다.

$$\mathrm{Corr}\,(X,\ Y) = \frac{\mathrm{Cov}(X,\ Y)}{\sigma_X \sigma_Y} = \frac{5/336}{\sqrt{\dfrac{17}{448}}\ \sqrt{\dfrac{5}{252}}} = \sqrt{\frac{5}{17}} = 0.5423$$

(2) 상관계수의 성질에 의해 $\mathrm{Corr}\,(X+1,\ 1-2Y) = -\mathrm{Corr}\,(X,\ Y) = -0.5423$이다.

**1.** 확률변수 $X$와 $Y$가 다음 결합확률질량함수를 갖는다고 한다.

$$f(x, y) = \begin{cases} \dfrac{2x+y}{12} \,, \ (x, y) = (0, 1), (0, 2), (1, 2), (1, 3) \\ \qquad 0 \quad , \ \text{다른 곳에서} \end{cases}$$

(1) $X$와 $Y$의 공분산을 구하라.
(2) $X$와 $Y$의 상관계수를 구하라.

**2.** 확률변수 $X$와 $Y$가 다음 결합확률질량함수를 갖는다고 한다.

$$f(x, y) = \begin{cases} \dfrac{1}{3} \,, \ (x, y) = (0, 1), (1, 0), (2, 1) \\ 0 \,, \ \text{다른 곳에서} \end{cases}$$

(1) $X$와 $Y$의 독립성을 조사하라.
(2) $X$와 $Y$의 공분산을 구하라.

**3.** 확률변수 $X$와 $Y$가 다음 결합확률질량함수를 갖는다고 한다.

$$f(x, y) = \begin{cases} \dfrac{3}{10} \,, \ (x, y) = (0, 0), (1, 2) \\ \dfrac{1}{5} \ , \ (x, y) = (0, 1), (1, 1) \\ 0 \ , \ \text{다른 곳에서} \end{cases}$$

(1) $X$와 $Y$의 주변확률질량함수를 구하라.
(2) $X$와 $Y$의 독립성을 조사하라.
(3) $X$와 $Y$의 평균과 표준편차를 구하라.
(4) $X$와 $Y$의 공분산을 구하라.
(5) $X$와 $Y$의 상관계수를 구하라.

**4.** 연속확률변수 $X$와 $Y$의 결합밀도함수가 다음과 같다.

$$f(x, y) = \frac{3}{16}, \quad x^2 \le y \le 4, \quad 0 \le x \le 2$$

(1) $X$와 $Y$의 평균과 표준편차를 구하라.

(2) $X$와 $Y$의 공분산을 구하라.

(3) $X$와 $Y$의 상관계수를 구하라.

**5.** $E(X) = 3,\ E(Y) = 2,\ E(X^2) = 13,\ E(Y^2) = 7$ 그리고 $E(XY) = 3$이다.

(1) 공분산 $\mathrm{Cov}(X,\ Y)$를 구하라.

(2) 공분산 $\mathrm{Cov}(X- Y, X+ Y)$를 구하라.

(3) $X$와 $Y$의 상관계수를 구하라.

**6.** 연습문제 3.1 문제 29에 주어진 $X$와 $Y$의 결합분포에 대하여 다음을 구하라.

(1) $E(XY)$           (2) $\mathrm{Cov}(X,\ Y)$

**7.** 두 확률변수 $X$와 $Y$의 결합확률밀도함수가 다음과 같다.

$$f(x,\ y) = \begin{cases} x+y, & 0 < x < 1,\ 0 < y < 1 \\ 0, & \text{다른 곳에서} \end{cases}$$

(1) $X$와 $Y$의 공분산을 구하라.

(2) $X$와 $Y$의 상관계수를 구하고, 상관관계를 확인하라.

(3) 기댓값 $E(X- 2Y)$와 분산 $Var(X- 2Y)$를 구하라.

# 이산확률분포

이 장에서는 대표적인 이산확률분포인 이산균등분포, 초기하분포, 이항분포 그리고 기하분포와 음이항분포, 포아송분포, 다항분포 등에 대한 특성과 응용 그리고 그들의 확률함수, 평균과 분산 등에 대하여 살펴본다.

### 4.1 이산균등분포

공정한 주사위를 한 번 던지는 경우 나온 눈의 수를 확률변수 $X$라 하면, 상태공간은 $S_X = \{1, 2, 3, 4, 5, 6\}$이고 각각의 경우에 나타날 확률이 그림 4.1과 같이 동등하게 $\frac{1}{6}$이므로 확률질량함수는 다음과 같음을 살펴보았다.

$$f(x) = \frac{1}{6}, \quad x = 1, 2, 3, 4, 5, 6$$

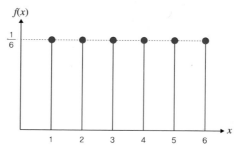

**그림 4.1   이산균등분포**

이와 같이 확률변수 $X$의 상태공간 $S_X = \{1, 2, \cdots, n\}$에 대하여, 확률질량함수가 다음과 같은 확률분포를 **이산균등분포**(discrete uniform distribution)라 하며 $X \sim DU(n)$으로 나타낸다.

$$f(x) = \frac{1}{n}, \quad x = 1, 2, \cdots, n$$

이때 이산균등분포는 $n$이 어떤 양의 정수를 갖느냐에 따라서 $X$의 상태공간과 확률질량함수가 결정된다. 이와 같이 확률변수에 대한 확률분포를 결정짓는 상수를 확률분포의 **모수**(parameter)라 하며, 위의 경우에 확률변수 $X$는 모수 $n$인 이산균등분포를 이룬다고 한다. 그러면 $X$와 $X^2$의 기댓값은 다음과 같다.

$$E(X) = \sum_{x=1}^{n} x\, f(x) = \sum_{x=1}^{n} x \left( \frac{1}{n} \right)$$

$$= \frac{1}{n} \cdot \frac{n(n+1)}{2} = \frac{n+1}{2}$$

$$E(X^2) = \sum_{x=1}^{n} x^2\, f(x) = \sum_{x=1}^{n} x^2 \left( \frac{1}{n} \right)$$

$$= \frac{1}{n} \cdot \frac{n(n+1)(2n+1)}{6} = \frac{(n+1)(2n+1)}{6}$$

그러므로 $X$의 분산은 다음과 같다.

$$Var(X) = E(X^2) - [E(X)]^2 = \frac{(n+1)(2n+1)}{6} - \left(\frac{n+1}{2}\right)^2 = \frac{n^2-1}{12}$$

따라서 $X \sim DU(n)$인 이산균등분포의 평균과 분산은 각각 다음과 같다.

$$\mu = \frac{n+1}{2}, \quad \sigma^2 = \frac{n^2-1}{12}$$

**예제 1**

1에서 10까지 숫자를 적은 동일한 모양의 카드가 들어 있는 주머니에서 임의로 하나를 꺼내어 나온 카드의 번호를 $X$라 할 때, 다음을 구하라.

(1) $X$의 확률질량함수
(2) $X$의 평균과 분산
(3) 7번 이상의 숫자가 적힌 카드가 나올 확률

**풀이**

(1) 1에서 10까지 숫자가 적힌 카드가 나올 가능성이 동등하므로 $X$의 확률질량함수는 다음과 같다.

$$f(x) = \frac{1}{10}, \quad x = 1, 2, \cdots, 10$$

(2) $E(X) = \frac{10+1}{2} = 5.5, \quad Var(X) = \frac{10^2-1}{12} = 8.25$

(3) 7번 이상의 숫자가 적힌 카드가 나올 확률은 다음과 같다.

$$P(X \geq 7) = f(7) + f(8) + f(9) + f(10) = \frac{4}{10} = 0.4$$

**1.** 숫자 1에서 100까지 적힌 카드가 들어 있는 주머니에서 임의로 한 장을 꺼내어 나온 숫자를 확률변수 $X$라고 한다.

(1) $X$의 확률질량함수를 구하라.

(2) $X$의 평균과 분산 그리고 표준편차를 구하라.

**2.** $X \sim DU(n)$일 때, $Y = X - 1$이라 한다.

(1) $Y$의 상태공간을 구하라.

(2) $Y$의 확률질량함수를 구하라.

(3) $Y$의 평균과 분산을 구하라.

**3.** $X$는 2와 11 사이의 정수들에 대하여 이산균등분포를 이룬다고 한다.

(1) $X$의 확률질량함수를 구하라.

(2) $Y = X - 1$의 확률질량함수를 구하라.

(3) $Y = X - 1$의 평균과 분산을 구하라.

(4) $X$의 평균과 분산을 구하라.

**4.** $X$는 양의 정수 $a$와 $b$, $a < b$ 사이의 정수들에 대하여 이산균등분포를 이룬다고 한다.

(1) $X$의 확률질량함수를 구하라.

(2) $Y = X - a + 1$의 확률질량함수를 구하라.

(3) $X$의 평균과 분산을 구하라.

## 4.2 초기하분포

초기하분포를 설명하기 위하여 그림 4.2와 같이, 흰색 바둑돌 $M$개와 검은색 바둑돌 $N-M$개가 들어 있는 용기를 생각하자. 이 용기에서 임의로 바둑돌 $n$개를 꺼낼 때, 꺼낸 바둑돌 $n$개 안에 포함된 흰색 바둑돌의 수를 확률변수 $X$라 하자. 그러면 확률변수 $X$는 모수 $N$, $M$, $n$인 **초기하분포**(hypergeometric distribution)를 이룬다 하고 $X \sim H(N, M, n)$으로 나타낸다.

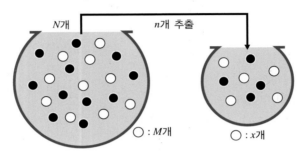

**그림 4.2 초기하분포**

이때 $N$개의 바둑돌 중에서 $n$개의 바둑돌을 꺼낼 수 있는 방법의 수는 다음과 같다(부록 A-6·1. 순열과 조합 참조).

$$\binom{N}{n} = \frac{N!}{n!\,(N-n)!}$$

그리고 흰색 바둑돌 $M$ 중에서 $x$개를 꺼내는 경우의 수는 $\binom{M}{x}$이고, 그 각각의 경우에 검은색 바둑돌 $N-M$개의 검은색 중에서 $n-x$개가 추출되는 경우의 수는 $\binom{N-M}{n-x}$이다. 따라서 $n$개의 선정된 바둑돌 중에 흰색 바둑돌이 정확히 $x$개 포함될 확률, 즉 확률변수 $X$의 확률질량함수는 다음과 같다.

$$f(x) = \frac{\binom{M}{x}\binom{N-M}{n-x}}{\binom{N}{n}}, \quad \max(0, n+M-N) \le x \le \min(n, M)$$

이때 모수 $N$, $M$, $n$인 초기하분포에서 $n+M-N$이 양수이면, 검은색 바둑돌의 수 $N-M$보다 꺼낸 바둑돌의 수 $n$이 커야 하고 따라서 주머니에는 적어도 $n-(N-M)$개 이상의 흰색 바둑돌이 들어 있어야 한다. 즉, 주머니에서 꺼낸 바둑돌 안에 들어 있는 흰색 바둑돌의 수

$x$는 적어도 $n+M-N$보다 크거나 같아야 한다. 또한 추출된 바둑돌의 수 $x$는 주머니 안에 들어 있는 흰색 바둑돌의 수 $M$ 또는 주머니에서 추출한 전체 바둑돌의 수 $n$을 초과할 수 없다. 그러나 보편적으로 $x=0,1,\cdots,n$인 경우를 많이 생각한다. 그러면 그림 4.3과 같이 $M/N<0.5$이면 왼쪽으로 집중하고 오른쪽으로 긴 꼬리를 갖는 분포를 가지며, $M/N>0.5$이면 오른쪽으로 집중하고 왼쪽으로 긴 꼬리를 갖는 분포를 이룬다. 그리고 $M/N=0.5$이면 대칭형으로 나타난다.

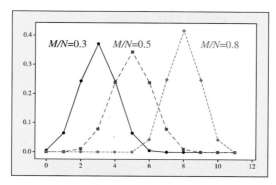

**그림 4.3  초기하분포 확률 히스토그램의 비교**

한편 $X \sim H(N,M,n)$에 대한 평균은 다음과 같다.

$$E(X) = \sum_{x=0}^{n} x\,P(X=x) = \sum_{x=0}^{n} x\,\frac{\binom{M}{x}\binom{N-M}{n-x}}{\binom{N}{n}}$$

$$= \sum_{x=0}^{n} \frac{\dfrac{x\cdot M!}{x!\,(M-x)!}\cdot\dfrac{(N-M)!}{(n-x)!\,[(N-M)-(n-x)]!}}{\dfrac{N!}{n!\,(N-n)!}}$$

$$= \sum_{x=1}^{n} \frac{\dfrac{M(M-1)!}{(x-1)!\,[(M-1)-(x-1)]!}\cdot\dfrac{[(N-1)-(M-1)]!}{[(n-1)-(x-1)]!\,[(N-M)-(n-x)]!}}{\dfrac{N(N-1)!}{n\,(n-1)!\,(N-n)!}}$$

이때 $t=x-1$이라 하면, 다음을 얻는다.

$$= n\,\frac{M}{N} \sum_{t=0}^{n-1} \frac{\dfrac{(M-1)!}{t!\,[(M-1)-t]!}\cdot\dfrac{[(N-1)-(M-1)]!}{[(n-1)-t]!\,[((N-1)-(M-1))-((n-1)-t)]!}}{\dfrac{(N-1)!}{(n-1)!\,(N-n)!}}$$

$$= n\frac{M}{N}\sum_{t=0}^{n-1}\frac{\binom{M-1}{t}\cdot\binom{(N-1)-(M-1)}{(n-1)-t}}{\binom{N-1}{n-1}}$$

여기서 마지막 식의 $\sum$ 안의 값은 흰색 바둑돌 $M-1$개를 포함하는 전체 $N-1$개의 바둑돌이 들어 있는 용기에서 $n-1$개의 바둑돌을 꺼낼 때, 흰색 바둑돌이 $t$개 포함될 확률을 나타낸다. 따라서 다음이 성립한다.

$$\sum_{t=0}^{n-1}\frac{\binom{M-1}{t}\binom{(N-1)-(M-1)}{(n-1)-t}}{\binom{N-1}{n-1}}=1$$

그러므로 초기하분포 $X\sim H(N,M,n)$에 대한 평균은 다음과 같다.

$$E(X)=n\frac{M}{N}$$

같은 방법으로 $X(X-1)$의 기댓값을 구하면 다음과 같다.

$$E[X(X-1)]=\frac{M(M-1)}{N(N-1)}n(n-1)$$

따라서 기댓값의 성질에 의하여 $X^2$의 기댓값은 다음과 같다.

$$E(X^2)=E[X(X-1)]+E(X)=\frac{nMN-n^2M-nM^2+(nM)^2}{N(N-1)}$$

그러므로 초기하분포에 대한 분산은 다음과 같다.

$$Var(X)=E(X^2)-[E(X)]^2=n\frac{M}{N}\left(1-\frac{M}{N}\right)\left(\frac{N-n}{N-1}\right)$$

---

**예제 1**

10개의 동전이 들어 있는 주머니 안에 100원짜리 동전이 4개 들어 있다. 이 주머니에서 임의로 동전 5개를 선정할 때, 선정된 동전 안에 들어 있는 100원짜리 동전의 개수를 $X$라 한다. 이때 다음을 구하라.

(1) $X$에 대한 확률질량함수와 확률표

(2) 100원짜리 동전이 한 개 또는 두 개 나올 확률

(3) 선정된 100원짜리 동전의 평균과 분산

(풀이)

(1) 5개 안에 포함된 100원짜리 동전의 수를 $X$라 하면, 확률질량함수와 확률표는 각각 다음과 같다.

$$f(x) = \frac{\dbinom{4}{x}\dbinom{6}{5-x}}{\dbinom{10}{5}}, \qquad x = 0, 1, 2, 3, 4$$

| $X$ | 0 | 1 | 2 | 3 | 4 |
|---|---|---|---|---|---|
| $P(X=x)$ | 0.0238 | 0.2381 | 0.4762 | 0.2381 | 0.0238 |

(2) 100원짜리 동전이 한 개 또는 두 개 나올 확률은 다음과 같다.

$$P(X=1 \text{ 또는 } X=2) = f(1) + f(2) = 0.2381 + 0.4762 = 0.7143$$

(3) $N=10, M=4, n=5$이므로 평균과 분산은 각각 다음과 같다.

$$E(X) = 5 \cdot \frac{4}{10} = 2$$

$$Var(X) = 5 \cdot \frac{4}{10}\left(1 - \frac{4}{10}\right)\left(\frac{5}{9}\right) = \frac{2}{3} = 0.6667$$

지금까지 두 가지 품목 중에서 어느 특정 품목을 포함하고 있는 경우에 대하여 살펴보았다. 그러나 그림 4.4와 같이 세 가지 이상의 품목으로 구성된 경우에 대하여 동일한 방법을 적용할 수 있다. 예를 들어, 용기 안에 빨간 공과 파란 공 그리고 노란 공이 각각 8개, 10개 그리고 10개씩 들어 있는 주머니에서 10개의 공을 임의로 꺼낸다고 하자. 이때 세 가지 색상의 공의 개수에 관한 확률분포에 대하여 살펴보자.

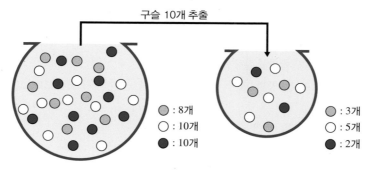

그림 4.4  다변량 초기하분포

전체 28개의 공이 들어 있는 주머니에서 10개의 공을 꺼내는 경우의 수는 $\binom{28}{10}$이고, 빨간 공 8개 중에서 $x$개 나올 경우의 수는 $\binom{8}{x}$ 그리고 빨간 공이 나온 각각의 경우에 대하여 파란 공이 나올 경우의 수는 $\binom{10}{y}$이다. 그리고 이 두 경우에 대하여 노란 공이 나올 경우의 수는 $\binom{10}{10-x-y}$이다. 따라서 선정된 10개의 공 안에 빨간 공의 수가 $x$, 파란 공의 수가 $y$ 그리고 노란 공의 수가 $10-(x+y)$일 확률은 다음과 같다.

$$P(X=x,\ Y=y,\ Z=10-x-y) = \frac{\binom{8}{x}\binom{10}{y}\binom{10}{10-x-y}}{\binom{28}{10}}$$

이와 같이 서로 다른 특성을 갖는 품목 $A_1,\ A_2,\ \cdots,\ A_k$가 각각 $M_1,\ M_2,\ \cdots,\ M_k$개씩 들어 있는 용기에서 임의로 $n$개를 선정할 때, 선정된 $n$개 안에 들어 있는 $A_1,\ A_2,\ \cdots,\ A_k$의 개수를 각각 $X_1,\ X_2,\ \cdots,\ X_k$라고 하자. 이때 선정된 $n$개의 품목 중에 $X_1=x_1,\ X_2=x_2,\ \cdots,\ X_k=x_k$일 확률, 즉 $X_1,\ X_2,\ \cdots,\ X_k$의 결합확률질량함수는 다음과 같다.

$$P(X_1=x_1,\ X_2=x_2,\ \cdots,\ X_k=x_k) = \frac{\binom{M_1}{x_1}\binom{M_2}{x_2}\cdots\binom{M_k}{x_k}}{\binom{N}{n}}, \qquad \begin{array}{l} x_1+x_2+\cdots+x_k=n \\ 0 \le x_j \le M_j,\ j=1,2,\cdots,k \end{array}$$

이러한 확률분포를 **다변량 초기하분포**(multivariate hypergeometric distribution)라 하며, 특히 $k=2$이면 초기하분포, 즉 $X_j \sim H(N, M_j, n)$, $N=M_1+M_2,$ $j=1,\ 2,\ x=0,\ 1,\ \cdots,\ n$이다.

## 예제 2

주머니 안에 빨간 공과 파란 공 그리고 노란 공이 각각 8개, 10개, 10개씩 들어 있는 주머니에서 임의로 공 10개를 꺼낸다. 이때 선정된 10개 중에서 빨간 공과 파란 공 그리고 노란 공의 수를 각각 $X$, $Y$, $Z$라 한다.

(1) 확률변수 $X$, $Y$, $Z$의 결합확률질량함수를 구하라.

(2) 선정된 10개 중에서 빨간 공과 파란 공, 그리고 노란 공이 각각 3, 3 그리고 4개씩 포함될 확률을 구하라.

(3) 선정된 10개 중에 포함될 노란 공의 평균을 구하라.

**풀이**

(1) $M_1=8$, $M_2=10$, $M_3=10$이고 $n=10$이므로 $X$, $Y$, $Z$의 결합확률질량함수는 다음과 같다.

$$P(X=x,\ Y=y,\ Z=z) = \frac{\binom{8}{x}\binom{10}{y}\binom{10}{z}}{\binom{28}{10}},\quad \begin{array}{l} x+y+z=10,\ \ x=0,\ 1,\ \cdots,\ 8, \\ y=0,\ 1,\ 2,\ \cdots,\ 10,\ z=0,\ 1,\ 2,\ \cdots,\ 10 \end{array}$$

(2) (1)로부터 구하고자 하는 확률은 다음과 같다.

$$P(X=3,\ Y=3,\ Z=4) = \frac{\binom{8}{3}\binom{10}{3}\binom{10}{4}}{\binom{28}{10}} = \frac{6720}{624910} = 0.1075$$

(3) 추출된 노란 공의 개수는 $Z \sim H(28, 10, 10)$인 초기하분포를 이루므로 구하고자 하는 평균은

$E(Z) = 10 \cdot \dfrac{10}{28} = 3.57$이다.

# 연습문제 4.2

**1.** 모수가 $N=10, r=6, n=5$인 초기하분포에 대하여 다음 확률을 구하라.

(1) $P(X=3)$  (2) $P(X=4)$

(3) $P(X \leq 4)$  (4) $P(X>3)$

**2.** 여자 4명과 남자 6명이 섞여 있는 그룹에서 두 명을 무작위로 선출할 때, 다음을 구하라.

(1) 선출된 두 명 중에 포함되어 있는 남자의 수에 대한 확률질량함수

(2) 선출된 두 명이 모두 동성일 확률

(3) 여자 1명과 남자 1명이 선출될 확률

(4) 두 명 중에 포함될 남자의 수에 대한 평균과 분산

**3.** 비복원추출에 의하여 52장의 카드가 들어 있는 주머니에서 임의로 세 장의 카드를 꺼낼 때, 세 장의 카드 안에 포함된 하트의 수를 확률변수 $X$라 한다.

(1) $X$의 확률질량함수를 구하라.  (2) 평균과 표준편차를 구하라.

**4.** 48장의 화투에서 7장을 꺼내는 게임을 할 때, 다음을 구하라.

(1) 7장 중에 포함될 "광"의 개수에 대한 확률분포

(2) 동일한 무늬 4장이 들어 있을 확률

(3) 청단과 홍단이 모두 들어 있을 확률

(4) 7장 중에 포함된 광의 평균 개수

**5.** $X \sim H(N, M, n)$에 대하여 $E[X(X-1)] = \dfrac{r(r-1)}{N(N-1)} n(n-1)$임을 보여라.

**6.** 지하수 오염 실태를 조사하기 위하여 30곳의 구멍을 뚫어 수질을 조사하였다. 그 결과 19곳은 오염이 매우 심각하였고, 6곳은 약간 오염되었다고 보고하였다. 그러나 채취한 지하수 병들이 섞여 있어 어느 지역이 깨끗한 지하수를 갖고 있는지 모르는 상황에서 5곳을 선정하였을 때, 다음을 구하라.

(1) 오염 정도에 따른 확률분포

(2) 선정된 5곳 중에서 매우 심각하게 오염된 지역이 3곳, 약간 오염된 지역이 1곳일 확률

(3) 5곳 중에서 적어도 4곳에서 심각하게 오염되었을 확률

**7.** 바닐라 맛 7개, 페퍼민트 맛 5개 그리고 버터스카치 맛 사탕 8개가 들어 있는 상자에서 6개의 사탕을 임의로 꺼낸다.

(1) 각 사탕의 개수에 관한 확률분포를 구하라.

(2) 세 가지 맛의 사탕이 동일한 개수로 나올 확률을 구하라.

(3) 6개 중에 버터스카치 맛 사탕이 들어 있지 않을 확률을 구하라.

## 4.3 이항분포

동전 던지기의 앞면과 뒷면, 전기회로 스위치의 ON과 OFF, 설문조사에서 YES와 NO, 상품의 불량품과 양품 등과 같이 실험 결과가 서로 상반되는 두 가지뿐인 특수한 경우를 생각한다. 이때 관심을 갖는 결과를 성공, 그렇지 않은 결과를 실패라 하고, 성공이면 1 실패이면 0으로 대응시키는 확률변수 $X$를 생각하자. 그리고 성공률이 $p$라 하면, 실패율은 $q = 1 - p$이므로 $X$의 확률질량함수는 다음과 같이 정의된다.

$$f(x) = \begin{cases} q \,, & x = 0 \\ p \,, & x = 1 \\ 0 \,, & \text{다른 곳에서} \end{cases}$$

이와 같은 확률질량함수를 가지는 확률변수 $X$의 확률분포를 모수 $p$인 **베르누이 분포**(Bernoulli distribution)라 하고, $X \sim B(1, p)$로 나타낸다. 그리고 이와 같은 통계실험을 독립적으로 반복하여 시행하는 것을 **베르누이 시행**(Bernoulli trial)이라 한다. 그러면 베르누이 분포를 이루는 확률변수 $X$에 대하여 다음을 얻는다.

$$E(X) = 0 \cdot P(X=0) + 1 \cdot P(X=1) = p$$
$$E(X^2) = 0^2 \cdot P(X=0) + 1^2 \cdot P(X=1) = p$$
$$Var(X) = E(X^2) - [E(X)]^2 = p - p^2 = p(1-p) = pq$$

따라서 베르누이 분포 $X \sim B(1, p)$에 대한 평균과 분산은 다음과 같다.

$$\mu = p, \ \sigma^2 = pq$$

---

**예제 1**

앞면이 나올 가능성이 $\frac{1}{3}$인 찌그러진 동전을 던지는 게임에서, 앞면이 나오면 성공한다고 하자. 이때 앞면이 나오는 사건에 대한 확률질량함수와 평균 그리고 분산을 구하라.

**풀이**

$H$가 나오면 성공이므로 $X = 1$이고 $P(X=1) = \frac{1}{3}$이다. 그리고 $T$가 나오면 실패이므로 $X = 0$이고 $P(X=0) = \frac{2}{3}$이다. 그러므로 $X$의 확률질량함수는 다음과 같다.

$$f(x) = \begin{cases} \dfrac{2}{3}, & x=0 \\ \dfrac{1}{3}, & x=1 \\ 0, & \text{다른 곳에서} \end{cases}$$

따라서 평균과 분산은 각각 다음과 같다.

$$E(X) = \frac{1}{3}, \quad Var(X) = \frac{1}{3} \cdot \frac{2}{3} = \frac{2}{9}$$

이제 [예제 1]과 같은 베르누이 실험을 독립적으로 세 번 반복하여 시행하는 경우를 생각하자. 처음 동전을 던져서 앞면이 나오면 $X_1 = 1$, 그렇지 않으면 $X_1 = 0$이라 한다. 같은 방법으로 두 번째와 세 번째에 동전을 던져서 앞면이 나오면 각각 $X_2 = 1$과 $X_3 = 1$, 그리고 뒷면이 나오면 $X_2 = 0$과 $X_3 = 0$이라 한다. 그러면 동전을 세 번 반복적으로 던질 경우에 나올 수 있는 모든 경우는 다음과 같이 8가지뿐이다.

$$(x_1, x_2, x_3) : (0,0,0), (0,1,0), (0,0,1), (0,1,1),$$
$$(1,0,0), (1,1,0), (1,0,1), (1,1,1)$$

그리고 각 확률변수는 모수 $\frac{1}{3}$인 베르누이 분포를 이루므로 다음과 같다.

$$P(X_i = 1) = \frac{1}{3}, \; P(X_i = 0) = \frac{2}{3}, \quad i = 1, 2, 3$$

이때 $X = X_1 + X_2 + X_3$이라 하면, 확률변수 $X$의 상태공간은 $S_X = \{0, 1, 2, 3\}$이다. 확률변수 $X$의 확률분포를 구하기 위하여 다음과 같이 생각할 수 있다. 우선 사건 $\{X=0\}$은 사건 $\{X_1 = 0, \, X_2 = 0, \, X_3 = 0\}$과 동치이고 $X_1, X_2, X_3$이 독립이므로 다음을 얻는다.

$$P(X=0) = P(X_1 = 0, X_2 = 0, X_3 = 0)$$
$$= P(X_1 = 0) P(X_2 = 0) P(X_3 = 0) = \left(\frac{2}{3}\right)^3$$

또한 사건 $\{X=1\}$은 다음과 같은 세 사건의 합사건과 동치이다.

$$A_1 = \{X_1 = 1, \, X_2 = 0, \, X_3 = 0\}$$
$$A_2 = \{X_1 = 0, \, X_2 = 1, \, X_3 = 0\}$$
$$A_3 = \{X_1 = 0, \, X_2 = 0, \, X_3 = 1\}$$

또한 각 사건 $A_1, A_2, A_3$은 쌍마다 배반이고 다음 확률을 얻는다.

$$P(X_1 = 1, X_2 = 0, X_3 = 0) = P(X_1 = 1)\, P(X_2 = 0)\, P(X_3 = 0) = \frac{1}{3}\left(\frac{2}{3}\right)^2$$

$$P(X_1 = 0, X_2 = 1, X_3 = 0) = P(X_1 = 0)\, P(X_2 = 1)\, P(X_3 = 0) = \frac{1}{3}\left(\frac{2}{3}\right)^2$$

$$P(X_1 = 0, X_2 = 0, X_3 = 1) = P(X_1 = 0)\, P(X_2 = 0)\, P(X_3 = 1) = \frac{1}{3}\left(\frac{2}{3}\right)^2$$

그러므로 $P(X = 1)$은 다음과 같다.

$$P(X = 1) = 3 \cdot \left(\frac{1}{3}\right)\left(\frac{2}{3}\right)^2$$

같은 방법으로 사건 $\{X = 2\}$와 $\{X = 3\}$의 확률은 각각 다음과 같다.

$$P(X = 2) = 3 \cdot \left(\frac{1}{3}\right)^2\left(\frac{2}{3}\right)$$

$$P(X = 3) = \left(\frac{1}{3}\right)^3$$

특히 사건 $\{X = x\}$, $x = 0, 1, 2, 3$은 성공률이 $\frac{1}{3}$인 베르누이 실험을 세 번 반복하여 $x$번 성공한 사건을 나타낸다. 이때 조합의 수를 이용하여 확률 $P(X = x)$, $x = 0, 1, 2, 3$을 표현하면 다음과 같다.

$$P(X = 0) = \binom{3}{0}\left(\frac{1}{3}\right)^0\left(\frac{2}{3}\right)^3, \quad P(X = 1) = \binom{3}{1}\left(\frac{1}{3}\right)^1\left(\frac{2}{3}\right)^2$$

$$P(X = 2) = \binom{3}{2}\left(\frac{1}{3}\right)^2\left(\frac{2}{3}\right)^1, \quad P(X = 3) = \binom{3}{3}\left(\frac{1}{3}\right)^3\left(\frac{2}{3}\right)^0$$

즉, 매회 성공률이 $\frac{1}{3}$인 베르누이 시행을 독립적으로 세 번 반복하여 성공의 횟수를 나타내는 확률변수 $X$의 확률함수는 다음과 같다.

$$P(X = x) = \binom{3}{x}\left(\frac{1}{3}\right)^x\left(\frac{2}{3}\right)^{3-x}, \quad x = 0, 1, 2, 3$$

**예제 2**

[예제 1]에서 $X = X_1 + X_2 + X_3$이라 할 때, 다음을 구하라.

(1) $E(X)$                                  (2) $Var(X)$

**풀이**

(1) $i = 1, 2, 3$에 대하여 $E(X_i) = \dfrac{1}{3}$ 이므로 다음을 얻는다.

$$E(X) = E(X_1 + X_2 + X_3) = E(X_1) + E(X_2) + E(X_3) = 3 \cdot \frac{1}{3} = 1$$

(2) $Var(X_i) = \dfrac{1}{3} \cdot \dfrac{2}{3} = \dfrac{2}{9}$ 이고, $X_1, X_2, X_3$ 이 독립이므로 분산의 성질에 의하여 다음을 얻는다.

$$Var(X) = Var(X_1 + X_2 + X_3)$$

$$= Var(X_1) + Var(X_2) + Var(X_3) = 3 \cdot \frac{2}{9} = \frac{2}{3}$$

이와 같이 각 시행에서 성공률이 $p$ 인 베르누이 실험을 독립적으로 $n$ 번 반복 시행할 때, 성공한 횟수($X$)의 확률분포를 모수가 $n$, $p$인 **이항분포**(binomial distribution)라 하고 $X \sim B(n, p)$로 나타낸다. 그러면 [예제 1]과 같이 모수 $n$ 과 $p$ 를 갖는 이항분포에 따르는 확률변수 $X$의 확률질량함수는 다음과 같다.

$$f(x) = \begin{cases} \dbinom{n}{x} p^x (1-p)^{n-x}, & x = 0, 1, 2, \cdots, n \\ \\ 0 & , \ \text{다른 곳에서} \end{cases}$$

여기서 $n$ 은 베르누이 실험을 독립적으로 반복 시행한 횟수이고 $p$ 는 매 시행에서의 성공률을 나타낸다. 특히 $n = 1$이면 베르누이 실험을 한 번 실시하여 성공이 나타날 확률분포이므로 베르누이 분포가 된다. 한편 $X_i \sim B(1, p)$, $i = 1, 2, \cdots, n$ 이고 $X_i$들이 독립이면 $E(X_i) = p$, $Var(X_i) = pq$이다. 그러므로 $X \sim B(n, p)$는 $X = X_1 + X_2 + \cdots + X_n$ 으로 생각할 수 있으며, 따라서 확률변수 $X$의 평균과 분산은 각각 다음과 같다.

$$E(X) = E(X_1 + X_2 + \cdots + X_n) = E(X_1) + E(X_2) + \cdots + E(X_n)$$

$$= p + p + \cdots + p = np$$

$$Var(X) = Var(X_1 + X_2 + \cdots + X_n) = Var(X_1) + Var(X_2) + \cdots + Var(X_n)$$

$$= pq + pq + \cdots + pq = npq$$

즉, $X \sim B(n, p)$의 평균과 분산은 각각 다음과 같다.

$$E(X) = np, \quad Var(X) = npq$$

한편 양의 정수 $a$에 대하여 이항분포에 대한 확률은 다음과 같이 구할 수 있다.

(1) $P(X = a) = P(X \le a) - P(X \le a-1)$

(2) $P(a \le X \le b) = P(X \le b) - P(X \le a-1)$

(3) $P(X \ge a) = 1 - P(X \le a-1)$

---

### 예제 3

1부터 4의 숫자가 적힌 사면체를 5번 던질 때, 숫자 1이 나온 횟수를 $X$라 한다.

(1) $X$의 확률질량함수를 구하라.

(2) 꼭 한 번 앞면이 나올 확률을 구하라.

(3) 많아야 한 번 앞면이 나올 확률을 구하라.

(4) 적어도 두 번 이상 앞면이 나올 확률을 구하라.

(5) 평균과 분산을 구하라.

**풀이**

(1) 사면체를 한 번 던져서 숫자 1이 나올 확률은 $\dfrac{1}{4}$이고, 이 사면체를 5번 던지므로 숫자 1이 나온 횟수 $X$는 모수 $n = 5$, $p = 0.25$인 이항분포를 이룬다. 따라서 $X$의 확률질량함수는 다음과 같다.

$$f(x) = \begin{cases} \binom{5}{x}(0.25)^x (0.75)^{5-x}, & x = 0, 1, 2, 3, 4, 5 \\ 0 & , \ \text{다른 곳에서} \end{cases}$$

(2) $P(X = 1) = \binom{5}{1}(0.25)(0.75)^4 = 0.3955$

(3) $P(X \le 1) = P(X = 0) + P(X = 1) = \binom{5}{0}(0.75)^5 + \binom{5}{1}(0.25)(0.75)^4$

$\qquad = 0.2373 + 0.3955 = 0.6328$

(4) $P(X \ge 2) = 1 - P(X \le 1) = 1 - 0.6328 = 0.3672$

(5) $\mu = np = 5 \cdot (0.25) = 1.25$, $\sigma^2 = npq = 5 \cdot (0.25) \cdot (0.75) = 0.9375$

---

한편 그림 4.5와 같은 부록B 표 1의 이항누적분포표를 이용하면, [예제 3]의 확률 계산을 손쉽게 얻을 수 있다. 이 표에서 $n$과 $x$는 각각 시행 횟수와 성공 횟수를 나타내며, $p$ 아래의

숫자들은 매 시행에서 성공률을 나타낸다. 그러면 소수점 이하 네 자리 숫자들은 매회 성공률 $p$ 인 이항분포에 대하여 $x$ 번 성공할 때까지 누적한 확률을 나타낸다. 예를 들어, 그림 4.5에서 $n = 5$, $x = 1$인 행과 $p = 0.25$인 열이 만난 위치의 수 $0.6328$은 $X \sim B(5, 0.25)$에서 $P(X \leq 1) = 0.6328$을 의미한다. 따라서 [예제 3] (3)에서 확률질량함수와 표 1을 이용하여 구한 $P(X \leq 1)$가 동일한 것을 알 수 있다.

| 시행 횟수 | 성공 횟수 | | | | 성공률 | | $P(X \leq 1)$ | | |
| --- | --- | --- | --- | --- | --- | --- | --- | --- | --- |
| | | | | | $p$ | | | | |
| $n$ | $x$ | 0.05 | 0.10 | 0.15 | 0.20 | 0.25 | 0.30 | 0.35 | 0.40 | 0.45 |
| 5 | 0 | 0.7738 | 0.5905 | 0.4437 | 0.3277 | 0.2373 | 0.1681 | 0.1160 | 0.0778 | 0.0503 |
| | 1 | 0.9774 | 0.9185 | 0.8352 | 0.7373 | 0.6328 | 0.5282 | 0.4284 | 0.3370 | 0.2562 |
| | 2 | 0.9988 | 0.9914 | 0.9734 | 0.9421 | 0.8965 | 0.8369 | 0.7648 | 0.6826 | 0.5931 |
| | 3 | 1.0000 | 0.9995 | 0.9978 | 0.9933 | 0.9844 | 0.9692 | 0.9460 | 0.9130 | 0.8688 |
| | 4 | 1.0000 | 1.0000 | 0.9999 | 0.9997 | 0.9990 | 0.9976 | 0.9947 | 0.9898 | 0.9815 |

그림 4.5  이항누적분포표

### 예제 4

5지 선다형으로 주어진 10문제에서 임의로 답안을 선정한다. 이항누적분포표를 이용하여 다음을 구하라.

(1) 정답을 선택한 문항수가 2개일 확률

(2) 적어도 5문제 이상 정답을 선택할 확률

**풀이**

(1) $P(X = 2) = P(X \leq 2) - P(X \leq 1)$이고 이항누적분포표에 의하여 다음을 얻는다.

$$P(X \leq 1) = 0.3758, \quad P(X \leq 2) = 0.6778$$

따라서 구하고자 하는 확률은 다음과 같다.

$$P(X = 2) = P(X \leq 2) - P(X \leq 1) = 0.6778 - 0.3758 = 0.3020$$

(2) $P(X \geq 5) = 1 - P(X \leq 4) = 1 - 0.9672 = 0.0328$

그림 4.6과 같이 $p < 0.5$이면 이항분포는 왼쪽으로 치우치고 오른쪽으로 긴 꼬리 모양을 가지며, $p > 0.5$이면 오른쪽으로 치우치고 왼쪽으로 긴 꼬리 모양을 가지는 것을 알 수 있다. 특히 $p = 0.5$이면 $n$에 관계없이 $\mu = \dfrac{n}{2}$을 중심으로 좌우대칭인데, 이 경우에 **대칭이항분포**(symmetric binomial distribution)라 한다.

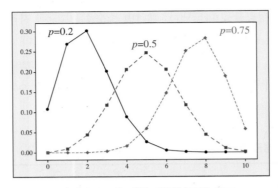

**그림 4.6** $p$에 따른 이항분포의 비교

특히 모수 $n$, $p$인 이항분포에 따르는 확률변수 $X$에 대하여 확률변수 $Y = \dfrac{X}{n}$는 성공의 비율을 나타내며, $Y$를 **표본비율**(sample proportion)이라 한다. 그러면 $Y$의 평균과 분산은 각각 다음과 같다.

$$\mu_Y = p, \quad \sigma_Y^2 = \frac{pq}{n}$$

그리고 시행 횟수 $n$이 충분히 크면 $Y$는 성공률 $p$에 근접하는 것으로 알려져 있다. 더욱이 $X$와 $Y$가 독립이고 각각 $X \sim B(m, p)$, $Y \sim B(n, p)$인 이항분포를 이룬다면, 다음과 같이 $X + Y \sim B(m+n, p)$임을 알 수 있다.

$$P(X + Y = k) = \sum_x P(X = x, x + Y = k) = \sum_x P(X = x) P(Y = k - x)$$

$$= \sum_x \binom{m}{x} p^x (1-p)^{m-x} \binom{n}{k-x} p^{k-x} (1-p)^{n-(k-x)}$$

$$= \sum_x \binom{m}{x} \binom{n}{k-x} p^k (1-p)^{(m+n)-k}$$

$$= \binom{m+n}{k} p^k (1-p)^{(m+n)-k}$$

---

### 예제 5

임의로 선정된 남학생과 여학생이 5지 선다형으로 주어진 두 종류의 문제에서 임의로 답안을 선정한다. 남학생은 A형 문제지로 10문제를 풀고 여학생은 B형 문제지로 5문제를 푼다. 남학생이 정답을 선정한 문제 수를 $X$, 여학생이 정답을 선정한 문제 수를 $Y$라 할 때, 다음을 구하라.

(1) 15문제에서 두 학생이 정답을 선택한 평균 문제 수

(2) 15문제에서 두 학생이 적어도 5문제 이상 정답을 선택할 확률

(풀이)

(1) 5지 선다형 문제이므로 남학생과 여학생이 각 문항별로 정답을 선정할 확률은 0.2이다. 그리고 A형 문제지는 10문제 그리고 B형 문제지는 5문제이므로 남학생과 여학생이 정답을 선택한 문제 수는 각각 $X \sim B(10, 0.2)$, $Y \sim B(5, 0.2)$이고 $X$와 $Y$는 독립이다. 따라서 15문제에서 두 학생이 정답을 선택한 문제 수는 $X + Y \sim B(15, 0.2)$이고 평균은 $\mu = 15(0.2) = 3$이다.

(2) $P(X \geq 5) = 1 - P(X \leq 4)$이고 이항누적분포표에 의하여 다음을 얻는다.

$$P(X \geq 5) = 1 - P(X \leq 4) = 1 - 0.8358 = 0.1642$$

또한 초기하분포 $X \sim H(N, M, n)$에서 $p = \dfrac{M}{N}$이 일정하고 $N$이 충분히 크다면(즉, $N \to \infty$), 그림 4.7과 같이 초기하분포는 평균과 분산이 각각 $\mu = np$, $\sigma^2 = npq$인 이항분포로 근접한다. 그러므로 $N$이 충분히 큰 초기하분포 $H(N, M, n)$에 대한 확률은 $p = \dfrac{M}{N}$인 이항분포 $B(n, p)$에 의하여 근사적으로 구할 수 있다.

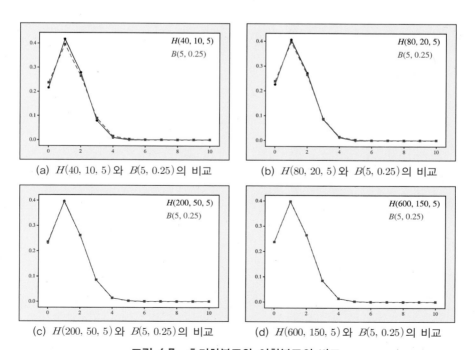

(a) $H(40, 10, 5)$와 $B(5, 0.25)$의 비교

(b) $H(80, 20, 5)$와 $B(5, 0.25)$의 비교

(c) $H(200, 50, 5)$와 $B(5, 0.25)$의 비교

(d) $H(600, 150, 5)$와 $B(5, 0.25)$의 비교

그림 4.7  초기하분포와 이항분포의 비교

**예제 6**

빨간 공 75개와 파란 공 1,425개가 들어 있는 상자에서 10개의 공을 임의로 꺼낸다. 이때 꺼낸 공 안에 빨간 공이 2개 들어 있을 근사확률을 구하라.

**풀이**

1,500개의 공이 들어 있는 상자에서 10개를 꺼내어 포함된 빨간 공의 수를 $X$라 하면, $X \sim H(1500, 75, 10)$이다. 이때 $\dfrac{M}{N} = \dfrac{75}{1500} = 0.05$이므로 $X \approx B(10, 0.05)$이다. 따라서 구하고자 하는 근사확률은 이항누적분포표에 의하여 다음과 같다.

$$P(X=2) = P(X \le 2) - P(X \le 1) = 0.9885 - 0.9139 = 0.0746$$

[참고] Mathematica를 이용하여 초기하분포에 대한 확률을 구하면 다음과 같다.

$$P(X=2) = \frac{\binom{75}{2}\binom{1425}{8}}{\binom{1500}{10}} = 0.0744$$

# 연습문제 4.3

**1.** $X \sim B(8, 0.45)$에 대하여 다음을 구하라.

(1) $P(X=4)$

(2) $P(X \neq 3)$

(3) $P(X \leq 5)$

(4) $P(X \geq 6)$

(5) $\mu = E(X)$

(6) $\sigma^2 = Var(X)$

(7) $P(\mu - \sigma \leq X \leq \mu + \sigma)$

(8) $P(\mu - 2\sigma \leq X \leq \mu + 2\sigma)$

**2.** 어떤 보험회사는 다음과 같은 가정을 기반으로 허리케인에 의한 피해에 대하여 보험가격을 결정한다.

(1) 어떤 연도에도 많아야 한 번의 허리케인이 찾아온다.

(2) 어떤 연도에도 허리케인이 찾아올 확률은 0.05이다.

(3) 서로 다른 해에 찾아온 허리케인의 횟수는 서로 독립이다.

이 회사의 가정을 기초로 20년 동안에 허리케인의 방문 횟수가 3번 미만일 확률을 구하라.

**3.** Society Of Actuaries(SOA)의 확률 시험문제는 5지 선다형으로 제시된다. 15문항의 SOA 시험 문제 중에서 지문을 임의로 선택할 때, 다음을 구하라.

(1) 정답을 선택한 평균 문항 수

(2) 정답을 정확히 5개 선택할 확률

(3) 정답을 4개 이상 선택할 확률

**4.** 보험대리인은 리스크가 클 것으로 생각되는 12명의 보험가입자를 가지고 있다. 이 보험가입자들 중 어느 한 사람이 내년 안에 매우 과다한 보험금 지급을 신청할 확률이 0.023이다. 이때 이들 중 정확히 세 명이 내년 안으로 과다한 보험금을 신청할 확률을 구하라.

**5.** 형광등의 수명이 800시간 이상일 확률은 0.8이라 한다. 이러한 형광등 5개에 대하여 다음을 구하라.

(1) 수명이 800시간 이상인 형광등의 평균 개수

(2) 정확히 3개의 형광등이 800시간 이상 지속할 확률

(3) 4개 이상의 형광등이 800시간 이상 지속할 확률

**6.** 지방의 어느 중소도시에서 5%의 사람이 특이한 질병에 걸렸다고 한다. 이들 중에서 임의로 5명을 선정하였을 때, 이 질병에 걸린 사람이 2명 이하일 확률을 구하라.

**7.** 수도권지역에서 B+ 혈액형을 가진 사람의 비율이 10%라고 한다. 이때 헌혈센터에서 20명이 헌혈을 했을 때, 그들 중 정확히 4명이 B+ 혈액형일 확률과 적어도 3명이 B+일 확률을 구하라.

**8.** 인간의 특성인 피부색, 눈동자의 색 또는 머리카락의 색깔이나 왼손·오른손잡이 등등은 한 쌍의 유전자에 의하여 결정된다. 이때 우성인자를 $d$ 그리고 열성인자를 $r$이라 하면, $(d,d)$를 순수 우성, $(r,r)$을 순수 열성 그리고 $(d,r)$ 또는 $(r,d)$를 혼성이라고 한다. 두 남녀가 결혼하면 그 자녀는 각각의 부모로부터 어느 한 유전인자를 물려받게 되며, 이 유전인자는 두 종류의 유전인자 중에서 동등한 기회로 대물림한다.

(1) 혼성 유전인자를 가지고 있는 두 부모의 자녀가 순수 열성일 확률을 구하라.

(2) 혼성 유전인자를 가진 부모에게 5명의 자녀가 있을 때, 5명 중에서 어느 한 명만이 순수 열성일 확률을 구하라.

(3) 평균 순수 열성인 자녀수를 구하라.

**9.** 치명적인 자동차 사고의 55%가 음주운전에 의한 것이라는 보고가 있다. 앞으로 5건의 치명적인 자동차 사고가 날 때, 음주운전에 의하여 사고가 발생할 횟수 $X$에 대하여 다음 확률을 구하라.

(1) 5번 모두 사고가 날 확률

(2) 꼭 3번 사고가 날 확률

(3) 적어도 1번 이상 사고가 날 확률

**10.** 10명의 보험가입자로 구성된 독립인 두 집단의 건강에 대하여 1년 동안 관찰하는 연구가 진행 중에 있다. 그리고 이 연구에 참가하는 개개인은 연구가 끝나기 전에 그만 둘 확률이 독립적으로 각각 0.2라고 한다. 이때 두 집단 중 꼭 어느 한 집단에서 적어도 9명의 참가자가 연구가 완성될 때까지 참여할 확률을 구하라.

**11.** 2,000개의 컴퓨터 칩이 들어 있는 상자 안에 불량품이 10개 있다고 한다. 15개의 칩을 비복원 추출에 의하여 임의로 상자에서 꺼냈을 때, 다음을 구하라.

(1) 15개 안에 들어 있을 불량품의 평균과 분산

(2) 정확히 불량품이 하나일 확률

(3) 불량품이 세 개 이상일 확률

**12.** 확률변수 $X$와 $Y$가 독립이고 $X \sim B(m, p)$, $Y \sim B(n, p)$라고 하자. 이때 $X + Y = l$인 조건 아래서, $X$의 조건부 확률분포는 모수 $m+n$, $m$, $l$을 갖는 초기하분포임을 보여라.

**13.** 기댓값의 정의와 성질을 이용하여 $X \sim B(n, p)$인 확률변수 $X$의 평균과 분산을 구하라.

**14.** $X \sim H(N, r, n)$에 대하여 $r/N = p$로 일정하고 $N \to \infty$이면, $X$의 확률분포는 모수 $n$과 $p$를 갖는 이항분포에 가까워지는 것을 보여라.

## 4.4 기하분포와 음이항분포

### (1) 기하분포

매 시행에서 성공률이 $p$인 베르누이 시행을 다시 생각하자. 이항분포는 고정된 $n$번의 독립시행에서 성공이 일어난 횟수에 대한 분포인 것을 살펴보았다. 반면에 처음 성공할 때까지 독립적으로 반복 시행한 횟수 또는 $r$번 성공할 때까지 반복 시행한 횟수에 관한 확률모형을 관찰할 경우가 있다. 이와 같이 매 시행에서 성공률이 $p$인 베르누이 실험을 처음 성공할 때까지 독립적으로 반복 시행한 횟수($X$)에 관한 확률분포를 모수 $p$인 **기하분포**(geometric distribution)라 하고 $X \sim G(p)$로 나타낸다. 처음 시행에서 성공한다면, 시행 횟수는 1이고 이 경우의 확률은 $p$이다. 또한 처음 시행에서 실패하고 두 번째 시행에서 성공한다면 시행 횟수는 2이고 독립적으로 반복 시행하므로 이때의 확률은 실패할 확률과 성공할 확률의 곱인 $(1-p)p$이다. 같은 방법으로 그림 4.8과 같이 처음 성공할 때까지 반복 시행한 횟수에 대한 확률을 얻을 수 있다. 이때 각 사건에서 ○은 성공, ●은 실패를 나타낸다.

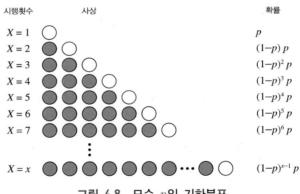

**그림 4.8 모수 $p$인 기하분포**

따라서 모수 $p$인 기하분포를 이루는 확률변수 $X \sim G(p)$의 확률질량함수는 다음과 같다.

$$f(x) = q^{x-1}p, \ \ x = 1, 2, 3, \cdots, q = 1-p$$

그러면 $X$의 기댓값은 다음과 같이 구할 수 있다.

$$E(X) = \sum_{x=0}^{\infty} x f(x) = p \sum_{x=0}^{\infty} x q^{x-1}$$

이때 $x$ 가 음이 아닌 정수이므로 $x\,q^{x-1}$을 도함수를 이용하여 다음과 같이 생각할 수 있다.

$$x\,q^{x-1} = \frac{d}{dq}q^x$$

또한 두 함수의 합에 대한 도함수는 각각의 도함수의 합과 같으므로

$$E(X) = p\sum_{x=1}^{\infty}\frac{d}{dq}q^x = p\,\frac{d}{dq}\left(\sum_{x=1}^{\infty}q^x\right)$$

이 성립하고, $0 < q < 1$이므로 무한등비급수의 합은 다음과 같다.

$$\sum_{x=1}^{\infty}q^x = \frac{q}{1-q}$$

그러므로 $X$의 기댓값은 다음과 같다.

$$E(X) = p\,\frac{d}{dq}\left(\frac{q}{1-q}\right) = \frac{p}{(1-q)^2} = \frac{p}{p^2} = \frac{1}{p}$$

같은 방법으로 $E[X(X-1)] = \dfrac{2q}{p^2}$ 이고, 따라서 분산은 다음과 같다.

$$Var(X) = E(X^2) - [E(X)]^2 = E[X(X-1)] + E(X) - [E(X)]^2$$

$$= \frac{2q}{p^2} + \frac{1}{p} - \frac{1}{p^2} = \frac{q}{p^2}$$

즉, 확률변수 $X \sim G(p)$의 기댓값과 분산은 각각 다음과 같다.

$$\mu = \frac{1}{p}, \quad \sigma^2 = \frac{q}{p^2}$$

특히 확률변수 $X \sim G(p)$는 양의 정수 $m$과 $n$에 대하여 다음과 같은 **비기억성 성질** (memorylessness property)을 갖는다.

$$P(X > n+m \,|\, X > n) = P(X > m)$$

기하분포의 비기억성 성질은 처음 성공할 때까지 반복 시행한 횟수는 그 이후로 다시 처음 성공할 때까지 반복시행한 횟수에 독립이고 항등분포인 것을 나타낸다.

**예제 1**

1 또는 2의 눈이 처음 나올 때까지 주사위를 던지는 게임을 한다. 주사위를 던진 횟수를 확률변수 $X$라 할 때, 다음을 구하라.

(1) 확률변수 $X$의 확률질량함수

(2) 확률변수 $X$의 평균과 분산

(3) 세 번째에서 처음으로 1 또는 2의 눈이 나올 확률

(4) 처음에 1 또는 2의 눈이 나왔다는 조건 아래서, 그 이후로 세 번째에서 다시 처음으로 1 또는 2의 눈이 나올 확률

**풀이**

(1) 주사위를 던져서 1 또는 2의 눈이 나올 확률은 $\frac{1}{3}$이고, 따라서 1 또는 2의 눈이 나올 때까지 주사위를 던진 횟수 $X$는 모수 $\frac{1}{3}$인 기하분포를 이룬다. 따라서 $X$의 확률질량함수는 다음과 같다.

$$f(x) = \frac{1}{3} \cdot \left(\frac{2}{3}\right)^{x-1}, \quad x = 1, 2, 3, \cdots$$

(2) $\mu = \frac{1}{p}$, $\sigma^2 = \frac{q}{p^2}$이고 $p = \frac{1}{3}$이므로 평균과 분산은 각각 다음과 같다.

$$\mu = \frac{1}{p} = \frac{1}{1/3} = 3 \ , \quad \sigma^2 = \frac{q}{p^2} = \frac{2/3}{(1/3)^2} = 6$$

(3) 세 번째에서 처음으로 1 또는 2의 눈이 나올 확률은 다음과 같다.

$$P(X=3) = f(3) = \frac{1}{3} \cdot \left(\frac{2}{3}\right)^2 = \frac{4}{27}$$

(4) 처음에 1 또는 2의 눈이 나오는 사건을 $A$, 그 이후로 세 번째에서 다시 처음으로 1 또는 2의 눈이 나오는 사건을 $B$라 하면, 구하고자 하는 확률은 $P(B|A)$이다. 한편 $P(A) = P(X=1)$ $= \frac{1}{3}$이고, 사건 $A \cap B$는 처음에 1 또는 2의 눈이 나오고, 그 이후로 세 번째에서 1 또는 2의 눈이 나오는 사건이다. 기하분포의 비기억성 성질에 의하여 첫 번째 이후로 처음 1 또는 2의 눈이 나올 때까지 주사위를 던진 횟수를 $Y$라 하면, $Y \sim G(1/3)$이다. 따라서 구하고자 하는 확률은 다음과 같다.

$$P(X=1, \ Y=3 | X=1) = \frac{P(X=1) \, P(Y=3)}{P(X=1)} = P(Y=3)$$

$$= \frac{1}{3} \cdot \left(\frac{2}{3}\right)^2 = \frac{4}{27}$$

## (2) 음이항분포

기하분포를 일반화하여 매 시행에서 성공률이 $p$인 베르누이 실험을 $r$번 성공할 때까지 독립적으로 반복 시행한 횟수($X$)에 관한 확률모형을 생각할 수 있다. 이와 같은 확률분포를 모수 $r$과 $p$인 **음이항분포**(negative binomial distribution)라 하고 $X \sim NB(r, p)$로 나타낸다. 따라서 $r=1$인 음이항분포는 기하분포인 것을 쉽게 알 수 있다.

이제 확률변수 $X \sim NB(r, p)$의 확률분포를 알아보기 위하여, 3번째 성공을 얻기 위한 시행 횟수와 각 경우의 확률을 구해보자. 우선 그림 4.9와 같이 처음부터 3번 연속적으로 성공하는 경우를 생각할 수 있으며, 이 경우 매 시행은 독립이므로 확률은 $p^3$이다. 즉, $P(X=3)=p^3$이다.

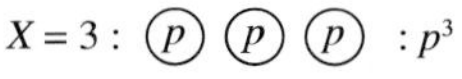

$$X=3: \ \ \textcircled{p} \ \textcircled{p} \ \textcircled{p} \ \ : p^3$$

**그림 4.9** $X=3$인 경우

그리고 3번째 성공을 얻기 위하여 4번을 시행해야 하는 경우는 그림 4.10과 같이 처음 세 번의 시행 중에서 두 번 성공하고 네 번째 시행에서 세 번째로 성공하는 경우이다. 즉, 처음 세 번의 시행 중에서 두 번 성공하는 경우의 수는 $\binom{3}{2}=3$이며 각 경우의 확률은 $qp^2$이다. 그리고 각 경우에 대하여 네 번째 시행에서 성공률 $p$를 가지고 세 번째로 성공해야 하므로 $P(X=4)=3qp^3=\binom{3}{2}qp^3$이다.

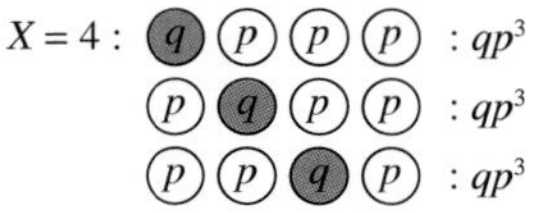

$$X=4: \ \ \begin{matrix} \textcircled{q} \ \textcircled{p} \ \textcircled{p} \ \textcircled{p} \ \ : qp^3 \\ \textcircled{p} \ \textcircled{q} \ \textcircled{p} \ \textcircled{p} \ \ : qp^3 \\ \textcircled{p} \ \textcircled{p} \ \textcircled{q} \ \textcircled{p} \ \ : qp^3 \end{matrix}$$

**그림 4.10** $X=4$인 경우

같은 방법으로 다섯 번째 시행에서 비로소 세 번째 성공을 얻는 경우는 그림 4.11과 같이 처음 네 번의 시행 중에서 두 번 성공하고 다섯 번째 시행에서 세 번째로 성공하는 경우이다. 그리고 이러한 경우의 수는 $\binom{4}{2}=6$가지가 있으며 각 경우의 확률은 $q^2p^3$이다. 따라서 $P(X=5)=6q^2p^3=\binom{4}{2}q^2p^3$이다.

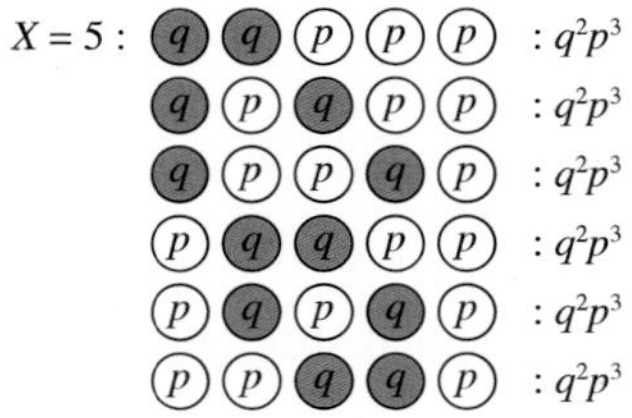

$$X = 5 : \quad q \; q \; p \; p \; p \quad : q^2 p^3$$
$$q \; p \; q \; p \; p \quad : q^2 p^3$$
$$q \; p \; p \; q \; p \quad : q^2 p^3$$
$$p \; q \; q \; p \; p \quad : q^2 p^3$$
$$p \; q \; p \; q \; p \quad : q^2 p^3$$
$$p \; p \; q \; q \; p \quad : q^2 p^3$$

**그림 4.11   $X = 5$인 경우**

동일한 방법으로 $x$번째 시행에서 세 번째 성공을 얻는 경우는 그림 4.12와 같이 처음 $x-1$번의 시행 중에서 두 번 성공하고 $x$번째 시행에서 세 번째로 성공해야 한다. 이러한 경우의 수는 $\binom{x-1}{2}$가지이고 각 경우의 확률은 $q^{x-3} p^3$이다.

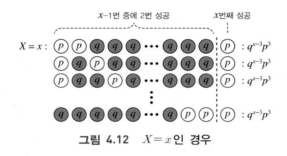

**그림 4.12   $X = x$인 경우**

따라서 $X = x$일 확률은 다음과 같다.

$$P(X=x) = \binom{x-1}{2} q^{x-3} p^3 = \binom{x-1}{3-1} q^{(x-1)-(3-1)} p^3$$

이와 같은 방법을 $x$번째 시행에서 $r$번째 성공을 얻는 경우로 확장할 수 있다. 그러면 최소 $r$번 이상의 베르누이 시행을 반복 시행해야 하며, 따라서 확률변수 $X$가 취하는 값은 $r, r+1, r+2, \cdots$이다. 또한 $x$번째 시행에서 $r$번째 성공이 이루어졌다면, 그림 4.13과 같이 $x-1$번의 시행에서 꼭 $r-1$번 성공하고, $x$번째에서 성공이 이루어져야 한다.

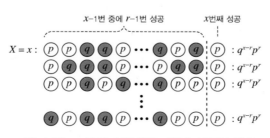

**그림 4.13   $x$번째 시행에서 $r$번째 성공인 경우**

그러므로 $X = x$ 일 확률은 다음과 같다.

$$P(X = x) = P(x-1 번\ 시행에서\ r-1번\ 성공) \cdot P(x번째에서\ r번째\ 성공)$$

$$= \binom{x-1}{r-1} p^{r-1} q^{(x-1)-(r-1)} \cdot p$$

$$= \binom{x-1}{r-1} p^r q^{x-r}$$

따라서 음이항분포에 따르는 확률변수 $X \sim NB(r, p)$의 확률질량함수는 다음과 같다.

$$f(x) = \binom{x-1}{r-1} p^r q^{x-r}, \quad x = r, r+1, r+2, \cdots$$

한편 기하분포 $G(p)$의 비기억성 성질을 적용하여 음이항분포를 생각할 수 있다. 이를 위하여 그림 4.14와 같이 처음 성공이 있기까지 반복 시행한 횟수를 $X_1$, 처음 성공 이후 첫 번째 성공이 있기까지 반복 시행한 횟수를 $X_2$, 같은 방법으로 $r-1$번째 성공 이후 처음 성공할 때까지 반복 시행한 횟수를 $X_r$이라 하자.

**그림 4.14  비기억성 성질과 음이항분포**

이때 독립인 확률변수 $X_i \sim G(p)$, $i = 1, 2, \cdots, r$에 대하여 $X = X_1 + X_2 + \cdots + X_r$이라 하면, $X$는 $r$번째 성공이 있기까지 성공률 $p$인 베르누이 실험을 독립적으로 반복 시행한 횟수를 나타낸다. 이때 각 확률변수는 독립이고 다음 평균과 분산을 갖는다.

$$E(X_i) = \frac{1}{p}, \quad Var(X_i) = \frac{q}{p^2}, \quad i = 1, 2, 3, \cdots, r$$

그러므로 확률변수 $X \sim NB(r, p)$의 평균과 분산은 각각 다음과 같다.

$$E(X) = \frac{r}{p}, \quad Var(X) = \frac{rq}{p^2}$$

**예제 2**

주사위를 던지는 게임에서 1 또는 2의 눈이 나오면 성공이라 한다. 세 번째 성공이 있기까지 주사위를 반복하여 던진 횟수를 확률변수 $X$라 할 때, 다음을 구하라.

(1) 확률변수 $X$의 확률질량함수

(2) 확률변수 $X$의 평균과 분산

(3) 다섯 번째에서 세 번째 성공할 확률

**풀이**

(1) 주사위를 던져서 1 또는 2의 눈이 나오면 성공이므로 성공률은 $\frac{1}{3}$이고, 세 번째 성공이 있기까지 주사위를 반복하여 던진 횟수 $X$는 모수 $r=3$, $p=\frac{1}{3}$인 음이항분포를 이룬다. 따라서 $X$의 확률질량함수는 다음과 같다.

$$f(x) = \binom{x-1}{2}\left(\frac{1}{3}\right)^3\left(\frac{2}{3}\right)^{x-3}, \quad x = 3, 4, 5, \cdots$$

(2) 평균과 분산은 각각 다음과 같다.

$$E(X) = \frac{3}{1/3} = 9, \quad Var(X) = \frac{3(2/3)}{(1/3)^2} = 18$$

(3) 다섯 번째에서 세 번째 성공할 확률은 다음과 같다.

$$P(X=3) = f(3) = \binom{5-1}{2}\left(\frac{1}{3}\right)^3\left(\frac{2}{3}\right)^{5-3} = \frac{8}{81} = 0.0988$$

## 습문제 4.4

**1.** $X \sim G(0.6)$에 대하여, 다음 확률을 구하라.

(1) $P(X = 3)$                      (2) $P(X \leq 4)$

(3) $P(X \geq 10)$                 (4) $P(4 \leq X \leq 8)$

**2.** $X \sim NB(4, 0.6)$에 대하여, 다음 확률을 구하라.

(1) $P(X = 6)$                      (2) $P(X \leq 7)$

(3) $P(X \geq 7)$                   (4) $P(6 \leq X \leq 8)$

**3.** 매회 성공률이 $p$인 베르누이 실험을 처음 성공할 때까지 독립적으로 반복 시행한 횟수를 확률변수 $X$라 한다. 이때 처음 성공이 있기 전까지 실패한 횟수 $Y$의 확률질량함수와 평균 그리고 분산을 구하라.

**4.** 매회 성공률이 0.4인 베르누이 실험을 처음 성공할 때까지 독립적으로 반복 시행하여 실패한 횟수를 $Y$라 한다.

(1) $Y$의 확률질량함수를 구하라.

(2) 처음 성공할 때까지 5번 실패할 확률을 구하라.

(3) 평균 그리고 분산을 구하라.

**5.** 매회 성공률이 $p$인 베르누이 실험을 $r$번째 성공이 있기까지 독립적으로 반복 시행한 횟수를 확률변수 $X$라 한다. 이때 $r$번째 성공이 있기까지 실패한 횟수 $Y$의 확률질량함수와 평균 그리고 분산을 구하라.

**6.** 매회 성공률이 0.4인 베르누이 실험을 3번째 성공이 있기까지 실패한 횟수 $Y$의 확률질량함수와 평균 그리고 분산을 구하라.

**7.** 평소에 세 번 전화를 걸면 두 번 정도 통화가 되는 친구에게 5번째 전화를 걸어서 처음으로 통화가 될 확률을 구하라.

**8.** 주사위 1개를 "1"의 눈이 3번 나올 때까지 반복해서 던지는 실험을 한다. 이때 주사위를 던진 횟수를 확률변수 $X$라 하고, 다음을 구하라.

(1) 확률변수 $X$의 확률질량함수
(2) 확률변수 $X$의 기댓값과 분산
(3) 5번째 시행에서 3번째 1의 눈이 나올 확률

**9.** 한 의학 연구팀은 새로운 치료법을 시도하기 위하여 특별한 질병에 걸린 한 사람을 찾고자 한다. 한편 이 질병에 걸린 사람은 전체 인구의 5%이며, 연구팀은 이 질병에 걸린 사람을 찾을 때까지 임의로 진찰한다.

(1) 이 질병에 걸린 사람을 처음 만날 때까지 만난 평균 환자수
(2) 4명 이하의 환자를 진찰해서 이 질병에 걸린 사람을 만날 확률을 구하라.
(3) 10명 이상 진찰해야 이 질병에 걸린 사람을 만날 확률을 구하라.

**10.** 보험을 계약하는 과정의 일부로써, 보험가입 대상자는 각각 고혈압에 대하여 검사를 받는다. 고혈압 증세를 보인 사람이 처음 발견되었을 때까지 이 검사에 참여한 사람의 수를 $X$라 하면, $X$의 기댓값은 12.5라고 한다. 이 검사에 응한 6번째 사람이 고혈압 증세를 보인 첫 번째 사람일 확률을 구하라.

**11.** 컴퓨터 시뮬레이션을 통하여 0에서 9까지의 숫자를 무작위로 선정하며, 각 숫자가 선정될 가능성은 동일하다고 한다. 이때 다음을 구하라.

(1) 처음으로 숫자 0이 나올 때까지 시뮬레이션을 반복한 횟수에 관한 확률분포
(2) (1)의 확률분포에 대한 평균 $\mu$와 분산 $\sigma^2$
(3) 시뮬레이션을 10번 실시해서야 비로소 4번째 0이 나올 확률
(4) 4번째 0을 얻기 위하여 시뮬레이션을 반복한 평균 횟수

**12.** 독립인 두 확률변수 $X$와 $Y$가 각각 $X \sim G(0.2)$, $Y \sim G(0.2)$인 분포를 이룬다고 한다. 이때 다음 확률을 구하라.

(1) $P(X = Y)$                                 (2) $P(X > Y)$

**13.** $X \sim G(p)$에 대하여 $E[X(X-1)] = \dfrac{2q}{p^2}$ 임을 보여라.

**14.** $X \sim G(p)$에 대한 비기억성 성질을 증명하라.

## 4.5 푸아송분포

컨테이너 박스 안의 수입 물품에 포함된 불량품의 수, 어떤 물질에 의하여 방출된 방사능 입자의 수, 어떤 주어진 시간 안에 걸려온 전화의 수 또는 소설책의 한 면당 오자의 수 등과 같이 한정된 단위 시간이나 공간에서 발생하는 사건의 수에 관련되는 확률모형을 다룰 때 사용되는 확률분포로 푸아송분포가 있다. 프랑스 수학자 푸아송(Simeon Denis Poisson, 1781 ~ 1840)을 기리기 위하여 붙여진 이름으로 분포의 이론적 근거는 다음과 같은 지수함수 $e^z$ 에 대한 매클로린(Maclaurin) 급수식에 있다(부록 A-5·2 참조).

$$e^z = 1 + z + \frac{z^2}{2!} + \frac{z^3}{3!} + \cdots + \frac{z^k}{k!} + \cdots$$

이때 $z > 0$ 에 대하여 $e^z > 0$ 이므로 다음을 얻는다.

$$1 = e^{-z}\left(1 + z + \frac{z^2}{2!} + \frac{z^3}{3!} + \cdots + \frac{z^k}{k!} + \cdots\right) = e^{-z}\sum_{k=0}^{\infty}\frac{z^k}{k!} = \sum_{k=0}^{\infty}\frac{z^k}{k!}e^{-z}$$

이제 $z = m$, $k = x$ 라 하면

$$\sum_{x=0}^{\infty}\frac{m^x}{x!}e^{-m} = 1$$

이고, $m > 0$, $x = 0, 1, 2, \cdots$ 에 대하여 $\frac{m^x}{x!}e^{-m} > 0$ 이다. 따라서 $x = 0, 1, 2, \cdots$ 에 대하여

$$f(x) = \frac{m^x}{x!}e^{-m}, \ m > 0$$

이라 하면, 함수 $f(x)$ 는 모든 음이 아닌 정수 $x$ 에 대하여 $f(x) > 0$ 이고 $\sum_{x=0}^{\infty}f(x) = 1$ 이므로 확률질량함수의 조건을 만족한다. 이와 같이 어떤 양수 $m$ 에 대하여 확률변수 $X$ 의 확률질량함수가 다음과 같은 확률분포를 모수가 $m$ 인 **푸아송분포**(Poisson distribution)라 하고, $X \sim P(m)$ 으로 나타낸다.

$$f(x) = \frac{m^x}{x!}e^{-m}, \ x = 0, 1, 2, \cdots$$

그러면 $X$의 평균에 대하여 다음을 얻는다.

$$\mu = E(X) = \sum_{x=0}^{\infty} x\, f(x) = \sum_{x=0}^{\infty} x \cdot \frac{m^x}{x!} e^{-m} = m \sum_{x=1}^{\infty} \frac{m^{x-1}}{(x-1)!} e^{-m}$$

이제 $x-1=t$ 라 하면, 위 식은 다음과 같으며 $\Sigma$ 안의 식은 모수 $m$인 푸아송분포의 확률질량함수이다.

$$\mu = E(X) = m \sum_{t=0}^{\infty} \frac{m^t}{t!} e^{-m} = m$$

또한 동일한 방법으로 $E[X(X-1)] = m^2$ 이고, 따라서 분산은 다음과 같다.

$$Var(X) = E[X(X-1)] + E(X) - [E(X)]^2 = m^2 + m - m^2 = m$$

그러므로 확률변수 $X \sim P(m)$의 평균과 분산은 각각 다음과 같다.

$$\mu = m, \ \sigma^2 = m$$

따라서 특별한 언급이 없는 한, 푸아송분포의 모수를 $\mu$ 로 나타낸다. 한편 그림 4.15에서 알 수 있듯이 푸아송분포는 평균 $\mu$ 가 커질수록 평균을 중심으로 대칭인 종 모양에 근접한다.

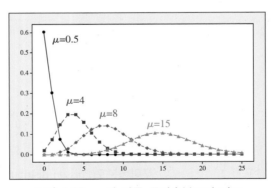

**그림 4.15** $\mu$에 따른 푸아송분포의 비교

---

### 예제 1

평균 1.5인 푸아송 확률변수 $X$에 대하여 다음을 구하라.

(1) $P(X \le 2)$                    (2) $P(X=1)$

(3) $P(X \ge 3)$

(풀이)

(1) $X \sim P(1.5)$ 이므로 $X$의 확률질량함수는 다음과 같다.

$$f(x) = \frac{1.5^x}{x!} e^{-1.5}, \quad x = 0, 1, 2, \cdots$$

따라서 $P(X \le 2)$ 는 다음과 같다.

$$P(X \le 2) = f(0) + f(1) + f(2) = \frac{1.5^0}{0!} e^{-1.5} + \frac{1.5^1}{1!} e^{-1.5} + \frac{1.5^2}{2!} e^{-1.5}$$

$$= \left(1 + 1.5 + \frac{2.25}{2}\right) e^{-1.5} = (3.625) e^{-1.5} = 0.8088$$

(2) $P(X=1) = f(1) = \frac{1.5^1}{1!} e^{-1.5} = (1.5) e^{-1.5} = 0.3347$

(3) $P(X \ge 3) = 1 - P(X \le 2) = 1 - 0.8088 = 0.1912$

한편 그림 4.16과 같은 부록B 표 2의 누적푸아송분포표를 이용하여 확률을 쉽게 구할 수 있다. 이때 누적푸아송분포표에서 $x$는 누적된 발생 횟수를 나타내며, $\mu$는 푸아송분포의 평균을 나타낸다. 그러면 $\mu = 1.5$인 푸아송분포에서 누적확률 $P(X \le 2)$는 $x = 2$인 행과 $\mu = 1.5$인 열이 만나는 위치의 수 0.809, 즉 $P(X \le 2) = 0.809$이다. 그리고 $x = 1$인 행과 $\mu = 1.5$인 열이 만나는 위치의 수가 0.558이므로 $P(X \le 1) = 0.558$이고 따라서 $P(X=1)$은 다음과 같다.

$$P(X=1) = P(X \le 1) - P(X=0) = 0.558 - 0.223 = 0.335$$

| 발생 횟수 | | | | | 평균 | | | $P(X \le 2)$ | | |
|---|---|---|---|---|---|---|---|---|---|---|
| $x$ | | | | | $\mu$ | | | | | |
| | 1.10 | 1.20 | 1.30 | 1.40 | 1.50 | 1.60 | 1.70 | 1.80 | 1.90 | 2.00 |
| 0 | .333 | .301 | .273 | .247 | .223 | .202 | .183 | .165 | .150 | .135 |
| 1 | .699 | .663 | .627 | .592 | .558 | .525 | .493 | .463 | .434 | .406 |
| 2 | .900 | .879 | .857 | .833 | .809 | .783 | .757 | .731 | .704 | .677 |
| 3 | .974 | .966 | .957 | .946 | .934 | .921 | .907 | .891 | .875 | .857 |
| 4 | .995 | .992 | .989 | .986 | .981 | .976 | .970 | .964 | .954 | .956 |
| 5 | .999 | .998 | .998 | .997 | .996 | .994 | .992 | .990 | .987 | .983 |
| 6 | 1.000 | 1.000 | 1.000 | .999 | .999 | .999 | .998 | .997 | .997 | .995 |
| 7 | 1.000 | 1.000 | 1.000 | 1.000 | 1.000 | 1.000 | 1.000 | .999 | .999 | .999 |
| 8 | 1.000 | 1.000 | 1.000 | 1.000 | 1.000 | 1.000 | 1.000 | 1.000 | 1.000 | 1.000 |
| 9 | 1.000 | 1.000 | 1.000 | 1.000 | 1.000 | 1.000 | 1.000 | 1.000 | 1.000 | 1.000 |

**그림 4.16 누적푸아송분포**

    또한 이항분포 $B(n, p)$에 따르는 확률변수 $X$에 대하여 $np = \mu$가 일정하고 $n \to \infty$ 이면, 그림 4.17에서 보는 바와 같이 $X$의 확률분포는 $P(\mu)$인 푸아송분포와 거의 일치한다(증명은 연습문제로 남긴다). 이때 $np = \mu$가 일정하므로 두 모수 $n$과 $p$는 반비례하고 따라서 $n$이 커질수록 $p$는 0이다. 즉, 모수 $n$이 충분히 크고 $p$가 충분히 작은 경우에 $B(n, p) \approx P(\mu)$이므로 푸아송분포를 이용하여 이항분포의 확률을 근사적으로 구할 수 있다. 그러나 시행횟수 $n$이 충분히 크지만 $p$가 충분히 작지 않은 경우에는 제5장에서 다루게 될 정규분포에 의하여 근사확률을 구할 수 있다.

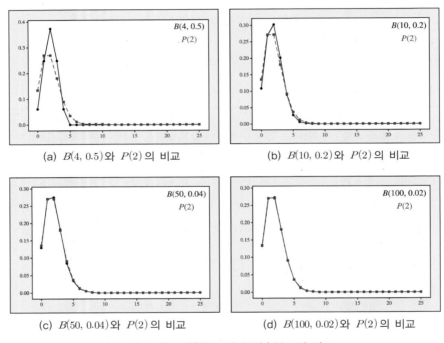

(a) $B(4, 0.5)$와 $P(2)$의 비교       (b) $B(10, 0.2)$와 $P(2)$의 비교

(c) $B(50, 0.04)$와 $P(2)$의 비교       (d) $B(100, 0.02)$와 $P(2)$의 비교

**그림 4.17  이항분포와 푸아송분포의 비교**

---

**예제 2**

어떤 공정라인에서 생산된 제품의 불량률은 0.05이다. 이 공정라인에서 생산된 제품 20개를 임의로 선정했을 때, 다음을 구하라.

(1) 불량품이 하나일 확률

(2) 푸아송분포에 의한 (1)의 근사확률

(풀이)

(1) 불량품의 수를 $X$라 하면, $X \sim B(20, 0.05)$인 이항분포에 따른다. 그러므로 구하고자 하는 확률은 부록B 표 1에 의하여 다음과 같다.

$$P(X=1) = P(X \le 1) - P(X=0) = 0.7358 - 0.3585 = 0.3773$$

(2) $n=20$, $p=0.05$이므로 확률변수 $X$는 $\mu=1$인 푸아송 분포에 근사하고, 따라서 부록 표 2로부터 구하고자 하는 근사확률은 다음과 같다.

$$P(X=1) \approx P(X \le 1) - P(X=0) = 0.736 - 0.368 = 0.368$$

어떤 단위 시간이나 길이 또는 공간을 나타내는 단위 구간 안에서 특별한 사건이 관찰된 횟수에 관한 확률분포를 다시 한 번 생각한다. 여기서 구간이라 함은 수학적인 개념에서의 구간을 의미하는 것이 아니다. 예를 들어, 컨테이너 박스 안의 불량품의 수를 관찰한다면 구간은 컨테이너 박스를 의미하고, 소량의 혈액 안에 있는 백혈구 수를 관찰한다면 구간은 소량의 혈액을 나타낸다. 또한 어떤 상점에 1시간 동안에 찾아오는 손님의 수를 관찰한다면, 주어진 1시간이 구간이다. 그렇다면 푸아송과정은 하루 동안에 스위치보드에 걸려오는 전화의 수, 해저 케이블의 주어진 길이에 생긴 결함의 수 또는 주어진 시간 동안에 어떤 상점에 찾아오는 손님의 수에 대한 확률모형을 제공하는 데 매우 적절하다.

이제 단위 구간에서 $\lambda$의 비율로 특별한 사건이 관찰될 때, 길이가 $t$인 구간에서 이 사건이 관찰된 수 $X(t)$가 모수 $\lambda t$인 푸아송분포에 따른다고 하자. 다시 말해서,

$$P[X(t) = x] = \frac{(\lambda t)^x}{x!} e^{-\lambda t}, \quad x = 0, 1, 2, \cdots$$

일 때, 사건이 관찰되는 과정 $\{X(t) : t > 0\}$을 **푸아송과정**(Poisson Process)이라 한다. 예를 들어, 오전 10시부터 11시까지 평균 3명의 손님이 찾아오는 어떤 상점에 오늘 오전 10시부터 10시 30분 사이에 손님이 적어도 2명 이상 찾아올 확률을 계산한다고 하자. 그러면 오전 10시부터 11시까지 1시간이 단위 시간이고, 이 시간 동안 평균 3명이 찾아온다. 이때 오전 10시부터 10시 30분 사이이면 $t = \frac{1}{2}$이고, 이 30분 동안에 상점에 찾아오는 손님의 수를 $X\left(\frac{1}{2}\right)$이라 한다. 그러면 확률변수 $X\left(\frac{1}{2}\right)$은 모수 $\lambda t = 3 \cdot \left(\frac{1}{2}\right) = \frac{3}{2}$인 푸아송분포를 이룬다. 따라서 오전 10시에서 10시 30분 사이에 적어도 두 명의 손님이 상점에 찾아올 확률은 다음과 같이 0.219이다.

$$P\left[X\left(\frac{1}{2}\right) \geq 2\right] = 1 - \left(P\left[X\left(\frac{1}{2}\right) = 0\right] + P\left[X\left(\frac{1}{2}\right) = 1\right]\right)$$

$$= 1 - (0.223 + 0.558) = 0.219$$

이러한 푸아송과정 $\{X(t) : t > 0\}$은 다음과 같은 특성을 가지나 여기서는 결과만 다룬다.

(1) 임의의 양수 $t$와 $s$에 대하여, $X(t+s) - X(t)$는 $\{X(u) : u \leq t\}$에 독립이다. 즉, 시간 구간$(t, t+s)$ 사이에 관찰된 횟수는 $t$ 이전에 관찰된 횟수에 독립이다.

(2) 임의의 양수 $t$와 $s$에 대하여, $X(t+s) - X(t)$는 $s$에만 의존한다. 즉, 동일한 크기의 시간 구간 안에서 관찰된 횟수는 동일한 분포를 이룬다.

**예제 3**

시간에 따라 컴퓨터 시스템에 수신되는 어떤 신호의 관찰 횟수 $X(t)$가 $\lambda = 8$인 푸아송과정을 이룬다고 할 때, 다음 확률을 구하라.

$$P[X(2.5) = 17, X(3.7) = 22, X(4.3) = 36]$$

**풀이**

사건 $\{X(2.5) = 17, X(3.7) = 22, X(4.3) = 36\}$은 다음 그림과 같이 처음 2.5시간 동안 어떤 신호가 17건 관찰되고, 처음 3.7시간 동안 22건 그리고 처음 4.3시간 동안 36건이 관찰됨을 의미한다.

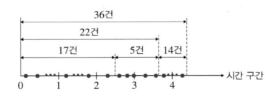

따라서 이 신호는 $(0, 2.5]$에서 17건 그리고 $(2.5, 3.7]$에서 5건, $(3.7, 4.3]$에서 14건이 관찰된다. 즉, 사건 $\{X(2.5) = 17, X(3.7) = 22, X(4.3) = 36\}$은 다음 사건과 동치이다.

$$\{X(2.5) = 17, X(3.7) - X(2.5) = 5, X(4.3) - X(3.7) = 14\}$$

그러므로 푸아송과정의 성질 (1)에 의하여 다음을 얻는다.

$$P[X(2.5) = 17, X(3.7) = 22, X(4.3) = 36]$$
$$= P[X(2.5) = 17, X(3.7) - X(2.5) = 5, X(4.3) - X(3.7) = 14]$$
$$= P[X(2.5) = 17] \, P[X(3.7) - X(2.5) = 5] \, P[X(4.3) - X(3.7) = 14]$$

한편 성질 (2)에 의하여 동일한 크기의 시간 구간에서 관찰된 횟수는 동일한 분포를 이루므로 다음을 얻는다.

$$P[X(3.7) - X(2.5) = 5] = P[X(1.2) = 5]$$

$$P[X(4.3) - X(3.7) = 14] = P[X(0.6) = 14]$$

또한 $\lambda = 8$이므로 각 시간 구간별로 관측된 신호의 횟수는 각각 다음 분포에 따른다.

$$X(2.5) \sim P(20), \; X(1.2) \sim P(9.6), \; X(0.6) \sim P(4.8)$$

따라서 구하고자 하는 확률은 다음과 같다.

$$P[X(2.5) = 17]P[X(3.7) - X(2.5) = 5]P[X(4.3) - X(3.7) = 14]$$

$$= \left( \frac{20^{17}}{17!} e^{-20} \right) \left( \frac{9.6^5}{5!} e^{-9.6} \right) \left( \frac{4.8^{14}}{14!} e^{-4.8} \right)$$

$$= (0.07595)(0.04602)(0.00033) = 1.15 \times 10^{-6}$$

# 연습문제 4.5

**1.** $X \sim P(5)$에 대하여, 다음 확률을 구하라.

(1) $P(X = 3)$    (2) $P(X \leq 4)$    (3) $P(X \geq 10)$    (4) $P(4 \leq X \leq 8)$

**2.** 보험회사는 10년 기간의 보험증권을 소지한 가입자 5,000명을 가지고 있다. 이 기간 동안에 12,200개의 보험금 지급 요구가 있었고, 지급 요구 건수는 푸아송분포를 이룬다고 한다.

(1) 연간 보험증권당 요구 건수의 평균을 구하라.

(2) 1년에 한 건 이하의 요구가 있을 확률을 구하라.

(3) 보험금 지급 요구 건당 1,000만 원의 보험금이 지급된다면, 1년에 한 보험가입자에게 지급될 평균 보험금을 구하라.

**3.** 보험회사는 보험 가입자가 보험금 지급 요구를 네 번 신청할 확률이 두 번 신청할 확률의 3배가 되는 것을 발견했다. 보험금 지급 요구 건수가 푸아송분포를 이룬다고 할 때, 요구 건수의 분산을 구하라.

**4.** 건강한 사람의 백혈구는 1 mm$^3$당 평균 6,000개 있다. 어느 병원에 입원한 환자의 백혈구 결핍을 알아보기 위하여 0.001 mm$^3$의 혈액을 채취하여 백혈구의 수 $X$를 조사하였다. 이때 백혈구의 수는 푸아송분포에 따른다고 한다.

(1) 건강한 사람의 평균 백혈구 수를 구하라.

(2) 건강한 사람에 비하여 이 환자에게 기껏해야 두 개의 백혈구가 관찰될 확률을 구하라.

**5.** 지질학자들은 지르콘의 표면에 있는 우라늄의 분열 흔적의 수를 가지고 지르콘의 연대를 측정한다. 특정한 지르콘은 1㎠당 평균 5개의 흔적을 가지고 있다. 이 지르콘의 2㎠에 많아야 3개의 흔적을 가질 확률을 구하라. 이 분열 흔적의 수는 푸아송분포에 따른다고 한다.

**6.** 세라믹 타일 조각 안에 생긴 금의 수는 평균 2.4인 푸아송분포에 따른다고 한다.

(1) 이 조각 안에 금이 하나도 없을 확률을 구하라.

(2) 이 조각 안에 금이 적어도 두 개 이상 있을 확률을 구하라.

**7.** 상자 안에 500개의 전기 스위치가 들어 있으며, 하나의 전기 스위치가 불량일 확률은 0.004라고 한다. 이 상자 안에 불량품이 많아야 하나 있을 확률을 구하라.

**8.** 우리나라 동남부 지역에서 연평균 3번 지진이 일어난다고 한다.

(1) 앞으로 2년간 적어도 3번의 지진이 일어날 확률을 구하라.

(2) 지금부터 다음 지진이 일어날 때까지 걸리는 시간 $T$의 확0률.0.0분포를 구하라.

**9.** 해저 케이블에 생긴 결함의 수는 1km당 발생 비율 $\lambda = 0.15$인 푸아송과정에 따른다고 한다.

(1) 처음 3km에서 결함이 발견되지 않을 확률을 구하라.

(2) 처음 3km에서 결함이 발견되지 않았다고 할 때, 처음부터 3km 지점과 4km 지점에서 결함이 발견되지 않을 확률을 구하라.

(3) 처음 3km 지점 이전에 1개, 3km 지점과 4km 지점에서 1개의 결함이 발견되지만, 4km 지점과 5km 지점에서 결함이 발견되지 않을 확률을 구하라.

**10.** 1분 동안에 계수기를 통과한 방사능 물질의 수가 $\lambda = 3$인 푸아송과정에 따른다고 한다.

(1) 1분 동안에 정확히 2개의 방사능 물질이 계수기를 통과할 확률을 구하라.

(2) 1분 동안에 5개 이상의 방사능 물질이 계수기를 통과할 확률을 구하라.

**11.** 어느 상점에 찾아오는 손님은 시간당 $\lambda = 4$인 푸아송과정에 따른다고 한다. 아침 8시에 문을 열었을 때, 8시 30분까지 꼭 한 사람이 찾아오고 11시까지 찾아온 손님이 모두 5 사람일 확률을 구하라.

**12.** 이항확률변수 $X \sim B(n, p)$에 대하여 $np = \mu$로 일정하고 $n \to \infty$이면, $X$의 확률질량함수는 모수 $\mu$인 푸아송 확률변수의 확률질량함수에 근사함을 보여라.

**13.** $X \sim P(\mu)$에 대하여 $E[X(X-1)] = \mu^2$임을 보여라.

## 4.6 다항분포

이항분포는 서로 상반되는 두 개의 출현 가능한 사건으로 구성된 베르누이 시행으로부터 유도되었으나, 좀 더 일반적으로 세 개 이상의 출현 가능한 사건으로 구성된 통계 실험을 독립적으로 반복 시행하는 경우를 생각하자. 예를 들어, 주머니 안에 빨간 공 3개, 파란 공 4개 그리고 노란 공 3개가 들어 있고 복원추출에 의하여 5개의 공을 꺼낸다고 하자. 이때 빨간 공이 나오는 사건을 $A_1$, 파란 공이 나오는 사건을 $A_2$, 노란 공이 나오는 사건을 $A_3$이라 하면, 복원추출에 의하여 공을 꺼내므로 매 시행에서 각각의 확률은 다음과 같다.

$$P(A_1) = 0.3, \quad P(A_2) = 0.4, \quad P(A_3) = 0.3$$

이때 빨간 공이 1개, 파란 공이 2개, 노란 공이 2개 나오는 확률을 구하여 보자. 그러면 임의로 꺼낸 공 5개 안에 빨간 공, 파란 공, 노란 공이 각각 1개, 2개, 2개씩 포함되는 방법의 수는 다음과 같다.

$$\frac{5!}{1! \, 2! \, 2!} = 30$$

그리고 각 경우의 확률이 $(0.3) \cdot (0.4)^2 \cdot (0.3)^2 = 0.00432$이므로 주머니에서 빨간 공이 1개, 파란 공이 2개, 노란 공이 2개씩 나오는 확률은 다음과 같다.

$$30 \cdot (0.00432) = 0.1296$$

이와 같이 매회 실험 결과가 $k$개의 서로 배반인 사건 $A_1, A_2, \cdots, A_k$로 구성되고, 각각의 사건이 매회 발생할 가능성이 $p_i = P(A_i)$, $i = 1, 2, 3, \cdots, k$인 베르누이 실험과 같은 종류의 실험을 $n$번 독립적으로 반복 시행한다고 하자. 그러면 $p_1 + p_2 + \cdots + p_k = 1$이고, $n$번의 독립 시행에서 사건 $A_i$의 발생 횟수를 $X_i$라 하면, $X_1 + X_2 + \cdots + X_k = n$이어야 한다. 이때 확률변수들 $X_1, X_2, \cdots, X_k$는 모수 $n$과 $p_1, p_2, \cdots, p_k$를 갖는 **다항분포**(multinomial distribution)를 이룬다 하고, $(X_1, X_2, \cdots, X_k) \sim \text{Mult}(n, p_1, p_2, \cdots, p_k)$로 나타낸다. 그러면 $X_1, X_2, \cdots, X_k$의 결합확률질량함수는 다음과 같다.

$$f(x_1, x_2, \cdots, x_k) = \frac{n!}{x_1! x_2! \cdots x_k!} p_1^{x_1} p_2^{x_2} \cdots p_k^{x_k}, \quad 0 \le x_i \le n, \ i = 1, 2, 3, \cdots, k$$
$$x_1 + x_2 + \cdots + x_k = n, \ p_1 + p_2 + \cdots + p_k = 1$$

특히 $k = 2$이면 다항분포는 이항분포가 되는 것을 쉽게 확인할 수 있으며, 따라서 확률변수

$X_i$의 주변확률분포는 $X_i \sim B(n, p_i)$이고, 평균과 분산은 각각 다음과 같다.

$$E(X_i) = n p_i, \quad Var(X_i) = n p_i (1 - p_i)$$

그러나 확률변수들 $X_1, X_2, \cdots, X_k$는 독립이 아니다.

---

### 예제 1

주머니 안에 빨간 공 3개, 파란 공 4개, 노란 공 3개가 들어 있고 복원추출에 의하여 차례대로 공 5개를 꺼낸다. 이때 5개의 공 안에 포함된 빨간 공의 수를 $X$, 파란 공의 수를 $Y$, 노란 공의 수를 $Z$라 한다.

(1) $X$, $Y$, $Z$의 결합확률질량함수를 구하라.

(2) 빨간 공이 1개, 파란 공이 2개, 노란 공이 2개 나오는 확률을 구하라.

**풀이**

(1) 빨간 공, 파란 공, 노란 공이 나올 가능성은 각각 $\dfrac{3}{10}$, $\dfrac{4}{10}$, $\dfrac{3}{10}$이므로 빨간 공의 수 $X$, 파란 공의 수 $Y$, 노란 공의 수 $Z$의 결합질량함수는 다음과 같다.

$$f(x, y, z) = \frac{5!}{x! \, y! \, z!} \left( \frac{3}{10} \right)^x \left( \frac{4}{10} \right)^y \left( \frac{3}{10} \right)^z, \quad x + y + z = 5, \quad x, z = 0, 1, 2, 3, \ y = 0, 1, 2, 3, 4$$

(2) 빨간 공이 1개, 파란 공이 2개, 노란 공이 2개 나오는 확률은 다음과 같다.

$$P(X = 1, \ Y = 2, \ Z = 2) = f(1, 2, 2) = \frac{5!}{1! \, 2! \, 2!} \left( \frac{3}{10} \right) \left( \frac{4}{10} \right)^2 \left( \frac{3}{10} \right)^2$$

$$= \frac{(30)(432)}{10^5} = 0.1296$$

# 습문제 4.6

**1.** $(X_1, X_2, X_3, X_4) \sim \text{Mult}(50, 0.1, 0.2, 0.3, 0.4)$일 때, 다음을 구하라.

(1) $X_2$가 3 이하일 확률 　　　　　　　　(2) 각 $X_i$의 평균과 분산

**2.** 제품 생산라인에 있는 기계의 고장은 전기적 원인과 기계적 원인 그리고 사용상의 부주의에 기인한다고 하자. 그리고 이러한 요인에 의하여 고장 날 가능성은 각각 0.3, 0.2, 0.5라고 한다. 이제 기술자가 이 기계를 사용하여 10번의 고장이 발생하였다.

(1) 각 원인별 고장 횟수에 대한 확률분포를 구하라.

(2) 10번의 고장이 전기적 원인 5회, 기계적 원인 3회 그리고 부주의에 의한 원인 2회로 구성되어 있을 확률을 구하라.

(3) 기계적 원인에 의한 평균 고장 횟수를 구하라.

**3.** 공정한 100원짜리 동전 1개와 500원짜리 동전 1개를 같이 던지는 게임을 반복하여 15번 실시한다. 이때 두 동전 모두 앞면이 나온 횟수를 $X$, 꼭 하나만 앞면이 나온 횟수를 $Y$ 그리고 모두 뒷면만 나온 횟수를 $Z$라 한다.

(1) $X$, $Y$, $Z$의 결합확률질량함수를 구하라.

(2) 두 동전 모두 앞면인 경우가 3번, 꼭 하나만 앞면인 경우가 8번, 모두 뒷면인 경우가 4번 나올 확률을 구하라.

**4.** 특별한 의약품을 이용하여 환자를 처방할 때 발생하는 알레르기 반응을 매우 심함, 보통, 약함, 없음 등 네 부류로 조사하였다. 각각의 가능성은 0.08, 0.25, 0.35, 0.32인 것으로 알려져 있으며, 10명의 환자에 이 약을 투여했다.

(1) 알레르기 반응에 따른 결합확률질량함수를 구하라.

(2) 환자 10명 중에서 매우 심한 알레르기 반응, 알레르기 반응, 약한 알레르기 반응, 무반응을 보인 환자 수가 각각 2명, 3명, 3명, 2명일 확률을 구하라.

# 연속확률분포

보편적으로 널리 사용되는 연속확률분포에는 균등분포, 지수분포, 감마분포 그리고 정규분포 등이 있다. 이제 이와 같은 연속확률분포의 확률밀도함수와 평균 그리고 분산을 비롯하여 통계적 추론에서 많이 사용하는 정규분포에 관련된 확률분포들에 대하여 살펴본다.

## 5.1 균등분포

이산균등분포와 동일하게 두 점 $a$ 와 $b$, $a < b$ 사이에서 확률밀도함수가 일정하게 나타나는 연속확률분포를 **균등분포**(uniform distribution)라 하고, $X \sim U(a, b)$ 로 나타낸다. 균등분포는 폐구간 $[a, b]$ 에서 확률밀도함수 $f(x)$ 가 일정한 상수이므로 확률밀도함수는 다음과 같다.

$$f(x) = \begin{cases} \dfrac{1}{b-a} , & a \leq x \leq b \\ \\ 0 , & \text{다른 곳에서} \end{cases}$$

그리고 $a \leq x \leq b$ 에 대하여 다음을 얻는다.

$$\int_a^x \frac{1}{b-a} \, dt = \frac{x-a}{b-a}$$

그러므로 확률변수 $X \sim U(a, b)$ 에 대한 분포함수는 다음과 같다.

$$F(x) = \begin{cases} 0 , & x < a \\ \dfrac{x-a}{b-a} , & a \leq x < b \\ 1 , & x \geq b \end{cases}$$

한편 $X \sim U(a, b)$ 에 대한 기댓값 $E(X)$ 와 $E(X^2)$ 은 각각 다음과 같다.

$$E(X) = \int_a^b x f(x) \, dx = \int_a^b \frac{x}{b-a} dx = \frac{1}{b-a} \left( \frac{x^2}{2} \right) \Big|_a^b = \frac{a+b}{2}$$

$$E(X^2) = \int_a^b x^2 f(x) \, dx = \int_a^b \frac{x^2}{b-a} dx = \frac{1}{b-a} \left( \frac{x^3}{3} \right) \Big|_a^b = \frac{a^2+ab+b^2}{3}$$

따라서 분산은 $Var(X) = E(X^2) - [E(X)]^2 = \dfrac{(b-a)^2}{12}$ 이다. 즉 $X \sim U(a, b)$ 인 균등분포의 평균과 분산은 각각 다음과 같다.

$$\mu = \frac{a+b}{2}, \quad \sigma^2 = \frac{(b-a)^2}{12}$$

더욱이 $f(x)$는 평균 $\mu = \dfrac{a+b}{2}$를 중심으로 좌우 대칭이므로 중앙값은 $M_e = \dfrac{a+b}{2}$이다. 특히 $0 < p < 1$에 대하여 $p = F(x_0)$을 만족하는 $x_0$을 $X$의 $100p$ **백분위수(percentiles)**라 하며, 균등분포에 대한 $100p$ 백분위수는 밀도함수가 구간 $[a, b]$에서 일정하므로 $[a, b]$를 $p : 1-p$로 내분하는 점 $(1-p)a + pb$이다. 특히 25, 50 그리고 75 백분위수를 **사분위수(quartiles)**라 하고, 각각 $Q_1$, $Q_2$ 그리고 $Q_3$으로 나타낸다. 다시 말해서, 사분위수는 그림 5.1과 같이 확률분포를 4등분하는 경계를 나타내는 수치를 의미한다. 따라서 중앙값 $M_e$는 50 백분위수인 $Q_2$와 일치하며, 제3사분위수와 제1사분위수의 차 $Q_3 - Q_1$을 $X$의 **사분위수 범위(interquartile range)**라 하고 I.Q.R로 나타낸다.

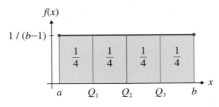

**그림 5.1  균등분포의 사분위수**

---

### 예제 1

$X \sim U(1, 5)$에 대하여 다음을 구하라.

(1) 확률밀도함수와 분포함수      (2) 평균과 분산

(3) $P(\mu - \sigma < X < \mu + \sigma)$      (4) 사분위수

**풀이**

(1) $X \sim U(1, 5)$이므로 $X$의 확률밀도함수는 다음과 같다.

$$f(x) = \begin{cases} \dfrac{1}{4} , & 1 \le x \le 5 \\[2mm] 0 , & \text{다른 곳에서} \end{cases}$$

또한 $1 \le x \le 5$에 대하여 $\displaystyle\int_1^x \dfrac{1}{4}\, dt = \dfrac{1}{4} t \Big|_1^x = \dfrac{1}{4}(x-1)$이므로 분포함수는 다음과 같다.

$$F(x) = \begin{cases} 0 , & x < 0 \\[2mm] \dfrac{x-1}{4} , & 1 \le x < 5 \\[2mm] 1 , & x \ge 5 \end{cases}$$

**(2)** 평균과 분산은 각각 다음과 같다.

$$\mu = \frac{1+5}{2} = 3, \quad \sigma^2 = \frac{(5-1)^2}{12} = 1.3333$$

**(3)** $\sigma^2 = 1.3333$ 이므로 $\sigma = \sqrt{1.3333} = 1.1547$ 이므로 $(\mu - \sigma, \mu + \sigma) = (1.8453, 4.1547)$ 이다. 따라서 구하고자 하는 확률은 다음과 같다.

$$P(\mu - \sigma < X < \mu + \sigma) = \int_{1.8453}^{4.1547} \frac{1}{4} \, dx = \frac{1}{4}(4.1547 - 1.8453) = 0.57735$$

**(4)** 사분위수는 각각 다음과 같다.

$$Q_1 : (1 - 0.25) \cdot 1 + 0.25 \cdot 5 = 2$$

$$Q_2 : (1 - 0.5) \cdot 1 + 0.5 \cdot 5 = 3$$

$$Q_3 : (1 - 0.75) \cdot 1 + 0.75 \cdot 5 = 4$$

**1.** $X \sim U(-1, 1)$에 대하여 다음을 구하라.

(1) 확률밀도함수와 분포함수  (2) 평균과 분산

(3) $P(\mu - \sigma < X < \mu + \sigma)$  (4) 사분위수

**2.** 은행 창구에 손님이 임의로 찾아오며, 특정한 5분 동안에 손님이 창구에 도착하였다고 하자. 손님이 도착하는 5분 사이의 시간 $X$는 $[0, 5]$에서 균등분포를 이룬다고 한다.

(1) 확률밀도함수를 구하라.  (2) 평균과 분산을 구하라.

(3) $P(2 < X < 3)$을 구하라.

**3.** 특수직에 근무하는 사람들 중에서 임의로 선정한 사람의 출생에서 사망에 이르기까지 걸리는 시간을 $X$라 하자. 그러면 이 사람의 생존 시간 $X$는 사고나 질병에 의하지 않는다면 $[0, 65.5]$에서 균등분포를 이룬다고 한다.

(1) $X$의 밀도함수와 분포함수를 구하라.

(2) $X$의 평균을 구하라.

(3) 임의로 선정된 사람이 60세 이상 생존할 확률을 구하라.

(4) 임의로 선정된 사람이 45세 이상 살았다는 조건 아래서, 60세 이상 생존할 확률을 구하라.

(5) (4)의 조건 아래서, $x \, (45 < x \leq 65.5)$세 이상 생존할 확률을 구하라.

**4.** 투자 금액은 구간 $(0.04, 0.08)$에서 균등분포를 이루는 연간 이익률 $R$을 가져오며, 초기 투자금액 10,000(천원)은 1년 후에 $V = 10000 \, e^R$으로 늘어난다. 이때 $0 < F(v) < 1$을 만족하는 확률변수 $V$의 분포함수 $F(v)$와 확률밀도함수 $f(v)$를 구하라.

**5.** 어느 건전지 제조회사에서 만들어진 1.5볼트 건전지는 실제 1.45볼트에서 1.65볼트 사이에서 균등분포를 이룬다고 한다.

(1) 기대되는 전압과 표준편차를 구하라.

(2) 건전지 전압의 분포함수를 구하라.

(3) 건전지 전압이 1.5볼트보다 작을 확률을 구하라.

(4) 20개의 건전지가 들어 있는 상자 안에 1.5볼트보다 전압이 낮은 건전지 수의 평균과 분산을 구하라.

(5) (4)에서 1.5볼트보다 낮은 전압을 가진 건전지가 10개 이상 들어 있을 확률을 구하라.

### 5.2 지수분포와 감마분포

#### (1) 지수분포

이산확률분포인 기하분포는 처음 성공할 때까지 반복시행한 횟수에 관한 확률모형을 설명한다. 이와 유사한 성질을 갖는 연속확률분포로 처음 성공할 때까지 걸리는 시간에 관한 확률분포를 생각할 수 있다. 예를 들어, 1년 동안 교차로에서 발생하는 교통사고가 평균 3회인 푸아송분포에 따라 발생한다고 하자. 어느 날부터 관측한 이후로 처음 사고가 발생할 때까지 걸리는 시간에 대한 확률모형을 구해보자. 이때 사고 건수를 확률변수 $X$라 하고, 처음 사고가 발생할 때까지 걸리는 시간을 $T$라 하자. 그러면 $T > t$인 사건은 관측을 시작한 이후로 $t$ 시간이 지난 이후에 교통사고가 발생함을 의미하고, 이것은 $[0, t]$에서 사고가 전혀 발생하지 않음을 의미한다. 즉, 두 사건 $[T > t]$와 $[X(t) = 0]$은 동치이다. 따라서 다음 확률을 얻는다.

$$P(T > t) = P[X(t) = 0] = e^{-3t}$$

그러므로 $t > 0$에 대하여 확률변수 $T$의 분포함수와 확률밀도함수는 각각 다음과 같다.

$$F(t) = P(T \le t) = 1 - P(T > t) = 1 - e^{-3t}$$

$$f(t) = \frac{d}{dt} F(t) = 3 e^{-3t}$$

이와 같이 임의의 양수 $\lambda$에 대하여 다음과 같은 확률밀도함수 $f(x)$를 갖는 확률분포를 모수 $\lambda$인 **지수분포**(exponential distribution)라 하고 $X \sim \mathrm{Exp}(\lambda)$로 나타낸다.

$$f(x) = \lambda e^{-\lambda x}, \ x > 0$$

그리고 모수 $\lambda$에 따른 지수분포의 확률밀도함수는 그림 5.2와 같다.

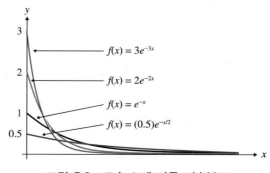

**그림 5.2  모수 $\lambda$에 따른 지수분포**

그러면 모수 $\lambda$ 인 지수분포에 따르는 확률변수 $X$의 기댓값 $E(X)$ 와 $E(X^2)$ 은 각각 다음과 같다.

$$E(X) = \int_0^\infty x\,\lambda\,e^{-\lambda x}\,dx = \lim_{u\to\infty}\left(-\frac{\lambda x+1}{\lambda}e^{-\lambda x}\bigg|_0^u\right) = \frac{1}{\lambda}$$

$$E(X^2) = \int_0^\infty x^2\,\lambda\,e^{-\lambda x}\,dx = \lim_{u\to\infty}\left(-\frac{\lambda^2 x^2+2\lambda x+2}{\lambda^2}e^{-\lambda x}\bigg|_0^u\right) = \frac{2}{\lambda^2}$$

따라서 $X$의 분산은 $Var(X) = E(X^2) - \{E(X)\}^2 = \frac{1}{\lambda^2}$ 이다. 즉, $X \sim \mathrm{Exp}(\lambda)$ 에 대한 평균과 분산은 각각 다음과 같다.

$$\mu = \frac{1}{\lambda}, \quad \sigma^2 = \frac{1}{\lambda^2}$$

또한 $X \sim \mathrm{Exp}(\lambda)$ 의 분포함수는 $x > 0$에 대하여 다음과 같다.

$$F(x) = \int_0^x \lambda\,e^{-\lambda u}\,du = -e^{-\lambda u}\bigg|_0^x = 1 - e^{-\lambda x}$$

**예제 1**

관측을 시작한 이후로 1년 동안 교차로에서 처음으로 교통사고가 발생할 때까지 걸리는 시간 $X$는 확률밀도함수 $f(x) = 4\,e^{-4x}$, $x > 0$으로 관측된다.
(1) 한 달이 지난 후에 사고가 처음 발생할 확률을 구하라.
(2) 두 달 안에 사고가 처음 발생할 확률을 구하라.
(3) 평균적으로 사고가 발생하는 개월 수를 구하라.

**풀이**

(1) 한 달은 $\frac{1}{12}$ 년이므로 구하고자 하는 확률은 다음과 같다.

$$P\left(X > \frac{1}{12}\right) = 1 - F(1/12) = 1 - (1 - e^{-4/12}) = e^{-1/3} = 0.7165$$

(2) 두 달은 $\frac{1}{6}$ 년이므로 구하고자 하는 확률은 다음과 같다.

$$P\left(X \le \frac{1}{6}\right) = F(1/6) = 1 - e^{-4/6} = 0.4866$$

(3) 사고 일수는 모수 $\lambda = 4$인 지수분포를 이루므로 연평균 사고 일수는 $\mu = \frac{1}{4}$ 년, 즉 3개월이다.

한편 연속확률변수 $X$에 대하여 꼬리 확률 $P(X > x)$를 **생존함수**(survival function)라 하며, 다음과 같이 정의한다.

$$S(x) = P(X > x) = 1 - F(x)$$

$X \sim \mathrm{Exp}(\lambda)$의 분포함수 $F(x)$와 생존함수 $S(x)$는 다음과 같으며, 이 두 함수는 그림 5.3에 보인다.

$$F(x) = 1 - e^{-\lambda x}, \quad S(x) = e^{-\lambda x}$$

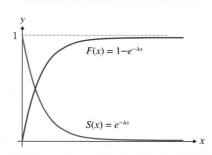

**그림 5.3    지수분포의 분포함수와 생존함수**

---

### 예제 2

암 말기인 어떤 환자는 의사로부터 평균 50일 정도 살 수 있다는 통보를 받았다. 그리고 이 환자가 사망할 때까지 걸리는 시간은 지수분포에 따른다고 한다.

(1) 이 환자가 30일 이전에 사망할 확률을 구하라.

(2) 이 환자가 60일 이상 생존할 확률을 구하라.

**풀이**

(1) 이 환자가 사망할 때까지 걸리는 시간을 $X$라 하면 평균 50일인 지수분포를 이루므로 $X \sim \mathrm{Exp}(1/50)$이다. 따라서 구하고자 하는 확률은 다음과 같다.

$$P(X \le 30) = F(30) = 1 - e^{-30/50} = 1 - 0.5488 = 0.4512$$

(2) 이 환자가 60일 이상 생존할 확률은 $S(60) = e^{-60/50} = 0.3012$이다.

---

4.4절에서 기하분포의 특성으로 비기억성 성질을 살펴보았으나, 이와 같은 특성은 지수분포에도 그대로 적용된다. 즉, $X \sim \mathrm{Exp}(\lambda)$인 지수분포를 이룬다면, 임의의 양수 $a, b$에 대하여

다음이 성립하며, 증명은 연습문제로 남긴다.

$$P(X > a+b \mid X > a) = P(X > b)$$

이것은 $X$가 모수 $\lambda$인 지수분포를 이룬다면, 고정된 양수 $a$에 대하여 $X > a$일 때, $X-a$도 역시 동일한 모수를 갖는 지수분포를 갖는다는 사실을 보여준다. 다시 말해서, 어떤 사건이 관찰될 때까지 걸리는 시간을 $X$라 하고, 이 사건이 $a$시간이 지날 때까지 관찰되지 않았다고 하자. 그러면 $a$시간 이후로 이 사건이 관측될 때까지 걸리는 시간은 $X$와 동일한 분포를 이루는 것을 의미한다.

### 예제 3

[예제 2]에서 환자가 30일 이상 생존했다는 조건 아래서, 이 환자가 앞으로 10일 이상 더 생존할 확률을 구하라.

**풀이**

지수분포의 비기억성 성질에 의해 다음과 같다.

$$P(X \geq 30+10 \mid X \geq 30) = P(X \geq 10) = S(10) = e^{-10/50} = 0.8187$$

## (2) 감마분포

앞에서 언급한 바와 같이 비율 $\lambda$인 푸아송과정에 따라 어떤 사건이 발생한다면, 이웃하는 두 사건 사이의 대기시간 $T$는 모수 $\lambda$인 지수분포를 이룬다. 특히 비기억성 성질로부터 어느 한 사건이 발생한 후 다음 사건이 발생할 때까지 걸리는 대기시간은 모수 $\lambda$인 지수분포에 따라 새롭게 다시 시작하므로, 이웃하는 사건 사이의 대기시간들 $T_i$는 그림 5.4와 같이 모수 $\lambda$를 가지는 i.i.d. 지수분포를 이루고 $t$시간 동안 사건이 발생한 횟수 $X(t)$는 모수 $\lambda t$인 푸아송분포를 이룬다.

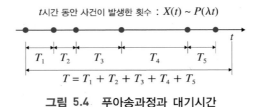

그림 5.4 푸아송과정과 대기시간

이와 같이 푸아송과정에 따라 어떤 특정한 사건이 관찰될 때, 관측을 시작한 이후로 $n$번째 사건이 발생할 때까지 걸리는 전체 시간에 관한 확률분포를 생각할 수 있다.

이제 이러한 확률분포를 살펴보기 위하여, 부록 A-4에서 소개한 감마함수를 생각한다.

$$\Gamma(\alpha) = \int_0^\infty t^{\alpha-1} e^{-t} \, dt \, , \quad \alpha > 0$$

그러면 $\Gamma(\alpha) > 0$이고 따라서 다음 식을 얻는다.

$$\int_0^\infty \frac{1}{\Gamma(\alpha)} t^{\alpha-1} e^{-t} \, dt = 1$$

한편 임의의 양수 $\beta$에 대하여 $t = \dfrac{x}{\beta}$라 하면 다음을 얻는다.

$$1 = \int_0^\infty \frac{1}{\Gamma(\alpha)} t^{n-1} e^{-t} \, dt = \int_0^\infty \frac{1}{\Gamma(\alpha)} \left(\frac{x}{\beta}\right)^{\alpha-1} \exp\left(-\frac{x}{\beta}\right) \frac{1}{\beta} \, dx$$

$$= \int_0^\infty \frac{1}{\Gamma(\alpha) \beta^\alpha} x^{\alpha-1} \exp\left(-\frac{x}{\beta}\right) dx$$

그러므로 양수 $\alpha, \beta$와 $x > 0$에 대하여 피적분함수는 확률밀도함수의 조건을 만족한다. 즉, $x < 0$에서 $f(x) = 0$이고 $x > 0$에서 다음과 같이 정의되는 함수 $f(x)$는 확률밀도함수이다.

$$f(x) = \frac{1}{\Gamma(\alpha) \beta^\alpha} x^{\alpha-1} \exp\left(-\frac{x}{\beta}\right)$$

이와 같은 확률밀도함수를 갖는 확률분포를 모수 $\alpha, \beta$인 **감마분포**(gamma distribution)라 하고, $X \sim \Gamma(\alpha, \beta)$로 나타낸다. $X \sim \Gamma(\alpha, \beta)$에 대한 평균과 분산은 각각 다음과 같으며, 증명은 연습문제로 남긴다.

$$\mu = E(X) = \alpha\beta, \ \sigma^2 = Var(X) = \alpha\beta^2$$

특히, $\alpha = 1$이면 감마분포는 다음과 같이 모수 $\lambda = \dfrac{1}{\beta}$인 지수분포와 동일하다.

$$f(x) = \frac{1}{\beta} \exp\left(-\frac{x}{\beta}\right), \quad x > 0$$

즉, $X \sim \Gamma(1, \beta)$이면 $X \sim \mathrm{Exp}\left(\dfrac{1}{\beta}\right)$이다. 그리고 독립인 확률변수 $X_i \sim \mathrm{Exp}(\lambda)$, $i = 1, 2,$

$\cdots$, $n$에 대하여 $X = X_1 + \cdots + X_n$은 $\alpha = n$, $\beta = \dfrac{1}{\lambda}$인 감마분포에 따른다.

---

**예제 4**

특정 정보에 대한 검색 신호들이 데이터베이스 시스템에 들어오고 있으며, 이 시스템의 응답시간 $T$(분)는 평균 2인 지수분포에 따른다고 한다. 그리고 이 시스템은 들어온 신호에 응답하자마자 곧바로 다음 신호를 받는다. 오전 9시 정각부터 $t$분 동안 시스템에 접수된 신호의 횟수를 $X(t)$라 하자.

(1) $X(t)$의 확률질량함수를 구하라.

(2) 9시부터 10분 안에 2건의 검색 신호가 있을 확률을 구하라.

(3) 2건의 검색 신호가 들어올 때까지 걸리는 평균시간을 구하라.

(4) 2건의 검색 신호가 3분 이내에 있을 확률을 구하라.

**풀이**

(1) 시스템의 평균 응답시간이 2분이므로 $\lambda = \dfrac{1}{2}$이고, $t$분 동안 신호가 들어온 횟수 $X(t)$는 모수 $\lambda t$인 푸아송분포를 이루므로 $X(t) \sim P(t/2)$이다. 따라서 $X(t)$의 확률질량함수는 다음과 같다.

$$P[X(t) = x] = \frac{(t/2)^x}{x!} e^{-t/2}, \ x = 0, 1, 2, \cdots$$

(2) $t = 10$이므로 $X(10) \sim P(5)$이고, 따라서 구하고자 하는 확률은 다음과 같다.

$$P[X(10) = 2] = \frac{5^2}{2!} e^{-5} = (12.5) e^{-5} = 0.0842$$

(3) 응답시간 $T$가 평균 2인 지수분포에 따르므로 $T \sim \mathrm{Exp}(1/2)$이다. 그러므로 오전 9시 정각부터 처음 신호가 들어올 때까지 걸리는 시간은 $T_1 \sim \mathrm{Exp}(1/2)$이고, 첫 번째 신호와 두 번째 신호 사이의 시간 $T_2 \sim \mathrm{Exp}(1/2)$이다. 그리고 $T_1$과 $T_2$가 독립이므로 두 번째 신호가 들어올 때까지 걸리는 시간 $T = T_1 + T_2$는 모수 $\alpha = 2$, $\beta = 2$인 감마분포 $\Gamma(2, 2)$를 이룬다. 따라서 2건의 검색 신호가 들어올 때까지 걸리는 평균시간은 $\mu = \alpha \beta = 2 \cdot 2 = 4$이다.

(4) 2건의 신호가 들어올 때까지 걸리는 시간 $T$의 확률밀도함수는 다음과 같다.

$$f(t) = \frac{1}{\Gamma(2) \, 2^2} \, t \, e^{-t/2} = \frac{1}{4} \, t \, e^{-t/2}, \quad t > 0$$

따라서 구하고자 하는 확률은 다음과 같다.

$$P(T < 3) = \int_0^3 \frac{1}{4} \, t \, e^{-t/2} \, dt = -\frac{t+2}{2} \, e^{-t/2} \Big|_0^3 = 1 - \frac{5}{2} e^{-3/2} = 0.4421$$

## 연습문제 5.2

**1.** $X \sim \mathrm{Exp}(2)$에 대하여 다음을 구하라.

(1) $P(X \leq 1)$  (2) $P(1 < X \leq 3)$  (3) $P(X \geq 2)$

(4) $F(x)$  (5) $S(3)$  (6) 하위 10%인 $x_{10}$

**2.** $X \sim \Gamma(2,1)$에 대하여 다음을 구하라.

(1) $X$의 확률밀도함수  (2) $\mu = E(X)$

(3) $\sigma^2 = Var(X)$  (4) $P(X < 2)$

**3.** 약속장소에서 친구를 만나기로 하고, 정시에 도착하였으나 친구가 아직 나오지 않았다. 그리고 친구를 만나기 위하여 기다리는 시간은 $\lambda = 0.2$인 지수분포에 따른다고 한다.

(1) 친구를 만나기 위한 평균 시간을 구하라.

(2) 3분이 경과하기 이전에 친구를 만날 확률을 구하라.

(3) 10분 이상 기다려야 할 확률을 구하라.

(4) 6분이 경과했다고 할 때, 추가적으로 더 기다려야 할 시간에 대한 확률분포를 구하고, 모두 합쳐서 10분 이상 걸릴 확률을 구하라.

**4.** 반도체를 생산하는 공정라인에 있는 기계가 멈추는 시간은 하루 동안 모수 0.1인 지수분포에 따른다고 한다.

(1) 이 공정라인에 있는 기계가 멈추는 평균 시간을 구하라.

(2) 이 기계가 수리된 이후, 다시 멈추기까지 적어도 2주일 이상 지속적으로 사용할 확률을 구하라.

(3) 이 기계를 2주일 동안 무리 없이 사용하였을 때, 기계가 멈추기 전에 앞으로 이틀 동안 더 사용할 수 있는 확률을 구하라.

**5.** 어떤 기계의 고장 나는 날의 간격이 $\lambda = 0.3$인 지수분포에 따른다고 한다.

(1) 이 기계가 고장 나는 날의 평균 간격을 구하라.

(2) 고장 나는 날의 간격에 대한 표준편차를 구하라.

(3) 고장 나는 날의 간격에 대한 중앙값을 구하라.

(4) 이 기계가 수리된 후 다시 고장 나기까지 적어도 일주일 이상 사용할 확률을 구하라.

(5) 이 기계를 5일 동안 정상적으로 사용했을 때, 고장 나기까지 적어도 이틀 이상 사용할 확률을 구하라.

**6.** 어느 집단의 구성원이 사망할 때까지 걸리는 시간은 평균 60년인 지수분포를 이룬다고 한다.

(1) 이 집단의 구성원을 임의로 선정하였을 때, 이 사람이 50세 이전에 사망할 확률을 구하라.

(2) 임의로 선정된 사람이 80세 이후까지 생존할 확률을 구하라.

(3) 임의로 선정된 사람이 40세까지 생존했을 때, 이 사람이 50세 이전에 사망할 확률을 구하라.

(4) (3)의 조건에 대하여, 이 사람이 80세까지 생존할 확률을 구하라.

**7.** 어떤 질병에 감염되어 증세가 나타날 때까지 걸리는 시간은 평균 38일이고, 감염기간은 지수분포를 이룬다고 한다.

(1) 이 질병에 감염된 환자가 25일 안에 증세를 보일 확률을 구하라.

(2) 적어도 30일 동안 이 질병에 대한 증세가 나타나지 않을 확률을 구하라.

**8.** 어느 상점에 매 시간당 평균 30명의 손님이 푸아송과정을 따라서 찾아온다고 한다.

(1) 상점 주인이 처음 두 손님을 맞이하기 위하여 5분 이상 기다릴 확률을 구하라.

(2) 처음 두 손님을 맞이하기 위하여 3분에서 5분 정도 기다릴 확률을 구하라.

**9.** 전화 교환대에 1분당 평균 2번의 비율로 신호가 들어오고 있으며, 교환대에 도착한 신호의 횟수는 푸아송과정에 따른다고 한다.

(1) 푸아송 과정의 비율 $\lambda$를 구하라.

(2) 교환대에 들어오는 두 신호 사이의 평균 시간을 구하라.

(3) 2분과 3분 사이에 신호가 없을 확률을 구하라.

(4) 교환원이 교환대에 앉아서 3분 이상 기다려야 첫 번째 신호가 들어올 확률을 구하라.

(5) 처음 2분 동안 신호가 없으나 2분과 4분 사이에 4건의 신호가 있을 확률을 구하라.

(6) 처음 신호가 15초 이내에 들어오고, 그 이후 두 번째 신호가 들어오기까지 3분 이상 걸릴 확률을 구하라.

**10.** 소재 생산공정을 거쳐 판넬 생산공정으로 이동하는 자동차 차체 생산라인의 판넬 생산공정에 도착하는 판넬이 1시간당 평균 1.625의 비율인 푸아송과정에 따라 도착한다고 한다.

(1) 푸아송 과정의 비율 $\lambda$를 구하라.

(2) 판넬 생산공정에 도착하는 두 판넬 사이의 평균 시간을 구하라.

(3) 판넬 생산공정에 도착하는 두 판넬 사이의 시간이 적어도 1시간일 확률을 구하라.

(4) 4시간 동안에 도착한 판넬의 수에 대한 분포를 구하라.

(5) 4시간 동안에 적어도 3개의 판넬이 도착할 확률을 구하라.

**11.** 매번 사고가 발생할 때까지 걸리는 시간은 모수 3인 지수분포를 이룬다. 이때 처음 두 건의 사고가 첫 번째 달과 두 번째 달 사이에 발생할 확률을 구하라. 단, 첫 번째 사고와 두 번째 사고 사이의 시간은 첫 번째 사고가 발생할 시간과 독립이고 동일한 지수분포를 이룬다.

**12.** 보험회사에 청구되는 보험금 신청 횟수는 푸아송 과정에 따르며, 연속적인 청구 사이의 평균 시간은 이틀이라고 한다.
(1) 3일 동안 적어도 한 건의 보험금 청구가 신청될 확률을 구하라.
(2) 두 번째 보험금 신청이 4일째에 나타날 확률을 구하라.

**13.** 어느 특정 국가에 푸아송 비율 $\lambda = 1$에 따라 매일 이민을 온다고 하자.
(1) 10번째 이민자가 도착할 때까지 걸리는 평균 시간을 구하라.
(2) 10번째와 11번째 이민자 사이의 경과 시간이 이틀을 초과할 확률을 구하라.

**14.** 우리나라 동남부 지역은 매년 2건의 비율로 지진이 일어나며, 지진 발생 횟수는 푸아송과정에 따른다고 한다.
(1) $t = 0$ 이후 3번째 지진이 발생할 때까지 걸리는 시간에 대한 확률분포를 구하라.
(2) 3번째 지진이 $t = 0.5$와 $t = 1.5$ 사이에 발생할 확률을 구하라.

**15.** 보험계리인은 지난해의 자료를 분석한 결과, 보험회사에 가입한 보험가입자들로부터 청구되는 보험금 신청 횟수는 푸아송 과정에 따르며, 한 보험가입자로부터 보험금 신청이 있은 후 다음 번 신청까지 평균적으로 3일이 소요된다는 결론을 얻었다.
(1) 이틀 동안 보험금 청구가 신청되지 않을 확률을 구하라.
(2) 적어도 두 건의 보험금 청구가 이틀 안에 이루어질 확률을 구하라.
(3) 세 번째 보험금 신청이 4일째에 나타날 확률을 구하라.

**16.** 가격이 200(천원)인 프린터의 수명은 평균 2년인 지수분포를 이룬다고 한다. 구매한 날로 1년 안에 프린터가 고장이 나면 제조업자는 구매자에게 전액을 환불하고, 2년 안에 고장이 나면 반액을 환불할 것을 약속하였다. 만일 제조업자가 100대를 판매하였다면, 환불로 인하여 지불해야 할 평균 금액을 구하라.

**17.** 보험계리인은 10년 전에 작성된 종합가계보험증권에 대하여 지급 요구된 보험금액에 대한 연구를 다시 조사한 결과, 지급 요구된 보험금이 10,000(천원)보다 작을 확률이 0.25이고, 보험금의 크기는 지수분포를 이룬다는 결론을 얻었다. 그리고 이 보험계리인은 「현재의 보험금액은 인플레이션에 의하여 10년 전에 만들어진 보험금의 두 배」라는 차이 이외에 10년 전의 상황과 동일

하다고 주장하였다. 이 보험계리인의 주장에 따라 현재에 작성된 보험증권에 대하여 지급 요구된 보험금액이 10,000(천원)보다 작을 확률을 구하라.

**18.** 확률밀도함수가 $f(x) = \frac{1}{2}\lambda e^{-\lambda|x-\theta|}$, $-\infty < x < \infty$인 확률분포를 모수 $\lambda$와 $\theta$인 **라플라스분포(Laplace distribution)**라 한다.

(1) $X$의 분포함수를 구하라.  (2) $X$의 확률밀도함수와 분포함수를 그려라.

(3) $\lambda = 3$, $\theta = 1$일 때, $P(X \leq 0)$을 구하라.  (4) (3)의 조건에서 $P(X \leq 2)$를 구하라.

(5) (3)의 조건에서 $P(0 \leq X \leq 2)$를 구하라.

**19.** 임의의 양수 $a, b$에 대하여 모수 $\lambda$인 지수분포를 갖는 확률변수 $X$는 다음 성질을 가짐을 보여라.

$$P(X > a+b \mid X > a) = P(X > b)$$

**20.** 임의의 양수 $\alpha$에 대하여 $\Gamma(\alpha+1) = \alpha\,\Gamma(\alpha)$이 성립한다. 이것을 이용하여, $X \sim \Gamma(\alpha, \beta)$에 대한 평균과 분산은 각각 $\mu = \alpha\beta$, $\sigma^2 = \alpha\beta^2$임을 보여라.

### 5.3 정규분포

연속확률분포 가운데 대표적인 확률분포로 통계적 추론에서 매우 중요하게 취급되는 확률분포가 정규분포이다. 이 정규분포는 오류분포를 모형화하거나 자연적으로 발생하는 현상을 모형화할 때 사용하는 확률분포이다. 또한 중심극한정리에 의하여 정규분포가 아니거나 분포가 알려지지 않은 경우에 표본평균의 분포를 정규분포로 근사시킴으로써 근사확률을 계산할 수 있다는 면에서 매우 중요하게 취급된다.

평균 $\mu$와 분산 $\sigma^2$인 연속확률변수 $X$의 확률밀도함수가 다음과 같을 때, $X$는 모수 $\mu$와 $\sigma^2$을 가지는 **정규분포**(normal distribution) 또는 **가우스분포**(Gaussian distribution)를 이룬다 하고 $X \sim N(\mu, \sigma^2)$으로 나타낸다(부록 A-4·2. 중적분 참조).

$$f(x) = \frac{1}{\sqrt{2\pi}\,\sigma} e^{-(x-\mu)^2/2\sigma^2}, \quad -\infty < x < \infty$$

정규분포의 확률밀도함수는 다음 성질을 갖는다.
(1) $f(x)$는 $x = \mu$에 관하여 좌우대칭이고, 따라서 $X$의 중앙값은 $M_e = \mu$이다.
(2) $f(x)$는 $x = \mu$에서 최댓값을 가지고, 따라서 $X$의 최빈값은 $M_o = \mu$이다.
(3) $x = \mu \pm \sigma$에서 $f(x)$는 변곡점을 가지며, $x = \mu \pm 3\sigma$에서 $x$축에 거의 접하는 모양을 가지고 $x \to \pm\infty$이면 $f(x) \to 0$이다.

이와 같은 성질에 따라 $f(x)$의 그림을 그리면 그림 5.5와 같이 $x = \mu$를 중심으로 좌우대칭인 종모양으로 나타난다.

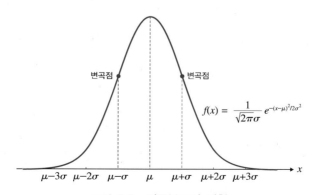

**그림 5.5 정규분포의 개형**

이때 모수 $\mu$는 분포의 평균을 나타내며, $\sigma$는 흩어진 정도를 나타내는 표준편차이다. 따라서 그림 5.6과 같이 동일한 $\sigma$에 대하여 $\mu_1 \neq \mu_2$이면, 두 확률밀도함수는 단지 어느 하나를 평행 이동한 형태의 동일한 모양을 갖는다.

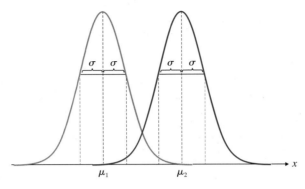

**그림 5.6  정규분포의 중심**

그러나 동일한 $\mu$에 대하여 $\sigma_1 \neq \sigma_2$이면, 중심의 위치는 동일하지만 곡선의 모양이 서로 다르게 나타나며 그림 5.7과 같이 $\sigma$가 작을수록 곡선은 $\mu$에 집중하는 형태를 갖는다.

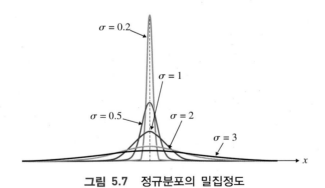

**그림 5.7  정규분포의 밀집정도**

특히 $\mu = 0$, $\sigma = 1$인 정규분포를 **표준정규분포**(standard normal distribution)라 한다. 이때 일반적으로 표준정규분포에 따르는 확률변수를 $Z \sim N(0, 1)$로 표현하며, 따라서 확률밀도함수는 다음과 같다.

$$\phi(z) = \frac{1}{\sqrt{2\pi}} e^{-z^2/2} , \quad -\infty < z < \infty$$

표준정규분포는 다음 성질을 갖는다.

(1) $\phi(z)$는 $z=0$에 관하여 좌우대칭이고, 따라서 중앙값이 $M_e=0$이다.

(2) $\phi(z)$는 $z=0$에서 최댓값을 가지고, 따라서 최빈값이 $M_o=0$이다.

(3) $z=\pm1$에서 $\phi(z)$는 변곡점을 가지며, $z=\pm3$에서 $z$축에 거의 접하며 $z\rightarrow\pm\infty$이면 $\phi(z)\rightarrow0$이다.

특히 표준정규분포의 대칭성으로부터 다음과 같은 유용한 성질을 살펴볼 수 있으며, 그림 5.8과 같다. 이때 양수 $a$에 대하여 두 확률 $P(Z<-a)$와 $P(Z>a)$을 **꼬리확률**(tail probability)이라 한다.

$$P(Z<0)=P(Z>0)=0.5$$
$$P(Z<-a)=P(Z>a)=1-P(Z<a),\ a>0$$

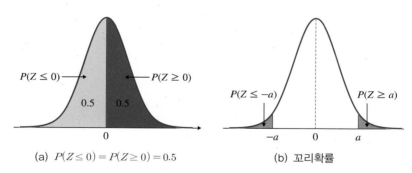

(a) $P(Z\leq0)=P(Z\geq0)=0.5$     (b) 꼬리확률

**그림 5.8  표준정규분포의 대칭성과 꼬리확률**

또한 $P(Z\leq0)=0.5$이므로 양수 $a$에 대하여 그림 5.9와 같이 다음이 성립한다.

$$P(Z\leq a)=0.5+P(0<Z<a)$$
$$P(Z\geq a)=0.5-P(0<Z<a)$$
$$P(|Z|\leq a)=P(-a\leq Z\leq a)=2P(0\leq Z\leq a)$$

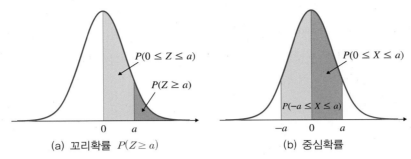

**그림 5.9   표준정규분포의 꼬리확률과 중심확률**

한편 다음과 같은 특수한 꼬리확률과 중심확률을 통계적 추론에서 많이 사용한다.

$$P(Z > 1.645) = 0.05, \quad P(Z > 1.96) = 0.025, \quad P(Z > 2.58) = 0.005$$
$$P(|Z| < 1.645) = 0.9, \quad P(|Z| < 1.96) = 0.95, \quad P(|Z| < 2.58) = 0.99$$

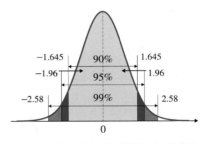

**그림 5.10   특수 중심확률과 임계점**

그리고 그림 5.11과 같이 오른쪽 꼬리확률이 $\alpha$인 임계점, 즉 $P(Z > z_\alpha) = \alpha$를 만족하는 $100(1-\alpha)\%$ 백분위수를 $z_\alpha$로 표시한다. 따라서 $P(Z < z_\alpha) = 1-\alpha$이다.

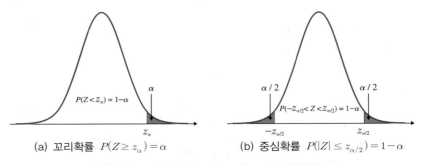

**그림 5.11   표준정규분포의 $100(1-\alpha)\%$ 백분위수 $z_\alpha$**

지금까지 정규분포와 표준정규분포의 성질을 살펴보았다. 이제 표준정규분포에 대한 확률을 구하기 위하여 부록B 표 3 누적표준정규확률표를 이용한다. 이 표를 이용하여 확률 $P(Z \leq 1.16)$을 구한다고 하자. 그러면 그림 5.12와 같이 표 3에서 1.16의 소숫점 이하 첫째 자리인 1.1을 $z$ 열에서 선택하고, 소숫점 이하 둘째 자리인 .06을 $z$ 행에서 선택하여 만나는 값 0.8770을 선택하면 $P(Z \leq 1.16) = 0.8770$이다.

$$P(Z \leq 1.16) = 0.8770$$

| $z$ | .00 | .01 | .02 | .03 | .04 | .05 | .06 | .07 | .08 | .09 |
|-----|-----|-----|-----|-----|-----|-----|-----|-----|-----|-----|
| 0.6 | .7257 | .7291 | .7324 | .7357 | .7389 | .7422 | .7454 | .7486 | .7517 | .7549 |
| 0.7 | .7580 | .7611 | .7642 | .7673 | .7704 | .7734 | .7764 | .7794 | .7823 | .7852 |
| 0.8 | .7881 | .7910 | .7939 | .7967 | .7995 | .8023 | .8051 | .8078 | .8106 | .8133 |
| 0.9 | .8159 | .8186 | .8212 | .8238 | .8264 | .8289 | .8315 | .8340 | .8365 | .8389 |
| 1.0 | .8413 | .8438 | .8461 | .8485 | .8508 | .8531 | .8554 | .8577 | .8599 | .8621 |
| 1.1 | .8643 | .8665 | .8686 | .8708 | .8729 | .8749 | .8770 | .8790 | .8810 | .8830 |
| 1.2 | .8949 | .8869 | .8888 | .8907 | .8925 | .8944 | .8962 | .8980 | .8997 | .9015 |
| 1.3 | .9032 | .9049 | .9066 | .9182 | .9099 | .9115 | .9131 | .9147 | .9162 | .9177 |
| 1.4 | .9192 | .9207 | .9222 | 9236 | .9251 | .9265 | .9279 | .9292 | .9306 | .9319 |

**그림 5.12  누적표준정규확률표**

---

**예제 1**

누적표준정규확률표를 이용하여 다음 확률을 구하라.

(1)  $P(0 < Z < 1.54)$        (2)  $P(-1.10 < Z < 1.10)$

(3)  $P(Z < -1.78)$        (4)  $P(Z > -1.23)$

**풀이**

(1)  $P(0 < Z < 1.54) = P(Z < 1.54) - 0.5 = 0.9382 - 0.5 = 0.4382$

(2)  $P(-1.10 < Z < 1.10) = 2P(0 < Z < 1.10) = 2[P(Z < 1.10) - 0.5]$

$$= 2(0.8643 - 0.5) = 0.7286$$

(3)  $P(Z < -1.78) = P(Z > 1.78) = 1 - P(Z < 1.78) = 1 - 0.9625 = 0.0375$

(4)  $P(Z > -1.23) = P(Z < 1.23) = 0.8907$

---

한편 평균 $\mu$와 분산 $\sigma^2$인 정규확률변수 $X$의 표준화 확률변수 $Z = \dfrac{X - \mu}{\sigma}$는 표준정규분포에 따르는 것으로 알려져 있으며 다음이 성립한다.

$$X \sim N(\mu, \sigma^2) \quad \Leftrightarrow \quad Z = \frac{X - \mu}{\sigma} \sim N(0, 1)$$

그러므로 $X \sim N(\mu, \sigma^2)$에 대한 확률 $P(a < X \leq b)$를 계산하기 위하여 $a$, $b$ 그리고 $X$를 다음과 같이 표준화하면 표준정규분포로 변환된다.

$$z_l = \frac{a - \mu}{\sigma}, \quad Z = \frac{X - \mu}{\sigma}, \quad z_u = \frac{b - \mu}{\sigma}$$

따라서 $P(a < X \leq b)$는 다음과 같이 표준정규분포에 대한 확률과 동일하다.

$$P(a < X \leq b) = P(z_l < Z \leq z_u)$$

예를 들어, $X \sim N(3, 4)$에 대하여 $P(X \leq 4.5)$를 구하고자 한다면 4.5를 다음과 같이 표준화한다.

$$z_u = \frac{4.5 - 3}{2} = 0.75$$

그리고 그림 5.12에서 0.7과 .05가 만나는 위치의 수 .7734를 선택하면 다음과 같이 구하고자 하는 확률을 얻을 수 있다.

$$P(X \leq 4.5) = P(Z \leq 0.75) = 0.7734$$

또한 $P(1.5 < X \leq 5.5)$를 구하기 위하여 1.5와 5.5를 다음과 같이 표준화한다.

$$z_l = \frac{1.5 - 3}{2} = -0.75, \quad z_u = \frac{5.5 - 3}{2} = 1.25$$

그러면 구하고자 하는 확률은 다음과 같다.

$$P(1.5 < X \leq 5.5) = P(-0.75 < Z \leq 1.25) = P(Z \leq 1.25) - P(Z \leq -0.75)$$

이때 표준정규분포의 대칭성에 의하여 $P(Z \leq -0.75) = P(Z \geq 0.75)$이고, 따라서 다음을 얻는다.

$$P(Z \geq 0.75) = 1 - P(Z < 0.75)$$

이제 그림 5.12에서 1.2와 .05가 만나는 위치의 수 .8944를 선택하고 0.7과 .05가 만나는 위치의 수 .7734를 선택한다. 그러면 구하고자 하는 확률은 다음과 같다.

$$P(1.5 < X \leq 5.5) = P(Z \leq 1.25) - [1 - P(Z < 0.75)]$$
$$= 0.8944 - (1 - 0.7734) = 0.6678$$

**예제 2**

고속도로에서 시속 100km로 속도가 제한된 구역을 지나는 차량의 속도는 평균 98km, 표준편차 2km인 정규분포에 따른다고 한다.

**(1)** 시속 95km 이하로 통과하는 차량의 비율을 구하라.

**(2)** 시속 97km와 99km 사이로 통과하는 차량의 비율을 구하라.

**(3)** 이 구간을 지나는 차량 중에서 제한속도를 넘는 차량의 비율을 구하라.

(**풀이**)

**(1)** 이 구간을 지나는 차량의 속도를 $X$라 하면 $X \sim N(98, 4)$이고, 구하고자 하는 비율은 $P(X \leq 95)$이다. 이제 95를 표준화하면 $z_u = \dfrac{95-98}{2} = -1.5$이므로 다음을 얻는다.

$$P(X \leq 95) = P(Z \leq -1.5) = P(Z \geq 1.5) = 1 - P(Z < 1.5)$$
$$= 1 - 0.9332 = 0.0668$$

**(2)** 97과 99를 표준화하면 다음과 같다.

$$z_l = (97-98)/2 = -0.5, \quad z_u = (99-98)/2 = 0.5$$

따라서 구하고자 하는 비율은 다음과 같다.

$$P(97 \leq X \leq 99) = P(-0.5 \leq Z \leq 0.5) = 2P(Z \leq 0.5) - 1$$
$$= 2(0.6915) - 1 = 0.383$$

**(3)** 제한속도 100을 표준화하면 $z_l = \dfrac{100-98}{2} = 1$이므로 구하고자 하는 비율은 다음과 같다.

$$P(X > 100) = P(Z > 1) = 1 - P(Z \leq 1) = 1 - 0.8413 = 0.1587$$

한편 정규분포 $N(\mu, \sigma^2)$에 대하여 $P(X \leq x_\alpha) = 1 - \alpha$를 만족하는 $100(1-\alpha)\%$ 백분위수 $x_\alpha$를 구할 수 있다. 이를 위하여 먼저 누적표준정규확률표에서 꼬리확률 $1 - \alpha$를 찾고, 그에 대한 $z_\alpha$를 구한다. 그리고 $x_\alpha$의 표준화 값 $z_\alpha$를 이용하여 다음과 같이 $x_\alpha$를 구한다.

$$z_\alpha = \frac{x_\alpha - \mu}{\sigma}. \quad \Rightarrow \quad x_\alpha = \mu + \sigma z_\alpha$$

예를 들어, 정규분포 $N(3, 4)$에 대하여 $P(X \leq x_0) = 0.9099$를 만족하는 $x_0$을 구해보자. 우선 그림 5.13과 같이 $P(Z \leq z_0) = 0.9099$인 $z_0$을 먼저 찾으면, $z_0 = 1.34$이다. 그러므로 구하고

자 하는 $x_0$은 $x_0 = 3 + 2(1.34) = 5.68$이다.

| $z$ | .00 | .01 | .02 | .03 | .04 | .05 | .06 | .07 | .08 | .09 |
|-----|-----|-----|-----|-----|-----|-----|-----|-----|-----|-----|
| 1.1 | .8643 | .8665 | .8686 | .8708 | .8729 | .8749 | .8770 | .8790 | .8810 | .8830 |
| 1.2 | .8949 | .8869 | .8888 | .8907 | .8925 | .8944 | .8962 | .8980 | .8997 | .9015 |
| 1.3 | .9032 | .9049 | .9066 | .9182 | .9099 | .9115 | .9131 | .9147 | .9162 | .9177 |
| 1.4 | .9192 | .9207 | .9222 | 9236 | .9251 | .9265 | .9279 | .9292 | .9306 | .9319 |

**그림 5.13  백분위수 구하는 방법**

## 예제 3

$X \sim N(5, 4)$일 때, 다음을 구하라.

(1) $P(X < 6.4)$

(2) $P(X < x_0) = 0.9750$인 $x_0$

(3) $P(3 < X < x_0) = 0.756$인 $x_0$

**풀이**

(1) 평균 $\mu = 5$, 표준편차 $\sigma = 2$이므로 6.4를 표준화하여 $z_u = \dfrac{6.4-5}{2} = 0.7$을 얻는다. 따라서 구하고자 하는 확률은 다음과 같다.

$$P(X < 6.4) = P(Z < 0.7) = 0.7580$$

(2) 표준정규분포표에서 $P(Z < 1.96) = 0.9750$이므로 구하고자 하는 $x_0$은 다음과 같다.

$$\frac{x_0 - 5}{2} = 1.96 \ ; \ x_0 = 8.92$$

(3) 3과 $x_0$을 표준화하여 $z_l = \dfrac{3-5}{2} = -1$, $z_u = \dfrac{x_0 - 5}{2}$를 얻고 다음이 성립한다.

$$P(3 < X < x_0) = P(-1 < Z < z_u) = P(Z < z_u) - P(Z < -1) = 0.756$$

한편 $P(Z < -1) = 1 - P(Z < 1) = 1 - 0.8413 = 0.1587$이므로 다음을 얻는다.

$$P(Z < z_u) = 0.7560 + 0.1587 = 0.9147$$

이제 분포표로부터 $P(Z < z_u) = 0.9147$을 만족하는 $z_u$는 1.37이므로 구하고자 하는 $x_0$은 다음과 같다.

$$z_u = \frac{x_0 - 5}{2} = 1.37 \ ; \ x_0 = 5 + (1.37) \cdot 2 = 7.74$$

3.3절에서 독립인 두 확률변수 $X$와 $Y$에 대하여 $Var(X \pm Y) = Var(X) + Var(Y)$가 성립하는 것을 살펴봤다. 이러한 사실을 이용하면 독립인 두 정규 확률변수 $X \sim N(\mu_1, \sigma_1^2)$, $Y \sim N(\mu_2, \sigma_2^2)$에 대하여 다음 성질이 성립한다.

(1) $aX + b \sim N(a\mu_1 + b, a^2\sigma_1^2)$, $a(\neq 0)$와 $b$는 임의의 상수

(2) $X \pm Y \sim N(\mu_1 \pm \mu_2, \sigma_1^2 + \sigma_2^2)$

따라서 이들을 표준화하면 각각 다음과 같은 표준정규분포를 이룬다.

$$\frac{(aX+b)-(a\mu_1+b)}{|a|\sigma_1} \sim N(0,1)$$

$$\frac{(X \pm Y)-(\mu_1 \pm \mu_2)}{\sqrt{\sigma_1^2 + \sigma_2^2}} \sim N(0,1)$$

## 예제 4

서점에서 판매되고 있는 전자공학개론 교재의 무게는 평균 1.59kg, 표준편차 0.58kg이고, 일반물리학 교재의 무게는 평균 2.18kg, 표준편차 0.81kg인 정규분포에 따르며, 교재들의 무게는 독립이라 한다. 이 서점에서 판매되고 있는 두 종류의 교재를 구입한다.

(1) 구입한 전자공학개론 교재의 무게가 2.35kg 이하일 확률을 구하라.

(2) 구입한 두 교재의 전체 무게가 5.04kg 이상일 확률을 구하라.

(3) 일반물리학 교재와 전자공학개론 교재의 무게 차이가 0.35kg 이하일 확률을 구하라.

### 풀이

(1) 전자공학개론 교재의 무게를 $X$라 하면 $X \sim N(1.59, (0.58)^2)$이므로 2.35를 먼저 표준화한다. 그러면 $z_u = \dfrac{2.35 - 1.59}{0.58} = 1.31$이므로 구하고자 하는 확률은 다음과 같다.

$$P(X \leq 2.35) = P(Z \leq 1.31) = 0.9049$$

(2) 일반물리학 교재의 무게를 $Y$라 하면 $Y \sim N(2.18, (0.81)^2)$이므로

$S = X + Y \sim N(3.77, 0.9925)$이다. 따라서 5.04를 표준화하면 $z_l = \dfrac{5.04 - 3.77}{\sqrt{0.9925}} = 1.27$이고, 구하고자 하는 확률은 다음과 같다.

$$P(S \geq 5.04) = P(Z \geq 1.27) = 1 - P(Z < 1.27)$$

$$= 1 - 0.8980 = 0.102$$

(3) $D = Y - X \sim N(0.59, 0.9925)$ 이므로 0.35를 표준화하면 $z_u = \dfrac{0.35 - 0.59}{\sqrt{0.9925}} = -0.24$ 이다. 그러므로 구하고자 하는 확률은 다음과 같다.

$$P(D \leq 0.35) = P(Z \leq -0.24) = P(Z \geq 0.24) = 1 - P(Z < 0.24)$$
$$= 1 - 0.5948 = 0.4052$$

한편 독립인 확률변수들 $X_i \sim N(\mu_i, \sigma_i^2)$, $i = 1, 2, \cdots, n$ 에 대하여, 이 확률변수들의 일차결합 $Y = a_1 X_1 + \cdots + a_n X_n$ 은 평균 $\mu = a_1 \mu_1 + \cdots + a_n \mu_n$, 분산 $\sigma^2 = a_1^2 \sigma_1^2 + \cdots + a_n^2 \sigma_n^2$ 인 정규분포에 따른다. 그러므로 $i = 1, 2, \cdots, n$ 에 대하여 $a_i = \dfrac{1}{n}$ 이면, 다음을 얻는다.

$$Y = \frac{X_1 + \cdots + X_n}{n} \sim N\left( \frac{1}{n}(\mu_1 + \cdots + \mu_n), \frac{1}{n^2}(\sigma_1^2 + \cdots + \sigma_n^2) \right)$$

이때 i.i.d. 확률변수들 $X_i \sim N(\mu, \sigma^2)$, $i = 1, 2, \cdots, n$ 에 대하여, 다음과 같이 정의되는 $\overline{X}$ 를 $X_1, X_2, \cdots, X_n$ 의 **표본평균**(sample mean)이라 한다.

$$\overline{X} = \frac{1}{n}(X_1 + X_2 + \cdots + X_n)$$

이때 평균 $\mu$ 이고 분산 $\sigma^2$ 인 i.i.d. 정규확률변수들 $X_i$, $i = 1, 2, \cdots, n$ 의 표본평균 $\overline{X}$ 는 평균 $\mu$ 와 분산 $\dfrac{\sigma^2}{n}$ 인 정규분포를 이룬다. 즉, 다음이 성립한다.

$$\overline{X} \sim N\left( \mu, \frac{\sigma^2}{n} \right)$$

특히 $X_1, X_2, \cdots, X_n$ 이 평균 $\mu$ 와 분산 $\sigma^2$ 을 갖는 임의의 i.i.d. 확률변수들이라 할 때, $n$ 이 충분히 크다면 $X_1, X_2, \cdots, X_n$ 의 표본평균 $\overline{X}$ 는 다음과 같이 평균 $\mu$ 와 분산 $\dfrac{\sigma^2}{n}$ 을 갖는 정규분포에 가까워진다는 사실이 알려져 있으며, 이러한 성질을 **중심극한정리**(central limit theorem)라 한다.

$$\overline{X} \approx N\left(\mu, \frac{\sigma^2}{n}\right)$$

따라서 $X_1 + X_2 + \cdots + X_n$은 다음과 같이 평균 $n\mu$와 분산 $n\sigma^2$인 정규분포에 근접한다.

$$X_1 + X_2 + \cdots + X_n \approx N\left(n\mu, n\sigma^2\right)$$

## 예제 5

어느 건전지 제조회사에서 만들어진 1.5볼트 건전지는 실제로 1.45볼트에서 1.65볼트 사이에서 균등분포를 이룬다고 한다.

(1) 생산된 건전지 중에서 임의로 하나를 선정했을 때, 평균 전압과 분산을 구하라.

(2) 건전지 전압이 1.5볼트보다 작을 확률을 구하라.

(3) 100개의 건전지에 대한 평균 전압이 1.54볼트 이하일 확률을 구하라.

**풀이**

(1) 건전지의 전압을 $X$라 하면, $X \sim U(1.45, 1.65)$이므로 $X$의 평균과 분산은 각각 다음과 같다.

$$\mu = \frac{1.45 + 1.65}{2} = 1.55, \quad \sigma^2 = \frac{(1.65 - 1.45)^2}{12} = 0.0033$$

(2) $X$의 확률밀도함수는 다음과 같다.

$$f(x) = \frac{1}{1.65 - 1.45} = 5, \quad 1.45 \le x \le 1.65$$

따라서 구하고자 하는 확률은 다음과 같다.

$$P(X \le 1.5) = \int_{1.45}^{1.5} 5\, dx = 5\,(1.5 - 1.45) = 0.25$$

(3) $\mu = 1.55$, $\sigma^2 = 0.0033$이므로 중심극한정리에 의하여 $\overline{X} \approx N(1.55, 0.000033)$이다. 그러므로 1.54를 표준화하면 $z_u = \frac{1.54 - 1.55}{\sqrt{0.000033}} = -1.74$이다. 따라서 구하고자 하는 확률은 다음과 같다.

$$P(\overline{X} \le 1.54) = P(Z \le -1.74) = P(Z \ge 1.74) = 1 - P(Z < 1.74)$$

$$= 1 - 0.9591 = 0.0409$$

한편 정규분포의 매우 유용한 성질은 이 분포를 이용하여 다른 확률분포에 대한 확률값들을 근사적으로 구할 수 있다는 것이다. 그러한 많은 경우 중에서 특히 이항분포를 근사시키는 방법이 많이 이용된다. 이항분포 $B(n, p)$에서 $np = \mu$가 일정하고 시행 횟수 $n$이 충분히 크면 (즉, $p \fallingdotseq 0$), 이항분포는 평균 $\mu$인 푸아송분포에 근사하는 것을 이미 살펴보았다. 그러나 $n$이 충분히 크지만 $p$가 0에 가깝지 않은 경우에, 이항분포 확률질량함수는 $n$이 커질수록 '종 모양'의 분포에 가까워진다. 예를 들어, 그림 5.14는 $B(100, 0.4)$인 이항분포와 $N(40, 24)$인 정규분포의 그림을 나타내며, 이 그림에서 두 분포는 거의 일치하는 것을 볼 수 있다.

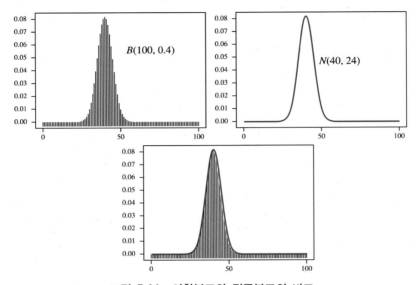

**그림 5.14  이항분포와 정규분포의 비교**

이와 같이 $p$가 0에 가깝지 않은 경우에, 시행 횟수 $n$이 커질수록 이항분포는 평균 $\mu = np$, 분산 $\sigma^2 = npq$인 정규분포에 가까워지며, 일반적으로 $np \geq 5$, $nq \geq 5$일 때 이항분포 $B(n, p)$와 정규분포 $N(np, npq)$가 거의 일치한다. 따라서 이항분포 $X \sim B(n, p)$에 대하여 $np \geq 5$, $nq \geq 5$이면 다음이 성립하며, 이것을 **이항분포의 정규근사**(normal approximation)라 한다.

$$X \approx N(np, npq) \quad \text{또는} \quad \frac{X - np}{\sqrt{npq}} \approx N(0, 1)$$

### 예제 6

$X \sim B(15, 0.4)$일 때, 다음을 구하라.

(1) 이항분포표를 이용하여 확률 $P(7 \leq X \leq 9)$를 구하라.

(2) 정규근사에 의하여 확률 $P(7 \leq X \leq 9)$를 구하라.

(3) 정규근사에 의하여 확률 $P(6.5 \leq X \leq 9.5)$를 구하라.

**풀이**

(1) $P(7 \leq X \leq 9) = P(X \leq 9) - P(X \leq 6) = 0.9662 - 0.6098 = 0.3564$

(2) $np = 15(0.4) = 6$이고 $npq = 15(0.4)(0.6) = 3.6$이므로 근사적으로 $X \approx N(6, 3.6)$이다. 따라서 7과 9를 표준화하면 $z_l = \dfrac{7-6}{\sqrt{3.6}} = 0.53$, $z_u = \dfrac{9-6}{\sqrt{3.6}} = 1.58$이고, 구하고자 하는 근사확률은 다음과 같다.

$$P(7 \leq X \leq 9) \approx P(0.53 \leq Z \leq 1.58) = P(Z \leq 1.58) - P(Z \leq 0.53)$$

$$= 0.9429 - 0.7019 = 0.241$$

(3) 6.5과 9.5를 표준화하면 $z_l = \dfrac{6.5-6}{\sqrt{3.6}} = 0.26$, $z_u = \dfrac{9.5-6}{\sqrt{3.6}} = 1.84$이고, 구하고자 하는 근사확률은 다음과 같다.

$$P(6.5 \leq X \leq 9.5) \approx P(0.26 \leq Z \leq 1.84) = P(Z \leq 1.84) - P(Z < 0.26)$$

$$= 0.9671 - 0.6026 = 0.3645$$

[예제 6]에서 $X \sim B(15, 0.4)$에 대한 확률히스토그램을 그리면, 그림 5.15와 같이 $X$가 취하는 값 $x$를 중심으로 길이가 1인 구간 $[x-0.5, x+0.5]$를 밑면으로 가지고 높이가 $P(X=x)$인 막대로 표현된다. 따라서 확률 $P(7 \leq X \leq 9)$는 다음과 같이 표현된다.

$$P(7 \leq X \leq 9) = (7.5 - 6.5) \cdot P(X=7) + (8.5 - 7.5) \cdot P(X=8) + (9.5 - 8.5) \cdot P(X=9)$$

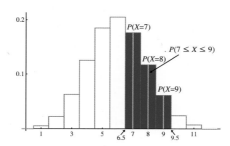

**그림 5.15  이항분포의 확률히스토그램**

한편 이 이항분포를 정규근사시키면 $X \approx N(6, 3.6)$이고, 정규근사에 의한 확률 $P(7 \leq X \leq 9)$는 그림 5.16 (a)와 같이 $x = 7$에서 $x = 9$까지 정규밀도함수의 넓이이다. 따라서 이와 같은 정규근사확률은 구간 $[6.5, 7]$과 $[9, 9.5]$ 부분의 확률을 반영하지 못함으로써 실제 이항확률과 오차가 커진다. 그러므로 그림 5.16 (b)와 같이 이러한 오차를 상쇄하기 위하여 구간 $[6.5, 9.5]$ 사이의 근사확률을 구한다.

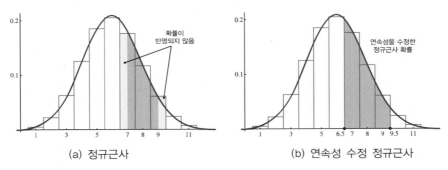

(a) 정규근사        (b) 연속성 수정 정규근사

**그림 5.16 이항분포의 정규근사**

이와 같이 이항확률 $P(7 \leq X \leq 9)$를 구하기 위하여 $P(7 - 0.5 \leq X \leq 9 + 0.5)$의 정규근사확률을 구하는 방법을 정규근사의 연속성 수정이라 한다. 그러므로 이항분포의 정규근사를 다음과 같이 살펴볼 수 있다. $X \sim B(n, p)$이고 $Z \sim N(0, 1)$에 대하여 $np \geq 5$, $nq \geq 5$이면, 다음과 같다.

$$P(a \leq X \leq b) \approx \begin{cases} \Phi\left(\dfrac{b - np}{\sqrt{npq}}\right) - \Phi\left(\dfrac{a - np}{\sqrt{npq}}\right) & ; \text{ 정규근사} \\ \Phi\left(\dfrac{b + 0.5 - np}{\sqrt{npq}}\right) - \Phi\left(\dfrac{a - 0.5 - np}{\sqrt{npq}}\right) & ; \text{ 연속성 수정 정규근사} \end{cases}$$

**예제 7**

$X \sim B(30, 0.2)$일 때, 확률질량함수를 이용한 $P(X = 4)$와 연속성을 수정한 근사확률 $P(X = 4)$를 구하라.

**풀이**

$X \sim B(30, 0.2)$이므로 확률질량함수는 $f(x) = \dbinom{30}{x}(0.2)^x(0.8)^{30-x}$, $x = 0, 1, 2, \cdots, 30$이다. 따라서 구하고자 하는 확률은 다음과 같다.

$$P(X=4) = \binom{30}{4}(0.2)^4(0.8)^{26} = 0.1325$$

한편 $\mu = np = 6$, $\sigma^2 = npq = 4.8$이므로 $X \approx N(6, 4.8)$에 근사한다. 이때 연속성을 수정하면 $P(X=4) = P(3.5 \le X \le 4.5)$이고, 3.5와 4.5를 표준화하면 다음과 같다.

$$z_l = \frac{3.5-6}{\sqrt{4.8}} = -1.14, \quad z_u = \frac{4.5-6}{\sqrt{4.8}} = -0.68$$

따라서 구하고자 하는 근사확률은 다음과 같다.

$$P(X=4) = P(3.5 \le X \le 4.5) \approx P(-1.14 \le Z \le -0.68)$$

$$= P(0.68 \le Z \le 1.14) = P(Z \le 1.14) - P(Z < 0.68)$$

$$= 0.8729 - 0.7517 = 0.1212$$

**1.** 표준정규분포를 이루는 확률변수 $Z$에 대하여 다음을 구하라.

(1) $P(Z \geq 1.25)$         (2) $P(Z < 1.11)$

(3) $P(Z > -2.23)$         (4) $P(-1.02 < Z \leq 1.02)$

**2.** $Z \sim N(0, 1)$에 대하여 $P(Z \geq z_\alpha) = \alpha$라 할 때, $X \sim N(\mu, \sigma^2)$에 대하여 다음을 구하라.

(1) $P(X \leq \mu + \sigma z_\alpha)$         (2) $P(\mu - \sigma z_{\alpha/2} \leq X \leq \mu + \sigma z_{\alpha/2})$

**3.** $X \sim N(77, 16)$에 대하여 다음을 구하라.

(1) $X$가 평균을 중심으로 10% 안에 있지 않은 확률

(2) $X$의 분포에 대한 25-백분위수

(3) $X$의 분포에 대한 75-백분위수

(4) $P(\mu - x_0 < X < \mu + x_0) = 0.95$인 $x_0$

**4.** $X \sim N(4, 9)$에 대하여 다음을 구하라.

(1) $P(X < 7)$         (2) $P(X \leq x_0) = 0.9750$인 $x_0$

(3) $P(1 < X < x_0) = 0.756$인 $x_0$

**5.** $X \sim N(\mu, \sigma^2)$에 대하여 $P(\mu - k\sigma < X < \mu + k\sigma) = 0.754$인 상수 $k$를 구하라.

**6.** $X_1, X_2, \cdots, X_{25} \sim$ i.i.d. $N(4, 9)$일 때, 표본평균 $\overline{X}$에 대하여 다음을 구하라.

(1) $P(\overline{X} < 5.5)$         (2) $P(\overline{X} \leq x_0) = 0.9750$인 $x_0$

(3) $P(2 < \overline{X} < x_0) = 0.7320$인 $x_0$

**7.** 집에서 대학까지 버스를 이용하여 걸리는 시간이 평균 40분이고 표준편차는 2인 정규분포를 이룬다고 한다. 이때 집에서 대학까지 소요되는 시간을 확률변수 $X$라 하고, 다음을 구하라.

(1) $P(X \geq 37)$         (2) $P(X < 45)$         (3) $P(35 < X \leq 45)$

**8.** 이번 학기 통계학 성적은 $X \sim N(68, 25)$인 정규분포를 이루며, 담당 교수는 학점에 대하여 A, B, C, D, F를 각각 15%, 30%, 30%, 15%, 10%씩 준다고 한다. A, B, C, D 등급의 하한점수를 구하라.

**9.** A와 B 두 회사에서 제조된 전구의 수명(시간)은 각각 $X \sim N(425, 25)$, $Y \sim N(420, 15)$인 정규분포에 따르고, 이 두 전구의 수명은 서로 독립이라고 한다.

(1) A 회사에서 제조된 전구를 436시간 이상 사용할 확률을 구하라.

(2) 어느 하나를 먼저 사용하다 전구의 수명이 끝나면 곧바로 다른 전구를 사용한다. 이와 같이 해서 860시간 이상 사용할 확률을 구하라.

(3) A 회사 전구의 수명과 B 회사 전구의 수명에 대한 차가 3시간 이하일 확률을 구하라.

**10.** 대구에서 서울까지 기차로 걸리는 시간은 $X \sim N(3.5, 0.4)$인 정규분포를 이루고, 고속버스로 걸리는 시간은 $Y \sim N(3.8, 0.9)$인 정규분포를 이룬다고 한다.

(1) $P(X \le 3.2)$일 확률을 구하라.  (2) $P(Y \le 3.2)$일 확률을 구하라.

(3) $X - Y$의 확률분포를 구하라.  (4) $P(|X - Y| \le 0.1)$일 확률을 구하라.

**11.** $X_1 \sim N(\mu_1, \sigma_1^2)$, $X_2 \sim N(\mu_2, \sigma_2^2)$이고, $X_1$과 $X_2$가 독립일 때, 다음을 구하라.

(1) $Y = pX_1 + (1-p)X_2$의 확률분포  (2) $Y$의 분산이 최소가 되는 $p$와 최소분산

**12.** 탑의 높이($h$)를 측량하기 위하여 두 개의 기구가 사용되며, 이 기구 중에서 정확성이 떨어지는 기구에 의한 오차는 평균 0과 표준편차 $0.0056h$인 정규분포에 따른다. 또한 정확성이 좀 더 좋은 기구에 의하여 측정한 오차는 평균 0과 표준편차 $0.0044h$인 정규분포에 따른다고 한다. 두 개의 기구가 독립이라 할 때, 두 측정값의 평균오차가 탑의 높이의 $0.005h$ 편차 안에 들어올 확률을 구하라.

**13.** $X$와 $Y$를 각각 석 달 동안 임의로 선정된 사람들이 영화를 보거나 스포츠를 관람한 시간이라고 하자. 그리고 이 두 확률변수에 대한 다음의 정보를 갖는다고 하자.

$$E(X) = 50, \ E(Y) = 20, \ Var(X) = 50, \ Var(Y) = 30, \ Cov(X, Y) = 10$$

이 석 달 동안 관찰된 사람 중에서 100명을 임의로 선정하였고, 이 기간에 이 사람들이 영화나 스포츠를 관람한 전체 시간을 $T$라고 하자. 이때, $P(T < 7100)$일 근사확률을 구하라.

**14.** 건강관리를 분석할 때, 나이는 5의 배수에 가까운 나이로 반올림한다. 실제 나이와 반올림한 나이의 차이가 -2.5년에서 2.5년 사이에서 균등분포를 이루고 있으며, 건강관리 자료는 48명의 임의로 선정된 사람을 기초로 작성되어 있다고 한다. 반올림한 나이의 평균이 실제 나이의 평균과 0.25년의 차이가 있을 근사확률을 구하라.

**15.** 어느 보험회사는 10,000개의 자동차보험 증권을 판매하였으며, 각 보험 증권당 연간 청구금액은 평균 160,000원, 표준편차 800,000원이라고 한다.

(1) 연간 전체 청구금액이 1,800,000,000원을 초과할 근사확률을 구하라.

(2) 10,000개의 증권에 대한 연간 평균 청구금액이 180,000원을 초과할 확률을 구하라.

**16.** 컴퓨터를 이용하여 $[0, 1]$에서 균등분포를 이루는 100개의 독립인 확률변수들 $X_1, X_2, \cdots, X_{100}$에 대하여 다음을 구하라.

(1) $S = X_1 + X_2 + \cdots + X_{100}$이 45와 55 사이일 근사확률

(2) 표본평균 $\overline{X}$가 0.55 이상일 확률

**17.** $X_1, X_2, \cdots, X_{100}$이 모수 $\lambda = \dfrac{1}{4}$인 i.i.d. 지수분포 확률변수일 때, $P(\overline{X} \le 3.5) + P(\overline{X} \ge 4.5)$를 구하라.

**18.** 고교 3학년 학생 1,000명에게 실시한 모의고사 국어 점수 $X$와 영어 점수 $Y$는 각각 $X \sim N(75, 9)$, $Y \sim N(68, 16)$인 정규분포에 따르고, 이 두 성적은 서로 독립이라고 한다.

(1) 국어 점수가 82점 이상일 확률을 구하라.

(2) 두 과목의 점수의 합이 130점 이상 150점 이하에 해당하는 학생 수를 구하라.

(3) 각 과목에서 상위 5% 안에 들어가기 위한 최소 점수를 구하라.

(4) 두 과목의 합이 상위 5% 안에 들어가기 위한 최소 점수를 구하라.

**19.** $X \sim B(16, 0.5)$일 때, 연속성을 수정한 근사확률 $P(8 \le X \le 10)$과 $P(X \ge 10)$을 구하라.

**20.** $X \sim B(50, 0.3)$에 대하여 다음을 구하라.

(1) 정규근사에 의하여 $P(13 \le X \le 17)$      (2) 연속성을 수정하여 $P(13 \le X \le 17)$

(3) 연속성을 수정하여 $P(13 < X < 17)$

**21.** Society Of Actuaries(SOA)의 확률 시험문제는 5지 선다형으로 제시된다. 100문항의 SOA 시험문제 중에서 지문을 임의로 선택할 때, 다음을 구하라.

(1) 평균적으로 정답을 선택한 문항 수

(2) 정답을 정확히 8개 선택할 근사확률

## 5.4 정규분포에 관련된 연속분포들

### (1) 카이제곱분포

이 절에서는 정규분포에 관련되면서 통계적 추론에서 빈번히 사용되는 확률분포와 로그정규분포 그리고 이변량 정규분포에 대하여 살펴본다.

표준정규 확률변수 $Z_i \sim N(0,1)$, $i = 1, 2, \cdots, n$이 독립일 때, $V = Z_1^2 + Z_2^2 + \cdots + Z_n^2$의 확률분포를 자유도 $n$인 **카이제곱분포**(chi-squared distribution)라 하고, $V \sim \chi^2(n)$으로 나타낸다. 그러면 이 분포는 모수가 $\alpha = \dfrac{n}{2}$, $\beta = 2$인 감마분포와 동일하다. 즉 $\chi^2(n) = \Gamma\left(\dfrac{n}{2}, \ 2\right)$이다. 따라서 $V \sim \chi^2(n)$의 평균과 분산은 각각 다음과 같다.

$$\mu_V = n, \quad \sigma_V^2 = 2n$$

이때 자유도 $n$이 커질수록 카이제곱분포는 그림 5.17과 같이 종모양의 분포에 가까워진다.

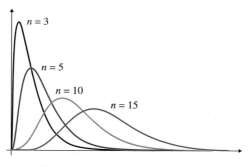

**그림 5.17  모수에 따른 카이제곱분포**

또한 그림 5.18 (a)와 같이 $0 < \alpha < 1$에 대하여 꼬리확률 $\alpha = P(V > v_\alpha)$를 만족하는 임계값 $v_\alpha$는 자유도 $n$인 카이제곱분포의 $100(1-\alpha)\%$ 백분위수이며, $v_\alpha = \chi_\alpha^2(n)$으로 나타낸다. 그리고 왼쪽 꼬리확률과 오른쪽 꼬리확률이 각각 $\dfrac{\alpha}{2}$, 즉 $P(\chi_{1-\alpha/2}^2(n) < V < \chi_{\alpha/2}^2(n)) = 1 - \alpha$가 되는 백분위수는 그림 5.18 (b)와 같다.

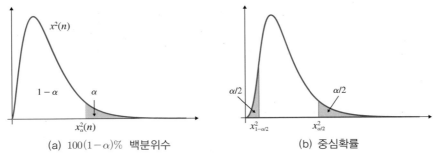

그림 5.18  $\chi^2$-분포의 백분위수와 중심확률

이때 꼬리확률 $\alpha$ 와 자유도 $n$인 카이제곱분포에 대하여 $100(1-\alpha)\%$ 백분위수 $\chi^2_\alpha(n)$을 카이제곱분포에 대한 오른쪽 꼬리확률표를 나타내는 부록B 표 4 카이제곱분포표에서 그림 5.19와 같이 구할 수 있다. 예를 들어, $X \sim \chi^2(5)$에 대하여 $P(X > \chi^2_{0.05}(5)) = 0.05$를 만족하는 95% 백분위수 $\chi^2_{0.05}(5)$는 자유도를 나타내는 d.f.= 5인 행과 $\alpha = 0.050$인 열이 만나는 위치에 있는 수 11.07, 즉 $\chi^2_{0.05}(5) = 11.07$이다. 다시 말해서 $P(X > 11.07) = 0.05$를 의미한다.

자유도               꼬리확률       $\chi^2_{0.05} = 11.07, P(X{>}11.07) = 0.05$

| $\alpha$ <br> d.f | 0.250 | 0.200 | 0.150 | 0.100 | 0.050 | 0.025 | 0.020 | 0.010 | 0.050 | 0.0025 |
|---|---|---|---|---|---|---|---|---|---|---|
| 1 | 1.32 | 1.64 | 2.07 | 2.71 | 3.84 | 5.02 | 5.41 | 6.63 | 7.88 | 9.14 |
| 2 | 2.77 | 3.22 | 3.79 | 4.61 | 5.99 | 7.38 | 7.82 | 9.21 | 10.60 | 11.98 |
| 3 | 4.11 | 4.64 | 5.32 | 6.25 | 7.81 | 9.35 | 9.84 | 11.34 | 12.84 | 14.31 |
| 4 | 5.39 | 5.99 | 6.74 | 7.78 | 9.49 | 11.14 | 11.67 | 13.28 | 14.86 | 16.42 |
| 5 | 6.63 | 7.29 | 8.12 | 9.24 | 11.07 | 12.83 | 13.39 | 15.09 | 16.75 | 18.39 |
| 6 | 7.84 | 8.56 | 9.45 | 10.64 | 12.59 | 14.45 | 15.03 | 16.81 | 18.55 | 20.25 |
| 7 | 9.04 | 9.80 | 10.75 | 12.02 | 14.07 | 16.01 | 16.62 | 18.48 | 20.28 | 22.04 |
| 8 | 10.22 | 11.03 | 12.03 | 13.36 | 15.51 | 17.53 | 18.17 | 20.09 | 21.95 | 23.77 |
| 9 | 11.39 | 12.24 | 13.29 | 14.68 | 16.92 | 19.02 | 19.68 | 21.67 | 23.59 | 25.46 |

그림 5.19  카이제곱분포의 백분위수

## 예제 1

$X \sim \chi^2(7)$에 대하여 다음을 구하라.

(1) $P(X < x_0) = 0.975$인 $x_0$                (2) $P(X \le 14.07)$

**풀이**

(1) $P(X < x_0) = 0.975$이므로 $P(X > x_0) = 0.025$이고, 따라서 부록표의 카이제곱분포표에서 d.f.= 7이고 $\alpha = 0.025$이므로 $x_0 = \chi^2_{0.025}(7) = 16.01$이다.

(2) 자유도 7인 행에서 14.07에 대응하는 꼬리확률 $\alpha$를 구하면, $\alpha = 0.05$이다. 따라서 $P(X > 14.07) = 0.05$이고 $P(X \le 14.07) = 1 - P(X < 14.07) = 1 - 0.05 = 0.95$이다.

한편 정규분포와 카이제곱분포 사이에 다음 관계가 성립한다.

(1) $X \sim N(\mu, \sigma^2)$이면 $\left(\dfrac{X-\mu}{\sigma}\right)^2 \sim \chi^2(1)$, 즉 $Z \sim N(0, 1)$이면 $Z^2 \sim \chi^2(1)$이다.

(2) 독립인 $X_i \sim N(\mu_i, \sigma_i^2)$, $i = 1, 2, \cdots, n$에 대하여 $\displaystyle\sum_{i=1}^{n}\left(\dfrac{X_i - \mu_i}{\sigma_i}\right)^2 \sim \chi^2(n)$이다.

(3) 독립인 $V_i \sim \chi^2(r_i)$, $i = 1, 2, \cdots, n$에 대하여 $S = V_1 + V_2 + \cdots + V_n \sim \chi^2(r_1 + r_2 + \cdots + r_n)$이다.

### 예제 2

독립인 두 확률변수가 $X \sim \chi^2(3)$, $Y \sim \chi^2(5)$일 때, $P(X + Y > x_0) = 0.01$을 만족하는 $x_0$을 구하라.

**풀이**

$X \sim \chi^2(3)$, $Y \sim \chi^2(5)$이고 독립이므로 $X + Y \sim \chi^2(8)$이다. 그러므로 구하고자 하는 임계점은 $x_0 = \chi^2_{0.01}(8) = 20.09$이다.

## (2) t-분포

서로 독립인 표준정규 확률변수 $Z$와 자유도 $r$인 카이제곱 확률변수 $V$에 대하여, 다음 확률변수가 갖는 확률분포를 자유도 $r$인 $t$-분포($t$-distribution)라 하고, $T \sim t(r)$로 나타낸다.

$$T = \frac{Z}{\sqrt{V/r}}$$

그리고 이 분포는 영국의 고셋(William Sealy Gosset, 1876~1937)이 Student라는 필명으로 발표한 논문에서 처음으로 사용되었으며, Student $t$-분포라고도 한다. 그러면 자유도 $r$인 $t$-분포의 확률밀도함수는 다음과 같다.

$$f(t) = \frac{\Gamma((r+1)/2)}{\sqrt{r}\,\Gamma(1/2)\,\Gamma(r/2)}\left(1+\frac{t^2}{r}\right)^{-(r+1)/2}, \quad t>0$$

한편 $t$-분포의 확률밀도함수는 그림 5.20 (a)와 같이 표준정규분포와 동일하게 종 모양의 분포를 이루며, $t=0$에 대하여 좌우 대칭이다. 그러나 $t$-분포의 꼬리부분이 표준정규분포보다 약간 두텁게 나타나며, 그림 5.20 (b)와 같이 자유도 $r$이 커질수록 $t$-분포는 표준정규분포에 근접하게 된다.

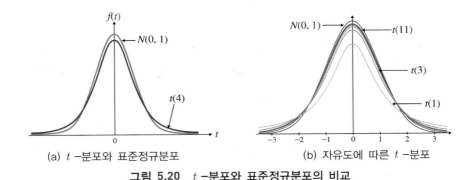

(a) $t$-분포와 표준정규분포  (b) 자유도에 따른 $t$-분포

**그림 5.20** $t$-분포와 표준정규분포의 비교

특히 $T \sim t(r)$에 대하여 평균과 분산은 각각 다음과 같다.

$$\mu = 0, \quad \sigma^2 = \frac{r}{r-2}, \ r>2$$

그리고 꼬리확률 $\alpha$에 대하여 $P(T>t)=\alpha$를 만족하는 자유도 $r$인 $t$-분포의 $100(1-\alpha)\%$ 백분위수를 $t=t_\alpha(r)$로 나타내며, 대칭성에 의하여 그림 5.21과 같이 다음의 성질을 갖는다.

$$P(T>t_\alpha(r)) = P(T<-t_\alpha(r)) = \alpha$$
$$P(|T|<t_{\alpha/2}(r)) = 1-\alpha$$

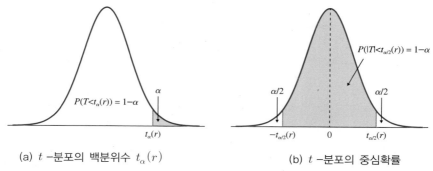

(a) $t$ –분포의 백분위수 $t_\alpha(r)$         (b) $t$ –분포의 중심확률

**그림 5.21**   $t$ –분포의 백분위수와 중심확률

이때 표준정규분포와 마찬가지로, 오른쪽 꼬리확률이 $\alpha$인 $100(1-\alpha)\%$ 백분위수 $t_\alpha(r)$을 부록B 표 5의 $t$ -분포표를 이용하여 구할 수 있다. 예를 들어, 자유도 4인 $t$ -분포에서 오른쪽 꼬리확률이 $\alpha=0.025$인 97.5% 백분위수 $t_{0.025}(4)$, 즉 $P(T > t_{0.025}(4)) = 0.025$를 만족하는 백분위수를 구할 수 있다. 이를 위하여 표 5의 그림 5.22에서 자유도 d.f.$=4$와 $\alpha=.025$가 만나는 위치의 수 2.776을 선택한다. 그러면 $t_{0.025}(4) = 2.776$, 즉 $P(T > 2.776) = 0.025$이다.

자유도      꼬리확률     $t_{0.025}(4) = 2.776,\ P(T{>}2.776) = 0.025$

| d.f \ $\alpha$ | .25 | .10 | .05 | .025 | .01 | .005 |
|---|---|---|---|---|---|---|
| 1 | 1.000 | 3.078 | 6.314 | 12.706 | 31.821 | 63.675 |
| 2 | .816 | 1.886 | 2.920 | 4.303 | 6.965 | 9.925 |
| 3 | .765 | 1.638 | 2.353 | 3.182 | 4.541 | 5.841 |
| 4 | .741 | 1.533 | 2.132 | 2.776 | 3.747 | 4.604 |
| 5 | .727 | 1.476 | 2.015 | 2.571 | 3.365 | 4.032 |
| 6 | .718 | 1.440 | 1.943 | 2.447 | 3.143 | 3.707 |

**그림 5.22**   $t$ –분포의 백분위수

---

**예제 3**

$T \sim t(5)$에 대하여 $t$ -분포표를 이용하여 다음을 구하라.

(1) $P(T > t_{0.05}(5)) = 0.05$를 만족하는 $t_{0.05}(5)$

(2) $P(|T| < t_0) = 0.99$를 만족하는 $t_0$

(3) $P(T \leq 3.365)$

**풀이**

(1) d.f.$= 5$이고 $\alpha = 0.05$이므로 $t_{0.05}(5) = 2.015$이다.

(2) $P(|T| < t_0) = 0.99$이므로 $P(|T| \geq t_0) = 0.01$이다. 또한 $t$-분포는 $t = 0$을 중심으로 대칭이므로 $P(T > t_0) = 0.005$, 즉 $t_0 = t_{0.005}(5) = 4.032$이다.

(3) 자유도 5인 $t$-분포표에서 3.365를 찾고, 그에 대응하는 $\alpha$를 구하면 $\alpha = 0.01$이다. 그러면 $P(T > 3.365) = 0.01$이므로 $P(T \leq 3.365) = 1 - P(T > 3.365) = 1 - 0.01 = 0.99$이다.

### (3) F-분포

서로 독립인 두 확률변수 $U \sim \chi^2(m)$과 $V \sim \chi^2(n)$에 대하여, 다음과 같이 정의되는 확률변수의 확률분포를 분자의 자유도가 $m$이고 분모의 자유도가 $n$인 $F$-분포($F$-distribution)라 하고, $F \sim F(m, n)$으로 나타낸다.

$$F = \frac{U/m}{V/n}$$

그러면 분자·분모의 자유도가 $(m, n)$인 $F$-분포의 확률밀도함수는 다음과 같다.

$$f(x) = \frac{\Gamma((m+n)/2)}{\Gamma(m/2)\,\Gamma(n/2)} \left(\frac{m}{n}\right)^{m/2} x^{(m/2)-1} \left(1 + \frac{m}{n}x\right)^{-(m+n)/2}, \quad x > 0$$

이때 $F \sim F(m, n)$의 평균과 분산은 각각 다음과 같다.

$$\mu = \frac{n}{n-2},\ n \geq 3$$

$$\sigma^2 = \frac{2n^2(m+n-2)}{m\,(n-2)^2(n-4)}, \quad n \geq 5$$

즉, 분모의 자유도가 3이상일 때 평균이 존재하고 분모의 자유도가 5이상일 때 분산이 존재한다. 또한 분모의 자유도가 커질수록 $\mu \fallingdotseq 1$, $\sigma^2 \fallingdotseq 2/m$임을 알 수 있다. 한편 $F$-분포의 모양은 그림 5.23과 같이 일반적으로 왼쪽으로 치우친 모양을 나타낸다. 그러나 자유도 $m$과 $n$이 커지면 분포의 중심이 오른쪽으로 이동하면서 $\mu = 1$을 중심으로 좌우 대칭이 되는 종모양으로 나타난다.

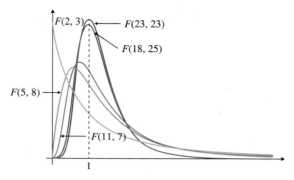

**그림 5.23   자유도에 따른 $F$-분포의 비교**

이때 오른쪽 꼬리확률 $\alpha$ 에 대한 $100(1-\alpha)\%$ 백분위수를 $f_\alpha(m, n)$ 으로 표시하며, 그림 5.24와 같이 다음 성질을 갖는다.

(1) $P(X \geq f_\alpha(m, n)) = \alpha$

(2) $P(f_{1-(\alpha/2)}(m, n) \leq X \leq f_{\alpha/2}(m, n)) = 1 - \alpha$

(3) $f_{1-\alpha}(m, n) = \dfrac{1}{f_\alpha(n, m)}$

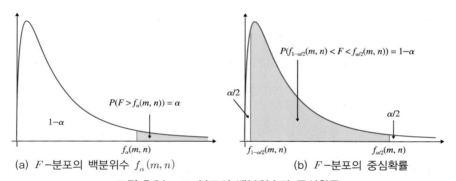

(a) $F$-분포의 백분위수 $f_\alpha(m, n)$       (b) $F$-분포의 중심확률

**그림 5.24   $F$-분포의 백분위수와 중심확률**

꼬리확률에 대한 $100(1-\alpha)\%$ 백분위수 $f_\alpha(m, n)$ 을 부록B 표 6의 $F$-분포표를 이용하여 구할 수 있다. 예를 들어, $X \sim F(4, 5)$ 에서 오른쪽 꼬리확률 $P(X > f_{0.05}(4, 5)) = 0.05$ 를 만족하는 95% 백분위수를 구하고자 한다면, 그림 5.25와 같이 분모의 자유도 5의 $\alpha = 0.05$ 인 행과 분자의 자유도 4의 열이 만나는 위치의 수 5.19를 선택하면 $f_{0.05}(4, 5) = 5.19$ 이다.

즉, $P(X > f_{0.05}(4, 5)) = P(X > 5.19) = 0.05$ 이다. 한편 5% 백분위수 $f_{0.95}(4, 5)$ 은 그림 5.25에 나타나 있지 않지만, $F$-분포의 성질 (3)에 의하여 $f_{0.95}(4, 5) = \dfrac{1}{f_{0.05}(5, 4)} = \dfrac{1}{6.26} = 0.1597$ 이다.

꼬리확률 $f_{0.05}(4,5) = 5.19$, $P(F>5.19) = 0.05$

| 분모의 자유도 | $\alpha$ | 분자의 자유도 1 | 2 | 3 | 4 | 5 | 6 | 7 | 8 | 9 |
|---|---|---|---|---|---|---|---|---|---|---|
| 4 | 0.010 | 4.54 | 4.32 | 4.19 | 4.11 | 4.05 | 4.01 | 3.98 | 3.95 | 3.94 |
| | 0.050 | 7.71 | 6.94 | 6.59 | 6.39 | 6.26 | 6.16 | 6.09 | 6.04 | 6.00 |
| | 0.025 | 12.22 | 10.65 | 9.98 | 9.60 | 9.36 | 9.20 | 7.07 | 8.98 | 8.90 |
| | 0.005 | 21.20 | 18.00 | 16.69 | 15.98 | 15.52 | 15.21 | 14.98 | 14.80 | 14.66 |
| | 0.001 | 74.14 | 61.25 | 56.18 | 53.44 | 51.71 | 50.53 | 49.66 | 49.00 | 48.47 |
| 5 | 0.010 | 4.06 | 3.78 | 3.62 | 3.52 | 3.45 | 3.40 | 3.37 | 3.34 | 3.32 |
| | 0.050 | 6.61 | 5.79 | 5.41 | 5.19 | 5.05 | 4.95 | 4.88 | 4.82 | 4.77 |
| | 0.025 | 10.01 | 8.43 | 7.76 | 7.39 | 7.15 | 6.98 | 6.85 | 6.76 | 6.68 |
| | 0.005 | 16.26 | 13.27 | 12.06 | 11.39 | 10.97 | 10.67 | 10.46 | 10.29 | 10.16 |
| | 0.001 | 47.18 | 37.12 | 33.20 | 31.09 | 29.75 | 28.83 | 28.16 | 27.65 | 27.24 |

**그림 5.25** $F$-분포의 백분위수

**예제 4**

$X \sim F(4, 5)$에 대하여 다음을 구하라.

(1) $P(X > f_{0.025}(4, 5)) = 0.025$ 인 $f_{0.025}(4, 5)$ (2) $f_{0.99}(4, 5)$

**풀이**

(1) 위의 $F$-분포표로부터 $f_{0.025}(4, 5) = 7.39$이다.

(2) $f_{0.99}(4, 5) = \dfrac{1}{f_{0.01}(5, 4)} = \dfrac{1}{4.05} = 0.2469$이다.

## (4) 로그정규분포

정규분포는 대칭성을 가지고 매우 유용하게 사용되지만, 모든 상황에 적합한 것은 아니다. 예를 들어, 투자에 대한 환원 또는 보험 청구금액과 같은 실제 상황에 대한 확률모형은 대칭성을 갖지도 않으며 또한 양의 왜도를 가지는 등 여러 가지 특성으로 인하여 정규분포가 적당하지 못하다. 따라서 이와 같은 확률모형은 정규분포보다는 로그정규분포를 이용하며, 이 확률분포는 정규분포로부터 유도된다. 즉, 정규확률변수 $Y \sim N(\mu, \sigma^2)$에 대하여 확률변수 $X = e^Y$의 확률분포를 모수 $\mu, \sigma^2$을 갖는 **로그정규분포**(log-normal distribution)라 한다. 그러면 $X$의 확률밀도함수는 다음과 같다.

$$f(x) = \frac{1}{x\sigma\sqrt{2\pi}} \exp\left[-\frac{(\ln x - \mu)^2}{2\sigma^2}\right], \quad x > 0$$

따라서 표준정규확률변수 $Z$의 분포함수 $\Phi(z)$에 대하여 $X$의 분포함수는 다음과 같다.

$$F(x) = \int_0^x \frac{1}{u\,\sigma\,\sqrt{2\pi}} \exp\left[-\frac{(\ln u - \mu)^2}{2\sigma^2}\right] du = \Phi\left(\frac{\ln x - \mu}{\sigma}\right), \quad x > 0$$

그림 5.26은 모수 $\mu, \sigma^2$에 따른 로그정규분포 확률밀도함수의 그림을 보여준다.

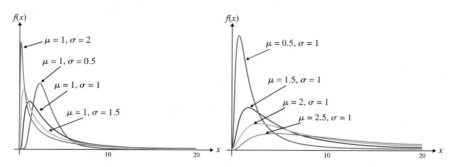

**그림 5.26　모수에 따른 로그정규분포의 비교**

그러면 $X$의 평균과 분산은 각각 다음과 같으며, 구하는 과정은 생략한다.

$$\mu_X = \exp\left(\mu + \frac{\sigma^2}{2}\right), \quad \sigma_X^2 = \left(e^{\sigma^2} - 1\right)\exp(2\mu + \sigma^2)$$

한편 $100(1-\alpha)\%$ 백분위수 $x_\alpha$는 다음과 같다.

$$F(x_\alpha) = \Phi\left(\frac{\ln x_\alpha - \mu}{\sigma}\right) = 1 - \alpha \; ; \quad \frac{\ln x_\alpha - \mu}{\sigma} = z_\alpha; \; x_\alpha = \exp(\mu + \sigma z_\alpha)$$

## 예제 5

확률변수 $X$는 모수 $\mu = 2$, $\sigma^2 = 0.04$인 로그정규분포에 따를 때, 다음을 구하라.

(1) 평균과 표준편차　　　　　　　　　　　(2) $P(X \geq 8)$

**풀이**

(1) $X$가 모수 $\mu = 2$, $\sigma^2 = 0.04$인 로그정규분포를 이루므로 평균과 표준편차는 각각 다음과 같다.

$$\mu_X = \exp\left(2 + \frac{0.04}{2}\right) = 7.5383, \quad \sigma_X^2 = \left(e^{0.04} - 1\right)\exp(2(7.5383) + 0.04) = 149910,$$

$$\sigma_X = \sqrt{149910} = 387.182$$

(2) $P(X \geq 10) = 1 - F(10) = 1 - P\left(Z \leq \dfrac{\ln 10 - 2}{0.2}\right)$

$$= 1 - P(Z \leq 1.51) = 1 - 0.9345 = 0.0655$$

## (5) 이변량정규분포

정규분포와 관련된 분포로 이변량정규분포에 대하여 살펴본다. 상수 $\sigma_X > 0$, $\sigma_Y > 0$과 $-\infty < \mu_X$, $\mu_Y < \infty$ 그리고 $-1 < \rho < 1$에 대하여 $Q$를 다음과 같이 정의하자.

$$Q = \frac{1}{1-\rho^2}\left[\left(\frac{x-\mu_X}{\sigma_X}\right)^2 - 2\rho\left(\frac{x-\mu_X}{\sigma_X}\right)\left(\frac{y-\mu_Y}{\sigma_Y}\right) + \left(\frac{y-\mu_Y}{\sigma_Y}\right)^2\right]$$

이때 $X$와 $Y$의 결합확률밀도함수가 다음과 같을 때, $X$와 $Y$는 모수 $\mu_X, \mu_Y, \sigma_X, \sigma_Y, \rho$를 갖는 **이변량정규분포**(bivariate normal distribution)를 이룬다 하고 $(X, Y) \sim N(\mu_X, \mu_Y, \sigma_X^2, \sigma_Y^2, \rho)$ 로 나타낸다.

$$f(x, y) = \frac{1}{2\pi\sigma_X\sigma_Y\sqrt{1-\rho^2}}e^{-Q/2}, \quad -\infty < x, y < \infty$$

여기서 상수 $\rho$는 $X$와 $Y$ 사이의 상관계수이다. 특히 확률변수 $X$와 $Y$가 독립이면 $\rho = 0$이고 결합밀도함수는 다음과 같다.

$$f(x, y) = \frac{1}{2\pi\sigma_X\sigma_Y}\exp\left[-\frac{(x-\mu_X)^2}{2\sigma_X^2} - \frac{(y-\mu_Y)^2}{2\sigma_Y^2}\right], \quad -\infty < x, y < \infty$$

그림 5.27은 확률변수 $X$와 $Y$가 독립인 경우 $\mu_X = 0$, $\mu_Y = 0$, $\sigma_X = 1$, $\sigma_Y = 1$, $\rho = 0$에 대한 이변량정규분포함수의 개형을 나타낸다.

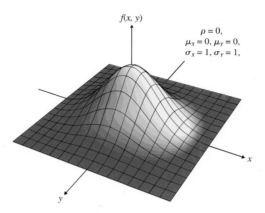

**그림 5.27**  $X$와 $Y$가 독립인 이변량정규분포

한편 확률변수 $X$와 $Y$가 양의 상관관계가 있으면, $Y$가 커지면 $X$도 커지고 $Y$가 작아지면 $X$도 작아진다. 특히, $X$와 $Y$가 완전 양의 상관관계가 있으면, $X$와 $Y$의 결합밀도함수는 직선 $y=x$에 근접하는 영역에 집중된다. 그리고 $X$와 $Y$가 음의 상관관계를 가지면, $Y$가 커질 때 $X$는 작아지고 또한 $Y$가 작아지면 $X$가 커진다. 이때 $X$와 $Y$가 완전 음의 상관관계를 가지면, $X$와 $Y$의 결합밀도함수는 직선 $y=-x$에 근접하는 영역에 집중된다. 그림 5.28 (a)는 $X$와 $Y$가 양의 상관관계를 갖는 $\mu_X=0$, $\mu_Y=0$, $\sigma_X=1$, $\sigma_Y=1$, $\rho=0.8$에 대한 이변량정규분포함수이고, 그림 5.28 (b)는 $X$와 $Y$가 음의 상관관계를 갖는 $\mu_X=0$, $\mu_Y=0$, $\sigma_X=1$, $\sigma_Y=1$, $\rho=-0.8$에 대한 이변량정규분포함수의 개형을 나타낸다.

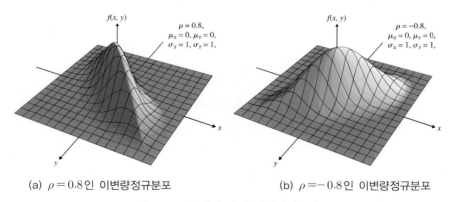

(a) $\rho=0.8$인 이변량정규분포          (b) $\rho=-0.8$인 이변량정규분포

**그림 5.28  독립이 아닌 이변량정규분포**

그리고 이변량정규분포인 경우에 $X$와 $Y$의 주변밀도함수는 각각 다음과 같다.

$$f_X(x) = \frac{1}{\sqrt{2\pi}\,\sigma_X} \exp\left(-\frac{(x-\mu_X)^2}{2\sigma_X^2}\right) \sim N(\mu_X, \sigma_X^2)\,,\ -\infty < x < \infty$$

$$f_Y(y) = \frac{1}{\sqrt{2\pi}\,\sigma_Y} \exp\left(-\frac{(y-\mu_Y)^2}{2\sigma_Y^2}\right) \sim N(\mu_Y, \sigma_Y^2)\,,\ -\infty < y < \infty$$

또한 $Y=y$가 주어졌을 때, $X$의 조건부 확률밀도함수는 다음과 같다.

$$f(x|y) = \frac{f(x,y)}{f_Y(y)} = \frac{1}{\sqrt{2\pi}\,\sigma_X\sqrt{1-\rho^2}} \exp\left[-\frac{(x-b_X)^2}{2\sigma_X^2(1-\rho^2)}\right],\quad -\infty < x < \infty$$

여기서 $b_X = \mu_X + \rho\dfrac{\sigma_X}{\sigma_Y}(y-\mu_Y)$이다. 그리고 $X=x$가 주어졌을 때, $Y$의 조건부 확률밀도함

수는 다음과 같다.

$$f(y|x) = \frac{f(x,y)}{f_X(x)} = \frac{1}{\sqrt{2\pi}\,\sigma_Y\sqrt{1-\rho^2}} \exp\left[-\frac{(y-b_Y)^2}{2\sigma_Y^2(1-\rho^2)}\right],\quad -\infty < y < \infty$$

여기서 $b_Y = \mu_Y + \rho\dfrac{\sigma_Y}{\sigma_X}(x-\mu_X)$이다. 따라서 $Y=y$가 주어졌을 때, $X$의 조건부 평균과

$X=x$가 주어졌을 때, $Y$의 조건부 평균은 각각 다음과 같다.

$$E(X|Y=y) = \mu_X + \rho\frac{\sigma_X}{\sigma_Y}(y-\mu_Y), \qquad E(Y|X=x) = \mu_Y + \rho\frac{\sigma_Y}{\sigma_X}(x-\mu_X)$$

---

**예제 6**

신혼부부를 대상으로 한 모집단에서 남편의 키($X$)와 아내의 키($Y$)는 모수 $\mu_X = 176, \mu_Y = 160$, $\sigma_X = 1$, $\sigma_Y = 1.5$, $\rho = 0.6$인 이변량정규분포에 따른다. 남편의 키가 173cm일 때, $Y$의 조건부확률분포를 구하고 $P(154 < Y < 158 \mid X = 173)$를 구하라.

**(풀이)**

$(X, Y) \sim N(176, 160, 1, 1.5^2, 0.6)$이므로 $Y$의 조건부평균과 분산은 각각 다음과 같다.

조건부평균 : $b_Y = \mu_Y + \rho\dfrac{\sigma_Y}{\sigma_X}(x-\mu_X) = 160 + (0.6)\cdot(1.5)\cdot(173-176) = 157.3$

조건부분산 : $\sigma_Y^2(1-\rho^2) = (2.25)\cdot(0.64) = 1.44$

그러므로 $X=173$일 때, $Y$의 조건부 확률분포는 $N(157.3, 1.44)$이다. 따라서 구하고자 하는

확률은 다음과 같다.

$$P(154 < Y < 158 \mid X = 173) = P\left(\frac{154 - 157.3}{1.2} < Z < \frac{158 - 157.3}{1.2}\right)$$

$$= P(-2.75 < Z < 0.58) = \Phi(0.58) - \Phi(-2.75)$$

$$= 0.7190 + 0.9970 - 1 = 0.716$$

## 연습문제 5.4

**1.** $X \sim \chi^2(12)$에 대하여, 다음을 구하라.

(1) $\mu = E(X)$

(2) $\sigma^2 = Var(X)$

(3) $P(X > 5.23)$

(4) $P(X < 21.03)$

(5) $\chi^2_{0.995}(12)$

(6) $\chi^2_{0.005}(12)$

**2.** $X \sim \chi^2(10)$에 대하여, $P(X < a) = 0.05$, $P(a < X < b) = 0.90$을 만족하는 상수 $a$와 $b$를 구하라.

**3.** 표 5 $t$-분포표를 이용하여 $T \sim t(12)$일 때, 다음을 구하라.

(1) $t_{0.1}(12)$

(2) $t_{0.01}(12)$

(3) $P(T \leq t_0) = 0.995$를 만족하는 $t_0$

**4.** 표 6 $F$-분포표를 이용하여 $F \sim F(8, 6)$일 때, 다음을 구하라.

(1) $f_{0.01}(8, 6)$

(2) $f_{0.05}(8, 6)$

(3) $f_{0.90}(8, 6)$

(4) $f_{0.99}(8, 6)$

**5.** 확률변수 $X$는 $\mu = 1$, $\sigma^2 = 1.5$인 로그정규분포에 따른다고 할 때, 다음을 구하라.

(1) $E(X)$

(2) $Var(X)$

(3) $X$의 사분위수

(4) $P(4 \leq X \leq 6)$

**6.** $T \sim t(r)$에 대하여 $Var(T) = 1.25$이라 한다. 이때 자유도 $r$과 $P(|T| \leq 2.228)$을 구하라.

**7.** 어느 기업의 주식을 10,000원에 구입하였고, 이 주식의 가치는 연간 10%의 연속적인 성장을 한다고 한다. 그리고 이 주식의 성장비율 $Y$는 $\mu_Y = 0.1$, $\sigma_Y^2 = 0.04$인 정규분포에 따른다고 한다.

(1) 6개월 후, 이 주식의 가치를 구하라.

(2) 1년 후의 주식 가격 $X = 10000 e^Y$의 평균과 분산을 구하라.

(3) 1년 후 주식 가격이 11,750원 이상 12,250원 이하일 확률을 구하라.

**8.** 어느 보험회사에서 보험 급부금($X$)에 대하여, $Y = \ln X$가 평균 5.01과 분산 1.64인 정규분포를 이룬다고 한다.

(1) 보험급 부금이 1,152(만원) 이상일 확률을 구하라.

(2) 보험급 부금이 0(원) 이상 152(만원) 이하일 확률을 구하라.

**9.** 다음 표는 어느 보험회사에 청구된 청구 금액과 청구 수에 대한 표본이다. 청구 금액이 로그정규분포에 따른다고 한다.

(1) 예상되는 모수 $\mu$와 $\sigma$를 구하라.

(2) 지급금이 4,000(만원) 이상일 확률을 구하라.

| 보험료<br>청구금액 | 0 ~ 500 | 500 ~<br>1000 | 1000 ~<br>1500 | 1500 ~<br>2000 | 2000 ~<br>2500 | 2500 ~<br>3000 | 3000 ~<br>3500 | 3500 ~<br>4000 | 4000 ~ | 합계 |
|---|---|---|---|---|---|---|---|---|---|---|
| 청구 수 | 3 | 26 | 34 | 21 | 8 | 5 | 2 | 1 | 0 | 100 |

# 기술통계학

이 장에서는 통계실험을 통하여 얻은 자료를 그림이나 그래프 등을 이용하여 정리하고 요약하는 방법과 실험 자료들의 특성을 나타내는 중심 위치의 척도와 산포의 척도를 구하는 방법에 대하여 살펴본다.

## 6.1 기술통계학

다음 표는 5년에 한 번씩 실시하는 인구 총조사에서 밝혀진 우리나라 가구원 수에 대한 통계청 자료이다. 이때 인구 총조사를 실시하여 가구원 수에 대한 가구 수를 조사만 하였다면, 조사하여 얻은 숫자는 아무런 의미도 없이 그저 숫자에 불과할 뿐이다. 그러나 아래 표와 같이 정리를 한다면, 각 가구원 수에 대한 비율이나 변화추이의 분석을 통하여 정책의 방향 또는 산업구조의 변화를 예측할 수 있다. 따라서 어떠한 목적을 가지고 통계조사를 실시한다면, 조사하여 얻은 결과를 쉽게 이해할 수 있도록 보기 좋게 정리할 필요가 있다.

(단위 : 천만 가구)

| 가구원 수 | | 1인 | 2인 | 3인 | 4인 | 5인 | 6인 | 7인 이상 | 계 |
|---|---|---|---|---|---|---|---|---|---|
| 2000년 | 가구 수 | 2,224 | 2,731 | 2,987 | 4,447 | 1,443 | 345 | 134 | 14,312 |
| | 비율 | 0.155 | 0.191 | 0.209 | 0.311 | 0.101 | 0.024 | 0.009 | 1.000 |
| 2005년 | 가구 수 | 3,171 | 3,521 | 3,325 | 4,289 | 1,222 | 267 | 93 | 15,887 |
| | 비율 | 0.200 | 0.221 | 0.209 | 0.270 | 0.077 | 0.017 | 0.006 | 1.000 |
| 2010년 | 가구 수 | 4,142 | 4,205 | 3,696 | 3,898 | 1,078 | 241 | 79 | 17,339 |
| | 비율 | 0.239 | 0.242 | 0.213 | 0.225 | 0.062 | 0.014 | 0.005 | 1.000 |

　　예를 들어, 위의 통계청 자료를 살펴보면, 통계청에서 2000년, 2005년 그리고 2010년도에 실시한 인구 총조사의 결과 3인 이하인 가구 수는 꾸준히 증가하고 있으나, 4인 이상의 가구 수는 줄어드는 것을 알 수 있다. 특히 결혼하지 않고 홀로 지내는 가구 수가 늘어나고 있으며, 결혼을 하더라도 아이를 갖지 않거나 하나뿐인 가구가 늘어나고 있음을 명확히 알 수 있다. 따라서 앞으로 국가를 유지하고 발전시키기 위하여 최소한으로 필요한 인구 수를 갖추기 위한 인구증강 정책을 펼쳐야 한다. 이와 같이 일회성으로 끝나는 것이 아니라 연속성을 가지고 있으며, 객관적인 실험 결과를 수집 및 요약 그리고 분석과정을 통하여 실험결과가 갖는 특성을 표현하고 의사결정을 내리는 학문을 **통계학**(statistics)이라 한다. 이때 통계 조사를 하는 방법으로 인구 총조사와 같이, 조사 대상이 되는 모든 대상(국민 전체)을 상대로 조사하는 방법을 **전수조사**(census)라 한다. 한편 전수조사에는 시간적·공간적으로 많은 제약이 따르므로 이 방법으로 조사한다는 것은 매우 번거롭거나 때로는 불가능하기도 하다. 그러므로 개개의 요소들이 선정될 가능성을 동등하게 부여하여 객관적이고 공정하게 일부의 요소만을 선택하여(임의 추출; random sampling) 조사하게 되는데, 이러한 조사를 **표본조사**(sample survey)라

한다. 이때 인구 총조사와 같이 통계실험의 모든 대상(국민 전체)들의 집합을 **모집단**(population)이라 하고, 조사 내용의 집합, 다시 말해서 가구원 수의 집합인 {1인, 2인, 3인, 4인, 5인, 6인, 7인}을 **자료집단**(data set)이라 한다. 그리고 자료집단 안의 개개의 성분을 **자료**(data)라 하고, 각 자료에 대한 조사 결과를 **관찰값**(observation)이라 한다. 한편 전수조사가 아니라 각 광역시별로 일부를 추출하여 조사한다고 할 때, 모집단으로부터 추출된 일부 대상들의 집합을 **표본**(sample)이라 한다. 따라서 어떤 목적을 가지고 통계 조사를 할 때, 모집단은 그 대상이 되는 모든 요소들의 집합을 의미하며 표본은 모집단의 부분집합으로 제한적으로 선정된 요소들의 집합을 의미한다.

또한 앞에서 언급한 바와 같이 어떤 통계적 목적 아래서 얻어진 자료집단은 보편적으로 많은 양의 관찰값을 가지고 있으며, 조사된 관찰값을 그저 나열만 하는 것으로는 그 자료가 갖는 특성을 파악하는 데 큰 도움을 주지 못한다. 따라서 실험 목적에 알맞은 자료를 수집하고 그들의 특성을 쉽게 알 수 있도록 정리하고 요약할 필요가 있으며, 이와 같이 자료를 수집하고 정리하여, 자료의 특성을 보다 더 쉽게 알 수 있도록 표 또는 그래프, 그림 등에 의하여 나타내거나 자료가 갖는 특성을 분석하고 설명하는 방법을 다루는 통계학을 **기술통계학**(descriptive statistics)이라 한다. 이때 통계적으로 처리되지 않은 최초 수집된 본래의 자료를 **원자료**(raw data)라 한다.

또한 임의 추출에 의하여 선정된 표본을 대상으로 조사하여 어떤 특성을 얻었다고 할 때, 그 표본에 대한 특성들이 전체 모집단의 특성을 정확히 제공한다고 할 수 없다. 따라서 표본을 대상으로 얻은 정보로부터 확률의 개념을 이용하여 모집단에 대한 불확실한 특성을 과학적으로 추론하는 방법을 다룰 필요가 있으며, 이러한 방법을 다루는 통계학의 한 분야를 **추측통계학**(inferential statistics)이라 한다. 기술통계학과 추측통계학을 구분하면 그림 6.1과 같으며, 이때 모집단의 특성을 나타내는 수치를 **모수**(parameter)라 하고, 모평균, 모분산 그리고 모비율 또는 모상관계수 등을 널리 사용한다. 전국의 고속도로 휴게소에 대한 서비스 정도를 조사하는 경우와 같이 모집단이 유한개의 자료로 구성된 모집단을 **유한모집단**(finite population)이라 하고, 오늘 하루 동안 교환대에 걸려온 전화 횟수와 같이 무한히 셈할 수 있는 개수로 구성되거나 몸무게 등과 같이 관찰값이 연속적으로 나타나는 모집단을 **무한모집단**(infinite population)이라 한다. 특히 모집단이 유한하거나 또는 셈할 수 있는 개수로 주어지는 경우의 자료를 **이산자료**(discrete data)라 하고, 이산자료가 아닌 무한모집단을 구성하는 자료를 **연속자료**(continuous data)라 한다.

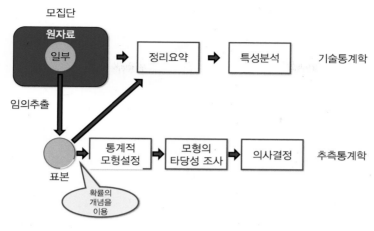

**그림 6.1  기술통계학과 추측통계학**

## 6.2  자료의 정리

통계실험에 의하여 얻은 자료는 숫자에 의하여 표현되거나 그렇지 않은 경우, 그리고 숫자로 표현되더라도 그 숫자가 의미를 갖는 경우와 그렇지 못한 경우가 있다. 예를 들어, 피부색이나 혈액형 또는 지역명과 같은 자료는 숫자에 의하여 표현되지 않는데 이러한 자료를 **질적 자료** (qualitative data) 또는 **범주형 자료**(categorical data)라 한다. 반면에 키, 몸무게 또는 강수량과 같이 자료가 숫자로 표현되며, 그 숫자가 의미를 갖는 자료를 **양적 자료**(quantitative data)라 한다. 다시 말해서, 대소 관계 또는 크기 관계 등에 의하여 구별되는 자료를 양적 자료라 한다. 특히 질적 자료인 각 지역에 우편번호를 부여하거나 지역별 전화번호를 부여함으로써 지역이라는 범주를 숫자로 대치할 수 있다. 그러나 이 경우에는 숫자 고유의 특성, 즉 크기는 갖지 못하며 단지 범주를 사용하기 편하도록 숫자로 대치한 것이다. 이와 같이 범주를 숫자로 표현한 자료를 **명목 자료**(nominal data)라 한다. 그러나 명목 자료인 각급 학교에 숫자를 부여하여 초등학교는 1, 중학교는 2, 고등학교는 3, 그리고 대학 이상은 4라는 숫자로 표현할 수 있는데, 이 경우에 부여된 숫자는 순서의 개념을 갖는다. 이와 같이 순서의 개념을 갖는 명목 자료를 **순서 자료**(ordinal data)라 한다. 또한 양적 자료인 시험성적을 90점 이상 A, 80～89는 B, 70～79는 C, 60～69는 D, 그리고 59점 이하는 F라는 범주로 묶어서 나타낼 수 있으며, 이러한 자료를 **집단화 자료**(grouped data)라 한다. 일반적으로 통계학에서 다루는 자료는 그림 6.2와 같이 분류된다.

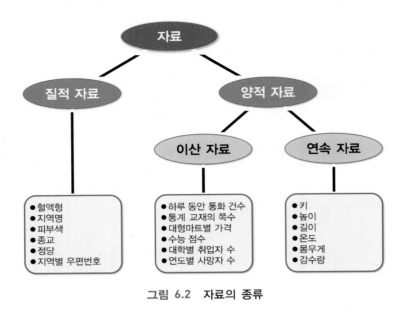

**그림 6.2  자료의 종류**

이 절에서는 이와 같은 질적 자료 또는 양적 자료를 어떻게 정리하고 요약하는가에 대하여 살펴본다.

## (1) 점도표

점도표(dot plot)는 질적 자료뿐만 아니라 양적 자료에도 사용할 수 있으며, 원자료의 특성을 그림으로 나타내는 가장 간단한 방법이다. 점도표는 수평축에 각 범주 또는 자료의 측정값을 기입하고, 이 수평축 위에 각 범주 또는 측정값의 관찰 횟수를 점으로 나타낸다. 예를 들어, 어느 동아리 회원 25명의 혈액형을 조사한 결과 다음과 같은 결과를 얻었다고 하자.

| 혈액형 | A형 | B형 | AB형 | O형 |
|---|---|---|---|---|
| 인원 | 7 | 4 | 5 | 9 |

이때 조사 결과에 대한 점도표는 그림 6.3과 같이 수평축에 범주인 혈액형을 작성하고 각 범주에 해당하는 인원수만큼 수직 방향으로 점을 찍어서 나타낸다. 그러면 수평축 위에 범주 또는 측정값을 점으로 찍어서 나타내므로 자료의 정확한 위치를 알 수 있으며, 수집한 자료가 어떤 모양으로 흩어져 있는지 쉽게 파악할 수 있다는 장점을 갖는다. 그러나 자료의 수에 해당하는 점을 찍어서 나타내므로 그 수가 매우 많은 경우에는 부적당하다.

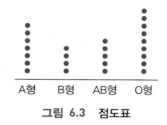

그림 6.3  점도표

## (2) 도수분포표

각 범주와 그에 대응하는 도수 그리고 상대도수 등을 나열한 도표를 **도수분포표**(frequency table)라 한다. 그러면 각 범주의 도수와 상대적인 비율을 쉽게 비교할 수 있다.

| 범주 | 도수 | 상대도수(%) |
|------|------|-------------|
| A형 | 7 | 28 |
| B형 | 4 | 16 |
| AB형 | 5 | 20 |
| O형 | 9 | 36 |

## (3) 막대그래프

그림 6.4와 같이 질적 자료의 각 범주를 수평축에 나타내고, 수직축에 도수 또는 상대도수에 해당하는 높이를 갖는 동일한 폭의 수직 막대로 나타낸 그림을 **막대그래프**(bar chart)라 한다. 그러면 각 범주에 대한 도수분포표에 비하여 각 범주의 도수 또는 상대도수를 시각적으로 쉽게 비교할 수 있다. 한편 각 범주를 수직축에 작성하고 도수 또는 상대도수를 수평축에 나타낸 막대그래프를 사용하기도 한다. 특히 그림 6.5와 같이 범주의 도수가 감소하도록 범주를 재배열한 그림을 **파레토 그림**(Pareto chart)이라 한다.

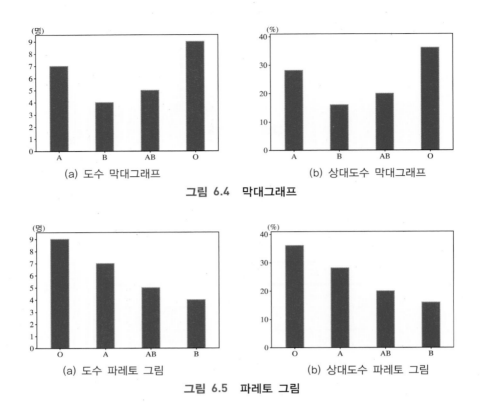

그림 6.4  막대그래프

그림 6.5  파레토 그림

## (4) 선그래프

각 범주에 대한 막대그래프의 상단 중심부를 선분으로 연결하여 각 범주를 비교하는 그림을 선그래프(line graph)라 한다. 그림 6.6은 도수 선그래프와 상대도수 선그래프를 나타낸다. 선그래프는 둘 이상의 자료집단, 예를 들어 동아리 회원의 남자와 여자의 혈액형을 비교할 때 효과적이다.

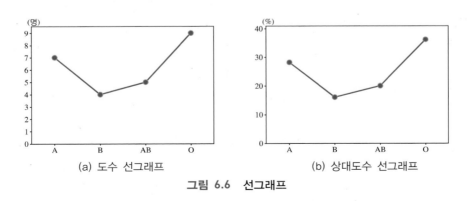

그림 6.6  선그래프

## (5) 원그래프

질적 자료의 각 범주를 상대적으로 비교할 때 많이 사용하며, 각 범주의 상대도수에 비례하는 중심각을 갖는 파이 조각 모양으로 나누어진 원으로 작성한 그림을 원그래프(pie chart)라 한다. 위의 도수분포표에 의한 각 범주의 중심각은 다음 표와 같다.

| 범주 | 도수 | 상대도수(%) | 중심각 |
|---|---|---|---|
| A형 | 7 | 28 | $360° \cdot (0.28) = 100°$ |
| B형 | 4 | 16 | $360° \cdot (0.16) = 58°$ |
| AB형 | 5 | 20 | $360° \cdot (0.20) = 72°$ |
| O형 | 9 | 36 | $360° \cdot (0.36) = 130°$ |

따라서 동아리 회원의 혈액형에 대한 원그래프는 그림 6.7과 같으며, 이때 원그래프의 각 파이 조각에 범주의 명칭과 도수 그리고 상대도수 등을 기입하거나 범례를 사용하기도 한다.

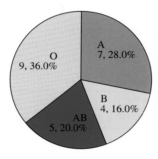

그림 6.7 원그래프

### 예제 1

다음 표는 5회 지방선거와 6회 지방선거의 시간대별 투표율을 나타낸다. 이때 단위는 %이다.

|  | 7시 | 9시 | 11시 | 13시 | 15시 | 16시 | 17시 | 18시 |
|---|---|---|---|---|---|---|---|---|
| 5회 지방선거 | 3.3 | 11.1 | 21.6 | 34.1 | 42.3 | 46.0 | 49.3 | 54.5 |
| 6회 지방선거 | 2.7 | 9.3 | 18.8 | 38.8 | 46.0 | 49.1 | 52.2 | 56.8 |

(1) 두 지방선거의 유권자 수가 각각 2,251만 명과 2,346만 명이라 할 때, 시간대별 투표자수와 투표율에 대한 도수분포표를 작성하라.

(2) 시간대별로 두 지방선거를 비교하는 도수 막대그래프를 그려라.

(3) 시간대별로 두 지방선거를 비교하는 도수 선그래프를 그려라.

(4) 6회 지방선거의 시간대별 투표자의 원그래프를 그려라.

(풀이)

(1) 주어진 자료는 시간대별로 누적된 투표율을 나타내므로 시간대별 투표율과 누적투표율은 다음 표와 같다.

| 시각 | 투표율 | | 누적투표율 | |
|---|---|---|---|---|
| | 5회 | 6회 | 5회 | 6회 |
| 7시 | 3.3 | 2.7 | 3.3 | 2.7 |
| 9시 | 7.8 | 6.6 | 11.1 | 9.3 |
| 11시 | 10.5 | 9.5 | 21.6 | 18.8 |
| 13시 | 12.5 | 20.0 | 34.1 | 38.8 |
| 15시 | 8.2 | 7.2 | 42.3 | 46.0 |
| 16시 | 3.7 | 3.1 | 46.0 | 49.1 |
| 17시 | 3.3 | 3.1 | 49.3 | 52.2 |
| 18시 | 5.2 | 4.6 | 54.5 | 56.8 |
| 전체 | 54.5 | 56.8 | 54.5 | 56.8 |

따라서 두 지방선거의 유권자 수가 각각 2,251만 명과 2,346만 명이라 할 때, 도수분포표는 다음과 같다.

| 시각 | 5회 지방선거 | | 6회 지방선거 | |
|---|---|---|---|---|
| | 투표자수(만명) | 투표율(%) | 투표자수(만명) | 투표율 |
| 7시 | 74.28 | 3.3 | 63.34 | 2.7 |
| 9시 | 175.58 | 7.8 | 154.84 | 6.6 |
| 11시 | 236.36 | 10.5 | 222.87 | 9.5 |
| 13시 | 281.38 | 12.5 | 469.20 | 20.0 |
| 15시 | 184.58 | 8.2 | 168.91 | 7.2 |
| 16시 | 83.29 | 3.7 | 72.73 | 3.1 |
| 17시 | 74.28 | 3.3 | 72.73 | 3.1 |
| 18시 | 117.05 | 5.2 | 107.92 | 4.6 |
| 전체 | 1226.80 | 54.5 | 1332.54 | 56.8 |

(2) - (3) 시간대별로 두 지방선거를 비교하는 도수 막대그래프와 선그래프는 각각 다음과 같다.

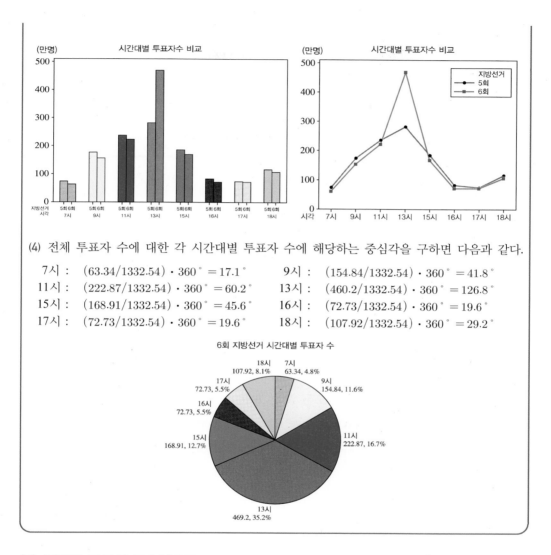

(4) 전체 투표자 수에 대한 각 시간대별 투표자 수에 해당하는 중심각을 구하면 다음과 같다.

| | | | |
|---|---|---|---|
| 7시 : | $(63.34/1332.54) \cdot 360° = 17.1°$ | 9시 : | $(154.84/1332.54) \cdot 360° = 41.8°$ |
| 11시 : | $(222.87/1332.54) \cdot 360° = 60.2°$ | 13시 : | $(460.2/1332.54) \cdot 360° = 126.8°$ |
| 15시 : | $(168.91/1332.54) \cdot 360° = 45.6°$ | 16시 : | $(72.73/1332.54) \cdot 360° = 19.6°$ |
| 17시 : | $(72.73/1332.54) \cdot 360° = 19.6°$ | 18시 : | $(107.92/1332.54) \cdot 360° = 29.2°$ |

## (6) 집단화 자료의 도수분포표

양적 자료를 적당한 크기로 집단화하여 도수분포표를 만들면 전체 자료가 갖는 특성을 좀 더 쉽게 이해할 수 있으며, 이러한 방법에 의하여 자료를 정리하는 것을 집단화 자료의 도수분포표라 한다. 이때 적당한 간격으로 집단화하여 나타낸 범주들을 계급(class)이라 하며, 각 계급은 중복을 피하여 한 측정값이 두 계급에 동시에 포함되지 않도록 한다. 그리고 각 계급의 위쪽 경계에서 아래쪽 경계를 뺀 값을 계급간격(class width)이라 한다.

수집한 양적 자료에 대한 도수분포표를 작성하기 위하여 다음과 같은 방법을 사용한다.

① 우선 도수분포표를 작성하기 위한 계급의 수를 결정한다. 계급의 수를 정하는 특별한

규칙은 없으나, 일반적으로 자료의 수($n$)가 200개 미만이면 계급의 수($k$)는 $k = \sqrt{n} \pm 3$ 에 가까운 정수를 선택하고, 200개 이상이면 Sturges 공식이라 불리는 $k = 1 + 3.3 \log_{10} n$ 에 가까운 정수를 택한다.

| 자료의 수 | | 30 | 50 | 120 | 250 | 500 | 1000 |
|---|---|---|---|---|---|---|---|
| 계급수 | 200개 이하 자료 | 2 ~ 8 | 4 ~ 10 | 8 ~ 14 | | | |
| | Sturges방법 | 6 | 7 | 8 | 9 | 10 | 11 |

② 계급의 수가 결정되면, 각 계급의 간격($w$)을 적당히 구한다.

$$w = \frac{\text{자료의 최대 관찰값} - \text{자료의 최소 관찰값}}{k}$$

③ 제1계급의 하한을 결정해야 하는데, 이웃하는 계급 간의 중복을 피하기 위하여 다음 값을 제1계급의 하한으로 정한다.

$$\text{최소 관찰값} - \frac{\text{최소단위}}{2}$$

④ 이제 이 계급들을 표에 작성하기 위하여 제1열에 기입하고, 각 계급 안에 놓이는 관찰값 의 도수를 제2열에 기입한다. 그리고 각 계급의 도수를 전체 관찰값의 개수로 나눈 상대도수와 이전 계급까지의 모든 도수 또는 상대도수를 합한 **누적도수**(cumulative frequence)와 **누적상대도수**(cumulative relative frequence)를 기입한다.

⑤ 끝으로 다음과 같은 각 계급의 중앙값을 나타내는 **계급값**(class mark)을 마지막 열에 작성한다.

$$\frac{\text{위쪽 경계} + \text{아래쪽 경계}}{2}$$

예를 들어, 머리의 직경이 50 mm인 볼트를 제조하는 회사로부터 100개의 볼트를 임의로 수집하여 측정한 결과가 다음과 같다고 하자.

| | | | | | | | | | |
|---|---|---|---|---|---|---|---|---|---|
| 49.6 | 50.5 | 49.9 | 51.6 | 49.6 | 48.7 | 49.7 | 49.1 | 48.7 | 51.0 |
| 50.1 | 48.7 | 50.4 | 50.6 | 51.5 | 49.4 | 51.1 | 49.8 | 49.8 | 49.0 |
| 47.2 | 50.4 | 49.1 | 50.5 | 50.9 | 49.8 | 49.6 | 49.3 | 50.5 | 50.2 |
| 52.0 | 50.7 | 50.4 | 48.6 | 50.9 | 51.2 | 50.7 | 48.5 | 50.0 | 51.3 |
| 47.6 | 49.1 | 51.0 | 51.9 | 49.5 | 49.7 | 48.6 | 49.7 | 48.5 | 48.3 |
| 50.5 | 48.7 | 50.5 | 49.1 | 50.4 | 51.2 | 50.4 | 49.9 | 50.0 | 50.4 |
| 50.7 | 49.3 | 50.8 | 49.8 | 48.9 | 49.0 | 49.5 | 49.9 | 49.7 | 51.3 |
| 51.0 | 49.5 | 49.9 | 49.6 | 50.5 | 50.3 | 48.9 | 49.2 | 51.2 | 48.0 |
| 49.8 | 49.1 | 48.8 | 51.7 | 49.7 | 50.3 | 50.6 | 50.0 | 49.6 | 51.2 |
| 47.6 | 50.8 | 49.7 | 49.9 | 50.6 | 49.7 | 49.9 | 49.7 | 51.8 | 55.1 |

이때 계급의 수를 8개로 정한다면, 계급간격은 다음과 같다.

$$w = \frac{55.1 - 47.2}{8} = 0.9875 \approx 1$$

그리고 최소 단위가 0.1이므로 제1계급의 하한을 $47.2 - \left(\frac{0.1}{2}\right) = 47.15$로 정하면, 다음과 같은 8개의 계급간격을 얻는다.

47.15-48.15  48.15-49.15  49.15-50.15  50.15-51.15

51.15-52.15  52.15-53.15  53.15-54.15  54.15-55.15

끝으로 다음 표와 같이 도수, 상대도수, 누적도수, 누적상대도수 그리고 계급값 등을 기입하면 집단화 자료에 대한 도수분포표가 완성된다.

| 계급 | 계급간격 | 도수 | 상대도수 | 누적도수 | 누적상대도수 | 계급값 |
|------|---------|------|---------|---------|------------|-------|
| 제1계급 | 47.15 ~ 48.15 | 4 | 0.04 | 4 | 0.04 | 47.65 |
| 제2계급 | 48.15 ~ 49.15 | 18 | 0.18 | 22 | 0.22 | 48.65 |
| 제3계급 | 49.15 ~ 50.15 | 36 | 0.36 | 58 | 0.58 | 49.65 |
| 제4계급 | 50.15 ~ 51.15 | 29 | 0.29 | 87 | 0.87 | 50.65 |
| 제5계급 | 51.15 ~ 52.15 | 12 | 0.12 | 99 | 0.99 | 51.65 |
| 제6계급 | 52.15 ~ 53.15 | 0 | 0.00 | 99 | 0.99 | 52.65 |
| 제7계급 | 53.15 ~ 54.15 | 0 | 0.00 | 99 | 0.99 | 53.65 |
| 제8계급 | 54.15 ~ 55.15 | 1 | 0.01 | 100 | 1.00 | 54.65 |
| 합 계 | | 100 | 1.00 | 100 | 1.00 | |

위의 표로부터 전체 자료를 크기순으로 나열하여 가장 가운데 놓이는 자료값(자료의 중심위치)을 나타내는 누적상대도수가 0.5인 위치가 대략적으로 제3계급의 끝부분에 있다는 사실과 전체 자료의 흩어진 정도를 파악할 수 있다. 특히 제8계급 안에 들어 있는 자료 55.1과 같이 대다수의 자료로부터 멀리 떨어져 있는 측정값이 존재하는 것을 알 수 있는데, 이러한 자료를 **특이값**(outlier)이라 한다. 이와 같이 계급의 수와 제1계급의 하한이 결정되면 일정한 간격을 갖는 도수분포표를 작성할 수 있으나, 도수분포표만으로는 원자료의 정확한 측정값을 알 수 없다는 단점을 갖는다.

예제 2

40명의 통계학 성적에 대한 다음 자료에 대하여 계급의 수가 5인 도수분포표를 작성하고, 이 자료에 대한 계급값을 이용한 대략적인 중심 위치를 구하라.

| | | | | | | | | | |
|---|---|---|---|---|---|---|---|---|---|
| 83 | 77 | 78 | 53 | 74 | 83 | 78 | 76 | 78 | 79 |
| 74 | 73 | 56 | 58 | 80 | 60 | 58 | 75 | 79 | 72 |
| 77 | 73 | 66 | 66 | 72 | 65 | 76 | 76 | 53 | 76 |
| 67 | 88 | 84 | 75 | 76 | 69 | 89 | 67 | 62 | 71 |

풀이

자료의 최솟값이 53, 최댓값이 89이고 계급의 수가 5이므로 계급간격은 $w = \dfrac{89-53}{5} = 7.2 \approx 8$이다. 따라서 제1계급의 하한을 52.5라 하면, 다음 도수분포표를 얻을 수 있다.

| 계급 | 계급간격 | 도수 | 상대도수 | 누적도수 | 누적상대도수 | 계급값 |
|---|---|---|---|---|---|---|
| 1 | 52.5 ~ 60.5 | 6 | 0.150 | 6 | 0.150 | 56.5 |
| 2 | 60.5 ~ 68.5 | 6 | 0.150 | 12 | 0.300 | 64.5 |
| 3 | 68.5 ~ 76.5 | 15 | 0.375 | 27 | 0.675 | 72.5 |
| 4 | 76.5 ~ 84.5 | 11 | 0.275 | 38 | 0.950 | 80.5 |
| 5 | 84.5 ~ 92.5 | 2 | 0.050 | 40 | 1.000 | 88.5 |
| | 합 계 | 40 | 1.000 | | | |

그리고 제2계급까지 누적상대도수가 0.3이고 제3계급까지 누적상대도수가 0.675이므로 누적상대도수가 0.5인 위치는 제3계급 안에 있고, 제3계급 계급값이 72.5이므로 대략적인 중심 위치는 72.5이다.

## (7) 히스토그램

히스토그램(histogram)은 도수분포표를 시각적으로 쉽게 알 수 있도록 나타낸 그림으로 수평축에 계급간격을 작성하고 수직축에 도수 또는 상대도수, 누적도수, 누적상대도수에 해당하는 높이를 갖는 막대모양으로 작성한다. 다음 그림 6.8은 [예제 2]의 도수분포표에 대한 도수, 상대도수, 누적도수, 누적상대도수 히스토그램을 나타낸다.

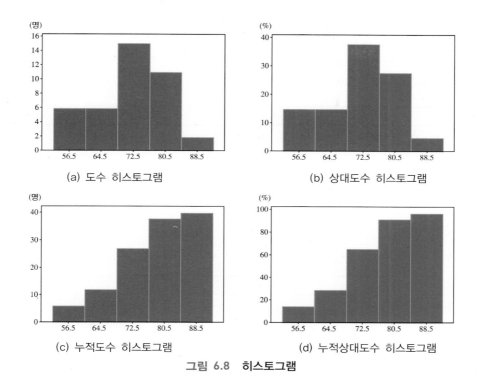

(a) 도수 히스토그램      (b) 상대도수 히스토그램

(c) 누적도수 히스토그램      (d) 누적상대도수 히스토그램

그림 6.8 히스토그램

## (8) 도수분포다각형

양적 자료에 대하여 시각적인 효과를 주는 또 다른 방법으로, 그림 6.9와 같이 히스토그램의 연속적인 막대의 상단중심부를 직선으로 연결하여 다각형으로 표현할 수 있다. 이와 같은 형태의 그림을 도수분포다각형(frequency polygon)이라 한다. 물론 히스토그램의 경우와 동일하게 수직축에 상대도수, 누적도수 및 누적상대도수 등을 작성할 수 있으며, 두 개 이상의 양적 자료를 비교할 때 널리 사용된다.

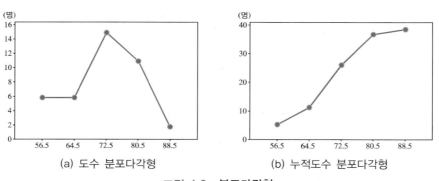

(a) 도수 분포다각형      (b) 누적도수 분포다각형

그림 6.9 분포다각형

**예제 3**

우리나라 30-40대 근로자의 혈압과 50-60대 근로자의 혈압을 비교한 다음 표에 대하여 두 그룹의 혈압을 비교하는 상대도수 분포다각형을 그려라.

| 혈압 | 30-40대 근로자 수 | 50-60대 근로자 수 |
|---|---|---|
| 89.5 ~ 109.5 | 16 | 3 |
| 109.5 ~ 129.5 | 418 | 82 |
| 129.5 ~ 149.5 | 1,235 | 274 |
| 149.5 ~ 169.5 | 432 | 226 |
| 169.5 ~ 189.5 | 57 | 97 |
| 189.5 ~ 209.5 | 4 | 18 |
| 209.5 ~ 229.5 | 0 | 7 |
| 229.5 ~ 259.5 | 0 | 3 |
| 계 | 2,162 | 710 |

**풀이**

우선 두 그룹의 혈압별 상대도수를 먼저 구한다.

| 혈압 | 30-40대 근로자 수 | 30-40대 근로자의 상대도수 | 50-60대 근로자 수 | 50-60대 근로자의 상대도수 |
|---|---|---|---|---|
| 89.5 ~ 109.5 | 16 | 0.007 | 3 | 0.004 |
| 109.5 ~ 129.5 | 418 | 0.193 | 82 | 0.116 |
| 129.5 ~ 149.5 | 1,235 | 0.571 | 274 | 0.386 |
| 149.5 ~ 169.5 | 432 | 0.200 | 226 | 0.318 |
| 169.5 ~ 189.5 | 57 | 0.027 | 97 | 0.137 |
| 189.5 ~ 209.5 | 4 | 0.002 | 18 | 0.025 |
| 209.5 ~ 229.5 | 0 | 0.000 | 7 | 0.010 |
| 229.5 ~ 259.5 | 0 | 0.000 | 3 | 0.004 |
| 계 | 2,162 | 1.000 | 710 | 1.000 |

이제 상대도수 히스토그램을 먼저 그리고, 각 계급의 상단 중심부를 선으로 이으면 다음과 같은 상대도수 히스토그램을 얻는다.

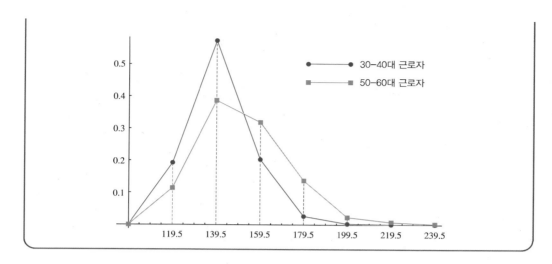

## (9) 줄기-잎 그림

히스토그램 또는 도수분포다각형 등은 수집한 자료에 대한 중심의 위치와 흩어진 모양을 대략적으로 제공하지만, 각 계급의 자료값에 대한 정확한 정보는 제공하지 못한다. 이러한 단점을 보완하기 위하여 고안된 그림으로 **줄기-잎 그림**(stem-leaf display)이 있다. 이 그림은 도수분포표나 히스토그램이 갖고 있는 성질을 그대로 보존하면서 각 계급 안에 들어 있는 개개의 측정값을 제공한다는 장점이 있다. 줄기-잎 그림은 다음과 같은 순서에 의하여 작성한다.

   ① 줄기와 잎을 구분한다. 이때 변동이 작은 부분을 줄기 그리고 변동이 많은 부분을 잎으로 지정한다.

   ② 줄기 부분을 작은 수부터 순차적으로 나열하고, 잎 부분을 원자료의 관찰 순서대로 나열한다.

   ③ 이제 잎 부분의 관찰값을 순서대로 나열하고 전체 자료의 중앙에 놓이는 관찰값이 있는 행의 맨 앞에 괄호( )를 만들고, 괄호 안에 그 행의 잎의 수(도수)를 기입한다.

   ④ 괄호가 있는 행을 중심으로 괄호와 동일한 열에 누적도수를 위와 아래 방향에서 각각 기입하고, 최소 단위와 자료의 전체 개수를 기입한다.

이와 같은 방법에 따라서 [예제 2]에 대한 통계자료에 적용하면 다음과 같다. 우선 변동이 적은 부분(10단위 숫자)과 많은 부분(1단위 숫자)으로 줄기와 잎을 구분하고, 그림 6.10과 같이 줄기 부분을 먼저 크기순에 의하여 아래 방향으로 작성하고 행으로 잎의 부분을 관찰 순서에 의하여 작성한다.

| 누적도수 | 줄기 | 잎 | |
|---|---|---|---|
| 5 | 5 | 36883 | 최소단위:1<br>N=40 |
| 13 | 6 | 06657972 | |
| (21) | 7 | 784868943592732666561 | |
| 6 | 8 | 330849 | |

**그림 6.10 초기 줄기-잎 그림**

이제 잎 부분을 그림 6.11과 같이 잎부분의 관찰값을 크기 순서대로 재배열하고 첫 번째 열에 상·하 방향으로 누적도수를 작성한다. 끝으로 가장 가운데 놓이는 자료값이 들어 있는 행에 그 행의 도수를 괄호 안에 기입하고, 최소단위와 자료의 수를 기입하면, 간격이 "10"인 줄기-잎 그림이 완성된다.

| | | | |
|---|---|---|---|
| 5 | 5 | 33688 | 최소단위:1<br>N=40 |
| 13 | 6 | 01566779 | |
| (21) | 7 | 122334455666667788899 | |
| 6 | 8 | 033489 | |

**그림 6.11 줄기-잎 그림**

한편 이와 같은 줄기-잎 그림은 간격이 5인 좀 더 세분화된 줄기-잎 그림으로 수정할 수 있다. 그러한 방법은 잎의 자료가 0 ~4인 경우와 5 ~9인 경우의 줄기를 각각 "o"와 "*"으로 구분하여 그림 6.12와 같이 작성한다. 이때 이 줄기-잎 그림을 왼쪽으로 90° 회전시키면 계급간 격이 5이고, 각 계급의 자료값을 보여주는 히스토그램을 얻는다.

| | | | |
|---|---|---|---|
| 2 | 5o | 33 | 최소단위:1<br>N=40 |
| 5 | 5* | 688 | |
| 7 | 6o | 01 | |
| 13 | 6* | 566779 | |
| 20 | 7o | 1223344 | |
| 20 | 7* | 55666667788899 | |
| 6 | 8o | 0334 | |
| 2 | 8* | 89 | |

**그림 6.12 세분화된 줄기-잎 그림**

또한 줄기-잎 그림은 두 자료집단을 쉽게 비교하기 위하여 매우 유용하게 사용되며, 이 경우에 그림 6.13과 같이 중심부의 수직 방향에 줄기를 설정한다.

그림 6.13  두 자료집단의 줄기-잎 그림

---

**예제 4**

다음 자료에 대하여 간격이 1인 줄기-잎 그림과 간격이 0.5인 줄기-잎 그림을 그려라.

| | | | | | | | | | |
|---|---|---|---|---|---|---|---|---|---|
| 49.6 | 50.5 | 49.9 | 51.6 | 49.6 | 48.7 | 49.7 | 49.1 | 48.7 | 51.0 |
| 50.1 | 48.7 | 50.4 | 50.6 | 51.5 | 49.4 | 51.1 | 49.8 | 49.8 | 49.0 |
| 47.2 | 50.4 | 49.1 | 50.5 | 50.9 | 49.8 | 49.6 | 49.3 | 50.5 | 50.2 |
| 52.0 | 50.7 | 50.4 | 48.6 | 50.9 | 51.2 | 50.7 | 48.5 | 50.0 | 51.3 |
| 47.6 | 49.1 | 51.0 | 51.9 | 49.5 | 49.7 | 48.6 | 49.7 | 48.5 | 48.3 |

**(풀이)**

정수 부분을 줄기, 소수점 이하를 잎 부분으로 구분하여 줄기-잎 그림을 그리는 방법에 따라 다음과 같이 그린다.

```
   2     47    26            최소단위 : 0.1
  10     48    35566777      N = 50
 (17)    49    01113456667778889
  23     50    01244455567799
   9     51    00123569
   1     52    0
```

```
   1     47o    2            최소단위 : 0.1
   2     47*    6            N = 50
   3     48o    3
  10     48*    55566777
  16     49o    011134
 (11)    49*    56667778889
  23     50o    012444
  17     50*    55567799
   9     51o    00123
   4     51*    569
   1     52o    0
```

## (10) 산점도

두 종류의 자료가 독립변수와 응답변수의 관계를 가짐으로써 각각의 자료가 $(x, y)$ 형태의 쌍으로 나타나는 경우가 있다. 예를 들어, 통계청에서 발표한 2038년부터 2049년까지 우리나라의 인구 동향을 추측한 다음 표를 살펴보면, 연도 $x_i$와 추계 인구 $y_i$에 의한 순서쌍 $(x_i, y_i)$로 구성된다. 이와 같이 쌍으로 주어진 자료를 나타내는 가장 좋은 방법으로 **산점도**(scatter diagram)를 사용한다. 이때 그림 6.14와 같이 산점도의 가로축은 독립변수 $x$를 기입하고, 세로축은 응답변수 $y$를 기입한다. 이때 각 점에 대한 가장 적합한 직선 $y = ax + b$를 구할 수 있다면, 다음 관측값을 예측할 수 있다. 이와 같이 산점도는 독립변수와 응답변수의 관계를 갖는 쌍으로 주어지는 자료를 나타냄으로써 미지의 자료값을 예측할 때 많이 사용한다.

(단위 : 명)

| 연도 | 추계 인구 | 연도 | 추계 인구 | 혈압 | 추계 인구 |
|---|---|---|---|---|---|
| 2038 | 46,954,437 | 2039 | 46,657,404 | 2040 | 46,343,017 |
| 2041 | 46,011,395 | 2042 | 45,662,678 | 2043 | 45,297,469 |
| 2044 | 44,916,600 | 2045 | 44,520,935 | 2046 | 44,111,099 |
| 2047 | 43,687,610 | 2048 | 43,251,164 | 2049 | 42,802,545 |

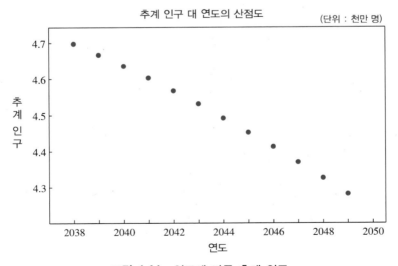

**그림 6.14 연도에 따른 추계 인구**

## 연습문제 6.2

**1.** 다음 자료에 대한 점도표를 그려라.

| | | | | | | | | | |
|---|---|---|---|---|---|---|---|---|---|
| 62 | 67 | 69 | 62 | 57 | 66 | 62 | 68 | 53 | 58 |
| 65 | 69 | 62 | 64 | 56 | 57 | 49 | 55 | 64 | 66 |

**2.** 다음 자료는 대형 서점에 비치된 기초통계학 교재들의 가격이다.

(단위 : 만원)

| | | | | | | | | | |
|---|---|---|---|---|---|---|---|---|---|
| 2.3 | 1.5 | 1.7 | 2.3 | 2.0 | 1.5 | 1.9 | 1.2 | 2.2 | 2.0 |
| 2.7 | 2.4 | 1.4 | 1.7 | 2.1 | 2.0 | 2.3 | 2.8 | 2.7 | 2.0 |
| 1.5 | 1.9 | 1.4 | 2.6 | 2.3 | 2.6 | 2.0 | 2.7 | 2.6 | 2.1 |

(1) 계급간격이 2,000원인 히스토그램을 그려라.
(2) 점도표를 그려라.
(3) 계급간격이 5,000원인 줄기-잎 그림을 그려라.

**3.** 다음 자료에 대하여 물음에 답하라.

| | | | | | | | | | |
|---|---|---|---|---|---|---|---|---|---|
| 22 | 19 | 27 | 22 | 27 | 11 | 22 | 48 | 24 | 19 |
| 15 | 18 | 36 | 33 | 32 | 21 | 37 | 16 | 33 | 16 |
| 24 | 41 | 39 | 17 | 28 | 22 | 21 | 33 | 17 | 18 |

(1) 점도표를 작성하라.
(2) 계급간격이 10인 히스토그램을 그려라.
(3) 계급간격이 5인 줄기-잎-그림을 그려라.

**4.** 다음은 어느 대학교 1학년 학생 40명의 기초통계학 점수이다.

| | | | | | | | | | |
|---|---|---|---|---|---|---|---|---|---|
| 91 | 85 | 64 | 45 | 92 | 82 | 95 | 89 | 83 | 78 |
| 67 | 67 | 15 | 79 | 67 | 85 | 79 | 76 | 82 | 57 |
| 55 | 99 | 68 | 72 | 79 | 80 | 64 | 76 | 68 | 81 |
| 66 | 81 | 91 | 64 | 73 | 74 | 86 | 67 | 62 | 97 |

(1) 점도표를 작성하라.

(2) 계급간격이 10인 히스토그램을 그려라.

(3) 계급간격이 5인 줄기-잎-그림을 그려라.

**5.** 임의로 선택한 20명의 키에 대한 다음 자료에 대한 물음에 답하라.

| | | | | | | | | | |
|---|---|---|---|---|---|---|---|---|---|
| 181 | 175 | 154 | 149 | 192 | 172 | 175 | 100 | 181 | 188 |
| 197 | 167 | 125 | 177 | 197 | 165 | 149 | 172 | 172 | 153 |

(1) 점도표를 작성하라.

(2) 계급간격이 12인 히스토그램을 그려라.

(3) 계급간격이 5인 줄기-잎-그림을 그려라.

**6.** 통계청 자료에 의하면 2003년도부터 등록된 kr 도메인 수가 다음 표와 같다.

| 2003 | 2004 | 2005 | 2006 | 2007 | 2008 | 2009 |
|---|---|---|---|---|---|---|
| 96,348 | 590,800 | 642,770 | 705,775 | 930,485 | 1,001,206 | 1,006,305 |

(1) 연도별 등록된 도메인 수에 대한 도수분포표를 작성하라.

(2) 연도별 등록된 도메인 수에 대한 상대도수 막대그래프를 그려라.

(3) 연도별 등록된 도메인 수에 대한 상대도수 히스토그램을 그려라.

(4) 연도별 등록된 도메인 수에 대한 원그래프를 그려라.

(5) 연도에 따른 등록된 도메인 수의 산점도를 그려라.

**7.** 통계청 자료에 의하면 2007년도에 등록된 장애인과 장애 등급이 다음 표와 같다.

| 등급 | 남자 | 여자 | 전체 |
|---|---|---|---|
| 1 | 116,328 | 83,243 | 199,571 |
| 2 | 205,765 | 144,225 | 349,990 |
| 3 | 236,297 | 131,738 | 368,035 |
| 4 | 167,319 | 129,709 | 297,028 |
| 5 | 230,372 | 176,392 | 406,764 |
| 6 | 328,008 | 155,493 | 483,501 |

(1) 남자와 여자 그리고 전체 장애인에 대한 등급별 도수분포표를 작성하라.

(2) 남자와 여자 그리고 전체 장애인에 대한 등급별 상대도수 막대그래프를 그려라.

(3) 남자와 여자 그리고 전체 장애인에 대한 등급별 원그래프를 그려라.

(4) 남자와 여자 그리고 전체 장애인에 대한 등급별로 비교하는 산점도를 그려라.

## 6.3 위치척도

지금까지 그림이나 도표를 이용하여 수집한 질적 자료와 양적 자료의 특성을 기술하는 방법을 살펴보았다. 이제는 양적 자료의 특성을 수치에 의하여 제공하는 두 종류의 척도에 대하여 살펴본다. 특히 이 절에서는 수집한 양적 자료의 위치척도에 대하여 살펴본다. 이러한 위치척도에는 수집한 자료를 대표로 내세울 수 있는 **중심 위치의 척도**(measure of centrality)와 4등분 또는 100등분하는 위치를 나타내는 사분위수, 백분위수 등이 있다. 중심 위치의 척도란 히스토그램 또는 도수분포의 중심을 나타내는 수치를 의미하는 것으로 평균과 중앙값 그리고 최빈값 등을 널리 사용한다.

### (1) 평균

중심의 위치를 나타내는 데 가장 보편적으로 널리 사용하는 위치척도로 모든 측정값을 더하여 전체 도수로 나누어 얻어진 수치인 **평균**(average)을 사용한다. 이때 $x_1, x_2, \cdots, x_N$으로 구성된 모집단의 평균을 **모평균**(population mean)이라 하며 다음과 같이 정의한다.

$$\mu = \frac{1}{N} \sum_{i=1}^{N} x_i$$

그리고 $x_1, x_2, \cdots, x_n$으로 구성된 표본의 평균을 **표본평균**(sample mean)이라 하며 다음과 같이 정의한다.

$$\bar{x} = \frac{1}{n} \sum_{i=1}^{n} x_i$$

---

**예제 1**

자료집단 A : [1, 2, 3, 4, 5, 6, 7, 8, 9, 10]과 자료집단 B : [1, 2, 3, 4, 5, 6, 7, 8, 9, 100]에 대하여 두 자료집단의 평균을 구하고, 점도표를 이용하여 두 집단의 평균을 비교하라.

**풀이**

자료집단 A : [1, 2, 3, 4, 5, 6, 7, 8, 9, 10]의 평균은 다음과 같다.

$$\overline{x}=\frac{1+2+3+4+5+6+7+8+9+10}{10}=5.5$$

자료집단 B : [1, 2, 3, 4, 5, 6, 7, 8, 9, 50]의 평균은 다음과 같다.

$$\overline{y}=\frac{1+2+3+4+5+6+7+8+9+100}{10}=14.5$$

다음 점도표에서 보듯이 자료집단 A에 비하여 자료집단 B의 평균의 위치가 매우 커진다.

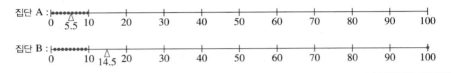

그러면 [예제 1]에서 보는 바와 같이 측정값 10 대신에 100으로 바꾸면 평균의 위치가 크게 영향을 받는 것을 알 수 있다. 이와 같이 평균은 특이값의 유무에 대하여 매우 큰 영향을 받는다. 그러나 평균은 계산하기 쉽고 모든 측정값을 반영한 정보를 제공한다. 더욱이 각 자료와 평균과의 편차의 제곱을 모두 더한 잔차제곱합인 $\sum(x_i-\overline{x})^2$이 다른 유형의 위치척도에 비하여 작다는 장점을 갖고 있으며, 추측통계학에서 자주 사용한다.

## (2) 절사평균

산술평균은 특이값의 유무에 따라서 크게 달라질 수 있다는 사실을 살펴보았다. 그러므로 수집한 자료집단 안에 특이값이 있는 경우에, 이 특이값을 제거한다면 좀 더 바람직한 평균을 산출할 수 있을 것이다. 예를 들어, [예제 1]의 자료집단 B에서 1과 100을 제거한 나머지의 평균을 구하면 다음과 같이 자료집단 A의 평균과 동일하다.

$$\overline{x}=\frac{2+3+4+5+6+7+8+9}{8}=5.5$$

즉, 특이값의 영향을 줄이기 위하여 특이값의 개수에 해당하는 측정값을 큰 쪽과 작은 쪽에서 제거시킨 나머지 자료집단의 평균을 생각할 수 있으며, 이러한 평균을 **절사평균** (trimmed mean; $T_M$)이라 한다. 이때 절사평균의 제거된 자료의 수는 보편적으로 가장 큰 자료들 10%와 가장 작은 자료들 10%를 각각 제거한 10%-절사평균을 널리 사용한다. 예를 들어, 10개의 자료를 수집했다면, 상위 1개와 하위 1개의 자료를 제거하고 남은 8개의 측정값에 대한 평균을 의미한다. 물론 10%-절사평균을 사용해야만 하는 것은 아니고, 편의에 따라 제거율을 달리할 수 있다. 자료의 개수가 $n$인 표본에 대하여 $100\alpha\%$-절사평균을 얻기 위하여 제거되는 자료의 수는 다음과 같이 구한다.

(1) $\alpha n = k$(정수)이면 $k$에 해당하는 자료의 수만큼 양 끝에서 제거한다.

(2) $\alpha n$이 정수가 아니면, $\alpha n$을 넘지 않는 가장 가까운 정수만큼 양 끝에서 제거한다.

---

**예제 2**

자료집단 [62, 69, 72, 34, 69, 67, 70, 65, 99]에 대한 표본평균과 15%-절사평균을 구하라.

**풀이**

표본평균은 다음과 같다.

$$\bar{x} = \frac{62+69+72+34+69+67+70+65+99}{9} \fallingdotseq 67.44$$

또한 $\alpha n = 1.35$이므로 양 끝에서 각각 1개씩 제거한 자료 [62, 69, 72, 69, 67, 70, 65]의 평균을 구하면 15%-절사평균은 다음과 같다.

$$T_M = \frac{62+69+72+69+67+70+65}{7} \fallingdotseq 67.71$$

---

## (3) 중앙값

특이값의 유무에 크게 영향을 받는 평균의 단점을 보완하는 중심 위치의 척도로 중앙값을 생각할 수 있다. 중앙값은 이미 2.3절에서 언급한 것과 동일한 의미를 가지며, 관찰된 측정값을 크기 순서로 나열하여 가장 가운데 놓이는 측정값을 나타낸다. 따라서 특이값에 대한 영향을 전혀 받지 않는 중심의 위치를 나타내는 척도이다. 특히 표본의 중앙값을 **표본중앙값**(sample median; $M_e$)이라 하며, 자료의 수가 홀수이면 측정값을 크기 순서로 나열하여 가장 가운데 순위에 놓이는 값이고, 자료의 수가 짝수이면 가장 가운데 놓이는 두 측정값의 평균으로 정의한다. 따라서 표본을 구성하는 측정값의 개수를 $n$이라 할 때, 이 집단의 표본중앙값은 다음과 같다.

$$M_e = \begin{cases} x_{((n+1)/2)} & , n \text{이 홀수인 경우} \\ \frac{1}{2}\left(x_{(n/2)} + x_{(n/2+1)}\right) & , n \text{이 짝수인 경우} \end{cases}$$

여기서 $x_{(k)}$는 크기 순서로 나열하여 $k$번째 측정값을 의미한다. 표본평균과 표본중앙값은 모두 자료집단의 중심을 나타내는 척도로 사용되며, 표본평균은 모든 측정값을 사용하는 반면에 표본중앙값은 오로지 한 측정값 또는 두 측정값만을 사용하여 특이값을 배제시킨다는 차이가 있다. 한편 표본중앙값은 어느 한쪽으로 치우친 분포를 갖는 자료에 대하여 표본평균보다 좋은 중심의 위치를 나타내지만, 전체 자료를 크기순으로 나열하여 중앙에 놓이는 자료를 찾아야 한다는 점에서 자료의 수가 많은 경우에 부적절할 뿐만 아니라 수리적으로 다루기 매우 힘들다는 단점이 있다.

---

**예제 3**

다음 자료집단에 대한 중앙값을 구하라.

(1) [7, 15, 11, 5, 9]  　　(2) [7, 15, 110, 5, 9]  　　(3) [2, 7, 15, 11, 5, 9]

**풀이**

(1) 자료집단 [7, 15, 11, 5, 9]를 측정값을 크기순으로 재배열하면 [5, 7, 9, 11, 15]이고, 가운데 놓이는 측정값은 3번째 위치에 놓이는 자료이다. 즉, $M_e = 9$이다.

(2) 자료집단 [7, 15, 110, 5, 9]를 크기순으로 재배열하면 [5, 7, 9, 15, 110]이고, 따라서 중앙값은 $M_e = 9$이다.

(3) 자료집단 [2, 7, 15, 11, 5, 9]를 크기순으로 재배열하면 [2, 5, 7, 9, 11, 15]이고, 자료의 개수가 짝수이므로 중앙값은 3번째와 4번째 위치에 놓이는 측정값 7과 9의 평균 $M_e = 8$이다.

---

[예제 3]에서 보는 바와 같이 자료집단 [7, 15, 11, 5, 9]와 특이값을 갖는 자료집단 [7, 15, 110, 5, 9]의 중앙값은 동일하다. 즉, 중앙값을 구할 때 특이값이 아무런 영향을 미치지 않는다.

## (4) 최빈값

중심 위치를 나타내는 또 다른 척도로 가장 많은 빈도수를 가지는 측정값을 나타내는 최빈값이 있다. 특히 표본의 최빈값을 **표본최빈값**(sample mode; $M_o$)이라 하며, 이 척도는 자료집단 안에 2번 이상 발생하는 측정값 중에서 가장 많은 도수를 가지는 측정값을 의미한다. 이와 같은 최빈값은 질적 자료와 양적 자료에 사용 가능하며, 질적 자료에 사용되는 경우에 가장 많은 빈도수를 가지는 범주를 의미하고 양적 자료에 사용할 때는 중심의 위치를 나타내는 척도로 사용된다. 한편 표본평균과 표본중앙값은 오로지 하나만 취할 수 있는 반면에, 최빈값은 존재하지 않거나 1개 이상 존재할 수 있다. 다시 말해서, 모든 측정값이 하나씩만 나타나는 자료집단에 대한 최빈값은 없으며, 그림 6.15와 같이 대칭형이나 어느 한쪽으로 치우치는 히스토그램을 갖는 자료집단 즉, **단봉분포**(unimodal distribution)를 갖는 자료집단에 대한 최빈값은 1개 존재한다. 그러나 쌍봉형 또는 여러 개의 봉우리 형태로 나타나는 히스토그램을 갖는 자료집단, 즉 **쌍봉분포**(bimodal distribution) 또는 **다봉분포**(multimodal distribution)를 갖는 자료집단의 최빈값은 2개 또는 그 이상의 최빈값을 갖는다. 최빈값은 가장 많은 빈도수를 가지는 측정값을 선택하므로 자료집단에 포함된 특이값에 대하여 전혀 영향을 받지 않는다는 장점을 가지고 있다. 그러나 최빈값은 모든 측정값의 개수를 셈해야 얻을 수 있으므로 자료의 수가 많은 경우에 부적합하며 또한 수리적으로 다루기가 힘들다. 따라서 이러한 이유로 추측통계학에서 중심의 위치를 나타내는 척도로 최빈값을 사용하지 않는다.

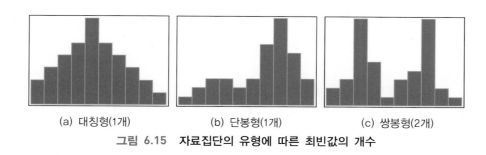

(a) 대칭형(1개)    (b) 단봉형(1개)    (c) 쌍봉형(2개)

**그림 6.15  자료집단의 유형에 따른 최빈값의 개수**

---

**예제 4**

다음 자료집단에 대한 최빈값을 구하라.

(1) [1, 5, 7, 9, 11, 15, 19]

(2) [4, 9, 2, 5, 10, 2, 3, 1]

(3) [1, 2, 5, 1, 2, 5, 3, 1, 5]

**풀이**

(1) 자료집단 [1, 5, 7, 9, 11, 15, 19]는 최빈값을 갖지 않는다.

(2) 자료집단 [4, 9, 2, 5, 10, 2, 3, 1]의 최빈값은 2이다.

(3) 자료집단 [1, 2, 5, 1, 2, 5, 3, 1, 5]의 최빈값은 1과 5이다.

---

그러면 중심 위치를 나타내는 척도로 평균과 중앙값 그리고 최빈값 사이에 어느 척도가 가장 바람직한가? 하는 의문을 가질 수 있으나, 결론은 상황에 따라서 다르다는 것이다. 앞에서 설명한 바와 같이, 모든 측정값을 반영하는 경우에 평균이 좋으나 특이값이 있는 경우에는 중앙값이 더 좋은 중심 위치를 나타낸다. 한편 자료집단에 대한 히스토그램이 대칭이면 이들

중심 위치의 척도들 사이에 다음과 같은 경향을 보인다.

$$\overline{x} = T_M = M_e = M_o$$

또한 오른쪽으로 치우치고 왼쪽으로 긴 꼬리를 가지는 자료집단에 대한 중심 위치척도들 사이에 다음과 같은 경향을 보인다. 물론 왼쪽으로 치우치고 오른쪽으로 긴 꼬리를 갖는 자료집단은 부등호가 바뀐다.

$$\overline{x} < T_M < M_e < M_o$$

특히 어느 한쪽으로 치우치고 긴 꼬리를 갖는 자료집단에 대한 중심 위치는 중앙값을 선호한다.

## (5) 분위수

2.3절에서 살펴본 확률변수의 확률분포에 대한 분위수와 동일하게 표본으로 수집된 자료들을 크기 순서로 나열하여 4등분하는 척도들을 **표본사분위수**(sample quartiles)라 하며, 최하위 측정값으로부터 4등분하는 위치척도들을 차례로 제1사분위수($Q_1$), 제2사분위수($Q_2$) 그리고 제3사분위수($Q_3$)라 한다. 그러면 제2사분위수는 중앙값과 동일하고, 제1사분위수와 제3사분위수는 각각 최솟값과 중앙값 그리고 중앙값과 최댓값 사이에 있는 자료집단의 중앙값들이다. 예를 들어, 100개로 구성된 다음 자료집단에 대하여 5 이하인 측정값의 개수가 50개이고 6 이상인 측정값의 개수가 50개이므로, 각 측정값을 크기순으로 나열하여 가장 가운데 놓이는 측정값은 50번째와 51번째 측정값이다. 또한 아래쪽 50개 측정값에 대한 가장 가운데 놓이는 측정값은 25번째와 26번째 측정값이고, 위쪽 50개 측정값에 대한 가장 가운데 놓이는 측정값은 75번째와 76번째 측정값이다. 따라서 50번째와 51번째 측정값의 평균인 5.5를 기준으로 25번째와 26번째 측정값의 평균 3과 75번째와 76번째 측정값의 평균 8에 의하여 자료집단은 4등분된다. 따라서 표본사분위수는 $Q_1 = 3$, $Q_2 = 5.5$, $Q_3 = 8$이고, 자료집단에 대한 점도표를 이용하여 사분위수를 나타내면 그림 6.16과 같다.

| 측정값 | 1 | 2 | 3 | 4 | 5 | 6 | 7 | 8 | 9 | 10 | 합계 |
|---|---|---|---|---|---|---|---|---|---|---|---|
| 도수 | 12 | 11 | 11 | 8 | 8 | 14 | 8 | 6 | 8 | 14 | 100 |

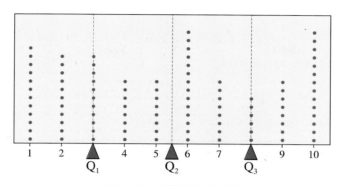

**그림 6.16 사분위수의 위치**

한편 표본의 관찰값을 100등분하는 척도들을 **표본백분위수**(sample percentile; $P_k$)라 한다. 따라서 사분위수들은 각각 1/4, 1/2 그리고 3/4을 나타내는 위치척도이므로 이들을 백분위수로 나타내면 각각 25, 50 그리고 75백분위수이다. 이때 측정값을 크기 순서로 나열하여 $k\%$ 위치를 나타내는 $k$ 백분위수 $P_k$는 $k\%$의 측정값들이 $P_k$보다 작고, 나머지 $(100-k)\%$의 측정값들이 $P_k$보다 크게 주어지는 값으로 정의된다. 그러므로 $k$ 백분위수 $P_k$는 $\frac{kn}{100}=m$(정수)이면 $m$ 번째와 $(m+1)$ 번째 위치하는 측정값의 평균 $\frac{x_{(m)}+x_{(m+1)}}{2}$이고, $\frac{kn}{100}$이 정수가 아니면 $\frac{kn}{100}$ 보다 큰 가장 작은 정수 $m$에 대하여 $m$ 번째 측정값 $P_k=x_{(m)}$을 나타낸다.

---

### 예제 5

다음 주어진 자료에 대한 30백분위수 $P_{30}$과 60백분위수 $P_{60}$ 그리고 사분위수를 구하라.

| 83 | 90 | 60 | 25 | 50 | 94 | 60 | 62 | 97 | 43 | 67 | 84 | 79 | 62 | 78 |

**풀이**

우선 주어진 자료를 크기 순서로 재배열하면 다음과 같다.

| 25 | 43 | 50 | 60 | 60 | 62 | 62 | 67 | 78 | 79 | 83 | 84 | 90 | 94 | 97 |

그리고 30백분위수 $P_{30}$과 60백분위수 $P_{60}$의 위치를 구하면 각각 다음과 같다.

$$\frac{kn}{100}=(0.3)\cdot 15=4.5, \quad \frac{kn}{100}=(0.6)\cdot 15=9.0$$

그러므로 30백분위수는 5번째 측정값 $P_{30}=x_{(5)}=60$이고, 60백분위수는 9번째와 10번째 측정값의 평균 $P_{60} = \dfrac{x_{(9)} + x_{(10)}}{2} = 78.5$이다. 또한 사분위수는 각각 25, 50 그리고 75백분위수이므로 사분위수의 위치는 각각 다음과 같다.

$$(0.25) \cdot 15 = 3.75, \quad (0.5) \cdot 15 = 7.5, \quad (0.75) \cdot 15 = 11.25$$

따라서 $Q_1 = x_{(4)} = 60, \ Q_2 = x_{(8)} = 67, \ Q_3 = x_{(12)} = 84$이다.

# 연습문제 6.3

※ 각 문제에서 주어진 자료에 대하여 다음을 구하라.

(1) 평균과 중앙값 그리고 최빈값
(2) 5% 절사평균
(3) 사분위수
(4) 30백분위수와 60백분위수

**1.**

| | | | | | | | | | |
|---|---|---|---|---|---|---|---|---|---|
| 2.3 | 1.5 | 1.7 | 2.3 | 2.0 | 1.5 | 1.9 | 1.2 | 2.2 | 2.0 |
| 2.7 | 2.4 | 1.4 | 1.7 | 2.1 | 2.0 | 2.3 | 2.8 | 2.7 | 2.0 |
| 1.5 | 1.9 | 1.4 | 2.6 | 2.3 | 2.6 | 2.0 | 2.7 | 2.6 | 2.1 |

**2.**

| | | | | | | | | | | | | | |
|---|---|---|---|---|---|---|---|---|---|---|---|---|---|
| 17 | 14 | 18 | 13 | 15 | 18 | 9 | 9 | 8 | 16 | 5 | 13 | 18 | 12 | 7 |
| 9 | 22 | 14 | 17 | 11 | 9 | 15 | 16 | 11 | 10 | 11 | 8 | 9 | 9 | 13 |

**3.**

| | | | | | | | | | |
|---|---|---|---|---|---|---|---|---|---|
| 51.9 | 60.7 | 61.8 | 57.2 | 54.1 | 45.3 | 64.1 | 59.5 | 57.3 | 61.2 |
| 59.8 | 62.1 | 69.4 | 58.7 | 70.4 | 68.5 | 61.1 | 58.5 | 55.4 | 64.3 |
| 59.1 | 55.8 | 58.5 | 65.4 | 60.4 | 62.8 | 56.7 | 68.4 | 55.5 | 68.6 |

**4.**

| | | | | | | | | | |
|---|---|---|---|---|---|---|---|---|---|
| 0.9 | 2.5 | 0.7 | 2.1 | 1.0 | 1.4 | 0.9 | 1.2 | 0.2 | 2.0 |
| 1.7 | 1.1 | 2.4 | 1.3 | 2.1 | 1.5 | 1.3 | 1.8 | 1.7 | 2.1 |
| 1.0 | 1.4 | 1.3 | 1.6 | 2.3 | 1.6 | 1.9 | 1.7 | 1.6 | 1.1 |

**5.**

| | | | | | | | | | | | | | |
|---|---|---|---|---|---|---|---|---|---|---|---|---|---|
| 10 | 15 | 20 | 19 | 24 | 25 | 12 | 27 | 20 | 14 | 22 | 20 | 12 | 20 | 23 |
| 14 | 15 | 22 | 15 | 12 | 24 | 27 | 14 | 18 | 29 | 19 | 12 | 28 | 25 | 11 |

**6.**

| | | | | | | | | | |
|---|---|---|---|---|---|---|---|---|---|
| 0.11 | 0.44 | 0.86 | 0.19 | 0.38 | 0.39 | 0.61 | 1.47 | 0.36 | 0.49 |
| 1.22 | 0.44 | 1.94 | 0.68 | 0.01 | 1.90 | 0.59 | 1.97 | 0.35 | 0.80 |
| 0.18 | 0.29 | 0.49 | 0.80 | 1.76 | 1.33 | 0.57 | 0.06 | 0.46 | 1.01 |

**7.**

| | | | | | | | | | |
|---|---|---|---|---|---|---|---|---|---|
| 10.23 | 5.10 | 6.04 | 6.62 | 4.94 | 6.42 | 4.80 | 0.65 | 3.30 | 7.23 |
| 2.79 | 4.65 | 0.73 | 2.08 | 6.50 | 1.73 | 2.57 | 5.31 | 3.83 | 4.16 |
| 3.56 | 10.73 | 2.23 | 3.05 | 3.82 | 1.73 | 2.12 | 1.82 | 6.79 | 6.24 |

**8.**

| | | | | | | | | | |
|---|---|---|---|---|---|---|---|---|---|
| 18.89 | 20.18 | 20.92 | 19.40 | 19.54 | 19.94 | 20.20 | 19.22 | 21.01 | 20.33 |
| 21.67 | 20.43 | 20.98 | 19.96 | 20.10 | 20.49 | 19.23 | 21.71 | 19.85 | 21.24 |
| 20.15 | 19.66 | 21.47 | 19.73 | 19.46 | 19.89 | 17.93 | 17.93 | 18.70 | 20.39 |

**산포의 척도**

수집한 자료의 특성을 나타내는 데 중심의 위치만으로는 부족하다는 것을 다음 예제를 통하여 알 수 있다. 즉, 이 절에서는 자료를 특징짓는 척도로 중심의 위치뿐만 아니라 자료의 흩어진 정도를 나타내는 척도가 필요하다는 것을 살펴본다.

---

**예제 1**

다음 두 집단의 평균과 점도표를 구하고, 두 자료집단이 동일한 특성을 갖는다고 할 수 있는지 분석하라.

| 집단 | 자료 |
|------|------|
| A | 20, 45, 95, 80, 70, 85, 95, 87, 21, 95, 90, 39, 28, 86, 84 |
| B | 57, 60, 68, 71, 75, 71, 55, 71, 81, 71, 65, 65, 78, 71, 61 |

**풀이**

두 집단의 평균은 68.0으로 동일하고 점도표는 다음 그림과 같다. 그러면 점도표에서 알 수 있듯이 자료집단 A는 최하 20에서 최고 95까지 폭넓게 분포하고 있으나, 자료집단 B는 평균 68.0을 중심으로 자료집단 A에 비하여 밀집된 분포를 이룬다.

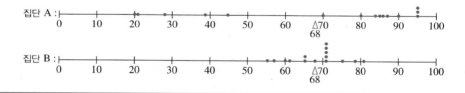

---

[예제 1]에서와 같이 두 그룹의 평균이 68.0으로 동일하다. 그러나 집단 A와 집단 B는 명확히 다른 분포를 이루고 있는 것을 알 수 있다. 다시 말해서, 집단 B는 평균 68을 중심으로 밀집되어 있으나, 집단 A는 왼쪽으로 긴 꼬리를 가지고 매우 폭넓게 흩어져 있음을 알 수 있다. 이와 같이 동일한 평균을 가지더라도 확연히 다른 분포 모양을 이루고 있으므로 두 자료집단은 동일한 집단이라고 할 수 없다. 다시 말해서, 두 자료집단을 특징짓는 값으로 중심의 위치인 평균만을 고려한다면 명확하게 두 자료집단을 비교할 수 없다. 따라서 자료의 특성을 알기 위하여 중심의 위치뿐만 아니라 자료의 흩어진 정도를 나타내는 척도를 함께 고려해야 한다. 이와 같이 중심의 위치로부터 자료의 흩어진 정도를 나타내는 척도를 **산포도**

(measure of dispersion)라 한다. 이제 산포의 척도인 범위, 사분위수 범위, 평균편차, 분산, 표준편차 그리고 변동계수 등에 대하여 살펴본다.

## (1) 범위

**범위**(range)는 가장 간단한 형태의 산포도로 자료를 크기순 $x_{(1)}, x_{(2)}, \cdots, x_{(n)}$으로 나열했을 때, 다음과 같이 최대 측정값 $x_{(n)}$과 최소 측정값 $x_{(1)}$의 차이이다.

$$R = x_{(n)} - x_{(1)}$$

[예제 1]의 경우, 집단 A에 대한 범위는 $R = 95 - 20 = 75$이고, 집단 B의 범위는 $R = 81 - 55 = 26$이다. 따라서 집단 A가 집단 B보다 더 폭넓게 분포하고 있음을 알 수 있다. 한편 이 척도는 자료의 수가 적고 어느 정도 대칭성을 갖는 분포를 갖는 경우에 간단하게 살펴볼 수 있으나, 특이값에 크게 영향을 받을 뿐만 아니라 최댓값과 최솟값에 의하여 결정되므로 개개의 측정값이 산포의 척도를 계산하는 데 반영되지 못하고, 자료의 수가 많으면 곤란하다는 단점이 있다.

## (2) 사분위수 범위

범위가 특이값에 크게 영향을 받는다는 단점을 보완하기 위하여 사용되는 산포의 척도로 사분위수 범위가 있다. 특히 표본의 사분위수 범위를 **표본사분위수 범위**(sample interquartile range)라 하며, 제1사분위수에서 제3사분위수까지의 범위만을 사용한다. 따라서 이 척도는 다음과 같이 정의되며, 이 척도는 중앙값을 중심 위치로 사용하는 경우에 주로 사용한다.

$$\text{I.Q.R} = Q_3 - Q_1$$

그러면 표본에서 얻은 자료들의 분포 모양과 더불어 특이값에 대한 정보를 제공하는 **상자그림**(box plot)을 그릴 수 있다. 이제 상자그림을 그리기 위하여 사용되는 용어를 먼저 살펴보자.

(1) **안울타리**(inner fence) : 사분위수 $Q_1$과 $Q_3$에서 $(1.5) \cdot$ I.Q.R만큼 떨어져 있는 값으로, 아래쪽 안울타리와 위쪽 안울타리를 다음과 같이 정의한다.
- 아래쪽 안울타리(lower inner fence) : $f_l = Q_1 - (1.5) \cdot$ I.Q.R
- 위쪽 안울타리(upper inner fence) : $f_u = Q_3 + (1.5) \cdot$ I.Q.R

(2) **바깥울타리**(outer fence) : 사분위수 $Q_1$ 과 $Q_3$ 에서 $3 \cdot$ I.Q.R만큼 떨어져 있는 값으로, 아래쪽 바깥울타리와 위쪽 바깥울타리를 다음과 같이 정의한다.

· 아래쪽 바깥울타리(lower outer fence) : $f_L = Q_1 - 3 \cdot$ I.Q.R

· 위쪽 바깥울타리(upper outer fence) : $f_U = Q_3 + 3 \cdot$ I.Q.R

(3) **인접값**(adjacent value) : 안울타리 안에 놓이는 가장 극단적인 관측값, 즉 아래쪽 안울타리보다 큰 가장 작은 측정값과 위쪽 안울타리보다 작은 가장 큰 측정값을 의미한다.

(4) **보통 특이값**(mild outlier) : 안울타리와 바깥울타리 사이에 놓이는 측정값

(5) **극단 특이값**(extreme outlier) : 바깥울타리 외부에 놓이는 측정값

이제 다음 순서에 따라서 상자그림을 그린다.

① 자료를 크기순으로 나열하여 사분위수 $Q_1$, $Q_2$, 그리고 $Q_3$ 을 구한다.

② 사분위수 범위 I.Q.R $= Q_3 - Q_1$ 을 구한다.

③ $Q_1$ 에서 $Q_3$ 까지 직사각형 모양의 상자로 연결하여 그리고, 중앙값 $Q_2$ 의 위치에 "+"를 표시한다.

④ 안울타리를 구하고 인접값에 기호 "|"로 표시한 후, $Q_1$ 과 $Q_3$ 으로부터 인접값까지 직선으로 연결하여 상자그림의 날개 부분을 작성한다.

⑤ 바깥울타리를 구하여 관측 가능한 보통 특이값의 위치에 "○"를, 그리고 극단 특이값의 위치에 "×"로 표시한다. 그러면 그림 6.17과 같은 상자그림이 완성된다.

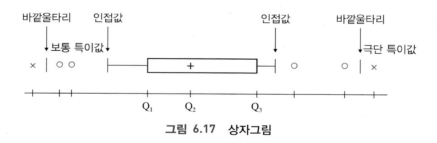

**그림 6.17   상자그림**

완성된 상자그림으로부터 중앙값 $Q_2$ 를 중심으로 가운데 50% 자료들의 집중 정도와 날개 부분의 정보를 알 수 있다. 즉, 그림 6.17의 상자그림에서 25% ~ 50%의 자료가 50% ~ 75% 사이의 자료보다 좀 더 밀집하고 있으며, 하위 25% 자료는 길게 분포하지만 상위 25%에 해당하는 자료는 좁게 분포하는 것을 알 수 있다. 특히 특이값에 대한 정보를 알려 주는데, 잘못 관측된 것으로 간주되는 측정값(극단 특이값)이 2개 있으며 어느 정도 관측이 가능한 측정값(특이값)이 4개 있음을 보여준다. 보편적으로 보통 특이값은 약 1% 정도, 그리고 극단

특이값은 약 0.01% 정도 관찰된다.

---

**예제 2**

볼트의 머리 직경에 대한 다음 자료의 사분위수 범위를 구하고, 상자그림을 그려라.

| | | | | | | | | | |
|---|---|---|---|---|---|---|---|---|---|
| 50.5 | 48.7 | 50.5 | 49.1 | 50.4 | 51.2 | 50.4 | 49.9 | 50.0 | 50.4 |
| 50.7 | 49.3 | 50.8 | 49.8 | 48.9 | 49.0 | 49.5 | 49.9 | 49.7 | 51.3 |
| 51.0 | 49.5 | 49.9 | 49.6 | 50.5 | 50.3 | 48.9 | 49.2 | 51.2 | 48.0 |
| 49.8 | 49.1 | 48.8 | 51.7 | 49.7 | 50.3 | 50.6 | 50.0 | 49.6 | 51.2 |
| 46.6 | 50.8 | 49.7 | 49.9 | 50.6 | 49.7 | 49.9 | 49.7 | 51.8 | 55.1 |

**(풀이)**

① 이 자료를 크기 순서로 재배열하여 다음과 같이 사분위수를 구한다.

$$Q_1 = P_{25} = x_{(13)} = 49.5, \qquad Q_2 = P_{50} = \frac{x_{(25)} + x_{(26)}}{2} = 49.9, \quad Q_3 = P_{75} = x_{(38)} = 50.6$$

그러므로 사분위수 범위는 I.Q.R $= Q_3 - Q_1 = 50.6 - 49.5 = 1.1$ 이다.

② 안울타리와 인접값을 구하고, $Q_1$, $Q_3$과 인접값을 연결한다.

$$f_l = Q_1 - (1.5) \cdot \text{I.Q.R.} = 49.5 - 1.65 = 47.85$$

$$f_u = Q_3 + (1.5) \cdot \text{I.Q.R.} = 50.6 + 1.65 = 52.25$$

따라서 인접값은 각각 48.0과 51.8이다.

③ 이제 바깥울타리를 구한다.

$$f_L = Q_1 - 3 \cdot \text{I.Q.R.} = 49.5 - 3.3 = 46.2$$

$$f_U = Q_3 + 3 \cdot \text{I.Q.R.} = 50.6 + 3.3 = 53.9$$

④ 관찰값 55.1은 위쪽 바깥울타리보다 크므로 극단 특이값이고, 46.6은 인접값과 아래쪽 바깥울타리 사이에 있으므로 보통 특이값이다. 이제 이러한 사실들을 이용하여 상자그림을 그리면 다음과 같다.

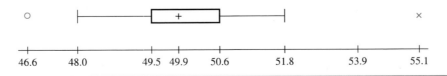

## (3) 평균편차

각 자료의 관찰값과 평균과의 편차에 대한 절댓값들의 평균을 **평균편차**(mean deviation)라 하고, 다음과 같이 정의한다.

$$M.D = \frac{1}{n} \sum_{i=1}^{n} |x_i - \bar{x}|$$

이 척도는 범위에 비하여 특이값에 대한 영향을 덜 받는다는 장점이 있으나, 수리적으로 처리하기 곤란하여 추측통계학에서 잘 사용하지 않는다.

---

### 예제 3

다음 자료의 평균편차를 구하라.

8  3  9  6  2  5  9  4  6  6

**풀이**

우선 주어진 자료의 평균을 구하면 다음과 같다.

$$\bar{x} = \frac{8+3+9+6+2+5+9+4+6+6}{10} = 5.8$$

이제 각 자료값과 평균의 차, 그리고 이 편차들의 절댓값을 기록한다.

| 자 료 | 8 | 3 | 9 | 6 | 2 | 5 | 9 | 4 | 6 | 6 | 합 : 58 |
|---|---|---|---|---|---|---|---|---|---|---|---|
| 편 차 | 2.2 | -2.8 | 3.2 | 0.2 | -3.8 | -0.8 | 3.2 | -1.8 | 0.2 | 0.2 | 합 : 0 |
| 편차 절댓값 | 2.2 | 2.8 | 3.2 | 0.2 | 3.8 | 0.8 | 3.2 | 1.8 | 0.2 | 0.2 | 합 : 18.4 |

그러면 평균편차 $M.D = \dfrac{18.4}{10} = 1.84$이다.

---

## (4) 분산과 표준편차

표준편차는 가장 널리 사용하는 산포의 척도이며, 자료집단의 관찰값들이 평균을 중심으로 밀집되거나 퍼지는 정도를 나타낸다. 이때 표준편차가 클수록 자료는 중심으로부터 넓게 분포되고 작을수록 중심에 많이 밀집하는 것을 의미한다. 모집단을 구성하는 모든 자료값과 모평균($\mu$)의 편차제곱에 대한 평균을 **모분산**(population variance)이라 하고, $\sigma^2$으로 나타낸다. 즉,

모분산은 다음과 같이 정의되고, 모분산의 양의 제곱근 $\sigma$를 **모표준편차**(population standard deviation)라 한다.

$$\sigma^2 = \frac{1}{N} \sum_{i=1}^{N} (x_i - \mu)^2$$

또한 표본에서 관측된 측정값 $x_1, x_2, \cdots, x_n$과 표본평균 $\overline{x}$의 편차제곱합을 다음과 같이 $n-1$로 나눈 수치를 **표본분산**(sample variance)이라 하고, $s^2$으로 나타낸다.

$$s^2 = \frac{1}{n-1} \sum_{i=1}^{n} (x_i - \overline{x})^2$$

한편, 8장에서 다시 설명할 것이지만 추측통계학에서 모분산을 추정하기 위하여 표본분산을 이용하며, 이때 $n$개의 편차제곱합을 $n$보다는 $n-1$로 나누는 것이 보다 더 바람직하기 때문에 표본분산은 위와 같이 정의한다. 이 표본분산의 양의 제곱근 $s$를 **표본표준편차**(sample standard deviation)라 한다. 이때 분산의 단위가 측정값 단위의 제곱으로 나타나므로 단위 측면에서 분산을 해석하는 데 모호한 점이 있다. 그러나 분산에 제곱근을 취하면, 즉 표준편차를 택하면 단위가 측정값의 단위와 동일하다. 특히, 추측통계학에서 산포의 척도로 표본분산 또는 표본표준편차를 가장 많이 사용한다. 그 이유는 표본표준편차에는 개개의 관측값에 대한 정보가 포함되어 있을 뿐만 아니라 수리적으로 다루기 쉽기 때문이다. 그러나 표준편차는 특이값에 대하여 많은 영향을 받는다는 단점을 갖고 있다.

---

### 예제 4

[예제 3]의 표본에 대한 표준편차를 구하라.

**풀이**

[예제 3]에서 구한 평균 $\overline{x} = 5.8$과 각 자료값의 편차와 편차제곱을 구하면 다음 표와 같다.

| 자 료 | 8 | 3 | 9 | 6 | 2 | 5 | 9 | 4 | 6 | 6 | 합 : 58 |
|---|---|---|---|---|---|---|---|---|---|---|---|
| 편 차 | 2.2 | -2.8 | 3.2 | 0.2 | -3.8 | -0.8 | 3.2 | -1.8 | 0.2 | 0.2 | 합 : 0 |
| 편차제곱 | 4.84 | 7.84 | 10.24 | 0.04 | 14.44 | 0.64 | 10.24 | 3.24 | 0.04 | 0.04 | 합 : 51.6 |

따라서 분산과 표준편차는 각각 $s^2 = \dfrac{51.6}{9} = 5.733$, $s = \sqrt{5.733} = 2.394$이다.

## (5) 변동계수

평균과 표준편차는 동일한 단위로 측정되며 각각 중심과 산포의 척도로 사용하였다. 그러나 표준편차는 절대적인 산포도이므로 이러한 척도를 이용하여 신생아의 몸무게와 어른의 몸무게에 대한 산포도를 비교한다든지 또는 키와 몸무게에 대한 자료의 산포도를 비교하는 경우에는 부적절하다. 즉, 측정 단위가 동일하지만 평균이 큰 차이를 보이는 경우 또는 측정단위가 서로 다른 경우에 산포의 척도로 표준편차를 사용하기에는 부적절하다. 따라서 단위에 관계없이 양수인 값을 가지며 중심으로부터 흩어진 정도를 상대적으로 나타내는 척도가 필요하다. 이러한 척도를 **변동계수**(coefficient of variation)라 하며, 다음과 같이 정의된다.

$$\text{모집단의 변동계수} : \quad C.V_p = \frac{\sigma}{\mu}$$

$$\text{표본의 변동계수} : \quad C.V_s = \frac{s}{\bar{x}}$$

---

### 예제 5

수컷 코끼리의 몸무게는 평균 4,550kg 표준편차 150kg이고, 햄스터의 몸무게는 평균 30g 표준편차 1.67g이라고 한다. 코끼리와 햄스터의 상대적인 흩어진 정도를 비교하라.

**풀이**

코끼리와 햄스터의 변동계수는 각각 $C.V_e = \dfrac{150}{4550} = 0.033$, $C.V_m = \dfrac{1.67}{30} = 0.056$ 이다. 따라서 절대수치에 의하면 코끼리의 몸무게가 더 폭 넓게 나타나지만($\sigma_m < \sigma_e$), 상대적으로 비교하면 코끼리의 몸무게가 햄스터의 몸무게보다 평균에 더 밀집($C.V_e < C.V_m$)한 모양을 나타낸다.

---

## (6) z−점수

때때로 자료집단 안의 다른 측정값들에 대하여 어떤 특정한 측정값의 상대적인 위치를 나타내는 척도를 생각할 수 있다. 예를 들어, 대학 입학시험에 응시할 때, 수험생들은 자신의 수학능력시험 원점수를 표준점수로 환산하여 지원 대학에 점수를 제출한 경우가 있을 것이다. 이것은 전체 수험생들의 평균점수를 기준으로 자신이 취득한 절대점수를 상대적인 점수로 환산한 것이다. 이와 같이 절대적인 수치로 주어지는 개개의 특정한 측정값을 전체 자료집단의 상대적인 수치로 변환한 척도를 z−점수(z-score) 또는 **표준점수**(standard score)라 하며, 다음과 같이 정의한다.

$$\text{모집단 z-점수 :} \quad z_p = \frac{x_i - \mu}{\sigma}$$

$$\text{표본 z-점수 :} \quad z_s = \frac{x_i - \overline{x}}{s}$$

예를 들어, 다음에 제시된 두 자료집단에 대하여 자료집단 A의 평균과 표준편차는 각각 $\overline{x} = 33.87$, $s_X = 7.84$이고, 자료집단 B의 평균과 표준편차는 각각 $\overline{y} = 79.87$, $s_Y = 5.08$이다.

| 집단 | 자료 |
|------|------|
| A | 20, 35, 43, 28, 37, 35, 49, 28, 32, 25, 39, 29, 28, 36, 44 |
| B | 77, 80, 76, 87, 85, 71, 75, 76, 81, 87, 75, 85, 78, 79, 86 |

따라서 그림 6.18에서 보듯이 자료집단 A에 비하여 자료집단 B의 평균이 매우 클 뿐만 아니라 평균에 관한 자료의 밀집 정도도 자료집단 B가 작은 것을 알 수 있다. 이와 같이 서로 비교되는 두 자료집단의 측정값을 표준점수로 변환하여 상대적인 위치로 나타내어 동일한 잣대로 비교할 수 있다.

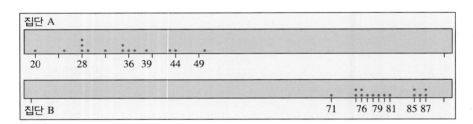

그림 6.18  점도표에 의한 두 자료집단의 비교

이를 위하여 다음과 같이 두 자료집단의 개개의 측정값들에 대한 표준점수를 구한다.

$$z_A = \frac{x - 33.87}{7.84}, \quad z_B = \frac{y - 79.87}{5.08}$$

그러면 다음 표와 같이 두 자료집단의 각 측정값에 대한 표준점수를 얻는다.

| A | 20 | 35 | 43 | 28 | 37 | 35 | 49 | 28 |
|---|---|---|---|---|---|---|---|---|
| 표준점수 | -1.7691 | 0.1441 | 1.1645 | -0.7487 | 0.3992 | 0.1441 | 1.9299 | -0.7487 |
| A | 32 | 25 | 39 | 29 | 28 | 36 | 44 | |
| 표준점수 | -0.2385 | -1.1314 | 0.6543 | -0.6212 | -0.7487 | 0.2717 | 1.2921 | |
| B | 77 | 80 | 76 | 87 | 85 | 71 | 75 | 76 |
| 표준점수 | -0.5650 | 0.0256 | -0.7618 | 1.4035 | 1.0098 | -1.7461 | -0.9587 | -0.7618 |
| B | 81 | 87 | 75 | 85 | 78 | 79 | 86 | |
| 표준점수 | 0.2224 | 1.4035 | -0.9587 | 1.0098 | -0.3681 | -0.1713 | 1.2067 | |

한편 두 자료집단의 관측값을 상대적인 위치로 변환하여 비교하면 그림 6.19와 같다.

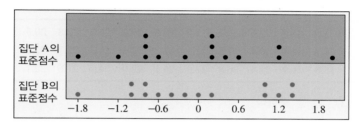

**그림 6.19　점도표에 의한 두 표준점수의 비교**

---

**예제 6**

표본 [2, 5, 7, 4, 10]에 대하여 표준점수로 변환하라.

(풀이)

먼저 평균과 분산을 구한다.

$$\bar{x} = \frac{1}{5}(2+5+7+4+10) = 5.6, \quad s^2 = \frac{1}{4}\sum(x_i - 5.6)^2 = \frac{37.2}{4} = 9.3$$

따라서 표준편차는 $s = \sqrt{9.3} = 3.0496$ 이고 $z_i = \dfrac{x_i - 5.6}{3.0496}$ 에 의하여 각각의 표준점수는 다음과 같다.

$$[-1.18048, \ -0.196747, \ 0.459077, \ -0.524659, \ 1.44281]$$

## 연습문제 6.4

**1-8.** 연습문제 6·3에 제시된 각 자료에 대하여 다음을 구하라.

(1) 범위

(2) 사분위수 범위

(3) 평균편차

(4) 표준편차

(5) 변동계수

**9.** 다음에 주어진 자료에 대하여 물음에 따라 상자그림을 그려라.

| | | | | | | | | | |
|---|---|---|---|---|---|---|---|---|---|
| 3.5 | 81.5 | 27.6 | 33.2 | 12.0 | 20.5 | 19.0 | 21.2 | 22.8 | 20.5 |
| 21.7 | 24.4 | 6.4 | 17.3 | 22.1 | 22.2 | 22.3 | 24.7 | 22.7 | 32.6 |
| 15.8 | 21.9 | 21.4 | 26.8 | 22.3 | 26.1 | 22.0 | 24.7 | 21.6 | 22.1 |

(1) 사분위수 $Q_1$, $Q_2$, $Q_3$ 을 구하라.

(2) 사분위수 범위 I.Q.R.을 구하라.

(3) 아래쪽 울타리와 위쪽 울타리 $f_l = Q_1 - (1.5) \cdot$ I.Q.R., $f_u = Q_3 + (1.5) \cdot$ I.Q.R.을 구하라.

(4) 아래쪽 바깥울타리와 위쪽 바깥울타리 $f_L = Q_1 - 3 \cdot$ I.Q.R., $f_U = Q_3 + 3 \cdot$ I.Q.R.을 구하라.

(5) 인접값을 구하라.

(6) 특이값이 있으면 그 특이값을 구하라.

(7) 상자그림을 작성하라.

**10.** 고소득층과 저소득층의 하루 일당에 대한 표준편차와 변동계수를 구하고, 상대적으로 두 자료집단의 흩어진 정도를 분석하라(단, 단위는 \$이다).

| 저소득층 | 11.5 | 12.2 | 12.0 | 12.4 | 13.6 | 10.5 |
|---|---|---|---|---|---|---|
| 고소득층 | 171 | 164 | 167 | 156 | 159 | 164 |

**11.** 어떤 모임의 구성원에 대한 나이를 조사하기 위하여 10명을 임의로 선출하여 조사한 결과 [22, 21, 26, 24, 23, 23, 25, 30, 24, 26, 25, 24, 21, 25, 26]을 얻었다. 선출된 구성원의 나이에 대한 점도표를 그리고, 표준점수로 변환한 점도표를 그려라.

CHAPTER **7**장

# 표본분포

6장에서 모집단으로부터 표본을 추출하고, 그 추출된 표본으로부터 관찰된 측정값들을 여러 가지 그림이나 표 등을 이용하여 정리하고 요약하는 방법을 다루었다. 특히 표본으로 얻은 자료들을 대표하는 값인 표본평균과 자료의 흩어진 정도를 나타내는 표본표준편차에 대하여 살펴보았다. 그러나 지금까지 구한 모든 그림이나 표 또는 수치적인 척도들은 모두 표본에 대한 특성을 나타내는 것이지 그것이 모집단의 특성을 나타내는 것은 아니다. 만일 표본을 매우 잘 선정하였다면 표본의 특성을 가지고 모집단의 특성을 그대로 반영시킬 수 있을 것이다. 그러나 잘못 선정된 표본으로부터 얻은 정보를 이용하여 모집단의 특성을 파악한다면 오류를 범하게 된다. 따라서 표본을 이용하여 과학적으로 신뢰할 수 있는 모집단의 특성을 파악해야 한다. 제7장부터는 모집단의 특성을 어떤 방법으로 추론할 것인지 그리고 그 추론한 특성을 얼마나 신뢰할 수 있을 것인지에 대하여 살펴본다. 특히, 이 장에서는 모집단 분포와 표본분포 그리고 표본분포로부터 얻은 정보들에 대한 확률분포와 그 특성에 대하여 살펴본다.

## 7.1 모집단 분포와 표본분포

어떤 통계 실험의 모든 대상이 되는 모집단의 자료가 가지는 확률분포를 **모집단 분포**
(population distribution)라 한다. 그러나 대부분의 모집단 분포는 완전하게 알려진 것은 없으며,
따라서 모집단 분포의 정확한 평균이나 분산 등을 알 수 없다. 그러므로 모집단의 정보를
알기 위하여 임의로 표본을 선정하여 얻은 정보를 이용하여 모집단을 분석한다. 예를 들어,
어느 배터리 제조회사에서 핸드폰에 사용될 새로운 배터리를 생산하고자 한다면, 이 회사에서
생산될 배터리 수명에 대한 특성뿐만 아니라 어떤 확률분포에 따르는지 알 수 없다. 따라서
몇 개의 배터리를 표본으로 추출하여 실제로 핸드폰에 사용하여 얻은 배터리 수명에 대한
특성을 구한다. 이때 얻은 측정값들(표본)은 이 회사에서 생산될 배터리들의 확률분포(모집단
분포)로부터 추출된 자료값들로 구성하게 되므로 표본으로 얻은 관찰값들은 배터리 수명에
대해 알려지지 않은 확률분포 $f(x)$ 에 따른다. 그러므로 모집단의 중심 위치와 산포도는 모집
단분포가 알려지지 않았으므로 미지의 값이다.

이제 모집단 분포를 알아보기 위하여, 생산한 10개의 배터리를 표본으로 추출하여 다음과
같은 측정값을 얻었다고 하자.

(단위 : 일)

| | | | | | | | | | |
|---|---|---|---|---|---|---|---|---|---|
| 835 | 637 | 764 | 830 | 768 | 840 | 790 | 835 | 840 | 910 |

이때 표본으로 얻은 측정값들은 미지의 모집단 분포인 $f(x)$ 에 따르는 자료들 중에서 관찰
된 측정값이다. 따라서 $x_1 = 835$ 는 모집단 분포인 $f(x)$ 에 따르는 확률변수 $X_1$ 의 관찰값으로
생각할 수 있으며, $x_2 = 637$ 은 동일한 확률분포 $f(x)$ 에 따르는 확률변수 $X_2$ 의 관찰값으로
생각할 수 있다. 이와 같은 방법에 따라 표본으로 얻은 10개의 측정값은 동일한 모집단 분포
$f(x)$ 에 따르는 **i.i.d.** 확률변수 $X_1$, $X_2$, $\cdots$, $X_{10}$ 의 관찰값이다. 따라서 $X_1$, $X_2$, $\cdots$, $X_{10}$ 은 동일한
모평균 $\mu$ 와 모분산 $\sigma^2$ 을 갖는 확률분포 $f(x)$ 에 따르는 확률변수이고, 따라서 다음을 얻는다.

$$E(X_i) = \mu, \quad Var(X_i) = \sigma^2, \quad i = 1, 2, \cdots, 10$$

그리고 $x_1$, $x_2$, $\cdots$, $x_{10}$ 은 표본으로 선정된 10개의 확률변수들의 측정값이다. 이와 같이
모집단을 이루는 모든 대상들이 선정될 가능성을 동등하게 부여하여 임의로 각 대상을 선정한
$\{X_1, X_2, \cdots, X_{10}\}$ 을 **확률표본**(random sample)이라 하고, 표본으로 선정된 확률변수의 개수를
**표본의 크기**(sample size)라 한다. 그러면 6장에서 살펴본 바와 같이 확률변수들 $X_1$, $X_2$, $\cdots$,
$X_{10}$ 에 대한 표본평균과 표본분산은 각각 다음과 같이 정의된다.

$$\overline{X} = \frac{1}{10}\sum_{i=1}^{10} X_i \ , \qquad S^2 = \frac{1}{9}\sum_{i=1}^{10}(X_i - \overline{X})^2$$

그리고 개개의 관찰값들에 대하여 표본평균과 표본분산의 관찰값은 각각 다음과 같다.

$$\overline{x} = \frac{1}{10}\sum_{i=1}^{10} x_i = 804.9, \quad s^2 = \frac{1}{9}\sum_{i=1}^{10}(x_i - 804.9)^2 = 5488.77$$

이때 확률표본 $\{X_1,\, X_2,\, \cdots,\, X_{10}\}$으로부터 얻은 표본평균, 표본분산 또는 표본비율과 같은 통계적인 양을 **통계량**(statistics)이라 하며, 통계량의 확률분포를 **표본분포**(sampling distribution)라 한다. 그러면 확률표본 $\{X_1,\, X_2,\, \cdots,\, X_n\}$에 대하여 표본평균과 표본분산은 각각 다음과 같이 정의된다.

$$\text{표본평균} : \ \overline{X} = \frac{1}{n}\sum_{i=1}^{n} X_i$$

$$\text{표본분산} : \ S^2 = \frac{1}{n-1}\sum_{i=1}^{n}(X_i - \overline{X})^2$$

그리고 표본에서 관찰된 $X_1 = x_1,\, X_2 = x_2,\, \cdots,\, X_n = x_n$에 대한 표본평균과 표본분산의 관찰값은 각각 다음과 같다.

$$\overline{x} = \frac{1}{n}\sum_{i=1}^{n} x_i, \quad s^2 = \frac{1}{n-1}\sum_{i=1}^{n}(x_i - \overline{x})^2$$

**1.** 전구를 생산하는 생산라인에서 하루 동안 발생하는 불량품의 수를 알아보기 위하여, 임의로 10일을 선택하여 발생한 불량품의 수를 조사한 결과 다음과 같았다. 이때 표본평균과 표본분산을 구하라.

| 0 3 1 3 4 2 0 1 1 2 |
| --- |

**2.** 대도시의 분주한 교차로를 통과하기 위하여 자동차들이 신호등 앞에서 대기하는 시간(단위; 분)을 조사하기 위하여 60개의 교차로를 임의로 선정하여 조사한 결과 다음 표와 같은 결과를 얻었다.

| 0.8 | 3.3 | 1.2 | 1.3 | 2.4 | 2.2 | 2.0 | 2.1 | 3.1 | 1.2 | 3.0 | 2.3 | 3.1 | 5.3 | 3.4 |
| --- | --- | --- | --- | --- | --- | --- | --- | --- | --- | --- | --- | --- | --- | --- |
| 2.2 | 3.0 | 3.1 | 2.7 | 2.6 | 3.7 | 3.2 | 2.6 | 2.1 | 3.7 | 3.5 | 3.1 | 2.6 | 2.2 | 3.2 |
| 3.6 | 2.9 | 2.1 | 3.1 | 2.6 | 3.9 | 2.4 | 2.6 | 3.1 | 1.7 | 2.5 | 3.6 | 1.9 | 2.1 | 1.7 |
| 2.5 | 3.1 | 2.4 | 2.8 | 3.0 | 1.9 | 3.7 | 3.7 | 2.4 | 1.5 | 3.1 | 2.6 | 3.7 | 3.8 | 2.4 |

(1) 표본평균과 표본분산과 표본표준편차를 구하라.
(2) 표본으로 얻은 측정값에 대한 점도표와 줄기-잎 그림을 그려라.

**3.** 확률분포 $f(x) = \dfrac{1}{6}$, $x = 1, 2, \cdots, 6$을 갖는 모집단으로부터 크기 2인 표본을 임의 추출하였을 때, 표본평균의 확률분포와 평균 그리고 분산을 구하라.

**4.** 확률분포 $f(1) = 0.6$, $f(2) = 0.4$를 갖는 모집단으로부터 크기 2인 표본을 임의 추출하였을 때, 표본평균의 확률분포와 평균 그리고 분산을 구하라.

## 7.2 표본평균의 분포

표본평균 $\overline{X}$ 의 확률분포와 모평균과의 관계를 살펴보기 위하여, 다음과 같은 모집단을 생각하자.

| 80 | 63 | 76 | 63 | 77 | 84 | 79 | 80 | 84 | 91 |

그러면 모평균은 $\mu = 77.7$ 이고 모분산은 $\sigma^2 = 70.41$ 이다. 이제 이 모집단에서 비복원추출에 의해 크기 2인 표본을 선정한다고 하자. 그러면 크기 2인 표본을 선정할 수 있는 모든 경우와 각 경우에 대한 표본평균을 구하면 다음 표와 같다.

| $x_1$ | $x_2$ | $\overline{x}$ | $x_1$ | $x_2$ | $\overline{x}$ | $x_1$ | $x_2$ | $\overline{x}$ |
|---|---|---|---|---|---|---|---|---|
| 80 | 63 | 71.5 | 63 | 84 | 73.5 | 77 | 84 | 80.5 |
| 80 | 76 | 78.0 | 63 | 91 | 77.0 | 77 | 79 | 78.0 |
| 80 | 63 | 71.5 | 76 | 63 | 69.5 | 77 | 80 | 78.5 |
| 80 | 77 | 78.5 | 76 | 77 | 76.5 | 77 | 84 | 80.5 |
| 80 | 84 | 82.0 | 76 | 84 | 80.0 | 77 | 91 | 84.0 |
| 80 | 79 | 79.5 | 76 | 79 | 77.5 | 84 | 79 | 81.5 |
| 80 | 80 | 80.0 | 76 | 80 | 78.0 | 84 | 80 | 82.0 |
| 80 | 84 | 82.0 | 76 | 84 | 80.0 | 84 | 84 | 84.0 |
| 80 | 91 | 85.5 | 76 | 91 | 83.5 | 84 | 91 | 87.5 |
| 63 | 76 | 69.5 | 63 | 77 | 70.0 | 79 | 80 | 79.5 |
| 63 | 63 | 63.0 | 63 | 84 | 73.5 | 79 | 84 | 81.5 |
| 63 | 77 | 70.0 | 63 | 79 | 71.0 | 79 | 91 | 85.0 |
| 63 | 84 | 73.5 | 63 | 80 | 71.5 | 80 | 84 | 82.0 |
| 63 | 79 | 71.0 | 63 | 84 | 73.5 | 80 | 91 | 85.5 |
| 63 | 80 | 71.5 | 63 | 91 | 77.0 | 84 | 91 | 87.5 |

따라서 표본평균 $\overline{X}$ 의 상대도수에 의한 확률분포는 다음과 같다.

| $\overline{x}$ | 63.0 | 69.5 | 70.0 | 71.0 | 71.5 | 73.5 | 76.5 | 77.0 | 77.5 | 78.0 | 78.5 |
|---|---|---|---|---|---|---|---|---|---|---|---|
| 확률 | 0.0222 | 0.0444 | 0.0444 | 0.0444 | 0.0889 | 0.0889 | 0.0222 | 0.0444 | 0.0222 | 0.0667 | 0.0444 |

| $\overline{x}$ | 79.5 | 80.0 | 80.5 | 81.5 | 82.0 | 83.5 | 84.0 | 85.0 | 85.5 | 87.5 | |
|---|---|---|---|---|---|---|---|---|---|---|---|
| 확률 | 0.0444 | 0.0667 | 0.0444 | 0.0444 | 0.0889 | 0.0222 | 0.0444 | 0.0222 | 0.0444 | 0.0444 | |

이때 표본평균 $\overline{X}$ 의 평균과 분산을 구하면, 각각 $E(\overline{X})=77.7$ 과 $Var(\overline{X})=31.3$ 이다. 따라서 모평균 $\mu$ 와 표본평균 $\overline{X}$ 의 평균이 동일한 것을 알 수 있다 또한 모집단의 크기 $N=10$ 과 표본의 크기 $n=2$, 그리고 모분산 $\sigma^2=70.41$ 에 대하여 다음이 성립하는 것을 알 수 있다.

$$\frac{\sigma^2}{n} \cdot \frac{N-n}{N-1} = \frac{70.41}{2} \cdot \frac{10-2}{10-1} = 31.3 = Var(\overline{X})$$

한편 이 모집단은 다음과 같은 분포에 따르는 것으로 생각할 수 있다.

| $X$ | 63 | 76 | 77 | 79 | 80 | 84 | 91 |
|---|---|---|---|---|---|---|---|
| 확률 | 0.2 | 0.1 | 0.1 | 0.1 | 0.2 | 0.2 | 0.1 |

이때 모집단으로부터 복원추출에 의해 크기 2인 표본을 선정한다면, 복원추출에 의해 선정한 두 확률변수는 서로 독립이므로 두 확률변수의 관찰값에 대한 결합확률은 다음 표와 같다.

| $x_2$ \ $x_1$ | 63 | 76 | 77 | 79 | 80 | 84 | 91 |
|---|---|---|---|---|---|---|---|
| 63 | 63.0 | 69.5 | 70.0 | 71.0 | 71.5 | 73.5 | 77.0 |
|    | 0.04 | 0.02 | 0.02 | 0.02 | 0.04 | 0.04 | 0.02 |
| 76 | 69.5 | 76.0 | 76.5 | 77.5 | 78.0 | 80.0 | 83.5 |
|    | 0.02 | 0.01 | 0.01 | 0.01 | 0.02 | 0.02 | 0.01 |
| 77 | 70.0 | 76.5 | 77.0 | 78.0 | 78.5 | 80.5 | 84.0 |
|    | 0.02 | 0.01 | 0.01 | 0.01 | 0.02 | 0.02 | 0.01 |
| 79 | 71.0 | 77.5 | 78.0 | 79.0 | 79.5 | 81.5 | 85.0 |
|    | 0.02 | 0.01 | 0.01 | 0.01 | 0.02 | 0.02 | 0.01 |
| 80 | 71.5 | 78.0 | 78.5 | 79.5 | 80.0 | 82.0 | 85.5 |
|    | 0.04 | 0.02 | 0.02 | 0.02 | 0.04 | 0.04 | 0.02 |
| 84 | 73.5 | 80.0 | 80.5 | 81.5 | 82.0 | 84.0 | 87.5 |
|    | 0.04 | 0.02 | 0.02 | 0.02 | 0.04 | 0.04 | 0.02 |
| 91 | 77.0 | 83.5 | 84.0 | 85.0 | 85.5 | 87.5 | 91.0 |
|    | 0.02 | 0.01 | 0.01 | 0.01 | 0.02 | 0.02 | 0.01 |

그러므로 표본평균 $\overline{X} = \dfrac{X_1 + X_2}{2}$ 의 확률분포는 다음과 같다.

| $\overline{x}$ | 63.0 | 69.5 | 70.0 | 71.0 | 71.5 | 73.5 | 76.0 | 76.5 | 77.0 | 77.5 | 78.0 | 78.5 |
|---|---|---|---|---|---|---|---|---|---|---|---|---|
| 확률 | 0.04 | 0.04 | 0.04 | 0.04 | 0.08 | 0.08 | 0.01 | 0.02 | 0.05 | 0.02 | 0.06 | 0.04 |
| $\overline{x}$ | 79.0 | 79.5 | 80.0 | 80.5 | 81.5 | 82.0 | 83.5 | 84.0 | 85.0 | 85.5 | 87.5 | 91.0 |
| 확률 | 0.01 | 0.04 | 0.08 | 0.04 | 0.04 | 0.08 | 0.02 | 0.06 | 0.02 | 0.04 | 0.04 | 0.01 |

따라서 표본평균 $\overline{X}$의 분포로부터 평균과 $\overline{X}^2$의 기댓값을 구하면 각각 다음과 같다.

$$E\left(\overline{X}\right) = 77.7, \quad E\left(\overline{X}^2\right) = 6072.5$$

그러므로 표본평균 $\overline{X}$의 평균과 분산은 각각 $E(\overline{X}) = 77.7$과 $Var(\overline{X}) = 35.21$이다. 그러면 복원추출에 의해 크기 2인 표본을 추출할 때, $\overline{X}$의 평균과 분산에 대하여 다음이 성립하는 것을 쉽게 확인할 수 있다.

$$\mu = E\left(\overline{X}\right) = 77.7, \quad Var\left(\overline{X}\right) = \frac{\sigma^2}{2} = 35.21$$

이러한 사실을 종합하면, 모평균 $\mu$와 모분산 $\sigma^2$을 갖는 크기 $N$인 모집단으로부터 크기 $n$인 확률표본을 추출하는 경우에 표본평균의 평균과 분산은 각각 다음 표와 같음을 알 수 있다.

| 구분 | 평균 | 분산 |
|---|---|---|
| 모집단 | $\mu$ | $\sigma^2$ |
| 비복원추출인 경우의 표본평균 $\overline{X}$ | $\mu = E(\overline{X})$ | $\dfrac{\sigma^2}{n} \cdot \dfrac{N-m}{N-1}$ |
| 복원추출인 경우의 표본평균 $\overline{X}$ | $\mu = E(\overline{X})$ | $\dfrac{\sigma^2}{n}$ |

이때 모집단의 크기 $N$이 충분히 크다면 다음이 성립한다.

$$\frac{\sigma^2}{n} \cdot \frac{N-m}{N-1} \approx \frac{\sigma^2}{n}$$

일반적으로 모집단의 크기는 충분히 크므로 비복원추출인 경우를 복원추출로 생각할 수 있다. 따라서 특별한 언급이 없는 한, 복원추출에 대하여 생각한다.

이제 표본평균에 대한 성질을 알아보기 위하여 모집단분포가 $f(x) = \dfrac{1}{6}$, $x = 1, 2, \cdots, 6$인 모집단으로부터 크기 2인 확률표본 $\{X_1, X_2\}$를 복원추출할 때, 표본평균 $\overline{X} = \dfrac{X_1 + X_2}{2}$의 확률분포와 평균, 그리고 분산을 구하여 보자. 그러면 $X_1, X_2$는 확률질량함수 $f(x)$를 가지는 모집단으로부터 그림 7.1과 같이 크기 2인 확률표본을 구성한다.

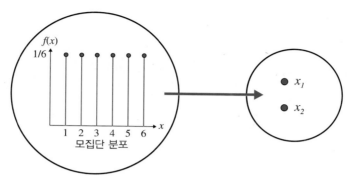

**그림 7.1  크기 2인 확률표본 추출**

확률변수 $X_1$, $X_2$가 취할 수 있는 값이 각각 1, 2, 3, 4, 5, 6이므로 표본으로 관찰될 수 있는 모든 경우는 다음과 같이 36가지이다.

$$(x_1, x_2) : (1,1), (1,2), \cdots, (6,5), (6,6)$$

그리고 각 경우에 대하여 $\overline{X} = \dfrac{X_1 + X_2}{2}$가 취할 수 있는 값은 다음과 같다.

$$\overline{x} : 1, 1.5, 2, 2.5, 3, 3.5, 4, 4.5, 5, 5.5, 6$$

특히 $X_1$, $X_2$가 독립이고 동일한 확률질량함수 $f(x)$를 가지므로 다음이 성립한다.

$$P(X_1 = x, X_2 = y) = P(X_1 = x) \, P(X_2 = y), \quad x, y = 1, 2, \cdots, 6$$

따라서 $X_1$과 $X_2$의 결합확률함수는 다음과 같다.

| $X_1$ \\ $X_2$ | 1 | 2 | 3 | 4 | 5 | 6 | $f_{X_1}$ |
|---|---|---|---|---|---|---|---|
| 1 | 1/36 | 1/36 | 1/36 | 1/36 | 1/36 | 1/36 | 1/6 |
| 2 | 1/36 | 1/36 | 1/36 | 1/36 | 1/36 | 1/36 | 1/6 |
| 3 | 1/36 | 1/36 | 1/36 | 1/36 | 1/36 | 1/36 | 1/6 |
| 4 | 1/36 | 1/36 | 1/36 | 1/36 | 1/36 | 1/36 | 1/6 |
| 5 | 1/36 | 1/36 | 1/36 | 1/36 | 1/36 | 1/36 | 1/6 |
| 6 | 1/36 | 1/36 | 1/36 | 1/36 | 1/36 | 1/36 | 1/6 |
| $f_{X_2}$ | 1/6 | 1/6 | 1/6 | 1/6 | 1/6 | 1/6 | 1 |

이때 $\overline{X}$가 취하는 각각의 값을 $X_1$과 $X_2$로 나타내면 다음과 같다.

$$\overline{X} = 1 \quad \Leftrightarrow \{X_1 = 1, X_2 = 1\}$$
$$\overline{X} = 1.5 \Leftrightarrow \{X_1 = 1, X_2 = 2\}, \{X_1 = 2, X_2 = 1\}$$
$$\overline{X} = 2 \quad \Leftrightarrow \{X_1 = 1, X_2 = 3\}, \{X_1 = 2, X_2 = 2\}, \{X_1 = 3, X_2 = 1\}$$
$$\vdots$$
$$\overline{X} = 6 \quad \Leftrightarrow \{X_1 = 6, X_2 = 6\}$$

따라서 표본평균 $\overline{X}$의 확률분포는 다음과 같다.

| $\overline{X}$ | 1 | 1.5 | 2 | 2.5 | 3 | 3.5 | 4 | 4.5 | 5 | 5.5 | 6 |
|---|---|---|---|---|---|---|---|---|---|---|---|
| $f_{\overline{X}}$ | 0.028 | 0.056 | 0.083 | 0.111 | 0.139 | 0.166 | 0.139 | 0.111 | 0.083 | 0.056 | 0.028 |

그러면 $\overline{X} = \dfrac{X_1 + X_2}{2}$의 평균과 분산은 각각 $E(\overline{X}) = 3.5$와 $Var(\overline{X}) = 1.4583$이다. 또한 모집단분포는 이산균등분포를 이루므로 모평균과 모분산은 각각 다음과 같   다.

$$\mu = \frac{1+6}{2} = 3.5, \quad \sigma^2 = \frac{6^2 - 1}{12} = 2.9167$$

그러므로 크기 2인 표본에 대하여 표본평균의 평균과 모평균, 그리고 표본평균의 분산과 모분산은 다음의 관계를 갖는다.

$$\mu = E(\overline{X}) = 3.5, \quad Var(\overline{X}) = 1.4583 = \frac{\sigma^2}{2}$$

같은 방법으로 모집단으로부터 크기 3인 확률표본을 추출한다면, 표본에서 관찰될 수 있는 모든 경우 $(x_1, x_2, x_3)$, $x_1, x_2, x_3 = 1, 2, \cdots, 6$에 대하여 표본평균 $\overline{X}$의 분포는 다음 표와 같다.

| $\overline{X}$ | 1.00 | 1.33 | 1.67 | 2.00 | 2.33 | 2.67 | 3.00 | 3.33 |
|---|---|---|---|---|---|---|---|---|
| $f_{\overline{X}}$ | 0.005 | 0.014 | 0.028 | 0.046 | 0.069 | 0.097 | 0.116 | 0.125 |
| $\overline{X}$ | 3.67 | 4.00 | 4.33 | 4.67 | 5.00 | 5.33 | 5.67 | 6.00 |
| $f_{\overline{X}}$ | 0.125 | 0.116 | 0.097 | 0.069 | 0.046 | 0.028 | 0.014 | 0.005 |

이때 표본평균 $\overline{X}$의 평균과 분산은 각각 $E(\overline{X}) = 3.5$와 $Var(\overline{X}) = 0.9722$이다. 따라서 크기 3인 표본에 대하여, 표본평균의 평균과 모평균 그리고 표본평균의 분산과 모분산은 다음의 관계를 갖는다.

$$\mu = E(\overline{X}) = 1.5, \quad Var(\overline{X}) = 0.9722 = \frac{\sigma^2}{3}$$

같은 방법으로 모집단으로부터 크기 4인 확률표본과 크기 5인 확률표본을 추출할 때, 각각의 표본평균의 확률분포는 다음 표와 같다.

| $\overline{X}$ | 1.00 | 1.25 | 1.50 | 1.75 | 2.00 | 2.25 | 2.50 | 2.75 | 3.00 | 3.25 | 3.50 |
|---|---|---|---|---|---|---|---|---|---|---|---|
| $f_{\overline{X}}$ | 0.001 | 0.003 | 0.008 | 0.015 | 0.027 | 0.043 | 0.062 | 0.080 | 0.097 | 0.108 | 0.113 |
| $\overline{X}$ | 3.75 | 4.00 | 4.25 | 4.50 | 4.75 | 5.00 | 5.25 | 5.50 | 5.75 | 6.00 | |
| $f_{\overline{X}}$ | 0.108 | 0.097 | 0.080 | 0.062 | 0.043 | 0.027 | 0.015 | 0.008 | 0.003 | 0.001 | |

크기 4인 표본평균의 확률분포

| $\overline{X}$ | 1.0 | 1.2 | 1.4 | 1.6 | 1.8 | 2.0 | 2.2 | 2.4 | 2.6 | 2.8 | 3.0 | 3.2 | 3.4 |
|---|---|---|---|---|---|---|---|---|---|---|---|---|---|
| $f_{\overline{X}}$ | 0.0001 | 0.0006 | 0.0019 | 0.0045 | 0.0090 | 0.0162 | 0.0264 | 0.0398 | 0.0541 | 0.0693 | 0.0838 | 0.0945 | 0.1002 |
| $\overline{X}$ | 3.6 | 3.8 | 4.0 | 4.2 | 4.4 | 4.6 | 4.8 | 5.0 | 5.2 | 5.4 | 5.6 | 5.8 | 6.0 |
| $f_{\overline{X}}$ | 0.1002 | 0.0945 | 0.0838 | 0.0693 | 0.0541 | 0.039 | 0.0264 | 0.0162 | 0.0090 | 0.0045 | 0.0019 | 0.0006 | 0.0001 |

크기 5인 표본평균의 확률분포

그리고 각 경우에 표본평균의 평균과 모평균 그리고 표본평균의 분산과 모분산은 다음의 관계를 갖는다.

$$크기\ 4인\ 확률표본 : \mu = E(\overline{X}) = 3.5, \quad Var(\overline{X}) = \frac{\sigma^2}{4}$$

$$크기\ 5인\ 확률표본 : \mu = E(\overline{X}) = 3.5, \quad Var(\overline{X}) = \frac{\sigma^2}{5}$$

이와 같은 관계식이 성립하는 것은 모평균 $\mu$와 모분산 $\sigma^2$인 모집단으로부터 크기 $n$인 확률표본 $X_1, X_2, \cdots, X_n$을 복원추출할 경우, 이 확률변수들은 독립이고 동일한 분포를 이루므로 표본평균 $\overline{X} = \frac{1}{n}\sum_{i=1}^{n} X_i$의 평균과 분산이 다음과 같다는 사실에 기인한다.

$$E(\overline{X}) = E\left(\frac{1}{n}\sum_{i=1}^{n} X_i\right) = \frac{1}{n}\sum_{i=1}^{n} E(X_i) = \frac{1}{n}\sum_{i=1}^{n}\mu = \mu$$

$$Var(\overline{X}) = Var\left(\frac{1}{n}\sum_{i=1}^{n} X_i\right) = \frac{1}{n^2}\sum_{i=1}^{n}\sigma^2 = \frac{\sigma^2}{n}$$

모평균과 표본평균의 평균이 동일하고, 표본평균의 표준편차는 모표준편차를 표본의 크기의 제곱근으로 나눈 것과 동일함을 알 수 있다. 그리고 그림 7.2에서 보는 바와 같이 모집단의 확률함수와 $n=2$, $n=3$, $n=4$, $n=5$인 표본평균에 대한 확률함수를 살펴보면 표본의 크기

$n$이 커질수록 표본평균의 분포는 정규분포인 종 모양에 근접하는 것을 알 수 있다.

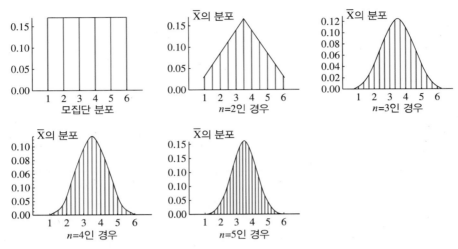

**그림 7.2  표본의 크기에 따른 표본평균의 분포**

이것은 5·3절에서 이미 언급한 바 있는 i.i.d 확률변수 $X_1, X_2, \cdots, X_n$이 평균 $\mu$와 분산 $\sigma^2$을 갖는 임의의 분포를 이룬다면, 중심극한정리에 의하여 $n$이 커질수록 표본평균 $\overline{X} = \dfrac{1}{n} \sum_{i=1}^{n} X_i$는 정규분포 $N\left(\mu, \dfrac{\sigma^2}{n}\right)$에 근사하는 것과 일치한다.

---

**예제 1**

모집단 분포가 $f(x) = 0.25,\ x = 1, 2, 3, 4$인 모집단으로부터 복원추출에 의하여 크기 2인 확률표본 $X_1, X_2$를 얻었다. 이때 표본평균 $\overline{X} = \dfrac{X_1 + X_2}{2}$의 확률분포와 평균 그리고 분산을 구하라.

**풀이**

모집단 $\{1, 2, 3, 4\}$에서 복원추출에 의하여 크기 2인 확률표본을 선정할 수 있는 모든 경우는 다음과 같다.

$$\{1,1\}, \{1,2\}, \{1,3\}, \{1,4\}, \{2,1\}, \{2,2\}, \{2,3\}, \{2,4\},$$
$$\{3,1\}, \{3,2\}, \{3,3\}, \{3,4\}, \{4,1\}, \{4,2\}, \{4,3\}, \{4,4\}$$

이때 $\overline{X}$가 취할 수 있는 값은 1, 1.5, 2, 2.5, 3, 3.5, 4이고, $\overline{X}$와 $X_1, X_2$ 사이에 다음 관계가 성립한다.

$$\overline{X}=1 \quad \Leftrightarrow \quad \{X_1=1, X_2=1\}$$
$$\overline{X}=1.5 \Leftrightarrow \quad \{X_1=1, X_2=2\}, \{X_1=2, X_2=1\}$$
$$\overline{X}=2 \quad \Leftrightarrow \quad \{X_1=1, X_2=3\}, \{X_1=2, X_2=2\}, \{X_1=3, X_2=1\}$$
$$\overline{X}=2.5 \Leftrightarrow \quad \{X_1=1, X_2=4\}, \{X_1=2, X_2=3\}, \{X_1=3, X_2=2\}, \{X_1=4, X_2=1\}$$
$$\overline{X}=3 \quad \Leftrightarrow \quad \{X_1=2, X_2=4\}, \{X_1=3, X_2=3\}, \{X_1=4, X_2=2\}$$
$$\overline{X}=3.5 \Leftrightarrow \quad \{X_1=3, X_2=4\}, \{X_1=4, X_2=3\}$$
$$\overline{X}=4 \quad \Leftrightarrow \quad \{X_1=4, X_2=4\}$$

더욱이 복원추출에 의하여 표본을 선정하였으므로 다음을 얻는다.

$$P(X_1=i, X_2=j) = P(X_1=i)\,P(X_2=j)$$
$$= \frac{1}{4} \cdot \frac{1}{4} = \frac{1}{16}, \quad i, j = 1, 2, 3, 4$$

따라서 표본평균 $\overline{X}$ 의 확률분포는 다음과 같다.

| $\overline{X}$ | 1 | 1.5 | 2 | 2.5 | 3 | 3.5 | 4 |
|---|---|---|---|---|---|---|---|
| $f_{\overline{X}}(x)$ | 1/16 | 2/16 | 3/16 | 4/16 | 3/16 | 2/16 | 1/16 |

이때 표본평균 $\overline{X}$ 의 평균과 분산은 각각 다음과 같다.

$$E\left(\overline{X}\right) = \frac{1 + (1.5)(2) + (2)(3) + (2.5)(4) + (3)(3) + (3.5)(2) + 4}{16} = \frac{40}{16} = 2.5$$

$$E\left(\overline{X}^2\right) = \frac{1 + (1.5)^2(2) + (2)^2(3) + (2.5)^2(4) + (3)^2(3) + (3.5)^2(2) + 4^2}{16} = \frac{110}{16} = 6.875$$

$$Var\left(\overline{X}\right) = E\left(\overline{X}^2\right) - \left\{E(\overline{X})\right\}^2 = 6.875 - 6.25 = 0.625$$

### 예제 2

[예제 1]의 모집단 분포로부터 크기 5인 표본을 임의 추출하였을 때, 다음을 구하라.

(1) $\overline{X}$ 의 평균과 분산  (2) $P(3 \leq \overline{X} \leq 3.5)$ 의 근사확률

**풀이**

(1) 모평균과 모분산이 각각 $\mu = 2.5$, $\sigma^2 = 1.25$ 이고, 표본의 크기가 5이므로, 표본평균 $\overline{X}$ 의 평균과 분산은 각각 $\mu_{\overline{X}} = 2.5$, $\sigma_{\overline{X}}^2 = \dfrac{\sigma^2}{5} = 0.25$ 이다.

(2) 중심극한정리에 의해 $\overline{X} \approx N(2.5, 0.25)$ 이므로 구하고자 하는 확률은 다음과 같다.

$$P(3 \leq \overline{X} \leq 3.5) = P\left(\frac{3-2.5}{0.5} \leq Z \leq \frac{3.5-2.5}{0.5}\right) \approx P(1 \leq Z \leq 2)$$

$$= 0.9772 - 0.8413 = 0.1359$$

물론 독립인 정규확률변수들 $X_i \sim N(\mu, \sigma^2)$, $i = 1, 2, \cdots, n$에 대하여 표본평균 $\overline{X} = \frac{1}{n}\sum X_i$ 는 $\overline{X} \sim N\left(\mu, \frac{\sigma^2}{n}\right)$인 정규분포를 이룬다.

## 예제 3

고교 3학년 학생 1,000명을 대상으로 수학 모의시험을 실시한 결과 평균 68.3이고 분산 1.5인 정규분포를 이룬다는 것을 확인하였다.

(1) 임의로 한 명을 선정하였을 때, 이 학생이 69점 이상일 확률을 구하라.

(2) 10명을 임의로 선정하였을 때, 이 학생들의 평균 점수가 69점 이상일 확률을 구하라.

(3) 10명의 평균 점수가 상위 5% 안에 들어가기 위한 최하 점수를 구하라.

**풀이**

(1) 모집단 분포가 $N(68.3, 1.5)$이므로 임의로 선정한 학생의 점수를 $X$라 하면, $X \sim N(68.3, 1.5)$이다. 그러므로 구하고자 하는 확률은 다음과 같다.

$$P(X \geq 69) = P\left(Z \geq \frac{69 - 68.3}{\sqrt{1.5}}\right) = P(Z \geq 0.57)$$

$$= 1 - 0.7157 = 0.2843$$

(2) 임의로 선정한 10명의 평균점수는 $\overline{X} \sim N(68.3, 0.15)$이므로 구하고자 하는 확률은 다음과 같다.

$$P(\overline{X} \geq 69) = P\left(Z \geq \frac{69 - 68.3}{\sqrt{0.15}}\right) = P(Z \geq 1.81)$$

$$= 1 - 0.9649 = 0.0351$$

(3) 표준정규분포에서 상위 5%인 백분위수는 $z_{0.05} = 1.645$이므로 10명의 평균점수가 상위 5% 안에 들어갈 최하 점수를 $x_0$이라 하면 다음이 성립한다.

$$P(\overline{X} \geq x_0) = P\left(Z \geq \frac{x_0 - 68.3}{\sqrt{0.15}}\right) = P(Z \geq z_{0.05}) = 0.05$$

따라서 다음을 얻는다.

$$\frac{x_0 - 68.3}{\sqrt{0.15}} = 1.645 \quad ; \quad x_0 = 68.3 + 0.387 \cdot (1.645) = 68.937$$

즉, 10명의 점수에 대한 평균이 상위 5% 안에 들어가기 위한 최하 점수는 69점이다.

한편 독립인 두 정규모집단 $N(\mu_1, \sigma_1^2)$과 $N(\mu_2, \sigma_2^2)$으로부터 각각 크기 $n$과 $m$인 표본을 추출하여 표본평균을 각각 $\overline{X}$, $\overline{Y}$라 하면 두 표본평균의 확률분포는 다음과 같다.

$$\overline{X} \sim N\left(\mu_1, \frac{\sigma_1^2}{n}\right), \quad \overline{Y} \sim N\left(\mu_2, \frac{\sigma_2^2}{m}\right)$$

5.3절에서 살펴본 바와 같이 두 표본평균의 차 $\overline{X} - \overline{Y}$는 다음과 같은 정규분포에 따른다.

$$\overline{X} - \overline{Y} \sim N\left(\mu_1 - \mu_2, \frac{\sigma_1^2}{n} + \frac{\sigma_2^2}{m}\right)$$

특히 두 정규모집단의 모분산이 동일하다면, 즉 $\sigma_1^2 = \sigma_2^2 = \sigma^2$이면 $\overline{X} - \overline{Y}$는 다음 정규분포에 따른다.

$$\overline{X} - \overline{Y} \sim N\left(\mu_1 - \mu_2, \left(\frac{1}{n} + \frac{1}{m}\right)\sigma^2\right)$$

또한 서로 독립인 두 모집단의 평균이 각각 $\mu_1$, $\mu_2$이고 분산이 $\sigma_1^2$, $\sigma_2^2$인 임의의 모집단분포를 이룬다고 하자. 이때 두 모집단에서 각각 크기 $n$과 $m$인 표본을 추출하여 각각의 표본평균을 $\overline{X}$와 $\overline{Y}$라 하면, 중심극한정리에 의하여 두 표본평균은 다음과 같은 정규분포에 근사한다.

$$\overline{X} \approx N\left(\mu_1, \frac{\sigma_1^2}{n}\right), \quad \overline{Y} \approx N\left(\mu_2, \frac{\sigma_2^2}{m}\right)$$

그리고 두 표본이 독립이므로 두 표본평균의 차는 역시 다음과 같은 정규분포에 근사한다.

$$\overline{X} - \overline{Y} \approx N\left(\mu_1 - \mu_2, \frac{\sigma_1^2}{n} + \frac{\sigma_2^2}{m}\right)$$

이때 두 모집단의 분산이 동일하다면, 두 표본평균의 차는 다음 정규분포에 근사한다.

$$\overline{X} - \overline{Y} \approx N\left(\mu_1 - \mu_2, \left(\frac{1}{n} + \frac{1}{m}\right)\sigma^2\right)$$

### 예제 4

두 제약회사에서 생산된 진통제의 효과를 알아보기 위하여 치통으로 고생하는 환자 100명을 임의로 선정하여 각각 50명씩 나누어 두 회사의 진통제를 사용하도록 하였다. 그리고 실험에 참가한 두 그룹의 환자들의 치통이 치료되는 시간을 측정하여 다음 결과를 얻었다. A 회사의 진통제가 B 회사의 진통제보다 평균 치료시간이 5분 이상 클 확률을 구하라.

| 회사 | 표본의 크기 | 평균 | 표준편차 |
|------|-----------|------|---------|
| A | 50 | 37분 | 5분 |
| B | 50 | 33분 | 6분 |

**풀이**

A 회사의 평균 완화 시간을 $\overline{X}$, B 회사의 평균 완화 시간을 $\overline{Y}$ 라 하면, 중심극한정리에 의하여 다음과 같은 정규분포에 근사한다.

$$\overline{X} \approx N\left(37, \frac{25}{50}\right) = N(37, 0.5), \quad \overline{Y} \approx N\left(33, \frac{36}{50}\right) = N(33, 0.72)$$

그러므로 $\overline{X} - \overline{Y} \approx N\left(4, (1.105)^2\right)$ 이고, 따라서 구하고자 하는 확률은 다음과 같다.

$$P(\overline{X} - \overline{Y} \geq 5) = P\left(Z \geq \frac{5-4}{1.105}\right) = P(Z \geq 0.90) = 1 - 0.8159 = 0.1841$$

## 연습문제 7.2

**1.** 모평균이 50이고 모표준편차가 다음과 같은 모집단으로부터 크기 25인 확률표본을 선정할 때, 표본평균이 48과 52 사이일 근사확률을 구하라.

(1) $\sigma = 4$  (2) $\sigma = 9$  (3) $\sigma = 12$

**2.** 어느 회사에서 제조된 전구의 수명은 평균 516시간, 분산 185시간이라 한다. 이 회사에서 제조된 전구를 100개 구입했을 때, 이 전구들의 평균수명에 대한 평균과 분산을 구하고, 평균수명이 520시간 이상일 근사확률을 구하라.

**3.** $X_i \sim N(60, 36)$, $x = 1,2,\cdots,256$에 대하여 표본평균이 어떤 상수 $k$보다 클 확률이 0.95인 $k$를 구하라.

**4.** 정규모집단 $N(\mu, 36)$에서 크기 16인 표본을 임의로 추출하였을 경우, 확률 $P(|\overline{X} - \mu| \geq 4)$를 구하라.

**5.** 전년도 전국적으로 음주운전 단속을 실시한 결과 100일간 면허정지 처분을 받은 사람들의 혈중알콜농도를 측정한 결과 평균 0.085이고 표준편차가 0.006이라고 한다. 어느 특정한 날에 전국 160개 도시에서 예고없이 음주측정이 있었다. 이 날 면허정지 처분을 받은 사람들의 평균 혈중알콜농도가 0.07에서 0.09 사이일 근사확률을 구하라.

**6.** 우리나라에서 생산되는 어떤 종류의 담배 한 개에 포함된 타르(tar)의 양이 평균 5.5mg 표준편차 2.5mg이라고 한다. 어느 날 판매점에서 임의로 수거한 500개의 담배를 조사했을 때 다음을 구하라.

(1) 평균 타르가 5.6mg 이상일 근사확률  (2) 평균 타르가 5.3mg 이하일 근사확률

**7.** 어느 보험회사는 10,000명의 자동차 보험 가입자를 가지고 있다. 증권 소지자당 연간 요구되는 보험금의 평균이 260천원이고 표준편차는 800천원이라고 한다.

(1) 1년 동안에 이 회사에 요구된 보험금 총액이 2,800,000천원을 초과할 확률을 구하라.
(2) 보험가입자의 평균 요구금액이 270,000천원 이상일 확률을 구하라.

**8.** 어떤 근로자 집단의 콜레스테롤 수치는 평균이 202이고 표준편차는 14라고 한다.

(1) 36명의 근로자를 임의로 선정했을 때, 이 사람들의 콜레스테롤 평균 수치가 198과 206 사이일 근사확률을 구하라.

(2) 64명의 근로자를 임의로 선정했을 때, (1)의 확률을 구하라.

**9.** 스톡옵션의 가격이 매일 확률 0.52를 가지고 1만큼 오르거나 확률 0.48을 가지고 1만큼 내린다고 하자. 이때 첫 날 200(만원)을 투자하여 100일 후의 가격 $X$를 $X = 200 + \sum_{i=1}^{100} X_i$로 정의한다.

(1) $E(X_i)$를 구하라.

(2) $Var(X_i)$를 구하라.

(3) 중심극한정리에 의하여 100일 후의 가격이 210(만원)이상일 확률을 구하라.

**10.** 50개의 숫자가 각각 가장 가까운 정수로 반올림하여 더해진다고 하자. 그러면 개개의 숫자에 대한 반올림에 의한 오차는 −0.5와 0.5에서 균등분포를 이룬다. 이때 50개의 숫자에 대한 정확한 합과 반올림에 의한 합의 오차가 3이상일 근사확률을 구하라.

**11.** A 교수의 과거 경험에 따르면 학생들의 통계학 점수는 평균 77점 그리고 표준편차 15점이라고 한다. 현재 이 교수는 36명과 64명인 두 반을 강의하고 있다.

(1) 두 반의 평균성적이 72점과 82점 사이일 근사확률을 각각 구하라.

(2) 36명인 반의 평균성적이 64명인 반보다 2점 이상 더 클 근사확률을 구하라.

**12.** 모평균 $\mu = 50$, 모표준편차 $\sigma = 9$인 정규모집단에서 크기 $n$인 표본을 임의로 추출하여, $E(\overline{X}) = 50$과 $Var(\overline{X}) = 0.45$를 얻었다고 한다. 표본의 크기 $n$을 구하라.

**13.** 모평균 $\mu_1 = 550$, $\mu_2 = 500$이고 모표준편차 $\sigma_1 = 9$, $\sigma_2 = 16$인 두 정규모집단에서 각각 크기 50과 40인 표본을 임의로 추출하였을 때, 두 표본평균의 차가 48과 52 사이일 확률을 구하라.

## 7.3 정규모집단에 관련된 분포

### (1) 모분산에 관련된 확률분포

정규모집단 $N(\mu, \sigma^2)$ 으로부터 크기 $n$ 인 확률표본 $\{X_1, X_2, \cdots, X_n\}$ 을 선정할 때, $\overline{X} \sim N\left(\mu, \dfrac{\sigma^2}{n}\right)$ 이므로 $\dfrac{Z = \overline{X} - \mu}{\sigma/\sqrt{n}} \sim N(0, 1)$ 이다. 5.4절에서 살펴본 바와 같이, 독립인 표준정규 확률변수 $Z$ 와 $Z_i$, $i = 1, 2, \cdots, n$ 에 대하여 $Z^2 \sim \chi^2(1)$, $\sum\limits_{i=1}^{n} Z_i^2 \sim \chi^2(n)$ 이고 다음이 성립한다.

$$\sum_{i=1}^{n} Z_i^2 = \frac{1}{\sigma^2} \sum_{i=1}^{n} (X_i - \mu)^2 = \frac{1}{\sigma^2} \sum_{i=1}^{n} \left[ (X_i - \overline{X}) + \overline{X} - \mu \right]^2$$

$$= \frac{1}{\sigma^2} \sum_{i=1}^{n} (X_i - \overline{X})^2 + \frac{n}{\sigma^2} (\overline{X} - \mu)^2$$

$$= \frac{n-1}{\sigma^2} \frac{1}{n-1} \sum_{i=1}^{n} (X_i - \overline{X})^2 + \left( \frac{\overline{X} - \mu}{\sigma/\sqrt{n}} \right)^2$$

$$= \frac{n-1}{\sigma^2} S^2 + \left( \frac{\overline{X} - \mu}{\sigma/\sqrt{n}} \right)^2$$

또한 7·1절에서 언급한 바와 같이 표본분산은 다음과 같이 정의된다.

$$S^2 = \frac{1}{n-1} \sum_{i=1}^{n} (X_i - \overline{X})^2$$

이때 $\dfrac{n-1}{\sigma^2} S^2$ 과 $Z^2 = \left( \dfrac{\overline{X} - \mu}{\sigma/\sqrt{n}} \right)^2$ 은 독립이고 $Z^2 \sim \chi^2(1)$, $\sum\limits_{i=1}^{n} Z_i^2 \sim \chi^2(n)$ 이므로 카이제곱분포의 성질에 의하여 다음이 성립하는 것을 알 수 있다.

$$\frac{(n-1)S^2}{\sigma^2} \sim \chi^2(n-1)$$

특히 $V \sim \chi^2(n)$ 이면 $E(V) = n$ 이므로 다음을 얻는다. 즉, 표본분산의 평균이 모분산과 일치한다.

$$E\left[ \frac{(n-1)S^2}{\sigma^2} \right] = n-1; \quad \frac{n-1}{\sigma^2} E(S^2) = n-1; \quad E(S^2) = \sigma^2$$

---

**예제 1**

정규모집단 $N(\mu, 5)$에서 크기 6인 확률표본 [104.9, 103.3, 104.3, 104.9, 105.4, 102.0]을 얻었다.

(1) 카이제곱분포의 자유도를 구하고, 통계량 $V$의 관찰값 $v$를 구하라.

(2) $S^2$이 (1)에서 구한 통계량의 값보다 클 확률을 구하라.

**풀이**

(1) 확률표본의 크기가 6이므로 카이제곱분포의 자유도는 5이다. 그리고 표본평균과 표본분산은 각각 다음과 같다.

$$\overline{x} = \frac{1}{6}\sum_{i=1}^{6} x_i = 104.133, \quad s^2 = \frac{1}{5}\sum_{i=1}^{6}(x_i - 104.133)^2 = 1.61$$

한편 모분산이 5이므로 통계량의 값은 $v = \dfrac{(n-1)s^2}{\sigma^2} = \dfrac{(5)(1.61)}{5} = 1.61$이다.

(2) d.f.$= 5$에 대하여 $P(V > 1.61) = 0.9$이다.

---

## (2) 모평균에 관련된 확률분포(모분산을 모르는 경우)

동일한 모분산을 갖고 독립인 두 정규모집단 $N(\mu_1, \sigma^2)$과 $N(\mu_2, \sigma^2)$으로부터 각각 크기가 $n$과 $m$인 두 확률표본을 추출한다고 하자. 그러면 두 확률표본의 표본분산은 독립이고, 다음 분포를 갖는다.

$$\frac{n-1}{\sigma^2}S_1^2 \sim \chi^2(n-1), \quad \frac{m-1}{\sigma^2}S_2^2 \sim \chi^2(m-1)$$

이제 통계량 $S_p^2$을 다음과 같이 정의하자.

$$S_p^2 = \frac{1}{n+m-2}\left[\sum_{i=1}^{n}(X_i - \overline{X})^2 + \sum_{j=1}^{m}(Y_j - \overline{Y})^2\right]$$

그러면 $S_p^2$에 대하여 다음을 얻는다.

$$\frac{n+m-2}{\sigma^2}S_p^2 = \frac{1}{\sigma^2}\sum_{i=1}^{n}(X_i - \overline{X})^2 + \frac{1}{\sigma^2}\sum_{j=1}^{m}(Y_j - \overline{Y})^2$$

$$= \frac{n-1}{\sigma^2}\frac{1}{n-1}\sum_{i=1}^{n}(X_i - \overline{X})^2 + \frac{m-1}{\sigma^2}\frac{1}{m-1}\sum_{j=1}^{m}(Y_j - \overline{Y})^2$$

$$= \frac{n-1}{\sigma^2}S_1^2 + \frac{m-1}{\sigma^2}S_2^2$$

특히 $S_1^2$과 $S_2^2$이 독립이고 각각 자유도 $n-1$과 $m-1$인 카이제곱분포를 이루므로 다음을 얻는다.

$$\frac{n+m-2}{\sigma^2} S_p^2 \sim \chi^2(n+m-2)$$

이때 통계량 $S_p^2$을 두 확률표본의 **합동표본분산**(pooled sample variance)이라 하며, 합동표본분산은 다음과 같이 표현할 수 있다.

$$S_p^2 = \frac{1}{n+m-2}\left[(n-1)S_1^2 + (m-1)S_2^2\right]$$

---

**예제 2**

독립인 두 정규모집단 $N(2, 25)$와 $N(5, 25)$에서 각각 크기 5인 확률표본을 추출하였다. 이때 $P(S_p^2 > 20.09)$를 구하라.

**(풀이)**

각각 크기 5인 두 확률표본을 추출하였으므로 $\frac{4}{25}S_1^2 \sim \chi^2(4)$와 $\frac{4}{25}S_2^2 \sim \chi^2(4)$이고, 따라서 합동표본분산은 $V = \frac{8S_p^2}{25} \sim \chi^2(8)$이다. 그러므로 구하고자 하는 확률은 다음과 같다.

$$P(S_p^2 > 20.09) = P\left(\frac{8S_p^2}{25} > \frac{8 \cdot (20.09)}{25}\right) = P(V > 6.4288) = 0.01$$

---

한편 정규모집단 $N(\mu, \sigma^2)$으로부터 크기 $n$인 확률표본 $\{X_1, X_2, \cdots, X_n\}$을 선정할 때, 표본평균과 표본분산은 독립이고 각각 다음 분포에 따른다.

$$\frac{\overline{X}-\mu}{\sigma/\sqrt{n}} \sim N(0, 1), \quad \frac{n-1}{\sigma^2}S^2 \sim \chi^2(n-1)$$

또한 표본평균과 표본분산에 대하여 다음을 얻는다.

$$\frac{\overline{X}-\mu}{\sigma/\sqrt{n}}\bigg/ \sqrt{\frac{n-1}{\sigma^2}S^2\bigg/(n-1)} = \frac{\overline{X}-\mu}{S/\sqrt{n}}$$

따라서 $t$-분포의 정의에 의하여 다음 확률분포를 얻는다.

$$\frac{\overline{X} - \mu}{S/\sqrt{n}} \sim t(n-1)$$

이것은 모분산을 모르는 정규모집단 $N(\mu, \sigma^2)$으로부터 표본을 선정할 때, 표본평균에서 모표준편차 $\sigma$를 표본표준편차 $s$로 바꾸면 표본평균은 $t$-분포에 관련되는 것을 보여준다.

---

### 예제 3

정규모집단 $N(104, \sigma^2)$에서 크기 6인 확률표본 [104.9, 103.3, 104.3, 104.9, 105.4, 102.0]을 얻었다. 이때 $P(|\overline{X} - \mu| < t_0) = 0.99$인 $t_0$을 구하라.

**(풀이)**

[예제 1]에서 표본평균과 표본분산을 각각 다음과 같이 구했다.

$$\overline{x} = 104.133, \quad s^2 = 1.61$$

따라서 표본표준편차가 $s = \sqrt{1.61} = 1.269$이므로 다음을 얻는다.

$$P\left(|\overline{X} - \mu| < t_0\right) = P\left(|T| < \frac{t_0}{1.269/\sqrt{6}}\right) = P(|T| < t_{0.005}) = 0.99$$

또한 자유도 5인 $t$-분포에서 $t_{0.005} = 4.032$이므로 구하고자 하는 $t_0$은 다음과 같다.

$$\frac{t_0}{1.269/\sqrt{6}} = t_{0.005} = 4.032; \quad t_0 = (4.032) \cdot \frac{1.269}{\sqrt{6}} = 2.0888$$

## (3) 모평균의 차에 관련된 확률분포(두 모분산을 모르는 경우)

동일한 모분산 $\sigma^2$을 갖는 독립인 두 정규모집단에서 크기 $n$과 $m$인 표본을 선정하면, 두 표본평균은 각각 다음 확률분포에 따른다.

$$\overline{X} \sim N\left(\mu_1, \frac{\sigma^2}{n}\right), \quad \overline{Y} \sim N\left(\mu_2, \frac{\sigma^2}{m}\right)$$

그리고 두 표본평균은 독립이므로 두 표본평균의 차 $\overline{X} - \overline{Y}$는 다음 정규분포에 따른다.

$$\overline{X} - \overline{Y} \sim N\left(\mu_1 - \mu_2, \sigma^2\left(\frac{1}{n} + \frac{1}{m}\right)\right)$$

또는

$$\frac{\overline{X} - \overline{Y} - (\mu_1 - \mu_2)}{\sigma \sqrt{\dfrac{1}{n} + \dfrac{1}{m}}} \sim N(0, 1)$$

한편 $\dfrac{n+m-2}{\sigma^2} S_p^2 \sim \chi^2(n+m-2)$ 이므로 다음을 얻는다.

$$\frac{\overline{X} - \overline{Y} - (\mu_1 - \mu_2)}{\sigma \sqrt{(1/n) + (1/m)}} \Big/ \sqrt{\frac{n+m-2}{\sigma^2} S_p^2 \Big/ (n+m-2)} = \frac{\overline{X} - \overline{Y} - (\mu_1 - \mu_2)}{S_p \sqrt{(1/n) + (1/m)}}$$

따라서 $t$-분포의 정의에 의하여 다음이 성립한다.

$$\frac{\overline{X} - \overline{Y} - (\mu_1 - \mu_2)}{S_p \sqrt{\dfrac{1}{n} + \dfrac{1}{m}}} \sim t\,(n+m-2)$$

다시 말해서, 미지의 동일한 모분산을 가지고 독립인 두 정규모집단에서 각각 크기 $n$ 과 $m$ 인 두 확률표본을 추출하면, 두 표본평균의 차 $\overline{X} - \overline{Y}$ 는 자유도 $n+m-2$ 인 $t$-분포를 이룬다.

---

### 예제 4

타이어를 생산하는 어느 회사에서 새로운 공정 방법에 의하여 생산한 타이어의 수명이 뛰어난지를 알아보기 위하여, 예전 방식에 의하여 생산한 타이어 7개와 새로운 방법에 의하여 생산한 타이어 9개를 조사한 결과 다음 표와 같았다. 두 방법에 의한 수명에 대한 예비실험을 통하여 평균수명은 동일하다는 결론을 얻었다. 이때 새로운 방법에 의하여 생산된 타이어가 예전 방식에 의하여 생산된 타이어에 비하여 평균수명이 1,518km 이상 더 클 확률을 구하라. 이때 단위는 1,000km이다.

| 새로운 방법 | 65.4, 63.6, 60.4, 62.5, 61.5, 62.4, 62.6, 63.7, 61.1 |
|---|---|
| 예전 방법 | 59.2, 60.6, 57.7, 58.1, 62.0, 56.2, 58.1 |

(풀이)

새로운 방법에 의한 표본평균을 $\overline{X}$ 그리고 예전 방법에 의한 표본평균을 $\overline{Y}$ 라 하면, 표본으로부터 $\overline{x} = 62.58$, $\overline{y} = 58.84$이고, 각각의 분산은 다음과 같다.

$$s_1^2 = \frac{1}{8}\sum(x_i - 62.58)^2 = 2.30, \quad s_2^2 = \frac{1}{6}\sum(y_j - 58.84)^2 = 3.76$$

그러므로 합동표본분산과 합동표본표준편차는 다음과 같다.

$$s_p^2 = \frac{1}{9+7-2}\left(8 \cdot s_1^2 + 6 \cdot s_2^2\right) = 2.926, \quad s_p = \sqrt{2.926} = 1.71$$

한편 표본의 크기가 각각 9와 7이므로 다음을 얻는다.

$$\sqrt{\frac{1}{n} + \frac{1}{m}} = \sqrt{\frac{1}{9} + \frac{1}{7}} = \sqrt{0.254} = 0.504$$

따라서 $s_p\sqrt{\dfrac{1}{n} + \dfrac{1}{m}} = (1.71) \cdot (0.504) = 0.862$이다. 특히 사전 실험으로부터 두 모평균이 동일하다는 결론을 얻었으므로 $\mu_X - \mu_Y = 0$이고, $\overline{X} - \overline{Y}$는 자유도 14인 $t$-분포에 따른다. 그러므로 구하고자 하는 확률은 다음과 같다.

$$P\left(\overline{X} - \overline{Y} \geq 1.518\right) = P\left(\frac{\overline{X} - \overline{Y} - 0}{0.862} \geq \frac{1.518}{0.862}\right) = P(T \geq 1.761) = 0.05$$

## (4) 두 모분산의 비에 관련된 확률분포

독립인 두 표본분산 $S_1^2$과 $S_2^2$에 대하여

$$\frac{n-1}{\sigma_1^2}S_1^2 \sim \chi^2(n-1), \quad \frac{m-1}{\sigma_2^2}S_2^2 \sim \chi^2(m-1)$$

이고, $S_1^2$과 $S_2^2$이 서로 독립이므로 $F$-분포의 정의에 의하여 명백히 다음이 성립한다.

$$\frac{S_1^2/\sigma_1^2}{S_2^2/\sigma_2^2} \sim F(n-1, m-1)$$

그러므로 두 표본분산의 비는 $F$-분포에 따르는 것을 알 수 있다.

**예제 5**

초등학교 3학년 남학생과 여학생의 폐활량은 각각 $N(\mu_1, 1.2)$와 $N(\mu_2, 1)$인 정규분포에 따른다고 한다. 남·여학생을 각각 16명과 20명씩 임의로 선정할 때, 선정된 남학생과 여학생의 폐활량에 대한 분산의 비가 $x_0$ 이상일 확률이 0.05가 되는 $x_0$을 구하라.

**풀이**

선정된 남학생과 여학생의 분산을 각각 $S_1^2$과 $S_2^2$이라 하면, 다음 확률분포를 얻는다.

$$\frac{S_1^2/1.2}{S_2^2/1} \sim F(15, 19)$$

따라서 $\alpha = 0.05$이고 분자·분모의 자유도가 각각 15와 19인 $F$-분포표로부터

$$0.05 = P\left(\frac{S_1^2/1.2}{S_2^2/1} > 2.23\right) = P\left(\frac{S_1^2/S_2^2}{1.2} > 2.23\right) = P\left(S_1^2/S_2^2 > 2.676\right)$$

이므로 $x_0 = 2.676$이다.

**1.** 모평균 $\mu$ 인 정규모집단으로부터 크기 15인 표본을 임의로 추출할 때, $P\left(\dfrac{|\overline{X}-\mu|}{S} < k\right) = 0.90$ 을 만족하는 상수 $k$를 구하라.

**2.** 다음 표는 고소공포증에 걸린 환자 32명을 각각 16명씩 기존의 치료법과 새로운 치료법에 의하여 치료한 결과로 점수가 높을수록 치료의 효과가 있음을 나타낸다. 이때 두 방법에 의한 치료 결과는 정규분포를 이룬다고 한다.

| 기존 치료법 | $\overline{x}=44.33$, $\quad s_X^2=101.666$ |
|---|---|
| 새 치료법 | $\overline{y}=47.67$, $\quad s_Y^2=95.095$ |

(1) 두 모분산이 동일하게 100이라 할 때, 합동표본분산이 170보다 작을 근사확률을 구하라.

(2) 두 표본에 대한 합동표본분산을 구하라.

(3) 두 모평균이 동일하다 할 때, 새로운 방법에 의한 치료 결과가 기존의 치료법보다 7.56점 이상 높을 근사확률을 구하라.

(4) 두 모분산이 동일하게 100이라 할 때, $P\left(S_Y^2 \ge (2.4)S_X^2\right)$를 구하라.

**3.** 시중에서 판매되고 있는 두 회사의 땅콩 잼에 포함된 카페인의 양을 조사한 결과, 다음 표를 얻었다. 이때 두 회사에서 제조된 땅콩 잼에 포함된 카페인의 양은 동일한 분산을 갖는 정규분포에 따른다고 한다. 이때 단위는 mg이다.

| A 회사 | $n=15$, | $\overline{x}=78$, | $s_X^2=30.25$ |
|---|---|---|---|
| B 회사 | $m=13$, | $\overline{y}=75$, | $s_Y^2=36$ |

(1) 두 모분산이 동일하게 35라 할 때, 합동표본분산이 12.4보다 작을 근사확률을 구하라.

(2) 두 표본에 대한 합동표본분산을 구하라.

(3) 두 모평균이 동일하다 할 때, A 회사에서 제조된 땅콩 잼의 평균이 B 회사에서 제조된 평균보다 3.7mg 이하일 근사확률을 구하라.

(4) $\sigma_A^2=30$, $\sigma_B^2=35$일 때, $P\left(S_Y^2 \ge 3S_X^2\right)$를 구하라.

**4.** 두 정규모집단 A와 B의 모분산은 동일하고, 평균은 각각 $\mu_X = 700$, $\mu_Y = 680$이라 한다. 이때 두 모집단으로부터 표본을 추출하여 다음과 같은 결과를 얻었다. 이때 단위는 mg이다.

| A 표본 | $n = 17$, $\bar{x} = 704$, $s_X = 39.25$ |
|---|---|
| B 표본 | $m = 10$, $\bar{y} = 675$, $s_Y = 43.75$ |

(1) 합동표본분산의 관측값 $s_p^2$을 구하라.

(2) 두 표본평균의 차 $T = \bar{X} - \bar{Y}$에 대한 확률분포를 구하라.

(3) $P(T \geq t_0) = 0.05$인 $t_0$을 구하라.

**5.** 모직 17묶음의 절단강도는 평균 452.4이고 표준편차는 12.3이고, 인조섬유 25묶음의 절단강도는 평균 474.6이고 표준편차는 5.50인 것으로 조사되었다. 그리고 두 종류 섬유의 절단강도는 동일한 분산을 갖는 정규분포를 이룬다고 한다.

(1) 합동표본분산의 측정값 $s_p^2$을 구하라.

(2) 모직의 평균 절단강도 $\bar{X}$와 인조섬유의 평균 절단강도 $\bar{Y}$의 차 $T = \bar{Y} - \bar{X}$에 대한 확률분포를 구하라.

(3) 표본의 측정값 $T_0 = \bar{y} - \bar{x}$를 이용하여 두 모집단 인조섬유와 모직에 대한 절단강도의 평균의 차이 $\mu_0$에 대하여 $P(|T - \mu_0| \leq t_0) = 0.95$인 $\mu_0$의 범위를 구하라.

## 7.4 표본비율의 분포

### (1) 모비율에 관련된 확률분포

수도권에 거주하는 내 집을 소유한 사람들의 비율을 조사한다고 하자. 그러면 수도권에 거주하는 세대주 전체가 모집단이 되고, 그 세대주들 중에서 내 집을 소유한 사람의 비율을 구하면 된다. 이와 같이 모집단을 형성하고 있는 모든 대상 중에서 어떤 특정한 성질을 갖고 있는 대상의 비율을 **모비율**(population proportion)이라 하고 $p$ 로 나타낸다. 그리고 모집단으로부터 크기 $n$ 인 표본을 선정할 때, 표본으로 선정된 대상들 중에서 특정한 성질을 갖는 대상의 비율을 표본비율이라 하고 $\hat{p}$ 로 나타낸다. 그러면 모집단의 크기를 $N$, 표본의 크기를 $n$, 그리고 모집단이나 표본 안에서 특정한 성질을 갖는 대상의 수를 $x$ 라 하면, 모비율과 표본비율은 각각 다음과 같다.

$$p = \frac{x}{N}, \quad \hat{p} = \frac{x}{n}$$

예를 들어, 수도권에서 내 집을 소유한 사람의 비율을 $p$ 라 하면 모비율은 $p$ 이다. 그리고 모든 세대주를 조사하는 것이 곤란하여 크기 $n$ 인 표본을 선정한다고 하자. 이때 처음 선정된 세대주가 내 집을 소유한다면 $X_1 = 1$, 그렇지 않으면 $X_1 = 0$ 이고 $P(X_1 = 1) = p$ 이다. 독립적으로 반복하여 $n$ 번째 선정한 세대주가 내 집을 소유한다면 $X_n = 1$, 그렇지 않으면 $X_n = 0$ 이고 $P(X_n = 1) = p$ 이다. 이와 같이 모비율이 $p$ 인 모집단으로부터 크기 $n$ 인 표본을 선정하여 다음과 같이 정의할 수 있다.

$$X_i = \begin{cases} 1, & \text{표본의 } i \text{번째 대상이 특정한 성질을 갖는 경우} \\ 0, & \text{그렇지 않은 경우} \end{cases}$$

이때 $P(X_i = 1) = p$, $i = 1, 2, \cdots, n$ 이다. 그러면 $X_i$ 들의 합 $X = X_1 + X_2 + \cdots + X_n$ 은 표본에서 특정한 성질을 갖는 대상의 수를 나타내고, 4.3절에서 살펴본 바와 같이 $X \sim B(n, p)$ 이다. 따라서 $X$ 의 평균과 분산은 각각 다음과 같다.

$$E(X) = np, \quad Var(X) = np(1-p)$$

한편 표본비율은 표본의 크기 $n$ 에 대한 특정한 성질을 갖는 대상의 수 $X$ 의 비율이므로 다음과 같이 정의된다.

$$\hat{p} = \frac{X}{n} = \frac{1}{n}\sum_{i=1}^{n} X_i$$

그러므로 다음을 얻는다.

$$\mu_{\hat{p}} = E\left(\frac{X}{n}\right) = \frac{1}{n}\,E(X) = \frac{1}{n}\,(np) = p$$

$$\sigma_{\hat{p}}^2 = Var\left(\frac{X}{n}\right) = \frac{1}{n^2}\,Var(X) = \frac{1}{n^2}\,(npq) = \frac{pq}{n}$$

즉, 표본비율의 평균과 분산은 각각 다음과 같다.

$$E(\hat{p}) = p, \quad Var(\hat{p}) = \frac{pq}{n}$$

특히 표본의 크기 $n$이 충분히 크다면, 즉 $np \geq 5$, $nq \geq 5$이면 중심극한정리에 의하여 표본비율은 평균 $p$이고 분산 $\frac{pq}{n}$인 정규분포에 근사한다는 사실을 이미 살펴보았다. 즉, 표본의 크기 $n$이 충분히 크다면, 표본에서 특정한 성질을 갖는 대상의 수 $X$는 다음 정규분포에 근사한다.

$$X \approx N(np, npq)$$

따라서 표본비율은 다음과 같은 정규분포에 근사한다.

$$\hat{p} \approx N\left(p, \frac{pq}{n}\right)$$

---

**예제 1**

수입한 장난감의 불량률은 컨테이너 박스당 2%라고 한다. 이를 알아보기 위하여 장난감 300개를 임의로 선정하여 조사한다.

(1) 적어도 5개 이상이 불량품일 확률을 구하라.

(2) 불량률이 3% 이상일 확률을 구하라.

**풀이**

(1) 300개의 장난감에 포함된 불량품의 수를 $X$라 하면, $X$는 $n = 300$, $p = 0.02$인 이항분포를 이루고, 따라서 $\mu = np = 6$, $\sigma^2 = npq = 5.88$이므로 $X \approx N(6, 5.88)$이다. 그러므로 구하고자 하는 근사확률은 다음과 같다.

$$P(X \geq 5) = P\left(Z \geq \frac{5-6}{\sqrt{5.88}}\right) \approx P(Z \geq -0.41) = P(Z \leq 0.41) = 0.6591$$

(2) 300개의 장난감 중에 포함된 불량품의 비율을 $\hat{p}$라 하면, 다음을 얻는다.

$$\hat{p} \approx N\left(0.02, \frac{(0.02) \cdot (0.98)}{300}\right) = N(0.02, (0.0081)^2)$$

따라서 구하고자 하는 확률은 다음과 같다.

$$P(\hat{p} \geq 0.03) = P\left(Z \geq \frac{0.03 - 0.02}{0.0081}\right) \approx P(Z \geq 1.23)$$

$$= 1 - P(Z < 1.23) = 1 - 0.8907 = 0.1093$$

## (2) 모비율의 차에 관련된 확률분포

서로 독립이고 모비율이 각각 $p_1$, $p_2$인 두 모집단에서 각각 크기 $n$과 $m$인 확률표본을 선정할 때, $n$과 $m$이 충분히 크다면 표본비율은 각각 근사적으로 다음 정규분포에 따른다.

$$\hat{p}_1 \approx N\left(p_1, \frac{p_1 q_1}{n}\right), \quad \hat{p}_2 \approx N\left(p_2, \frac{p_2 q_2}{m}\right)$$

그리고 두 표본이 독립이므로 두 표본비율의 차 $\hat{p}_1 - \hat{p}_2$는 다음과 같은 정규분포에 따른다.

$$\hat{p}_1 - \hat{p}_2 \approx N\left(p_1 - p_2, \frac{p_1 q_1}{n} + \frac{p_2 q_2}{m}\right)$$

따라서 두 표본비율의 차를 표준화하면 다음과 같다.

$$\frac{(\hat{p}_1 - \hat{p}_2) - (p_1 - p_2)}{\sqrt{\dfrac{p_1 q_1}{n} + \dfrac{p_2 q_2}{m}}} \approx N(0, 1)$$

---

**예제 2**

우리나라 사람의 남자 4.3% 그리고 여자 3.6%가 왼손잡이라고 한다. 임의로 남자 500명과 여자 400명을 선정했을 때, 왼손잡이 남자와 여자의 비율의 차이가 0.5% 이하일 확률을 구하라.

**(풀이)**

남자와 여자의 비율을 각각 $p_1$, $p_2$라 하면, 다음을 얻는다.

$$p_1 - p_2 = 0.043 - 0.036 = 0.007,$$

$$\sqrt{\frac{p_1 q_1}{n} + \frac{p_2 q_2}{m}} = \sqrt{\frac{(0.043)(0.957)}{500} + \frac{(0.036)(0.964)}{400}} = \sqrt{0.00017} = 0.013$$

따라서 두 표본비율 $\hat{p}_1 - \hat{p}_2$는 다음과 같은 근사표준정규분포를 이룬다.

$$\frac{(\hat{p}_1 - \hat{p}_2) - 0.007}{0.013} \approx N(0,1)$$

그러므로 구하고자 하는 근사확률은 다음과 같다.

$$P(\hat{p}_1 - \hat{p}_2 \leq 0.005) = P\left(Z \leq \frac{0.005 - 0.007}{0.013}\right) \approx P(Z \leq -0.15) = P(Z \geq 0.15)$$

$$= 1 - P(Z < 0.15) = 1 - 0.5596 = 0.4404$$

**1.** 어느 회사에서 생산된 배터리의 10%가 불량품이라고 한다. 이 회사에서 임의로 8개를 선정하였을 때, 다음을 구하라.

(1) 불량품이 없을 확률                    (2) 두 개 이상 불량품이 포함될 확률

(3) 15% 이상 불량품이 포함될 확률

**2.** 문제 1에서 임의로 80개를 선정하였을 때, (1) ~ (3)을 구하라.

**3.** 어느 대학의 경우에 신입생 적정선이 1,000명이라고 한다. 근래 몇 년간 이 대학은 평균 60%의 신입생을 모집하였다. 이러한 사실을 기초로 1차 전형에서 1,550명을 모집하였을 때, 다음을 구하라.

(1) 1,000명 이상 남아 있을 확률          (2) 900명 이하로 남아 있을 확률

**4.** 트랜스미션에 대한 주요 결점은 외부에 의한 영향으로 발생하며, 과거의 경험에 의하면 모든 결점의 70%가 번개에 의한 것으로 알려졌다. 이를 확인하기 위하여 200개의 결함이 있는 트랜스미션을 조사한 결과, 151개 이상 번개에 의한 원인일 확률을 구하라.

**5.** 1,000명의 어린이로 구성된 어느 단체에는 25명의 왼손잡이가 있다고 한다. 40명의 어린이를 임의로 선정했을 때, 적어도 2명이 왼손잡이일 확률을 구하라.

**6.** 어느 도시의 시장 선거에서 A 후보자는 그 도시의 유권자를 상대로 53%의 지지율을 얻고 있다고 한다. 이때 400명의 유권자를 상대로 조사한 결과, 49%이하의 유권자가 지지할 확률을 구하라.

**7.** 많은 소비자들은 주중의 월요일에 만들어진 자동차의 결함률이 8%이고, 다른 요일에 제조된 자동차의 결함률은 월요일보다 2% 작다고 생각한다. 이러한 주장을 알아보기 위하여 월요일에 만들어진 자동차 100대를 선정하고 다른 요일에 만들어진 자동차 200대를 선정하여 조사한 결과, 월요일에 만들어진 자동차가 다른 요일에 만들어진 자동차보다 결함이 있는 비율이 2.2% 더 많을 확률을 구하라.

**8.** 2005년 통계조사에 따르면 25세 이상 남성과 여성 중 대졸 이상은 각각 37.8%와 25.4%로 조사되었다. 남성 500명과 여성 450명을 표본조사한 결과, 남성과 여성의 비율의 차가 11.5% 이하일 확률을 구하라.

# 추정

지금까지는 모집단의 분포와 모수를 비롯한 여러 가지 특성을 알고 있다는 전제 아래서 확률표본을 선정하여 표본의 특성을 조사하였으나, 실제로는 모집단 분포 및 모수 등은 알려져 있지 않다. 사실상, 이미 모집단의 특성을 알고 있다면, 표본조사를 할 필요가 없다. 따라서 이 장에서는 표본으로부터 보편타당하고 과학적인 방법으로 모수를 추론하는 방법에 대하여 살펴본다.

## 8.1 점추정과 구간추정

어떤 정보가 알려지지 않은 미지의 모집단 분포의 특성을 나타내는 모수를 추론하는 방법에 대하여 살펴본다. 이를 위하여 모집단에서 임의로 선정한 표본으로부터 적당한 통계량의 관찰값을 얻는다. 그리고 이 관찰값을 이용하여 모수의 참값을 추론한다. 예를 들어, 미지의 모평균 $\mu$를 추론하기 위하여 그림 8.1과 같이 모집단으로부터 크기 $n$인 표본을 선정하여 통계량인 표본평균 $\overline{X}$의 관찰값 $\overline{x}$를 구한다. 그리고 이 관찰값 $\overline{x}$를 이용하여 모평균 $\mu$의 참값을 추론한다.

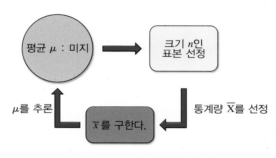

그림 8.1  모수의 추론 과정

이와 같이 표본으로부터 얻은 정보를 이용하여 과학적으로 미지의 모수를 추론하는 과정을 **통계적 추론**(statistical inference)이라 한다. 보편적으로 선정된 표본으로부터 얻은 통계량인 표본평균, 표본분산 또는 표본비율 등을 이용하여 모수인 모평균, 모분산 그리고 모비율의 참값을 추론한다. 이와 같이 표본으로부터 얻은 통계량을 이용하여 모수를 추론하는 과정을 **추정**(estimate)이라 한다. 이때 일반적으로 모집단의 특성을 나타내는 수치인 모수는 $\theta$로 표시하며, 모수에 대한 정보를 추론하기 위하여 추출한 표본으로부터 설정한 통계량은 $\hat{\theta}$로 나타낸다. 그러면 통계량은 표본으로 선정된 일부 자료로부터 얻어지는 수치적인 양이므로 측정 가능한 값이다. 한편 제7장에서 살펴본 바와 같이 표본을 어떻게 선정하느냐에 따라서 서로 다른 측정값을 나타낼 수 있으므로 통계량은 어떤 확률분포를 형성한다. 그러므로 가장 객관적이고 타당한 표본을 선정하여 최적의 통계량을 설정하고, 그 통계량을 바탕으로 모수의 참값을 추정하는 것이 필수적이다.

이와 같이 모수 $\theta$를 추정하기 위하여 표본으로부터 선정한 통계량을 **추정량**(estimator)이라 하고, 추정량은 $X_1, X_2, \cdots, X_n$의 함수 $\hat{\Theta} = \Theta(X_1, X_2, \cdots, X_n)$인 확률변수이다. 그러므로 표본의 관찰값인 $x_1, x_2, \cdots, x_n$에 의한 추정량의 추정값 $\hat{\theta} = \Theta(x_1, x_2, \cdots, x_n)$을 이용하여 모수 $\theta$를 추

정한다. 그러면 모수에 대한 추정량이 표본의 선정에 따라 가변적이므로 앞에서 언급한 바와 같이 최적의 추정량을 설정하여 가장 보편타당한 추정값을 얻어야 한다. 이와 같이 모수 $\theta$ 의 참값에 대하여 최적의 추정값을 구하는 과정을 **점추정**(point estimate)이라 한다. 한편 점추정값 $\hat{\theta}$ 는 알려지지 않은 모수 $\theta$ 의 참값은 아니지만, 가장 좋은 점추정값은 미지인 모수의 가장 바람직한 가상의 값으로 생각할 수 있다. 그러나 동일한 표본에 대하여 추정량 $\hat{\Theta}$ 를 어떻게 설정하느냐에 따라 모수의 추정값은 다양하게 나타난다. 그러므로 가장 바람직한 추정값을 얻기 위하여 어떤 추정량을 선택해야 하는지 살펴볼 필요가 있다.

## (1) 불편성

모수 $\theta$ 에 대한 점추정량 $\hat{\Theta} = \Theta(X_1, \cdots, X_n)$ 에 대하여 다음을 만족하는 경우에, 추정량 $\hat{\Theta}$ 를 모수 $\theta$ 의 **불편추정량**(unbiased estimator)이라 한다.

$$E(\hat{\Theta}) = \theta$$

그러면 점추정량 $\hat{\Theta}$ 는 확률변수이고 $\hat{\Theta}$ 가 불편추정량이라는 것은 이 추정량의 평균이 추정할 미지의 모수 $\theta$ 와 일치하는 것을 의미한다. 따라서 $\hat{\Theta}$ 의 분포가 그림 8.2 (a)와 같이 모수 $\theta$ 에 집중한다면, 추정량 $\hat{\Theta}$ 는 불편추정량이다. 그러나 추정량의 분포가 그림 8.2 (b)와 같이 모수 $\theta$ 에 집중되지 않는다면, 다시 말해서 $E(\hat{\Theta}) \neq \theta$ 이면, 추정량 $\hat{\Theta}$ 을 **편의추정량**(biased estimator)이라 하고, bias $= E(\hat{\Theta}) - \theta$ 를 **편의**(bias)라 한다.

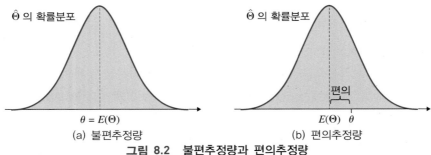

그림 8.2  **불편추정량과 편의추정량**

이제 모평균과 모분산 그리고 모비율에 대한 대표적인 불편추정량을 살펴보자. 모평균 $\mu$ 인 모집단에서 크기 $n$ 인 확률표본을 취하여 $\{X_1, X_2, \cdots, X_n\}$ 이라 하면, 이 확률변수들은 i.i.d이므로 $E(X_i) = \mu$, $i = 1, 2, \cdots, n$ 이다. 한편 7.2절에서 살펴본 바와 같이 표본평균 $\overline{X}$ 에 대하여 다음이 성립한다.

$$E(\overline{X}) = E\left(\frac{1}{n}\sum_{i=1}^{n}X_i\right) = \frac{1}{n}\sum_{i=1}^{n}E(X_i) = \frac{1}{n}\sum_{i=1}^{n}\mu = \frac{1}{n}(n\mu) = \mu$$

따라서 표본평균 $\overline{X}$ 는 모평균 $\mu$ 에 대한 불편추정량이다. 한편 절사평균은 일반적으로 모평균에 대한 불편추정량이 아니며, 표본 중앙값도 모집단 중앙값에 대한 불편추정량이 되지 못한다. 또한 표본분산 $S^2$ 을 다음과 같이 변형할 수 있다.

$$S^2 = \frac{1}{n-1}\sum_{i=1}^{n}\left(X_i - \overline{X}\right)^2 = \frac{1}{n-1}\sum_{i=1}^{n}\left[(X_i - \mu) - \left(\overline{X} - \mu\right)\right]^2$$

$$= \frac{1}{n-1}\sum_{i=1}^{n}\left[(X_i - \mu)^2 - 2(\overline{X} - \mu)(X_i - \mu) + (\overline{X} - \mu)^2\right]$$

$$= \frac{1}{n-1}\left[\sum_{i=1}^{n}(X_i - \mu)^2 - n(\overline{X} - \mu)^2\right]$$

그리고 7.2절에서 표본평균의 분산은 다음과 같음을 이미 살펴보았다.

$$Var(\overline{X}) = E\left[\left(\overline{X} - \mu\right)^2\right] = \frac{\sigma^2}{n}$$

따라서 표본분산 $S^2$ 의 기댓값은 다음과 같다.

$$E(S^2) = \frac{1}{n-1}E\left[\sum_{i=1}^{n}(X_i - \mu)^2 - n(\overline{X} - \mu)^2\right]$$

$$= \frac{1}{n-1}\left[\sum_{i=1}^{n}E[(X_i - \mu)^2] - nE\left[(\overline{X} - \mu)^2\right]\right]$$

$$= \frac{1}{n-1}\left[n\sigma^2 - n\,Var\,(\overline{X})\right] = \frac{1}{n-1}(n\sigma^2 - \sigma^2)$$

$$= \sigma^2$$

즉, $E(S^2) = \sigma^2$ 이므로 표본분산 $S^2$ 은 모분산 $\sigma^2$ 에 대한 불편추정량이다. 그러나 표본분산을

$$S^2 = \frac{1}{n}\sum\left(X_i - \overline{X}\right)^2$$

으로 정의하면,

$$E(S^2) = \left(\frac{n-1}{n}\right)\sigma^2$$

이다. 그러므로 이 경우에 표본분산 $S^2$ 은 다음과 같은 편의를 갖는다.

$$\text{bias} = E(S^2) - \sigma^2 = \left(\frac{n-1}{n}\right)\sigma^2 - \sigma^2 = -\frac{\sigma^2}{n}$$

따라서 표본분산을 정의하기 위하여 편차제곱합을 표본의 크기보다 1만큼 작은 $n-1$로 나누어 정의한다. 표본표준편차 $S$는 모표준편차 $\sigma$에 대한 불편추정량이 아니다. 한편 $X_1, X_2, \cdots, X_n$이 i.i.d. $B(1, p)$인 베르누이 확률변수들이라 하자. 그러면 7.4절에서 언급한 바와 같이 $X = X_1 + \cdots + X_n$은 이항분포 $B(n, p)$에 따르고, 표본비율의 평균은 다음과 같다.

$$E(\hat{p}) = E\left(\frac{X}{n}\right) = \frac{1}{n}E(X) = \frac{1}{n}(np) = p$$

따라서 표본비율 $\hat{p} = \dfrac{X}{n}$는 모비율 $p$에 대한 불편추정량이다.

---

### 예제 1

미지의 모평균 $\mu$를 가지는 모집단으로부터 크기 3인 확률표본 $X_1, X_2, X_3$을 추출하여, 모평균에 대한 점추정량을 다음과 같이 정의하였다. 불편추정량과 편의추정량을 구하라.

$$\hat{\mu}_1 = \frac{1}{3}(X_1 + X_2 + X_3), \quad \hat{\mu}_2 = \frac{1}{4}(X_1 + 2X_2 + X_3), \quad \hat{\mu}_3 = \frac{1}{5}(X_1 + 2X_2 + X_3)$$

**풀이**

각 추정량의 기댓값을 구하면 각각 다음과 같다.

$$E(\hat{\mu}_1) = \frac{1}{3}E(X_1 + X_2 + X_3) = \mu,$$

$$E(\hat{\mu}_2) = \frac{1}{4}E(X_1 + 2X_2 + X_3) = \mu,$$

$$E(\hat{\mu}_3) = \frac{1}{5}E(X_1 + 2X_2 + X_3) = \frac{4}{5}\mu$$

따라서 $\hat{\mu}_1$과 $\hat{\mu}_2$는 불편추정량이고 $\hat{\mu}_3$는 편의추정량이다.

### (2) 유효성

[예제 1]에서 모평균 $\mu$에 대한 불편추정량은 $\hat{\mu}_1$와 $\hat{\mu}_2$이다. 이와 같이 일반적으로 모수 $\theta$에 대한 불편추정량은 여러 개 존재할 수 있다. 이때 그림 8.3과 같이 여러 개의 불편추정량 $\hat{\Theta}$에 대하여, 불편추정량의 분산이 작을수록 $\hat{\Theta}$의 분포는 모수 $\theta$를 중심으로 더욱 더 밀집한다.

따라서 여러 개의 불편추정량들 중에서 가장 작은 분산을 가지는 추정량이 가장 효과가 크다는 것을 쉽게 이해할 수 있다.

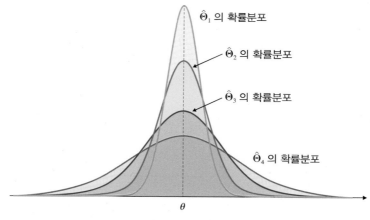

그림 8.3 **불편추정량들의 비교**

이와 같이 모수 $\theta$에 가장 가깝게 밀집되는 분포를 갖는 추정량을 **유효추정량**(efficient estimator)이라 한다. 다시 말해서, 추정량들 $\hat{\Theta}_1, \hat{\Theta}_2, \cdots, \hat{\Theta}_n$ 중에서 다음을 만족하는 추정량 $\hat{\Theta}$가 모수 $\theta$에 대한 유효추정량이다.

$$Var(\hat{\Theta}) = \min\left\{ Var(\hat{\Theta}_1),\ Var(\hat{\Theta}_2),\ \cdots,\ Var(\hat{\Theta}_n) \right\}$$

이때 다음과 같이 정의되는 추정량 $\hat{\Theta}$의 표준편차를 추정량 $\hat{\Theta}$의 **표준오차**(standard error)라 한다.

$$\text{S.E.}(\hat{\Theta}) = \sqrt{Var(\hat{\Theta})}$$

따라서 모수 $\theta$에 대한 유효추정량은 다음과 같이 가장 작은 표준오차를 가지는 추정량이다.

$$\text{S.E.}(\hat{\Theta}) = \min\left\{ \text{S.E.}(\hat{\Theta}_1),\ \text{S.E.}(\hat{\Theta}_2),\ \cdots,\ \text{S.E.}(\hat{\Theta}_n) \right\}$$

그러면 그림 8.3에서 4개의 불편추정량들 중에서 $\hat{\Theta}_1$이 가장 작은 분산을 가지므로 유효추정량은 $\hat{\Theta}_1$이다.

---

### 예제 2

[예제 1]의 불편추정량들 중에서 유효추정량을 구하라.

**풀이**

불편추정량은 $\hat{\mu}_1$와 $\hat{\mu}_2$이고, $Var(X_i) = \sigma^2$, $i = 1, 2$이므로 $\hat{\mu}_1$와 $\hat{\mu}_2$의 분산을 구하면 다음과 같다.

$$Var(\hat{\mu}_1) = \frac{1}{9} Var(X_1 + X_2 + X_3) = \frac{1}{9}\left[ Var(X_1) + Var(X_2) + Var(X_3) \right] = \frac{1}{3}\sigma^2$$

$$Var(\hat{\mu}_2) = \frac{1}{16} Var(X_1 + 2X_2 + X_3) = \frac{1}{16}\left[ Var(X_1) + 4 Var(X_2) + Var(X_3) \right] = \frac{3}{8}\sigma^2$$

따라서 $Var(\hat{\mu}_1) < Var(\hat{\mu}_2)$이고, 유효성을 갖는 불편추정량은 $\hat{\mu}_1$이다.

---

[예제 2]에 의하여 추정량 $\hat{\mu}_1$는 모평균 $\mu$에 대한 불편성을 갖는 유효추정량이다. 이와 같이 모수 $\theta$에 대하여 불편성과 유효성을 갖는 추정량 $\hat{\theta}$를 **최소분산불편추정량**(minimum variance unbiased estimator)이라 한다. 표본평균 $\overline{X}$가 표본중앙값 $\widetilde{X}$보다 더 좋은 효율성을 갖는 추정량인 것이 알려져 있으며, 또한 표본의 크기가 클수록 유효성이 크다는 사실을 다음과 같이 관찰할 수 있다. 표본의 크기가 $n$과 $2n$인 두 표본평균

$$\overline{X}_n = \frac{1}{n}(X_1 + X_2 + \cdots + X_n), \quad \overline{X}_{2n} = \frac{1}{n}(X_1 + X_2 + \cdots + X_{2n})$$

에 대하여 다음을 얻는다.

$$Var(\overline{X}_n) = \frac{1}{n^2} Var(X_1 + X_2 + \cdots + X_n) = \frac{1}{n}\sigma^2$$

$$Var(\overline{X}_{2n}) = \frac{1}{(2n)^2} Var(X_1 + X_2 + \cdots + X_{2n}) = \frac{1}{2n}\sigma^2$$

그러므로 $Var(\overline{X}_{2n}) < Var(\overline{X}_n)$이고 따라서 동일한 표본평균일지라도 표본의 크기가 큰 $\overline{X}_{2n}$이 $\overline{X}_n$보다 유효성이 있음을 알 수 있다.

---

### 예제 3

모평균 $\mu$와 모분산 $\sigma^2$인 확률표본 $\{X_1, X_2\}$에 대하여, $\mu$의 추정량 $\hat{\mu} = a_1 X_1 + a_2 X_2$를 생각하자. 이때 이 추정량이 모평균 $\mu$에 대한 최소분산불편추정량이 되기 위한 $a_1, a_2$를 구하라. 단, $a_1$,

$a_2$는 양의 실수이다.

(풀이)

$\hat{\mu}$가 모평균 $\mu$에 대해 불편성을 갖기 위하여 다음 조건을 만족해야 한다.

$$E(\hat{\mu}) = E(a_1 X_1 + a_2 X_2) = a_1 E(X_1) + a_2 E(X_2) = (a_1 + a_2)\mu = \mu$$

그러므로 $a_1 + a_2 = 1$이다. 또한 $Var(X_1) = Var(X_2) = \sigma^2$이므로 $\hat{\mu}$의 분산은 다음과 같다.

$$Var(\hat{\mu}) = Var(a_1 X_1 + a_2 X_2) = a_1^2 Var(X_1) + a_2^2 Var(X_2) = (a_1^2 + a_2^2)\sigma^2$$

따라서 $a_1^2 + a_2^2$이 최소일 때, $Var(\hat{\mu})$가 최소이다. 한편 $a_1 + a_2 = 1$이므로 다음을 얻는다.

$$a_1^2 + a_2^2 = a_1^2 + (1 - a_1)^2 = 2\left(a_1 - \frac{1}{2}\right)^2 + \frac{1}{2}$$

그러면 $a_1 = \frac{1}{2}$일 때 $a_1^2 + a_2^2$은 최소이다. 즉, $a_1 = a_2 = \frac{1}{2}$일 때, $\hat{\mu}$가 최소분산을 갖는다.

일반적으로 $a_1 = a_2 = \cdots = a_n = \frac{1}{n}$일 때, 즉 표본평균 $\overline{X}$는 모평균 $\mu$에 대하여 최소분산불편추정량이다. 이와 같이 최소분산불편추정량을 선정하여 모수 $\theta$의 참값을 추정한다 하더라도 표본의 선정에 따라 잘못 추정하는 오류를 범할 수 있다. 그러므로 이러한 오류를 범하지 않기 위하여 미리 정해진 어느 정도 확신을 가지고 모수 $\theta$의 참값이 포함될 것으로 믿어지는 구간을 추정하는 방법을 생각할 수 있으며, 이러한 추정 방법을 **구간추정**(interval estimation)이라 한다. 이때 모수의 참값이 추정한 구간 안에 포함될 것으로 믿어지는 미리 정해 놓은 확신의 정도를 **신뢰도**(degree of confidence)라 하며, $100(1-\alpha)\%$로 나타낸다. 그러면 신뢰도 $100(1-\alpha)\%$에서 모수 $\theta$에 대한 구간추정을 위하여 다음을 만족하는 두 통계량 $L(X_1, \cdots, X_n)$, $U(X_1, \cdots, X_n)$을 적당히 취한다.

$$P(L < \theta < U) = 1 - \alpha, \ 0 < \alpha < 1$$

이때 구간 $(L(X_1, \cdots, X_n), U(X_1, \cdots, X_n))$을 모수 $\theta$에 대한 **구간추정량**(interval estimator)이라 한다. 그리고 표본으로 얻은 관찰값이 $X_1 = x_1, X_2 = x_2, \cdots, X_n = x_n$일 때, 이 관찰값으로부터 산출된 통계량 $L$과 $U$의 측정값 $l$과 $u$에 대하여 구간 $(l(x_1, \cdots, x_n), u(x_1, \cdots, x_n))$을 모수 $\theta$에 대한 $100(1-\alpha)\%$의 **신뢰구간**(confidence interval)이라 한다. 보편적으로 $\alpha$가 0.1, 0.05 그리고 0.01이 되는 90%, 95% 그리고 99%의 신뢰도를 많이 사용하며, 신뢰구간은 점추정값 $\hat{\theta}$를 중심으로 동일한 거리만큼 떨어진 구간이다. 그리고 $l(x_1, \cdots, x_n)$을 신뢰구간의 **하한**(lower bound), $u(x_1, \cdots, x_n)$을 신뢰구간의 **상한**(upper bound)이라 한다. 특히 95% 신뢰도라 함은 그림 8.4와 같이 동일한 모집단으로부터 표본 20개를 임의로 추출하였을 때, 이 표본으로부터 얻은 신뢰구간들 중에서 최대 5%에 해당하는 1개의 구간이 모수의 참값을 포함하지 않는 것을 허용한다는 의미이다.

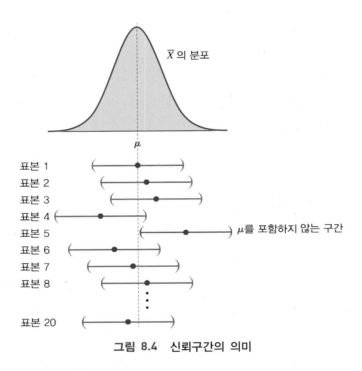

**그림 8.4  신뢰구간의 의미**

## 습문제 8.1

**1.** 어느 CD 플레이어를 만드는 제조회사에서 생산되는 플레이어의 평균수명을 알기 위하여 50개를 임의로 추출하여 조사한 결과 7,864시간이었다. 최소분산불편추정량을 이용하여 이 회사에서 제조되는 플레이어의 평균수명을 추정하라.

**2.** 우리나라 근로자의 유형을 알아보기 위하여 17,663명을 임의로 조사하여 다음 결과를 얻었다. 이 결과를 이용하여 우리나라 근로자의 비율을 유형별로 추정하라.

| 격주 근로자 | 주 5일 근로자 | 주 6일 근로자 |
|:---:|:---:|:---:|
| 748명 | 16,689명 | 226명 |

**3.** $E(X_1) = \mu$, $Var(X_1) = 4$, $E(X_2) = \mu$, $Var(X_2) = 7$, $E(X_3) = \mu$, $Var(X_3) = 14$일 때, 다음 추정량을 이용하여 모평균 $\mu$를 점추정하고자 한다.

$$\hat{\mu}_1 = \frac{1}{3}(X_1 + X_2 + X_3), \quad \hat{\mu}_2 = \frac{1}{4}(X_1 + 2X_2 + X_3), \quad \hat{\mu}_3 = \frac{1}{3}(2X_1 + X_2 + 2X_3)$$

(1) 각 추정량의 편의를 구하라.
(2) 불편추정량과 편의추정량을 구하라.
(3) 불편추정량들의 분산을 구하고, 최소분산불편추정량을 구하라.
(4) $\mu = 1$일 때, 각 추정량들의 평균제곱오차를 구하라.

**4.** $E(X_1) = \mu$, $Var(X_1) = 7$, $E(X_2) = \mu$, $Var(X_2) = 13$, $E(X_3) = \mu$, $Var(X_3) = 20$일 때, 다음 추정량을 이용하여 모평균 $\mu$를 점추정하고자 한다.

$$\hat{\mu}_1 = \frac{1}{3}(X_1 + X_2 + X_3), \quad \hat{\mu}_2 = \frac{X_1}{4} + \frac{X_2}{2} + \frac{X_3}{5}, \quad \hat{\mu}_3 = \frac{X_1}{3} + \frac{X_2}{4} + \frac{X_3}{5} + 2$$

(1) 각 추정량의 편의를 구하라.
(2) 불편추정량과 편의추정량을 구하라.
(3) 불편추정량들의 분산을 구하고, 최소분산추정량을 구하라.

**5.** $E(X_1) = \mu$, $Var(X_1) = 2$, $E(X_2) = \mu$, $Var(X_2) = 4$ 이다.

(1) $\hat{\mu} = \dfrac{1}{2}(X_1 + X_2)$의 분산을 구하라.

(2) $\hat{\mu}_1 = aX_1 + (1-a)X_2$의 분산이 최소가 되는 상수 $a$와 최소 분산을 구하라.

**6.** 크기 20인 표본을 조사한 결과 $\displaystyle\sum_{i=1}^{20} x_i = 48.6$과 $\displaystyle\sum_{i=1}^{20} x_i^2 = 167.4$인 결과를 얻었다. 이 결과를 이용하여 모평균과 모분산을 점추정하라.

**7.** 타이어를 생산하는 어느 회사에서 새로운 제조법에 의하여 생산한 타이어의 주행거리를 알아보기 위하여 7개를 임의로 선정하여 사용한 결과 다음과 같은 결과를 얻었다. 단, 단위는 1,000km 이다.

| | | | | | | |
|---|---|---|---|---|---|---|
| 59.2 | 60.6 | 56.2 | 62.0 | 58.1 | 57.7 | 58.1 |

(1) 이 회사에서 생산된 타이어의 평균 주행거리의 추정값을 구하라.
(2) 주행거리의 분산에 대한 추정값을 구하라.

**8.** 상호 대화식의 컴퓨터 시스템은 대단위 장치에서 사용이 가능하다. 시간당 수신된 신호 수 $X$는 모수 $\lambda$인 푸아송분포에 따른다고 한다. 이때 수신된 신호 수에 대하여 다음 표본을 얻었다.

| | | | | | | | | | |
|---|---|---|---|---|---|---|---|---|---|
| 31 | 28 | 28 | 25 | 17 | 26 | 22 | 10 | 4 | 27 |

(1) 이 모수에 대한 불편추정량을 하나 제시하라.
(2) 시간당 수신된 평균 신호 수에 대한 불편추정값을 구하라.
(3) 30분당 수신된 평균 신호 수에 대한 불편추정값을 구하라.

**9.** $X_1, X_2, \cdots, X_{10}$은 $n = 10$이고 미지의 $p$를 모수로 갖는 이항분포로부터 추출된 확률표본이라 한다.

| | | | | | | | | | |
|---|---|---|---|---|---|---|---|---|---|
| 1 | 8 | 2 | 5 | 7 | 6 | 2 | 9 | 4 | 7 |

(1) $\hat{p} = \dfrac{\overline{X}}{10}$가 모수 $p$에 대한 불편추정량임을 보여라.

(2) 관찰된 표본이 다음과 같을 때, 모수 $p$에 대한 불편추정값을 구하라.

**10.** $X_1$, $X_2$, $\cdots$, $X_{10}$은 $(0, b)$에서 균등분포를 이루는 모집단으로부터 추출된 확률표본이고, 관찰값이 다음 표와 같다고 한다.

| 10 7 11 12 8 8 9 10 9 13 |
|---|

(1) 모평균에 대한 불편추정값을 구하라.  (2) 모분산에 대한 불편추정값을 구하라.
(3) 모수 $b$에 대한 불편추정값을 구하라.  (4) 모표준편차에 대한 추정값을 구하라.

## 8.2 모평균의 구간추정

이 절에서는 단일모집단 또는 두 모집단이 정규분포를 이룬다는 가정 아래, 단일모집단의 모평균 또는 두 모집단의 모평균 차에 대한 신뢰구간을 구하는 방법에 대하여 살펴본다. 특히 모분산에 대한 사전 정보를 알고 있는지 그렇지 않은지에 따라 신뢰구간을 얻기 위하여 사용하는 확률분포가 서로 다르다. 따라서 모분산이 알려졌는지 아닌지를 구분하여 모평균에 대한 신뢰구간을 구하는 방법을 상세히 살펴본다.

### (1) 모분산이 알려진 경우

모분산 $\sigma^2$이 알려진 정규모집단 $N(\mu, \sigma^2)$에서 크기 $n$인 확률표본을 추출할 때, 최소분산 불편추정량 $\hat{\mu} = \overline{X}$의 표본분포는 정규분포 $\overline{X} \sim N\left(\mu, \dfrac{\sigma^2}{n}\right)$을 이룬다. 따라서 추정량 $\overline{X}$의 표준오차는 다음과 같다.

$$\text{S.E.}(\overline{X}) = \frac{\sigma}{\sqrt{n}}$$

또한 $\overline{X}$의 표준화 확률변수 $Z$는 다음과 같은 표준정규분포를 이룬다.

$$Z = \frac{\overline{X} - \mu}{\sigma / \sqrt{n}} \sim N(0, 1)$$

그러므로 양쪽 꼬리확률 $\dfrac{\alpha}{2}$에 대한 다음 중심확률을 얻는다.

$$P\left(\left|\frac{\overline{X} - \mu}{\sigma / \sqrt{n}}\right| < z_{\alpha/2}\right) = P\left(|\overline{X} - \mu| < z_{\alpha/2}\frac{\sigma}{\sqrt{n}}\right) = 1 - \alpha$$

이때 $e = z_{\alpha/2}\dfrac{\sigma}{\sqrt{n}}$를 $|\overline{X} - \mu|$에 대한 $100(1-\alpha)\%$의 오차한계라 하며, 5.3절에서 살펴본 바와 같이 중심확률이 90%, 95%, 그리고 99%인 백분위수는 다음과 같다.

$$z_{0.05} = 1.645, \ z_{0.025} = 1.96, \ z_{0.005} = 2.58$$

그러므로 $|\overline{X} - \mu|$에 대한 90%, 95%, 그리고 99% 오차한계는 다음과 같다.

$$|\overline{X}-\mu| \text{에 대한 90\% 오차한계}: \quad e_{90\%} = (1.645)\frac{\sigma}{\sqrt{n}}$$

$$|\overline{X}-\mu| \text{에 대한 95\% 오차한계}: \quad e_{95\%} = (1.96)\frac{\sigma}{\sqrt{n}}$$

$$|\overline{X}-\mu| \text{에 대한 99\% 오차한계}: \quad e_{99\%} = (2.58)\frac{\sigma}{\sqrt{n}}$$

---

**예제 1**

모표준편차가 2인 정규모집단에서 10개의 자료를 표본으로 추출하여 다음 결과를 얻었다.

27　34　34　36　30　28　41　35　48　43

(1) 모평균에 대한 점추정값을 구하라.

(2) $|\overline{X}-\mu|$에 대한 95% 오차한계를 구하라.

**풀이**

(1) 표본평균을 구하면 다음과 같다.

$$\hat{\mu} = \overline{x} = \frac{1}{10}(27+34+34+36+30+28+41+35+48+43) = 35.6$$

(2) $n=10$, $\sigma=2$이므로 표준오차는 $\text{S.E.}(\overline{X}) = \frac{2}{\sqrt{10}} = 0.632$이다. 따라서 95% 오차한계는 다음과 같다.

$$e_{95\%} = (1.96)\,\text{S.E.}(\overline{X}) = (1.96)(0.632) = 1.24$$

---

특히 임계값 $z_{\alpha/2}$에 대하여 다음을 얻는다.

$$P\left(\overline{X} - z_{\alpha/2}\frac{\sigma}{\sqrt{n}} < \mu < \overline{X} + z_{\alpha/2}\frac{\sigma}{\sqrt{n}}\right) = 1-\alpha$$

따라서 모분산 $\sigma^2$을 알고 있을 때, 점추정량 $\overline{X}$를 중심으로 갖는 정규모집단의 모평균 $\mu$에 대한 구간추정량의 하한과 상한을 각각 다음과 같이 택한다.

$$L(X_1,\cdots,X_n) = \overline{X} - z_{\alpha/2}\frac{\sigma}{\sqrt{n}}, \quad U(X_1,\cdots,X_n) = \overline{X} + z_{\alpha/2}\frac{\sigma}{\sqrt{n}}$$

그러면 모분산 $\sigma^2$을 알고 있을 때, 모평균 $\mu$에 대한 $100(1-\alpha)\%$ 신뢰구간은 다음과 같다.

$$\left( \overline{x} - z_{\alpha/2} \frac{\sigma}{\sqrt{n}}, \quad \overline{x} + z_{\alpha/2} \frac{\sigma}{\sqrt{n}} \right)$$

즉, 모평균 $\mu$에 대한 $100(1-\alpha)\%$ 신뢰구간은 그림 8.5와 같이 점추정값 $\hat{\mu} = \overline{x}$를 중심으로 오차한계 $e = z_{\alpha/2} \frac{\sigma}{\sqrt{n}}$ 만큼 떨어진 구간이다.

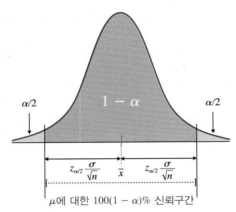

그림 8.5  모평균에 대한 $100(1-\alpha)\%$ 신뢰구간

특히 $z_{0.05} = 1.645$, $z_{0.025} = 1.96$, $z_{0.005} = 2.58$이므로 모분산 $\sigma^2$을 알고 있는 정규모집단의 모평균 $\mu$에 대한 90%, 95%, 그리고 99% 신뢰도에 대한 신뢰구간의 하한과 상한은 표 8.1과 같다.

표 8.1  모평균의 신뢰구간($\sigma^2$:기지)

| 신뢰도 | 신뢰구간 | |
|---|---|---|
| | 하 한 | 상 한 |
| 90% | $\overline{x} - (1.645)\dfrac{\sigma}{\sqrt{n}}$ | $\overline{x} + (1.645)\dfrac{\sigma}{\sqrt{n}}$ |
| 95% | $\overline{x} - (1.96)\dfrac{\sigma}{\sqrt{n}}$ | $\overline{x} + (1.96)\dfrac{\sigma}{\sqrt{n}}$ |
| 99% | $\overline{x} - (2.58)\dfrac{\sigma}{\sqrt{n}}$ | $\overline{x} + (2.58)\dfrac{\sigma}{\sqrt{n}}$ |

[예제 2]에서 보듯이 신뢰도가 커질수록 신뢰구간도 커진다.

## 예제 2

[예제 1]에 주어진 표본을 이용하여, 모평균 $\mu$에 대한 신뢰도 90%, 95%, 99% 신뢰구간을 구하라.

**풀이**

[예제 1]에서 표본평균과 표준오차가 각각 $\overline{x} = 35.6$, $\text{S.E.}(\overline{X}) = 0.632$임을 얻었다. 그러므로 신뢰도 90%, 95%, 99%에 대한 오차한계는 각각 다음과 같다.

$$e_{90\%} = (1.645)\,\text{S.E.}(\overline{X}) = (1.645)(0.632) = 1.04$$

$$e_{95\%} = (1.96)\,\text{S.E.}(\overline{X}) = (1.96)(0.632) = 1.24$$

$$e_{99\%} = (2.58)\,\text{S.E.}(\overline{X}) = (2.58)(0.632) = 1.63$$

따라서 신뢰도 90%에 대한 신뢰구간의 하한과 상한은 각각 다음과 같다.

$$l = \overline{x} - e_{90\%} = 35.6 - 1.04 = 34.56$$

$$u = \overline{x} + e_{90\%} = 35.6 + 1.04 = 36.64$$

즉, 모평균 $\mu$에 대한 신뢰도 90% 신뢰구간은 $(34.56, 36.64)$이다. 또한 신뢰도 95%에 대한 신뢰구간의 하한과 상한은 각각 다음과 같다.

$$l = \overline{x} - e_{95\%} = 35.6 - 1.24 = 34.36$$

$$u = \overline{x} + e_{95\%} = 35.6 + 1.24 = 36.84$$

따라서 모평균 $\mu$에 대한 신뢰도 95% 신뢰구간은 $(34.36, 36.84)$이다. 그리고 신뢰도 99%에 대한 신뢰구간의 하한과 상한은 각각 다음과 같다.

$$l = \overline{x} - e_{99\%} = 35.6 - 1.63 = 33.97$$

$$u = \overline{x} + e_{99\%} = 35.6 + 1.63 = 37.23$$

그러므로 모평균 $\mu$에 대한 신뢰도 95% 신뢰구간은 $(33.97, 37.23)$이다.

## (2) 모분산이 알려지지 않은 경우(소표본인 경우)

실제에 있어서 모집단이 정규분포를 이룬다 하더라도 모집단분포에 대한 정보를 모르는 것이 일반적이다. 그러므로 정규모집단의 모분산 $\sigma^2$이 미지이면, 모평균 $\mu$의 구간추정을 위하여 정규분포를 이용할 수 없다. 그러나 7.3절에서 모표준편차 $\sigma$를 표본표준편차 $s$로 대치하면 다음과 같이 자유도 $n-1$인 $t$-분포에 따르는 것을 알았다.

$$T = \frac{\overline{X} - \mu}{s / \sqrt{n}} \sim t(n-1)$$

특히 $n$이 충분히 크면 표본분산 $s^2$은 모분산 $\sigma^2$에 가까워지는 것이 알려져 있다. 그러므로 모분산이 알려지지 않은 경우에 모평균 $\mu$의 구간추정을 구하기 위하여 $\sigma$를 $s$로 대치하여 $t$-분포를 이용한다. 그러면 양쪽 꼬리확률 $\frac{\alpha}{2}$에 대한 다음 중심확률을 얻는다.

$$P\left(\left|\frac{\overline{X} - \mu}{s / \sqrt{n}}\right| < t_{\alpha/2}(n-1)\right) = P\left(\left|\overline{X} - \mu\right| < t_{\alpha/2}(n-1)\frac{s}{\sqrt{n}}\right) = 1 - \alpha$$

이 경우에 표본평균 $\overline{X}$의 표준오차는 다음과 같다.

$$\text{S.E.}(\overline{X}) = \frac{s}{\sqrt{n}}$$

그러므로 $|\overline{X} - \mu|$에 대한 $100(1-\alpha)\%$ 오차한계는 $e = t_{\alpha/2}(n-1)\frac{s}{\sqrt{n}}$이다. 한편 자유도 $n-1$인 $t$-분포의 중심확률이 $90\%$, $95\%$, $99\%$인 백분위수는 다음과 같다.

$$t_{0.05}(n-1),\ t_{0.025}(n-1),\ t_{0.005}(n-1)$$

따라서 $|\overline{X} - \mu|$에 대한 $90\%$, $95\%$, $99\%$ 오차한계는 다음과 같다.

| | |
|---|---|
| $\|\overline{X} - \mu\|$에 대한 $90\%$ 오차한계 : | $e_{90\%} = t_{0.05}(n-1)\dfrac{s}{\sqrt{n}}$ |
| $\|\overline{X} - \mu\|$에 대한 $95\%$ 오차한계 : | $e_{95\%} = t_{0.025}(n-1)\dfrac{s}{\sqrt{n}}$ |
| $\|\overline{X} - \mu\|$에 대한 $99\%$ 오차한계 : | $e_{99\%} = t_{0.005}(n-1)\dfrac{s}{\sqrt{n}}$ |

## 예제 3

정규모집단 $N(\mu, \sigma^2)$에서 크기 5인 표본을 추출한 결과 [29  25  37  30  28]을 얻었다.

(1) 모평균의 점추정값을 구하라.　　　　　　(2) $|\overline{X} - \mu|$에 대한 $95\%$ 오차한계를 구하라.

**풀이**

(1) 표본평균을 구하면 다음과 같다.

$$\overline{x} = \frac{1}{5}(29 + 25 + 37 + 30 + 28) = 29.8$$

(2) 표본분산과 표본표준편차를 구하면 각각 다음과 같다.

$$s^2 = \frac{1}{4}\sum_{i=1}^{5}(x_i - 29.8)^2 = \frac{78.8}{4} = 19.7, \ \ s = \sqrt{19.7} = 4.4385$$

그러므로 $\overline{X}$ 의 표본오차는 S.E.$(\overline{X}) = \dfrac{4.4385}{\sqrt{5}} = 1.985$ 이다. 그리고 자유도 4인 $t$-분포로부터 $t_{0.025}(4) = 2.776$ 이므로 95% 오차한계는 다음과 같다.

$$e_{95\%} = (2.776)\,\text{S.E.}(\overline{X}) = (2.776)(1.985) = 5.51$$

한편 임계값 $t_{\alpha/2}(n-1)$에 대하여 다음을 얻는다.

$$P\left(\overline{X} - t_{\alpha/2}(n-1)\frac{s}{\sqrt{n}} < \mu < \overline{X} + t_{\alpha/2}(n-1)\frac{s}{\sqrt{n}}\right) = 1 - \alpha$$

따라서 모분산 $\sigma^2$이 알려지지 않은 경우에 점추정량 $\overline{X}$를 중심으로 갖는 정규모집단의 모평균 $\mu$에 대한 구간추정량의 하한과 상한을 각각 다음과 같이 택한다.

$$L(X_1,\cdots,X_n) = \overline{X} - t_{\alpha/2}(n-1)\frac{s}{\sqrt{n}}, \quad U(X_1,\cdots,X_n) = \overline{X} + t_{\alpha/2}(n-1)\frac{s}{\sqrt{n}}$$

그러면 모분산 $\sigma^2$을 모르는 경우, 모평균 $\mu$에 대한 $100(1-\alpha)\%$ 신뢰구간은 다음과 같다.

$$\left(\overline{x} - t_{\alpha/2}(n-1)\frac{s}{\sqrt{n}}, \quad \overline{x} + t_{\alpha/2}(n-1)\frac{s}{\sqrt{n}}\right)$$

즉, 모분산이 알려지지 않은 경우에 모평균 $\mu$에 대한 $100(1-\alpha)\%$ 신뢰구간은 그림 8.6과 같이 점추정값 $\hat{\mu} = \overline{x}$를 중심으로 오차한계 $e = t_{\alpha/2}(n-1)\dfrac{s}{\sqrt{n}}$ 만큼 떨어진 구간이다.

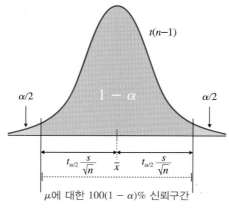

그림 8.6 모평균에 대한 $100(1-\alpha)\%$ 신뢰구간

따라서 모분산 $\sigma^2$이 알려지지 않은 경우에 정규모집단의 모평균 $\mu$에 대한 90%, 95%, 99% 신뢰도에 대한 신뢰구간의 하한과 상한은 표 8.2와 같다.

**표 8.2  모평균의 신뢰구간($\sigma^2$:미지)**

| 신뢰도 | 신뢰구간 | |
|:---:|:---:|:---:|
| | 하 한 | 상 한 |
| 90% | $\overline{x} - t_{0.05}(n-1)\dfrac{s}{\sqrt{n}}$ | $\overline{x} + t_{0.05}(n-1)\dfrac{s}{\sqrt{n}}$ |
| 95% | $\overline{x} - t_{0.025}(n-1)\dfrac{s}{\sqrt{n}}$ | $\overline{x} + t_{0.025}(n-1)\dfrac{s}{\sqrt{n}}$ |
| 99% | $\overline{x} - t_{0.005}(n-1)\dfrac{s}{\sqrt{n}}$ | $\overline{x} + t_{0.005}(n-1)\dfrac{s}{\sqrt{n}}$ |

## 예제 4

[예제 3]에 주어진 표본을 이용하여, 모평균 $\mu$에 대한 신뢰도 90%, 95%, 99%인 신뢰구간을 구하라.

**(풀이)**

[예제 3]에서 표본평균과 표준오차가 각각 $\overline{x} = 29.8$, S.E.$(\overline{X}) = 1.985$임을 얻었다. 그리고 자유도 4인 $t$-분포에서 다음 임계값을 얻는다.

$$t_{0.05}(4) = 2.132, \ t_{0.025}(4) = 2.776, \ t_{0.005}(4) = 4.604$$

그러므로 신뢰도 90%, 95%, 99%에 대한 오차한계는 각각 다음과 같다.

$$e_{90\%} = (2.132)\,\text{S.E.}(\overline{X}) = (2.132)(1.985) = 4.23$$

$$e_{95\%} = (2.776)\,\text{S.E.}(\overline{X}) = (2.776)(1.985) = 5.51$$

$$e_{99\%} = (4.604)\,\text{S.E.}(\overline{X}) = (4.604)(1.985) = 9.14$$

따라서 신뢰도 90%에 대한 신뢰구간의 하한과 상한은 각각 다음과 같다.

$$l = \overline{x} - e_{90\%} = 29.8 - 4.23 = 25.57$$

$$u = \overline{x} + e_{90\%} = 29.8 + 4.23 = 34.03$$

즉, 모평균 $\mu$에 대한 신뢰도 90% 신뢰구간은 $(25.57, 34.03)$이다. 또한 신뢰도 95%에 대한 신뢰구간의 하한과 상한은 각각 다음과 같다.

$$l = \overline{x} - e_{95\%} = 29.8 - 5.51 = 24.29$$

$$u = \overline{x} + e_{95\%} = 29.8 + 5.51 = 35.31$$

즉, 모평균 $\mu$에 대한 신뢰도 95% 신뢰구간은 $(24.29, 35.31)$이다. 그리고 신뢰도 99%에 대한 신뢰구간의 하한과 상한은 각각 다음과 같다.

$$l = \overline{x} - e_{99\%} = 29.8 - 9.14 = 20.66$$

$$u = \overline{x} + e_{99\%} = 29.8 + 9.14 = 38.94$$

그러므로 모평균 $\mu$에 대한 신뢰도 95% 신뢰구간은 $(20.66, 38.94)$이다.

## (3) 모분산이 알려지지 않은 경우(대표본인 경우)

모분산을 모르는 정규모집단으로부터 대단위 표본을 추출하면, 표본평균 $\overline{X}$는 중심극한정리에 의하여 정규분포에 근사한다. 또한 충분히 큰 $n$에 대하여 $s^2 \approx \sigma^2$이므로 다음이 성립한다.

$$\frac{\overline{X} - \mu}{s / \sqrt{n}} \approx N(0, 1)$$

따라서 $\sigma$를 $s$로 대치하여 모분산을 알고 있는 경우와 동일하게 정규분포를 이용하여 근사적으로 모평균에 대한 신뢰구간을 구할 수 있다.

### 예제 5

모분산이 알려지지 않은 정규모집단에서 크기 30인 표본을 선정하여 다음을 관찰하였다. 이 표본을 이용하여 모평균에 대한 95% 근사신뢰구간을 구하라.

| 93 | 91 | 89 | 88 | 91 | 85 | 87 | 89 | 91 | 89 | 92 | 86 | 91 | 93 | 86 |
|---|---|---|---|---|---|---|---|---|---|---|---|---|---|---|
| 85 | 87 | 94 | 92 | 88 | 89 | 88 | 92 | 94 | 87 | 88 | 92 | 86 | 93 | 90 |

**풀이**

표본평균과 표본분산, 표본표준편차를 구하면 각각 다음과 같다.

$$\overline{x} = \frac{1}{30} \sum x_i = 89.533, \quad s^2 = \frac{1}{29} \sum (x_i - 89.533)^2 = \frac{217.467}{29} = 7.5, \quad s = \sqrt{7.5} = 2.7386$$

표준오차는 S.E.$(\overline{X}) = \dfrac{2.7386}{\sqrt{30}} = 0.5$이고 95% 근사오차한계는 $e_{95\%} = (1.96)(0.5) = 0.98$이다.

그러므로 95% 근사신뢰구간은 다음과 같다.

$$(89.533 - 0.98, \ 89.533 + 0.98) = (88.553, \ 90.513)$$

## (4) 모평균의 차에 대한 구간추정

이제 두 정규모집단의 평균을 비교하기 위한 추론방법에 대하여 살펴본다. 우선 모분산 $\sigma_1^2$과 $\sigma_2^2$이 알려지고 독립인 두 정규모집단 $N(\mu_1, \sigma_1^2)$과 $N(\mu_2, \sigma_2^2)$에 대하여 $\mu_1 - \mu_2$를 추정하기 위하여 각각 크기 $n$, $m$인 두 표본을 선정한다. 그러면 두 표본평균 $\overline{X}$와 $\overline{Y}$는 각각 다음과 같은 정규분포에 따르고 독립이다.

$$\overline{X} \sim N\left(\mu_1, \ \frac{\sigma_1^2}{n}\right), \quad \overline{Y} \sim N\left(\mu_2, \ \frac{\sigma_2^2}{m}\right)$$

그러므로 두 표본평균의 차는 다음 정규분포에 따른다.

$$\overline{X} - \overline{Y} \sim N\left(\mu_1 - \mu_2, \ \frac{\sigma_1^2}{n} + \frac{\sigma_2^2}{m}\right) \quad \text{또는} \quad Z = \frac{(\overline{X} - \overline{Y}) - (\mu_1 - \mu_2)}{\sqrt{(\sigma_1^2/n) + (\sigma_2^2/m)}} \sim N(0, 1)$$

그리고 양쪽 꼬리확률 $\frac{\alpha}{2}$에 대한 중심확률은 다음과 같다.

$$P\left(\left|\frac{(\overline{X} - \overline{Y}) - (\mu_1 - \mu_2)}{\sqrt{(\sigma_1^2/n) + (\sigma_2^2/m)}}\right| < z_{\alpha/2}\right) = P\left(\left|(\overline{X} - \overline{Y}) - (\mu_1 - \mu_2)\right| < z_{\alpha/2}\sqrt{\frac{\sigma_1^2}{n} + \frac{\sigma_2^2}{m}}\right) = 1 - \alpha$$

따라서 두 모평균의 차 $\mu_1 - \mu_2$에 대한 점추정량은 $\overline{X} - \overline{Y}$이고, 이때 표준오차는 다음과 같다.

$$\text{S.E.}(\overline{X} - \overline{Y}) = \sqrt{\frac{\sigma_1^2}{n} + \frac{\sigma_2^2}{m}}$$

그러면 $\left|(\overline{X} - \overline{Y}) - (\mu_1 - \mu_2)\right|$에 대한 $100(1-\alpha)\%$ 오차한계는 $e = z_{\alpha/2}\sqrt{\frac{\sigma_1^2}{n} + \frac{\sigma_2^2}{m}}$이고, 따라서 $\left|(\overline{X} - \overline{Y}) - (\mu_1 - \mu_2)\right|$에 대한 90%, 95%, 99% 오차한계를 구하면 다음과 같다.

$\left| (\overline{X} - \overline{Y}) - (\mu_1 - \mu_2) \right|$에 대한 90% 오차한계 : $\quad e_{90\%} = 1.645 \sqrt{\dfrac{\sigma_1^2}{n} + \dfrac{\sigma_2^2}{m}}$

$\left| (\overline{X} - \overline{Y}) - (\mu_1 - \mu_2) \right|$에 대한 95% 오차한계 : $\quad e_{95\%} = 1.96 \sqrt{\dfrac{\sigma_1^2}{n} + \dfrac{\sigma_2^2}{m}}$

$\left| (\overline{X} - \overline{Y}) - (\mu_1 - \mu_2) \right|$에 대한 99% 오차한계 : $\quad e_{99\%} = 2.58 \sqrt{\dfrac{\sigma_1^2}{n} + \dfrac{\sigma_2^2}{m}}$

그러므로 $\mu_1 - \mu_2$에 대한 $100(1-\alpha)\%$ 신뢰구간은 다음과 같다.

$$\left( \overline{x} - \overline{y} - z_{\alpha/2} \sqrt{\dfrac{\sigma_1^2}{n} + \dfrac{\sigma_2^2}{m}} , \quad \overline{x} - \overline{y} + z_{\alpha/2} \sqrt{\dfrac{\sigma_1^2}{n} + \dfrac{\sigma_2^2}{m}} \right)$$

특히 두 정규모집단에 대한 모평균의 차 $\mu_1 - \mu_2$에 대한 90%, 95%, 99% 신뢰도에 대한 신뢰구간의 하한과 상한은 표 8.3과 같다.

**표 8.3 두 모평균 차의 신뢰구간($\sigma_1^2$, $\sigma_2^2$:기지)**

| 신뢰도 | 신뢰구간 | |
|---|---|---|
| | 하 한 | 상 한 |
| 90% | $\overline{x} - \overline{y} - (1.645) \sqrt{\dfrac{\sigma_1^2}{n} + \dfrac{\sigma_2^2}{m}}$ | $\overline{x} - \overline{y} + (1.645) \sqrt{\dfrac{\sigma_1^2}{n} + \dfrac{\sigma_2^2}{m}}$ |
| 95% | $\overline{x} - \overline{y} - (1.96) \sqrt{\dfrac{\sigma_1^2}{n} + \dfrac{\sigma_2^2}{m}}$ | $\overline{x} - \overline{y} + (1.96) \sqrt{\dfrac{\sigma_1^2}{n} + \dfrac{\sigma_2^2}{m}}$ |
| 99% | $\overline{x} - \overline{y} - (2.58) \sqrt{\dfrac{\sigma_1^2}{n} + \dfrac{\sigma_2^2}{m}}$ | $\overline{x} - \overline{y} + (2.58) \sqrt{\dfrac{\sigma_1^2}{n} + \dfrac{\sigma_2^2}{m}}$ |

### 예제 6

어느 두 회사의 신입사원의 토익점수는 모분산이 각각 $\sigma_1^2 = 25$, $\sigma_2^2 = 30$인 정규분포에 따른다고 한다. 두 회사의 신입사원을 각각 15명과 16명씩 임의로 선정하여 평균을 조사한 결과 $\overline{x} = 841$, $\overline{y} = 823$이었다. 두 회사의 신입사원의 평균 토익점수의 차에 대한 90% 신뢰구간을 구하라.

**풀이**

모분산이 $\sigma_1^2 = 25$, $\sigma_2^2 = 30$이고 표본평균의 차는 $\overline{x} - \overline{y} = 841 - 823 = 18$이다. 그리고 $n = 15$, $m = 16$이므로 표준오차는 $\text{S.E.}(\overline{X} - \overline{Y}) = \sqrt{\dfrac{25}{15} + \dfrac{30}{16}} = 1.882$이다. 따라서 90% 오차한계는

> $e_{90\%} = (1.645)(1.882) = 3.1$이고 90% 신뢰구간은 다음과 같다.
>
> $$(18-3.1,\ 18+3.1) = (14.9,\ 21.1)$$

한편 두 모분산이 $\sigma_1^2 = \sigma_2^2 = \sigma^2$이고 미지인 두 정규모집단 $N(\mu_1, \sigma^2)$과 $N(\mu_2, \sigma^2)$으로부터 각각 크기 $n$과 $m$인 두 표본을 선정한다고 하자. 그러면 7.3절에서 두 표본평균 $\overline{X}$, $\overline{Y}$와 합동표본분산 $S_p^2$에 대하여 다음과 같이 $\overline{X} - \overline{Y}$는 자유도 $n+m-2$인 $t$-분포에 따르는 것을 살펴보았다.

$$\frac{\overline{X} - \overline{Y} - (\mu_1 - \mu_2)}{s_p \sqrt{\dfrac{1}{n} + \dfrac{1}{m}}} \sim t(n+m-2)$$

그러면 양쪽 꼬리확률 $\dfrac{\alpha}{2}$에 대한 중심확률은 다음과 같다.

$$P\left( \left| \frac{(\overline{X} - \overline{Y}) - (\mu_1 - \mu_2)}{s_p \sqrt{\dfrac{1}{n} + \dfrac{1}{m}}} \right| < t_{\alpha/2}(n+m-2) \right)$$

$$= P\left( \left| (\overline{X} - \overline{Y}) - (\mu_1 - \mu_2) \right| < t_{\alpha/2}(n+m-2) s_p \sqrt{\frac{1}{n} + \frac{1}{m}} \right) = 1 - \alpha$$

이때 두 모평균의 차 $\mu_1 - \mu_2$에 대한 점추정량은 $\overline{X} - \overline{Y}$이고, 이때 표준오차는 다음과 같다.

$$\mathrm{S.E.}(\overline{X} - \overline{Y}) = s_p \sqrt{\frac{1}{n} + \frac{1}{m}}$$

그러므로 $\left| (\overline{X} - \overline{Y}) - (\mu_1 - \mu_2) \right|$에 대한 $100(1-\alpha)\%$의 오차한계는 다음과 같다.

$$e = t_{\alpha/2}(n+m-2)\,\mathrm{S.E.}(\overline{X} - \overline{Y})$$

특히 $\left| \overline{X} - \overline{Y} - (\mu_1 - \mu_2) \right|$에 대한 90%, 95%, 99% 오차한계는 다음과 같다.

$\left| (\overline{X} - \overline{Y}) - (\mu_1 - \mu_2) \right|$에 대한 90% 오차한계 : $e_{90\%} = t_{0.05}(n+m-2) s_p \sqrt{\dfrac{1}{n} + \dfrac{1}{m}}$

$\left| (\overline{X} - \overline{Y}) - (\mu_1 - \mu_2) \right|$에 대한 95% 오차한계 : $e_{95\%} = t_{0.025}(n+m-2) s_p \sqrt{\dfrac{1}{n} + \dfrac{1}{m}}$

$\left|\,(\overline{X}-\overline{Y})-(\mu_1-\mu_2)\,\right|$ 에 대한 99% 오차한계 : $e_{99\%}=t_{0.005}(n+m-2)\,s_p\,\sqrt{\dfrac{1}{n}+\dfrac{1}{m}}$

그러므로 $\sigma_1^2=\sigma_2^2=\sigma^2$ 이고 미지인 경우에 두 모평균의 차 $\mu_1-\mu_2$에 대한 점추정량은 $\overline{X}-\overline{Y}$ 이고, $100(1-\alpha)\%$ 신뢰구간은 다음과 같다.

$$\left(\overline{x}-\overline{y}-t_{\alpha/2}(n+m-2)\,s_p\,\sqrt{\dfrac{1}{n}+\dfrac{1}{m}}\;,\;\overline{x}-\overline{y}+t_{\alpha/2}(n+m-2)\,s_p\,\sqrt{\dfrac{1}{n}+\dfrac{1}{m}}\,\right)$$

### 예제 7

어느 대학에 재학 중인 남학생과 여학생의 몸무게는 각각 동일한 분산을 갖는 정규분포를 이룬 다고 한다. 그리고 두 그룹에서 임의로 표본을 선정하여 다음 결과를 얻었다. 이때 남학생과 여학생의 평균 몸무게 차에 대한 95% 신뢰구간을 구하라.

| 남학생 | 67 | 66 | 69 | 72 | 75 |
|--------|----|----|----|----|----|
| 여학생 | 46 | 47 | 53 | 49 |    |

**풀이**

표본으로 선정된 남학생과 여학생 각각의 표본평균은 $\overline{x}=69.8$, $\overline{y}=48.75$이고, 따라서 두 그룹 의 평균 몸무게의 차에 대한 추정값은 $\overline{x}-\overline{y}=69.8-48.75=21.05$이다. 또한 두 표본의 표본분산 을 구하면 각각 다음과 같다.

$$s_1^2=\frac{1}{4}\sum_{i=1}^{4}(x_i-69.8)^2=\frac{54.8}{4}=13.7,\quad s_2^2=\frac{1}{3}\sum_{i=1}^{4}(y_i-48.75)^2=\frac{28.75}{3}=9.58$$

따라서 합동표본분산과 합동표준편차는 다음과 같다.

$$s_p^2=\frac{4\cdot(13.7)+3\cdot(9.58)}{5+4-2}=11.934,\quad s_p=\sqrt{11.934}=3.45$$

그러므로 $\overline{X}-\overline{Y}$의 표준오차는 다음과 같다.

$$\mathrm{S.E.}(\overline{X}-\overline{Y})=(3.45)\cdot\sqrt{\frac{1}{5}+\frac{1}{4}}=2.314$$

또한 자유도가 7이므로 $t_{0.025}(7)=2.365$이고 95% 오차한계는 $e_{95\%}=(2.365)(2.314)=5.47$이 다. 따라서 95% 신뢰구간은 다음과 같다.

$$(21.05-5.47,\ 21.05+5.47)=(15.58,\ 26.52)$$

**1.** 어느 회사에서 생산하는 비누 무게는 분산이 $\sigma^2 = 4$인 정규분포를 따른다고 한다. 25개의 비누를 임의로 추출하였을 때, 그 평균 무게의 값은 $\bar{x} = 97$이었다. 실제 평균 무게 $\mu$에 대한 95% 신뢰구간을 구하라. 단, 단위는 g이다.

**2.** 문제 1에서 분산 $\sigma^2$을 모르지만 $s^2 = 4.25$라 할 때, 실제 평균 무게 $\mu$에 대한 95% 신뢰구간을 구하라.

**3.** 정규모집단으로부터 추출된 크기 64인 표본에 대하여 $\bar{x} = 74$, $s^2 = 5.1$을 얻었다.

(1) 모평균에 대한 점추정값을 구하라.

(2) 95% 오차 한계를 구하라.

(3) 95% 신뢰구간을 구하라.

**4.** 다음 자료는 어느 직장에 근무하는 직원 20명에 대한 혈중 콜레스테롤 수치를 조사한 자료이다. 다음 각 조건 아래서 이 직장에 근무하는 직원들의 콜레스테롤 평균 수치에 대한 95% 신뢰구간을 구하라.

(1) 콜레스테롤 수치가 정규분포 $N(\mu, 400)$에 따르는 경우

(2) 콜레스테롤 수치가 정규분포에 따르는 경우

| | | | | | | | | | |
|---|---|---|---|---|---|---|---|---|---|
| 193.27 | 193.88 | 253.26 | 237.15 | 188.83 | 200.56 | 274.31 | 230.36 | 212.08 | 222.19 |
| 198.48 | 202.50 | 215.35 | 218.95 | 233.16 | 222.23 | 218.53 | 204.64 | 206.72 | 199.37 |

**5.** 어느 대학교 학생들의 I.Q는 평균이 $\mu$이고 표준편차가 $\sigma = 5.4$인 어떤 분포에 따른다고 한다. $\mu$를 추정하기 위하여 25명의 무작위 표본을 추출한 결과 $\bar{x} = 127$을 얻었다.

(1) 정규모집단인 경우에 $\mu$에 대한 95% 신뢰구간을 구하라.

(2) 정규모집단이라는 가정이 없고 $n = 100$인 경우에 $\mu$에 대한 95% 근사신뢰구간을 구하라.

**6.** $N(\mu, 45)$인 정규모집단으로부터 다음과 같은 크기 30인 표본을 얻었다. 이 자료를 이용하여 모평균 $\mu$에 대한 90% 신뢰구간을 구하라.

| | | | | | | | | | |
|---|---|---|---|---|---|---|---|---|---|
| 27.3 | 30.5 | 25.4 | 27.6 | 33.1 | 32.5 | 28.9 | 33.4 | 30.7 | 32.8 |
| 35.8 | 26.9 | 23.3 | 36.2 | 38.1 | 33.5 | 34.2 | 28.4 | 32.0 | 38.5 |
| 26.8 | 26.6 | 39.2 | 30.8 | 34.4 | 34.2 | 34.5 | 23.8 | 22.6 | 33.7 |

**7.** 다음은 어느 상점에서 종업원이 손님에게 제공하는 서비스 시간에 대한 자료이다. 과거 경험에 따르면, 서비스 시간이 표준편차 25초인 정규분포에 따른다고 한다. 이때 평균 서비스 시간에 대한 99% 신뢰구간을 구하라. 단, 단위는 초이다.

| | | | | | | | | | |
|---|---|---|---|---|---|---|---|---|---|
| 95 | 21 | 54 | 127 | 109 | 51 | 65 | 30 | 98 | 107 |
| 68 | 99 | 69 | 101 | 73 | 82 | 100 | 63 | 45 | 76 |
| 72 | 85 | 121 | 76 | 117 | 67 | 126 | 112 | 83 | 95 |

**8.** 모평균 $\mu$인 정규모집단으로부터 크기 10인 표본을 임의로 추출하여 $\bar{x} = 37.5$와 $s^2 = 4$인 결과를 얻었다. 모평균 $\mu$에 대한 90%, 95%, 99% 신뢰구간을 구하라.

**9.** 강의실 옆의 커피 자판기에서 컵 한 잔에 나오는 커피의 양을 조사하기 위하여 101잔을 조사한 결과 평균 0.3리터, 표준편차 0.06리터이었다. 다음 각 조건 아래서 이 자판기에서 나오는 커피 한 잔의 평균 양에 대한 95% 신뢰구간을 구하라.

(1) 커피의 양은 정규분포에 따르며, 표준편차는 0.05리터로 알려져 있는 경우
(2) 커피의 양은 정규분포에 따르며, 표준편차를 모르는 경우

**10.** 어느 컴퓨터 제조회사에서 생산되는 컴퓨터의 내구연한이 정규분포를 이룬다고 한다. 10명의 소비자를 대상으로 설문 조사한 결과 다음 자료를 얻었다. 모평균 $\mu$에 대한 90% 신뢰구간을 구하라. 단, 단위는 년이다.

| | | | | | | | | | |
|---|---|---|---|---|---|---|---|---|---|
| 4.6 | 3.6 | 4.0 | 6.1 | 8.8 | 5.3 | 1.2 | 5.6 | 3.3 | 1.6 |

**11.** 10년 전의 남학생의 키에 비하여 많이 성장하였는지 알아보기 위하여 다음과 같은 표본을 얻었다. 이 표본을 이용하여 우리나라 남학생의 평균키에 대한 90% 신뢰구간을 구하라. 단, 단위는 cm이다.

| | | | | | | | | | |
|---|---|---|---|---|---|---|---|---|---|
| 160.0 | 176.2 | 160.5 | 180.5 | 167.4 | 164.8 | 175.5 | 168.8 | 173.6 | 179.3 |
| 170.0 | 189.1 | 185.2 | 163.7 | 178.4 | 167.7 | 161.5 | 169.4 | 178.2 | 171.1 |

**12.** 다음 자료는 TV 광고 시간을 측정한 자료이다. 이 자료를 이용하여 평균 광고 시간에 대한 95% 신뢰구간을 구하라. 일반적으로 TV 광고 시간은 정규분포에 따른다고 알려져 있고, 단위는 분이다.

| | | | | | | | | | |
|---|---|---|---|---|---|---|---|---|---|
| 1.5 | 2.9 | 2.8 | 1.6 | 2.2 | 2.5 | 1.9 | 2.0 | 3.1 | 2.7 |
| 1.3 | 1.9 | 2.6 | 1.9 | 2.7 | 1.8 | 1.7 | 2.2 | 2.3 | 2.3 |
| 3.5 | 1.8 | 1.5 | 2.1 | 2.0 | 1.5 | 2.0 | 2.4 | 1.9 | 2.3 |

**13.** 대기권의 약 0.035%를 차지하고 있는 이산화탄소의 양을 알아보기 위하여 30개 나라를 표본조사한 결과 다음과 같은 표를 얻었다. 대기권의 평균 이산화탄소의 양에 대한 95% 신뢰구간을 구하라. 단, 단위는 ppm이다.

| | | | | | | | | | | | | | | |
|---|---|---|---|---|---|---|---|---|---|---|---|---|---|---|
| 319 | 338 | 337 | 339 | 328 | 325 | 340 | 331 | 341 | 336 | 330 | 339 | 321 | 327 | 337 |
| 340 | 331 | 330 | 340 | 336 | 341 | 320 | 343 | 350 | 322 | 335 | 326 | 349 | 341 | 332 |

**14.** 독립인 두 정규모집단 $N(\mu_1, 9)$와 $N(\mu_2, 4)$로부터 각각 크기 16과 36인 표본을 추출하여 표본평균 $\overline{x} = 22$, $\overline{y} = 21$을 얻었다.

(1) 모평균 차의 점추정값을 구하라.

(2) $\overline{X} - \overline{Y}$의 표준오차를 구하라.

(3) $\left| (\overline{X} - \overline{Y}) - (\mu_1 - \mu_2) \right|$에 대한 95% 오차한계를 구하라.

(4) $\mu_1 - \mu_2$에 대한 95% 신뢰구간을 구하라.

**15.** 모평균 $\mu_1$, $\mu_2$, 그리고 $\sigma_1 = 4$, $\sigma_2 = 5$인 두 정규모집단으로부터 각각 크기 12, 10인 표본을 임의로 추출하여 $\overline{x} = 75.5$, $\overline{y} = 70.4$인 결과를 얻었다. 모평균의 차 $\mu_1 - \mu_2$에 대한 95% 신뢰구간을 구하라.

**16.** 모분산이 동일한 두 정규모집단 A와 B로부터 표본을 추출하여 다음과 같은 결과를 얻었다. 단, 단위는 mg이다.

| A 표본 | $n = 17$, $\overline{x} = 704$, $s_1 = 39.25$ |
|--------|-----------------------------------------------|
| B 표본 | $m = 10$, $\overline{y} = 675$, $s_2 = 43.75$ |

(1) 두 모평균 차의 점추정값을 구하라.

(2) $\overline{X} - \overline{Y}$의 90% 오차한계를 구하라.

(3) $\mu_A - \mu_B$에 대한 90% 신뢰구간을 구하라.

**17.** 시중에서 판매되고 있는 두 회사의 땅콩 잼에 포함된 카페인의 양을 조사하여 다음 표를 얻었다. 이때 두 회사에서 제조된 땅콩 잼에 포함된 카페인의 양은 동일한 분산을 갖는 정규분포에 따르고, 단위는 mg이다.

| A 회사 | $n = 15$, $\overline{x} = 78$, $s_X^2 = 3.25$ |
|--------|-----------------------------------------------|
| B 회사 | $m = 13$, $\overline{y} = 75$, $s_Y^2 = 3.60$ |

(1) 두 모평균 차의 점추정값을 구하라.

(2) $\overline{X} - \overline{Y}$의 90% 오차한계를 구하라.

(3) $\mu_A - \mu_B$에 대한 90% 신뢰구간을 구하라.

**18.** 어느 기업체에서 근무하는 남녀 근로자의 평균 연령에 대한 차이를 알기 위하여 남자와 여자를 각각 61명씩 추출하여 조사하였다. 그 결과 남자 근로자의 평균 연령은 $\overline{x} = 38$세 표준편차 $s_1 = 5$세이고, 여자 근로자의 평균 연령은 $\overline{y} = 26$세 표준편차 $s_2 = 2$세였다. 남녀 근로자의 평균 연령에 대한 차이를 95% 신뢰수준에서 신뢰구간을 구하라. 전체 남자 근로자와 여자 근로자의 확률분포는 모분산이 동일한 정규분포를 이룬다고 한다.

**19.** 모평균 $\mu_1$, $\mu_2$인 두 정규모집단으로부터 각각 크기 10, 15인 표본을 임의로 추출하여 $\overline{x} = 485.5$, $\overline{y} = 501.4$와 $s_1 = 6$, $s_2 = 7$인 결과를 얻었다. 모평균의 차 $\mu_1 - \mu_2$에 대한 95% 신뢰구간을 구하라.

**20.** 다음은 서울과 부산 두 지역의 측정된 아황산가스 오염수치이다.

| 서울 | 0.067 | 0.088 | 0.075 | 0.094 | 0.053 | 0.082 | 0.059 | 0.068 | 0.077 | 0.084 |
|------|-------|-------|-------|-------|-------|-------|-------|-------|-------|-------|
| 부산 | 0.073 | 0.078 | 0.085 | 0.089 | 0.064 | 0.072 | 0.069 | 0.068 | 0.087 | 0.077 |

(1) 두 지역의 평균 아황산가스 오염수치에 대한 95% 신뢰구간을 구하라.
(2) 서울과 부산 지역의 오염수치의 차에 대한 95% 신뢰구간을 구하라.

**21.** 다음은 남자와 여자의 생존 연령을 조사한 자료이다.

| 남자 | 52 | 60 | 55 | 46 | 33 | 75 | 58 | 45 | 57 | 88 |
| 여자 | 62 | 58 | 65 | 56 | 53 | 45 | 56 | 65 | 77 | 47 |

(1) 남자와 여자의 평균 생존 연령에 대한 90% 신뢰구간을 구하라.
(2) 두 그룹의 모분산이 동일하다는 조건 아래서 합동표준편차를 구하라.
(3) (2)를 이용하여, 여자와 남자의 평균 생존 연령의 차이에 대한 90% 신뢰구간을 구하라.

## 8.3 모비율과 모분산의 구간추정

이 절에서는 성공률이 $p$인 모집단의 모비율에 대한 신뢰구간과 단일 정규모집단의 모분산에 대한 신뢰구간, 그리고 독립인 두 정규모집단의 모분산의 비에 대한 신뢰구간을 구하는 방법에 대하여 살펴본다.

### (1) 모비율의 구간추정

모비율 $p$인 모집단에서 크기 $n$인 표본을 임의로 선정하여 표본비율을 $\hat{p}$라 하자. 그러면 7.4절에서 살펴본 바와 같이 $\hat{p}$는 다음과 같은 정규분포에 근사하고 모비율 $p$에 대한 불편추정량이다.

$$\hat{p} \approx N\left(p, \frac{pq}{n}\right) \ \text{또는} \ Z = \frac{\hat{p}-p}{\sqrt{pq/n}} \sim N(0, 1)$$

이때 양쪽 꼬리확률 $\frac{\alpha}{2}$에 대한 중심확률은 다음과 같다.

$$P\left(\left|\frac{\hat{p}-p}{\sqrt{pq/n}}\right| < z_{\alpha/2}\right) = P\left(|\hat{p}-p| < z_{\alpha/2}\sqrt{\frac{pq}{n}}\right) = 1 - \alpha$$

따라서 $\hat{p}$의 표준오차는 다음과 같다.

$$\text{S.E.}(\hat{p}) = \sqrt{\frac{pq}{n}}$$

한편 모비율 $p$가 미지의 값이므로 $\hat{p}$의 표준오차 역시 미지의 값이다. 그러나 표본의 크기가 충분히 크면 $\hat{p} \approx p$이므로 $\hat{p}$의 표준오차를 다음과 같이 사용한다.

$$\text{S.E.}(\hat{p}) = \sqrt{\frac{\hat{p}\,\hat{q}}{n}}$$

그러므로 $|\hat{p}-p|$에 대한 $100(1-\alpha)\%$ 오차한계는 다음과 같다.

$$e = z_{\alpha/2}\,\text{S.E.}(\hat{p}) = z_{\alpha/2}\sqrt{\frac{\hat{p}\,\hat{q}}{n}}$$

특히 90%, 95%, 그리고 99% 오차한계를 구하면 다음과 같다.

$|\hat{p}-p|$에 대한 90% 오차한계 : $\quad e_{90\%} = (1.645)\sqrt{\dfrac{\hat{p}\,\hat{q}}{n}}$

$|\hat{p}-p|$에 대한 95% 오차한계 : $\quad e_{95\%} = (1.96)\sqrt{\dfrac{\hat{p}\,\hat{q}}{n}}$

$|\hat{p}-p|$에 대한 99% 오차한계 : $\quad e_{99\%} = (2.58)\sqrt{\dfrac{\hat{p}\,\hat{q}}{n}}$

따라서 모비율 $p$에 대한 $100(1-\alpha)\%$ 신뢰구간은 다음과 같다.

$$\left(\hat{p} - z_{\alpha/2}\sqrt{\dfrac{\hat{p}\,\hat{q}}{n}}\;,\quad \hat{p} + z_{\alpha/2}\sqrt{\dfrac{\hat{p}\,\hat{q}}{n}}\right)$$

특히 모비율 $p$에 대한 90%, 95%, 그리고 99% 신뢰도에 대한 신뢰구간의 하한과 상한은 표 8.4와 같다.

**표 8.4 모비율의 신뢰구간**

| 신뢰도 | 신뢰구간 | |
|---|---|---|
| | 하 한 | 상 한 |
| 90% | $\hat{p} - (1.645)\sqrt{\dfrac{\hat{p}\,\hat{q}}{n}}$ | $\hat{p} + (1.645)\sqrt{\dfrac{\hat{p}\,\hat{q}}{n}}$ |
| 95% | $\hat{p} - (1.96)\sqrt{\dfrac{\hat{p}\,\hat{q}}{n}}$ | $\hat{p} + (1.96)\sqrt{\dfrac{\hat{p}\,\hat{q}}{n}}$ |
| 99% | $\hat{p} - (2.58)\sqrt{\dfrac{\hat{p}\,\hat{q}}{n}}$ | $\hat{p} + (2.58)\sqrt{\dfrac{\hat{p}\,\hat{q}}{n}}$ |

**예제 1**

수입한 장난감의 불량률을 알아보기 위하여 컨테이너 박스에서 400개를 임의로 선정하여 살펴본 결과, 불량품이 8개인 것으로 조사되었다. 컨테이너 박스 안에 있는 장난감의 불량률에 대한 95% 신뢰구간을 구하라.

**풀이**

표본으로 선정된 400개의 장난감에 포함된 불량품의 수가 8개이므로 표본비율은 $\hat{p} = \dfrac{8}{400}$ $= 0.02$이고, $\hat{q} = 0.98$이다. 따라서 $\hat{p}$의 표준오차는 다음과 같다.

$$\text{S.E.}(\hat{p}) = \sqrt{\dfrac{(0.02)(0.98)}{400}} = 0.007$$

그러므로 95% 오차한계는 $e_{95\%} = (1.96)\text{S.E.}(\hat{p}) = (1.96)(0.007) = 0.014$이고, 95% 신뢰구간은 다음과 같다.

$$(0.02 - 0.014,\ 0.02 + 0.014) = (0.006,\ 0.034)$$

서로 독립이고 모비율이 각각 $p_1$과 $p_2$인 두 모집단의 모비율 차를 추정하기 위하여, 각각 크기 $n$과 $m$인 표본을 추출하여 표본비율을 $\hat{p}_1$, $\hat{p}_2$라 하자. 그러면 두 표본비율은 각각 다음과 같이 근사적으로 정규분포에 따른다.

$$\hat{p}_1 \approx N\left(p_1,\ \frac{p_1 q_1}{n}\right), \quad \hat{p}_2 \approx N\left(p_2,\ \frac{p_2 q_2}{m}\right)$$

이때 두 모집단이 독립이므로 두 표본평균의 차는 다음과 같은 근사정규분포를 갖는다.

$$\hat{p}_1 - \hat{p}_2 \approx N\left(p_1 - p_2,\ \frac{p_1 q_1}{n} + \frac{p_2 q_2}{m}\right)$$

따라서 두 표본비율의 차를 표준화하면 다음과 같다.

$$\frac{(\hat{p}_1 - \hat{p}_2) - (p_1 - p_2)}{\sqrt{\dfrac{p_1 q_1}{n} + \dfrac{p_2 q_2}{m}}} \approx N(0, 1)$$

한편 표본의 크기 $n$과 $m$이 충분히 크면 $\hat{p}_1 \approx p_1$, $\hat{p}_2 \approx p_2$이므로 다음을 얻는다.

$$\frac{(\hat{p}_1 - \hat{p}_2) - (p_1 - p_2)}{\sqrt{\dfrac{\hat{p}_1 \hat{q}_1}{n} + \dfrac{\hat{p}_2 \hat{q}_2}{m}}} \approx N(0, 1)$$

따라서 $\hat{p}_1 - \hat{p}_2$의 표준오차는 다음과 같다.

$$\text{S.E.}(\hat{p}_1 - \hat{p}_2) = \sqrt{\frac{\hat{p}_1 \hat{q}_1}{n} + \frac{\hat{p}_2 \hat{q}_2}{m}}$$

그러므로 모비율의 차 $p_1 - p_2$에 대한 $100(1-\alpha)\%$ 신뢰구간은 다음과 같다.

$$\left(\hat{p}_1 - \hat{p}_2 - z_{\alpha/2}\sqrt{\frac{\hat{p}_1 \hat{q}_1}{n} + \frac{\hat{p}_2 \hat{q}_2}{m}},\ \ \hat{p}_1 - \hat{p}_2 + z_{\alpha/2}\sqrt{\frac{\hat{p}_1 \hat{q}_1}{n} + \frac{\hat{p}_2 \hat{q}_2}{m}}\right)$$

특히 모비율 $p$에 대한 90%, 95%, 그리고 99% 신뢰도에 대한 신뢰구간의 하한과 상한은 표 8.5와 같다.

**표 8.5 두 모비율 차의 신뢰구간**

| 신뢰도 | 신뢰구간 | |
|---|---|---|
| | 하 한 | 상 한 |
| 90% | $\hat{p}_1 - \hat{p}_2 - (1.645)\sqrt{\dfrac{\hat{p}_1\hat{q}_1}{n} + \dfrac{\hat{p}_2\hat{q}_2}{m}}$ | $\hat{p}_1 - \hat{p}_2 + (1.645)\sqrt{\dfrac{\hat{p}_1\hat{q}_1}{n} + \dfrac{\hat{p}_2\hat{q}_2}{m}}$ |
| 95% | $\hat{p}_1 - \hat{p}_2 - (1.96)\sqrt{\dfrac{\hat{p}_1\hat{q}_1}{n} + \dfrac{\hat{p}_2\hat{q}_2}{m}}$ | $\hat{p}_1 - \hat{p}_2 + (1.96)\sqrt{\dfrac{\hat{p}_1\hat{q}_1}{n} + \dfrac{\hat{p}_2\hat{q}_2}{m}}$ |
| 99% | $\hat{p}_1 - \hat{p}_2 - (2.58)\sqrt{\dfrac{\hat{p}_1\hat{q}_1}{n} + \dfrac{\hat{p}_2\hat{q}_2}{m}}$ | $\hat{p}_1 - \hat{p}_2 + (2.58)\sqrt{\dfrac{\hat{p}_1\hat{q}_1}{n} + \dfrac{\hat{p}_2\hat{q}_2}{m}}$ |

### 예제 2

두 종류의 약품 A, B의 효능을 조사하기 위하여 동일한 조건에 놓인 환자들을 300명씩 두 그룹으로 나누어 각각 약품 A와 약품 B로 치료한 결과, 각각 291명과 285명이 효과를 얻었다. 두 약품의 효율의 차이에 대한 95% 신뢰구간을 구하라.

**풀이**

약품 A와 B의 효율을 각각 $p_1$, $p_2$라 하면, 두 약품의 효율에 대한 추정값은 각각 $\hat{p}_1 = \dfrac{291}{300} = 0.97$, $\hat{p}_2 = \dfrac{285}{300} = 0.95$이고 $\hat{p}_1 - \hat{p}_2 = 0.02$이다. 또한 $\hat{p}_1 - \hat{p}_2$의 표준오차는 다음과 같다.

$$\text{S.E.}(\hat{p}_1 - \hat{p}_2) = \sqrt{\frac{(0.97)(0.03)}{300} + \frac{(0.95)(0.05)}{300}} = 0.016$$

그러므로 95% 오차한계는 $e_{95\%} = (1.96)\,\text{S.E.}(\hat{p}_1 - \hat{p}_2) = 0.031$이고, 95% 신뢰구간은 다음과 같다.

$$(0.02 - 0.031,\ 0.02 + 0.031) = (-0.011,\ 0.051)$$

### (2) 모분산의 구간추정

정규모집단 $X \sim N(\mu, \sigma^2)$에서 크기 $n$인 확률표본을 선정할 때, 표본분산 $S^2$은 모분산 $\sigma^2$에 대한 최소분산불편추정량인 사실을 살펴보았다. 따라서 표본분산 $S^2$을 이용하여 모분산 $\sigma^2$을 추정한다. 그러나 $E(S) < \sigma$이므로 표본표준편차 $S$는 모표준편차 $\sigma$에 대한 편의추정량이지만, 보편적으로 $n \geq 10$이면 이러한 편의를 무시할 수 있다. 따라서 일반적으로 표본표준편

차 $S$를 이용하여 모표준편차 $\sigma$를 추정한다. 7.3절에서 살펴본 바에 의하면 정규모집단에 대한 표본분산 $S^2$은 다음과 같이 자유도 $n-1$인 카이제곱분포에 따른다.

$$V = \frac{(n-1)S^2}{\sigma^2} \sim \chi^2(n-1)$$

따라서 그림 8.7과 같이 자유도 $n-1$인 $\chi^2$-분포에서 양쪽 꼬리확률이 각각 $\frac{\alpha}{2}$인 임계값은 $\chi^2_{1-(\alpha/2)}(n-1)$, $\chi^2_{\alpha/2}(n-1)$이므로 다음을 얻는다.

$$P\left(\chi^2_{1-(\alpha/2)}(n-1) < \frac{(n-1)S^2}{\sigma^2} < \chi^2_{\alpha/2}(n-1)\right) = 1-\alpha$$

또는

$$P\left(\frac{(n-1)S^2}{\chi^2_{\alpha/2}(n-1)} < \sigma^2 < \frac{(n-1)S^2}{\chi^2_{1-(\alpha/2)}(n-1)}\right) = 1-\alpha$$

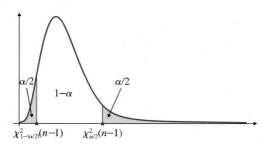

**그림 8.7 카이제곱분포의 중심확률**

그러므로 모분산 $\sigma^2$에 대한 $100(1-\alpha)\%$ 신뢰구간은 다음과 같다.

$$\left(\frac{(n-1)s^2}{\chi^2_{\alpha/2}(n-1)}, \ \frac{(n-1)s^2}{\chi^2_{1-(\alpha/2)}(n-1)}\right)$$

특히 모분산 $\sigma^2$에 대한 90%, 95%, 그리고 99% 신뢰구간의 하한과 상한은 표 8.6과 같다.

**표 8.6 모분산의 신뢰구간**

| 신뢰도 | 신뢰구간 하 한 | 신뢰구간 상 한 |
|---|---|---|
| 90% | $\dfrac{(n-1)s^2}{\chi^2_{0.05}(n-1)}$ | $\dfrac{(n-1)s^2}{\chi^2_{0.95}(n-1)}$ |
| 95% | $\dfrac{(n-1)s^2}{\chi^2_{0.025}(n-1)}$ | $\dfrac{(n-1)s^2}{\chi^2_{0.975}(n-1)}$ |
| 99% | $\dfrac{(n-1)s^2}{\chi^2_{0.005}(n-1)}$ | $\dfrac{(n-1)s^2}{\chi^2_{0.995}(n-1)}$ |

한편 $n \geq 10$이면 모표준편차 $\sigma$에 대한 $100(1-\alpha)\%$ 신뢰구간은 다음과 같다.

$$\left( s\sqrt{\frac{n-1}{\chi^2_{\alpha/2}(n-1)}} \, , \, s\sqrt{\frac{n-1}{\chi^2_{1-(\alpha/2)}(n-1)}} \right)$$

---

**예제 3**

전공 서적의 무게는 정규분포에 따른다고 알려져 있다. 서점에서 임의로 6권의 서적을 선정하여 무게를 측정한 결과 다음과 같았다. 단, 단위는 kg이다.

$$[2.7 \quad 2.8 \quad 3.3 \quad 3.0 \quad 2.8]$$

(1) 평균 무게에 대한 95% 신뢰구간을 구하라.

(2) 모분산 $\sigma^2$에 대한 95% 신뢰구간을 구하라.

**풀이**

(1) 표본평균과 표본분산 그리고 표본표준편차는 각각 다음과 같다.

$$\overline{x} = \frac{1}{5}\sum_{i=1}^{5} x_i = 2.92, \quad s^2 = \frac{1}{4}\sum_{i=1}^{5}(x_i - 2.92)^2 = \frac{0.228}{4} = 0.057, \quad s = \sqrt{0.057} = 0.2387$$

따라서 표준오차는 $\text{S.E.}(\overline{X}) = \dfrac{0.2387}{\sqrt{5}} = 0.107$이고 $t_{0.025}(4) = 2.776$이므로 95% 오차한계는 $e_{95\%} = (2.776)(0.107) = 0.297$이다. 그러므로 95% 신뢰구간은 다음과 같다.

$$(2.92 - 0.297, \, 2.92 + 0.297) = (2.623, \, 3.217)$$

(2) $s^2 = 0.057$이고 $\chi^2_{0.025}(4) = 11.14$, $\chi^2_{0.975}(4) = 0.48$이고, 따라서 구하고자 하는 95% 신뢰구간은 다음과 같다.

$$\left( \frac{4s^2}{\chi^2_{0.025}(4)}, \ \frac{4s^2}{\chi^2_{0.975}(4)} \right) = \left( \frac{(4)(0.057)}{11.14}, \ \frac{(4)(0.057)}{0.48} \right) = (0.02, \ 0.475)$$

## (3) 모분산 비의 구간추정

두 모분산의 대소 관계를 추정하기 위하여 분산의 비를 이용한다. 이를 위하여 독립인 두 정규모집단 $N(\mu_1, \sigma_1^2)$, $N(\mu_2, \sigma_2^2)$에서 각각 크기 $n$과 $m$인 표본을 선정하여 그들의 표본분산을 각각 $S_1^2$과 $S_2^2$이라 하면, 5·4절에서 다음과 같은 분자·분모의 자유도가 각각 $n-1$, $m-1$인 $F$-분포를 얻었다.

$$\frac{S_1^2 / \sigma_1^2}{S_2^2 / \sigma_2^2} \sim F(n-1, m-1)$$

그림 8.8과 같이 $F$-분포에서 양쪽 꼬리확률이 각각 $\frac{\alpha}{2}$인 임계점은 $f_{1-(\alpha/2)}(n-1, m-1)$, $f_{\alpha/2}(n-1, m-1)$이므로 다음을 얻는다.

$$P\left( f_{1-(\alpha/2)}(n-1, m-1) < \frac{S_1^2 / \sigma_1^2}{S_2^2 / \sigma_2^2} < f_{\alpha/2}(n-1, m-1) \right) = 1 - \alpha$$

따라서 $\frac{\sigma_1^2}{\sigma_2^2}$에 대하여 다음을 얻는다.

$$P\left( \frac{S_1^2 / S_2^2}{f_{\alpha/2}(n-1, m-1)} < \frac{\sigma_1^2}{\sigma_2^2} < \frac{S_1^2 / S_2^2}{f_{1-(\alpha/2)}(n-1, m-1)} \right) = 1 - \alpha$$

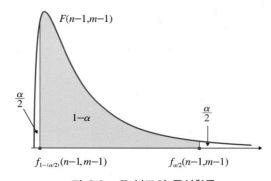

**그림 8.8** $F$-분포의 중심확률

그러므로 모분산의 비에 대한 $100(1-\alpha)\%$ 신뢰구간은 다음과 같다.

$$\left(\frac{s_1^2/s_2^2}{f_{\alpha/2}(n-1,\,m-1)},\quad \frac{s_1^2/s_2^2}{f_{1-(\alpha/2)}(n-1,\,m-1)}\right)$$

특히, 모분산의 비 $\dfrac{\sigma_1^2}{\sigma_2^2}$에 대한 $90\%$, $95\%$, 그리고 $99\%$ 신뢰구간의 하한과 상한은 표 8.7과 같다.

**표 8.7  두 모분산 비의 신뢰구간**

| 신뢰도 | 신뢰구간 | |
|:---:|:---:|:---:|
| | 하 한 | 상 한 |
| $90\%$ | $\dfrac{s_1^2/s_2^2}{f_{0.05}}$ | $\dfrac{s_1^2/s_2^2}{f_{0.95}}$ |
| $95\%$ | $\dfrac{s_1^2/s_2^2}{f_{0.025}}$ | $\dfrac{s_1^2/s_2^2}{f_{0.975}}$ |
| $99\%$ | $\dfrac{s_1^2/s_2^2}{f_{0.005}}$ | $\dfrac{s_1^2/s_2^2}{f_{0.995}}$ |

## 예제 4

독립인 두 정규모집단으로 각각 표본을 선정하여 다음 결과를 얻었다. 모분산의 비 $\dfrac{\sigma_1^2}{\sigma_2^2}$에 대한 $90\%$ 신뢰구간을 구하라.

| | 크기 | 표본평균 | 표본표준편차 |
|:---:|:---:|:---:|:---:|
| 표본 1 | 10 | $\bar{x}=17.5$ | $s_1=3.1$ |
| 표본 2 | 8 | $\bar{y}=21.2$ | $s_2=2.8$ |

(풀이)

표본의 크기가 각각 10과 8이므로 분자의 자유도 9와 분모의 자유도 7인 $F$-분포에서 임계값을 구하면, 각각 $f_{0.05}(9,7)=3.68$, $f_{0.95}(9,7)=\dfrac{1}{f_{0.05}(7,9)}=\dfrac{1}{3.29}=0.304$ 이다. 그러므로 $90\%$ 신뢰구간의 하한과 상한은 각각 다음과 같다.

$$l=\frac{s_1^2/s_2^2}{f_{0.05}(9,7)}=\frac{3.1^2}{2.8^2}\,\frac{1}{3.68}=0.333$$

$$u=\frac{s_1^2/s_2^2}{f_{0.95}(9,7)}=\frac{3.1^2}{2.8^2}\,\frac{1}{0.304}=4.032$$

따라서 $\dfrac{\sigma_1^2}{\sigma_2^2}$에 대한 $90\%$ 신뢰구간은 $(0.333,\,4.032)$ 이다.

## 연습문제 8.3

**1.** 어느 생수회사에서 생산되는 25개의 생수병의 무게를 조사한 결과 표준편차 1.6g을 얻었다. 생수병의 무게에 대한 모분산에 대한 95% 신뢰구간을 구하라.

**2.** 1991년부터 2000년까지 10년간 국민 1인당 쌀 소비량을 조사한 결과 다음 자료를 얻었다. 이 자료를 이용하여 지난 10년간 국민 1인당 쌀 소비량의 모분산과 모표준편차에 대한 90% 신뢰구간을 구하라.

| 연 도 | 1991 | 1992 | 1993 | 1994 | 1995 | 1996 | 1997 | 1998 | 1999 | 2000 |
|---|---|---|---|---|---|---|---|---|---|---|
| 소비량 | 116.3 | 112.9 | 110.2 | 108.3 | 106.5 | 104.9 | 102.4 | 99.2 | 96.9 | 93.4 |

**3.** 다음 표본을 이용하여 모분산에 대한 95% 신뢰구간을 구하라.

| | | | | | | | | | |
|---|---|---|---|---|---|---|---|---|---|
| 3.4 | 3.6 | 4.0 | 0.4 | 2.0 | 3.0 | 3.1 | 4.1 | 1.4 | 2.5 |
| 1.4 | 2.0 | 3.1 | 1.8 | 1.6 | 3.5 | 2.5 | 1.7 | 5.1 | 0.7 |

**4.** 다음은 어떤 제조회사에서 생산되는 음료수를 분석한 당분 함량의 자료이다. 이것을 이용하여 이 회사에서 생산되는 음료수의 당분 함량에 대한 분산과 표준 편차에 대한 95% 신뢰구간을 구하라.

| | | | | | | | | | |
|---|---|---|---|---|---|---|---|---|---|
| 15.1 | 13.4 | 16.5 | 14.6 | 14.4 | 14.0 | 15.4 | 13.8 | 14.6 | 14.3 |

**5.** A 후보의 지지율을 조사하기 위하여 1,000명을 임의로 조사한 결과 485명의 지지를 받았다.

(1) 전체 유권자의 지지율을 추정하라.

(2) 표본비율 $\hat{p}$의 표준오차를 구하라.

(3) $|\hat{p}-p|$에 대한 95% 오차한계를 구하라.

(4) 전체 유권자의 지지율에 대한 95% 신뢰구간을 구하라.

**6.** 20대 여성의 취업 현황을 알기 위하여 1,000명을 조사한 결과 345명이 취업 상태에 있는 것으로 나타났다.

(1) 전체 20대 여성의 취업률에 대한 추정값을 구하라.

(2) 표준오차를 구하라.

(3) 90% 오차한계를 구하라.

(4) 20대 여성의 취업률에 대한 90% 신뢰구간을 구하라.

**7.** 20대 여성 100명을 대상으로 건강 다이어트 식품을 복용하는지 조사한 결과 35명이 복용한다고 응답했다. 우리나라 20대 여성의 건강 다이어트 식품을 복용하는 비율에 대한 95% 신뢰구간을 구하라.

**8.** 대한가족계획협회에서 1998년 7월 미혼 직장인 1,089명(남 470명, 여 619명)을 대상으로 성인 전용 극장의 허용에 대해 설문조사 결과, 254명의 남성과 223명의 여성이 지지하였다.

(1) 남성과 여성의 지지율의 차 $p_1 - p_2$를 추정하라.

(2) $\hat{p}_1 - \hat{p}_2$의 표준오차를 구하라.

(3) $\left| (\hat{p}_1 - \hat{p}_2) - (p_1 - p_2) \right|$에 대한 95% 오차한계를 구하라.

(4) $p_1 - p_2$에 대한 95% 신뢰구간을 구하라.

**9.** 2000년 4월 (사)한국청소년순결운동본부가 전국의 고등학생(남학생 256명, 여학생 348명)을 대상으로 청소년의 음주정도에 대한 무작위 표본조사를 실시한 결과, 남학생 83.9%, 여학생 59.2%가 음주 경험이 있는 것으로 조사되었다. 남학생과 여학생의 음주율 차에 대한 95% 신뢰구간을 구하라.

**10.** 전국 성인 1,500명을 대상으로 한 전화 여론조사에서 A 후보가 625명, B 후보는 535명의 지지를 얻었다고 한다. 두 후보의 지지율에 대한 95% 신뢰구간을 구하라.

**11.** 두 종류의 약품 A, B의 효능을 조사하기 위하여 동일한 조건에 놓인 환자 200명에 A를 투여하고, 다른 200명의 환자에게 B를 투여한 결과 각각 165명과 150명이 효과를 얻었다. 두 약품의 효율의 차이에 대한 95% 신뢰구간을 구하라.

**12.** 과제물의 제시와 작성에 대하여 조사하기 위하여 20명의 교수를 임의로 추출하여 과제물을 항상 제시하는지 물었다. 또한 학생들에게 과제물을 스스로 작성하는지에 대하여 알아보기 위하여 25명의 학생을 추출하여 질문한 결과 다음과 같은 응답을 얻었다. 이때 "Yes"는 과제물 제시 또는 스스로 작성을 의미한다.

| 교수 | Yes | Yes | No | Yes | No | No | Yes | Yes | No | Yes |
|------|-----|-----|-----|-----|-----|-----|-----|-----|-----|-----|
|      | No  | No  | Yes | Yes | No | Yes | Yes | No | Yes | Yes |
| 학생 | No  | Yes | No | No | Yes | No | Yes | No | No | Yes |
|      | Yes | No  | Yes | No | No | No | No | No | Yes | No |
|      | Yes | Yes | No | Yes | No | | | | | |

(1) 과제물을 제시하는 교수의 비율에 대한 90% 신뢰구간을 구하라.

(2) 과제물을 스스로 작성하는 학생의 비율에 대한 90% 신뢰구간을 구하라.

(3) 과제물을 제시하는 교수의 비율과 과제물을 스스로 작성하는 학생의 비율의 차이에 대한 90% 신뢰구간을 구하라.

## 8.4 표본의 크기

지금까지는 주어진 표본의 크기를 이용하여 모수를 추정하는 방법을 살펴보았다. 이때 표본의 크기가 너무 작으면 왜곡된 모집단의 특성을 추정할 수 있으며, 또한 표본의 크기가 너무 크면 모집단의 특성을 잘 표현할 수 있으나 경제적·시간적·공간적인 여러 제약으로 어려움을 겪을 수 있다. 그러면 주어진 신뢰도와 오차한계에 맞춰서 어느 정도의 크기를 갖는 표본을 추출해야 가장 효율적인가 하는 문제 역시 매우 중요하다. 따라서 여기서는 주어진 오차한계에 대한 표본의 크기를 결정하는 방법을 살펴본다.

우선 정규모집단에서 크기 $n$인 표본을 추출할 때, 모평균 $\mu$에 대한 $100(1-\alpha)\%$ 신뢰구간은 다음과 같다.

$$\bar{x} - z_{\alpha/2}\frac{\sigma}{\sqrt{n}} < \mu < \bar{x} + z_{\alpha/2}\frac{\sigma}{\sqrt{n}}$$

따라서 신뢰구간의 길이는 다음과 같다.

$$L = 2\,z_{\alpha/2}\,\frac{\sigma}{\sqrt{n}}$$

이제 이 신뢰구간의 길이가 $L_0$을 넘지 않도록 한다면, 즉 $2\,z_{\alpha/2}\,\frac{\sigma}{\sqrt{n}} \le L_0$이라 하면 표본의 크기 $n$에 대하여 다음을 얻는다.

$$n \ge 4\left(\frac{z_{\alpha/2}\,\sigma}{L_0}\right)^2$$

예를 들어, 모평균 $\mu$에 대한 95% 신뢰구간의 길이가 $L_0$을 넘지 않도록 하기 위하여 필요한 표본의 크기는 다음과 같다.

$$n \ge 4\left(\frac{(1.96)\sigma}{L_0}\right)^2 = (15.3664)\left(\frac{\sigma}{L_0}\right)^2$$

한편 점추정값 $\bar{x}$와 모평균 $\mu$의 오차한계가 $d$ 이하라 하면 $|\bar{x}-\mu| \le d$이므로 오차한계는 $d = \dfrac{L_0}{2}$이다.

### 예제 1

$\sigma = 0.5$인 정규모집단의 모평균에 대한 95% 신뢰구간을 구하기 위한 표본의 크기를 구하라. 이때 최대 오차한계는 $d = 0.05$이다.

**풀이**

최대 오차한계가 $d = 0.05$이므로 95% 신뢰구간의 길이가 $L_0 = 0.1$을 넘지 않도록 표본의 크기를 구하면 다음과 같다.

$$n \geq 4\left(\frac{(1.96)(0.5)}{0.1}\right)^2 = 384.16$$

즉, $n = 385$이다.

한편 대부분의 통계분석에서 모분산은 알려져 있지 않으므로 정규분포를 사용할 수 없다. 이 경우에 크기 $n$인 표본으로부터 모평균 $\mu$에 대한 $100(1-\alpha)\%$ 신뢰구간을 구하기 위하여 자유도 $n-1$인 $t$-분포를 사용해야 하며, 신뢰구간은 다음과 같다.

$$\bar{x} - t_{\alpha/2}(n-1)\frac{s}{\sqrt{n}} < \mu < \bar{x} + t_{\alpha/2}(n-1)\frac{s}{\sqrt{n}}$$

따라서 신뢰구간의 길이는 다음과 같다.

$$L = 2\, t_{\alpha/2}(n-1)\,\frac{s}{\sqrt{n}}$$

이때 표본표준편차 $s$는 표본을 추출해야 알 수 있는 상수이므로 표본의 크기를 결정하기 위하여 사전 실험을 통하여 예비로 얻은 $s$를 이용한다. 그리고 표본의 크기가 증가함에 따라 임계값 $t_{\alpha/2}(n-1)$은 $n$에 따라 감소하며, 특히 표 8.8과 같이 $t_{\alpha/2}(n-1)$은 표준정규분포의 임계값 $z_{\alpha/2}$로 근접한다. 특히 90%, 95%, 99% 신뢰도에서 표본을 선택할 경우에 표본의 크기가 충분히 크면 다음을 얻는다.

$$t_{0.05}(n-1) \leq 1.7, \quad t_{0.025}(n-1) \leq 2.1, \quad t_{0.005}(n-1) \leq 2.8$$

표 8.8  자유도에 따른 임계값

| 신뢰도 | 임계값($t_{\alpha/2}(n-1)$) | | | | |
|---|---|---|---|---|---|
| | $n=11$ | $n=21$ | $n=31$ | $n=41$ | $n\to\infty$ |
| 90% | 1.812 | 1.725 | 1.697 | 1.684 | 1.645 |
| 95% | 2.228 | 2.086 | 2.042 | 2.021 | 1.960 |
| 99% | 3.169 | 2.845 | 2.750 | 2.704 | 2.580 |

그러므로 모분산을 모르는 모집단에 대한 모평균을 추정할 때, 신뢰구간의 길이가 $L_0$을 넘지 않을 표본의 크기는 다음과 같다.

$$n \geq 4\left(t_{\alpha/2}(n-1)\frac{s}{L_0}\right)^2$$

---

### 예제 2

1.5리터 페트병에 들어 있는 음료수의 양을 조사하기 위하여 크기 21인 표본을 조사하여 신뢰도 95%에 대한 신뢰구간 $(1.491, 1.507)$을 얻었다. 95% 신뢰구간의 길이가 0.01보다 작게 하기 위하여 추가로 더 조사해야 할 페트병의 수를 구하라.

(풀이)

사전 조사에 의한 신뢰구간의 길이가 $L = 1.507 - 1.491 = 0.016$이고 $t_{0.025}(20) = 2.086$이므로 다음이 성립한다.

$$0.016 = 2\, t_{\alpha/2}(20)\, \frac{s}{\sqrt{n}} = \frac{2 \cdot (2.086) \cdot s}{\sqrt{21}}$$

그러므로 사전 조사에 의한 표본표준편차는 $s = 0.018$이고 $L_0 = 0.01$, $t_{0.025}(n-1) \leq 2.1$이므로 표본의 크기는 다음과 같다.

$$n \geq 4\left(\frac{(2.1) \cdot (0.018)}{0.01}\right)^2 = 57.1536$$

즉, 약 $n = 58$이다. 한편 21개를 사전에 조사하였으므로 추가로 37개를 더 조사해야 한다.

또한 크기 $n$과 $m$인 두 표본으로부터 얻은 $\mu_1 - \mu_2$에 대한 $100(1-\alpha)\%$ 신뢰구간은 다음과 같다.

$$\left( \overline{x} - \overline{y} - z_{\alpha/2} \sqrt{\frac{\sigma_1^2}{n} + \frac{\sigma_2^2}{m}}, \quad \overline{x} - \overline{y} + z_{\alpha/2} \sqrt{\frac{\sigma_1^2}{n} + \frac{\sigma_2^2}{m}} \right)$$

이때 $n = m$ 이면 신뢰구간의 길이는 다음과 같다.

$$L = 2 \, z_{\alpha/2} \sqrt{\frac{\sigma_1^2 + \sigma_2^2}{n}}$$

따라서 신뢰구간의 길이가 $L_0$을 넘지 않을 표본의 크기는 다음과 같다.

$$n = m \geq \frac{4 \, z_{\alpha/2}^2 \, (\sigma_1^2 + \sigma_2^2)}{L_0^2}$$

이때 모분산이 알려져 있지 않다면, $t$-분포에 의하여 다음과 같이 표본의 크기를 구할 수 있다. 여기서 $s_1^2$과 $s_2^2$은 사전 실험에 의해 얻은 표본분산이다.

$$n = m \geq \frac{4 \, t_{\alpha/2}^2 (2n - 2) \, (s_1^2 + s_2^2)}{L_0^2}$$

### 예제 3

두 회사에서 제조되는 1.5리터 페트병에 들어 있는 음료수 양의 평균 차를 조사하기 위하여 각각 크기 15인 표본을 추출하여 조사한 결과 다음을 얻었다. 신뢰도 95%에 대한 평균 차의 신뢰구간을 얻기 위하여 얼마나 많은 페트병을 추가로 조사해야 하는지 구하라. 단, 신뢰구간의 길이를 0.02보다 작게 한다.

| $n = 15$ | $\overline{x} = 1.56$ | $s_1 = 0.06$ |
| $m = 15$ | $\overline{y} = 1.53$ | $s_2 = 0.04$ |

(풀이)

사전 조사에 의한 두 표본의 표본분산은 각각 $s_1^2 = 0.0036$, $s_2^2 = 0.0016$이고, $t_{0.025}(28) = 2.048$ 그리고 $L_0 = 0.02$이므로 표본의 크기는 다음과 같다.

$$n = m \geq \frac{4 \, \cdot \, (2.048)^2 \, \cdot \, (0.0052)}{(0.02)^2} = 218.10$$

즉, $n = m = 219$이다. 따라서 두 회사 제품을 동일하게 204개씩 추가로 더 조사해야 한다.

한편 모비율 $p$에 대한 $100(1-\alpha)\%$ 신뢰구간은 다음과 같다.

$$\hat{p} - z_{\alpha/2}\sqrt{\frac{\hat{p}\,\hat{q}}{n}} < p < \hat{p} + z_{\alpha/2}\sqrt{\frac{\hat{p}\,\hat{q}}{n}}$$

따라서 이 신뢰구간의 길이는 $L = 2\,z_{\alpha/2}\sqrt{\dfrac{\hat{p}\,\hat{q}}{n}}$ 이다. 이때 신뢰구간의 길이를 $L_0$ 보다 작게 하기 위한 표본의 크기는 다음과 같다.

$$n \geq 4\,z_{\alpha/2}^2\,\frac{\hat{p}\,\hat{q}}{L_0^2}$$

특히 신뢰구간의 길이 $L_0$ 이 작아지거나 신뢰수준 $1 - \alpha$ 가 커짐에 따라 표본의 크기 $n$ 은 증가한다. 또한 $\hat{p}$ 는 표본을 조사한 후에 얻어지는 비율이고, 아직 표본의 크기를 어떻게 선정할 것인지를 결정하는 단계이므로 $\hat{p}$ 도 알 수 없다. 그러나 $\hat{p}$ 에 대한 이차식 $\hat{p}(1-\hat{p})$ 를 완전제곱식으로 변형하면 다음과 같다.

$$\hat{p}\,(1-\hat{p}) = -\left(\hat{p} - \frac{1}{2}\right)^2 + \frac{1}{4} \leq \frac{1}{4}$$

따라서 표본의 크기 $n$ 을 구하기 위하여 $\hat{p}(1-\hat{p})$ 의 최댓값 $\dfrac{1}{4}$ 을 택하여 다음과 같이 표본의 크기를 선정한다.

$$n \geq \frac{z_{\alpha/2}^2}{L_0^2}$$

그러나 과거의 경험이나 사전 조사에 의하여 모비율에 대한 사전 정보 $p^*$ 를 알고 있다면 표본의 크기를 다음과 같이 구할 수 있다.

$$n \geq 4\,z_{\alpha/2}^2\,\frac{p^*\,(1-p^*)}{L_0^2}$$

---

### 예제 4

모 일간지의 선호도에 대한 95% 신뢰구간의 길이를 8% 이내로 구하기 위하여 표본조사를 실시하고자 한다. 다음과 같은 상황에서 표본의 크기를 구하라.

(1) 5년 전에 조사한 결과에 따르면, 이 일간지에 대한 선호도는 29.7%이다.

(2) 표본조사를 처음으로 실시하여 아무런 정보가 없다.

**풀이**

(1) 5년 전에 조사한 선호도가 $p^* = 0.297$이므로 다음을 얻는다.

$$n \geq 4(1.96)^2 \frac{(0.297)(0.703)}{0.08^2} = 501.307$$

따라서 $n = 502$명을 조사해야 한다.

(2) 사전 정보가 전혀 없으므로 $n \geq \dfrac{1.96^2}{0.08^2} = 600.25$이고, 따라서 $n = 601$이다.

# 연습문제 8.4

**1.** 특수 공정에 의하여 생산되는 플라스틱 판의 평균 두께에 대하여, 95% 신뢰구간의 길이가 1.0mm 이하로 구하고자 한다. 이때 사전 조사에 의하면 플라스틱 판 두께의 표준편차가 4.0mm를 넘지 않는다고 한다. 표본의 크기를 구하라.

**2.** $2\ell$ 들이 우유병에 함유된 우유 양의 평균을 조사하기 위하여 30개를 추출하여 99% 신뢰구간을 구한 결과 $(1.997, 2.096)$을 얻었다. 오차범위 $\pm 0.02$에서 99% 신뢰구간을 구하기 위하여 추가로 필요한 표본의 크기를 구하라.

**3.** 두 종류의 동선의 평균 저항 사이의 차에 대한 $\pm 0.01\,\Omega$ 오차범위에서 99% 신뢰구간을 얻고자 한다. 두 동선의 저항에 대한 표준편차가 각각 $0.052\,\Omega$ 과 $0.048\,\Omega$ 을 넘지 않는다고 확신할 때, 표본의 크기를 구하라. 단, 두 모집단은 정규분포에 따르고, 두 표본의 크기는 동일하다.

**4.** A 철강회사에서 제조한 강판의 평균 두께를 표본조사하고자 한다. 오차범위 $\pm 0.01$mm 안에서 90% 신뢰구간을 얻기 위한 표본의 크기를 구하라. 단, 이전의 자료에 의하면 강판 두께의 표준편차는 0.04mm를 넘지 않는다고 한다.

**5.** 한강의 물 속에 포함된 염분의 평균 농도를 구하고자 한다. 신뢰수준 95%에서 신뢰구간의 길이가 0.8을 넘지 않도록 하려면 얼마나 많은 표본이 필요한지 구하라. 단, 염분의 농도에 대한 표준편차는 4인 것으로 알려져 있다고 한다.

**6.** 크기 31인 표본을 관찰한 결과 표본평균 $\bar{x} = 53.42$, 표본표준편차 $s = 3.05$를 얻었다.

(1) 모평균에 대한 95% 신뢰구간을 구하라.
(2) 모평균에 대한 95% 신뢰구간을 2.0보다 작게 하기 위한 표본의 크기를 구하라.

**7.** 한 포대에 1kg인 설탕 16포대를 조사하여 평균 1.053kg, 표준편차 0.058kg을 얻었다.

(1) 모평균에 대한 99% 신뢰구간을 구하라.
(2) 모표준편차 $\sigma$에 대한 99% 신뢰구간을 구하라.
(3) 모평균에 대한 99% 신뢰구간을 0.05 이하로 하기 위한 표본의 크기를 구하라.

**8.** 어느 광고회사에서 새로 나온 신제품에 대한 불량률을 조사하고자 한다. 신제품에 대한 불량률의 95% 신뢰구간의 길이가 5% 이내가 되기 위해서 필요한 표본의 크기를 구하라.

**9.** 10년 전에 대학문화신문이 발표한 자료에 따르면, 서울지역 대학생의 78%가 '강의 도중 핸드폰을 사용한 경험이 있다'고 답하였다. 오차한계 ±3%에서 95% 신뢰구간을 구하기 위한 표본의 크기를 구하라.

# 가설검정

제8장에서 살펴본 모수의 추정은 표본을 이용하여 모집단의 특성을 추측하는 것으로 사전 분석 과정을 나타낸다. 그러나 통계적 추론의 또 다른 측면으로 표본을 이용하여 모집단에 대한 주장을 검증하는 사후 분석 과정이 있다. 예를 들어, 모바일 앱 분석업체가 전 세계의 안드로이드와 iOS의 앱 사용 빈도를 추적한 결과, 2014년에 앱을 설치한 후부터 한 번만 사용되는 앱의 비율이 20%로 나타났다고 발표했다. 이러한 조사결과는 전 세계를 대상으로 전수조사한 것이 아니라 표본조사한 것이다. 한편 표본을 어떻게 선정하느냐에 따라 모수의 추정값이 다르게 나타날 수 있으므로 국민은 이 업체의 주장을 과연 믿을 수 있는지 의문이 생길 것이다. 따라서 이 업체의 "2014년에 앱을 설치한 후부터 한 번만 사용되는 앱의 비율이 20%이다"는 주장에 대해 진위 여부를 조사할 필요가 있다. 이와 같이 모집단에 대한 주장에 대해 진위 여부를 판정하는 방법에 대하여 살펴본다.

## 9.1 가설검정

일반적으로 모바일 앱 분석업체에서 앱을 설치한 후부터 한 번만 사용되는 앱의 비율이 20%라고 주장한다면, 이러한 주장은 단지 업체의 주장일 뿐 명확하게 증명된 사실은 아니다. 따라서 이 업체의 주장에 타당성이 있는지 과학적으로 증명해야 한다. 이와 같이 타당성의 유무를 명확히 밝혀야 할 모수에 대한 주장과 그 반대되는 주장을 **가설**(hypothesis)이라 한다. 그리고 임의적으로 선정된 표본에서 관찰된 통계량의 값을 이용하여 모수에 대하여 이미 설정된 가설의 진위 여부를 통계적으로 검정하는 과정을 **가설검정**(hypothesis testing)이라 한다. 따라서 가설검정은 표본 통계량의 관찰값을 기초로 한 모수에 대한 주장의 타당성이나 진위 여부를 판정하는 사후 분석 과정이다.

예를 들어, 모바일 앱 분석업체의 "앱을 설치한 후부터 한 번밖에 사용되지 않는 앱의 비율이 20%이다"라는 주장은 진위 여부를 판정해야 할 주장이며, 타당성이 증명되기까지는 참으로 인정할 수 밖에 없다. 이와 같이 거짓이 명확히 규명될 때까지 참인 것으로 인정되는 모수에 대한 주장, 다시 말해서 그 타당성을 입증해야 할 가설을 **귀무가설**(null hypothesis)이라 하고 $H_0$으로 나타낸다. 이에 반하여 귀무가설이 거짓이라면 참이 되는 가설, 즉 귀무가설을 부정하는 새로운 가설을 **대립가설**(alternative hypothesis)이라 하고 $H_1$로 나타낸다. 따라서 이 업체의 주장에 대하여 다음과 같은 두 가지 가설을 설정할 수 있다.

- 귀무가설($H_0$): 앱을 설치한 후부터 한 번밖에 사용되지 않는 앱의 비율이 20%이다. 즉, $p = 0.2$이다.

- 대립가설($H_1$): 앱을 설치한 후부터 한 번밖에 사용되지 않는 앱의 비율이 20%가 아니다. 즉, $p \neq 0.2$이다.

이때 귀무가설은 항상 등호(=)를 사용하고 대립가설에는 등호를 사용하지 않는다. 다시 말해서, 귀무가설은 반드시 기호 $\leq$, $=$, $\geq$ 등을 사용하고 대립가설은 이 기호에 반대되는 기호 $>$, $\neq$, $<$를 사용한다. 예를 들어, 모수 $\theta$에 대한 주장 $\theta_0$에 대한 귀무가설과 대립가설을 다음과 같이 설정한다.

$$\begin{cases} H_0: \theta \leq \theta_0 \\ H_1: \theta > \theta_0 \end{cases} \qquad \begin{cases} H_0: \theta = \theta_0 \\ H_1: \theta \neq \theta_0 \end{cases} \qquad \begin{cases} H_0: \theta \geq \theta_0 \\ H_1: \theta < \theta_0 \end{cases}$$

이와 같은 귀무가설의 주장에 대한 타당성을 입증하기 위하여 표본으로부터 얻은 적당한 통계량을 선택하며 이러한 통계량을 **검정통계량**(test statistic)이라 한다. 그리고 선정된 검정통계량을 이용하여 귀무가설 $H_0$ 의 주장이 참이라는 결론을 얻는다면, $H_0$ 을 **채택(accept)**한다고 한다. 반면에 대립가설 $H_1$ 의 주장이 참이라는 결론에 도달하면 $H_0$ 이 거짓이고, 이때 귀무가설 $H_0$ 을 **기각(reject)**한다고 한다. 추정에서 어떤 신뢰도에 대하여 모수의 참값이 포함될 것으로 믿어지는 구간을 구한 것과 동일하게 가설검정에서도 귀무가설을 채택하거나 기각시키는 영역을 구하게 된다. 이때 귀무가설 $H_0$ 의 주장을 채택하는 영역을 **채택역(acceptance region)** 그리고 $H_0$ 을 기각시키는 영역을 **기각역(critical region)**이라 한다. 그리고 채택역과 기각역의 경계를 **임계값(critical value)**이라 한다.

귀무가설의 진위 여부를 판정하기 위하여 추출된 표본으로부터 얻은 정보를 이용하여 귀무가설과 대립가설 중에서 어느 하나를 선택한다. 이때 표 9.1과 같이 실제로 귀무가설 $H_0$ 이 참이지만 검정한 결과 귀무가설을 채택한다거나, 실제로 거짓인 귀무가설 $H_0$ 에 대하여 검정 결과 귀무가설을 기각시킨다면 올바른 결정을 하게 된다. 그러나 실제로 귀무가설 $H_0$ 이 참이지만 표본으로부터 얻은 결과에 따라 대립가설 $H_1$ 을 채택하거나 실제로 대립가설 $H_1$ 이 참이지만 검정결과로 귀무가설 $H_0$ 을 채택한다면 오류가 발생한다.

**표 9.1  가설검정에 대한 결과**

| 검정결과＼실제상황 | $H_0$ 이 참 | $H_1$ 이 참 |
|---|---|---|
| $H_0$ 을 채택 | 올바른 결정 | 제2종 오류 |
| $H_1$ 을 채택 | 제1종 오류 | 올바른 결정 |

이때 실제로 참인 귀무가설을 기각시킴으로써 발생하는 오류를 **제1종 오류(type I error)**라 하며, 거짓인 귀무가설을 채택함으로써 발생하는 오류를 **제2종 오류(type II error)**라 한다. 따라서 제1종 오류는 다음과 같다.

$$\alpha = P(H_0 : 기각 \mid H_0 : 참)$$

그리고 제2종 오류는 다음과 같다.

$$\beta = P(H_0 : 채택 \mid H_0 : 거짓)$$

예를 들어, 모바일 앱 분석업체의 주장인 귀무가설과 그에 상반되는 대립가설은 다음과 같다.

$$H_0 : p = 0.2, \ H_1 : p \neq 0.2$$

그러면 제1종 오류는 $p = 0.2$ 가 참이지만 표본조사 결과 $p \neq 0.2$ 라고 결정함으로써 발생하는 오류이고, 제2종 오류는 $p \neq 0.2$ 가 참이지만 $p = 0.2$ 를 채택함으로써 발생하는 오류를 의미한다. 특히 제1종 오류를 범할 확률 $\alpha$ 를 **유의수준**(significance level)이라 하며, 제2종 오류를 범하지 않을 확률 $1-\beta$ 를 **검정력**(power of the test)이라 한다. 그리고 가설검정에서 기각역의 범위는 유의수준 $\alpha$ 에 의존하며, 보편적으로 유의수준은 0.01, 0.05, 그리고 0.1을 많이 사용한다. 구간추정의 신뢰도와 비슷하게 $\alpha = 0.05$ 라는 것은 원칙적으로 기각할 것을 예상하여 설정한 가설을 기각시킨다고 하더라도 그것에 의한 오차는 최대 5% 이하임을 나타낸다. 다시 말해서, 유의수준 $\alpha = 0.05$ 은 귀무가설 $H_0$ 이 타당함에도 불구하고 $H_0$ 을 기각함으로써 발생하는 오류를 범할 위험이 20회를 조사했을 때 최대 1회까지는 허용되는 것을 의미하며, 유의수준 0.01, 0.05, 그리고 0.1은 추정에서 사용하는 신뢰도 99%, 95%, 그리고 90%와 비교된다.

이제 귀무가설에 대하여 대립가설을 설정하는 방법을 살펴본다. 앞에서 모수 $\theta$ 에 대한 주장 $\theta_0$ 에 대한 귀무가설과 대립가설을 다음과 같이 세 가지 유형으로 구분하였다.

$$\begin{cases} H_0 : \theta \le \theta_0 \\ H_1 : \theta > \theta_0 \end{cases} \qquad \begin{cases} H_0 : \theta = \theta_0 \\ H_1 : \theta \ne \theta_0 \end{cases} \qquad \begin{cases} H_0 : \theta \ge \theta_0 \\ H_1 : \theta < \theta_0 \end{cases}$$

이때 첫 번째 귀무가설과 대립가설이 $H_0 : \theta \le \theta_0$ 와 $H_1 : \theta > \theta_0$ 으로 구성된 가설검정을 **상단측검정**(one sided upper hypothesis)이라 한다. 이때 유의수준 $\alpha$ 에 대하여 오른쪽 꼬리확률이 $\alpha$ 이고, 한 개의 임계값에 의하여 기각역과 채택역이 분리된다. 특히 모수 $\theta$ 에 대하여 표본으로부터 얻은 검정통계량의 관찰값 $\hat{\theta}$ 가 그림 9.1 (a)와 같이 채택역 안에 놓이면 귀무가설 $H_0$ 을 채택하고, (b)와 같이 기각역 안에 놓이면 귀무가설 $H_0$ 을 기각한다.

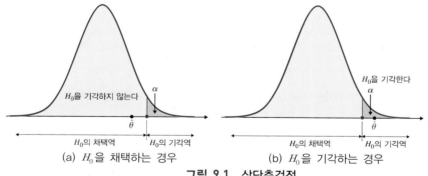

(a) $H_0$ 을 채택하는 경우      (b) $H_0$ 을 기각하는 경우

**그림 9.1   상단측검정**

그리고 두 번째 귀무가설과 대립가설이 $H_0 : \theta = \theta_0$ 와 $H_1 : \theta \ne \theta_0$ 으로 구성된 가설검정을 **양측검정**(two sided hypothesis)이라 한다. 이때 유의수준 $\alpha$ 에 대하여 양쪽 꼬리확률이 각각 $\frac{\alpha}{2}$ 이고, 두 임계점에 의하여 기각역과 채택역이 분리된다. 그러면 모수 $\theta$ 에 대하여 표본으로부터 얻은 검정통계량의 관찰값 $\hat{\theta}$ 가 그림 9.2 (a)와 같이 채택역 안에 놓이면 귀무가설 $H_0$ 을 채택하고, (b)와 같이 기각역 안에 놓이면 귀무가설 $H_0$ 을 기각한다.

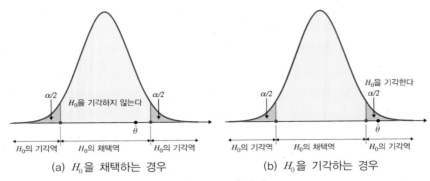

(a) $H_0$을 채택하는 경우          (b) $H_0$을 기각하는 경우

**그림 9.2  양측검정**

한편 귀무가설과 대립가설이 $H_0 : \theta \geq \theta_0$와 $H_1 : \theta < \theta_0$으로 구성된 가설검정을 **하단측검정** (one sided lower hypothesis)이라 한다. 이때 유의수준 $\alpha$에 대하여 왼쪽 꼬리확률이 $\alpha$이고, 한 개의 임계값에 의하여 기각역과 채택역이 분리된다. 특히 모수 $\theta$에 대하여 표본으로부터 얻은 검정통계량의 관찰값 $\hat{\theta}$가 그림 9.3 (a)와 같이 채택역 안에 놓이면 귀무가설 $H_0$을 채택하고, (b)와 같이 기각역 안에 놓이면 귀무가설 $H_0$을 기각한다.

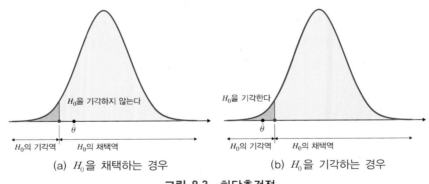

(a) $H_0$을 채택하는 경우          (b) $H_0$을 기각하는 경우

**그림 9.3  하단측검정**

따라서 검정 방법에 따른 두 가설 $H_0$과 $H_1$의 설정을 종합하면 표 9.2와 같다.

**표 9.2  검정방법에 따른 $H_0$과 $H_1$의 부등호**

| 구 분 | 양측검정 | 상단측검정 | 하단측검정 |
|---|---|---|---|
| $H_0$의 부등호 | $=$ | $\leq$ | $\geq$ |
| $H_1$의 부등호 | $\neq$ | $>$ | $<$ |
| 기각역 | 양쪽 꼬리 | 오른쪽 꼬리 | 왼쪽 꼬리 |

그러면 귀무가설에 대한 진위 여부에 대하여 다음과 같은 방법으로 통계적 검정을 수행할 수 있다.

① 귀무가설 $H_0$과 대립가설 $H_1$을 설정한다.
② 유의수준 $\alpha$를 정한다.
③ 적당한 검정통계량을 선택한다.
④ 유의수준 $\alpha$에 대한 임계값과 기각역을 구한다.
⑤ 표본으로부터 검정통계량의 관찰값을 구하고, 관찰값이 기각역 안에 있으면 귀무가설 $H_0$을 기각하고 채택역 안에 있으면 귀무가설 $H_0$의 채택한다.

한편 이미 주어진 유의수준 $\alpha$ 대신에 검정통계량의 관찰값을 이용하여 검정하는 방법이 있다. 이것은 귀무가설 $H_0$이 기각되는 최소의 유의수준과 이미 주어진 유의수준 $\alpha$를 비교하는 방법이다. 이때 귀무가설이 사실이라는 전제 아래 표본에서 관찰된 검정통계량의 관찰값에 의하여 귀무가설을 기각시킬 가장 작은 유의수준을 $p$-값($p$-value)이라 한다. 따라서 $p$-값은 표본으로부터 얻은 검정통계량의 값을 초과할 확률을 의미하며, $p$-값이 작을수록 $H_0$에 대한 신빙성은 떨어진다. 따라서 $p$-값이 유의수준보다 작으면 $H_0$에 대한 신빙성이 떨어지고, 결국 귀무가설을 기각할 수밖에 없다. 그러나 $p$-값이 유의수준보다 크면 $H_0$에 대한 신빙성이 높아지고 귀무가설을 채택한다. 예를 들어, 유의수준 $\alpha = 0.01$에서 모수 $\theta$에 대한 가설을 검정할 때, $p$-값$= 0.02$라고 하자. 그러면 유의수준 $\alpha$보다 $p$-값이 크므로 귀무가설 $H_0$을 채택한다. 그러나 유의수준 $\alpha = 0.05$에서 모수 $\theta$에 대한 가설을 검정하면, 유의수준 $\alpha$보다 $p$-값이 작으므로 귀무가설 $H_0$을 기각한다. 즉 $p$-값$= 0.02$이고 유의수준 $\alpha = 0.01$에서 모수 $\theta$를 검정한다면, 그림 9.4와 같이 관찰값 $\hat{\theta}$가 기각역 안에 놓이지 않으나 $\alpha = 0.05$에서 모수 $\theta$를 검정하면 관찰값 $\hat{\theta}$가 기각역 안에 놓이는 것을 알 수 있다.

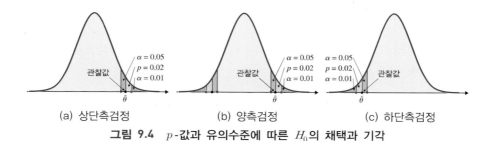

(a) 상단측검정　　　　(b) 양측검정　　　　(c) 하단측검정

**그림 9.4** $p$-값과 유의수준에 따른 $H_0$의 채택과 기각

일반적으로 $p$-값이 0.01보다 작으면 $H_0$에 대한 신빙성은 떨어지며, 따라서 대립가설 $H_1$에 대한 신빙성이 높아진다. 이와 같은 경우에 귀무가설 $H_0$을 기각하고 대립가설 $H_1$을 채택한다. 반면에 $p$-값이 0.1보다 크면 $H_0$에 대한 신빙성이 매우 높게 나타나고, 대립가설 $H_1$에 대한 신빙성이 약하게 나타난다. 따라서 이 경우에는 $H_0$을 채택하고 $H_1$을 기각한다. 그러므로 $p$-값과 유의수준 $\alpha$에 따른 귀무가설 $H_0$의 기각 및 채택은 표 9.3과 같다.

표 9.3 $p$-값과 유의수준에 따른 $H_0$의 채택과 기각

| $p$-값 | $\alpha = 0.1$ | $\alpha = 0.05$ | $\alpha = 0.01$ |
|---|---|---|---|
| $p \geq 0.1$ | $H_0$을 채택 | $H_0$을 채택 | $H_0$을 채택 |
| $0.05 \leq p < 0.1$ | $H_0$을 기각 | $H_0$을 채택 | $H_0$을 채택 |
| $0.01 \leq p < 0.05$ | $H_0$을 기각 | $H_0$을 기각 | $H_0$을 채택 |
| $p < 0.01$ | $H_0$을 기각 | $H_0$을 기각 | $H_0$을 기각 |

이와 같은 $p$-값은 귀무가설의 주장이 참이라는 조건 아래서 표본으로부터 계산된 값이므로 추출한 표본으로부터 얻은 자료집단이 좋은지 나쁜지, 그리고 귀무가설이 진실로 참인가에 크게 의존한다. 이때 $p$-값이 0.01 이하라는 것은 귀무가설이 참인 경우에 귀무가설에 대한 모순을 극복할 표본을 얻을 확률이 0.01 이하임을 의미하고, 따라서 100번의 표본을 추출하여 얻은 자료집단 중에서 많아야 1번 정도 귀무가설의 주장을 밑받침할 표본이 얻어짐을 나타낸다. $p$-값을 이용하여 귀무가설에 대한 타당성을 조사할 수 있으며, 다음과 같은 방법에 의하여 수행한다.

① 귀무가설 $H_0$과 대립가설 $H_1$을 설정한다.
② 유의수준 $\alpha$를 정한다.
③ 적당한 검정통계량을 선택한다.
④ 검정통계량의 관찰값을 구한다.
⑤ 관찰값을 이용하여 $p$-값을 구하여, $p < \alpha$이면 귀무가설을 기각하고 $p \geq \alpha$이면 귀무가설을 채택한다.

## 9.2 모평균의 검정

### (1) 모분산이 알려진 경우

모분산 $\sigma^2$이 알려져 있는 정규모집단에 대하여 귀무가설 $H_0 : \mu = \mu_0$이라는 주장의 진위를 알아보기 위하여 크기 $n$인 표본을 임의로 추출한다. $\mu = \mu_0$이 거짓임이 증명될 때까지 참인 것으로 인정하므로 검정통계량 $\overline{X}$에 대하여 다음 분포를 얻는다.

$$Z = \frac{\overline{X} - \mu_0}{\sigma / \sqrt{n}} \sim N(0, 1)$$

그러므로 귀무가설 $H_0 : \mu = \mu_0$에 대한 타당성을 조사하기 위하여 대립가설 $H_1 : \mu \neq \mu_0$을 설정하고, 미리 설정된 유의수준 $\alpha$에 대하여 표본평균의 관찰값 $\overline{x}_0$을 얻는다. 유의수준은 귀무가설 $H_0 : \mu = \mu_0$이 참이라는 조건 아래서 $H_0$을 기각할 확률이므로 기각시킬 임계값을 $c$라 하면 다음을 얻는다.

$$\begin{aligned}
\alpha &= P(H_0 : 기각 \mid H_0 : 참) \\
&= P\left(\overline{X} \neq \mu_0 \mid \overline{X} \sim N(\mu_0, \sigma^2/n)\right) \\
&= P\left(\overline{X} < c \mid \overline{X} \sim N(\mu_0, \sigma^2/n)\right) + P\left(\overline{X} > c \mid \overline{X} \sim N(\mu_0, \sigma^2/n)\right) \\
&= P\left(Z < \frac{c - \mu_0}{\sigma/\sqrt{n}}\right) + P\left(Z > \frac{c - \mu_0}{\sigma/\sqrt{n}}\right) \\
&= P(Z < -z_{\alpha/2}) + P(Z > z_{\alpha/2})
\end{aligned}$$

따라서 귀무가설 $H_0$을 기각시킬 임계값은 다음과 같다.

$$c = \mu_0 - z_{\alpha/2}\frac{\sigma}{\sqrt{n}} \ \ 또는 \ \ c = \mu_0 + z_{\alpha/2}\frac{\sigma}{\sqrt{n}}$$

이때 기각역은 다음과 같으며 그림 9.5는 $H_0$에 대한 기각역과 채택역을 나타낸다.

$$R : Z < -z_{\alpha/2}, \ R : Z > z_{\alpha/2}$$

다시 말해서, 표본평균 $\overline{x}_0$에 대한 관찰값 $z_0$이 다음과 같으면 $H_0$을 기각한다.

$$z_0 = \frac{\overline{x}_0 - \mu_0}{\sigma / \sqrt{n}} < -z_{\alpha/2} \quad \text{또는} \quad z_0 = \frac{\overline{x}_0 - \mu_0}{\sigma / \sqrt{n}} > z_{\alpha/2}$$

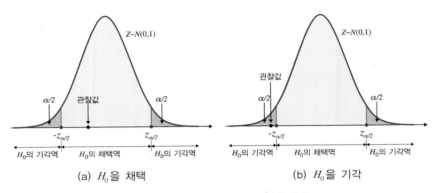

(a) $H_0$을 채택      (b) $H_0$을 기각

**그림 9.5  모평균에 대한 양측검정**

한편 양측검정에 대한 $p$-값은 검정통계량의 관찰값 $z_0$에 대하여 다음과 같이 정의된다.

$$p\text{-값} = P(|Z| > |z_0|)$$

이때 그림 9.6 (a)와 같이 $p$-값$\geq \alpha$이면 $H_0$을 채택하고 (b)와 같이 $p$-값$< \alpha$이면 $H_0$을 기각한다.

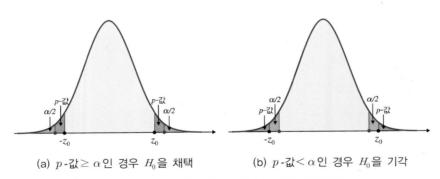

(a) $p$-값$\geq \alpha$인 경우 $H_0$을 채택      (b) $p$-값$< \alpha$인 경우 $H_0$을 기각

**그림 9.6  $p$-값에 의한 모평균에 대한 양측검정**

---

**예제 1**

모표준편차가 $\sigma = 4.1$인 정규모집단에 대하여 귀무가설 $H_0 : \mu = 30$에 대한 주장을 확인하기 위하여 크기 36인 표본을 임의로 추출하여 조사한 결과 $\overline{x} = 31.1$을 얻었다.

(1) 기각역을 구하여 유의수준 $\alpha = 0.05$에서 양측검정하라.

(2) $p$-값을 구하고 유의수준 $\alpha = 0.05$에서 양측검정하라.

**풀이**

(1) 다음과 같은 순서에 따라 양측검정을 수행한다.

① 귀무가설 $H_0 : \mu = 30$에 대한 대립가설 $H_1 : \mu \neq 30$을 설정한다.

② $\sigma = 4.1$이므로 모평균에 대한 검정통계량과 그의 분포는 다음과 같다.

$$Z = \frac{\overline{X} - 40}{4.1 / \sqrt{36}} \sim N(0, 1)$$

③ 유의수준 $\alpha = 0.05$에 대한 양측검정의 임계값은 $z_{0.025} = 1.96$이고 따라서 기각역은 $R : Z < -1.96$ 또는 $R : Z > 1.96$이다.

④ 표본평균이 $\overline{x} = 31.1$이므로 검정통계량의 관찰값은 다음과 같다.

$$z_0 = \frac{31.1 - 30}{4.1 / \sqrt{36}} = 1.61$$

⑤ 이 관찰값은 기각역 안에 놓이지 않으므로 귀무가설을 기각할 수 없다. 따라서 유의수준 $\alpha = 0.05$에서 귀무가설 $\mu = 30$은 타당성이 있다.

(2) $z_0 = 1.61$이므로 $p$-값은 다음과 같다.

$$\begin{aligned} p\text{-값} &= P(|Z| > |z_0|) = P(Z > 1.61) + P(Z < -1.61) \\ &= 2P(Z > 1.61) = 2(1 - 0.9463) = 0.1074 \end{aligned}$$

따라서 $p$-값 $> \alpha = 0.05$이므로 귀무가설 $H_0 : \mu = 30$을 기각할 수 없다.

---

한편 하단측검정에 의한 귀무가설 $H_0 : \mu \geq \mu_0$이라는 주장의 진위를 알아보자. 그러면 역시 하단측검정을 위한 검정통계량은 표본평균 $\overline{X}$이고, 따라서 다음 분포를 얻는다.

$$Z = \frac{\overline{X} - \mu}{\sigma / \sqrt{n}} \sim N(0, 1)$$

그러면 유의수준 $\alpha$는 $H_0$을 기각할 확률이므로 임계값을 $c$라 하면 다음이 성립한다.

$$\alpha = P(H_0 : 기각 \mid H_0 : 참)$$

$$= P\left(\overline{X} < c \mid \overline{X} \sim N(\mu_0, \sigma^2/n)\right)$$

$$= P\left(Z < \frac{c - \mu_0}{\sigma/\sqrt{n}}\right) = P(Z < -z_\alpha)$$

따라서 귀무가설 $H_0$을 기각시킬 임계값은 다음과 같다.

$$\frac{c - \mu_0}{\sigma/\sqrt{n}} = -z_\alpha \ ; \ c = \mu_0 - z_\alpha \frac{\sigma}{\sqrt{n}}$$

그리고 하단측검정에 대한 기각역은 다음과 같으며, 그림 9.7은 채택역과 기각역을 보인다.

$$R : Z < -z_\alpha$$

즉, 표본평균 $\overline{x}_0$에 대한 관찰값 $z_0$이 다음과 같으면 $H_0$을 기각한다.

$$z_0 = \frac{\overline{x}_0 - \mu_0}{\sigma/\sqrt{n}} < -z_\alpha$$

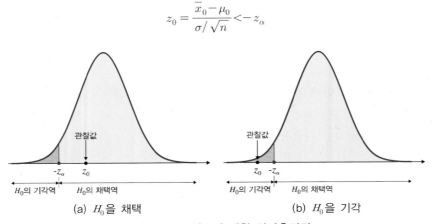

(a) $H_0$을 채택      (b) $H_0$을 기각

**그림 9.7  모평균에 대한 하단측검정**

한편 하단측검정에 대한 $p$-값은 검정통계량의 관찰값 $z_0$에 대하여 다음과 같이 정의된다.

$$p\text{-값} = P(Z < z_0)$$

이때 그림 9.8 (a)와 같이 $p$-값$\geq \alpha$이면 $H_0$을 채택하고 (b)와 같이 $p$-값$< \alpha$이면 $H_0$을 기각한다.

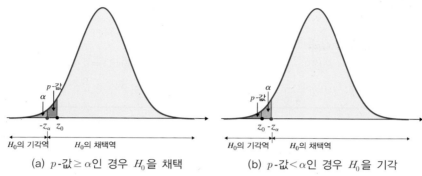

(a) $p$-값 $\geq \alpha$인 경우 $H_0$을 채택      (b) $p$-값 $< \alpha$인 경우 $H_0$을 기각

**그림 9.8**   $p$-값에 의한 모평균에 대한 하단측검정

---

**예제 2**

어느 회사는 근로자의 혈중 콜레스테롤 평균 수치가 220mg/dl 이상이라 한다. 이 주장을 확인하기 위하여 이 회사에 근무하는 근로자 20명을 무작위로 선정하여 측정한 결과 다음과 같았다. 단, 전체 근로자의 콜레스테롤 수치는 표준편차가 15.4인 정규분포에 따른다고 알려져 있다.

| | | | | | | | | | |
|---|---|---|---|---|---|---|---|---|---|
| 194.2 | 192.8 | 243.2 | 237.1 | 198.8 | 202.5 | 245.3 | 230.3 | 221.0 | 203.1 |
| 201.4 | 212.5 | 215.3 | 218.9 | 223.1 | 212.2 | 218.5 | 214.6 | 204.7 | 199.3 |

(1) 귀무가설과 대립가설을 설정하라.

(2) 유의수준 5%에서 기각역을 구하라.

(3) 검정통계량의 관찰값을 구하라.

(4) 기각역을 구하여 유의수준 5%에서 귀무가설을 검정하라.

(5) $p$-값을 구하라.

(6) $p$-값을 이용하여 유의수준 5%에서 귀무가설을 검정하라.

**풀이**

(1) 귀무가설은 $H_0 : \mu_0 \geq 220$이고 대립가설은 $H_1 : \mu_0 < 220$이다.

(2) 유의수준 $\alpha = 0.05$에 대한 하단측검정의 기각역은 $R : Z < -z_{0.05} = -1.645$이다.

(3) $\sigma = 15.4$, $n = 20$이므로 검정통계량은 $Z = \dfrac{\overline{X} - 220}{15.4/\sqrt{20}}$ 이고 표본평균을 구하면 $\overline{x} = 214.44$이 므로 검정통계량의 관찰값은 $z_0 = \dfrac{214.44 - 220}{15.4/\sqrt{20}} = -1.61$이다.

(4) 검정통계량의 관찰값 $z_0 = -1.61$이 기각역 $Z < -1.645$ 안에 놓이지 않으므로 귀무가설

$H_0 : \mu_0 \geq 220$을 유의수준 5%에서 기각할 수 없다.

(5) 검정통계량의 관측값이 $z_0 = -1.61$이므로 $p$-값은 다음과 같다.

$$p\text{-값} = P(Z < -1.61) = 1 - P(Z < 1.61) = 1 - 0.9463 = 0.0537$$

(6) $p$-값 $= 0.0537 > \alpha = 0.05$이므로 귀무가설 $H_0 : \mu_0 \geq 220$을 유의수준 5%에서 기각할 수 없다.

같은 방법에 의하여 귀무가설 $H_0 : \mu \leq \mu_0$ 이라는 주장의 진위를 알아보자. 이때 상단측검정을 위한 검정통계량은 표본평균 $\overline{X}$ 이고, 따라서 다음 분포를 얻는다.

$$Z = \frac{\overline{X} - \mu}{\sigma / \sqrt{n}} \sim N(0, 1)$$

그러면 유의수준 $\alpha$ 는 $H_0$을 기각할 확률이므로 임계값을 $c$라 하면 다음이 성립한다.

$$\alpha = P(H_0 : 기각 \mid H_0 : 참)$$
$$= P(\overline{X} > c \mid \overline{X} \sim N(\mu_0, \sigma^2/n))$$
$$= P\left(Z > \frac{c - \mu_0}{\sigma / \sqrt{n}}\right)$$
$$= P(Z > z_\alpha)$$

따라서 귀무가설 $H_0$을 기각시킬 임계값은 다음과 같다.

$$c = \mu_0 + z_\alpha \frac{\sigma}{\sqrt{n}}$$

그리고 상단측검정에 대한 기각역은 다음과 같으며, 그림 9.9는 채택역과 기각역을 보인다.

$$R : Z > z_\alpha$$

즉, 표본평균 $\overline{x}_0$에 대한 관찰값 $z_0$이 다음과 같으면 $H_0$을 기각한다.

$$z_0 = \frac{\overline{x}_0 - \mu_0}{\sigma / \sqrt{n}} > z_\alpha$$

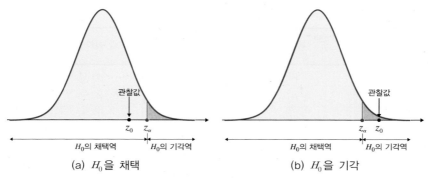

(a) $H_0$ 을 채택    (b) $H_0$ 을 기각

**그림 9.9  모평균에 대한 상단측검정**

한편 상단측검정에 대한 $p$-값은 검정통계량의 관찰값 $z_0$ 에 대하여 다음과 같이 정의된다.

$$p\text{-값} = P(Z > z_0)$$

이때 그림 9.10 (a)와 같이 $p$-값 $\geq \alpha$ 이면 $H_0$ 을 채택하고 (b)와 같이 $p$-값 $< \alpha$ 이면 $H_0$ 을 기각한다.

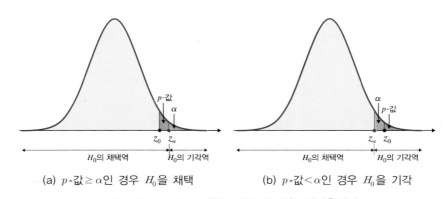

(a) $p$-값 $\geq \alpha$ 인 경우 $H_0$ 을 채택    (b) $p$-값 $< \alpha$ 인 경우 $H_0$ 을 기각

**그림 9.10   $p$-값에 의한 모평균에 대한 상단측검정**

따라서 모분산을 알고 있는 정규모집단의 모평균에 대한 귀무가설의 검정 방법은 표 9.4와 같이 요약된다.

**표 9.4  정규모집단의 모평균에 대한 가설검정($\sigma^2$: 기지)**

| 검정 방법 \ 가설과 기각역 | 귀무가설 $H_0$ | 대립가설 $H_1$ | $H_0$의 기각역 $R$ | $p$-값 |
|---|---|---|---|---|
| 하단측검정 | $\mu \geq \mu_0$ | $\mu < \mu_0$ | $R : Z < -z_\alpha$ | $P(Z < z_0)$ |
| 상단측검정 | $\mu \leq \mu_0$ | $\mu > \mu_0$ | $R : Z > z_\alpha$ | $P(Z > z_0)$ |
| 양측검정 | $\mu = \mu_0$ | $\mu \neq \mu_0$ | $R : |Z| > |z_{\alpha/2}|$ | $P(|Z| > |z_0|)$ |

### 예제 3

모표준편차가 $\sigma = 3$인 정규모집단에 대하여 귀무가설 $H_0 : \mu \leq 50$을 확인하기 위하여 크기 36인 표본을 임의로 선정하여 조사한 결과 $\bar{x} = 51.1$을 얻었다.

(1) 기각역을 구하여 유의수준 5%에서 검정하라.

(2) 기각역을 구하여 유의수준 1%에서 검정하라.

(3) $p$-값을 구하고 유의수준 1%와 5%에서 각각 검정하라.

**풀이**

(1) ① 귀무가설 $H_0 : \mu \leq 50$에 대한 대립가설 $H_1 : \mu > 50$을 설정한다.

② 유의수준 $\alpha = 0.05$에 대한 상단측검정의 기각역은 $R : Z > z_{0.05} = 1.645$이다.

③ $\sigma = 3$, $n = 36$이므로 검정통계량과 확률분포는 다음과 같다.

$$Z = \frac{\overline{X} - 50}{3/\sqrt{36}} \sim N(0, 1)$$

④ $\bar{x} = 51.1$이므로 검정통계량의 관찰값은 $z_0 = \dfrac{51.1 - 50}{3/6} = 2.2$이다.

⑤ 검정통계량의 관찰값 $z_0 = 2.2$은 기각역 안에 놓이므로 $H_0 : \mu \leq 50$을 기각한다.

(2) 유의수준 $\alpha = 0.01$에 대한 상단측검정의 임계값은 $z_{0.01} = 2.33$이고 따라서 기각역은 $R : Z > 2.33$이다. 한편 검정통계량의 관찰값 $z_0 = 2.2$는 기각역 안에 놓이지 않으므로 귀무가설 $H_0 : \mu \leq 50$을 기각할 수 없다.

(3) $p$-값을 구하면 다음과 같다.

$$p\text{-값} = P(Z > 2.2) = 1 - P(Z < 2.2) = 1 - 0.9861 = 0.0139$$

따라서 $0.01 < p$-값 $< 0.05$이므로 유의수준 $\alpha = 0.05$에서 귀무가설을 기각하지만 $\alpha = 0.01$에서 기각할 수 없다.

## (2) 모분산을 모르는 경우

일반적으로 모분산 $\sigma^2$이 알려져 있다는 가정은 비현실적이며, 따라서 모분산을 모르는 조건에서 모평균에 대한 가설의 타당성을 살펴볼 필요가 있다. 우선 정규모집단의 모평균에 대한 귀무가설 $H_0 : \mu = \mu_0$의 타당성을 조사하기 위하여 크기 $n$인 표본을 임의로 추출한다. 그리고 $H_0$의 타당성을 조사하기 위한 검정통계량으로 표본평균 $\overline{X}$를 사용하며, 특히 모분산을 모르므로 표본표준편차 $S$를 이용한다. 그러면 7.3절에서 살펴본 바와 같이 검정통계량 $\overline{X}$에 대하여 다음 분포를 얻는다.

$$T = \frac{\overline{X} - \mu}{s/\sqrt{n}} \sim t(n-1)$$

따라서 귀무가설 $H_0 : \mu = \mu_0$이 참이라는 조건 아래 다음이 성립하며, 이 통계량에 의한 검정을 **$T$-검정**($T$-test)이라 한다.

$$T = \frac{\overline{X} - \mu_0}{s/\sqrt{n}} \sim t(n-1)$$

이때 $T$-검정에 의한 검정을 수행하는 방법은 다음과 같이 $Z$-검정과 동일하지만 자유도 $n-1$인 $t$-분포에 의하여 임계값과 기각역을 구하는 것이 다르다.

① 다음 검정통계량과 확률분포를 이용한다.

$$T = \frac{\overline{X} - \mu_0}{s/\sqrt{n}} \sim t(n-1)$$

② 유의수준 $\alpha$에 대한 임계값을 자유도 $n-1$인 $t$-분포표에서 구하고, 검정 방법에 따른 기각역을 구한다.

③ 표본으로부터 검정통계량의 관찰값(또는 $p$-값)을 구하고, 관찰값이 기각역 안에 들어 있는지 또는 $p$-값이 유의수준보다 작은지 조사하여 귀무가설 $H_0$의 기각 또는 채택을 결정한다.

특히 양측검정에 의한 귀무가설 $H_0 : \mu = \mu_0$의 기각역은 다음과 같으며, 그림 9.11은 $H_0$에 대한 기각역과 채택역을 나타낸다.

$$R : T < -t_{\alpha/2}(n-1), \ R : T > t_{\alpha/2}(n-1)$$

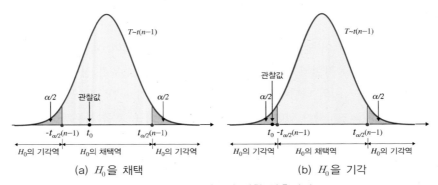

(a) $H_0$을 채택     (b) $H_0$을 기각

**그림 9.11  모평균에 대한 양측검정**

한편 양측검정에 대한 $p$-값은 검정통계량의 관찰값 $t_0$에 대하여 다음과 같이 정의된다.

$$p\text{-값} = P(|T| > |t_0|)$$

이때 그림 9.12 (a)와 같이 $p$-값 $\geq \alpha$이면 $H_0$을 채택하고 (b)와 같이 $p$-값 $< \alpha$이면 $H_0$을 기각한다.

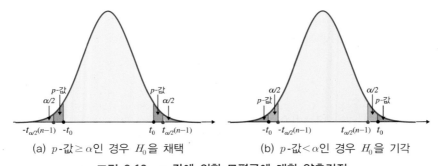

(a) $p$-값 $\geq \alpha$인 경우 $H_0$을 채택     (b) $p$-값 $< \alpha$인 경우 $H_0$을 기각

**그림 9.12  $p$-값에 의한 모평균에 대한 양측검정**

## 예제 4

어느 자동차 회사에서 생산한 신차는 1리터에 25km를 운행한다고 한다. 이러한 사실을 알아보기 위하여 임의로 신차 6대를 선정하여 조사한 결과 다음과 같다. 단, 신차의 주행거리는 정규분포에 따른다.

[24.5  22.5  23.2  25.1  25.2  23.9]

(1) 기각역을 구하여 유의수준 5%에서 조사하라.

**(2)** $p$-값을 이용하여 유의수준 5%에서 조사하라.

(풀이)

**(1)** 표본평균과 표본분산을 구하면 각각 다음과 같다.

$$\overline{x} = \frac{1}{6}\sum x_i = 24.067, \quad s^2 = \frac{1}{5}\sum_{i=1}^{6}(x_i - 24.067)^2 = \frac{5.7733}{5} = 1.1547$$

표본표준편차가 $s = \sqrt{1.1547} = 1.0746$이므로 자유도 5인 $t$-분포를 이용하여, 다음과 같은 순서로 귀무가설의 진위 여부를 검정한다.

① 귀무가설 $H_0 : \mu = 25$와 대립가설 $H_1 : \mu \neq 25$를 설정한다.

② 유의수준 $\alpha = 0.05$에 대한 임계값이 $t_{0.025}(5) = 2.571$이므로 기각역은 $R : T < -2.571$, $T > 2.571$이다.

③ 표본표준편차가 $s = 1.0746$이므로 검정통계량과 확률분포는 다음과 같다.

$$T = \frac{\overline{X} - 25}{1.0746/\sqrt{6}} \sim t(5)$$

④ $\overline{x} = 24.067$이므로 검정통계량의 관찰값은 $t_0 = \dfrac{24.067 - 25}{1.0746/\sqrt{6}} = -2.1267$이다.

⑤ 검정통계량의 관찰값 $t_0 = -2.1267$은 기각역 안에 놓이지 않으므로 $H_0 : \mu = 25$를 기각할 수 없다. 즉, 유의수준 5%에서 신차의 주행거리가 리터당 25km라는 주장은 타당하다.

**(2)** 검정통계량의 관찰값이 $t_0 = -2.1267$이므로 $p$-값 $= P(|T| > 2.1267) = 2P(T > 2.1267)$이다. 또한 자유도 5인 $t$-분포에서 $0.025 < P(T > 2.1267) < 0.05$이므로 $0.05 < p$-값 $< 0.1$이다. 그러므로 $p$-값이 유의수준 0.05보다 크고 따라서 귀무가설을 기각할 수 없다.

동일한 방법으로 귀무가설이 $H_0 : \mu \geq \mu_0$일 때, 하단측검정에 의한 기각역은 다음과 같으며 그림 9.13은 $H_0$에 대한 기각역과 채택역을 나타낸다.

$$R : T < t_\alpha(n-1)$$

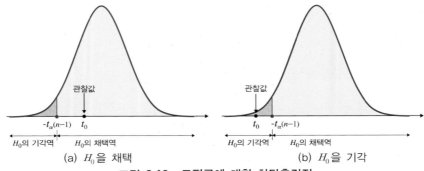

**그림 9.13  모평균에 대한 하단측검정**

그리고 이 경우에 $p$-값은 검정통계량의 관찰값 $t_0$에 대하여 그림 9.14와 같다.

$$p\text{-값} = P(T < t_0)$$

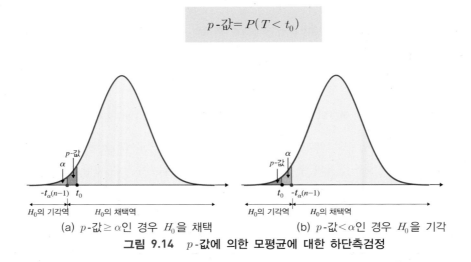

**그림 9.14  $p$-값에 의한 모평균에 대한 하단측검정**

---

### 예제 5

종합 입시학원에서 수학능력시험 다음날 고교 자연계 재학생을 상대로 가채점한 결과 지난해 자연계 평균 239.2점보다 평균 5점 이상 상승할 것으로 주장하였다. 이 주장에 대하여 10명의 점수를 임의로 추출하여 조사한 결과 다음과 같은 자료를 얻었다.

(1) 기각역을 구하여 유의수준 5%에서 조사하라.

(2) $p$-값을 이용하여 조사하라.

|  |  |  |  |  |  |  |  |  |  |
|---|---|---|---|---|---|---|---|---|---|
| 239 | 221 | 255 | 256 | 231 | 233 | 222 | 226 | 256 | 208 |

**풀이**

(1) ① 귀무가설 $H_0 : \mu \geq 244.2$와 대립가설 $H_1 : \mu < 244.2$를 설정한다.

② 검정통계량과 검정통계량의 확률분포는 다음과 같다.

$$T = \frac{\overline{X} - 244.2}{s / \sqrt{10}} \sim t(9)$$

③ 표본으로부터 평균과 표준편차를 구한다.

$$\overline{x} = \frac{1}{10} \sum x_i = 234.7, \quad s^2 = \frac{1}{9} \sum (x_i - 234.7)^2 = \frac{2492.1}{9} = 276.9, \quad s = \sqrt{276.9} = 16.64$$

④ 주어진 유의수준 $\alpha = 0.05$에 대한 하단측검정의 기각역은 $R : T < -t_{0.05}(9) = -1.833$이다.

⑤ 검정통계량의 관찰값은 $t_0 = \dfrac{234.7 - 244.2}{16.64 / \sqrt{10}} = -1.805$이다.

⑥ 검정통계량의 관찰값 $t_0 = -1.805$는 기각역 안에 들어가지 않으므로 귀무가설을 기각할 수 없다. 따라서 유의수준 $\alpha = 0.05$에서 자연계 평균 239.2점보다 평균 5점 이상 상승한다는 주장은 타당하다.

(2) 검정통계량의 관찰값이 $t_0 = -1.805$이고 $p$-값$= P(T < -1.805) = P(T > 1.805)$이다. 한편 자유도 9인 $t$-분포에서 $t_{0.1}(9) = 1.383$, $t_{0.05}(9) = 1.833$이다. 따라서 $p$-값$> 0.05$이다. 즉, 귀무가설 $H_0$을 기각할 수 없다.

역시 귀무가설이 $H_0 : \mu \leq \mu_0$일 때, 상단측검정에 의한 기각역은 다음과 같으며 그림 9.15는 $H_0$에 대한 기각역과 채택역을 나타낸다.

$$R : T > t_{\alpha}(n-1)$$

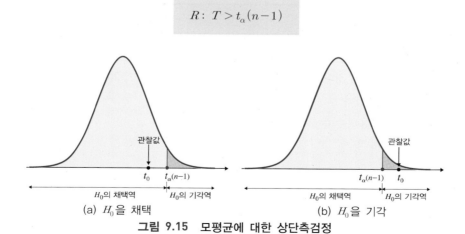

(a) $H_0$을 채택      (b) $H_0$을 기각

**그림 9.15  모평균에 대한 상단측검정**

그리고 이 경우에 $p$-값은 검정통계량의 관찰값 $t_0$에 대하여 그림 9.16과 같다.

$$p\text{-값}=P(T>t_0)$$

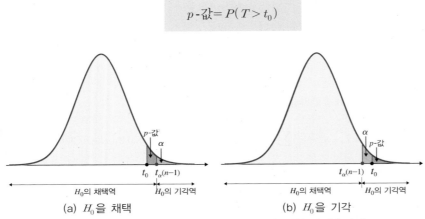

(a) $H_0$을 채택  (b) $H_0$을 기각

**그림 9.16** $p$-**값에 의한 모평균에 대한 상단측검정**

그러므로 모분산을 모르는 경우에 귀무가설 $H_0$에 대한 타당성을 검정하기 위하여 다음 표 9.5와 같이 요약할 수 있다.

**표 9.5** **정규모집단의 모평균에 대한 가설검정($\sigma^2$: 미지)**

| 검정 방법 | 귀무가설 $H_0$ | 대립가설 $H_1$ | $H_0$의 기각역 $R$ | $p$-값 |
|---|---|---|---|---|
| 하단측검정 | $\mu \geq \mu_0$ | $\mu < \mu_0$ | $R : T < -t_\alpha(n-1)$ | $P(T < t_0)$ |
| 상단측검정 | $\mu \leq \mu_0$ | $\mu > \mu_0$ | $R : T > t_\alpha(n-1)$ | $P(T > t_0)$ |
| 양측검정 | $\mu = \mu_0$ | $\mu \neq \mu_0$ | $R : \lvert T \rvert > \lvert t_{\alpha/2}(n-1) \rvert$ | $P(\lvert T \rvert > \lvert t_0 \rvert)$ |

## 예제 6

모평균이 $\mu \leq 10.5$라는 주장에 대한 타당성을 조사하기 위하여 크기 20인 표본을 조사한 결과 $\bar{x}=11.9$, $s=3.5$를 얻었다.

(1) 기각역을 구하여 유의수준 5%에서 검정하라.

(2) $p$-값을 구하고 유의수준 5%에서 검정하라.

**풀이**

(1) ① 귀무가설 $\mu \leq 10.5$, 대립가설 $H_1 : \mu > 10.5$를 설정한다.

② 검정통계량과 검정통계량의 확률분포는 다음과 같다.

$$T= \frac{\overline{X} - 10.5}{s/\sqrt{20}} \sim t(19)$$

③ 유의수준 $\alpha = 0.05$에 대한 상단측검정의 기각역은 $R: T > t_{0.05}(19) = 1.729$이다.

④ $\overline{x} = 11.9$, $s = 3.5$이므로 검정통계량의 관찰값은 $t_0 = \frac{11.9 - 10.5}{3.5/\sqrt{20}} = 1.789$이다.

⑤ 검정통계량의 관찰값 $t_0 = 1.789$는 기각역 안에 놓이므로 귀무가설 $\mu \leq 10.5$를 기각한다.

**(2)** $p$-값을 이용하여 검정하면, 검정통계량의 관찰값은 $t_0 = 1.789$이고, 상단측검정이므로 $p$-값 $= P(T \geq 1.789)$이다. 한편 자유도 19인 $t$-분포에서 $t_{0.05}(19) = 1.729$, $t_{0.025}(19) = 2.093$이므로 $0.025 < p$-값 $< 0.05$이고 따라서 귀무가설 $H_0: \mu \leq 10.5$를 기각한다.

한편 모집단분포에 대한 아무런 정보를 갖고 있지 않은 경우에, 표본의 크기 $n$이 충분히 크면 중심극한정리에 의하여 표본평균 $\overline{X}$는 정규분포에 가까워지는 것을 알고 있다. 또한 $n \to \infty$이면, $s^2 \approx \sigma^2$이므로 표본표준편차 $s$를 이용하여 다음과 같이 $\overline{X}$의 근사정규분포를 얻는다.

$$\frac{\overline{X} - \mu}{s/\sqrt{n}} \approx N(0, 1)$$

물론 모집단분포에 대한 정보는 없으나 모분산 $\sigma^2$을 알고 있다면, 표본평균 $\overline{X}$는 다음과 같이 정규근사한다.

$$\frac{\overline{X} - \mu}{\sigma/\sqrt{n}} \approx N(0, 1)$$

그러므로 모집단분포를 모르는 경우에 대표본을 추출하여 모평균에 대한 주장의 진위를 검정할 수 있으며, 이 경우 다음과 같은 검정통계량을 사용한다.

**(1)** 모분산을 알고 있는 경우 : $Z = \frac{\overline{X} - \mu_0}{\sigma/\sqrt{n}}$

**(2)** 모분산을 모르는 경우 : $Z = \frac{\overline{X} - \mu_0}{s/\sqrt{n}}$

그러면 유의수준 $\alpha$에 대한 근사 기각역과 $p$-값은 표 9.6과 같다.

**표 9.6** 미지인 모집단의 모평균에 대한 가설검정(대표본인 경우)

| 가설과 기각역<br>검정 방법 | 귀무가설 $H_0$ | 대립가설 $H_1$ | $H_0$의 근사기각역 $R$ | $p$-값 |
|---|---|---|---|---|
| 하단측검정 | $\mu \geq \mu_0$ | $\mu < \mu_0$ | $R : Z < -z_\alpha$ | $P(Z < z_0)$ |
| 상단측검정 | $\mu \leq \mu_0$ | $\mu > \mu_0$ | $R : Z > z_\alpha$ | $P(Z > z_0)$ |
| 양측검정 | $\mu = \mu_0$ | $\mu \neq \mu_0$ | $R : |Z| > |z_{\alpha/2}|$ | $P(|Z| > |z_0|)$ |

---

**예제 7**

직경이 0.1 mm인 매우 작은 정밀 부품을 생산하기 위한 연구가 진행되고 있다. 이 연구에 따라 부품을 생산하여 실험하고, 보완하는 작업을 거쳐서 비로소 제품으로 출시하려고 한다. 이를 위하여 400개의 부품을 생산한 결과 $\overline{x} = 0.10024$, $s = 0.0025$를 얻었다. 이때 유의수준 5%에서 $H_0 : \mu = 0.1$을 검정하라.

**(풀이)**

① 귀무가설 $H_0 : \mu = 0.1$과 대립가설 $H_1 : \mu \neq 0.1$을 설정한다.

② 귀무가설에 대한 검정통계량과 그의 분포는 다음과 같다.

$$Z = \frac{\overline{X} - 0.1}{s / \sqrt{400}} \approx N(0, 1)$$

③ 유의수준 $\alpha = 0.05$에 대한 양측검정의 기각역은 $R : |Z| > z_{0.025} = 1.96$이다.

④ $\overline{x} = 0.10024$, $s = 0.0025$이므로 검정통계량의 관찰값은 다음과 같다.

$$z_0 = \frac{0.10024 - 0.1}{0.0025 / \sqrt{400}} = 1.92$$

⑤ 검정통계량의 관찰값 $z_0 = 1.92$는 기각역 안에 놓이지 않으므로 귀무가설을 기각하지 않는다.

## (3) 두 모평균 차에 대한 검정(두 모분산을 아는 경우)

이제 두 모평균이 동일하다는 주장 또는 한 집단의 모평균이 다른 집단의 모평균보다 $\delta_0$만큼 크거나 작다는 주장에 대하여 검정하는 방법을 살펴본다. 우선 서로 독립인 두 정규모집단 $N(\mu_1, \sigma_1^2)$과 $N(\mu_2, \sigma_2^2)$의 모분산을 알고 있는 경우, 이미 설정된 유의수준 $\alpha$에서 귀무가설 $H_0 : \mu_1 - \mu_2 \geq \delta_0$, $H_0 : \mu_1 - \mu_2 = \delta_0$, $H_0 : \mu_1 - \mu_2 \leq \delta_0$을 검정하기 위하여, 이에 반대되는 대립가설을 설정한다. 이때 두 모집단에서 각각 크기 $n$과 $m$인 표본을 취하여 각각의 표본평균을

$\overline{X}$, $\overline{Y}$라 하면, 진위 여부가 판명될 때까지는 $\mu_1 - \mu_2 = \delta_0$이므로 다음 확률분포를 얻는다.

$$\overline{X} - \overline{Y} \sim N\left(\delta_0,\ \frac{\sigma_1^2}{n} + \frac{\sigma_2^2}{m}\right)$$

따라서 귀무가설 $H_0$에 대한 검정통계량과 확률분포는 다음과 같다.

$$Z = \frac{\overline{X} - \overline{Y} - \delta_0}{\sqrt{(\sigma_1^2/n) + (\sigma_2^2/m)}} \sim N(0, 1)$$

그러므로 관찰된 표본평균 $\overline{x}$, $\overline{y}$에 대하여 검정통계량의 관찰값 $z_0$은 다음과 같으며, 유의수준 $\alpha$에서 $\mu_1 - \mu_2 = \delta_0$에 대한 검정방법과 그에 따른 기각역 그리고 $p$-값은 표 9.7과 같다.

$$z_0 = \frac{\overline{x} - \overline{y} - \delta_0}{\sqrt{(\sigma_1^2/n) + (\sigma_2^2/m)}}$$

**표 9.7** 두 정규모집단의 모평균 차에 대한 가설검정($\sigma_1^2$, $\sigma_2^2$: 기지)

| 검정 방법 \ 가설과 기각역 | 귀무가설 $H_0$ | 대립가설 $H_1$ | $H_0$의 기각역 $R$ | $p$-값 |
|---|---|---|---|---|
| 하단측검정 | $\mu_1 - \mu_2 \geq \delta_0$ | $\mu_1 - \mu_2 < \delta_0$ | $R: Z < -z_\alpha$ | $P(Z < z_0)$ |
| 상단측검정 | $\mu_1 - \mu_2 \leq \delta_0$ | $\mu_1 - \mu_2 > \delta_0$ | $R: Z > z_\alpha$ | $P(Z > z_0)$ |
| 양측검정 | $\mu_1 - \mu_2 = \delta_0$ | $\mu_1 - \mu_2 \neq \delta_0$ | $R: |Z| > |z_{\alpha/2}|$ | $P(|Z| > |z_0|)$ |

**예제 8**

두 회사 A와 B에서 생산된 타이어의 평균 제동거리가 동일한지 알아보기 위하여 표본조사한 결과 다음과 같았다. 이것을 근거로 평균 제동거리가 동일한지 유의수준 5%에서 조사하라. 단, 단위는 m이다.

| | 표본의 크기 | 평균 | 모표준편차 |
|---|---|---|---|
| A 회사 | 64 | 13.5 | 1.46 |
| B 회사 | 36 | 14.1 | 1.33 |

**풀이**

① 회사 A와 B의 평균을 각각 $\mu_1$, $\mu_2$라 하면 $\mu_1 = \mu_2$임을 보이고자 하므로 귀무가설

$H_0 : \mu_1 - \mu_2 = 0$과 대립가설 $H_1 : \mu_1 - \mu_2 \neq 0$을 설정한다.

② 모표준편차가 각각 $\sigma_1 = 1.46$, $\sigma_2 = 1.33$이고 $n = 64$, $m = 36$므로 검정통계량과 확률분포는 다음과 같다.

$$Z = \frac{\overline{X} - \overline{Y}}{\sqrt{(1.46^2/64) + (1.33^2/36)}} = \frac{\overline{X} - \overline{Y}}{0.2871} \sim N(0, 1)$$

③ 유의수준 5%에 대한 양측검정의 기각역은 $R : |Z| > z_{0.025} = 1.96$이다.

④ $\overline{x} = 13.5$, $\overline{y} = 14.1$이므로 검정통계량의 관찰값은 $z_0 = \dfrac{13.5 - 14.1}{0.2871} = -2.09$이다.

⑤ 관찰값 $z_0 = -2.09$는 기각역 안에 놓이므로 $H_0 : \mu_1 - \mu_2 = 0$을 기각한다. 즉, 두 회사 A와 B에서 생산된 타이어의 제동거리가 동일하다는 주장은 타당성이 없다.

## (4) 두 모평균 차에 대한 검정(두 모분산을 모르는 경우)

두 모분산이 $\sigma_1^2 = \sigma_2^2 = \sigma^2$이지만 미지이고 독립인 두 정규모집단 $N(\mu_1, \sigma^2)$과 $N(\mu_2, \sigma^2)$의 모평균 차에 대하여 이미 설정된 유의수준 $\alpha$에서 귀무가설 $H_0 : \mu_1 - \mu_2 \geq \delta_0$, $H_0 : \mu_1 - \mu_2 = \delta_0$, $H_0 : \mu_1 - \mu_2 \leq \delta_0$의 타당성을 검정하기 위하여, 각각 크기 $n$과 $m$인 표본을 취하여 두 표본평균을 $\overline{X}$, $\overline{Y}$ 그리고 표본분산을 $S_1^2$, $S_2^2$이라 한다. 그러면 합동표본분산은 다음과 같다.

$$s_p^2 = \frac{(n-1)s_1^2 + (m-1)s_2^2}{n+m-2}$$

따라서 $\mu_1 - \mu_2 = \delta_0$에 대한 검정통계량은 다음과 같이 자유도 $n+m-2$인 $t$-분포에 따른다.

$$T = \frac{\overline{X} - \overline{Y} - \delta_0}{s_p \sqrt{(1/n) + (1/m)}} \sim t(n+m-2)$$

그러므로 모분산이 동일하지만 미지인 경우에 두 모평균의 차 $\mu_1 - \mu_2 = \delta_0$에 대한 귀무가설 $H_0$을 검정하기 위하여 $T$-검정을 이용하며, 그 검정방법은 표 9.8과 같이 유의수준 $\alpha$에 대한 기각역 또는 $p$-값을 구하여 검정한다.

**표 9.8** 두 정규모집단의 모평균 차에 대한 가설검정($\sigma_1^2 = \sigma_2^2 = \sigma^2$: 미지)

| 검정방법 (가설과 기각역) | 귀무가설 $H_0$ | 대립가설 $H_1$ | $H_0$의 기각역 $R$ | $p$-값 |
|---|---|---|---|---|
| 하단측검정 | $\mu_1 - \mu_2 \geq \delta_0$ | $\mu_1 - \mu_2 < \delta_0$ | $T < -t_\alpha(n+m-2)$ | $P(T < t_0)$ |
| 상단측검정 | $\mu_1 - \mu_2 \leq \delta_0$ | $\mu_1 - \mu_2 > \delta_0$ | $T > t_\alpha(n+m-2)$ | $P(T > t_0)$ |
| 양측검정 | $\mu_1 - \mu_2 = \delta_0$ | $\mu_1 - \mu_2 \neq \delta_0$ | $|T| > |t_{\alpha/2}(n+m-2)|$ | $P(|T| > |t_0|)$ |

### 예제 9

인근에 위치한 두 지역의 쌀 생산량에 차이가 있는지 표본조사하여 다음 결과를 얻었다. 이것을 근거로 유의수준 5%에서 조사하라. 단, 단위는 kg이다.

| | 표본의 크기 | 평균 | 표본표준편차 |
|---|---|---|---|
| A 지역 | 15 | 364 | 45 |
| B 지역 | 16 | 330 | 60 |

**풀이**

① 두 지역 A와 B의 평균 생산량을 각각 $\mu_1$, $\mu_2$ 그리고 표본추출한 가구들의 표본평균을 $\overline{X}$ 와 $\overline{Y}$, 표본분산을 $S_1^2$, $S_2^2$이라 하자. 그러면 두 지역의 평균 생산량에 차이가 있는가를 검정하고자 하므로 귀무가설 $H_0 : \mu_1 - \mu_2 = 0$과 대립가설 $H_1 : \mu_1 - \mu_2 \neq 0$(주장)을 설정한다.

② $n = 15$, $m = 16$, $s_1^2 = 2025$, $s_2^2 = 3600$이므로 합동표본분산과 합동표준편차는 각각 다음과 같다.

$$s_p^2 = \frac{14 \cdot 2025 + 15 \cdot 3600}{29} = 2839.655, \quad s_p = \sqrt{2839.655} = 53.288$$

따라서 검정통계량과 확률분포는 다음과 같다.

$$T = \frac{\overline{X} - \overline{Y}}{(53.288)\sqrt{\dfrac{1}{15} + \dfrac{1}{16}}} \sim t(29)$$

③ 유의수준 $\alpha = 0.05$에 대한 임계값과 기각역을 구한다. 자유도 29인 $t$-분포에 대하여 양측검정이므로 임계값은 $t_{0.025}(29) = 2.045$이고, 따라서 기각역은 $R : T < -2.045,\ T > 2.045$이다.

④ 두 표본에 대한 표본평균이 각각 $\overline{x} = 364$, $\overline{y} = 330$이므로 검정통계량의 관찰값은 다음과 같다.

$$t_0 = \frac{364 - 330}{(53.288)(0.3594)} = 1.775$$

⑤ 검정통계량의 관찰값 $t_0 = 1.775$는 기각역 안에 놓이지 않으므로 귀무가설 $H_0$을 기각할 수 없다. 즉, 두 지역의 평균 쌀 생산량에는 차이가 있다는 주장은 설득력이 없다.

한편 표본의 크기가 클수록 $S_1^2 \approx \sigma_1^2$, $S_2^2 \approx \sigma_2^2$이므로 두 모집단의 모분산을 모르는 경우에 두 표본의 크기 $n$과 $m$이 충분히 크다면, 이미 설정된 유의수준 $\alpha$에서 귀무가설 $H_0 : \mu_1 - \mu_2 \geq \delta_0$, $H_0 : \mu_1 - \mu_2 = \delta_0$, $H_0 : \mu_1 - \mu_2 \leq \delta_0$을 검정하기 위하여 표본평균 $\overline{X}$와 $\overline{Y}$에 대하여 다음 분포를 이용한다.

$$\overline{X} - \overline{Y} \approx N\left(\delta_0, \frac{s_1^2}{n} + \frac{s_2^2}{m}\right)$$

따라서 귀무가설 $H_0$에 대한 검정통계량과 확률분포는 다음과 같다.

$$Z = \frac{\overline{X} - \overline{Y} - \delta_0}{\sqrt{(s_1^2/n) + (s_2^2/m)}} \approx N(0, 1)$$

이때 검정통계량의 관찰값은 다음과 같으며, 유의수준 $\alpha$에서 귀무가설 $H_0$에 대한 검정방법은 정규분포를 이용한 검정과 동일하다.

$$z_0 = \frac{\overline{x} - \overline{y} - \delta_0}{\sqrt{(s_1^2/n) + (s_2^2/m)}}$$

### 예제 10

사회계열과 공학계열 대졸 출신의 평균임금이 동일한지 알아보기 위하여 각각 100명씩 임의로 선정하여 표본조사하여 다음을 얻었다. 이것을 근거로 유의수준 5%에서 평균임금의 차이를 조사하라.

|  | 표본평균 | 표본표준편차 |
|---|---|---|
| 사회계열 | 301.5만원 | 38.6만원 |
| 공학계열 | 312.1만원 | 43.3만원 |

(풀이)

① 사회계열과 공학계열의 평균임금을 각각 $\mu_1$, $\mu_2$라 하면 귀무가설 $H_0 : \mu_1 - \mu_2 = 0$과 대립가설 $H_1 : \mu_1 - \mu_2 \neq 0$을 설정한다.

② $s_1 = 38.6$, $s_2 = 43.3$이고 $n = 100$, $m = 100$이므로 검정통계량과 근사확률분포는 다음과 같다.

$$Z = \frac{\overline{X} - \overline{Y}}{\sqrt{(38.6^2/100) + (43.3^2/100)}} = \frac{\overline{X} - \overline{Y}}{5.8} \approx N(0, 1)$$

③ 유의수준 5%에 대한 양측검정의 기각역은 $R : |Z| > z_{0.025} = 1.96$이다.

④ $\bar{x} = 301.5$, $\bar{y} = 312.1$이므로 검정통계량의 관찰값은 $z_0 = \dfrac{301.5 - 312.1}{5.8} = -1.83$이다.

⑤ 검정통계량의 관찰값 $z_0 = -1.83$은 기각역 안에 놓이지 않으므로 귀무가설을 기각할 수 없다. 즉, 사회계열과 공학계열의 평균임금은 동일하다고 할 수 있다.

## (5) 쌍체로 주어진 두 모평균 차에 대한 검정

지금까지 두 모평균의 차에 대한 추론을 알아보기 위하여, 서로 독립인 두 모집단으로부터 독립적으로 표본을 선정하였다. 동일한 실험 대상의 실험 전 평균과 실험 후 평균의 차이를 비교한다면, 두 모집단이 실험 전후의 동일한 대상으로 이루어지므로 두 모집단은 서로 독립이 아니다. 따라서 두 모집단에서 임의로 선정된 두 표본은 독립이 아니다. 이와 같이 두 표본이 동일한 대상으로부터 얻어질 때, 두 표본을 **쌍체표본**(paired sample)이라 한다. 예를 들어, 특정 교육이 학습효과를 높여 주는지 알아보기 위하여 20명을 임의로 선정하여 학습 전후의 변화를 비교한다든지 새로운 다이어트 프로그램이 효과가 있는지 프로그램 참가 전과 후의 변화를 비교할 때, 학습 전 또는 프로그램 참가 전의 표본과 그 이후의 표본을 쌍체표본이라 한다. 이제 이와 같이 동일한 대상에 대한 실험 전의 결과와 실험 후의 결과인 쌍으로 이루어진 자료에 대한 평균 차의 가설을 검정하는 방법을 살펴본다. 즉, 실험 전의 평균 $\mu_1$과 실험 후의 평균 $\mu_2$에 대하여 가설 $\mu_1 - \mu_2 = \mu_d$를 검정하는 방법을 살펴본다.

우선 크기 $n$인 표본에 대하여 각 대상들에 대한 실험 전후의 측정값의 차이 $d_i$를 구한다. 그리고 $d_i$의 평균 $\bar{d}$와 표준편차 $s_d$를 구한다. 그러면 다음과 같은 순서에 의하여 $\mu_1 - \mu_2 = \mu_d$에 대한 가설을 검정한다.

① 귀무가설 $H_0 : \mu_1 - \mu_2 = \mu_d$, $H_0 : \mu_1 - \mu_2 \geq \mu_d$, $H_0 : \mu_1 - \mu_2 \leq \mu_d$와 이에 대한 대립가설 $H_1$을 설정한다.

② 검정통계량과 확률분포는 다음과 같다.

$$T = \frac{\bar{d} - \mu_d}{s_d / \sqrt{n}} \sim t(n-1)$$

③ 유의수준 $\alpha$에 대한 기각역을 구한다. 이때 기각역은 $T$-검정과 동일하다.

④ 검정통계량의 관찰값 $t_0$을 구한다.

⑤ 검정통계량의 관찰값 $t_0$을 이용하여 귀무가설의 기각 여부를 판단한다. 관찰값 $t_0$을 이용한 $p$-값을 구하고 유의수준 $\alpha$와 비교하여 귀무가설의 기각 여부를 판단한다.

예를 들어, 다이어트 프로그램에 참가하면 몸무게를 5kg 이상 줄일 수 있는지 유의수준 5%에서 검정하기 위하여 프로그램에 참가한 6명의 몸무게를 조사한 결과 표 9.9와 같다고 하자.

**표 9.9 다이어트 프로그램 참가 전후의 몸무게**

| 대상자 | 참가 전($x_i$) | 참가 후($y_i$) | 개인별 차($d_i = x_i - y_i$) |
|---|---|---|---|
| 1 | 75 | 68 | 7 |
| 2 | 78 | 74 | 4 |
| 3 | 69 | 64 | 5 |
| 4 | 72 | 57 | 15 |
| 5 | 73 | 74 | -1 |
| 6 | 76 | 67 | 9 |

그러면 다음과 같은 순서에 의해 가설을 검정한다.

① 프로그램 참가 전의 평균과 참가한 후의 평균을 각각 $\mu_1$, $\mu_2$라 하고 귀무가설 $H_0 : \mu_1 - \mu_2 \geq 5$와 대립가설 $H_1 : \mu_1 - \mu_2 < 5$를 설정한다.

② $n = 6$이므로 귀무가설을 검정하기 위한 검정통계량과 확률분포는 다음과 같다.

$$T = \frac{\bar{d} - 5}{s_d / \sqrt{6}} \sim t(5)$$

③ 유의수준 5%에서 하단측검정의 기각역을 구하면 $T < -t_{0.05}(5) = -2.015$이다.

④ 각 쌍으로 이루어진 관찰값의 차 $d_i = x_i - y_i$를 구하고, $d_i$에 대한 평균 $\bar{d}$와 표본표준편차 $s_d$를 구하면 다음과 같다.

$$\bar{d} = \frac{1}{6}(7 + 4 + 5 + 15 - 1 + 9) = 6.5$$

$$s_d^2 = \frac{1}{5}\sum_{i=1}^{6}(d_i - 6.5)^2 = \frac{143.5}{5} = 28.7, \ s_d = \sqrt{28.7} = 5.357$$

그러므로 검정통계량의 관찰값은 다음과 같다.

$$t_0 = \frac{6.5 - 5}{5.357 / \sqrt{6}} = 0.6859$$

⑤ 검정통계량의 관찰값 $t_0 = 0.6859$는 기각역 안에 놓이지 않으므로 귀무가설을 기각할 수 없다. 즉, 다이어트 프로그램에 참가하면 몸무게를 5kg 이상 줄일 수 있다는 주장은 타당하다.

이때 관찰값의 차에 대한 표준편차 $s_d$는 다음과 같이 구할 수 있다.

$$s_d = \sqrt{\frac{n\left(\sum d_i^2\right) - \left(\sum d_i\right)^2}{n(n-1)}}$$

이와 같이 쌍체로 이루어진 표본을 이용한 두 모평균 차 $\mu_d = \mu_1 - \mu_2$에 대한 가설을 검정하는 방법을 요약하면 표 9.10과 같다.

표 9.10 쌍체 모평균 차에 대한 검정 유형과 기각역 그리고 $p$-값

| 검정 방법 〈 가설과 기각역 | 귀무가설 $H_0$ | 대립가설 $H_1$ | $H_0$의 기각역 | $p$-값 |
|---|---|---|---|---|
| 하단측검정 | $\mu_1 - \mu_2 \geq \mu_d$ | $\mu_1 - \mu_2 < \mu_d$ | $T < -t_\alpha(n-1)$ | $P(T < t_0)$ |
| 상단측검정 | $\mu_1 - \mu_2 \leq \mu_d$ | $\mu_1 - \mu_2 > \mu_d$ | $T > t_\alpha(n-1)$ | $P(T > t_0)$ |
| 양측검정 | $\mu_1 - \mu_2 = \mu_d$ | $\mu_1 - \mu_2 \neq \mu_d$ | $\|T\| > \|t_{\alpha/2}(n-1)\|$ | $P(\|T\| > \|t_0\|)$ |

### 예제 11

새로 개발한 혈압약이 기존의 약에 비하여 혈압을 낮추는 데 더 효과가 있는지 알아보기 위하여 6명의 환자를 임의로 선정하여 기존의 약을 복용했을 때의 혈압과 신약을 복용했을 때의 혈압을 측정하여 다음 결과를 얻었다. 신약이 효과가 있는지 유의수준 5%에서 조사하라. 단, 두 종류의 약에 의한 혈압은 정규분포를 이룬다고 알려져 있다.

| 환자 | 1 | 2 | 3 | 4 | 5 | 6 |
|---|---|---|---|---|---|---|
| 기존의 약 | 157 | 182 | 183 | 192 | 165 | 196 |
| 신약 | 151 | 186 | 183 | 178 | 144 | 183 |

(풀이)

우선 각 환자별로 기존의 약과 신약으로 복용한 후의 혈압의 차를 구한다.

| 환자 | 기존의 약 | 신약 | $d_i$ | $d_i^2$ |
|---|---|---|---|---|
| 1 | 157 | 155 | 2 | 4 |
| 2 | 182 | 185 | -3 | 9 |
| 3 | 183 | 181 | 2 | 4 |
| 4 | 192 | 188 | 4 | 16 |
| 5 | 165 | 167 | -2 | 4 |
| 6 | 196 | 183 | 13 | 169 |
| | | | $\sum d_i = 16$ | $\sum d_i^2 = 206$ |

① 기존의 약과 신약으로 복용한 후의 평균 혈압을 각각 $\mu_1$, $\mu_2$라 하면, 밝히고자 하는 것은 $\mu_1 - \mu_2 > 0$이고 등호가 들어가지 않으므로 대립가설로 설정한다. 따라서 귀무가설은 $H_0: \mu_1 - \mu_2 \leq 0$이고 대립가설은 $H_1: \mu_1 - \mu_2 > 0$(주장)이다.

② $n = 6$이므로 귀무가설을 검정하기 위한 검정통계량과 확률분포는 다음과 같다.

$$T = \frac{\bar{d} - 0}{s_d / \sqrt{6}} \sim t(5)$$

③ 유의수준 5%에서 상단측검정의 기각역을 구하면 $T > t_{0.05}(5) = 2.015$이다.

④ 혈압의 차에 대한 평균과 표준편차를 구하면 각각 다음과 같다.

$$\bar{d} = \frac{16}{6} = 2.67, \quad s_d = \sqrt{\frac{6(206) - 16^2}{(5)(6)}} = \sqrt{32.67} = 5.716$$

따라서 검정통계량의 관찰값은 $t_0 = \dfrac{2.67}{5.716 / \sqrt{6}} = 1.144$이다.

⑤ 검정통계량의 관찰값 $t_0 = 1.144$는 기각역 안에 놓이지 않으므로 귀무가설을 기각하지 않는다. 즉, 신약을 복용하면 기존의 약보다 혈압이 더 떨어진다는 근거는 미약하다.

# 연습문제 9.2

**1.** 전체 수험생을 대상으로 모의 수학능력시험을 치른 결과, 이번 수능시험에서 상위 50%의 평균 점수는 최소 210점이라고 주장하였다. 이러한 주장에 대하여 타당성이 있는지를 알아보기 위하여 상위 50%인 20명의 수험생을 임의로 추출하여 모의 수학능력시험 점수를 조사한 결과 평균 206.4점을 얻었다. 이 자료를 근거로 평균이 210점 이상이라는 주장에 대한 타당성을 유의수준 $\alpha = 0.1$에서 조사하라. 단, 상위 50%의 수학능력시험 점수는 $N(\mu, 55^2)$에 따른다고 한다.

**2.** 어느 지자체에 거주하는 고3 남학생의 평균키가 10년 전의 평균키 169.27cm보다 3.1cm 더 커졌다고 보고되었다. 이러한 주장의 타당성을 살펴보기 위하여 400명의 고3 남학생을 조사한 결과 평균키 171.7cm와 표준편차 4.38cm를 얻었다. 이 조사 자료를 근거로 보고서의 진위를 유의수준 $\alpha = 0.01$에서 조사하라. 단, 10년 전의 고3 남학생의 키가 어떠한 분포를 이루는지 조사된 자료는 없다고 한다.

**3.** 정규모집단 $N(\mu, 1)$에 대한 가설 $H_0$: $\mu = 25$, $H_1$: $\mu \neq 25$를 검정하기 위하여, 크기 10인 표본을 조사하여 $\overline{x} = 24.23$을 얻었다.

(1) 유의수준 $\alpha = 0.1$에서 귀무가설 $H_0$을 채택할 수 있는 $Z$-검정통계량의 범위를 구하라.

(2) 유의수준 $\alpha = 0.01$에서 귀무가설 $H_0$을 채택할 수 있는 $Z$-검정통계량의 범위를 구하라.

(3) 검정통계량의 관찰값을 구하라.

(4) 기각역을 이용하여 유의수준 $\alpha = 0.1$과 $\alpha = 0.01$에서 $H_0$의 기각과 채택을 결정하라.

(5) $p$-값을 구하고, 각 유의수준에 대한 기각을 결정하라.

**4.** 승용차에 사용되는 유리를 생산하는 회사에서 만든 유리의 두께는 정규분포에 따른다고 한다. 한편 이 회사에서 생산되는 유리의 두께는 평균 5 mm라고 주장한다. 이러한 주장의 진위를 알아보기 위하여 41개의 유리를 표본조사한 결과 평균 4.96 mm, 표준편차 0.124 mm를 얻었다. 이 회사에서 주장하는 유리 두께의 평균과 표준편차에 대하여 유의수준 0.05와 0.01에서 양측검정하라.

**5.** 어느 회사에서 생산되는 금속 실린더 15개의 직경을 조사한 결과 평균 49.998 mm, 표준편차 0.0134 mm를 얻었다. 이때 이 회사에서 생산되는 금속 실린더의 직경이 50 mm라고 할 수 있는지 유의수준 0.05에서 조사하라.

**6.** 귀무가설 $H_0$: $\mu \leq 0.5$와 대립가설 $H_1$: $\mu > 0.5$를 검정하기 위하여 61개의 표본조사를 하였다.

(1) 유의수준 0.1에서 귀무가설을 채택할 $T$-통계량의 범위를 구하라.

(2) 유의수준 0.01에서 귀무가설을 채택할 $T$-통계량의 범위를 구하라.

(3) 표본평균이 0.502이고 표준편차가 0.008일 때, 유의수준 0.1에서 귀무가설을 채택할 것인지 결정하라.

(4) 표본평균이 0.502이고 표준편차가 0.008일 때, 유의수준 0.01에서 귀무가설을 채택할 것인지 결정하라.

**7.** A 회사로부터 직경 60 mm인 금속 베어링을 제작해줄 것을 문의 받은 제조업체에서 생산한 베어링의 직경이 60 mm보다 작다고 주장한다. 이러한 주장에 대하여 베어링 제조회사에서는 정확하게 60 mm라고 주장하여, 50개의 베어링을 표본조사하여 다음을 얻었다. 베어링 제조회사의 주장을 유의수준 5%에서 검정하여라. 단, 베어링의 직경은 정규분포에 따르고, 단위는 mm이다.

| | | | | | | | | | |
|---|---|---|---|---|---|---|---|---|---|
| 56.7 | 64.0 | 58.2 | 60.4 | 63.7 | 58.0 | 55.1 | 54.3 | 57.8 | 63.1 |
| 61.6 | 63.2 | 54.3 | 54.2 | 56.2 | 63.4 | 57.7 | 54.2 | 55.4 | 60.3 |
| 60.2 | 54.1 | 60.1 | 57.1 | 57.2 | 61.9 | 63.2 | 59.6 | 60.1 | 62.1 |
| 61.2 | 56.0 | 55.9 | 54.8 | 58.1 | 61.5 | 61.7 | 61.2 | 55.8 | 59.0 |
| 62.9 | 63.9 | 59.3 | 60.9 | 59.0 | 58.7 | 61.4 | 61.8 | 54.9 | 57.7 |

**8.** 컴퓨터 회사에서 새로 개발한 소프트웨어는 초보자도 쉽게 사용할 수 있도록 만들었으며, 그 사용법을 능숙하게 익히는 데 3시간 이상 걸리지 않는다고 한다. 이를 확인하기 위하여 20명을 표본으로 선정하여 조사한 결과 다음과 같다. 유의수준 5%에서 이 회사의 주장에 대한 타당성을 조사하라. 단, 소프트웨어의 사용법을 익히는 데 걸리는 시간은 정규분포를 이룬다고 한다.

| | | | | | | | | | |
|---|---|---|---|---|---|---|---|---|---|
| 2.75 | 3.25 | 3.48 | 2.95 | 2.82 | 3.75 | 4.01 | 3.05 | 2.67 | 4.25 |
| 3.01 | 2.84 | 2.75 | 1.80 | 3.20 | 2.48 | 2.95 | 3.02 | 2.73 | 2.56 |

**9.** 직경이 1mm인 매우 정교한 베어링을 생산하는 회사에서 15개의 베어링을 표본조사한 결과 다음과 같다. 이 회사에서 생산된 베어링의 평균 직경이 1mm고 할 수 있는지 유의수준 5%에서 검정하라.

| | | | | | | | |
|---|---|---|---|---|---|---|---|
| 1.0030 | 0.9997 | 0.9990 | 1.0054 | 0.9991 | 1.0041 | 0.9988 | 0.9999 |
| 1.0026 | 1.0032 | 0.9943 | 1.0021 | 1.0028 | 1.0002 | 0.9984 | |

**10.** 어느 진공관 제조회사의 주장에 의하면, 이 회사에서 생산되는 진공관의 수명이 2,550시간 이상 된다고 한다. 이를 확인하기 위하여 36개의 진공관을 임의로 추출하여 조사한 결과 평균 수명이 2,516시간이고 표준편차가 132시간이었다. 이 회사의 주장이 타당한지 유의수준 5%에서 검정하라. 단, 진공관의 수명은 정규분포에 따른다고 알려져 있다.

**11.** 남자보다 여자가 평균적으로 10년을 더 산다고 보도된 바 있다. 이러한 보도의 진위를 알아보기 위하여 올해 사망한 남자와 여자를 각각 20명씩 표본조사한 결과, 다음과 같은 개개인의 사망 나이를 얻었다. 이 자료를 근거로 보고서의 주장에 대한 타당성을 유의수준 1%에서 검정하라. 단, 남자와 여자의 수명에 대한 모표준편차는 11.7년이고, 이들 수명은 정규분포에 따른다고 한다.

| 남자 | 52 | 60 | 55 | 46 | 33 | 75 | 58 | 45 | 57 | 88 |
|------|----|----|----|----|----|----|----|----|----|----|
|      | 35 | 57 | 48 | 54 | 52 | 46 | 38 | 40 | 52 | 64 |
| 여자 | 62 | 58 | 65 | 66 | 63 | 45 | 56 | 65 | 77 | 47 |
|      | 85 | 77 | 58 | 69 | 64 | 66 | 58 | 70 | 72 | 58 |

**12.** 두 회사 A와 B에서 생산되는 타이어의 평균 수명에 차이가 있는지 조사하기 위하여, 각각 36개씩 타이어를 표본추출하여 조사한 결과 다음과 같았다. 두 회사에서 생산된 타이어의 평균 수명에 차이가 있는지 유의수준 5%에서 조사하라. 단, 단위는 km이다.

|              | 표본평균 | 표본표준편차 |
|--------------|----------|--------------|
| A 회사 타이어 | 57,300   | 3,550        |
| B 회사 타이어 | 56,100   | 3,800        |

**13.** 어떤 대학 병원에서 단기간 동안 이 병원에 입원한 남녀 환자들의 입원 기간을 조사하여 다음을 얻었다. 이때 유의수준 5%에서 남자와 여자의 입원 기간에 차이가 있는지 검정하라. 단, 남자와 여자의 입원 기간은 각각 표준편차가 5.6일, 4.5일인 정규분포에 따른다고 한다.

| 남자 | 3 4 12 16 5 11 21 9 8 25 17 3 8 6 13 7 30 12 9 10 |
|------|----------------------------------------------------|
| 여자 | 12 5 4 10 1 8 19 13 9 1 13 13 7 9 15 8 28          |

**14.** 서로 독립인 두 정규모집단에서 각각 크기 11과 16인 표본을 추출하여 다음 결과를 얻었다.

| 모집단 | 표본의 크기 | 표본평균 | 표본표준편차 |
|--------|------------|----------|---------------|
| 1 | 11 | 704 | 1.6 |
| 2 | 16 | 691 | 1.2 |

(1) 합동표본분산 $S_p^2$을 구하라.

(2) 두 모분산이 같은 경우에 유의수준 0.1에서 $H_0: \mu_1 = \mu_2$와 $H_1: \mu_1 \neq \mu_2$를 검정하라.

**15.** A 고등학교 학생들의 주장에 따르면 자신들의 평균 성적이 B 고등학교 학생들보다 높다고 한다. 이를 확인하기 위하여 두 고등학교에서 각각 10명씩 임의로 추출하여 모의고사를 치른 결과 다음과 같은 점수를 얻었다. A 고등학교 학생들의 주장이 맞는지 유의수준 0.05에서 검정하라. 단, 두 학교 학생들의 표준편차는 거의 비슷하다고 한다.

| A 고교 | 77 | 78 | 75 | 94 | 65 | 82 | 69 | 78 | 77 | 84 |
|--------|----|----|----|----|----|----|----|----|----|----|
| B 고교 | 73 | 88 | 75 | 89 | 54 | 72 | 69 | 66 | 87 | 77 |

**16.** 자동차 사고가 빈번히 일어나는 교차로의 신호체계를 바꾸면 사고를 줄일 수 있다고 경찰청에서 말한다. 이것을 알아보기 위하여 시범적으로 사고가 많이 발생하는 지역을 선정하여 지난 한 달 동안 발생한 사고 건수와 신호체계를 바꾼 후의 사고 건수를 조사한 결과 다음과 같았다. 유의수준 5%에서 신호체계를 바꾸면 사고를 줄일 수 있는지 조사하라. 단, 사고 건수는 정규분포를 이룬다고 알려져 있다.

| 지역 | 1 | 2 | 3 | 4 | 5 | 6 | 7 | 8 |
|------|---|---|---|---|---|---|---|---|
| 바꾸기 전 | 5 | 10 | 8 | 9 | 5 | 7 | 6 | 8 |
| 바꾼 후 | 4 | 9 | 8 | 8 | 4 | 8 | 5 | 8 |

## 9.3 모비율의 검정

모비율 $p$에 대한 가설을 검정하기 위하여 크기 $n$인 표본을 선정하면 표본비율 $\hat{p}$는 다음과 같은 정규분포에 따르는 것을 알고 있다.

$$\hat{p} \approx N\left(p, \frac{pq}{n}\right)$$

이때 귀무가설 $H_0 : p = p_0$을 유의수준 $\alpha$에서 검정하는 방법에 대하여 살펴본다. 그러면 모비율에 대한 귀무가설의 타당성은 증명되기 전까지 참인 것으로 인정하므로 표본비율은 다음과 같다.

$$\hat{p} \approx N\left(p_0, \frac{p_0 q_0}{n}\right) \ \text{또는} \ Z = \frac{\hat{p} - p_0}{\sqrt{p_0 q_0 / n}} \approx N(0, 1)$$

따라서 모비율에 대한 귀무가설 $H_0 : p = p_0$에 대한 양측검정을 위하여 다음 검정통계량을 이용한다.

$$Z = \frac{\hat{p} - p_0}{\sqrt{p_0 q_0 / n}}$$

그리고 유의수준 $\alpha$에서 귀무가설 $H_0 : p = p_0$에 대한 대립가설 $H_1 : p \neq p_0$을 검정하기 위한 기각역은 다음과 같다.

$$R : \ Z < -z_{\alpha/2}, \ R : \ Z > z_{\alpha/2}$$

또한 모비율에 대한 가설에 대한 양측검정을 위한 $p$-값은 검정통계량의 관찰값 $z_0$에 대하여 다음과 같으며, $p$-값$\geq \alpha$이면 $H_0$을 채택하고 $p$-값$< \alpha$이면 $H_0$을 기각한다.

$$p\text{-값} = P(|Z| > |z_0|)$$

**예제 1**

보건복지부의 발표자료에 의하면 우리나라 청소년의 음주율이 20.5%라고 한다. 이것을 확인하기 위하여 500명의 청소년을 임의로 선정하여 조사한 결과 120명이 음주 경험이 있다고 응답하였다.

(1) 기각역을 구하여 유의수준 5%에서 검정하라.

(2) $p$-값을 구하여 유의수준 5%에서 검정하라.

**풀이**

(1) ① 귀무가설 $H_0 : p = 0.205$와 대립가설 $H_1 : p \neq 0.205$를 설정한다.

② 유의수준 $\alpha = 0.05$에 대한 양측검정이므로 기각역은 $Z < -z_{0.025} = -1.96$, $Z > z_{0.025} = 1.96$이다.

③ 검정통계량과 확률분포는 다음과 같다.

$$Z = \frac{\hat{p} - 0.205}{\sqrt{(0.205)(0.795)/500}} = \frac{\hat{p} - 0.205}{0.018} \sim N(0, 1)$$

④ 500명의 청소년을 임의로 선정하여 조사한 결과 120명이 음주 경험이 있다고 응답하였으므로

$\hat{p} = \dfrac{120}{500} = 0.24$이고 검정통계량의 관찰값은 $z_0 = \dfrac{0.24 - 0.205}{0.018} = 1.94$이다.

⑤ 검정통계량의 관찰값 $z_0 = 1.94$는 기각역 안에 놓이지 않으므로 우리나라 청소년의 음주율이 20.5%라는 보건복지부의 주장은 타당성이 있다.

(2) 검정통계량의 관찰값은 $z_0 = 1.94$이므로 $p$-값은 다음과 같다.

$$p\text{-값} = P(Z < -1.94) + P(Z > 1.94)$$
$$= 2P(Z > 1.94) = 2(1 - 0.9738) = 0.0524$$

따라서 $p$-값 $> \alpha = 0.05$이고, 귀무가설을 기각할 수 없다.

한편 모비율에 대한 가설을 검정하기 위하여 정규분포를 사용하므로 귀무가설 $H_0 : p \geq p_0$에 대한 하단측검정을 위한 기각역은 다음과 같다.

$$R : Z < -z_\alpha$$

또한 모비율에 대한 가설의 하단측검정을 위한 $p$-값은 검정통계량의 관찰값 $z_0$에 대하여 다음과 같으며, $p$-값 $\geq \alpha$이면 $H_0$을 채택하고 $p$-값 $< \alpha$이면 $H_0$을 기각한다.

$$p\text{-값}=P(Z<z_0)$$

### 예제 2

기업인들이 통일에 대한 필요성을 어느 정도로 인식하고 있는지 알아보기 위하여 전국 기업인 및 소상공인 1,015명을 임의로 선정하여 조사한 결과 72%가 필요하다는 응답을 얻었다. 기업인들은 우리나라의 통일에 대해서 75% 이상이 필요하다고 생각하는지 유의수준 5%에서 조사하라.

**풀이**

① 귀무가설 $H_0 : p \geq 0.75$와 대립가설 $H_1 : p < 0.75$를 설정한다.

② 유의수준 $\alpha = 0.05$에 대한 하단측검정이므로 기각역은 $R : Z < -z_{0.05} = -1.645$이다.

③ 검정통계량과 확률분포는 다음과 같다.

$$Z = \frac{\hat{p}-0.75}{\sqrt{(0.75)(0.25)/1015}} = \frac{\hat{p}-0.75}{0.0136} \sim N(0,\,1)$$

④ $\hat{p} = 0.72$이므로 검정통계량의 관찰값은 $z_0 = \dfrac{0.72-0.75}{0.0136} = -2.2$이다.

⑤ 검정통계량의 관찰값 $z_0 = -2.2$는 기각역 안에 놓이므로 기업인들의 75% 이상이 통일의 필요성을 인식하고 있다는 증거는 불충분하다.

그리고 모비율에 대한 귀무가설 $H_0 : p \leq p_0$의 상단측검정을 위한 기각역은 다음과 같다.

$$R :\ Z > z_\alpha$$

또한 모비율에 대한 가설에 대한 하단측검정을 위한 $p$-값은 검정통계량의 관찰값 $z_0$에 대하여 다음과 같으며, $p$-값 $\geq \alpha$이면 $H_0$을 채택하고 $p$-값 $< \alpha$이면 $H_0$을 기각한다.

$$p\text{-값}=P(Z>z_0)$$

그러면 유의수준 $\alpha$에 대한 모비율의 가설검정은 표 9.11과 같이 요약할 수 있다.

**표 9.11  모비율의 가설에 대한 기각역과 $p$-값**

| 가설과 기각역 / 검정 방법 | 귀무가설 $H_0$ | 대립가설 $H_1$ | $H_0$의 기각역 $R$ | $p$-값 |
|---|---|---|---|---|
| 하단측검정 | $p \geq p_0$ | $p < p_0$ | $R : Z < -z_\alpha$ | $P(Z < z_0)$ |
| 상단측검정 | $p \leq p_0$ | $p > p_0$ | $R : Z > z_\alpha$ | $P(Z > z_0)$ |
| 양측검정 | $p = p_0$ | $p \neq p_0$ | $R : |Z| > |z_{\alpha/2}|$ | $P(|Z| > |z_0|)$ |

---

**예제 3**

한 포털 사이트는 우리나라 20세 이상의 성인들 중에서 인터넷 신문을 이용하는 사람의 비율이 54.5%를 초과한다고 한다. 이를 알아보기 위하여 427명을 임의로 선정한 결과 256명이 인터넷 신문을 이용하는 것으로 조사되었다. $p$-값을 구하여 유의수준 5%에서 조사하라.

(풀이)

① 귀무가설 $H_0$: $p \leq 0.545$와 대립가설 $H_1$: $p > 0.545$(주장)를 설정한다.

② 검정통계량과 확률분포는 다음과 같다.

$$Z = \frac{\hat{p} - 0.545}{\sqrt{(0.545)(0.455)/427}} = \frac{\hat{p} - 0.545}{0.024} \sim N(0, 1)$$

③ 427명 중에서 256명이 인터넷 신문을 이용하므로 표본비율은 $\hat{p} = \frac{256}{427} = 0.5995$이고, 따라서 검정통계량의 측정값은 $z_0 = \frac{0.5995 - 0.545}{0.024} = 2.27$이다.

④ $p$-값은 다음과 같다.

$$p\text{-값} = P(Z > 2.27) = 0.0116$$

⑤ $p$-값 $< \alpha = 0.05$이므로 이 자료를 근거로 귀무가설을 기각한다. 즉, 포털 사이트의 주장은 설득력이 있다.

---

이제 독립인 두 모집단의 모비율을 각각 $p_1$, $p_2$라 할 때, $p_1 - p_2$에 대한 가설을 살펴본다. 두 모집단으로부터 각각 크기 $n$, $m$인 표본을 추출할 때, 두 표본비율의 차는 다음과 같이 근사적으로 정규분포에 따른다.

$$\hat{p_1} - \hat{p_2} \approx N\left(p_1 - p_2, \frac{p_1 q_1}{n} + \frac{p_2 q_2}{m}\right) \text{ 또는 } Z = \frac{(\hat{p_1} - \hat{p_2}) - (p_1 - p_2)}{\sqrt{(p_1 q_1/n) + (p_2 q_2/m)}} \approx N(0, 1)$$

따라서 모비율의 차에 대한 귀무가설 $H_0 : p_1 - p_2 = \delta_0$, $H_0 : p_1 - p_2 \geq \delta_0$, $H_0 : p_1 - p_2 \leq \delta_0$을 검정하기 위하여 정규분포를 이용한다. 이때 표본의 크기 $n$과 $m$이 충분히 크면, $\hat{p}_1 \approx p_1$, $\hat{p}_2 \approx p_2$이므로 정규확률변수 $Z$의 $\sqrt{\ }$ 안에서 $p_1$, $p_2$, $q_1$, $q_2$를 각각 $\hat{p}_1$, $\hat{p}_2$, $\hat{q}_1$, $\hat{q}_2$로 대치한 $Z$-통계량은 다음과 같이 표준정규분포에 근사한다.

$$Z = \frac{(\hat{p}_1 - \hat{p}_2) - \delta_0}{\sqrt{\dfrac{\hat{p}_1 \hat{q}_1}{n} + \dfrac{\hat{p}_2 \hat{q}_2}{m}}} \approx N(0, 1)$$

따라서 두 모비율의 차에 대한 귀무가설 $H_0 : p_1 - p_2 = \delta_0$의 양측검정을 위하여 다음 검정통계량을 이용한다.

$$Z = \frac{(\hat{p}_1 - \hat{p}_2) - \delta_0}{\sqrt{\dfrac{\hat{p}_1 \hat{q}_1}{n} + \dfrac{\hat{p}_2 \hat{q}_2}{m}}}$$

그러면 유의수준 $\alpha$에서 귀무가설 $H_0 : p_1 - p_2 = \delta_0$에 대한 대립가설 $H_1 : p_1 - p_2 \neq \delta_0$을 검정하기 위한 기각역은 다음과 같다.

$$R : Z < -z_{\alpha/2}, \quad R : Z > z_{\alpha/2}$$

또한 모비율에 대한 가설의 양측검정을 위한 $p$-값은 검정통계량의 관찰값 $z_0$에 대하여 다음과 같으며, $p$-값 $\geq \alpha$이면 $H_0$을 채택하고 $p$-값 $< \alpha$이면 $H_0$을 기각한다.

$$p\text{-값} = P(|Z| > |z_0|)$$

특히 귀무가설 $H_0 : p_1 - p_2 = 0$은 두 모비율이 항등적으로 동일하다는 가설이므로, 이에 대한 가설을 검정하기 위하여 다음과 같이 정의되는 **합동표본비율**(pooled sample proportion)을 이용한다.

$$\hat{p} = \frac{x + y}{n + m}$$

따라서 귀무가설 $H_0 : p_1 - p_2 = 0$에 대한 검정통계량과 확률분포는 다음과 같다.

$$Z = \frac{\hat{p}_1 - \hat{p}_2}{\sqrt{\hat{p}\,\hat{q}\left(\dfrac{1}{n} + \dfrac{1}{m}\right)}} \approx N(0, 1)$$

### 예제 4

어느 대기업에 대한 취업 성향을 알아보기 위하여 18세 이상 30세 이하의 청년 952명을 조사한 결과 627명이 선호하였고, 31세 이상의 장년층 1,043명을 상대로 조사한 결과 651명이 선호하였다. 이 기업에 대한 청년층과 장년층의 선호도에 차이가 있는지 유의수준 5%에서 검정하라.

**풀이**

① 청년층과 장년층의 선호도를 $p_1$, $p_2$라 하고 귀무가설 $H_0 : p_1 - p_2 = 0$과 대립가설 $H_1 : p_1 - p_2 \neq 0$을 설정한다.

② 유의수준 $\alpha = 0.05$에 대한 임계값은 $z_{0.025} = 1.96$이고 기각역은 $R : |Z| > 1.96$이다.

③ $n = 952$, $x = 627$, $m = 1043$, $y = 651$이므로 합동표본비율은 다음과 같다.

$$\hat{p} = \frac{x+y}{n+m} = \frac{1278}{1995} = 0.641, \quad \hat{q} = 1 - 0.641 = 0.359$$

따라서 검정통계량과 확률분포는 다음과 같다.

$$z_0 = \frac{\hat{p}_1 - \hat{p}_2}{\sqrt{(0.641)(0.359)\left(\dfrac{1}{952} + \dfrac{1}{1043}\right)}} = \frac{\hat{p}_1 - \hat{p}_2}{0.0215} \sim N(0, 1)$$

④ 각각의 선호도는 $\hat{p}_1 = 0.6586$, $\hat{p}_2 = 0.6242$이고, 따라서 검정통계량의 관찰값은 다음과 같다.

$$z_0 = \frac{0.6586 - 0.6242}{0.0215} = 1.6$$

⑤ 검정통계량의 관찰값 $z_0 = 1.6$은 기각역 안에 놓이지 않으므로 귀무가설을 기각할 수 없다. 즉, 두 계층 사이의 선호도에 차이가 없다고 할 수 있다.

한편 모비율의 차에 대한 귀무가설 $H_0 : p_1 - p_2 \geq \delta_0$의 하단측검정을 위한 기각역은 다음과 같다.

$$R : Z < -z_\alpha$$

또한 이 가설에 대한 하단측검정의 $p$-값은 검정통계량의 관찰값 $z_0$에 대하여 다음과 같으며, $p$-값 $\geq \alpha$이면 $H_0$을 채택하고 $p$-값 $< \alpha$이면 $H_0$을 기각한다.

$$p\text{-값} = P(Z < z_0)$$

그리고 모비율의 차에 대한 귀무가설 $H_0 : p_1 - p_2 \leq \delta_0$의 상단측검정을 위한 기각역은 다음과 같다.

$$R : Z > z_\alpha$$

또한 이 가설의 상단측검정을 위한 $p$-값은 검정통계량의 관찰값 $z_0$에 대하여 다음과 같으며, $p$-값 $\geq \alpha$이면 $H_0$을 채택하고 $p$-값 $< \alpha$이면 $H_0$을 기각한다.

$$p\text{-값} = P(Z > z_0)$$

---

### 예제 5

근로자를 대상으로 어떤 특정 교육을 실시할 경우에 효율이 20% 이상 향상된다고 주장한다. 이를 검증하기 위하여 근로자 300명을 150명씩 두 그룹으로 나누어 실험을 실시한 결과 다음 표를 얻었다. 근로자를 상대로 특정 교육을 실시하면 20% 이상의 효율성이 있다는 주장에 대하여 다음 방법에 따라 유의수준 5%에서 검정하라.

(1) 기각역을 이용

(2) $p$-값을 이용

|  | 표본의 크기 | 효율성을 보인 근로자 수 |
|---|---|---|
| 교육 실시 | 150명 | 42명 |
| 교육 미실시 | 150명 | 24명 |

**풀이**

(1) ① 근로자를 대상으로 어떤 특정 교육을 받은 그룹과 그렇지 않은 그룹의 효율을 각각 $p_1$, $p_2$라 하면, 귀무가설 $H_0 : p_1 - p_2 \geq 0.2$와 대립가설 $H_1 : p_1 - p_2 < 0.2$를 설정한다.

② 유의수준 5%에 대한 하단측검정의 기각역은 $R : Z < -z_{0.05} = -1.645$ 이다.

③ $n = m = 150$이므로 검정통계량과 확률분포는 다음과 같다.

$$Z = \frac{(\hat{p}_1 - \hat{p}_2) - 0.2}{\sqrt{\dfrac{\hat{p}_1\,\hat{q}_1}{150} + \dfrac{\hat{p}_2\,\hat{q}_2}{150}}} \sim N(0,\,1)$$

④ 교육을 받은 그룹의 효율성을 보인 비율은 $\hat{p}_1 = \dfrac{42}{150} = 0.28$이고, 그렇지 않은 그룹의 효율성을 보인 비율은 $\hat{p}_2 = \dfrac{24}{150} = 0.16$이므로 $\hat{p}_1 - \hat{p}_2 = 0.12$이다. 따라서 검정통계량의 관찰값은 다음과 같다.

$$z_0 = \frac{0.12 - 0.20}{\sqrt{\dfrac{(0.28)(0.72)}{150} + \dfrac{(0.16)(0.84)}{150}}} = -\frac{0.08}{0.047} = -1.7$$

⑤ 검정통계량의 관찰값 $z_0 = -1.7$은 기각역 안에 놓이므로 특정 교육을 실시하면 20% 이상의 효율성이 있다는 주장은 근거가 미약하다.

(2) 검정통계량의 관찰값이 $z_0 = -1.7$이므로 $p$-값은 다음과 같다.

$$p\text{-값} = P(Z < -1.7) = P(Z > 1.7) = 1 - 0.9554 = 0.0446$$

따라서 $p$-값 $< \alpha = 0.05$이므로 귀무가설을 기각한다. 즉, 특정 교육을 실시하면 20% 이상의 효율성이 있다는 주장은 근거가 미약하다.

앞에서 모비율에 대한 가설을 검정하는 방법과 동일하게 두 모비율의 차에 대한 검정을 표 9.12와 같이 요약할 수 있다.

**표 9.12  모비율 차의 가설에 대한 기각역과 $p$-값**

| 검정 방법 \ 가설과 기각역 | 귀무가설 $H_0$ | 대립가설 $H_1$ | $H_0$의 기각역 $R$ | $p$-값 |
|---|---|---|---|---|
| 하단측검정 | $p_1 \geq p_2$ | $p_1 < p_2$ | $R: Z < -z_\alpha$ | $P(Z < z_0)$ |
| 상단측검정 | $p_1 \leq p_2$ | $p_1 > p_2$ | $R: Z > z_\alpha$ | $P(Z > z_0)$ |
| 양측검정 | $p_1 = p_2$ | $p_1 \neq p_2$ | $R: |Z| > |z_{\alpha/2}|$ | $P(|Z| > |z_0|)$ |

## 연습문제 9.3

**1.** 컴퓨터 시뮬레이션을 이용하여 숫자 '0'과 '1'을 임의로 5,000개를 생성한 결과, 2,566개의 숫자 '0'이 나왔다고 한다. 이때 숫자 '0'이 나올 가능성이 0.5라는 주장에 대하여 $p$-값을 구하고, 유의수준 5%와 10%에서 양측검정하라.

**2.** 한국금연운동협의회에 따르면 전국의 20세 이상 성인 남자의 흡연율은 55.1%로 2001년 69.9%에 비해 14.8%포인트 감소했다고 주장하였다. 이러한 주장에 대한 진위 여부를 확인하기 위하여 850명의 20세 이상 성인 남자를 조사한 결과 503명이 흡연을 하는 것으로 조사되었다면, 흡연율이 55.1%라는 주장에 타당성이 있는지 $p$-값에 의하여 유의수준 1%에서 검정하라.

**3.** 우리나라 남아의 출생율이 52.4%라는 주장이 공공연하게 제기되고 있다. 이에 이러한 주장을 증명하기 위하여 산부인과 병원에서 무작위하게 선정한 25명의 신생아를 조사한 결과 14명이 남자아이였다. $p$-값에 의하여 남아의 출생율이 52.4%라는 주장을 유의수준 5%에서 검정하라.

**4.** 어떤 특정한 국가 정책에 대한 여론의 반응을 알아보기 위한 여론조사를 실시하여 다음 결과를 얻었다. 이 결과를 이용하여 국민의 절반이 이 정책을 지지한다고 할 수 있는지 유의수준 5%에서 검정하라.
(1) 900명을 상대로 여론조사한 결과 510명이 찬성하였다.
(2) 90명을 상대로 여론조사한 결과 51명이 찬성하였다.

**5.** 두 표본분포 $X \sim B(20, p_1)$과 $Y \sim B(30, p_2)$에 대하여 성공이 각각 $x = 7$, $y = 12$로 관찰되었다.
(1) 두 표본비율 $\hat{p}_1$와 $\hat{p}_2$를 구하라.
(2) $\hat{p}_1 - \hat{p}_2$에 대한 99% 신뢰구간을 구하라.
(3) 가설 $H_0 : p_1 = p_2$, $H_1 : p_1 < p_2$를 유의수준 1%에서 검정하라.

**6.** 성인 남녀의 스트레스 차이를 비교하면, 여자는 남자보다 5% 정도 더 많은 스트레스를 받는다고 한다. 이를 알아보기 위하여 조사한 결과, 1,755명의 성인 남자 가운데 60.8% 그리고 1,540명의 성인 여자 가운데 67.5%가 어느 정도 이상의 스트레스에 시달리고 있는 것으로 나타났다. 이 자료를 근거로 여자가 남자보다 5% 정도 더 많은 스트레스를 받는지 유의수준 1%에서 검정하라.

**7.** A와 B 두 도시 간의 어떤 정당 지지율에 차이가 있는지 알아보기 위하여 두 도시에서 각각 500명씩 임의로 추출하여 지지도를 조사한 결과 A 도시에서 275명, B 도시에서 244명이 지지하는 것으로 조사되었다. 이 자료를 근거로 두 도시 간의 지지도에 차이가 있는지 유의수준 0.05에서 검정하라.

**8.** 어떤 컴퓨터 회사는 컴퓨터를 생산하는 두 공장을 가지고 있다. A 공장은 1,128대의 컴퓨터를 생산하여 23대가 이 회사의 제품 기준에 미달하였고, B 공장에서 생산된 컴퓨터 962대 중에서 24대가 미달하였다. 두 공장에서 생산된 컴퓨터의 기준치 미달 정도가 동일한지 $p$-값을 구하고, 유의수준 5%에서 검정하라.

**9.** 어떤 단체에서 국영 TV의 광고방송에 대한 찬반을 묻는 조사를 실시하였다. 대도시에 거주하는 사람들 2,050명 중 1,250명이 찬성하였고, 농어촌에 거주하는 사람 800명 중 486명이 찬성하였다. 도시와 농어촌 사람들의 찬성 비율이 같은지 유의수준 5%에서 검정하라.

## 9.4 $\chi^2$-검정과 모분산의 검정

정규모집단 $N(\mu, \sigma^2)$으로부터 크기 $n$인 표본을 선정하면, 표본분산 $S^2$은 다음과 같이 자유도 $n-1$인 카이제곱분포와 관련되는 것을 이미 살펴보았다.

$$V = \frac{(n-1)S^2}{\sigma^2} \sim \chi^2(n-1)$$

따라서 모분산 $\sigma^2$에 관한 귀무가설을 검정하기 위한 검정통계량은 다음과 같으며, 자유도 $n-1$인 카이제곱분포를 이용한다.

$$V = \frac{(n-1)S^2}{\sigma^2}$$

유의수준 $\alpha$에서 귀무가설 $H_0 : \sigma^2 = \sigma_0^2$에 대한 대립가설 $H_1 : \sigma^2 \neq \sigma_0^2$을 검정하는 방법을 살펴본다. 그러면 양쪽 꼬리확률이 각각 $\frac{\alpha}{2}$인 임계값이 $\chi^2_{1-(\alpha/2)}(n-1)$, $\chi^2_{\alpha/2}(n-1)$이므로 유의수준 $\alpha$에서 양측검정에 대한 기각역은 다음과 같다.

$$V < \chi^2_{1-(\alpha/2)}(n-1), \quad V > \chi^2_{\alpha/2}(n-1)$$

따라서 그림 9.17과 같이 검정통계량의 관찰값 $v_0$이 기각역과 채택역 중에서 어느 영역에 놓이는지 관찰하여 귀무가설의 기각과 채택을 결정한다.

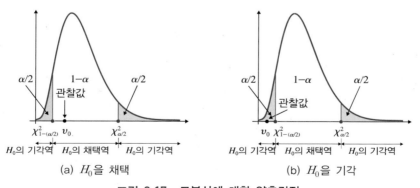

(a) $H_0$을 채택                    (b) $H_0$을 기각

**그림 9.17  모분산에 대한 양측검정**

**예제 1**

어느 대학의 심리학 교수는 그 대학 학생들의 I.Q 점수의 표준편차가 $\sigma=10$인 정규분포라고 한다. 이러한 주장을 입증하기 위하여 23명을 임의로 선출하여 표본표준편차 $s=12.16$을 얻었다. 이 심리학 교수의 주장에 대한 타당성을 유의수준 5%에서 검정하라.

**풀이**

① 모표준편차가 $\sigma=10$이라는 주장에 대한 검정이므로 귀무가설 $H_0 : \sigma^2=100$과 대립가설 $H_1 : \sigma^2 \neq 100$을 설정한다.

② 23명의 학생을 상대로 조사하였으므로 검정통계량과 확률분포는 다음과 같다.

$$V=\frac{22\,S^2}{\sigma_0^2}=\frac{22\,S^2}{100}=0.22\,S^2 \sim \chi^2(22)$$

③ 유의수준 $\alpha=0.05$에 대한 임계값은 $\chi_{0.975}^2(22)=10.98$, $\chi_{0.025}^2(22)=36.78$이고, 따라서 기각역은 $V<10.98$ 또는 $V>36.78$이다.

④ $s=12.16$이므로 검정통계량의 관찰값은 $v_0=(0.22)\cdot(12.16)^2=32.53$이다.

⑤ 이 관찰값은 기각역 안에 놓이지 않으므로 유의수준 5%에서 귀무가설 $H_0$을 기각할 수 없다. 즉, 심리학 교수의 주장에 타당성이 있다고 할 수 있다.

그리고 유의수준 $\alpha$에서 귀무가설 $H_0 : \sigma^2 \geq \sigma_0^2$에 대한 대립가설 $H_1 : \sigma^2 < \sigma_0^2$을 검정하는 방법을 살펴본다. 이때 아래쪽 꼬리확률이 $\alpha$인 임계값은 $\chi_{1-\alpha}^2(n-1)$이므로 유의수준 $\alpha$에서 하단측검정에 대한 기각역은 다음과 같다.

$$V<\chi_{1-\alpha}^2(n-1)$$

따라서 그림 9.18과 같이 검정통계량의 관찰값 $v_0$이 놓이는 위치를 결정함으로써 귀무가설의 기각 또는 채택을 결정한다.

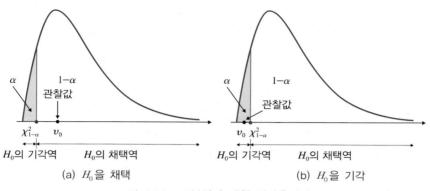

(a) $H_0$을 채택 (b) $H_0$을 기각

**그림 9.18 모분산에 대한 하단측검정**

또한 유의수준 $\alpha$에서 귀무가설 $H_0 : \sigma^2 \le \sigma_0^2$에 대한 대립가설 $H_1 : \sigma^2 > \sigma_0^2$을 검정한다면, 오른쪽 꼬리확률이 $\alpha$인 임계값이 $\chi_\alpha^2(n-1)$이므로 유의수준 $\alpha$에서 상단측검정에 대한 기각역은 다음과 같다.

$$V > \chi_\alpha^2(n-1)$$

따라서 그림 9.19와 같이 검정통계량의 관찰값 $v_0$이 놓이는 위치를 결정함으로써 귀무가설의 기각 또는 채택을 결정한다.

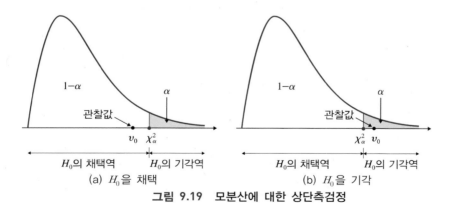

(a) $H_0$을 채택 (b) $H_0$을 기각

**그림 9.19 모분산에 대한 상단측검정**

**예제 2**

어느 지역의 쌀 생산량은 단위 면적당 표준편차가 9kg 이상이라고 한다. 이것을 확인하기 위하여 20농가를 선정하여 단위 면적당 쌀 생산량을 조사한 결과 다음 표와 같았다. 유의수준 5%에서 $H_0 : \sigma \geq 9$와 $H_1 : \sigma < 9$를 검정하라. 단, 쌀 생산량은 정규분포에 따르고 단위는 kg이다.

| | | | | | | | | | |
|---|---|---|---|---|---|---|---|---|---|
| 128 | 149 | 136 | 114 | 126 | 142 | 124 | 136 | 122 | 118 |
| 122 | 129 | 118 | 122 | 129 | 130 | 129 | 131 | 125 | 119 |

**풀이**

① 모표준편차에 대한 검정은 모분산의 검정으로 바꾸어 $H_0 : \sigma^2 \geq 81$, $H_1 : \sigma^2 < 81$로 설정한다.

② 20 가구의 쌀 생산량을 조사하였으므로 자유도는 19이고, 따라서 검정통계량과 확률분포는 다음과 같다.

$$V = \frac{19 S^2}{\sigma_0^2} = \frac{19 S^2}{81} = 0.2346 S^2 \sim \chi^2(19)$$

③ 유의수준 $\alpha = 0.05$에 대한 하단측검정의 임계값은 $\chi_{0.95}^2(19) = 10.12$이고, 따라서 기각역은 $V < 10.12$이다.

④ 조사된 표본으로부터 표본평균과 표본분산을 구하면 각각 $\overline{x} = 127.45$, $s^2 = 73.1026$이고, 검정통계량의 관찰값은 $v_0 = (0.2345)(73.1026) = 17.15$이다.

⑤ 검정통계량의 관찰값이 기각역 안에 놓이지 않으므로 유의수준 5%에서 귀무가설을 기각할 수 없다. 즉, 쌀 생산량에 대한 표준편차는 9kg 이상이라고 할 수 있다.

그러면 모분산에 대한 가설의 검정 방법은 표 9.13과 같이 요약할 수 있다.

**표 9.13  모분산의 가설에 대한 기각역**

| 검정 방법 / 가설과 기각역 | 귀무가설 $H_0$ | 대립가설 $H_1$ | $H_0$의 기각역 $R$ |
|---|---|---|---|
| 하단측검정 | $\sigma^2 \geq \sigma_0^2$ | $\sigma^2 < \sigma_0^2$ | $V < \chi_{1-\alpha}^2(n-1)$ |
| 상단측검정 | $\sigma^2 \leq \sigma_0^2$ | $\sigma^2 > \sigma_0^2$ | $V > \chi_{\alpha}^2(n-1)$ |
| 양측검정 | $\sigma^2 = \sigma_0^2$ | $\sigma^2 \neq \sigma_0^2$ | $V < \chi_{1-(\alpha/2)}^2(n-1)$, $V > \chi_{\alpha/2}^2(n-1)$ |

이제 범주형 자료에 적합한 검정 방법을 살펴본다. 예를 들어, 임의로 선정된 자동차 동호회 회원을 상대로 어느 회사에서 제조된 자동차의 질이 더 좋은가를 묻고, 그들은 '예', '아니오' 또는 '모름'으로 응답한다고 하자. 그러면 선정된 사람들의 응답은 세 가지 범주인 '예', '아니오' 또는 '모름' 중에서 어느 하나를 택하며, 각 사람들의 응답은 독립적이다. 이때 "A 회사에서 생산된 자동차가 B 회사에서 생산된 자동차보다 좋은가"라는 2014년도에 실시한 설문조사에 대하여 '예'라는 응답이 57%, '아니오'라는 응답이 39% 그리고 '모름'이라는 응답이 4%였다면, 금년에 실시한 동일한 설문에서도 응답결과가 동일할 것으로 기대할 것이다. 따라서 금년도에 임의로 선정된 1,000명을 대상으로 조사한다면, 세 가지 범주인 '예', '아니오', '모름'에 대한 응답자 수가 각각 570명, 390명 그리고 40명이 될 것이다. 이와 같이 이론적으로 기대되는 도수를 **기대도수**(expected frequency)라 한다. 그러나 금년도에 임의로 선정된 1,000명의 회원 중에서 624명이 '예'라고 응답하고, 337명이 '아니오' 그리고 39명이 '모름'이라고 응답하였다면, 기대도수와 실제 조사하여 얻은 각 범주의 도수 사이에 차이가 생긴다. 이와 같이 실험이나 관측에 의하여 실제로 얻어진 도수를 **관측도수**(observed frequency)라 한다. 이때 실험 또는 관찰로부터 얻은 관측도수와 기대도수가 어느 정도로 일치하는가를 나타내는 값을 **적합도**(goodness of fit)라 하며, 관측값들이 어느 정도로 이론적인 분포에 따르고 있는가를 검정하는 것을 **적합도 검정**(goodness-of-fit test)이라 한다.

이때 관측도수와 기대도수 사이의 차이가 얼마나 큰가에 기초한 귀무가설 즉, 범주 '예'의 비율 $p_1 = 0.57$과 '아니오'의 비율 $p_2 = 0.39$ 그리고 '모름'의 비율 $p_3 = 0.04$에 변화가 없다는 다음 귀무가설을 채택하거나 기각하는 결정을 하기 위하여 카이제곱분포를 사용한다.

$$H_0 : p_1 = 0.57, \ p_2 = 0.39, \ p_3 = 0.04$$

한편 세 범주에 대한 비율 중에서 어느 한 범주의 비율에 변화가 있는가를 검정하고자 한다면, 예를 들어 '예'의 비율이 $p_1 = 0.57$인가를 검정하고자 한다면, 이미 9.3절에서 설명한 바와 동일하게 귀무가설 $H_0 : p_1 = 0.57$에 대한 검정과 동일하다.

그러면 적합도 검정을 실시하기 위하여, $i$번째 범주의 관측도수 $n_i$와 기대도수 $e_i$에 대하여 다음과 같은 $\chi^2$-통계량을 이용하며, 범주의 수 $k$에 대하여 자유도 $k-1$을 갖는 $\chi^2$-분포를 사용한다.

$$\chi^2 = \sum_{i=1}^{k} \frac{(n_i - e_i)^2}{e_i}$$

그리고 적합도 검정을 실시하는 과정은 앞에서 살펴본 바와 동일하게 5단계의 과정에 따르나, 항상 상단측검정을 실시한다는 것이 다르다.

① 귀무가설 $H_0$과 대립가설 $H_1$을 설정한다.

② 검정통계량 $\chi^2$과 자유도 $n-1$인 카이제곱분포를 선택한다.

③ 유의수준 $\alpha$를 정한다.

④ 유의수준 $\alpha$에 대한 임계값과 기각역을 구한다.

⑤ 표본으로부터 검정통계량의 관찰값을 구하고, 귀무가설의 기각 또는 채택을 결정한다.

자동차 선호도에 대한 앞의 예에 대하여 5단계의 검정 과정에 따라 유의수준 $\alpha = 0.01$에서 적합도 검정을 실시하여 보자.

① 귀무가설 $H_0$과 대립가설 $H_1$을 설정한다. 2014년도에 실시한 설문조사 결과가 올해도 그대로 적용되는가를 검정하고자 하므로 귀무가설과 대립가설을 다음과 같이 설정한다.

$$H_0 : p_1 = 0.57, \ p_2 = 0.39, \ p_3 = 0.04, \quad H_1 : H_0 \text{이 아니다.}$$

② 검정통계량을 선택한다. 적합도 검정을 실시하므로 검정통계량은 다음과 같다.

$$\chi^2 = \sum_{i=1}^{k} \frac{(n_i - e_i)^2}{e_i}$$

③ 유의수준 $\alpha$를 정한다. 유의수준은 $\alpha = 0.01$이다.

④ 확률분포와 유의수준 $\alpha = 0.01$에 대한 임계값과 기각역을 구한다. 범주의 수가 3개이므로 자유도는 2이고, 적합도 검정은 $\chi^2$-분포를 이용한다. 따라서 유의수준 $\alpha = 0.01$에 대한 임계점은 $\chi_{0.01}^2(2) = 9.21$이고, 적합도 검정은 항상 상단측검정을 실시하므로 기각역은 $R : V > 9.21$이다.

⑤ 표본으로부터 검정통계량의 관찰값을 구하고, 기각역과 비교하여 관찰값이 기각역에 있는지 아니면 채택역에 들어 있는지 확인한다. $\chi^2$-통계량의 관찰값을 다음 표와 같이 구한다.

| 범주 | 관찰도수($n_i$) | 비율($p_i$) | 기대도수 ($e_i = n p_i$) | $n_i - e_i$ | $(n_i - e_i)^2$ | $\dfrac{(n_i - e_i)^2}{e_i}$ |
|---|---|---|---|---|---|---|
| 예 | 624 | 0.57 | 570 | 54 | 2916 | 5.116 |
| 아니오 | 337 | 0.39 | 390 | -53 | 2809 | 7.203 |
| 모름 | 39 | 0.04 | 40 | -1 | 1 | 0.025 |
| $n = 1000$ | | | | | | 합 : 12.344 |

즉, 검정통계량의 관찰값은 $v_0 = 12.344$이고, 이 관찰값은 기각역 안에 들어간다. 그러므로 A 회사에서 생산된 자동차에 대한 선호도가 2014년도에 조사한 결과와 동일하다는 귀무가설은 타당성이 없다.

---

**예제 3**

주사위를 60회 던져서 다음 표와 같은 결과를 얻었다. 이 결과로부터 주사위가 공정하게 만들어졌는지 유의수준 5%에서 검정하라.

| 주사위의 눈 | 1 | 2 | 3 | 4 | 5 | 6 | 합 |
|---|---|---|---|---|---|---|---|
| 관찰도수 | 13 | 8 | 10 | 15 | 7 | 7 | 60 |

**풀이**

① 귀무가설 $H_0$과 대립가설 $H_1$을 설정한다. 주사위가 공정하게 만들어졌다면, 각각의 눈이 나올 기대비율은 $\frac{1}{6}$이므로 눈의 수 $i$가 나올 확률을 $p_i$라 하면, $p_i = \frac{1}{6} = 0.167 (i = 1, 2, \cdots, 6)$이다. 또한 주사위를 60회 던지면 각각의 눈이 나올 기대도수는 각각 10회이다. 그러므로 다음과 같은 귀무가설과 대립가설을 설정한다.

$$H_0 : p_1 = p_2 = p_3 = p_4 = p_5 = p_6 = 0.167, \quad H_1 : H_0\text{이 아니다.}$$

② 적합도 검정을 실시하므로 $\chi^2$-통계량 $\chi^2 = \sum_{i=1}^{6} \frac{(n_i - e_i)^2}{e_i}$을 선택한다.

③ 범주의 수가 6개이므로 자유도는 5이고, 따라서 자유도 5인 $\chi^2$-분포에 대하여 유의수준 $\alpha = 0.05$에 대한 상단측검정을 위한 임계값은 $\chi^2_{0.05}(5) = 11.07$이다. 그러므로 유의수준 $\alpha = 0.05$에 대한 기각역은 $R : V > 11.07$이다.

④ 검정통계량의 관찰값은 다음 표와 같이 $v_0 = 5.6$이다.

| 범주 | 관찰도수($n_i$) | 비율($p_i$) | 기대도수 $(e_i = np_i)$ | $n_i - e_i$ | $(n_i - e_i)^2$ | $\frac{(n_i - e_i)^2}{e_i}$ |
|---|---|---|---|---|---|---|
| 1 | 13 | 1/6 | 10 | 3 | 9 | 0.9 |
| 2 | 8 | 1/6 | 10 | -2 | 4 | 0.4 |
| 3 | 10 | 1/6 | 10 | 0 | 0 | 0 |
| 4 | 15 | 1/6 | 10 | 5 | 25 | 2.5 |
| 5 | 7 | 1/6 | 10 | -3 | 9 | 0.9 |
| 6 | 7 | 1/6 | 10 | -3 | 9 | 0.9 |
| $n = 60$ | | | | | | 합 : 5.6 |

⑤ 검정통계량의 관찰값 $v_0 = 5.6$이 기각역 안에 놓이지 않으므로 귀무가설을 기각하지 않는다. 즉, 실험 결과로부터 공정한 주사위가 아니라는 근거가 미약하다.

한편 독립인 두 정규모집단 $N(\mu_1, \sigma_1^2)$, $N(\mu_2, \sigma_2^2)$에서 각각 크기 $n$과 $m$인 표본을 추출하면, 두 표본분산의 비 $\dfrac{S_1^2}{S_2^2}$은 다음과 같이 분자·분모의 자유도가 각각 $n-1$과 $m-1$인 $F$-분포와 관련되는 것을 이미 살펴보았다.

$$F = \frac{S_1^2/\sigma_1^2}{S_2^2/\sigma_2^2} \sim F(n-1, m-1)$$

이때 귀무가설 $\sigma_1^2 = \sigma_2^2$, $\sigma_1^2 \geq \sigma_2^2$, $\sigma_1^2 \leq \sigma_2^2$을 검정하는 것은 $\dfrac{\sigma_1^2}{\sigma_2^2} = 1$, $\dfrac{\sigma_1^2}{\sigma_2^2} \geq 1$, $\dfrac{\sigma_1^2}{\sigma_2^2} \leq 1$을 검정하는 것과 동일하다. 그러므로 두 모분산의 비 $\dfrac{\sigma_1^2}{\sigma_2^2}$에 대한 가설을 검정하기 위하여 다음 검정통계량과 $F$-분포를 이용한다.

$$F = \frac{S_1^2}{S_2^2}$$

이때 양쪽 꼬리확률이 각각 $\dfrac{\alpha}{2}$인 임계값은 $f_{1-(\alpha/2)}(n-1, m-1)$, $f_{\alpha/2}(n-1, m-1)$이므로 유의수준 $\alpha$에서 귀무가설 $H_0 : \sigma_1^2 = \sigma_2^2$ 또는 $\dfrac{\sigma_1^2}{\sigma_2^2} = 1$에 대한 대립가설 $H_1 : \sigma_1^2 \neq \sigma_2^2$ 또는 $\dfrac{\sigma_1^2}{\sigma_2^2} \neq 1$을 검정하기 위한 기각역은 다음과 같다.

$$F < f_{1-(\alpha/2)}(n-1, m-1), \quad F > f_{\alpha/2}(n-1, m-1)$$

따라서 그림 9.20과 같이 검정통계량의 관찰값 $f_0$이 놓이는 위치를 결정함으로써 귀무가설의 기각 또는 채택을 결정한다.

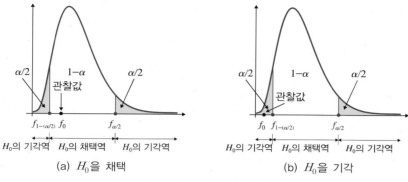

(a) $H_0$을 채택          (b) $H_0$을 기각

**그림 9.20 모분산 비에 대한 양측검정**

## 예제 4

두 정규모집단의 모분산이 동일한지 알아보기 위하여 임의로 표본을 선정하여 다음 결과를 얻었다. 유의수준 5%에서 모분산이 동일한지 검정하라.

|  | 표본표준편차 | 표본의 크기 |
|---|---|---|
| 표본 A | $s_1 = 3.2$ | $n = 10$ |
| 표본 B | $s_2 = 3.7$ | $m = 8$ |

### 풀이

① 두 모분산이 동일한지 조사하므로 귀무가설 $H_0 : \dfrac{\sigma_1^2}{\sigma_2^2} = 1$과 대립가설 $H_0 : \dfrac{\sigma_1^2}{\sigma_2^2} \neq 1$을 설정한다.

② $n = 10$, $m = 8$이므로 검정통계량과 확률분포는 다음과 같다.

$$F = \frac{S_1^2}{S_2^2} \sim F(9,\, 7)$$

③ 유의수준 5%에서 양측검정이므로 기각역은 다음과 같다.

$$F < f_{0.975}(9,\, 7) = \frac{1}{f_{0.025}(7,\, 9)} = \frac{1}{4.2} = 0.238, \quad F > f_{0.025}(9,\, 7) = 4.82$$

④ $s_1 = 3.2$, $s_2 = 3.7$이므로 검정통계량의 관찰값은 $f_0 = \dfrac{3.2^2}{3.7^2} = 0.748$이다.

⑤ 검정통계량의 관찰값 $f_0 = 0.748$이 기각역 안에 놓이지 않으므로 유의수준 5%에서 두 모분산은 동일하다고 할 수 있다.

아래쪽 꼬리확률이 각각 $\alpha$인 임계값은 $f_{1-\alpha}(n-1, m-1)$이므로 유의수준 $\alpha$에서 귀무가설 $H_0 : \sigma_1^2 \geq \sigma_2^2$ 또는 $\dfrac{\sigma_1^2}{\sigma_2^2} \geq 1$에 대한 대립가설 $H_1 : \sigma_1^2 < \sigma_2^2$ 또는 $\dfrac{\sigma_1^2}{\sigma_2^2} < 1$을 검정하기 위한 기각역 은 다음과 같다.

$$F < f_{1-\alpha}(n-1, m-1)$$

따라서 그림 9.21과 같이 검정통계량의 관찰값 $f_0$이 놓이는 위치를 결정함으로써 귀무가설 의 기각 또는 채택을 결정한다.

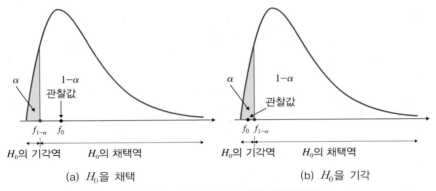

(a) $H_0$을 채택          (b) $H_0$을 기각

**그림 9.21  모분산 비에 대한 하단측검정**

그리고 위쪽 꼬리확률이 각각 $\alpha$인 임계값은 $f_\alpha(n-1, m-1)$이므로 유의수준 $\alpha$에서 귀무 가설 $H_0 : \sigma_1^2 \leq \sigma_2^2$ 또는 $\dfrac{\sigma_1^2}{\sigma_2^2} \leq 1$에 대한 대립가설 $H_1 : \sigma_1^2 > \sigma_2^2$ 또는 $\dfrac{\sigma_1^2}{\sigma_2^2} > 1$을 검정하기 위한 기각역은 다음과 같다.

$$F > f_\alpha(n-1, m-1)$$

따라서 그림 9.22와 같이 검정통계량의 관찰값 $f_0$이 놓이는 위치를 결정함으로써 귀무가설 의 기각 또는 채택을 결정한다.

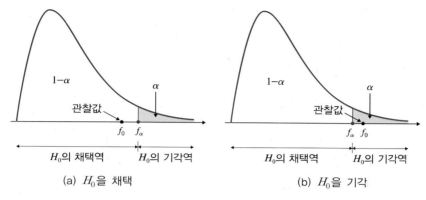

(a) $H_0$을 채택                    (b) $H_0$을 기각

그림 9.22  모분산 비에 대한 상단측검정

## 예제 5

식물학자가 두 지역에 서식하고 있는 어떤 종류의 식물 줄기에 대한 굵기를 측정한 결과, 다음과 같은 결과를 얻었다. 단, 단위는 mm이고 굵기는 정규분포에 따른다고 한다.

| A 지역 | 0.8 | 1.8 | 1.0 | 0.1 | 0.9 | 1.7 | 1.4 | 1.0 | 0.9 | 1.2 | 0.5 | |
| --- | --- | --- | --- | --- | --- | --- | --- | --- | --- | --- | --- | --- |
| B 지역 | 1.0 | 0.8 | 1.6 | 2.6 | 1.3 | 1.1 | 2.4 | 1.8 | 2.5 | 1.4 | 1.9 | 2.0 | 1.2 |

B 지역에 서식하는 식물 줄기의 굵기에 대한 분산이 A 지역 식물 줄기의 굵기에 대한 분산보다 큰지 유의수준 5%에서 검정하라.

**풀이**

① A 지역과 B 지역에서 서식하는 식물 줄기의 굵기에 대한 분산을 각각 $\sigma_1^2$, $\sigma_2^2$ 이라 하면, $\sigma_1^2 < \sigma_2^2$ 인 것을 보이고자 한다. 따라서 귀무가설 $H_1 : \dfrac{\sigma_1^2}{\sigma_2^2} \geq 1$과 대립가설 $H_1 : \dfrac{\sigma_1^2}{\sigma_2^2} < 1$(주장)을 설정한다.

② $n = 11$, $m = 13$이므로 검정통계량과 확률분포는 다음과 같다.

$$F = \frac{S_1^2}{S_2^2} \sim F(10, 12)$$

③ 유의수준 $\alpha = 0.05$인 하단측검정이므로 기각역은 다음과 같다.

$$F < f_{0.95}(10, 12) = \frac{1}{f_{0.05}(12, 10)} = \frac{1}{2.91} = 0.3436$$

④ 두 표본의 표본분산을 구하면 각각 $s_1^2 = 0.24$, $s_2^2 = 0.35$이므로 검정통계량의 관찰값은

$f_0 = \dfrac{0.24}{0.35} = 0.686$이다.

⑤ 검정통계량의 관찰값 $f_0 = 0.686$이 기각역 안에 놓이지 않으므로 귀무가설을 기각할 수 없다. 즉, B 지역에 서식하는 식물 줄기의 굵기에 대한 분산이 A 지역 식물 줄기의 굵기에 대한 분산보다 크다고 할 수 없다.

유의수준 $\alpha$에서 두 모분산의 비 $\dfrac{\sigma_1^2}{\sigma_2^2}$에 대한 가설과 기각역은 표 9.13과 같이 요약할 수 있다.

**표 9.14  두 모분산 비의 가설에 대한 기각역**

| 검정 방법 ＼ 가설과 기각역 | 귀무가설 $H_0$ | 대립가설 $H_1$ | $H_0$의 기각역 $R$ |
|---|---|---|---|
| 하단측검정 | $\dfrac{\sigma_1^2}{\sigma_2^2} \geq 1$ | $\dfrac{\sigma_1^2}{\sigma_2^2} < 1$ | $F < f_{1-\alpha}(n-1, m-1)$ |
| 상단측검정 | $\dfrac{\sigma_1^2}{\sigma_2^2} \leq 1$ | $\dfrac{\sigma_1^2}{\sigma_2^2} > 1$ | $F > f_{\alpha}(n-1, m-1)$ |
| 양측검정 | $\sigma_1^2 = \sigma_2^2$ | $\sigma_1^2 \neq \sigma_2^2$ | $F < f_{1-(\alpha/2)}(n-1, m-1)$, $F > f_{\alpha/2}(n-1, m-1)$ |

**1.** 정규모집단으로부터 크기 16인 표본을 추출하여 조사한 결과 표본분산 0.9를 얻었다.

(1) 모분산이 0.5보다 큰지를 검정하기 위한 귀무가설과 대립가설을 설정하라.

(2) 유의수준 $\alpha = 0.01$을 이용하여 임계값과 기각역을 구하라.

(3) 점정통계량의 관측값을 구하라.

(4) 1% 유의수준에서 (1)의 귀무가설에 대한 타당성을 조사하라.

**2.** 전자상가에 있는 10곳의 캠코더 판매점을 둘러본 결과, 동일한 제품의 캠코더 가격이 다음과 같이 다르게 나타났다. 판매상에 의하면 전체 캠코더 판매액이 정규분포에 따른다고 한다. 단, 단위는 천원이다.

| 938.8 | 952.0 | 946.8 | 958.8 | 948.4 | 950.0 | 953.8 | 928.8 | 947.5 | 936.2 |

(1) 표본평균과 표본분산을 구하라.

(2) 모평균이 950인지 유의수준 5%에서 검정하라.

(3) 모표준편차가 11.2인지 유의수준 5%에서 검정하라.

**3.** 두 종류의 비료 A와 B를 각각 5개 지역에 사용하여 단위 면적당 쌀 수확량을 조사한 결과 다음을 얻었다. 이때 쌀 수확량은 정규분포에 따른다고 한다.

(1) 두 종류의 비료에 의한 평균 쌀 수확량에 차이가 있는지 유의수준 5%에서 조사하라.

(2) 쌀 수확량의 분산에 차이가 있는지 유의수준 5%에서 조사하라.

| A 지역 | 357 | 325 | 346 | 345 | 330 |
|--------|-----|-----|-----|-----|-----|
| B 지역 | 335 | 328 | 335 | 344 | 326 |

**4.** 어느 음료회사에서 생산되는 음료수 팩에 들어 있는 순수 용량은 평균 1리터, 분산은 0.42리터 이하라고 한다. 이것을 확인하기 위하여 25개 상점에서 각각 1개씩 이 음료수를 임의로 수거하여 측정한 결과 분산 0.81리터인 것으로 조사되었다. 음료회사의 주장이 타당한지 유의수준 1%에서 검정하라. 단, 이 회사에서 제조되는 음료수의 양은 정규분포에 따른다고 한다.

**5.** 어느 자동차 회사에서 생산된 신모델은 단위 연료당 주행거리를 나타내는 평균 연비가 12.5km/ℓ, 표준편차는 0.8km/ℓ 이상이라고 한다. 이 주장을 조사하기 위하여 30대의 자동차를 이용하여 주행시험을 한 결과 표준편차 0.62km/ℓ인 것으로 밝혀졌다. 표준편차에 대한 이 회사의 주장을 수용할 수 있는지 유의수준 5%에서 검정하라. 단, 자동차 연비는 점근적으로 정규분포에 따르는 것으로 알려져 있다.

**6.** 어느 컴퓨터 공정라인에서 종사하는 남자와 여자의 작업 능률이 동일한지 알아보기 위하여 남·여 근로자를 각각 12명, 10명씩 임의로 추출하여 조사한 결과 남자 근로자의 표준편차는 2.3대이고, 여자 근로자의 표준편차는 2.0대였다. 남자와 여자가 생산한 컴퓨터의 모분산에 차이가 있는지 유의수준 10%에서 검정하라.

**7.** 정규분포에 따르는 우리나라 신생아 몸무게에 대하여 귀무가설 $H_0 : \sigma \geq 5.75$를 유의수준 10%에서 검정하고자 한다. 단, 단위는 kg이다.

(1) 임의로 선정한 81명의 신생아 몸무게의 표준편차가 4.96kg일 때 귀무가설에 대한 주장을 검정하라.

(2) 이 검정에 대한 대략적인 $p$-값을 구하고, 귀무가설에 대한 주장을 검정하라.

**8.** 전국적으로 발생하는 교통사고 건수가 요일별로 동일한가를 살펴보기 위하여, 지난 1년 동안 발생한 교통사고 건수를 조사한 결과 다음 표와 같았다. 유의수준 5%에서 요일별 사고 건수가 동일한지 검정하라.

| 월 | 화 | 수 | 목 | 금 | 합계 |
|----|----|----|----|----|------|
| 86 | 56 | 51 | 55 | 72 | 320 |

**9.** 15세 이상 24세 이하 청소년이 고민하는 문제에 대한 2008년도 통계청의 자료에 따르면 다음 표와 같다. 최근 300명의 청소년을 대상으로 조사한 결과 다음 표와 같았다. 청소년들이 고민하는 문제에 변화가 있는지 유의수준 1%에서 조사하라.

| 분류 | 직업 | 공부 | 외모 | 가정환경 | 용돈부족 | 기타 |
|------|------|------|------|----------|----------|------|
| 통계청 조사결과(%) | 24.1 | 38.5 | 12.7 | 5.1 | 5.2 | 14.4 |
| 최근 조사결과(명) | 96 | 93 | 36 | 19 | 24 | 32 |

**10.** 2007년도 통계청에서 조사한 직업군별 사망자의 비율은 다음 표와 같다. 올해도 직업군별 사망 비율이 2007년도와 같은지 알아보기 위하여, 상반기에 사망한 근로자 35,448명을 상대로 조사한 결과를 표에 제시하였다. 올해도 2007년도의 비율이 적용되는지 유의수준 5%에서 조사하라.

| 분류 | 고위직 | 전문가 | 기술직 | 사무직 | 서비스직 | |
|---|---|---|---|---|---|---|
| 통계청 조사결과(%) | 0.48 | 1.96 | 3.04 | 6.67 | 10.48 | |
| 최근 조사결과(명) | 157 | 645 | 1,063 | 2,319 | 3,764 | |
| 분류 | 농·어업직 | 기능직 | 기계조립 | 단순노무 | 무직·가사 | 기타 |
| 통계청 조사결과(%) | 8.17 | 2.91 | 1.28 | 4.11 | 57.14 | 3.76 |
| 최근 조사결과(명) | 2,892 | 1,117 | 522 | 1,403 | 20,272 | 1,294 |

**11.** 두 지역에서 각각 10가구씩 표본추출하여 소비 지출을 조사한 결과, 다음과 같았다. 두 지역 간 소비 지출의 분산이 동일한지 유의수준 5%에서 검정하라.

| A 지역 | 72 | 75 | 75 | 80 | 100 | 110 | 125 | 150 | 160 | 200 |
|---|---|---|---|---|---|---|---|---|---|---|
| B 지역 | 50 | 60 | 72 | 90 | 100 | 125 | 125 | 130 | 132 | 170 |

**12.** 독립인 두 정규모집단으로부터 각각 크기 16과 21인 표본을 추출한 결과, 표본 A에서 표준편차 $s_1 = 5.96$ 그리고 표본 B에서 표준편차 $s_2 = 11.40$을 얻었다. 이 자료를 근거로 귀무가설 $H_0 : \sigma_1^2 = \sigma_2^2$을 유의수준 5%에서 검정하라.

# 단순회귀분석

두 개 이상의 변량을 다룰 때 어느 한 변량이 다른 변량들에 의해 결정되는 경우가 있다. 예를 들어 광고비에 따른 상품의 판매량, 온도에 따른 화학물질의 반응속도, 사람의 키에 따른 몸무게 등을 생각할 수 있다. 이와 같은 변량들 사이의 관계를 분석함으로써 가장 적합한 확률모형을 설정하면 어떤 변량의 변화에 따른 다른 변량의 변화를 예측할 수 있다. 특히 두 변량 사이의 관계를 산점도로 나타내면, 두 변량 사이의 관계를 나타내는 함수식을 얻을 수 있다. 이때 두 변량의 관계를 나타내는 함수를 어떻게 추정하는가에 따라 어떤 변량의 변화에 따른 다른 변량의 변화에 대한 정확도가 달라진다. 이 장에서는 두 변량 사이의 관계를 나타내는 가장 적합한 함수를 추론하는 방법에 대하여 살펴본다.

## 10.1 단순선형회귀분석

어느 화학자가 온도에 따른 화학물질의 반응속도를 예측하기 원한다고 하자. 그러면 온도($x$)와 속도($y$)를 나타내는 두 변수에 의해 표현되는 함수관계를 얻을 수 있다. 또한 새로운 상품을 생산한 제조업자가 광고에 따른 상품의 판매량을 예측하고자 한다고 하자. 그러면 광고 시간($x_1$), 광고비($x_2$), 광고에 사용할 모델($x_3$) 등에 따라 상품의 판매량($y$)에 영향을 미치게 된다. 이때 화학반응물의 속도와 상품의 판매량에 영향을 미치는 변수를 **독립변수**(independent variable) 또는 **설명변수**(explanatory variable)라 한다. 그리고 속도와 판매량을 나타내는 변수와 같이 독립변수의 변화에 영향을 받는 변수를 **종속변수**(dependent variable) 또는 **반응변수**(response variable)라 하며, 독립변수와 종속변수 사이의 관계를 통계적으로 분석하는 방법을 **회귀분석**(regression analysis)이라 한다. 즉, 회귀분석은 독립변수가 종속변수에 어떻게 영향을 미치는지 분석하는 방법이다. 이때 실험에 의해 얻은 온도($x$)와 속도($y$)의 관측값 $(x_1, y_1)$, $(x_2, y_2)$, $\cdots$, $(x_n, y_n)$을 산점도로 나타내면, 이 산점도를 대표할 $x$와 $y$ 사이의 함수 관계를 얻을 수 있다. 이와 같은 함수 관계를 **회귀방정식**(regression equation)이라 하며, 하나의 독립변수와 하나의 종속변수 사이의 관계를 추론하는 방법을 **단순회귀분석**(simple regression analysis)이라 한다. 그러면 회귀방정식은 그림 10.1과 같이 직선이거나 곡선으로 나타난다. 회귀방정식이 직선인 경우에 이 직선을 **회귀직선**(regression straight line)이라 하며 다음과 같이 표현된다.

$$y = \beta_0 + \beta_1 x$$

그리고 회귀방정식이 곡선을 나타낼 때 이 곡선을 **회귀곡선**(regression curve)이라 한다. 특히 하나의 독립변수와 하나의 종속변수 사이의 회귀직선을 추론하는 방법을 **단순선형회귀분석**(simple linear regression analysis)이라 한다.

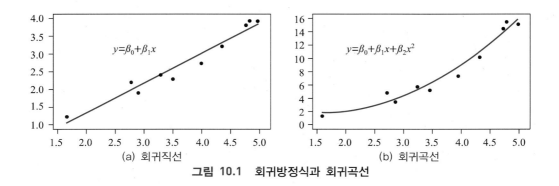

그림 10.1  회귀방정식과 회귀곡선

그림 10.1 (a)의 회귀직선 $y = \beta_0 + \beta_1 x$에서 $\beta_0 = -0.3$, $\beta_1 = 0.8$이라 하면 독립변수 $x = 1$에 대한 종속변수는 $y = 0.5$임을 예측할 수 있다. 한편 광고 시간($x_1$), 광고비($x_2$), 광고에 사용할 모델($x_3$)에 따른 판매량($y$)은 다음과 같이 모형화할 수 있다.

$$y = \beta_0 + \beta_1 x_1 + \beta_2 x_2 + \beta_3 x_3$$

이와 같이 두 개 이상의 독립변수와 종속변수 사이의 관계를 추론하는 방법을 **다중회귀분석**(multiple regression analysis)이라 한다. 그리고 회귀방정식에서 미지의 계수인 $\beta_0$, $\beta_1$ 등을 **회귀계수**(coefficient of regression)라 하며, 이러한 회귀계수를 결정하고 적합한 회귀곡선을 도출하는 과정을 회귀곡선의 추정이라 한다. 이 절에서는 단순선형회귀분석에 대하여 살펴본다.

앞에서 언급한 바와 같이 단순선형회귀모형은 상수항 또는 $y$ 절편 $\beta_0$과 기울기 $\beta_1$에 대해 다음과 같이 나타난다.

$$y = \beta_0 + \beta_1 x$$

여기서 $x$는 독립변수, $y$는 종속변수이다. 이러한 회귀방정식은 $x$와 $y$ 사이의 확정된 관계를 나타낸다. 그러나 대부분의 경우에 여러 가지 변량에 의해 종속변수가 결정되며, 단순선형회귀모형은 여러 변량 중에서 가장 중요한 변량 하나만을 사용한 것이다. 따라서 사용하지 않은 다른 변량들에 의해 오차가 발생하므로 다음과 같은 회귀모형을 사용하는 것이 타당하다. 이때 $\varepsilon$을 **오차항**(random error term)이라 한다.

$$y = \beta_0 + \beta_1 x + \varepsilon$$

그러면 관찰값 $(x_i, y_i)$에 대응하는 두 확률변수 $X$와 $Y$가 어떻게 관련되는지 알기 위해 $y_i$를 고정된 $x_i$에 의해 결정되는 확률변수 $Y_i$의 관찰값으로 생각할 수 있다. 다시 말해서, 다음과 같은 단순선형회귀모형에서 종속변수의 관찰값 $y_i$는 독립변수 $x_i$의 일차함수 $\beta_0 + \beta_1 x_i$와 오차항 $\varepsilon_i$로 구성된다.

$$y_i = \beta_0 + \beta_1 x_i + \varepsilon_i$$

이때 $\beta_0$과 $\beta_1$을 각각 **절편 모수**(intercept parameter)와 **기울기 모수**(slope parameter)라 하며, 오차항 $\varepsilon_i$, $i = 1, 2, \cdots, n$는 평균이 0, 오차분산이 $\sigma^2$인 정규분포로부터 독립적으로 관찰된 값으로 택한다. 따라서 $y_i$, $i = 1, 2, \cdots, n$는 다음과 같이 독립인 확률변수들의 관찰값으로 생각할 수 있다. 그림 10.2는 이와 같은 사실을 보여준다.

$$Y_i \sim N(\beta_0 + \beta_1 x_i, \sigma^2)$$

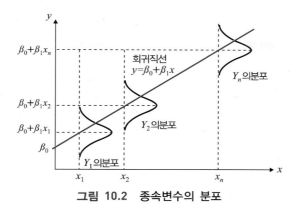

**그림 10.2 종속변수의 분포**

그러면 종속변수의 기댓값은 독립변수의 값 $x_i$의 일차함수로 설명된다. 즉, 다음과 같다.

$$E(Y_i) = \beta_0 + \beta_1 x_i$$

예를 들어, 온도가 $x$인 화학물질의 반응속도는 $\beta_0 + \beta_1 x$일 것으로 기대되며, 기울기 모수 $\beta_1$은 독립변수와 종속변수 사이의 관계를 보여준다. $\beta_1 > 0$이면 독립변수가 증가함에 따라 종속변수도 증가하고 이 경우에 **양의 선형관계**(positive linear relationship)가 있다고 한다. $\beta_1 < 0$이면 독립변수가 증가함에 따라 종속변수는 감소하고 이 경우에 **음의 선형관계**(negative linear relationship)가 있다고 한다. 또한 $\beta_1 = 0$이면 독립변수의 변화가 종속변수의 분포에 아무런 영향을 미치지 않는다.

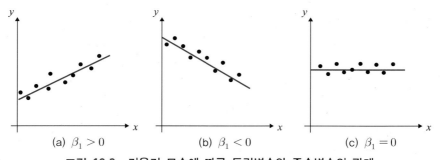

**그림 10.3 기울기 모수에 따른 독립변수와 종속변수의 관계**

한편 오차분산 $\sigma^2$은 관찰값들로부터 추정될 수 있으며, 이 값이 작을수록 측정값 $(x_i, y_i)$는 직선 $y = \beta_0 + \beta_1 x$에 더욱 더 가깝게 된다.

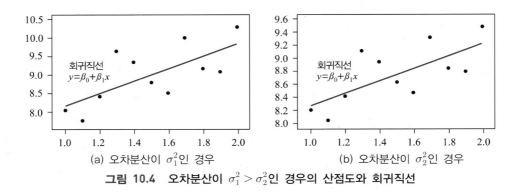

**그림 10.4** 오차분산이 $\sigma_1^2 > \sigma_2^2$인 경우의 산점도와 회귀직선

## 10.2 추정회귀직선

이제 단순회귀모형에 대한 추론을 살펴보기 위하여 관찰값을 $(x_1, y_1)$, $(x_2, y_2)$, $\cdots$, $(x_n, y_n)$이라 하자. 그러면 그림 10.5와 같이 산점도에서 관찰값들을 대표하는 직선을 무수히 많이 그릴 수 있다.

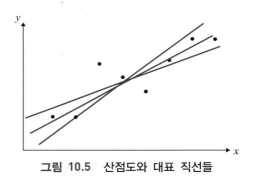

**그림 10.5** 산점도와 대표 직선들

단순회귀모형은 이와 같은 많은 직선들 중에서 가장 적합한 직선을 구하는 것이다. 즉, 관찰값들에 가장 근접하는 직선을 구하는 것이다. 이런 직선을 구하는 방법은 여러 가지가 있으나, 그림 10.6과 같이 종속변수의 관찰값 $y_i$와 적합 직선의 추정값 $\beta_0 + \beta_1 x_i$와의 잔차제곱합을 최소로 하는 직선을 선택하는 방법을 많이 사용한다.

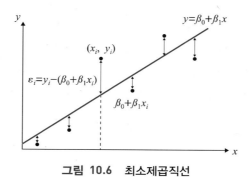

**그림 10.6 최소제곱직선**

따라서 다음과 같은 잔차제곱합을 최소로 하는 $\beta_0$과 $\beta_1$을 구하는 것이다.

$$S = \sum_{i=1}^{n} \varepsilon_i^2 = \sum_{i=1}^{n} [y_i - (\beta_0 + \beta_1 x_i)]^2$$

이와 같은 회귀직선을 구하는 방법을 **최소제곱법**(least squares method) 그리고 이 방법에 의해 얻은 직선 $\hat{y} = \hat{\beta}_0 + \hat{\beta}_1 x$ 를 **추정회귀직선**(estimated regression line)이라 한다.

잔차제곱합 $S$를 최소로 하는 $\beta_0$과 $\beta_1$을 구하기 위하여 다음과 같이 $S$를 $\beta_0$과 $\beta_1$로 각각 편미분한다.

$$\frac{\partial S}{\partial \beta_0} = -2 \sum_{i=1}^{n} [y_i - (\beta_0 + \beta_1 x_i)]$$

$$\frac{\partial S}{\partial \beta_1} = -2 \sum_{i=1}^{n} x_i [y_i - (\beta_0 + \beta_1 x_i)]$$

그리고 이 결과를 각각 0이라 놓으면 $\hat{\beta}_0$과 $\hat{\beta}_1$은 다음 방정식의 해이며, 이 방정식을 **정규방정식**(normal equation)이라고 한다.

$$\sum_{i=1}^{n} y_i = n\beta_0 + \beta_1 \sum_{i=1}^{n} x_i$$

$$\sum_{i=1}^{n} x_i y_i = \beta_0 \sum_{i=1}^{n} x_i + \beta_1 \sum_{i=1}^{n} x_i^2$$

이 정규방정식의 해 $\hat{\beta}_0$과 $\hat{\beta}_1$을 구하면 다음 결과를 얻을 수 있다.

$$\hat{\beta}_1 = \frac{\sum (x_i - \bar{x})(y_i - \bar{y})}{\sum (x_i - \bar{x})^2} = \frac{n \sum x_i y_i - (\sum x_i)(\sum y_i)}{n \sum x_i^2 - (\sum x_i)^2}$$

$$\hat{\beta}_0 = \frac{1}{n} \sum y_i - \hat{\beta}_1 \frac{1}{n} \sum x_i = \bar{y} - \hat{\beta}_1 \bar{x}$$

이제 $S_{XY}$와 $S_{XX}$를 다음과 같이 나타내자.

$$S_{XY} = \sum (x_i - \overline{x})(y_i - \overline{y}) = \sum x_i y_i - \frac{1}{n}\left(\sum x_i\right)\left(\sum y_i\right)$$

$$S_{XX} = \sum (x_i - \overline{x})^2 = \sum x_i^2 - \frac{1}{n}\left(\sum x_i\right)^2$$

그러면 $\hat{\beta}_0$과 $\hat{\beta}_1$은 다음과 같이 간단히 표현된다.

$$\hat{\beta}_0 = \overline{y} - \hat{\beta}_1 \overline{x}, \quad \hat{\beta}_1 = \frac{S_{XY}}{S_{XX}}$$

그러므로 최소제곱법에 의해 구한 추정회귀직선은 다음과 같다.

$$\hat{y} = \hat{\beta}_0 + \hat{\beta}_1 x = \overline{y} + \hat{\beta}_1 (x - \overline{x})$$

따라서 특정한 독립변수 $x^*$에 대한 종속변수 $y$의 점추정은 다음과 같다.

$$\hat{y}|_{x^*} = \overline{y} + \hat{\beta}_1 (x^* - \overline{x})$$

그림 10.7은 추정회귀직선에 의한 종속변수의 점추정을 나타낸다.

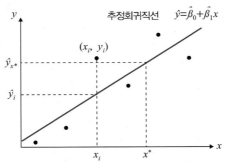

**그림 10.7 추정회귀직선에 의한 종속변수의 점추정**

## 예제 1

표본의 크기 $n = 16$에 대해 다음을 얻었다.

$$\sum x_i = 62.48, \quad \sum y_i = 38.64, \quad \sum x_i^2 = 324.896, \quad \sum y_i^2 = 112.056, \quad \sum x_i y_i = 181.192$$

(1) 최소제곱법에 의한 $\beta_0$과 $\beta_1$의 추정값을 구하라.

(2) $x = 5$에 대한 종속변수 $y$의 추정값을 구하라.

**(풀이)**

(1) $S_{XY} = \sum x_i y_i - \dfrac{1}{n}\left(\sum x_i\right)\left(\sum y_i\right) = 181.192 - \dfrac{1}{16}(62.48)(38.64) = 30.3028$

$S_{XX} = \sum x_i^2 - \dfrac{1}{n}\left(\sum x_i\right)^2 = 324.896 - \dfrac{1}{16}(62.48)^2 = 80.9116$

이므로 $\beta_0$과 $\beta_1$의 추정값은 다음과 같다.

$$\hat{\beta}_1 = \frac{S_{XY}}{S_{XX}} = \frac{30.3028}{80.9116} = 0.3745$$

$$\hat{\beta}_0 = \bar{y} - \hat{\beta}_1 \bar{x} = \frac{38.64}{16} - 0.3745\left(\frac{62.48}{16}\right) = 0.9526$$

(2) 추정회귀직선은 $\hat{y} = 0.9526 + 0.3745x$ 이고 따라서 $x = 5$에 대한 종속변수 $y$의 추정값은 다음과 같다.

$$\hat{y}\big|_{x=5} = 0.9526 + 0.3745(5) = 2.8251$$

## 예제 2

촉매의 양에 따라 화학반응에서 생성되는 화학물질의 반응량을 조사하여 다음 자료를 얻었다.

| 촉매량 | 1 | 2 | 3 | 4 | 5 | 6 | 7 |
|---|---|---|---|---|---|---|---|
| 반응량 | 1.6 | 2.4 | 3.5 | 3.8 | 4.3 | 4.5 | 4.5 |

(1) 최소제곱법에 의한 $\beta_0$과 $\beta_1$의 추정값을 구하라.

(2) 추정회귀직선을 구하라.

(3) 촉매의 양이 10일 때 반응량을 추정하라.

**(풀이)**

(1) 먼저 다음 표를 작성한다.

| 번호 | $x$ | $y$ | $x-\overline{x}$ | $(x-\overline{x})^2$ | $y-\overline{y}$ | $(x-\overline{x})(y-\overline{y})$ |
|---|---|---|---|---|---|---|
| 1 | 1 | 1.1 | -3 | 9 | -2.343 | 7.029 |
| 2 | 2 | 2.4 | -2 | 4 | -1.043 | 2.086 |
| 3 | 3 | 3.5 | -1 | 1 | 0.057 | -0.057 |
| 4 | 4 | 3.8 | 0 | 0 | 0.357 | 0.000 |
| 5 | 5 | 4.3 | 1 | 1 | 0.857 | 0.857 |
| 6 | 6 | 4.5 | 2 | 4 | 1.057 | 2.114 |
| 7 | 7 | 4.5 | 3 | 9 | 1.057 | 3.171 |
| 합계 | 28 | 24.1 | 0 | 28 | 0 | 15.200 |

$$\overline{x} = \frac{1}{7} \sum x_i = 4, \quad \overline{y} = \frac{1}{7} \sum y_i = 3.443, \quad S_{XY} = 15.2, \quad S_{XX} = 28$$

따라서 $\beta_0$과 $\beta_1$의 추정값은 각각 다음과 같다.

$$\hat{\beta_1} = \frac{S_{XY}}{S_{XX}} = \frac{15.2}{28} = 0.543$$

$$\hat{\beta_0} = \overline{y} - \hat{\beta_1}\overline{x} = 3.443 - (0.543)(4) = 1.271$$

(2) 추정회귀직선은 $\hat{y} = \hat{\beta_0} + \hat{\beta_1}x = 1.271 + 0.543x$이다.

(3) $x = 10$일 때 $y$의 추정값은 다음과 같다.

$$\hat{y}|_{x=10} = 1.271 + (0.543)(10) = 6.701$$

이와 같은 방법에 의해 구한 추정회귀직선은 독립변수 $x$ 이외의 다른 요인에 의해 오차가 나타날 수 있다. 이때 오차항들 $\varepsilon_i$, $i = 1, 2, \cdots, n$은 정규분포 $N(0, \sigma^2)$에서 독립적으로 관찰된 값으로 택하였으며, 그림 10.4에서 오차분산 $\sigma^2$이 작을수록 측정값 $(x_i, y_i)$는 추정회귀직선 $\hat{y} = \hat{\beta_0} + \hat{\beta_1}x$에 더욱 더 가깝게 되는 것을 살펴보았다. 따라서 오차분산이 작은 회귀직선을 추정해야 더욱 정확한 예측을 할 수 있을 것이다. 이와 같은 오차분산 $\sigma^2$은 실제 관측값 $y_i$와 종속변수의 추정값 $\hat{y_i}$ 사이의 편차를 이용하여 추정할 수 있다. 이를 위해 다음과 같이 개개의 추정값 $\hat{y_i}$와 관측값 $y_i$의 편차를 다루게 되며, 이 편차를 **잔차**(residual)라 한다.

$$\varepsilon_i = \hat{y_i} - y_i \quad i = 1, 2, \cdots, n$$

그리고 다음과 같이 잔차들의 제곱을 모두 더한 합을 **오차제곱합**(sum of squares for error)이라 하고 SSE로 나타낸다.

$$\mathrm{SSE} = \sum_{i=1}^{n} (y_i - \hat{y}_i)^2 = \sum_{i=1}^{n} [y_i - (\hat{\beta}_0 + \hat{\beta}_1 x_i)]^2$$

이때 오차분산 $\sigma^2$의 추정량 $\hat{\sigma}^2$은 SSE를 이용하여 다음과 같이 구한다.

$$\hat{\sigma}^2 = \frac{\mathrm{SSE}}{n-2} = \frac{1}{n-2} \sum_{i=1}^{n} [y_i - (\hat{\beta}_0 + \hat{\beta}_1 x_i)]^2$$

특히 $\hat{\beta}_0 = \bar{y} - \hat{\beta}_1 \bar{x}$ 이므로 $y_i - (\hat{\beta}_0 + \hat{\beta}_1 x_i)$는 다음과 같이 표현할 수 있다.

$$y_i - (\hat{\beta}_0 + \hat{\beta}_1 x_i) = (y_i - \bar{y}) - \hat{\beta}_1 (x_i - \bar{x})$$

따라서 $\hat{\beta}_1 = \dfrac{S_{XY}}{S_{XX}}$를 이용하면 SSE를 다음과 같이 간단히 표현할 수 있다.

$$\begin{aligned}
\mathrm{SSE} &= \sum_{i=1}^{n} [y_i - (\hat{\beta}_0 + \hat{\beta}_1 x_i)]^2 = \sum_{i=1}^{n} [(y_i - \bar{y}) - \hat{\beta}_1 (x_i - \bar{x})]^2 \\
&= \sum_{i=1}^{n} (y_i - \bar{y})^2 - 2\hat{\beta}_1 \sum_{i=1}^{n} (x_i - \bar{x})(y_i - \bar{y}) + \hat{\beta}_1^2 \sum_{i=1}^{n} (x_i - \bar{x})^2 \\
&= S_{YY} - 2\frac{S_{XY}^2}{S_{XX}} + \left(\frac{S_{XY}}{S_{XX}}\right)^2 S_{XX} \\
&= S_{YY} - \frac{S_{XY}^2}{S_{XX}} = S_{YY} - \hat{\beta}_1 S_{XY}
\end{aligned}$$

그러므로 단순선형회귀모형 $y = \beta_0 + \beta_1 x + \varepsilon$에 대한 나머지 오차분산 $\sigma^2$에 대한 불편추정량 $\hat{\sigma}^2$은 다음과 같다.

$$\hat{\sigma}^2 = \frac{\mathrm{SSE}}{n-2} = \frac{1}{n-2} (S_{YY} - \hat{\beta}_1 S_{XY})$$

---

**예제 3**

[예제 2]에서 오차분산 $\sigma^2$에 대한 추정값을 구하라.

**풀이**

[예제 2]에서 $S_{XY} = 15.2$와 $\hat{\beta}_1 = 0.543$을 구했다. 이제 $S_{YY}$를 구하면 다음과 같다.

$$S_{YY} = \sum_{i=1}^{7} (y_i - \bar{y})^2 = 9.677$$

따라서 오차분산의 추정값은 다음과 같다.

$$\hat{\sigma}^2 = \frac{1}{5}\mathrm{SSE} = \frac{1}{5}[9.677 - (0.543)(15.2)] = \frac{1.4234}{5} \approx 0.2847$$

이와 같이 얻은 회귀모형이 얼마나 좋은지를 나타내는 방법으로 결정계수를 생각할 수 있다. 그림 10.8과 같이 종속변수 $y_i$ 와 $y_i$ 들의 평균 $\bar{y}$ 와의 차이 $y_i - \bar{y}$ 를 **총편차**(total deviation) 라 하며, 이와 같은 총편차들의 제곱합을 **총제곱합**(total sum of squares)이라 하고 $\mathrm{SST}$ 로 나타낸다. 즉, 총제곱합은 다음과 같다.

$$\mathrm{SST} = \sum_{i=1}^{n} (y_i - \bar{y})^2$$

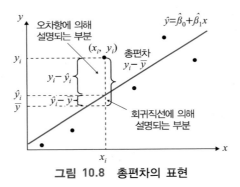

**그림 10.8  총편차의 표현**

그러면 각각의 총편차는 다음과 같이 오차항에 의하여 설명되는 부분 $y_i - \hat{y}_i$ 와 회귀직선에 의해 설명되는 부분인 $\hat{y}_i - \bar{y}$ 의 합으로 표현될 수 있다.

$$y_i - \bar{y} = (y_i - \hat{y}_i) + (\hat{y}_i - \bar{y})$$

그러면 $\mathrm{SST}$ 는 다음과 같다.

$$\sum_{i=1}^{n} (y_i - \bar{y})^2 = \sum_{i=1}^{n} (y_i - \hat{y}_i)^2 + \sum_{i=1}^{n} (\hat{y}_i - \bar{y})^2 + 2\sum_{i=1}^{n} (y_i - \hat{y}_i)(\hat{y}_i - \bar{y})$$

한편 마지막 항은 회귀계수 $\hat{\beta}_0 = \bar{y} - \hat{\beta}_1 \bar{x}$ 를 이용하여 다음과 같이 표현할 수 있다.

$$\sum_{i=1}^{n}(y_i-\hat{y}_i)(\hat{y}_i-\overline{y})=\sum_{i=1}^{n}[y_i-(\hat{\beta}_0+\hat{\beta}_1 x_i)]\,\hat{\beta}_1(x_i-\overline{x})$$

$$=\hat{\beta}_1\sum_{i=1}^{n}x_i(y_i-\hat{\beta}_0-\hat{\beta}_1 x_i)-\hat{\beta}_1\,\overline{x}\sum_{i=1}^{n}(y_i-\hat{\beta}_0-\hat{\beta}_1 x_i)$$

이때 정규방정식을 이용하면 다음을 얻는다.

$$\sum_{i=1}^{n}(y_i-\hat{y}_i)(\hat{y}_i-\overline{y})=\hat{\beta}_1\left(\sum_{i=1}^{n}x_iy_i-\hat{\beta}_0\sum_{i=1}^{n}x_i-\hat{\beta}_1\sum_{i=1}^{n}x_i^2\right)-\hat{\beta}_1\,\overline{x}\left(\sum_{i=1}^{n}y_i-n\hat{\beta}_0-\hat{\beta}_1\sum_{i=1}^{n}x_i\right)=0$$

따라서 SST는 다음과 같다.

$$\mathrm{SST}=\sum_{i=1}^{n}(y_i-\hat{y}_i)^2+\sum_{i=1}^{n}(\hat{y}_i-\overline{y})^2$$

여기서 $\sum(y_i-\hat{y}_i)^2$과 $\sum(\hat{y}_i-\overline{y})^2$은 각각 오차항에 의해 설명이 되는 **오차제곱합**(sum of squares for error; SSE)과 단순선형회귀직선에 의해 설명이 되는 **회귀제곱합**(sum of squares for regression; SSR)을 나타낸다. 그리고 이들은 각각 그림 10.9와 같다.

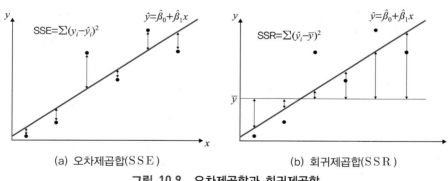

(a) 오차제곱합(SSE)　　　　(b) 회귀제곱합(SSR)

**그림 10.9　오차제곱합과 회귀제곱합**

따라서 다음과 같이 총제곱합은 오차제곱합과 회귀제곱합으로 표현된다.

$$\mathrm{SST}=\mathrm{SSE}+\mathrm{SSR}$$

이때 앞에서 설명한 바와 같이 오차가 작을수록 추정회귀직선은 자료들을 대표하기에 적합하다. 따라서 오차제곱합 SSE가 작을수록(또는 SSR이 커질수록) 회귀모형이 자료들을 잘 설명해 준다. 이와 같은 회귀모형의 적합도를 나타내는 모수로 다음과 같이 정의되는 **결정계수**(coefficient of determination)를 사용한다.

$$R^2 = \frac{\text{SSR}}{\text{SST}} = 1 - \frac{\text{SSE}}{\text{SST}}$$

이 결정계수는 회귀직선에 의해 설명되는 종속변수 $y$에 대한 총 변동의 비율로 0과 1 사이의 값이다. $R^2$이 클수록 SSE가 작아지며, $R^2 = 1$이면 회귀모형은 완전하다고 한다. 반면에 SSE가 SST에 가까울수록 $R^2$이 0에 가까워지고, 이 경우에 회귀모형은 매우 나쁘게 된다.

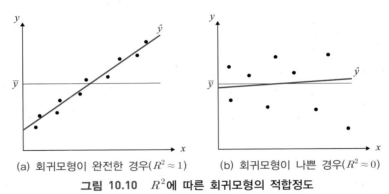

(a) 회귀모형이 완전한 경우($R^2 \approx 1$)   (b) 회귀모형이 나쁜 경우($R^2 \approx 0$)

**그림 10.10**  $R^2$에 따른 회귀모형의 적합정도

특히 $\text{SST} = \sum (y_i - \bar{y})^2 = S_{YY}$이고 $\text{SSE} = S_{YY} - \hat{\beta}_1 S_{XY}$이므로 결정계수를 다음과 같이 간단히 나타낼 수 있다.

$$R^2 = \hat{\beta}_1 \frac{S_{XY}}{S_{YY}}$$

**예제 4**

[예제 2]에서 결정계수 $R^2$을 구하라.

**풀이**

[예제 2]와 [예제 3]에서 $S_{XY} = 15.2$, $S_{YY} = 9.677$ 그리고 $\hat{\beta}_1 = 0.543$를 구했다. 따라서 구하고자 하는 결정계수는 다음과 같다.

$$R^2 = \hat{\beta}_1 \frac{S_{XY}}{S_{YY}} = (0.543)\,\frac{15.2}{9.677} \approx 0.853$$

**예제 5**

통계학 시험에 투자한 시간이 학점에 얼마나 영향을 미치는지 알기 위해 투자한 시간 $x$에 대한 취득 학점 $y$를 다음과 같이 조사하였다.

| 시간($x$) | 1.0 | 1.5 | 2.0 | 2.5 | 3.0 | 3.5 | 4.0 | 4.5 | 5.0 | 5.5 | 6.0 | 6.5 |
|---|---|---|---|---|---|---|---|---|---|---|---|---|
| 학점($y$) | 1.5 | 2.0 | 2.4 | 2.7 | 3.0 | 3.3 | 3.4 | 3.6 | 3.8 | 3.8 | 4.0 | 4.3 |

(1) 단순선형회귀모형을 가정할 때, 추정회귀직선을 구하라.
(2) 7시간을 투자했을 때, 취득 학점의 추정값을 구하라.
(3) 오차항의 분산 $\sigma^2$을 추정하라.
(4) 결정계수 $R^2$을 구하라.

**풀이**

먼저 다음 표를 작성한다.

| 번호 | $x$ | $y$ | $x-\bar{x}$ | $y-\bar{y}$ | $(x-\bar{x})^2$ | $(y-\bar{y})^2$ | $(x-\bar{x})(y-\bar{y})$ |
|---|---|---|---|---|---|---|---|
| 1 | 1.0 | 1.5 | -2.75 | -1.65 | 7.5625 | 2.7225 | 4.5375 |
| 2 | 1.5 | 2.0 | -2.25 | -1.15 | 5.0625 | 1.3225 | 2.5875 |
| 3 | 2.0 | 2.4 | -1.75 | -0.75 | 3.0625 | 0.5625 | 1.3125 |
| 4 | 2.5 | 2.7 | -1.25 | -0.45 | 1.5625 | 0.2025 | 0.5625 |
| 5 | 3.0 | 3.0 | -0.75 | -0.15 | 0.5625 | 0.0225 | 0.1125 |
| 6 | 3.5 | 3.3 | -0.25 | 0.15 | 0.0625 | 0.0225 | -0.0375 |
| 7 | 4.0 | 3.4 | 0.25 | 0.25 | 0.0625 | 0.0625 | 0.0625 |
| 8 | 4.5 | 3.6 | 0.75 | 0.45 | 0.5625 | 0.2025 | 0.3375 |
| 9 | 5.0 | 3.8 | 1.25 | 0.65 | 1.5625 | 0.4225 | 0.8125 |
| 10 | 5.5 | 3.8 | 1.75 | 0.65 | 3.0625 | 0.4225 | 1.1375 |
| 11 | 6.0 | 4.0 | 2.25 | 0.85 | 5.0625 | 0.7225 | 1.9125 |
| 12 | 6.5 | 4.3 | 2.75 | 1.15 | 7.5625 | 1.3225 | 3.1625 |
| 합계 | 45.0 | 37.8 | 0 | 0 | 35.750 | 8.010 | 16.500 |

따라서 다음 값들을 얻는다.

$$\bar{x} = \frac{1}{12}\sum_{i=1}^{12} x_i = 3.75, \quad \bar{y} = \frac{1}{12}\sum_{i=1}^{12} y_i = 3.15$$

$$S_{XY} = 16.5, \ S_{XX} = 35.75, \ S_{YY} = 8.01$$

(1) $\beta_0$과 $\beta_1$에 대한 추정값은 다음과 같다.

$$\widehat{\beta_1} = \frac{S_{XY}}{S_{XX}} = \frac{16.5}{35.75} = 0.4615$$

$$\widehat{\beta_0} = \overline{y} - \widehat{\beta_1}\,\overline{x} = 3.15 - (0.4615)(3.75) = 1.4194$$

따라서 추정회귀직선은 $\hat{y} = 1.4194 + 0.4615\,x$ 이다.

(2) $x = 7$일 때 취득 학점의 추정값은 $\hat{y} = 1.4194 + (0.4615)(7) = 4.65$ 이다.

(3) 오차항의 분산 $\sigma^2$의 추정값은 다음과 같다.

$$\hat{\sigma^2} = \frac{1}{10}(S_{YY} - \widehat{\beta_1} S_{XY}) = \frac{1}{10}[8.01 - (0.4615)(16.5)] = 0.0395$$

(4) 결정계수 $R^2$은 다음과 같다.

$$R^2 = \widehat{\beta_1}\,\frac{S_{XY}}{S_{YY}} = (0.4615)\,\frac{16.5}{8.01} = 0.9507$$

**1.** 우리나라 여름철 전기요금은 저압인 경우에 1kW당 57.6원이며 기본요금 2390원이 추가된다.

(1) 전기를 사용한 시간에 대한 전기요금을 나타내는 방정식을 구하라.

(2) 선형방정식의 $y$ 절편 $\beta_0$과 기울기 $\beta_1$을 구하라.

(3) 사용시간이 4, 5, 6, 7(시간)일 때 전기요금을 구하고 산점도를 그려라.

(4) 10시간 15분을 사용할 때 전기요금을 구하라.

**2.** 보통 온도를 측정하는 단위로 섭씨(℃)와 화씨(℉)를 사용한다. 섭씨온도 $x$에 대한 화씨온도 $y$ 사이에 선형방정식 $y = 32 + 1.8x$의 관계가 있다.

(1) 선형방정식의 $y$ 절편 $\beta_0$과 기울기 $\beta_1$를 구하라.

(2) 섭씨온도 −25, −4, 0, 10, 50에 대한 화씨온도를 구하고 산점도를 그려라.

(3) 섭씨온도가 100일 때 화씨온도를 구하라.

**3.** $n = 12$, $\sum x_i = 54$, $\sum y_i = 956$, $\sum x_i^2 = 332$, $\sum x y_i = 4653$일 때 다음을 구하라.

(1) 회귀직선의 기울기              (2) $y$ 절편

(3) 회귀직선                   (4) $x = 5.5$일 때, 종속변수의 추정값 $\hat{y}|_{x=5.5}$

**4.** $n = 8$, $\sum x_i = 212$, $\sum y_i = 84$, $\sum x_i^2 = 6343$, $\sum x_i y_i = 1985$일 때 다음을 구하라.

(1) 회귀직선의 기울기              (2) $y$ 절편

(3) 회귀직선                   (4) $x = 10$일 때, 종속변수의 추정값 $\hat{y}|_{x=10}$

**5.** 독립변수 $x$와 종속변수 $y$를 관찰한 결과가 다음과 같다.

| $x$ | 1 | 1 | 2 | 3 | 5 |
|-----|---|---|---|---|---|
| $y$ | 2 | 3 | 3 | 5 | 7 |

(1) $(1, 2)$와 $(5, 7)$을 지나는 선형방정식 $\hat{y} = \hat{\beta}_0 + \hat{\beta}_1 x$을 구하라.

(2) (1)에 의해 얻은 선형방정식을 이용하여 각각의 $x$에 대한 $\hat{y}$를 구하라.

(3) 오차제곱합을 구하라.

(4) 선형방정식 $\hat{y} = 1.214 + 1.161x$에 대한 오차제곱합을 구하라.

**6.** 중고차 시장에 나와 있는 어떤 종류의 승용차에 대한 사용 기간(년)에 따른 가격(만원)을 조사한 결과 다음 표와 같았다.

| 기간($x$) | 2 | 3 | 4 | 4 | 5 | 6 | 6 | 7 | 8 | 9 | 10 |
|---|---|---|---|---|---|---|---|---|---|---|---|
| 가격($y$) | 1989 | 1205.1 | 1146.6 | 1111.5 | 1041.3 | 994.5 | 959.4 | 819 | 819 | 772.2 | 561.6 |

(1) 회귀방정식을 구하라.

(2) 산점도와 회귀직선을 그려라.

(3) 사용 기간과 가격 사이의 관계를 설명하라.

(4) 사용 기간이 5년 6개월인 승용차의 예상 가격을 구하라.

**7.** 사회단체에서 우리나라 20대 남자의 몸무게(kg)와 키(cm)의 관계를 알기 위해 다음과 같이 조사하였다.

| 몸무게($x$) | 58.6 | 61.6 | 63.8 | 64.0 | 64.7 | 65.2 | 65.6 | 65.9 |
|---|---|---|---|---|---|---|---|---|
| 키($y$) | 159.2 | 162.1 | 164.7 | 169.0 | 169.2 | 169.3 | 170.0 | 182.7 |
| 몸무게($x$) | 66.3 | 67.0 | 67.6 | 67.7 | 67.9 | 68.0 | 68.0 | 68.3 |
| 키($y$) | 171.2 | 171.8 | 171.8 | 173.1 | 173.1 | 173.5 | 173.8 | 173.8 |

(1) 회귀방정식을 구하라.

(2) 산점도와 회귀직선을 그려라.

(3) 이상값으로 추정되는 측정값을 구하라.

(4) 20대 남자의 몸무게와 키의 관계를 설명하라.

(5) 몸무게가 63kg인 남자의 키를 예측하라.

**8.** [예제 3]에서 $\sum y_i^2 = 77565$일 때 다음을 구하라.

(1) 오차분산 $\sigma^2$에 대한 추정값        (2) 결정계수 $R^2$

**9.** [예제 4]에서 $\sum y_i^2 = 963.6$일 때 다음을 구하라.

(1) 오차분산 $\sigma^2$에 대한 추정값        (2) 결정계수 $R^2$

**10.** [예제 6]에 대해 다음을 구하라.

(1) 오차분산 $\sigma^2$에 대한 추정값        (2) 결정계수 $R^2$

**11.** [예제 7]에 대해 다음을 구하라.

(1) 오차분산 $\sigma^2$에 대한 추정값          (2) 결정계수 $R^2$

**12.** 다음 표는 2007년부터 2014년까지 조사한 우리나라 다문화 가족의 자녀 수(천명)를 나타낸다.

| 연도 | 2007 | 2008 | 2009 | 2010 | 2011 | 2012 | 2013 | 2014 |
|------|------|------|------|------|------|------|------|------|
| 자녀 수 | 44.2 | 58.0 | 107.7 | 121.9 | 151.2 | 168.6 | 191.3 | 204.2 |

(1) 회귀방정식을 구하라.
(2) 회귀방정식을 이용하여 연도에 따른 자녀 수를 설명하라.
(3) 2020년도의 자녀 수를 예측하라.
(4) 오차분산 $\sigma^2$에 대한 추정값
(5) 결정계수 $R^2$

**13.** 전기분해를 이용하여 어떤 화합물을 제조할 때 첨가물의 양과 그 수율에 대해 다음 자료를 얻었다.

| 첨가물의 양($x$) | 1 | 3 | 5 | 7 | 9 | 11 |
|------|------|------|------|------|------|------|
| 수율($y$) | 2 | 3 | 4 | 6 | 6 | 6 |

(1) 추정회귀방정식을 구하라.
(2) 첨가물의 양에 따른 수율의 변화를 설명하라.
(3) 첨가물의 양이 10일 때 수율을 예측하라.
(4) 오차분산 $\sigma^2$에 대한 추정값
(5) 결정계수 $R^2$

**14.** 다음은 임의로 추출한 로트크기에 따른 생산인력의 자료이다.

| 로트크기($x$) | 10 | 20 | 30 | 40 | 40 | 50 | 60 | 60 | 70 | 80 |
|------|------|------|------|------|------|------|------|------|------|------|
| 생산인력($y$) | 20 | 25 | 32 | 45 | 40 | 48 | 56 | 58 | 64 | 70 |

(1) 추정회귀방정식을 구하라.
(2) 로트크기가 45일 때 생산인력을 예측하라.
(3) 오차분산 $\sigma^2$에 대한 추정값
(4) 결정계수 $R^2$

**15.** 다음 표는 어떤 화학반응에서 촉매의 양에 따른 새로운 화학물질의 생성량을 나타낸다.

| 촉매의 양($x$) | 1 | 2 | 3 | 3 | 4 | 5 | 5 | 6 | 7 | 8 |
|---|---|---|---|---|---|---|---|---|---|---|
| 생성량($y$) | 1.5 | 1.7 | 1.8 | 2.0 | 2.7 | 2.6 | 2.8 | 3.2 | 3.2 | 3.2 |

(1) 추정회귀직선을 구하라.

(2) 결정계수 $R^2$을 구하고, 이를 설명하라.

**16.** 어느 대학에서 신입생들의 수학능력을 알아보기 위해 대학수학과 일반물리학의 학점을 조사한 결과 다음과 같다.

| 대학수학($x$) | 2.5 | 2.7 | 3.0 | 3.4 | 3.4 | 3.8 | 4.0 | 4.1 | 4.2 | 4.4 |
|---|---|---|---|---|---|---|---|---|---|---|
| 일반물리($y$) | 1.7 | 2.3 | 3.1 | 3.2 | 3.5 | 3.6 | 3.6 | 3.9 | 4.1 | 4.2 |

(1) 추정회귀직선을 구하라.

(2) 대학수학의 학점이 3.9일 때, 일반물리학의 학점을 예측하라.

(3) 결정계수 $R^2$을 구하고, 이를 설명하라.

## 10.3 회귀계수의 구간추정

지금까지 $(x_i, y_i)$, $i = 1, 2, \cdots, n$으로 구성된 표본에 대한 회귀직선을 추정하는 방법을 살펴보았다. 이제 모회귀계수 $\beta_0$과 $\beta_1$의 신뢰구간을 구하는 방법을 살펴본다. 이때 오차항 $\varepsilon_i$, $i = 1, 2, \cdots, n$는 독립이고 정규분포 $N(0, \sigma^2)$에 따른다고 가정하면 $Y_i = \beta_0 + \beta_1 x_i + \varepsilon_i$도 역시 정규분포 $N(\beta_0 + \beta_1 x_i, \sigma^2)$에 따른다.

먼저 $\hat{\beta}_1$의 분포를 살펴보기 위하여 다음과 같이 10.2절에서 구했던 $\beta_1$에 대한 최소제곱추정량을 생각하자.

$$\hat{\beta}_1 = \frac{\sum_{i=1}^{n} (x_i - \overline{x})(Y_i - \overline{Y})}{\sum_{i=1}^{n} (x_i - \overline{x})^2} = \frac{\sum_{i=1}^{n} (x_i - \overline{x})(Y_i - \overline{Y})}{S_{XX}}$$

그러면 다음과 같이 $\hat{\beta}_1$은 독립인 확률변수 $Y_i$들의 일차결합으로 표현이 가능하다.

$$\hat{\beta}_1 = \frac{\sum_{i=1}^{n} (x_i - \overline{x})(Y_i - \overline{Y})}{S_{XX}} = \frac{\sum_{i=1}^{n} (x_i - \overline{x}) Y_i - \sum_{i=1}^{n} (x_i - \overline{x}) \overline{Y}}{S_{XX}}$$

$$= \frac{\sum_{i=1}^{n} (x_i - \overline{x}) Y_i}{S_{XX}} = \sum_{i=1}^{n} \left( \frac{x_i - \overline{x}}{S_{XX}} \right) Y_i$$

이때 $Y_i$, $i = 1, 2, \cdots, n$은 독립이고 $Y_i \sim N(\beta_0 + \beta_1 x_i, \sigma^2)$에 따르므로 $\hat{\beta}_1$의 평균은 다음과 같으며, 따라서 $\hat{\beta}_1$는 $\beta_1$의 불편추정량이다.

$$E(\hat{\beta}_1) = E\left[ \sum_{i=1}^{n} \left( \frac{x_i - \overline{x}}{S_{XX}} \right) Y_i \right] = \sum_{i=1}^{n} \left( \frac{x_i - \overline{x}}{S_{XX}} \right) E(Y_i)$$

$$= \frac{\sum_{i=1}^{n} (x_i - \overline{x})(\beta_0 + \beta_1 x_i)}{S_{XX}} = \frac{(\beta_0 + \beta_1 \overline{x}) \sum_{i=1}^{n} (x_i - \overline{x}) + \beta_1 S_{XX}}{S_{XX}}$$

$$= \beta_1$$

또한 $\hat{\beta}_1$의 분산은 다음과 같다.

$$Var(\hat{\beta}_1) = Var\left[\sum_{i=1}^{n}\left(\frac{x_i - \overline{x}}{S_{XX}}\right)Y_i\right] = \sum_{i=1}^{n}\left(\frac{x_i - \overline{x}}{S_{XX}}\right)^2 Var(Y_i)$$

$$= \sum_{i=1}^{n}\frac{(x_i - \overline{x})^2}{(S_{XX})^2}\sigma^2 = \frac{\sigma^2}{(S_{XX})^2}\sum_{i=1}^{n}(x_i - \overline{x})^2 = \frac{\sigma^2}{S_{XX}}$$

따라서 $\hat{\beta}_1$도 역시 다음과 같은 정규분포를 이룬다.

$$\hat{\beta}_1 \sim N\left(\beta_1, \; \frac{\sigma^2}{S_{XX}}\right)$$

이제 $\hat{\beta}_1$의 분포를 표준화하면 다음과 같다.

$$\frac{\hat{\beta}_1 - \beta_1}{\sigma/\sqrt{S_{XX}}} \sim N(0, \; 1)$$

따라서 꼬리확률 $1 - \alpha/2$에 대해 다음 확률을 얻는다.

$$P\left(-z_{1/\alpha/2} < \frac{\hat{\beta}_1 - \beta_1}{\sigma/\sqrt{S_{XX}}} < z_{1/\alpha/2}\right) = P\left(\hat{\beta}_1 - z_{\alpha/2}\frac{\sigma}{\sqrt{S_{XX}}} < \beta_1 < \hat{\beta}_1 + z_{\alpha/2}\frac{\sigma}{\sqrt{S_{XX}}}\right) = 1 - \alpha$$

그러므로 오차분산 $\sigma^2$을 알고 있는 경우에 기울기 모수 $\beta_1$에 대한 $100(1-\alpha)\%$ 신뢰구간은 다음과 같다.

$$\left(\hat{\beta}_1 - z_{\alpha/2}\frac{\sigma}{\sqrt{S_{XX}}}, \;\; \hat{\beta}_1 + z_{\alpha/2}\frac{\sigma}{\sqrt{S_{XX}}}\right)$$

한편 $\beta_0$에 대한 최소제곱추정량은 $\hat{\beta}_0 = \overline{Y} - \hat{\beta}_1\overline{x}$ 이므로 $\hat{\beta}_0$의 평균은 다음과 같으며, $\hat{\beta}_0$는 $\beta_0$에 대한 최소제곱 불편추정량이다.

$$E(\hat{\beta}_0) = E(\overline{Y} - \hat{\beta}_1\overline{x}) = (\beta_0 + \beta_1\overline{x}) - E(\hat{\beta}_1)\overline{x} = (\beta_0 + \beta_1\overline{x}) - \beta_1\overline{x} = \beta_0$$

이제 $\hat{\beta}_0$의 분산을 구한다.

$$Var(\hat{\beta}_0) = Var(\overline{Y} - \hat{\beta}_1\overline{x})$$

$$= Var(\overline{Y}) + \overline{x}^2\, Var(\hat{\beta}_1) - 2\overline{x}\, Cov(\overline{Y}, \hat{\beta}_1)$$

$$= \frac{\sigma^2}{n} + \frac{\overline{x}^2 \sigma^2}{S_{XX}} - 2\overline{x} \, Cov \, (\overline{Y}, \hat{\beta}_1)$$

$$= \left( \frac{1}{n} + \frac{\overline{x}^2}{S_{XX}} \right) \sigma^2 - 2\overline{x} \, Cov \, (\overline{Y}, \hat{\beta}_1)$$

이때 $Y_i$, $i = 1, 2, \cdots, n$이 독립이므로 $Cov(Y_i, Y_j) = 0$, $i \neq j$, $i = 1, 2, \cdots, n$이고 $\sum (x_i - \overline{x}) = 0$이므로 다음을 얻는다.

$$Cov \, (\overline{Y}, \hat{\beta}_1) = Cov \left( \sum_{i=1}^{n} \frac{1}{n} Y_i, \; \sum_{i=1}^{n} \frac{x_i - \overline{x}}{S_{XX}} Y_i \right)$$

$$= \sum_{i=1}^{n} \left( \frac{1}{n} \cdot \frac{x_i - \overline{x}}{S_{XX}} \right) Var \, (Y_i) + \sum_{i \neq j} \left( \frac{1}{n} \cdot \frac{x_j - \overline{x}}{S_{XX}} \right) Cov \, (Y_i, Y_j)$$

$$= \sum_{i=1}^{n} \left( \frac{1}{n} \cdot \frac{x_i - \overline{x}}{S_{XX}} \right) \sigma^2 = \frac{\sigma^2}{n \, S_{XX}} \sum_{i=1}^{n} (x_i - \overline{x}) = 0$$

따라서 $\hat{\beta}_0$의 분산은 다음과 같다.

$$Var \, (\hat{\beta}_0) = \left( \frac{1}{n} + \frac{\overline{x}^2}{S_{XX}} \right) \sigma^2$$

특히 $\overline{Y}$와 $\hat{\beta}_1$이 정규분포를 이루므로 $\hat{\beta}_0 = \overline{Y} - \hat{\beta}_1 \overline{x}$도 역시 정규분포에 따른다. 그러므로 절편모수 $\beta_0$의 최소제곱 불편추정량 $\hat{\beta}_0$은 다음 분포를 갖는다.

$$\hat{\beta}_0 \sim N \left( \beta_0, \; \left( \frac{1}{n} + \frac{\overline{x}^2}{S_{XX}} \right) \sigma^2 \right)$$

이제 $\hat{\beta}_0$의 분포를 표준화하면 다음과 같다.

$$\frac{\hat{\beta}_0 - \beta_0}{\sigma \sqrt{\frac{1}{n} + \frac{\overline{x}^2}{S_{XX}}}} \sim N(0, \; 1)$$

따라서 꼬리확률 $1 - \alpha/2$에 대해 다음 확률을 얻는다.

$$P \left( -z_{1/\alpha/2} < \frac{\hat{\beta}_0 - \beta_0}{\sigma \sqrt{\frac{1}{n} + \frac{\overline{x}^2}{S_{XX}}}} < z_{1/\alpha/2} \right)$$

$$= P\left(\hat{\beta}_0 - z_{\alpha/2}\,\sigma\sqrt{\frac{1}{n} + \frac{\overline{x^2}}{S_{XX}}} < \beta_0 < \hat{\beta}_0 + z_{\alpha/2}\,\sigma\sqrt{\frac{1}{n} + \frac{\overline{x^2}}{S_{XX}}}\right) = 1 - \alpha$$

그러므로 절편 모수 $\beta_0$에 대한 $100(1-\alpha)\%$ 신뢰구간은 다음과 같다.

$$\left(\hat{\beta}_0 - z_{\alpha/2}\,\sigma\sqrt{\frac{1}{n} + \frac{\overline{x^2}}{S_{XX}}}, \quad \hat{\beta}_0 + z_{\alpha/2}\,\sigma\sqrt{\frac{1}{n} + \frac{\overline{x^2}}{S_{XX}}}\right)$$

그리고 두 확률변수 $X$와 $Y$ 사이에 $Y = \beta_0 + \beta_1 X + \varepsilon$의 관계가 있을 때, $E(\varepsilon) = 0$이면 조건부 기댓값 $E(Y|X = x^*)$는 다음과 같다.

$$E(Y|X = x^*) = E(\beta_0 + \beta_1 X | X = x^*) = \beta_0 + \beta_1 x^*$$

즉, $X = x^*$일 때 $Y$의 조건부 기댓값은 독립변수 $x^*$에 대응하는 종속변수의 평균값을 의미한다. 이때 $\hat{\beta}_0$과 $\hat{\beta}_1$이 각각 $\beta_0$과 $\beta_1$의 최소제곱 불편추정량이므로 $\hat{Y} = \hat{\beta}_0 + \hat{\beta}_1 x^*$는 $E(Y|X = x^*) = \beta_0 + \beta_1 x^*$의 불편추정량이다. 또한 $\hat{Y}$의 평균과 분산은 각각 다음과 같다.

$$E(\hat{Y}) = E(\hat{\beta}_0 + \hat{\beta}_1 x^*) = \beta_0 + \beta_1 x^*$$

$$Var(\hat{Y}) = Var(\hat{\beta}_0 + \hat{\beta}_1 x^*) = Var(\hat{\beta}_0) + (x^*)^2\,Var(\hat{\beta}_1) + 2x^*\,Cov(\hat{\beta}_0, \hat{\beta}_1)$$

$$= Var(\hat{\beta}_0) + (x^*)^2\,Var(\hat{\beta}_1) + 2x^*\,Cov(\overline{Y} - \hat{\beta}_1 \overline{x}, \hat{\beta}_1)$$

$$= Var(\hat{\beta}_0) + (x^*)^2\,Var(\hat{\beta}_1) - 2x^* \overline{x}\,Var(\hat{\beta}_1)$$

$$= \left(\frac{1}{n} + \frac{(x^* - \overline{x})^2}{S_{XX}}\right)\sigma^2$$

그리고 $\hat{\beta}_0$과 $\hat{\beta}_1$이 각각 정규분포에 따르므로 $\hat{Y} = \hat{\beta}_0 + \hat{\beta}_1 x^*$도 다음과 같은 정규분포에 따른다.

$$\hat{\beta}_0 + \hat{\beta}_1 x^* \sim N\left(\beta_0 + \beta_1 x^*, \left(\frac{1}{n} + \frac{(x^* - \overline{x})^2}{S_{XX}}\right)\sigma^2\right)$$

따라서 $x = x^*$이고 $\sigma^2$이 알려진 경우에 모회귀직선 $\beta_0 + \beta_1 x^*$에 대한 $100(1-\alpha)\%$ 신뢰구간은 다음과 같다.

$$\left(\hat{\beta}_0 + \hat{\beta}_1 x^* - z_{\alpha/2}\, \sigma \sqrt{\frac{1}{n} + \frac{(x^* - \overline{x})^2}{S_{XX}}} \;,\; \hat{\beta}_0 + \hat{\beta}_1 x^* + z_{\alpha/2}\, \sigma \sqrt{\frac{1}{n} + \frac{(x^* - \overline{x})^2}{S_{XX}}} \right)$$

### 예제 6

[예제 5]에서 $\sigma^2 = 0.04$로 알려져 있을 때, $\beta_0$과 $\beta_1$ 그리고 $x = 7$일 때 예상 취득 학점에 대한 95% 신뢰구간을 구하라.

**풀이**

[예제 5]에서 $n = 12$, $\overline{x} = 3.75$, $S_{XX} = 35.75$, $\hat{\beta}_0 = 1.4194$, $\hat{\beta}_1 = 0.4615$를 구했다. $\sigma = 0.2$이고 $z_{0.025} = 1.96$이므로 다음을 얻는다.

$$\hat{\beta}_0 - z_{0.025}\, \sigma \sqrt{\frac{1}{n} + \frac{\overline{x}^2}{S_{XX}}} = 1.4194 - (1.96)(0.2)\sqrt{\frac{1}{12} + \frac{3.75^2}{35.75}} = 1.1488$$

$$\hat{\beta}_0 + z_{0.025}\, \sigma \sqrt{\frac{1}{n} + \frac{\overline{x}^2}{S_{XX}}} = 1.4194 + (1.96)(0.2)\sqrt{\frac{1}{12} + \frac{3.75^2}{35.75}} = 1.6901$$

따라서 $\beta_0$에 대한 95% 신뢰구간은 $(1.1488, 1.6901)$이다.

$$\hat{\beta}_1 - z_{0.025}\, \frac{\sigma}{\sqrt{S_{XX}}} = 0.4615 - (1.96)\frac{0.2}{\sqrt{35.75}} = 0.3959$$

$$\hat{\beta}_1 + z_{0.025}\, \frac{\sigma}{\sqrt{S_{XX}}} = 0.4615 + (1.96)\frac{0.2}{\sqrt{35.75}} = 0.5271$$

이므로 $\beta_1$에 대한 95% 신뢰구간은 $(0.3959, 0.5271)$이다.

$$\hat{\beta}_0 + \hat{\beta}_1 x^* - z_{0.025}\, \sigma \sqrt{\frac{1}{n} + \frac{(x^* - \overline{x})^2}{S_{XX}}}$$

$$= 1.4194 + (0.4615)(7) - (1.96)(0.2)\sqrt{\frac{1}{12} + \frac{(7 - 3.75)^2}{35.75}} = 4.4086$$

$$\hat{\beta}_0 + \hat{\beta}_1 x^* + z_{0.025}\, \sigma \sqrt{\frac{1}{n} + \frac{(x^* - \overline{x})^2}{S_{XX}}}$$

$$= 1.4194 + (0.4615)(7) + (1.96)(0.2)\sqrt{\frac{1}{12} + \frac{(7 - 3.75)^2}{35.75}} = 4.8912$$

따라서 $x = 7$일 때 예상 취득 학점 $y|_{x=7}$에 대한 95% 신뢰구간 $(4.4086, 4.8912)$이다.

그러나 일반적으로 오차분산 $\sigma^2$ 이 미지이므로 $\beta_0$ 과 $\beta_1$ 에 대한 추론에서 정규분포를 이용할 수 없다. 이때 $\beta_0$ 과 $\beta_1$ 에 대한 추론을 위해 $\sigma$ 를 $\hat{\sigma}$ 로 대치하면, $\hat{\beta}_0$ 과 $\hat{\beta}_1$ 에 대해 다음 분포를 얻는다.

$$\frac{\hat{\beta}_1-\beta_1}{\hat{\sigma}/\sqrt{S_{XX}}} \sim t(n-2), \qquad \frac{\hat{\beta}_0-\beta_0}{\hat{\sigma}\sqrt{\dfrac{1}{n}+\dfrac{\overline{x}^2}{S_{XX}}}} \sim t(n-2)$$

따라서 $\beta_0$ 과 $\beta_1$ 에 대한 $100(1-\alpha)\%$ 신뢰구간은 각각 다음과 같다.

$$\left( \hat{\beta}_0-t_{\alpha/2}(n-2)\hat{\sigma}\sqrt{\frac{1}{n}+\frac{\overline{x}^2}{S_{XX}}}, \quad \hat{\beta}_0+t_{\alpha/2}(n-2)\hat{\sigma}\sqrt{\frac{1}{n}+\frac{\overline{x}^2}{S_{XX}}} \right)$$

$$\left( \hat{\beta}_1-t_{\alpha/2}(n-2)\frac{\hat{\sigma}}{\sqrt{S_{XX}}}, \quad \hat{\beta}_1+t_{\alpha/2}(n-2)\frac{\hat{\sigma}}{\sqrt{S_{XX}}} \right)$$

특히 독립변수가 $x=x^*$ 일 때 추정회귀직선의 값 $\hat{y}|_{x^*}=\hat{\beta}_0+\hat{\beta}_1 x^*$ 는 다음과 같이 자유도 $n-2$ 인 $t$-분포에 따른다.

$$\frac{(\hat{\beta}_0+\hat{\beta}_1 x^*)-(\beta_0+\beta_1 x^*)}{\hat{\sigma}\sqrt{\dfrac{1}{n}+\dfrac{(x^*-\overline{x})^2}{S_{XX}}}} \sim t(n-2)$$

따라서 $x=x^*$ 일 때 종속변수의 값 $y|_{x^*}=\beta_0+\beta_1 x^*$ 에 대한 $100(1-\alpha)\%$ 신뢰구간은 다음과 같다.

$$\left( \hat{\beta}_0+\hat{\beta}_1 x^*-t_{\alpha/2}(n-2)\hat{\sigma}\sqrt{\frac{1}{n}+\frac{(x^*-\overline{x})^2}{S_{XX}}}, \right.$$
$$\left. \hat{\beta}_0+\hat{\beta}_1 x^*-t_{\alpha/2}(n-2)\hat{\sigma}\sqrt{\frac{1}{n}+\frac{(x^*-\overline{x})^2}{S_{XX}}} \right)$$

## 예제 7

[예제 5]에서 $\sigma^2$을 모른다고 할 때, $\beta_0$과 $\beta_1$ 그리고 $x = 7$일 때 예상 취득 학점에 대한 95% 신뢰구간을 구하라.

**(풀이)**

$n = 12$, $\overline{x} = 3.75$, $S_{XX} = 35.75$, $\hat{\beta}_0 = 1.4194$, $\hat{\beta}_1 = 0.4615$, $\hat{\sigma^2} = 0.0395$를 구했다. $\hat{\sigma} = 0.1987$, $t_{0.025}(10) == 2.228$이므로 다음을 얻는다.

$$\hat{\beta}_0 - t_{0.025}(10)\,\hat{\sigma}\sqrt{\frac{1}{n} + \frac{\overline{x}^2}{S_{XX}}} = 1.4194 - (2.228)(0.1987)\sqrt{\frac{1}{12} + \frac{3.75^2}{35.75}} = 1.1138$$

$$\hat{\beta}_0 + t_{0.025}(10)\,\hat{\sigma}\sqrt{\frac{1}{n} + \frac{\overline{x}^2}{S_{XX}}} = 1.4194 + (2.228)(0.1987)\sqrt{\frac{1}{12} + \frac{3.75^2}{35.75}} = 1.7251$$

따라서 $\beta_0$에 대한 95% 신뢰구간은 $(1.1138, 1.7251)$이다.

$$\hat{\beta}_1 - t_{0.025}(10)\,\frac{\hat{\sigma}}{\sqrt{S_{XX}}} = 0.4615 - (2.228)\frac{0.1987}{\sqrt{35.75}} = 0.3875$$

$$\hat{\beta}_1 + t_{0.025}(10)\,\frac{\hat{\sigma}}{\sqrt{S_{XX}}} = 0.4615 + (2.228)\frac{0.1987}{\sqrt{35.75}} = 0.5355$$

이므로 $\beta_1$에 대한 95% 신뢰구간은 $(0.3875, 0.5355)$이다.

$$\hat{\beta}_0 + \hat{\beta}_1 x^* - t_{0.025}(10)\,\hat{\sigma}\sqrt{\frac{1}{n} + \frac{(x^* - \overline{x})^2}{S_{XX}}}$$

$$= 1.4194 + (0.4615)(7) - (2.228)(0.1987)\sqrt{\frac{1}{12} + \frac{(7 - 3.75)^2}{35.75}} = 4.3774$$

$$\hat{\beta}_0 + \hat{\beta}_1 x^* + t_{0.025}(10)\,\hat{\sigma}\sqrt{\frac{1}{n} + \frac{(x^* - \overline{x})^2}{S_{XX}}}$$

$$= 1.4194 + (0.4615)(7) - (2.228)(0.1987)\sqrt{\frac{1}{12} + \frac{(7 - 3.75)^2}{35.75}} = 4.9224$$

따라서 $x = 7$일 때 예상 취득 학점 $y|_{x=7}$에 대한 95% 신뢰구간 $(4.3774, 4.9224)$이다.

**1.** $\sigma^2 = 0.31$로 알려진 독립변수 $x$와 종속변수 $y$를 관찰한 결과가 다음과 같다. $\beta_0$과 $\beta_1$ 그리고 $x = 4$에 대한 종속변수의 95% 신뢰구간을 구하라.

| $x$ | 1 | 1 | 2 | 3 | 5 |
|---|---|---|---|---|---|
| $y$ | 2 | 3 | 3 | 5 | 7 |

**2.** 중고차 시장에 나와 있는 어떤 종류의 승용차에 대한 사용 기간(년)에 따른 가격(만원)을 조사한 결과 다음 표와 같았다. $\beta_0$과 $\beta_1$ 그리고 사용기간이 7.5년일 때 가격에 대한 90% 신뢰구간을 구하라. 이때 $\sigma^2 = 37636$으로 알려져 있다.

| 기간($x$) | 2 | 3 | 4 | 4 | 5 | 6 | 6 | 7 | 8 | 9 | 10 |
|---|---|---|---|---|---|---|---|---|---|---|---|
| 가격($y$) | 1989 | 1205.1 | 1146.6 | 1111.5 | 1041.3 | 994.5 | 959.4 | 819 | 819 | 772.2 | 561.6 |

**3.** 사회단체에서 우리나라 20대 남자의 몸무게(kg)와 키(cm)의 관계를 알기 위해 다음과 같이 조사하였다. $\beta_0$과 $\beta_1$ 그리고 몸무게가 66kg일 때 키에 대한 95% 신뢰구간을 구하라. 이때 $\sigma^2 = 13$으로 알려져 있다.

| 몸무게($x$) | 58.6 | 61.6 | 63.8 | 64.0 | 64.7 | 65.2 | 65.6 | 65.9 |
|---|---|---|---|---|---|---|---|---|
| 키($y$) | 159.2 | 162.1 | 164.7 | 169.0 | 169.2 | 169.3 | 170.0 | 182.7 |
| 몸무게($x$) | 66.3 | 67.0 | 67.6 | 67.7 | 67.9 | 68.0 | 68.0 | 68.3 |
| 키($y$) | 171.2 | 171.8 | 171.8 | 173.1 | 173.1 | 173.5 | 173.8 | 173.8 |

**4.** 다음 표는 2007년부터 2014년까지 조사한 우리나라 다문화 가족의 자녀 수(천명)를 나타낸다. $\beta_0$과 $\beta_1$ 그리고 2020년도의 자녀 수에 대한 95% 신뢰구간을 구하라. 이때 $\sigma^2 = 3600$으로 알려져 있다.

| 연도($x$) | 2007 | 2008 | 2009 | 2010 | 2011 | 2012 | 2013 | 2014 |
|---|---|---|---|---|---|---|---|---|
| 자녀 수($y$) | 44.2 | 58.0 | 107.7 | 121.9 | 151.2 | 168.6 | 191.3 | 204.2 |

**5.** 전기분해를 이용하여 어떤 화합물을 제조할 때 첨가물의 양과 그 수율에 대해 다음 자료를 얻었다. $\beta_0$과 $\beta_1$ 그리고 첨가물의 양이 10(g)일 때 수율에 대한 99% 신뢰구간을 구하라. 이때 $\sigma^2 = 0.36$으로 알려져 있다.

| 첨가물의 양($x$) | 1 | 3 | 5 | 7 | 9 | 11 |
|---|---|---|---|---|---|---|
| 수율($y$) | 2 | 3 | 4 | 6 | 6 | 6 |

**6.** 다음은 임의로 추출한 로트크기에 따른 생산인력의 자료이다. $\beta_0$과 $\beta_1$ 그리고 로트크기가 54.5일 때 생산인력에 대한 95% 신뢰구간을 구하라. 이때 $\sigma^2 = 4$로 알려져 있다.

| 로트크기($x$) | 10 | 20 | 30 | 40 | 40 | 50 | 60 | 60 | 70 | 80 |
|---|---|---|---|---|---|---|---|---|---|---|
| 생산인력($y$) | 20 | 25 | 32 | 45 | 40 | 48 | 56 | 58 | 64 | 70 |

**7.** 다음 표는 어떤 화학반응에서 촉매의 양에 따른 새로운 화학물질의 생성량을 나타낸다. $\beta_0$과 $\beta_1$ 그리고 촉매의 양이 4.5(g)일 때 생성량에 대한 95% 신뢰구간을 구하라. 이때 $\sigma^2 = 0.04$로 알려져 있다.

| 촉매의 양($x$) | 1 | 2 | 3 | 3 | 4 | 5 | 5 | 6 | 7 | 8 |
|---|---|---|---|---|---|---|---|---|---|---|
| 생성량($y$) | 1.5 | 1.7 | 1.8 | 2.0 | 2.7 | 2.6 | 2.8 | 3.2 | 3.2 | 3.2 |

**8.** 오차분산 $\sigma^2$을 모르는 경우에 문제 1의 각각을 구하라.

**9.** 오차분산 $\sigma^2$을 모르는 경우에 문제 2의 각각을 구하라.

**10.** 오차분산 $\sigma^2$을 모르는 경우에 문제 3의 각각을 구하라.

**11.** 오차분산 $\sigma^2$을 모르는 경우에 문제 4의 각각을 구하라.

**12.** 오차분산 $\sigma^2$을 모르는 경우에 문제 5의 각각을 구하라.

**13.** 오차분산 $\sigma^2$을 모르는 경우에 문제 6의 각각을 구하라.

**14.** 오차분산 $\sigma^2$을 모르는 경우에 문제 7의 각각을 구하라.

## 10.4 회귀계수의 가설검정

오차분산 $\sigma^2$을 알고 있는 경우에 $\beta_0$과 $\beta_1$와 $y|_{x^*} = \beta_0 + \beta_1 x^*$에 대한 귀무가설을 검정하는 방법을 살펴본다. 우선 귀무가설 $H_0 : \beta_1 = \tilde{\beta}_1$을 검정하기 위한 $\hat{\beta}_1$의 표준화 분포는 다음과 같다.

$$Z = \frac{\hat{\beta}_1 - \beta_1}{\sigma / \sqrt{S_{XX}}} \sim N(0, 1)$$

그러므로 $H_0 : \beta_1 = \tilde{\beta}_1$가 참이라는 귀무가설을 다음과 같이 검정한다.

① 검정통계량 $Z = \dfrac{\hat{\beta}_1 - \tilde{\beta}_1}{\sigma / \sqrt{S_{XX}}}$을 이용한다.

② 각 대립가설에 대한 기각역은 표 10.1과 같다.

③ 검정통계량의 관찰값 $z_0$을 구한다.

④ 관찰값 $z_0$이 기각역 안에 놓이면 귀무가설 $H_0 : \beta_1 = \tilde{\beta}_1$을 기각한다.

**표 10.1 기울기 모수 $\beta_1$에 대한 가설검정과 기각역($\sigma^2$ : 기지)**

| 가설과 기각역 / 검정 방법 | 대립가설 $H_1$ | $H_0$의 기각역 $R$ | $p$-값 |
|---|---|---|---|
| 하단측검정 | $\beta_1 < \tilde{\beta}_1$ | $R : Z < -z_\alpha$ | $P(Z < z_0)$ |
| 상단측검정 | $\beta_1 > \tilde{\beta}_1$ | $R : Z > z_\alpha$ | $P(Z > z_0)$ |
| 양측검정 | $\beta_1 \neq \tilde{\beta}_1$ | $R : |Z| > z_{\alpha/2}$ | $P(|Z| > |z_0|)$ |

그리고 귀무가설 $H_0 : \beta_0 = \tilde{\beta}_0$을 검정하기 위한 $\hat{\beta}_0$의 표준화 분포는 다음과 같다.

$$Z = \frac{\hat{\beta}_0 - \beta_0}{\sigma \sqrt{\dfrac{1}{n} + \dfrac{\overline{x}^2}{S_{XX}}}} \sim N(0, 1)$$

따라서 $H_0 : \beta_0 = \tilde{\beta}_0$가 참이라는 귀무가설을 다음과 같이 검정한다.

① 검정통계량 $Z = \dfrac{\hat{\beta}_0 - \tilde{\beta}_0}{\sigma \sqrt{\dfrac{1}{n} + \dfrac{\overline{x}^2}{S_{XX}}}}$을 이용한다.

② 각 대립가설에 대한 기각역은 표 10.2와 같다.

③ 검정통계량의 관찰값 $z_0$을 구한다.

④ 관찰값 $z_0$이 기각역 안에 놓이면 귀무가설 $H_0 : \beta_0 = \tilde{\beta}_0$을 기각한다.

**표 10.2 절편 모수 $\beta_0$에 대한 가설검정과 기각역($\sigma^2$ : 기지)**

| 가설과 기각역<br>검정 방법 | 대립가설 $H_1$ | $H_0$의 기각역 $R$ | $p$-값 |
|---|---|---|---|
| 하단측검정 | $\beta_0 < \tilde{\beta}_0$ | $R : Z < -z_\alpha$ | $P(Z < z_0)$ |
| 상단측검정 | $\beta_0 > \tilde{\beta}_0$ | $R : Z > z_\alpha$ | $P(Z > z_0)$ |
| 양측검정 | $\beta_0 \neq \tilde{\beta}_0$ | $R : |Z| > z_{\alpha/2}$ | $P(|Z| > |z_0|)$ |

귀무가설 $H_0 : \beta_0 + \beta_1 x^* = \tilde{\beta}_0 + \tilde{\beta}_1 x^*$를 검정하기 위한 $\hat{\beta}_0 + \hat{\beta}_1 x^*$의 표준화 분포는 다음과 같다.

$$Z = \frac{(\hat{\beta}_0 + \hat{\beta}_1 x^*) - (\beta_0 + \beta_1 x^*)}{\sigma \sqrt{\dfrac{1}{n} + \dfrac{(x^* - \bar{x})^2}{S_{XX}}}} \sim N(0, 1)$$

그러므로 $H_0 : \beta_0 + \beta_1 x^* = \tilde{\beta}_0 + \tilde{\beta}_1 x^*$가 참이라는 귀무가설을 다음과 같이 검정한다.

① 검정통계량 $Z = \dfrac{(\hat{\beta}_0 + \hat{\beta}_1 x^*) - (\tilde{\beta}_0 + \tilde{\beta}_1 x^*)}{\sigma \sqrt{\dfrac{1}{n} + \dfrac{(x^* - \bar{x})^2}{S_{XX}}}}$ 을 이용한다.

② 각 대립가설에 대한 기각역은 표 10.3과 같다.

③ 검정통계량의 관찰값 $z_0$을 구한다.

④ 관찰값 $z_0$이 기각역 안에 놓이면 귀무가설 $H_0 : \beta_0 + \beta_1 x^* = \tilde{\beta}_0 + \tilde{\beta}_1 x^*$을 기각한다. 여기서 $y^* = \beta_0 + \beta_1 x^*$, $\tilde{y} = \tilde{\beta}_0 + \tilde{\beta}_1 x^*$이다.

**표 10.3 종속변수 $\beta_0 + \beta_1 x^*$에 대한 가설검정과 기각역($\sigma^2$ : 기지)**

| 가설과 기각역<br>검정 방법 | 대립가설 $H_1$ | $H_0$의 기각역 $R$ | $p$-값 |
|---|---|---|---|
| 하단측검정 | $y^* < \tilde{y}$ | $R : Z < -z_\alpha$ | $P(Z < z_0)$ |
| 상단측검정 | $y^* > \tilde{y}$ | $R : Z > z_\alpha$ | $P(Z > z_0)$ |
| 양측검정 | $y^* \neq \tilde{y}$ | $R : |Z| > z_{\alpha/2}$ | $P(|Z| > |z_0|)$ |

---

**예제 1**

월 소득과 식품비 사이에 $y = -10 + 0.5x$인 선형관계가 성립하는지 알기 위해 10가구를 조사하여 다음 표를 얻었다. 이 선형관계가 있는지 유의수준 5%에서 $\beta_0 = -10$과 $\beta_1 = 0.5$를 검정하라. 이때 $\sigma^2 = 36$으로 알려져 있다.

| 소득($x$) | 215 | 240 | 255 | 280 | 280 | 290 | 305 | 310 | 315 | 325 |
|---|---|---|---|---|---|---|---|---|---|---|
| 식품비($y$) | 90 | 95 | 101 | 116 | 122 | 130 | 136 | 141 | 150 | 142 |

**(풀이)**

먼저 다음 표를 작성한다.

| 번호 | $x$ | $y$ | $x - \bar{x}$ | $y - \bar{y}$ | $(x - \bar{x})^2$ | $(y - \bar{y})^2$ | $(x - \bar{x})(y - \bar{y})$ |
|---|---|---|---|---|---|---|---|
| 1 | 215 | 90 | -66.5 | -32.3 | 4422.25 | 1043.29 | 2147.95 |
| 2 | 240 | 95 | -41.5 | -27.3 | 1722.25 | 745.29 | 1132.95 |
| 3 | 255 | 101 | -26.5 | -21.3 | 702.25 | 453.69 | 564.45 |
| 4 | 280 | 116 | -1.5 | -6.3 | 2.25 | 39.69 | 9.45 |
| 5 | 280 | 122 | -1.5 | -0.3 | 2.25 | 0.09 | 0.45 |
| 6 | 290 | 130 | 8.5 | 7.7 | 72.25 | 59.29 | 65.45 |
| 7 | 305 | 136 | 23.5 | 13.7 | 552.25 | 187.69 | 321.95 |
| 8 | 310 | 141 | 28.5 | 18.7 | 812.25 | 349.69 | 532.95 |
| 9 | 315 | 150 | 33.5 | 27.7 | 1122.25 | 767.29 | 927.95 |
| 10 | 325 | 142 | 43.5 | 19.7 | 1892.25 | 388.09 | 856.95 |
| 합계 | 2815 | 1223 | 0 | 0 | 11303 | 4034 | 6560 |

$$\bar{x} = \frac{1}{10}\sum x_i = 281.5, \quad \bar{y} = \frac{1}{10}\sum y_i = 122.3, \quad S_{XY} = 6560, \quad S_{XX} = 11303$$

따라서 $\beta_0$과 $\beta_1$의 추정값은 각각 다음과 같다.

$$\hat{\beta}_1 = \frac{S_{XY}}{S_{XX}} = \frac{6560}{11303} = 0.5804$$

$$\hat{\beta}_0 = \bar{y} - \hat{\beta}_1\bar{x} = 122.3 - (0.5804)(281.5) = -41.0826$$

① 두 귀무가설과 대립가설을 설정한다.

$$H_0: \beta_0 = -10, \ H_1: \beta_0 \neq -10, \quad H_0: \beta_1 = 0.5, \ H_1: \beta_1 \neq 0.5$$

② 유의수준 5%이므로 기각역은 $Z < -1.96$, $Z > 1.96$이다.

③ 두 검정통계량의 관찰값을 구한다.

$$z_0 = \frac{\hat{\beta}_0 - \tilde{\beta}_0}{\sigma \sqrt{\dfrac{1}{n} + \dfrac{\overline{x}^2}{S_{XX}}}} = \frac{-41.0826 - (-10)}{6 \sqrt{\dfrac{1}{10} + \dfrac{281.5^2}{11303}}} = -1.9427$$

$$z_1 = \frac{\hat{\beta}_1 - \tilde{\beta}_1}{\sigma / \sqrt{S_{XX}}} = \frac{0.5804 - 0.5}{6 / \sqrt{11303}} = 1.4146$$

④ 유의수준 5%에서 관찰값이 기각역 안에 놓이지 않으므로 두 귀무가설 $H_0 : \beta_0 = -10$과 $H_0 : \beta_1 = 0.5$를 모두 기각할 수 없다.

## 예제 2

[예제 1]에서 $x = 260$일 때 다음 회귀직선에 대한 다음 귀무가설을 유의수준 5%에서 검정하라.

(1) $H_0 : \beta_0 + \beta_1 x = -10 + 0.5 x$          (2) $H_0 : \beta_0 + \beta_1 x = -35 + 0.57 x$

**풀이**

(1) $\hat{y}|_{x=260} = \hat{\beta}_0 + \hat{\beta}_1 (260) = -41.0826 + (0.5804)(260) = 109.821$

     $\tilde{\beta}_0 + \tilde{\beta}_1 x = -10 + (0.5)(260) = 120$

이므로 다음과 같이 가설을 검정한다.

① 유의수준 5%이므로 기각역은 $Z < -1.96$, $Z > 1.96$이다.

② 검정통계량의 관찰값을 구한다.

$$z_0 = \frac{(\hat{\beta}_0 + \hat{\beta}_1 x) - (\tilde{\beta}_0 + \tilde{\beta}_1 x)}{\sigma \sqrt{\dfrac{1}{n} + \dfrac{(x - \overline{x})^2}{S_{XX}}}} = \frac{109.821 - 120}{6 \sqrt{\dfrac{1}{10} + \dfrac{(260 - 281.5)^2}{11303}}} = -4.519$$

③ 유의수준 5%에서 관찰값이 기각역 안에 놓이므로 귀무가설 $H_0$을 기각한다.

(2) $\hat{y}|_{x=260} = \hat{\beta}_0 + \hat{\beta}_1 (260) = -41.0821 + (0.5804)(260) = 109.821$

     $\tilde{\beta}_0 + \tilde{\beta}_1 x = -35 + (0.57)(260) = 113.2$

이므로 다음과 같이 가설을 검정한다.

① 유의수준 5%이므로 기각역은 $Z < -1.96$, $Z > 1.96$이다.

② 검정통계량의 관찰값을 구한다.

$$z_0 = \frac{(\hat{\beta_0} + \hat{\beta_1} x) - (\tilde{\beta_0} + \tilde{\beta_1} x)}{\sigma \sqrt{\dfrac{1}{n} + \dfrac{(x - \overline{x})^2}{S_{XX}}}} = \frac{109.821 - 113.2}{6 \sqrt{\dfrac{1}{10} + \dfrac{(260 - 281.5)^2}{11303}}} = -1.5$$

③ 유의수준 5%에서 관찰값이 기각역 안에 놓이지 않으므로 귀무가설 $H_0$을 기각하지 않는다.

이제 오차분산 $\sigma^2$이 미지인 경우에 $\beta_0$과 $\beta_1$와 $y|_{x^*} = \beta_0 + \beta_1 x^*$에 대한 귀무가설을 검정하는 방법을 살펴본다. 이 경우에 $\hat{\beta_1}$의 분포는 다음과 같이 자유도 $n-2$인 $t$-분포이다.

$$T = \frac{\hat{\beta_1} - \beta_1}{\hat{\sigma} / \sqrt{S_{XX}}} \sim t(n-2)$$

그러므로 $H_0 : \beta_1 = \tilde{\beta_1}$가 참이라는 귀무가설을 다음과 같이 검정한다.

① 검정통계량 $T = \dfrac{\hat{\beta_1} - \tilde{\beta_1}}{\hat{\sigma} / \sqrt{S_{XX}}}$을 이용한다.

② 각 대립가설에 대한 기각역은 표 10.4와 같다.

③ 검정통계량의 관찰값 $t_0$을 구한다.

④ 관찰값 $t_0$이 기각역 안에 놓이면 귀무가설 $H_0 : \beta_1 = \tilde{\beta_1}$을 기각한다.

**표 10.4  기울기 모수 $\beta_1$에 대한 가설검정과 기각역($\sigma^2$ : 미지)**

| 검정 방법 　　가설과 기각역 | 대립가설 $H_1$ | $H_0$의 기각역 $R$ | $p$-값 |
|---|---|---|---|
| 하단측검정 | $\beta_1 < \tilde{\beta_1}$ | $R : T < -t_\alpha(n-2)$ | $P(T < t_0)$ |
| 상단측검정 | $\beta_1 > \tilde{\beta_1}$ | $R : T > t_\alpha(n-2)$ | $P(T > t_0)$ |
| 양측검정 | $\beta_1 \neq \tilde{\beta_1}$ | $R : |T| > t_{\alpha/2}(n-2)$ | $P(|T| > |t_0|)$ |

또한 귀무가설 $H_0 : \beta_0 = \tilde{\beta_0}$을 검정하기 위한 $\hat{\beta_0}$의 분포는 다음과 같이 자유도 $n-2$인 $t$-분포이다.

$$T = \frac{\hat{\beta_0} - \beta_0}{\hat{\sigma} \sqrt{\dfrac{1}{n} + \dfrac{\overline{x}^2}{S_{XX}}}} \sim t(n-2)$$

그러므로 $H_0 : \beta_0 = \tilde{\beta}_0$가 참이라는 귀무가설을 다음과 같이 검정한다.

① 검정통계량 $T = \dfrac{\hat{\beta}_0 - \tilde{\beta}_0}{\hat{\sigma}\sqrt{\dfrac{1}{n} + \dfrac{\overline{x^2}}{S_{XX}}}}$ 을 이용한다.

② 각 대립가설에 대한 기각역은 표 10.5와 같다.

③ 검정통계량의 관찰값 $t_0$을 구한다.

④ 관찰값 $t_0$이 기각역 안에 놓이면 귀무가설 $H_0 : \beta_0 = \tilde{\beta}_0$을 기각한다.

**표 10.5 절편 모수 $\beta_0$에 대한 가설검정과 기각역($\sigma^2$ : 미지)**

| 가설과 기각역 / 검정 방법 | 대립가설 $H_1$ | $H_0$의 기각역 $R$ | $p$-값 |
|---|---|---|---|
| 하단측검정 | $\beta_0 < \tilde{\beta}_0$ | $R : T < -t_{\alpha}(n-2)$ | $P(T < t_0)$ |
| 상단측검정 | $\beta_0 > \tilde{\beta}_0$ | $R : T > t_{\alpha}(n-2)$ | $P(T > t_0)$ |
| 양측검정 | $\beta_0 \neq \tilde{\beta}_0$ | $R : |T| > t_{\alpha/2}(n-2)$ | $P(|T| > |t_0|)$ |

**예제 3**

[예제 1]에서 $\sigma^2$이 알려지지 않은 경우에 유의수준 5%에서 $\beta_0 = -10$과 $\beta_1 = 0.5$를 검정하라.

**풀이**

[예제 1]로부터 다음을 얻는다.

$$n = 10, \ \overline{x} = 281.5, \ \overline{y} = 122.3, \ S_{XY} = 6560, \ S_{XX} = 11303,$$

$$S_{YY} = 4034, \ \hat{\beta}_0 = -41.0826, \hat{\beta}_1 = 0.5804$$

또한 오차분산 $\sigma^2$의 추정값은 다음과 같다.

$$\hat{\sigma}^2 = \frac{1}{8}(S_{YY} - \hat{\beta}_1 S_{XY}) = \frac{1}{8}[4034 - (0.5804)(6560)] = 28.322$$

따라서 $\hat{\sigma} = \sqrt{28.322} = 5.322$, $t_{0.025}(8) = 2.306$이다. 이제 다음 순서에 따라 두 가설을 검정한다.

① 두 귀무가설과 대립가설을 설정한다.

$$H_0 : \beta_0 = -10, \ H_1 : \beta_0 \neq -10, \ H_0 : \beta_1 = 0.5, \ H_1 : \beta_1 \neq 0.5$$

② 유의수준 5%이므로 기각역은 $T < -2.306$, $T > 2.306$이다.

③ 두 검정통계량의 관찰값을 구한다.

$$t_0 = \frac{\hat{\beta_0} - \tilde{\beta_0}}{\hat{\sigma}\sqrt{\dfrac{1}{n} + \dfrac{\overline{x^2}}{S_{XX}}}} = \frac{-41.0826 - (-10)}{(5.322)\sqrt{\dfrac{1}{10} + \dfrac{281.5^2}{11303}}} = -2.19$$

$$t_1 = \frac{\hat{\beta_1} - \tilde{\beta_1}}{\hat{\sigma}/\sqrt{S_{XX}}} = \frac{0.5804 - 0.5}{5.322/\sqrt{11303}} = 1.606$$

④ 유의수준 5%에서 관찰값이 기각역 안에 놓이지 않으므로 두 귀무가설 $H_0 : \beta_0 = -10$과 $H_0 : \beta_1 = 0.5$를 모두 기각할 수 없다.

끝으로 귀무가설 $H_0 : \beta_0 + \beta_1 x^* = \tilde{\beta_0} + \tilde{\beta_1} x^*$를 검정하기 위한 $\hat{\beta_0} + \hat{\beta_1} x^*$의 분포는 다음과 같이 자유도 $n-2$인 $t$-분포이다.

$$\frac{(\hat{\beta_0} + \hat{\beta_1} x^*) - (\beta_0 + \beta_1 x^*)}{\hat{\sigma}\sqrt{\dfrac{1}{n} + \dfrac{(x^* - \overline{x})^2}{S_{XX}}}} \sim t(n-2)$$

그러므로 $H_0 : \beta_0 + \beta_1 x^* = \tilde{\beta_0} + \tilde{\beta_1} x^*$가 참이라는 귀무가설을 다음과 같이 검정한다.

① 검정통계량 $T = \dfrac{(\hat{\beta_0} + \hat{\beta_1} x^*) - (\tilde{\beta_0} + \tilde{\beta_1} x^*)}{\hat{\sigma}\sqrt{\dfrac{1}{n} + \dfrac{(x^* - \overline{x})^2}{S_{XX}}}}$ 을 이용한다.

② 각 대립가설에 대한 기각역은 표 10.6과 같다.

③ 검정통계량의 관찰값 $t_0$을 구한다.

④ 관찰값 $t_0$이 기각역 안에 놓이면 귀무가설 $H_0 : \beta_0 + \beta_1 x^* = \tilde{\beta_0} + \tilde{\beta_1} x^*$를 기각한다. 여기서 $y^* = \beta_0 + \beta_1 x^*$, $\tilde{y} = \tilde{\beta_0} + \tilde{\beta_1} x^*$이다.

표 10.6 종속변수 $\beta_0 + \beta_1 x^*$에 대한 가설검정과 기각역($\sigma^2$: 미지)

| 가설과 기각역 / 검정 방법 | 대립가설 $H_1$ | $H_0$의 기각역 $R$ | $p$-값 |
|---|---|---|---|
| 하단측검정 | $y^* < \tilde{y}$ | $R: T < -t_\alpha(n-2)$ | $P(T < t_0)$ |
| 상단측검정 | $y^* > \tilde{y}$ | $R: T > t_\alpha(n-2)$ | $P(T > t_0)$ |
| 양측검정 | $y^* \neq \tilde{y}$ | $R: |T| > t_{\alpha/2}(n-2)$ | $P(|T| > |t_0|)$ |

## 예제 4

[예제 1]에서 $\sigma^2$이 알려지지 않은 경우에 $x = 260$일 때 회귀직선에 대한 다음 귀무가설을 유의수준 5%에서 검정하라.

(1) $H_0: \beta_0 + \beta_1 x = -10 + 0.5x$          (2) $H_0: \beta_0 + \beta_1 x = -35 + 0.57x$

### 풀이

(1) [예제 2]와 [예제 3]으로부터 다음을 구했다.

$$\hat{\sigma} = 5.322, \quad t_{0.025}(8) = 2.306, \quad \hat{y}|_{x=260} = 109.821, \quad \tilde{\beta}_0 + \tilde{\beta}_1 x = 120$$

따라서 다음과 같이 가설을 검정한다.

① 유의수준 5%이므로 기각역은 $T < -2.306$, $T > 2.306$이다.

② 검정통계량의 관찰값을 구한다.

$$t_0 = \frac{(\hat{\beta}_0 + \hat{\beta}_1 x) - (\tilde{\beta}_0 + \tilde{\beta}_1 x)}{\hat{\sigma}\sqrt{\dfrac{1}{n} + \dfrac{(x - \bar{x})^2}{S_{XX}}}} = \frac{109.821 - 120}{(5.322)\sqrt{\dfrac{1}{10} + \dfrac{(260 - 281.5)^2}{11303}}} = -5.1$$

③ 유의수준 5%에서 관찰값이 기각역 안에 놓이므로 귀무가설 $H_0: \beta_0 + \beta_1 x = -10 + 0.5x$를 기각한다.

(2) $\hat{y}|_{x=260} = 109.821$, $\tilde{\beta}_0 + \tilde{\beta}_1 x = 113.2$이므로 다음과 같이 가설을 검정한다.

① 유의수준 5%이므로 기각역은 $T < -2.306$, $T > 2.306$이다.

② 검정통계량의 관찰값을 구한다.

$$t_0 = \frac{(\hat{\beta}_0 + \hat{\beta}_1 x) - (\tilde{\beta}_0 + \tilde{\beta}_1 x)}{\hat{\sigma}\sqrt{\dfrac{1}{n} + \dfrac{(x - \bar{x})^2}{S_{XX}}}} = \frac{109.821 - 113.2}{(5.322)\sqrt{\dfrac{1}{10} + \dfrac{(260 - 281.5)^2}{11303}}} = -1.69$$

③ 유의수준 5%에서 관찰값이 기각역 안에 놓이지 않으므로 귀무가설 $H_0: \beta_0 + \beta_1 x = -35 + 0.57x$를 기각하지 않는다.

**1.** 실험실에서 얻은 다음 자료가 $\sigma = 1$인 단순회귀모형에 따른다고 한다. 다음 가설을 유의수준 5%에서 검정하라.

(1) $H_0 : \beta_0 = -24$      (2) $H_0 : \beta_0 = -32$

(3) $H_0 : \beta_1 = 1.5$      (4) $H_0 : \beta_1 = 1.75$

| $x$ | 33 | 35 | 37 | 38 | 39 | 40 | 41 | 41 | 42 | 44 |
|-----|----|----|----|----|----|----|----|----|----|----|
| $y$ | 28 | 31 | 32 | 35 | 36 | 38 | 38 | 40 | 42 | 45 |

**2.** 문제 1에서 $x = 36$일 때 다음 회귀직선에 대한 다음 귀무가설을 유의수준 1%에서 검정하라.

(1) $H_0 : \beta_0 + \beta_1 x = -24 + 1.5x$      (2) $H_0 : \beta_0 + \beta_1 x = -32 + 1.75x$

**3.** 다음 자료에 대하여 단순회귀모형을 가정할 때, 가설 $H_0 : \beta_1 = 0$, $H_1 : \beta_1 \neq 0$ 을 유의수준 5%에서 검정하라. 단, 오차분산 $\sigma^2$이 다음과 같이 알려져 있다.

(1) $\sigma^2 = 0.16$      (2) $\sigma^2 = 0.1296$

| $x$ | 0 | 1 | 2 | 3 | 4 | 5 | 6 | 7 |
|-----|------|------|------|-------|------|-------|------|-------|
| $y$ | -1.35 | 1.68 | 0.22 | -1.00 | 1.28 | -1.94 | 1.41 | -0.58 |

**4.** 다음 자료에 대하여 단순회귀모형을 가정할 때, $\beta_0 = 0$, $\beta_1 = 1.15$라고 주장한다. 유의수준 5%에서 이 주장을 검정하라. 단, $\sigma^2 = 0.09$로 알려져 있다.

| $x$ | 1 | 2 | 3 | 4 | 5 | 6 | 7 | 8 | 9 | 10 |
|-----|-----|-----|-----|-----|-----|-----|-----|-----|-----|-----|
| $y$ | 1.0 | 1.4 | 2.4 | 4.6 | 5.8 | 5.2 | 7.8 | 7.4 | 8.8 | 9.2 |

**5.** 다음은 중년층 남성의 몸무게와 혈압을 측정한 자료이다. 유의수준 5%에서 다음 주장을 검정하라. 이때 $\sigma^2 = 4$로 알려져 있다.

(1) $H_0 : \beta_0 = 40$

(2) $H_0 : \beta_1 = 1.4$

(3) $x = 75$일 때, $H_0 : \beta_0 + \beta_1 x = 40 + 1.4 x$

| 몸무게($x$) | 56.2 | 57.1 | 62.2 | 64.2 | 65.5 | 66.3 | 68.1 | 71.8 |
|---|---|---|---|---|---|---|---|---|
| 혈압($y$) | 121 | 125 | 128 | 130 | 133 | 141 | 131 | 146 |
| 몸무게($x$) | 73.2 | 74.6 | 76.2 | 77.5 | 79.7 | 80.1 | 81.5 | 83.6 |
| 혈압($y$) | 149 | 144 | 153 | 149 | 151 | 154 | 158 | 163 |

**6.** 문제 1에서 $\sigma^2$을 모른다고 할 때, 다음 가설을 유의수준 5%에서 검정하라.

(1) $H_0 : \beta_0 = -24$        (2) $H_0 : \beta_0 = -32$

(3) $H_0 : \beta_1 = 1.5$        (4) $H_0 : \beta_1 = 1.75$

**7.** 문제 6에서 $x = 36$일 때 다음 회귀직선에 대한 다음 귀무가설을 유의수준 1%에서 검정하라.

(1) $H_0 : \beta_0 + \beta_1 x = -24 + 1.5 x$        (2) $H_0 : \beta_0 + \beta_1 x = -32 + 1.75 x$

**8.** 문제 3에서 $\sigma^2$을 모른다고 할 때, 가설 $H_0 : \beta_1 = 0, H_1 : \beta_1 \neq 0$을 유의수준 5%에서 검정하라.

**9.** 문제 4에서 $\sigma^2$을 모른다고 할 때, 유의수준 5%에서 $\beta_0 = 0$, $\beta_1 = 1.15$를 검정하라.

**10.** 문제 5에서 $\sigma^2$을 모른다고 할 때, 유의수준 5%에서 다음 주장을 검정하라.

(1) $H_0 : \beta_0 = 40$

(2) $H_0 : \beta_1 = 1.4$

(3) $x = 75$일 때, $H_0 : \beta_0 + \beta_1 x = 40 + 1.4 x$

# 통계학을 위한 기초수학

##  집합의 기초

### A-1·1. 집합

서로 구별이 되는 잘 정의된 대상들의 모임을 **집합**(set)이라 하고, 주어진 집합을 구성하고 있는 개개의 대상을 집합의 **원소**(element)라 한다. 그리고 어떤 원소 $a$가 집합 $A$에 속할 때,

$$a \in A$$

로 나타내며, 그렇지 않은 경우에

$$a \notin A$$

으로 나타낸다. 만일 집합 $A$의 원소의 개수가 유한 개이면 $A$를 **유한집합**(finite set)이라 하고 원소의 개수가 무한 개이면 $A$를 **무한집합**(infinite set)라 한다. 특히 집합 $A$를 홀수 전체의 집합이라 하면 집합 $A$의 각 원소를 자연수의 집합 N $= \{1, 2, 3, \cdots\}$과 1대 1로 대응할 수 있으며 이러한 무한집합을 **가산집합**(countable set)라 한다. 그리고 집합 $A = [0, 1]$과 같이 자연수 전체의 집합과 대응할 수 없는 무한집합을 **비가산집합**(uncountable set)이라 하며, 원소의 수가 유한이거나 또는 가산인 집합을 **기껏해야 가산**(at most countable)이라 한다. 특히, 원소가 단 하나밖에 없는 집합을 **단일집합**(singleton set)이라 하고, 원소가 하나도 없는 집합을 **공집합**(empty set)이라 하고 $\varnothing$로 나타낸다.

한편 $A = \{1, 2, 3, 4, 5, 6\}$과 같이 집합을 이루는 모든 원소를 나열하여 표현하는 방법을 **원소나열법**(roster method)이라 하고, $A = \{x : 1 \le x \le 6, x$는 자연수$\}$와 같이 적당한 조건을 이용하여 나타내는 방법을 **조건제시법**(set builder notation)이라 한다.

### A-1·2 집합의 연산

두 집합 $A$, $B$에 대하여 집합 $A$ 또는 집합 $B$의 원소로 구성된 집합을 $A$와 $B$의 **합집합**(union of events)이라 하고, 기호

$$A \cup B = \{\omega : \omega \in A \text{ 또는} \omega \in B\}$$

로 나타낸다. 그리고 집합 $A$와 $B$가 공통으로 갖는 원소로 구성된 집합을 $A$와 $B$의 **교집합**(intersection of events)이라 하고, 기호

$$A \cap B = \{\omega : \omega \in A \text{ 그리고} \omega \in B\}$$

로 나타낸다. 특히 공통의 원소를 갖지 않는 즉, $A \cap B = \varnothing$인 두 집합 $A$와 $B$를 **서로 소**(disjoint sets)이라 하고,

$$A_i \cap A_j = \phi, \ i \neq j, \ i, j = 1, 2, 3, \cdots$$

인 사상들 $\{A_i : i = 1, 2, \cdots\}$를 **쌍마다 서로 소**(pairwisely disjoint sets)라 한다. 한편 집합 $A$에는 있으나 집합 $B$에는 없는 원소들의 집합을 **차집합**(difference of events)이라 하고

$$A - B = \{\omega : \omega \in A \text{ 그리고} \omega \not\in B\}$$

로 나타내며, 특히 $B^c = S - B$를 집합 $B$의 **여집합**(complementary event)이라 한다. 그리고 다음과 같이 쌍마다 서로소이고 합집합이 전체집합이 되는

(1) $A_i \cap A_j = \phi, \ i \neq j, \ i, j = 1, 2, 3, \cdots, n$

(2) $S = \bigcup_{i=1}^{n} A_i$

$n$개의 집합들 $\{A_i : i = 1, 2, \cdots, n\}$을 **분할**(partition)이라 한다.

한편, 임의의 두 집합 $A, B$에 대하여

$$\omega \in A \text{이면} \ \omega \in B$$

일 때, $A \subseteq B$로 나타내고 $A$는 $B$의 **부분집합**(subset)이라 한다. 특히

$$[\omega \in A \text{이면} \ \omega \in B] \text{이고} \ [\omega \in B \text{이면} \ \omega \in A]$$

일 때, 다시 말해서 $A$가 $B$의 부분집합이고 $B$가 $A$의 부분집합이면 $A = B$로 나타내며, 두 집합 $A$와 $B$는 같은 집합이라 한다. 그리고 $A \subseteq B$이지만 $A \neq B$일 때, 집합 $A$는 집합 $B$의 **진부분집합**(proper subset)이라 한다.

그러면 전체집합 $S$와 집합 $A, B, C$에 대하여 다음과 같은 기본적인 집합연산이 성립한다.

(1·1) $A \cup A = A, \ A \cap A = A$        멱등법칙

(1·2) $A \cup B = B \cup A, \ A \cap B = B \cap A$      교환법칙

(1·3) $(A \cup B) \cup C = A \cup (B \cup C), \ (A \cap B) \cap C = A \cap (B \cap C)$   결합법칙

(1·4) $(A \cup B) \cap C = (A \cap C) \cup (B \cap C),$
$(A \cap B) \cup C = (A \cup C) \cap (B \cup C)$      배분법칙

(1·5) $S \cup A = S, \ \varnothing \cap A = \varnothing, \ S \cap A = A, \ \varnothing \cup A = A$

(1·6) $A \cup A^c = S, \ A \cap A^c = \varnothing$

(1·7) $(A \cup B)^c = A^c \cap B^c, (A \cap B)^c = A^c \cup B^c$     De Morgan의 법칙

(1·8) $A \subseteq B \ \Leftrightarrow \ A \cap B = A, \ A \subseteq B \ \Leftrightarrow \ A \cup B = B$

주어진 집합 $A_1, A_2, \cdots, A_n$에 대하여 이 집합들의 **유한합집합**과 **유한교집합**을 각각 다음과 같이 정의한다.

(3) $\displaystyle\bigcup_{i=1}^{n} A_i = A_1 \cup A_2 \cup \cdots \cup A_n$

$\qquad = \{\omega : \omega \in A_i,\ \text{어떤 } i = 1, 2, \cdots, n \text{에 대하여}\}$

(4) $\displaystyle\bigcap_{i=1}^{n} A_i = A_1 \cap A_2 \cap \cdots \cap A_n$

$\qquad = \{\omega : \omega \in A_i,\ \text{모든 } i = 1, 2, \cdots, n \text{에 대하여}\}$

또한 $A_1, A_2, \cdots, A_n, \cdots$에 대하여 이 집합들의 **가산합집합**과 **가산교집합**을 각각 다음과 같이 정의한다.

(5) $\displaystyle\bigcup_{i=1}^{\infty} A_i = A_1 \cup A_2 \cup \cdots \cup A_n \cup \cdots$

$\qquad = \{\omega : \omega \in A_i,\ \text{어떤 } i = 1, 2, 3, \cdots \text{에 대하여}\}$

(6) $\displaystyle\bigcap_{i=1}^{\infty} A_i = A_1 \cap A_2 \cap \cdots \cap A_n \cap \cdots$

$\qquad = \{\omega : \omega \in A_i,\ \text{모든 } i = 1, 2, 3, \cdots \text{에 대하여}\}$

그러면 이 경우에도 다음과 같이 De Morgan의 법칙과 결합법칙이 성립한다.

$(1\cdot 9)\quad \left(\displaystyle\bigcup_{i=1}^{n} A_i\right)^c = \bigcap_{i=1}^{n} A_i^c,\quad \left(\displaystyle\bigcup_{n=1}^{\infty} A_n\right)^c = \bigcap_{n=1}^{\infty} A_n^c$

$(1\cdot 10)\quad \left(\displaystyle\bigcap_{i=1}^{n} A_i\right)^c = \bigcup_{i=1}^{n} A_i^c,\quad \left(\displaystyle\bigcap_{n=1}^{\infty} A_n\right)^c = \bigcup_{n=1}^{\infty} A_n^c$

$(1\cdot 11)\quad B \cap \left(\displaystyle\bigcup_{i=1}^{n} A_i\right) = \bigcup_{i=1}^{n} (B \cap A_i),\quad B \cap \left(\displaystyle\bigcup_{n=1}^{\infty} A_n\right) = \bigcup_{n=1}^{\infty} (B \cap A_n)$

$(1\cdot 12)\quad B \cup \left(\displaystyle\bigcap_{i=1}^{n} A_i\right) = \bigcap_{i=1}^{n} (B \cup A_i),\quad B \cap \left(\displaystyle\bigcap_{n=1}^{\infty} A_n\right) = \bigcap_{n=1}^{\infty} (B \cup A_n)$

한편 임의의 유한집합 $A$에 대하여 $n(A)$를 집합 $A$의 원소의 개수라 하자. 이때 $A \cap B = \varnothing$이면, $A$와 $B$는 공통의 원소를 갖지 않으므로 명백히

$$(1\cdot 13)\quad n(A \cup B) = n(A) + n(B)$$

이다. 또한 $A \cap B \neq \varnothing$이면, $A \cup B$와 $A \cup B^c$는 서로 소이고

$$A = (A \cap B) \bigcup (A \cap B^c)$$

이므로

$$n(A) = n(A \cap B) + n(A \cap B^c)$$

이다. 또한 동일한 방법에 의하여 다음 등식이 성립한다.

$$n(B) = n(A \cap B) + n(A^c \cap B)$$

한편 세 집합 $A \cap B$와 $A \cap B^c$ 그리고 $A^c \cap B$는 $A \cup B$의 분할이므로

$$n(A \cup B) = n(A \cap B) + n(A \cap B^c) + n(A^c \cap B)$$

이다. 더욱이 식 (1.8)에 의하여 $A \cap B \subset A$, $A \cap B \subset B$이고

$$A \cap B^c = A - (A \cap B), \quad A^c \cap B = B - (A \cap B)$$

이므로

$$n(A \cap B^c) = n(A) - n(A \cap B), \quad n(A^c \cap B) = n(B) - n(A \cap B)$$

이다. 그러므로 다음이 성립한다.

$$(1 \cdot 14) \quad n(A \cup B) = n(A) + n(B) - n(A \cap B)$$

##  A-2 함수

### A-2·1 함수의 개념

공집합이 아닌 두 집합 $X$와 $Y$에 대하여, $X$의 각 원소 $x$에 $Y$의 오직 한 원소 $y$를 대응시키는 대응규칙 $f$를 $X$에서 $Y$로의 **함수**(function)라 하고

$$f : X \rightarrow Y, \ y = f(x)$$

로 나타낸다. 이때 집합 $X$를 함수 $f$의 **정의역**(domain)이라 하고, $Y$를 $f$의 **공변역**(codo- main) 그리고 집합 $f(X) = \{f(x) | x \in X\}$를 $f$의 **치역**(range)이라고 한다. 또한 $X$의 각 원소 $x$에 대응하는 $Y$의 원소 $y = f(x)$를 $f$의 $x$에서의 **함수값**(value)이라 하며, $x$를 **독립변수**(independent variable), $y$를 **종속변수**(dependent variable)라고 한다. 그러면 함수 $f$의 정의역 $\mathrm{dom}(f)$은 공변역 $Y$ 안에서 함수값 $f(x)$가 존재하는 $x \in X$들의 집합으로 다음과 같이 정의된다.

$$\mathrm{dom}(f) = \{x \in X | f(x) \in Y\}$$

또한 일반적으로 공변역과 치역 사이에 포함관계 $f(X) \subseteq Y$가 성립한다. 그리고 함수

$f : X \rightarrow Y$, $y = f(x)$에서, 각 $x \in X$와 함수값 $y = f(x)$의 순서쌍 전체의 집합

$$G_f = \{(x, y) \mid y = f(x), x \in X\} \text{ 또는 } G_f = \{(x, f(x)) \mid x \in X\}$$

를 함수 $f$의 **그래프(graph)**라 한다.

특히 $X(\neq \varnothing)$를 임의의 집합이라 할 때, $X$의 각 원소 $x$에 그 자신을 대응시키는 규칙은 $X$에서 $X$로의 함수를 정의하며, 이와 같이 정의되는 함수를 $X$ 위의 **항등함수(identity function)**라 하고 $1_X : x \rightarrow x$로 나타낸다. 따라서 $X$의 모든 원소 $x$에 대하여 $1_X(x) = x$이다. 또한 다음과 같이

$$y = f(x) = a, \quad \forall x \in X$$

집합 $X$ 안의 모든 원소 $x$가 집합 $Y$ 안의 오로지 한 원소 $a$로 대응하는 경우, $y = f(x)$를 **상수함수(constant function)**라 한다. 그리고 집합 $A(\neq \varnothing)$에 대하여

$$\mathrm{I}_A(x) = \begin{cases} 1, & x \in A \\ 0, & x \notin A \end{cases}$$

로 정의되는 함수 $\mathrm{I}_A$를 $A$에 대한 **특성함수(characteristic function)**라 한다.

## A-2·2 연속함수

변수 $x$가 한 정점 $a$와 일치하지는 않지만 $a$에 충분히 가깝게 근접함에 따라 $f(x)$의 함수값이 유한하고 일정한 실수 $L$에 한없이 가까워진다고 하자. 그러면 "$x$가 $a$에 한없이 가까워지면 함수 $f(x)$는 **극한(limit)** $L$에 수렴한다"하고, $\lim_{x \to a} f(x) = L$로 나타낸다. 이때 극한 $L$이 반드시 $f(a)$일 필요는 없으며, 또한 함수 $f(x)$가 $x = a$에서 정의될 필요는 없다. 그러면 변수 $x$가 한 정점 $a$에 가까워지는 방법으로 $x < a$이고 $x \to a$인 경우와 $x > a$이고 $x \to a$인 경우와 같이 두 가지를 생각할 수 있다.

(1) $x < a$이고 $x \to a$일 때 $f(x) \to L$이면, $L$을 $f(x)$의 **좌극한(left limit)**이라 하고 $\lim_{x \to a-} f(x) = L$으로 나타낸다.

(2) $x > a$이고 $x \to a$일 때 $f(x) \to L$이면, $L$을 $f(x)$의 **우극한(right limit)**이라 하고 $\lim_{x \to a+} f(x) = L$으로 나타낸다.

그러면 $x \to a$일 때 함수 $f(x)$가 극한 $L$을 갖기 위해서

$$\lim_{x \to a-} f(x) = \lim_{x \to a+} f(x) = L$$

이어야 하고, 역도 성립한다.

한편 함수 $f(x)$가 $x=a$에서 정의될 뿐만 아니라 $f(a)=L$인 경우, 다시 말해서

(1) $f(a)$가 존재하고

(2) $\lim\limits_{x \to a} f(x)$가 존재하고

(3) $\lim\limits_{x \to a} f(x) = f(a)$

일 때, 함수 $f$는 $x=a$에서 **연속**(continuous)이라 한다. 그러면 극한과 마찬가지로 다음과 같이 $x=a$에 대하여 좌극한과 우극한을 생각할 수 있다.

$$\lim_{x \to a-} f(x) = f(a), \quad \lim_{x \to a+} f(x) = f(a)$$

일 때, 함수 $f$는 $x=a$에서 **연속**(continuous)이라 한다. 그러면 극한과 마찬가지로 다음과 같이 $x=a$에 대하여 좌극한과 우극한을 생각할 수 있다.

$$\lim_{x \to a-} f(x) = f(a), \quad \lim_{x \to a+} f(x) = f(a)$$

이와 같이 $x=a$에 대한 좌극한이 그 점에서의 함수값 $f(a)$와 같은 경우에 함수 $f$는 $x=a$에서 **좌측연속**(continuous from the left)이라 하고, $f(a-) = \lim\limits_{x \to a-} f(x)$로 나타낸다. 같은 방법으로 우극한이 함수값 $f(a)$와 같은 경우에 $f$는 $x=a$에서 **우측연속**(continuous from the right)이라 하고, $f(a+) = \lim\limits_{x \to a+} f(x)$로 나타낸다. 그리고 어떤 개구간 $(a,b)$ 안의 모든 점에서 $f$가 연속이면, $f$는 개구간 $(a,b)$에서 연속이라 한다. 특히

(4) $f$가 개구간 $(a,b)$에서 연속이고

(5) $\lim\limits_{x \to a+} f(x) = f(a)$, $\lim\limits_{x \to b-} f(x) = f(b)$

이면, 함수 $f$는 폐구간 $[a,b]$에서 연속이라 한다. 그리고 함수 $f$가 $x=a$에서 연속이 아닐 때, $f$가 $x=a$에서 **불연속**(discontinuous)이라 한다. 따라서 함수 $f$가 $x=a$에서 불연속이 되는 경우는

(6) $f(a)$가 존재하지 않거나

(7) $\lim\limits_{x \to a} f(x)$가 존재하지 않는 경우

(8) $f(a)$와 $\lim\limits_{x \to a} f(x)$가 존재하지만 $\lim\limits_{x \to a} f(x) \neq f(a)$인 경우

등을 생각할 수 있다. 특히 $x=a$에서 좌극한과 우극한이 모두 존재하지만, 두 극한이 존재하지

않는 경우에 함수 $f$ 는 $x = a$ 에서 **점프불연속**(jump discontinuous)이라 한다. 예를 들어, 함수

$$F(x) = \begin{cases} 0 \ , \ x < 0 \\ \dfrac{1}{4} \ , \ 0 \leq \ x < 1 \\ \dfrac{3}{4} \ , 1 \leq \ x < 2 \\ 1 \ , \ x \geq 2 \end{cases}$$

에 대하여

$$F(0-) = 0, \ F(0+) = \frac{1}{4}, \ F(1-) = \frac{1}{4}, \ F(1+) = \frac{3}{4}, \ F(2-) = \frac{3}{4}, \ F(2+) = 1$$

이므로 $F$ 는 $x = 0, 1, 2$ 에서 점프불연속을 갖는다. 특히

$$F(0) = F(0+) = \frac{1}{4}, \ F(1) = F(1+) = \frac{3}{4}, \ F(2) = F(2+) = 1$$

이므로 $x = 0, 1, 2$ 에서 $F$ 는 우측연속이다. 그리고

$$F(0+) - F(0-) = \frac{1}{4}, \ F(1+) - F(1-) = \frac{3}{4} - \frac{1}{4} = \frac{1}{2}, \ F(2+) - F(2-) = 1 - \frac{3}{4} = \frac{1}{4}$$

이고, 이와 같이 점프불연속인 점 $x = a$ 에서

$$F(a) = F(a+) - F(a-)$$

을 **점프크기**(jump size)라 한다. 특히

$$\delta_t(x) = \begin{cases} 0 \ , \quad x < t \\ 1 \ , \quad x \geq t \end{cases}$$

로 정의되는 함수 $\delta_t(x)$ 는 그림 A-2·1과 같이 점 $x = t$ 에서 점프크기 1인 점프 불연속이며, 이와 같은 함수는 여러 가지 확률분포 중에서 **퇴화분포**(degenerate distribution)를 설명하는데 사용한다.

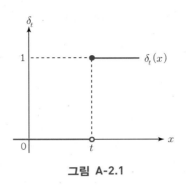

**그림 A-2.1**

한편 함수 $y = f(x)$가 개구간 $(a, b)$ 안의 모든 점 $x$에서 연속일 때, $f$ 는 개구간 $(a, b)$에서 연속이라 한다. 그리고 $f$ 가 개구간 $(a, b)$에서 연속이고, 양 끝 점에서

$$\lim_{x \to a+} f(x) = f(a), \ \lim_{x \to b-} f(x) = f(b)$$

일 때, $y = f(x)$는 폐구간 $[a, b]$에서 연속이라 한다. 그러면 함수 $f$ 가 폐구간 $[a, b]$에서 연속이고 $f(a) \neq f(b)$일 때, 그림 A-2·2와 같이 $f(a)$와 $f(b)$ 사이의 임의의 실수 $k$에 대하여

$$f(c) = k \quad (a < c < b)$$

를 만족하는 $c$가 개구간 $(a, b)$ 안에 적어도 하나 존재하며, 이것을 중간값 정리(intermediate theorem)라고 한다.

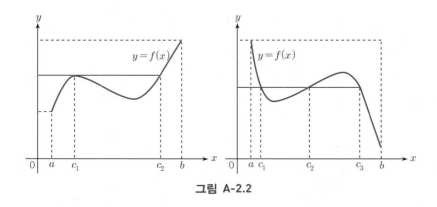

**그림 A-2.2**

또한 함수 $f(x)$가 폐구간 $[a, b]$에서 연속이면, 이 함수는 $[a, b]$에서 반드시 최대값과 최소값을 갖는다. 그러나 개구간에서 연속인 함수는 최대값 또는 최소값을 반드시 갖는 것은 아니다.

## A-3 도함수와 편미분

### A-3·1 도함수의 개념

함수 $f(x)$가 $x=a$를 포함하는 어떤 구간 $I$에서 정의된다고 할 때, $x$가 $a+h$에서 $a$로 변화한 값 $(a+h)-a=h$와 이에 대응하여 $f$가 변화한 값 $f(a+h)-f(a)$를 각각 $x$와 $y$의 **증분** (increment)이라 하고,

$$\Delta x = h , \ \Delta y = \Delta f = f(a+h) - f(a)$$

로 나타낸다. 이때 두 증분에 대하여

$$\frac{\Delta y}{\Delta x} = \frac{\Delta f}{\Delta x} = \frac{f(a+h) - f(a)}{h}$$

를 $x$가 $a+h$에서 $a$로 변할 때, 함수 $f$의 **평균변화율**(average rate of change)이라 한다. 그리고 그림 A-3·1과 같이 $a+h \to a$ 즉, $\Delta x \to 0$일 때, 이 평균변화율의 극한

$$\lim_{\Delta x \to 0} \frac{\Delta y}{\Delta x} = \lim_{\Delta x \to 0} \frac{\Delta f}{\Delta x} = \lim_{h \to 0} \frac{f(a+h) - f(a)}{h} \tag{1}$$

이 존재한다면, 이 극한을 $x=a$에서 함수 $f$의 **미분계수**(differential coefficient)라 하며 $f'(a)$로 나타낸다. 그러면 미분계수는 곡선 위의 점 $P(a, f(a))$에서 접선의 기울기를 나타낸다.

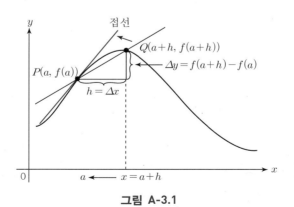

**그림 A-3.1**

그리고 함수 $f$가 개구간 $I=(a, b)$ 안의 모든 점에서 미분 가능할 때, $f$는 개구간 $I$에서 미분 가능하다고 말한다. 특히 극한

$$f_+'(a) = \lim_{h \to 0+} \frac{f(a+h)-f(a)}{h}$$

를 $x=a$에서 함수 $f$의 **좌측미분계수**(left-hand derivative)라 하고,

$$f_-'(a) = \lim_{h \to 0-} \frac{f(a+h)-f(a)}{h}$$

를 함수 $f$의 **우측미분계수**(right-hand derivative)라 한다. 따라서 극한의 성질로부터 $x=a$에서 함수 $f$의 미분계수가 존재하기 위한 필요충분조건은 다음과 같다.

$$f_+'(a) = \lim_{h \to 0+} \frac{f(a+h)-f(a)}{h} = \lim_{h \to 0-} \frac{f(a+h)-f(a)}{h} = f_-'(a) \tag{2}$$

한편 함수 $y=f(x)$의 미분가능한 모든 점 $x$에 대하여, 그 점에서의 미분계수 $f'(x)$를 대응시키는 함수

$$D : x \;\mapsto\; f'(x) = \lim_{h \to 0} \frac{f(x+h)-f(x)}{h}$$

를 $f$의 **도함수**(derivative)라 하고,

$$y', \;\; f'(x), \;\; \frac{dy}{dx}, \;\; \frac{df}{dx}, \;\; \frac{d}{dx}f(x), \;\; Dy, \;\; Df(x)$$

등의 기호로 나타낸다. 그러면 미분 가능한 두 함수 $f$와 $gf$에 대하여 다음 성질이 성립한다.

### 정리 A3·1

함수 $f, g$가 점 $x$에서 미분가능하면, 함수 $c \cdot f$, $f \pm g$, $fg$, $\dfrac{f}{g}$도 점 $x$에서 미분가능하고, 다음이 성립한다.

(1) $(c \cdot f)'(x) = c \cdot f'(x)$ ($c$는 임의의 상수)

(2) $(f \pm g)'(x) = f'(x) \pm g'(x)$

(3) $(fg)'(x) = f'(x)g(x) + f(x)g'(x)$

(4) $\left(\dfrac{f}{g}\right)'(x) = \dfrac{f'(x)g(x) - f(x)g'(x)}{[g(x)]^2}, \quad (g(x) \neq 0)$

특히 미분 가능한 두 함수의 합성함수도 미분 가능하며, 그 결과는 다음과 같다.

## 정리 A3·2 │ 연쇄법칙(chain rule)

함수 $u = f(x)$ 가 점 $x$ 에서 미분가능하고 함수 $y = g(u)$ 가 점 $u$ 에서 미분가능하면, 합성함수 $y = g[f(x)]$ 도 역시 점 $x$ 에서 미분가능하고

$$(g \circ f)'(x) = g'(f(x)) \cdot f'(x) \quad \text{또는} \quad \frac{dy}{dx} = \frac{dy}{du} \cdot \frac{du}{dx}$$

가 성립한다.

그러면 평균값 정리로부터 미분 가능한 함수들의 여러 가지 추론이 전개되며, 또한 확률밀도함수에도 많이 응용되므로 평균값 정리를 살펴본다. 우선 함수 $y = f(x)$ 가

(1) $f$ 는 폐구간 $[a, b]$ 에서 연속이고,

(2) $f$ 는 개구간 $(a, b)$ 에서 미분 가능하다.

(3) $f(a) = f(b)$

을 만족한다면, $f'(c) = 0$ 인 점 $c$ 가 개구간 $(a, b)$ 안에 적어도 하나 존재하며, 이것을 Rolle의 정리라 한다. Rolle의 정리는 함수 $y = f(x)$ 가 조건 (1) ~ (3)을 만족한다면, 그림 A-3·2와 같이 곡선 위의 적어도 한 점에서 수평접선을 그을 수 있음을 의미한다.

특히 함수 $y = f(x)$ 가 Rolle의 정리에서 조건 (1)과 (2)를 만족한다면,

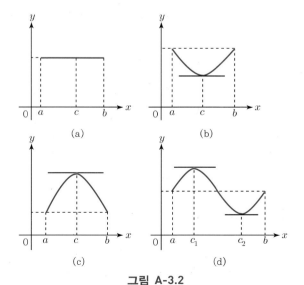

(a)

(b)

(c)

(d)

**그림 A-3.2**

$$\frac{f(b)-f(a)}{b-a}=f'(c)$$

을 만족하는 점 $c$ 가 개구간 $(a, b)$ 안에 적어도 하나 존재하며, 이것을 **평균값 정리**라 한다. 다시 말해서, 그림 A-3·3과 같이 곡선 위의 양 끝 점을 잇는 선분과 평행한 접선을 적어도 하나 그을 수 있음을 나타낸다.

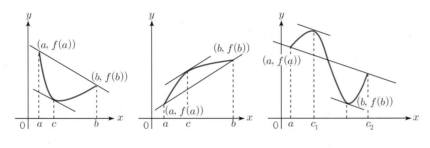

**그림 A-3.3**

한편 함수 $f$ 가 정의구역 안의 어떤 구간 $I$ 안의 두 점 $x_1$, $x_2(x_1 < x_2)$에 대하여

$$f(x_1) \leq f(x_2) \quad \text{또는} \quad f(x_1) < f(x_2)$$

를 만족하면 $f$ 는 구간 $I$ 에서 **단조증가**(monotonic increasing) 또는 **증가**(increasing)한다고 하며,

$$f(x_1) \geq f(x_2) \quad \text{또는} \quad f(x_1) > f(x_2)$$

를 만족하면 $f$ 는 구간 $I$ 에서 **단조감소**(monotonic decreasing) 또는 **감소**(decreasing)한다고 한다. 이때 폐구간 $I$ 안의 어떤 점 $c$ 의 부근에서 $f(c) \geq f(x)$ 이면, 함수 $f$ 는 $c$ 에서 **극대**(local maximum)를 갖는다 하고 $f(c)$ 를 **극대값**(local maximum value)이라 한다. 또한 점 $c$ 의 부근에서 $f(c) \leq f(x)$ 이면, 함수 $f$ 는 $c$ 에서 **극소**(local minimum)를 갖는다 하고, $f(c)$ 를 **극소값**(minimum value)이라 한다. 그리고 일반적으로 극대값 또는 극소값을 $f$ 의 **극값**(extreme value)이라 하고, 극대점 또는 극소점 $(c, f(c))$ 를 **극점**(extreme point)이라 한다. 그러면 그림 4·4와 같이 최대값과 최소값이 일치하는 경우와 일치하지 않는 경우가 있다. 마찬가지로 최소값과 극소값이 보편적으로 일치하는 것은 아니다.

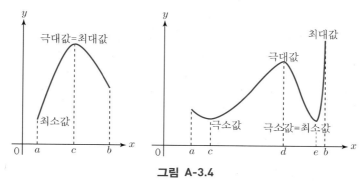

그림 A-3.4

그러면 어떤 구간에서 도함수와 함수의 증가 또는 감소 사이에 다음과 같은 성질이 있다.

## 정리 A3·3

함수 $f$ 가 구간 $I$ 에서 연속이고 양 끝점이 빠진 개구간에서 미분 가능하다고 하자. 이때
(1) 개구간 내의 모든 점에서 $f'(x) > 0$ 이면, $f$ 는 $I$ 에서 증가한다.
(2) 개구간 내의 모든 점에서 $f'(x) < 0$ 이면, $f$ 는 $I$ 에서 감소한다.

특히 함수 $f$ 가 $x = c$ 에서 극값을 갖고 $f'(c)$ 가 존재한다면 $f'(c) = 0$ 이고, 이와 같이 함수 $f$ 의 정의역 안의 점 $c$ 에서 $f'(c) = 0$ 이거나 $f'(c)$ 가 존재하지 않을 때, $x = c$ 를 함수 $f$ 의 **임계점**(critical point)이라 한다. 그러므로 함수의 극값은 반드시 그 함수의 임계점에서 나타나지만, 임계점이라고 해서 반드시 그 점에서 극값을 갖는 것은 아니다. 그러면 도함수를 이용하여 다음과 같이 함수 $f$ 의 극값을 조사할 수 있다.

## 정리 A3·4    1계 도함수에 의한 극값 판정법

함수 $f$ 가 적당한 개구간 $(a, b)$ 에서 임계점 $c$ 를 포함한다고 하자.
(1) $x$ 가 점 $c$ 를 지날 때 $f'(x)$ 의 부호가 $+$ 에서 $-$ 로 변하면 $f(c)$ 는 $f$ 의 극대값이다.
(2) $x$ 가 점 $c$ 를 지날 때 $f'(x)$ 의 부호가 $-$ 에서 $+$ 로 변하면 $f(c)$ 는 $f$ 의 극소값이다.
(3) $x$ 가 점 $c$ 를 지날 때 $f'(x)$ 의 부호가 변하지 않으면 $f(c)$ 는 $f$ 의 극값이 아니다.

함수 $y = f(x)$ 가 $(a, b)$ 에서 미분가능하고 그림 A-3·5 (a)와 같이 접선이 곡선 아래쪽에 놓이게 되면, $f$ 는 구간 $(a, b)$ 에서 **아래로 볼록**(convex downward) 또는 **위로 오목**(concave upward)하다고 한다. 그리고 그림 A-3·5 (b)와 같이 접선이 곡선 위쪽에 놓이게 되면 $y = f(x)$

는 구간 $(a, b)$에서 **위로 볼록**(convex upward) 또는 **아래로 오목**(concave downward)하다고 한다.

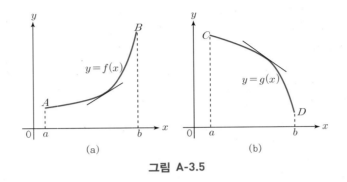

그림 A-3.5

또한 그림 A-3·6과 같이 어떤 구간 $I$에서 함수 $f$가 연속이고 점 $c \in I$를 경계로 곡선의 모양이 아래로 볼록에서 위로 볼록으로 변하게 되거나 위로 볼록에서 아래로 볼록으로 변하게 된다면, 점 $(c, f(c))$를 함수 $f$의 **변곡점**(inflection point)이라 한다. 그러면 위로 볼록한 구간에서 접선은 곡선 위에 놓이며 아래로 볼록한 구간에서 접선은 곡선 아래에 놓이게 된다. 따라서 변곡점은 접선의 위치가 바뀌는 점으로 한쪽에서는 접선이 곡선 위에 놓이고 그 반대쪽에서는 접선이 곡선의 아래에 놓이게 된다.

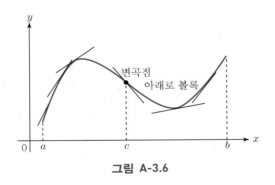

그림 A-3.6

**정리 A3·5**

함수 $f$가 개구간 $I$ 안의 모든 $x$에 대하여 $f''(x)$가 존재하고,

(1) $f''(x) > 0$이면, 곡선 $f$는 구간 $I$에서 아래로 볼록이고,

(2) $f''(x) < 0$이면, 곡선 $f$는 구간 $I$에서 위로 볼록하다.

그러면 정리 A3·5로부터, 다음과 같이 함수의 극값을 구하는 다른 방법을 얻을 수 있다.

## 정리 A3·6 2계 도함수에 의한 극값 판정법

함수 $f$ 가 정의역 안의 한 점 $c$ 에서 $f'$ 과 $f''$ 을 가지며 $f'(c) = 0$ 일 때,
(1) $f''(c) < 0$ 이면, $f(c)$ 는 $f$ 의 극대값이다.
(2) $f''(c) > 0$ 이면, $f(c)$ 는 $f$ 의 극소값이다.

지금까지 살펴본 함수의 증·감, 볼록성 그리고 극값 등을 조사하면, 함수의 곡선을 쉽고 정확하게 그릴 수 있다. 특히 함수에 대하여 다음과 같은 몇 가지 특성을 조사하면, 함수의 그림을 그리는데 매우 편리하다.

(1) 정의역과 치역을 조사한다.
(2) 절편점의 유무를 확인한다. $f(0) = k$ 이면 $y$ 축 절편점은 $k$ 이고, $f(c) = 0$ 이면 $x$ 축 절편점은 $c$ 이다.
(3) 대칭성을 조사한다. 만일 $f(-x, y) = f(x, y)$ 이면 함수는 $y$ 축에 관하여 대칭이고, $f(x, -y) = f(x, y)$ 이면 $x$ 축에 관하여 대칭이다.
(4) $f'(c) = 0$ 또는 $f'(c)$ 가 존재하지 않는 임계점을 구한다.
(5) 임계점을 중심으로 함수의 증가감소범위를 구한다.
(6) 1계 도함수 또는 2계 도함수 판정법에 의하여 극값을 구한다.
(7) 곡선의 변곡점을 구하고, 볼록성을 조사한다.
(8) 수직·수평 점근선과 경사 점근선을 구한다. 만일 $\lim_{x \to a\pm} f(x) = \pm\infty$ 이면 수직 점근선 $x = a$ 를 가지고, $\lim_{x \to \pm\infty} f(x) = k$ 이면 수평 점근선 $y = k$ 를 갖는다. 또한 $\lim_{x \to \pm\infty} g(x) = 0$ 이 되는 함수 $g(x)$ 에 대하여 $f(x) = ax + b + g(x)$ 로 표현이 가능하면, 함수 $f(x)$ 는 경사 점근선 $y = ax + b$ 를 갖는다.

이와 같은 사실들을 이용하여 함수

$$f(x) = \frac{1}{\sqrt{2\pi}} e^{-x^2/2} , \quad -\infty < x < \infty$$

의 그림을 그려보자. 이와 같은 함수를 **표준정규밀도함수**(standard normal probability density fuction)라 한다. 우선

$$e^{-x^2/2} = e^{-(-x)^2/2}$$

이므로 함수 $f(x)$는 $y$-축에 관하여 대칭이고, 또한 $f(0) = \dfrac{1}{\sqrt{2\pi}}$ 이므로 $y$-축 절편점이 존재한다. 따라서 $[0, \infty)$에서 그림을 그린 후에 $y$-축에 관하여 대칭이동시키면 그림을 완성할 수 있다. 한편

$$f'(x) = -\frac{1}{\sqrt{2\pi}} x\, e^{-x^2/2}, \quad f''(x) = \frac{1}{\sqrt{2\pi}} (x^2 - 1)\, e^{-x^2/2}$$

이므로 $x = 0$에서 극값을 가지고, $x = 1$에서 변곡점을 갖는다. 특히 $f''(0) = -\dfrac{1}{\sqrt{2\pi}}$ 이므로 $x = 0$에서 극대값을 갖는다. 더욱이 $0 < x < 1$에서 $f''(x) < 0$이고, $x > 1$에서 $f''(x) > 0$이다. 그러므로 $0 < x < 1$에서 함수 $f(x)$는 위로 볼록이고, $x > 1$에서 아래로 볼록이다. 끝으로

$$\lim_{x \to \infty} f(x) = \lim_{x \to \infty} \frac{1}{\sqrt{2\pi}} e^{-x^2/2} = 0$$

이므로 $x$-축을 점근선으로 갖는다.

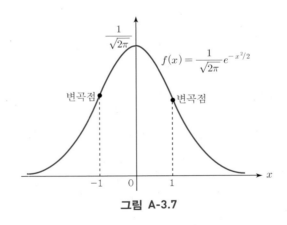

그림 A-3.7

## A-3·2 편미분의 개념

2변수함수 $z = f(x, y)$는 공간에서 어떠한 곡면을 형성하고 있으며, 이 곡면 위의 점 $(a, b, f(a, b))$에서 그림 A-3·8과 같이 평면 $x = a$와 $y = b$에 의하여 곡면을 절단한다고 하자. 그러면 각각의 평면에 의하여 절단된 곡면은 또 하나의 곡선을 이루게 된다. 예를 들어, $y = b$에 의하여 절단된 곡면을 이루는 곡선은 $z = f(x, b)$가 되고, 따라서 이 곡선의 방정식은 2변수함수 $z = f(x, y)$에서 변수 $y$를 상수 $y = b$로 대치한 곡선의 방정식으로 생각할 수 있다. 또한 $x = a$

에 의하여 절단된 곡면을 이루는 곡선은 $z = f(a, y)$가 되며, 역시 이 곡선은 변수 $x$를 상수 $x = a$로 대치한 곡면의 방정식이 된다.

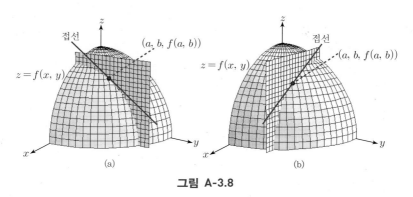

**그림 A-3.8**

이때 $x = a$에 의하여 절단된 곡면을 이루는 곡선 위의 점 $(a, b, f(a, b))$에서 $y$-축 방향으로의 미분계수가 존재한다면, 이 미분계수는 1변수함수의 경우와 동일하게

$$\lim_{h \to 0} \frac{f(a, b+h) - f(a, b)}{h} \tag{3}$$

으로 정의된다. 이때 식 (3)의 극한값이 존재한다면, 함수 $z = f(x, y)$는 $y$에 관하여 **편미분 가능**(partial differentiable)하다고 하고, 이 극한값을 점 $(a, b)$에서 $y$에 대한 $f$의 **편미분계수** (partial derivative of $f$ with respect to $x$)라 하며

$$f_y(a, b)$$

로 나타낸다. 그러면 이 편미분계수는 1변수함의 경우와 동일하게 그림 A-3·9 (a)와 같이 곡면 위의 점 $(a, b, f(a, b))$에서 $y$-축 방향으로의 접선의 기울기를 나타낸다. 동일한 방법으로 $y = b$에 의하여 절단된 곡면을 이루는 곡선 위의 점 $(a, b, f(a, b))$에서 $x$-축 방향으로의 미분계 수가 존재한다면, 즉 극한

$$\lim_{k \to 0} \frac{f(a+k, b) - f(a, b)}{k} \tag{4}$$

이 존재한다면, 함수 $z = f(x, y)$는 $x$에 관하여 편미분가능하다 하고 이 극한값을 점 $(a, b)$에서 $x$에 대한 $f$의 편미분계수라 하며

$$f_x(a, b)$$

로 나타내고, $f_x(a, b)$는 그림 A-3·9 (b)와 같이 점 $(a, b, f(a, b))$에서 $y$-축 방향으로의 접선의 기울기를 나타낸다.

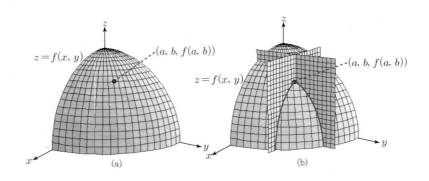

**그림 A-3.9**

한편 1변수함수에서와 마찬가지로, $z = f(x, y)$가 편미분 가능한 임의의 점 $(x, y)$에 대하여, 그 점에서의 $x$-편미분계수 $f_x(a,b)$를 대응시키는 함수를 $f(x,y)$의 $x$에 대한 **편도함수**(partial derivative of $f$ with respect to $x$)라 하고

$$f_x, f_x(x,y), \; z_x, \; \frac{\partial z}{\partial x}, \frac{\partial f}{\partial x}, \; D_x f(x), \; D_x z$$

등으로 나타낸다. 그리고 점 $(x, y)$를 $y$-편미분계수 $f_y(a,b)$로 대응시키는 함수를 $f(x,y)$의 $y$에 대한 편도함수라 하고

$$f_y, f_y(x,y), \; z_y, \; \frac{\partial z}{\partial y}, \frac{\partial f}{\partial y}, \; D_y f(x), \; D_y z$$

등으로 나타낸다. 따라서 $z = f(x,y)$의 $x$-편도함수와 $y$-편도함수는 각각 다음과 같이 정의된다.

$$f_x(x,y) = \lim_{k \to 0} \frac{f(a+k,b) - f(a,b)}{k} \tag{5}$$

$$f_y(x,y) = \lim_{h \to 0} \frac{f(a,b+h) - f(a,b)}{h} \tag{6}$$

이와 같은 편도함수들을 $z = f(x,y)$의 1계 **편도함수**(first-order partial derivative)라 하고, 이 편도함수들을 구하는 것을 **편미분한다**(partial differentiate)고 한다. 따라서 편도함수 $f_x(x,y)$를 구할 때에는 일반적으로 $f(x,y)$에서 $y$를 상수로 취급하여 $x$만의 함수로 생각한 뒤, $x$에 관하여 도함수를 구한다. 같은 방법으로 편도함수 $f_y(x,y)$를 구할 때에는 $f(x,y)$에서 $x$를 상수로 취급하여 $y$만의 함수로 생각한 뒤 $y$로 미분하여 구한다. 또한 점 $(a,b)$에서 편미분계수는 편도함수 $f_x(x,y)$, $f_y(x,y)$를 구한 다음, 편도함수에 $x = a$, $y = b$를 대입함으로써 구할 수 있다.

한편 2변수함수 $f(x,y)$의 편도함수 $f_x$ 와 $f_y$ 는 $x$ 와 $y$ 에 대하여 역시 2변수함수이다. 따라서 $f_x$ 와 $f_y$ 가 $x$ 와 $y$ 에 대하여 편미분가능할 수도 있으며, 이럴 경우 이들을 $x$ 와 $y$ 에 대하여 편미분하면 다음과 같은 4개의 $f$ 의 **2계 편도함수**(second-order partial derivatives)를 얻을 수 있다.

$$(f_x)_x = f_{xx} = \frac{\partial f_x}{\partial x} = z_{xx} = \frac{\partial}{\partial x}\left(\frac{\partial f}{\partial x}\right) = \frac{\partial^2 f}{\partial x^2} = \frac{\partial^2 z}{\partial x^2}$$

$$(f_x)_y = f_{xy} = \frac{\partial f_x}{\partial y} = z_{xy} = \frac{\partial}{\partial y}\left(\frac{\partial f}{\partial x}\right) = \frac{\partial^2 f}{\partial y \partial x} = \frac{\partial^2 z}{\partial y \partial x}$$

$$(f_y)_y = f_{yy} = \frac{\partial f_y}{\partial y} = z_{yy} = \frac{\partial}{\partial y}\left(\frac{\partial f}{\partial y}\right) = \frac{\partial^2 f}{\partial y^2} = \frac{\partial^2 z}{\partial y^2}$$

$$(f_y)_x = f_{yx} = \frac{\partial f_y}{\partial x} = z_{yx} = \frac{\partial}{\partial x}\left(\frac{\partial f}{\partial y}\right) = \frac{\partial^2 f}{\partial x \partial y} = \frac{\partial^2 z}{\partial x \partial y}$$

### 정리 A3·7 　연쇄법칙(chain rule)

함수 $w = f(x,y)$ 가 연속인 1계 편도함수를 갖고 $x = g(t)$ 와 $y = h(t)$ 가 $t$ 에 관하여 미분가능하면, $w$ 는 $t$ 에 관하여 미분가능하고, 그 결과는 다음과 같다.

$$\frac{dw}{dt} = \frac{\partial w}{\partial x} \cdot \frac{dx}{dt} + \frac{\partial w}{\partial y} \cdot \frac{dy}{dt}$$

$w = f(x,y)$ 이고 $x = g(t)$, $y = h(t)$ 일 때, $t$ 를 **독립변수**(independent variable)라 하고, $x$ 와 $y$ 를 **중간변수**(intermediate variable), $w$ 를 **종속변수**(dependent variable)라고 한다. 한편 $w = f(x,y,z)$ 이고 $x, y, z$ 가 $t$ 를 독립변수로 갖는 중간변수이면,

$$\frac{dw}{dt} = \frac{\partial w}{\partial x} \cdot \frac{dx}{dt} + \frac{\partial w}{\partial y} \cdot \frac{dy}{dt} + \frac{\partial w}{\partial z} \cdot \frac{dz}{dt}$$

가 성립한다.

이제 여러 개의 중간변수와 독립변수를 갖는 경우를 생각해 보자. 예를 들어, $w = f(x,y,z)$ 이고 $x = l(s,t), y = m(s,t), z = n(s,t)$ 일 때는 세 개의 중간 변수 $x, y, z$ 와 두 개의 독립변수 $s, t$ 를 갖는 경우를 생각한다. 그러면 이 합성함수의 편도함수 $\frac{\partial w}{\partial s}$ 와 $\frac{\partial w}{\partial t}$ 는 각각 다음과 같다.

$$\frac{dw}{ds} = \frac{\partial w}{\partial x} \cdot \frac{\partial x}{\partial s} + \frac{\partial w}{\partial y} \cdot \frac{\partial y}{\partial s} + \frac{\partial w}{\partial z} \cdot \frac{\partial z}{\partial s}$$

$$\frac{dw}{dt} = \frac{\partial w}{\partial x} \cdot \frac{\partial x}{\partial t} + \frac{\partial w}{\partial y} \cdot \frac{\partial y}{\partial t} + \frac{\partial w}{\partial z} \cdot \frac{\partial z}{\partial t}$$

## A-4 적분과 중적분

### A-4·1 적분

어떤 폐구간 $I$에서 정의되는 연속함수 $f(x)$를 생각하자. 이 구간 안의 모든 $x$에 대하여

$$\frac{d}{dx} F(x) = f(x) \tag{1}$$

를 만족하는 함수 $F(x)$가 존재한다면, 함수 $F(x)$를 $f(x)$의 **원시함수**(primitive function) 또는 **부정적분**(indefinite function)이라 하고,

$$F(x) = \int f(x)\, dx \tag{2}$$

로 나타낸다. 이때 $C$는 임의의 상수이다. 한편 미분적분학의 기본정리로부터 $f(x)$의 정적분과 원시함수 $F(x)$ 사이에

$$\int_a^b f(x)\, dx = F(b) - F(a) \tag{3}$$

가 성립한다. 그러면 부정적분과 정적분은 다음과 같은 선형적 성질을 갖는다.

$$\int [\alpha f(x) + \beta g(x)]\, dx = \alpha \int f(x)\, dx + \beta \int g(x)\, dx \tag{4}$$

$$\int_a^b [\alpha f(x) + \beta g(x)]\, dx = \alpha \int_a^b f(x)\, dx + \beta \int_a^b g(x)\, dx \tag{5}$$

더욱이 $f(x)$가 폐구간 $[a, b]$에서 연속일 때,

$$G(x) = \int_a^x f(x)\, dx, \quad a \le x \le b$$

라 하면 $G(x)$는 미분가능하고

$$\frac{d}{dx}G(x)=\frac{d}{dx}\int_{a}^{x}f(x)\,dx=f(x) \qquad (6)$$

가 성립한다.

이제 이러한 기본적인 성질들을 이용하여 치환적분법과 부분적분법을 살펴본다. 함수 $x=g(t)$가 미분가능한 함수라 하면, $x$의 미분은 $dx=g'(t)dt$이다. 그리고 $F(x)$를 $f(x)$의 원시함수라 하면, 다음과 같은 **치환적분법**이 성립한다.

$$F(x)=\int f(x)\,dx=\int f[g(t)]\,g'(t)\,dt \qquad (7)$$

또한 $x=g(t)$가 미분가능한 증가함수이고 $a=g(\alpha)$, $b=g(\beta)$라 하면

$$\int_{a}^{b}f(x)\,dx=\int_{\alpha}^{\beta}f[g(t)]\,g'(t)\,dt \qquad (8)$$

가 성립하며, $x=g(t)$가 미분가능한 감소함수인 경우에도 동일한 방법으로 치환할 수 있다.

한편 미분가능한 두 함수 $u=f(x)$, $v=g(x)$에 대하여

$$\frac{d}{dx}f(x)\,g(x)=f'(x)\,g(x)+f(x)g'(x)$$

이므로 적분의 정의로부터

$$f(x)\,g(x)=\int f'(x)\,g(x)\,dx+\int f(x)g'(x)\,dx$$

가 성립한다. 따라서

$$\int f(x)g'(x)\,dx=f(x)\,g(x)-\int f'(x)\,g(x)\,dx \qquad (9)$$

또는

$$\int uv'\,dx=uv-\int u'v\,dx$$

이며, 이와 같은 방법에 의하여 적분하는 것을 **부분적분법**이라 한다. 또한 이 부분적분법을 정적분에 적용하면 다음과 같다.

$$\int_{a}^{b}f(x)g'(x)\,dx=f(x)\,g(x)\Big|_{a}^{b}-\int_{a}^{b}f'(x)\,g(x)\,dx \qquad (10)$$

특히 이 부분적분법은 정함수와 초월함수의 곱 또는 초월함수와 초월함수의 곱에 대한 적분에서 널리 사용한다. 예를 들어,

$$\int x\,e^{-x}\,dx$$

를 구하고자 한다면, $u=x$ 그리고 $v'=e^{-x}$ 이라 놓는다. 그러면 $u'=1$ 이고 $v=-e^{-x}$ 이므로

$$\int x\,e^{-x}\,dx = x \cdot \left(-e^{-x}\right) - \int \left(-e^{-x}\right)dx = -x\,e^{-x} - e^{-x} + C$$

이다.

정적분을 정의하기 위하여 적분구간이 유한인 폐구간 $[a, b]$ 에서 함수 $f(x)$ 가 연속이라는 가정을 사용하였다. 그러나 많은 응용에서 적분구간이 무한인 경우 또는 유한구간에서 함수 $f(x)$ 가 불연속인 점을 갖는 경우가 사용되며, 이와 같은 유형의 적분을 **이상적분**(improper integral)이라 한다. 이제 이 절의 나머지 부분에서는 이상적분을 유형별로 구분하여 살펴본다.

### *유형 1 적분구간이 $[a, \infty)$ 또는 $(-\infty, b]$ 인 경우

$-\infty < a < b < \infty$ 인 실수 $a$ 와 $b$ 에 대하여 폐구간 $[a, b]$ 에서 함수 $f(x)$ 가 적분가능하다고 하자. 이때, 그림 A-4·1과 같이 극한 $\displaystyle\lim_{b \to \infty} \int_a^b f(x)\,dx$ 가 유한하고 유일하게 존재한다면, 적분구간 $[a, \infty)$ 에서 이상적분은 **수렴한다**(converge)하고, 극한이 존재하지 않거나 무한인 경우에 **발산한다**(diverge)고 한다. 그리고 수렴하는 경우에 $[a, \infty)$ 에서 $f(x)$ 의 적분을 다음과 같이 정의한다.

$$\int_a^\infty f(x)\,dx = \lim_{b \to \infty} \int_a^b f(x)\,dx$$

같은 방법으로 $\displaystyle\lim_{a \to -\infty} \int_a^b f(x)\,dx$ 가 유한하고 유일하게 존재한다면, 다음과 같이 정의한다.

$$\int_{-\infty}^b f(x)\,dx = \lim_{a \to -\infty} \int_a^b f(x)\,dx$$

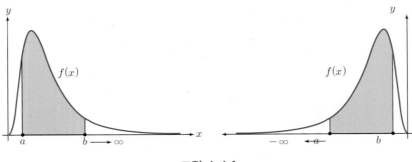

그림 A-4.1

**★ 유형 2** 적분구간이 $(-\infty, \infty)$인 경우

$-\infty < a < b < \infty$인 임의의 실수 $a$와 $b$에 대하여 폐구간 $[a, b]$에서 함수 $f(x)$가 적분가능하다고 하자. 이때 $\lim\limits_{\substack{b \to \infty \\ a \to -\infty}} \int_a^b f(x)\,dx$가 유한한 값으로 존재한다면, $f(x)$는 무한적분구간 $(-\infty, \infty)$에서 적분가능하다 하고 다음과 같이 나타낸다.

$$\int_{-\infty}^{\infty} f(x)\,dx = \lim_{\substack{b \to \infty \\ a \to -\infty}} \int_a^b f(x)\,dx$$

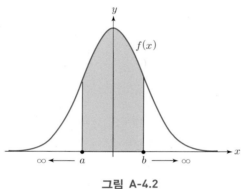

그림 A-4.2

**★ 유형 3** 적분구간이 개구간 $(a, b)$인 경우 : $a < c < d < b$에 대하여

$$\int_{a+}^{b-} f(x)\,dx = \lim_{\substack{c \to a+ \\ d \to b-}} \int_c^d f(x)\,dx$$

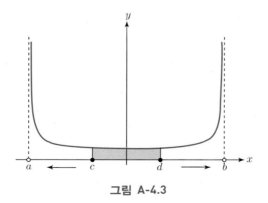

그림 A-4.3

예를 들어, 함수

$$f(x) = \frac{1}{\pi(1+x^2)} \quad , \quad -\infty < x < \infty$$

에 대하여

$$\int_{-\infty}^{\infty} f(x)\,dx = \int_{-\infty}^{\infty} \frac{1}{\pi(1+x^2)}\,dx = \lim_{\substack{b\to\infty \\ a\to-\infty}} \int_{a}^{b} \frac{1}{\pi(1+x^2)}\,dx$$

$$= \frac{1}{\pi} \lim_{\substack{b\to\infty \\ a\to-\infty}} \tan^{-1}x \Big|_{a}^{b}$$

$$= \frac{1}{\pi} \lim_{\substack{b\to\infty \\ a\to-\infty}} (\tan^{-1}b - \tan^{-1}a)$$

$$= \frac{1}{\pi}\left[\frac{\pi}{2} - \left(-\frac{\pi}{2}\right)\right] = 1$$

이 성립한다. 더욱이 모든 $-\infty < x < \infty$에 대하여 $f(x) > 0$이고, 따라서 확률밀도함수의 조건을 만족한다. 그리고 이러한 확률밀도함수를 갖는 확률분포를 Cauchy **확률분포**라 한다.

## ᴥ 정리 1

$n$을 실수라 할 때, $\Gamma(n) = \displaystyle\int_{0}^{\infty} x^{n-1}e^{-x}\,dx$에 대하여 다음이 성립한다.

(1) $n > 0$이면 $\Gamma(n)$은 수렴한다

(2) $n \leq 0$이면 $\Gamma(n)$은 발산한다.

**증명** 주어진 적분 $\Gamma(n)$을 다음과 같이 표현하자.

$$\Gamma(n) = \int_{0}^{1} x^{n-1}e^{-x}\,dx + \int_{1}^{\infty} x^{n-1}e^{-x}\,dx \tag{※}$$

(1) $n \geq 1$이면, $0 \leq x \leq 1$에서 함수 $x^{n-1}e^{-x}$은 연속이므로 식 (※)의 우변에 있는 첫 번째 적분은 수렴한다. 그리고 $0 < n < 1$이면 식 (※)의 첫 번째 적분은 $x = 0$에서 이상적분이고 $\displaystyle\lim_{x\to 0+} x^{1-n} \cdot x^{n-1}e^{-x} = 1$이므로 수렴한다. 따라서 $n > 0$에 대하여 첫 번째 적분은 존재한다. 한편 $n > 0$에 대하여 (※)의 두 번째 적분은 무한구간에서의 이상적분이고 L'Hospital의 정리에 의하여

$$\lim_{x\to\infty} x^2 \cdot x^{n-1}e^{-x} = 0$$

이므로 이 적분은 수렴하고, 따라서 (※)에서 주어진 좌변의 적분은 수렴한다.

(2) $n \leqq 0$이면, $\lim_{x \to 0+} x \cdot x^{n-1} e^{-x} = \infty$이므로 (※)의 첫 번째 적분은 발산한다. 그리고

$\lim_{x \to \infty} x \cdot x^{n-1} e^{-x} = 0$이므로 두 번째 적분은 수렴한다. 그러므로 (※)의 좌변에 주어진

적분은 발산한다. ∎

임의의 양수 $n$ 에 대하여, $\Gamma(n) = \int_0^\infty x^{n-1} e^{-x} \, dx$ 로 정의되는 함수를 **감마함수(Gamma function)**이라 하며, 다음과 같은 기본적인 성질을 갖는다.

(11) $\Gamma(1) = 1$

(12) $\Gamma(n+1) = n \, \Gamma(n)$

(13) $\Gamma(n+1) = n!$, $n$ 은 양의 정수

특히, $n$ 이 충분히 크다면

$$\Gamma(n+1) = n! \simeq \sqrt{2\pi n} \; n^n e^{-n}$$

이며, 이것을 **Stirling의 계승 근사값**(Stirling's factorial approximation)이라 한다.

## * 정리 2

$m$, $n$ 이 실수일 때, 적분 $B(m,n) = \int_0^1 x^{m-1} (1-x)^{n-1} \, dx$ 에 대하여

(1) $m > 0$이고 $n > 0$이면 위의 적분이 수렴한다.

(2) (1)의 조건이외에서 위의 적분이 발산한다.

**증명** (1) $m \geq 1$이고 $n \geq 1$이면 $0 \leq x \leq 1$에서 함수 $x^{m-1}(1-x)^{n-1}$은 연속이므로 수렴한다. 이제 이 적분 $B(m,n)$을 다음과 같이 표현하자.

$$B(m,n) = \int_0^{1/2} x^{m-1} (1-x)^{n-1} \, dx + \int_{1/2}^1 x^{m-1} (1-x)^{n-1} \, dx \qquad (※)$$

만일 $0 < m < 1$, $0 < n < 1$이면,

$$\lim_{x \to 0+} x^{1-m} \, x^{m-1} (1-x)^{n-1} = 1$$

이므로 첫 번째 적분은 수렴한다. 또한

$$\lim_{x \to 1-} (1-x)^{1-n} \, x^{m-1} (1-x)^{n-1} = 1$$

이므로 두 번째 적분도 역시 수렴한다. 그러므로 $m > 0$이고 $n > 0$이면 주어진 적분은 수렴한다.

(2) $m \leq 0$이면, $\lim\limits_{x \to 0+} x \cdot x^{m-1}(1-x)^{n-1} = \infty \leq$ 이므로 (※)의 첫 번째 적분은 $n$에 관계없이 발산한다. 같은 방법으로 $n \leq 0$이면 $m$에 관계없이 두 번째 적분도 발산한다. 따라서 증명이 완성된다. ∎

이 정리 2에서 정의되는 함수 $B(m, n)$을 Beta 함수(beta function)라 한다. 그러면 beta 함수는 다음과 같은 성질을 갖는다.

## ✱ 정리 3

(1) $B(m, n) = B(n, m)$

(2) $B(m, n) = 2 \int_0^{\pi/2} \sin^{2m-1}\theta \cos^{2n-1}\theta \, d\theta$

**증명** (1) $x = 1 - y$라 하면 $dx = -dy$이고 따라서 다음 결과를 얻는다.

$$B(m, n) = \int_0^1 x^{m-1}(1-x)^{n-1}dx = -\int_1^0 (1-y)^{m-1}y^{n-1}dy$$

$$= \int_0^1 y^{n-1}(1-y)^{n-1}dy = B(n, m)$$

(2) $x = \sin^2\theta$라 하면 $dx = 2\sin\theta\cos\theta\,d\theta$이므로 다음과 같은 결과를 얻는다.

$$B(m, n) = \int_0^1 x^{m-1}(1-x)^{n-1}dx = \int_0^{\pi/2} (\sin^2\theta)^{m-1}(\cos^2\theta)^{n-1}2\sin\theta\cos\theta\,d\theta$$

$$= 2\int_0^{\pi/2} \sin^{2m-1}\theta\cos^{2n-1}\theta\,d\theta$$

따라서 증명이 완성된다. ∎

특히, 함수

$$f(x) = \frac{1}{\Gamma(\alpha)\beta^\alpha}x^{\alpha-1}e^{-x/\beta}, \quad 0 < x < \infty$$

은 연속확률밀도함수의 성질을 만족하며, 따라서

$$\int_0^\infty f(x)\,dx = \int_0^\infty \frac{1}{\Gamma(\alpha)\,\beta^\alpha} x^{\alpha-1} e^{-x/\beta}\,dx = 1$$

이 성립한다. 이때

$$E(X) = \int_0^\infty x f(x)\,dx = \int_0^\infty \frac{1}{\Gamma(\alpha)\,\beta^\alpha} x^\alpha e^{-x/\beta}\,dx$$

$$= \frac{1}{\Gamma(\alpha)\,\beta^\alpha} \int_0^\infty x^{(\alpha+1)-1} e^{-x/\beta}\,dx$$

$$= \frac{\Gamma(\alpha+1)\,\beta^{\alpha+1}}{\Gamma(\alpha)\,\beta^\alpha} \int_0^\infty \frac{1}{\Gamma(\alpha+1)\,\beta^{\alpha+1}} x^{(\alpha+1)-1} e^{-x/\beta}\,dx$$

$$= \frac{\Gamma(\alpha+1)\,\beta^{\alpha+1}}{\Gamma(\alpha)\,\beta^\alpha} = \alpha\,\beta$$

이다. 또한

$$E(X^2) = \int_0^\infty x^2 f(x)\,dx = \int_0^\infty \frac{1}{\Gamma(\alpha)\,\beta^\alpha} x^{\alpha+1} e^{-x/\beta}\,dx$$

$$= \frac{1}{\Gamma(\alpha)\,\beta^\alpha} \int_0^\infty x^{(\alpha+2)-1} e^{-x/\beta}\,dx$$

$$= \frac{\Gamma(\alpha+2)\,\beta^{\alpha+2}}{\Gamma(\alpha)\,\beta^\alpha} \int_0^\infty \frac{1}{\Gamma(\alpha+2)\,\beta^{\alpha+2}} x^{(\alpha+2)-1} e^{-x/\beta}\,dx$$

$$= \frac{\Gamma(\alpha+2)\,\beta^{\alpha+2}}{\Gamma(\alpha)\,\beta^\alpha} = \alpha\,(\alpha+1)\,\beta^2$$

이 성립한다.

한편 Gamma 함수와 Beta 함수 사이에 매우 중요한 관계식

$$B(m,n) = \frac{\Gamma(m)\,\Gamma(n)}{\Gamma(m+n)} \tag{14}$$

이 성립하며, 이러한 사실은 A4·2에서 살펴본다.

## A-4·2 중적분

$x$와 $y$의 2변수 함수 $z = f(x,y)$가 평면상의 영역

$$R = [a,b] \times [c,d] = \{(x,y) \mid a \le x \le b, c \le y \le d\}$$

에서 유계이고, 모든 $(x,y) \in R$에 대하여 $f(x,y) \geq 0$이라고 하자. 그러면 2변수 함수의 적분은 1변수 함수의 적분과 유사한 방법으로 정의되며, 단지 차이점은 1변수 함수의 경우는 적분구간을 겹치지 않는 소구간으로 분할하였으나, 2변수 함수의 경우는 서로 겹치지 않는 직사각형으로 분할하는 것이다. 다시 말해서, 영역 $R$을 $m \times n$개로 분할하여

$$a = x_0 < x_1 < x_2 < \cdots < x_{i-1} < x_i < \cdots < x_m = b$$

$$c = y_0 < y_1 < y_2 < \cdots < y_{j-1} < y_j < \cdots < y_n = d$$

와 같이 나누고, 이들 분할점에 의한 $m \times n$개의 부분직사각형 $R_{ij} = [x_{i-1}, x_i] \times [y_{j-1}, y_j]$를 얻는다.

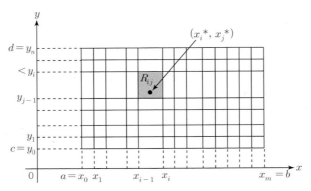

**그림 A-4.4**

그리고 $\Delta x_i = x_i - x_{i-1}$, $\Delta y_j = y_j - y_{j-1}$이라 하면 $R_{ij}$의 면적은 $\Delta A_{ij} = \Delta x_i \times \Delta y_j$이다. 이제 $R_{ij}$ 안에 있는 임의의 한 점 $(x_i^*, y_j^*)$를 택하여 $f(x_i^*, y_j^*)$를 높이로 하는 직육면체의 부피 $\Delta V_{ij} = f(x_i^*, y_j^*) \Delta A_{ij}$의 합

$$S_{mn} = \sum_{i=1}^{m} \sum_{j=1}^{n} f(x_i^*, y_j^*) \Delta A_{ij}$$

를 생각하자. 부분직사각형들 $R_{ij}$의 대각선 중에서 최대인 대각선의 길이가 한없이 작아지도록 분할점의 수 $m, n$을 한없이 크게할 경우, 분할 $R_{ij}$ 또는 $(x_i^*, y_j^*)$에 관계없이 $S_{mn}$이 어느 일정한 값 $S$에 한없이 근접한다면 $f(x,y)$는 **적분가능**이라 하고, 이 극한값 $S$를

$$S = \lim_{\substack{m \to \infty \\ n \to \infty}} S_{mn} = \sum_{i=1}^{\infty} \sum_{j=1}^{\infty} f(x_i^*, y_j^*) \, \Delta A_{ij}$$

$$= \sum_{i=1}^{\infty} \sum_{j=1}^{\infty} f(x_i^*, y_j^*) \, \Delta x_i \, \Delta y_j$$

$$= \int_c^d \int_a^b f(x, y) \, dx \, dy$$

로 쓰고, 이것을 $R$ 위에서의 함수 $f(x, y)$의 **이중적분(double integral)**이라 한다. 또한 $\Delta A_{ij} = \Delta y_j \times \Delta x_i$ 이므로

$$S_{mn} = \sum_{i=1}^{m} \sum_{j=1}^{n} f(x_i^*, y_j^*) \, \Delta A_{ij}$$

$$= \sum_{j=1}^{n} \sum_{i=1}^{m} f(x_i^*, y_j^*) \, \Delta x_i \Delta y_j$$

$$= \sum_{i=1}^{m} \sum_{j=1}^{n} f(x_i^*, y_j^*) \, \Delta y_j \Delta x_i$$

이고, 따라서 위의 두 식이 수렴한다면 식 (3.1)의 마지막 두 식으로부터

$$\int_c^d \int_a^b f(x, y) \, dx \, dy = \int_a^b \int_c^d f(x, y) \, dy \, dx$$

가 성립한다. 그리고 이와 같은 논의는 일반적인 폐영역으로 확장된다.

한편 적분영역 $R$ 을 극좌표계로 변환하여 이중적분을 구하면 편리할 때가 종종 있다. 이러한 경우에는 직교좌표계와 극좌표계의 관계 즉,

$$x = r \cos \theta, \quad y = r \sin \theta$$

$$r^2 = x^2 + y^2, \quad \theta = \tan^{-1} \frac{y}{x}$$

를 이용한다. 예를 들어, 직교좌표계의 적분영역 $R$ 이 다음과 같이 극좌표계의 적분영역

$$R' = \{(r, t) : a \leq r \leq b, \alpha \leq \theta \leq \beta\}$$

으로 변환된다면, $f(x, y) = f(r \cos \theta, r \sin \theta)$, $dx \, dy = r \, dr d\theta$ 이므로

$$\int \int_R f(x, y) \, dx \, dy = \int \int_{R'} f(r \cos \theta, r \sin \theta) \, r \, dr d\theta \qquad (1)$$

이다. 예를 들어, $\displaystyle\int_0^\infty \int_0^\infty e^{-(x^2+y^2)/2}\,dx\,dy$ 를 구하여 보자. 적분영역이 제1사분면 전체이므로 이상적분의 정의에 의하여

$$\lim_{a \to \infty} \int_0^a \int_0^a e^{-(x^2+y^2)/2}\,dx\,dy$$

를 구하면 된다. 따라서 적분영역을 $R = \{(x,y) : 0 \le x \le a, 0 \le y \le a\}$ 로 제한하여 이중적분을 구하면 된다. 이때 그림 A-4·5와 같이 제1사분면에서 극좌표에 의한 두 영역 $R_1$, $R_2$를 다음과 같이 정의하자.

$$R_1 = \{(r,\theta) : 0 \le r \le a,\ 0 \le \theta \le \pi/2\}$$
$$R_2 = \{(r,\theta) : 0 \le r \le a\sqrt{2},\ 0 \le \theta \le \pi/2\}$$

그러면

$$\iint_{R_1} e^{-(x^2+y^2)/2}\,dx\,dy \le \iint_R e^{-(x^2+y^2)/2}\,dx\,dy \le \iint_{R_2} e^{-(x^2+y^2)/2}\,dx\,dy$$

이고,

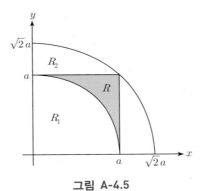

그림 A-4.5

$$\iint_{R_1} e^{-(x^2+y^2)/2}\,dx\,dy = \int_0^{\pi/2} \int_0^a e^{-r^2/2}\,r\,dr\,d\theta$$

$$= \int_0^{\pi/2} \left(1 - e^{-a^2/2}\right) d\theta$$

$$= \frac{\pi}{2}\left(1 - e^{-a^2/2}\right)$$

$$\iint_{R_2} e^{-(x^2+y^2)/2}\,dx\,dy = \int_0^{\pi/2}\int_0^{a\sqrt{2}} e^{-r^2/2}\,r\,dr\,d\theta$$

$$= \int_0^{\pi/2}\left(1-e^{-a^2}\right)d\theta$$

$$= \frac{\pi}{2}\left(1-e^{-a^2}\right)$$

이다. 그러므로

$$\frac{\pi}{2}\left(1-e^{-a^2/2}\right) \le \iint_R e^{-(x^2+y^2)/2}\,dx\,dy \le \frac{\pi}{2}\left(1-e^{-a^2}\right)$$

을 얻는다. 한편

$$\lim_{a\to\infty}\frac{\pi}{2}\left(1-e^{-a^2/2}\right) = \lim_{a\to\infty}\frac{\pi}{2}\left(1-e^{-a^2}\right) = \frac{\pi}{2}$$

이므로

$$\int_0^\infty\int_0^\infty e^{-(x^2+y^2)/2}\,dx\,dy = \lim_{a\to\infty}\int_0^a\int_0^a e^{-(x^2+y^2)/2}\,dx\,dy = \frac{\pi}{2}$$

이다. 이 결과로부터

$$\int_0^\infty e^{-x^2/2}\,dx = \sqrt{\frac{\pi}{2}} \tag{2}$$

를 얻는다. 그리고 식 (2)에서 $x=\sqrt{2}\,y$ 라 하면,

$$x^2 = 2y^2,\ \ dx = \sqrt{2}\,dy$$

이므로

$$\int_0^\infty e^{-y^2}\,dy = \frac{\sqrt{\pi}}{2} \tag{3}$$

이고, 따라서

$$\Gamma(1/2) = \int_0^\infty x^{-1/2}e^{-x}\,dx = \sqrt{\pi} \tag{4}$$

를 얻는다. 특히 식 (2)를 이용하면

$$\int_{-\infty}^\infty e^{-x^2/2}\,dx = 2\int_0^\infty e^{-x^2/2}\,dx = 2\sqrt{\frac{\pi}{2}} = \sqrt{2\pi}$$

이므로

$$\int_{-\infty}^{\infty} \frac{1}{\sqrt{2\pi}} e^{-x^2/2} dx = 1$$

이고, 따라서 표준정규확률밀도함수 $f(x) = \dfrac{1}{\sqrt{2\pi}} e^{-x^2/2}$, $-\infty < x < \infty$를 얻는다.

이제 다음과 같은 변환식에 의한 $(x,y)$-좌표계의 폐영역 $R$에서 $(u,v)$-좌표계의 폐영역 $S$ 위로의 변환을 생각한다.

$$u = g(x,y), \ v = h(x,y)$$

만일 이 변환이 일대일 변환이고 편미분가능하다면, 그 역변환

$$x = g_1(u,v), \ y = h_1(u,v)$$

도 역시 일대일 변환이고 편미분가능하다. 이때

$$J = \frac{\partial(x,y)}{\partial(u,v)} = \begin{vmatrix} \dfrac{\partial x}{\partial u} & \dfrac{\partial x}{\partial v} \\ \dfrac{\partial y}{\partial u} & \dfrac{\partial y}{\partial v} \end{vmatrix} = \frac{\partial x}{\partial u} \frac{\partial y}{\partial v} - \frac{\partial x}{\partial v} \frac{\partial y}{\partial u} \neq 0$$

이면,

$$\int\int_R f(x,y) \, dx \, dy = \int\int_S f[g(u,v), h(u,v)] |J| \, du \, dv \tag{5}$$

이 성립하고 $|J|$를 이 변환의 Jacobian이라 한다. 그러면 식 (5)를 이용하여 다음을 증명할 수 있다.

### ⋆ 정리 4

$$B(m,n) = \frac{\Gamma(m) \, \Gamma(n)}{\Gamma(m+n)}$$

**증명** $\Gamma(m) = \displaystyle\int_0^{\infty} z^{m-1} e^{-z} dz$ 이므로 $z = x^2$ 이라 하면 $dz = 2x \, dx$ 이고 따라서 다음 결과를 얻는다.

$$\Gamma(m) = \int_0^{\infty} z^{m-1} e^{-z} dz = 2 \int_0^{\infty} x^{2m-1} e^{-x^2} dx$$

같은 방법으로

$$\Gamma(n) = 2 \int_0^\infty y^{2n-1} e^{-y^2} dy$$

그러므로

$$\Gamma(m)\,\Gamma(n) = \left(2 \int_0^\infty x^{2m-1} e^{-x^2} dx\right)\left(2 \int_0^\infty y^{2n-1} e^{-y^2} dy\right)$$

$$= 4 \int_0^\infty \int_0^\infty x^{2m-1} y^{2n-1} e^{-(x^2+y^2)} dx\,dy$$

이제 $x = r\sin\theta$, $y = r\sin\theta$ 라 하면,

$$J = \begin{vmatrix} \dfrac{\partial x}{\partial r} & \dfrac{\partial x}{\partial \theta} \\ \dfrac{\partial y}{\partial r} & \dfrac{\partial y}{\partial \theta} \end{vmatrix} = \begin{vmatrix} \cos\theta & r\sin\theta \\ \sin\theta & r\cos\theta \end{vmatrix} = r$$

이고, 따라서

$$\Gamma(m)\,\Gamma(n) = 4 \int_0^{\pi/2} \int_0^\infty (r\cos\theta)^{2m-1} (r\sin\theta)^{2n-1} e^{-r^2} r\,dr\,d\theta$$

$$= 4 \left(\int_0^\infty r^{2(m+n)-1} e^{-r^2} dr\right)\left(\int_0^{\pi/2} \cos^{2m-1}\theta \sin^{2n-1}\theta\, d\theta\right)$$

$$= 2\Gamma(m+n)\left(\int_0^{\pi/2} \cos^{2m-1}\theta \sin^{2n-1}\theta\, d\theta\right)$$

$$= \Gamma(m+n)B(m,n)$$

이 성립한다.                                                                    ■

## A-5 거듭제곱급수

### A-5·1 무한급수

무한급수는 통계학에서 이산확률분포와 밀접한 관계를 가지고 있으며, 확률질량함수는 모든 가능한 값에 대하여 항상 음이 아닌 값으로 주어지므로 여기서는 특별한 언급이 없는 한 각 항이 양수인 양항급수를 다루도록 한다.

수열 $a_n$에 대하여 제$n$항까지의 부분합

$$S_n = a_1 + a_2 + \cdots + a_n = \sum_{k=1}^{n} a_k$$

로 주어지는 새로운 수열 $S_n$을 생각할 수 있다. 이때, $S_n$을 수열 $a_n$으로부터 얻어지는 **무한급수** (infinite series)라 하고,

$$\lim_{n \to \infty} S_n = \sum_{n=1}^{\infty} a_n$$

의 극한값이 존재한다면 이 무한급수는 **수렴**(convergence)한다 하고, 그렇지 않은 경우에 **발산** (divergence)한다고 한다. 그리고 수렴하는 무한급수 $S_n$의 극한값을 $S$라 하면

$$S = \lim_{n \to \infty} S_n = \sum_{n=1}^{\infty} a_n$$

으로 나타낸다. 한편 주어진 무한급수가 수렴하는가? 발산하는가?를 판정하는 방법이 여러 가지 있으나, 여기서는 몇 가지만 살펴본다.

### ＊ 판정법 1

모든 $n \geq 1$에 대하여 $a_n > 0$이라 할 때, $\lim_{n \to \infty} a_n \neq 0$이면 $S_n = a_1 + a_2 + \cdots + a_n = \sum_{k=1}^{n} a_k$는 발산 한다.

### ＊ 판정법 2

모든 자연수 $n$에 대하여 $a_n > 0$일 때, 모든 부분합열 $S_n$이 위로 유계이면, 무한급수 $\sum_{n=1}^{\infty} a_n$은 수렴한다.

### ＊ 판정법 3

$f(x)$가 연속이고 단조감소하는 양의 값을 갖는 함수라 하자. 그리고 모든 자연수 $n$에 대하여 $a_n = f(n)$이라 하자. 그러면 임의의 자연수 $k$에 대하여 무한급수 $\sum_{n=1}^{\infty} a_n$의 수렴성은 이상적분 $\int_{k}^{\infty} f(x) \, dx$의 수렴성과 일치한다.

판정법 3을 **적분판정법**(integral test)이라 하며, 이 판정법을 이용하여 다음 $p$-**급수 판정법**을 얻는다.

## ⋆ 판정법 4

무한급수 $\sum_{n=1}^{\infty} \dfrac{1}{n^p}$ 은 $p > 1$ 이면 수렴하고, $p \leq 1$ 이면 발산한다.

## ⋆ 판정법 5

양항급수 $\sum_{n=1}^{\infty} a_n$ 에 대하여 $\lim_{n \to \infty} \dfrac{a_{n+1}}{a_n} = r$ 이라 할 때,

(1) $r < 1$ 이면, 이 무한급수는 수렴한다.

(2) $r > 1$ 이면, 이 무한급수는 발산한다.

(3) $r = 1$ 이면, 이 무한급수의 수렴성을 판정할 수 없다.

모든 자연수 $n$ 에 대하여 $a_n > 0$ 이라 할 때, $\sum_{k=1}^{\infty} (-1)^{n+1} a_n$ 형태의 무한급수를 **교대급수** (alternating series)라 한다.

## ⋆ 판정법 6

모든 자연수 $n$ 에 대하여 $a_n > 0$ 이라 할 때,

(1) $\lim_{n \to \infty} a_n = 0$

(2) $a_n > a_{n+1}$

이면, 교대급수 $\sum_{k=1}^{\infty} (-1)^{n+1} a_n$ 은 수렴한다.

## ⋆ 판정법 7

임의의 무한급수 $\sum_{n=1}^{\infty} a_n$ 에 대하여 $\lim_{n \to \infty} \left| \dfrac{a_{n+1}}{a_n} \right| = r$ 이라 할 때,

(1) $r < 1$ 이면, 이 무한급수는 수렴한다.

(2) $r > 1$ 이면, 이 무한급수는 발산한다.

(3) $r = 1$ 이면, 이 무한급수의 수렴성을 판정할 수 없다.

## A-5·2 Maclaurin 급수

초항이 1이고 공비 $x$ 인 무한등비급수 $\displaystyle\sum_{n=0}^{\infty} x^n$ 에 대하여 판정법 7을 이용하면 $|x| < 1$ 이면 수렴하고, 특히

$$\sum_{n=0}^{\infty} x^n = \frac{1}{1-x}$$

이다. 한편 $|x| > 1$ 이면 발산하며, 특히 $x = 1$ 이면

$$\sum_{n=0}^{\infty} 1^n = 1 + 1 + 1 + 1 + \cdots$$

는 발산하고, $x = -1$ 이면

$$\sum_{n=0}^{\infty} (-1)^n = 1 - 1 + 1 - 1 + - \cdots$$

이므로 역시 발산한다. 따라서 공비 $x$ 를 미지수라 하면, 범위 $-1 < x < 1$ 에서 급수 $\displaystyle\sum_{n=0}^{\infty} x^n$ 은 수렴하고, 그 이외의 범위에서 발산하는 것을 알 수 있다. 이와 같이 급수의 각 항이 함수로 주어지는 무한급수

$$\sum_{n=0}^{\infty} (x-a)^n$$

을 **거듭제곱급수**(power series)라 한다. 한편 $-1 < x < 1$ 에서 위의 무한등비급수를

$$\frac{1}{1-x} = \sum_{n=0}^{\infty} x^n$$

으로 나타낼 수 있으며, 이것은 $-1 < x < 1$ 에서 유리함수 $\dfrac{1}{1-x}$ 이 무한등비급수 $\displaystyle\sum_{n=0}^{\infty} x^n$ 으로 표현되는 것을 보여준다. 같은 방법으로 거듭제곱급수 $\displaystyle\sum_{n=0}^{\infty} a_n (x-c)^n$ 에 대하여

$$\lim_{n \to \infty} \left| \frac{a_{n+1}}{a_n} \right| = \frac{1}{r}$$

이라 하면,

$$\lim_{n \to \infty}\left|\frac{a_{n+1}}{a_n}\right| = \frac{1}{r}, \quad |x-c|\lim_{n \to \infty}\left|\frac{a_{n+1}}{a_n}\right| = \frac{|x-c|}{r} < 1$$

이다. 그러므로 판정법 7에 의하여

(1) $|x-c| < r$ 또는 $c-r < x < c+r$에서 $\sum_{n=0}^{\infty} a_n(x-c)^n$은 수렴한다.

(2) $|x-c| > r$ 또는 $x < c-r$ 또는 $x > c+r$에서 $\sum_{n=0}^{\infty} a_n(x-c)^n$은 발산한다.

(3) $|x-c| = r$, 즉 구간의 경계에서 수렴성을 판정할 수 없다.

이와 같이 거듭제곱급수 $\sum_{n=0}^{\infty} a_n(x-c)^n$이 수렴하는 구간 $(c-r, c+r)$을 **수렴구간**(interval of convergence) 그리고 $x=c$를 **수렴중심**(center of convergence)이라 한다.

예를 들어, $\sum_{n=0}^{\infty}\frac{x^n}{n!}$에 대하여

$$\lim_{n \to \infty}\left|\frac{a_{n+1}}{a_n}\right| = \lim_{n \to \infty}\left|\frac{1/(n+1)!}{1/n!}\right| = \lim_{n \to \infty}\frac{1}{n+1} = 0$$

이므로 수렴중심은 $x=0$이고 수렴구간은 모든 실수가 된다. 또한 $\sum_{n=0}^{\infty}(n!)x^n$에 대하여

$$\lim_{n \to \infty}\left|\frac{a_{n+1}}{a_n}\right| = \lim_{n \to \infty}\left|\frac{(n+1)!}{n!}\right| = \lim_{n \to \infty}(n+1) = \infty$$

이므로 $x \neq 0$이면 발산하고, 오로지 $x=0$일 때만 수렴한다.

유리함수 $\frac{1}{1-x}$이 구간 $-1 < x < 1$에서 무한등비급수 $\sum_{n=0}^{\infty}x^n$으로 표현될 수 있음을 보였듯이 함수 $f(x)$가 어떤 수렴구간에서 거듭제곱급수로 표현될 수 있는가를 살펴본다. 우선 함수 $f(x)$가 $x=c$에서 반복적으로 미분가능하고, 각 도함수들 $f^{(n)}(x)$이 연속이라고 하자. 그리고 함수 $f(x)$가

$$f(x) = \sum_{n=0}^{\infty} a_n(x-c)^n = a_0 + a_1(x-c) + a_2(x-c)^2 + a_3(x-c)^3 + \cdots$$

으로 표현이 가능하다고 하자. 그러면 $f(x)$가 $x=c$에서 반복적으로 미분가능하므로

$$f'(x) = a_1 + 2 \cdot a_2(x-c) + 3 \cdot a_3(x-c)^2 + \cdots + n \cdot a_n(x-c)^{n-1} + \cdots$$

$$f''(x) = 2 \cdot a_2 + 3 \cdot 2 \cdot a_3(x-c) + \cdots + n \cdot (n-1) \cdot a_n(x-c)^{n-2} + \cdots$$

$$f'''(x) = 3 \cdot 2 \cdot a_3 + 4 \cdot 3 \cdot 2 \cdot a_4(x-c) + \cdots + n \cdot (n-1) \cdot (n-2) \cdot a_n(x-c)^{n-3} + \cdots$$

$$\vdots$$

$$f^{(n)}(x) = n \cdot (n-1) \cdot \cdots \cdot 3 \cdot 2 \cdot a_n + (n+1) \cdot n \cdot \cdots \cdot 3 \cdot 2 \cdot a_{n+1}(x-c) + \cdots$$

를 얻는다. 그러므로

$$f(c) = a_0, \ f'(c) = a_1, \ f''(c) = 2 \cdot a_2, \ f'''(c) = 3 \cdot 2 \cdot a_3, \ f^{(n)}(c) = n \cdot (n-1) \cdots 3 \cdot 2 \cdot a_n$$

이고

$$a_0 = f(c), \ a_1 = f'(c), \ a_2 = \frac{f''(c)}{2}, \ a_3 = \frac{f'''(c)}{3!}, \ a_n = \frac{f^{(n)}(c)}{n!}$$

이다. 따라서 함수 $f(x)$가 $x = c$에서 반복적으로 미분가능하면, 이 함수를 거듭제곱급수

$$f(x) = f(c) + f'(c)(x-c) + \frac{f''(c)}{2}(x-c)^2 + \frac{f'''(c)}{3!}(x-c)^3 + \cdots + \frac{f^{(n)}(c)}{n!}(x-c)^n + \cdots$$

$$= \sum_{n=1}^{\infty} \frac{f^{(n)}(c)}{n!}(x-c)^n$$

으로 나타낼 수 있다. 이와 같이 표현된 거듭제곱급수를 $x = c$에 관한 함수 $f(x)$의 Taylor 급수전개라 한다. 특히 $x = 0$에 관한 함수 $f(x)$의 Taylor 급수전개를 Maclaurin 급수전개라고 한다. 다음과 같이 대표적인 몇몇 함수들에 대한 Maclaurin 급수전개식과 수렴구간을 소개한다.

(1) $\dfrac{1}{1-x} = 1 + x + x^2 + x^3 + x^4 + x^5 + - \cdots$　$(-1 < x < 1)$

(2) $\dfrac{1}{1+x} = 1 - x + x^2 - x^3 + x^4 - x^5 + - \cdots$　$(-1 < x < 1)$

(3) $e^x = 1 + x + \dfrac{x^2}{2!} + \dfrac{x^3}{3!} + \cdots$　$(-\infty < x < \infty)$

(4) $\sin x = x - \dfrac{x^3}{3!} + \dfrac{x^5}{5!} - \dfrac{x^7}{7!} + \cdots$　$(-\infty < x < \infty)$

(5) $\cos x = 1 - \dfrac{x^2}{2!} + \dfrac{x^4}{4!} - \dfrac{x^6}{6!} + \cdots$　$(-\infty < x < \infty)$

(6) $\ln(1+x) = x - \dfrac{x^2}{2} + \dfrac{x^3}{3} - \dfrac{x^4}{4} + - \cdots \quad (-1 < x \leq 1)$

(7) $(1+x)^p = 1 + px + \dfrac{p(p-1)}{2}x^2 + \cdots + \dfrac{p(p-1)\cdots(p-n+1)}{n!}x^n + \cdots \quad (-1 < x < 1)$

그러면 식 (3)은 Poisson 분포를 정의할 때 사용되며, 식 (7)은 음이항급수를 정의할 때 사용된다. 특히, 식 (7)을 **이항급수**(binomial series)라 하며,

$$(1+x)^p = 1 + \binom{p}{1}x + \binom{p}{2}x^2 + \binom{p}{3}x^3 + \cdots$$

으로 나타낸다.

 **이항정리**

### A-6·1 순열과 조합

$n$개의 원소를 갖는 집합 $A$에 대하여, $r$개의 서로 다른 원소로 구성된 순서쌍을 생각하자. 그러면 각 순서쌍을 이루고 있는 $r$개의 원소가 어떻게 배열되는가에 따라 서로 다른 순서쌍이 될 것이다. 이것을 **순열**(permutation)이라 하고, 순서쌍 전체의 개수를 $_n P_r$로 나타낸다. 그리고 순서에는 무관하게 $r$개의 원소를 택하는 경우의 수를 **조합**(combination)이라 하며 이러한 경우의 수를 $\binom{n}{r}$로 나타낸다. 그러면 조합의 수는 $r$개의 원소를 갖는 $A$의 부분집합의 총 개수를 나타낸다. 또한 $r$의 원소를 $k$개의 주머니에 나누어 넣을 때, $i$번째 주머니에 $n_i$개씩 넣는 방법의 수를

$$\binom{n}{n_1, n_2, \cdots, n_k}$$

로 나타낸다. 이때, $n_1 + n_2 + \cdots + n_k = n$, $0 \leq n_1, n_2, \cdots, n_k \leq n$이다. 그러면 순열의 수와 조합의 수는 다음과 같다.

(1) $n$개의 원소를 갖는 집합에서 $r$개의 원소를 꺼내는 순열의 수는

$$_n P_r = \frac{n!}{(n-r)!}$$

이다.

(2) $n$개의 원소를 갖는 집합에서 $r$개의 원소를 갖는 부분집합의 수 또는 조합의 수는

$$\binom{n}{r} = \frac{n!}{r!\,(n-r)!}$$

이다.

(3) $n$개의 원소를 갖는 집합에서 $n_1, n_2, \cdots, n_k$개의 원소를 꺼내어 각각 $k$개의 주머니에 넣는 방법의 수는

$$\binom{n}{n_1, n_2, \cdots, n_k} = \frac{n!}{n_1!\,n_2!\cdots n_k!}$$

이다. 단, $n_1 + n_2 + \cdots + n_k = n$, $0 \le n_1, n_2, \cdots, n_k \le n$이다.


## A-6·2 이항정리와 다항정리

두 수 $a$와 $b$에 대하여 다음 등식이 성립하는 것을 이미 알고 있을 것이다.

$$(a+b)^2 = a^2 + 2ab + b^2$$
$$(a+b)^3 = a^3 + 3a^2b + 3ab^2 + b^3$$
$$(a+b)^4 = a^4 + 4a^3b + 6a^2b^2 + 4ab^3 + b^4$$

이때 우변의 식에 포함된 계수들을 조합의 수를 이용하여 표현할 수 있으며, 그 방법은 다음과 같다.

$$1 = \binom{2}{0},\ 2 = \binom{2}{1},\ 1 = \binom{2}{2}$$
$$1 = \binom{3}{0},\ 3 = \binom{3}{1},\ 3 = \binom{3}{2},\ 1 = \binom{3}{3}$$
$$1 = \binom{4}{0},\ 4 = \binom{4}{1},\ 6 = \binom{4}{2},\ 4 = \binom{4}{3},\ 1 = \binom{4}{4}$$

일반적으로

$$(a+b)^n = a^n + na^{n-1}b + \frac{n(n-1)}{2}a^{n-2}b^2 + \cdots + \frac{n(n-1)}{2}a^2b^{n-2} + nab^{n-1} + b^n$$

으로 표현되며, 또한 $\binom{n}{r} = \dfrac{n!}{r!\,(n-r)!}$ 이므로 위의 식을 다음과 같이 표현할 수 있다.

(1) $(a+b)^n = \sum\limits_{r=1}^{n} \binom{n}{r} a^r b^{n-r}$

이때 식 (1)을 **이항정리**(binomial theorem)라 하며, $\binom{n}{r}$은 이항정리의 우변에 주어진 $a^r b^{n-r}$의 계수와 동일하므로 조합의 수를 **이항계수**(binomial coefficient)라 한다.

한편 이항정리를 확장하여, 임의의 실수 $a_1, a_2, \cdots, a_k$에 대하여

(2) $(a_1 + a_2 + \cdots + a_k)^n = \sum_{n_1, n_2, \cdots, n_k} \dfrac{n!}{n_1! \, n_2! \cdots n_k!} a_1^{n_1} a_2^{n_2} \cdots a_k^{n_k},$

$$n_1 + n_2 + \cdots + n_k = n, \ 0 \le n_1, n_2, \cdots, n_k \le n$$

으로 표현되며,

$$\binom{n}{n_1, n_2, \cdots, n_k} = \dfrac{n!}{n_1! \, n_2! \cdots n_k!}$$

이므로 $\binom{n}{n_1, n_2, \cdots, n_k}$을 **다항계수**(multinomial coefficient)라 한다. 그러면 이항계수는 다음과 같은 간단한 성질을 갖는다.

(3) $\displaystyle\sum_{k=0}^{n} \binom{n}{k} = 2^n$

(4) $\displaystyle\sum_{k=0}^{r} \binom{n}{k}\binom{m}{r-k} = \binom{n+m}{r}$

이와 같은 이항계수와 다항계수는 각각 이항분포와 다항분포의 확률질량함수를 만드는데 매우 중요한 역할을 한다. 한편 자연수 $n$에 대하여

$$\binom{-n}{r} = \dfrac{(-n)(-n-1)\cdots(-n-r+1)}{r!}$$

로 정의하면, 부록 A-5에서 살펴본 이항급수 $(1+x)^p$에 대하여

(5) $(1+x)^{-n} = \displaystyle\sum_{k=1}^{\infty} \binom{-n}{k} x^k \quad (-1 < x < 1)$

으로 나타낼 수 있으며, 이것을 임의의 실수 $p$에 대하여

(6) $(1+x)^p = \displaystyle\sum_{k=1}^{\infty} \binom{p}{k} x^k \quad (-1 < x < 1)$

으로 확장할 수 있다. 이때 식 (5)를 **음이항급수**(negative binomial series)라 한다. 그러면 다음의 성질을 쉽게 살펴볼 수 있다.

(7) $\displaystyle\sum_{k=0}^{n} (-1)^k \binom{n}{k} = 0$

(8) $r\begin{pmatrix} n \\ r \end{pmatrix} = n\begin{pmatrix} n-1 \\ r-1 \end{pmatrix}$

(9) $n\begin{pmatrix} n \\ r \end{pmatrix} = (r+1)\begin{pmatrix} n \\ r+1 \end{pmatrix} + r\begin{pmatrix} n \\ r \end{pmatrix} = r\begin{pmatrix} n+1 \\ r+1 \end{pmatrix} + \begin{pmatrix} n \\ r+1 \end{pmatrix}$

(10) $\begin{pmatrix} n \\ r \end{pmatrix} = \begin{pmatrix} n-1 \\ r-1 \end{pmatrix} + \begin{pmatrix} n-1 \\ r \end{pmatrix}$

(11) $\begin{pmatrix} n \\ r+1 \end{pmatrix} = \dfrac{n-r}{r+1}\begin{pmatrix} n \\ r \end{pmatrix}$, 단, $r = 0, 1, 2, \cdots, n-1$

# 확률분포표

## B-1 이항누적분포표

$$B(x\,;n,\,p) = \sum_{k=0}^{x} \binom{n}{k} p^k (1-p)^{n-k}$$

| n | x | p | | | | | | | | | | | | | | | | | | |
|---|---|--------|--------|--------|--------|--------|--------|--------|--------|--------|--------|--------|--------|--------|--------|--------|--------|--------|--------|--------|
| | | 0.05 | 0.10 | 0.15 | 0.20 | 0.25 | 0.30 | 0.35 | 0.40 | 0.45 | 0.50 | 0.55 | 0.60 | 0.65 | 0.70 | 0.75 | 0.80 | 0.85 | 0.90 | 0.95 |
| 1 | 0 | 0.9500 | 0.9000 | 0.8500 | 0.8000 | 0.7500 | 0.7000 | 0.6500 | 0.6000 | 0.5500 | 0.5000 | 0.4500 | 0.4000 | 0.3500 | 0.3000 | 0.2500 | 0.2000 | 0.1500 | 0.1000 | 0.0500 |
| 2 | 0 | 0.9025 | 0.8100 | 0.7225 | 0.6400 | 0.5625 | 0.4900 | 0.4225 | 0.3600 | 0.3025 | 0.2500 | 0.2025 | 0.1600 | 0.1225 | 0.0900 | 0.0625 | 0.0400 | 0.0225 | 0.0100 | 0.0025 |
| | 1 | 0.9975 | 0.9900 | 0.9775 | 0.9600 | 0.9375 | 0.9100 | 0.8775 | 0.8400 | 0.7975 | 0.7500 | 0.6975 | 0.6400 | 0.5775 | 0.5100 | 0.4375 | 0.3600 | 0.2775 | 0.1900 | 0.0975 |
| 3 | 0 | 0.8574 | 0.7290 | 0.6141 | 0.5120 | 0.4219 | 0.3430 | 0.2746 | 0.2160 | 0.1664 | 0.1250 | 0.0911 | 0.0640 | 0.0429 | 0.0270 | 0.0156 | 0.0080 | 0.0034 | 0.0010 | 0.0001 |
| | 1 | 0.9928 | 0.9720 | 0.9393 | 0.8960 | 0.8438 | 0.7840 | 0.7182 | 0.6480 | 0.5748 | 0.5000 | 0.4252 | 0.3520 | 0.2818 | 0.2160 | 0.1406 | 0.1040 | 0.0608 | 0.0280 | 0.0072 |
| | 2 | 0.9999 | 0.9990 | 0.9967 | 0.9920 | 0.9844 | 0.9730 | 0.9571 | 0.9360 | 0.9089 | 0.8750 | 0.8336 | 0.7840 | 0.7254 | 0.6570 | 0.5625 | 0.4880 | 0.3859 | 0.2710 | 0.1426 |

| n | x | 0.05 | 0.10 | 0.15 | 0.20 | 0.25 | 0.30 | 0.35 | 0.40 | 0.45 | $p$ 0.50 | 0.55 | 0.60 | 0.65 | 0.70 | 0.75 | 0.80 | 0.85 | 0.90 | 0.95 |
|---|---|------|------|------|------|------|------|------|------|------|------|------|------|------|------|------|------|------|------|------|
| 4 | 0 | 0.8145 | 0.6561 | 0.5220 | 0.4096 | 0.3164 | 0.2401 | 0.1785 | 0.1296 | 0.0915 | 0.0625 | 0.0410 | 0.0256 | 0.0150 | 0.0081 | 0.0039 | 0.0016 | 0.0005 | 0.0001 | 0.0000 |
|   | 1 | 0.9860 | 0.9477 | 0.8905 | 0.8192 | 0.7383 | 0.6517 | 0.5630 | 0.4752 | 0.3910 | 0.3125 | 0.2415 | 0.1792 | 0.1265 | 0.0837 | 0.0508 | 0.0272 | 0.0120 | 0.0037 | 0.0005 |
|   | 2 | 0.9995 | 0.9963 | 0.9880 | 0.9728 | 0.9492 | 0.9163 | 0.8735 | 0.8208 | 0.7585 | 0.6875 | 0.6090 | 0.5248 | 0.4370 | 0.3483 | 0.2617 | 0.1808 | 0.1095 | 0.0523 | 0.0140 |
|   | 3 | 1.0000 | 0.9999 | 0.9995 | 0.9984 | 0.9961 | 0.9919 | 0.9850 | 0.9744 | 0.9590 | 0.9375 | 0.9085 | 0.8704 | 0.8215 | 0.7599 | 0.6836 | 0.5904 | 0.4780 | 0.3439 | 0.1855 |
| 5 | 0 | 0.7738 | 0.5905 | 0.4437 | 0.3277 | 0.2373 | 0.1681 | 0.1160 | 0.0778 | 0.0503 | 0.0312 | 0.0185 | 0.0102 | 0.0053 | 0.0024 | 0.0010 | 0.0003 | 0.0001 | 0.0000 | 0.0000 |
|   | 1 | 0.9774 | 0.9185 | 0.8352 | 0.7373 | 0.6328 | 0.5282 | 0.4284 | 0.3370 | 0.2562 | 0.1875 | 0.1312 | 0.0870 | 0.0540 | 0.0308 | 0.0156 | 0.0067 | 0.0022 | 0.0005 | 0.0000 |
|   | 2 | 0.9988 | 0.9914 | 0.9734 | 0.9421 | 0.8965 | 0.8369 | 0.7648 | 0.6826 | 0.5931 | 0.5000 | 0.4069 | 0.3174 | 0.2352 | 0.1631 | 0.1035 | 0.0579 | 0.0266 | 0.0086 | 0.0012 |
|   | 3 | 1.0000 | 0.9995 | 0.9978 | 0.9933 | 0.9844 | 0.9692 | 0.9460 | 0.9130 | 0.8688 | 0.8125 | 0.7438 | 0.6630 | 0.5716 | 0.4718 | 0.3672 | 0.2627 | 0.1648 | 0.0815 | 0.0226 |
|   | 4 | 1.0000 | 1.0000 | 0.9999 | 0.9997 | 0.9990 | 0.9976 | 0.9947 | 0.9898 | 0.9815 | 0.9688 | 0.9497 | 0.9222 | 0.8840 | 0.8319 | 0.7627 | 0.6723 | 0.5563 | 0.4095 | 0.2262 |
| 6 | 0 | 0.7351 | 0.5314 | 0.3771 | 0.2621 | 0.1780 | 0.1176 | 0.0754 | 0.0467 | 0.0277 | 0.0156 | 0.0083 | 0.0041 | 0.0018 | 0.0007 | 0.0002 | 0.0001 | 0.0000 | 0.0000 | 0.0000 |
|   | 1 | 0.9672 | 0.8857 | 0.7765 | 0.6554 | 0.5339 | 0.4202 | 0.3191 | 0.2333 | 0.1636 | 0.1094 | 0.0692 | 0.0410 | 0.0223 | 0.0109 | 0.0046 | 0.0016 | 0.0004 | 0.0001 | 0.0000 |
|   | 2 | 0.9978 | 0.9842 | 0.9527 | 0.9011 | 0.8306 | 0.7443 | 0.6471 | 0.5443 | 0.4415 | 0.3438 | 0.2553 | 0.1792 | 0.1174 | 0.0705 | 0.0376 | 0.0170 | 0.0059 | 0.0013 | 0.0001 |
|   | 3 | 0.9999 | 0.9987 | 0.9941 | 0.9830 | 0.9624 | 0.9295 | 0.8826 | 0.8208 | 0.7447 | 0.6562 | 0.5585 | 0.4557 | 0.3529 | 0.2557 | 0.1694 | 0.0989 | 0.0473 | 0.0158 | 0.0022 |
|   | 4 | 1.0000 | 0.9999 | 0.9996 | 0.9984 | 0.9954 | 0.9891 | 0.9777 | 0.9590 | 0.9308 | 0.8906 | 0.8364 | 0.7667 | 0.6809 | 0.5798 | 0.4661 | 0.3446 | 0.2235 | 0.1143 | 0.0328 |
|   | 5 | 1.0000 | 1.0000 | 1.0000 | 0.9999 | 0.9998 | 0.9993 | 0.9982 | 0.9959 | 0.9917 | 0.9844 | 0.9723 | 0.9533 | 0.9246 | 0.8824 | 0.8220 | 0.7379 | 0.6229 | 0.4686 | 0.2649 |
| 7 | 0 | 0.6983 | 0.4783 | 0.3206 | 0.2097 | 0.1335 | 0.0824 | 0.0490 | 0.0280 | 0.0152 | 0.0078 | 0.0037 | 0.0016 | 0.0006 | 0.0002 | 0.0001 | 0.0000 | 0.0000 | 0.0000 | 0.0000 |
|   | 1 | 0.9556 | 0.8503 | 0.7166 | 0.5767 | 0.4449 | 0.3294 | 0.2338 | 0.1586 | 0.1024 | 0.0625 | 0.0357 | 0.0188 | 0.0090 | 0.0038 | 0.0013 | 0.0004 | 0.0001 | 0.0000 | 0.0000 |
|   | 2 | 0.9962 | 0.9743 | 0.9262 | 0.8520 | 0.7564 | 0.6471 | 0.5323 | 0.4199 | 0.3164 | 0.2266 | 0.1529 | 0.0963 | 0.0556 | 0.0288 | 0.0129 | 0.0047 | 0.0012 | 0.0002 | 0.0000 |
|   | 3 | 0.9998 | 0.9973 | 0.9879 | 0.9667 | 0.9294 | 0.8740 | 0.8002 | 0.7102 | 0.6083 | 0.5000 | 0.3917 | 0.2898 | 0.1998 | 0.1260 | 0.0706 | 0.0333 | 0.0121 | 0.0027 | 0.0002 |
|   | 4 | 1.0000 | 0.9998 | 0.9988 | 0.9953 | 0.9871 | 0.9712 | 0.9444 | 0.9037 | 0.8471 | 0.7734 | 0.6836 | 0.5801 | 0.4677 | 0.3529 | 0.2436 | 0.1480 | 0.0738 | 0.0257 | 0.0038 |
|   | 5 | 1.0000 | 1.0000 | 0.9999 | 0.9996 | 0.9987 | 0.9962 | 0.9910 | 0.9812 | 0.9643 | 0.9375 | 0.8976 | 0.8414 | 0.7662 | 0.6706 | 0.5551 | 0.4233 | 0.2834 | 0.1497 | 0.0444 |
|   | 6 | 1.0000 | 1.0000 | 1.0000 | 1.0000 | 0.9999 | 0.9998 | 0.9994 | 0.9984 | 0.9963 | 0.9922 | 0.9848 | 0.9720 | 0.9510 | 0.9176 | 0.8665 | 0.7903 | 0.6794 | 0.5217 | 0.3017 |

|  |  | $p$ | | | | | | | | | | | | | | | | | | |
|---|---|---|---|---|---|---|---|---|---|---|---|---|---|---|---|---|---|---|---|---|
| $n$ | $x$ | 0.05 | 0.10 | 0.15 | 0.20 | 0.25 | 0.30 | 0.35 | 0.40 | 0.45 | 0.50 | 0.55 | 0.60 | 0.65 | 0.70 | 0.75 | 0.80 | 0.85 | 0.90 | 0.95 |
| 8 | 0 | 0.6634 | 0.4305 | 0.2725 | 0.1678 | 0.1001 | 0.0576 | 0.0319 | 0.0168 | 0.0084 | 0.0039 | 0.0017 | 0.0007 | 0.0002 | 0.0001 | 0.0000 | 0.0000 | 0.0000 | 0.0000 | 0.0000 |
|  | 1 | 0.9428 | 0.8131 | 0.6572 | 0.5033 | 0.3671 | 0.2553 | 0.1691 | 0.1064 | 0.0632 | 0.0352 | 0.0181 | 0.0085 | 0.0036 | 0.0013 | 0.0004 | 0.0001 | 0.0000 | 0.0000 | 0.0000 |
|  | 2 | 0.9942 | 0.9619 | 0.8948 | 0.7969 | 0.6785 | 0.5518 | 0.4278 | 0.3154 | 0.2201 | 0.1445 | 0.0885 | 0.0498 | 0.0253 | 0.0113 | 0.0042 | 0.0012 | 0.0002 | 0.0000 | 0.0000 |
|  | 3 | 0.9996 | 0.9950 | 0.9786 | 0.9437 | 0.8862 | 0.8059 | 0.7064 | 0.5941 | 0.4770 | 0.3633 | 0.2604 | 0.1737 | 0.1061 | 0.0580 | 0.0273 | 0.0104 | 0.0029 | 0.0004 | 0.0000 |
|  | 4 | 1.0000 | 0.9996 | 0.9971 | 0.9896 | 0.9727 | 0.9420 | 0.8939 | 0.8263 | 0.7396 | 0.6367 | 0.5230 | 0.4059 | 0.2936 | 0.1941 | 0.1138 | 0.0563 | 0.0214 | 0.0050 | 0.0004 |
|  | 5 | 1.0000 | 1.0000 | 0.9998 | 0.9988 | 0.9958 | 0.9887 | 0.9747 | 0.9502 | 0.9115 | 0.8555 | 0.7799 | 0.6846 | 0.5722 | 0.4482 | 0.3215 | 0.2031 | 0.1052 | 0.0381 | 0.0058 |
|  | 6 | 1.0000 | 1.0000 | 1.0000 | 0.9999 | 0.9996 | 0.9987 | 0.9964 | 0.9915 | 0.9819 | 0.9648 | 0.9368 | 0.8936 | 0.8309 | 0.7447 | 0.6329 | 0.4967 | 0.3428 | 0.1869 | 0.0572 |
|  | 7 | 1.0000 | 1.0000 | 1.0000 | 1.0000 | 1.0000 | 0.9999 | 0.9998 | 0.9993 | 0.9983 | 0.9961 | 0.9916 | 0.9832 | 0.9681 | 0.9424 | 0.8999 | 0.8322 | 0.7275 | 0.5695 | 0.3366 |
| 9 | 0 | 0.6302 | 0.3874 | 0.2316 | 0.1342 | 0.0751 | 0.0404 | 0.0207 | 0.0101 | 0.0046 | 0.0020 | 0.0008 | 0.0003 | 0.0001 | 0.0000 | 0.0000 | 0.0000 | 0.0000 | 0.0000 | 0.0000 |
|  | 1 | 0.9288 | 0.7748 | 0.5995 | 0.4362 | 0.3003 | 0.1960 | 0.1211 | 0.0705 | 0.0385 | 0.0195 | 0.0091 | 0.0038 | 0.0014 | 0.0004 | 0.0001 | 0.0000 | 0.0000 | 0.0000 | 0.0000 |
|  | 2 | 0.9916 | 0.9470 | 0.8591 | 0.7382 | 0.6007 | 0.4628 | 0.3373 | 0.2318 | 0.1495 | 0.0898 | 0.0498 | 0.0250 | 0.0112 | 0.0043 | 0.0013 | 0.0003 | 0.0000 | 0.0000 | 0.0000 |
|  | 3 | 0.9994 | 0.9917 | 0.9661 | 0.9144 | 0.8343 | 0.7297 | 0.6089 | 0.4826 | 0.3614 | 0.2539 | 0.1658 | 0.0994 | 0.0536 | 0.0253 | 0.0100 | 0.0031 | 0.0006 | 0.0001 | 0.0000 |
|  | 4 | 1.0000 | 0.9991 | 0.9944 | 0.9804 | 0.9511 | 0.9012 | 0.8283 | 0.7334 | 0.6214 | 0.5000 | 0.3786 | 0.2666 | 0.1717 | 0.0988 | 0.0489 | 0.0196 | 0.0056 | 0.0009 | 0.0000 |
|  | 5 | 1.0000 | 0.9999 | 0.9994 | 0.9969 | 0.9900 | 0.9747 | 0.9464 | 0.9006 | 0.8342 | 0.7461 | 0.6386 | 0.5174 | 0.3911 | 0.2703 | 0.1657 | 0.0856 | 0.0339 | 0.0083 | 0.0006 |
|  | 6 | 1.0000 | 1.0000 | 1.0000 | 0.9997 | 0.9987 | 0.9957 | 0.9888 | 0.9750 | 0.9502 | 0.9102 | 0.8505 | 0.7682 | 0.6627 | 0.5372 | 0.3993 | 0.2618 | 0.1409 | 0.0530 | 0.0084 |
|  | 7 | 1.0000 | 1.0000 | 1.0000 | 1.0000 | 0.9999 | 0.9996 | 0.9986 | 0.9962 | 0.9909 | 0.9805 | 0.9615 | 0.9295 | 0.8789 | 0.8040 | 0.6997 | 0.5638 | 0.4005 | 0.2252 | 0.0712 |
|  | 8 | 1.0000 | 1.0000 | 1.0000 | 1.0000 | 1.0000 | 0.9999 | 0.9999 | 0.9997 | 0.9992 | 0.9980 | 0.9954 | 0.9899 | 0.9793 | 0.9596 | 0.9249 | 0.8658 | 0.7684 | 0.6126 | 0.3698 |
| 10 | 0 | 0.5987 | 0.3487 | 0.1969 | 0.1074 | 0.0563 | 0.0282 | 0.0135 | 0.0060 | 0.0025 | 0.0010 | 0.0003 | 0.0001 | 0.0000 | 0.0000 | 0.0000 | 0.0000 | 0.0000 | 0.0000 | 0.0000 |
|  | 1 | 0.9139 | 0.7361 | 0.5443 | 0.3758 | 0.2440 | 0.1493 | 0.0860 | 0.0464 | 0.0233 | 0.0107 | 0.0045 | 0.0017 | 0.0005 | 0.0001 | 0.0000 | 0.0000 | 0.0000 | 0.0000 | 0.0000 |
|  | 2 | 0.9885 | 0.9298 | 0.8202 | 0.6778 | 0.5256 | 0.3828 | 0.2616 | 0.1673 | 0.0996 | 0.0547 | 0.0274 | 0.0123 | 0.0048 | 0.0016 | 0.0004 | 0.0001 | 0.0000 | 0.0000 | 0.0000 |
|  | 3 | 0.9990 | 0.9872 | 0.9500 | 0.8791 | 0.7759 | 0.6496 | 0.5138 | 0.3823 | 0.2660 | 0.1719 | 0.1020 | 0.0548 | 0.0260 | 0.0106 | 0.0035 | 0.0009 | 0.0001 | 0.0000 | 0.0000 |
|  | 4 | 0.9999 | 0.9984 | 0.9901 | 0.9672 | 0.9219 | 0.8497 | 0.7515 | 0.6331 | 0.5044 | 0.3770 | 0.2616 | 0.1662 | 0.0949 | 0.0473 | 0.0197 | 0.0064 | 0.0014 | 0.0001 | 0.0000 |
|  | 5 | 1.0000 | 0.9999 | 0.9986 | 0.9936 | 0.9803 | 0.9527 | 0.9051 | 0.8338 | 0.7384 | 0.6230 | 0.4956 | 0.3669 | 0.2485 | 0.1503 | 0.0781 | 0.0328 | 0.0099 | 0.0016 | 0.0001 |
|  | 6 | 1.0000 | 1.0000 | 0.9999 | 0.9991 | 0.9965 | 0.9894 | 0.9740 | 0.9452 | 0.8980 | 0.8281 | 0.7340 | 0.6177 | 0.4862 | 0.3504 | 0.2241 | 0.1209 | 0.0500 | 0.0128 | 0.0010 |
|  | 7 | 1.0000 | 1.0000 | 1.0000 | 0.9999 | 0.9996 | 0.9984 | 0.9952 | 0.9877 | 0.9726 | 0.9453 | 0.9004 | 0.8327 | 0.7384 | 0.6172 | 0.4744 | 0.3222 | 0.1798 | 0.0702 | 0.0115 |
|  | 8 | 1.0000 | 1.0000 | 1.0000 | 1.0000 | 1.0000 | 0.9999 | 0.9995 | 0.9983 | 0.9955 | 0.9893 | 0.9767 | 0.9536 | 0.9140 | 0.8507 | 0.7560 | 0.6242 | 0.4557 | 0.2639 | 0.0861 |
|  | 9 | 1.0000 | 1.0000 | 1.0000 | 1.0000 | 1.0000 | 1.0000 | 0.9999 | 0.9999 | 0.9997 | 0.9990 | 0.9975 | 0.9940 | 0.9865 | 0.9718 | 0.9437 | 0.8926 | 0.8031 | 0.6513 | 0.4013 |

| n | x | | | | | | | | | | $p$ | | | | | | | | | |
|---|---|---|---|---|---|---|---|---|---|---|---|---|---|---|---|---|---|---|---|---|
| | | 0.05 | 0.10 | 0.15 | 0.20 | 0.25 | 0.30 | 0.35 | 0.40 | 0.45 | 0.50 | 0.55 | 0.60 | 0.65 | 0.70 | 0.75 | 0.80 | 0.85 | 0.90 | 0.95 |
| 15 | 0 | 0.4633 | 0.2059 | 0.0874 | 0.0352 | 0.0134 | 0.0047 | 0.0016 | 0.0005 | 0.0001 | 0.0000 | 0.0000 | 0.0000 | 0.0000 | 0.0000 | 0.0000 | 0.0000 | 0.0000 | 0.0000 | 0.0000 |
| | 1 | 0.8290 | 0.5490 | 0.3186 | 0.1671 | 0.0802 | 0.0353 | 0.0142 | 0.0052 | 0.0017 | 0.0005 | 0.0001 | 0.0000 | 0.0000 | 0.0000 | 0.0000 | 0.0000 | 0.0000 | 0.0000 | 0.0000 |
| | 2 | 0.9638 | 0.8159 | 0.6042 | 0.3980 | 0.2361 | 0.1268 | 0.0617 | 0.0271 | 0.0107 | 0.0037 | 0.0011 | 0.0003 | 0.0001 | 0.0000 | 0.0000 | 0.0000 | 0.0000 | 0.0000 | 0.0000 |
| | 3 | 0.9945 | 0.9444 | 0.8227 | 0.6482 | 0.4613 | 0.2969 | 0.1727 | 0.0905 | 0.0424 | 0.0176 | 0.0063 | 0.0019 | 0.0005 | 0.0001 | 0.0000 | 0.0000 | 0.0000 | 0.0000 | 0.0000 |
| | 4 | 0.9994 | 0.9873 | 0.9383 | 0.8358 | 0.6865 | 0.5155 | 0.3519 | 0.2173 | 0.1204 | 0.0592 | 0.0255 | 0.0093 | 0.0028 | 0.0007 | 0.0001 | 0.0000 | 0.0000 | 0.0000 | 0.0000 |
| | 5 | 0.9999 | 0.9978 | 0.9832 | 0.9389 | 0.8516 | 0.7216 | 0.5643 | 0.4032 | 0.2608 | 0.1509 | 0.0769 | 0.0338 | 0.0124 | 0.0037 | 0.0008 | 0.0001 | 0.0000 | 0.0000 | 0.0000 |
| | 6 | 1.0000 | 0.9997 | 0.9964 | 0.9819 | 0.9434 | 0.8689 | 0.7548 | 0.6098 | 0.4522 | 0.3036 | 0.1818 | 0.0950 | 0.0422 | 0.0152 | 0.0042 | 0.0008 | 0.0001 | 0.0000 | 0.0000 |
| | 7 | 1.0000 | 1.0000 | 0.9994 | 0.9958 | 0.9827 | 0.9500 | 0.8868 | 0.7869 | 0.6535 | 0.5000 | 0.3465 | 0.2131 | 0.1132 | 0.0500 | 0.0173 | 0.0042 | 0.0006 | 0.0000 | 0.0000 |
| | 8 | 1.0000 | 1.0000 | 0.9999 | 0.9992 | 0.9958 | 0.9848 | 0.9578 | 0.9050 | 0.8182 | 0.6964 | 0.5478 | 0.3902 | 0.2452 | 0.1311 | 0.0566 | 0.0181 | 0.0036 | 0.0003 | 0.0000 |
| | 9 | 1.0000 | 1.0000 | 1.0000 | 0.9999 | 0.9992 | 0.9963 | 0.9876 | 0.9662 | 0.9231 | 0.8491 | 0.7392 | 0.5968 | 0.4357 | 0.2784 | 0.1484 | 0.0611 | 0.0168 | 0.0022 | 0.0001 |
| | 10 | 1.0000 | 1.0000 | 1.0000 | 1.0000 | 0.9999 | 0.9993 | 0.9972 | 0.9907 | 0.9745 | 0.9408 | 0.8796 | 0.7827 | 0.6481 | 0.4845 | 0.3135 | 0.1642 | 0.0617 | 0.0127 | 0.0006 |
| | 11 | 1.0000 | 1.0000 | 1.0000 | 1.0000 | 1.0000 | 0.9999 | 0.9995 | 0.9981 | 0.9937 | 0.9824 | 0.9576 | 0.9095 | 0.8273 | 0.7031 | 0.5387 | 0.3518 | 0.1773 | 0.0556 | 0.0055 |
| | 12 | 1.0000 | 1.0000 | 1.0000 | 1.0000 | 1.0000 | 1.0000 | 0.9999 | 0.9997 | 0.9989 | 0.9963 | 0.9893 | 0.9729 | 0.9383 | 0.8732 | 0.7639 | 0.6020 | 0.3958 | 0.1841 | 0.0362 |
| | 13 | 1.0000 | 1.0000 | 1.0000 | 1.0000 | 1.0000 | 1.0000 | 1.0000 | 1.0000 | 0.9999 | 0.9995 | 0.9983 | 0.9948 | 0.9858 | 0.9647 | 0.9198 | 0.8329 | 0.6814 | 0.4510 | 0.1710 |
| | 14 | 1.0000 | 1.0000 | 1.0000 | 1.0000 | 1.0000 | 1.0000 | 1.0000 | 1.0000 | 1.0000 | 1.0000 | 0.9999 | 0.9995 | 0.9984 | 0.9953 | 0.9866 | 0.9648 | 0.9126 | 0.7941 | 0.5367 |
| 20 | 0 | 0.3585 | 0.1216 | 0.0388 | 0.0115 | 0.0032 | 0.0008 | 0.0002 | 0.0000 | 0.0000 | 0.0000 | 0.0000 | 0.0000 | 0.0000 | 0.0000 | 0.0000 | 0.0000 | 0.0000 | 0.0000 | 0.0000 |
| | 1 | 0.7358 | 0.3917 | 0.1756 | 0.0692 | 0.0243 | 0.0076 | 0.0021 | 0.0005 | 0.0001 | 0.0000 | 0.0000 | 0.0000 | 0.0000 | 0.0000 | 0.0000 | 0.0000 | 0.0000 | 0.0000 | 0.0000 |
| | 2 | 0.9245 | 0.6769 | 0.4049 | 0.2061 | 0.0913 | 0.0355 | 0.0121 | 0.0036 | 0.0009 | 0.0002 | 0.0000 | 0.0000 | 0.0000 | 0.0000 | 0.0000 | 0.0000 | 0.0000 | 0.0000 | 0.0000 |
| | 3 | 0.9841 | 0.8670 | 0.6477 | 0.4114 | 0.2252 | 0.1071 | 0.0444 | 0.0160 | 0.0049 | 0.0013 | 0.0003 | 0.0000 | 0.0000 | 0.0000 | 0.0000 | 0.0000 | 0.0000 | 0.0000 | 0.0000 |
| | 4 | 0.9974 | 0.9568 | 0.8298 | 0.6296 | 0.4148 | 0.2375 | 0.1182 | 0.0510 | 0.0189 | 0.0059 | 0.0015 | 0.0003 | 0.0000 | 0.0000 | 0.0000 | 0.0000 | 0.0000 | 0.0000 | 0.0000 |
| | 5 | 0.9997 | 0.9887 | 0.9327 | 0.8042 | 0.6172 | 0.4164 | 0.2454 | 0.1256 | 0.0553 | 0.0207 | 0.0064 | 0.0016 | 0.0003 | 0.0000 | 0.0000 | 0.0000 | 0.0000 | 0.0000 | 0.0000 |
| | 6 | 1.0000 | 0.9976 | 0.9781 | 0.9133 | 0.7858 | 0.6080 | 0.4166 | 0.2500 | 0.1299 | 0.0577 | 0.0214 | 0.0065 | 0.0015 | 0.0003 | 0.0000 | 0.0000 | 0.0000 | 0.0000 | 0.0000 |
| | 7 | 1.0000 | 0.9996 | 0.9941 | 0.9679 | 0.8982 | 0.7723 | 0.6010 | 0.4159 | 0.2520 | 0.1316 | 0.0580 | 0.0210 | 0.0060 | 0.0013 | 0.0002 | 0.0000 | 0.0000 | 0.0000 | 0.0000 |
| | 8 | 1.0000 | 0.9999 | 0.9987 | 0.9900 | 0.9591 | 0.8867 | 0.7624 | 0.5956 | 0.4143 | 0.2517 | 0.1308 | 0.0565 | 0.0196 | 0.0051 | 0.0009 | 0.0001 | 0.0000 | 0.0000 | 0.0000 |
| | 9 | 1.0000 | 1.0000 | 0.9998 | 0.9974 | 0.9861 | 0.9520 | 0.8782 | 0.7553 | 0.5914 | 0.4119 | 0.2493 | 0.1275 | 0.0532 | 0.0171 | 0.0039 | 0.0006 | 0.0000 | 0.0000 | 0.0000 |
| | 10 | 1.0000 | 1.0000 | 1.0000 | 0.9994 | 0.9961 | 0.9829 | 0.9468 | 0.8725 | 0.7507 | 0.5881 | 0.4086 | 0.2447 | 0.1218 | 0.0480 | 0.0139 | 0.0026 | 0.0002 | 0.0000 | 0.0000 |
| | 11 | 1.0000 | 1.0000 | 1.0000 | 0.9999 | 0.9991 | 0.9949 | 0.9804 | 0.9435 | 0.8692 | 0.7483 | 0.5857 | 0.4044 | 0.2376 | 0.1133 | 0.0409 | 0.0100 | 0.0013 | 0.0001 | 0.0000 |
| | 12 | 1.0000 | 1.0000 | 1.0000 | 1.0000 | 0.9998 | 0.9987 | 0.9940 | 0.9790 | 0.9420 | 0.8684 | 0.7480 | 0.5841 | 0.3990 | 0.2277 | 0.1018 | 0.0321 | 0.0059 | 0.0004 | 0.0000 |
| | 13 | 1.0000 | 1.0000 | 1.0000 | 1.0000 | 1.0000 | 0.9997 | 0.9985 | 0.9935 | 0.9786 | 0.9423 | 0.8701 | 0.7500 | 0.5834 | 0.3920 | 0.2142 | 0.0867 | 0.0219 | 0.0024 | 0.0000 |
| | 14 | 1.0000 | 1.0000 | 1.0000 | 1.0000 | 1.0000 | 1.0000 | 0.9997 | 0.9984 | 0.9936 | 0.9793 | 0.9447 | 0.8744 | 0.7546 | 0.5836 | 0.3828 | 0.1958 | 0.0673 | 0.0113 | 0.0003 |
| | 15 | 1.0000 | 1.0000 | 1.0000 | 1.0000 | 1.0000 | 1.0000 | 1.0000 | 0.9997 | 0.9985 | 0.9941 | 0.9811 | 0.9490 | 0.8818 | 0.7625 | 0.5852 | 0.3704 | 0.1702 | 0.0432 | 0.0026 |
| | 16 | 1.0000 | 1.0000 | 1.0000 | 1.0000 | 1.0000 | 1.0000 | 1.0000 | 1.0000 | 0.9997 | 0.9987 | 0.9951 | 0.9840 | 0.9556 | 0.8929 | 0.7748 | 0.5886 | 0.3523 | 0.1330 | 0.0159 |
| | 17 | 1.0000 | 1.0000 | 1.0000 | 1.0000 | 1.0000 | 1.0000 | 1.0000 | 1.0000 | 1.0000 | 0.9998 | 0.9991 | 0.9964 | 0.9879 | 0.9645 | 0.9087 | 0.7939 | 0.5951 | 0.3231 | 0.0755 |
| | 18 | 1.0000 | 1.0000 | 1.0000 | 1.0000 | 1.0000 | 1.0000 | 1.0000 | 1.0000 | 1.0000 | 1.0000 | 0.9999 | 0.9995 | 0.9979 | 0.9924 | 0.9757 | 0.9308 | 0.8244 | 0.6083 | 0.2642 |
| | 19 | 1.0000 | 1.0000 | 1.0000 | 1.0000 | 1.0000 | 1.0000 | 1.0000 | 1.0000 | 1.0000 | 1.0000 | 1.0000 | 1.0000 | 0.9998 | 0.9992 | 0.9968 | 0.9885 | 0.9612 | 0.8784 | 0.6415 |
| | 20 | 1.0000 | 1.0000 | 1.0000 | 1.0000 | 1.0000 | 1.0000 | 1.0000 | 1.0000 | 1.0000 | 1.0000 | 1.0000 | 1.0000 | 1.0000 | 1.0000 | 1.0000 | 1.0000 | 1.0000 | 1.0000 | 1.0000 |

**B-2** 누적푸아송분포표

$$P\{X \leq x\}= \sum_{k=0}^{x} \frac{\mu^{k}}{k!} e^{-\mu}$$

| x | μ | | | | | | | | | |
|---|---|---|---|---|---|---|---|---|---|---|
| | .10 | .20 | .30 | .40 | .50 | .60 | .70 | .80 | .90 | 1.00 |
| 0 | .905 | .819 | .741 | .670 | .607 | .549 | .497 | .449 | .407 | .368 |
| 1 | .995 | .982 | .963 | .938 | .910 | .878 | .844 | .809 | .772 | .736 |
| 2 | 1.000 | .999 | .996 | .992 | .986 | .977 | .966 | .953 | .937 | .920 |
| 3 | 1.000 | 1.000 | 1.000 | .999 | .998 | .997 | .994 | .991 | .987 | .981 |
| 4 | 1.000 | 1.000 | 1.000 | 1.000 | 1.000 | 1.000 | .999 | .999 | .998 | .996 |
| 5 | 1.000 | 1.000 | 1.000 | 1.000 | 1.000 | 1.000 | 1.000 | 1.000 | 1.000 | .999 |
| 6 | 1.000 | 1.000 | 1.000 | 1.000 | 1.000 | 1.000 | 1.000 | 1.000 | 1.000 | 1.000 |
| 7 | 1.000 | 1.000 | 1.000 | 1.000 | 1.000 | 1.000 | 1.000 | 1.000 | 1.000 | 1.000 |

| x | μ | | | | | | | | | |
|---|---|---|---|---|---|---|---|---|---|---|
| | 1.10 | 1.20 | 1.30 | 1.40 | 1.50 | 1.60 | 1.70 | 1.80 | 1.90 | 2.00 |
| 0 | .333 | .301 | .273 | .247 | .223 | .202 | .183 | .165 | .150 | .135 |
| 1 | .699 | .663 | .627 | .592 | .558 | .525 | .493 | .463 | .434 | .406 |
| 2 | .900 | .879 | .857 | .833 | .809 | .783 | .757 | .731 | .704 | .677 |
| 3 | .974 | .966 | .957 | .946 | .934 | .921 | .907 | .891 | .875 | .857 |
| 4 | .995 | .992 | .989 | .986 | .981 | .976 | .970 | .964 | .954 | .947 |
| 5 | .999 | .998 | .998 | .997 | .996 | .994 | .992 | .990 | .987 | .983 |
| 6 | 1.000 | 1.000 | 1.000 | .999 | .999 | .999 | .998 | .997 | .997 | .995 |
| 7 | 1.000 | 1.000 | 1.000 | 1.000 | 1.000 | 1.000 | 1.000 | .999 | .999 | .999 |
| 8 | 1.000 | 1.000 | 1.000 | 1.000 | 1.000 | 1.000 | 1.000 | 1.000 | 1.000 | 1.000 |
| 9 | 1.000 | 1.000 | 1.000 | 1.000 | 1.000 | 1.000 | 1.000 | 1.000 | 1.000 | 1.000 |

| x | μ | | | | | | | | | |
|---|---|---|---|---|---|---|---|---|---|---|
| | 2.10 | 2.20 | 2.30 | 2.40 | 2.50 | 2.60 | 2.70 | 2.80 | 2.90 | 3.00 |
| 0 | .122 | .111 | .100 | .091 | .082 | .074 | .067 | .061 | .055 | .050 |
| 1 | .380 | .355 | .331 | .308 | .287 | .267 | .249 | .231 | .215 | .199 |
| 2 | .650 | .623 | .596 | .570 | .544 | .518 | .494 | .469 | .446 | .423 |
| 3 | .839 | .819 | .799 | .779 | .758 | .736 | .714 | .692 | .670 | .647 |
| 4 | .938 | .928 | .916 | .904 | .891 | .877 | .863 | .848 | .832 | .815 |
| 5 | .980 | .975 | .970 | .964 | .958 | .951 | .943 | .935 | .923 | .916 |
| 6 | .994 | .993 | .991 | .988 | .986 | .983 | .979 | .976 | .971 | .966 |
| 7 | .999 | .998 | .997 | .997 | .996 | .995 | .993 | .992 | .990 | .988 |
| 8 | 1.000 | 1.000 | .999 | .999 | .999 | .999 | .998 | .998 | .997 | .996 |
| 9 | 1.000 | 1.000 | 1.000 | 1.000 | 1.000 | 1.000 | .999 | .999 | .999 | .999 |
| 10 | 1.000 | 1.000 | 1.000 | 1.000 | 1.000 | 1.000 | 1.000 | 1.000 | 1.000 | 1.000 |
| 11 | 1.000 | 1.000 | 1.000 | 1.000 | 1.000 | 1.000 | 1.000 | 1.000 | 1.000 | 1.000 |
| 12 | 1.000 | 1.000 | 1.000 | 1.000 | 1.000 | 1.000 | 1.000 | 1.000 | 1.000 | 1.000 |

누적푸아송분포표(계속)

| x | μ | | | | | | | | | |
|---|---|---|---|---|---|---|---|---|---|---|
| | 3.10 | 3.20 | 3.30 | 3.40 | 3.50 | 3.60 | 3.70 | 3.80 | 3.90 | 4.00 |
| 0 | .045 | .041 | .037 | .033 | .030 | .027 | .025 | .022 | .020 | .018 |
| 1 | .185 | .171 | .159 | .147 | .136 | .126 | .116 | .107 | .099 | .092 |
| 2 | .401 | .380 | .359 | .340 | .321 | .303 | .285 | .269 | .253 | .238 |
| 3 | .625 | .603 | .580 | .558 | .537 | .515 | .494 | .473 | .453 | .433 |
| 4 | .798 | .781 | .763 | .744 | .725 | .706 | .687 | .668 | .648 | .629 |
| 5 | .906 | .895 | .883 | .871 | .858 | .844 | .830 | .816 | .801 | .785 |
| 6 | .961 | .955 | .949 | .942 | .935 | .927 | .918 | .909 | .899 | .889 |
| 7 | .986 | .983 | .980 | .977 | .973 | .969 | .965 | .960 | .955 | .949 |
| 8 | .995 | .994 | .993 | .992 | .990 | .988 | .986 | .984 | .981 | .979 |
| 9 | .999 | .998 | .998 | .997 | .997 | .996 | .995 | .994 | .993 | .992 |
| 10 | 1.000 | 1.000 | .999 | .999 | .999 | .999 | .998 | .998 | .998 | .997 |
| 11 | 1.000 | 1.000 | 1.000 | 1.000 | 1.000 | 1.000 | 1.000 | .999 | .999 | .999 |
| 12 | 1.000 | 1.000 | 1.000 | 1.000 | 1.000 | 1.000 | 1.000 | 1.000 | 1.000 | 1.000 |
| 13 | 1.000 | 1.000 | 1.000 | 1.000 | 1.000 | 1.000 | 1.000 | 1.000 | 1.000 | 1.000 |
| 14 | 1.000 | 1.000 | 1.000 | 1.000 | 1.000 | 1.000 | 1.000 | 1.000 | 1.000 | 1.000 |

| x | μ | | | | | | | | | |
|---|---|---|---|---|---|---|---|---|---|---|
| | 4.50 | 5.00 | 5.50 | 6.00 | 6.50 | 7.00 | 7.50 | 8.00 | 8.50 | 9.00 |
| 0 | .011 | .007 | .004 | .002 | .002 | .001 | .001 | .000 | .000 | .000 |
| 1 | .061 | .040 | .027 | .017 | .011 | .007 | .005 | .003 | .002 | .001 |
| 2 | .174 | .125 | .009 | .062 | .043 | .030 | .020 | .014 | .009 | .006 |
| 3 | .342 | .265 | .202 | .151 | .112 | .082 | .059 | .042 | .030 | .021 |
| 4 | .532 | .440 | .358 | .285 | .224 | .173 | .132 | .100 | .074 | .055 |
| 5 | .703 | .616 | .529 | .446 | .369 | .301 | .241 | .191 | .150 | .116 |
| 6 | .831 | .762 | .686 | .606 | .527 | .450 | .378 | .313 | .256 | .207 |
| 7 | .913 | .867 | .809 | .744 | .673 | .599 | .525 | .453 | .386 | .324 |
| 8 | .960 | .932 | .894 | .847 | .792 | .729 | .662 | .593 | .523 | .456 |
| 9 | .983 | .968 | .946 | .916 | .877 | .830 | .776 | .717 | .653 | .587 |
| 10 | .993 | .986 | .975 | .957 | .933 | .901 | .862 | .816 | .763 | .706 |
| 11 | .998 | .995 | .989 | .980 | .966 | .947 | .921 | .888 | .849 | .803 |
| 12 | .999 | .998 | .996 | .991 | .984 | .973 | .957 | .936 | .909 | .876 |
| 13 | 1.000 | .999 | .998 | .996 | .993 | .987 | .978 | .966 | .949 | .926 |
| 14 | 1.000 | 1.000 | .999 | .999 | .997 | .994 | .990 | .983 | .973 | .959 |
| 15 | 1.000 | 1.000 | 1.000 | .999 | .999 | .998 | .995 | .992 | .986 | .978 |
| 16 | 1.000 | 1.000 | 1.000 | 1.000 | 1.000 | .999 | .998 | .996 | .993 | .989 |
| 17 | 1.000 | 1.000 | 1.000 | 1.000 | 1.000 | 1.000 | .999 | .998 | .997 | .995 |
| 18 | 1.000 | 1.000 | 1.000 | 1.000 | 1.000 | 1.000 | 1.000 | .999 | .999 | .998 |
| 19 | 1.000 | 1.000 | 1.000 | 1.000 | 1.000 | 1.000 | 1.000 | 1.000 | .999 | .999 |
| 20 | 1.000 | 1.000 | 1.000 | 1.000 | 1.000 | 1.000 | 1.000 | 1.000 | 1.000 | 1.000 |
| 21 | 1.000 | 1.000 | 1.000 | 1.000 | 1.000 | 1.000 | 1.000 | 1.000 | 1.000 | 1.000 |
| 22 | 1.000 | 1.000 | 1.000 | 1.000 | 1.000 | 1.000 | 1.000 | 1.000 | 1.000 | 1.000 |

**B-3** 표준정규분포표

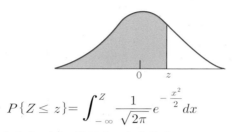

$$P\{Z \leq z\} = \int_{-\infty}^{Z} \frac{1}{\sqrt{2\pi}} e^{-\frac{x^2}{2}} dx$$

표의 숫자는 $z$보다 같거나 작을 확률을 나타낸다.

| z | .00 | .01 | .02 | .03 | .04 | .05 | .06 | .07 | .08 | .09 |
|---|---|---|---|---|---|---|---|---|---|---|
| .0 | .5000 | .5040 | .5080 | .5120 | .5160 | .5119 | .5239 | .5279 | .5319 | .5359 |
| .1 | .5398 | .5438 | .5478 | .5517 | .5557 | .5596 | .5636 | .5675 | .5714 | .5753 |
| .2 | .5793 | .5832 | .5871 | .5910 | .5948 | .5987 | .6026 | .6064 | .6103 | .6141 |
| .3 | .6179 | .6217 | .6255 | .6293 | .6331 | .6368 | .6406 | .6443 | .6480 | .6517 |
| .4 | .6554 | .6591 | .6628 | .6664 | .6700 | .6736 | .6772 | .6808 | .6844 | .6879 |
| .5 | .6915 | .6950 | .6985 | .7019 | .7054 | .7088 | .7123 | .7157 | .7190 | .7224 |
| .6 | .7257 | .7291 | .7324 | .7357 | .7389 | .7422 | .7454 | .7486 | .7517 | .7549 |
| .7 | .7580 | .7611 | .7642 | .7673 | .7704 | .7734 | .7764 | .7794 | .7823 | .7852 |
| .8 | .7881 | .7910 | .7939 | .7967 | .7995 | .8023 | .8051 | .8078 | .8106 | .8133 |
| .9 | .8159 | .8186 | .8212 | .8238 | .8264 | .8289 | .8315 | .8340 | .8365 | .8389 |
| 1.0 | .8413 | .8438 | .8461 | .8485 | .8508 | .8531 | .8554 | .8577 | .8599 | .8621 |
| 1.1 | .8643 | .8665 | .8686 | .8708 | .8729 | .8749 | .8770 | .8790 | .8810 | .8830 |
| 1.2 | .8949 | .8869 | .8888 | .8907 | .8925 | .8944 | .8962 | .8980 | .8997 | .9015 |
| 1.3 | .9032 | .9049 | .9066 | .9082 | .9099 | .9115 | .9131 | .9147 | .9162 | .9177 |
| 1.4 | .9192 | .9207 | .9222 | .9236 | .9251 | .9265 | .9279 | .9292 | .9306 | .9319 |
| 1.5 | .9332 | .9345 | .9357 | .9370 | .9382 | .9394 | .9406 | .9418 | .9429 | .9441 |
| 1.6 | .9452 | .9463 | .9474 | .9484 | .9495 | .9505 | .9515 | .9525 | .9535 | .9545 |
| 1.7 | .9554 | .9564 | .9573 | .9582 | .9591 | .9599 | .9608 | .9616 | .9625 | .9633 |
| 1.8 | .9641 | .9649 | .9656 | .9664 | .9671 | .9678 | .9686 | .9693 | .9699 | .9706 |
| 1.9 | .9713 | .9719 | .9726 | .9732 | .9738 | .9744 | .9750 | .9756 | .9761 | .9767 |
| 2.0 | .9772 | .9778 | .9783 | .9788 | .9793 | .9798 | .9803 | .9808 | .9812 | .9817 |
| 2.1 | .9821 | .9826 | .9830 | .9834 | .9838 | .9842 | .9846 | .9850 | .9854 | .9857 |
| 2.2 | .9861 | .9864 | .9868 | .9871 | .9875 | .9878 | .9881 | .9884 | .9887 | .9890 |
| 2.3 | .9893 | .9896 | .9898 | .9901 | .9904 | .9906 | .9909 | .9911 | .9913 | .9916 |
| 2.4 | .9918 | .9920 | .9922 | .9925 | .9927 | .9929 | .9931 | .9932 | .9934 | .9936 |
| 2.5 | .9938 | .9940 | .9941 | .9943 | .9945 | .9946 | .9948 | .9949 | .9951 | .9952 |
| 2.6 | .9953 | .9955 | .9956 | .9957 | .9959 | .9960 | .9961 | .9962 | .9963 | .9964 |
| 2.7 | .9965 | .9966 | .9967 | .9968 | .9969 | .9970 | .9971 | .9972 | .9973 | .9974 |
| 2.8 | .9974 | .9975 | .9976 | .9977 | .9977 | .9978 | .9979 | .9979 | .9980 | .9981 |
| 2.9 | .9981 | .9982 | .9982 | .9983 | .9984 | .9984 | .9985 | .9985 | .9986 | .9986 |
| 3.0 | .9987 | .9987 | .9987 | .9988 | .9988 | .9989 | .9989 | .9989 | .9990 | .9990 |
| 3.1 | .9990 | .9991 | .9991 | .9991 | .9992 | .9992 | .9992 | .9992 | .9993 | .9993 |
| 3.2 | .9993 | .9993 | .9994 | .9994 | .9994 | .9994 | .9994 | .9995 | .9995 | .9995 |
| 3.3 | .9995 | .9995 | .9995 | .9996 | .9996 | .9996 | .9996 | .9996 | .9996 | .9997 |
| 3.4 | .9997 | .9997 | .9997 | .9997 | .9997 | .9997 | .9997 | .9997 | .9997 | .9998 |
| 3.5 | .9998 | .9998 | .9998 | .9998 | .9998 | .9998 | .9998 | .9998 | .9998 | .9998 |

## B-4 카이제곱분포표-오른쪽 꼬리 확률

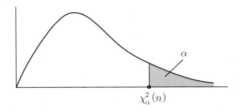

| df \ α | 0.9995 | 0.999 | 0.9975 | 0.995 | 0.990 | 0.975 | 0.950 | 0.900 | 0.750 | 0.500 |
|---|---|---|---|---|---|---|---|---|---|---|
| 1 | 0.00 | 0.00 | 0.00 | 0.00 | 0.00 | 0.00 | 0.00 | 0.02 | 0.10 | 0.45 |
| 2 | 0.00 | 0.00 | 0.01 | 0.01 | 0.02 | 0.05 | 0.10 | 0.21 | 0.58 | 1.39 |
| 3 | 0.02 | 0.02 | 0.04 | 0.07 | 0.11 | 0.22 | 0.35 | 0.58 | 1.21 | 2.37 |
| 4 | 0.06 | 0.09 | 0.14 | 0.21 | 0.30 | 0.48 | 0.71 | 1.06 | 1.92 | 3.36 |
| 5 | 0.16 | 0.21 | 0.31 | 0.41 | 0.55 | 0.83 | 1.15 | 1.61 | 2.67 | 4.35 |
| 6 | 0.30 | 0.38 | 0.53 | 0.68 | 0.87 | 1.24 | 1.64 | 2.20 | 3.45 | 5.35 |
| 7 | 0.48 | 0.60 | 0.79 | 0.99 | 1.24 | 1.69 | 2.17 | 2.83 | 4.25 | 6.35 |
| 8 | 0.71 | 0.86 | 1.10 | 1.34 | 1.65 | 2.18 | 2.73 | 3.49 | 5.07 | 7.34 |
| 9 | 0.97 | 1.15 | 1.45 | 1.73 | 2.09 | 2.70 | 3.33 | 4.17 | 5.90 | 8.34 |
| 10 | 1.26 | 1.48 | 1.83 | 2.16 | 2.56 | 3.25 | 3.94 | 4.87 | 6.74 | 9.34 |
| 11 | 1.59 | 1.83 | 2.23 | 2.60 | 3.05 | 3.82 | 4.57 | 5.58 | 7.58 | 10.34 |
| 12 | 1.93 | 2.21 | 2.66 | 3.07 | 3.57 | 4.40 | 5.23 | 6.30 | 8.44 | 11.34 |
| 13 | 2.31 | 2.62 | 3.11 | 3.57 | 4.11 | 5.01 | 5.89 | 7.04 | 9.30 | 12.34 |
| 14 | 2.70 | 3.04 | 3.58 | 4.07 | 4.66 | 5.63 | 6.57 | 7.79 | 10.17 | 13.34 |
| 15 | 3.11 | 3.48 | 4.07 | 4.60 | 5.23 | 6.26 | 7.26 | 8.55 | 11.04 | 14.34 |
| 16 | 3.54 | 3.94 | 4.57 | 5.14 | 5.81 | 6.91 | 7.96 | 9.31 | 11.91 | 15.34 |
| 17 | 3.98 | 4.42 | 5.09 | 5.70 | 6.41 | 7.56 | 8.67 | 10.09 | 12.79 | 16.34 |
| 18 | 4.44 | 4.90 | 5.62 | 6.26 | 7.01 | 8.23 | 9.39 | 10.86 | 13.68 | 17.34 |
| 19 | 4.91 | 5.41 | 6.17 | 6.84 | 7.63 | 8.91 | 10.12 | 11.65 | 14.56 | 18.34 |
| 20 | 5.40 | 5.92 | 6.72 | 7.43 | 8.26 | 9.59 | 10.85 | 12.44 | 15.45 | 19.34 |
| 21 | 5.90 | 6.45 | 7.29 | 8.03 | 8.90 | 10.28 | 11.59 | 13.24 | 16.34 | 20.34 |
| 22 | 6.40 | 6.98 | 7.86 | 8.64 | 9.54 | 10.98 | 12.34 | 14.04 | 17.24 | 21.34 |
| 23 | 6.92 | 7.53 | 8.45 | 9.26 | 10.20 | 11.69 | 13.09 | 14.85 | 18.14 | 22.34 |
| 24 | 7.45 | 8.08 | 9.04 | 9.89 | 10.86 | 12.40 | 13.85 | 15.66 | 19.04 | 23.34 |
| 25 | 7.99 | 8.65 | 9.65 | 10.52 | 11.52 | 13.12 | 14.61 | 16.47 | 19.94 | 24.34 |
| 26 | 8.54 | 9.22 | 10.26 | 11.16 | 12.20 | 13.84 | 15.38 | 17.29 | 20.84 | 25.34 |
| 27 | 9.09 | 9.80 | 10.87 | 11.81 | 12.88 | 14.57 | 16.15 | 18.11 | 21.75 | 26.34 |
| 28 | 9.66 | 10.39 | 11.50 | 12.46 | 13.56 | 15.31 | 16.93 | 18.94 | 22.66 | 27.34 |
| 29 | 10.23 | 10.99 | 12.13 | 13.12 | 14.26 | 16.05 | 17.71 | 19.77 | 23.57 | 28.34 |
| 30 | 10.80 | 11.59 | 12.76 | 13.79 | 14.95 | 16.79 | 18.49 | 20.60 | 24.48 | 29.34 |
| 40 | 16.91 | 17.92 | 19.42 | 20.71 | 22.16 | 24.43 | 26.51 | 29.05 | 33.66 | 39.34 |
| 50 | 23.46 | 24.67 | 26.46 | 27.99 | 29.71 | 32.36 | 34.76 | 37.69 | 42.94 | 49.33 |
| 60 | 30.34 | 31.74 | 33.79 | 35.53 | 37.48 | 40.48 | 43.19 | 46.46 | 52.29 | 59.33 |
| 80 | 44.79 | 46.52 | 49.04 | 51.17 | 53.54 | 57.15 | 60.39 | 64.28 | 71.14 | 79.33 |
| 100 | 59.90 | 61.92 | 64.86 | 67.33 | 70.06 | 74.22 | 77.93 | 82.36 | 90.13 | 99.33 |

카이제곱분포표-오른쪽 꼬리 확률(계속)

| df \ α | 0.250 | 0.200 | 0.150 | 0.100 | 0.050 | 0.025 | 0.020 | 0.010 | 0.005 | 0.0025 | 0.001 | 0.0005 |
|---|---|---|---|---|---|---|---|---|---|---|---|---|
| 1 | 1.32 | 1.64 | 2.07 | 2.71 | 3.84 | 5.02 | 5.41 | 6.63 | 7.88 | 9.14 | 10.83 | 12.12 |
| 2 | 2.77 | 3.22 | 3.79 | 4.61 | 5.99 | 7.38 | 7.82 | 9.21 | 10.60 | 11.98 | 13.82 | 15.20 |
| 3 | 4.11 | 4.64 | 5.32 | 6.25 | 7.81 | 9.35 | 9.84 | 11.34 | 12.84 | 14.32 | 16.27 | 17.73 |
| 4 | 5.39 | 5.99 | 6.74 | 7.78 | 9.49 | 11.14 | 11.67 | 13.28 | 14.86 | 16.42 | 18.47 | 20.00 |
| 5 | 6.63 | 7.29 | 8.12 | 9.24 | 11.07 | 12.83 | 13.39 | 15.09 | 16.75 | 18.39 | 20.51 | 22.11 |
| 6 | 7.84 | 8.56 | 9.45 | 10.64 | 12.59 | 14.45 | 15.03 | 16.81 | 18.55 | 20.25 | 22.46 | 24.10 |
| 7 | 9.04 | 9.80 | 10.75 | 12.02 | 14.07 | 16.01 | 16.62 | 18.48 | 20.28 | 22.04 | 24.32 | 26.02 |
| 8 | 10.22 | 11.03 | 12.03 | 13.36 | 15.51 | 17.53 | 18.17 | 20.09 | 21.95 | 23.77 | 26.12 | 27.87 |
| 9 | 11.39 | 12.24 | 13.29 | 14.68 | 16.92 | 19.02 | 19.68 | 21.67 | 23.59 | 25.46 | 27.88 | 29.67 |
| 10 | 12.55 | 13.44 | 14.53 | 15.99 | 18.31 | 20.48 | 21.16 | 23.21 | 25.19 | 27.11 | 29.59 | 31.42 |
| 11 | 13.70 | 14.63 | 15.77 | 17.28 | 19.68 | 21.92 | 22.62 | 24.72 | 26.76 | 28.73 | 31.26 | 33.14 |
| 12 | 14.85 | 15.81 | 16.99 | 18.55 | 21.03 | 23.34 | 24.05 | 26.22 | 28.30 | 30.32 | 32.91 | 34.82 |
| 13 | 15.98 | 16.98 | 18.20 | 19.81 | 22.36 | 24.74 | 25.47 | 27.69 | 29.82 | 31.88 | 34.53 | 36.48 |
| 14 | 17.12 | 18.15 | 19.41 | 21.06 | 23.68 | 26.12 | 26.87 | 29.14 | 31.32 | 33.43 | 36.12 | 38.11 |
| 15 | 18.25 | 19.31 | 20.60 | 22.31 | 25.00 | 27.49 | 28.26 | 30.58 | 32.80 | 34.95 | 37.70 | 39.72 |
| 16 | 19.37 | 20.47 | 21.79 | 23.54 | 26.30 | 28.85 | 29.63 | 32.00 | 34.27 | 36.46 | 39.25 | 41.31 |
| 17 | 20.49 | 21.61 | 22.98 | 24.77 | 27.59 | 30.19 | 31.00 | 33.41 | 35.72 | 37.95 | 40.79 | 42.88 |
| 18 | 21.60 | 22.76 | 24.16 | 25.99 | 28.87 | 31.53 | 32.35 | 34.81 | 37.16 | 39.42 | 42.31 | 44.43 |
| 19 | 22.72 | 23.90 | 25.33 | 27.20 | 30.14 | 32.85 | 33.69 | 36.19 | 38.58 | 40.88 | 43.82 | 45.97 |
| 20 | 23.83 | 25.04 | 26.50 | 28.41 | 31.41 | 34.17 | 35.02 | 37.57 | 40.00 | 42.34 | 45.31 | 47.50 |
| 21 | 24.93 | 26.17 | 27.66 | 29.62 | 32.67 | 35.48 | 36.34 | 38.93 | 41.40 | 43.78 | 46.80 | 49.01 |
| 22 | 26.04 | 27.30 | 28.82 | 30.81 | 33.92 | 36.78 | 37.66 | 40.29 | 42.80 | 45.20 | 48.27 | 50.51 |
| 23 | 27.14 | 28.43 | 29.98 | 32.01 | 35.17 | 38.08 | 38.97 | 41.64 | 44.18 | 46.62 | 49.73 | 52.00 |
| 24 | 28.24 | 29.55 | 31.13 | 33.20 | 36.42 | 39.36 | 40.27 | 42.98 | 45.56 | 48.03 | 51.18 | 53.48 |
| 25 | 29.34 | 30.68 | 32.28 | 34.38 | 37.65 | 40.65 | 41.57 | 44.31 | 46.93 | 49.44 | 52.62 | 54.95 |
| 26 | 30.43 | 31.79 | 33.43 | 35.56 | 38.89 | 41.92 | 42.86 | 45.64 | 48.29 | 50.83 | 54.05 | 56.41 |
| 27 | 31.53 | 32.91 | 34.57 | 36.74 | 40.11 | 43.19 | 44.14 | 46.96 | 49.64 | 52.22 | 55.48 | 57.86 |
| 28 | 32.62 | 34.03 | 35.71 | 37.92 | 41.34 | 44.46 | 45.42 | 48.28 | 50.99 | 53.59 | 56.89 | 59.30 |
| 29 | 33.71 | 35.14 | 36.85 | 39.09 | 42.56 | 45.72 | 46.69 | 49.59 | 52.34 | 54.97 | 58.30 | 60.73 |
| 30 | 34.80 | 36.25 | 37.99 | 40.26 | 43.77 | 46.98 | 47.96 | 50.89 | 53.67 | 56.33 | 59.70 | 62.16 |
| 40 | 45.62 | 47.27 | 49.24 | 51.81 | 55.76 | 59.34 | 60.44 | 63.69 | 66.77 | 69.70 | 73.40 | 76.09 |
| 50 | 56.33 | 58.16 | 60.35 | 63.17 | 67.50 | 71.42 | 72.61 | 76.15 | 79.49 | 82.66 | 86.66 | 89.56 |
| 60 | 66.98 | 68.97 | 71.34 | 74.40 | 79.08 | 83.30 | 84.58 | 88.38 | 91.95 | 95.34 | 99.61 | 102.7 |
| 80 | 88.13 | 90.41 | 93.11 | 96.58 | 101.9 | 106.6 | 108.1 | 112.3 | 116.3 | 120.1 | 124.8 | 128.3 |
| 100 | 109.1 | 111.7 | 114.7 | 118.5 | 124.3 | 129.6 | 131.1 | 135.8 | 140.2 | 144.3 | 149.4 | 153.2 |

## B-5 $t$ 분포-오른쪽 꼬리 확률

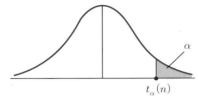

$t_\alpha(n)$

| df \ $\alpha$ | 0.25 | 0.20 | 0.15 | 0.10 | 0.05 | 0.025 | 0.02 | 0.01 | 0.005 | 0.0025 | 0.001 | 0.0005 |
|---|---|---|---|---|---|---|---|---|---|---|---|---|
| 1 | 1.000 | 1.376 | 1.963 | 3.078 | 6.314 | 12.71 | 15.89 | 31.82 | 63.66 | 127.3 | 318.3 | 636.6 |
| 2 | 0.816 | 1.061 | 1.386 | 1.886 | 2.920 | 4.303 | 4.849 | 6.965 | 9.925 | 14.09 | 22.33 | 31.60 |
| 3 | 0.765 | 0.978 | 1.250 | 1.638 | 2.353 | 3.182 | 3.482 | 4.541 | 5.841 | 7.453 | 10.21 | 12.92 |
| 4 | 0.741 | 0.941 | 1.190 | 1.533 | 2.132 | 2.776 | 2.999 | 3.747 | 4.604 | 5.598 | 7.173 | 8.610 |
| 5 | 0.727 | 0.920 | 1.156 | 1.476 | 2.015 | 2.571 | 2.757 | 3.365 | 4.032 | 4.773 | 5.893 | 6.869 |
| 6 | 0.718 | 0.906 | 1.134 | 1.440 | 1.943 | 2.447 | 2.612 | 3.143 | 3.707 | 4.317 | 5.208 | 5.959 |
| 7 | 0.711 | 0.896 | 1.119 | 1.415 | 1.895 | 2.365 | 2.517 | 2.998 | 3.499 | 4.029 | 4.785 | 5.408 |
| 8 | 0.706 | 0.889 | 1.108 | 1.397 | 1.860 | 2.306 | 2.449 | 2.896 | 3.355 | 3.833 | 4.501 | 5.041 |
| 9 | 0.703 | 0.883 | 1.100 | 1.383 | 1.833 | 2.262 | 2.398 | 2.821 | 3.250 | 3.690 | 4.297 | 4.781 |
| 10 | 0.700 | 0.879 | 1.093 | 1.372 | 1.812 | 2.228 | 2.359 | 2.764 | 3.169 | 3.581 | 4.144 | 4.587 |
| 11 | 0.697 | 0.876 | 1.088 | 1.363 | 1.796 | 2.201 | 2.328 | 2.718 | 3.106 | 3.497 | 4.025 | 4.437 |
| 12 | 0.695 | 0.873 | 1.083 | 1.356 | 1.782 | 2.179 | 2.303 | 2.681 | 3.055 | 3.428 | 3.930 | 4.318 |
| 13 | 0.694 | 0.870 | 1.079 | 1.350 | 1.771 | 2.160 | 2.282 | 2.650 | 3.012 | 3.372 | 3.852 | 4.221 |
| 14 | 0.692 | 0.868 | 1.076 | 1.345 | 1.761 | 2.145 | 2.264 | 2.624 | 2.977 | 3.326 | 3.787 | 4.140 |
| 15 | 0.691 | 0.866 | 1.074 | 1.341 | 1.753 | 2.131 | 2.249 | 2.602 | 2.947 | 3.286 | 3.733 | 4.073 |
| 16 | 0.690 | 0.865 | 1.071 | 1.337 | 1.746 | 2.120 | 2.235 | 2.583 | 2.921 | 3.252 | 3.686 | 4.015 |
| 17 | 0.689 | 0.863 | 1.069 | 1.333 | 1.740 | 2.110 | 2.224 | 2.567 | 2.898 | 3.222 | 3.646 | 3.965 |
| 18 | 0.688 | 0.862 | 1.067 | 1.330 | 1.734 | 2.101 | 2.214 | 2.552 | 2.878 | 3.197 | 3.611 | 3.922 |
| 19 | 0.688 | 0.861 | 1.066 | 1.328 | 1.729 | 2.093 | 2.205 | 2.539 | 2.861 | 3.174 | 3.579 | 3.883 |
| 20 | 0.687 | 0.860 | 1.064 | 1.325 | 1.725 | 2.086 | 2.197 | 2.528 | 2.845 | 3.153 | 3.552 | 3.850 |
| 21 | 0.686 | 0.859 | 1.063 | 1.323 | 1.721 | 2.080 | 2.189 | 2.518 | 2.831 | 3.135 | 3.527 | 3.819 |
| 22 | 0.686 | 0.858 | 1.061 | 1.321 | 1.717 | 2.074 | 2.183 | 2.508 | 2.819 | 3.119 | 3.505 | 3.792 |
| 23 | 0.685 | 0.858 | 1.060 | 1.319 | 1.714 | 2.069 | 2.177 | 2.500 | 2.807 | 3.104 | 3.485 | 3.768 |
| 24 | 0.685 | 0.857 | 1.059 | 1.318 | 1.711 | 2.064 | 2.172 | 2.492 | 2.797 | 3.091 | 3.467 | 3.745 |
| 25 | 0.684 | 0.856 | 1.058 | 1.316 | 1.708 | 2.060 | 2.167 | 2.485 | 2.787 | 3.078 | 3.450 | 3.725 |
| 26 | 0.684 | 0.856 | 1.058 | 1.315 | 1.706 | 2.056 | 2.162 | 2.479 | 2.779 | 3.067 | 3.435 | 3.707 |
| 27 | 0.684 | 0.855 | 1.057 | 1.314 | 1.703 | 2.052 | 2.158 | 2.473 | 2.771 | 3.057 | 3.421 | 3.690 |
| 28 | 0.683 | 0.855 | 1.056 | 1.313 | 1.701 | 2.048 | 2.154 | 2.467 | 2.763 | 3.047 | 3.408 | 3.674 |
| 29 | 0.683 | 0.854 | 1.055 | 1.311 | 1.699 | 2.045 | 2.150 | 2.462 | 2.756 | 3.038 | 3.396 | 3.659 |
| 30 | 0.683 | 0.854 | 1.055 | 1.310 | 1.697 | 2.042 | 2.147 | 2.457 | 2.750 | 3.030 | 3.385 | 3.646 |
| 40 | 0.681 | 0.851 | 1.050 | 1.303 | 1.684 | 2.021 | 2.123 | 2.423 | 2.704 | 2.971 | 3.307 | 3.551 |
| 50 | 0.679 | 0.849 | 1.047 | 1.299 | 1.676 | 2.009 | 2.109 | 2.403 | 2.678 | 2.937 | 3.261 | 3.496 |
| 60 | 0.679 | 0.848 | 1.045 | 1.296 | 1.671 | 2.000 | 2.099 | 2.390 | 2.660 | 2.915 | 3.232 | 3.460 |
| 80 | 0.678 | 0.846 | 1.043 | 1.292 | 1.664 | 1.990 | 2.088 | 2.374 | 2.639 | 2.887 | 3.195 | 3.416 |
| 100 | 0.677 | 0.845 | 1.042 | 1.290 | 1.660 | 1.984 | 2.081 | 2.364 | 2.626 | 2.871 | 3.174 | 3.390 |
| 1,000 | 0.675 | 0.842 | 1.037 | 1.282 | 1.646 | 1.962 | 2.056 | 2.330 | 2.581 | 2.813 | 3.098 | 3.300 |
| ∞ | 0.674 | 0.841 | 1.036 | 1.282 | 1.645 | 1.960 | 2.054 | 2.326 | 2.576 | 2.807 | 3.091 | 3.291 |

## B-6  F분포-오른쪽 꼬리 확률

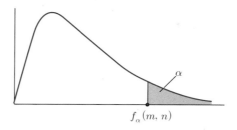

$f_\alpha(m, n)$

| 분모의 자유도 | $\alpha$ | 분자의 자유도 | | | | | | | | | |
|---|---|---|---|---|---|---|---|---|---|---|---|
| | | 1 | 2 | 3 | 4 | 5 | 6 | 7 | 8 | 9 | 10 |
| 1 | 0.100 | 39.86 | 49.50 | 53.59 | 55.83 | 57.24 | 58.20 | 58.91 | 59.44 | 59.86 | 60.19 |
| | 0.050 | 161.45 | 199.50 | 215.71 | 224.58 | 230.10 | 233.99 | 236.77 | 238.88 | 240.54 | 241.88 |
| | 0.025 | 647.79 | 799.50 | 864.16 | 899.58 | 921.85 | 937.11 | 948.22 | 956.66 | 963.28 | 968.63 |
| | 0.010 | 4052.2 | 4999.5 | 5403.4 | 5624.6 | 5763.6 | 5859.0 | 5928.4 | 5981.1 | 6022.5 | 6055.8 |
| | 0.001 | 405284 | 500000 | 540379 | 562500 | 576405 | 585937 | 592873 | 598144 | 602284 | 605621 |
| 2 | 0.100 | 8.53 | 9.00 | 9.16 | 9.24 | 9.29 | 9.33 | 9.35 | 9.37 | 9.38 | 9.39 |
| | 0.050 | 18.51 | 19.00 | 19.16 | 19.25 | 19.30 | 19.33 | 19.35 | 19.37 | 19.38 | 19.40 |
| | 0.025 | 38.51 | 39.00 | 39.17 | 39.25 | 39.30 | 39.33 | 39.36 | 39.37 | 39.39 | 39.40 |
| | 0.010 | 98.50 | 99.00 | 99.17 | 99.25 | 99.30 | 99.33 | 99.36 | 99.37 | 99.39 | 99.40 |
| | 0.001 | 998.50 | 999.00 | 999.17 | 999.25 | 999.30 | 999.33 | 999.36 | 999.37 | 999.39 | 999.40 |
| 3 | 0.100 | 5.54 | 5.46 | 5.39 | 5.34 | 5.31 | 5.28 | 5.27 | 5.25 | 5.24 | 5.23 |
| | 0.050 | 10.13 | 9.55 | 9.28 | 9.12 | 9.01 | 8.94 | 8.89 | 8.85 | 8.81 | 8.79 |
| | 0.025 | 17.44 | 16.04 | 15.44 | 15.10 | 14.88 | 14.73 | 14.62 | 14.54 | 14.47 | 14.42 |
| | 0.010 | 34.12 | 30.82 | 29.46 | 28.71 | 28.24 | 27.91 | 27.67 | 27.49 | 27.35 | 27.23 |
| | 0.001 | 167.03 | 148.50 | 141.11 | 137.10 | 134.58 | 132.85 | 131.58 | 130.62 | 129.86 | 129.25 |
| 4 | 0.100 | 4.54 | 4.32 | 4.19 | 4.11 | 4.05 | 4.01 | 3.98 | 3.95 | 3.94 | 3.92 |
| | 0.050 | 7.71 | 6.94 | 6.59 | 6.39 | 6.26 | 6.16 | 6.09 | 6.04 | 6.00 | 5.96 |
| | 0.025 | 12.22 | 10.65 | 9.98 | 9.60 | 9.36 | 9.20 | 9.07 | 8.98 | 8.90 | 8.84 |
| | 0.010 | 21.20 | 18.00 | 16.69 | 15.98 | 15.52 | 15.21 | 14.98 | 14.80 | 14.66 | 14.55 |
| | 0.001 | 74.14 | 61.25 | 56.18 | 53.44 | 51.71 | 50.53 | 49.66 | 49.00 | 48.47 | 48.05 |
| 5 | 0.100 | 4.06 | 3.78 | 3.62 | 3.52 | 3.45 | 3.40 | 3.37 | 3.34 | 3.32 | 3.30 |
| | 0.050 | 6.61 | 5.79 | 5.41 | 5.19 | 5.05 | 4.95 | 4.88 | 4.82 | 4.77 | 4.74 |
| | 0.025 | 10.01 | 8.43 | 7.76 | 7.39 | 7.15 | 6.98 | 6.85 | 6.76 | 6.68 | 6.62 |
| | 0.010 | 16.26 | 13.27 | 12.06 | 11.39 | 10.97 | 10.67 | 10.46 | 10.29 | 10.16 | 10.05 |
| | 0.001 | 47.18 | 37.12 | 33.20 | 31.09 | 29.75 | 28.83 | 28.16 | 27.65 | 27.24 | 26.92 |
| 6 | 0.100 | 3.78 | 3.46 | 3.29 | 3.18 | 3.11 | 3.05 | 3.01 | 2.98 | 2.96 | 2.94 |
| | 0.050 | 5.99 | 5.14 | 4.76 | 4.53 | 4.39 | 4.28 | 4.21 | 4.15 | 4.10 | 4.06 |
| | 0.025 | 8.81 | 7.26 | 6.60 | 6.23 | 5.99 | 5.82 | 5.70 | 5.60 | 5.52 | 5.46 |
| | 0.010 | 13.75 | 10.92 | 9.78 | 9.15 | 8.75 | 8.47 | 8.26 | 8.10 | 7.98 | 7.87 |
| | 0.001 | 35.51 | 27.00 | 23.70 | 21.92 | 20.80 | 20.03 | 19.46 | 19.03 | 18.69 | 18.41 |

$F$분포-오른쪽 꼬리 확률(계속)

| 분모의 자유도 | $\alpha$ | 분자의 자유도 | | | | | | | | | |
|---|---|---|---|---|---|---|---|---|---|---|---|
| | | 12 | 15 | 20 | 25 | 30 | 40 | 50 | 60 | 120 | 1,000 |
| 1 | 0.100 | 60.71 | 61.22 | 61.74 | 62.05 | 62.26 | 62.53 | 62.69 | 62.79 | 63.06 | 63.30 |
| | 0.050 | 243.91 | 245.95 | 248.01 | 249.26 | 250.10 | 251.14 | 251.77 | 252.20 | 253.25 | 254.11 |
| | 0.025 | 976.71 | 984.87 | 993.10 | 998.08 | 1001.4 | 1005.6 | 1008.1 | 1009.8 | 1014.0 | 1017.7 |
| | 0.010 | 6106.3 | 6157.3 | 6208.7 | 6239.8 | 6260.6 | 6286.8 | 6302.5 | 6313.0 | 6339.4 | 6362.7 |
| | 0.001 | 610668 | 615764 | 620908 | 624017 | 626099 | 628712 | 630285 | 631337 | 633972 | 636301 |
| 2 | 0.100 | 9.41 | 9.42 | 9.44 | 9.45 | 9.46 | 9.47 | 9.47 | 9.47 | 9.48 | 9.49 |
| | 0.050 | 19.41 | 19.43 | 19.45 | 19.46 | 19.46 | 19.47 | 19.48 | 19.48 | 19.49 | 19.49 |
| | 0.025 | 39.41 | 39.43 | 39.45 | 39.46 | 39.46 | 39.47 | 39.48 | 39.48 | 39.49 | 39.50 |
| | 0.010 | 99.42 | 99.43 | 99.45 | 99.46 | 99.47 | 99.47 | 99.48 | 99.48 | 99.49 | 99.50 |
| | 0.001 | 999.42 | 999.43 | 999.45 | 999.46 | 999.47 | 999.47 | 999.48 | 999.48 | 999.49 | 999.50 |
| 3 | 0.100 | 5.22 | 5.20 | 5.18 | 5.17 | 5.17 | 5.16 | 5.15 | 5.15 | 5.14 | 5.13 |
| | 0.050 | 8.74 | 8.70 | 8.66 | 8.63 | 8.62 | 8.59 | 8.58 | 8.57 | 8.55 | 8.53 |
| | 0.025 | 14.34 | 14.25 | 14.17 | 14.12 | 14.08 | 14.04 | 14.01 | 13.99 | 13.95 | 13.91 |
| | 0.010 | 27.05 | 26.87 | 26.69 | 26.58 | 26.50 | 26.41 | 26.35 | 26.32 | 26.22 | 26.14 |
| | 0.001 | 128.32 | 127.37 | 126.42 | 125.84 | 125.45 | 124.96 | 124.66 | 124.47 | 123.97 | 123.53 |
| 4 | 0.100 | 3.90 | 3.87 | 3.84 | 3.83 | 3.82 | 3.80 | 3.80 | 3.79 | 3.78 | 3.76 |
| | 0.050 | 5.91 | 5.86 | 5.80 | 5.77 | 5.75 | 5.72 | 5.70 | 5.69 | 5.66 | 5.63 |
| | 0.025 | 8.75 | 8.66 | 8.56 | 8.50 | 8.46 | 8.41 | 8.38 | 8.36 | 8.31 | 8.26 |
| | 0.010 | 14.37 | 14.20 | 14.02 | 13.91 | 13.84 | 13.75 | 13.69 | 13.65 | 13.56 | 13.47 |
| | 0.001 | 47.41 | 46.76 | 46.10 | 45.70 | 45.43 | 45.09 | 44.88 | 44.75 | 44.40 | 44.09 |
| 5 | 0.100 | 3.27 | 3.24 | 3.21 | 3.19 | 3.17 | 3.16 | 3.15 | 3.14 | 3.12 | 3.11 |
| | 0.050 | 4.68 | 4.62 | 4.56 | 4.52 | 4.50 | 4.46 | 4.44 | 4.43 | 4.40 | 4.37 |
| | 0.025 | 6.52 | 6.43 | 6.33 | 6.27 | 6.23 | 6.18 | 6.14 | 6.12 | 6.07 | 6.02 |
| | 0.010 | 9.89 | 9.72 | 9.55 | 9.45 | 9.38 | 9.29 | 9.24 | 9.20 | 9.11 | 9.03 |
| | 0.001 | 26.42 | 25.91 | 25.39 | 25.08 | 24.87 | 24.60 | 24.44 | 24.33 | 24.06 | 23.82 |
| 6 | 0.100 | 2.90 | 2.87 | 2.84 | 2.81 | 2.80 | 2.78 | 2.77 | 2.76 | 2.74 | 2.72 |
| | 0.050 | 4.00 | 3.94 | 3.87 | 3.83 | 3.81 | 3.77 | 3.75 | 3.74 | 3.70 | 3.67 |
| | 0.025 | 5.37 | 5.27 | 5.17 | 5.11 | 5.07 | 5.01 | 4.98 | 4.96 | 4.90 | 4.86 |
| | 0.010 | 7.72 | 7.56 | 7.40 | 7.30 | 7.23 | 7.14 | 7.09 | 7.06 | 6.97 | 6.89 |
| | 0.001 | 17.99 | 17.56 | 17.12 | 16.85 | 16.67 | 16.44 | 16.31 | 16.21 | 15.98 | 15.77 |

$F$ 분포 – 오른쪽 꼬리 확률(계속)

| 분모의 자유도 | $\alpha$ | 분자의 자유도 | | | | | | | | | |
|---|---|---|---|---|---|---|---|---|---|---|---|
| | | 1 | 2 | 3 | 4 | 5 | 6 | 7 | 8 | 9 | 10 |
| 7 | 0.100 | 3.59 | 3.26 | 3.07 | 2.96 | 2.88 | 2.83 | 2.78 | 2.75 | 2.72 | 2.70 |
| | 0.050 | 5.59 | 4.74 | 4.35 | 4.12 | 3.97 | 3.87 | 3.79 | 3.73 | 3.68 | 3.64 |
| | 0.025 | 8.07 | 6.54 | 5.89 | 5.52 | 5.29 | 5.12 | 4.99 | 4.90 | 4.82 | 4.76 |
| | 0.010 | 12.25 | 9.55 | 8.45 | 7.85 | 7.46 | 7.19 | 6.99 | 6.84 | 6.72 | 6.62 |
| | 0.001 | 29.25 | 21.69 | 18.77 | 17.20 | 16.21 | 15.52 | 15.02 | 14.63 | 14.33 | 14.08 |
| 8 | 0.100 | 3.46 | 3.11 | 2.92 | 2.81 | 2.73 | 2.67 | 2.62 | 2.59 | 2.56 | 2.54 |
| | 0.050 | 5.32 | 4.46 | 4.07 | 3.84 | 3.69 | 3.58 | 3.50 | 3.44 | 3.39 | 3.35 |
| | 0.025 | 7.57 | 6.06 | 5.42 | 5.05 | 4.82 | 4.65 | 4.53 | 4.43 | 4.36 | 4.30 |
| | 0.010 | 11.26 | 8.65 | 7.59 | 7.01 | 6.63 | 6.37 | 6.18 | 6.03 | 5.91 | 5.81 |
| | 0.001 | 25.41 | 18.49 | 15.83 | 14.39 | 13.48 | 12.86 | 12.40 | 12.05 | 11.77 | 11.54 |
| 9 | 0.100 | 3.36 | 3.01 | 2.81 | 2.69 | 2.61 | 2.55 | 2.51 | 2.47 | 2.44 | 2.42 |
| | 0.050 | 5.12 | 4.26 | 3.86 | 3.63 | 3.48 | 3.37 | 3.29 | 3.23 | 3.18 | 3.14 |
| | 0.025 | 7.21 | 5.71 | 5.08 | 4.72 | 4.48 | 4.32 | 4.20 | 4.10 | 4.03 | 3.96 |
| | 0.010 | 10.56 | 8.02 | 6.99 | 6.42 | 6.06 | 5.80 | 5.61 | 5.47 | 5.35 | 5.26 |
| | 0.001 | 22.86 | 16.39 | 13.90 | 12.56 | 11.71 | 11.13 | 10.70 | 10.37 | 10.11 | 9.89 |
| 10 | 0.100 | 3.29 | 2.92 | 2.73 | 2.61 | 2.52 | 2.46 | 2.41 | 2.38 | 2.35 | 2.32 |
| | 0.050 | 4.96 | 4.10 | 3.71 | 3.48 | 3.33 | 3.22 | 3.14 | 3.07 | 3.02 | 2.98 |
| | 0.025 | 6.94 | 5.46 | 4.83 | 4.47 | 4.24 | 4.07 | 3.95 | 3.85 | 3.78 | 3.72 |
| | 0.010 | 10.04 | 7.56 | 6.55 | 5.99 | 5.64 | 5.39 | 5.20 | 5.06 | 4.94 | 4.85 |
| | 0.001 | 21.04 | 14.91 | 12.55 | 11.28 | 10.48 | 9.93 | 9.52 | 9.20 | 8.96 | 8.75 |
| 11 | 0.100 | 3.23 | 2.86 | 2.66 | 2.54 | 2.45 | 2.39 | 2.34 | 2.30 | 2.27 | 2.25 |
| | 0.050 | 4.84 | 3.98 | 3.59 | 3.36 | 3.20 | 3.09 | 3.01 | 2.95 | 2.90 | 2.85 |
| | 0.025 | 6.72 | 5.26 | 4.63 | 4.28 | 4.04 | 3.88 | 3.76 | 3.66 | 3.59 | 3.53 |
| | 0.010 | 9.65 | 7.21 | 6.22 | 5.67 | 5.32 | 5.07 | 4.89 | 4.74 | 4.63 | 4.54 |
| | 0.001 | 19.69 | 13.81 | 11.56 | 10.35 | 9.58 | 9.05 | 8.66 | 8.35 | 8.12 | 7.92 |
| 12 | 0.100 | 3.18 | 2.81 | 2.61 | 2.48 | 2.39 | 2.33 | 2.28 | 2.24 | 2.21 | 2.19 |
| | 0.050 | 4.75 | 3.89 | 3.49 | 3.26 | 3.11 | 3.00 | 2.91 | 2.85 | 2.80 | 2.75 |
| | 0.025 | 6.55 | 5.10 | 4.47 | 4.12 | 3.89 | 3.73 | 3.61 | 3.51 | 3.44 | 3.37 |
| | 0.010 | 9.33 | 6.93 | 5.95 | 5.41 | 5.06 | 4.82 | 4.64 | 4.50 | 4.39 | 4.30 |
| | 0.001 | 18.64 | 12.97 | 10.80 | 9.63 | 8.89 | 8.38 | 8.00 | 7.71 | 7.48 | 7.29 |
| 13 | 0.100 | 3.14 | 2.76 | 2.56 | 2.43 | 2.35 | 2.28 | 2.23 | 2.20 | 2.16 | 2.14 |
| | 0.050 | 4.67 | 3.81 | 3.41 | 3:18 | 3.03 | 2.92 | 2.83 | 2.77 | 2.71 | 2.67 |
| | 0.025 | 6.41 | 4.97 | 4.35 | 4.00 | 3.77 | 3.60 | 3.48 | 3.39 | 3.31 | 3.25 |
| | 0.010 | 9.07 | 6.70 | 5.74 | 5.21 | 4.86 | 4.62 | 4.44 | 4.30 | 4.19 | 4.10 |
| | 0.001 | 17.82 | 12.31 | 10.21 | 9.07 | 8.35 | 7.86 | 7.49 | 7.21 | 6.98 | 6.80 |

$F$분포-오른쪽 꼬리 확률(계속)

| 분모의 자유도 | $\alpha$ | 분자의 자유도 | | | | | | | | | |
|---|---|---|---|---|---|---|---|---|---|---|---|
| | | 12 | 15 | 20 | 25 | 30 | 40 | 50 | 60 | 120 | 1,000 |
| 7 | 0.100 | 2.67 | 2.63 | 2.59 | 2.57 | 2.56 | 2.54 | 2.52 | 2.51 | 2.49 | 2.47 |
| | 0.050 | 3.57 | 3.51 | 3.44 | 3.40 | 3.38 | 3.34 | 3.32 | 3.30 | 3.27 | 3.23 |
| | 0.025 | 4.67 | 4.57 | 4.47 | 4.40 | 4.36 | 4.31 | 4.28 | 4.25 | 4.20 | 4.15 |
| | 0.010 | 6.47 | 6.31 | 6.16 | 6.06 | 5.99 | 5.91 | 5.86 | 5.82 | 5.74 | 5.66 |
| | 0.001 | 13.71 | 13.32 | 12.93 | 12.69 | 12.53 | 12.33 | 12.20 | 12.12 | 11.91 | 11.72 |
| 8 | 0.100 | 2.50 | 2.46 | 2.42 | 2.40 | 2.38 | 2.36 | 2.35 | 2.34 | 2.32 | 2.30 |
| | 0.050 | 3.28 | 3.22 | 3.15 | 3.11 | 3.08 | 3.04 | 3.02 | 3.01 | 2.97 | 2.93 |
| | 0.025 | 4.20 | 4.10 | 4.00 | 3.94 | 3.89 | 3.84 | 3.81 | 3.78 | 3.73 | 3.68 |
| | 0.010 | 5.67 | 5.52 | 5.36 | 5.26 | 5.20 | 5.12 | 5.07 | 5.03 | 4.95 | 4.87 |
| | 0.001 | 11.19 | 10.84 | 10.48 | 10.26 | 10.11 | 9.92 | 9.80 | 9.73 | 9.53 | 9.36 |
| 9 | 0.100 | 2.38 | 2.34 | 2.30 | 2.27 | 2.25 | 2.23 | 2.22 | 2.21 | 2.18 | 2.16 |
| | 0.050 | 3.07 | 3.01 | 2.94 | 2.89 | 2.86 | 2.83 | 2.80 | 2.79 | 2.75 | 2.71 |
| | 0.025 | 3.87 | 3.77 | 3.67 | 3.60 | 3.56 | 3.51 | 3.47 | 3.45 | 3.39 | 3.34 |
| | 0.010 | 5.11 | 4.96 | 4.81 | 4.71 | 4.65 | 4.57 | 4.52 | 4.48 | 4.40 | 4.32 |
| | 0.001 | 9.57 | 9.24 | 8.90 | 8.69 | 8.55 | 8.37 | 8.26 | 8.19 | 8.00 | 7.84 |
| 10 | 0.100 | 2.28 | 2.24 | 2.20 | 2.17 | 2.16 | 2.13 | 2.12 | 2.11 | 2.08 | 2.06 |
| | 0.050 | 2.91 | 2.85 | 2.77 | 2.73 | 2.70 | 2.66 | 2.64 | 2.62 | 2.58 | 2.54 |
| | 0.025 | 3.62 | 3.52 | 3.42 | 3.35 | 3.31 | 3.26 | 3.22 | 3.20 | 3.14 | 3.09 |
| | 0.010 | 4.71 | 4.56 | 4.41 | 4.31 | 4.25 | 4.17 | 4.12 | 4.08 | 4.00 | 3.92 |
| | 0.001 | 8.45 | 8.13 | 7.80 | 7.60 | 7.47 | 7.30 | 7.19 | 7.12 | 6.94 | 6.78 |
| 11 | 0.100 | 2.21 | 2.17 | 2.12 | 2.10 | 2.08 | 2.05 | 2.04 | 2.03 | 2.00 | 1.98 |
| | 0.050 | 2.79 | 2.72 | 2.65 | 2.60 | 2.57 | 2.53 | 2.51 | 2.49 | 2.45 | 2.41 |
| | 0.025 | 3.43 | 3.33 | 3.23 | 3.16 | 3.12 | 3.06 | 3.03 | 3.00 | 2.94 | 2.89 |
| | 0.010 | 4.40 | 4.25 | 4.10 | 4.01 | 3.94 | 3.86 | 3.81 | 3.78 | 3.69 | 3.61 |
| | 0.001 | 7.63 | 7.32 | 7.01 | 6.81 | 6.68 | 6.52 | 6.42 | 6.35 | 6.18 | 6.02 |
| 12 | 0.100 | 2.15 | 2.10 | 2.06 | 2.03 | 2.01 | 1.99 | 1.97 | 1.96 | 1.93 | 1.91 |
| | 0.050 | 2.69 | 2.62 | 2.54 | 2.50 | 2.47 | 2.43 | 2.40 | 2.38 | 2.34 | 2.30 |
| | 0.025 | 3.28 | 3.18 | 3.07 | 3.01 | 2.96 | 2.91 | 2.87 | 2.85 | 2.79 | 2.73 |
| | 0.010 | 4.16 | 4.01 | 3.86 | 3.76 | 3.70 | 3.62 | 3.57 | 3.54 | 3.45 | 3.37 |
| | 0.001 | 7.00 | 6.71 | 6.40 | 6.22 | 6.09 | 5.93 | 5.83 | 5.76 | 5.59 | 5.44 |
| 13 | 0.100 | 2.10 | 2.05 | 2.01 | 1.98 | 1.96 | 1.93 | 1.92 | 1.90 | 1.88 | 1.85 |
| | 0.050 | 2.60 | 2.53 | 2.46 | 2.41 | 2.38 | 2.34 | 2.31 | 2.30 | 2.25 | 2.21 |
| | 0.025 | 3.15 | 3.05 | 2.95 | 2.88 | 2.84 | 2.78 | 2.74 | 2.72 | 2.66 | 2.60 |
| | 0.010 | 3.96 | 3.82 | 3.66 | 3.57 | 3.51 | 3.43 | 3.38 | 3.34 | 3.25 | 3.18 |
| | 0.001 | 6.52 | 6.23 | 5.93 | 5.75 | 5.63 | 5.47 | 5.37 | 5.30 | 5.14 | 4.99 |

$F$분포-오른쪽 꼬리 확률(계속)

| 분모의 자유도 | $\alpha$ | 분자의 자유도 | | | | | | | | | |
|---|---|---|---|---|---|---|---|---|---|---|---|
| | | 1 | 2 | 3 | 4 | 5 | 6 | 7 | 8 | 9 | 10 |
| 14 | 0.100 | 3.10 | 2.73 | 2.52 | 2.39 | 2.31 | 2.24 | 2.19 | 2.15 | 2.12 | 2.10 |
| | 0.050 | 4.60 | 3.74 | 3.34 | 3.11 | 2.96 | 2.85 | 2.76 | 2.70 | 2.65 | 2.60 |
| | 0.025 | 6.30 | 4.86 | 4.24 | 3.89 | 3.66 | 3.50 | 3.38 | 3.29 | 3.21 | 3.15 |
| | 0.010 | 8.86 | 6.51 | 5.56 | 5.04 | 4.69 | 4.46 | 4.28 | 4.14 | 4.03 | 3.94 |
| | 0.001 | 17.14 | 11.78 | 9.73 | 8.62 | 7.92 | 7.44 | 7.08 | 6.80 | 6.58 | 6.40 |
| 15 | 0.100 | 3.07 | 2.70 | 2.49 | 2.36 | 2.27 | 2.21 | 2.16 | 2.12 | 2.09 | 2.06 |
| | 0.050 | 4.54 | 3.68 | 3.29 | 3.06 | 2.90 | 2.79 | 2.71 | 2.64 | 2.59 | 2.54 |
| | 0.025 | 6.20 | 4.77 | 4.15 | 3.80 | 3.58 | 3.41 | 3.29 | 3.20 | 3.12 | 3.06 |
| | 0.010 | 8.68 | 6.36 | 5.42 | 4.89 | 4.56 | 4.32 | 4.14 | 4.00 | 3.89 | 3.80 |
| | 0.001 | 16.59 | 11.34 | 9.34 | 8.25 | 7.57 | 7.09 | 6.74 | 6.47 | 6.26 | 6.08 |
| 16 | 0.100 | 3.05 | 2.67 | 2.46 | 2.33 | 2.24 | 2.18 | 2.13 | 2.09 | 2.06 | 2.03 |
| | 0.050 | 4.49 | 3.63 | 3.24 | 3.01 | 2.85 | 2.74 | 2.66 | 2.59 | 2.54 | 2.49 |
| | 0.025 | 6.12 | 4.69 | 4.08 | 3.73 | 3.50 | 3.34 | 3.22 | 3.12 | 3.05 | 2.99 |
| | 0.010 | 8.53 | 6.23 | 5.29 | 4.77 | 4.44 | 4.20 | 4.03 | 3.89 | 3.78 | 3.69 |
| | 0.001 | 16.12 | 10.97 | 9.01 | 7.94 | 7.27 | 6.80 | 6.46 | 6.19 | 5.98 | 5.81 |
| 17 | 0.100 | 3.03 | 2.64 | 2.44 | 2.31 | 2.22 | 2.15 | 2.10 | 2.06 | 2.03 | 2.00 |
| | 0.050 | 4.45 | 3.59 | 3.20 | 2.96 | 2.81 | 2.70 | 2.61 | 2.55 | 2.49 | 2.45 |
| | 0.025 | 6.04 | 4.62 | 4.01 | 3.66 | 3.44 | 3.28 | 3.16 | 3.06 | 2.98 | 2.92 |
| | 0.010 | 8.40 | 6.11 | 5.19 | 4.67 | 4.34 | 4.10 | 3.93 | 3.79 | 3.68 | 3.59 |
| | 0.001 | 15.72 | 10.66 | 8.73 | 7.68 | 7.02 | 6.56 | 6.22 | 5.96 | 5.75 | 5.58 |
| 18 | 0.100 | 3.01 | 2.62 | 2.42 | 2.29 | 2.20 | 2.13 | 2.08 | 2.04 | 2.00 | 1.98 |
| | 0.050 | 4.41 | 3.55 | 3.16 | 2.93 | 2.77 | 2.66 | 2.58 | 2.51 | 2.46 | 2.41 |
| | 0.025 | 5.98 | 4.56 | 3.95 | 3.61 | 3.38 | 3.22 | 3.10 | 3.01 | 2.93 | 2.87 |
| | 0.010 | 8.29 | 6.01 | 5.09 | 4.58 | 4.25 | 4.01 | 3.84 | 3.71 | 3.60 | 3.51 |
| | 0.001 | 15.38 | 10.39 | 8.49 | 7.46 | 6.81 | 6.35 | 6.02 | 5.76 | 5.56 | 5.39 |
| 19 | 0.100 | 2.99 | 2.61 | 2.40 | 2.27 | 2.18 | 2.11 | 2.06 | 2.02 | 1.98 | 1.96 |
| | 0.050 | 4.38 | 3.52 | 3.13 | 2.90 | 2.74 | 2.63 | 2.54 | 2.48 | 2.42 | 2.38 |
| | 0.025 | 5.92 | 4.51 | 3.90 | 3.56 | 3.33 | 3.17 | 3.05 | 2.96 | 2.88 | 2.82 |
| | 0.010 | 8.18 | 5.93 | 5.01 | 4.50 | 4.17 | 3.94 | 3.77 | 3.63 | 3.52 | 3.43 |
| | 0.001 | 15.08 | 10.16 | 8.28 | 7.27 | 6.62 | 6.18 | 5.85 | 5.59 | 5.39 | 5.22 |
| 20 | 0.100 | 2.97 | 2.59 | 2.38 | 2.25 | 2.16 | 2.09 | 2.04 | 2.00 | 1.96 | 1.94 |
| | 0.050 | 4.35 | 3.49 | 3.10 | 2.87 | 2.71 | 2.60 | 2.51 | 2.45 | 2.39 | 2.35 |
| | 0.025 | 5.87 | 4.46 | 3.86 | 3.51 | 3.29 | 3.13 | 3.01 | 2.91 | 2.84 | 2.77 |
| | 0.010 | 8.10 | 5.85 | 4.94 | 4.43 | 4.10 | 3.87 | 3.70 | 3.56 | 3.46 | 3.37 |
| | 0.001 | 14.82 | 9.95 | 8.10 | 7.10 | 6.46 | 6.02 | 5.69 | 5.44 | 5.24 | 5.08 |

$F$분포-오른쪽 꼬리 확률(계속)

| 분모의 자유도 | $\alpha$ | 분자의 자유도 | | | | | | | | | |
|---|---|---|---|---|---|---|---|---|---|---|---|
| | | 12 | 15 | 20 | 25 | 30 | 40 | 50 | 60 | 120 | 1,000 |
| 14 | 0.100 | 2.05 | 2.01 | 1.96 | 1.93 | 1.91 | 1.89 | 1.87 | 1.86 | 1.83 | 1.80 |
| | 0.050 | 2.53 | 2.46 | 2.39 | 2.34 | 2.31 | 2.27 | 2.24 | 2.22 | 2.18 | 2.14 |
| | 0.025 | 3.05 | 2.95 | 2.84 | 2.78 | 2.73 | 2.67 | 2.64 | 2.61 | 2.55 | 2.50 |
| | 0.010 | 3.80 | 3.66 | 3.51 | 3.41 | 3.35 | 3.27 | 3.22 | 3.18 | 3.09 | 3.02 |
| | 0.001 | 6.13 | 5.85 | 5.56 | 5.38 | 5.25 | 5.10 | 5.00 | 4.94 | 4.77 | 4.62 |
| 15 | 0.100 | 2.02 | 1.97 | 1.92 | 1.89 | 1.87 | 1.85 | 1.83 | 1.82 | 1.79 | 1.76 |
| | 0.050 | 2.48 | 2.40 | 2.33 | 2.28 | 2.25 | 2.20 | 2.18 | 2.16 | 2.11 | 2.07 |
| | 0.025 | 2.96 | 2.86 | 2.76 | 2.69 | 2.64 | 2.59 | 2.55 | 2.52 | 2.46 | 2.40 |
| | 0.010 | 3.67 | 3.52 | 3.37 | 3.28 | 3.21 | 3.13 | 3.08 | 3.05 | 2.96 | 2.88 |
| | 0.001 | 5.81 | 5.54 | 5.25 | 5.07 | 4.95 | 4.80 | 4.70 | 4.64 | 4.47 | 4.33 |
| 16 | 0.100 | 1.99 | 1.94 | 1.89 | 1.86 | 1.84 | 1.81 | 1.79 | 1.78 | 1.75 | 1.72 |
| | 0.050 | 2.42 | 2.35 | 2.28 | 2.23 | 2.19 | 2.15 | 2.12 | 2.11 | 2.06 | 2.02 |
| | 0.025 | 2.89 | 2.79 | 2.68 | 2.61 | 2.57 | 2.51 | 2.47 | 2.45 | 2.38 | 2.32 |
| | 0.010 | 3.55 | 3.41 | 3.26 | 3.16 | 3.10 | 3.02 | 2.97 | 2.93 | 2.84 | 2.76 |
| | 0.001 | 5.55 | 5.27 | 4.99 | 4.82 | 4.70 | 4.54 | 4.45 | 4.39 | 4.23 | 4.08 |
| 17 | 0.100 | 1.96 | 1.91 | 1.86 | 1.83 | 1.81 | 1.78 | 1.76 | 1.75 | 1.72 | 1.69 |
| | 0.050 | 2.38 | 2.31 | 2.23 | 2.18 | 2.15 | 2.10 | 2.08 | 2.06 | 2.01 | 1.97 |
| | 0.025 | 2.82 | 2.72 | 2.62 | 2.55 | 2.50 | 2.44 | 2.41 | 2.38 | 2.32 | 2.26 |
| | 0.010 | 3.46 | 3.31 | 3.16 | 3.07 | 3.00 | 2.92 | 2.87 | 2.83 | 2.75 | 2.66 |
| | 0.001 | 5.32 | 5.05 | 4.78 | 4.60 | 4.48 | 4.33 | 4.24 | 4.18 | 4.02 | 3.87 |
| 18 | 0.100 | 1.93 | 1.89 | 1.84 | 1.80 | 1.78 | 1.75 | 1.74 | 1.72 | 1.69 | 1.66 |
| | 0.050 | 2.34 | 2.27 | 2.19 | 2.14 | 2.11 | 2.06 | 2.04 | 2.02 | 1.97 | 1.92 |
| | 0.025 | 2.77 | 2.67 | 2.56 | 2.49 | 2.44 | 2.38 | 2.35 | 2.32 | 2.26 | 2.20 |
| | 0.010 | 3.37 | 3.23 | 3.08 | 2.98 | 2.92 | 2.84 | 2.78 | 2.75 | 2.66 | 2.58 |
| | 0.001 | 5.13 | 4.87 | 4.59 | 4.42 | 4.30 | 4.15 | 4.06 | 4.00 | 3.84 | 3.69 |
| 19 | 0.100 | 1.91 | 1.86 | 1.81 | 1.78 | 1.76 | 1.73 | 1.71 | 1.70 | 1.67 | 1.64 |
| | 0.050 | 2.31 | 2.23 | 2.16 | 2.11 | 2.07 | 2.03 | 2.00 | 1.98 | 1.93 | 1.88 |
| | 0.025 | 2.72 | 2.62 | 2.51 | 2.44 | 2.39 | 2.33 | 2.30 | 2.27 | 2.20 | 2.14 |
| | 0.010 | 3.30 | 3.15 | 3.00 | 2.91 | 2.84 | 2.76 | 2.71 | 2.67 | 2.58 | 2.50 |
| | 0.001 | 4.97 | 4.70 | 4.43 | 4.26 | 4.14 | 3.99 | 3.90 | 3.84 | 3.68 | 3.53 |
| 20 | 0.100 | 1.89 | 1.84 | 1.79 | 1.76 | 1.74 | 1.71 | 1.69 | 1.68 | 1.64 | 1.61 |
| | 0.050 | 2.28 | 2.20 | 2.12 | 2.07 | 2.04 | 1.99 | 1.97 | 1.95 | 1.90 | 1.85 |
| | 0.025 | 2.68 | 2.57 | 2.46 | 2.40 | 2.35 | 2.29 | 2.25 | 2.22 | 2.16 | 2.09 |
| | 0.010 | 3.23 | 3.09 | 2.94 | 2.84 | 2.78 | 2.69 | 2.64 | 2.61 | 2.52 | 2.43 |
| | 0.001 | 4.82 | 4.56 | 4.29 | 4.12 | 4.00 | 3.86 | 3.77 | 3.70 | 3.54 | 3.40 |

$F$ 분포 — 오른쪽 꼬리 확률(계속)

| 분모의 자유도 | $\alpha$ | 분자의 자유도 | | | | | | | | | |
|---|---|---|---|---|---|---|---|---|---|---|---|
| | | 1 | 2 | 3 | 4 | 5 | 6 | 7 | 8 | 9 | 10 |
| 21 | 0.100 | 2.96 | 2.57 | 2.36 | 2.23 | 2.14 | 2.08 | 2.02 | 1.98 | 1.95 | 1.92 |
| | 0.050 | 4.32 | 3.47 | 3.07 | 2.84 | 2.68 | 2.57 | 2.49 | 2.42 | 2.37 | 2.32 |
| | 0.025 | 5.83 | 4.42 | 3.82 | 3.48 | 3.25 | 3.09 | 2.97 | 2.87 | 2.80 | 2.73 |
| | 0.010 | 8.02 | 5.78 | 4.87 | 4.37 | 4.04 | 3.81 | 3.64 | 3.51 | 3.40 | 3.31 |
| | 0.001 | 14.59 | 9.77 | 7.94 | 6.95 | 6.32 | 5.88 | 5.56 | 5.31 | 5.11 | 4.95 |
| 22 | 0.100 | 2.95 | 2.56 | 2.35 | 2.22 | 2.13 | 2.06 | 2.01 | 1.97 | 1.93 | 1.90 |
| | 0.050 | 4.30 | 3.44 | 3.05 | 2.82 | 2.66 | 2.55 | 2.46 | 2.40 | 2.34 | 2.30 |
| | 0.025 | 5.79 | 4.38 | 3.78 | 3.44 | 3.22 | 3.05 | 2.93 | 2.84 | 2.76 | 2.70 |
| | 0.010 | 7.95 | 5.72 | 4.82 | 4.31 | 3.99 | 3.76 | 3.59 | 3.45 | 3.35 | 3.26 |
| | 0.001 | 14.38 | 9.61 | 7.80 | 6.81 | 6.19 | 5.76 | 5.44 | 5.19 | 4.99 | 4.83 |
| 23 | 0.100 | 2.94 | 2.55 | 2.34 | 2.21 | 2.11 | 2.05 | 1.99 | 1.95 | 1.92 | 1.89 |
| | 0.050 | 4.28 | 3.42 | 3.03 | 2.80 | 2.64 | 2.53 | 2.44 | 2.37 | 2.32 | 2.27 |
| | 0.025 | 5.75 | 4.35 | 3.75 | 3.41 | 3.18 | 3.02 | 2.90 | 2.81 | 2.73 | 2.67 |
| | 0.010 | 7.88 | 5.66 | 4.76 | 4.26 | 3.94 | 3.71 | 3.54 | 3.41 | 3.30 | 3.21 |
| | 0.001 | 14.20 | 9.47 | 7.67 | 6.70 | 6.08 | 5.65 | 5.33 | 5.09 | 4.89 | 4.73 |
| 24 | 0.100 | 2.93 | 2.54 | 2.33 | 2.19 | 2.10 | 2.04 | 1.98 | 1.94 | 1.91 | 1.88 |
| | 0.050 | 4.26 | 3.40 | 3.01 | 2.78 | 2.62 | 2.51 | 2.42 | 2.36 | 2.30 | 2.25 |
| | 0.025 | 5.72 | 4.32 | 3.72 | 3.38 | 3.15 | 2.99 | 2.87 | 2.78 | 2.70 | 2.64 |
| | 0.010 | 7.82 | 5.61 | 4.72 | 4.22 | 3.90 | 3.67 | 3.50 | 3.36 | 3.26 | 3.17 |
| | 0.001 | 14.03 | 9.34 | 7.55 | 6.59 | 5.98 | 5.55 | 5.23 | 4.99 | 4.80 | 4.64 |
| 25 | 0.100 | 2.92 | 2.53 | 2.32 | 2.18 | 2.09 | 2.02 | 1.97 | 1.93 | 1.89 | 1.87 |
| | 0.050 | 4.24 | 3.39 | 2.99 | 2.76 | 2.60 | 2.49 | 2.40 | 2.34 | 2.28 | 2.24 |
| | 0.025 | 5.69 | 4.29 | 3.69 | 3.35 | 3.13 | 2.97 | 2.85 | 2.75 | 2.68 | 2.61 |
| | 0.010 | 7.77 | 5.57 | 4.68 | 4.18 | 3.85 | 3.63 | 3.46 | 3.32 | 3.22 | 3.13 |
| | 0.001 | 13.88 | 9.22 | 7.45 | 6.49 | 5.89 | 5.46 | 5.15 | 4.91 | 4.71 | 4.56 |
| 26 | 0.100 | 2.91 | 2.52 | 2.31 | 2.17 | 2.08 | 2.01 | 1.96 | 1.92 | 1.88 | 1.86 |
| | 0.050 | 4.23 | 3.37 | 2.98 | 2.74 | 2.59 | 2.47 | 2.39 | 2.32 | 2.27 | 2.22 |
| | 0.025 | 5.66 | 4.27 | 3.67 | 3.33 | 3.10 | 2.94 | 2.82 | 2.73 | 2.65 | 2.59 |
| | 0.010 | 7.72 | 5.53 | 4.64 | 4.14 | 3.82 | 3.59 | 3.42 | 3.29 | 3.18 | 3.09 |
| | 0.001 | 13.74 | 9.12 | 7.36 | 6.41 | 5.80 | 5.38 | 5.07 | 4.83 | 4.64 | 4.48 |
| 27 | 0.100 | 2.90 | 2.51 | 2.30 | 2.17 | 2.07 | 2.00 | 1.95 | 1.91 | 1.87 | 1.85 |
| | 0.050 | 4.21 | 3.35 | 2.96 | 2.73 | 2.57 | 2.46 | 2.37 | 2.31 | 2.25 | 2.20 |
| | 0.025 | 5.63 | 4.24 | 3.65 | 3.31 | 3.08 | 2.92 | 2.80 | 2.71 | 2.63 | 2.57 |
| | 0.010 | 7.68 | 5.49 | 4.60 | 4.11 | 3.78 | 3.56 | 3.39 | 3.26 | 3.15 | 3.06 |
| | 0.001 | 13.61 | 9.02 | 7.27 | 6.33 | 5.73 | 5.31 | 5.00 | 4.76 | 4.57 | 4.41 |

$F$분포-오른쪽 꼬리 확률(계속)

| 분모의 자유도 | $\alpha$ | 분자의 자유도 | | | | | | | | | |
|---|---|---|---|---|---|---|---|---|---|---|---|
| | | 12 | 15 | 20 | 25 | 30 | 40 | 50 | 60 | 120 | 1,000 |
| 21 | 0.100 | 1.87 | 1.83 | 1.78 | 1.74 | 1.72 | 1.69 | 1.67 | 1.66 | 1.62 | 1.59 |
| | 0.050 | 2.25 | 2.18 | 2.10 | 2.05 | 2.01 | 1.96 | 1.94 | 1.92 | 1.87 | 1.82 |
| | 0.025 | 2.64 | 2.53 | 2.42 | 2.36 | 2.31 | 2.25 | 2.21 | 2.18 | 2.11 | 2.05 |
| | 0.010 | 3.17 | 3.03 | 2.88 | 2.79 | 2.72 | 2.64 | 2.58 | 2.55 | 2.46 | 2.37 |
| | 0.001 | 4.70 | 4.44 | 4.17 | 4.00 | 3.88 | 3.74 | 3.64 | 3.58 | 3.42 | 3.28 |
| 22 | 0.100 | 1.86 | 1.81 | 1.76 | 1.73 | 1.70 | 1.67 | 1.65 | 1.64 | 1.60 | 1.57 |
| | 0.050 | 2.23 | 2.15 | 2.07 | 2.02 | 1.98 | 1.94 | 1.91 | 1.89 | 1.84 | 1.79 |
| | 0.025 | 2.60 | 2.50 | 2.39 | 2.32 | 2.27 | 2.21 | 2.17 | 2.14 | 2.08 | 2.01 |
| | 0.010 | 3.12 | 2.98 | 2.83 | 2.73 | 2.67 | 2.58 | 2.53 | 2.50 | 2.40 | 2.32 |
| | 0.001 | 4.58 | 4.33 | 4.06 | 3.89 | 3.78 | 3.63 | 3.54 | 3.48 | 3.32 | 3.17 |
| 23 | 0.100 | 1.84 | 1.80 | 1.74 | 1.71 | 1.69 | 1.66 | 1.64 | 1.62 | 1.59 | 1.55 |
| | 0.050 | 2.20 | 2.13 | 2.05 | 2.00 | 1.96 | 1.91 | 1.88 | 1.86 | 1.81 | 1.76 |
| | 0.025 | 2.57 | 2.47 | 2.36 | 2.29 | 2.24 | 2.18 | 2.14 | 2.11 | 2.04 | 1.98 |
| | 0.010 | 3.07 | 2.93 | 2.78 | 2.69 | 2.62 | 2.54 | 2.48 | 2.45 | 2.35 | 2.27 |
| | 0.001 | 4.48 | 4.23 | 3.96 | 3.79 | 3.68 | 3.53 | 3.44 | 3.38 | 3.22 | 3.08 |
| 24 | 0.100 | 1.83 | 1.78 | 1.73 | 1.70 | 1.67 | 1.64 | 1.62 | 1.61 | 1.57 | 1.54 |
| | 0.050 | 2.18 | 2.11 | 2.03 | 1.97 | 1.94 | 1.89 | 1.86 | 1.84 | 1.79 | 1.74 |
| | 0.025 | 2.54 | 2.44 | 2.33 | 2.26 | 2.21 | 2.15 | 2.11 | 2.08 | 2.01 | 1.94 |
| | 0.010 | 3.03 | 2.89 | 2.74 | 2.64 | 2.58 | 2.49 | 2.44 | 2.40 | 2.31 | 2.22 |
| | 0.001 | 4.39 | 4.14 | 3.87 | 3.71 | 3.59 | 3.45 | 3.36 | 3.29 | 3.14 | 2.99 |
| 25 | 0.100 | 1.82 | 1.77 | 1.72 | 1.68 | 1.66 | 1.63 | 1.61 | 1.59 | 1.56 | 1.52 |
| | 0.050 | 2.16 | 2.09 | 2.01 | 1.96 | 1.92 | 1.87 | 1.84 | 1.82 | 1.77 | 1.72 |
| | 0.025 | 2.51 | 2.41 | 2.30 | 2.23 | 2.18 | 2.12 | 2.08 | 2.05 | 1.98 | 1.91 |
| | 0.010 | 2.99 | 2.85 | 2.70 | 2.60 | 2.54 | 2.45 | 2.40 | 2.36 | 2.27 | 2.18 |
| | 0.001 | 4.31 | 4.06 | 3.79 | 3.63 | 3.52 | 3.37 | 3.28 | 3.22 | 3.06 | 2.91 |
| 26 | 0.100 | 1.81 | 1.76 | 1.71 | 1.67 | 1.65 | 1.61 | 1.59 | 1.58 | 1.54 | 1.51 |
| | 0.050 | 2.15 | 2.07 | 1.99 | 1.94 | 1.90 | 1.85 | 1.82 | 1.80 | 1.75 | 1.70 |
| | 0.025 | 2.49 | 2.39 | 2.28 | 2.21 | 2.16 | 2.09 | 2.05 | 2.03 | 1.95 | 1.89 |
| | 0.010 | 2.96 | 2.81 | 2.66 | 2.57 | 2.50 | 2.42 | 2.36 | 2.33 | 2.23 | 2.14 |
| | 0.001 | 4.24 | 3.99 | 3.72 | 3.56 | 3.44 | 3.30 | 3.21 | 3.15 | 2.99 | 2.84 |
| 27 | 0.100 | 1.80 | 1.75 | 1.70 | 1.66 | 1.64 | 1.60 | 1.58 | 1.57 | 1.53 | 1.50 |
| | 0.050 | 2.13 | 2.06 | 1.97 | 1.92 | 1.88 | 1.84 | 1.81 | 1.79 | 1.73 | 1.68 |
| | 0.025 | 2.47 | 2.36 | 2.25 | 2.18 | 2.13 | 2.07 | 2.03 | 2.00 | 1.93 | 1.86 |
| | 0.010 | 2.93 | 2.78 | 2.63 | 2.54 | 2.47 | 2.38 | 2.33 | 2.29 | 2.20 | 2.11 |
| | 0.001 | 4.17 | 3.92 | 3.66 | 3.49 | 3.38 | 3.23 | 3.14 | 3.08 | 2.92 | 2.78 |

$F$분포-오른쪽 꼬리 확률(계속)

| 분모의 자유도 | $\alpha$ | 분자의 자유도 | | | | | | | | | |
|---|---|---|---|---|---|---|---|---|---|---|---|
| | | 1 | 2 | 3 | 4 | 5 | 6 | 7 | 8 | 9 | 10 |
| 28 | 0.100 | 2.89 | 2.50 | 2.29 | 2.16 | 2.06 | 2.00 | 1.94 | 1.90 | 1.87 | 1.84 |
| | 0.050 | 4.20 | 3.34 | 2.95 | 2.71 | 2.56 | 2.45 | 2.36 | 2.29 | 2.24 | 2.19 |
| | 0.025 | 5.61 | 4.22 | 3.63 | 3.29 | 3.06 | 2.90 | 2.78 | 2.69 | 2.61 | 2.55 |
| | 0.010 | 7.64 | 5.45 | 4.57 | 4.07 | 3.75 | 3.53 | 3.36 | 3.23 | 3.12 | 3.03 |
| | 0.001 | 13.50 | 8.93 | 7.19 | 6.25 | 5.66 | 5.24 | 4.93 | 4.69 | 4.50 | 4.35 |
| 29 | 0.100 | 2.89 | 2.50 | 2.28 | 2.15 | 2.06 | 1.99 | 1.93 | 1.89 | 1.86 | 1.83 |
| | 0.050 | 4.18 | 3.33 | 2.93 | 2.70 | 2.55 | 2.43 | 2.35 | 2.28 | 2.22 | 2.18 |
| | 0.025 | 5.59 | 4.20 | 3.61 | 3.27 | 3.04 | 2.88 | 2.76 | 2.67 | 2.59 | 2.53 |
| | 0.010 | 7.60 | 5.42 | 4.54 | 4.04 | 3.73 | 3.50 | 3.33 | 3.20 | 3.09 | 3.00 |
| | 0.001 | 13.39 | 8.85 | 7.12 | 6.19 | 5.59 | 5.18 | 4.87 | 4.64 | 4.45 | 4.29 |
| 30 | 0.100 | 2.88 | 2.49 | 2.28 | 2.14 | 2.05 | 1.98 | 1.93 | 1.88 | 1.85 | 1.82 |
| | 0.050 | 4.17 | 3.32 | 2.92 | 2.69 | 2.53 | 2.42 | 2.33 | 2.27 | 2.21 | 2.16 |
| | 0.025 | 5.57 | 4.18 | 3.59 | 3.25 | 3.03 | 2.87 | 2.75 | 2.65 | 2.57 | 2.51 |
| | 0.010 | 7.56 | 5.39 | 4.51 | 4.02 | 3.70 | 3.47 | 3.30 | 3.17 | 3.07 | 2.98 |
| | 0.001 | 13.29 | 8.77 | 7.05 | 6.12 | 5.53 | 5.12 | 4.82 | 4.58 | 4.39 | 4.24 |
| 40 | 0.100 | 2.84 | 2.44 | 2.23 | 2.09 | 2.00 | 1.93 | 1.87 | 1.83 | 1.79 | 1.76 |
| | 0.050 | 4.08 | 3.23 | 2.84 | 2.61 | 2.45 | 2.34 | 2.25 | 2.18 | 2.12 | 2.08 |
| | 0.025 | 5.42 | 4.05 | 3.46 | 3.13 | 2.90 | 2.74 | 2.62 | 2.53 | 2.45 | 2.39 |
| | 0.010 | 7.31 | 5.18 | 4.31 | 3.83 | 3.51 | 3.29 | 3.12 | 2.99 | 2.89 | 2.80 |
| | 0.001 | 12.61 | 8.25 | 6.59 | 5.70 | 5.13 | 4.73 | 4.44 | 4.21 | 4.02 | 3.87 |
| 50 | 0.100 | 2.81 | 2.41 | 2.20 | 2.06 | 1.97 | 1.90 | 1.84 | 1.80 | 1.76 | 1.73 |
| | 0.050 | 4.03 | 3.18 | 2.79 | 2.56 | 2.40 | 2.29 | 2.20 | 2.13 | 2.07 | 2.03 |
| | 0.025 | 5.34 | 3.97 | 3.39 | 3.05 | 2.83 | 2.67 | 2.55 | 2.46 | 2.38 | 2.32 |
| | 0.010 | 7.17 | 5.06 | 4.20 | 3.72 | 3.41 | 3.19 | 3.02 | 2.89 | 2.78 | 2.70 |
| | 0.001 | 12.22 | 7.96 | 6.34 | 5.46 | 4.90 | 4.51 | 4.22 | 4.00 | 3.82 | 3.67 |
| 60 | 0.100 | 2.79 | 2.39 | 2.18 | 2.04 | 1.95 | 1.87 | 1.82 | 1.77 | 1.74 | 1.71 |
| | 0.050 | 4.00 | 3.15 | 2.76 | 2.53 | 2.37 | 2.25 | 2.17 | 2.10 | 2.04 | 1.99 |
| | 0.025 | 5.29 | 3.93 | 3.34 | 3.01 | 2.79 | 2.63 | 2.51 | 2.41 | 2.33 | 2.27 |
| | 0.010 | 7.08 | 4.98 | 4.13 | 3.65 | 3.34 | 3.12 | 2.95 | 2.82 | 2.72 | 2.63 |
| | 0.001 | 11.97 | 7.77 | 6.17 | 5.31 | 4.76 | 4.37 | 4.09 | 3.86 | 3.69 | 3.54 |
| 100 | 0.100 | 2.76 | 2.36 | 2.14 | 2.00 | 1.91 | 1.83 | 1.78 | 1.73 | 1.69 | 1.66 |
| | 0.050 | 3.94 | 3.09 | 2.70 | 2.46 | 2.31 | 2.19 | 2.10 | 2.03 | 1.97 | 1.93 |
| | 0.025 | 5.18 | 3.83 | 3.25 | 2.92 | 2.70 | 2.54 | 2.42 | 2.32 | 2.24 | 2.18 |
| | 0.010 | 6.90 | 4.82 | 3.98 | 3.51 | 3.21 | 2.99 | 2.82 | 2.69 | 2.59 | 2.50 |
| | 0.001 | 11.50 | 7.41 | 5.86 | 5.02 | 4.48 | 4.11 | 3.83 | 3.61 | 3.44 | 3.30 |

## $F$분포－오른쪽 꼬리 확률(계속)

| 분모의 자유도 | $\alpha$ | 분자의 자유도 | | | | | | | | | |
|---|---|---|---|---|---|---|---|---|---|---|---|
| | | 12 | 15 | 20 | 25 | 30 | 40 | 50 | 60 | 120 | 1,000 |
| 28 | 0.100 | 1.79 | 1.74 | 1.69 | 1.65 | 1.63 | 1.59 | 1.57 | 1.56 | 1.52 | 1.48 |
| | 0.050 | 2.12 | 2.04 | 1.96 | 1.91 | 1.87 | 1.82 | 1.79 | 1.77 | 1.71 | 1.66 |
| | 0.025 | 2.45 | 2.34 | 2.23 | 2.16 | 2.11 | 2.05 | 2.01 | 1.98 | 1.91 | 1.84 |
| | 0.010 | 2.90 | 2.75 | 2.60 | 2.51 | 2.44 | 2.35 | 2.30 | 2.26 | 2.17 | 2.08 |
| | 0.001 | 4.11 | 3.86 | 3.60 | 3.43 | 3.32 | 3.18 | 3.09 | 3.02 | 2.86 | 2.72 |
| 29 | 0.100 | 1.78 | 1.73 | 1.68 | 1.64 | 1.62 | 1.58 | 1.56 | 1.55 | 1.51 | 1.47 |
| | 0.050 | 2.10 | 2.03 | 1.94 | 1.89 | 1.85 | 1.81 | 1.77 | 1.75 | 1.70 | 1.65 |
| | 0.025 | 2.43 | 2.32 | 2.21 | 2.14 | 2.09 | 2.03 | 1.99 | 1.96 | 1.89 | 1.82 |
| | 0.010 | 2.87 | 2.73 | 2.57 | 2.48 | 2.41 | 2.33 | 2.27 | 2.23 | 2.14 | 2.05 |
| | 0.001 | 4.05 | 3.80 | 3.54 | 3.38 | 3.27 | 3.12 | 3.03 | 2.97 | 2.81 | 2.66 |
| 30 | 0.100 | 1.77 | 1.72 | 1.67 | 1.63 | 1.61 | 1.57 | 1.55 | 1.54 | 1.50 | 1.46 |
| | 0.050 | 2.09 | 2.01 | 1.93 | 1.88 | 1.84 | 1.79 | 1.76 | 1.74 | 1.68 | 1.63 |
| | 0.025 | 2.41 | 2.31 | 2.20 | 2.12 | 2.07 | 2.01 | 1.97 | 1.94 | 1.87 | 1.80 |
| | 0.010 | 2.84 | 2.70 | 2.55 | 2.45 | 2.39 | 2.30 | 2.25 | 2.21 | 2.11 | 2.02 |
| | 0.001 | 4.00 | 3.75 | 3.49 | 3.33 | 3.22 | 3.07 | 2.98 | 2.92 | 2.76 | 2.61 |
| 40 | 0.100 | 1.71 | 1.66 | 1.61 | 1.57 | 1.54 | 1.51 | 1.48 | 1.47 | 1.42 | 1.38 |
| | 0.050 | 2.00 | 1.92 | 1.84 | 1.78 | 1.74 | 1.69 | 1.66 | 1.64 | 1.58 | 1.52 |
| | 0.025 | 2.29 | 2.18 | 2.07 | 1.99 | 1.94 | 1.88 | 1.83 | 1.80 | 1.72 | 1.65 |
| | 0.010 | 2.66 | 2.52 | 2.37 | 2.27 | 2.20 | 2.11 | 2.06 | 2.02 | 1.92 | 1.82 |
| | 0.001 | 3.64 | 3.40 | 3.14 | 2.98 | 2.87 | 2.73 | 2.64 | 2.57 | 2.41 | 2.25 |
| 50 | 0.100 | 1.68 | 1.63 | 1.57 | 1.53 | 1.50 | 1.46 | 1.44 | 1.42 | 1.38 | 1.33 |
| | 0.050 | 1.95 | 1.87 | 1.78 | 1.73 | 1.69 | 1.63 | 1.60 | 1.58 | 1.51 | 1.45 |
| | 0.025 | 2.22 | 2.11 | 1.99 | 1.92 | 1.87 | 1.80 | 1.75 | 1.72 | 1.64 | 1.56 |
| | 0.010 | 2.56 | 2.42 | 2.27 | 2.17 | 2.10 | 2.01 | 1.95 | 1.91 | 1.80 | 1.70 |
| | 0.001 | 3.44 | 3.20 | 2.95 | 2.79 | 2.68 | 2.53 | 2.44 | 2.38 | 2.21 | 2.05 |
| 60 | 0.100 | 1.66 | 1.60 | 1.54 | 1.50 | 1.48 | 1.44 | 1.41 | 1.40 | 1.35 | 1.30 |
| | 0.050 | 1.92 | 1.84 | 1.75 | 1.69 | 1.65 | 1.59 | 1.56 | 1.53 | 1.47 | 1.40 |
| | 0.025 | 2.17 | 2.06 | 1.94 | 1.87 | 1.82 | 1.74 | 1.70 | 1.67 | 1.58 | 1.49 |
| | 0.010 | 2.50 | 2.35 | 2.20 | 2.10 | 2.03 | 1.94 | 1.88 | 1.84 | 1.73 | 1.62 |
| | 0.001 | 3.32 | 3.08 | 2.83 | 2.67 | 2.55 | 2.41 | 2.32 | 2.25 | 2.08 | 1.92 |
| 100 | 0.100 | 1.61 | 1.56 | 1.49 | 1.45 | 1.42 | 1.38 | 1.35 | 1.34 | 1.28 | 1.22 |
| | 0.050 | 1.85 | 1.77 | 1.68 | 1.62 | 1.57 | 1.52 | 1.48 | 1.45 | 1.38 | 1.30 |
| | 0.025 | 2.08 | 1.97 | 1.85 | 1.77 | 1.71 | 1.64 | 1.59 | 1.56 | 1.46 | 1.36 |
| | 0.010 | 2.37 | 2.22 | 2.07 | 1.97 | 1.89 | 1.80 | 1.74 | 1.69 | 1.57 | 1.45 |
| | 0.001 | 3.07 | 2.84 | 2.59 | 2.43 | 2.32 | 2.17 | 2.08 | 2.01 | 1.83 | 1.64 |

APPENDIX **C**

# 연습문제 풀이

**1.1**

**1.** (1) 표본공간은 다음과 같다.
$$S=\left\{\begin{array}{l}(그림,그림,그림),(그림,그림,숫자),(그림,숫자,그림),(그림,숫자,숫자)\\(숫자,그림,그림),(숫자,그림,숫자),(숫자,숫자,그림),(숫자,숫자,숫자)\end{array}\right\}$$

(2) 적어도 한 번 그림이 나올 사건을 구하여라.
$$S=\left\{\begin{array}{l}(그림,그림,그림),(그림,그림,숫자),(그림,숫자,그림),(그림,숫자,숫자)\\(숫자,그림,그림),(숫자,그림,숫자),(숫자,숫자,그림)\end{array}\right\}$$

(3) 그림보다 숫자가 많이 나올 사건을 구하여라.
$$S=\{(그림,숫자,숫자),(숫자,그림,숫자),(숫자,숫자,그림),(숫자,숫자,숫자)\}$$

**2.** (1) 주사위를 처음 던져서 "1"의 눈이 나오면 주사위를 던진 횟수는 1, 처음에 "1"이 아닌 다른 눈의 수가 나오고 두 번째 "1"의 눈이 나오면 주사위를 던진 횟수는 2이다. 이와 같이 반복하여 계속하여 "1"이 아닌 눈이 나오는 경우를 생각할 수 있으므로 표본공간은 다음과 같다.
$$S=\{1, 2, 3, \cdots\}$$

(2) 온도기록계가 영하 5도에서 영상 7.5도까지 연속적으로 기록하므로 눈금의 위치를 나타내는 표본공간은 $[-5, 7.5]$이다.

(3) 형광등을 교체하여 언제 끊어질지 모르므로 형광등이 끊어질 때까지 걸리는 시간을 나타내는 표본공간은 $[0, \infty)$이다.

**3.** (1) 빨간 색을 $R$, 노란 색을 $Y$ 그리고 파란 색을 $B$라 하면, 구하고자 하는 표본공간은
$$S=\left\{\begin{array}{l}(R, R), (R, B), (R, Y), (Y, R),\\(Y, B), (Y, Y), (B, R), (B, B), (B, Y)\end{array}\right\}$$ 이다.

(2) $A=\{(R, R), (R, B), (R, Y)\}$

(3) $B=\{(R, R), (B, B), (Y, Y)\}$

**4.** $S=\{1, 2, 3, 4, 5, 6\}$, $A=\{1, 3, 5\}$, $B=\{2, 6\}$, $C=\{3, 6\}$이므로

(1) $A \cap C=\{1, 3, 5\} \cap \{3, 6\}=\{3\}$

(2) $B \cup C=\{2, 6\} \cup \{3, 6\}=\{2, 3, 6\}$

(3) $B \cap C=\{2, 6\} \cap \{3, 6\}=\{6\}$이므로 $A \cup (B \cap C)=\{1, 3, 5\} \cup \{6\}=\{1, 3, 5, 6\}$

(4) $A \cup B=\{1, 3, 5\} \cup \{2, 6\}=\{1, 2, 3, 5, 6\}$이므로 $(A \cup B)^c=\{1, 2, 3, 5, 6\}^c=\{4\}$

**5.** (1) 빨간색 공깃돌이 나오면 $R$, 파란색 공깃돌이 나오면 $B$라 하면, 구하고자 하는 표본공간은 $S=\{RR, RB, BR, BB\}$이다.

(2) 두 개의 공깃돌이 서로 다른 색인 사건은 $\{RB, BR\}$이다.

(3) 파란색이 많아야 한 개인 사건은 $S=\{RR, RB, BR\}$이다.

(4) 첫 번째 공깃돌이 빨간색이고, 두 번째 공깃돌이 파란색인 사건은 $S=\{RB\}$이다.

**6.** (1) $A=\{2, 4, 6\}$, $B=\{1, 3, 5\}$이므로 $A$와 $B$는 배반 사건이다.

(2) 어떠한 사람도 서울과 대구에서 동시에 태어날 수 없으므로 $A$와 $B$는 배반 사건이다.

(3) 25세 이상의 여성 중에는 미혼인 여성과 기혼인 여성이 섞여 있으므로 $A$와 $B$는 배반 사건이 아니다.

(4) A형 이면서 동시에 B형인 혈액형은 존재하지 않으므로 $A$와 $B$는 배반 사건이다.

**7.** $A = \left\{ \begin{array}{l} (1,1)\ (1,3)\ (1,5)\ (2,2)\ (2,4)\ (2,6) \\ (3,1)\ (3,3)\ (3,5)\ (4,2)\ (4,4)\ (4,6) \\ (5,1)\ (5,3)\ (5,5)\ (6,2)\ (6,4)\ (6,6) \end{array} \right\}$, $\quad B = \{ (3,1)\ (3,2)\ (3,3)\ (3,4)\ (3,5)\ (3,6) \}$,

$C = \{ (1,5)\ (2,4)\ (3,3)\ (4,2)\ (5,1) \}$

(1) 두 눈의 합이 6인 사건은 합이 짝수인 사건의 부분집합이므로 $A \cup C = A$

(2) $A \cap C = C$

(3) $B \cap C = \{ (3,3) \}$

(4) $(B \cup C)^c = \left\{ \begin{array}{l} (1,1)\ (1,2)\ (1,3)\ (1,4)\ (1,6) \\ (2,1)\ (2,2)\ (2,3)\ (2,5)\ (2,6) \\ (4,1)\ (4,3)\ (4,4)\ (4,5)\ (4,6) \\ (5,2)\ (5,3)\ (5,4)\ (5,5)\ (5,6) \\ (6,1)\ (6,2)\ (6,3)\ (6,4)\ (6,5)\ (6,6) \end{array} \right\}$

(5) $A \cup B = \left\{ \begin{array}{l} (1,1)\ (1,3)\ (1,5)\ (2,2)\ (2,4)\ (2,6) \\ (3,1)\ (3,2)\ (3,3)\ (3,4)\ (3,5)\ (3,6) \\ (4,2)\ (4,4)\ (4,6)\ (5,1)\ (5,3)\ (5,5) \\ (6,2)\ (6,4)\ (6,6) \end{array} \right\}$ 이고, $A^c \cap B^c = (A \cup B)^c$이므로

$A^c \cap B^c = \left\{ \begin{array}{l} (1,2)\ (1,4)\ (1,6)\ (2,1)\ (2,3)\ (2,5) \\ (4,1)\ (4,3)\ (4,5)\ (5,2)\ (5,4)\ (5,6) \\ (6,1)\ (6,3)\ (6,5) \end{array} \right\}$

(6) $B^c$은 처음 눈이 3이 아닌 사건이므로 $B^c \cap C = \{ (1,5)\ (2,4)\ (4,2)\ (5,1) \}$

(7) $A \cup B \cup C = \left\{ \begin{array}{l} (1,1)\ (1,3)\ (1,5)\ (2,2)\ (2,4)\ (2,6) \\ (3,1)\ (3,2)\ (3,3)\ (3,4)\ (3,5)\ (3,6) \\ (4,2)\ (4,4)\ (4,6)\ (5,1)\ (5,3)\ (5,5) \\ (6,2)\ (6,4)\ (6,6) \end{array} \right\}$

(8) $A \cap B \cap C = \{ (3,3) \}$

**8.**

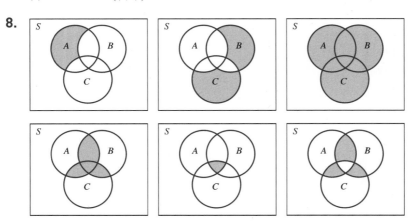

**1.2**

**1.** (1) 문자 a, b, c, d를 순서 있게 배열할 경우, 처음에 a, b, c, d 중에서 어느 것을 선택하여도 무방하므로 처음에 어느 한 문자를 배열할 수 있는 방법은 4가지이다. 처음에 a가 배열되었다면, 두 번째 배열될 문자는 a를 제외한 나머지 세 문자 중에서 어느, 하나가 배열될 수 있으므로 3가지가 있다. 이제 두 번째 문자로 b가 배열되었다면, 세 번째 배열될 문자는 c와 d 중에서 어느 하나가 놓여질 수 있으므로 2가지 경우가 있고, 따라서 어느 한 문자가 배열되면 네 번째 배열될 문자는 나머지 한 문자이므로 1가지이다. 따라서 문자 a, b, c, d를 순서 있게 나열할 수 있는 방법은 $4 \cdot 3 \cdot 2 \cdot 1 = 24$이다.

(2) 문자 a, e, i, o, u에서 처음에 배열할 수 있는 문자는 5개 중에서 어느 것도 가능하므로 5가지이다. 처음에 배열된 것이 a라 하면, 두 번째 배열 가능한 문자는 e, i, o, u 중에서 어느 것도 가능하므로 4가지가 있다. 이때 e가 배열된다면 세 번째로 배열이 가능한 문자는 i, o, u 중에서 어느 하나가 가능하고 따라서 3가지 방법이 있다. 그러므로 문자 a, e, i, o, u 중에서 문자 3개를 선택하여 순서 있게 배열할 수 있는 방법은 $5 \cdot 4 \cdot 3 = {}_5P_3 = 60$이다.

(3) 문자 a, e, i, o, u에서 처음에 배열할 수 있는 문자는 5개 중에서 어느 것도 가능하므로 5가지이다. 처음에 배열된 것이 a라 하면, 중복을 허용하므로 두 번째 배열 가능한 문자도 역시 a, e, i, o, u 중에서 어느 것도 가능하므로 5가지가 있다. 다시 a가 배열된다면 중복을 허용하므로 세 번째로 배열이 가능한 문자는 a, e, i, o, u 중에서 어느 하나가 가능하고 따라서 5가지 방법이 있다. 그러므로 문자 a, e, i, o, u 중에서 중복을 허용하여 문자 3개를 순서 있게 배열할 수 있는 방법은 $5 \cdot 5 \cdot 5 = 125$이다.

(4) 문자 a, e, i, o, u에서 순서를 고려하여 3개를 배열할 수 있는 방법은 (2)에서 구한 60가지이다. 한편 순서를 생각하지 않고 3개를 뽑아내므로 (a, e, i), (a, i, e), (e, a, i), (e, i, a), (i, e, a), (i, a, e)는 동일하다. 다른 문자의 배열도 동일하므로 순서를 고려한 60가지 방법에 대하여 순서를 고려하지 않고 3개를 선택하는 방법의 수는 $\dfrac{60}{6} = \dbinom{5}{3} = 10$이다.

**2.** 처음 눈이 "1"인 사건을 $A$라 하면, 구하고자 하는 확률은 $P(A^c)$이므로 처음 눈이 "1"일 확률을 먼저 구한다. 그러면 사건 $A$는 처음의 눈이 "1"이면, 나중 두 눈은 어떠한 수가 나와도 되므로 결국 주사위 두 번 던지는 결과와 일치한다. 따라서 사건 $A$의 표본점은 모두 36개이고, 주사위 세 번 던지는 실험에서 나타날 수 있는 모든 가능한 값은 $6^3$개이다. 따라서 $P(A) = \dfrac{36}{6^3} = \dfrac{1}{6}$이고, 구하고자 하는 확률은 $P(A^c) = 1 - \dfrac{1}{6} = \dfrac{5}{6}$이다.

**3.** 표본공간은 예제 2에서 구한 것과 동일하다. 한편 두 사건 $A$와 $B$는 다음과 같다.

$$A = \{(1,6), (2,5), (3,4), (4,3), (5,2), (6,1)\}, \quad B = \begin{Bmatrix} (1,6), (2,6), (3,6), (4,6), (5,6), (6,6) \\ (6,1), (6,2), (6,3), (6,4), (6,5) \end{Bmatrix}$$

그러므로

$$A \cup B = \begin{Bmatrix} (1,6), (2,6), (3,6), (4,6), (5,6), (6,6), (6,1), (6,2) \\ (6,3), (6,4), (6,5) \ (2,5), (3,4), (4,3), (5,2) \end{Bmatrix}, \quad A \cap B = \{(1,6), (6,1)\}$$

**4.** 사건 $A_i$는 표본공간 안의 오로지 한 표본점들로 구성된 단순사건이므로 서로 다른 두 사건 $A_i$와 $A_j$를 택하여도 공통의 표본점을 갖지 않는다. 그러므로 사건 $A$, $B$ 그리고 $C$를 다음과 같이 표현할 수 있다.

$$A = \{1, 2, 3\} = A_1 \cup A_2 \cup A_3, \quad B = \{1, 2, 4, 6\} = A_1 \cup A_2 \cup A_4 \cup A_6, \quad C = \{1, 5\} = A_1 \cup A_5$$

(1) $P(A) = P(A_1 \cup A_2 \cup A_3) = P(A_1) + P(A_2) + P(A_3) = 0.15 + 0.10 + 0.25 = 0.50$

$P(B) = P(A_1 \cup A_2 \cup A_4 \cup A_6) = P(A_1) + P(A_2) + P(A_4) + P(A_6)$

$\qquad = 0.15 + 0.10 + 0.05 + 0.15 = 0.45$

$P(C) = P(A_1 \cup A_5) = P(A_1) + P(A_5) = 0.15 + 0.30 = 0.45$

(2) $A \cup B = \{1, 2, 3\} \cup \{1, 2, 4, 6\} = \{1, 2, 3, 4, 6\} = A_5^c$ 이므로

$P(A \cup B) = P(A_5^c) = 1 - P(A_5) = 1 - 0.30 = 0.70$

$A \cap B = \{1, 2, 3\} \cap \{1, 2, 4, 6\} = \{1, 2\} = A_1 \cup A_2$ 이므로

$P(A \cap B) = P(A_1) + P(A_2) = 0.15 + 0.10 = 0.25$

(3) $A \cup B \cup C = \{1, 2, 3\} \cup \{1, 2, 4, 6\} \cup \{1, 5\} = S$ 이므로 $P(A \cup B \cup C) = P(S) = 1$

$A \cap B \cap C = \{1, 2, 3\} \cap \{1, 2, 4, 6\} \cap \{1, 5\} = \{1\} = A_1$ 이므로 $P(A \cap B \cap C) = P(A_1) = 0.15$

(4) $B \cup C = \{1, 2, 4, 6\} \cup \{1, 5\} = \{1, 2, 4, 5, 6\} = A_3^c$ 이므로

$P(B \cup C) = P(A_3^c) = 1 - P(A_3) = 1 - 0.25 = 0.75$

$B - C = \{1, 2, 4, 6\} - \{1, 5\} = \{2, 4, 6\} = A_2 \cup A_4 \cup A_6$ 이므로

$P(B - C) = P(A_2) + P(A_4) + P(A_6) = 0.10 + 0.05 + 0.15 = 0.20$

**5.** (1) $P(A \cup B) = P(A) + P(B) - P(A \cap B) = 0.88 + 0.90 - 0.81 = 0.97$

(2) $P(A \cup B \cup C) = P(A) + P(B) + P(C) - P(A \cap B) - P(A \cap C) - P(B \cap C) + P(A \cap B \cap C)$

$\qquad = 0.88 + 0.90 + 0.95 - 0.81 - 0.83 - 0.85 + 0.75 = 0.99$

**6.** 회장으로 추대된 사람이 부자일 사건을 $A$ 그리고 저명인사일 사건을 $B$라 하면, $P(A) = 0.07$, $P(B) = 0.1$ 그리고 $P(A \cap B) = 0.03$이다.

(1) $P(A^c) = 1 - P(A) = 1 - 0.07 = 0.93$

(2) $P(A^c \cap B) = P(B) - P(A \cap B) = 0.1 - 0.03 = 0.07$

(3) $P(A \cup B) = P(A) + P(B) - P(A \cap B) = 0.07 + 0.1 - 0.03 = 0.14$

**7.** (1) 뒷면이 나올 가능성이 1/3이므로 두 번 모두 뒷면이 나올 확률은 $\dfrac{1}{3} \cdot \dfrac{1}{3} = \dfrac{1}{9}$이다.

(2) 앞면이 나오면 뒷면도 한 번 나오므로 확률은 $2 \cdot \dfrac{2}{3} \cdot \dfrac{1}{3} = \dfrac{4}{9}$이다.

(3) 앞면이 두 번 모두 나올 확률은 $\dfrac{2}{3} \cdot \dfrac{2}{3} = \dfrac{4}{9}$이다.

**8.** 두 사건 $A$와 $B$가 서로 배반이면 $P(A) + P(B) = 1.4$가 될 수 없다. 그 이유는, 두 사건 $A$와 $B$가 서로 배반이므로 사건 $B$는 사건 $B \subset A^c$이고, 따라서 $P(B) \leq P(A^c)$이고, $P(A) + P(A^c) = 1$이므

로 $P(A) + P(B) \leq 1$이어야 한다. 그러나 두 사건 $A$와 $B$가 서로 배반이 아니라면 성립할 수 있다. 예를 들어, $P(A) = 0.75$, $P(B) = 0.65$, $P(A \cap B) = 0.3$이면 두 사건이 서로 공유하는 부분의 확률이 0.3이고, 따라서 $P(A) + P(B) = 1.4$이다.

**9.** (1) 주머니 안에 흰 색 바둑돌이 모두 3개 들어 있으므로, 주머니에서 4개의 바둑돌을 꺼낼 때 추출된 바둑돌의 수는 0개, 1개, 2개 그리고 3개이다.

(2) 추출된 흰색 바둑돌의 개수를 $A$라 하면, 추출된 흰 색 바둑돌의 개수에 대한 확률은 각각 다음과 같다.

$$P(A=0) = \frac{\binom{3}{0}\binom{5}{4}}{\binom{8}{4}} = \frac{1}{14}, \quad P(A=1) = \frac{\binom{3}{1}\binom{5}{3}}{\binom{8}{4}} = \frac{6}{14}$$

$$P(A=2) = \frac{\binom{3}{2}\binom{5}{2}}{\binom{8}{4}} = \frac{6}{14}, \quad P(A=3) = \frac{\binom{3}{3}\binom{5}{1}}{\binom{8}{4}} = \frac{1}{14}$$

**10.** (1) 공정한 주사위를 독립적으로 반복해서 던지는 실험에서 2 또는 3의 눈이 나올 확률은 1/3이므로 처음 주사위를 던져서 멈출 확률은 1/3이다.

(2) 5번 던진 후에 멈춘다면, 처음 4번은 2 또는 3의 눈이 나오지 않고 5번째에서 처음으로 2 또는 3의 눈이 나오는 경우이므로 $\left(\frac{2}{3}\right)^4 \frac{1}{3} = \frac{16}{243}$ 이다.

(3) 처음 $n-1$번 계속하여 2 또는 3의 눈이 나오지 않고 $n$번째에서 처음으로 2 또는 3의 눈이 나오는 경우이므로 $\left(\frac{2}{3}\right)^{n-1} \frac{1}{3} = \frac{2^{n-1}}{3^n}$ 이다.

**11.** 각각의 사건 $A$, $B$ 그리고 $C$에 대하여 $A \cap B = \{(3,1), (3,2), (3,3), (3,4), (3,5), (3,6)\}$, $A \cap C = \{(3,6)\}$, $B \cap C = \{(3,6), (4,5), (5,4)\}$, $A \cap B \cap C = \{(3,6)\}$
이다. 따라서 이들의 확률은

$$P(A \cap B) = \frac{1}{6}, \quad P(A \cap C) = \frac{1}{36}, \quad P(B \cap C) = \frac{1}{12}, \quad P(A \cap B \cap C) = \frac{1}{36}$$

이고, 구하고자 하는 확률은 다음과 같다.

$$P(A \cup B \cup C) = P(A) + P(B) + P(C) - P(A \cup B) - P(A \cup C) - P(B \cup C) + P(A \cap B \cap C)$$

$$= \frac{1}{2} + \frac{1}{2} + \frac{1}{9} - \frac{1}{6} - \frac{1}{12} - \frac{1}{36} + \frac{1}{36} = \frac{31}{36}$$

**12.** 표본공간 $S = \left\{ \begin{array}{cccc} (H,H,H) & (H,H,T) & (H,T,H) & (T,H,H) \\ (H,T,T) & (T,H,T) & (T,T,H) & (T,T,T) \end{array} \right\}$에 대하여

$A = \{(H,H,H)\}$, $B = \{(H,H,T) (H,T,H) (T,H,H)\}$,

$C = \{(H,H,H) (H,T,H) (T,H,H) (T,T,H)\}$, $D = \{(H,H,T) (H,T,T)\}$

(1) $A \cup B = \{(H,H,H), (H,H,T), (H,T,H), (T,H,H)\}$이므로 $P(A \cup B) = \frac{4}{8} = \frac{1}{2}$

(2) $B \cup C = \{(H, H, H), (H, H, T), (H, T, H), (T, H, H), (T, T, H)\}$ 이므로 $P(B \cup C) = \dfrac{5}{8}$

(3) $P(A^c \cap B^c) = 1 - P(A \cup B) = 1 - \dfrac{1}{2} = \dfrac{1}{2}$

(4) $D^c = \{(H, H, H), (H, T, H), (T, H, H), (T, H, T), (T, T, H), (T, T, T)\}$ 이므로 $C \subset D^c$ 이다. 따라서

$$P(C \cap D^c) = P(C) = \dfrac{4}{8} = \dfrac{1}{2}$$

(5) $B \cap D = \{(H, H, T)\}$ 이므로 $P(B \cap D) = \dfrac{1}{8}$

(6) $A^c \cap C = \{(H, T, H), (T, H, H), (T, T, H)\}$ 이므로 $P(A^c \cap C) = \dfrac{3}{8}$

**13.** 체조와 야구 그리고 축구를 관람할 사건을 각각 $G$, $B$ 그리고 $S$라고 하자. 그러면
$$P(G) = 0.28, \quad P(B) = 0.29, \quad P(S) = 0.19,$$
$$P(G \cap B) = 0.14, \quad P(B \cap S) = 0.12, \quad P(G \cap S) = 0.10, \quad P(G \cap B \cap S) = 0.08$$
이다.
$$P(G \cup B \cup S) = P(G) + P(B) + P(S) - P(G \cap B) - P(B \cap S) - P(G \cap S) + P(G \cap B \cap S)$$
$$= 0.28 + 0.29 + 0.19 - 0.14 - 0.12 - 0.10 + 0.08 = 0.48$$
이므로
$$P[(G \cup B \cup S)^c] = 1 - P(G \cup B \cup S) = 1 - 0.48 = 0.52$$

**14.** 150명의 보험가입자 전체를 대상으로 조사하였으므로 표본공간의 원소는 $n(S) = 150$ 이다. 이 보험 가입자 중에서 사고 경력이 있는 사람들의 집합을 $A$라 하면 $n(A) = 85$ 이므로 임의로 선정한 보험 가입자가 사고 경력을 가지고 있을 확률은 $P(A) = \dfrac{n(A)}{n(S)} = \dfrac{85}{150} = \dfrac{17}{30} = 0.567$ 이다.

**15.** 임의로 선정한 학생이 중국어를 선택할 사건을 $C$, 일어를 선택할 사건을 $J$라 하면, $n(C) = 32$ 이고 $n(J) = 36$ 그리고 $n(C \cap J) = 8$ 이므로
$$P(C) = \dfrac{n(C)}{n(S)} = \dfrac{32}{120}, \quad P(J) = \dfrac{n(J)}{n(S)} = \dfrac{36}{120}, \quad P(C \cap J) = \dfrac{n(C \cap J)}{n(S)} = \dfrac{8}{120}$$
이다. 그러므로 임의로 선정한 학생이 두 과목 중에서 어느 하나를 선택할 확률은 다음과 같다.
$$P(C \cup J) = P(C) + P(J) - P(C \cap J) = \dfrac{32}{120} + \dfrac{36}{120} - \dfrac{8}{120} = \dfrac{1}{2}$$

**16.** 비만인 성인이 선정되는 사건을 $B$, 당뇨병에 걸린 성인이 선정될 사건을 $D$라 하면, $P(B) = 0.32$ 이고 $P(D) = 0.04$ 그리고 $P(B \cap D) = 0.025$ 이므로
$$P(B \cup D) = P(B) + P(D) - P(B \cap D) = 0.32 + 0.04 - 0.025 = 0.335$$
이다. 따라서 구하고자 하는 확률은 다음과 같다.
$$P(B^c \cap D^c) = 1 - P[(B \cup D)^c] = 1 - 0.335 = 0.665$$

**17.** (1) $P(A) = P(\{5, 6, 7, 8\}) = P(\{5\}) + P(\{6\}) + P(\{7\}) + P(\{8\})$

$$= 2 \cdot \left(\frac{1}{3}\right)^5 + 2 \cdot \left(\frac{1}{3}\right)^6 + 2 \cdot \left(\frac{1}{3}\right)^7 + 2 \cdot \left(\frac{1}{3}\right)^8 = \frac{80}{6561}$$

**(2)** $P(B) = P(\{1, 2, 3, 4, 5, 6, 7, 8\})$

$$= P(\{1\}) + P(\{2\}) + P(\{3\}) + \cdots + P(\{7\}) + P(\{8\})$$

$$= 2 \cdot \left[\left(\frac{1}{3}\right) + \left(\frac{1}{3}\right)^2 + \left(\frac{1}{3}\right)^3 + \left(\frac{1}{3}\right)^4 + \left(\frac{1}{3}\right)^5 + \left(\frac{1}{3}\right)^6 + \left(\frac{1}{3}\right)^7 + \left(\frac{1}{3}\right)^8\right]$$

$$= 2 \cdot \frac{\dfrac{1}{3}\left(1 - \dfrac{1}{3^8}\right)}{1 - \dfrac{1}{3}} = 2 \cdot \frac{3280}{6561} = \frac{6560}{6561}$$

**18.** $S = A \cup B$이므로  $P(A \cup B) = P(S) = 1$이므로

$$P(A \cap B) = P(A) + P(B) - P(A \cup B) = 0.75 + 0.63 - 1.00 = 0.38$$

**19. (1)** $P(A \cap B) = P(A) - P(A \cap B^c) = 0.3 - 0.2 = 0.1$

**(2)** $P(A \cup B) = P(A) + P(B) - P(A \cap B) = 0.3 + 0.5 - 0.1 = 0.7$

**(3)** $P(A^c \cap B^c) = P[(A \cup B)^c] = 1 - P(A \cup B) = 1 - 0.7 = 0.3$

**20. (1)** $P(A \cap B) = P(A) + P(B) - P(A \cup B) = 0.6 + 0.8 - 0.9 = 0.5$

**(2)** $P(A^c \cup B^c) = P[(A \cap B)^c] = 1 - P(A \cap B) = 1 - 0.5 = 0.5$

**21.** $P(A \cup B \cup C) = P(A) + P(B) + P(C) - P(A \cap B) - P(B \cap C) - P(A \cap C) - P(A \cap B \cap C)$

$$= 3 \cdot \frac{1}{3} - 3 \cdot \frac{1}{9} + \frac{1}{27} = \frac{19}{27}$$

**22. (1)** $A$와 $B$가 서로 배반이라 하면 $A \cap B = \varnothing$이므로 $P(A \cup B) = P(A) + P(B)$이어야 한다. 그러나 문제 조건에 의하여 $P(A \cup B) \neq P(A) + P(B)$이므로 $A$와 $B$가 서로 배반이 아니다.

**(2)** $P(A \cap B) = P(A) + P(B) - P(A \cup B) = \dfrac{1}{4} + \dfrac{1}{3} - \dfrac{1}{2} = \dfrac{1}{12}$

**23. (1)** 의료산업에 종사하는 전체 근로자는 172,240명이고 이들 중에서 여성은 56,520명이므로 임의로 선정된 의료산업에 종사하는 사람이 여성일 확률은 $\dfrac{56520}{172240} = 0.3281$이다.

**(2)** 남성인·치과의사는 16,606명이므로 남성인 치과의사일 확률은 $\dfrac{16606}{172240} = 0.0964$이다.

**(3)** 전체 약사의 수는 34,128+19,364=53,492명이므로 약사일 확률은 $\dfrac{53492}{172240} = 0.3105$이다.

**(4)** 의료산업에 종사하는 전체 여성 근로자수는 56,520명이고, 이 중에서 약사는 34,128명이므로 구하고자 하는 확률은 $\dfrac{34128}{56520} = 0.6038$이다.

**24. (1)** 표본공간 $S$ 그리고 사건 $A$와 $B$의 원소의 수를 각각 $n(S) = n$, $n(A) = a$, $n(B) = b$라고 하자.

그러면 공사건 $\varnothing$에 대하여 $n(\varnothing)=0$이므로 $P(\varnothing)=\dfrac{n(\varnothing)}{n(S)}=\dfrac{0}{n}=0$이다.

(2) $A$와 $B$가 서로 배반이면 $A\cap B=\varnothing$이고, 따라서 부록 A-1 식 (1·13)에 의하여

$n(A\cup B)=n(A)+n(B)$이고 $P(A)=\dfrac{n(A)}{n(S)}=\dfrac{a}{n}$, $\quad P(B)=\dfrac{n(B)}{n(S)}=\dfrac{b}{n}$이다. 따라서

$$P(A\cup B)=\frac{n(A\cup B)}{n(S)}=\frac{n(A)+n(B)}{n(S)}=\frac{n(A)}{n(S)}+\frac{n(B)}{n(S)}=\frac{a}{n}+\frac{b}{n}=P(A)+P(B)$$

(3) $n(A)+n(A^c)=n(S)=n$이므로 $\dfrac{n(A)}{n(S)}+\dfrac{n(A^c)}{n(S)}=1$이고 따라서 $P(A^c)=1-P(A)$

(4) $A\subset B$이면 $n(B-A)=n(B)-n(A)=b-a$이므로

$$P(B-A)=\frac{n(B)-n(A)}{n(S)}=\frac{b-a}{n}=\frac{b}{n}-\frac{a}{n}=P(B)-P(A)$$

(5) $A\subset B$이면 $n(A)\le n(B)$ 즉, $a\le b$이고 따라서 $P(A)=\dfrac{n(A)}{n(S)}\le\dfrac{n(B)}{n(S)}=P(B)$

(7) 성질 (6)에 의하여 $P(A\cup B)=P(A)+P(B)-P(A\cap B)$이고 $P(A\cap B)\ge 0$이므로

$P(A\cup B)\le P(A)+P(B)$

**25.** $P[(A\cup B)\cup C]=P(A\cup B)+P(C)-P[(A\cup B)\cap C]$이고

$P(A\cup B)=P(A)+P(B)-P(A\cap B)$, $P[(A\cap C)\cap(B\cap C)]=P(A\cap B\cap C)$,

$P[(A\cup B)\cap C]=P[(A\cap C)\cup(B\cap C)]=P(A\cap C)+P(B\cap C)-P[(A\cap C)\cap(B\cap C)]$

이므로 $P(A\cup B\cup C)=P(A)+P(B)+P(C)-P(A\cap B)-P(A\cap C)-P(B\cap C)+P(A\cap B\cap C)$이다.

## 1.3

**1.** (1) $A$, $B$ 그리고 $C$가 배반 사건이므로 $A\cap B\cap C=\varnothing$, $A\cap B=\varnothing$, $B\cap C=\varnothing$, $A\cap C=\varnothing$이고, 따라서 $P(A\cap B)=0$, $P(B\cap C)=0$, $P(A\cap C)=0$, $P(A\cap B\cap C)=0$이다. 그러므로

$$P(A\cup B\cup C)=P(A)+P(B)+P(C)=\frac{1}{4}+\frac{1}{6}+\frac{1}{3}=\frac{3}{4}$$

(2) $A$, $B$ 그리고 $C$가 독립 사건이므로 $P(A\cap B)=P(A)P(B)$, $P(B\cap C)=P(B)P(C)$, $P(A\cap C)=P(A)P(C)$, $P(A\cap B\cap C)=P(A)P(B)P(C)$이다. 그러므로

$$P(A\cup B\cup C)=\frac{1}{4}+\frac{1}{6}+\frac{1}{3}-\left(\frac{1}{4}\cdot\frac{1}{6}+\frac{1}{4}\cdot\frac{1}{3}+\frac{1}{6}\cdot\frac{1}{3}\right)+\frac{1}{4}\cdot\frac{1}{6}\cdot\frac{1}{3}=\frac{5}{36}$$

**2.** 조건부 확률의 정의와 주어진 조건에 의하여 $P(A|B)=\dfrac{P(A\cap B)}{P(B)}>P(A)$이다.

따라서 $P(A\cap B)>P(A)P(B)$이고, $P(B|A)=\dfrac{P(A\cap B)}{P(A)}>\dfrac{P(A)P(B)}{P(A)}=P(B)$가 성립한다.

**3.** (1) 30분 이하로 메신저를 사용하는 학생은 436명이므로 30분 이상 사용할 확률은

$$1 - \frac{436}{2000} = \frac{1564}{2000} = \frac{391}{500}$$

**(2)** 30분 이하로 사용하면서 동시에 1시간 이상 사용하는 학생은 없으므로 두 사건은 배반이다. 그러나 1시간 이상 사용하는 학생 중에는 남학생이 478명 있으므로 남자인 사건과 1시간 이상 사용하는 사건은 배반이 아니다.

**(3)** 여자가 선정되는 사건을 $A$, 30분에서 1시간 사용하는 사건을 $B$라 하면,

$$P(A) = \frac{739}{2000}, \quad P(B) = \frac{824}{2000}, \quad P(A \cap B) = \frac{346}{2000}$$

이므로 $P(A \cap B) \neq P(A)P(B)$이고 따라서 독립이 아니다.

**4.** 처음에 임의로 한 여성이 선정될 확률은 1/2이다. 이제 한 여성이 선정되었다고 했을 때, 이 여성이 자신의 배우자와 만날 확률은 남은 19명 중에서 배우자를 선택하는 확률과 같으므로 1/19이다. 그러므로 처음에 여성이 선정되고, 그 여성이 배우자를 만날 확률은 $\frac{1}{2} \cdot \frac{1}{19} = \frac{1}{38}$이다. 같은 방법으로 처음에 남성이 선정되고, 그 남성이 배우자를 만날 확률도 역시 동일하므로 20명으로 구성된 10쌍 중에서 부부가 선정될 확률은 $\frac{1}{38} \cdot 2 = \frac{1}{19}$이다.

**5.** **(1)** 두 명의 선출된 사람이 동성인 사건은 두 명 모두 여자이거나 두 명 모두 남자인 경우이고, 이 두 사건은 서로 배반이다. 따라서 구하고자 하는 확률은 두 명 모두 여자일 확률과 두 명 모두 남자일 확률의 합이다. 한편 처음에 선출한 사람이 여자이고, 두 번째 선출한 사람이 역시 여자일 확률은 $\frac{4}{10} \cdot \frac{3}{9} = \frac{2}{15}$이다. 또한 처음에 선출한 사람이 남자이고, 두 번째 선출한 사람이 역시 남자일 확률은 $\frac{6}{10} \cdot \frac{5}{9} = \frac{1}{3}$이다. 그러므로 두 사람 모두 동성일 확률은 $\frac{2}{15} + \frac{1}{3} = \frac{7}{15}$이다.

**(2)** 여자와 남자가 각각 1명씩 선출될 사건은 처음에 여자가 선출되고 나중에 남자가 선출되는 경우와 반대로 처음에 남자가 선출되고 나중에 여자가 선출되는 두 사건의 합사건으로 표현할 수 있다. 또한 처음에 여자가 선출되고 나중에 남자가 선출될 확률은 $\frac{4}{10} \cdot \frac{6}{9} = \frac{4}{15}$이고, 처음에 남자가 선출되고 나중에 여자가 선출될 확률은 $\frac{6}{10} \cdot \frac{4}{9} = \frac{4}{15}$이다. 따라서 구하고자 하는 확률은 $\frac{4}{15} + \frac{4}{15} = \frac{8}{15}$이다.

**6.** **(1)** 주사위를 던져서 짝수의 눈이 나올 확률은 1/2이고, 동일한 주사위를 반복해서 던지므로 매번 짝수의 눈이 나올 확률 역시 1/2이다. 따라서 구하고자 하는 확률은 $\left(\frac{1}{2}\right)^5 = \frac{1}{32}$이다.

**(2)** 처음에 1의 눈이 나올 확률은 1/6이고 두 번째 1이 아닌 눈이 나올 확률은 5/6 그리고 세 번째 나온 눈이 처음 두 번에서 나온 눈이 아닐 확률은 4/6, 네 번째 눈이 처음 세 번에서 나온 눈이 아닐 확률은 3/6, 끝으로 다섯 번째 나온 눈이 처음 네 번에서 나온 눈이 아닐 확률은 2/6이다. 따라서 처음에 1이 눈이 나오고 다섯 번 모두 서로 다른 눈이 나올 확률은 $\frac{1}{6} \frac{5}{6} \frac{4}{6} \frac{3}{6} \frac{2}{6} = \frac{120}{6^5}$

이다. 한편 처음에 나온 눈이 2, 3, 4, 5, 6의 경우에도 동일하므로 구하고자 하는 확률은

$$\frac{120}{6^5} \cdot 6 = \frac{120}{6^4} = \frac{5}{54}$$ 이다.

**7.** (1) 꺼낸 바둑돌을 다시 주머니에 넣으므로 주머니 안에는 매번 흰색 바둑돌이 4개 검은색 바둑돌이 6개 들어 있다. 따라서 세 번 모두 흰색일 확률은 $\left(\frac{4}{10}\right)^3 = \frac{8}{125}$ 이다.

(2) 차례로 흰색, 검은색 그리고 흰색일 확률 $\frac{4}{10} \cdot \frac{6}{10} \cdot \frac{4}{10} = \frac{12}{125}$ 이다.

**8.** 첫 번째 나온 눈이 홀수인 사건을 $A$ 그리고 두 번째 나온 눈이 짝수인 사건을 $B$라 하면,

$$A = \left\{ \begin{matrix} (1,1)\,(1,2)\,(1,3)\,(1,4)\,(1,5)\,(1,6) \\ (3,1)\,(3,2)\,(3,3)\,(3,4)\,(3,5)\,(3,6) \\ (5,1)\,(5,2)\,(5,3)\,(5,4)\,(5,5)\,(5,6) \end{matrix} \right\}, \quad B = \left\{ \begin{matrix} (1,2)\,(2,2)\,(3,2)\,(4,2)\,(5,2)\,(6,2) \\ (1,4)\,(2,4)\,(3,4)\,(4,4)\,(5,4)\,(6,4) \\ (1,6)\,(2,6)\,(3,6)\,(4,6)\,(5,6)\,(6,6) \end{matrix} \right\}$$

$$A \cap B = \left\{ \begin{matrix} (1,2)\,(1,4)\,(1,6)\,(3,2)\,(3,4) \\ (3,6)\,(5,2)\,(5,4)\,(5,6) \end{matrix} \right\}$$

그러므로 $P(B|A) = \dfrac{P(A \cap B)}{P(A)} = \dfrac{9/36}{18/36} = \dfrac{1}{2}$ 이다.

**9.** (1) 3개 모두 흰색일 확률은 $\dfrac{4}{10} \cdot \dfrac{3}{9} \cdot \dfrac{2}{8} = \dfrac{1}{30}$ 이다.

(2) 차례로 흰색, 검은색 그리고 흰색일 확률은 $\dfrac{4}{10} \cdot \dfrac{6}{9} \cdot \dfrac{3}{8} = \dfrac{1}{10}$ 이다.

**10.** (1) 1번 스위치와 2번 스위치 모두 연결되는 경우에 두 지점에 전류가 흐르게 되므로, 구하고자 하는 확률은 $(0.8)^2 = 0.64$ 이다.

(2) 1번 스위치 또는 2번 스위치 중 어느 하나가 연결되는 경우에 두 지점에 전류가 흐르게 되므로, 1번 스위치와 2번 스위치가 연결되는 사건을 각각 $A$, $B$라 하면 구하고자 하는 확률은 다음과 같다.

$$P(A \cup B) = P(A) + P(B) - P(A \cap B) = P(A) + P(B) - P(A)\,P(B)$$

$$= 0.8 + 0.8 - (0.8) \times (0.8) = 0.96$$

**11.** 1번 스위치가 작동하거나 2번과 3번 스위치가 모두 작동하는 경우에 두 지점에 전류가 흐르게 된다. 1번 스위치가 작동하는 사건을 $A$, 2번과 3번 스위치가 작동하는 사건을 각각 $B$, $C$라 하면 $P(A) = 0.95$, $P(B) = 0.94$, $P(C) = 0.86$이다. 한편 2번과 3번 스위치가 모두 작동할 확률은 스위치의 작동은 독립이므로 $P(B \cap C) = P(B)P(C) = (0.94) \cdot (0.86) = 0.8084$이다. 이제 2번과 3번 스위치가 모두 작동하는 사건을 $D$라 하면, 각 스위치의 작동이 독립이므로 두 사건 $A$와 $D$는 독립이다. 따라서 구하고자 하는 확률은 다음과 같다.

$$P(A \cup D) = P(A) + P(D) - P(A \cap D) = P(A) + P(D) - P(A)P(D)$$

$$= 0.95 + 0.8084 - (0.8084) \cdot (0.95) = 0.99042$$

**12.** 컴퓨터 1, 2 그리고 컴퓨터3이 작동하는 사건을 각각 $A$, $B$ 그리고 $C$라 하면, 컴퓨터 1이 멈출

확률이 0.01이므로 컴퓨터 1이 작동할 확률은 $P(A) = 0.99$이다. 컴퓨터 2는 컴퓨터 1이 멈춘 조건 아래서 작동하므로

$$P(B) = P(A^c)P(B|A^c) = (0.01) \cdot (0.99) = 0.0099$$

이고, 또한 컴퓨터 3은 컴퓨터 1과 컴퓨터 2가 멈춘 조건 아래서 작동하므로

$$P(C) = P(A^c)P(B^c|A^c)P(C|A^c \cap B^c) = (0.01) \cdot (0.01) \cdot (0.99) = 0.000099$$

이다. 그리고 각 컴퓨터들이 멈출 사건은 서로 독립이므로 위성 시스템이 멈출 확률은 다음과 같다.

$$P(\text{위성 시스템이 멈춤}) = P(A^c)P(B^c)P(C^c) = (0.01) \cdot (0.01) \cdot (0.01) = 10^{-6}$$

**13.** (1) 네 명 모두 "Yes"라고 대답할 확률은 그들의 대답이 독립이므로 $(0.85)^4$이고 "No"라고 대답할 확률은 $(0.15)^4$이다. 따라서 네 명 모두 동일한 대답을 할 확률은 $(0.85)^4 + (0.15)^4 = 0.5225$이다.

(2) 처음 두 명이 "Yes"한 경우에 대하여 나중 두 명은 "No"라고 대답하므로 구하고자 하는 확률은 $(0.85)^2 \cdot (0.15)^2 = 0.0163$이다.

(3) 적어도 한 명이 "No"라고 대답할 사건은 네 명 모두 "Yes"라고 대답할 사건의 여사건이므로 $1 - (0.85)^4 = 0.478$이다.

(4) 세 명이 "Yes"라고 대답할 확률은 $(0.85)^3 \cdot (0.15) = 0.092$이고, 이러한 경우는 모두 4가지이므로 $(0.092) \cdot 4 = 0.3685$이다.

**14.** $P(A^c \cap B^c) = P[(A \cup B)^c] = 1 - P(A \cup B) = 1 - P(A) - P(B) + P(A \cap B)$

$\qquad = 1 - P(A) - P(B) + P(A)\,P(B) = [1 - P(A)]\,[1 - P(A)] = P(A^c)\,P(B^c)$

이므로 $A^c$과 $B^c$은 독립이다.

**15.** $A$와 $B$를 각각 접촉사고와 무자격 운전자 보험에 가입하는 사건이라 하자. 그러면 $P(B) = 2P(A)$, $P(A \cap B) = 0.15$이고, 특히 $A$와 $B$가 독립이므로 $P(A)\,P(B) = 0.15$이다. 따라서 $P(A)\,P(B) = 2[P(A)]^2 = 0.15$; $P(A) = \sqrt{0.075} = 0.2739$, $P(B) = 2\sqrt{0.075} = 0.5478$이다. 그러므로

$$P(A^c \cap B^c) = P(A^c)\,P(B^c) = [1 - P(A)]\,[1 - P(B)]$$

$$= (1 - 0.2739)\,(1 - 0.5478) = 0.3283$$

이다.

**16.** $P(A) = 0.17$, $P(B) = 0.12$이고, 두 기계의 고장은 서로 독립이므로

$$P(A \cap B) = P(A)\,P(B) = (0.17)(0.12) = 0.0204$$

이다. 따라서 구하고자 하는 확률은 다음과 같다.

$$P(A \cup B) = P(A) + P(B) - P(A \cap B) = 0.17 + 0.12 - 0.0204 = 0.2696$$

**17.** 선정된 사람이 미보균자일 사건을 $A$, 양성반응을 보일 사건을 $B$라 하자. 그러면

$$P(A) = \frac{95340}{100000} = 0.9534, \quad P(B) = \frac{9790}{100000} = 0.0979, \quad P(A \cap B) = \frac{5255}{100000} = 0.05255$$

(1) $P(B|A) = \dfrac{P(A \cap B)}{P(A)} = \dfrac{0.05255}{0.9534} = 0.0551$

(2) $P(B^c|A^c) = \dfrac{P(A^c \cap B^c)}{P(A^c)} = \dfrac{0.00125}{0.0466} = 0.0268$

**18. (1)** 스톡이 1단위만큼 오르는 사건을 $U$, 1단위만큼 떨어지는 사건을 $D$ 그리고 이틀 뒤 스톡 가격이 동일한 사건을 $O$라 하면, 그림 (1)과 같이 이틀 뒤 스톡 가격이 동일한 경우는 내일 오르고 모레 떨어지는 경우와 내일 떨어지고 모레 오르는 경우가 있다. 따라서 전확률 공식에 의하여

$$P(O) = P(U)P(D|U) + P(D)P(U|D) = \frac{2}{3} \cdot \frac{1}{3} + \frac{1}{3} \cdot \frac{2}{3} = \frac{4}{9}$$

**(2)** 3일 후에 1단위만큼 오르는 경우는 다음과 같이 세 가지 경우가 있다.

(a) 오늘 오르고 내일 오르고 모레 떨어지는 경우

(b) 오늘 오르고 내일 떨어지고 모레 오르는 경우

(c) 오늘 떨어지고 이틀 연속 오르는 경우

따라서 $U_1$, $U_2$, $U_3$를 각각 오늘, 내일 그리고 모레 오르는 사건이라 하고, $D_1$, $D_2$, $D_3$를 각각 오늘, 내일 그리고 모레 떨어지는 사건이라 하고 3일 후에 1단위만큼 오른 사건을 $U$라 하면, 구하고자 하는 확률은 다음과 같다.

$$P(U) = P(U_1)P(U_2|U_1)P(D_3|U_1 \cap U_2)$$

$$+ P(U_1)P(D_2|U_1)P(U_3|U_1 \cap D_2) + P(D_1)P(U_2|D_1)P(U_3|D_1 \cap U_2)$$

$$= \frac{2}{3} \cdot \frac{2}{3} \cdot \frac{1}{3} + \frac{2}{3} \cdot \frac{1}{3} \cdot \frac{2}{3} + \frac{1}{3} \cdot \frac{2}{3} \cdot \frac{2}{3} = \frac{4}{9}$$

**(3)** 첫날 1단위만큼 오르고 3일 후에 1단위만큼 오를 확률은

$$P(U_1 \cap U) = \frac{2}{3} \cdot \frac{2}{3} \cdot \frac{1}{3} + \frac{2}{3} \cdot \frac{1}{3} \cdot \frac{2}{3} = \frac{8}{27}$$

이므로 구하고자 하는 조건부 확률은 다음과 같다.

$$P(U_1|U) = \frac{P(U_1 \cap U)}{P(U)} = \frac{8/27}{4/9} = \frac{2}{3}$$

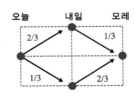
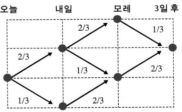

**19.** 임의로 선정한 사람이 폐질환에 걸렸을 사건을 $A$, 흡연가일 사건을 $B$라 하면

$P(A) = 0.075$, $P(A^c) = 0.925$, $P(B|A) = 0.90$, $P(B|A^c) = 0.25$이므로

**(1)** $P(B) = P(A)P(B|A) + P(A^c)P(B|A^c) = 0.075 \times 0.90 + 0.925 \times 0.25 = 0.29875$

**(2)** $P(A|B) = \dfrac{P(A)P(B|A)}{P(B)} = \dfrac{0.075 \times 0.90}{0.29875} = 0.22594$

**20.** $P(A) = 0.4$, $P(B) = 0.3$, $P(C) = 0.3$이고, 임의로 선정한 제품이 불량품일 사건을 $D$라 하면

$P(D|A) = 0.02$, $P(D|B) = 0.03$, $P(D|C) = 0.05$이므로

**(1)** $P(D) = P(A) P(D|A) + P(B) P(D|B) + P(C) P(D|C)$

$= (0.4) \cdot (0.02) + (0.3) \cdot (0.03) + (0.3) \cdot (0.05) = 0.032$

**(2)** 불량품이 $A$ 공장에서 만들어졌을 확률 : $P(A|D) = \dfrac{(0.4) \cdot (0.02)}{0.032} = 0.25$

불량품이 $B$ 공장에서 만들어졌을 확률 : $P(B|D) = \dfrac{(0.3) \cdot (0.03)}{0.032} = 0.28125$

**(3)** 불량품이 $A$ 또는 $B$ 공장에서 만들어졌을 확률 : 두 사건 $A$ 와 $B$ 는 독립이므로

$P(A \cup B | D) = P(A|D) + P(B|D) = 0.25 + 0.28125 = 0.53125$

**21.** $H$, $L$ 그리고 $N$을 각각 담배를 많이 피우는 사람과 적게 피우는 사람 그리고 전혀 담배를 피우지 않는 사람이 선정될 사건이라고 하자. 그리고 이 기간에 사망했을 사건을 $D$라고 하자. 그러면 $P(H) = 0.2$, $P(L) = 0.3$, $P(N) = 0.5$, $P(D|L) = 2P(D|N)$, $P(D|L) = (1/2) P(D|H)$ 이다. 따라서 구하고자 하는 확률은 Bayes 정리에 의하여 다음과 같다.

$$P(H|D) = \frac{P(D|H) P(H)}{P(D|H) P(H) + P(D|L) P(L) + P(D|N) P(N)}$$

$$= \frac{2P(D|L)(0.2)}{2P(D|L)(0.2) + P(D|L)(0.3) + (1/2)P(D|L)(0.5)}$$

$$= \frac{0.4}{0.4 + 0.3 + 0.25} = 0.4211$$

**22.** 2005, 2006, 2007년 모델 중 하나인 자동차가 사고를 낼 사건을 $A$ 라고 하자. 그러면 구하고자 하는 확률은 $P(2005|A)$ 이다. 한편 Bayes 정리에 의하여

$$P(2005|A) = \frac{P(A|2005) P(2005)}{P(A|2005)P(2005) + P(A|2006)P(2006) + P(A|2007)P(2007)}$$

$$= \frac{(0.05)(0.16)}{(0.05)(0.16) + (0.02)(0.18) + (0.03)(0.20)}$$

$$= 0.4545$$

**23. (1)** 두 기계 $A$ 에서 선정된 칩이 불량품이고 그 조건 아래서 기계 $B$ 에서 선정된 칩이 불량품이므로 두 컴퓨터 칩이 모두 불량품일 확률은 $(0.08) \cdot (0.05) = 0.004$ 이다.

**(2)** 두 기계 $A$ 와 $B$ 에서 선정된 칩이 양호품일 확률은 각각 0.92와 0.95이고, 선정된 칩 두 개 모두 양호품일 확률은 $(0.92) \cdot (0.95) = 0.874$ 이다.

**(3)** $A$ 에서 불량품이 나오고 $B$ 에서 양품이 나올 확률은 $0.08 \times 0.95 = 0.076$ 이고 $A$ 에서 양품이 나오고 $B$ 에서 불량품이 나올 확률은 $0.92 \times 0.05 = 0.046$ 이므로 정확히 하나만 불량품일 확률은 0.122 이다.

**(4)** $A$ 또는 $B$ 에서 불량품이 하나 나올 확률은 (3)에서 0.122이고, 이 조건 아래서 불량인 칩이 $A$ 에서 나왔을 확률은 $\dfrac{0.076}{0.122} = 0.623$ 이다.

2.1

**1.** (1) 확률변수 $X$가 취하는 값 1, 2, 3, 4, 5, 6에 대하여 확률질량함수가 모두 0보다 크거나 같지만, 그 합이 1.1이므로 $f(x)$는 확률질량함수가 아니다.

(2) 확률변수 $X$가 취하는 값 1, 2, 3, 4, 5, 6에 대하여 확률질량함수의 합이 1이지만, $f(3)=-1$이므로 $f(x)$는 확률질량함수가 아니다.

(3) 확률변수 $X$가 취하는 값 1, 2, 3, 4, 5, 6에 대하여 확률질량함수가 모두 0보다 크거나 같고, 그 합이 1이므로 $f(x)$는 확률질량함수이다.

**2.** (1) 확률변수 $X$가 취하는 값이 1, 2, 3, 4, 5, 6이므로 $P(X<4)=P(X\leq 3)=0.6$,
$P(X>4)=P(X\geq 5)=0.3$이다. 따라서

$$\sum_{x=1}^{6} P(X=x) = P(X\leq 3)+P(X=4)+P(X\geq 5)=0.6+P(X=4)+0.3=1$$

이고, 따라서 $P(X=4)=0.1$이다.

(2) $P(X<5)=P(X\leq 4)=P(X\leq 3)+P(X=4)=0.6+0.1=0.7$

(3) $P(X>3)=P(X\geq 4)=P(X\geq 5)+P(X=4)=0.3+0.1=0.4$

**3.** (1) 확률변수 $X$에 대하여 $\sum_{x=1}^{\infty} f(x) = \sum_{x=1}^{\infty} \frac{k}{x} = k\sum_{x=1}^{\infty} \frac{1}{x}$이고, p-급수 판정법에 의하여 무한급수 $\sum_{x=1}^{\infty} \frac{1}{x}$은 발산한다. 따라서 모든 양의 정수를 취하는 $X$에 대하여 $f(x)$가 확률질량함수가 되는 양의 상수 $k$가 존재하지 않는다.

(2) 확률변수 $X$에 대하여 $\sum_{x=1}^{\infty} f(x) = \sum_{x=1}^{\infty} \frac{k}{x^2} = k\sum_{x=1}^{\infty} \frac{1}{x^2}$이고, p-급수 판정법에 의하여 무한급수 $\sum_{x=1}^{\infty} \frac{1}{x^2}$은 어떤 양수 $M$으로 수렴한다. 따라서 모든 양의 정수를 취하는 $X$에 대하여 $f(x)$가 확률질량함수가 되는 양의 상수 $k$가 존재하며, $k=\frac{1}{M}$이다. 사실상, Mathematica 프로그램에 의하여 합을 구하면 $\sum_{x=1}^{\infty} \frac{1}{x^2} = \frac{\pi^2}{6}$이고, 따라서 $k=\frac{6}{\pi^2}$이다.

**4.** (1) 1월부터 7월까지 총 강수량이 561.5이므로 월별 강수량의 비율은 다음 표와 같다.

| 월 | 1 | 2 | 3 | 4 | 5 | 6 | 7 |
|---|---|---|---|---|---|---|---|
| 강수량 | 0.201 | 0 | 0.039 | 0.117 | 0.232 | 0.037 | 0.374 |

(2)

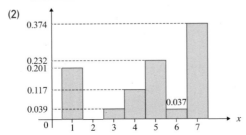

(3) 5월부터 7월까지 강수량의 비율은 0.643이므로 예상 강수량은 450.1mm이다.

**5.** 임의로 추출한 동전 3개에 포함된 100원짜리 동전의 개수를 $X$라 하면 $X$가 취할 수 있는 값은 $0, 1, 2, 3$ 뿐이다. 한편 $X=0$인 사건은 3개의 동전 모두 10원짜리가 추출된 경우이므로 구하고자 하는 확률은

$$f(0)=P(X=0)=\frac{\binom{5}{3}}{\binom{8}{3}}=\frac{5!/3!2!}{8!/3!5!}=\frac{10}{56}$$

이다. $X=1$인 사건은 3개의 동전 중에서 100원짜리 동전이 1개, 10원짜리 동전이 2개 추출된 경우이므로 구하고자 하는 확률은

$$f(1)=P(X=1)=\frac{\binom{5}{2}\binom{3}{1}}{\binom{8}{3}}=\frac{5!/2!3! \cdot 3!/1!2!}{8!/3!5!}=\frac{30}{56}$$

이다. $X=2$인 사건은 3개의 동전 중에서 100원짜리 동전이 2개, 10원짜리 동전이 1개 추출된 경우이므로 구하고자 하는 확률은

$$f(2)=P(X=2)=\frac{\binom{5}{1}\binom{3}{2}}{\binom{8}{3}}=\frac{5!/1!4! \cdot 3!/2!1!}{8!/3!5!}=\frac{15}{56}$$

이다. 끝으로 $X=3$인 사건은 3개의 동전이 모두 100원짜리 동전인 경우이므로 구하고자 하는 확률은

$$f(3)=P(X=3)=\frac{\binom{3}{3}}{\binom{8}{3}}=\frac{3!/3!0!}{8!/3!5!}=\frac{1}{56}$$

이다. 따라서 구하고자 하는 확률질량함수 $f(x)$는 다음 표와 같다.

| $X$ | 0 | 1 | 2 | 3 |
|---|---|---|---|---|
| $f(x)$ | 10/56 | 30/56 | 15/56 | 1/56 |

그러므로 분포함수는 다음과 같다.

$$F(x)=\begin{cases} 0 & , \ x<0 \\ 10/56 & , \ 0\le x<1 \\ 40/56 & , \ 1\le x<2 \\ 55/56 & , \ 2\le x<3 \\ 1 & , \ 3\le x \end{cases}$$

**6.** (1) 위 "1"의 눈이 나올 때까지 반복하여 주사위를 던진 횟수를 $X$의 상태공간은 $S_X=\{1, 2, 3, 4, 5, \cdots\}$이다. 이때 $X=1$은 처음 주사위를 던져서 "1"의 눈이 나오는 사건이고, 따라서 $P(X=1)=\frac{1}{6}$이다. 또한 $X=2$는 처음에 "1"이 아닌 눈이 나오고 두 번째 "1"이 나오는 사건을 나타내므로 $P(X=2)=\frac{5}{6} \cdot \frac{1}{6}=\frac{5}{36}$이다. 또한 $X=3$은 처음 두 번 계속하여 "1"이 아닌

눈이 나오고 세 번째 "1"이 나오는 사건을 나타내므로 $P(X=3)=\left(\dfrac{5}{6}\right)^2\cdot\dfrac{1}{6}=\dfrac{25}{216}$ 이다. 같은 방법으로 $X=x$는 처음 $x-1$번 계속하여 "1"이 아닌 눈이 나오고 $x$ 번째 "1"이 나오는 사건을 나타내므로 $P(X=x)=\left(\dfrac{5}{6}\right)^{x-1}\cdot\dfrac{1}{6}$ 이다. 그러므로 확률변수 $X$의 확률질량함수는 다음과 같다.

$$f(x)=\begin{cases}\dfrac{1}{6}\cdot\left(\dfrac{5}{6}\right)^{x-1}, & x=1,2,3,\cdots \\ 0, & \text{다른 곳에서}\end{cases}$$

**(2)** 처음부터 세 번 이내에 "1"의 눈이 나올 확률은

$$P(X\le 3)=P(X=1)+P(X=2)+P(X=3)=\dfrac{1}{6}+\dfrac{5}{36}+\dfrac{25}{216}=\dfrac{91}{216}$$

**(3)** 적어도 다섯 번 이상 던져야 "1"의 눈이 나오는 사건은 $X\ge 5$이고, 따라서 구하고자 하는 확률은 다음과 같다.

$$P(X\ge 5)=P(X=5)+P(X=6)+P(X=7)+\cdots$$

$$=\dfrac{5^4}{6^5}+\dfrac{5^5}{6^6}+\dfrac{5^6}{6^7}+\cdots=\dfrac{5^4}{6^5}\left[1+\dfrac{5}{6}+\left(\dfrac{5}{6}\right)^2+\cdots\right]$$

$$=\dfrac{5^4}{6^5}\cdot\dfrac{1}{1-\dfrac{5}{6}}=\dfrac{625}{1296}$$

**7.** **(3)**

| 관찰 횟수 | 누적관찰 횟수 | 확률 | 누적확률 |
|---|---|---|---|
| 1 | 13 | 13 | 0.26 | 0.26 |
| 2 | 13 | 26 | 0.26 | 0.52 |
| 3 | 12 | 38 | 0.24 | 0.76 |
| 4 | 12 | 50 | 0.24 | 1.00 |

**(1), (2), (4)**

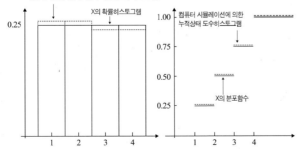

**8.** **(1)** $1=P(X=1)+P(X=2)+P(X=3)+P(X=4)+P(X=5)$이므로

$$P(X=4)=1-(0.13+0.22+0.31+0.20+0.04)=0.10\text{이다.}$$

(2) $F(x) = P(X \le x)$이고

$x < 0$이면 $P(X \le x) = 0$

$0 \le x < 1$이면 $P(X \le x) = 0.13$

$1 \le x < 2$이면 $P(X \le x) = 0.13 + 0.22 = 0.35$

$2 \le x < 3$이면 $P(X \le x) = 0.13 + 0.22 + 0.31 = 0.66$

$3 \le x < 4$이면 $P(X \le x) = 0.13 + 0.22 + 0.31 + 0.20 = 0.86$

$4 \le x < 5$이면 $P(X \le x) = 0.13 + 0.22 + 0.31 + 0.20 + 0.10 = 0.96$

$x \ge 5$이면 $P(X \le x) = 1$이므로, 분포함수는 다음과 같다.

$$F(x) = \begin{cases} 0 & , \ x < 0 \\ 0.13 & , \ 0 \le x < 1 \\ 0.35 & , \ 1 \le x < 2 \\ 0.66 & , \ 2 \le x < 3 \\ 0.86 & , \ 3 \le x < 4 \\ 0.96 & , \ 4 \le x < 5 \\ 1.00 & , \ 5 \le x \end{cases}$$

(3)

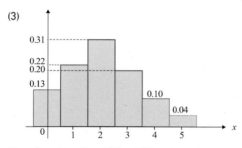

(4) $P(1 < X \le 4) = F(4) - F(1) = 0.96 - 0.35 = 0.61$

**9.** 두 사람이 번갈아 가면서 "1"의 눈이 나올 때까지 주사위를 던진 횟수를 $X$라 하면, $X$의 확률질량함수는 예제 4에서 구한 것과 같이

$$f(x) = \begin{cases} \left(\dfrac{5}{6}\right)^{x-1} \cdot \dfrac{1}{6} & , \ x = 1, 2, 3, \cdots \\ \\ 0 & , \ \text{다른 곳에서} \end{cases}$$

이다. 한편 먼저 던져서 "1"의 눈이 나올 때까지 던진 횟수는 $A = \{1, 3, 5, \cdots\}$이고, 따라서 먼저 주사위를 던져서 "1"의 눈이 나올 확률은

$$P(X \in A) = f(1) + f(3) + f(5) + \cdots = \frac{1}{6} + \frac{1}{6}\left(\frac{5}{6}\right)^2 + \frac{1}{6}\left(\frac{5}{6}\right)^4 \cdots$$

$$= \frac{1}{6}\left[1 + \left(\frac{5}{6}\right)^2 + \left(\frac{5}{6}\right)^4 + \cdots\right] = \frac{1}{6} \frac{1}{1 - \left(\frac{5}{6}\right)^2} = \frac{6}{11}$$

이다. 그러므로 나중에 던져서 "1"의 눈이 나올 확률은 $P(X \in A^c) = \dfrac{5}{11}$이고, 따라서 먼저 주사위를 던지는 경우가 더 유리하다.

**10.** 홀수들의 집합을 $A = \{1, 3, 5, \cdots\}$이라 하면, 구하고자 하는 확률은

$$P(X \in A) = f(1) + f(3) + f(5) + \cdots = \frac{2}{3} + \frac{2}{3^3} + \frac{2}{3^5} + \cdots$$

$$= \frac{2}{3}\left(1 + \frac{2}{3^2} + \frac{2}{3^4} + \cdots\right)$$

이고, 괄호 안의 급수는 초항이 1이고 공비가 1/9인 무한등비급수이므로 구하고자 하는 확률은 다음과 같다.

$$P(X \in A) = \frac{2}{3} \cdot \frac{1}{1 - \frac{1}{9}} = \frac{3}{4}$$

**11.** **(1), (2)** 52장의 카드에는 네 종류의 무늬에 각각 13장씩으로 구성되므로 하트가 나올 확률은 1/4이고 다른 무늬가 나올 확률은 3/4이다. 한편 복원추출에 의하여 카드를 뽑으므로 매번 시행에서 각각의 확률은 1/4과 3/4으로 동일하다. 따라서 세 번 모두 하트가 나오지 않을 확률은

$$P(X = 0) = \left(\frac{3}{4}\right)^3 = \frac{27}{64}$$

하트의 수가 하나인 경우는 처음에 또는 두 번째 또는 세 번째 카드가 하트인 경우이고, 각각의 경우에 대한 확률은 $\left(\frac{1}{4}\right)\left(\frac{3}{4}\right)^2 = \frac{9}{64}$ 이므로

$$P(X = 1) = 3 \cdot \left(\frac{1}{4}\right)\left(\frac{3}{4}\right)^2 = \frac{27}{64}$$

하트의 수가 두 개인 경우는 처음에 또는 두 번째 또는 세 번째 카드만 하트가 아닌 경우이고, 각각의 경우에 대한 확률은 $\left(\frac{1}{4}\right)^2\left(\frac{3}{4}\right) = \frac{3}{64}$ 이므로

$$P(X = 2) = 3 \cdot \left(\frac{1}{4}\right)^2\left(\frac{3}{4}\right) = \frac{9}{64}$$

하트의 수가 세 장인 경우의 확률은

$$P(X = 3) = \left(\frac{1}{4}\right)^3 = \frac{1}{64}$$

이다. 그러므로 $X$의 확률질량함수와 분포함수는 다음과 같다.

$$f(x) = \begin{cases} \dfrac{27}{64}, & x = 0 \\ \dfrac{27}{64}, & x = 1 \\ \dfrac{9}{64}, & x = 2 \\ \dfrac{1}{64}, & x = 3 \end{cases} \quad , \quad F(x) = \begin{cases} 0, & x < 0 \\ \dfrac{27}{64}, & 0 \le x < 1 \\ \dfrac{54}{64}, & 1 \le x < 2 \\ \dfrac{63}{64}, & 2 \le x < 3 \\ 1, & x \ge 3 \end{cases}$$

**12.** **(1), (2)** 임의로 꺼낸 카드에 하트가 없는 경우는 처음부터 연속적으로 꺼낸 카드가 하트가 아닌

경우이므로

$$P(X=0) = \frac{39}{52} \frac{38}{51} \frac{37}{50} = \frac{703}{1700}$$

하트가 한 장 나오는 경우는 처음에 나오고 연속해서 안 나오는 경우, 두 번째 카드만 하트인 경우 그리고 세 번째 카드만 하트인 경우이다. 그러므로

$$P(X=1) = \frac{13}{52} \frac{39}{51} \frac{38}{50} + \frac{39}{52} \frac{13}{51} \frac{38}{50} + \frac{39}{52} \frac{38}{51} \frac{13}{50} = \frac{741}{1700}$$

하트가 두 장 나오는 경우는 처음에 안나오고 남은 두 번에서 하트가 나오는 경우, 두 번째 카드만 하트가 아닌 경우 그리고 세 번째 카드만 하트가 아닌 경우이다. 그러므로

$$P(X=2) = \frac{39}{52} \frac{13}{51} \frac{12}{50} + \frac{13}{52} \frac{39}{51} \frac{12}{50} + \frac{13}{52} \frac{12}{51} \frac{39}{50} = \frac{117}{850}$$

세 장의 카드가 모두 하트인 경우는

$$P(X=3) = \frac{13}{52} \frac{12}{51} \frac{11}{50} = \frac{11}{850}$$

그러므로 확률질량함수와 분포함수는 다음과 같다.

$$f(x) = \begin{cases} \dfrac{703}{1700} &, x=0 \\ \dfrac{741}{1700} &, x=1 \\ \dfrac{117}{850} &, x=2 \\ \dfrac{11}{850} &, x=3 \end{cases} \quad , \quad F(x) = \begin{cases} 0 &, x<0 \\ \dfrac{703}{1700} &, 0 \le x < 1 \\ \dfrac{1444}{1700} &, 1 \le x < 2 \\ \dfrac{1678}{1700} &, 2 \le x < 3 \\ 1 &, x \ge 3 \end{cases}$$

**13.** **(1)** 자동차 판매 대수 $X$의 확률질량함수를 얻기 위하여 판매한 자동차 수에 대한 주의 수를 비율로 나타내면 다음 표와 같다.

| 판매 대수 | 0 | 1 | 2 | 3 | 4 | 5 | 6 | 계 |
|---|---|---|---|---|---|---|---|---|
| 주의 수 | 7 | 14 | 15 | 10 | 3 | 2 | 1 | 52 |
| 비율 | 0.135 | 0.269 | 0.289 | 0.192 | 0.058 | 0.038 | 0.019 | 1.00 |

따라서 $X$의 확률질량함수를 나타내는 확률표는 다음과 같다.

| $X$ | 0 | 1 | 2 | 3 | 4 | 5 | 6 | 계 |
|---|---|---|---|---|---|---|---|---|
| $P(X=x)$ | 0.135 | 0.269 | 0.289 | 0.192 | 0.058 | 0.038 | 0.019 | 1.00 |

**(2)** $P(X=3) = 0.192$  **(3)** $P(X \ge 3) = 1 - P(X \le 2) = 1 - (0.135 + 0.269 + 0.289) = 0.307$

**(4)** $P(X < 5) = P(X \le 4) = 1 - (0.038 + 0.019) = 0.943$

**(5)** $P(3 \le X < 5) = P(3 \le X \le 4) = P(X=3) + P(X=4) = 0.192 + 0.058 = 0.250$

**2.2**

**1.** (1) $\displaystyle\int_A f(x)\,dx = \int_{-2k}^{k} \frac{9}{8}x^2\,dx = \frac{27}{8}k^3 = 1$ 이므로 $k^3 = \frac{8}{27}$ ; $k = \frac{2}{3}$

(2) $\displaystyle\int_B f(x)\,dx = \int_1^k \frac{1}{\sqrt{x}}\,dx = 2\sqrt{k} - 2 = 1$ 이므로 $2\sqrt{k} - 2 = 1$ ; $k = \frac{9}{4}$

**2.** 함수 $f(x)$가 $-\infty < x < \infty$ 에서 확률밀도함수이므로

$$\int_{-\infty}^{\infty} f(x)\,dx = \int_{-\infty}^{\infty} \frac{k}{1+x^2}\,dx = k\lim_{a\to\infty} \tan^{-1}x \Big|_{-a}^{a}$$

$$= k\lim_{a\to\infty}\left(\tan^{-1}a - \tan^{-1}(-a)\right) = k\pi = 1$$

따라서 $k = 1/\pi$ 이다. 또한

$$P(1/\sqrt{3} \le X \le 1) = \frac{1}{\pi}\int_{1/\sqrt{3}}^{1} \frac{1}{1+x^2}\,dx = \frac{1}{\pi}\left(\tan^{-1}1 - \tan^{-1}\frac{1}{\sqrt{3}}\right)$$

$$= \frac{1}{\pi}\left(\frac{\pi}{4} - \frac{\pi}{6}\right) = \frac{1}{12}$$

**3.** (1) $\displaystyle\int_1^{\infty} \frac{k}{x^2}\,dx = k\left[-\frac{1}{x}\right]_1^{\infty} = k = 1$

(2) $\displaystyle\int_1^{\infty} \frac{k}{x^3}\,dx = k\left[-\frac{1}{2x^2}\right]_1^{\infty} = \frac{k}{2} = 1$ 그러므로 $k = 2$

**4.** 농구선수가 게임에 참가하는 시간을 $X$라 하면, 밀도함수는 다음과 같다.

$$f(x) = \begin{cases} 0.025, & 10 < x \le 20 \\ 0.050, & 20 < x \le 30 \\ 0.025, & 30 < x \le 40 \end{cases}$$

(1) $P(X \ge 35) = \displaystyle\int_{35}^{40} 0.025\,dx = \left[0.025\right]_{35}^{40} = 1 - 0.875 = 0.125$

(2) $P(X \le 25) = \displaystyle\int_{10}^{25} f(x)\,dx = \int_{10}^{20} 0.025\,dx + \int_{20}^{25} 0.050\,dx$

$$= \left[0.025x\right]_{10}^{20} + \left[0.050x\right]_{20}^{25} = 0.25 + 0.25 = 0.50$$

(3) $P(15 \le X \le 33) = \displaystyle\int_{15}^{33} f(x)\,dx = \int_{15}^{20} 0.025\,dx + \int_{20}^{30} 0.050\,dx + \int_{30}^{33} 0.025\,dx$

$$= \left[0.025x\right]_{15}^{20} + \left[0.050x\right]_{20}^{30} + \left[0.025x\right]_{30}^{33}$$

$$= 0.125 + 0.5 + 0.075 = 0.70$$

$$= \left[0.025x\right]_{15}^{20} + \left[0.050x\right]_{20}^{30} + \left[0.025x\right]_{30}^{33} = 0.125 + 0.5 + 0.075 = 0.70$$

**5.** $X$의 분포함수는 임의의 실수 $x$에 대하여 $F(x) = \int_{-\infty}^{x} f(u)du$ 이므로

(i) $x < 0$이면 $F(x) = \int_{-\infty}^{x} f(u)du = \int_{-\infty}^{x} 0\,du = 0$

(ii) $0 \le x < 10$이면 $F(x) = \int_{-\infty}^{x} f(u)du = \int_{-\infty}^{x} \frac{1}{10}\,du = \frac{x}{10}$

(iii) $x \ge 10$이면 $F(x) = 1$

을 얻는다. 따라서 분포함수는 $F(x) = \begin{cases} 0 & , \ x < 0 \\ \dfrac{x}{10} & , \ 0 \le x < 10 \\ 1 & , \ x \ge 10 \end{cases}$ 이다.

또한 $P(3 \le X \le 7) = F(7) - F(3) = \dfrac{7}{10} - \dfrac{3}{10} = \dfrac{2}{5}$ 이다.

**6.** $P(X \le a) = \int_{0}^{a} 2x\,dx = \left[ x^2 \right]_{0}^{a} = a^2 = \dfrac{1}{2}$ 이므로 $a = \dfrac{\sqrt{2}}{2}$ 이다.

**7.** $P(49.9 \le X \le 50.1) = \int_{49.9}^{50.1} \left[ 1.5 - 6(x - 50.0)^2 \right] dx$

$$= \left[ 1.5x - 2(x - 50.0)^3 \right]_{49.9}^{50.1} = 75.148 - 74.852 = 0.296$$

**8.** (1), (2) $X$의 분포함수는

$$F(x) = \int_{0}^{x} \frac{1}{100} e^{-u/100}\,du = \left[ -e^{-u/100} \right]_{0}^{x} = 1 - e^{-0.01x} \quad , \quad 0 \le x < \infty$$

따라서 환자가 150일 이내에 사망할 확률은

$P(X < 150) = F(150) = 1 - e^{-1.5} = 1 - 0.2231 = 0.7769$

환자가 200일 이상 생존할 확률은 다음과 같다.

$P(X \ge 200) = 1 - P(X < 200) = 1 - F(200) = e^{-2} = 0.1353$

**9.** (1) 확률변수 $X$의 밀도함수는 $f(x) = \begin{cases} -k(x-1) , & 0 \le x < 1 \\ k(x-1) , & 1 \le x < 2 \\ -k(x-3), & 2 \le x < 3 \\ k(x-3) , & 3 \le x \le 4 \\ 0 & , \ \text{다른 곳에서} \end{cases}$ 이다.

따라서

$$\int_{0}^{4} f(x)dx = -k\int_{0}^{1}(x-1)\,dx + k\int_{1}^{2}(x-1)\,dx - k\int_{2}^{3}(x-3)\,dx + k\int_{3}^{4}(x-3)\,dx$$

$$= k\left( \frac{1}{2} + \frac{1}{2} + \frac{1}{2} + \frac{1}{2} \right) = 2k = 1$$

그러므로 구하고자 하는 상수는 $k = \dfrac{1}{2}$ 이다.

(2)

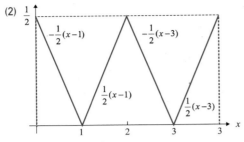

(3) $0 \leq x < 1$이면

$$F(x) = \int_0^x f(u)\,du = \int_0^x -\frac{1}{2}(x-1)\,dx = -\frac{x^2}{4} + \frac{x}{2}$$

$1 \leq x < 2$이면

$$F(x) = \int_0^x f(u)\,du = \int_0^1 -\frac{1}{2}(x-1)\,dx + \int_1^x \frac{1}{2}(x-1)\,dx = \frac{x^2}{4} - \frac{x}{2} + \frac{1}{2}$$

$2 \leq x < 3$이면

$$F(x) = \int_0^x f(u)\,du = \int_0^1 -\frac{1}{2}(x-1)\,dx + \int_1^2 \frac{1}{2}(x-1)\,dx + \int_2^x -\frac{1}{2}(x-3)\,dx = -\frac{x^2}{4} + \frac{3}{2}x - \frac{3}{2}$$

$3 \leq x < 4$이면

$$F(x) = \int_0^x f(u)\,du = \int_0^1 -\frac{1}{2}(x-1)\,dx + \int_1^2 \frac{1}{2}(x-1)\,dx + \int_2^3 -\frac{1}{2}(x-3)\,dx + \int_2^x -\frac{1}{2}(x-3)\,dx$$

$$= \frac{x^2}{4} - \frac{3}{2}x + 3$$

따라서 분포함수는 다음과 같다.

$$F(x) = \begin{cases} 0 & , \ x < 0 \\[2mm] -\dfrac{x^2}{4} + \dfrac{x}{2} & , \ 0 \leq x < 1 \\[2mm] \dfrac{x^2}{4} - \dfrac{x}{2} + \dfrac{1}{2} & , \ 1 \leq x < 2 \\[2mm] -\dfrac{x^2}{4} + \dfrac{3}{2}x - \dfrac{3}{2} & , \ 2 \leq x < 3 \\[2mm] \dfrac{x^2}{4} - \dfrac{3}{2}x + 3 & , \ 3 \leq x < 4 \\[2mm] 1 & , \ x \geq 4 \end{cases}$$

(4) $P(0.5 \leq X \leq 2.2) = F(2.2) - F(0.5) = \left( -\dfrac{(2.2)^2}{4} + \dfrac{3 \cdot (2.2)}{2} - \dfrac{3}{2} \right) - \left( -\dfrac{(0.5)^2}{4} + \dfrac{0.5}{2} \right)$

$$= 0.59 - 0.1875 = 0.4025$$

**10.** 기계의 수명을 $X$라 하면, 확률밀도함수는

$$f(x) = \frac{k}{(10+x)^2}, \quad 0 < x < 40$$

이다. 이제 상수 $k$를 먼저 구한다.

$$1 = \int_0^{40} \frac{k}{(10+x)^2} dx = -\frac{k}{10+x}\Big|_0^{40} = \frac{2k}{25}$$

따라서 $k = \dfrac{25}{2}$ 이고, 구하고자 하는 확률은 다음과 같다.

$$P(X<6) = \int_0^6 \frac{25}{2(10+x)^2} dx = -\frac{25}{2}\left(\frac{1}{10+x}\right)\Big|_0^6 = \frac{15}{32} = 0.4688$$

**11.** **(1)** $X$의 밀도함수 $f(x)$는 $x=0$에서 최대이고 $x=2000$에서 최소이다. 따라서 $f(x)$는 아래 그림과 같이 구간 $[0, 2000]$에서 $f(0)=k$, $f(2000)=0$을 만족하는 직선이다.

$$f(x) = k - \frac{k}{2000}x, \quad 0 \le x \le 2000$$

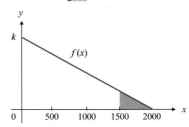

한편 구간 $[0, 2000]$에서 함수 $f(x)$는 밀도함수이므로 $f(x)$와 두 축으로 둘러싸인 삼각형의 넓이는 1이어야 한다. 그러므로 $\dfrac{1}{2}(2000)k = 1$로부터 $k = 0.001$이고, 밀도함수 $f(x)$는 다음과 같다.

$$f(x) = \begin{cases} 0.001 - \dfrac{1}{2 \cdot 10^6}x, & 0 \le x \le 2000 \\ 0, & \text{다른 곳에서} \end{cases}$$

**(2)** $F(x) = \displaystyle\int_0^x \left(0.001 - \frac{1}{2 \cdot 10^6}u\right) du = \frac{1}{1000}x - \frac{1}{4 \cdot 10^6}x^2$

**(3)** $P(X > 1500) = 1 - P(X < 1500) = 1 - F(1500)$

$$= 1 - \left(\frac{1500}{1000} - \frac{1500^2}{4 \cdot 10^6}\right) = 1 - 0.9375 = 0.0625$$

**12.** **(1)** $f(x)$가 확률밀도함수가 되기 위하여

$$\int_1^2 kx^2(1-x^2)\,dx = -k\int_1^2 (x^4 - x^2)\,dx = -k\left(\frac{1}{5}x^5 - \frac{1}{3}x^3\right)\Big|_1^2 = -\frac{58}{15}k = 1$$

그러므로 $k = -\dfrac{15}{58}$ 이다.

(2) $F(x) = -\dfrac{15}{58}\displaystyle\int_1^x u^2(1-u^2)\,du = \dfrac{15}{58}\displaystyle\int_1^x (u^4-u^2)\,du = \dfrac{15}{58}\left(\dfrac{1}{5}u^5 - \dfrac{1}{3}u^3\right)\Big|_1^x$

$\qquad = \dfrac{3}{58}x^5 - \dfrac{5}{58}x^3 + \dfrac{1}{29}, \quad 1 \le x \le 2$

(3) $P(1.05 \le X \le 1.65) = F(1.05) - F(1.65) = 0.2798 - 0.0007 = 0.2791$

**13.** (1) $F(x)$가 분포함수이므로 $\displaystyle\lim_{x\to\infty} F(x) = 1$이고 $\displaystyle\lim_{x\to-\infty} F(x) = 0$이어야 한다. 특히 상태공간이 $\{x : 0 \le x < \infty\}$이므로 $F(0) = 0$이다. 한편

$$\lim_{x\to\infty} F(x) = \lim_{x\to\infty}(A + Be^{-x}) = A = 1, \quad F(0) = A + B = 0$$

이므로 $A = 1$, $B = -1$이다.

(2) $P(2 \le X \le 5) = F(5) - F(2) = (1 - e^{-5}) - (1 - e^{-2}) = \dfrac{e^3 - 1}{e^5}$

(3) $0 \le x < \infty$에서 $f(x) = \dfrac{d}{dx}F(x) = \dfrac{d}{dx}(1 - e^{-x}) = e^{-x}$이고, 다른 곳에서 $f(x) = 0$이다.

**14.** (1) $P(X = 0) = F(0) - F(0-) = 0.2 = 0.1 = 0.1$

(2) $P(0 < X \le 3) = F(3) - F(0) = 0.6 - 0.2 = 0.4$

(3) $P(0 < X < 3) = F(3-) - F(0) = 0.5 - 0.2 = 0.3$

(4) $P(4 < X \le 5) = F(5) - F(4) = 1 - 0.8 = 0.2$

(5) $P(X \ge 1) = 1 - P(X < 1) = 1 - F(1-) = 1 - 0.3 = 0.7$

**15.** 우선 $X$의 밀도함수를 먼저 구한다. 분포함수는 $x = 1$에서 $1/2$인 점프불연속을 가지고 $x > 1$에서 연속인 밀도함수 $f(x) = F'(x)$를 갖는다. 따라서 $X$의 밀도함수는 다음과 같다.

$$f(x) = \begin{cases} \dfrac{1}{2} & , \ x = 1 \\[2mm] x - 1, & 1 < x < 2 \\[2mm] 0 & , \ \text{다른 곳에서} \end{cases}$$

그러므로 $P(X = 1) = 0.5$이고,

$$P(X < 1.5) = P(X = 1) + P(1 < X < 1.5)$$

$$= 0.5 + \int_1^{1.5}(x-1)\,dx = 0.5 + 0.125 = 0.625$$

**2.3**

**1.** 확률변수 $X$를 게임에서 벌어들인 수입이라 하면, 이기면 4만원을 받고 지면 5만원의 손실이 생기므로 $X$가 취하는 값은 40,000과 $-50,000$이다. 또한 이길 확률은 3/5이므로 질 확률은 2/5이고

따라서 이 게임에서 벌어들일 기대수입은 $E(X) = 40000 \cdot \dfrac{3}{5} + (-50000) \cdot \dfrac{2}{5} = 4000$원이다.

**2.** $E(X) = 0 \cdot (0.06) + 1 \cdot (0.16) + 2 \cdot (0.24) + 3 \cdot (0.35) + 4 \cdot (0.15) + 5 \cdot (0.04) = 2.49$

**3.** 예제 6에서 다음과 같은 확률변수 $X$의 확률질량함수 $f(x)$를 구하였다.

| $X$ | 0 | 1 | 2 | 3 |
|---|---|---|---|---|
| $f(x)$ | 10/56 | 30/56 | 15/56 | 1/56 |

따라서 $X$의 기대값 $E(X)$는 $E(X) = 0 \cdot \dfrac{10}{56} + 1 \cdot \dfrac{30}{56} + 2 \cdot \dfrac{15}{56} + 3 \cdot \dfrac{1}{56} = 1.125$이다.

**4.** 우선 표본공간을 먼저 구한다.

$$S = \begin{Bmatrix} (1,2)\ (1,3)\ (1,4)\ (1,5)\ (1,6) \\ (2,1)\ (2,3)\ (2,4)\ (2,5)\ (2,6) \\ (3,1)\ (3,2)\ (3,4)\ (3,5)\ (3,6) \\ (4,1)\ (4,2)\ (4,3)\ (4,5)\ (4,6) \\ (5,1)\ (5,2)\ (5,3)\ (5,4)\ (5,6) \\ (6,1)\ (6,2)\ (6,3)\ (6,4)\ (6,5) \end{Bmatrix}$$

두 수의 차의 절대값을 $X$라 하면, 상태공간은 $S_X = \{1, 2, 3, 4, 5\}$이고, 확률표는 다음과 같다.

| $X$ | 1 | 2 | 3 | 4 | 5 |
|---|---|---|---|---|---|
| 확률 | 5/15 | 4/15 | 3/15 | 2/15 | 1/15 |

그러므로 $\mu = E(X) = 1 \cdot \dfrac{5}{15} + 2 \cdot \dfrac{4}{15} + 3 \cdot \dfrac{3}{15} + 4 \cdot \dfrac{2}{15} + 5 \cdot \dfrac{1}{15} = \dfrac{35}{15} = \dfrac{7}{3}$이다.

**5.** 남자의 연봉을 $X$, 여자의 연봉을 $Y$라 하자. 그러면 $X$는 8명의 남자들의 연봉에서 동등한 기회를 가지고 어느 하나가 선출되므로

$$E(X) = \frac{1}{8}(35.5 + 27.4 + 28.3 + 41.1 + 25.8 + 36.6 + 27.8 + 38.2) = \frac{260.7}{8} = 32.5875$$

이다. 또한 $Y$는 8명의 여자들의 연봉에서 동등한 기회를 가지고 어느 하나가 선출되므로

$$E(Y) = \frac{1}{8}(17.1 + 35.2 + 22.5 + 28.6 + 22.2 + 26.7 + 29.3 + 32.8) = \frac{214.4}{8} = 26.8$$

이다. 그러므로 남자와 여자의 연봉의 합에 대한 평균은 다음과 같다.

$$E(X) + E(Y) = 32.5875 + 26.8 = 59.3875$$

**6.** (1) 여자들의 보너스를 확률변수 $X$라 하면, 남자들의 보너스는 $0.85\,X$이므로

$$E(0.85\,X) = 0.85\,E(X) = (0.85) \cdot 1500000 = 1,275,000$$

(2) 남자들의 보너스가 여자보다 500,000원 더 많으므로

$$E(X + 500000) = E(X) + 500000 = 1500000 + 500000 = 2,000,000$$

**7.** (1) $\mu = E(X) = (1.0) \cdot (0.05) + (1.5) \cdot (0.15) + (2.0) \cdot (0.20) + (2.5) \cdot (0.15) + (3.0) \cdot (0.25)$

$$+ (3.5) \cdot (0.10) + (4.0) \cdot (0.10) = 2.55$$

$$E(X^2) = (1.0)^2 \cdot (0.05) + (1.5)^2 \cdot (0.15) + (2.0)^2 \cdot (0.20) + (2.5)^2 \cdot (0.15) + (3.0)^2 \cdot (0.25)$$

$$+ (3.5)^2 \cdot (0.10) + (4.0)^2 \cdot (0.10) = 7.2$$

$$\sigma^2 = E(X^2) - [E(X)]^2 = 7.2 - (2.55)^2 = 0.6975$$

(2)

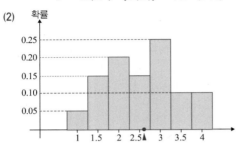

(3) $\sigma = \sqrt{0.6975} = 0.8352$이므로

$$\mu - \sigma = 2.55 - 0.8352 = 1.7148, \qquad \mu + \sigma = 2.55 + 0.8352 = 3.3852,$$

$$\mu - 2\sigma = 2.55 - 2 \times 0.8352 = 0.8796, \quad \mu + 2\sigma = 2.55 + 2 \times 0.8352 = 4.2204$$

$$P(\mu - \sigma < X < \mu + \sigma) = P(1.7148 < X < 3.3852) = P(2 \le X \le 3) = 0.60$$

$$P(\mu - 2\sigma < X < \mu + 2\sigma) = P(0.8796 < X < 4.2204) = P(1 \le X \le 4) = 1.00$$

**8.** 우선 가구권 수에 대한 가구 수의 비율을 먼저 구한다.

| 가구원 수 | 1 | 2 | 3 | 4 | 5 | 6 | 7 | 계 |
|---|---|---|---|---|---|---|---|---|
| 가구 수 | 0.1996 | 0.2216 | 0.2093 | 0.2699 | 0.0769 | 0.0168 | 0.0059 | 15,887 |

(1) $E(X) = 1 \cdot (0.1996) + 2 \cdot (0.2216) + 3 \cdot (0.2093) + 4 \cdot (0.2699)$

$$+ 5 \cdot (0.0769) + 6 \cdot (0.0168) + 7 \cdot (0.0059)$$

$$= 2.8769$$

$$E(X^2) = 1^2 \cdot (0.1996) + 2^2 \cdot (0.2216) + 3^2 \cdot (0.2093) + 4^2 \cdot (0.2699) + 5^2 \cdot (0.0769)$$

$$+ 6^2 \cdot (0.0168) + 7^2 \cdot (0.0059) = 10.1045$$

$$\sigma^2 = E(X^2) - [E(X)]^2 = 10.1045 - (2.8769)^2 = 1.8279$$

(2)

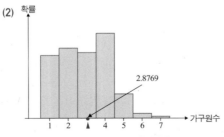

(3) $\sigma^2 = 1.8279$이므로 $\sigma = \sqrt{1.8279} = 1.3520$이고 따라서

$$\mu - \sigma = 2.8769 - 1.3520 = 1.5249, \qquad \mu + \sigma = 2.8769 + 1.3520 = 4.2289$$

$$\mu - 2\sigma = 2.8769 - 2 \cdot (1.3520) = 0.1729, \quad \mu + 2\sigma = 2.8769 + 2 \cdot (1.3520) = 5.5809$$

이다. 그러므로

$$P(\mu - \sigma < X < \mu + \sigma) = P(1.5249 < X < 4.2289) = P(2 \leq X \leq 4) = 0.7008$$

$$P(\mu - 2\sigma < X < \mu + 2\sigma) = P(0.1729 < X < 5.5809) = P(1 \leq X \leq 5) = 0.9773$$

**9.**

(1) $E(X) = 0 \cdot \dfrac{1}{3} + 1 \cdot \dfrac{1}{6} + 2 \cdot \dfrac{1}{3} + 3 \cdot \dfrac{1}{6} = \dfrac{4}{3}$

(2) 우선 $X - E(X)$와 $(X - E(X))^2$을 먼저 구한다.

| $X - E(X)$ | $-4/3$ | $-1/3$ | $1/3$ | $5/3$ |
|---|---|---|---|---|
| $(X - E(X))^2$ | $16/9$ | $1/9$ | $4/9$ | $25/9$ |
| $f(x)$ | $1/3$ | $1/6$ | $1/3$ | $1/6$ |

그러므로 구하고자 하는 분산은 다음과 같다.

$$Var\,(X) = E[(X - E(X))^2]$$

$$= \frac{16}{9} \cdot \frac{1}{3} + \frac{1}{9} \cdot \frac{1}{6} + \frac{4}{9} \cdot \frac{1}{3} + \frac{25}{9} \cdot \frac{1}{6} = \frac{11}{9}$$

(3) $E(X^2) = 0^2 \cdot \dfrac{1}{3} + 1^2 \cdot \dfrac{1}{6} + 2^2 \cdot \dfrac{1}{3} + 3^2 \cdot \dfrac{1}{6} = 3$이므로 분산은 다음과 같다.

$$Var\,(X) = 3 - \left(\frac{4}{3}\right)^2 = \frac{11}{9}$$

**10.**

(1) $E(X) = \displaystyle\sum_{x=1}^{2} x f(x) = 1 \cdot \dfrac{1}{2} + 2 \cdot \dfrac{1}{2} = \dfrac{3}{2}$

(2) $E(X) = \displaystyle\sum_{x=1}^{3} x f(x) = 1 \cdot \dfrac{1}{3} + 2 \cdot \dfrac{1}{3} + 3 \cdot \dfrac{1}{3} = \dfrac{6}{3} = 2$

(3) $E(X) = \displaystyle\sum_{x=1}^{4} x f(x) = 1 \cdot \dfrac{1}{4} + 2 \cdot \dfrac{1}{4} + 3 \cdot \dfrac{1}{4} + 4 \cdot \dfrac{1}{4} = \dfrac{10}{4} = \dfrac{5}{2}$

(4) $n = 2$이면 $E(X) = \dfrac{3}{2} = \dfrac{2+1}{2}$, $n = 3$이면 $E(X) = 2 = \dfrac{4}{2} = \dfrac{3+1}{2}$ 그리고

$n = 4$이면 $E(X) = \dfrac{5}{2} = \dfrac{4+1}{2}$이므로 $n = k$일 때, 기대값은 $E(X) = \dfrac{k+1}{2}$이다.

(5) $E(X) = \displaystyle\sum_{x=1}^{k} x f(x) = \dfrac{1}{k} \sum_{x=1}^{k} x = \dfrac{1}{k} \dfrac{k(k+1)}{2} = \dfrac{k+1}{2}$

**11.** $X$의 확률질량함수는 다음과 같다.

| $X$ | 0 | 1 | 2 | 3 |
|---|---|---|---|---|
| $f(x)$ | 27/64 | 27/64 | 9/64 | 1/64 |

$$E(X) = 0 \cdot \frac{27}{64} + 1 \cdot \frac{27}{64} + 2 \cdot \frac{9}{64} + 3 \cdot \frac{1}{64} = \frac{48}{64} = 0.75$$

$$E(X^2) = 0^2 \cdot \frac{27}{64} + 1^2 \cdot \frac{27}{64} + 2^2 \cdot \frac{9}{64} + 3^2 \cdot \frac{1}{64} = \frac{72}{64} = 1.125$$

$$\sigma^2 = E(X^2) - [E(X)]^2 = 1.125 - (0.75)^2 = 0.5625$$

**12.** 임의로 추출한 동전 3개에 포함된 100원짜리 동전의 개수를 $X$라 하면, 확률질량함수 $f(x)$는 다음 표와 같다.

| $X$ | 0 | 1 | 2 | 3 |
|-----|-----|-----|-----|-----|
| $f(x)$ | 10/56 | 30/56 | 15/56 | 1/56 |

$$E(X) = 0 \cdot \frac{10}{56} + 1 \cdot \frac{30}{56} + 2 \cdot \frac{15}{56} + 3 \cdot \frac{1}{56} = \frac{63}{56} = 1.125$$

$$E(X^2) = 0^2 \cdot \frac{10}{56} + 1^2 \cdot \frac{30}{56} + 2^2 \cdot \frac{15}{56} + 3^2 \cdot \frac{1}{56} = \frac{99}{56} = 1.7679$$

$$\sigma^2 = E(X^2) - [E(X)]^2 = 1.7679 - (1.125)^2 = 0.5023$$

**13.** $X$의 확률질량함수는 다음과 같다.

| $X$ | 0 | 1 | 2 | 3 |
|-----|-----|-----|-----|-----|
| $f(x)$ | 703/1700 | 741/1700 | 234/1700 | 22/1700 |

$$E(X) = 0 \cdot \frac{703}{1700} + 1 \cdot \frac{741}{1700} + 2 \cdot \frac{234}{1700} + 3 \cdot \frac{22}{1700} = \frac{1231}{1700} = 0.7241$$

$$E(X^2) = 0^2 \cdot \frac{703}{1700} + 1^2 \cdot \frac{741}{1700} + 2^2 \cdot \frac{234}{1700} + 3^2 \cdot \frac{22}{1700} = \frac{1875}{1700} = 1.1029$$

$$\sigma^2 = E(X^2) - [E(X)]^2 = 1.1029 - (0.7241)^2 = 0.5786$$

**14.** $E(X) = cP(X=c) = c \cdot 1 = c$, $E(X^2) = c^2 P(X=c) = c^2 \cdot 1 = c^2$이므로

$$Var(X) = E(X^2) - [E(X)]^2 = c^2 - c^2 = 0$$이다.

**15.** 기계의 수명 $X$의 확률밀도함수는 $f(x) = \dfrac{25}{2} \dfrac{1}{(10+x)^2}$, $0 < x < 40$이고, 따라서 $X$의 기대값은

$$E(X) = \int_0^{40} \frac{25}{2} \frac{x}{(10+x)^2} dx = \frac{25}{2} \left( \frac{10}{x+10} + \ln(x+10) \right) \Big|_0^{40}$$

$$= \frac{5}{2}(5\ln 50 - 5\ln 10 - 4) = 10.118$$

**16.** (1) $\displaystyle \int_1^\infty f(x) dx = \int_1^\infty \frac{k}{x^3} dx = -\frac{k}{2} \frac{1}{x^2} \Big|_1^\infty = \frac{k}{2} = 1$이므로 $k = 2$

(2) $E(X) = \displaystyle \int_1^\infty x f(x) dx = \int_1^\infty \frac{2}{x^2} dx = -\frac{2}{x} \Big|_1^\infty = 2$

(3) $E(X^2) = \displaystyle \int_1^\infty x^2 f(x) dx = \int_1^\infty \frac{2}{x} dx = 2\ln x \Big|_1^\infty = \infty$이므로 분산이 존재하지 않는다.

**17.** **(1)** 분포함수를 구하면, $F(x) = \int_{-1}^{x} \frac{1}{2} du = \frac{1}{2}(x+1)$이므로 사분위수는 각각 다음과 같다.

$$F(q_1) = \frac{1}{2}(q_1+1) = \frac{1}{4}; \ q_1+1 = \frac{1}{2}; \ q_1 = -\frac{1}{2}$$

$$F(q_2) = \frac{1}{2}(q_2+1) = \frac{1}{2}; \ q_2+1 = 1; \ q_2 = 0$$

$$F(q_3) = \frac{1}{2}(q_3+1) = \frac{3}{4}; \ q_3+1 = \frac{3}{2}; \ q_3 = \frac{1}{2}$$

**(2)** 분포함수를 구하면, $F(x) = \int_{-1}^{x} \frac{1+u}{2} du = \frac{1}{4}(x+1)^2$이므로 사분위수는 각각 다음과 같다.

$$F(q_1) = \frac{1}{4}(q_1+1)^2 = \frac{1}{4}; \ (q_1+1)^2 = 1; \ q_1 = 0$$

$$F(q_2) = \frac{1}{4}(q_2+1)^2 = \frac{1}{2}; \ (q_2+1)^2 = 2; \ q_2 = -1+\sqrt{2}$$

$$F(q_3) = \frac{1}{4}(q_3+1)^2 = \frac{3}{4}; \ (q_3+1)^2 = 3; \ q_3 = -1+\sqrt{3}$$

**(3)** 분포함수를 구하면, $F(x) = \int_{1}^{x} 2e^{-2(u-1)} du = 1 - e^{-2(x-1)}$이므로 사분위수는 각각 다음과 같다.

$$F(q_1) = 1 - e^{-2(q_1-1)} = \frac{1}{4}; \ -2(q_1-1) = \ln\frac{3}{4}; \ q_1 = 1.14384$$

$$F(q_2) = 1 - e^{-2(q_2-1)} = \frac{1}{2}; \ -2(q_2-1) = \ln\frac{1}{2}; \ q_2 = 1.34657$$

$$F(q_3) = 1 - e^{-2(q_3-1)} = \frac{3}{4}; \ -2(q_3-1) = \ln\frac{1}{4}; \ q_3 = 1.69315$$

**(4)** 분포함수를 구하면, $F(x) = \int_{-\infty}^{x} \frac{e^{-u}}{(1+e^{-u})^2} du = \frac{e^x}{1+e^x}$이므로 사분위수는 각각 다음과 같다.

$$F(q_1) = \frac{e^{q_1}}{1+e^{q_1}} = \frac{1}{4}; \ e^{q_1} = \frac{1}{3}; \ q_1 = \ln\frac{1}{3}; \ q_1 = -1.09861$$

$$F(q_2) = \frac{e^{q_2}}{1+e^{q_2}} = \frac{1}{2}; \ e^{q_2} = 1; \ q_2 = \ln 1; \ q_2 = 0$$

$$F(q_3) = \frac{e^{q_3}}{1+e^{q_3}} = \frac{3}{4}; \ e^{q_3} = 3; \ q_3 = \ln 3; \ q_3 = 1.09861$$

**18.** **(1)** 우선 확률밀도함수 $f(x)$를 구하면, $0 \le x \le 4$에서 $f(x) = \frac{d}{dx}F(x) = \frac{d}{dx}\left(\frac{x^2}{16}\right) = \frac{1}{8}x$이고, 다른 곳에서 $f(x) = 0$이다. 그러므로

$$E(X) = \int_0^4 x f(x)\, dx = \int_0^4 \frac{1}{8}x^2\, dx = \frac{1}{24}x^3 \Big|_0^4 = \frac{8}{3}$$

$$E(X^2) = \int_0^4 x^2 f(x)\, dx = \int_0^4 \frac{1}{8}x^3\, dx = \frac{1}{32}x^4 \Big|_0^4 = 8$$

따라서 $\sigma^2 = 8 - \left(\frac{8}{3}\right)^2 = \frac{8}{9}$이고 $\sigma = \sqrt{\frac{8}{9}} = \frac{2\sqrt{2}}{3}$

(2) $F(x_0) = \dfrac{x_0^2}{16} = \dfrac{1}{2}$ 이므로 $M_e = x_0 = 2\sqrt{2}$ 이고 $f(x) = \dfrac{x}{8}$, $0 \le x \le 4$ 이므로 $x = 4$ 에서 최대이므로

$M_o = 4$

**19.** (1) $\displaystyle\int_0^4 f(x)\,dx = \int_0^4 kx\,dx = k\dfrac{1}{2}x^2\Big|_0^4 = 8k = 1$ 이므로 $k = \dfrac{1}{8}$

(2) $F(x) = \dfrac{1}{8}\displaystyle\int_0^x u\,du = \dfrac{1}{16}u^2\Big|_0^x = \dfrac{x^2}{16}$

(3) $E(X) = \displaystyle\int_0^4 xf(x)\,dx = \int_0^4 \dfrac{1}{8}x^2\,dx = \dfrac{1}{24}x^3\Big|_0^4 = \dfrac{64}{24} = \dfrac{8}{3}$,

$$E(X^2) = \int_0^4 x^2 f(x)\,dx = \int_0^4 \dfrac{1}{8}x^3\,dx = \dfrac{1}{32}x^4\Big|_0^4 = \dfrac{256}{32} = 8$$

따라서 $\sigma^2 = 8 - \left(\dfrac{8}{3}\right)^2 = \dfrac{8}{9}$ 이고 $\sigma = \sqrt{\dfrac{8}{9}} = \dfrac{2\sqrt{2}}{3}$

(4) $F(x_0) = \dfrac{x_0^2}{16} = \dfrac{1}{2}$ 이므로 $M_e = x_0 = 2\sqrt{2}$

**20.** (1) $\displaystyle\int_2^3 f(x)\,dx = \int_2^3 k(x-1.5)\,dx = k\left(\dfrac{1}{2}x^2 - 1.5x\right)\Big|_2^3 = k = 1$ 이므로 $k = 1$

(2) $E(X) = \displaystyle\int_2^3 xf(x)\,dx = \int_2^3 x(x-1.5)\,dx = k\left(\dfrac{1}{3}x^3 - \dfrac{3}{4}x^2\right)\Big|_2^3 = \dfrac{31}{12}$

$$E(X^2) = \int_2^3 x^2 f(x)\,dx = \int_2^3 x^2(x-1.5)\,dx = k\left(\dfrac{1}{4}x^4 - \dfrac{1}{2}x^3\right)\Big|_2^3 = \dfrac{27}{4}$$

따라서 $\sigma^2 = \dfrac{27}{4} - \left(\dfrac{31}{12}\right)^2 = \dfrac{11}{144}$

(3) $F(x) = \displaystyle\int_2^x f(u)\,du = \int_2^3 (u-1.5)\,du = \left(\dfrac{1}{2}u^2 - 1.5u\right)\Big|_2^x = \dfrac{1}{2}x^2 - \dfrac{3}{2}x + 1$ 이고, 중앙값은

$$F(x_0) = \dfrac{1}{2}x_0^2 - \dfrac{3}{2}x_0 + 1 = \dfrac{1}{2}; \quad x_0^2 - 3x_0 + 1 = 0; \quad M_e = x_0 = \dfrac{3 + \sqrt{5}}{2}$$

**21.** $F(x_0) = 0.5$ 인 $x_0$ 가 중앙값이므로 분포함수의 그림으로부터 $2 \le x < 3$ 인 모든 실수가 중앙값이다.

**22.** 농구선수가 게임에 참가하는 시간 $X$ 에 대한 확률밀도함수는 $f(x) = \begin{cases} 0.025, & 10 < x \le 20 \\ 0.050, & 20 < x \le 30 \\ 0.025, & 30 < x \le 40 \end{cases}$ 이다.

그러므로 분포함수 $F(x)$ 는 다음과 같다.

(i) $10 \le x < 20$ 이면, $F(x) = \displaystyle\int_{10}^x 0.025\,du = 0.025x - 0.25$

(ii) $20 \le x < 30$ 이면, $F(x) = \displaystyle\int_{10}^x f(u)\,du = 0.25 + \int_{20}^x 0.05\,du = 0.05x - 0.75$

(iii) $30 \leq x < 40$이면, $F(x) = \int_{10}^{x} f(u)\,du = 0.25 + 0.5 + \int_{30}^{x} 0.025\,du = 0.025\,x$

따라서 분포함수 $F(x)$의 그림은 다음과 같다.

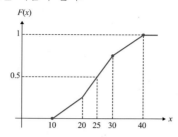

그러므로 중앙값은 $F(x_0) = 0.05\,x_0 - 0.75 = 0.5$; $x_0 = 25$, 즉 25분이다.

**23.** 확률변수 $X$의 분포함수를 먼저 구한다.

$$F(x) = \int_{-\infty}^{x} f(u)\,du = \int_{-\infty}^{x} \frac{1}{\pi(1+u^2)}\,du = \frac{1}{\pi} \lim_{a \to -\infty} \tan^{-1} u \Big|_{a}^{x}$$

$$= \frac{1}{\pi}\left(\tan^{-1} x - \lim_{a \to -\infty} \tan^{-1} a\right) = \frac{1}{\pi}\left(\tan^{-1} x - \frac{\pi}{2}\right)$$

한편 $F(x_0) = 0.5$인 $x_0$가 중앙값이므로

$$F(x_0) = \frac{1}{\pi}\left(\tan^{-1} x_0 - \frac{\pi}{2}\right) = \frac{1}{2} \;\; ; \;\; \tan^{-1} x_0 = 0 \;\; ; \;\; M_e = x_0 = 0$$

**24.** $F(x)$가 $x = \frac{1}{2}$에서 불연속이므로 $X$의 확률함수를 구하면 $f(x) = \begin{cases} 2x\,, & 0 < x < \frac{1}{2} \\ \frac{1}{4}\,, & x = \frac{1}{2} \\ 1\,, & \frac{1}{2} \leq x < 1 \\ 0\,, & \text{다른 곳에서} \end{cases}$ 이다.

$$\mu = E(X) = \int_{0}^{1/2} x f(x)\,dx + \frac{1}{2} \cdot P\left(X = \frac{1}{2}\right) + \int_{1/2}^{1} x f(x)\,dx$$

$$= \int_{0}^{1/2} 2x^2\,dx + \frac{1}{2} \cdot \frac{1}{4} + \int_{1/2}^{1} x\,dx = \frac{1}{12} + \frac{1}{8} + \frac{3}{8} = \frac{7}{12}$$

$$E(X^2) = \int_{0}^{1/2} x^2 f(x)\,dx + \left(\frac{1}{2}\right)^2 \cdot P\left(X = \frac{1}{2}\right) + \int_{1/2}^{1} x^2 f(x)\,dx$$

$$= \int_{0}^{1/2} 2x^3\,dx + \frac{1}{4} \cdot \frac{1}{4} + \int_{1/2}^{1} x^2\,dx = \frac{1}{64} + \frac{1}{16} + \frac{7}{24} = \frac{71}{192}$$

이므로 분산은 $Var(X) = E(X^2) - E(X)^2 = \frac{71}{192} - \left(\frac{7}{12}\right)^2 = \frac{17}{576}$이다.

**25.** (1) $\mu = E(X) = \int_0^\infty x f(x)\,dx = \int_0^\infty x\left(\frac{1}{10}e^{-\frac{x}{10}}\right)dx$

$$= \frac{1}{10}\int_0^\infty x\,e^{-\frac{x}{10}}\,dx = -\frac{1}{10}(10x+100)\,e^{-\frac{x}{10}}\Big|_0^\infty$$

$$= -\frac{1}{10}\cdot(-100) = 10$$

$E(X^2) = \int_0^\infty x^2 f(x)\,dx = \int_0^\infty x^2\left(\frac{1}{10}e^{-\frac{x}{10}}\right)dx$

$$= \frac{1}{10}\int_0^\infty x^2\,e^{-\frac{x}{10}}\,dx = -\frac{1}{10}(10x^2+200+2000)\,e^{-\frac{x}{10}}\Big|_0^\infty = -\frac{1}{10}\cdot(-2000) = 200$$

$Var\,(X) = E(X^2) - [E(X)]^2 = 200 - 10^2 = 100$

(2) $Var\,(X) = 100$이므로 표준편차는 $\sigma = 10$이고, 따라서 $\mu - \sigma = 0$, $\mu + \sigma = 20$, $\mu - 2\sigma = -10$, $\mu + 2\sigma = 30$이다.

$$P(\mu-\sigma \le X \le \mu+\sigma) = P(0 \le X \le 20) = \int_0^{20}\frac{1}{10}e^{-\frac{x}{10}}\,dx = -e^{-\frac{x}{10}}\Big|_0^{20} = 1-e^{-2} \fallingdotseq 0.8647$$

$$P(\mu-2\sigma \le X \le \mu+2\sigma) = P(0 \le X \le 30) = \int_0^{30}\frac{1}{10}e^{-\frac{x}{10}}\,dx = -e^{-\frac{x}{10}}\Big|_0^{30} = 1-e^{-3} \fallingdotseq 0.9502$$

**26.** $\mu = 63$, $\sigma = 6.3$이고, Chebyshev 부등식에 의하여

$$P(\mu-2\sigma \le X \le \mu+2\sigma) \ge 1-\frac{1}{2^2} = 0.75$$

$$P(\mu-3\sigma \le X \le \mu+3\sigma) \ge 1-\frac{1}{3^2} = 0.89$$

이므로 $63-2\cdot(6.5) = 50.0$, $63u+2\cdot(6.5) = 76.0$, $63-3\cdot(6.5) = 43.5$, $63+3\cdot(6.5) = 82.5$으로부터 구하고자 하는 시구간은 각각 $(50.5,\,76.0)$, $(43.5,\,82.5)$이다.

**3.1**

**1.** 주사위를 두 번 던지는 게임에서 표본공간은 36개의 표본점으로 구성되며, $i, j = 1, 2, 3, 4, 5, 6$에 대하여, 두 확률변수는 다음과 같이 정의된다.

$$X(i, j) = X(j, i) = i, \quad Y(i, j) = Y(j, i) = j, \ i < j, \quad X(i, y) = Yij, i) = i$$

한편 $P\{(i, j)\} = P\{(j, i)\} = \frac{1}{36}$, $P\{(i, i)\} = \frac{1}{36}$이므로 두 확률변수 $X$와 $Y$에 대한 다음 결합확률표를 얻는다.

| X \ Y | 1 | 2 | 3 | 4 | 5 | 6 | $f_X(x)$ |
|---|---|---|---|---|---|---|---|
| 1 | 1/36 | 2/36 | 2/36 | 2/36 | 2/36 | 2/36 | 11/36 |
| 2 | 0 | 1/36 | 2/36 | 2/36 | 2/36 | 2/36 | 9/36 |
| 3 | 0 | 0 | 1/36 | 2/36 | 2/36 | 2/36 | 7/36 |
| 4 | 0 | 0 | 0 | 1/36 | 2/36 | 2/36 | 5/36 |
| 5 | 0 | 0 | 0 | 0 | 1/36 | 2/36 | 3/36 |
| 6 | 0 | 0 | 0 | 0 | 0 | 1/36 | 1/36 |
| $f_Y(y)$ | 1/36 | 3/36 | 5/36 | 7/36 | 9/36 | 11/36 | 1 |

(1), (2) $X$와 $Y$의 결합확률질량함수와 주변확률질량함수는 다음과 같다.

$$f(x, y) = \begin{cases} \dfrac{1}{36}, & x = y = 1,2,3,4,5,6 \\ \dfrac{1}{18}, & x < y, \ \begin{matrix} x = 1,2,3,4,5 \\ y = 2,3,4,5,6 \end{matrix} \end{cases}, \quad f_X(x) = \begin{cases} \dfrac{11}{36}, & x = 1 \\ \dfrac{9}{36}, & x = 2 \\ \dfrac{7}{36}, & x = 3 \\ \dfrac{5}{36}, & x = 4 \\ \dfrac{3}{36}, & x = 5 \\ \dfrac{1}{36}, & x = 6 \\ 0, & \text{다른 곳에서} \end{cases}, \quad f_Y(y) = \begin{cases} \dfrac{1}{36}, & y = 1 \\ \dfrac{3}{36}, & y = 2 \\ \dfrac{5}{36}, & y = 3 \\ \dfrac{7}{36}, & y = 4 \\ \dfrac{9}{36}, & y = 5 \\ \dfrac{11}{36}, & y = 6 \\ 0, & \text{다른 곳에서} \end{cases}$$

(3) 구하고자 하는 확률은 확률표의 색칠된 부분이므로 $P(X \le 3, Y \le 3) = \dfrac{9}{36} = \dfrac{1}{4}$ 이다.

**2.** (1) 주사위를 두 번 던지는 게임에서 표본공간은 36개의 표본점으로 구성되며, 두 확률변수는 다음과 같이 정의된다.

$$X(i, j) = i, \ Y(i, j) = |i - j|, \quad i, j = 1,2,3,4,5,6$$

따라서 두 확률변수 $X$와 $Y$에 대한 다음 결합확률표를 얻는다.

| X \ Y | 0 | 1 | 2 | 3 | 4 | 5 | $f_X(x)$ |
|---|---|---|---|---|---|---|---|
| 1 | 1/36 | 1/36 | 1/36 | 1/36 | 1/36 | 1/36 | 1/6 |
| 2 | 1/36 | 1/36 | 1/36 | 1/36 | 1/36 | 0 | 1/6 |
| 3 | 1/36 | 2/36 | 2/36 | 1/36 | 0 | 0 | 1/6 |
| 4 | 1/36 | 2/36 | 2/36 | 1/36 | 0 | 0 | 1/6 |
| 5 | 1/36 | 2/36 | 1/36 | 1/36 | 1/36 | 0 | 1/6 |
| 6 | 1/36 | 1/36 | 1/36 | 1/36 | 1/36 | 1/36 | 1/6 |
| $f_Y(y)$ | 6/36 | 10/36 | 8/36 | 6/36 | 4/36 | 2/36 | 1 |

(2) $X$와 $Y$의 결합확률질량함수와 주변확률질량함수는 다음과 같다.

$$f_X(x) = \begin{cases} \dfrac{1}{6}, & x = 1,2,3,4,5,6, \\ 0, & \text{다른 곳에서} \end{cases}, \qquad f_Y(y) = \begin{cases} \dfrac{6}{36}, & y = 0,3 \\ \dfrac{10}{36}, & y = 1 \\ \dfrac{8}{36}, & y = 2 \\ \dfrac{4}{36}, & y = 4 \\ \dfrac{2}{36}, & y = 5 \\ 0, & \text{다른 곳에서} \end{cases}$$

**(3)** $E(Y) = 0 \cdot \dfrac{6}{36} + 1 \cdot \dfrac{10}{36} + 2 \cdot \dfrac{8}{36} + 3 \cdot \dfrac{6}{36} + 4 \cdot \dfrac{4}{36} + 5 \cdot \dfrac{2}{36} = \dfrac{70}{36} = 1.944$

$E(Y^2) = 0 \cdot \dfrac{6}{36} + 1 \cdot \dfrac{10}{36} + 4 \cdot \dfrac{8}{36} + 9 \cdot \dfrac{6}{36} + 16 \cdot \dfrac{4}{36} + 25 \cdot \dfrac{2}{36} = \dfrac{2170}{36} = 5.8334$

$Var(Y) = E(Y^2) - E(Y)^2 = 2.054$

**(4)** 구하고자 하는 확률은 확률표의 색칠된 부분이므로 $P(X \leq 3, Y \leq 3) = \dfrac{11}{36}$ 이다.

**3.** **(1)** 4면체를 두 번 던지는 게임에서 표본공간은 16개의 표본점으로 구성되며, 바닥에 놓인 두 수 $(i, j)$에 대하여 두 확률변수는 다음과 같이 정의된다.

$$X(i, j) = i, \quad Y(i, j) = i+j, \quad i, j = 1,2,3,4$$

따라서 두 확률변수 $X$와 $Y$에 대한 다음 결합확률표를 얻는다.

| $X$＼$Y$ | 2 | 3 | 4 | 5 | 6 | 7 | 8 | $f_X(x)$ |
|---|---|---|---|---|---|---|---|---|
| 1 | 1/16 | 1/16 | 1/16 | 1/16 | 0 | 0 | 0 | 1/4 |
| 2 | 0 | 1/16 | 1/16 | 1/16 | 1/16 | 0 | 0 | 1/4 |
| 3 | 0 | 0 | 1/16 | 1/16 | 1/16 | 1/16 | 0 | 1/4 |
| 4 | 0 | 0 | 0 | 1/16 | 1/16 | 1/16 | 1/16 | 1/4 |
| $f_Y(y)$ | 1/16 | 2/16 | 3/16 | 4/16 | 3/16 | 2/16 | 1/16 | 1 |

**(2)** $X$와 $Y$의 결합확률질량함수와 주변확률질량함수는 다음과 같다.

$$f_X(x) = \begin{cases} \dfrac{1}{4}, & x = 1,2,3,4, \\ 0, & \text{다른 곳에서} \end{cases}, \qquad f_Y(y) = \begin{cases} \dfrac{1}{16}, & y = 2,8 \\ \dfrac{2}{16}, & y = 3,7 \\ \dfrac{3}{16}, & y = 4,6 \\ \dfrac{4}{16}, & y = 5 \\ 0, & \text{다른 곳에서} \end{cases}$$

**(3)** 구하고자 하는 확률은 확률표의 색칠된 부분이므로 $P(X+Y \leq 5) = \dfrac{1}{4}$ 이다.

**4.** 52장의 카드 중에서 두 장의 카드를 뽑을 때, 하트와 스페이드가 나오는 경우는 각각 0, 1, 2뿐이므로 $X$와 $Y$의 상태공간은 $\{0, 1, 2\}$이다.

한편 사건 $[X=0, Y=0]$은 연속적으로 두 번 하트와 스페이드가 나오지 않는 경우이고 따라서 확률은 $P(X=0, Y=0) = \frac{26}{52} \cdot \frac{25}{51} = \frac{650}{2652}$ 이다. 사건 $[X=1, Y=0]$은 두 번 중에서 한 번은 하트가 나오고 다른 한 번은 하트와 스페이드가 아닌 카드가 나오는 경우이므로

$P(X=1, Y=0) = \frac{13}{52} \cdot \frac{26}{51} \cdot 2 = \frac{676}{2652}$ 이고, 사건 $[X=0, Y=1]$은 두 번 중에서 한 번은 스페이드가 나오고 다른 한 번은 하트와 스페이드가 아닌 카드가 나오는 경우이므로

$P(X=0, Y=1) = \frac{13}{52} \cdot \frac{26}{51} \cdot 2 = \frac{676}{2652}$ 이다. 또한 사건 $[X=1, Y=1]$은 처음에 하트가 나오고 나중에 스페이드가 나오는 경우 또는 처음에 스페이드가 나오고 나중에 하트가 나오는 경우이므로 $P(X=1, Y=1) = \frac{13}{52} \cdot \frac{13}{51} \cdot 2 = \frac{338}{2652}$ 이다. 같은 방법으로 사건 $[X=2, Y=0]$은 두 번 모두 하트가 나오는 경우이고 사건 $[X=0, Y=2]$는 두 번 모두 스페이드가 나오는 경우이므로

$P(X=2, Y=0) = \frac{13}{52} \cdot \frac{12}{51} = \frac{156}{2652}$, $P(X=0, Y=2) = \frac{13}{52} \cdot \frac{12}{51} = \frac{156}{2652}$ 이다. 그러나 $[X=2, Y=1]$, $[X=1, Y=2]$는 카드를 세 장 뽑은 결과를 나타내고 $[X=2, Y=2]$는 카드 네 장을 뽑은 결과를 나타내므로 이들에 대한 확률은 0이다.

(1), (2) $X$와 $Y$의 결합질량함수와 주변확률질량함수는 다음 표와 같다.

| $X$ \ $Y$ | 0 | 1 | 2 | $f_X(x)$ |
|---|---|---|---|---|
| 0 | $\frac{650}{2652}$ | $\frac{676}{2652}$ | $\frac{156}{2652}$ | $\frac{1482}{2652}$ |
| 1 | $\frac{676}{2652}$ | $\frac{338}{2652}$ | 0 | $\frac{1014}{2652}$ |
| 2 | $\frac{156}{2652}$ | 0 | 0 | $\frac{156}{2652}$ |
| $f_Y(y)$ | $\frac{1482}{2652}$ | $\frac{1014}{2652}$ | $\frac{156}{2652}$ | 1 |

(3) $E(X) = 0 \cdot \frac{1482}{2652} + 1 \cdot \frac{1014}{2652} + 2 \cdot \frac{156}{2652} = \frac{1326}{2652} = 0.5$

$E(X^2) = 0^2 \cdot \frac{1482}{2652} + 1^2 \cdot \frac{1014}{2652} + 2^2 \cdot \frac{156}{2652} = \frac{1638}{2652} = 0.6176$

그러므로 기대값은 $\mu = 0.5$이고 분산은 $\sigma^2 = E(X^2) - [E(X)]^2 = 0.6176 - (0.5)^2 = 0.3676$이다.

**5.** 복원추출에 의하여 52장의 카드 중에서 두 장의 카드를 뽑을 수 있는 모든 경우의 수는 $\binom{52}{2}$가지이다. 사건 $[X=0, Y=0]$은 연속적으로 두 번 하트와 스페이드가 나오지 않는 경우이고, 이러한 방법의 수는 $\binom{26}{2}\binom{13}{0}\binom{13}{0}$가지이다. 그러므로 $P(X=0, Y=0) = \frac{\binom{26}{2}\binom{13}{0}\binom{13}{0}}{\binom{52}{2}} = \frac{25}{102}$ 이다. 사건 $[X=1, Y=0]$와 $[X=0, Y=1]$에 대한 경우의 수는 $\binom{26}{1}\binom{13}{1}\binom{13}{0}$이므로 각각

$P(X=1, Y=0) = P(X=0, Y=1) = \dfrac{\binom{26}{1}\binom{13}{1}\binom{13}{0}}{\binom{52}{2}} = \dfrac{26}{102}$ 이다. 사건 $[X=1, Y=1]$에 대한 경우의 수는

$\binom{26}{0}\binom{13}{1}\binom{13}{1}$ 이므로 $P(X=1, Y=1) = \dfrac{\binom{26}{0}\binom{13}{1}\binom{13}{1}}{\binom{52}{2}} = \dfrac{13}{102}$ 그리고 사건 $[X=0, Y=2]$와 $[X=2, Y=0]$

인 방법의 수는 $\binom{26}{0}\binom{13}{2}\binom{13}{0}$ 이고 따라서 $P(X=2, Y=0) = P(X=0, Y=2) = \dfrac{\binom{26}{0}\binom{13}{2}\binom{13}{0}}{\binom{52}{2}} = \dfrac{6}{102}$ 이다.

(1), (2) $X$와 $Y$의 결합질량함수와 주변확률질량함수는 다음 표와 같다.

| $X$＼$Y$ | 0 | 1 | 2 | $f_X(x)$ |
|---|---|---|---|---|
| 0 | $\dfrac{25}{102}$ | $\dfrac{26}{102}$ | $\dfrac{6}{102}$ | $\dfrac{57}{102}$ |
| 1 | $\dfrac{26}{102}$ | $\dfrac{13}{102}$ | 0 | $\dfrac{39}{102}$ |
| 2 | $\dfrac{6}{102}$ | 0 | 0 | $\dfrac{6}{102}$ |
| $f_Y(y)$ | $\dfrac{57}{102}$ | $\dfrac{39}{102}$ | $\dfrac{6}{102}$ | 1 |

(3) $E(X) = 0 \cdot \dfrac{57}{102} + 1 \cdot \dfrac{9}{102} + 2 \cdot \dfrac{6}{102} = \dfrac{51}{102} = 0.5$

$E(X^2) = 0^2 \cdot \dfrac{57}{102} + 1^2 \cdot \dfrac{39}{102} + 2^2 \cdot \dfrac{6}{102} = \dfrac{63}{102} = 0.6176$

그러므로 기대값은 $\mu = 0.5$이고 분산은 $\sigma^2 = E(X^2) - [E(X)]^2 = 0.6176 - (0.5)^2 = 0.3676$이다.

**6.** (1) $P(X=1, Y=2) = f(1,2) = \dfrac{(2)(1)+2}{12} = \dfrac{1}{3} = 0.3333$이다. 또한 $X$와 $Y$의 상태공간에 대하여

$\{(x,y) | x \le 1, y < 3\} = \{(0,1), (0,2), (1,2)\}$ 이므로

$P(X \le 1, Y < 3) = P[(X, Y) \in \{(0,1), (0,2), (1,2)\}]$

$\qquad = P(X=0, Y=1) + P(X=0, Y=2) + P(X=1, Y=2)$

$\qquad = f(0,1) + f(0,2) + f(1,2)$

$\qquad = \dfrac{(2)(0)+1}{12} + \dfrac{(2)(0)+2}{12} + \dfrac{(2)(1)+2}{12} = \dfrac{7}{12} = 0.5833$

(2) $X=0$인 경우에 $Y$가 취할 수 있는 모든 값은 1과 2뿐이므로

$\qquad f_X(0) = P(X=0) = f(0,1) + f(0,2) = \dfrac{(2)(0)+1}{12} + \dfrac{(2)(0)+2}{12} = \dfrac{1}{4}$

$X=1$인 경우에 $Y$가 취할 수 있는 모든 값은 2와 3뿐이므로

$\qquad f_X(1) = P(X=1) = f(1,2) + f(1,3) = \dfrac{(2)(1)+2}{12} + \dfrac{(2)(1)+3}{12} = \dfrac{3}{4}$

따라서 $X$의 주변확률함수는

$$f_X(x) = \begin{cases} \dfrac{1}{4}, & x = 0 \\ \dfrac{3}{4}, & x = 1 \\ 0, & \text{다른 곳에서} \end{cases}$$

이다. 같은 방법으로

$$f_Y(1) = f(0,1) = \frac{(2)(0)+1}{12} = \frac{1}{12}$$

$$f_Y(2) = f(0,2) + f(1,2) = \frac{(2)(0)+2}{12} + \frac{(2)(1)+2}{12} = \frac{6}{12}$$

$$f_Y(3) = f(1,3) = \frac{(2)(1)+3}{12} = \frac{5}{12}$$

따라서 $Y$의 주변확률함수는 $f_Y(y) = \begin{cases} \dfrac{1}{12}, & y = 1 \\ \dfrac{1}{2}, & y = 2 \\ \dfrac{5}{12}, & y = 3 \\ 0, & \text{다른 곳에서} \end{cases}$ 이다.

**7.** (1) $f_X(x) = \displaystyle\sum_{y=1}^{5} \frac{x+y}{110} = \frac{x+3}{22}$ , $x = 1, 2, 3, 4$, $\quad f_Y(y) = \displaystyle\sum_{x=1}^{4} \frac{x+y}{110} = \frac{2y+5}{55}$ , $y = 1, 2, 3, 4, 5$

(2) $E(X) = \displaystyle\sum_{x=1}^{4} \frac{x(x+3)}{22} = \frac{30}{11}$, $\quad E(Y) = \displaystyle\sum_{y=1}^{5} \frac{y(2y+5)}{55} = \frac{37}{11}$

(3) $P(X<Y) = \displaystyle\sum_{y=2}^{5} f(1,y) + \sum_{y=3}^{5} f(2,y) + f(3,4) + f(3,5) + f(4,5) = \frac{6}{11}$

(4) $P(Y=2X) = f(1,2) + f(2,4) = \dfrac{1+2}{110} + \dfrac{2+4}{110} = \dfrac{9}{110}$

(5) $P(X+Y=5) = f(1,4) + f(2,3) + f(3,2) + f(4,1) = \dfrac{2}{11}$

(6) $P(3 \le X+Y \le 5) = f(1,2) + f(2,1) + f(1,3) + f(2,2) + f(3,1) + P(X+Y=5) = \dfrac{3}{11}$

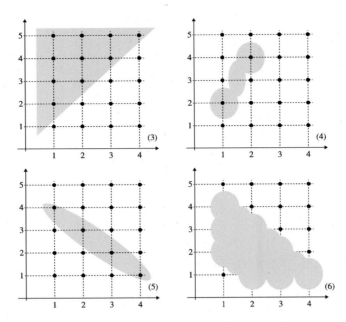

**8.** **(1)** $\displaystyle\sum_{x=1}^{\infty}\sum_{y=1}^{\infty} f(x,y) = k\sum_{x=1}^{\infty}\sum_{y=1}^{\infty}\left(\frac{1}{3}\right)^{x-1}\left(\frac{1}{4}\right)^{y-1} = k\sum_{x=1}^{\infty}\left(\frac{1}{3}\right)^{x-1}\left\{\sum_{y=1}^{\infty}\left(\frac{1}{4}\right)^{y-1}\right\} = 1$이 되는 상수 $k$를 구한다. 한편

$$\sum_{x=1}^{\infty}\left(\frac{1}{3}\right)^{x-1} = \frac{1}{1-(1/3)} = \frac{3}{2}, \qquad \sum_{y=1}^{\infty}\left(\frac{1}{4}\right)^{y-1} = \frac{1}{1-(1/4)} = \frac{4}{3}$$

이므로 $2k=1$; $k=\dfrac{1}{2}$이다.

**(2)** $f_X(x) = \dfrac{1}{2}\displaystyle\sum_{y=1}^{\infty}\left(\frac{1}{3}\right)^{x-1}\left(\frac{1}{4}\right)^{y-1} = \dfrac{1}{2}\left(\frac{1}{3}\right)^{x-1}\sum_{y=1}^{\infty}\left(\frac{1}{4}\right)^{y-1} = \dfrac{1}{2}\left(\frac{1}{3}\right)^{x-1}\cdot\frac{4}{3} = \dfrac{2}{3}\left(\frac{1}{3}\right)^{x-1}$ , $x=1,2,3,\cdots,$

$f_Y(y) = \dfrac{1}{2}\displaystyle\sum_{x=1}^{\infty}\left(\frac{1}{3}\right)^{x-1}\left(\frac{1}{4}\right)^{y-1} = \dfrac{1}{2}\left(\frac{1}{4}\right)^{y-1}\sum_{y=1}^{\infty}\left(\frac{1}{3}\right)^{x-1} = \dfrac{1}{2}\left(\frac{1}{4}\right)^{y-1}\cdot\frac{3}{2} = \dfrac{3}{4}\left(\frac{1}{4}\right)^{y-1}$ , $y=1,2,3,\cdots$

**(3)** $P(X+Y=4) = f(1,3)+f(2,2)+f(3,1) = \dfrac{25}{288}$

**9.** **(1)** 비복원추출에 의하여 세 자릿수를 추출하므로 세 자릿수는 서로 달라야 한다. 따라서 가장 작은 수 $x$와 가장 큰 수 $y$가 취할 수 있는 경우는 다음 그림과 같이 $0 \le x \le 7$, $x+2 \le y$, $y \le 9$이어야 한다. 이때 0~9 사이의 숫자 중에서 3개의 숫자를 추출하는 방법의 수는 $\binom{10}{3}=120$이다. 한편 예를 들어, 가장 작은 수 3과 가장 큰 수 6인 경우, 즉 $x=3$, $y=6$이 되는 경우의 숫자 집합은 $\{3,4,6\}$와 $\{3,5,6\}$뿐이며, 따라서 $6-3-1=2$가지가 있다. 또한 $x=3$, $y=7$이 되는 경우의 숫자 집합은 $\{3,4,7\}$, $\{3,5,7\}$ 그리고 $\{3,6,7\}$뿐으로 $7-3-1=3$가지이다. 일반적으로 가장 작은 수 $x$와 가장 큰 수 $y$인 숫자 집합의 개수는 $y-x-1$개 있다. 따라서 가장 작은 수 $x$와 가장 큰 수 $y$일 확률 즉, $X$와 $Y$의 결합확률질량함수는 다음과 같다.

$$f(x,y) = P(X=x, Y=y) = \frac{y-x-1}{120}, \quad 0 \le x \le 7, \ x+2 \le y, \ y \le 9$$

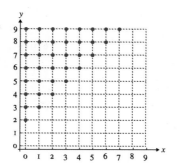

**(2)** 확률변수 $Z = Y - X$가 취할 수 있는 값은 위의 그림에서 보듯이 명백히 $2, 3, \cdots, 9$이다. 또한 $Z = z$인 경우의 수, 예를 들어 $Z = 2$인 경우는 $(0,2), (1,3), (2,4), (3,5), (4,6), (5,7), (6,8), (7,9)$ 등 이며, $10 - 2 = 8$가지이다. 이와 같이 일반적으로 $Z = z$인 경우의 수는 $10 - z$가지 있다. 한편 각 각의 경우에 대하여 $z$는 가장 작은 수와 가장 큰 수의 쌍 즉, $(x, y)$로부터 나와야 하며, 이와 같은 가장 작은 수와 가장 큰 수의 쌍에 대한 확률은 $\dfrac{y-x-1}{120} = \dfrac{z-1}{120}$이다. 따라서 $Z = z$일 확 률 즉, $Z$의 확률질량함수는 다음과 같다.

$$f_Z(z) = P(Z = z) = \frac{(10-z)(z-1)}{120} \ , \qquad z = 2, 3, \cdots, 9$$

**(3)** $P(Z \leq 5) = \displaystyle\sum_{z=2}^{5} \frac{(10-z)(z-1)}{120} = \frac{1}{2}$이다.

**10. (1)** $X$와 $Y$의 상태공간 $x > 0, \ y > 0$에 대하여 $f(x, y) > 0$이고,

$$\int_{-\infty}^{\infty} \int_{-\infty}^{\infty} f(x, y) \, dx = \int_{0}^{\infty} \int_{0}^{\infty} e^{-x-y} \, dx\,dy = \int_{0}^{\infty} e^{-y} \left( \int_{0}^{\infty} e^{-x} \, dx \right) dy$$

$$= \int_{-\infty}^{\infty} e^{-y} \left( \left[ -e^{-x} \right]_{0}^{\infty} \right) dy = \int_{-\infty}^{\infty} e^{-y} \, dy = \left[ -e^{-y} \right]_{0}^{\infty} = 1$$

이므로 $f(x, y)$가 결합밀도함수이다.

**(2)** $P(X > 1, \ Y > 1) = \displaystyle\int_{1}^{\infty} \int_{1}^{\infty} e^{-x-y} \, dx\,dy = \int_{1}^{\infty} e^{-y} \left( \int_{1}^{\infty} e^{-x} \, dx \right) dy$

$$= \int_{1}^{\infty} e^{-y} \left( \left[ -e^{-x} \right]_{1}^{\infty} \right) dy = e^{-1} \int_{1}^{\infty} e^{-y} \, dy = e^{-1} \left[ -e^{-y} \right]_{1}^{\infty} = e^{-2} = 0.1353$$

**11.** 확률변수 $X, Y$의 주변밀도함수는 각각 다음과 같다.

$$f_X(x) = \int_{-\infty}^{\infty} f(x, y) \, dy = \int_{0}^{\infty} e^{-x} e^{-y} \, dy = e^{-x} \lim_{a \to \infty} \left[ -e^{-y} \right]_{0}^{a} = e^{-x}, \quad 0 < x < \infty$$

$$f_Y(y) = \int_{-\infty}^{\infty} f(x, y) \, dx = \int_{0}^{\infty} e^{-x} e^{-y} \, dx = e^{-y} \lim_{b \to \infty} \left[ -e^{-x} \right]_{0}^{b} = e^{-y}, \quad 0 < y < \infty$$

**12. (1)** 상태공간은 $S = \{(x, y) : 0 \leq x \leq y \leq 1\}$이고, 이 영역은 다음 그림과 같다.

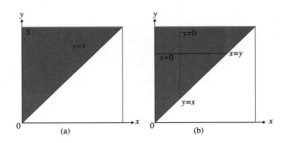

그러면 결합확률밀도함수의 성질 (2)에 의하여 이 영역 $S$에서 $f(x,y)$를 중적분하면 1이다.

$$\iint_S f(x,y)\,dy\,dx = k\int_0^1\int_x^1 xy\,dy\,dx = k\int_0^1 x\left(\frac{1}{2}y^2\Big|_{y=x}^1\right)dy\,dx$$

$$= k\int_0^1 x(1-x^2)\,dx = \frac{k}{2}\left(\frac{1}{2}-\frac{1}{4}\right) = \frac{k}{8} = 1$$

그러므로 구하고자 하는 상수는 $k=8$이다.

**(2)** 확률변수 $X$와 $Y$의 주변확률밀도함수는 위의 그림에서와 같이 각각 다음과 같다.

$$f_X(x) = \int_{-\infty}^\infty f(x,y)\,dy = 8\int_x^1 xy\,dy = 4x\left(y^2\Big|_{y=x}^1\right) = 4x(1-x^2), \quad 0\le x\le 1$$

$$f_Y(y) = \int_{-\infty}^\infty f(x,y)\,dx = 8\int_0^y xy\,dx = 4y\left(x^2\Big|_{x=0}^y\right) = 4y^3, \quad 0\le y\le 1$$

**13. (1)** $X$와 $Y$의 결합밀도함수는 다음과 같다.

$$f(x,y) = \frac{\partial^2}{\partial x\,\partial y}F(x,y) = \frac{\partial^2}{\partial x\,\partial y}(1-e^{-2x})(1-e^{-3y})$$

$$= (2e^{-2x})(3e^{-3y}) = 6e^{-(2x+3y)}, \quad 0 < x < \infty,\ 0 < y < \infty$$

**(2)** $X$의 주변분포함수를 구하면,

$$F_X(x) = \lim_{y\to\infty}F(x,y) = \lim_{y\to\infty}(1-e^{-2x})(1-e^{-3y}) = 1-e^{-2x},\ 0\le x < \infty$$

이다. 그러므로

$$f_X(x) = \frac{d}{dx}F_X(x) = \frac{d}{dx}(1-e^{-2x}) = 2e^{-2x},\quad 0 < x < \infty$$

**(3)** $P(1 < X \le 2,\ 0 < Y \le 1) = F(2,1) - F(2,0) - F(1,1) + F(1,0)$

$$= (1-e^{-4})(1-e^{-3}) - (1-e^{-4})(1-e^0) - (1-e^{-2})(1-e^{-3}) + (1-e^{-4})(1-e^0)$$

$$= (0.9817)(0.9502) - (0.8647)(0.9502) = 0.1112$$

**14. (1)** $f_X(x) = \int_x^\infty 2e^{-x-y}\,dy = 2e^{-x}\left(-e^{-y}\right)\Big|_{y=x}^\infty = 2e^{-2x}, \qquad 0 < x < \infty$

$$f_Y(y) = \int_0^y 2e^{-x-y}\,dx = 2e^{-y}\left(-e^{-x}\right)\Big|_{x=0}^y = 2e^{-y}(1-e^{-y}), \qquad 0 < y < \infty$$

**(2)** $X$의 주변분포함수를 구하면,

$$F_X(x) = \int_0^x 2e^{-2u}\,du = 1 - e^{-2x}\,,\ \ 0 < x < \infty$$

$$F_Y(y) = \int_0^y 2e^{-v}(1 - e^{-v})\,dv = (1 - e^{-y})^2,\ \ 0 < y < \infty$$

**(3)** 구하고자 하는 확률은 영역 A에서 중적분하여 얻는다.

$$P(1 \le X \le 2,\, 1 \le Y \le 2) = \int_1^2 \int_x^2 2e^{-x-y}\,dy\,dx = \int_1^2 2e^{-2x}(1 - e^{x-2})\,dx = \frac{(-1+e)^2}{e^4}$$

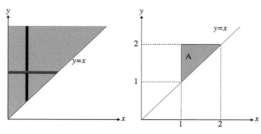

**15.** **(1)** 두 확률변수의 주변확률밀도함수는 각각 다음과 같다.

$$f_X(x) = \int_{x^2}^4 \frac{3}{16}\,dy = \frac{3}{16}(4 - x^2),\ \ 0 \le x \le 2,\ \ f_Y(y) = \int_0^{\sqrt{y}} \frac{3}{16}\,dx = \frac{3}{16}\sqrt{y}\,,\ \ 0 \le y \le 4,$$

**(2)** 구하고자 하는 확률은 영역 A에서 중적분하여 얻는다.

$$P(1 \le X \le \sqrt{2}\,,\, 1 \le Y \le 2) = \int_1^2 \int_{x^2}^2 \frac{3}{16}\,dy\,dx = \frac{4\sqrt{2} - 5}{16}\ F_X(x) = \int_0^x 2e^{-2u}\,du = 1 - e^{-2x}$$

**(3)** 구하고자 하는 확률은 영역 B에서 중적분하여 얻는다.

$$P(2X > Y) = \int_0^2 \int_{x^2}^{2x} \frac{3}{16}\,dy\,dx = \frac{1}{8}$$

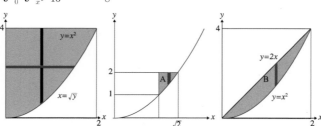

**16.** **(1)** $P(X \le Y) = \int_0^2 \int_x^2 \frac{x+y}{8}\,dy\,dx = \frac{1}{2}$

**(2)** $P(X \ge 2Y) \equiv \int_0^2 \int_0^{x/2} \frac{x+y}{8}\,dy\,dx = \frac{5}{24}\,]$

**(3)** $P(Y \ge X^2) \equiv \int_0^{\sqrt{2}} \int_{x^2}^2 \frac{x+y}{8}\,dy\,dx = \frac{5 + 8\sqrt{2}}{40}$

**(4)** $P(X^2 + Y^2 \le 4) = \int_0^2 \int_0^{\sqrt{4-x^2}} \frac{x+y}{8}\,dy\,dx = \frac{2}{3}$

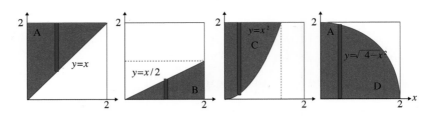

**17.** (1) $\int_1^3 \int_1^4 k(x-1)y^2\,dy\,dx = 42k = 1$ 이므로 $k = \dfrac{1}{42}$ 이다.

(2) $f_X(x) = \int_1^4 \dfrac{1}{42}(x-1)y^2\,dy = \dfrac{1}{2}(x-1),\ 1 \leq x \leq 3,$

$f_Y(y) = \int_1^3 \dfrac{1}{42}(x-1)y^2\,dx = \dfrac{1}{21}y^2,\quad 1 \leq y \leq 4$

(3) $P(1 \leq X \leq 2, 1/2 \leq Y \leq 2) = \int_1^2 \int_{1/2}^2 \dfrac{1}{42}(x-1)y^2\,dy\,dx = \dfrac{1}{32}$

(4) $P(X \leq Y \leq 2X) = \int_0^2 \int_x^{2x} \dfrac{1}{42}(x-1)y^2\,dy\,dx + \int_2^3 \int_x^4 \dfrac{1}{42}(x-1)y^2\,dy\,dx = \dfrac{2}{15} + \dfrac{467}{840} = \dfrac{193}{280}$

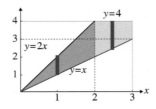

**18.** $X$ 와 $Y$ 가 취하는 영역은 다음 그림과 같다. 그러므로 $Y$ 의 주변밀도함수는

$$f_Y(y) = \int_y^{\sqrt{y}} 15y\,dx = 15xy\Big|_y^{\sqrt{y}} = 15y(\sqrt{y} - y) = 15y^{3/2}\left(1 - y^{1/2}\right),\quad 0 < y < 1$$

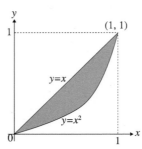

**19.** 확률변수 $X, Y$ 의 주변확률밀도함수는 각각 다음과 같다.

$$f_X(x) = \int_{-\infty}^{\infty} f(x,y)\,dy = \int_0^{\infty} e^{-x}e^{-y}\,dy = e^{-x}\lim_{a \to \infty}\left[-e^{-y}\right]_0^a = e^{-x},\quad 0 \leq x < \infty$$

$$f_Y(y) = \int_{-\infty}^{\infty} f(x,y)\,dx = \int_0^{\infty} e^{-x}e^{-y}\,dx = e^{-y}\lim_{b \to \infty}\left[-e^{-x}\right]_0^b = e^{-y},\quad 0 \leq y < \infty$$

**20.** (1) $f_X(x) = \int_0^1 f(x,y)\,dy = \int_0^1 \dfrac{3}{2}y^2\,dy = \dfrac{1}{2},\quad 0 \leq x \leq 2$

$$f_Y(y) = \int_0^2 f(x, y)\,dx = \int_0^1 \frac{3}{2}y^2\,dx = 3y^2, \quad 0 \le y \le 1$$

(2) $P(X < 1) = \int_0^1 f_X(x)\,dx = \int_0^1 \frac{1}{2}dx = \frac{1}{2}$, $P\left(Y \ge \frac{1}{2}\right) = \int_{1/2}^1 f_Y(y)\,dy = \int_{1/2}^1 3y^2\,dy = \frac{7}{8}$

**21.** (1) $f_X(x) = \int_0^{1-x} 24xy\,dy = 12xy^2\big|_{y=0}^{1-x} = 12x(1-x)^2, \quad 0 < x < 1$

$$f_Y(y) = \int_0^{1-y} 24xy\,dx = 12x^2 y\big|_{x=0}^{1-y} = 12y(1-y)^2, \quad 0 < y < 1$$

(2) 상태공간 안에서 $X > Y$인 영역은 그림의 A와 같으며, 영역 A는 $x = 1/2$에 의하여 구분된다. 그러므로 구하고자 하는 확률은 다음과 같다.

$$P(X > Y) = \int_0^{1/2}\int_0^x 24xy\,dy\,dx + \int_{1/2}^1\int_0^{1-x} 24xy\,dy\,dx = \frac{3}{16} + \frac{5}{16} = \frac{1}{2}$$

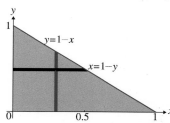 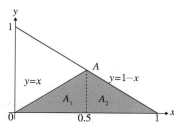

**22.** (1) $F(x, y) = \int_0^x\int_0^y 1\,dv\,du = xy, \quad 0 < x < 1, \ 0 < y < 1$

(2) $P(X \ge 1/2, X \ge Y) = \int_{1/2}^1\int_0^x 1\,dy\,dx = \frac{3}{8}$

(3) $P(X^2 + Y^2 \le 1) = \int_0^1\int_0^{\sqrt{1-x^2}} 1\,dy\,dx = \frac{\pi}{4}$

(4) $P(|X - Y| \le 1/2) = \int_0^{1/2}\int_0^{x+(1/2)} 1\,dy\,dx + \int_{1/2}^1\int_{x-(1/2)}^1 1\,dy\,dx = \frac{3}{4}$

(5) $P(X + Y \ge 1, X^2 + Y^2 \le 1) = \int_0^1\int_{1-x}^{\sqrt{1-x^2}} 1\,dy\,dx = \frac{\pi-2}{4}$

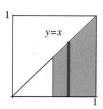 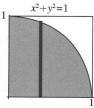 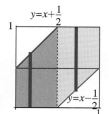 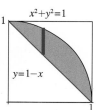

**23.** (1) $\int_0^4\int_x^8 k\,dy\,dx = 24k = 1$이므로 $k = \frac{1}{24}$ 이다.

(2) $f_X(x) = \int_x^8 \frac{1}{24}\,dy = \frac{8-x}{24}, \quad 0 < x < 4$

한편 $0<y<4$와 $4<y<8$에서 $x$의 적분영역이 분리되므로 두 영역에서 $Y$의 밀도함수를 구하면,

$$f_Y(y)=\int_0^y \frac{1}{24}\,dy=\frac{y}{24}\,, \quad 0<y<4, \qquad f_Y(y)=\int_0^4 \frac{1}{24}\,dy=\frac{1}{6}\,, \quad 4<y<8$$

이다. 그러므로 구하고자 하는 $Y$의 주변확률밀도함수는 다음과 같다.

$$f_Y(y)=\begin{cases} \dfrac{y}{24}\,, & 0<y<4 \\[2mm] \dfrac{1}{6}\,, & 4<y<8 \\[2mm] 0\,, & \text{다른 곳에서} \end{cases}$$

**(3)** $P(X<2)=\displaystyle\int_0^2 \frac{8-x}{24}\,dx=\frac{7}{12}$

**(4)** $P(Y>1)=\displaystyle\int_1^4 \frac{y}{24}\,dy+\int_4^8 \frac{1}{6}\,dy=\frac{47}{48}$

**(5)** $P(2X>Y)=\displaystyle\int_0^{1/2}\int_x^{2x}\frac{1}{24}\,dydx=\frac{1}{3}$

**(6)** $P(2X<Y<4X)=\displaystyle\int_0^2\int_{2x}^{4x}\frac{1}{24}\,dydx+\int_2^4\int_{2x}^8\frac{1}{24}\,dydx=\frac{1}{6}+\frac{1}{6}=\frac{1}{3}$

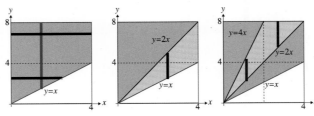

**24.** **(1)** $\displaystyle\int_0^2\int_x^2 k\,dydx=2k=1$이므로 $k=\dfrac{1}{2}$이다.

**(2)** $f_X(x)=\displaystyle\int_0^x \frac{1}{2}\,dy=\frac{x}{2}\,, \quad 0<x<2, \quad f_Y(y)=\int_0^y \frac{1}{2}\,dy=\frac{y}{2}\,, \quad 0<y<2$

**(3)** $P(2X>Y)=\displaystyle\int_0^1\int_x^{2x}\frac{1}{2}\,dydx+\int_1^2\int_x^2\frac{1}{2}\,dydx=\frac{1}{4}+\frac{1}{4}=\frac{1}{2}$

**(4)** $P(2X<Y<4X)=\displaystyle\int_0^{1/2}\int_{2x}^{4x}\frac{1}{2}\,dydx+\int_{1/2}^1\int_{2x}^2\frac{1}{2}\,dydx=\frac{1}{8}+\frac{1}{8}=\frac{1}{4}$

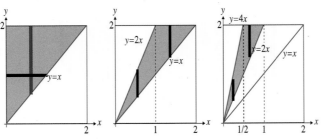

**25.** **(1)** $\displaystyle\int_0^2\int_{-x}^x k\,dydx=4k=1$이므로 $k=\dfrac{1}{4}$이다.

**(2)** $f_X(x) = \int_{-x}^{x} \frac{1}{4} dy = \frac{x}{2}$ , $0 < x < 2$,

그림에서와 같이 $Y$의 밀도함수는 $-2 < y < 0$, $0 < y < 2$에 의하여 분할된다.

**(a)** $-2 < y < 0$인 경우 ; $f_Y(y) = \int_{-y}^{2} \frac{1}{2} dx = 1 + y$, $-2 < y < 0$

**(b)** $0 < y < 2$인 경우 ; $f_Y(y) = \int_{y}^{2} \frac{1}{2} dx = 1 - y$, $0 < y < 2$

따라서 $Y$의 주변확률밀도함수는 다음과 같다.

$$f_Y(y) = \begin{cases} 1 + y, & -2 < y < 0 \\ 1 - y, & 0 < y < 2 \end{cases}$$

**(3)** $P(1 < X < 2) = \int_{1}^{2} \int_{-x}^{x} \frac{1}{4} dy dx = \frac{3}{4}$ 또는 $P(1 < X < 2) = \int_{1}^{2} \frac{x}{2} dx = \frac{3}{4}$

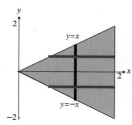 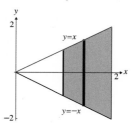

**26.** **(1)** $F(x, y) = \int_{0}^{x} \int_{0}^{y} 3e^{-u-3v} dv du = (1 - e^{-x})(1 - e^{-3y})$, $x > 0$, $y > 0$이다.

**(2)** $f_X(x) = \int_{0}^{\infty} 3e^{-x-3y} dy = e^{-x}$, $0 < x < \infty$, $f_Y(y) = \int_{0}^{\infty} 3e^{-x-3y} dx = 3e^{-3y}$, $0 < y < \infty$

**(3)** $P(X < Y) = \int_{0}^{\infty} \int_{x}^{\infty} 3e^{-x-3y} dy dx + \int_{0}^{\infty} e^{-4x} dx = \frac{1}{4}$

**27.** **(1)** $\int \int_{S} f(x, y) dy dx = k \int_{1}^{2} \int_{0}^{3} (e^{x+y} + e^{2x-y}) dy dx = \frac{1 + e^2 - 3e^3 - e^5 + 2e^6}{2e} k = 1$로부터

$k = \dfrac{2e}{1 + e^2 - 3e^3 - e^5 + 2e^6}$ 이다.

**(2)** $P(1 \leq X \leq 2, 1 \leq Y \leq 2) = k \int_{1}^{2} \int_{1}^{2} (e^{x+y} + e^{2x-y}) dy dx = \frac{e}{e^2 + e + 1} \fallingdotseq 0.2447$

**(3)** $X$와 $Y$의 주변확률밀도함수는 각각 다음과 같다.

$$f_X(x) = k \int_{0}^{3} (e^{x+y} + e^{2x-y}) dy = \frac{2e^{x-2}(e^3 + e^x)}{(e-1)(2e^2 + e + 1)}, \quad 1 \leq x \leq 2$$

$$f_Y(y) = k \int_{1}^{2} (e^{x+y} + e^{2x-y}) dx = \frac{e^{2-y}(e + e^2 + 2e^{2y})}{-1 - e - 2e^2 + e^3 + e^4 + 2e^5}, \quad 0 \leq y \leq 3$$

**28.** **(1)** $8.5 \leq x \leq 10.5, 120 \leq y \leq 240$에서 $X$와 $Y$가 일정하게 분포를 이루므로 결합확률밀도함수는

$$f(x, y) = k, \quad 8.5 \leq x \leq 10.5, 120 \leq y \leq 240$$

이다. 따라서

$$\int_{8.5}^{10.5}\int_{120}^{240} f(x,y)\,dy\,dx = \int_{8.5}^{10.5}\int_{120}^{240} k\,dy\,dx = 240k = 1$$

그러므로 $f(x,y) = \dfrac{1}{240}$, $\quad 8.5 \leq x \leq 10.5$, $120 \leq y \leq 240$이다.

(2) $f_X(x) = \displaystyle\int_{120}^{240}\dfrac{1}{240}\,dy = 2$, $\quad 8.5 \leq x \leq 10.5$

$f_Y(y) = \displaystyle\int_{8.5}^{10.5}\dfrac{1}{240}\,dx = 120$, $\quad 120 \leq y, = 240$

**29.** (1) $X$와 $Y$의 상태공간 $S$은 그림과 같이 $S_1 = \{(x,y) : -x+1 \leq y \leq x+1,\ -1 \leq x \leq 0\}$, $S_2 = \{(x,y) : x-1 \leq y \leq -x+1,\ 0 \leq x \leq 1\}$이라 할 때, $S = S_1 \cup S_2$ 이다.

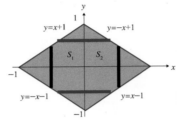

$$\iint_S f(x,y)\,dy\,dx = \iint_{S_1} k\,dy\,dx + \iint_{S_2} k\,dy\,dx = 1$$

이고, 따라서

$$\int_{-1}^{0}\int_{-x-1}^{x+1} k\,dy\,dx + \int_{0}^{1}\int_{x-1}^{-x+1} k\,dy\,dx = 2k = 1 \ ; \ k = \dfrac{1}{2}$$

(2) $X$와 $Y$의 주변확률밀도함수는 각각 다음과 같다.

$$f_X(x) = \begin{cases} \displaystyle\int_{-x-1}^{x+1}\dfrac{1}{2}\,dy\ , & -1 \leq x \leq 0 \\[2ex] \displaystyle\int_{x-1}^{-x+1}\dfrac{1}{2}\,dy\ , & 0 < x \leq 1 \end{cases} = \begin{cases} 1+x\ , & -1 \leq x \leq 0 \\[1ex] 1-x\ , & 0 < x \leq 1 \end{cases}$$

$$f_Y(y) = \begin{cases} \displaystyle\int_{-y-1}^{y+1}\dfrac{1}{2}\,dx\ , & -1 \leq y \leq 0 \\[2ex] \displaystyle\int_{y-1}^{-y+1}\dfrac{1}{2}\,dx\ , & 0 < y \leq 1 \end{cases} = \begin{cases} 1+y\ , & -1 \leq y \leq 0 \\[1ex] 1-y\ , & 0 < y \leq 1 \end{cases}$$

(3) (2)에 의하여 $X$와 $Y$가 동일한 분포를 이루므로

$$E(X) = E(Y) = \int_{-1}^{1} x f_X(x)\,dx = \int_{-1}^{0} x(1+x)\,dx + \int_{0}^{1} x(1-x)\,dx = -\dfrac{1}{6} + \dfrac{1}{6} = 0$$

$$E(X^2) = E(Y^2) = \int_{-1}^{1} x^2 f_X(x)\,dx = \int_{-1}^{0} x^2(1+x)\,dx + \int_{0}^{1} x^2(1-x)\,dx = \dfrac{1}{12} + \dfrac{1}{12} = \dfrac{1}{6}$$

그러므로 $X$와 $Y$의 분산은 $Var(X) = Var(Y) = E(X^2) = \dfrac{1}{6}$이다.

**30.** 이 장치가 1시간 안에 멈출 사건은 아래 그림과 같다.

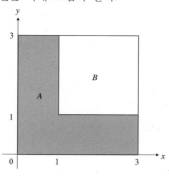

따라서 구하고자 하는 확률은

$$P(A) = 1 - P(B) = 1 - \int_1^3 \int_1^3 \frac{x+y}{27} \, dx \, dy = 1 - \frac{32}{54} = 0.4074$$

**31.** 구하고자 하는 확률은 $P(X+Y>1)$이고, 결합밀도함수의 정의역에서 $x+y>1$인 영역은 다음 그림의 A부분이다. 따라서

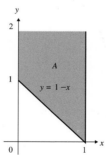

$$P(X+Y>1) = 1 - P(X+Y \le 1) = 1 - \int_0^1 \int_0^{1-x} \frac{2x+2-y}{4} \, dy \, dx = 1 - \frac{7}{24} = \frac{17}{24} = 0.7083$$

**32.** 기계장치가 처음 30분 동안에 때때로 멈추게 되는 $x, y$의 영역을 구하면 다음 그림과 같다.

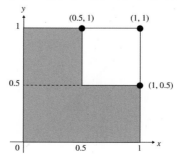

따라서 구하고자 하는 확률은

$$P\left[\left(X \le \frac{1}{2}\right) \cup \left(Y \le \frac{1}{2}\right)\right] = \int_0^1 \int_0^{0.5} dx \, dy + \int_0^{0.5} \int_{0.5}^1 dx \, dy = 0.5 + 0.25 = 0.75$$

**33.** 구하고자 하는 확률은 다음과 같다.

$$P(X+Y \leq 1) = \int_0^1 \int_0^{1-x} 4xy\,dy\,dx = \frac{1}{6}$$

**34.** (1) $0 \leq x < 5,\ 0 \leq y < 25$에 대하여

$$F(x,\,y) = P(X \leq x,\ Y \leq y) = \int_{-\infty}^x \int_{-\infty}^y f(u,v)\,dv\,du$$

$$= \int_0^x \int_0^y \frac{1}{1875}(30-u-v)\,dv\,du$$

$$= \frac{1}{1875} \int_0^x \frac{1}{2}y\,(60-2u-y)\,du = \frac{1}{3750}xy\,(60-x-y)$$

(2) $X$의 주변밀도함수

$$f_X(x) = \int_0^{25} \frac{1}{1875}(30-x-y)\,dy = \frac{1}{150}(35-2x), \quad 0 < x < 5$$

$Y$의 주변밀도함수

$$f_Y(y) = \int_0^5 \frac{1}{1875}(30-x-y)\,dx = \frac{1}{750}(55-2y), \quad 0 < y < 25$$

(3) $P(2 < X \leq 4,\ 20 < Y \leq 25) = \int_2^4 \int_{20}^{25} \frac{1}{1875}(30-x-y)\,dy\,dx$

$$= \int_2^4 \left( \frac{1}{50} - \frac{1}{375}x \right) dx = \frac{3}{125} = 0.024$$

(4) $P(2X \geq Y) = \int_0^5 \int_0^{2x} \frac{1}{1875}(30-x-y)\,dy\,dx$

$$= \frac{4}{1875} \int_0^5 (15x-x^2)\,dx = \frac{14}{45} = 0.3111$$

**35.** $X$와 $Y$를 각각 두 부품의 수명이라 하면, 밀도함수의 정의역 내에서 $X > 20$이고 $Y > 20$인 영역은
아래 그림과 같다. 따라서 구하고자 하는 확률은 다음과 같다.

$$\frac{6}{125000} \int_{20}^{30} \int_{20}^{50-x} (50-x-y)\,dy\,dx$$

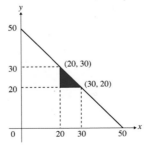

**3.2**

**1.**

(1) $P(Y=2) = f(0,2) + f(1,2) = \dfrac{(2)(0)+2}{12} + \dfrac{(2)(1)+2}{12} = \dfrac{1}{2}$ 이고,

$P(X=1, Y=2) = f(1,2) = \dfrac{(2)(1)+2}{12} = \dfrac{1}{3}$ 이므로 구하고자 하는 확률은 다음과 같다.

$$P(X=1 \mid Y=2) = \frac{P(X=1, Y=2)}{P(Y=2)} = \frac{1/3}{1/2} = \frac{2}{3}$$

(2) $Y$의 주변확률함수를 다음과 같이 먼저 구한다.

$$f_Y(1) = f(0,1) = \frac{(2)(0)+1}{12} = \frac{1}{12}, \; f_Y(2) = f(0,2) + f(1,2) = \frac{(2)(0)+2}{12} + \frac{(2)(1)+2}{12} = \frac{6}{12}$$

$$f_Y(3) = f(1,3) = \frac{(2)(1)+3}{12} = \frac{5}{12}$$

따라서 $Y$의 주변확률함수는 다음과 같다.

$$f_Y(y) = \begin{cases} \dfrac{1}{12}, & y=1 \\[2mm] \dfrac{1}{2}, & y=2 \\[2mm] \dfrac{5}{12}, & y=3 \\[2mm] 0, & \text{다른 곳에서} \end{cases}$$

그러므로 $Y=2$일 때, $X$의 조건부 확률질량함수는 다음과 같다.

$$f(x \mid y=2) = \frac{f(x,y)}{f_Y(2)} = \frac{(2x+2)/12}{1/2} = \frac{x+1}{3}, \quad x=0, 1$$

**2.**

(1) $X$와 $Y$의 상태공간은 $x > 0, \, y > 0$이고

$$\begin{aligned} f_X(x) &= \int_{-\infty}^{\infty} f(x,y)\,dy = \int_0^{\infty} 1.2e^{-(x+1.2y)}\,dy \\ &= e^{-x} \int_0^{\infty} 1.2e^{-1.2y}\,dy = e^{-x}\left( \left[ -e^{-1.2y} \right]_{y=0}^{\infty} \right) \\ &= e^{-x}, \quad x > 0 \end{aligned}$$

$$\begin{aligned} f_Y(y) &= \int_{-\infty}^{\infty} f(x,y)\,dx = \int_0^{\infty} 1.2e^{-(x+1.2y)}\,dx \\ &= 1.2e^{-1.2y} \int_0^{\infty} e^{-x}\,dx = 1.2e^{-1.2y}\left( \left[ -e^{-x} \right]_{x=0}^{\infty} \right) \\ &= 1.2e^{-1.2x}, \quad y > 0 \end{aligned}$$

(2) 모든 $x > 0, \, y > 0$에 대하여 $f(x,y) = 1.2e^{-(x+1.2y)} = f_X(x)f_Y(y)$이므로 $X$와 $Y$는 독립이다.

(3) $P(X>1, Y>2) = P(X>1)P(Y>2) = \left(1 - F_X(1)\right)\left(1 - F_Y(2)\right)$이고

$$F_X(x) = \int_0^x e^{-u}\,du = -e^{-u}\Big|_0^x = 1 - e^{-x}, \quad x > 0$$

$$F_Y(y) = \int_0^y 1.2e^{-1.2v}\,dv = -e^{-1.2v}\Big|_0^y = 1 - e^{-1.2y}, \quad y > 0$$

이므로 구하고자 하는 확률은 다음과 같다.

$$P(X > 1,\ Y > 2) = \big(1 - F_X(1)\big)\big(1 - F_Y(2)\big) = e^{-1} \cdot e^{-2.4} = e^{-3.4} = 0.0334$$

**3.** **(1)** $X$와 $Y$의 주변밀도함수를 구하면, 각각 다음과 같다.

$$f_X(x) = \int_0^3 \frac{1}{12}\,dy = \frac{y}{12}\Big|_0^3 = \frac{1}{4},\ 0 < x < 4 \ ;\ \ f_Y(y) = \int_0^4 \frac{1}{12}\,dx = \frac{x}{12}\Big|_0^4 = \frac{1}{3},\ 0 < y < 3$$

**(2)** $f(x, y) = \dfrac{1}{12} = f_X(x)f_Y(y)$이고, $X$와 $Y$는 독립이다.

**(3)** $X$와 $Y$는 독립이므로 $P(2 < X \le 3,\ 1 < Y \le 2) = P(2 < X \le 3)\,P(1 < Y \le 2)$이고,

$$P(2 < X \le 3) = \int_2^3 \frac{1}{4}\,dx = \frac{1}{4}(3-2) = \frac{1}{4} \ ;\ \ P(1 < Y \le 2) = \int_1^2 \frac{1}{3}\,dx = \frac{1}{3}(2-1) = \frac{1}{3}$$

이다. 그러므로 구하고자 하는 확률은 다음과 같다.

$$P(2 < X \le 3,\ 1 < Y \le 2) = P(2 < X \le 3)\,P(1 < Y \le 2) = \frac{1}{4} \cdot \frac{1}{3} = \frac{1}{12}$$

**(4)** $P(1 < Y \le 2 \mid 2 < X \le 3) = \dfrac{P(2 < X \le 3,\ 1 < Y \le 2)}{P(2 < X \le 3)} = \dfrac{1/12}{1/4} = \dfrac{1}{3}$

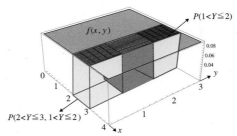

**4.** **(1)** $X$의 주변분포함수를 구하면,

$$F_X(x) = \lim_{y \to \infty} F(x,y) = \lim_{y \to \infty} (1 - e^{-2x})(1 - e^{-3y}) = 1 - e^{-2x},\ 0 < x < \infty$$

이다. 같은 방법으로 $Y$의 주변분포함수는 다음과 같다.

$$F_Y(y) = \lim_{x \to \infty} F(x, y) = \lim_{x \to \infty} (1 - e^{-2x})(1 - e^{-3y}) = 1 - e^{-3y},\ 0 < y < \infty$$

**(2)** 모든 $0 < x < \infty$, $0 < y < \infty$에 대하여 $F(x, y) = (1 - e^{-2x})(1 - e^{-3y}) = F_X(x)F_Y(y)$이므로 $X$와 $Y$는 독립이다.

**(3)** $X$와 $Y$는 독립이므로 $P(1 < X \le 2,\ 0 < Y \le 1) = P(1 < X \le 2)\,P(0 < Y \le 1)$이고,

$$P(1 < X \le 2) = F_X(2) - F_X(1) = \big(1 - e^{-4} - (1 - e^{-2})\big) = e^{-2} - e^{-4} = 0.1170$$

$$P(0 < Y \le 1) = F_Y(1) - F_Y(0) = \big(1 - e^{-3} - (1 - e^0)\big) = 1 - e^{-3} = 0.9502$$

이다. 그러므로 구하고자 하는 확률은 다음과 같다.

$$P(1 < X \leq 2, \, 0 < Y \leq 1) = (0.1170) \cdot (0.9502) = 0.11117$$

**5.** (1) $X$와 $Y$가 취하는 영역은 다음 그림과 같다. 그러므로 $X$의 주변밀도함수는

$$f_X(x) = \int_{x^2}^{x} 15y \, dy = \frac{15}{2} y^2 \Big|_{x^2}^{x} = \frac{15}{2} x^2 (1 - x^2), \quad 0 < x < 1$$

이다.

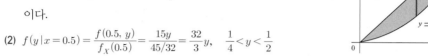

(2) $f(y \,|\, x = 0.5) = \dfrac{f(0.5, \, y)}{f_X(0.5)} = \dfrac{15y}{45/32} = \dfrac{32}{3} y, \quad \dfrac{1}{4} < y < \dfrac{1}{2}$

(3) $P(0.3 \leq Y \leq 0.4 \,|\, X = 0.5) = \displaystyle\int_{0.3}^{0.4} f(y \,|\, x = 0.5) \, dy = \int_{0.3}^{0.4} \frac{32}{3} y \, dy = 0.3733$

**6.** (1) 확률변수 $X$, $Y$의 주변확률밀도함수는 각각 다음과 같다.

$$f_X(x) = \int_x^2 \frac{1}{2} \, dy = \frac{2-x}{2}, \quad 0 < x < 2 \; ; \quad f_Y(y) = \int_0^y \frac{1}{2} \, dx = \frac{y}{2}, \quad 0 < y < 2$$

(2) $f(y \,|\, x = 0.2) = \dfrac{f(0.2, \, y)}{f_X(0.2)} = \dfrac{5}{9}, \quad 0.2 < y < 2$

(3) $P(1 \leq Y \leq 1.5 \,|\, X = 0.2) = \displaystyle\int_1^{1.5} f(y \,|\, x = 0.2) \, dy = \int_1^{1.5} \frac{5}{9} \, dy = \frac{5}{18}$

**7.** $X$와 $Y$ 각각의 주변분포를 먼저 구한다. 우선 $(x, y)$가 취하는 값은 $(0,0), (0,1), (1,0), (1,1)$이고, 따라서 $x = 0$인 경우는 $(x, y) = (0,0), (0,1)$뿐이므로 $f_X(0) = \dfrac{1}{4} + \dfrac{1}{4} = \dfrac{1}{2}$이다. 또한 $x = 1$인 경우는 $(x, y) = (1,0), (1,1)$이므로 $f_X(1) = \dfrac{1}{4} + \dfrac{1}{4} = \dfrac{1}{2}$ 즉, $X$의 주변확률질량함수는

$$f_X(x) = \begin{cases} \dfrac{1}{2}, & x = 0, 1 \\ 0, & \text{다른 곳에서} \end{cases}$$

이다. 같은 방법으로 $Y$의 주변확률질량함수는

$$f_Y(y) = \begin{cases} \dfrac{1}{2}, & y = 0, 1 \\ 0, & \text{다른 곳에서} \end{cases}$$

이다. 그러므로 모든 $(x, y) = (0,0), (0,1), (1,0), (1,1)$에 대하여 $f(x,y) = \dfrac{1}{4} = f_X(x) \cdot f_Y(y) = \dfrac{1}{2} \cdot \dfrac{1}{2}$ 이 성립한다. 따라서 확률변수 $X$와 $Y$는 독립이다.

**8.** (1) $X$와 $Y$의 다음 결합확률표로부터

| $X$ ＼ $Y$ | 0 | 1 | 2 | 3 | $f_X$ |
|---|---|---|---|---|---|
| 0 | 0.01 | 0.05 | 0.04 | 0.01 | 0.11 |
| 1 | 0.10 | 0.05 | 0.05 | 0.30 | 0.50 |
| 2 | 0.04 | 0.15 | 0.10 | 0.10 | 0.39 |
| $f_Y$ | 0.15 | 0.25 | 0.19 | 0.41 | 1.00 |

주변확률질량함수는 각각 다음과 같다.

$$f_X(x) = \begin{cases} 0.11, & x=0 \\ 0.50, & x=1 \\ 0.39, & x=2 \\ 0, & \text{다른 곳에서} \end{cases} \quad ; \quad f_Y(y) = \begin{cases} 0.15, & y=0 \\ 0.25, & y=1 \\ 0.19, & y=2 \\ 0.41, & y=3 \\ 0, & \text{다른 곳에서} \end{cases}$$

(2) $Y=1$이 주어졌을 때 $X$의 조건부 확률질량함수는 정의에 의하여

$$f(x|1) = \frac{f(x,1)}{f_Y(1)} = \frac{f(x,1)}{0.25}, \qquad x=0,1,2$$

이다. 그러므로 $x=0,1,2$ 각각에 대하여

$$f(0|1) = \frac{0.05}{0.25} = 0.2 \ , \ \ f(1|1) = \frac{0.05}{0.25} = 0.2 \ , \ \ f(2|1) = \frac{0.15}{0.25} = 0.6$$

이다. 다시 말해서, $X$의 조건부 확률질량함수는 다음과 같다.

$$f(x|1) = \begin{cases} 0.2, & x=0,1 \\ 0.6, & x=2 \\ 0, & \text{다른 곳에서} \end{cases}$$

(3) $f_X(0) = 0.11 \neq f(0|1) = 0.2$이므로 $X$와 $Y$는 독립이 아니다.

**9.** (1) $f_X(x) = \displaystyle\int_0^1 f(x,y)\,dy = \int_0^1 \frac{3}{2}y^2\,dy = \frac{1}{2}, \quad 0 \leq x \leq 2$

$f_Y(y) = \displaystyle\int_0^2 f(x,y)\,dx = \int_0^1 \frac{3}{2}y^2\,dx = 3y^2, \quad 0 \leq y \leq 1$

(2) 모든 $0 \leq x \leq 2$, $0 \leq y \leq 1$에 대하여 $f(x,y) = f_X(x)f_Y(y)$이므로 독립이다.

(3) $P\left(X<1,\ Y \geq \dfrac{1}{2}\right) = \displaystyle\int_0^1 \int_{1/2}^1 f(x,y)\,dy\,dx = \int_0^1 \int_{1/2}^1 \frac{3}{2}y^2\,dy\,dx = \frac{7}{16}$

$P(X<1) = \displaystyle\int_0^1 f_X(x)\,dx = \int_0^1 \frac{1}{2}\,dx = \frac{1}{2} \ ; \quad P\left(Y \geq \frac{1}{2}\right) = \int_{1/2}^1 f_Y(y)\,dy = \int_{1/2}^1 3y^2\,dy = \frac{7}{8}$

이고 따라서 $P\left(X<1,\ Y \geq \dfrac{1}{2}\right) = P(X<1)\,P\left(Y \geq \dfrac{1}{2}\right)$이므로, 두 사건은 독립이다.

**10.** (1) $-1 \leq x \leq 1$에 대하여 $x^2 \leq y \leq 1$이므로 $X$의 주변확률밀도함수는 다음과 같다.

$$f_X(x) = \int_{x^2}^1 \frac{21}{4}x^2 y\,dy = \frac{21}{8}x^2(1-x^4), \quad -1 \leq x \leq 1$$

따라서 $X=x$일 때, $Y$의 조건부 확률밀도함수는 다음과 같다.

$$f(y|x) = \frac{\dfrac{21}{4}x^2 y}{\dfrac{21}{8}x^2(1-x^4)} = \frac{2y}{1-x^4} \ , \quad x^2 \leq y \leq 1$$

(2) (1)에 의하여 $X=1/2$일 때, $Y$의 조건부 밀도함수는 다음과 같다.

$$f(y|x=1/2) = \frac{32}{15}y, \qquad \frac{1}{4} \leq y \leq 1$$

따라서 구하고자 하는 조건부 확률은 $P\left(\dfrac{1}{3} \leq Y \leq \dfrac{2}{3} \,\Big|\, X = \dfrac{1}{2}\right) = \displaystyle\int_{1/3}^{2/3} \frac{32}{15}y\,dy = \frac{16}{45}$ 이다.

**11.** 우선 $X$의 밀도함수를 다음과 같이 구한다.

$$f_X(x) = \int_0^{1-x} 24xy\,dy = 12x(1-x)^2 , \qquad 0 < x < 1$$

이고, 따라서 $f_X(1/3) = \dfrac{16}{9}$ 이다. 그러므로 $X = 1/3$일 때, $Y$의 조건부 밀도함수는

$$f(y\,|\,x = 1/3) = \frac{f(1/3,\,y)}{f_X(1/3)} = \frac{8y}{16/9} = \frac{9}{2}y , \qquad 0 < y < \frac{2}{3}$$

이다. 따라서 구하고자 하는 확률은 다음과 같다.

$$P\left(Y < X\,|\,X = \frac{1}{3}\right) = \int_0^{1/3} \frac{9}{2}y\,dy = \frac{9}{4}y^2 \Big|_0^{1/3} = \frac{1}{4}$$

**12.**
(1) $k\displaystyle\int_0^2 \int_0^2 (e^{x+y} + e^{x-y})\,dy\,dx = \dfrac{(e^2-1)^2(e^2+1)}{e^2}k = 1$로부터 $k = \dfrac{e^2}{(e^2-1)^2(e^2+1)}$ 이다.

(2) $P(1 \le X \le 2,\ 1 \le Y \le 2) = k\displaystyle\int_1^2 \int_1^2 (e^{x+y} + e^{x-y})\,dy\,dx = \dfrac{e(e^2-e+1)}{e^3+e^2+e+1} \fallingdotseq 0.4942$

(3) $X$와 $Y$의 주변확률밀도함수는 각각 다음과 같다.

$$f_X(x) = k\int_0^2 (e^{x+y} + e^{x-y})\,dy = \frac{e^x}{e^2-1}, \quad 0 \le x \le 2$$

$$f_Y(y) = k\int_0^2 (e^{x+y} + e^{x-y})\,dx = \frac{e^2}{e^4-1}(e^y + e^{-y})\left(\text{또는} = \frac{2e^2}{e^4-1}\cosh y\right), \quad 0 \le y \le 2$$

(4) 모든 $0 \le x \le 2$, $0 \le y \le 2$에 대하여

$$f_X(x)f_Y(y) = \frac{e^x}{e^2-1} \cdot \frac{e^2}{e^4-1}(e^y + e^{-y}) = \frac{e^2}{(e^2-1)^2(e^2+1)}(e^{x+y} + e^{x-y}) = f(x,\,y)$$

이므로 $X$와 $Y$는 독립이다.

**13.**
(1) $X$와 $Y$의 주변확률밀도함수는 각각 다음과 같다.

$$f_X(x) = \int_0^{50-x} \frac{6}{125000}(50 - x - y)\,dy = \frac{3}{125000}x^2 - \frac{3}{1250}x + \frac{3}{50} , \qquad 0 \le x \le 50$$

$$f_Y(y) = \int_0^{50-y} \frac{6}{125000}(50 - x - y)\,dx = \frac{3}{125000}y^2 - \frac{3}{1250}y + \frac{3}{50} , \qquad 0 \le y \le 50$$

(2) 모든 $0 \le x \le 50$, $0 \le y \le 50$에 대하여 $f(x,\,y) \ne f_X(x)f_Y(y)$이므로 $X$와 $Y$는 독립이 아니다.

(3) $f_X(20) = \dfrac{3}{125000}x^2 - \dfrac{3}{1250}x + \dfrac{3}{50}\Big|_{x=20} = \dfrac{27}{1250}$이므로 $Y$의 조건부 밀도함수는 다음과 같다.

$$f(y\,|\,x = 20) = \frac{f(20,\,y)}{f_X(20)} = \frac{6(50 - 20 - y)/125000}{27/1250} = \frac{30 - y}{450} , \quad 0 \le y \le 30$$

(4) $P(Y \le 20\,|\,X = 20) = \displaystyle\int_0^{20} \frac{30 - y}{450}\,dy = \frac{8}{9}$

(5) $X$와 $Y$를 각각 두 부품의 수명이라 하면, 밀도함수의 정의역 내에서 $X > 20$이고 $Y > 20$인 영역은 아래 오른쪽 그림과 같다. 따라서 구하고자 하는 확률은 다음과 같다.

$$\frac{6}{125000}\int_{20}^{30} \int_{20}^{50-x} (50 - x - y)\,dy\,dx = \frac{7}{25}$$

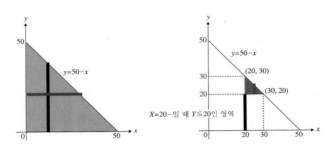

**14.** (1) $X$와 $Y$의 결합확률표를 구하면 다음과 같다.

| $X$＼$Y$ | 0 | 1 | 2 | $f_X(x)$ |
|---|---|---|---|---|
| 0 | $\dfrac{1}{9}$ | $\dfrac{2}{9}$ | $\dfrac{1}{9}$ | $\dfrac{4}{9}$ |
| 1 | $\dfrac{1}{9}$ | 0 | $\dfrac{1}{9}$ | $\dfrac{2}{9}$ |
| 2 | $\dfrac{2}{9}$ | $\dfrac{1}{9}$ | 0 | $\dfrac{3}{9}$ |
| $f_Y(y)$ | $\dfrac{4}{9}$ | $\dfrac{3}{9}$ | $\dfrac{2}{9}$ | 1 |

$$f_X(x) = \begin{cases} 4/9, & x=0 \\ 2/9, & x=1 \\ 3/9, & x=2 \\ 0, & \text{다른 곳에서} \end{cases}, \qquad f_Y(y) = \begin{cases} 4/9, & y=0 \\ 3/9, & y=1 \\ 2/9, & y=2 \\ 0, & \text{다른 곳에서} \end{cases}$$

(2) $f(2,2) = 0 \neq f_X(2) f_Y(y) = \dfrac{3}{9} \cdot \dfrac{2}{9} = \dfrac{2}{27}$ 이므로 $X$와 $Y$는 독립이 아니다.

(3) $P(X \leq 1) = f_X(0) + f_X(1) = \dfrac{4}{9} + \dfrac{2}{9} = \dfrac{2}{3}$ 이므로

$$P(Y=0 | X \leq 1) = \frac{P(X \leq 1,\ Y=0)}{P(X \leq 1)} = \frac{f(0,0) + f(1,0)}{2/3} = \frac{(1/9)+(1/9)}{2/3} = \frac{1}{3}$$

$$P(Y=1 | X \leq 1) = \frac{P(X \leq 1,\ Y=1)}{P(X \leq 1)} = \frac{f(0,1) + f(1,1)}{2/3} = \frac{2/9}{2/3} = \frac{1}{3}$$

$$P(Y=2 | X \leq 1) = \frac{P(X \leq 1,\ Y=2)}{P(X \leq 1)} = \frac{f(0,2) + f(1,2)}{2/3} = \frac{(1/9)+(1/9)}{2/3} = \frac{1}{3}$$

이고, 따라서 구하고자 하는 조건부 확률질량함수는 다음과 같다.

$$f_{Y|X \leq 20}(y) = \begin{cases} \dfrac{1}{3}, & y = 0,\ 2,\ 3 \\ 0, & \text{다른 곳에서} \end{cases}$$

**15.** (1) $\displaystyle\int_1^4 \int_0^4 f(x,y)\,dy\,dx = \int_1^4 \int_0^4 k(x^2-2)y\,dy\,dx = 120k = 1$ 이므로 $k = \dfrac{1}{120}$ 이다.

(2) $\displaystyle f_X(x) = \int_0^4 \frac{1}{120}(x^2-2)y\,dy = \frac{1}{15}(x^2-2), \qquad 1 \leq x \leq 4$

$\displaystyle f_Y(y) = \int_1^4 \frac{1}{120}(x^2-2)x\,dy = \frac{y}{8}, \qquad 0 \leq y \leq 4$

(3) 모든 $1 \leq x \leq 4$, $0 \leq y \leq 4$에 대하여 $f_X(x)f_Y(y) = \frac{1}{15}(x^2-2) \cdot \frac{y}{8} = \frac{1}{120}(x^2-2)y = f(x, y)$이므로 $X$와 $Y$는 독립이다

**16.** (1) $\int_0^1 \int_0^1 f(x, y)\,dy\,dx = \int_0^1 \int_0^1 ke^{x+y}\,dy\,dx = k(e-1)^2 = 1$이므로 $k = \frac{1}{(e-1)^2}$이다.

(2) $X$와 $Y$의 주변밀도함수는 각각 다음과 같다.

$$f_X(x) = \int_0^1 \frac{1}{(e-1)^2}e^{x+y}\,dy = \frac{e^x}{e-1}, \quad 0 < x < 1$$

$$f_Y(y) = \int_0^1 \frac{1}{(e-1)^2}e^{x+y}\,dx = \frac{e^y}{e-1}, \quad 0 < y < 1$$

(3) $f_X(x)f_Y(y) = \frac{e^{x+y}}{(e-1)^2} = f(x, y)$, $0 < x < 1$, $0 < y < 1$이므로 독립이다. 또한 모든 $0 < x < 1$에 대하여 $f_X(x) = f_Y(x) = \frac{e^x}{e-1}$이므로 항등분포를 이룬다. 따라서 $X$와 $Y$는 i.i.d. 확률변수이다.

(4) $X$와 $Y$는 i.i.d. 확률변수이므로

$$P(0.2 \leq X \leq 0.8,\, 0.2 \leq Y \leq 0.8) = P(0.2 \leq X \leq 0.8)P(0.2 \leq Y \leq 0.8) = [P(0.2 \leq X \leq 0.8)]^2$$

이고, $P(0.2 \leq X \leq 0.8) = \int_{0.2}^{0.8} \frac{e^x}{e-1}\,dx = \frac{e^{0.8}-e^{0.2}}{e-1} = 0.5844$이므로 구하고자 하는 확률은 다음과 같다.

$$P(0.2 \leq X \leq 0.8,\, 0.2 \leq Y \leq 0.8) = (0.5844)^2 = 0.3415$$

(5) $f_Y(1/2) = \frac{e^{1/2}}{e-1}$이므로 $X$의 조건부 밀도함수는 다음과 같다.

$$f(x|y=1/2) = \frac{f(x, 1/2)}{f_Y(1/2)} = \frac{e^{x+(1/2)}/(e-1)^2}{e^{1/2}/(e-1)} = \frac{e^x}{e-1}, \quad 0 < x < 1$$

**17.** $X$와 $Y$의 결합확률표는 다음과 같다.

| $X$ \ $Y$ | 2 | 3 | 4 | 5 | 6 | 7 | 8 | $f_X(x)$ |
|---|---|---|---|---|---|---|---|---|
| 1 | 1/16 | 1/16 | 1/16 | 1/16 | 0 | 0 | 0 | 1/4 |
| 2 | 0 | 1/16 | 1/16 | 1/36 | 1/16 | 0 | 0 | 1/4 |
| 3 | 0 | 0 | 1/16 | 1/36 | 1/16 | 1/16 | 0 | 1/4 |
| 4 | 0 | 0 | 0 | 1/36 | 1/16 | 1/16 | 1/16 | 1/4 |
| $f_Y(y)$ | 1/16 | 2/16 | 3/16 | 4/16 | 3/16 | 2/16 | 1/16 | 1 |

그러면 $f_Y(5) = \frac{1}{4}$이고, 따라서 조건부 확률은 다음과 같다.

$$f(1|y=5) = \frac{f(1, 5)}{f_Y(5)} = \frac{1/16}{1/4} = \frac{1}{4}, \quad f(2|y=5) = \frac{f(2, 5)}{f_Y(5)} = \frac{1/16}{1/4} = \frac{1}{4}$$

$$f(3|y=5) = \frac{f(3, 5)}{f_Y(5)} = \frac{1/16}{1/4} = \frac{1}{4}, \quad f(4|y=5) = \frac{f(4, 5)}{f_Y(5)} = \frac{1/16}{1/4} = \frac{1}{4}$$

$Y=5$일 때, $X$의 조건부 확률질량함수는 $f(x|y=5) = \begin{cases} \dfrac{1}{4} , & x=1,2,3,4 \\ 0 , & \text{다른 곳에서} \end{cases}$ 이다.

**18.** (1) $X$와 $Y$의 주변확률질량함수는 각각

$$f_X(x) = \frac{x+3}{22} , \quad x=1,2,3,4 ; \qquad f_Y(y) = \frac{2y+5}{55} , \quad y=1,2,3,4,5$$

이므로 $x=1,2,3,4,\ y=1,2,3,4,5$에 대하여 $f_X(x)f_Y(y) = \dfrac{x+3}{22} \cdot \dfrac{2y+5}{55} \neq f(x,y) = \dfrac{x+y}{110}$ 이다.

따라서 $X$와 $Y$는 독립이 아니다.

(2) $X+Y=5$인 조건 아래서 $X \leq 2$인 경우는 $\{X=2, Y=3\}$와 $\{X=1, Y=4\}$뿐이므로

$$P(X \leq 2 | X+Y=5) = \frac{P(X \leq 2,\ X+Y=5)}{P(X+Y=5)} = \frac{f(1,4)+f(2,3)}{2/11} = \frac{1/11}{2/11} = \frac{1}{2}$$

이다.

**19.** (1) $X$와 $Y$의 주변확률질량함수는 각각

$$f_X(x) = \frac{2}{3}\left(\frac{1}{3}\right)^{x-1} , \quad x=1,2,3,\cdots ; \qquad f_Y(y) = \frac{3}{4}\left(\frac{1}{4}\right)^{y-1} , \quad y=1,2,3,\cdots$$

이므로 모든 $x=1,2,3,\cdots,\ y=1,2,3,\cdots$에 대하여 $f_X(x)f_Y(y) = \dfrac{1}{2}\left(\dfrac{1}{3}\right)^{x-1}\left(\dfrac{1}{4}\right)^{y-1} = f(x,y)$이다.

따라서 $X$와 $Y$는 독립이다.

(2) $X$와 $Y$가 독립이므로 구하고자 하는 확률은

$$P(1 \leq X \leq 3,\ 2 \leq Y \leq 5) = P(1 \leq X \leq 3)P(2 \leq Y \leq 5)$$

$$= \left(\frac{2}{3}\sum_{x=1}^{3}\left(\frac{1}{3}\right)^{x-1}\right) \cdot \left(\frac{3}{4}\sum_{y=2}^{5}\left(\frac{1}{4}\right)^{y-1}\right)$$

$$= \frac{26}{27} \cdot \frac{255}{1024} = \frac{1105}{4608}$$

**20.** (1) 확률변수 $X$와 $Y$의 주변확률밀도함수는 각각 다음과 같다.

$$f_X(x) = 4x(1-x^2), \quad 0 \leq x \leq 1 ; \qquad f_Y(y) = 4y^3, \quad 0 \leq y \leq 1$$

그러므로 $f(x,y) = 8xy \neq f_X(x)f_Y(y) = 16x(1-x^2)y^3,\ 0 \leq x \leq 1,\ 0 \leq y \leq 1$이고, 따라서 $X$와 $Y$는 독립이 아니다.

(2) $f_Y(3/5) = 4\left(\dfrac{3}{5}\right)^3 = \dfrac{108}{125}$이므로 $Y=\dfrac{3}{5}$일 때, $X$의 조건부 확률밀도함수는

$$f(x|y=3/5) = \frac{f(x, 3/5)}{f_Y(3/5)} = \frac{24x/5}{108/125} = \frac{50}{9}x, \ 0 \leq x \leq \frac{3}{5}$$

이다. 그러므로 구하고자 하는 확률은 다음과 같다.

$$P(1/5 \leq X \leq 2/5 | Y=3/5) = \int_{1/5}^{2/5} \frac{50}{9}x\,dx = \frac{1}{3}$$

**21.** $X$의 주변밀도함수는 $f_X(x) = 2e^{-2x},\ x > 0$이므로 $P(1 \leq X \leq 2) = \int_{1}^{2} 2e^{-2x}\,dx = \dfrac{e^2-1}{e^4}$ 이고,

$P(1 \leq X \leq 2, 1 \leq Y \leq 2) = \dfrac{(-1+e)^2}{e^4}$ 이므로 구하고자 하는 확률은 다음과 같다.

$$P(1 \leq Y \leq 2 | 1 \leq X \leq 2) = \frac{P(1 \leq X \leq 2, 1 \leq Y \leq 2)}{P(1 \leq X \leq 2)} = \frac{\dfrac{(-1+e)^2}{e^4}}{\dfrac{e^2-1}{e^4}} = \frac{e-1}{e+1} = 0.4621$$

## 3.3

**1.** (1) $X$와 $Y$의 주변확률함수는 연습문제 3.1 문제 6에서 구한 바 있으며, 다음과 같다.

$$f_X(x) = \begin{cases} \dfrac{1}{4}, & x=0 \\ \dfrac{3}{4}, & x=1 \\ 0, & \text{다른 곳에서} \end{cases} \quad ; \quad f_Y(y) = \begin{cases} \dfrac{1}{12}, & y=1 \\ \dfrac{1}{2}, & y=2 \\ \dfrac{5}{12}, & y=3 \\ 0, & \text{다른 곳에서} \end{cases}$$

따라서 $X$와 $Y$의 기대값은 각각

$$E(X) = 0 \cdot \frac{1}{4} + 1 \cdot \frac{3}{4} = \frac{3}{4} \ ; \ E(Y) = 1 \cdot \frac{1}{12} + 2 \cdot \frac{1}{2} + 3 \cdot \frac{5}{12} = \frac{7}{3}$$

이다. 한편 $XY$의 기대값은 $E(XY) = 0 \cdot 1 \cdot \dfrac{1}{12} + 0 \cdot 2 \cdot \dfrac{2}{12} + 1 \cdot 2 \cdot \dfrac{4}{12} + 1 \cdot 3 \cdot \dfrac{5}{12} = \dfrac{23}{12}$ 이다. 그

러므로 $\mathrm{cov}(X, Y) = E(XY) - E(X)E(Y) = \dfrac{23}{12} - \dfrac{3}{4} \cdot \dfrac{7}{3} = \dfrac{1}{6}$ 이다.

(2) $E(X^2) = 0^2 \cdot \dfrac{1}{4} + 1^2 \cdot \dfrac{3}{4} = \dfrac{3}{4} \ ; \ E(Y^2) = 1^2 \cdot \dfrac{1}{12} + 2^2 \cdot \dfrac{1}{2} + 3^3 \cdot \dfrac{5}{12} = \dfrac{35}{6}$ 이므로 $X$와 $Y$의 분산과

표준편차는 다음과 같다.

$$\sigma_X^2 = \frac{3}{4} - \left(\frac{3}{4}\right)^2 = \frac{3}{16} \ ; \quad \sigma_Y^2 = \frac{35}{6} - \left(\frac{7}{3}\right)^2 = \frac{7}{18} \ ; \quad \sigma_X = \frac{\sqrt{3}}{4} \ ; \quad \sigma_Y = \frac{\sqrt{14}}{6}$$

따라서 상관계수는 $\rho = \dfrac{1/6}{(\sqrt{3}/4) \cdot (\sqrt{14}/6)} = \dfrac{2\sqrt{42}}{21} = 0.6172$ 이다.

**2.** (1) $X$와 $Y$의 주변확률함수는 다음과 같다.

$$f_X(x) = \begin{cases} \dfrac{1}{3}, & x=0,1,2 \\ 0, & \text{다른 곳에서} \end{cases} \quad ; \quad f_Y(y) = \begin{cases} \dfrac{1}{3}, & y=0 \\ \dfrac{2}{3}, & y=1 \\ 0, & \text{다른 곳에서} \end{cases}$$

따라서 $f_X(0)f_Y(0) = \dfrac{1}{9} \neq f(0,0) = \dfrac{1}{3}$ 이므로 $X$와 $Y$는 독립이 아니다.

(2) $X$와 $Y$의 기대값은 각각 $E(X) = 0 \cdot \dfrac{1}{3} + 1 \cdot \dfrac{1}{3} + 2 \cdot \dfrac{1}{3} = 1 \ ; \ E(Y) = 0 \cdot \dfrac{1}{3} + 1 \cdot \dfrac{2}{3} = \dfrac{2}{3}$ 이다. 한편

$XY$의 기대값은 $E(XY) = 0 \cdot 1 \cdot \frac{1}{3} + 1 \cdot 0 \cdot \frac{1}{3} + 2 \cdot 1 \cdot \frac{1}{3} = \frac{2}{3}$ 이다. 그러므로 공분산은 다음과 같다.

$$\text{Cov}(X, Y) = E(XY) - E(X)E(Y) = \frac{2}{3} - 1 \cdot \frac{2}{3} = 0$$

**3.** (1) $X$와 $Y$의 주변확률함수는 다음과 같다.

$$f_X(0) = f(0, 0) + f(0, 1) = \frac{3}{10} + \frac{1}{5} = \frac{1}{2} \quad ; \quad f_X(1) = f(1, 1) + f(1, 2) = \frac{3}{10} + \frac{1}{5} = \frac{1}{2}$$

이므로 $X$의 주변확률함수는 $f_X(x) = \begin{cases} \frac{1}{2} , & x = 0, 1 \\ 0 , & \text{다른 곳에서} \end{cases}$ 이다. 또한

$$f_Y(0) = f(0, 0) = \frac{3}{10} \quad ; \quad f_Y(1) = f(0, 1) + f(1, 1) = \frac{1}{5} + \frac{1}{5} = \frac{2}{5} \quad ; \quad f_Y(2) = f(1, 2) = \frac{3}{10}$$

이므로 $Y$의 주변확률함수는 $f_Y(y) = \begin{cases} \frac{3}{10} , & y = 0, 2 \\ \frac{2}{5} , & y = 1 \\ 0 , & \text{다른 곳에서} \end{cases}$ 이다.

(2) $f_X(0)f_Y(0) = \frac{3}{20} \neq f(0, 0) = \frac{3}{10}$ 이므로 $X$와 $Y$는 독립이 아니다.

(3) $X$와 $Y$의 기대값은 각각

$$\mu_X = E(X) = 0 \cdot \frac{1}{2} + 1 \cdot \frac{1}{2} = \frac{1}{2} \quad ; \quad \mu_Y = E(Y) = 0 \cdot \frac{3}{10} + 1 \cdot \frac{2}{5} + 2 \cdot \frac{3}{10} = 1$$

$$E(X^2) = 0^2 \cdot \frac{1}{2} + 1^2 \cdot \frac{1}{2} = \frac{1}{2} \quad ; \quad E(Y^2) = 0^2 \cdot \frac{3}{10} + 1^2 \cdot \frac{2}{5} + 2^2 \cdot \frac{3}{10} = \frac{8}{5}$$

이다. 그러므로 $\sigma_X^2 = \frac{1}{2} - \left(\frac{1}{2}\right)^2 = \frac{1}{4}$ ; $\sigma_Y^2 = \frac{8}{5} - 1^2 = \frac{3}{5}$ ; $\sigma_X = \frac{1}{2}$ ; $\sigma_Y = \frac{\sqrt{15}}{5}$ 이다.

(4) $XY$의 기대값은 $E(XY) = 1 \cdot 2 \cdot \frac{3}{10} + 1 \cdot 1 \cdot \frac{1}{5} = \frac{4}{5}$ 이다. 그러므로 공분산은 다음과 같다.

$$\text{Cov}(X, Y) = E(XY) - E(X)E(Y) = \frac{4}{5} - 1 \cdot \frac{1}{2} = \frac{3}{10}$$

(5) $X$와 $Y$의 상관계수는 $\rho = \frac{\text{Cov}(X, Y)}{\sigma_X \sigma_Y} = \frac{3/10}{(1/2) \cdot (\sqrt{15}/5)} = \frac{\sqrt{15}}{5} = 0.7746$ 이다.

**4.** (1) 연습문제 3.1 문제 15에서 두 확률변수의 주변확률밀도함수를 다음과 같이 구하였다.

$$f_X(x) = \frac{3}{16}(4 - x^2), \quad 0 \leq x \leq 2 \quad ; \quad f_Y(y) = \frac{3}{16}\sqrt{y}, \quad 0 \leq y \leq 4$$

따라서 $X$와 $Y$의 기대값은 각각

$$\mu_X = E(X) = \int_0^2 \frac{3}{16}x(4 - x^2)\,dx = \frac{3}{4} \quad ; \quad \mu_Y = E(Y) = \int_0^4 \frac{3}{16}y\sqrt{y}\,dy = \frac{12}{5}$$

$$E(X^2) = \int_0^2 \frac{3}{16}x^2(4 - x^2)\,dx = \frac{4}{5} \quad ; \quad E(Y^2) = \int_0^4 \frac{3}{16}y^2\sqrt{y}\,dy = \frac{48}{7}$$

이다. 그러므로 $X$와 $Y$의 표준편차는 다음과 같다.

$$\sigma_X^2 = \frac{4}{5} - \left(\frac{3}{4}\right)^2 = \frac{19}{80} \;\; ; \;\; \sigma_Y^2 = \frac{48}{7} - \left(\frac{12}{5}\right)^2 = \frac{192}{175} \;\; ; \;\; \sigma_X = \frac{\sqrt{95}}{20} \;\; ; \;\; \sigma_Y = \frac{8\sqrt{21}}{35}$$

(2) $XY$의 기대값은 $E(XY) = \int_0^2 \int_{x^2}^4 \frac{3}{16} xy\,dy\,dx = 2$이므로 공분산은 다음과 같다.

$$\text{Cov}(X,\,Y) = E(XY) - E(X)E(Y) = 2 - \frac{3}{4} \cdot \frac{12}{5} = \frac{1}{5}$$

(3) $X$와 $Y$의 상관계수는 $\rho = \dfrac{\text{Cov}(X,\,Y)}{\sigma_X \sigma_Y} = \dfrac{1/5}{(\sqrt{95}/20) \cdot (8\sqrt{21}/35)} = \dfrac{\sqrt{1995}}{114} = 0.3918$이다.

**5.** (1) $\text{Cov}(X,Y) = E(XY) - E(X)E(Y) = 3 - 3 \cdot 2 = -2$

(2) $\text{Cov}(X-Y, X+Y) = E(X^2 - Y^2) - \{E(X) - E(Y)\}\{E(X) + E(Y)\}$

$$= E(X^2) - E(Y^2) - \{[E(X)]^2 - [E(Y)]^2\} = (13 - 7) - (9 - 4) = 1$$

(3) $X$와 $Y$의 분산이 $\sigma_X^2 = E(X^2) - [E(X)]^2 = 13 - 9 = 4$ ; $\sigma_Y^2 = E(Y^2) - [E(Y)]^2 = 7 - 4 = 3$이므로 표준편차는 각각 $\sigma_X = 2$, $\sigma_Y = \sqrt{3}$이다. 따라서 상관계수는 $\rho = \dfrac{\text{Cov}(X,\,Y)}{\sigma_X \sigma_Y} = \dfrac{1}{2\sqrt{3}} = 0.2887$이다.

**6.** (1) $E(XY) = \int_{-1}^0 \int_{-x-1}^{x+1} \frac{1}{2} xy\,dy\,dx + \int_0^1 \int_{x-1}^{-x+1} \frac{1}{2} xy\,dy\,dx = 1$

(2) 연습문제 3.1 문제 29에서 $X$와 $Y$의 평균과 분산을 각각 다음과 같이 구하였다.

$$\mu_X = \mu_Y = 0 \;\; ; \;\; \sigma_X^2 = \sigma_Y^2 = \frac{1}{6} \;\; ; \;\; \sigma_X = \sigma_Y = \frac{1}{\sqrt{6}}$$

그러므로 공분산은 $\text{Cov}(X,\,Y) = E(XY) - E(X)E(Y) = E(XY) = 0$이다.

**7.** $X$와 $Y$의 주변확률밀도함수 $f_X(x)$와 $f_Y(y)$를 먼저 구한다.

$$f_X(x) = \int_0^1 (x+y)\,dy = x + \frac{1}{2} \;\; , \;\; 0 < x < 1 \;\; ; \;\; f_Y(y) = \int_0^1 (x+y)\,dx = y + \frac{1}{2} \;\; , \;\; 0 < y < 1$$

(1) $X$와 $Y$의 기대값과 $XY$의 기대값은

$$E(XY) = \int_0^1 \int_0^1 xy(x+y)\,dx\,dy = \frac{1}{3}, \;\; E(X) = \int_0^1 x\left(x + \frac{1}{2}\right)dx = \frac{7}{12}, \;\; E(Y) = \int_0^1 y\left(y + \frac{1}{2}\right)dy = \frac{7}{12}$$

이므로 공분산은 $\text{Cov}(X,\,Y) = E(XY) - E(X)E(Y) = -\dfrac{1}{144}$이다.

(2) $X$와 $Y$의 분산은 $E(X^2) = \int_0^1 x^2 \left(x + \frac{1}{2}\right)dx = \frac{5}{12}$ ; $E(Y^2) = \int_0^1 y^2 \left(y + \frac{1}{2}\right)dy = \frac{5}{12}$이므로

$$Var(X) = E(X^2) - E(X)^2 = \frac{5}{12} - \frac{49}{144} = \frac{11}{144} \;\; ; \;\; Var(Y) = E(Y^2) - E(Y)^2 = \frac{5}{12} - \frac{49}{144} = \frac{11}{144}$$

이다. 즉 $\sigma_X = \sigma_Y = \sqrt{11}/12$이고, 상관계수는 $\rho = \dfrac{\text{Cov}(X,\,Y)}{\sigma_X \sigma_Y} = \dfrac{-1/144}{(\sqrt{11}/12) \cdot (\sqrt{11}/12)} = -\dfrac{1}{11}$이다. 따라서 $X$와 $Y$는 음의 상관관계를 갖는다.

(3) $E(X - 2Y) = E(X) - 2E(Y) = -\dfrac{7}{12}$ ; $Var(X - 2Y) = Var(X) + 4Var(Y) - 4\text{Cov}(X,\,Y) = \dfrac{59}{144}$

**4.1**

**1.** (1) $f(x) = \dfrac{1}{100}, \quad x = 1, 2, \cdots, 100$

(2) $E(X) = \dfrac{100+1}{2} = \dfrac{101}{2} = 50.5, \quad Var(X) = \dfrac{(100)^2 - 1}{12} = \dfrac{9999}{12} = 833.25, \quad SD(X) = \sqrt{833.25} = 28.866$

**2.** (1) $Y$의 상태공간은 $S_Y = \{0, 1, 2, \cdots, n-1\}$이다.

(2) $Y$의 확률질량함수는 다음과 같다.

$$P(Y=y) = P(X-1=y) = P(X=y+1) = f(y+1) = \dfrac{1}{n}, \quad y = 0, 1, 2, \cdots, n-1$$

(3) $Y$의 평균과 분산은 다음과 같다.

$$E(Y) = E(X-1) = E(X) - 1 = \dfrac{n+1}{2} - 1 = \dfrac{n-1}{2}; \quad Var(Y) = Var(X-1) = Var(X) = \dfrac{n^2-1}{12}$$

**3.** (1) $X$가 2와 11 사이의 정수들에 대하여 이산균등분포를 이루므로 $X$의 확률질량함수는

$$f(x) = \dfrac{1}{10}, \quad x = 2, 3, 4, \cdots, 11$$

이다.

(2) $Y = X-1$이라 하면, $Y$는 1에서 10 사이의 정수들에서 값을 가지며 이산균등분포를 이룬다. 그러므로 $Y$의 확률질량함수는 다음과 같다.

$$f_Y(y) = \dfrac{1}{10}, \quad y = 1, 2, 3, \cdots, 10$$

(3) $Y \sim DU(10)$이므로 $E(Y) = \dfrac{10+1}{2} = 5.5, \; Var(Y) = \dfrac{10^2-1}{12} = 8.25$이다.

(4) $E(X) = E(Y+1) = 5.5 + 1 = 6.5, \; Var(X) = Var(Y) = 8.25$

**4.** (1) $X$의 확률질량함수는 다음과 같다.

$$f(x) = \dfrac{1}{b-(a-1)} = \dfrac{1}{b-a+1}, \quad x = a, a+1, a+2, \cdots, b$$

(2) $Y = X-(a-1)$이라 하면, $Y$는 1에서 $b-a+1$사이의 정수들에서 값을 가지는 이산균등분포이므로 $f_Y(y) = \dfrac{1}{b-a+1}, \; y = 1, 2, 3, \cdots, b-a+1$이다.

(3) $E(Y) = \dfrac{(b-a+1)+1}{2} = \dfrac{b-a+2}{2}, \; Var(Y) = \dfrac{(b-a+1)^2 - 1}{12}$ 이다. 한편 $X = Y+(a-1)$이므로

$$E(X) = E[Y+(a-1)] = E(Y) + (a-1) = \dfrac{b-a+2}{2} + a - 1 = \dfrac{a+b}{2}$$

$$Var(X) = Var(Y) = \dfrac{(b-a+1)^2 - 1}{12} = \dfrac{(b-a)(b-a+2)}{12}$$

**4.2**

**1.** $N=10$, $r=5$, $n=5$이므로 $X$의 확률분포는 다음과 같다.

$$f(x) = \frac{\binom{6}{x}\binom{4}{5-x}}{\binom{10}{5}} \quad , \quad x=0,\,1,\,2,\,3,\,4,\,5$$

(1) $P(X=3) = f(3) = \dfrac{\binom{6}{3}\binom{4}{2}}{\binom{10}{5}} = \dfrac{10}{21} \fallingdotseq 0.4762$

(2) $P(X=4) = f(4) = \dfrac{\binom{6}{4}\binom{4}{1}}{\binom{10}{5}} = \dfrac{5}{21} \fallingdotseq 0.2381$

(3) $P(X\le 4) = 1 - P(X=5) = 1 - f(5) = 1 - \dfrac{\binom{6}{5}\binom{4}{0}}{\binom{10}{5}} = 1 - \dfrac{1}{42} \fallingdotseq 0.9762$

(4) $P(X>3) = P(X\ge 4) = f(4) + f(5) = \dfrac{\binom{6}{4}\binom{4}{1}}{\binom{10}{5}} + \dfrac{\binom{6}{5}\binom{4}{0}}{\binom{10}{5}} = \dfrac{10}{42} + \dfrac{1}{42} \fallingdotseq 0.262$

**2.** (1) 10명 중에서 임의로 두 명을 뽑을 수 있는 방법의 수는 $\binom{10}{2}$이고, 남자가 뽑힌 수를 $X$라 하자. 그러면 $X$의 확률질량함수는

$$f(x) = \frac{\binom{4}{x}\binom{6}{2-x}}{\binom{10}{2}} \quad , \quad x=0,\,1,\,2$$

이다.

(2) 두 명 모두 동성인 경우는 두 명이 모두 여자인 경우($X=0$) 또는 모두 남자인 경우($X=2$)인 경우이므로 구하고자 하는 확률은

$$f(0) + f(2) = \frac{\binom{4}{0}\binom{6}{2}}{\binom{10}{2}} + \frac{\binom{4}{2}\binom{6}{0}}{\binom{10}{2}} = \frac{1}{3} + \frac{2}{15} = \frac{7}{15}$$

(3) 여자 1명과 남자 1명이 선출되는 경우는 $X=1$인 사건이므로 구하고자 하는 확률은

$$f(1) = \frac{\binom{4}{1}\binom{6}{1}}{\binom{10}{2}} = \frac{8}{15}$$

(4) $N=10$, $r=6$, $n=2$이므로 $E(X) = 2 \cdot \dfrac{6}{10} = \dfrac{6}{5} = 1.2$, $Var(X) = 2 \cdot \dfrac{6}{10} \cdot \left(1 - \dfrac{6}{10}\right) \cdot \dfrac{8}{9} = \dfrac{32}{75} \fallingdotseq 0.4267$

**3.** (1) 52장의 카드 중에서 임의로 세 장을 뽑을 수 있는 방법의 수는 $\binom{52}{3}$이고, 하트가 나온 수를 $X$라

하자. 그러면 $X$의 확률질량함수는

$$f(x) = \frac{\binom{13}{x}\binom{39}{3-x}}{\binom{53}{3}} \qquad x = 0, 1, 2, 3$$

이다.

**(2)** $N = 52$, $r = 13$, $n = 3$이므로 $E(X) = 3 \cdot \dfrac{13}{52} = \dfrac{3}{4} = 0.75$,

$$Var(X) = 3 \cdot \frac{13}{52} \cdot \left(1 - \frac{13}{52}\right) \cdot \frac{49}{51} = \frac{147}{272} = 0.5404$$

**4.** **(1)** 48장의 화투에서 꺼낸 7장 가운데 "광"의 개수를 $X$라 하면, 확률질량함수는 다음과 같다.

$$f(x) = \frac{\binom{5}{x}\binom{43}{7-x}}{\binom{48}{7}}, \qquad x = 0, 1, 2, 3, 4, 5$$

| $X$ | 0 | 1 | 2 | 3 | 4 | 5 |
|---|---|---|---|---|---|---|
| $P(X=x)$ | 0.4377 | 0.4140 | 0.1307 | 0.0168 | 0.0008 | 0.0000 |

**(2)** 48장의 화투는 12종류의 동일한 무늬로 구성되어 있으므로 추출된 7장 가운데 어느 한 종류의 동일한 무늬의 개수를 $X$라 하면, 확률질량함수는

$$f(x) = \frac{\binom{4}{x}\binom{44}{7-x}}{\binom{48}{7}}, \qquad x = 0, 1, 2, 3, 4$$

이고, 따라서 $X = 4$일 확률은

$$f(4) = \frac{\binom{4}{4}\binom{44}{3}}{\binom{48}{7}} = \frac{7}{38916}$$

이다. 그러므로 동일한 무늬 4장이 들어있을 확률은 $12 \cdot \dfrac{7}{38916} = \dfrac{7}{3243} = 0.0022$이다.

**(3)** 7장 가운데 청단과 홍단이 모두 들어 있다면, 구하고자 하는 확률은

$$\frac{\binom{6}{6}\binom{42}{1}}{\binom{48}{7}} = \frac{7}{12271512} = (5.7) \cdot 10^{-7}$$

이다.

**(4)** $X$의 평균은 $E(X) = 7 \cdot \dfrac{5}{48} = 0.729$

**5.** $$E[X(X-1)] = \sum_{x=0}^{n} x(x-1) P(X=x) = \sum_{x=0}^{n} \frac{x(x-1) \binom{r}{x}\binom{N-r}{n-x}}{\binom{N}{n}}$$

$$= \sum_{x=0}^{n} \frac{\dfrac{x\,(x-1)\,r!}{x!\,(r-x)!} \cdot \dfrac{(N-r)!}{(n-x)!\,[(N-r)-(n-x)]!}}{\dfrac{N!}{n!\,(N-n)!}}$$

$$= \sum_{x=2}^{n} \frac{\dfrac{r\,(r-1)\,(r-2)!}{(x-2)!\,[(r-2)-(x-2)]!} \cdot \dfrac{[(N-2)-(r-2)]!}{[(n-2)-(x-2)]!\,[(N-r)-(n-x)]!}}{\dfrac{N(N-1)\,(N-2)!}{n(n-1)\,(n-2)!\,[(N-2)-(n-2)]!}}$$

이고 $t = x-2$이라 하면,

$$= n(n-1)\,\frac{r\,(r-1)}{N(N-1)}$$

$$\cdot \sum_{t=0}^{n-2} \frac{\dfrac{(r-2)!}{t!\,[(r-2)-t]!}\,\dfrac{[(N-2)-(r-2)]!}{[(n-2)-t]!\,[((N-2)-(r-2))-((n-2)-t)]!}}{\dfrac{(N-2)!}{(n-2)!\,[(N-2)-(n-2)]!}}$$

$$= n(n-1)\,\frac{r\,(r-1)}{N(N-1)} \sum_{t=0}^{n-2} \frac{\dbinom{r-2}{t}\dbinom{(N-2)-(r-2)}{(n-2)-t}}{\dbinom{N-2}{n-2}}$$

이고, $\sum$ 안의 값은 흰색 바둑돌 $r-2$를 포함하는 전체 $N-2$개의 바둑돌 주머니에서 $n-1$개의 바둑돌을 꺼내는 경우에 대하여 $t$ 개 포함될 확률을 나타낸다. 그러므로

$$\sum_{t=0}^{n-2} \frac{\dbinom{r-2}{t}\dbinom{(N-2)-(r-2)}{(n-2)-t}}{\dbinom{N-2}{n-2}} = 1$$

이고, 따라서

$$E[X(X-1)] = \frac{r\,(r-1)}{N(N-1)}\,n(n-1)$$

이다.

**6.** (1) 매우 오염된 곳과 약간 오염된 곳 그리고 청정한 곳의 수를 각각 $X$, $Y$, $Z$라 하면, $r_1 = 19$, $r_2 = 6$, $r_3 = 5$이고 $n = 5$이므로 확률질량함수는 다음과 같다.

$$P(X=x,\ Y=y,\ Z=z) = \frac{\dbinom{19}{x}\dbinom{6}{y}\dbinom{5}{z}}{\dbinom{30}{5}}, \quad \begin{array}{l} x+y+z=5 \\ x,\,y,\,z = 0,\,1,\,2,\,3,\,4,\,5 \end{array}$$

(2) 매우 심각하게 오염된 지역이 3, 약간 오염된 지역이 1이면, 청정한 지역은 1이므로 구하고자 하는 확률은 다음과 같다.

$$P(X=3,\ Y=1,\ Z=1) = \frac{\dbinom{19}{3}\dbinom{6}{1}\dbinom{5}{1}}{\dbinom{30}{5}} = \frac{1615}{7917} \fallingdotseq 0.204$$

(3) 매우 심각하게 오염된 지역의 수에 관점을 둔다면, $Z \sim H(30, 19, 5)$이고, $Z$의 확률질량함수는 다음과 같다.

$$P(X=x) = \frac{\binom{19}{x}\binom{11}{5-x}}{\binom{30}{5}}, \quad x = 0,\ 1,\ 2,\ 3,\ 4,\ 5$$

이다. 그러므로 5곳 중에서 적어도 4곳에서 심각하게 오염되었을 확률은

$$P(X=4 \text{ 또는 } X=5) = \frac{\binom{19}{4}\binom{11}{1}}{\binom{30}{5}} + \frac{\binom{19}{5}\binom{11}{0}}{\binom{30}{5}} = \frac{7106}{23751} + \frac{1938}{23751} = \frac{1292}{3393} = 0.3808$$

**7.** (1) 5개 중에 들어있는 바닐라 맛, 페퍼민트 맛, 그리고 버터스카치 맛 사탕의 수를 각각 $X$, $Y$, $Z$라 하면, $r_1 = 7, r_2 = 5, r_3 = 8$이고 $n=6$이므로

$$P(X=x,\ Y=y,\ Z=z) = \frac{\binom{7}{x}\binom{5}{y}\binom{8}{z}}{\binom{20}{6}}, \quad \begin{array}{l} x+y+z=6 \\ x,\ z=0,\ 1,\ 2,\ 3,\ 4,\ 5,\ 6 \\ y=0,\ 1,\ 2,\ 3,\ 4,\ 5 \end{array}$$

이다.

(2) 세 가지 맛의 사탕이 동일하게 두 개씩 나오는 경우이므로 구하고자 하는 확률은 다음과 같다.

$$P(X=2,\ Y=2,\ Z=2) = \frac{\binom{7}{2}\binom{5}{2}\binom{8}{2}}{\binom{20}{6}} = \frac{49}{323} \fallingdotseq 0.1517$$

(3) 버터스카치 맛 사탕의 수에 관점을 둔다면, $Z \sim H(20, 8, 6)$이고, $Z$의 확률질량함수는 다음과 같다.

$$P(Z=z) = \frac{\binom{8}{z}\binom{12}{6-z}}{\binom{20}{6}}, \quad z = 0,\ 1,\ 2,\ 3,\ 4,\ 5,\ 6$$

이다. 그러므로 6개 중에서 버터스카치 맛 사탕이 포함되지 않을 확률은 다음과 같다.

$$P(Z=0) = \frac{\binom{8}{0}\binom{12}{6}}{\binom{20}{6}} = \frac{77}{3230} \fallingdotseq 0.0238$$

### 4.3

**1.** 이항누적분포함수표로부터

(1) $P(X=4) = P(X \leq 4) - P(X \leq 3) = 0.7396 - 0.4770 = 0.2626$

(2) $P(X=3) = P(X \leq 3) - P(X \leq 2) = 0.4770 - 0.2201 = 0.2569$이고 따라서

$P(X ne 3) = 1 - P(X=3) = 1 - 0.2569 = 0.7431$

(3) $P(X \leq 5) = 0.9115$

(4) $P(X \geq 6) = 1 - P(X \leq 5) = 1 - 0.9115 = 0.0885$

(5) $E(X) = 8 \cdot (0.45) = 3.6$

(6) $\sigma^2 = 8 \cdot (0.45) \cdot (0.55) = 1.98$

(7) $\sigma^2 = 1.98$이므로 $\sigma = \sqrt{1.98} = 1.407$이고 따라서

$$P(\mu - \sigma \le X \le \mu + \sigma) = P(3.6 - 1.407 \le X \le 3.6 + 1.407) = P(2.193 \le X \le 5.007)$$

$$= P(X \le 5) - P(X \le 2) = 0.9115 - 0.2201 = 0.6914$$

(8) $P(\mu - 2\sigma \le X \le \mu + 2\sigma) = P(0.786 \le X \le 6.414)$

$$= P(X \le 6) - P(X = 0) = 0.9819 - 0.0084 = 0.9735$$

**2.** $X$를 20년 동안 찾아온 허리케인의 수라고 하자. 그러면 세 가지 가정으로부터 $X$는 $n = 20$, $p = 0.05$인 이항분포를 이룬다. 따라서 $P(X < 3) = P(X \le 2) = 0.9245$이다.

**3.** (1) 각 문항이 5개의 지문을 갖고 있으므로 문항별로 정답을 선택할 가능성은 0.2이다. 그러므로 임의로 지문을 선택하여 정답을 선택한 문항 수를 $X$라 하면, $X \sim B(15, 0.2)$이다. 따라서 평균은 $E(X) = 15 \cdot (0.2) = 3$이다.

(2) $P(X = 5) = P(X \le 5) - P(X \le 4) = 0.9389 - 0.8358 = 0.1031$

(3) $P(X \ge 4) = 1 - P(X \le 3) = 1 - 0.6482 = 0.3518$

**4.** 12명의 피보험자 중에서 내년 안으로 과다한 보험금을 신청할 사람 수를 $X$라 하면, $X \sim B(12, 0.023)$이고 따라서 구하고자 하는 확률은 $P(X = 3) = \binom{12}{3}(0.023)^3(0.977)^9 = 0.0022$이다.

**5.** (1) 800시간 이상 수명이 지속되는 형광등의 수를 $X$라 하면, $X \sim B(5, 0.8)$이다. 따라서 평균은 $E(X) = 5 \cdot (0.8) = 4$이다.

(2) $P(X = 3) = P(X \le 3) - P(X \le 2) = 0.2627 - 0.0579 = 0.2048$

(3) $P(X \ge 4) = 1 - P(X \le 3) = 1 - 0.2627 = 0.7373$

**6.** 5명의 선정된 사람 중에서 질병에 걸린 사람 수를 $X$라 하면, $X \sim B(5, 0.05)$이고, 따라서 구하고자 하는 확률은 $P(X \le 2) = 0.9988$이다.

**7.** 20명의 헌혈자 중에서 혈액형이 B+ 인 사람의 수를 $X$라 하면, $X \sim B(20, 0.1)$이다. 따라서 정확히 4명이 B+ 혈액형일 확률은 $P(X = 4) = P(X \le 4) - P(X \le 3) = 0.9568 - 0.8670 = 0.898$이다. 이고 적어도 3명이 B+일 확률은 $P(X \ge 3) = 1 - P(X \le 2) = 1 - 0.6769 = 0.3231$이다.

**8.** (1) 자녀가 순수열성일 가능성은 서로 독립적인 두 부모로부터 각각 열성인자를 물려받는 경우뿐이고, 각각의 확률은 $1/2$이므로 $\frac{1}{2} \cdot \frac{1}{2} = \frac{1}{4} = 0.25$이다.

(2) 5명의 자녀 중에서 순수열성인 자녀의 수를 $X$라 하면, $X \sim B(5, 0.25)$이다. 따라서 정확히 한 명만 순수열성일 확률은 $P(X = 1) = P(X \le 1) - P(X = 0) = 0.6328 - 0.2373 = 0.3955$이다.

(3) $E(X) = 5 \cdot (0.25) = 1.25$

**9.** (1) $X \sim B(5, 0.55)$이므로 $P(X = 5) = 1 - P(X \le 4) = 1 - 0.9497 = 0.0503$

(2) $P(X = 3) = P(X \le 3) - P(X \le 2) = 0.7438 - 0.4069 = 0.3369$

(3) $P(X \ge 1) = 1 - P(X = 0) = 1 - 0.0185 = 0.9815$

**10.** $X$와 $Y$를 각각 제1 집단과 제2 집단에서 끝까지 연구에 참가한 사람의 수라고 하자. 그러면 $X$와

$Y$는 독립이다. 따라서 구하고자 하는 확률은 다음과 같다.

$$P[\{(X \geq 9) \cap (Y < 9)\} \cup (X < 9) \cap (Y \geq 9)\}] = P[(X \geq 9) \cap (Y < 9)] + P[(X < 9) \cap (Y \geq 9)]$$

$$= 2P[(X \geq 9) \cap (Y < 9)] \quad \text{(대칭성에 의하여)} = 2P(X \geq 9)P(Y < 9) \quad \text{(독립성에 의하여)}$$

$$= 2\left[\binom{10}{9}(0.2)(0.8)^9 + \binom{10}{10}(0.8)^{10}\right]\left[1 - \binom{10}{9}(0.2)(0.8)^9 - \binom{10}{10}(0.8)^{10}\right]$$

$$= 2(0.376)(1 - 0.376) = 0.4692$$

**11.** (1) 15개 안에 들어 있을 불량품의 수를 $X$라 하면, $X \sim H(2000, 10, 15)$이다. 그러므로

$$E(X) = \frac{10}{2000} = 0.005, \quad Var(X) = 10 \cdot \frac{10}{2000} \cdot \left(1 - \frac{10}{2000}\right) \cdot \left(\frac{1985}{1999}\right) = 0.05$$

(2) $X$는 근사적으로 $X \sim B(15, 0.005)$이므로 $P(X = 1) = \binom{15}{1}(0.005)^1(0.995)^{14} = 0.0699$이다.

(3) $P(X \geq 3) = 1 - P(X = 0) - P(X = 1) - P(X = 2)$

$$= \binom{15}{0}(0.005)^0(0.995)^{15} + \binom{15}{1}(0.005)^1(0.995)^{14} + \binom{15}{2}(0.005)^2(0.995)^{13}$$

$$= 0.9276 + 0.0699 + 0.0024 = 0.9999$$

**12.** $X + Y = l$인 조건 아래서, $X = k$일 확률을 구하면 다음과 같다.

$$P(X = k \mid X + Y = l) = \frac{P(X = k, X + Y = l)}{P(X + Y = l)} = \frac{P(X = k, k + Y = l)}{P(X + Y = l)}$$

$$= \frac{P(X = k, Y = l - k)}{P(X + Y = l)} = \frac{P(X = k)P(Y = l - k)}{P(X + Y = l)}$$

$$= \frac{\binom{m}{k}p^k q^{m-k}\binom{n}{l-k}p^{l-k}q^{n-l+k}}{\binom{m+n}{l}p^l q^{m+n-l}} = \frac{\binom{m}{k}\binom{n}{l-k}}{\binom{m+n}{l}} \sim H(m+n, m, l)$$

**13.** $X \sim B(n, p)$이므로 $X$의 확률질량함수는 $f(x) = \binom{n}{x}p^x q^{n-x}$, $q = 1 - p$, $x = 0, 1, 2, \cdots, n$이다.

그러므로 $X$의 기대값은 다음과 같다.

$$E(X) = \sum_{x=0}^{n} x\binom{n}{x}p^x q^{n-x} = \sum_{x=0}^{n} x\frac{n!}{x!\,(n-x)!}p^x q^{n-x} = \sum_{x=1}^{n} \frac{n!}{(x-1)!\,(n-x)!}p^x q^{n-x}$$

$$= \sum_{x=1}^{n} \frac{np\,(n-1)!}{(x-1)!\,[(n-1)-(x-1)]!}p^{x-1}q^{(n-1)-(x-1)}$$

$$= np\sum_{x=1}^{n} \frac{(n-1)!}{(x-1)!\,[(n-1)-(x-1)]!}p^{x-1}q^{(n-1)-(x-1)}$$

이다. 한편 $t = x - 1$이라 하면,

$$E(X) = np\sum_{x=1}^{n} \frac{(n-1)!}{(x-1)!\,[(n-1)-(x-1)]!}p^{x-1}q^{(n-1)-(x-1)} = np\sum_{t=0}^{n-1} \frac{(n-1)!}{t!\,[(n-1)-t]!}p^t q^{(n-1)-t}$$

이고 마지막 $\sum$는 $T \sim B(n-1, p)$인 모든 확률함수 값을 더한 것으로 1이다. 그러므로 $E(X) = np$이다. 또한

$$E[X(X-1)] = \sum_{x=0}^{n} x(x-1)\binom{n}{x}p^x q^{n-x} = \sum_{x=0}^{n} x(x-1)\frac{n!}{x!\,(n-x)!}p^x q^{n-x} = \sum_{x=2}^{n} \frac{n!}{(x-2)!\,(n-x)!}p^x q^{n-x}$$

$$= \sum_{x=2}^{n} \frac{n(n-1)p^2\,(n-2)!}{(x-2)!\,[(n-2)-(x-2)]!}p^{x-2}q^{(n-2)-(x-2)}$$

$$= n(n-1)p^2 \sum_{x=2}^{n} \frac{(n-2)!}{(x-2)!\,[(n-2)-(x-2)]!}p^{x-2}q^{(n-2)-(x-2)}$$

이다. 한편 $t=x-2$ 라 하면,

$$E[X(X-1)] = n(n-1)p^2 \sum_{t=0}^{n-2} \frac{(n-2)!}{t!\,[(n-2)-t]!}p^t q^{(n-2)-t}$$

이고, 역시 마지막 $\sum$는 $T \sim B(n-2, p)$인 모든 확률함수 값을 더한 것으로 1이므로 $E[X(X-1)]=n(n-1)p^2$ 이다. 따라서 $X$의 분산은 다음과 같다.

$$Var(X) = E(X^2) - E(X)^2 = E[X(X-1)] + E(X) - E(X)^2$$

$$= n(n-1)p^2 + np - (np)^2 = np - np^2 = np(1-p)$$

**14.** $X \sim H(N, r, n)$이므로 $X$의 확률질량함수는

$$f(x) = \frac{\binom{r}{x}\binom{N-r}{n-x}}{\binom{N}{n}} = \frac{\dfrac{r!}{x!\,(r-x)!}\dfrac{(N-r)!}{(n-x)!\,(N-r-n+x)!}}{\dfrac{N!}{n!\,(N-n)!}}$$

$$= \frac{n!}{x!\,(n-x)!}\frac{r!}{(r-x)!}\frac{(N-r)!}{(N-r-n+x)!}\frac{(N-n)!}{N!}$$

$$= \frac{n!}{x!\,(n-x)!}\frac{r(r-1)\cdots(r-x+1)(N-r)(N-r-1)\cdots(N-r-n+x+1)}{N^n} \cdot \frac{N^n}{N(N-1)\cdots(N-n+1)}$$

이다. 특히 $N \to \infty$이면,

$$\frac{N^n}{N(N-1)\cdots(N-n+1)} = \frac{1}{1\cdot\left(1-\dfrac{1}{N}\right)\cdots\left(1-\dfrac{n-1}{N}\right)} \to 1$$

이고, 임의의 상수 $k$에 대하여 $k/N \to 0$이므로 $r/N=p$ 라 하면,

$$f(x) \to \frac{n!}{x!\,(n-x)!}p^x(1-p)^{n-x} = \binom{n}{x}p^x(1-p)^{n-x}$$ 이다.

## 4.4

**1.** $X \sim G(0.6)$이므로 $X$의 확률질량함수는 $f(x)=(0.6)(0.4)^{x-1}$, $x=1,2,3,\cdots$이다.

(1) $P(X=3)=f(3)=(0.6)(0.4)^2=0.096$

(2) $P(X\le 4)=\sum_{x=1}^{4}f(x)=\sum_{x=1}^{4}(0.6)(0.4)^{x-1}=0.9744$

(3) $P(X\ge 10)=\sum_{x=10}^{\infty}f(x)=(0.6)\sum_{x=10}^{\infty}(0.4)^{x-1}=(0.6)\cdot\frac{(0.4)^9}{1-(0.4)}=0.00026$

(4) $P(4 \le X \le 8) = \sum_{x=4}^{8} f(x) = \sum_{x=4}^{8} (0.6)(0.4)^{x-1} = 0.0633$

**2.** $X \sim NB(4, 0.6)$이므로 $X$의 확률질량함수는 $f(x) = \binom{x-1}{3}(0.6)^4 (0.4)^{x-4}$, $x = 4, 5, 6, \cdots$ 이다.

(1) $P(X=6) = f(6) = \binom{5}{3}(0.6)^4 (0.4)^2 = 0.2074$

(2) $P(X \le 7) = \sum_{x=4}^{7} f(x) = \sum_{x=4}^{7} \binom{x-1}{3}(0.6)^4 (0.4)^{x-4}$

$= \binom{3}{3}(0.6)^4 (0.4)^0 + \binom{4}{3}(0.6)^4 (0.4)^1 + \binom{5}{3}(0.6)^4 (0.4)^2 + \binom{6}{3}(0.6)^4 (0.4)^3 = 0.7102$

(3) $P(X \le 6) = \binom{3}{3}(0.6)^4 (0.4)^0 + \binom{4}{3}(0.6)^4 (0.4)^1 + \binom{5}{3}(0.6)^4 (0.4)^2 = 0.5443$이므로

$$P(X \ge 7) = 1 - P(X \le 6) = 1 - 0.5443 = 0.4557$$

(4) $P(6 \le X \le 8) = \sum_{x=4}^{8} f(x) = \binom{5}{3}(0.6)^4 (0.4)^2 + \binom{6}{3}(0.6)^4 (0.4)^3 + \binom{7}{3}(0.6)^4 (0.4)^4 = 0.4894$

**3.** 처음 성공할 때까지 반복 시행한 횟수를 $X$, 처음 성공이 있기 전까지 실패한 횟수를 $Y$라 하면 $Y = X - 1$이고, 따라서 $Y$의 확률질량함수는 다음과 같다.

$$f_Y(y) = P(Y=y) = P(X-1=y) = P(X=y+1)$$

$$= f_X(y+1) = q^{(y+1)-1} \cdot p = pq^y, \quad y = 0, 1, 2, \cdots$$

한편 $E(Y) = E(X-1) = E(X) - 1 = \frac{1}{p} - 1 = \frac{1-p}{p} = \frac{q}{p}$이고 $Var(Y) = Var(X-1) = Var(X) = \frac{q}{p^2}$ 이다.

**4.** (1) (연습문제 3)에 의하여 처음 성공이 있기까지 실패한 횟수 $Y$의 확률질량함수는 다음과 같다.
$$f_Y(y) = (0.4)(0.6)^y, \quad y = 0, 1, 2, \cdots$$

(2) $P(Y=5) = f_Y(5) = (0.4)(0.6)^5 = 0.003$

(3) $E(Y) = \frac{q}{p} = \frac{0.6}{0.4} = 1.5$이고 $Var(Y) = \frac{q}{p^2} = \frac{0.6}{(0.4)^2} = 3.75$이다.

**5.** $r$번째 성공할 때까지 반복 시행한 횟수를 $X$, $r$번째 성공이 있기 전까지 실패한 횟수를 $Y$라 하면, 전체 반복 시행한 횟수는 성공한 횟수와 실패한 횟수의 합이다. 그러므로 $X = Y + r$ 즉, $Y = X - r$ 이고 따라서 $Y$의 확률질량함수는 다음과 같다.

$$f_Y(y) = P(Y=y) = P(X-r=y) = P(X=y+r)$$

$$= f_X(y+r) = \binom{y+r-1}{r-1}p^r \cdot q^y, \quad y = 0, 1, 2, \cdots$$

한편 $E(Y) = E(X-r) = E(X) - r = \frac{r}{p} - r = r\frac{q}{p}$이고 $Var(Y) = Var(X-r) = Var(X) = r\frac{q}{p^2}$ 이다.

**6.** (연습문제 5)에 의하여 3번째 성공이 있기까지 실패한 횟수를 $Y$라 하면, 확률질량함수는
$f_Y(y) = \binom{y+2}{2}p^3 q^y$, $y = 0, 1, 2, \cdots$이다. 한편 $E(Y) = r\frac{q}{p} = 3 \cdot \frac{0.6}{0.4} = 4.5$이고

$$Var(Y) = r\frac{q}{p^2} = 3 \cdot \frac{0.6}{(0.4)^2} = 11.25 \text{이다.}$$

**7.** $X \sim G(2/3)$이므로 $X$의 확률질량함수는 $f(x) = (1/3)^{x-1}(2/3)$, $x = 1, 2, \cdots$이고 따라서 구하고자 하는 확률은 $P(X = 5) = f(5) = \left(\dfrac{1}{3}\right)^4 \cdot \dfrac{2}{3} = \dfrac{2}{3^5} = 0.0082$이다.

**8.** (1) 주사위 1개를 던져서 "1"의 눈이 나올 확률은 1/6이고, "1"의 눈이 3번 나올 때까지 주사위를 던지므로 그 던진 횟수 $X$는 모수 $r = 3$, $p = 1/6$인 음이항분포를 이룬다. 따라서 $X$의 확률질량 함수는 $f(x) = \dbinom{x-1}{2}\left(\dfrac{1}{6}\right)^3\left(\dfrac{5}{6}\right)^{x-3}$, $x = 3, 4, 5, \cdots$이다.

(2) $E(X) = r/p$, $Var(X) = rq/p^2$이고 $p = 1/6$이므로 기대값과 분산은 각각 다음과 같다.
$$E(X) = \frac{r}{p} = \frac{3}{1/6} = 18 , \quad Var(X) = \frac{rq}{p^2} = \frac{3 \cdot (5/6)}{(1/6)^2} = 90$$

(3) 5번째 시행에서 3번째 "1"의 눈이 나올 확률은 $f(5) = \dbinom{4}{2}\left(\dfrac{1}{6}\right)^3\left(\dfrac{5}{6}\right)^2 = 0.019$이다.

**9.** 질병에 걸린 사람을 찾을 때까지 진찰한 사람의 수를 $X$라 하면, $X \sim G(0.05)$이다.

(1) $E(X) = \dfrac{1}{p} = \dfrac{1}{0.05} = 20$

(2) $P(X \le 4) = \displaystyle\sum_{x=1}^{4}(0.05)(0.95)^{x-1} = 0.05 + 0.0475 + 0.0451 + 0.0429 = 0.1855$

(3) $P(X \ge 10) = \displaystyle\sum_{x=10}^{\infty}(0.05)(0.95)^{x-1} = \dfrac{(0.05) \cdot (0.95)^9}{1 - 0.95} = 0.6302$

**10.** $X$는 모수 $p$를 갖는 기하분포를 이루므로, 기대값 $E(X) = \dfrac{1}{p} = 12.5$으로부터 $p = 0.08$을 얻는다. 그러므로 $X$의 확률함수는 $f_X(x) = (0.08)(0.92)^{x-1}$, $x = 1, 2, 3, \cdots$이고, $f(6) = (0.08) \cdot (0.92)^5 = 0.0527$이다.

**11.** (1) 0에서 9까지의 숫자가 선정될 가능성이 동일하므로, 숫자 0이 나올 확률은 0.1이고, 숫자 0이 나올 때까지 시뮬레이션을 반복한 횟수를 $X$라 하면, $X \sim G(0.1)$이다. 그러므로 $X$의 확률질량 함수는 $f_X(x) = (0.1)(0.9)^{x-1}$, $x = 1, 2, 3, \cdots$이다.

(2) $E(X) = \dfrac{1}{0.1} = 10$, $\sigma^2 = \dfrac{0.9}{(0.1)^2} = 90$

(3) 4번째 0이 나올 때까지 반복 시행한 횟수를 $Y$라 하면, $Y \sim NB(4, 0.1)$이고 $y = 10$, $r = 4$, $p = 0.1$이므로 $f_Y(10) = \dbinom{9}{3}(0.1)^4(0.9)^6 = 0.0045$이다.

(4) $E(Y) = \dfrac{r}{p} = \dfrac{4}{0.1} = 40$

**12.** (1) 독립인 두 확률변수 $X$와 $Y$가 각각 $X \sim G(0.2)$, $Y \sim G(0.2)$이므로 결합확률질량함수는
$$f(x, y) = f_X(x)\, f_Y(y) = \frac{1}{5^2}\left(\frac{4}{5}\right)^{x-1}\left(\frac{4}{5}\right)^{y-1} , \quad x, y = 1, 2, 3, \cdots$$

이다. 그러므로 구하고자 하는 확률은 다음과 같다.

$$P(X=Y) = \sum_{x=1}^{\infty} P(X=x,\, Y=x) = \sum_{x=1}^{\infty} \frac{1}{5^2}\left(\frac{4}{5}\right)^{x-1}\left(\frac{4}{5}\right)^{x-1}$$

$$= \sum_{x=1}^{\infty} \frac{1}{5^2}\left(\frac{4^2}{5^2}\right)^{x-1} = \frac{1}{5^2}\cdot\frac{1}{9/5^2} = \frac{1}{9}$$

**(2)** $X=1$일 때 $\{Y<1\}=\varnothing$이므로

$$P(X>Y) = \sum_{x=2}^{\infty} P(X=x,\, Y<x) = \sum_{x=2}^{\infty} P(X=x)P(Y\le x-1)$$

$$= \sum_{x=2}^{\infty} P(X=x)\left\{\sum_{y=1}^{x-1}\frac{1}{5}\left(\frac{4}{5}\right)^{y-1}\right\} = \sum_{x=2}^{\infty} P(X=x)\left\{1-\left(\frac{4}{5}\right)^{x-1}\right\}$$

$$= \sum_{x=2}^{\infty} \frac{1}{5}\cdot\left(\frac{4}{5}\right)^{x-1}\left\{1-\left(\frac{4}{5}\right)^{x-1}\right\} = \sum_{x=2}^{\infty} \frac{1}{5}\cdot\left\{\left(\frac{4}{5}\right)^{x-1}-\left(\frac{4^2}{5^2}\right)^{x-1}\right\} = \frac{4}{9}$$

**13.** $E[X(X-1)] = \sum_{x=1}^{\infty} x(x-1)f(x) = p\sum_{x=2}^{\infty} x(x-1)q^{x-1}$이고, 또한 $x(x-1)q^{x-1} = \dfrac{d^2}{dq^2}q^x$이므로

$$E[X(X-1)] = p\sum_{x=2}^{\infty} \frac{d^2}{dq^2}q^x = p\frac{d^2}{dq^2}\sum_{x=2}^{\infty} q^x = p\frac{d^2}{dq^2}\left(\frac{q}{1-q}\right) = \frac{2q}{p^2} \text{이다.}$$

**14.** $P(X>n+m \mid X>n) = \dfrac{P(X>n+m,\, X>n)}{P(X>n)}$

$$= \frac{P(X>n+m)}{P(X>n)} = \frac{p\cdot\dfrac{q^{n+m+1}}{1-q}}{p\cdot\dfrac{q^{n+1}}{1-q}} = q^m = P(X\ge m) = p\cdot\frac{q^m}{1-q}$$

**1.** **(1)** $P(X=3) = P(X\le 3) - P(X\le 2) = 0.265 - 0.125 = 0.140$

**(2)** $P(X\le 4) = 0.440$

**(3)** $P(X\ge 10) = 1 - P(X\le 9) = 1 - 0.968 = 0.032$

**(4)** $P(4\le X\le 8) = P(X\le 8) - P(X\le 3) = 0.932 - 0.265 = 0.667$

**2.** **(1)** 10년간 5,000명의 보험가입자에 의하여 지난 10년간 발생한 지급 요구 건수가 12,200이므로 1년간 이 가입자들에 의하여 요구될 건수는 1,220이다. 따라서 개인당 평균 요구 건수는 1220/5000 = 0.244이다.

**(2)** 요구 건수를 $X$라 하면, $X\sim P(0.244)$이다. 따라서

$$P(X\le 1) = P(X=0) + P(X=1) = \left(\frac{(0.244)^0}{0!} + \frac{(0.244)^1}{1!}\right)e^{-0.244} = 0.9747$$

**(3)** 1년간 한 보험가입자가 보험금 지급을 요구할 평균 건수가 0.244이고, 건당 1,000만원을 지급하므로 한 보험가입자에게 지급될 평균 보험금은 244만원이다.

**3.** 보험금 지급요구 건수를 $X$라 하면 $X$은 미지의 모수 $\mu$를 갖는 푸아송분포를 이룬다. 한편 조건에 의하여 $P(X=4) = \dfrac{e^{-\mu}\mu^4}{4!} = 3P(X=2) = \dfrac{3e^{-\mu}\mu^2}{2!}$이므로 $\mu^2 = 36$ 즉, $\mu = 6$을 얻는다. 그러므로 $Var(X) = \mu = 6$를 얻는다.

**4.** (1) 0.001mm$^3$의 혈액을 채취하여 백혈구의 수를 $X$라 하면, 1mm$^3$ 당 평균 6,000개의 백혈구가 있으므로 0.001mm$^3$의 혈액 안에 평균 6개의 백혈구가 있다.

(2) 이 환자의 백혈구가 0.001mm$^3$의 혈액 안에서 기껏해야 2개가 관찰되었다면 평균에 미치지 못하므로 백혈구 결핍증에 걸렸다고 할 수 있으며, $X \sim P(6)$이므로 $P(X \le 2) = 0.062$이다.

**5.** 1cm$^2$ 당 평균 5개의 흔적을 가지고 있으므로 2cm$^2$에 평균 10개의 흔적을 가지고 있으며, 분열 흔적의 수는 $X \sim P(10)$이다. 그러므로 2cm$^2$에 많아야 3개의 흔적을 가질 확률은 다음과 같다.

$$P(X \le 3) = \frac{10^0}{0!}e^{-10} + \frac{10^1}{1!}e^{-10} + \frac{10^2}{2!}e^{-10} + \frac{10^3}{3!}e^{-10}$$

$$= 0.00005 + 0.00045 + 0.00227 + 0.00757 = 0.01034$$

**6.** (1) 타일 조각 안의 금의 수는 $X \sim P(2.4)$이므로 하나도 없을 확률은 $P(X=0) = 0.091$이다.

(2) $P(X \ge 2) = 1 - [P(X=0) + P(X=1)] = 1 - (0.091 + 0.308) = 0.601$

**7.** 상자 안에 있는 불량품의 수를 $X$라 하면, $X \sim B(500, 0.004)$이다. 또한 $\mu = 500 \cdot (0.004) = 2$이므로 $X$는 평균 2인 푸아송분포 $P(2)$에 근사한다. 그러므로 구하고자 하는 확률은 부록 표에 의하여 $P(X \le 1) = 0.406$이다.

**8.** (1) $[0, t]$에서 발생한 지진의 횟수를 $X(t)$라 하면, 발생비율이 $\lambda = 3$이므로 $X(t) \sim P(3t)$이다. 그러므로 $X(2) \sim P(6)$이고 따라서 구하고자 하는 확률은 다음과 같다.

$$P(X(2) \ge 3) = 1 - \big(P(X(2) = 0) + P(X(2) = 1) + P(X(2) = 2)\big)$$

$$= 1 - (0.002 + 0.017 + 0.062) = 0.919$$

(2) 다음 지진이 일어날 때까지 걸리는 시간을 $T$라 하면, $T > t$일 필요충분조건은 $[0, t]$에서 지진이 한 번도 일어나지 않는 것이다. 그러므로 $P(T > t) = P(X(t) = 0) = e^{-3t}$이다. 즉, $T$의 분포함수는 $P(T \le t) = 1 - P(T > t) = 1 - e^{-3t}$이고, 따라서 $T$의 확률밀도함수는 $f(t) = 3e^{-3t}$, $t \ge 0$이다.

**9.** (1) $[0, t(\text{km})]$에서 발견된 결함의 횟수를 $N(t)$라 하면, 발생비율이 $\lambda = 0.15$이므로 $N(t) \sim P(0.15t)$이다. 그러므로 $N(3) \sim P(0.45)$이고 따라서 구하고자 하는 확률은 다음과 같다.

$$P(N(3) = 0) = \frac{(0.45)^0}{0!}e^{-0.45} = 0.6376$$

(2) 구하고자 하는 확률은 $P(N(4) - N(3) = 0 \,|\, N(3) = 0)$이고, 푸아송과정은 독립증분을 가지므로

$$P(N(4) - N(3) = 0 \,|\, N(3) = 0) = P(N(4) - N(3) = 0)$$

이다. 한편 동일한 시구간에서 발생한 사건은 동일한 분포를 가지므로

$$P(N(4) - N(3) = 0 \,|\, N(3) = 0) = P(N(4) - N(3) = 0) = P(N(1) = 0)$$

이다. 그러면 $\lambda = 0.15$이므로 $X(1) \sim P(0.15)$이며, 따라서 구하고자 하는 확률은 다음과 같다.

$$P(N(4) - N(3) = 0 \mid N(3) = 0) = P(N(1) = 0) = e^{-0.15} = 0.8607$$

**(3)** 구하고자 하는 확률은 $P(N(3) = 1, \; N(4) - N(3) = 1, \; N(5) - N(4) = 0)$이고, 따라서 다음과 같다.

$$P(N(3) = 1, \; N(4) - N(3) = 1, \; N(5) - N(4) = 0) = P(N(3) = 1)\, P(N(4) - N(3) = 1)\, P(N(5) - N(4) = 0)$$

$$= P(N(3) = 1)\, P(N(1) = 1)\, P(N(1) = 0)$$

$$= \frac{(0.45)^1}{1!} e^{-0.45} \cdot \frac{(0.15)^1}{1!} e^{-0.15} \cdot \frac{(0.15)^0}{0!} e^{-0.15} = (0.0675) \cdot (0.4724) = 0.0319$$

**10. (1)** $[0, t]$에서 계수기를 통과한 방사능 물질의 수를 $N(t)$라 하면, 발생비율이 $\lambda = 3$이므로 $N(t) \sim P(3t)$이다. 그러므로 $N(1) \sim P(3)$이고 따라서 구하고자 하는 확률은 부록 표에 의해 $P(N(1) = 2) = P(N(1) \le 2) - P(N(1) \le 1) = 0.423 - 0.199 = 0.224$이다.

**(2)** $P(N(1) \ge 5) = 1 - P(N(1) \le 4) = 1 - 0.815 = 0.185$

**11.** $[0, t]$에서 상점에 찾아온 손님의 수를 $N(t)$라 하면, 발생비율이 $\lambda = 4$이므로 $N(t) \sim P(4t)$이다. 한편 30분은 1/2시간이므로 8시부터 8시 30분 사이에 상점에 찾아오는 손님의 수에 대한 확률분포는 $N(1/2) \sim P(2)$이다. 그러므로 이 시간에 손님 1명이 찾아올 확률은 다음과 같다.

$$P(N(1/2) = 1) = \frac{2^1}{1!} e^{-2} = 2e^{-2}$$

한편 8시 30분까지 꼭 한 사람이 찾아오고 11시까지 찾아온 손님이 모두 5 사람이 되려면, 8시 30분부터 11시까지 4명이 상점을 찾아와야 하므로

$$P(N(1/2) = 1, \; N(3) - N(1/2) = 4) = P(N(1/2) = 1)\, P(N(3) - N(1/2) = 4) = P(N(1/2) = 1)\, P(N(5/2) = 4)$$

이다. 이때 $N(5/2) \sim P(10)$이고 따라서 구하고자 하는 확률은 다음과 같다.

$$P(N(1/2) = 1, \; N(3) - N(1/2) = 4) = P(N(1/2) = 1)\, P(N(5/2) = 4)$$

$$= (2e^{-2}) \cdot \left( \frac{10^4}{4!} e^{-10} \right) = (0.2707) \cdot (0.0189) = 0.0051$$

**12.** $X \sim B(n, p)$에 대한 확률질량함수는 $f(x) = \binom{n}{x} p^x (1-p)^{n-x}, \; x = 0, 1, 2, \cdots, n$이고, $np = \mu$이므로 $p = \mu/n$이므로 확률질량함수 $f(x)$의 극한은 다음과 같다.

$$\lim_{n \to \infty} f(x) = \lim_{n \to \infty} \binom{n}{x} p^x (1-p)^{n-x} = \lim_{n \to \infty} \frac{n!}{x!(n-x)!} p^x (1-p)^{n-x}$$

$$= \frac{1}{x!} \lim_{n \to \infty} \frac{n!}{(n-x)!} \left( \frac{\mu}{n} \right)^x \left( 1 - \frac{\mu}{n} \right)^{n-x}$$

$$= \frac{\mu^x}{x!} \lim_{n \to \infty} \frac{n!}{(n-x)!} \left( \frac{1}{n} \right)^x \left( 1 - \frac{\mu}{n} \right)^{-x} \left( 1 - \frac{\mu}{n} \right)^n$$

한편

$$\lim_{n \to \infty} \frac{n-k}{n} = 1, \quad \lim_{n \to \infty} \left( 1 - \frac{\mu}{n} \right) = 1, \quad \lim_{n \to \infty} \left( 1 - \frac{\mu}{n} \right)^{-n/\mu} = e$$

이므로 $\lim_{n \to \infty} f(x) = \frac{\mu^x}{x!} e^{-\mu}$ 이다.

**13.** $E[X(X-1)] = \sum_{x=1}^{\infty} x(x-1)f(x) = \sum_{x=1}^{\infty} x(x-1)\frac{\mu^x}{x!}e^{-\mu} = \mu^2 \sum_{x=2}^{\infty} \frac{\mu^{x-2}}{(x-2)!}e^{-\mu} = \mu^2$

**4.6**

**1.** (1) $X_2 \sim B(50, 0.2)$이므로

$$P(X_2 \le 3) = P(X_2 = 0) + P(X_2 = 1) + P(X_2 = 2) + P(X_2 = 3)$$

$$= \binom{50}{0}(0.2)^0 (0.8)^{50} + \binom{50}{1}(0.2)^1 (0.8)^{49} + \binom{50}{2}(0.2)^2 (0.8)^{48} + \binom{50}{3}(0.2)^3 (0.8)^{47}$$

$$= 0.0057$$

(2) $X_1 \sim B(50, 0.1),\ X_3 \sim B(50, 0.3),\ X_4 \sim B(50, 0.4)$이므로

$$\mu_1 = 50 \cdot (0.1) = 5,\ \mu_2 = 50 \cdot (0.2) = 10,\ \mu_3 = 50 \cdot (0.3) = 15,\ \mu_4 = 50 \cdot (0.4) = 20$$

$$\sigma_1^2 = 50 \cdot (0.1) \cdot (0.9) = 4.5,\ \sigma_2^2 = 50 \cdot (0.2) \cdot (0.8) = 8,$$

$$\sigma_3^2 = 50 \cdot (0.3) \cdot (0.7) = 10.5,\ \sigma_4^2 = 50 \cdot (0.4) \cdot (0.6) = 12$$

**2.** (1) 전기적 원인과 기계적 원인 그리고 사용자의 부주의에 의한 고장 횟수를 각각 $X_1$, $X_2$ 그리고 $X_3$ 이라고 하자. 그러면 각각의 원인에 의한 고장 가능성은 $p_1 = 0.3$, $p_2 = 0.2$ 그리고 $p_3 = 0.5$이므로 $X_1, X_2, X_3$ 의 결합확률질량함수는 다음과 같다.

$$f(x_1, x_2, x_3) = \frac{10!}{x_1! x_2! x_3!}(0.3)^{x_1}(0.2)^{x_2}(0.5)^{x_3},\quad 0 \le x_i \le 10,\ i = 1,2,3,\ x_1 + x_2 + x_3 = 10$$

(2) $X_1 = 5, X_2 = 3, X_3 = 2$ 일 확률은 결합확률질량함수로부터 다음과 같다.

$$P(X_1 = 5, X_2 = 3, X_3 = 2) = f(5,3,2) = \frac{10!}{5!\,3!\,2!}(0.3)^5 (0.2)^3 (0.5)^2 = 0.012$$

(3) 확률변수 $X_2$ 은 $B(10, 0.2)$인 이항분포를 이루므로 $X_2$ 의 기대값은 $\mu = E(X_2) = 10 \cdot (0.2) = 2$이다.

**3.** (1) 공정한 100원짜리 동전 1개와 500원짜리 동전 1개를 같이 던지는 게임에서 두 동전 모두 앞면이 나올 가능성은 1/4, 꼭 하나만 앞면이 나올 가능성은 1/2 그리고 두 동전 모두 뒷면일 가능성은 1/4이므로 $X$, $Y$, $Z$의 결합확률질량함수는 다음과 같다.

$$f(x,\,y,\,z) = \frac{15!}{x!\,y!\,z!}\left(\frac{1}{4}\right)^x \left(\frac{1}{2}\right)^y \left(\frac{1}{4}\right)^z,\quad x,\,y,\,z = 0, 1, 2, \cdots, 15,\quad x + y + z = 15$$

(2) $X = 3$, $Y = 8$, $Z = 4$일 확률은 결합확률질량함수로부터 다음과 같다.

$$P(X = 3,\ Y = 8,\ Z = 4) = f(3,\,8,\,4) = \frac{15!}{3!\,8!\,4!}\left(\frac{1}{4}\right)^3 \left(\frac{1}{2}\right)^8 \left(\frac{1}{4}\right)^4 = \frac{225225}{4194304} = 0.0537$$

**4.** (1) 매우 심한 알레르기 반응, 알레르기 반응, 약한 알레르기 반응 그리고 무반응을 보인 환자 수를 각각 $X$, $Y$, $Z$ 그리고 $U$라 하면 $X$, $Y$, $Z$ 그리고 $U$의 결합확률질량함수는 다음과 같다.

$$f(x,\ y,\ z,\ u) = \frac{10!}{x!\ y!\ z!\ u!}(0.08)^x\ (0.25)^y\ (0.35)^z\ (0.30)^u\ ,\quad x,\ y,\ z,\ u = 0, 1, 2, \cdots, 10,\quad x+y+z+u = 10$$

**(2)** $X=2,\ Y=3,\ Z=3,\ U=2$일 확률은 결합확률질량함수로부터 다음과 같다.

$$P(X=2,\ Y=3,\ Z=3,\ U=2) = f(2, 3, 3, 1) = \frac{10!}{2!\ 3!\ 3!\ 2!}(0.08)^2\ (0.25)^3\ (0.35)^3\ (0.32)^2 = 0.01106$$

**5.1**

**1.** **(1)** $X$의 확률밀도함수와 분포함수는 각각 다음과 같다.

$$f(x) = \begin{cases} \dfrac{1}{2},\ -1 \le x \le 1 \\ 0,\ \text{다른 곳에서} \end{cases},\quad F(x) = \begin{cases} 0 & ,\ x \leftarrow 1 \\ \displaystyle\int_{-1}^{x} \dfrac{1}{2}\,dt,\ -1 \le x < 1 \\ 1 & ,\ x \ge 1 \end{cases} = \begin{cases} 0 & ,\ x \leftarrow 1 \\ \dfrac{x+1}{2} & ,\ -1 \le x < 1 \\ 1 & ,\ x \ge 1 \end{cases}$$

**(2)** 평균과 분산은 각각 $\mu = \dfrac{1+(-1)}{2} = 0$, $\sigma^2 = \dfrac{(1-(-1))^2}{12} = 0.3333$이다.

**(3)** $\sigma^2 = 0.3333$이므로 $\sigma = \sqrt{0.3333} = 0.5773$이다. 구간 $(\mu-\sigma,\ \mu+\sigma) = (-0.5773, 0.5773)$의 길이는 $1.732$이므로 $P(\mu-\sigma < X < \mu+\sigma) = \dfrac{1.732}{2} = 0.866$이다.

**(4)** $Q_1$ : $(1-0.25)\cdot(-1)+(0.25)\cdot 1 = -0.5$,    $Q_2$ : $(1-0.5)\cdot(-1)+(0.5)\cdot 1 = 0$

   $Q_3$ : $(1-0.75)\cdot(-1)+(0.75)\cdot 1 = 0.5$

**2.** **(1)** $X$의 확률밀도함수와 분포함수는 각각 다음과 같다.

$$f(x) = \begin{cases} \dfrac{1}{5},\ 0 \le x \le 5 \\ 0,\ \text{다른 곳에서} \end{cases},\quad F(x) = \begin{cases} 0 & ,\ x < 0 \\ \displaystyle\int_{0}^{x} \dfrac{1}{5}\,dt,\ 0 \le x < 5 \\ 1 & ,\ x \ge 5 \end{cases} = \begin{cases} 0 & ,\ x < 0 \\ \dfrac{x}{5} & ,\ 0 \le x < 5 \\ 1 & ,\ x \ge 5 \end{cases}$$

**(2)** 평균과 분산은 각각 $\mu = \dfrac{0+5}{2} = 2.5$, $\sigma^2 = \dfrac{(5-0)^2}{12} = 2.083$이다.

**(3)** 구간 $(2, 3)$의 길이는 $1$이므로 $P(2 < X < 3) = \dfrac{1}{5} = 0.2$이다.

**3.** **(1)** $X$가 구간 $[0, 65.5]$에서 균등분포를 이루므로 밀도함수와 분포함수는 각각 다음과 같다.

$$f(x) = \begin{cases} \dfrac{1}{65.5},\ 0 \le x \le 65.5 \\ 0,\ \text{다른 곳에서} \end{cases},\quad F(x) = \begin{cases} 0 & ,\ x < 0 \\ \dfrac{x}{65.5} & ,\ 0 \le x < 65.5 \\ 1 & ,\ x \ge 65.5 \end{cases}$$

**(2)** $E(X) = \dfrac{65.5}{2} = 32.75$

**(3)** $P(X \ge 60) = 1 - F(60) = 1 - \dfrac{60}{65.5} = 0.084$

**(4)** $P(X \ge 45) = 1 - F(45) = 0.313$, $P(X \ge 60) = 0.084$이므로

$$P(X \geq 60 \,|\, X \geq 45) = \frac{P(X \geq 45,\ X \geq 60)}{P(X \geq 45)} = \frac{P(X \geq 60)}{P(X \geq 45)} = \frac{0.084}{0.313} = 0.2684$$

(5) $45 < x \leq 65.5$에 대하여,

$$P(X \geq x \,|\, X \geq 45) = \frac{P(X \geq 45,\ X \geq x)}{P(X \geq 45)} = \frac{P(X \geq x)}{P(X \geq 45)} = \frac{1 - (x/65.5)}{0.313} = \frac{65.5 - x}{20.5}$$

**4.** $R$이 구간 $(0.04, 0.08)$에서 균등분포를 이루고, $V = 10000\,e^R$이므로 $V$의 분포함수는

$$F(v) = P(V \leq v) = P(10000\,e^R \leq v) = P(R \leq \ln v - \ln 10000)$$

$$= \frac{1}{0.04} \int_{0.04}^{\ln v - \ln 10000} dr = \frac{r}{0.04} \bigg|_{0.04}^{\ln v - \ln 10000}$$

$$= 25 \left[ \ln\left( \frac{v}{10{,}000} \right) - 0.04 \right] \quad,\quad 10408.1 < v < 10832.9$$

이고 따라서 확률밀도함수는 다음과 같다.

$$f(v) = \frac{d}{dv} F(v) = 25 \frac{d}{dv} \left( \ln\left( \frac{v}{10{,}000} \right) - 0.04 \right) = \frac{25}{v} \quad,\quad 10408.1 < v < 10832.9$$

**5.** (1) 건전지의 전압을 $X$라 하면, $X \sim U(1.45, 1.65)$이므로 $X$의 평균과 분산은 각각 다음과 같다.

$$\mu = \frac{1.45 + 1.65}{2} = 1.55, \ \ \sigma^2 = \frac{(1.65 - 1.45)^2}{12} = 0.0033$$

(2) $X$의 확률밀도함수와 분포함수는 각각 다음과 같다.

$$f(x) = \frac{1}{1.65 - 1.45} = 5, \ 1.45 \leq x \leq 1.65 \ \ , \quad F(x) = \begin{cases} 0 & ,\ x < 1.45 \\ 5(x - 1.45), & 1.45 \leq x < 1.65 \\ 1 & ,\ x \geq 1.65 \end{cases}$$

(3) $P(X \leq 1.5) = F(1.5) = 5 \cdot (1.5 - 1.45) = 0.25$

(4) 한 건전지의 전압이 1.5볼트보다 작을 확률이 0.25이므로, 20개 안에 1.5볼트보다 낮은 건전지의 수를 $Y$라 하면, $Y \sim B(20, 0.25)$이다. 따라서 건전지 수의 평균과 분산은 각각 다음과 같다.

$$\mu_Y = 20 \cdot (0.25) = 5, \ \ \sigma_Y^2 = 20 \cdot (0.25) \cdot (0.75) = 3.75$$

(5) $P(Y \geq 10) = 1 - P(Y \leq 9) = 1 - 0.9861 = 0.0139$

## 5.2

**1.** (1) $X$의 확률밀도함수가 $f(x) = 2e^{-2x}$ $(x \geq 0)$이므로 $P(X \leq 1) = \int_0^1 2e^{-2x}\, dx = 1 - e^{-2} = 0.8647$

(2) $P(1 < X \leq 3) = \int_1^3 2e^{-2x}\, dx = -e^{-2x} \bigg|_1^3 = e^{-2} - e^{-6} = 0.1329$

(3) $P(X \geq 2) = \int_2^\infty 2e^{-2x}\, dx = -e^{-2x} \bigg|_2^\infty = e^{-4} = 0.0183$

(4) $F(x) = \int_0^x 2e^{-2t}\, dt = -e^{-2t} \bigg|_0^x = 1 - e^{-2x}$

(5) $S(3) = 1 - F(3) = 1 - (1 - e^{-6}) = e^{-6} = 0.0025$

(6) 하위 10%인 $x_{10}$은 $F(x_{10}) = 1 - e^{-2x_{10}} = 0.1$이므로 $e^{-2x_{10}} = 0.9$; $-2x_{10} = \ln 0.9$;

$x_{10} = -\dfrac{1}{2}\ln 0.9 = 0.053$

**2.** (1) $f(x) = \dfrac{1}{\Gamma(2)1^2}\, x^{2-1}\, e^{-x/1} = x\, e^{-x}$ , $0 < x < \infty$

(2) $\mu = E(X) = (2) \cdot (1) = 2$

(3) $\sigma^2 = Var(X) = (2) \cdot (1)^2 = 2$

(4) $P(X < 2) = \displaystyle\int_0^2 x\, e^{-x}\, dx = -(x+1)e^{-x}\Big|_0^2 = 1 - 3e^{-2} = 0.5994$

**3.** (1) 기다리는 시간을 $X$라 하면, $\lambda = 0.2$이므로 $X$의 평균은 $\mu = 1/\lambda = 5$분이다.

(2) $X$의 확률밀도함수가 $f(x) = 0.2e^{-0.2x}$ $(x \ge 0)$이므로

$$P(X \le 3) = \int_0^3 0.2e^{-0.2x}\, dx = -e^{-0.2x}\Big|_0^3 = 1 - e^{-0.6} = 0.4512$$

(3) $P(X \ge 10) = \displaystyle\int_{10}^\infty 0.2e^{-0.2x}\, dx = -e^{-0.2x}\Big|_{10}^\infty = e^{-2} = 0.1353$

(4) $P(X > x+6 \mid X > 6) = P(X > x) = e^{-0.2x}$이므로 $F(x) = 1 - P(X > x) = 1 - e^{-0.2x}$이다. 그러므로 $X \sim$ Exp(0.2)이다. 또한 $P(X > 10 \mid X > 6) = P(X > 4) = e^{-0.8} = 0.4493$

**4.** (1) 기계가 멈추는 시간을 확률변수 $X$라 하면, 모수 0.1인 지수분포를 이루므로 $X$의 밀도함수는

$f(x) = \dfrac{1}{10}\, e^{-x/10}$ , $x > 0$이고, 따라서 평균은 10일이다.

(2) 생존함수는 $S(x) = e^{-x/10}$ , $x > 0$이고, 기계가 수리된 시각을 $x$라 하면, 그 이후로 2주일 이상 사용할 확률은 비기억성 성질에 의하여 2주일 이상 사용할 확률 $S(14) = e^{-14/10} = 0.2466$과 같다.

(3) 이 기계를 2주일 동안 무리 없이 사용하였을 때, 기계가 멈추기 전에 앞으로 이틀 동안 더 사용할 수 있는 확률은 비기억성 성질에 의하여 이틀 이상 더 사용할 확률과 동일하므로 구하고자 하는 확률은 $S(2) = e^{-2/10} = 0.8187$이다.

**5.** (1) 고장 날 때까지 기다리는 시간을 $X$라 하면, $\lambda = 0.3$이므로 $X$의 평균은 $\mu = 1/\lambda = 10/3$일이다.

(2) $\sigma^2 = 1/\lambda^2 = (10/3)^2$이므로 표준편차는 $\sigma = 10/3$일이다.

(3) 분포함수는 $F(x) = P(X \le x) = \displaystyle\int_0^x 0.3e^{-0.3t}\, dt = -e^{-0.3t}\Big|_0^x = 1 - e^{-0.3x}$이므로

$$F(x_0) = 1 - e^{-0.3x_0} = 0.5 \ ; \ e^{-0.3x_0} = 0.5 \ ; \ -0.3x_0 = \ln(0.5) \ ; \ x_0 = -\frac{10}{3}\ln(0.5) = 2.3105$$

즉, $M_e = 2.3105$

(4) 이 기계가 수리된 후 다시 사용하여 고장 날 때까지 걸리는 시간은 동일한 지수분포를 이루므로 이 기계가 수리된 후 다시 고장 나기까지 적어도 일주일 이상 사용할 확률은

$$P(X > 7) = 1 - (1 - e^{-2.1}) = e^{-2.1} = 0.1225$$

**(5)** $P(X>7\,|\,X>5) = P(X>2) = e^{-0.6} = 0.5488$

**6. (1)** 구성원이 사망할 때까지 걸리는 시간을 확률변수 $X$라 하면, 평균 60인 지수분포를 이루므로 $X$의 밀도함수는 $f(x) = \dfrac{1}{60}\,e^{-x/60}$ , $x>0$이고, 구하고자 하는 확률은 다음과 같다.

$$P(X<50) = F(50) = 1-e^{-5/6} = 0.5654$$

**(2)** 80세 이상 생존할 확률은 $P(X>80) = S(80) = e^{-4/3} = 0.2636$이다.

**(3)** 임의로 선정된 사람이 40세 이상 생존할 확률은 $P(X \geq 40) = S(40) = e^{-4/6} = 0.5134$이고, 따라서 이 조건 아래서 이 사람이 50세 이전에 사망할 조건부 확률은 다음과 같다.

$$P(X<50\,|\,X \geq 40) = \frac{P(X<50\,,\,X \geq 40)}{P(X \geq 40)} = \frac{P(40 \leq X < 50)}{P(X \geq 40)}$$

$$= \frac{1}{0.5134}\int_{40}^{50}\frac{1}{60}\,e^{-x/60}\,dx = \frac{0.0788}{0.5134} = 0.1535$$

**(4)** (2)에서 80세 이상 생존할 확률은 0.2636이고, (3)에서 40세 이상 생존할 확률은 0.5134이다. 그러므로 구하고자 하는 확률은 $P(X \geq 80\,|\,X \geq 40) = \dfrac{P(X \geq 80)}{P(X \geq 40)} = \dfrac{0.2636}{0.5134} = 0.5134$이다.

**7. (1)** 질병의 증세가 나타날 때까지 걸리는 시간을 확률변수 $X$라고 하면, 평균 38인 지수분포를 이루므로 $X$의 밀도함수는 $f(x) = \dfrac{1}{38}\,e^{-x/38}$ , $x>0$이므로 구하고자 하는 확률은

$$P(X<25) = F(25) = 1-e^{-25/38} = 0.4821$$

**(2)** 30일 안에 증세가 나타날 확률은 $P(X<30) = F(30) = 1-e^{-30/38} = 0.5459$이므로 따라서 적어도 30일 안에 증세가 나타나지 않을 확률은 0.4541이다.

**8. (1)** 매 시간 평균 30명의 손님이 상점을 찾아오므로 1분당 평균 $30/60 = 1/2$명의 손님이 상점을 찾아온다. 한편 이 상점을 찾아오는 손님의 수는 푸아송과정에 따르며, 손님 두 명이 찾아올 때까지 기다리는 시간을 $X$라 하면, $X$는 모수 $\alpha = 2$, $\beta = 2$인 감마분포 $\Gamma(2,2)$에 따른다. 그러므로 $X$의 확률밀도함수는

$$f(x) = \frac{1}{\Gamma(2)\,2^2}\,x^{2-1}\,e^{-x/2} = \frac{x}{4}\,e^{-x/2} \quad, \quad 0<x<\infty$$이고, 구하고자 하는 확률은 다음과 같다.

$$P(X \geq 5) = \int_{5}^{\infty}\frac{x}{4}\,e^{-x/2}\,dx = -\frac{1}{2}\left[(x+2)\,e^{-x/2}\right]_{5}^{\infty} = \frac{7}{2}e^{-5/2} = 0.2873$$

**(2)** $P(3 \leq X \leq 5) = \displaystyle\int_{3}^{5}\frac{x}{4}\,e^{-x/2}\,dx = -\frac{1}{2}\left[(x+2)\,e^{-x/2}\right]_{3}^{5} = -\frac{7}{2}e^{-5/2} + \frac{5}{2}e^{-3/2} = 0.2705$

**9. (1)** 1분당 평균 2인 비율의 푸아송과정에 따르므로 푸아송과정의 비율은 $\lambda = 2$이다.

**(2)** 교환대에 들어오는 두 신호 사이의 대기시간을 $T$라 하면, $T \sim \text{Exp}(\lambda)$이므로 $T$는 모수 2인 지수분포를 이룬다. 따라서 $T$의 평균시간은 $E(T) = 1/2 = 0.5$이다.

**(3)** 2분과 3분 사이에 들어온 신호의 횟수는 $N(3) - N(2) = N(1)$은 모수 $\lambda t = 2t$인 푸아송분포에 따르므로 $N(1) \sim P(2)$이다. 따라서 2분과 3분 사이에 들어온 신호가 없을 확률은 $P(N(1) = 0) = e^{-2} = 0.1353$이다.

(4) 신호가 들어올 때까지 대기시간은 $T \sim \text{Exp}(2)$이므로 생존함수는 $S(x) = e^{-2x}$, $x > 0$이고 따라서 구하고자 하는 확률은 $P(X \geq 3) = S(3) = e^{-(2) \cdot (3)} = e^{-6} = 0.0025$이다.

(5) $P(N(2) = 0, N(4) - N(2) = 4) = P(N(2) = 0) P(N(4) - N(2) = 4) = P(N(2) = 0) P(N(2) = 4)$이고, 처음 2분 안에 교환대에 들어온 신호의 횟수 $N(2)$은 모수 $\lambda t = 2t = 4$인 푸아송분포에 따르므로 $N(2) \sim P(4)$이다. 따라서 구하고자 하는 확률은 누적푸아송분포표로부터 다음과 같다.

$$P(N(2) = 0, N(4) - N(2) = 4) = P(N(2) = 0) P(N(2) = 4) = (0.018) \cdot (0.629 - 0.433) = 0.00035$$

(6) 처음 신호가 들어올 때까지 걸린 시간을 $T_1$, 처음 신호 이후 다음 신호가 들어올 때까지 걸린 시간을 $T_2$라 하면, $T_1$과 $T_2$는 독립인 지수분포 $\text{Exp}(2)$를 이루므로 분포함수는 $F(x) = 1 - e^{-2x}$, $x > 0$이고 생존함수는 $S(x) = e^{-2x}$, $x > 0$이다. 따라서 구하고자 하는 확률은 다음과 같다.

$$P(T_1 < 1/4, \ T_2 > 3) = P(T_1 < 1/4) P(T_2 > 3) = F(1/4) \ S(3)$$

$$= (1 - e^{-2 \cdot (1/4)}) \cdot e^{-2 \cdot 3} = (0.3935) \cdot (0.0025) = 0.00098$$

**10.** (1) 판넬이 시간당 평균 1.8의 비율인 푸아송과정에 따라 도착하므로 푸아송과정의 비율은 $\lambda = 1.625$이다.

(2) 판넬 생산공정에 도착하는 두 판넬 사이의 대기시간을 $T$라 하면, $T \sim \text{Exp}(\lambda)$이므로 $T$는 모수 1.625인 지수분포를 이룬다. 따라서 $T$의 평균시간은 $E(T) = 1/1.625 = 0.6154$이다.

(3) $T \sim \text{Exp}(1.625)$이므로 생존함수는 $S(x) = e^{-1.625x}$, $x > 0$이고 따라서 구하고자 하는 확률은 $P(X \geq 1) = S(1) = e^{-1.625} = 0.1969$이다.

(4) $t$시간 동안 도착한 판넬의 수 $N(t)$는 모수 $\lambda t = 1.625t$인 푸아송분포에 따르므로 $N(4) \sim P(6.5)$이다.

(5) $N(4) \sim P(6.5)$이므로 누적푸아송분포표로부터 $P(X \geq 3) = 1 - P(X \leq 2) = 1 - 0.043 = 0.957$이다.

**11.** 첫 번째가 사고가 발생할 때까지 걸리는 시간을 $X_1$ 그리고 첫 번째 사고와 두 번째 사고 사이의 시간을 $X_2$라 하면, $X_i \sim \text{Exp}(3)$, $i = 1, 2$이고 독립이다. 그러면 두 번째 사고가 발생할 때까지 걸리는 시간 $S = X_1 + X_2$는 $\alpha = 2$, $\beta = 1/3$인 감마분포를 이루고, 따라서 $S$의 확률밀도함수는

$$f_S(x) = \frac{1}{\Gamma(2)(1/3)^2} x^{2-1} \exp\left(-\frac{x}{1/3}\right) = 9x \, e^{-3x}, \ x > 0$$이다. 그러므로 구하고자 하는 확률은 다음과 같다.

$$P(1 < S < 2) = \int_1^2 9x \, e^{-3x} \, dx = (-1)(3x+1)e^{-3x} \Big|_1^2 = 4e^{-3} - 7e^{-6} = 0.1818$$

**12.** (1) 보험금을 신청하는 데 소요되는 시간이 평균 2일이므로 하루당 $\lambda = 1/2$이고, 따라서 보험금 신청 횟수 $N(t)$는 평균 비율 $\lambda = 1/2$인 푸아송과정에 따른다. 즉,

$$P[N(t) = x] = \frac{(t/2)^x}{x!} e^{-t/2}, \ t \geq 0$$이다. 그러므로 $P[N(3) = 0] = \frac{(3/2)^0}{0!} e^{-3/2} = e^{-1.5} = 0.2231$

이고, 따라서 구하고자 하는 확률은 다음과 같다.

$$P[N(3) \geq 1] = 1 - P[X(3) = 0] = 1 - 0.2231 = 0.7769$$

(2) 두 번째 보험금이 신청될 때까지 경과시간 $X$는 모수 $\alpha=2$와 $\beta=2$인 감마분포에 따르므로 확률밀도함수는 $f(x)=\dfrac{x}{4}e^{-x/2}$, $x\geq 0$이다. 따라서 구하고자 하는 확률은 다음과 같다.

$$P(3<X<4)=\int_3^4 \frac{x}{4}e^{-x/2}\,dx=-\frac{1}{2}(x+2)e^{-x/2}\Big|_3^4$$

$$=\frac{5}{2}e^{-3/2}-3e^{-2}=0.5578-0.4060=0.1518$$

**13.** (1) 10번째 이민자가 도착할 때까지 걸리는 시간 $X$는 모수 $\alpha=10$과 $\beta=1$인 감마분포를 이루므로 $\mu=\alpha\beta=10$, 즉 평균 시간은 10일이다.

(2) 10번째와 11번째 이민자 사이의 경과시간 $T$는 모수 $\lambda=1$인 지수분포를 이루므로 $P(T>2)=e^{-2}=0.1353$이다.

**14.** (1) 지진이 관측된 이후로 다음 지진이 관측될 때까지 걸리는 시간 $T$는 모수 $\lambda=2$인 지수분포를 이루므로 3번째 지진이 발생할 때까지 걸리는 시간 $X$는 $\alpha=3$과 $\beta=1/2$인 감마분포를 이루므로 확률밀도함수는 $f(x)=\dfrac{1}{\Gamma(3)(1/2)^3}x^{3-1}\exp\left(-\dfrac{x}{1/2}\right)=4x^2\,e^{-2x}$, $x>0$이다.

(2) $t=0.5$와 $t=1.5$ 사이에 3번째 지진이 발생할 확률은 다음과 같다.

$$P(0.5<X<1.5)=\int_{0.5}^{1.5}f(x)\,dx=\int_{0.5}^{1.5}4x^2\,e^{-2x}\,dx=-(2x^2+2x+1)e^{-2x}\Big|_{0.5}^{1.5}=0.4965$$

**15.** (1) 보험금 신청 사이의 소요시간이 평균 3일이므로 하루당 신청 비율은 $\lambda=1/3$이고, 따라서 보험금 신청 횟수 $N(t)$는 평균 비율 $\lambda=1/3$인 푸아송과정에 따른다. 즉, $P[N(t)=n]=\dfrac{(t/3)^n}{n!}e^{-t/3}$, $t>0$이다. 그러므로 구하고자 하는 확률은 $P[N(2)=0]=e^{-2/3}=0.5134$이다.

(2) 이틀 동안에 한 건의 보험금 신청이 있을 확률은 $P[N(2)=1]=\dfrac{2}{3}e^{-2/3}=0.3423$이므로 구하고자 하는 확률은 $P[N(2)\geq 2]=1-(P[X(2)=0]+P[X(2)=1])=1-(0.5134+0.3423)=0.1443$이다.

(3) 세 번째 보험금이 신청될 때까지 경과시간 $X$는 모수 $\alpha=3$과 $\beta=3$인 감마분포를 이루므로 확률밀도함수는 $f(x)=\dfrac{1}{54}x^2\,e^{-x/3}$, $x\geq 0$이다. 따라서 구하고자 하는 확률은 다음과 같다.

$$P(3<X<4)=\int_3^4 \frac{1}{54}x^2\,e^{-x/3}\,dx=-\frac{1}{54}(3x^2+18x+54)e^{-x/3}\Big|_3^4$$

$$=0.9197-0.8494=0.0703$$

**16.** 프린터의 수명을 $X$라고 하면, $X$의 확률밀도함수는 $f(x)=\dfrac{1}{2}e^{-x/2}$, $x>0$이다. 한편 프린터가 1년 이내에 고장 날 확률과 1년 이후로 2년 안에 고장 날 확률은 각각 다음과 같다.

$$P(X\leq 1)=\int_0^1 \frac{1}{2}e^{-x/2}\,dx=1-e^{-1/2}=0.3935,$$

$$P(1<X\leq 2)=\int_1^2 \frac{1}{2}e^{-x/2}\,dx=e^{-1/2}-e^{-1}=0.2387$$

이제 판매한 100대의 프린터에 대한 환불 금액을 각각 $Y_1, Y_2, \cdots, Y_{100}$ 이라 하면, 주어진 조건에 의하여 이 확률변수들은 독립이고 동일한 확률함수

$$P(Y_i = y) = \begin{cases} 0.239, & y = 100 \\ 0.393, & y = 200, \quad i = 1, 2, \cdots, 100 \\ 0.368, & y = 0 \end{cases}$$

를 갖는다. 따라서 $i = 1, 2, \cdots, 100$에 대하여

$$E(Y_i) = (0.239) \cdot (100) + (0.393) \cdot (200) + (0.368) \cdot (0) = 102.5$$

이고, 그러므로 환불해야 할 평균금액은 $\sum_{i=1}^{100} E(Y_i) = (100) \cdot (102.5) = 10.25$이다.

**17.** 10년 전에 지급 요구된 보험금액을 확률변수 $X$라 하면, $X$는 모수 $\lambda$인 지수분포를 이룬다. 또한 $P(X < 10000) = 0.25$이므로 $P(X < 10000) = \int_0^{10000} \lambda e^{-\lambda x}\, dx = 1 - e^{-10000\lambda} = 0.25$이고, 따라서

$$e^{-10000\lambda} = 0.75;\quad 10000\lambda = -\log 0.75 = 0.2877;\quad \lambda = 0.00002877$$

그러므로 $X$의 밀도함수는 $f(x) = 0.00002877\, e^{-0.00002877 x}$, $x > 0$이다. 한편 현재의 보험금액은 인플레이션에 의하여 10년 전에 비하여 두 배로 증가하였으므로, 구하고자 하는 확률은 다음과 같다.

$$P(2X < 10000) = P(X < 5000) = \int_0^{5000} 0.00002877\, e^{-0.00002877 x}\, dx = 1 - e^{-0.14385} = 0.133982$$

**18.** (1) $x < \theta$에 대하여 $|x - \theta| = -(x - \theta)$이므로

$$F(x) = \int_{-\infty}^x f(t)\, dt = \frac{1}{2}\lambda \int_{-\infty}^x e^{\lambda(t-\theta)}\, dt = \frac{1}{2}\lambda\, \frac{1}{\lambda} e^{\lambda(t-\theta)} \Big|_{-\infty}^x = \frac{1}{2} e^{\lambda(x-\theta)} = \frac{1}{2} e^{-\lambda(\theta - x)}$$

$x > \theta$에 대하여 $|x - \theta| = x - \theta$이므로

$$F(x) = \int_{-\infty}^x f(t)\, dt = \frac{1}{2}\lambda \int_{-\infty}^\theta e^{\lambda(t-\theta)}\, dt + \frac{1}{2}\lambda \int_\theta^x e^{-\lambda(t-\theta)}\, dt$$

$$= \frac{1}{2} + \frac{1}{2}\lambda - \frac{1}{\lambda} e^{-\lambda(t-\theta)} \Big|_\theta^x = \frac{1}{2} + \frac{1}{2}\left(1 - e^{-\lambda(x-\theta)}\right) = 1 - \frac{1}{2} e^{-\lambda(x-\theta)}$$

(2) $X$의 확률밀도함수 $f(x)$와 분포함수 $F(x)$의 그림은 각각 다음과 같다.

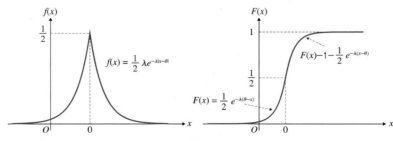

(3) $\lambda = 3$, $\theta = 1$이면

$$F(x) = \begin{cases} \dfrac{1}{2} e^{-3(1-x)} & , \ x < 1 \\ 1 - \dfrac{1}{2} e^{-3(x-1)} & , \ x \geq 1 \end{cases}$$

이고 $P(X \leq 0) = F(0) = \dfrac{1}{2} e^{-3} = 0.0249$이다.

**(4)** $P(X \leq 2) = F(2) = 1 - \dfrac{1}{2} e^{-3} = 0.9751$

**(5)** $P(0 \leq X \leq 2) = F(2) - F(0) = 0.9751 - 0.0249 = 0.9502$

**19.** $P(X > a+b \,|\, X > a) = \dfrac{P(X > a,\ X > a+b)}{P(X > a)} = \dfrac{P(X > a+b)}{P(X > a)} = \dfrac{1 - F(a+b)}{1 - F(a)} = \dfrac{e^{-\lambda(a+b)}}{e^{-\lambda a}} = e^{-\lambda b}$

이고 또한 $P(X > b) = 1 - F(b) = e^{-\lambda b}$이므로 증명이 완성된다.

**20.** $X \sim \Gamma(\alpha, \beta)$이므로 $X$의 확률밀도함수는 $f(x) = \dfrac{1}{\Gamma(\alpha)\beta^{\alpha}} x^{\alpha-1} \exp\left(-\dfrac{x}{\beta}\right)$이다. 그러므로

$$\mu = E(X) = \int_0^{\infty} x f(x)\,dx = \int_0^{\infty} \frac{x}{\Gamma(\alpha)\beta^{\alpha}} x^{\alpha-1} \exp\left(-\frac{x}{\beta}\right) dx$$

$$= \frac{1}{\Gamma(\alpha)\beta^{\alpha}} \int_0^{\infty} x^{(\alpha+1)-1} \exp\left(-\frac{x}{\beta}\right) dx$$

$$= \frac{\Gamma(\alpha+1)\beta}{\Gamma(\alpha)} \int_0^{\infty} \frac{1}{\Gamma(\alpha+1)\beta^{\alpha+1}} x^{(\alpha+1)-1} \exp\left(-\frac{x}{\beta}\right) dx$$

한편 마지막 피적분함수는 $X \sim \Gamma(\alpha+1, \beta)$인 확률밀도함수이므로 적분 결과는 1이다. 따라서 $X$의 평균은

$\mu = E(X) = \dfrac{\Gamma(\alpha+1)\beta}{\Gamma(\alpha)} = \dfrac{\alpha\Gamma(\alpha)\beta}{\Gamma(\alpha)} = \alpha\beta$이다. 또한 동일한 방법에 의하여 $X^2$의 기댓값은

$$E(X^2) = \int_0^{\infty} x^2 f(x)\,dx = \int_0^{\infty} \frac{x^2}{\Gamma(\alpha)\beta^{\alpha}} x^{\alpha-1} \exp\left(-\frac{x}{\beta}\right) dx = \frac{1}{\Gamma(\alpha)\beta^{\alpha}} \int_0^{\infty} x^{(\alpha+2)-1} \exp\left(-\frac{x}{\beta}\right) dx$$

$$= \frac{\Gamma(\alpha+2)\beta^2}{\Gamma(\alpha)} \int_0^{\infty} \frac{1}{\Gamma(\alpha+2)\beta^{\alpha+2}} x^{(\alpha+2)-1} \exp\left(-\frac{x}{\beta}\right) dx = \frac{\Gamma(\alpha+2)\beta^2}{\Gamma(\alpha)} = \alpha(\alpha+1)\beta^2$$

따라서 $X$의 분산은 $\sigma^2 = E(X^2) - E(X)^2 = \alpha(\alpha+1)\beta^2 - (\alpha\beta)^2 = \alpha\beta^2$이다.

## 5.3

**1.** **(1)** $P(Z \geq 1.25) = 1 - P(Z < 1.25) = 1 - 0.8944 = 0.1056$

**(2)** $P(Z < 1.11) = 0.8643$

**(3)** $P(Z > -2.23) = P(Z < 2.23) = 0.9871$

**(4)** $P(-1.02 \leq Z \leq 1.02) = 2P(0 < Z \leq 1.02) = 2[P(Z \leq 1.02) - 0.5] = 2(0.8461 - 0.5) = 0.6922$

**2.** **(1)** $P(X \leq \mu + \sigma z_{\alpha}) = P\left(\dfrac{X-\mu}{\sigma} \leq z_{\alpha}\right) = P(Z \leq z_{\alpha}) = 1 - \alpha$

**(2)** $P(\mu - \sigma z_{\alpha/2} \leq X \leq \mu + \sigma z_{\alpha/2}) = P\left(-z_{\alpha} \leq \dfrac{X-\mu}{\sigma} \leq z_{\alpha}\right) = P(-z_{\alpha/2} \leq Z \leq z_{\alpha/2}) = 1 - \alpha$

**3.** (1) $X$가 평균을 중심으로 10% 안에 있을 확률, 즉

$$P(|X-\mu| \le (0.1) \cdot \mu) = P(\mu - (0.1) \cdot \mu \le X \le \mu + (0.1) \cdot \mu)$$

를 구하자. $\mu = 77$이므로 $\mu = 77\mu - (0.1) \cdot \mu = 77 - 7.7 = 69.3$, $\mu + (0.1) \cdot \mu = 77 + 7.7 = 84.7$이다. 따라서 구하고자 하는 확률은 다음과 같다.

$$P(|X-\mu| \le (0.1) \cdot \mu) = P(69.3 \le X \le 84.7) = P\left(\frac{69.3 - 77}{4} \le \frac{X - 77}{4} \le \frac{84.7 - 77}{4}\right)$$

$$= P(-1.93 \le Z \le 1.93) = 2P(Z \le 1.93) - 1 = 2 \cdot (0.9732) - 1 = 0.9464$$

따라서 $X$가 평균을 중심으로 10% 안에 있지 않은 확률은 $1 - 0.9464 = 0.0536$이다.

(2) $x_0$이 25-백분위수이므로 $P(X \le x_0) = P\left(\frac{X-77}{4} \le \frac{x_0 - 77}{4}\right) = P\left(Z \le \frac{x_0 - 77}{4}\right) = 0.25$를 만족한다.

한편 $P\left(Z \ge -\frac{x_0 - 77}{4}\right) = 0.25$이므로 $P\left(Z \le -\frac{x_0 - 77}{4}\right) = 0.75$이고, 표준정규분포표로부터 $-\frac{x_0 - 77}{4}$

$= 0.774$, 즉 $x_0 = (-0.774) \cdot 4 + 77 = 73.904$이다.

(3) $x_0$이 75-백분위수이므로 $P(X \le x_0) = P\left(\frac{X-77}{4} \le \frac{x_0 - 77}{4}\right) = P\left(Z \le \frac{x_0 - 77}{4}\right) = 0.75$를 만족한다.

따라서 표준정규분포표로부터 $\frac{x_0 - 77}{4} = 0.774$ 즉, $x_0 = (0.774) \cdot 4 + 77 = 80.096$이다.

(4) $P(\mu - x_0 < X < \mu + x_0) = P\left(-\frac{x_0}{4} < \frac{X - \mu}{4} < \frac{x_0}{4}\right) = P\left(-\frac{x_0}{4} < Z < \frac{x_0}{4}\right) = 0.95$이므로

$\frac{x_0}{4} = 1.96$이고, 따라서 $x_0 = 7.84$이다.

**4.** 평균 $\mu = 4$, 표준편차 $\sigma = 3$이므로 $X$를 표준화하면, $X < x \Leftrightarrow Z = \frac{X-4}{3} < \frac{x-4}{3}$ 이다.

(1) $P(X < 7) = P(Z < 1) = 0.8413$이다.

(2) 표준정규분포표에서 $P(Z < 1.96) = 0.9750$이므로 $Z = \frac{X-4}{3} < \frac{x-4}{3} = 1.96$ 즉, $x_0 = 9.88$이다.

(3) $1 < X < x_0 \Leftrightarrow \frac{1-4}{3} < Z < \frac{x_0 - 4}{3}$ 이므로

$$P(1 < X < x_0) = P\left(-1 < Z < \frac{x_0 - 4}{3}\right) = P\left(Z < \frac{x_0 - 4}{3}\right) - P(Z < -1)$$

$$= P\left(Z < \frac{x_0 - 4}{3}\right) - P(Z > 1) = P\left(Z < \frac{x_0 - 4}{3}\right) - (1 - P(Z < 1))$$

$$= P\left(Z < \frac{x_0 - 4}{3}\right) - (1 - 0.8413) = 0.756$$

즉, $z_0 = (x_0 - 4)/3$에 대하여 $P(Z < z_0) = 0.9147$이고, 표준정규분포표에서 $z_0 = 1.37$을 얻는다. 그러므로 $(x_0 - 4)/3 = 1.37$ 즉, $x_0 = 8.11$이다.

**5.** $P(\mu - k\sigma < X < \mu + k\sigma) = P(-k < Z < k) = 2[P(Z < k) - 0.5] = 0.754$이므로 $2P(Z < k) = 0.877$이고 표준정규분포표로부터 $k = 1.16$이다.

**6.**

$X_1, X_2, \cdots, X_{25} \sim$ i.i.d. $N(4, 9)$이므로 표본평균은 $\overline{X} \sim N\left(4, \dfrac{9}{25}\right)$이다.

(1) $P(\overline{X} < 5.5) = P\left(\dfrac{\overline{X}-4}{3/5} < \dfrac{5.5-4}{3/5}\right) = P(Z < 2.5) = 0.9938$이다.

(2) $P(\overline{X} < x_0) = P\left(\dfrac{\overline{X}-4}{3/5} < \dfrac{x_0-4}{3/5}\right) = 0.975$이고, 표준정규분포표에서 $P(Z < 1.96) = 0.9750$이므로

$\dfrac{x_0-4}{3/5} = 1.96; \quad x_0 = 4 + (1.96) \cdot (0.6) = 5.176$이다.

(3) $P(2 < \overline{X} < x_0) = P\left(\dfrac{2-4}{3/5} < \dfrac{\overline{X}-4}{3/5} < \dfrac{x_0-4}{3/5}\right)$

$\qquad = P\left(-3.33 < Z < \dfrac{x_0-4}{0.6}\right) = P\left(Z < \dfrac{x_0-4}{0.6}\right) - P(Z < -3.33)$

$\qquad = P\left(Z < \dfrac{x_0-4}{0.6}\right) - (1 - P(Z < 3.33))$

$\qquad = P\left(Z < \dfrac{x_0-4}{0.6}\right) - (1 - 0.9996) = 0.7320$

즉, $P\left(Z < \dfrac{x_0-4}{0.6}\right) = 0.7324$이고, 표준정규분포표에서 $P(Z < 0.62) = 0.7324$이므로 $\dfrac{x_0-4}{0.6} = 0.62$

즉, $x_0 = 4.372$이다.

**7.** (1) $X \sim N(40, 4)$이므로 $P(X \geq 30) = P\left(\dfrac{X-40}{2} \geq \dfrac{37-40}{2}\right) = P(Z \geq -1.5) = P(Z \leq 1.5) = 0.9332$

(2) $P(X < 45) = P\left(\dfrac{X-40}{2} < \dfrac{45-40}{2}\right) = P(Z < 2.5) = 0.9938$

(3) $P(35 < X \leq 45) = P\left(\dfrac{35-40}{2} < \dfrac{X-40}{2} < \dfrac{45-40}{2}\right) = P(-2.5 < Z < 2.5)$

$\qquad = 2[P(Z < 2.5) - 0.5] = 2(0.9938 - 0.5) = 0.9876$

**8.** A 등급 : $P(x_A \leq X) = P\left(\dfrac{x_A-68}{5} \leq \dfrac{X-68}{5}\right) = P\left(\dfrac{x_A-68}{5} \leq Z\right) = 0.15$ ; $\dfrac{x_A-68}{5} = 1.04$; $x_A = 73$

B 등급 : $P(x_B \leq X) = P\left(\dfrac{x_B-68}{5} \leq \dfrac{X-68}{5}\right) = P\left(\dfrac{x_B-68}{5} \leq Z\right) = 0.45$ ; $\dfrac{x_B-68}{5} = 0.125$; $x_B = 69$

C 등급 : $P(x_C \leq X) = P\left(\dfrac{x_C-68}{5} \leq \dfrac{X-68}{5}\right) = P\left(\dfrac{x_C-68}{5} \leq Z\right) = 0.75$ ; $\dfrac{x_C-68}{5} = -0.655$; $x_C = 65$

D 등급 : $P(x_D \leq X) = P\left(\dfrac{x_D-68}{5} \leq \dfrac{X-68}{5}\right) = P\left(\dfrac{x_D-68}{5} \leq Z\right) = 0.90$ ; $\dfrac{x_D-68}{5} = -1.287$; $x_D = 62$

**9.** (1) $X \sim N(425, 25)$이므로 $Z = (X - 425)/5$는 표준정규분포에 따른다. 그러므로

$$P(X \geq 436) = P\left(\dfrac{X-425}{5} \geq \dfrac{436-425}{5}\right) = P(Z \geq 2.2)$$

$$= 1 - P(Z < 2.2) = 1 - 0.9861 = 0.0139$$

(2) $X \sim N(425, 25)$, $Y \sim N(420, 15)$이므로 $S = X + Y \sim N(845, 40)$이다. 그러므로 구하고자 하는 확률은 다음과 같다.

$$P(S \geq 860) = P\left(\frac{S-845}{\sqrt{40}} \geq \frac{860-845}{\sqrt{40}}\right) = P(Z \geq 2.37)$$

$$= 1 - P(Z < 2.37) = 1 - 0.9911 = 0.0089$$

(3) $U = X - Y \sim N(5, 40)$이므로 구하고 하는 확률은 다음과 같다.

$$P(U \leq 3) = P\left(\frac{U-5}{\sqrt{40}} \leq \frac{3-5}{\sqrt{40}}\right)$$

$$= P(Z \leq -0.32) = 1 - P(Z < 0.32) = 1 - 0.6255 = 0.3745$$

**10.** (1) $P(X \leq 3.2) = P\left(\frac{X-3.5}{\sqrt{0.4}} \leq \frac{3.2-3.5}{\sqrt{0.4}}\right)$

$$= P(Z \leq -0.47) = 1 - P(Z < 0.47) = 1 - 0.6808 = 0.3192$$

(2) $P(Y \leq 3.2) = P\left(\frac{X-3.8}{\sqrt{0.9}} \leq \frac{3.2-3.8}{\sqrt{0.9}}\right)$

$$= P(Z \leq -0.63) = 1 - P(Z < 0.63) = 1 - 0.7357 = 0.2643$$

(3) $U = X - Y \sim N(-0.3, 1.3)$

(4) $P(|X - Y| \leq 0.1) = P(|U| \leq 0.1) = 2[P(U \leq 0.1) - 0.5] = 2(0.5398 - 0.5) = 0.0796$

**11.** (1) $Y$의 평균은 $\mu_Y = E(pX_1 + (1-p)X_2) = pE(X_1) + (1-p)E(X_2) = p\mu_1 + (1-p)\mu_2$ 이고, 분산은

$$\sigma_Y^2 = Var(pX_1 + (1-p)X_2) = p^2 Var(X_1) + (1-p)^2 Var(X_2) = p^2\sigma_1^2 + (1-p)^2\sigma_2^2$$

이고 정규분포를 이룬다.

(2) $\sigma_Y^2 = p^2\sigma_1^2 + (1-p)^2\sigma_2^2 = (\sigma_1^2 + \sigma_2^2)\left(p - \frac{\sigma_2^2}{\sigma_1^2 + \sigma_2^2}\right)^2 + \sigma_2^2\left(\frac{\sigma_1^2}{\sigma_1^2 + \sigma_2^2}\right)$ 이므로 $p = \frac{\sigma_2^2}{\sigma_1^2 + \sigma_2^2}$ 일 때, $Y$의 분산

$\sigma_Y^2 = \frac{\sigma_1^2\sigma_2^2}{\sigma_1^2 + \sigma_2^2}$ 이 최소가 된다.

**12.** 정확성이 떨어지는 기구에 의한 오차와 정확성이 좀 더 좋은 기구에 의하여 측정한 오차를 각각 $X_1, X_2$ 라고 하자. 그러면 $X_1$ 과 $X_2$ 는 독립이고 각각 정규분포

$$X_1 \sim N(0, (0.0056h)^2), \quad X_2 \sim N(0, (0.0044h)^2)$$

을 이룬다. 따라서

$$Y = \frac{X_1 + X_2}{2} \sim N\left(0, \frac{(0.0056h)^2 + (0.0044h)^2}{4}\right) = N(0, (0.00356h)^2)$$

이다. 그러므로 구하고자 하는 확률은

$$P(|Y| \leq 0.005h) = P(-0.005h \leq Y \leq 0.005h) = P\left(\frac{-0.005h - 0}{0.00356h} \leq Z \leq \frac{0.005h - 0}{0.00356h}\right)$$

$$= P(-1.4045 \leq Z \leq 1.4045) = 2P(Z \leq 1.4) - 1 = 0.84$$

**13.** 임의로 선정된 사람이 영화나 스포츠를 관람한 전체 시간에 대하여

$$E(T) = E(X) + E(Y) = 50 + 20 = 70, \quad Var(T) = Var(X) + Var(Y) + 2\text{Cov}(X, Y) = 50 + 30 + 20 = 100$$

을 얻는다. 따라서 100명이 관람한 전체 시간 $T$는 중심극한정리에 의하여

$$E(T) = (100) \cdot (70) = 7000, \quad Var(T) = (100) \cdot (100) = 100^2$$

인 정규분포에 근사한다. 그러므로 구하고자 하는 확률은 다음과 같다.

$$P(T < 7100) = P\left(\frac{T - 7000}{100} < \frac{7100 - 7000}{100}\right) = P(Z < 1) = 0.8413$$

**14.** $i \ (i = 1, 2, \cdots, 48)$ 번째 선정된 사람의 실제 나이를 $X_i$, 반올림 한 나이를 $Y_i$ 라 하자. 그러면 두 나이의 차이 $U_i = X_i - Y_i$ 는 $(-0.25, 0.25)$ 에서 독립이고 밀도함수 $f(u) = \frac{1}{5}$, $-2.5 < u < 2.5$ 인 동일한 균등분포를 이룬다. 따라서 평균 $E(U) = 0$과 분산

$$\sigma^2 = Var(U) = E(U^2) = \int_{-2.5}^{2.5} \frac{x^2}{5} dx = \frac{2(2.5)^3}{15} = 2.083$$

그러므로 표준편차는 $\sigma = \sqrt{2.083} = 1.4434$이다. 이제 48명의 실제 나이와 반올림 한 나이의 평균의 차이를 $\overline{X}$ 라 하면, $\overline{X} = \frac{1}{48}\sum X_i - \frac{1}{48}\sum Y_i = \frac{1}{48}\sum (X_i - Y_i) = \frac{1}{48}\sum U_i$이고 따라서 중심극한정리에 의하여 $\overline{X}$ 는 평균 0, 표준편차 $1.4434/\sqrt{48} = 0.2083$인 정규분포에 근사한다. 그러므로

$$P\left(-0.25 \le \overline{X} \le 0.25\right) = P\left(-\frac{0.25}{0.2083} \le \frac{\overline{X}}{0.2083} \le \frac{0.25}{0.2083}\right)$$

$$= P(-1.2 \le Z \le 1.2) = 2P(Z \le 1.2) - 1 = 2(0.8849) - 1 = 0.7698$$

**15.** (1) 각 증권당 연간 청구금액을 $X_i$, $i = 1, 2, \cdots, 10000$이라 하면, 연간 총 청구금액은 $X = X_1 + X_2 + \cdots + X_{10000}$은 중심극한정리에 의하여 $X$는 평균 $16 \cdot (10)^4 \cdot (10)^4 = 16 \cdot (10)^8$과 분산 $(800000)^2 \cdot (10)^4 = 64 \cdot (10)^{14} = (8 \cdot (10)^7)^2$인 정규분포에 근사한다. 즉,

$X \approx N(16 \cdot (10)^8, (8 \cdot (10)^7)^2)$이므로 $Z = \dfrac{X - 16 \cdot (10)^8}{8 \cdot (10)^7}$ 는 표준정규분포에 근사한다. 그러므로

$$P(X \ge 18 \cdot (10)^8) = P\left(\frac{X - 16 \cdot (10)^8}{8 \cdot (10)^7} \ge \frac{18 \cdot (10)^8 - 16 \cdot (10)^8}{8 \cdot (10)^7}\right)$$

$$= P\left(Z \ge \frac{20}{8}\right) = P(Z \ge 2.5) = 1 - P(Z < 2.5)$$

$$= 1 - 0.9938 = 0.0062$$

(2) 중심극한정리에 의하여 $\overline{X} = \dfrac{1}{10000}\sum_{i=1}^{10000} X_i \approx N\left(160000, \dfrac{800000^2}{10^4}\right) = N(160000, (8 \cdot (10)^3)^2)$이므로 구하고자 하는 확률은 다음과 같다.

$$P(\overline{X} \ge 180000) = P\left(\frac{\overline{X} - 160000}{8 \cdot (10)^3} \ge \frac{180000 - 160000}{8 \cdot (10)^3}\right) = P\left(Z \ge \frac{20}{8}\right) = 1 - P(Z < 2.5) = 1 - 0.9938 = 0.0062$$

**16.** (1) $i = 1, 2, \cdots, 100$에 대하여 $X_i \sim U(0, 1)$이므로 $\mu = E(X_i) = 1/2$, $\sigma^2 = Var(X_i) = 1/12$ 이다. 그러므로 중심극한정리에 의하여

$$S = X_1 + X_2 + \cdots + X_{100} \approx N(100 \cdot (1/2), 100 \cdot (1/12)) = N(50, 25/3)$$

이다. 그러므로 구하고자 하는 근사확률은 다음과 같다.

$$P(45 \leq S \leq 55) = P\left(\frac{35-50}{\sqrt{25/3}} \leq \frac{S-50}{\sqrt{25/3}} \leq \frac{55-50}{\sqrt{25/3}}\right)$$

$$= \Phi(1.73) - \Phi(-1.73) = 0.9582 - (1-0.9582) = 0.9164$$

(2) $\overline{X} \approx N(\mu, \sigma^2/n) = N\left(\frac{1}{2}, \frac{1}{1200}\right)$이므로

$$P(\overline{X} \geq 0.88) = P\left(\frac{\overline{X}-0.5}{\sqrt{1/1200}} \geq \frac{0.88-0.5}{\sqrt{1/1200}}\right) = 1 - \Phi(0.01) = 1 - 0.5040 = 0.496$$

**17.** $i = 1, 2, \cdots, 100$에 대하여 $X_i \sim \mathrm{Exp}(1/4)$이므로 $\mu = E(X_i) = 4$, $\sigma^2 = Var(X_i) = 16$이다. 그러므로 중심극한정리에 의하여 $\overline{X} \approx N(4, 0.16)$이다. 그러므로 구하고자 하는 확률은 다음과 같다.

$$P(\overline{X} \leq 3.5) + P(\overline{X} \geq 4.5) \approx P\left(Z \leq \frac{3.5-4}{\sqrt{0.16}}\right) + P\left(Z \geq \frac{4.5-4}{\sqrt{0.16}}\right)$$

$$= P(Z \leq -1.25) + P(Z \geq 1.25) = 2[1 - P(Z \leq 1.25)] = 2(1 - 0.8944) = 0.2112$$

**18.** (1) 국어 점수 $X$가 평균 $\mu = 75$, 표준편차 $\sigma = 3$인 정규분포를 이루므로 표준화 확률변수 $Z = \dfrac{X-75}{3}$은 표준정규분포에 따른다. 그러므로

$$P(X \geq 82) = P\left(\frac{X-75}{3} \geq \frac{82-75}{3}\right) = P(Z \geq 2.33) = 1 - P(Z < 2.33) = 1 - 0.9901 = 0.0099$$

(2) 국어 점수 $X$와 영어 점수 $Y$가 각각 $X \sim N(75, 9)$, $Y \sim N(68, 16)$인 정규분포에 따르므로 두 점수의 합은 $S = X + Y \sim N(143, 25)$이다. 따라서 두 점수의 합이 130점 이상 150점 이하일 확률은 다음과 같다.

$$P(130 \leq S \leq 150) = P\left(\frac{130-143}{5} \leq \frac{S-143}{5} \leq \frac{150-143}{5}\right) = P(-2.6 \leq Z \leq 1.4)$$

$$= P(Z \leq 1.4) - P(Z \leq -2.6) = 0.9192 - (1-0.9953) = 0.9145$$

그러므로 두 점수의 합이 130 이상 150 이하인 학생은 약 915명이다.

(3) 국어 점수 $X$와 영어 점수 $Y$가 각각 $X \sim N(75, 9)$, $Y \sim N(68, 16)$인 정규분포에 따르므로

$$\frac{X-75}{3} \sim N(0, 1), \quad \frac{Y-68}{4} \sim N(0, 1)$$

이다. 한편 $P(Z \geq 1.645) = 0.05$이므로 국어와 영어 점수가 각각 상위 5% 안에 들어가기 위한 최소 점수를 각각 $x, y$라 하면

$$P\left(\frac{X-75}{3} \geq \frac{x-75}{3}\right) = P(Z \geq 1.645) = 0.05, \quad P\left(\frac{Y-68}{4} \geq \frac{y-68}{4}\right) = P(Z \geq 1.645) = 0.05$$

이다. 따라서 두 점수가 각각 상위 5% 안에 들어가기 위한 최소 점수는

$$x = 75 + 3 \cdot (1.645) = 79.935, \quad y = 68 + 5 \cdot (1.645) = 72.935$$

즉, 상위 5% 안에 들어가기 위한 국어와 영어의 최소 점수는 각각 80점과 73점이다.

(4) 두 과목의 점수의 합은 $S \sim N(143, 25)$이므로 두 과목의 합이 상위 5% 안에 들어가기 위한 최소점수를 $s$라 하면 $P\left(\dfrac{S-143}{5} \geq \dfrac{s-143}{5}\right) = P(Z \geq 1.645) = 0.05$이다. 따라서 $\dfrac{s-143}{5} = 1.645$ 즉, 두 점수의 합이 151점 이상이어야 상위 5% 안에 들어간다.

**19.** $\mu = np = 8$, $\sigma^2 = npq = 4$이므로 $X \sim N(8, 4)$에 근사한다. 따라서 구하고자 하는 근사확률은 다음과 같다.

$$P(8 \leq X \leq 10) = \Phi\left(\frac{10 + 0.5 - 8}{2}\right) - \Phi\left(\frac{8 - 0.5 - 8}{2}\right)$$

$$= \Phi(1.25) - \Phi(0.25) = 0.8944 - 0.4013 = 0.4931$$

$$P(X \geq 10) \fallingdotseq 1 - \Phi\left(\frac{10 - 0.5 - 8}{2}\right) = 1 - \Phi(0.75) = 1 - 0.7734 = 0.2266$$

**20.** $X \sim B(50, 0.3)$이므로 $X \approx N(15, 10.5)$이다.

(1) $P(13 \leq X \leq 17) = P\left(\frac{13 - 15}{\sqrt{10.5}} \leq Z \leq \frac{17 - 15}{\sqrt{10.5}}\right) = P(-0.62 \leq Z \leq 0.62)$

$\qquad = 2[P(Z \leq 0.62) - 0.5] = 2(0.7324 - 0.5) = 0.4648$

(2) $P(13 \leq X \leq 17) = P\left(\frac{12.5 - 15}{\sqrt{10.5}} \leq Z \leq \frac{17.5 - 15}{\sqrt{10.5}}\right) = P(-0.77 \leq Z \leq 0.77)$

$\qquad = 2[P(Z \leq 0.77) - 0.5] = 2(0.7794 - 0.5) = 0.5584$

(3) $P(13 < X < 17) = P(14 \leq X \leq 16) = P\left(\frac{13.5 - 15}{\sqrt{10.5}} \leq Z \leq \frac{16.5 - 15}{\sqrt{10.5}}\right) = P(-0.46 \leq Z \leq 0.46)$

$\qquad = 2[P(Z \leq 0.46) - 0.5] = 2(0.6772 - 0.5) = 0.3544$

**21.** (1) 각 문항이 5개의 지문을 갖고 있으므로 문항별로 정답을 선택할 가능성은 0.2이다. 그러므로 임의로 지문을 선택하여 정답을 선택한 문항 수를 $X$라 하면, $X \sim B(100, 0.2)$이다. 따라서 평균은

$$E(X) = 100 \cdot (0.2) = 20 \text{이다.}$$

(2) $\mu = E(X) = 20$, $\sigma^2 = 20 \cdot (0.2) \cdot (0.8) = 16$이므로 $X$는 근사적으로 $X \sim N(20, 16)$이므로 구하고자 하는 근사확률은 다음과 같다.

$$P(X = 8) = P(7.5 \leq X \leq 8.5) = P\left(\frac{7.5 - 20}{4} \leq \frac{X - 20}{4} \leq \frac{8.5 - 20}{4}\right) = P(-3.13 \leq Z \leq -2.88)$$

$$= P(Z \leq 3.13) - P(Z \leq 2.88) = 0.9991 - 0.9980 = 0.0011$$

## 5.4

**1.** (1) 자유도가 $r = 12$이므로 $\mu = E(X) = 12$

(2) $\sigma^2 = Var(X) = (2) \cdot (12) = 24$

(3) 카이제곱분포표로부터 $P(X > 5.23) = 0.95$

(4) 카이제곱분포표로부터 $P(X > 21.03) = 0.05$이므로

$\qquad P(X < 21.03) = 1 - P(X > 21.03) = 1 - 0.05 = 0.95$

(5) $\chi^2_{0.995}(12) = 3.07$

(6) $\chi^2_{0.005}(12) = 28.30$

**2.** $P(X<a)=1-P(X>a)=0.05$이므로 $P(X>a)=0.95$이고, $X\sim\chi^2(10)$이므로 $P(X>a)=0.95$를 만족하는 상수 $a$는 $a=3.94$이다. 또한 $P(a<X<b)=P(X<b)-P(X<a)=P(X<b)-0.05=0.90$이므로 $P(X<b)=0.95$이고 $P(X>\chi^2_{0.05})=0.05$를 만족하는 $\chi^2_{0.05}=18.31$이다. 따라서 구하고자 하는 $b$는 $b=18.31$이다.

**3.** (1) $P(T>t_{0.1}(12))=0.1$이므로 $t_{0.1}(12)=1.356$

(2) $P(T>t_{001}(12))=0.01$이므로 $t_{0.01}(12)=2.681$

(3) $P(T\le t_0)=0.995$이므로 $P(T>t_0)=0.005$이고 따라서 $t_0=t_{0.005}(12)=3.055$

**4.** (1) $P(F>f_{0.01}(8,6))=0.01$이므로 $f_{0.01}(8,6)=6.37$

(2) $P(F>f_{0.05}(8,6))=0.05$이므로 $f_{0.05}(8,6)=3.58$

(3) $f_{0.90}(8,6)=1/f_{0.1}(6,8)=1/(2.98)=0.3356$

(4) $f_{0.99}(8,6)=1/f_{0.01}(6,8)=1/(8.10)=0.1235$

**5.** (1) $\mu_X=\exp\left(\mu+\dfrac{\sigma^2}{2}\right)=\exp\left(1+\dfrac{1.5}{2}\right)=e^{1.75}=5.765$

(2) $\sigma_X^2=\left(e^{\sigma^2}-1\right)\exp(2\mu+\sigma^2)=\left(e^{1.5}-1\right)e^{2+1.5}=115.298$

(3) $x_{0.25}=e^{1+(1.5)\cdot(-z_{075})}=e^{1+(1.5)\cdot(-0.675)}=0.9876$ ;

$x_{0.5}=e^{1+(1.5)\cdot(-z_{05})}=e^{1+(1.5)\cdot(0)}=2.7183$ ;

$x_{0.75}=e^{1+(1.5)\cdot(z_{075})}=e^{1+(1.5)\cdot(0.675)}=7.482$

(4) $P(4\le X\le 6)=F(6)-F(4)=\Phi\left(\dfrac{(\ln6)-4}{\sqrt{1.5}}\right)-\Phi\left(\dfrac{(\ln4)-4}{\sqrt{1.5}}\right)$

$$=\Phi(-1.80)-\Phi(-2.13)=\Phi(2.13)-\Phi(1.80)=0.9834-0.9641=0.0193$$

**6.** $T\sim t(r)$이므로 $Var(T)=\dfrac{r}{r-2}=1.25$; $r=(1.25)\cdot(r-2)=1.25r-2.5$; $r=10$이다. 또한 $t_\alpha(10)=2.228$를 만족하는 $\alpha=0.025$이다. 즉, 그림과 같이 $P(T>2.228)=0.025$이고 $P(T<-2.228)=0.025$이다. 그러므로 구하고자 하는 확률은 $P(|T|\le 2.228)=1-2\cdot(0.025)=0.95$ 이다.

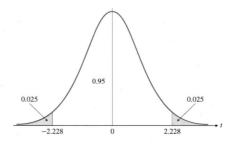

**7.** (1) $V(0)=10000$이고 $r=0.1$ 그리고 6개월은 0.5년이므로, 6개월 후의 주식의 가치는 $V(0.5)=(10000)\,e^{(0.1)\cdot(0.5)}=10512.711$이다.

(2) $\mu_Y = 0.1$, $\sigma_Y^2 = 0.04$이므로 $X$의 평균과 분산은 각각

$$\mu_X = E(10000e^Y) = (10000)\exp\left(0.1 + \frac{0.04}{2}\right) = 11274.9685$$

$$\sigma_X^2 = Var(10000e^Y) = (10000)^2\left(e^{0.04} - 1\right)e^{0.2+0.04} = 5186496$$

(3) $P(11750 \le X \le 12250) = P(11750 \le 10000e^Y \le 12250) = P(1.175 \le e^Y \le 1.225)$

$$= P(\log 1.175 \le Y \le \log 1.225) = P(0.161 \le Y \le 0.203)$$

$$= P\left(\frac{0.161-0.1}{0.2} \le Z \le \frac{0.203-0.1}{0.2}\right) = P(0.31 \le Z \le 0.65) = 0.1205$$

**8.** (1) $Y = \ln X \sim N(5.01, 1.64)$이므로

$$P(X \ge 1152) = P(Y \ge \ln 1152) = P(Y \ge 7.05)$$

$$= P\left(\frac{Y-5.01}{\sqrt{1.64}} \ge \frac{7.05-5.01}{\sqrt{1.64}}\right)$$

$$= P(Z \ge 1.59) = 1 - 0.9441 = 0.0559$$

(2) 동일한 방법으로

$$P(0 < X \le 178) = P(-\infty < Y \le \ln 178) = P(Y \le 5.02)$$

$$= P\left(\frac{Y-5.01}{\sqrt{1.64}} \le \frac{5.18-5.01}{\sqrt{1.64}}\right) = P(Z \le 0.13) = 0.5517$$

**9.** (1) 우선 주어진 표의 각 보험료 청구 금액(계급값)에 대한 청구 수의 상대도수확률을 구한다.

| 청구액 | 250 | 750 | 1250 | 1750 | 2250 | 2750 | 3250 | 3750 | 4250 | 합계 |
|---|---|---|---|---|---|---|---|---|---|---|
| 확 률 | 0.03 | 0.26 | 0.34 | 0.21 | 0.08 | 0.05 | 0.02 | 0.01 | 0.00 | 1.00 |

그러면 평균 청구 금액은

$$\text{평균 청구 금액} = 250 \cdot (0.03) + 750 \cdot (0.26) + \cdots + 3750 \cdot (0.01) = 1415$$

이고, 청구 금액의 분산은

$$\text{청구 금액의 분산} = 250^2 \cdot (0.03) + 750^2 \cdot (0.26) + \cdots + 3750^2 \cdot (0.01) - 1415^2 = 455275$$

이다. 그러므로

$$\exp\left(\mu + \frac{\sigma^2}{2}\right) = 1415, \ \exp(\sigma^2 + 2\mu)(\exp(\sigma^2) - 1) = 455275$$

**6.2**

**1.**

**2.** (1)

(2)

(3)
```
 3   1  244
10   1  5557799
(13) 2  000001123334
 7   2  6667778
```

**3.** (1)

(2)

(3)
```
 1   1  1
10   1  56677899
(8)  2  11222244
12   2  778
 9   3  2333
 5   3  679
 2   4  1
 1   4  8
```

**4.** (1)

(2)

(3)
```
 1   1  5
 1   1
 1   2
 1   3
 1   3
 1   4
 2   4  5
 2   5
 4   5  57
 8   6  244
15   6  6777788
18   7  234
(6)  7  668999
16   8  011223
10   8  5569
 6   9  112
 3   9  579
```

**5.** (1)

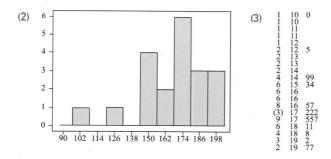

**6.** (1) 상대도수를 구하기 위하여 년도별 등록된 도메인 수를 모두 더하여 4,973,689를 얻는다. 그러므로 구하고자 하는 도수분포표는 다음과 같다.

| 년도 | 도수 | 상대도수 | 년도 | 도수 | 상대도수 |
|------|------|---------|------|------|---------|
| 2003 | 96,348 | 0.0194 | 2007 | 930,485 | 0.1871 |
| 2004 | 590,800 | 0.1188 | 2008 | 1,001,206 | 0.2013 |
| 2005 | 642,770 | 0.1292 | 2009 | 1,006,305 | 0.2023 |
| 2006 | 705,775 | 0.1419 | 합계 | 4,973,689 | 1.0000 |

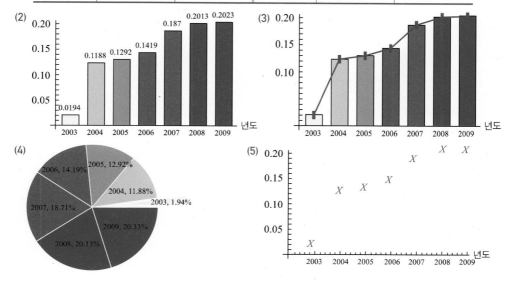

**7.** (1)

| 등급 | 남자 | 상대도수 | 여자 | 상대도수 | 전체 | 상대도수 |
|------|------|---------|------|---------|------|---------|
| 1 | 116,328 | 0.0906 | 83,243 | 0.1014 | 199,571 | 0.0948 |
| 2 | 205,765 | 0.1602 | 144,225 | 0.1757 | 349,990 | 0.1663 |
| 3 | 236,297 | 0.1840 | 131,738 | 0.1605 | 368,035 | 0.1749 |
| 4 | 167,319 | 0.1303 | 129,709 | 0.1580 | 297,028 | 0.1411 |
| 5 | 230,372 | 0.1794 | 176,392 | 0.2149 | 406,764 | 0.1932 |
| 6 | 328,008 | 0.2555 | 155,493 | 0.1895 | 483,501 | 0.2297 |
| 합계 | 1,284,089 | 1.0000 | 820,800 | 1.0000 | 2,104,889 | 1.0000 |

(2)

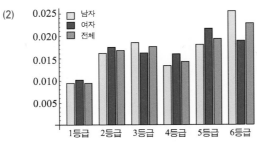

(3)

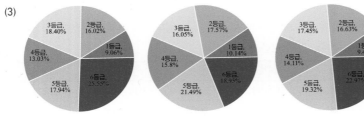

남자             여자             전체

(4)

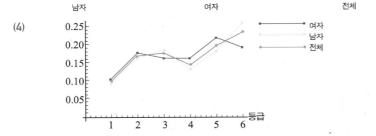

**6.3**

**1.** (1) $\bar{x} = 2.08$, $M_e = 2.05$, $M_o = 2.0$        (2) $T_M = 2.0885$      (3) $Q_1 = 1.70$, $Q_3 = 2.45$

     (4) $P_{30} = (1.9 + 1.9)/2 = 1.9$, $P_{60} = (2.2 + 2.3)/2 = 2.25$

**2.** (1) $\bar{x} = 12.533$, $M_e = 12.5$, $M_o = 9.0$        (2) $T_M = 12.462$      (3) $Q_1 = 9.0$, $Q_3 = 16.0$

     (4) $P_{30} = (9 + 9)/2 = 9$, $P_{60} = (13 + 14)/2 = 13.5$

**3.** (1) $\bar{x} = 60.42$, $M_e = 60.10$, $M_o = 58.5$        (2) $T_M = 60.60$      (3) $Q_1 = 57.08$, $Q_3 = 64.15$

     (4) $P_{30} = (57.3 + 58.5)/2 = 57.9$, $P_{60} = (61.1 + 61.2)/2 = 61.15$

**4.** (1) $\bar{x} = 1.5133$, $M_e = 1.55$, $M_o = 1.3, 1.6, 1.7, 2.1$    (2) $T_M = 1.5231$      (3) $Q_1 = 1.10$, $Q_3 = 1.9$

     (4) $P_{30} = (1.2 + 1.3)/2 = 1.25$, $P_{60} = (1.6 + 1.7)/2 = 1.65$

**5.** (1) $\bar{x} = 18.93$, $M_e = 19.50$, $M_o = 12, 20$        (2) $T_M = 18.85$      (3) $Q_1 = 14$, $Q_3 = 24$

     (4) $P_{30} = (14 + 15)/2 = 14.5$, $P_{60} = (20 + 20)/2 = 20$

**6.** (1) $\bar{x}=0.738$, $M_e=0.53$, $M_o=0.44$, $0.49$, $0.80$    (2) $T_M=0.699$    (3) $Q_1=0.358$, $Q_3=1.063$

   (4) $P_{30}=(0.38+0.39)/2=0.385$, $P_{60}=(0.61+0.68)/2=0.645$

**7.** (1) $\bar{x}=4.392$, $M_e=3.995$, $M_o=1.73$    (2) $T_M=4.209$    (3) $Q_1=2.203$, $Q_3=6.285$

   (4) $P_{30}=(2.57+2.79)/2=2.68$, $P_{60}=(4.80+4.94)/2=4.87$

**8.** (1) $\bar{x}=20.02$, $M_e=20.03$, $M_o=17.93$    (2) $T_M=20.052$    (3) $Q_1=19.445$, $Q_3=20.598$

   (4) $P_{30}=(19.54+19.56)/2=19.55$, $P_{60}=(20.18+20.20)/2=20.19$

## 6.4

**1.** (1) 범위 $R=x_{(30)}-x_{(1)}=2.8-1.2=1.6$

   (2) 사분위수범위 I.Q.R.$=Q_3-Q_1=2.45-1.70=0.75$

   (3) 평균편차 M.D$=0.366667$

   (4) 표준편차 $\sigma=0.4506$

   (5) 변동계수 $C.V.=\dfrac{\sigma}{\bar{x}}=\dfrac{0.4506}{2.08}=0.2166$

**2.** (1) 범위 $R=x_{(30)}-x_{(1)}=22-5=17$

   (2) 사분위수범위 I.Q.R.$=Q_3-Q_1=16-9=7$

   (3) 평균편차 M.D$=3.4$

   (4) 표준편차 $\sigma=4.058$

   (5) 변동계수 $C.V.=\dfrac{\sigma}{\bar{x}}=\dfrac{4.058}{12.533}=0.3238$

**3.** (1) 범위 $R=x_{(30)}-x_{(1)}=70.4-45.3=25.1$

   (2) 사분위수범위 I.Q.R.$=Q_3-Q_1=64.15-57.08=7.07$

   (3) 평균편차 M.D$=4.19778$

   (4) 표준편차 $\sigma=5.57$

   (5) 변동계수 $C.V.=\dfrac{\sigma}{\bar{x}}=\dfrac{5.57}{60.42}=0.0922$

**4.** (1) 범위 $R=x_{(30)}-x_{(1)}=2.5-0.2=2.3$

   (2) 사분위수범위 I.Q.R.$=Q_3-Q_1=1.925-1.10=0.825$

   (3) 평균편차 M.D$=0.426667$

   (4) 표준편차 $\sigma=0.5342$

   (5) 변동계수 $C.V.=\dfrac{\sigma}{\bar{x}}=\dfrac{0.5342}{1.5133}=0.3530$

**5.** (1) 범위 $R = x_{(30)} - x_{(1)} = 29.0 - 10.0 = 19.0$

    (2) 사분위수범위 I.Q.R. $= Q_3 - Q_1 = 24.0 - 14.0 = 10$

    (3) 평균편차   M.D $= 4.80889$

    (4) 표준편차 $\sigma = 5.67$

    (5) 변동계수 $C.V. = \dfrac{\sigma}{\bar{x}} = \dfrac{5.67}{18.93} = 0.2995$

**6.** (1) 범위 $R = x_{(30)} - x_{(1)} = 1.97 - 0.01 = 1.96$

    (2) 사분위수범위 I.Q.R. $= Q_3 - Q_1 = 1.063 - 0.358 = 0.705$

    (3) 평균편차 M.D $= 0.462556$

    (4) 표준편차 $\sigma = 0.580$

    (5) 변동계수 $C.V. = \dfrac{\sigma}{\bar{x}} = \dfrac{0.58}{0.738} = 0.7859$

**7.** (1) 범위 $R = x_{(30)} - x_{(1)} = 10.73 - 0.65 = 10.08$

    (2) 사분위수범위 I.Q.R. $= Q_3 - Q_1 = 6.285 - 2.203 = 4.082$

    (3) 평균편차 M.D $= 2.00716$

    (4) 표준편차 $\sigma = 2.514$

    (5) 변동계수 $C.V. = \dfrac{\sigma}{\bar{x}} = \dfrac{2.514}{4.392} = 0.5724$

**8.** (1) 범위 $R = x_{(30)} - x_{(1)} = 21.71 - 17.93 = 3.78$

    (2) 사분위수범위 I.Q.R. $= Q_3 - Q_1 = 20.598 - 19.445 = 1.153$

    (3) 평균편차 M.D $= 0.731333$

    (4) 표준편차 $\sigma = 0.961$

    (5) 변동계수 $C.V. = \dfrac{\sigma}{\bar{x}} = \dfrac{0.961}{20.02} = 0.048$

**9.** (1) $Q_1 = x_{(8)} = 20.5$, $Q_2 = (x_{(15)} + x_{(16)})/2 = 22.1$, $Q_3 = x_{(23)} = 24.7$

    (2) I.Q.R. $= 24.7 - 20.5 = 4.2$

    (3) $f_l = Q_1 - (1.5) \cdot$ I.Q.R. $= 20.5 - 6.3 = 14.2$

        $f_u = Q_3 + (1.5) \cdot$ I.Q.R. $= 24.7 + 6.3 = 31$

    (4) $f_L = Q_1 - 3 \cdot$ I.Q.R. $= 20.5 - 12.6 = 7.9$

        $f_U = Q_3 + 3 \cdot$ I.Q.R. $= 24.7 + 12.6 = 37.3$

    (5) 아래쪽 인접값=15.8,   위쪽 인접값=27.6

    (6) 보통이상점 : 12.0, 32.6, 33.2   극단 이상점 : 3.5, 6.4, 81.5

    (7)

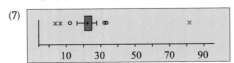

**10.** 두 집단의 평균($\overline{x_l}$, $\overline{x_h}$)과 표준편차($\sigma_l$, $\sigma_h$)를 먼저 구한다.

$$\overline{x_l} = \frac{11.5 + 12.2 + 12 + 12.4 + 13.6 + 10.5}{6} = 12, \quad \overline{x_h} = \frac{171 + 164 + 167 + 156 + 159 + 164}{6} = 163.5$$

이고, 분산과 표준편차는 각각

$$s_l^2 = \frac{1}{5}\sum (x - 12)^2 = 1.052, \quad s_l = \sqrt{1.052} = 1.026, \quad s_h^2 = \frac{1}{5}\sum (x - 163.5)^2 = 29.1, \quad s_h = \sqrt{29.1} = 5.39$$

이다. 한편, $CV_l = \frac{1.026}{12} = 0.0855$, $CV_h = \frac{5.39}{163.5} = 0.033$이다. 따라서 절대수치에 의하면 고소득층의 소득이 더 폭 넓게 나타나지만($\sigma_l < \sigma_h$), 상대적으로 비교하면 고소득층의 소득이 저소득층보다 평균에 더 밀집($CV_h < CV_l$)한 모양을 나타낸다.

**11.** 우선 표본평균과 표본분산과 표본표준편차를 먼저 구한다.

$$\overline{x} = \frac{1}{15}\sum x_i = 24.33, \quad s^2 = \frac{1}{14}\sum (x_i - 24.33)^2 = \frac{73.3335}{14} = 5.2381, \quad s = \sqrt{5.2381} = 2.289$$

이제 각 측정값을 $z_i = \frac{x_i - 24.33}{2.289}$에 의하여 표준화된 측정값을 구하면 다음과 같다.

[-1.01791, -1.45478, 0.72958, -0.14417, -0.58104, -0.58104, 0.29270, 2.47706, -0.14417, 0.72958, 0.29270, -0.14417, -1.45478, 0.29270, 0.72958]

그러므로 원자료와 표준화된 자료의 점도표를 그리면 다음과 같다.

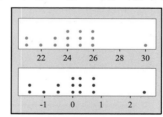

---

**7.1**

**1.** 표본평균 $\overline{x} = \frac{0 + 3 + 1 + 3 + 4 + 2 + 0 + 1 + 1 + 2}{10} = 1.7$

표본분산 $s^2 = \frac{1}{9}\sum (x_i - 1.7)^2 = \frac{17.3}{9} = 1.92$

**2.** (1) 표본평균 $\overline{x} = \frac{1}{60}\sum_{i=1}^{60} x_i = 2.71$, 표본분산 $s^2 = \frac{1}{59}\sum (x_i - 2.71)^2 = \frac{37.834}{59} = 0.6412$,

표본표준편차 $s = \sqrt{0.6412} = 0.8007$

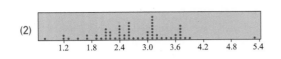

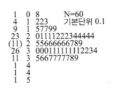

```
 1    0   8          N=60
 4    1   223        기본단위 0.1
 9    1   57799
23    2   01111222344444
(11)  2   55666666789
26    3   0001111111112234
11    3   5667777789
 1    4
 1    4
 1    5
```

(2)

3. 모집단으로부터 임의 추출한 크기 2인 확률표본을 $\{X_1, X_2\}$라 하자. 그러면 $X_1$과 $X_2$는 독립이고, 따라서 다음과 같은 결합분포를 갖는다.

| $X_1$ \ $X_2$ | 1 | 2 | 3 | 4 | 5 | 6 | $f_{X_1}$ |
|---|---|---|---|---|---|---|---|
| 1 | 1/36 | 1/36 | 1/36 | 1/36 | 1/36 | 1/36 | 1/6 |
| 2 | 1/36 | 1/36 | 1/36 | 1/36 | 1/36 | 1/36 | 1/6 |
| 3 | 1/36 | 1/36 | 1/36 | 1/36 | 1/36 | 1/36 | 1/6 |
| 4 | 1/36 | 1/36 | 1/36 | 1/36 | 1/36 | 1/36 | 1/6 |
| 5 | 1/36 | 1/36 | 1/36 | 1/36 | 1/36 | 1/36 | 1/6 |
| 6 | 1/36 | 1/36 | 1/36 | 1/36 | 1/36 | 1/36 | 1/6 |
| $f_{X_2}$ | 1/6 | 1/6 | 1/6 | 1/6 | 1/6 | 1/6 | 1 |

이고, 따라서 표본평균 $\overline{X} = (X_1 + X_2)/2$ 의 확률분포는

| $\overline{X}$ | 1 | 1.5 | 2 | 2.5 | 3 | 3.5 | 4 | 4.5 | 5 | 5.5 | 6 |
|---|---|---|---|---|---|---|---|---|---|---|---|
| $f_{\overline{X}}$ | 0.028 | 0.056 | 0.083 | 0.111 | 0.139 | 0.166 | 0.139 | 0.111 | 0.083 | 0.056 | 0.028 |

이고 $\overline{X}$ 의 평균과 분산은 각각 $E(\overline{X}) = 3.5$와 $Var(\overline{X}) = 1.46$이다.

4. 모집단으로부터 임의 추출한 크기 2인 확률표본을 $\{X_1, X_2\}$라 하자. 그러면 $X_1$과 $X_2$는 독립이고, 따라서 다음과 같은 결합분포를 갖는다.

| $X_1$ \ $X_2$ | 1 | 2 |
|---|---|---|
| 1 | 0.36 | 0.24 |
| 2 | 0.24 | 0.16 |

이고, 따라서 표본평균 $\overline{X} = (X_1 + X_2)/2$ 의 확률분포는

| $\overline{X}$ | 1 | 1.5 | 2 |
|---|---|---|---|
| $f_{\overline{X}}$ | 0.36 | 0.48 | 0.16 |

이고 $\overline{X}$ 의 평균과 분산은 각각 $E(\overline{X}) = 1.4$와 $Var(\overline{X}) = 2.08$이다.

### 7.2

1. (1) $\sigma = 1$, $n = 25$이므로 표본평균은 평균 50이고 표준편차 $s = 4/\sqrt{25} = 0.8$인 정규분포에 근사한다. 따라서 표본평균이 48과 52 사이일 근사확률은 다음과 같다.

$$P(48 < \overline{X} < 52) = P\left(\frac{48-50}{0.8} < \frac{\overline{X}-50}{0.8} < \frac{52-50}{0.8}\right) = P(-2.5 < Z < 2.5)$$
$$= 2P(0 < Z < 2.5) = 2[\Phi(2.5) - 0.5] = 2(0.9938 - 0.5) = 0.9876$$

(2) $\sigma = 9$, $n = 25$이므로 표본평균은 평균 50이고 표준편차 $s = 9/\sqrt{25} = 1.8$인 정규분포에 근사한다. 따라서 표본평균이 48과 52 사이일 근사확률은 다음과 같다.

$$P(48 < \overline{X} < 52) = P\left(\frac{48-50}{1.8} < \frac{\overline{X}-50}{1.8} < \frac{52-50}{1.8}\right) = P(-1.11 < Z < 1.11)$$

$$= 2P(0 < Z < 1.11) = 2[\Phi(1.11) - 0.5] = 2(0.8665 - 0.5) = 0.733$$

(3) $\sigma = 12$, $n = 25$이므로 표본평균은 평균 50이고 표준편차 $s = 12/\sqrt{25} = 2.4$인 정규분포에 근사한다. 따라서 표본평균이 48과 52 사이일 근사확률은 다음과 같다.

$$P(48 < \overline{X} < 52) = P\left(\frac{48-50}{2.4} < \frac{\overline{X}-50}{2.4} < \frac{52-50}{2.4}\right) = P(-0.83 < Z < 0.83)$$

$$= 2P(0 < Z < 0.83) = 2[\Phi(0.83) - 0.5] = 2(0.7967 - 0.5) = 0.5934$$

**2.** 전구의 수명 $X_i$, $i = 1, 2, \cdots, 100$이 $\mu = 516$이고 $\sigma^2 = 185$인 확률분포를 이루므로 표본평균 $\overline{X} = \sum_{i=1}^{100} X_i / 100$의 평균은 $E(\overline{X}) = \mu = 516$이고 분산은 $s^2 = \sigma^2 / 100 = 185/100 = 1.85$이다. 한편 중심극한정리에 의하여 평균수명은 정규분포에 근사하므로 평균수명이 520시간 이상일 근사확률은 다음과 같다.

$$P(\overline{X} > 520) = P\left(\frac{\overline{X}-510}{\sqrt{1.85}} > \frac{520-516}{\sqrt{1.85}}\right) = P(Z > 2.94)$$

$$= 1 - \Phi(2.94) = 1 - 0.9984 = 0.0016$$

**3.** $X_i \sim N(60, 36)$, $x = 1, 2, \cdots, 256$이므로 표본평균 $\overline{X} = \sum X_i / 256$의 확률분포는 $\overline{X} \sim N(60, 36/256)$이므로

$$P(\overline{X} > k) = P\left(\frac{\overline{X}-60}{3/8} > \frac{k-60}{3/8}\right) = P\left(Z > \frac{k-60}{3/8}\right) = 0.95$$

이고, 따라서 $\frac{k-60}{3/8} = -z_{0.05} = -1.645$이므로 구하고자 하는 상수는 $k = 59.383$이다.

**4.** $\overline{X} \sim N\left(\mu, \frac{\sigma^2}{n}\right) = N(\mu, (1.5)^2)$이므로 $\frac{\overline{X}-\mu}{3/2} \sim N(0, 1)$이다. 그러므로

$$P(|\overline{X} - \mu| \geq 4) = P\left(\frac{|\overline{X}-\mu|}{3/2} \geq \frac{4}{3/2}\right)$$

$$= P(|Z| \geq 2.67) = 2P(Z \geq 2.67) = 2 \cdot (0.0038) = 0.0076$$

**5.** 면허정지처분 받은 사람들의 평균 혈중알콜농도 $X_i$, $i = 1, 2, \cdots, 160$이 $\mu = 0.085$이고 $\sigma = 0.006$인 확률분포를 이루므로 표본평균 $\overline{X} = \sum_{i=1}^{160} X_i / 160$은 평균 $E(\overline{X}) = \mu = 0.085$이고 표준편차 $s = 0.006/\sqrt{160} = 0.0047$인 정규분포에 근사한다. 따라서 평균 혈중알콜농도가 0.07에서 0.09 사이

일 근사확률은 다음과 같다.

$$P(0.07 < \overline{X} < 0.09) = P\left(\frac{0.07-0.085}{0.0047} < \frac{\overline{X}-0.085}{0.0047} < \frac{0.09-0.085}{0.0047}\right) = P(-3.19 < Z < 1.06)$$

$$= \Phi(1.06) - (1-\Phi(3.19)) = 0.8556 - (1-0.9993) = 0.8549$$

**6.** (1) 담배 한 개에 포함된 타르의 양 $X_i$, $i=1,2,\cdots,500$이 $\mu=5.5$이고 $\sigma=0.25$인 확률분포를 이루므로 표본평균 $\overline{X} = \sum_{i=1}^{500} X_i /500$은 평균 $E(\overline{X}) = \mu = 5.5$이고 표준편차 $s = 2.5/\sqrt{500} = 0.1118$인 정규분포에 근사한다. 따라서 평균 타르의 양이 5.6mg 이상일 근사확률은 다음과 같다.

$$P(\overline{X} > 5.6) = P\left(\frac{\overline{X}-5.5}{0.1118} > \frac{5.6-5.5}{0.1118}\right) = P(Z > 0.89)$$

$$= 1 - \Phi(0.89) = 1 - 0.8133 = 0.1867$$

(2) 평균 타르의 양이 5.3mg 이상일 근사확률은 다음과 같다.

$$P(\overline{X} < 5.3) = P\left(\frac{\overline{X}-5.5}{0.1118} < \frac{5.3-5.5}{0.1118}\right) = P(Z < -1.79)$$

$$= P(Z > 1.79) = 1 - \Phi(1.79) = 1 - 0.9633 = 0.0367$$

**7.** (1) 10,000명의 증권소지자 개개인에 의하여 요구되는 보험금을 $X_i$, $i=1,2,\cdots,10000$이라 하면, $\mu=260$이고 $\sigma^2=800$인 확률분포를 이룬다. 그러므로 $n\mu = (260000)\cdot(10000) = (26)\cdot 10^8$이고 $n\sigma^2 = (800000^2)\cdot(10000) = (64)\cdot 10^{14}$이고 따라서 중심극한정리에 의하여 증권소지자 전체에 의하여 요구되는 보험금 총액은 $X = \sum_{i=1}^{10000} X_i \approx N(26\cdot 10^8,\ 64\cdot 10^{14})$이다. 그러므로 구하고자 하는 확률은 다음과 같다.

$$P(X > (28)\cdot 10^8) = P\left(\frac{X-(26)\cdot 10^8}{8\cdot 10^7} > \frac{(28)\cdot 10^8 - (26)\cdot 10^8}{8\cdot 10^7}\right)$$

$$\fallingdotseq P\left(Z > \frac{20}{8}\right) = P(Z > 2.5) = 1 - 0.9938 = 0.0062$$

(2) 보험가입자의 평균 요구금액은 $\overline{X} = \frac{1}{10000} \sum_{i=1}^{10000} X_i \approx N\left((26)\cdot 10^4,\ \frac{(64)\cdot 10^{10}}{10000}\right)$이고, 따라서 구하고자 하는 확률은 다음과 같다.

$$P(\overline{X} > (27)\cdot 10^4) = P\left(\frac{X-(26)\cdot 10^4}{8\cdot 10^3} > \frac{(27)\cdot 10^4 - (26)\cdot 10^4}{8\cdot 10^3}\right)$$

$$\fallingdotseq P\left(Z > \frac{10}{8}\right) = P(Z > 1.25) = 1 - 0.8944 = 0.1056$$

**8.** (1) 표본평균 $\overline{X} = \sum X_i /36$의 확률분포는 중심극한정리에 의하여 평균 202이고 표준편차 $14/\sqrt{36} = 2.33$인 정규분포에 가깝다. 그러므로 구하고자 하는 근사확률은 다음과 같다.

$$P(198 < \overline{X} < 206) = P\left(\frac{198-202}{2.33} < \frac{\overline{X}-202}{2.33} > \frac{206-202}{2.33}\right)$$

$$\fallingdotseq P(-1.71 < Z < 1.71) = 2\left[P(Z < 1.71) - 0.5\right]$$

$$= 2(0.9564 - 0.5) = 0.9128$$

(2) 표본평균 $\overline{X} = \sum X_i/64$ 의 확률분포는 중심극한정리에 의하여 평균 202이고 표준편차 $14/\sqrt{64} = 1.75$인 정규분포에 가깝다. 그러므로 구하고자 하는 근사확률은 다음과 같다.

$$P(198 < \overline{X} < 206) = P\left(\frac{198-202}{1.75} < \frac{\overline{X}-202}{1.75} < \frac{206-202}{1.75}\right)$$

$$\fallingdotseq P(-2.29 < Z < 2.29) = 2\left[P(Z < 2.29) - 0.5\right]$$

$$= 2(0.9890 - 0.5) = 0.978$$

**9.** (1) 매일 스톡옵션 가격의 등락 금액 $X_i$는 확률분포 $f(x) = \begin{cases} 0.52, & x=1 \\ 0.48, & x=-1 \end{cases}$ 을 가지므로

$E(X_i) = 1 \cdot (0.52) + (-1) \cdot (0.48) = 0.04$이다.

(2) $E(X_i^2) = 1^2 \cdot (0.52) + (-1)^2 \cdot (0.48) = 1.00$이므로 $Var(X_i) = 1 - (0.04)^2 = 0.9984$이다.

(3) 중심극한정리에 의하여 $\sum_{i=1}^{100} X_i \approx N(100\mu, 100\sigma^2) = N(4, 99.84) = N(4, 9.99^2)$이다. 그러므로 가격이 210(만원)이상일 확률은 다음과 같다.

$$P(X \geq 210) = P\left(200 + \sum_{i=1}^{100} X_i \geq 210\right) = P\left(\sum_{i=1}^{100} X_i \geq 10\right)$$

$$\fallingdotseq P\left(Z \geq \frac{10-4}{9.99}\right) = P(Z \geq 0.60) = 1 - 0.7257 = 0.2743$$

**10.** 개개의 숫자에 대한 오차는 $-0.5$와 $0.5$에서 균등분포를 이루므로 $X_i \sim U(-0.5, 0.5)$이고, 따라서 평균과 분산은 각각 $E(X_i) = 0$, $Var(X_i) = 1/12$이다. 한편 50개 숫자의 정확한 합과 반올림한 합의 오차는 $X = \sum_{i=1}^{50} X_i \approx N(50\mu, 50\sigma^2) = N\left(0, \frac{50}{12}\right) = N(0, 2.04^2)$이므로 구하고자 하는 근사확률은 다음과 같다.

$$P(|X| \geq 3) = P\left(\left|\frac{X-0}{2.04}\right| \geq \frac{3}{2.04}\right) \fallingdotseq P(|Z| \geq 1.47)$$

$$= 2P(Z \geq 1.47) = 2(1 - 0.9292) = 0.1416$$

**11.** (1) 36명인 반의 평균성적을 $\overline{X}$ 그리고 36명인 반의 평균성적을 $\overline{Y}$라고 하자. 그러면 과거 통계학 성적은 평균 $\mu = 77$이고 표준편차 $\sigma = 15$이므로 $\overline{X}$와 $\overline{Y}$의 근사확률분포는

$$\overline{X} \approx N(77, (15/6)^2) = N(77, 2.5^2), \quad \overline{Y} \approx N(77, (15/8)^2) = N(77, 1.875^2)$$

이다. 그러므로 구하고자 하는 근사확률은 각각 다음과 같다.

$$P(72 \leq \overline{X} \leq 82) = P\left(\frac{72-77}{2.5} \leq \frac{\overline{X}-77}{2.5} \leq \frac{82-77}{2.5}\right)$$

$$\fallingdotseq P(-2 \leq Z \leq 2) = 2P(0 \leq Z \leq 2) = 2\left[P(Z \leq 2) - 0.5\right]$$

$$= 2(0.9772 - 0.5) = 0.9544$$

$$P(72 \leq \overline{Y} \leq 82) = P\left(\frac{72-77}{1.875} \leq \frac{\overline{X}-77}{1.875} \leq \frac{82-77}{1.875}\right)$$

$$\fallingdotseq P(-2.67 \leq Z \leq 2.67) = 2P(0 \leq Z \leq 2.67) = 2\left[P(Z \leq 2.67) - 0.5\right]$$

$$= 2(0.9962 - 0.5) = 0.9924$$

**(2)** $\overline{X} \approx N(77, (15/6)^2) = N(77, 2.5^2)$, $\overline{Y} \approx N(77, (15/8)^2) = N(77, 1.875^2)$이고 서로 독립이므로 $\overline{X} - \overline{Y} \approx N(0, (15/6)^2 + (15/8)^2) = N(0, 3.125^2)$이다. 한편 36명인 반의 평균성적이 64명인 반 보다 2점 이상 더 크다는 사실은 $\overline{X} > \overline{Y} + 2$ 또는 $\overline{X} - \overline{Y} > 2$를 의미하고 따라서 구하고자 하는 확률은 다음과 같다.

$$P(\overline{X} - \overline{Y} > 2) = P\left(Z > \frac{2}{3.125}\right) = P(Z > 0.64) = 1 - 0.7389 = 0.2611$$

**12.** $Var(\overline{X}) = \dfrac{\sigma^2}{n} = \dfrac{81}{n} = 0.45$이므로 $n = \dfrac{8}{0.45} = 180$이다.

**13.** $\overline{X} - \overline{Y} \sim N\left(50, \dfrac{9}{50} + \dfrac{16}{40}\right) = N(50, (0.762)^2)$이므로

$$P(48 < \overline{X} - \overline{Y} < 52) = P\left(\frac{48-50}{0.762} < Z < \frac{52-50}{0.762}\right) = P(-2.62 < Z < 2.62)$$

$$= 2P(0 < Z < 2.62) = 2(0.9956 - 0.5) = 0.9912$$

## 7.3

**1.** $\dfrac{\overline{X} - \mu}{S/\sqrt{n}} \sim t(n-1)$이므로 $0.90 = P\left(\dfrac{|\overline{X} - \mu|}{S/\sqrt{15}} < t_{0.05}(14)\right) = P\left(\dfrac{|\overline{X} - \mu|}{S} < \dfrac{t_{0.05}(14)}{\sqrt{15}}\right)$이다.

따라서 $k = \dfrac{t_{0.05}(14)}{\sqrt{15}} = \dfrac{1.761}{\sqrt{15}} = 0.4546$이다.

**2.** **(1)** $\sigma^2 = 100$이고 두 표본의 크기가 각각 16이므로 합동표본분산은 $\dfrac{30}{100}S_p^2 \sim \chi^2(30)$이다. 그러므로 구하고자 하는 확률은 $P(S_p^2 \leq 170) = P\left(\dfrac{30}{100}S_p^2 \leq 51\right) \fallingdotseq 1 - 0.005 = 0.995$이다.

**(2)** 기존의 방법에 의하여 치료를 받은 평균 점수를 $\overline{X}$, 새로운 방법에 의하여 치료 받은 평균 점수를 $\overline{Y}$라 하면, 합동표본분산은 $s_p^2 = \dfrac{1}{16+16-2}(15 \cdot (101.666) + 15 \cdot (95.095)) = 98.3805$이다.

(3) $\mu_Y - \mu_X = 0$이고 $s_p = \sqrt{98.3805} = 9.919$이므로 $\dfrac{\overline{Y} - \overline{X}}{(9.919) \cdot \sqrt{\dfrac{1}{16} + \dfrac{1}{16}}} = \dfrac{\overline{Y} - \overline{X}}{3.51} \sim t(28)$이다. 따라

서 구하고자 하는 확률은 $P(\overline{Y} - \overline{X} \geq 7.56) = P\left(\dfrac{\overline{Y} - \overline{X}}{3.62} \geq 2.1546\right) \fallingdotseq 0.02$이다.

(4) $\sigma^2 = 100$이고 두 표본의 크기가 각각 16이므로 $\dfrac{S_Y^2/100}{S_X^2/100} = \dfrac{S_Y^2}{S_X^2} \sim F(15, 15)$이다. 그러므로 구하고

자 하는 확률은 $P\left(S_Y^2 \geq (2.4) S_X^2\right) = P\left(\dfrac{S_Y^2}{S_X^2} \geq 2.4\right) = 0.05$이다.

**3.** (1) $\sigma^2 = 35$이고 두 표본의 크기가 각각 15와 13이므로 합동표본분산은 $\dfrac{26}{35} S_p^2 \sim \chi^2(26)$이다. 그러므

로 구하고자 하는 확률은 $P(S_p^2 \leq 12.4) = P\left(\dfrac{26}{35} S_p^2 \leq 9.21\right) = 1 - 0.999 = 0.001$이다.

(2) A 회사에서 제조된 땅콩 잼에 포함된 카페인의 평균을 $\overline{X}$, B 회사에서 제조된 땅콩 잼에 포함

된 카페인의 평균을 $\overline{Y}$ 라 하면, 합동표본분산은 $s_p^2 = \dfrac{1}{15 + 13 - 2}(14 \cdot (30.25) + 12 \cdot (36)) = 32.9$이다.

(3) $\mu_A - \mu_B = 0$이고 $s_p = \sqrt{32.9} = 5.736$이므로 $\dfrac{\overline{X} - \overline{Y}}{(5.736) \cdot \sqrt{\dfrac{1}{15} + \dfrac{1}{13}}} = \dfrac{\overline{X} - \overline{Y}}{2.17} \sim t(26)$이다. 따라서

구하고자 하는 확률은 $P(\overline{X} - \overline{Y} \leq 3.7) = P\left(\dfrac{\overline{X} - \overline{Y}}{2.17} \leq 1.705\right) \fallingdotseq 1 - 0.05 = 0.95$이다.

(4) $\sigma_A^2 = 30$, $\sigma_B^2 = 35$이므로 $\dfrac{S_Y^2/30}{S_X^2/35} = \dfrac{35 S_Y^2}{30 S_X^2} = \dfrac{(1.167) \cdot S_Y^2}{S_X^2} \sim F(12, 14)$이다. 그러므로 구하고자

하는 확률은 $P\left(S_Y^2 \geq 3 S_X^2\right) = P\left(\dfrac{S_Y^2}{S_X^2} \geq 3\right) \fallingdotseq 0.025$이다.

**4.** (1) $s_X = 39.25$, $s_Y = 43.75$이고 두 표본의 크기가 각각 17와 10이므로 구하고자 하는 합동표본분산

은 $s_p^2 = \dfrac{1}{17 + 10 - 2}(17 \cdot (39.25)^2 + 10 \cdot (43.75)^2) = 1813.2075$이다.

(2) $s_p = \sqrt{1813.2075} = 42.5818$, $\mu_X = 700$, $\mu_Y = 680$ 그리고 $n = 17$, $m = 10$이므로

$$\dfrac{\overline{X} - \overline{Y} - (\mu_X - \mu_Y)}{s_p \cdot \sqrt{\dfrac{1}{n} + \dfrac{1}{m}}} = \dfrac{T - 20}{(42.5818) \cdot \sqrt{\dfrac{1}{17} + \dfrac{1}{10}}} = \dfrac{T - 20}{(42.5818) \cdot (0.3985)} = \dfrac{T - 20}{16.9688} \sim t(25)$$

(3) $P(T \geq t_0) = P\left(\dfrac{T - 20}{16.9688} \geq \dfrac{t_0 - 20}{16.9688}\right) = 0.05$이고, 자유도 25인 $t$-분포표로부터 $t_{0.05}(25) = 1.708$이므

로 구하고자 하는 $t_0$은 다음과 같다.

$$t_{0.05}(25) = \dfrac{t_0 - 20}{16.9688} = 1.708 \; ; \; t_0 = 20 + (1.708) \cdot (16.9688) = 48.9827$$

**5.** (1) 모직 17묶음의 절단강도는 평균을 $\overline{X}$, 인조섬유 25묶음의 절단강도는 평균을 $\overline{Y}$ 라 하면,

$\overline{X} = 452.4$, $\overline{Y} = 474.6$이고 $s_X = 12.3$, $s_Y = 5.5$ 그리고 두 표본의 크기가 각각 17과 25이므로 구

하고자 하는 합동표본분산은 $s_p^2 = \dfrac{1}{17+25-2}(17 \cdot (12.3)^2 + 25 \cdot (5.5)^2) = 83.2045$ 이다.

(2) $s_p = \sqrt{83.2045} = 9.122$, $\mu_0 = \mu_Y - \mu_X$ 그리고 $n = 17$, $m = 25$ 이므로

$$\frac{\overline{Y} - \overline{X} - (\mu_Y - \mu_X)}{s_p \cdot \sqrt{\dfrac{1}{m} + \dfrac{1}{n}}} = \frac{T - \mu_0}{(9.122) \cdot \sqrt{\dfrac{1}{25} + \dfrac{1}{17}}} = \frac{T - \mu_0}{(9.122) \cdot (0.3144)} = \frac{T - \mu_0}{2.868} \sim t(40)$$

(3) 자유도 40인 $t$-분포표로부터 $t_{0.025}(40) = 2.021$ 이고 $P(|T - \mu_0| \le t_0) = P\left(\dfrac{|T - \mu_0|}{2.868} \le \dfrac{t_0}{2.868}\right) = 0.95$

이다. 따라서 $\dfrac{t_0}{2.868} = 2.021$; $t_0 = (2.021) \cdot (2.868) = 5.8$ 이고, 또한 $T_0 = \overline{y} - \overline{x} = 474.6 - 452.4 = 22.2$

이므로 구하고자 하는 $\mu_0$의 범위는 $T_0 - 5.8 \le \mu_0 \le T_0 + 5.8$; $22.2 - 5.8 \le \mu_0 \le 22.2 + 5.8$;

$16.4 \le \mu_0 \le 28.0$ 이다.

## 7.4

**1.** (1) 불량품의 수를 $X$라 하면 $X \sim B(8, 0.1)$ 이므로 $P(X=0) = 0.4305$ 이다.

(2) $P(X \ge 2) = 1 - P(X \le 1) = 1 - 0.8131 = 0.1869$

(3) 8개의 제품 중에 15%이상 불량품이 있을 사상은 1.2개 이상 불량품이 있을 사상과 동치이므로, 구하고자 하는 확률은 다음과 같다.

$$P(X \ge 1.2) = P(X \ge 2) = 1 - P(X \le 1) = 1 - 0.8131 = 0.1869$$

**2.** (1) 불량품의 수를 $X$라 하면 $\mu = np = 8$, $\sigma^2 = np(1-p) = 7.2 = 2.68^2$ 이므로 $X \approx N(8, (2.68)^2)$ 이다.

$$P(X=0) = P(-0.5 \le X \le 0.5) = 2P(0 \le X \le 0.5) = 2P\left(\frac{0-8}{2.68} \le \frac{X-8}{2.68} \le \frac{0.5-8}{2.68}\right)$$

$$\fallingdotseq 2P(-2.99 \le Z \le -2.80) = 2(0.9986 - 0.9974) = 0.0024$$

(2) $P(X \ge 2) = P(X \ge 1.5) = P\left(\dfrac{X-8}{2.68} \ge \dfrac{1.5-8}{2.68}\right) \fallingdotseq P(Z \ge -2.42) = P(Z \le 2.42) = 0.9922$

(3) $p = 0.1$, $\dfrac{p(1-p)}{n} = \dfrac{(0.1) \cdot (0.9)}{80} = 0.0335^2$ 이므로 $\hat{p} \approx N(0.1, (0.0335)^2)$ 이다. 그러므로

$$P(\hat{p} \ge 0.15) = P\left(\frac{\hat{p} - 0.1}{0.0335} \ge \frac{0.15 - 0.1}{0.0335}\right) \fallingdotseq P(Z \ge 1.49) = 0.9319 \text{이다.}$$

**3.** (1) 모집인원을 $X$라 하면 $\mu = np = 930$, $\sigma^2 = np(1-p) = 372 = 19.29^2$ 이므로 $X \approx N(930, (19.29)^2)$ 이다. 그러므로 구하고자 하는 근사확률은 다음과 같다.

$$P(X \ge 1000) = P\left(\frac{X - 930}{19.29} \ge \frac{1000 - 930}{19.29}\right) \fallingdotseq P(Z \ge 3.63) = 0$$

(2) $P(X \le 900) = P\left(\dfrac{X - 930}{19.29} \le \dfrac{900 - 930}{19.29}\right) \fallingdotseq P(Z \le -1.56) = 1 - 0.9406 = 0.0594$

**4.** 표본의 크기가 200이므로 $\hat{p} \approx N\left(0.7, \dfrac{(0.7) \cdot (0.3)}{200}\right) = N(0.7, (0.032)^2)$ 이고, 200개의 트랜스미션 표

본 중에 151개 이상이 번개에 의한 원인일 확률은 다음과 같다.

$$P\left(\hat{p} \geq \frac{145}{200}\right) = P\left(\frac{\hat{p}-0.7}{0.032} \geq \frac{0.725-0.7}{0.032}\right) \fallingdotseq P(Z \geq 0.78) = 1-0.7823 = 0.2177$$

**5.** 1,000명의 어린이 중에 왼손잡이가 25명 있으므로 모비율은 $p=0.025$이고 표본의 크기가 40이므로, 40명안에 포함된 왼손잡이 어린이의 수를 $X$라 하면, $X \approx N(1, (0.987)^2)$이다. 따라서 구하고자 하는 확률은 다음과 같다.

$$P(X \geq 2) = P(X \geq 1.5) = P\left(\frac{X-1}{0.987} \geq \frac{1.5-1}{0.987}\right) \fallingdotseq P(Z \geq 0.51) = 1-0.6950 = 0.305$$

**6.** A 후보자에 대한 지지율이 $p=0.53$이므로

$$\hat{p} \approx N\left(0.53, \frac{(0.53) \cdot (0.47)}{400}\right) = N(0.7, (0.025)^2)$$

이고 따라서 구하고자 하는 확률은 다음과 같다.

$$P(\hat{p} \leq 0.49) = P\left(\frac{\hat{p}-0.53}{0.025} \leq \frac{0.49-0.53}{0.025}\right)$$

$$\fallingdotseq P(Z \leq -1.6) = 1-P(Z < 1.6) = 1-0.9452 = 0.0548$$

**7.** 월요일에 만들어진 자동차의 결함율은 $p_1 = 0.08$이고 다른 요일에 만들어진 자동차의 결함율은 2% 작으므로 $p_2 = 0.06$이다. 그러므로

$$p_1-p_2 = 0.08-0.06 = 0.02, \qquad \sqrt{\frac{(0.08) \cdot (0.92)}{100} + \frac{(0.06) \cdot (0.94)}{200}} = 0.032$$

이고 따라서 두 표본비율 $\hat{p_1}-\hat{p_2}$는 다음과 같은 근사표준정규분포를 이룬다.

$$\hat{p_1}-\hat{p_2} \approx N(0.02, (0.032)^2)$$

그러므로 구하고자 하는 근사확률은 다음과 같다.

$$P(\hat{p_1}-\hat{p_2} \geq 0.027) = P\left(\frac{(\hat{p_1}-\hat{p_2})-0.02}{0.032} \geq \frac{0.027-0.02}{0.032}\right) \fallingdotseq P(Z \geq 0.22)$$

$$= 1-P(Z \leq 0.22) = 1-0.5871 = 0.4129$$

**8.** 대졸이상인 남성의 비율은 $p_1 = 0.378$, 여자의 비율은 $p_2 = 0.254$이므로

$$p_1-p_2 = 0.378-0.254 = 0.124, \qquad \sqrt{\frac{(0.378) \cdot (0.622)}{500} + \frac{(0.254) \cdot (0.746)}{450}} = 0.03$$

이고 따라서 두 표본비율 $\hat{p_1}-\hat{p_2}$는 다음과 같은 근사표준정규분포를 이룬다.

$$\hat{p_1}-\hat{p_2} \approx N(0.124, (0.03)^2)$$

그러므로 구하고자 하는 근사확률은 다음과 같다.

$$P(\hat{p_1}-\hat{p_2} \leq 0.115) = P\left(\frac{(\hat{p_1}-\hat{p_2})-0.124}{0.03} \leq \frac{0.115-0.124}{0.03}\right) \fallingdotseq P(Z \leq -0.3)$$

$$= 1-P(Z \leq 0.3) = 1-0.6179 = 0.3821$$

**1.** 모평균 $\mu$에 대한 최소분산불편추정량은 $\overline{X}$ 이므로 50개의 표본으로부터 측정된 평균수명을 이용하여 전체 생산된 플레이어의 평균수명을 점추정하므로 추정값은 $\overline{x} = \dfrac{7864}{50} = 157.28$(시간)이다.

**2.** 격주 근로자의 비율을 $p_1$, 주 5일 근로자의 비율을 $p_2$ 그리고 주 6일 근로자의 비율을 $p_3$ 이라 하면, 모비율에 대한 불편추정량은 표본비율이므로 유형별 근로자의 비율의 추정값은 각각 다음과 같다.

$$\hat{p}_1 = \frac{748}{17663} = 0.042, \quad \hat{p}_2 = \frac{16689}{17663} = 0.945, \quad \hat{p}_3 = \frac{226}{17663} = 0.013$$

**3.** (1) $E(\hat{\mu}_1) = \dfrac{1}{3} E(X_1 + X_2 + X_3) = \dfrac{1}{3}(\mu + \mu + \mu) = \mu, \quad E(\hat{\mu}_2) = \dfrac{1}{4} E(X_1 + 2X_2 + X_3) = \dfrac{1}{4}(\mu + 2\mu + \mu) = \mu,$

$E(\hat{\mu}_3) = \dfrac{1}{3} E(2X_1 + X_2 + 2X_3) = \dfrac{1}{3}(2\mu + \mu + 2\mu) = \dfrac{5}{3}\mu$ 이므로 $\text{bias}_1 = E(\hat{\mu}_1) - \mu = 0,$

$\text{bias}_2 = E(\hat{\mu}_2) - \mu = 0,$

$\text{bias}_3 = E(\hat{\mu}_3) - \mu = \dfrac{2}{3}\mu$

(2) 불편추정량 : $\hat{\mu}_1, \ \hat{\mu}_2$　　편의추정량 : $\hat{\mu}_3$

(3) $Var(\hat{\mu}_1) = \dfrac{1}{9} Var(X_1 + X_2 + X_3) = \dfrac{1}{9}(4 + 7 + 14) = 2.78,$

$Var(\hat{\mu}_2) = \dfrac{1}{16} Var(X_1 + 2X_2 + X_3) = \dfrac{1}{16}(4 + (4)(7) + 14) = 2.875,$

$Var(\hat{\mu}_3) = \dfrac{1}{9} Var(2X_1 + X_2 + 2X_3) = \dfrac{1}{9}(4 \cdot 4 + 7 + 4 \cdot 14) = 8.78$

이고 최소분산불편추정량은 $\hat{\mu}_1$ 이다.

(4) $\text{M.S.E.}_1 = Var(\hat{\mu}_1) + (\text{bias}_1)^2 = 2.78, \quad \text{M.S.E.}_2 = Var(\hat{\mu}_2) + (\text{bias}_2)^2 = 2.875,$

$\text{M.S.E.}_3 = Var(\hat{\mu}_3) + (\text{bias}_3)^2 = 9.22$

**4.** (1) $E(\hat{\mu}_1) = \dfrac{1}{3} E(X_1 + X_2 + X_3) = \dfrac{1}{3}(\mu + \mu + \mu) = \mu,$

$E(\hat{\mu}_2) = E\left( \dfrac{X_1}{4} + \dfrac{2X_2}{2} + \dfrac{X_3}{5} \right) = \dfrac{\mu}{4} + \mu + \dfrac{\mu}{5} = 1.45\mu,$

$E(\hat{\mu}_3) = E\left( \dfrac{X_1}{3} + \dfrac{X_2}{4} + \dfrac{X_3}{5} + 2 \right) = \dfrac{\mu}{3} + \dfrac{\mu}{4} + \dfrac{\mu}{5} + 2 = 0.78\mu + 2$

이므로 $\text{bias}_1 = E(\hat{\mu}_1) - \mu = 0, \ \text{bias}_2 = E(\hat{\mu}_2) - \mu = 0.45\mu, \ \text{bias}_3 = E(\hat{\mu}_3) - \mu = 0.22\mu + 2$

(2) 불편추정량 : $\hat{\mu}_1$　　편의추정량 : $\hat{\mu}_2, \ \hat{\mu}_3$

(3) $Var(\hat{\mu}_1) = \dfrac{1}{9} Var(X_1 + X_2 + X_3) = \dfrac{1}{9}(7 + 13 + 20) = 4.44,$

$Var(\hat{\mu}_2) = Var\left( \dfrac{X_1}{4} + \dfrac{2X_2}{2} + \dfrac{X_3}{5} \right) = \dfrac{7}{16} + 13 + \dfrac{20}{25} = 14.2375,$

$$Var(\hat{\mu}_3) = Var\left(\frac{X_1}{3} + \frac{X_2}{4} + \frac{X_3}{5} + 2\right) = \frac{7}{9} + \frac{13}{16} + \frac{20}{25} = 2.3903$$

이고 최소분산추정량은 $\hat{\mu}_3$ 이다.

**5.** (1) $Var(\hat{\mu}) = Var\left[\frac{1}{2}(X_1 + X_2)\right] = \frac{1}{4} Var(X_1 + X_2) = \frac{1}{4}[Var(X_1) + Var(X_2)]$

$$= \frac{1}{4}(2+4) = 1.5$$

(2) $Var(\hat{\mu}) = Var\left[aX_1 + (1-a)X_2\right] = a^2 Var(X_1) + (1-a)^2 Var(X_2)$

$$= 2a^2 + 4(1-a)^2 = 6\left(a - \frac{2}{3}\right)^2 + \frac{4}{3}$$

이므로 $a = \frac{2}{3}$ 일 때 최소분산은 $\frac{4}{3}$ 이다.

**6.** 표본평균이 모평균에 대한 불편추정량이므로 모평균의 점추정값은 $\hat{\mu} = \bar{x} = \frac{1}{20}\sum x_i = \frac{48.6}{20} = 2.43$ 이

다. 또한 $\sum\limits_{i=1}^{n}(x_i - \bar{x})^2 = \sum\limits_{i=1}^{n} x_i^2 - n\bar{x}^2$ 이므로 표본분산은 다음과 같다.

$$s^2 = \frac{1}{19}\sum_{i=1}^{20}(x_i - \bar{x}^2)^2 = \frac{1}{19}\left(\sum_{i=1}^{20} x_i^2 - 20 \cdot \bar{x}^2\right) = \frac{167.4 - 20 \cdot (2.43)^2}{19} = 2.595$$

한편 표본분산이 모분산에 대한 불편추정량이므로 $\hat{\sigma}^2 = s^2 = 2.595$ 이다.

**7.** (1) 모평균에 대한 불편추정량의 하나는 표본평균이므로 $\bar{x} = \frac{1}{7}\sum x_i = 58.84$ 이다.

(2) 표본분산이 모분산에 대한 불편추정량이므로 $\hat{\sigma}^2 = \frac{1}{6}\sum(x_i - 58.84)^2 = 3.76$ 이다.

**8.** (1) 모집단 분포는 $X \sim P(\lambda)$ 이고, 모수 $\lambda$ 는 모평균 $\mu$ 를 나타낸다. 그러므로 모평균에 대한 불편추
정량의 하나는 표본평균이므로 $\hat{\lambda} = \frac{1}{10}(X_1 + X_2 + \cdots + X_{10})$ 이다.

(2) $\hat{\lambda} = \frac{1}{10}(x_1 + x_2 + \cdots + x_{10}) = 21.8$

(3) 시간당 수신된 평균 신호 수가 21.8로 추정되므로 30분당 평균 10.9회 신호가 수신될 것으로
추정한다.

**9.** (1) $X_i \sim$ i.i.d. $B(10, p)$, $i = 1, 2, \cdots, 10$ 이므로 $E(X_i) = 10p$ 이고, 따라서

$$E(\bar{X}) = \frac{1}{10}\sum_{i=1}^{10} E(X_i) = \frac{1}{10}(100p) = 10p$$

이다. 그러므로 $E(\hat{p}) = E\left(\frac{\bar{X}}{10}\right) = \frac{1}{10}E(\bar{X}) = p$ 이고, 따라서 $\hat{p} = \frac{\bar{X}}{10}$ 은 모수 $p$ 에 대한 불편추정량
이다.

(2) 표본평균은 $\bar{x} = 5.1$ 이고 $\hat{p} = \bar{X}/10$ 은 모수 $p$ 에 대한 불편추정량이므로 추정값은 0.51이다.

**10.** **(1)** 표본평균이 모평균에 대한 불편추정량이므로, 모평균에 대한 불편추정값은 다음과 같다.

$$\hat{\mu} = \frac{1}{10}(x_1 + x_2 + \cdots + x_{10}) = 9.7$$

**(2)** 표본분산은 모분산의 불편추정량이므로, 모분산에 대한 불편추정값은

$$\hat{\sigma}^2 = \frac{1}{9}\sum_{i=1}^{10}(x_i - 9.7)^2 = 3.57 \text{이다.}$$

**(3)** 모평균의 불편추정값이 9.7이고, 모평균은 $\mu = (b+0)/2$이므로 $b$에 대한 불편추정값은

$$\hat{\mu} = \frac{\hat{b}}{2} = 9.7 \text{로부터} \quad \hat{b} = 19.4 \text{이다.}$$

**(4)** 모분산의 추정값이 3.57이므로 모표본편차 $\sigma$에 대한 추정값은 $\hat{\sigma} = 1.9$이다.

---

### 8.2

**1.** $z_{0.025} = 1.96$이고, $\sigma = 2$, $n = 25$이므로 $\mu$에 대한 95% 신뢰구간은 다음과 같다.

$$\left(\bar{x} - z_{0.025}\frac{\sigma}{\sqrt{n}}, \ \bar{x} + z_{0.025}\frac{\sigma}{\sqrt{n}}\right) = \left(97 - (1.96) \cdot \frac{2}{\sqrt{25}}, \ 97 + (1.96) \cdot \frac{2}{\sqrt{25}}\right) = (96.216, \ 97.784)$$

**2.** $t_{0.025}(24) = 2.064$이고, $s = \sqrt{4.25} = 2.062$이므로 $\mu$에 대한 95% 신뢰구간은 다음과 같다.

$$\left(\bar{x} - t_{0.025}(24)\frac{s}{\sqrt{n}}, \ \bar{x} + t_{0.025}(24)\frac{s}{\sqrt{n}}\right) = \left(97 - (2.064) \cdot \frac{2.062}{\sqrt{25}}, \ 97 + (2.064) \cdot \frac{2.062}{\sqrt{25}}\right) = (96.149, \ 97.851)$$

**3.** **(1)** 표본으로부터 얻은 표본평균이 모평균에 대한 점추정량이므로 점추정값은 $\hat{\mu} = 74$이다.

**(2)** 모분산을 모르므로 $t$-추정을 하나, 표본의 크기가 충분히 크므로 $z$-추정을 하며, 이때 95% 오차 한계는 $(1.96) \cdot \dfrac{s}{\sqrt{n}} = (1.96) \cdot \dfrac{2.258}{8} = 0.553$이다.

**(3)** 신뢰구간의 하한과 상한이 각각 $l = \bar{x} - \text{S.E.}(\overline{X}) = 74 - 0.558 = 73.442$,

$u = \bar{x} + \text{S.E.}(\overline{X}) = 74 + 0.558 = 74.558$이므로 95% 신뢰구간은 $(73.442, \ 74.558)$이다.

**4.** **(1)** 표본으로부터 얻은 표본평균과 표본표준편차는 각각 $\bar{x} = 216.29$, $s = 21.53$이다. 한편 모표본표준편차가 $\sigma = 20$이므로 $z_{0.025} = 1.96$이므로 95% 신뢰구간은 다음과 같다.

$$\left(\bar{x} - z_{0.025}\frac{\sigma}{\sqrt{n}}, \ \bar{x} + z_{0.025}\frac{\sigma}{\sqrt{n}}\right) = \left(216.29 - (1.96) \cdot \frac{20}{\sqrt{20}}, \ 216.29 + (1.96) \cdot \frac{20}{\sqrt{20}}\right)$$
$$= (207.52, \ 225.06)$$

**(2)** 표본표준편차가 0.06이므로 $t$-추정을 한다. $t_{0.025}(19) = 2.093$이므로 95% 신뢰구간은 다음과 같다.

$$\left(\bar{x} - t_{0.025}(19)\frac{s}{\sqrt{n}}, \ \bar{x} + t_{0.025}(19)\frac{s}{\sqrt{n}}\right) = \left(216.29 - (2.093) \cdot \frac{21.53}{\sqrt{20}}, \ 216.29 + (2.093) \cdot \frac{21.53}{\sqrt{20}}\right)$$
$$= (206.214, \ 226.366)$$

**5.** (1) $z_{0.025} = 1.96$ 이고, $\sigma = 5.4$, $n = 25$ 이므로 $\mu$ 에 대한 **95%** 신뢰구간은 다음과 같다.

$$\left( \overline{x} - z_{0.025}\, \frac{\sigma}{\sqrt{n}}\ ,\ \overline{x} + z_{0.025}\, \frac{\sigma}{\sqrt{n}} \right) = \left( 127 - (1.96) \cdot \frac{5.4}{\sqrt{25}}\ ,\ 127 + (1.96) \cdot \frac{5.4}{\sqrt{25}} \right) = (124.8832,\ 129.1168)$$

(2) $n = 64$ 이고 $\overline{X}$ 는 근사적으로 평균 127이고 분산이 $(5.4)^2/100$ 인 정규분포에 근사한다. 그러므로 $\mu$ 에 대한 **95%** 근사신뢰구간은 다음과 같다.

$$\left( \overline{x} - z_{0.025}\, \frac{\sigma}{\sqrt{n}}\ ,\ \overline{x} + z_{0.025}\, \frac{\sigma}{\sqrt{n}} \right) = \left( 127 - (1.96) \cdot \frac{5.4}{\sqrt{100}}\ ,\ 127 + (1.96) \cdot \frac{5.4}{\sqrt{100}} \right) = (125.9416,\ 128.0584)$$

**6.** 표본평균은 $\overline{x} = 31.19$ 이고 $\sigma = \sqrt{45}$, $n = 30$, $z_{0.05} = 1.645$ 이므로 구하고자 하는 **90%** 신뢰구간은 다음과 같다.

$$\left( \overline{x} - z_{0.05}\, \frac{\sigma}{\sqrt{n}}\ ,\ \overline{x} + z_{0.05}\, \frac{\sigma}{\sqrt{n}} \right) = \left( 31.19 - (1.645) \cdot \sqrt{\frac{45}{30}}\ ,\ 31.19 + (1.645) \cdot \sqrt{\frac{45}{30}} \right) = (29.1753,\ 33.2047)$$

**7.** 표본평균은 $\overline{x} = 82.9$ 이고 $\sigma = 25$, $n = 30$, $z_{0.005} = 2.58$ 이므로 구하고자 하는 **99%** 신뢰구간은 다음과 같다.

$$\left( \overline{x} - z_{0.005}\, \frac{\sigma}{\sqrt{n}}\ ,\ \overline{x} + z_{0.005}\, \frac{\sigma}{\sqrt{n}} \right) = \left( 82.9 - (2.58) \cdot \frac{25}{\sqrt{30}}\ ,\ 82.9 + (2.58) \cdot \frac{25}{\sqrt{30}} \right) = (71.124,\ 94.676)$$

**8.** 모분산을 모르므로 $t$-추정을 한다. $t_{0.05}(9) = 1.833$, $t_{0.025}(9) = 2.262$, $t_{0.005}(9) = 3.250$ 이므로

**90%** 신뢰구간 : $\left( \overline{x} - t_{0.05}(9)\, \dfrac{s}{\sqrt{n}},\ \overline{x} + t_{0.05}(9)\, \dfrac{s}{\sqrt{n}} \right) = \left( 37.5 - (1.833) \cdot \dfrac{4}{\sqrt{10}},\ 37.5 + (1.833) \cdot \dfrac{4}{\sqrt{10}} \right)$

$$= (35.1814, 39.8186)$$

**95%** 신뢰구간 : $\left( \overline{x} - t_{0.025}(9)\, \dfrac{s}{\sqrt{n}},\ \overline{x} + t_{0.025}(9)\, \dfrac{s}{\sqrt{n}} \right) = \left( 37.5 - (2.262) \cdot \dfrac{4}{\sqrt{10}},\ 37.5 + (2.262) \cdot \dfrac{4}{\sqrt{10}} \right)$

$$= (34.6388, 40.3612)$$

**99%** 신뢰구간 : $\left( \overline{x} - t_{0.005}(9)\, \dfrac{s}{\sqrt{n}},\ \overline{x} + t_{0.005}(9)\, \dfrac{s}{\sqrt{n}} \right) = \left( 37.5 - (3.25) \cdot \dfrac{4}{\sqrt{10}},\ 37.5 + (3.25) \cdot \dfrac{4}{\sqrt{10}} \right)$

$$= (33.389, 41.611)$$

**9.** (1) 모표준편차가 0.05이므로 $z$-추정을 한다. $z_{0.025} = 1.96$ 이므로 **95%** 신뢰구간은 다음과 같다.

$$\left( \overline{x} - z_{0.025}\, \frac{\sigma}{\sqrt{n}},\ \overline{x} + z_{0.025}\, \frac{\sigma}{\sqrt{n}} \right) = \left( 0.3 - (1.96) \cdot \frac{0.05}{\sqrt{101}},\ 0.3 + (1.96) \cdot \frac{0.05}{\sqrt{101}} \right)$$

$$= (0.2902, 0.3098)$$

(2) 표본표준편차가 0.06이므로 $t$-추정을 한다. $t_{0.025}(100) = 1.984$ 이므로 **95%** 신뢰구간은 다음과 같다.

$$\left( \overline{x} - t_{0.025}(100)\, \frac{s}{\sqrt{n}},\ \overline{x} + t_{0.025}(100)\, \frac{s}{\sqrt{n}} \right) = \left( 0.3 - (1.984) \cdot \frac{0.06}{\sqrt{100}},\ 0.3 - (1.984) \cdot \frac{0.06}{\sqrt{100}} \right)$$

$$= (0.2881, 0.3119)$$

**10.** 모평균에 대한 점추정값은 $\overline{x} = \dfrac{1}{10}(4.6 + 3.6 + \cdots + 3.3 + 1.6) = 4.41$ 이고, 또한 표본분산 $s^2$ 과 표본표준편차 $s$ 그리고 표준오차는 각각 다음과 같다.

$$s^2 = \frac{1}{9}\sum_{i=1}^{10}(x_i - 4.41)^2 = \frac{44.629}{9} = 4.959, \quad s = \sqrt{4.959} = 2.227, \quad \text{S.E.}(\overline{X}) = \frac{s}{\sqrt{n}} = 0.704$$

또한 $t$-분포표로부터 $t_{0.05}(9) = 1.833$이므로 90% 신뢰수준에 대한 신뢰구간의 하한과 상한은 각각

$$l = \overline{x} - t_{0.05}(9) \cdot \text{S.E.}(\overline{X}) = 4.41 - 1.29 = 3.12$$
$$u = \overline{x} + t_{0.05}(9) \cdot \text{S.E.}(\overline{X}) = 4.41 + 1.29 = 5.70$$

이다. 따라서 신뢰수준 90%에 대한 모평균 $\mu$의 신뢰구간은 $(3.12, 5.70)$이다.

**11.** 표본평균과 표본표준편차를 구하면 각각 $\overline{x} = 172.04$, $s = 8.18$이다. 또한 $t_{0.05}(19) = 1.729$이므로 95% 신뢰구간은 다음과 같다.

$$\left(\overline{x} - t_{0.05}(19)\frac{s}{\sqrt{n}}, \ \overline{x} + t_{0.05}(19)\frac{s}{\sqrt{n}}\right) = \left(172.04 - (1.729) \cdot \frac{8.18}{\sqrt{20}}, \ 172.04 - (1.729) \cdot \frac{8.18}{\sqrt{20}}\right)$$

$$= (168.88, 175.20)$$

**12.** 표본평균과 표본표준편차를 구하면 각각 $\overline{x} = 2.1633$, $s = 0.5196$이다. 또한 $t_{0.025}(29) = 2.045$이므로 95% 신뢰구간은 다음과 같다.

$$\left(\overline{x} - t_{0.025}(29)\frac{s}{\sqrt{n}}, \ \overline{x} + t_{0.025}(29)\frac{s}{\sqrt{n}}\right) = \left(2.1633 - (2.045) \cdot \frac{0.5196}{\sqrt{30}}, \ 2.1633 + (2.045) \cdot \frac{0.5196}{\sqrt{30}}\right)$$

$$= (1.9693, 2.3573)$$

**13.** 표본평균과 표본표준편차를 구하면 각각 $\overline{x} = 334.13$, $s = 8.15$이다. 또한 $t_{0.025}(29) = 2.045$이므로 95% 신뢰구간은 다음과 같다.

$$\left(\overline{x} - t_{0.025}(29)\frac{s}{\sqrt{n}}, \ \overline{x} + t_{0.025}(29)\frac{s}{\sqrt{n}}\right) = \left(334.13 - (2.045) \cdot \frac{8.15}{\sqrt{30}}, \ 334.13 - (2.045) \cdot \frac{8.15}{\sqrt{30}}\right)$$

$$= (331.087, 337.173)$$

**14.** (1) $\overline{x} = 22$, $\overline{y} = 21$이므로 $\mu_1 - \mu_2$의 추정값은 $\hat{\mu}_1 - \hat{\mu}_2 = \overline{x} - \overline{y} = 22 - 21 = 1$이다.

(2) $\sigma_1^2 = 9$, $\sigma_2^2 = 4$이고 $n = 16$, $m = 36$이므로

$$\text{S.E.}(\overline{X} - \overline{Y}) = \sqrt{\frac{9}{16} + \frac{4}{36}} = \sqrt{0.5625 + 0.1111} = \sqrt{0.6736} = 0.8207$$이다.

(3) $|(\overline{X} - \overline{Y}) - (\mu_1 - \mu_2)|$에 대한 95% 오차한계는 $(1.96) \cdot \text{S.E.}(\overline{X} - \overline{Y}) = (1.96) \cdot (0.8207) = 1.609$이다.

(4) $\mu_1 - \mu_2$에 대한 95% 신뢰구간은 $(1 - 1.609, 1 + 1.609) = (-0.609, 2.609)$이다.

**15.** $\overline{x} - \overline{y} = 75.5 - 70.4 = 5.1$, $\sigma_X^2 = 16$, $\sigma_Y^2 = 25$이므로 $\sqrt{\frac{\sigma_1^2}{n} + \frac{\sigma_2^2}{m}} = \sqrt{\frac{16}{12} + \frac{10}{10}} = 1.5275$이고 $z_{0.025} = 1.96$이므로 95% 신뢰구간은 다음과 같다.

$$\left(\overline{x} - \overline{y} - z_{\alpha/2}\sqrt{\frac{\sigma_1^2}{n} + \frac{\sigma_2^2}{m}}, \ \overline{x} - \overline{y} + z_{\alpha/2}\sqrt{\frac{\sigma_1^2}{n} + \frac{\sigma_2^2}{m}}\right) = (5.1 - (1.96) \cdot (1.5275), 5.1 + (1.96) \cdot (1.5275))$$

$$= (2.1061, 8.0939)$$

**16.** (1) 두 모평균의 차에 대한 점추정량은 $\hat{\mu}_A - \hat{\mu}_B = \overline{X} - \overline{Y}$이므로 두 모평균의 차에 대한 점추정값은

$$\hat{\mu}_A - \hat{\mu}_B = 704 - 675 = 29 \text{이다.}$$

(2) $s_1 = 39.25$, $s_2 = 43.75$이고 두 표본의 크기가 각각 17와 10이므로 구하고자 하는 합동표본분산과 합동표준편차는 다음과 같다.

$$s_p^2 = \frac{1}{17+10-2}(17 \cdot (39.25)^2 + 10 \cdot (43.75)^2) = 1813.2075, \ s_p = \sqrt{1813.2075} = 42.5818$$

따라서 표준오차는 S.E.$(\overline{X} - \overline{Y}) = (42.5818) \cdot \sqrt{\frac{1}{17} + \frac{1}{10}} = (42.5818) \cdot (0.3985) = 16.9688$이다. 또한 $t_{0.05}(25) = 1.708$이므로 90% 오차한계는 $t_{0.05}(25) \cdot$ S.E.$(\overline{X} - \overline{Y}) = (1.708) \cdot (16.9688) = 28.9827$이다.

(3) 구하고자 하는 90% 신뢰구간의 하한과 상한은 각각 다음과 같다.

$$l = \overline{X} - \overline{Y} - (1.708) \cdot \text{S.E.}(\overline{X} - \overline{Y}) = 29 - 28.9827 = 0.0173,$$
$$u = \overline{X} - \overline{Y} + (1.708) \cdot \text{S.E.}(\overline{X} - \overline{Y}) = 29 + 28.9827 = 57.9827$$

그러므로 95% 신뢰구간은 $(0.0173, 57.9827)$이다.

**17.** (1) 두 모평균의 차에 대한 점추정량은 $\hat{\mu}_A - \hat{\mu}_B = \overline{X} - \overline{Y}$이므로 두 모평균의 차에 대한 점추정값은 $\hat{\mu}_A - \hat{\mu}_B = 78 - 75 = 3$이다.

(2) $s_X^2 = 3.25$, $s_Y^2 = 3.60$이고 두 표본의 크기가 각각 15와 13이므로 구하고자 하는 합동표본분산과 합동표준편차는 다음과 같다.

$$s_p^2 = \frac{1}{15+13-2}(14 \cdot (3.25) + 12 \cdot (3.6)) = 3.412, \ s_p = \sqrt{3.412} = 1.8472$$

한편 $t_{0.05}(26) = 1.706$이므로 $\overline{X} - \overline{Y}$의 90% 오차한계는 다음과 같다.

$$t_{0.05}(26) \cdot s_p \cdot \sqrt{\frac{1}{n} + \frac{1}{m}} = (1.706) \cdot (1.8472) \cdot \sqrt{\frac{1}{15} + \frac{1}{13}} = 0.4525$$

(3) 구하고자 하는 90% 신뢰구간의 하한과 상한은 각각 다음과 같다.

$$l = \overline{X} - \overline{Y} - (1.706) \cdot \text{S.E.}(\overline{X} - \overline{Y}) = 3 - 0.4525 = 2.5475,$$
$$u = \overline{X} - \overline{Y} + (1.706) \cdot \text{S.E.}(\overline{X} - \overline{Y}) = 3 + 0.4525 = 3.4525$$

그러므로 95% 신뢰구간은 $(2.5475, 3.4525)$이다.

**18.** 남자 근로자의 평균연령을 $\overline{X}$, 여자 근로자의 평균연령을 $\overline{Y}$라 하면, 표본조사 결과 $\overline{x} = 38$, $\overline{y} = 26$, $s_1 = 5$, $s_2 = 2$, $n = m = 61$이고, 합동표본분산과 합동표본표준편차는 각각

$$s_p^2 = \frac{60 s_1^2 + 60 s_2^2}{61 + 61 - 2} = \frac{60(25+4)}{120} = 14.5, \ s_p = \sqrt{14.5} = 3.808 \text{이다.}$$ 한편 $t_{0.025}(60) = 2.000$이므로 95% 신뢰구간은 다음과 같다.

$$\left( \overline{x} - \overline{y} - t_{0.025}(60) s_p \sqrt{\frac{1}{n} + \frac{1}{m}}, \ \overline{x} - \overline{y} + t_{0.025}(60) s_p \sqrt{\frac{1}{n} + \frac{1}{m}} \right)$$

$$= (12 - (2) \cdot (3.808) \cdot (0.1811), \ 12 - (2) \cdot (3.808) \cdot (0.1811)) = (10.62, 13.38)$$

**19.** $\overline{x} = 485.5$, $\overline{y} = 501.4$, $s_X = 6$, $s_Y = 7$, $n = 10$, $m = 15$이므로 합동표본분산과 합동표본표준편차는 각각

$$s_p^2 = \frac{9s_X^2 + 14s_Y^2}{10 + 15 - 2} = \frac{9 \cdot 36 + 14 \cdot 49}{23} = 43.913, \quad s_p = \sqrt{43.913} = 6.6267$$ 이다. 한편 $t_{0.025}(23) = 2.069$이므로

95% 신뢰구간은 다음과 같다.

$$\left( \overline{x} - \overline{y} - t_{0.025}(23)\, s_p \sqrt{\frac{1}{10} + \frac{1}{15}} \,,\; \overline{x} - \overline{y} + t_{0.025}(23)\, s_p \sqrt{\frac{1}{10} + \frac{1}{15}} \right)$$

$$= (-15.9 - (2.069) \cdot (6.6267) \cdot (0.4082),\; -15.9 + (2.069) \cdot (6.6267) \cdot (0.4082))$$

$$= (-21.4967,\; -10.3033)$$

**20.** **(1)** 두 지역의 평균 오염수치와 분산을 구하면 각각 $\overline{x} = 0.0747$, $\overline{y} = 0.0762$, $s_X^2 = 0.000168$,

$s_Y^2 = 0.000073$, $n = m = 10$이다. 또한 $t_{0.025}(9) = 2.262$이므로 서울지역의 평균 오염수치에 대한

95% 신뢰구간은 다음과 같다.

$$\left( \overline{x} - t_{0.025}(9)\, \frac{s}{\sqrt{n}} \,,\; \overline{x} + t_{0.025}(9)\, \frac{s}{\sqrt{n}} \right) = \left( 0.0747 - (2.262) \cdot \frac{0.013}{\sqrt{10}} \,,\; 0.0747 + (2.262) \cdot \frac{0.013}{\sqrt{10}} \right)$$

$$= (0.0654,\; 0.084)$$

그리고 부산지역의 평균 오염수치에 대한 95% 신뢰구간은 다음과 같다.

$$\left( \overline{x} - t_{0.025}(9)\, \frac{s}{\sqrt{n}} \,,\; \overline{x} + t_{0.025}(9)\, \frac{s}{\sqrt{n}} \right) = \left( 0.0762 - (2.262) \cdot \frac{0.0085}{\sqrt{10}} \,,\; 0.0762 + (2.262) \cdot \frac{0.0085}{\sqrt{10}} \right)$$

$$= (0.0701,\; 0.0823)$$

**(2)** 합동표본분산과 합동표본표준편차는 각각 다음과 같다.

$$s_p^2 = \frac{9s_X^2 + 9s_Y^2}{10 + 10 - 2} = \frac{9(0.000168 + 0.000073)}{18} = 0.0001205, \quad s_p = \sqrt{0.0001205} = 0.011$$

한편 $t_{0.025}(18) = 2.101$이므로 95% 신뢰구간은 다음과 같다.

$$\left( \overline{x} - \overline{y} - t_{0.025}(18)\, s_p \sqrt{\frac{1}{10} + \frac{1}{10}} \,,\; \overline{x} - \overline{y} + t_{0.025}(18)\, s_p \sqrt{\frac{1}{10} + \frac{1}{10}} \right)$$

$$= (0.0015 - (2.101) \cdot (0.011) \cdot (0.4472),\; 0.0015 + (2.101) \cdot (0.011) \cdot (0.4472))$$

$$= (0.0088,\; 0.0118)$$

**21.** **(1)** 여자와 남자의 평균생존연령을 각각 $\overline{X}$, $\overline{Y}$라 하면, $\overline{x} = 58.4$, $\overline{y} = 56.9$, $s_X = 9.41$, $s_Y = 15.51$,

$n = m = 10$이고 $t_{0.05}(9) = 1.833$이므로 여자의 평균생존연령에 대한 90% 신뢰구간은 다음과 같다.

$$\left( \overline{x} - t_{0.05}(9)\, \frac{s}{\sqrt{n}} \,,\; \overline{x} + t_{0.05}(9)\, \frac{s}{\sqrt{n}} \right) = \left( 58.4 - (1.833) \cdot \frac{9.41}{\sqrt{10}} \,,\; 58.4 + (1.833) \cdot \frac{9.41}{\sqrt{10}} \right)$$

$$= (52.95,\; 63.85)$$

그리고 남자의 평균생존연령에 대한 90% 신뢰구간은 다음과 같다.

$$\left( \overline{x} - t_{0.05}(9)\, \frac{s}{\sqrt{n}} \,,\; \overline{x} + t_{0.05}(9)\, \frac{s}{\sqrt{n}} \right) = \left( 56.9 - (1.833) \cdot \frac{15.51}{\sqrt{10}} \,,\; 56.9 + (1.833) \cdot \frac{15.51}{\sqrt{10}} \right)$$

$$= (47.91,\; 65.89)$$

**(2)** $s_p^2 = \dfrac{9s_X^2 + 9s_Y^2}{10 + 10 - 2} = \dfrac{9(88.5481 + 240.5601)}{23} = 164.5541, \quad s_p = \sqrt{164.5541} = 12.83$

(3) $t_{0.05}(18) = 1.734$이므로 90% 신뢰구간은 다음과 같다.

$$\left( \bar{x} - \bar{y} - t_{0.05}(18) s_p \sqrt{\frac{1}{10} + \frac{1}{10}}, \ \bar{x} - \bar{y} + t_{0.05}(18) s_p \sqrt{\frac{1}{10} + \frac{1}{10}} \right)$$

$$= (1.5 - (1.734) \cdot (12.83) \cdot (0.4472), \ 1.5 + (1.734) \cdot (12.83) \cdot (0.4472))$$

$$= (-8.45, \ 11.45)$$

## 8.3

**1.** $s^2 = 2.56$이고 $\chi^2_{0.975}(24) = 12.40$, $\chi^2_{0.025}(24) = 39.36$이므로 $\sigma^2$에 대한 95% 신뢰구간의 상한과 하한은 각각 $l = \dfrac{24 \, s^2}{\chi^2_{0.025}(24)} = \dfrac{24 \cdot (2.56)}{39.36} = 1.561$, $u = \dfrac{24 \, s^2}{\chi^2_{0.975}(24)} = \dfrac{24 \cdot (2.56)}{39.36} = 4.955$이므로 신뢰구간은 $(1.561, \ 4.955)$이다.

**2.** 표본의 크기가 10이므로 $9S^2/\sigma^2$은 자유도 9인 $\chi^2$-분포를 이룬다. 한편 표본평균과 표본분산을 구하면 각각

$$\bar{x} = \frac{1}{10} \sum_{i=1}^{10} x_i = \frac{1}{10}(116.3 + 112.9 + \cdots + 96.9 + 93.4) = 105.1,$$

$$s^2 = \frac{1}{9} \sum_{i=1}^{10} (x_i - 105.1)^2 = \frac{449.36}{9} = 49.929$$이다.

또한 자유도 9인 $\chi^2$-분포로부터 $\chi^2_{0.95}(9) = 3.32511$, $\chi^2_{0.05}(9) = 16.919$이다. 따라서 $\sigma^2$에 대한 90% 신뢰구간의 상한과 하한은 각각 $l = \dfrac{9S^2}{\chi^2_{0.05}(9)} = \dfrac{9 \cdot (49.929)}{16.919} = 26.56$,

$u = \dfrac{9S^2}{\chi^2_{0.95}(9)} = \dfrac{9 \cdot (49.929)}{3.32511} = 135.14$이고, $\sigma^2$에 대한 90% 신뢰구간은 $(26.56, \ 135.14)$이다. 또한 $\sigma$에 대한 90% 신뢰구간의 상한과 하한은 각각 $l = \sqrt{26.56} = 5.154$, $u = \sqrt{135.14} = 11.625$이고, 따라서 $\sigma$에 대한 90% 신뢰구간은 $(5.154, \ 11.625)$이다.

**3.** 표본의 크기가 20이므로 $19S^2/\sigma^2$은 자유도 19인 $\chi^2$-분포를 이룬다. 한편 표본평균과 표본분산을 구하면 각각 $\bar{x} = \dfrac{1}{20} \sum_{i=1}^{20} x_i = 2.545$, $s^2 = \dfrac{1}{19} \sum_{i=1}^{20} (x_i - 2.545)^2 = 1.4752$이다. 또한 자유도 19인 $\chi^2$-분포로부터 $\chi^2_{0.975}(19) = 8.91$, $\chi^2_{0.025}(19) = 32.85$이다. 따라서 $\sigma^2$에 대한 95% 신뢰구간의 상한과 하한은 각각 $l = \dfrac{19S^2}{\chi^2_{0.025}(19)} = \dfrac{19 \cdot (1.4752)}{32.85} = 0.853$, $u = \dfrac{19S^2}{\chi^2_{0.975}(19)} = \dfrac{19 \cdot (1.4752)}{8.91} = 3.146$이고, $\sigma^2$에 대한 95% 신뢰구간은 $(0.853, \ 3.146)$이다.

**4.** 표본의 크기가 10이므로 $9S^2/\sigma^2$은 자유도 9인 $\chi^2$-분포를 이룬다. 한편 표본평균과 표본분산을 구

하면 각각 $\bar{x}=14.61$, $s^2=\dfrac{1}{9}\sum_{i=1}^{10}(x_i-14.61)^2=\dfrac{7.069}{9}=0.7854$이다. 또한 자유도 9인 $\chi^2$-분포로부터

$\chi^2_{0.975}(9)=2.70$, $\chi^2_{0.025}(9)=19.02$이다. 따라서 $\sigma^2$에 대한 95% 신뢰구간의 상한과 하한은 각각

$l=\dfrac{9\,s^2}{\chi^2_{0.025}(9)}=\dfrac{9\cdot(0.7854)}{19.02}=0.570$, $u=\dfrac{9\,s^2}{\chi^2_{0.975}(9)}=\dfrac{9\cdot(0.7854)}{2.70}=2.618$이고, $\sigma^2$에 대한 95% 신뢰구

간은 $(0.570,\,2.618)$이다. 또한 $\sigma$에 대한 95% 신뢰구간의 상한과 하한은 각각 $l=\sqrt{0.570}=0.755$,

$u=\sqrt{135.14}=1.618$이고, 따라서 $\sigma$에 대한 95% 신뢰구간은 $(0.755,\,1.618)$이다.

**5.** (1) 표본으로 추출된 1,000명에 대한 지지율은 $\hat{p}=\dfrac{X}{n}=\dfrac{485}{1000}=0.485$이므로 전체 유권자에 대한 지

지율의 추정값은 48.5%이다.

(2) 표본비율 $\hat{p}$의 표준오차는 $n=1{,}000$, $x=485$이므로 표준오차는 다음과 같다.

$$\text{S.E.}(\hat{p})=\dfrac{1}{n}\sqrt{\dfrac{x(n-x)}{n}}=\dfrac{1}{1000}\sqrt{\dfrac{485(1000-485)}{1000}}=0.016$$

(3) 95% 오차한계는 $d=(1.96)\,\text{S.E.}(\hat{p})=0.031$, 즉 3.1%이다.

(4) 95% 신뢰구간은 $(0.485-0.031,\,0.485+0.031)=(0.454,\,0.516)$이다.

**6.** (1) 표본으로 추출된 1,000명에 대한 취업률은 $\hat{p}=\dfrac{X}{n}=\dfrac{345}{1000}=0.345$이므로 전체 20대 여성의 취업

률에 대한 추정값은 34.5%이다.

(2) 표본비율 $\hat{p}$의 표준오차는 $n=1{,}000$, $x=345$이므로

$$\text{S.E.}(\hat{p})=\dfrac{1}{n}\sqrt{\dfrac{x(n-x)}{n}}=\dfrac{1}{1000}\sqrt{\dfrac{345\cdot655}{1000}}=0.015$$

(3) 90% 오차한계는 $d=(1.645)\cdot\text{S.E.}(\hat{p})=0.0247$, 즉 2.47%이다.

(4) 90% 신뢰구간은 $(0.345-0.0247,\,0.345+0.0247)=(0.3203,\,0.3697)$이다.

**7.** 표본으로 추출된 100명에 대한 복용 비율은 $\hat{p}=\dfrac{X}{n}=\dfrac{35}{100}=0.35$이므로 전체 20대 여성의 다이어트

식품을 복용하는 비율에 대한 추정값은 35%이다. 한편 표본비율 $\hat{p}$의 표준오차는 $n=100$, $x=35$

이므로 $\text{S.E.}(\hat{p})=\dfrac{1}{n}\sqrt{\dfrac{x(n-x)}{n}}=\dfrac{1}{100}\sqrt{\dfrac{35\cdot65}{100}}=0.0477$이고, 따라서 95% 오차한계는

$d=(1.96)\cdot\text{S.E.}(\hat{p})=0.0935$이다.

그러므로 95% 신뢰구간은 $(0.35-0.0935,\,0.35+0.0935)=(0.2565,\,0.4435)$이다.

**8.** (1) $\hat{p}_1=254/470=0.54$, $\hat{p}_2=223/619=0.36$이므로 $\hat{p}_1-\hat{p}_2=0.54-0.36=0.18$이다.

(2) $\hat{q}_1=0.46$, $\hat{q}_2=0.64$이므로 $\text{S.E.}(\hat{p}_1-\hat{p}_2)=\sqrt{\dfrac{(0.54)\cdot(0.46)}{470}+\dfrac{(0.36)\cdot(0.64)}{619}}=0.095$이다.

(3) $z_{0.025}=1.96$이므로 95% 오차한계는 $d=z_{0.025}\cdot\text{S.E.}(\hat{p}_1-\hat{p}_2)=(1.96)\cdot(0.095)=0.1862$이다.

(4) 95% 신뢰구간은 $(0.18-0.1862,\,0.18+0.1862)=(-0.0062,\,0.3662)$이다.

**9.** 표본으로 선정된 남학생과 여학생의 음주율을 각각 $\hat{p}_1$, $\hat{p}_2$라 하면, $\hat{p}_1=0.839$, $\hat{q}_1=0.161$, $\hat{p}_2=0.592$,

$\hat{q}_2 = 0.408$이므로 $\hat{p}_1 - \hat{p}_2 = 0.247$이고, 추정량 $\hat{p}_1 - \hat{p}_2$에 대한 표준오차는

$$\text{S.E.}(\hat{p}_1 - \hat{p}_2) = \sqrt{\frac{(0.839) \cdot (0.161)}{256} + \frac{(0.592) \cdot (0.408)}{348}} = 0.035$$

이다. 한편 95% 신뢰구간에 대한 상한과 하한은 각각

$$l = \hat{p}_1 - \hat{p}_2 - (1.96) \cdot \sqrt{\frac{\hat{p}_1 \hat{q}_1}{n} + \frac{\hat{p}_2 \hat{q}_2}{m}} = 0.247 - (1.96) \cdot (0.035) = 0.1784$$

$$u = \hat{p}_1 - \hat{p}_2 + (1.96) \cdot \sqrt{\frac{\hat{p}_1 \hat{q}_1}{n} + \frac{\hat{p}_2 \hat{q}_2}{m}} = 0.247 + (1.96) \cdot (0.035) = 0.3156$$

이다. 그러므로 구하고자 하는 신뢰구간은 $(0.1784, 0.3156)$이다.

**10.** A 후보와 B 후보의 지지율을 각각 $p_1$, $p_2$라 하면, 두 후보의 지지율에 대한 추정값은

$\hat{p}_1 = \dfrac{625}{1500} = 0.417$, $\hat{p}_2 = \dfrac{535}{1500} = 0.357$이다. 또한

$$\text{S.E.}(\hat{p}_1) = \frac{1}{n} \sqrt{\frac{x(n-x)}{n}} = \frac{1}{1500} \sqrt{\frac{625 \cdot 875}{1500}} = 0.0127$$

$$\text{S.E.}(\hat{p}_2) = \frac{1}{n} \sqrt{\frac{x(n-x)}{n}} = \frac{1}{1500} \sqrt{\frac{535 \cdot 965}{100}} = 0.0124$$

이므로 95% 오차한계는 각각 $d_1 = (1.96) \cdot \text{S.E.}(\hat{p}_1) = 0.0249$, $d_2 = (1.96) \cdot \text{S.E.}(\hat{p}_2) = 0.0243$이다. 따라서 A 후보의 지지율에 대한 95% 신뢰구간은 $(0.417 - 0.0249, 0.417 + 0.0249) = (0.3921, 0.4419)$이고, B 후보의 지지율에 대한 95% 신뢰구간은 $(0.357 - 0.0243, 0.357 + 0.0243) = (0.3327, 0.3813)$이다.

**11.** A 약품과 B 약품의 효율을 각각 $p_1$, $p_2$라 하면, 두 약품의 효율에 대한 추정값 $\hat{p}_1$, $\hat{p}_2$는

$\hat{p}_1 = \dfrac{165}{200} = 0.825$, $\hat{p}_2 = \dfrac{150}{200} = 0.75$이다. 그러므로 $\hat{p}_1 - \hat{p}_2 = 0.825 - 0.75 = 0.075$이고, 또한

$$\text{S.E.}(\hat{p}_1 - \hat{p}_2) = \sqrt{\frac{(0.825) \cdot (0.175)}{200} + \frac{(0.75) \cdot (0.25)}{200}} = 0.0407$$

이므로 95% 오차한계는 $d = (1.96) \cdot \text{S.E.}(\hat{p}_1) = 0.0798$이다. 따라서 두 약품의 효율에 대한 차의 95% 신뢰구간은 $(0.075 - 0.0798, 0.075 + 0.0798) = (-0.005, 0.1548)$이다.

**12.** (1) 과제물을 제시한다고 응답한 교수 수가 12명이므로 과제물 제시율은 $\hat{p}_1 = \dfrac{12}{20} = 0.60$이고, 표본

비율 $\hat{p}_1$의 표준오차는 $\text{S.E.}(\hat{p}_1) = \dfrac{1}{n} \sqrt{\dfrac{x(n-x)}{n}} = \dfrac{1}{20} \sqrt{\dfrac{12 \cdot 8}{20}} = 0.1095$이고, 90% 오차한계는

$d = (1.645) \cdot \text{S.E.}(\hat{p}_1) = 0.180$이므로 90% 신뢰구간은 $(0.60 - 0.180, 0.60 + 0.18) = (0.42, 0.78)$이다.

(2) 과제물을 스스로 작성했다고 응답한 학생 수가 10명이므로 과제물 작성율은 $\hat{p}_2 = \dfrac{10}{25} = 0.40$이

고, 표본비율 $\hat{p}_2$의 표준오차는 $\text{S.E.}(\hat{p}_2) = \dfrac{1}{n} \sqrt{\dfrac{x(n-x)}{n}} = \dfrac{1}{25} \sqrt{\dfrac{10 \cdot 15}{25}} = 0.1225$이고, 90% 오차

한계는 $d = (1.645) \cdot \text{S.E.}(\hat{p}_2) = 0.2015$이므로 90% 신뢰구간은

$(0.40 - 0.2015, 0.40 + 0.2015) = (0.1985, 0.6015)$이다.

(3) $\hat{p}_1 - \hat{p}_2 = 0.20$이고, 또한 $\text{S.E.}(\hat{p}_1 - \hat{p}_2) = \sqrt{\dfrac{(0.6) \cdot (0.4)}{20} + \dfrac{(0.4) \cdot (0.6)}{25}} = 0.147$이므로 90% 오차한

계는 $d = (1.645) \cdot \text{S.E.}(\hat{p}_1) = 0.2418$이다. 따라서 두 약품의 효율에 대한 차의 95% 신뢰구간은

$(0.147 - 0.2418, \ 0.147 + 0.2418) = (-0.095, \ 0.389)$이다.

## 8.4

**1.** $z_{0.025} = 1.96$, $s = 4$ 그리고 $L_0 = 1.0$이므로 $n \geq 4 \cdot \left(\dfrac{z_{0.025}\,\sigma}{L_0}\right)^2 = 4 \cdot \left(\dfrac{(1.97) \cdot 4}{1}\right)^2 = 245.86$이고 따라서

246개의 표본을 조사해야 한다.

**2.** 오차범위 ±0.02이므로 신뢰구간의 길이는 $L_0 = 0.04$보다 작은 99% 신뢰구간을 구하기 위한 표본의

크기를 구한다. 이때 사전 조사에 의한 신뢰구간의 길이가 $L = 2.096 - 1.997 = 0.099$이므로 사전조사

에 의한 표본표준편차는 $2\,t_{0.005}(29)\dfrac{s}{\sqrt{30}} = 2 \cdot (2.756)\,\dfrac{s}{\sqrt{30}} = 0.099$ ; $s = 0.098$이다. 그러므로 표본

의 크기는 $n \geq 4\left(\dfrac{t_{0.005}(29)s}{0.04^2}\right)^2 = 182.37$ 즉, 183개의 표본을 구해야 한다. 한편 이미 30개를 조사하

였으므로 크기 153인 표본을 조사하면 된다.

**3.** $\sigma_1^2 = 0.0027$, $\sigma_2^2 = 0.0023$이고 오차범위가 ±0.01이므로 $L_0 = 0.02$, 그리고 $z_{0.005} = 2.58$이므로

$m = n \geq 4 \cdot \dfrac{z_{0.005}\,(\sigma_1^2 + \sigma_2^2)}{L_0^2} = 4 \cdot \dfrac{(2.58) \cdot (0.0027 + 0.0023)}{0.02^2} = 129$이다.

**4.** 90% 신뢰수준 $t_{0.05}(n-1) \leq 1.7$이고 $s \leq 0.04$ 그리고 $L_0 = 0.02$이므로

$4 \cdot \left(\dfrac{t_{0.05}(n-1) \cdot s}{L_0}\right)^2 \leq 4 \cdot \left(\dfrac{(1.7) \cdot (0.04)}{0.02}\right)^2 = 46.24 \leq n$. 그러므로 $n = 47$이다.

**5.** $z_{0.025} = 1.96$이고 $\sigma = 4$ 그리고 $L_0 = 0.8$이므로 $n \geq 4 \cdot \left(\dfrac{z_{\alpha/2}\,\sigma}{L_0}\right)^2 = 4 \cdot \left(\dfrac{(1.96) \cdot 4}{0.8}\right)^2 = 384.16$. 그러므로

$n = 385$이다.

**6.** (1) $t_{0.025}(30) = 2.042$, $s/\sqrt{n} = 3.05/\sqrt{31} = 0.5478$이므로 모평균에 대한 95% 신뢰구간은 다음과 같다.

$$\left(\bar{x} - t_{0.025}(30)\dfrac{s}{\sqrt{n}}, \ \bar{x} + t_{0.025}(30)\dfrac{s}{\sqrt{n}}\right) = (53.42 - (2.042) \cdot (0.5478), \ 53.42 + (2.042) \cdot (0.5478))$$

$$= (52.30, \ 54.54)$$

(2) $L_0 = 2.0$이므로 $4 \cdot \left(\dfrac{t_{0.025}(30) \cdot s}{L_0}\right)^2 = 4 \cdot \left(\dfrac{(2.042) \cdot (3.05)}{2}\right)^2 = 38.79 \leq n$이다. 그러므로 $n = 39$이

고, 31개를 관찰하였으므로 8개를 더 관찰하면 된다.

**7.** (1) $t_{0.005}(15) = 2.947$, $s/\sqrt{n} = 0.058/\sqrt{16} = 0.0145$이므로 모평균에 대한 95% 신뢰구간은 다음과 같다.

$$\left(\overline{x} - t_{0.005}(15)\frac{s}{\sqrt{n}},\ \overline{x} + t_{0.005}(15)\frac{s}{\sqrt{n}}\right) = (1.053 - (2.947) \cdot (0.0145),\ 1.053 + 2.947) \cdot (0.0145))$$

$$= (1.010,\ 1.096)$$

(2) 표본분산은 $s^2 = 0.00336$이고, $n = 16$이므로 $\chi^2_{0.005}(15) = 32.80$, $\chi^2_{0.995}(15) = 4.60$이다. 그러므로 모분산 $\sigma^2$에 대한 99% 신뢰구간은 다음과 같다.

$$\left(\frac{15 \cdot s^2}{\chi^2_{0.005}(15)},\ \frac{15 \cdot s^2}{\chi^2_{0.995}(15)}\right) = \left(\frac{15 \cdot (0.00336)}{32.8},\ \frac{15 \cdot (0.00336)}{4.6}\right) = (0.0015,\ 0.0110)$$

(3) $L_0 = 0.05$이므로 $4 \cdot \left(\dfrac{t_{0.005}(15) \cdot s}{L_0}\right)^2 = 4 \cdot \left(\dfrac{(2.947) \cdot (0.058)}{0.05}\right)^2 = 46.75 \leq n$이다. 그러므로 $n = 47$이고, 31개를 관찰하였으므로 16개를 더 관찰하면 된다.

**8.** 신제품이기 때문에 불량률에 대한 사전 정보가 전혀 없으므로

$$n \geq \left(\frac{z_{0.025}}{L_0}\right)^2 = \left(\frac{1.96}{0.05}\right)^2 = 1536.64$$

이고, 따라서 $n = 1{,}537$이다.

**9.** $d = 0.06$이고 $p^* = 0.78$이므로 $n \geq 4(1.96)^2 \dfrac{(0.78)(0.22)}{0.06^2} = 732.465$이고, 따라서 $n = 733$명을 조사해야 한다.

## 9.2

**1.** ① 귀무가설 $H_0$: $\mu \geq 210$과 대립가설 $H_0$: $\mu < 210$을 설정한다.

② 적당한 검정통계량을 선택한다. 모표준편차 $\sigma = 55$이므로 모평균에 대한 검정통계량과 그의 분포는 $Z = \dfrac{\overline{X} - 210}{55/\sqrt{20}} \sim N(0,1)$이다.

③ 표본으로부터 얻은 평균점수는 $\overline{x} = 206.4$이므로 검정통계량의 관측값은 $z_0 = \dfrac{206.4 - 210}{55/\sqrt{20}} = -0.29$이다.

④ $p$-값은 $p$-값$= P(Z \leq -0.29) = 0.3859$이고, $p = 0.3859 \geq \alpha = 0.1$이므로 귀무가설 $H_0$을 채택한다.

**2.** ① 귀무가설 $H_0$: $\mu = 172.37$과 대립가설 $H_1$: $\mu \neq 172.37$을 설정한다.

② 유의수준 $\alpha = 0.01$에 대한 양측검정 기각역은 $R$: $|Z| \geq 2.58$이다.

③ 모분산을 모르는 대표본이므로 모평균에 대한 검정통계량과 그의 분포는

$Z = \dfrac{\overline{X} - 172.37}{S/\sqrt{400}} \approx N(0,1)$이다. 그리고 표본평균과 표본표준편차가 $\overline{x} = 171.7$, $s = 1.07$이므로 검정통계량의 관측값은 $z_0 = \dfrac{20 \cdot (171.7 - 172.37)}{4.38} = -3.06$이다.

④ 관측값 $z_0$이 기각역 $R$안에 있으므로 보고서의 주장을 기각한다.

또는

⑤ $p$-값을 구하면, $p = 2\,\Phi(-3.06) = 0.0022$이므로 유의수준 $\alpha = 0.01$보다 작으므로 귀무가설 $H_0$을 기각한다. 다시 말해서, 유의수준 $\alpha = 0.01$에서 경북지역 고3 남학생의 평균키가 10년 전보다 3.1cm 더 커졌다는 보고서의 주장은 타당성이 없다.

**3.** (1) 양측검정이므로 유의수준 $\alpha = 0.1$에 대한 기각역은 $R : |Z| \geq 1.645$이다. 그러므로 $H_0$을 채택할 수 있는 채택역은 $(-1.645,\ 1.645)$이다.

(2) 유의수준 $\alpha = 0.01$에 대한 기각역은 $R : |Z| \geq 2.58$이고, 따라서 채택역은 $(-2.58,\ 2.58)$이다.

(3) $z_0 = \dfrac{24.23 - 25}{1/\sqrt{10}} = -2.43$

(4) 유의수준 $\alpha = 0.1$에서 기각하고, 유의수준 $\alpha = 0.01$에서 채택한다.

(5) $p$-값을 구하면, $p = 2\,\Phi(-2.43) = 2 \cdot (1 - 0.9925) = 0.015$이고, 따라서 유의수준 $\alpha = 0.1$보다 작으므로 귀무가설 $H_0$을 기각한다. 그러나 유의수준 $\alpha = 0.01$보다 크므로 귀무가설 $H_0$을 채택한다.

**4.** ① 귀무가설 $H_0 : \mu = 5$과 대립가설 $H_1 : \mu \neq 5$를 설정한다.

② 검정통계량과 검정통계량의 확률분포는 $T = \dfrac{\overline{X} - 5}{s/\sqrt{41}} \sim t(40)$이다.

③ 표본조사한 자료로부터 평균과 표준편차를 구하면, $\overline{x} = 4.96$, $s = 0.124$이다.

④ 주어진 유의수준 $\alpha = 0.05$와 $\alpha = 0.01$에 대한 임계값과 기각역을 구한다. $t_{0.025}(40) = 2.021$, $t_{0.005}(40) = 2.704$이므로 두 유의수준에 대한 기각역은 각각 $R_1 : |T| \geq 2.021$, $R_2 : |T| \geq 2.704$이다.

⑤ 검정통계량의 측정값 $t_0 = \dfrac{4.96 - 5}{0.124/\sqrt{41}} = -2.066$을 구한다.

⑥ 유의수준 $\alpha = 0.05$에 대하여 검정통계량의 측정값이 기각역 안에 들어가므로 귀무가설을 기각한다. 그러나 유의수준 $\alpha = 0.01$에 대하여 검정통계량의 측정값이 기각역 안에 들어가지 않으므로 귀무가설을 기각할 수 없다.

**5.** ① 귀무가설 $H_0 : \mu = 50$과 대립가설 $H_1 : \mu \neq 50$을 설정한다.

② 검정통계량과 검정통계량의 확률분포는 $T = \dfrac{\overline{X} - 50}{s/\sqrt{15}} \sim t(14)$이다.

③ 표본조사한 자료로부터 평균과 표준편차 $\overline{x} = 49.998$, $s = 0.0134$를 구한다.

④ 주어진 유의수준 $\alpha = 0.05$에 대한 임계값과 기각역을 구한다. 그러면 $t_{0.025}(14) = 2.145$이므로 기각역은 $|T| > 2.145$이다.

⑤ 검정통계량의 측정값 $t_0 = \dfrac{49.998 - 50}{0.0134 / \sqrt{15}} = -0.5781$을 구한다.

⑥ 검정통계량의 측정값이 기각역 안에 놓이지 않으므로 귀무가설을 기각할 수 없다. 즉, 회사의 주장에 타당성이 있다.

**6.** (1) 자유도 60인 $T$-검정에 대하여 상단측검정이므로 유의수준 0.1에서 귀무가설 $H_0$을 기각할 기각역은 $R$: $T \geq 1.296$이고 따라서 $H_0$을 채택할 영역은 $T < 1.296$이다.

(2) 유의수준 0.01에서 귀무가설 $H_0$을 기각할 기각역은 $R$: $T \geq 2.390$이고 따라서 $H_0$을 채택할 영역은 $T < 2.390$이다.

(3), (4) ① 검정통계량과 검정통계량의 확률분포는 $T = \dfrac{\overline{X} - 50}{s / \sqrt{61}} \sim t(60)$이다.

② 표본조사한 자료로부터 평균과 표준편차 $\overline{x} = 0.502$, $s = 0.008$를 구한다.

③ 검정통계량의 측정값은 $t_0 = \dfrac{0.502 - 0.5}{0.008 / \sqrt{61}} = 1.953$이고, 이 측정값은 유의수준 $\alpha = 0.1$에 대한 기각역 안에 들어가므로 귀무가설을 기각한다. 그러나 유의수준 $\alpha = 0.01$에 대한 기각역 안에 들어가지 못하므로 귀무가설을 기각할 수 없다.

**7.** ① 귀무가설 $H_0$: $\mu = 60$과 대립가설 $H_1$: $\mu < 60$을 설정한다.

② 검정통계량과 검정통계량의 확률분포는 $T = \dfrac{\overline{X} - 60}{S / \sqrt{50}} \sim t(49)$이다.

③ 표본조사한 자료로부터 평균과 표준편차 $\overline{x} = 59.062$, $s = 3.077$를 구한다.

④ 주어진 유의수준 $\alpha = 0.05$에 대한 임계값과 기각역 $R$ : $T \leq t_{0.05}(49) = -1.6766$을 구한다.

⑤ 검정통계량의 측정값 $t_0 = \dfrac{\sqrt{50}\,(59.062 - 60)}{3.077} = -2.1556$을 구한다.

⑥ 검정통계량의 측정값이 기각역 안에 들어가므로 귀무가설을 기각한다. 즉, 유의수준 0.05에서 베어링의 평균 직경이 60mm라는 제조회사의 주장은 타당성이 없다.

**8.** ① 귀무가설 $H_0$: $\mu \leq 3$과 대립가설 $H_1$: $\mu > 3$을 설정한다.

② 검정통계량과 검정통계량의 확률분포는 $T = \dfrac{\overline{X} - 3}{s / \sqrt{20}} \sim t(19)$이다.

③ 표본조사한 자료로부터 평균과 표준편차 $\overline{x} = 3.016$, $s = 0.55$를 구한다.

④ 주어진 유의수준 $\alpha = 0.05$에 대한 임계값과 기각역을 구한다. 그러면 $t_{0.005}(19) = 1.729$이므로 기각역은 $R$: $T \geq 1.729$이다.

⑤ 검정통계량의 측정값 $t_0 = \dfrac{3.016 - 3}{0.55 / \sqrt{20}} = 0.130$을 구한다.

⑥ 유의수준 $\alpha = 0.05$에 대하여 검정통계량의 측정값이 기각역 안에 들어가지 않으므로 귀무가설을 기각할 수 없다.

**9.** ① 귀무가설 $H_0$: $\mu = 1$과 대립가설 $H_1$: $\mu \neq 1$을 설정한다.

② 검정통계량과 검정통계량의 확률분포는 $T = \dfrac{\overline{X} - 1}{s/\sqrt{15}} \sim t(14)$ 이다.

③ 표본조사한 자료로부터 평균과 표준편차 $\overline{x} = 1.0008$, $s = 0.0028$을 구한다.

④ 주어진 유의수준 $\alpha = 0.05$에 대한 임계값과 기각역을 구한다. $t_{0.025}(14) = 2.145$이므로 기각역은 $R : T \leq -2.145$, $T \geq 2.145$이다.

⑤ 검정통계량의 측정값 $t_0 = \dfrac{1.0008 - 1}{0.0028/\sqrt{15}} = 1.1066$을 구한다.

⑥ 검정통계량의 측정값이 기각역 안에 들어가지 않으므로 귀무가설을 기각할 수 없다. 즉, 유의수준 0.05에서 베어링의 평균 직경이 1mm라고 할 수 있다.

**10.** ① 귀무가설 $H_0 : \mu \geq 2550$과 대립가설 $H_1 : \mu < 2550$을 설정한다.

② 유의수준 $\alpha = 0.05$에 대한 하단측검정 기각역은 $R : Z < -1.645$이다.

③ 모분산을 모르는 대표본이므로 모평균에 대한 검정통계량과 그의 분포는 $Z = \dfrac{\overline{X} - 2550}{s/\sqrt{36}} \approx N(0, 1)$ 이다.

그리고 표본평균과 표본표준편차가 $\overline{x} = 2516$, $s = 132$이므로 검정통계량의 관측값은

$z_0 = \dfrac{2516 - 2550}{132/\sqrt{36}} = -1.545$이다.

④ 관측값 $z_0$이 기각역 $R$안에 들어있지 않으므로 이 회사의 주장은 타당하다.

**11.** ① 여자의 평균연령을 $\mu_1$ 그리고 남자의 평균연령을 $\mu_2$라 하고, 귀무가설 $H_0 : \mu_1 - \mu_2 = 10$과 대립가설 $H_1 : \mu_1 - \mu_2 \neq 10$을 설정한다.

② 여자의 평균연령과 남자의 평균연령을 각각 $\overline{X}$, $\overline{Y}$라 하면, 모분산이 각각 $\sigma_1 = \sigma_2 = 11.7$이므로

$$Z = \frac{\overline{X} - \overline{Y} - (\mu_1 - \mu_2)}{\sqrt{\dfrac{\sigma_1^2}{n} + \dfrac{\sigma_2^2}{m}}} = \frac{\overline{X} - \overline{Y} - 10}{\sqrt{13.689}} \sim N(0, 1)$$ 이다.

③ 유의수준 $\alpha = 0.01$에 대한 임계값과 기각역을 구한다. 양측검정이므로 $\alpha = 0.01$에 대한 임계값은 $z_{0.005} = 2.58$이고, 따라서 기각역은 $R : |Z| \geq 2.58$이다.

④ 검정통계량의 값을 구한다. 두 표본에 대한 표본평균이 각각 $\overline{x} = 64.05$, $\overline{y} = 52.75$이므로 검정통계량의 관측값은 $z_0 = (11.3 - 10)/3.7 = 0.35$이다.

⑤ 검정통계량의 관측값이 기각역 안에 들어있지 않으므로 귀무가설 $H_0$을 기각할 수 없다. 즉, 여자가 남자보다 평균 10년을 더 산다고 할 수 있다.

**12.** ① A와 B 회사에서 생산된 타이어의 평균 수명을 각각 $\mu_1$, $\mu_2$라 하고, $H_0 : \mu_1 - \mu_2 = 0$을 귀무가설 그리고 $H_1 : \mu_1 - \mu_2 \neq 0$을 대립가설로 설정한다.

② 표본으로 추출된 A와 B 회사 타이어의 평균 수명을 각각 $\overline{X}$, $\overline{Y}$라 하면, 두 표본의 크기가 각각 36으로 충분히 크므로 귀무가설에 대한 검정통계량과 그 확률분포는

$$Z = \frac{\overline{X} - \overline{Y} - 0}{\sqrt{\dfrac{s_1^2}{n} + \dfrac{s_2^2}{m}}} = \frac{\overline{X} - \overline{Y}}{866.706} \approx N(0, 1) \text{이다.}$$

③ 유의수준 $\alpha = 0.05$에 대한 임계값과 기각역을 구한다. 양측검정이므로 $\alpha = 0.05$에 대한 임계값은 $z_{0.025} = 1.96$이고, 따라서 기각역은 $R : |Z| \geq 1.96$이다.

④ 검정통계량의 값을 구한다. 두 표본에 대한 표본평균이 각각 $\overline{x} = 57300$, $\overline{y} = 56100$이므로 검정통계량의 관찰값은 $z_0 = \dfrac{57300 - 56100}{866.706} = 1.38$이다.

⑤ 검정통계량의 관측값이 기각역 안에 들어있지 않으므로 귀무가설 $H_0$을 기각할 수 없다. 즉, 두 회사에서 생산된 타이어의 평균 수명은 같다고 할 수 있다.

**13.** ① 남자와 여자의 평균 입원 기간을 각각 $\mu_1$, $\mu_2$라 하고, 두 가설 $H_0 : \mu_1 - \mu_2 = 0$과 $H_1 : \mu_1 - \mu_2 \neq 0$을 설정한다.

② 표본으로 추출된 남자와 여자의 평균 입원 기간을 각각 $\overline{X}$, $\overline{Y}$라 하면, 두 표본의 크기가 각각 20과 17이므로 귀무가설에 대한 검정통계량과 그 확률분포는

$$Z = \frac{\overline{X} - \overline{Y} - 0}{\sqrt{\dfrac{\sigma_1^2}{n} + \dfrac{\sigma_2^2}{m}}} = \frac{\overline{X} - \overline{Y}}{\sqrt{\dfrac{5.5^2}{20} + \dfrac{4.5^2}{17}}} \sim N(0, 1) \text{이다.}$$

③ 유의수준 $\alpha = 0.05$에 대한 임계값과 기각역을 구한다. 양측검정이므로 $\alpha = 0.05$에 대한 임계값은 $z_{0.025} = 1.96$이고, 따라서 기각역은 $R : |Z| \geq 1.96$이다.

④ 검정통계량의 값을 구한다. 두 표본에 대한 표본평균이 각각 $\overline{x} = 11.45$, $\overline{y} = 10.29$이므로 검정통계량의 관찰값은 $z_0 = \dfrac{11.45 - 10.29}{1.6443} = 0.705$이다.

⑤ 검정통계량의 관측값이 기각역 안에 들어있지 않으므로 귀무가설 $H_0$을 기각할 수 없다. 즉, 남자와 여자의 평균 입원 기간에는 차이가 없다고 할 수 있다.

**14.** **(1)** 두 표본의 표본분산을 $S_1^2$, $S_2^2$이라 하면 합동표본분산은

$$S_p^2 = \frac{10 \cdot (1.6)^2 + 15 \cdot (1.2)^2}{25} = 1.888 \text{이다.}$$

**(2)** ① 귀무가설 $H_0 : \mu_1 - \mu_2 = 0$과 대립가설 $H_1 : \mu_1 - \mu_2 \neq 0$를 설정한다.

② 검정통계량과 검정통계량의 확률분포는 $T = \dfrac{\overline{X} - \overline{Y} - 0}{S_p \sqrt{\dfrac{1}{11} + \dfrac{1}{16}}} \sim t(25)$이다.

③ 주어진 유의수준 $\alpha = 0.1$에 대한 임계값과 기각역을 구하면, $t_{0.025}(25) = 2.060$이므로 기각역은 $R : |T| \geq 2.060$이다.

④ 표본조사한 자료로부터 두 표본평균이 각각 $\overline{x} = 704$, $\overline{y} = 691$이므로 검정통계량의 측정값은

$$t_0 = \frac{704 - 691}{1.888 / \sqrt{0.1534}} = 2.6968$$

⑤ 유의수준 $\alpha = 0.05$에 대하여 검정통계량의 측정값이 기각역 안에 들어가므로 귀무가설을 기각한다.

**15.** ① A와 B 고등학교의 평균 성적을 각각 $\mu_1$, $\mu_2$라 하고, 두 가설 $H_0 : \mu_1 - \mu_2 \geq 0$과 $H_1 : \mu_1 - \mu_2 < 0$을 설정한다.

② 표본으로 추출된 A와 B 두 고등학교의 평균 성적을 각각 $\overline{X}$, $\overline{Y}$라 하면, 두 표본의 크기가 각각 10씩이므로 귀무가설에 대한 검정통계량과 그 확률분포는

$$T = \frac{\overline{X} - \overline{Y} - 0}{S_p \sqrt{\frac{1}{n} + \frac{1}{m}}} = \frac{\overline{X} - \overline{Y}}{0.4472 S_p} \sim t(18) \text{이다.}$$

③ 유의수준 $\alpha = 0.05$에 대한 임계값과 기각역을 구한다. 하단측검정이므로 $\alpha = 0.05$에 대한 임계값은 $t_{0.05} = -1.734$이고, 따라서 기각역은 $R : T \leq -1.734$이다.

④ 검정통계량의 값을 구한다. 두 표본에 대한 표본평균이 각각 $\overline{x} = 77.9$, $\overline{y} = 75.0$이고 두 표준편차는 각각 $s_1 = 7.95$, $s_2 = 10.97$이므로 합동표본분산은 $S_p^2 = \frac{9 \cdot (7.95)^2 + 9 \cdot 10.97^2}{18} = 91.7717$이고, 따라서 $S_p = \sqrt{91.7717} = 9.58$이다. 그러므로 검정통계량의 관찰값은 $t_0 = \frac{77.9 - 75}{(0.4472) \cdot (9.58)} = 0.677$이다.

⑤ 검정통계량의 관측값이 기각역 안에 들어 있지 않으므로 귀무가설 $H_0$을 기각할 수 없다. 즉, A 고등학교의 성적이 B 고등학교의 성적보다 높다고 할 수 있다.

**16.** 우선 각 지역의 신호체계를 바꾸기 전후의 사고 건수에 대한 차를 구한다.

| 지역 | 1 | 2 | 3 | 4 | 5 | 6 | 7 | 8 | 합 |
|------|---|---|---|---|---|---|---|---|---|
| $d_i$ | 1 | 1 | 0 | 1 | 1 | -1 | 1 | 0 | 4 |
| $d_i^2$ | 1 | 1 | 0 | 1 | 1 | 1 | 1 | 0 | 6 |

① 신호체계를 바꾸기 전과 후의 평균 사고 건수를 각각 $\mu_1$, $\mu_2$라 하면, 밝히고자 하는 것은 $\mu_1 > \mu_2$이고 등호가 들어가지 않으므로 대립가설로 설정한다. 따라서 귀무가설은 $H_0 : \mu_1 \leq \mu_2$이고 대립가설은 $H_1 : \mu_1 > \mu_2$(주장)이다.

② 유의수준 $\alpha = 0.05$에 대한 상단측검정이고 이때 자유도 7인 $t$-분포를 사용하므로 기각역은 $R : T > t_{0.05} = 1.895$이다.

③ $\sum d_i^2 = 6$, $\sum d_i = 4$이므로 $d_i$에 대한 평균과 표준편차는 다음과 같다.

$$\overline{d} = \frac{4}{8} = 0.5, \quad s_d = \sqrt{\frac{8 \cdot 6 - 16}{56}} = 0.7559$$

④ 검정통계량 $T = \frac{\overline{d} - 0}{0.7559/\sqrt{8}} = \frac{\overline{d}}{0.26725}$의 관찰값은 $t_0 = \frac{0.5}{0.26725} = 1.871$이므로 기각역 안에 놓이지 않는다.

⑤ 따라서 귀무가설을 기각할 수 없다. 즉, 신호체계를 바꾸면 사고를 줄일 수 있다는 근거는 없다.

**9.3**

**1.** ① 귀무가설 $H_0 : p = 0.5$와 대립가설 $H_1 : p \neq 0.5$를 설정한다.

② $Z$-통계량 $Z = \dfrac{X - np_0}{\sqrt{np_0(1-p_0)}} = \dfrac{X - 2500}{35.355}$ 을 선택한다.

③ $x = 2566$이므로 $Z$-통계량의 관찰값은 $z_0 = \dfrac{2566 - 2500}{35.355} = 1.87$이다.

④ $p$-값 $= 2(1 - \Phi(1.87)) = 2 \cdot (1 - 0.9693) = 0.0614$이고 유의수준 0.05보다 크므로 귀무가설을 기각할 수 없다. 그러나 유의수준 0.1보다 작으므로 귀무가설을 기각한다. 즉, 숫자 '0'이 나올 가능성이 0.5라는 주장은 타당성이 없다.

**2.** ① 귀무가설 $H_0 : p = 0.551$과 대립가설 $H_1 : p \neq 0.551$을 설정한다.

② $Z$-통계량 $Z = \dfrac{\hat{p} - p_0}{\sqrt{p_0(1-p_0)/n}} = \dfrac{X - np_0}{\sqrt{np_0(1-p_0)}}$ 을 선택한다.

③ $n = 850$, $x = 503$, $p_0 = 0.551$이므로 $Z$-통계량의 관찰값은

$z_0 = \dfrac{503 - 850 \cdot (0.551)}{\sqrt{850 \cdot (0.551) \cdot (0.449)}} = \dfrac{34.65}{14.501} = 2.39$이다.

④ $p$-값 $= 2\Phi(-2.39) = 0.0168$이고 유의수준 0.01보다 크므로 한국금연운동협의회의 주장이 타당성을 갖는다.

**3.** (1) ① 귀무가설 $H_0 : p = 0.524$과 대립가설 $H_1 : p \neq 0.524$를 설정한다.

② 표본비율 $\hat{p} = 14/25 = 0.56$이고, 따라서 $\hat{p} > p_0 = 0.524$이다.

③ 표본의 확률분포는 $X \sim B(25, 0.524)$이고 $x = 14$이므로 $p$-값 $= 2P(X \geq 14) = 2 \cdot (0.2888) = 0.5776$이다.

④ $p$-값이 유의수준 $\alpha = 0.05$보다 크므로 $H_0 : p = 0.524$를 기각하지 않는다.

(2) ① 귀무가설과 대립가설은 (1)과 동일하다.

② $n = 25$, $p_0 = 0.524$이므로 정규근사 $Z$-통계량 $Z = \dfrac{x - 25 \cdot (0.524) - 0.5}{\sqrt{25 \cdot (0.524) \cdot (0.476)}} = \dfrac{x - 13.6}{2.497}$ 을 선택한다.

③ $x = 14$이므로 $Z$-통계량의 관찰값은 $z_0 = \dfrac{14 - 13.6}{2.497} = 0.16$이다.

④ $p$-값 $= 2\Phi(-0.16) = 2 \cdot (0.4364) = 0.8728$이고 $\alpha = 0.05$보다 크므로 $H_0 : p = 0.524$를 기각하지 않는다.

**4.** (1) ① 귀무가설 $H_0 : p = 0.5$와 대립가설 $H_1 : p \neq 0.5$를 설정한다.

② $Z$-통계량 $Z = \dfrac{\hat{p} - p_0}{\sqrt{p_0(1-p_0)/n}} = \dfrac{\hat{p} - 0.5}{\sqrt{\dfrac{(0.5) \cdot (0.5)}{900}}} = \dfrac{\hat{p} - 0.5}{0.0167}$ 을 선택한다.

③ $\hat{p} = 510/900 = 0.5667$이므로 $Z$-통계량의 관찰값은 $z_0 = \dfrac{0.5667 - 0.5}{0.0167} = 3.994$이다.

④ 통계량의 관찰값이 기각역 $R: |Z| \geq 1.96$ 안에 놓이므로 귀무가설을 기각한다. 즉, 국민의 절반이 지지한다고 할 타당한 근거가 없다.

(2) $Z$-통계량은 $Z = \dfrac{\hat{p} - p_0}{\sqrt{p_0(1-p_0)/n}} = \dfrac{\hat{p} - 0.5}{\sqrt{\dfrac{(0.5) \cdot (0.5)}{90}}} = \dfrac{\hat{p} - 0.5}{0.0527}$ 이고, $\hat{p} = 51/90 = 0.5667$ 이므로 검정

통계량의 관찰값은 $z_0 = \dfrac{0.5667 - 0.5}{0.0527} = 1.266$ 이고, 따라서 유의수준 5%에 대한 기각역 $R: |Z| \geq 1.96$ 안에 놓이지 않는다. 따라서 국민의 절반이 이 정책을 지지한다고 할 수 있다.

**5.** (1) $x = 7$, $y = 12$ 이므로 $\hat{p}_1 = 7/20 = 0.35$, $\hat{p}_2 = 12/30 = 0.4$ 이다.

(2) 99% 신뢰구간에 대한 임계값은 $z_{0.005} = 2.58$ 이고, $\hat{p}_1 - \hat{p}_2 = 0.35 - 0.4 = -0.05$,

$$\sqrt{\dfrac{\hat{p}_1 \hat{q}_1}{n} + \dfrac{\hat{p}_2 \hat{q}_2}{m}} = \sqrt{\dfrac{(0.35) \cdot (0.65)}{20} + \dfrac{(0.4) \cdot (0.6)}{30}} = 0.139$$

이므로 모비율의 차 $p_1 - p_2$ 에 대한 99% 신뢰구간은 다음과 같다.

$$\left( \hat{p}_1 - \hat{p}_2 - z_{0.005} \sqrt{\dfrac{\hat{p}_1 \hat{q}_1}{n} + \dfrac{\hat{p}_2 \hat{q}_2}{m}}, \quad \hat{p}_1 - \hat{p}_2 + z_{0.005} \sqrt{\dfrac{\hat{p}_1 \hat{q}_1}{n} + \dfrac{\hat{p}_2 \hat{q}_2}{m}} \right)$$

$$= (-0.05 - 2.58 \times 0.139, -0.05 + 2.58 \times 0.139)$$

$$= (-0.4086, 0.3086)$$

(3) 합동표본비율은 $\hat{p} = (7 + 12)/(20 + 30) = 0.38$ 이고

$$z_0 = \dfrac{\hat{p}_1 - \hat{p}_2}{\sqrt{\hat{p}\hat{q}\left(\dfrac{1}{n} + \dfrac{1}{m}\right)}} = \dfrac{-0.05}{\sqrt{(0.38) \cdot (0.63) \cdot \left(\dfrac{1}{20} + \dfrac{1}{30}\right)}} = -0.357$$

이다. 그러므로 $p$-값 $= 2\Phi(-0.357) = 2 \cdot (1 - 0.6402) = 0.7196$ 이고 유의수준 0.1보다 크므로 귀무가설을 기각할 수 없다. 즉, 두 모비율이 같다는 주장이 타당하다.

**6.** ① 여자와 남자가 스트레스에 시달리는 비율을 각각 $p_1$, $p_2$ 라 하면, 귀무가설 $H_0: p_1 - p_2 = 0.05$ 와 대립가설 $H_1: p_1 - p_2 \neq 0.05$ 를 설정한다.

② $n = 1540$, $m = 1755$ 이고 두 표본비율은 각각 $\hat{p}_1 = 0.675$, $\hat{q}_1 = 0.325$, $\hat{p}_2 = 0.608$, $\hat{q}_2 = 0.392$ 이다. 따라서 검정통계량의 측정값은 다음과 같다.

$$z_0 = \dfrac{\hat{p}_1 - \hat{p}_2 - 0.05}{\sqrt{\dfrac{\hat{p}_1 \hat{q}_1}{n} + \dfrac{\hat{p}_2 \hat{q}_2}{m}}} = \dfrac{0.675 - 0.608 - 0.05}{\sqrt{\dfrac{(0.675) \cdot (0.325)}{1540} + \dfrac{(0.608) \cdot (0.392)}{1755}}} = 1.02$$

③ 유의수준 $\alpha = 0.01$ 에 대한 임계값은 $z_{0.005} = 2.58$ 이고 기각역은 $R: |Z| \geq 2.58$ 이므로 검정통계량의 측정값 $z_0$ 은 기각역 안에 놓이지 않는다. 즉, 성인 여자의 스트레스에 시달리는 비율은 성인 남자보다 5% 정도 더 많다고 할 수 있다.

**7.** ① A 도시와 B 도시의 지지율을 각각 $\hat{p}_1$, $\hat{p}_2$ 라 하고, 귀무가설 $H_0: p_1 = p_2$ 와 대립가설 $H_1: p_1 \neq p_2$ 를 설정한다.

② $\hat{p}_1 = 275/500 = 0.55$, $\hat{p}_2 = 244/500 = 0.488$이고 합동표본비율은 $\hat{p} = \dfrac{275+244}{500+500} = 0.519$이므로 $Z$-통계

량의 관찰값은 $z_0 = \dfrac{\hat{p}_1 - \hat{p}_2}{\sqrt{\hat{p}\,\hat{q}\left(\dfrac{1}{n}+\dfrac{1}{m}\right)}} = \dfrac{0.55-0.488}{\sqrt{(0.519)\cdot(0.481)\cdot\left(\dfrac{1}{500}+\dfrac{1}{500}\right)}} = \dfrac{0.062}{0.032} = 1.94$이다.

③ 유의수준 0.05에 대한 기각역은 $R: |Z| \geq 1.96$이고, $z_0 = 1.94$는 기각역 안에 들어가지 않으므로 귀무가설을 기각할 수 없다. 즉, 두 도시 간에 어떤 정당에 대한 지지도에 차이가 없다고 할 수 있다.

**8.** ① A와 B 두 공장의 미달률을 각각 $p_1$, $p_2$라 하면, 귀무가설 $H_0 : p_1 - p_2 = 0$과 대립가설 $H_1 : p_1 - p_2 \neq 0$를 설정한다.

② A 공장에서 생산된 $n = 1128$대의 컴퓨터 중에서 $x = 23$대가 미달하였고, B 공장에서 생산된 $m = 962$대의 컴퓨터 중에서 $y = 24$대가 불합격하였으므로 합동표본비율은

$\hat{p} = \dfrac{23+24}{1128+962} = 0.022$이고, $\hat{p}_1 = \dfrac{23}{1128} = 0.020$, $\hat{p}_2 = \dfrac{24}{962} = 0.0245$이므로 검정통계량의 관찰값은 다음과 같다.

$$z_0 = \dfrac{\hat{p}_1 - \hat{p}_2}{\sqrt{\hat{p}\,\hat{q}\left(\dfrac{1}{n}+\dfrac{1}{m}\right)}} = \dfrac{0.020-0.0245}{\sqrt{(0.022)\cdot(0.978)\cdot\left(\dfrac{1}{1128}+\dfrac{1}{962}\right)}} = -0.7$$

③ $p$-값 $= 2\Phi(-0.7) = 2 \cdot (1 - 0.7794) = 0.4412$이고 $\alpha = 0.05$보다 크므로 $H_0 : p_1 = p_2$를 기각할 수 없다. 즉, 유의수준 $\alpha = 0.05$에서 두 공장에서 생산된 컴퓨터의 기준 미달률에 차이가 없다고 할 수 있다.

**9.** ① 도시와 농어촌의 찬성률을 각각 $p_1$, $p_2$라 하면, 귀무가설 $H_0 : p_1 - p_2 = 0$과 대립가설 $H_1 : p_1 - p_2 \neq 0$를 설정한다.

② 도시 사람의 표본 크기와 찬성자는 $n = 2050$, $x = 1250$이고, 농어촌 사람의 표본 크기와 찬성자는 $m = 800$, $y = 486$이므로 합동표본비율은 $\hat{p} = \dfrac{1250+486}{2050+800} = 0.609$이고, $\hat{p}_1 = \dfrac{1250}{2050} = 0.61$, $\hat{p}_2 = \dfrac{486}{800} = 0.6075$이므로 검정통계량의 측정값은

$$z_0 = \dfrac{\hat{p}_1 - \hat{p}_2}{\sqrt{\hat{p}\,\hat{q}\left(\dfrac{1}{n}+\dfrac{1}{m}\right)}} = \dfrac{0.61-0.6075}{\sqrt{(0.609)\cdot(0.391)\cdot\left(\dfrac{1}{2050}+\dfrac{1}{800}\right)}} = \dfrac{0.0025}{0.026} = 0.125$$이다.

③ 유의수준 $\alpha = 0.05$에 대한 임계값은 $z_{0.025} = 1.96$이고 기각역은 $R: |Z| \geq 1.96$이므로 검정통계량의 측정값 $z_0$은 기각역 안에 놓이지 않는다. 즉, 국영 TV의 광고방송에 대하여 도시 사람들과 농어촌 사람들의 찬성 비율이 동일하다고 할 수 있다.

**9.4**

**1.** (1) 귀무가설 $H_0 : \sigma^2 > 0.5$과 반대되는 대립가설 $H_1 : \sigma^2 \le 0.5$를 설정한다.

(2) 크기 16이므로 자유도는 15이고, 유의수준 $\alpha = 0.01$에 대한 상단측검정의 임계값은 $\chi_{0.975}^2(15) = 25$이므로, 기각역은 $V \ge 25$이다.

(3) 검정을 위한 $\chi^2$-통계량은 $V = \dfrac{15S^2}{0.5} = 30S^2$이고, $\chi^2$-통계량의 관찰값은 $v_0 = 30 \cdot (0.9) = 27$이다.

(4) 관찰값은 $v_0 = 27$ 유의수준 $\alpha = 0.01$에 대한 기각역 안이 들어가므로 $H_0 : \sigma^2 > 0.5$를 기각한다.

**2.** (1) $\overline{x} = \sum x_i = 946.11$, $s^2 = (1/9) \sum (x_i - 946.11)^2 = 157.234$이다.

(2) ① 귀무가설 $H_0 : \mu = 950.0$과 대립가설 $H_1 : \mu \neq 950.0$을 설정한다.

② 검정통계량과 검정통계량의 확률분포는 $T = \dfrac{\overline{X} - 950}{s/\sqrt{10}} \sim t(9)$이다.

③ (1)로부터 표본표준편차는 $s = 12.54$이다.

④ 주어진 유의수준 $\alpha = 0.05$에 대한 임계값과 기각역을 구한다. $t_{0.025}(9) = 2.262$이므로 기각역은 $R : T \le -2.262$, $R : T \ge 2.262$이다.

⑤ 검정통계량의 측정값은 $t_0 = \dfrac{946.11 - 950}{12.54/\sqrt{10}} = -0.981$이다.

⑥ 검정통계량의 측정값이 기각역 안에 들어가지 않으므로 귀무가설을 기각할 수 없다.

(3) ① $\sigma = 11.2$ 또는 $\sigma^2 = 125.44$에 대하여 검증하므로 귀무가설 $H_0 : \sigma^2 = 125.44$와 반대되는 대립가설 $H_1 : \sigma^2 \neq 25.44$를 설정한다.

② 10개의 캠코더 가격을 조사하였으므로 자유도는 9이고, 따라서 $\chi^2$-통계량 $V = \dfrac{9S^2}{\sigma_0^2} = \dfrac{9S^2}{125.44}$을 선택한다.

③ $s^2 = 157.234$이므로 $\chi^2$-통계량의 관찰값은 $v_0 = \dfrac{9 \cdot (157.234)}{125.44} = 11.28$이다.

④ 유의수준 $\alpha = 0.05$에 대한 임계값은 $\chi_{0.975}^2(9) = 2.7$, $\chi_{0.025}^2(9) = 19.02$이므로, 기각역은 $V \le 2.7$, $V \ge 19.02$이다. 그러므로 관찰값 $v_0 = 11.28$은 기각역 안에 들어가지 않고, 따라서 $H_0 : \sigma^2 = 125.44$, 즉 $\sigma = 11.2$를 기각할 수 없다.

**3.** (1) ① A와 B 두 지역의 평균 수확량을 각각 $\mu_1$, $\mu_2$ 라 하고, 두 가설 $H_0 : \mu_1 = \mu_2$와 $H_1 : \mu_1 \neq \mu_2$를 설정한다.

② 표본으로 추출된 A와 B 두 지역의 평균 수확량을 각각 $\overline{X}$, $\overline{Y}$라 하면, 두 표본의 크기가 각각 5이므로 귀무가설에 대한 검정통계량과 그 확률분포는 $T = \dfrac{\overline{X} - \overline{Y} - 0}{S_p \sqrt{\dfrac{1}{n} + \dfrac{1}{m}}} = \dfrac{\overline{X} - \overline{Y}}{0.632 S_p} \sim t(8)$이다.

③ 유의수준 $\alpha = 0.05$에 대한 임계값과 기각역을 구한다. 양측검정이므로 $\alpha = 0.05$에 대한 임계값은 $t_{0.05} = 2.306$이고, 따라서 기각역은 $R : |T| \ge 2.306$이다.

④ 검정통계량의 값을 구한다. 두 표본에 대한 표본평균이 각각 $\bar{x}=340.6$, $\bar{y}=333.6$이고 두 표준편차는 각각 $s_1=12.97$, $s_2=7.09$이므로 합동표본분산과 합동표본표준편차는 각각 다음과 같다.

$$S_p^2 = \frac{4 \cdot (12.97)^2 + 4 \cdot (7.09)^2}{8} = 109.2445, \quad S_p = \sqrt{109.2445} = 10.45$$

그러므로 검정통계량의 관찰값은 $t_0 = \frac{340.6 - 333.6}{(0.632) \cdot (10.45)} = 1.0599$이다.

⑤ 검정통계량의 관측값이 기각역 안에 들어 있지 않으므로 귀무가설 $H_0$을 기각할 수 없다. 즉, 두 종류의 비료에 의한 쌀 수확량에는 차이가 없다.

(2) ① 쌀 생산량의 분산이 동일하다는 귀무가설 $H_0 : \sigma_1^2 = \sigma_2^2$과 이에 반대되는 대립가설 $H_1 : \sigma_1^2 \neq \sigma_2^2$을 설정한다.

② 검정통계량은 $F = S_1^2/S_2^2$이고, $s_1=12.97$, $s_2=7.09$이므로 검정통계량의 관측값은

$$f_0 = \frac{12.97^2}{7.09^2} = 3.346$$이다.

③ 분자·분모의 자유도는 각각 4이고, 유의수준 $\alpha=0.05$인 양측검정에 대한 임계점은 $f_{0.025}(4,4) = 9.60$, $f_{0.975}(4,4) = \frac{1}{f_{0.025}(4,4)} = \frac{1}{9.60} = 0.104$이고, 따라서 기각역은 $F \leq 0.104$, $F \geq 9.6$이다.

④ 검정통계량의 측정값 $f_0$이 기각역 안에 놓이지 않으므로 귀무가설 $H_0$을 기각할 수 없다. 다시 말해서, 두 비료에 의한 쌀 수확량의 분산은 거의 같다고 할 수 있다.

**4.** ① 귀무가설 $H_0 : \sigma^2 \leq 0.42$와 반대되는 대립가설 $H_1 : \sigma^2 > 0.42$를 설정한다.

② 25개의 음료수 팩을 조사하였으므로 자유도는 24이고, 따라서 $\chi^2$-통계량 $V = \frac{24 S^2}{\sigma_0^2}$을 선택한다.

③ 유의수준 $\alpha=0.01$에 대한 임계값은 $\chi_{0.01}^2(24) = 42.9798$이고, 기각역은 $V \geq 42.9798$이다.

④ 검정통계량의 측정값은 $v_0 = \frac{24 \cdot (0.81)}{0.42} = 46.286$이고, 이 측정값은 기각역 안에 들어가므로 유의수준 1%에서 귀무가설 $H_0$을 기각한다. 즉, 이 회사에서 제조되는 음료수의 순수 용량은 분산이 0.42리터 이하라고 할 수 없다.

**5.** ① 자동차 회사의 주장 $H_0 : \sigma^2 \geq 0.64$를 귀무가설로 설정하고, 이에 반대되는 대립가설 $H_1 : \sigma^2 < 0.64$를 설정한다.

② 30대의 자동차를 조사하였으므로 자유도는 29이고, 따라서 $\chi^2$-통계량 $V = \frac{29 S^2}{\sigma_0^2}$을 선택한다.

③ 유의수준 $\alpha=0.05$에 대한 임계값은 $\chi_{0.95}^2(29) = 17.7083$이고, 따라서 기각역은 $V \leq 17.7083$이다.

④ 검정통계량의 측정값은 $v_0 = \frac{29 \cdot (0.3844)}{0.64} = 17.42$이고, 따라서 귀무가설을 기각한다. 다시 말해서, 연비의 표준편차가 0.8km/ℓ 이상이라는 주장을 기각한다.

**6.** ① 남녀 근로자가 생산한 컴퓨터의 분산이 동일하다는 귀무가설 $H_0 : \sigma_1^2 = \sigma_2^2$과 이에 반대되는 대

립가설 $H_1 : \sigma_1^2 \neq \sigma_2^2$을 설정한다.

② 검정통계량은 $F = S_1^2 / S_2^2$이고, $s_1 = 2.3$, $s_2 = 2.0$이므로 검정통계량의 관측값은 $f_0 = \dfrac{5.29}{4} = 1.32$이다.

③ 분자·분모의 자유도는 각각 11과 9이고, 유의수준 $\alpha = 0.1$인 양측검정에 대한 임계점은

$f_{0.05}(11,9) = 3.1$, $f_{0.95}(11,9) = \dfrac{1}{f_{0.05}(9,11)} = \dfrac{1}{2.9} = 0.345$이고, 따라서 기각역은 $F \leq 0.345$, $F \geq 3.1$

이다.

④ 검정통계량의 측정값 $f_0$이 기각역 안에 놓이지 않으므로 귀무가설 $H_0$을 기각할 수 없다. 다시 말해서, 남자 근로자와 여자 근로자의 능률은 거의 같다고 할 수 있다.

**7.** (1) ① $\sigma = 5.75$라는 주장에 대한 검정이므로 귀무가설 $H_0 : \sigma^2 = 5.75^2$과 대립가설 $H_1 : \sigma^2 < 5.75^2$을 설정한다.

② 81명의 신생아를 상대로 조사하였으므로 자유도는 80이고, $\chi^2$-통계량 $V = \dfrac{80 S^2}{\sigma_0^2} = \dfrac{80 S^2}{5.75^2}$을 선택한다.

③ 유의수준 $\alpha = 0.1$에 대한 한단측검정이므로 임계값은 $\chi_{0.9}^2(80) = 64.28$이고, 기각역은 $V \leq 64.28$이다.

④ $s = 4.96$이므로 검정통계량의 측정값은 $v_0 = \dfrac{80 \cdot (4.96)^2}{5.75^2} = 59.528$이고, 이 측정값은 기각역 안에 들어가므로 유의수준 10%에서 귀무가설 $H_0$을 기각한다.

(2) $P(V \leq 57.15) = 0.025$와 $P(V \leq 60.39) = 0.05$이고 $p$-값$= P(V \leq 59.528)$이므로 $0.025 < p$-값$< 0.05$이다. 즉, $p$-값이 유의수준 0.1보다 작으며, 따라서 귀무가설 $H_0$을 기각한다.

**8.** ① 요일별 교통사고 비율이 동등한가에 대하여 검정하므로 다음과 같은 귀무가설과 대립가설을 설정한다.

$H_0 : p_1 = 0.2$, $p_2 = 0.2$, $p_3 = 0.2$, $p_4 = 0.2$, $p_5 = 0.2$,   $H_1 : H_0$이 아니다.

② $\chi^2$-통계량 $\chi^2 = \sum\limits_{i=1}^{k} \dfrac{(n_i - e_i)^2}{e_i}$을 사용하며, 범주의 수가 5이므로 자유도 4인 $\chi^2$-분포에 대하여 유의수준 $\alpha = 0.05$인 상단측검정에 대한 임계점은 $\chi_{0.05}^2 = 9.49$이고, 따라서 기각역은 $V \geq 9.49$이다.

③ 검정통계량의 측정값은 다음 표와 같이 $V_0 = 13.47$이고, 이 관찰값은 기각역 안에 놓이므로 귀무가설 $H_0$을 기각한다. 즉, 교통사고 건수는 요일별로 동일하다고 할 수 없다.

| 범주 | $n_i$ | $p_i$ | $e_i = n p_i$ | $n_i - e_i$ | $(n_i - e_i)^2$ | $\dfrac{(n_i - e_i)^2}{e_i}$ |
|---|---|---|---|---|---|---|
| 1 | 86 | 0.2 | 64 | 22 | 484 | 7.56 |
| 2 | 56 | 0.2 | 64 | -8 | 64 | 1.00 |
| 3 | 51 | 0.2 | 64 | 13 | 169 | 2.64 |
| 4 | 55 | 0.2 | 64 | -9 | 81 | 1.27 |
| 5 | 72 | 0.2 | 64 | 8 | 64 | 1.00 |
| $n = 320$ | | | | | | 합 : 13.47 |

**9.** ① 청소년들이 고민하는 문제의 각 범주별 비율에 변화가 있는가에 대하여 검정하므로 다음과 같은 귀무가설과 대립가설을 설정한다.

$H_0 : p_1 = 0.241, \ p_2 = 0.385, \ p_3 = 0.127, \ p_4 = 0.0.051, p_5 = 0.052, \ p_6 = 0.144, \quad H_1 : H_0$ 이 아니다.

② $\chi^2$-통계량 $\chi^2 = \sum_{i=1}^{k} \dfrac{(n_i - e_i)^2}{e_i}$ 을 사용하며, 범주의 수가 6이므로 자유도 5인 $\chi^2$-분포에 대하여 유의수준 $\alpha = 0.01$인 상단측검정에 대한 임계점은 $\chi^2_{0.01}(5) = 15.09$이고, 따라서 기각역은 $V \geq 15.09$이다.

③ 검정통계량의 측정값은 다음 표와 같이 $V_0 = 20.55$이고, 이 관찰값은 기각역 안에 놓이므로 귀무가설 $H_0$을 기각한다. 즉, 최근에 청소년들이 고민하는 문제의 비율은 2008년도와 차이가 있다고 할 수 있다.

| 범주 | $n_i$ | $p_i$ | $e_i = np_i$ | $n_i - e_i$ | $(n_i - e_i)^2$ | $\dfrac{(n_i - e_i)^2}{e_i}$ |
|---|---|---|---|---|---|---|
| 직업 | 96 | 0.241 | 72 | 24 | 576 | 8.00 |
| 공부 | 93 | 0.385 | 116 | -23 | 529 | 4.56 |
| 외모 | 36 | 0.127 | 38 | -2 | 4 | 0.11 |
| 가정 | 19 | 0.051 | 15 | 4 | 16 | 1.07 |
| 용돈 | 24 | 0.052 | 16 | 8 | 64 | 4.00 |
| 기타 | 32 | 0.144 | 43 | -11 | 121 | 2.81 |
| | $n = 300$ | | | | | 합 : 20.55 |

**10.** ① 직종별 사망률에 변화가 있는가에 대한 검정이므로 다음과 같은 귀무가설과 대립가설을 설정한다.

$H_0 : p_1 = 0.0048, \ p_2 = 0.0196, \ p_3 = 0.0304, \ p_4 = 0.0667, \ p_5 = 0.1048, \ p_6 = 0.0817, \quad H_1 : H_0$ 이 아니

$p_7 = 0.0291, \ p_8 = 0.0128, \ p_9 = 0.0411, \ p_{10} = 0.5714, \ p_{11} = 0.0376$

다.

② $\chi^2$-통계량 $\chi^2 = \sum_{i=1}^{k} \dfrac{(n_i - e_i)^2}{e_i}$ 을 사용하며, 범주의 수가 11이므로 자유도 10인 $\chi^2$-분포에 대하여 유의수준 $\alpha = 0.05$인 상단측검정에 대한 임계점은 $\chi^2_{0.05}(10) = 18.31$이고, 따라서 기각역은 $V \geq 18.31$이다.

③ 검정통계량의 측정값은 다음 표와 같이 $V_0 = 21.7$이고, 이 관찰값은 기각역 안에 놓이므로 귀무가설 $H_0$을 기각한다. 즉, 올해의 직종별 사망률은 2007년도의 비율과 차이가 있다고 할 수 있다.

| 범주 | $n_i$ | $p_i$ | $e_i = np_i$ | $n_i - e_i$ | $(n_i - e_i)^2$ | $\dfrac{(n_i - e_i)^2}{e_i}$ |
|---|---|---|---|---|---|---|
| 1 | 157 | 0.0048 | 170 | -13 | 169 | 0.994 |
| 2 | 645 | 0.0196 | 695 | -50 | 2500 | 3.597 |
| 3 | 1063 | 0.0304 | 1078 | -15 | 225 | 0.209 |
| 4 | 2319 | 0.0667 | 2364 | -45 | 2025 | 0.857 |
| 5 | 3764 | 0.1048 | 3715 | 49 | 2401 | 0.646 |
| 6 | 2892 | 0.0817 | 2896 | -4 | 16 | 0.006 |
| 7 | 1117 | 0.0291 | 1031 | 86 | 7396 | 7.174 |
| 8 | 502 | 0.0128 | 454 | 48 | 2304 | 5.075 |
| 9 | 1403 | 0.0411 | 1457 | -54 | 2916 | 2.001 |
| 10 | 20292 | 0.5714 | 20255 | 37 | 1369 | 0.068 |
| 11 | 1294 | 0.0376 | 1333 | -39 | 1521 | 1.141 |
| $n = 3544$ | | | | | 합 : 21.7 | |

**11.** ① A 지역과 B 지역의 소비지출에 대한 분산을 각각 $\sigma_1^2$, $\sigma_2^2$이라 하고, 귀무가설 $H_0 : \sigma_1^2 = \sigma_2^2$과 이에 반대되는 대립가설 $H_1 : \sigma_1^2 \neq \sigma_2^2$을 설정한다.

② 두 지역의 표본분산을 구하면 각각 $s_1^2 = 1899.79$, $s_2^2 = 1418.49$이고, 검정을 위한 검정통계량은 $F = S_1^2 / S_2^2$이므로 검정통계량의 관찰값은 $f_0 = \dfrac{1899.79}{1418.49} = 1.3393$이다.

③ 분자・분모의 자유도는 각각 9이므로 유의수준 $\alpha = 0.05$인 양측검정에 대한 임계점은 $f_{0.025}(9,9) = 4.03$, $f_{0.975}(9,9) = \dfrac{1}{f_{0.025}(9,9)} = \dfrac{1}{4.03} = 0.248$이고, 따라서 기각역은 $F \leq 0.248$, $F \geq 4.03$이다. 따라서 검정통계량의 측정값 $f_0$이 기각역 안에 놓이지 않으므로 귀무가설 $H_0$을 기각할 수 없다.

**12.** ① 귀무가설 $H_0 : \sigma_1^2 = \sigma_2^2$과 이에 반대되는 대립가설 $H_1 : \sigma_1^2 \neq \sigma_2^2$을 검정하기 위한 검정통계량은 $F = S_1^2 / S_2^2$이고, $s_1 = 5.96$ 그리고 $s_2 = 11.40$이므로 검정통계량의 관찰값은 $f_0 = \dfrac{5.96}{11.4} = 0.523$이다.

② 분자・분모의 자유도는 각각 15와 20이고, 유의수준 $\alpha = 0.01$인 상단측검정에 대한 임계점은 $f_{0.025}(15,20) = 2.57$, $f_{0.975}(15,20) = \dfrac{1}{f_{0.025}(20,15)} = \dfrac{1}{2.76} = 0.362$이고, 따라서 기각역은 $F \leq 0.362$, $F \geq 2.57$이다.

③ 검정통계량의 측정값 $f_0$이 기각역 안에 놓이지 않으므로 귀무가설 $H_0$을 기각할 수 없다.

**10.2**

**1.** (1) 전기를 사용한 시간을 $x$, 전기요금을 $y$라 하면 $y = 2390 + 57.6x$이다.

(2) (1)에 의해 $\beta_0 = 2390$, $\beta_1 = 57.6$이다.

(3)

| 시간($x$) | 4 | 5 | 6 | 7 |
|---|---|---|---|---|
| 요금($y$) | 2620.4 | 2678 | 2735.6 | 2793.2 |

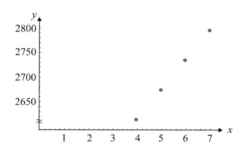

(4) 10시간 15분은 10.25시간이므로 전기요금은 $y = (57.6)(10.25) + 2390 = 2980.4($원$)$이다.

**2.** (1) 주어진 선형방정식으로부터 $\beta_0 = 32$, $\beta_1 = 1.8$이다.

(2)

| 섭씨($x$) | -25 | -4 | 0 | 10 | 50 |
|---|---|---|---|---|---|
| 화씨($y$) | -13.0 | 24.8 | 32.0 | 50.0 | 122.0 |

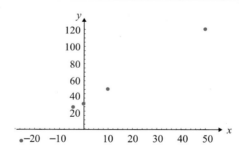

(3) $y = 32 + (1.8)(100) = 212$이다.

**3.** (1) $S_{XY} = \sum x_i y_i - \dfrac{1}{n}\left(\sum x_i\right)\left(\sum y_i\right) = 4653 - \dfrac{1}{12}(54)(956) = 351$

$S_{XX} = \sum x_i^2 - \dfrac{1}{n}\left(\sum x_i\right)^2 = 332 - \dfrac{1}{12}(54)^2 = 89$

$\bar{x} = \dfrac{54}{12} = 4.5$, $\bar{y} = \dfrac{956}{12} = 79.667$

따라서 회귀직선의 기울기는 $\hat{\beta}_1 = \dfrac{S_{XY}}{S_{XX}} = \dfrac{351}{89} = 3.9438$이다.

(2) $y$ 절편은 $\hat{\beta}_0 = \bar{y} - \hat{\beta}_1 \bar{x} = 79.667 - (3.9438)(4.5) = 61.9199$이다.

(3) 회귀직선은 $\hat{y}=61.9199+3.9438\,x$이다.

(4) 종속변수 $y$의 추정값은 $\hat{y}|_{x=5.5}=61.9199+(3.9438)(5.5)=83.6108$이다.

**4.** (1) $\quad S_{XY}=\sum x_i y_i - \dfrac{1}{n}\left(\sum x_i\right)\left(\sum y_i\right)=1985-\dfrac{1}{8}(212)(84)=-241$

$\quad S_{XX}=\sum x_i^2 - \dfrac{1}{n}\left(\sum x_i\right)^2=6343-\dfrac{1}{8}(212)^2=725$

$\quad \bar{x}=\dfrac{212}{8}=26.5,\ \bar{y}=\dfrac{84}{8}=10.5$

따라서 회귀직선의 기울기는 $\hat{\beta}_1=\dfrac{S_{XY}}{S_{XX}}=-\dfrac{241}{725}=-0.3324$이다.

(2) $y$ 절편은 $\hat{\beta}_0=\bar{y}-\hat{\beta}_1\bar{x}=10.5-(-0.3324)(26.5)=19.3086$이다.

(3) 회귀직선은 $\hat{y}=19.3086-0.3324\,x$이다.

(4) 종속변수 $y$의 추정값은 $\hat{y}|_{x=10}=19.3086-0.3324(10)=15.9846$이다.

**5.** (1) $(1,2)$와 $(5,7)$을 지나는 선형방정식의 기울기는 $\beta_1=\dfrac{7-2}{5-1}=1.25$이다. 따라서 구하고자 하는 선형방정식은 다음과 같다.

$$\hat{y}-2=1.25(x-1);\quad \hat{y}=0.75+1.25x$$

(2), (3)

| $x$ | 1 | 1 | 2 | 3 | 5 |
|---|---|---|---|---|---|
| $y$ | 2 | 3 | 3 | 5 | 7 |
| $\hat{y}$ | 2 | 2 | 3.25 | 4.50 | 7.00 |
| $e$ | 0 | 1 | -0.25 | 0.5 | 0 |
| $e^2$ | 0 | 1 | 0.0625 | 0.25 | 0 |

따라서 오차제곱합은 $\sum e_i^2=0+1+0.0625+0.25+0=1.3125$이다.

(4)

| $x$ | 1 | 1 | 2 | 3 | 5 |
|---|---|---|---|---|---|
| $y$ | 2 | 3 | 3 | 5 | 7 |
| $\hat{y}$ | 2.375 | 2.375 | 3.536 | 4.697 | 7.019 |
| $e$ | -0.375 | 0.625 | -0.536 | 0.303 | -0.019 |
| $e^2$ | 0.140625 | 0.390625 | 0.287296 | 0.091809 | 0.000361 |

따라서 오차제곱합은 $\sum e_i^2=0.9107$이다.

**6.** (1) 우선 사용 기간과 가격의 평균을 구한다.

$$\bar{x}=\frac{1}{11}\sum x_i=5.818,\quad \bar{y}=\frac{1}{11}\sum y_i=1038.11$$

이제 $S_{XY}$와 $S_{XX}$를 구하기 위해 다음 표를 작성한다.

| 번호 | $x$ | $y$ | $x-\bar{x}$ | $(x-\bar{x})^2$ | $y-\bar{y}$ | $(x-\bar{x})(y-\bar{y})$ |
|---|---|---|---|---|---|---|
| 1 | 2 | 1989.0 | -3.818 | 14.5787 | 950.89 | -3630.6882 |
| 2 | 3 | 1205.1 | -2.818 | 7.9423 | 166.99 | -470.6112 |
| 3 | 4 | 1146.6 | -1.8182 | 3.3059 | 108.49 | -197.2565 |
| 4 | 4 | 1111.5 | -1.8182 | 3.3059 | 73.39 | -133.4377 |
| 5 | 5 | 1041.3 | -0.8182 | 0.6695 | 3.19 | -2.6101 |
| 6 | 6 | 994.5 | 0.1818 | 0.0331 | -43.61 | -7.9283 |
| 7 | 6 | 959.4 | 0.1818 | 0.0331 | -78.71 | -14.3095 |
| 8 | 7 | 819.0 | 1.1818 | 1.3967 | -219.11 | -258.9442 |
| 9 | 8 | 819.0 | 2.1818 | 4.7603 | -219.11 | -478.0542 |
| 10 | 9 | 772.2 | 3.1818 | 10.1239 | -265.91 | -846.0724 |
| 11 | 10 | 561.6 | 4.1818 | 17.4875 | -476.51 | -1992.6695 |
| 합계 | 64 | 11419.2 | 0 | 63.6369 | 0 | -8032.58 |

$$S_{XY}=\sum(x_i-\bar{x})(y_i-\bar{y})=-8032.58$$

$$S_{XX}=\sum(x_i-\bar{x})^2=63.6369$$

따라서 $\beta_0$과 $\beta_1$의 추정값은 각각 다음과 같다.

$$\hat{\beta}_1=\frac{S_{XY}}{S_{XX}}=-\frac{8032.58}{63.6369}=-126.225$$

$$\hat{\beta}_0=\bar{y}-\hat{\beta}_1\bar{x}=1038.11-(-126.225)(5.818)=1772.487$$

그러므로 추정회귀직선은 $\hat{y}=\hat{\beta}_0+\hat{\beta}_1x=1772.487-126.225x$이다.

(2)
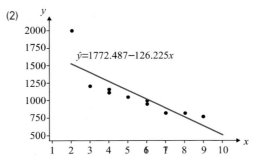

(3) 사용기간이 2년에서 10년 사이인 중고차의 가격은 매년 1,262,250원씩 줄어든다.

(4) $\hat{y}|_{x=5.5}=1772.487-(126.225)(5.5)=1078.2495$(원)이다.

**7.** (1) 몸무게와 키의 평균을 구한다.

$$\bar{x}=\frac{1}{16}\sum x_i=65.6375,\ \bar{y}=\frac{1}{16}\sum y_i=170.519$$

이제 $S_{XY}$와 $S_{XX}$를 구하기 위해 다음 표를 작성한다.

| 번호 | $x$ | $y$ | $x-\overline{x}$ | $(x-\overline{x})^2$ | $y-\overline{y}$ | $(x-\overline{x})(y-\overline{y})$ |
|------|------|-------|---------|---------|---------|----------|
| 1 | 58.6 | 159.2 | -7.0375 | 49.5264 | -11.319 | 79.6575 |
| 2 | 61.6 | 162.1 | -4.0375 | 16.3014 | -8.419 | 33.9917 |
| 3 | 63.8 | 164.7 | -1.8375 | 3.3764 | -5.819 | 10.6924 |
| 4 | 64.0 | 169.0 | -1.6375 | 2.6814 | -1.519 | 2.4874 |
| 5 | 64.7 | 169.2 | -0.9375 | 0.8789 | -1.319 | 1.2366 |
| 6 | 65.2 | 169.3 | -0.4375 | 0.1914 | -1.219 | 0.5333 |
| 7 | 65.6 | 170.0 | -0.0375 | 0.0014 | -0.519 | 0.0195 |
| 8 | 65.9 | 182.7 | 0.2625 | 0.0689 | 12.181 | 3.1975 |
| 9 | 66.3 | 171.2 | 0.6625 | 0.4389 | 0.681 | 0.4512 |
| 10 | 67.0 | 171.8 | 1.3625 | 1.8564 | 1.281 | 1.7454 |
| 11 | 67.6 | 171.8 | 1.9625 | 3.8514 | 1.281 | 2.5140 |
| 12 | 67.7 | 173.1 | 2.0625 | 4.2539 | 2.581 | 5.3233 |
| 13 | 67.9 | 173.1 | 2.2625 | 5.1189 | 2.581 | 5.8395 |
| 14 | 68.0 | 173.5 | 2.3625 | 5.5814 | 2.981 | 7.0426 |
| 15 | 68.0 | 173.8 | 2.3625 | 5.5814 | 3.281 | 7.7514 |
| 16 | 68.3 | 173.8 | 2.6625 | 7.0889 | 3.281 | 8.7357 |
| 합계 | 1050.1 | 2728.3 | 0 | 106.8 | 0 | 171.22 |

$$S_{XY}=\sum (x_i-\overline{x})(y_i-\overline{y})=171.22$$

$$S_{XX}=\sum (x_i-\overline{x})^2=106.8$$

따라서 $\beta_0$과 $\beta_1$의 추정값은 각각 다음과 같다.

$$\hat{\beta}_1=\frac{S_{XY}}{S_{XX}}=\frac{171.22}{106.6}=1.603$$

$$\hat{\beta}_0=\overline{y}-\hat{\beta}_1\overline{x}=170.519-(1.603)(65.6375)=65.302$$

그러므로 추정회귀직선은 $\hat{y}=\hat{\beta}_0+\hat{\beta}_1 x=65.302+1.603x$이다.

(2)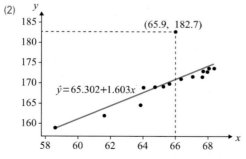

(3) 이상값으로 추정되는 측정값은 $x=65.9$, $y=182.7$이다.

(4) 20대 남자의 경우 몸무게가 1kg 증가할 때 키는 약 1.6cm 증가한다.

(5) $\hat{y}|_{x=63}=65.302+(1.603)(63)=166.3(\text{cm})$이다.

**8.** (1) $S_{YY}$를 구하면 다음과 같다.

$$S_{YY} = \sum (y_i - \bar{y})^2 = \sum y_i^2 - \frac{1}{12}\left(\sum y_i\right)^2 = 77565 - \frac{1}{12}(956)^2 = 1403.67$$

오차분산 $\sigma^2$에 대한 추정값은 다음과 같다.

$$\hat{\sigma}^2 = \frac{1}{10}(S_{YY} - \hat{\beta}_1 S_{XY}) = \frac{1}{10}[1403.67 - (3.9438)(351)] = 1.9396$$

(2) 결정계수는 $R^2 = \hat{\beta}_1 \dfrac{S_{XY}}{S_{YY}} = \dfrac{(3.944)(351)}{1403.67} = 0.9862$이다.

**9.** (1) $S_{YY}$를 구하면 다음과 같다.

$$S_{YY} = \sum (y_i - \bar{y})^2 = \sum y_i^2 - \frac{1}{12}\left(\sum y_i\right)^2 = 963.6 - \frac{1}{8}(84)^2 = 81.6$$

오차분산 $\sigma^2$에 대한 추정값은 다음과 같다.

$$\hat{\sigma}^2 = \frac{1}{6}(S_{YY} - \hat{\beta}_1 S_{XY}) = \frac{1}{6}[81.6 - (-0.3324)(-241)] = 0.2486$$

(2) 결정계수는 $R^2 = \hat{\beta}_1 \dfrac{S_{XY}}{S_{YY}} = \dfrac{(-0.3324)(-241)}{81.6} = 0.9817$이다.

**10.** (1) $S_{YY}$를 구하면 다음과 같다.

$$S_{YY} = \sum (y_i - \bar{y})^2 = 1351129.1891$$

오차분산 $\sigma^2$에 대한 추정값은 다음과 같다.

$$\hat{\sigma}^2 = \frac{1}{9}(S_{YY} - \hat{\beta}_1 S_{XY}) = \frac{1}{9}[1351129.1891 - (-126.225)(-8032.58)] = 37468.531$$

(2) 결정계수는 $R^2 = \hat{\beta}_1 \dfrac{S_{XY}}{S_{YY}} = \dfrac{(-126.225)(-8032.58)}{1351129.8191} = 0.7504$이다.

**11.** (1) $S_{YY}$를 구하면 다음과 같다.

$$S_{YY} = \sum (y_i - \bar{y})^2 = 434.525$$

오차분산 $\sigma^2$에 대한 추정값은 다음과 같다.

$$\hat{\sigma}^2 = \frac{1}{14}(S_{YY} - \hat{\beta}_1 S_{XY}) = \frac{1}{14}[434.525 - (1.603)(171.22)] = 11.4328$$

(2) 결정계수는 $R^2 = \hat{\beta}_1 \dfrac{S_{XY}}{S_{YY}} = \dfrac{(1.603)(171.22)}{434.525} = 0.6316$이다.

**12.** (1) 연도와 자녀 수의 평균을 구한다.

$$\bar{x} = \frac{1}{8}\sum x_i = 2010.5, \quad \bar{y} = \frac{1}{8}\sum y_i = 130.888$$

이제 $S_{XY}$와 $S_{XX}$를 구하기 위해 다음 표를 작성한다.

| 번호 | $x$ | $y$ | $x-\overline{x}$ | $y-\overline{y}$ | $(x-\overline{x})^2$ | $(y-\overline{y})^2$ | $(x-\overline{x})(y-\overline{y})$ |
|---|---|---|---|---|---|---|---|
| 1 | 2007 | 44.2 | -3.5 | -86.6875 | 12.25 | 7514.72 | 303.406 |
| 2 | 2008 | 58.0 | -2.5 | -72.8875 | 6.25 | 5312.59 | 182.219 |
| 3 | 2009 | 107.7 | -1.5 | -23.1875 | 2.25 | 537.66 | 34.781 |
| 4 | 2010 | 121.9 | -0.5 | -8.9875 | 0.25 | 80.78 | 4.494 |
| 5 | 2011 | 151.2 | 0.5 | 20.3125 | 0.25 | 412.60 | 10.156 |
| 6 | 2012 | 168.6 | 1.5 | 37.7125 | 2.25 | 1422.23 | 56.569 |
| 7 | 2013 | 191.3 | 2.5 | 60.4125 | 6.25 | 3649.67 | 151.031 |
| 8 | 2014 | 204.2 | 3.5 | 73.3125 | 12.25 | 5374.72 | 256.594 |
| 합계 | 16084 | 1047.1 | 0 | 0 | 42.00 | 24305.00 | 999.300 |

$$S_{XY} = \sum (x_i - \overline{x})(y_i - \overline{y}) = 999.3$$

$$S_{XX} = \sum (x_i - \overline{x})^2 = 42$$

따라서 $\beta_0$과 $\beta_1$의 추정값은 각각 다음과 같다. $\overline{x} = \frac{1}{8}\sum x_i = 2010.5$, $\overline{y} = \frac{1}{8}\sum y_i = 130.888$

$$\hat{\beta}_1 = \frac{S_{XY}}{S_{XX}} = \frac{999.3}{42} = 23.793$$

$$\hat{\beta}_0 = \overline{y} - \hat{\beta}_1 \overline{x} = 130.888 - (23.793)(2010.5) = -47704.9$$

그러므로 추정회귀직선은 $\hat{y} = \hat{\beta}_0 + \hat{\beta}_1 x = -47704.9 + 23.793x$이다.

(2) 2007년 이후로 매년 23793명씩 늘어난다.

(3) $\hat{y}|_{x=63} = -47704.9 + (23.793)(2020) = 356.96$, 약 356,960명으로 예측된다.

(4) $S_{YY} = \sum (y_i - \overline{y})^2 = 24305$이므로 오차분산 $\sigma^2$에 대한 추정값은 다음과 같다.

$$\hat{\sigma}^2 = \frac{1}{7}(S_{YY} - \hat{\beta}_1 S_{XY}) = \frac{1}{7}[24305 - (23.793)(999.3)] = 528.6551$$

(5) 결정계수는 $R^2 = \hat{\beta}_1 \frac{S_{XY}}{S_{YY}} = \frac{(23.793)(999.3)}{24305} = 0.9782$이다.

**13.** (1) 우선 다음 표를 완성한다.

| 번호 | $x$ | $y$ | $x-\overline{x}$ | $y-\overline{y}$ | $(x-\overline{x})^2$ | $(y-\overline{y})^2$ | $(x-\overline{x})(y-\overline{y})$ |
|---|---|---|---|---|---|---|---|
| 1 | 1 | 2 | -5 | -2.5 | 25 | 6.25 | 12.5 |
| 2 | 3 | 3 | -3 | -1.5 | 9 | 2.25 | 4.5 |
| 3 | 5 | 4 | -1 | -0.5 | 1 | 0.25 | 0.5 |
| 4 | 7 | 6 | 1 | 1.5 | 1 | 2.25 | 1.5 |
| 5 | 9 | 6 | 3 | 1.5 | 9 | 2.25 | 4.5 |
| 6 | 11 | 6 | 5 | 1.5 | 25 | 2.25 | 7.5 |
| 합계 | 36 | 27 | 0 | 0 | 70 | 15.5 | 31.0 |

$$\overline{x} = \frac{1}{6}\sum x_i = 6, \quad \overline{y} = \frac{1}{6}\sum y_i = 4.5, \quad S_{XY} = 31, \quad S_{XX} = 70$$

따라서 $\beta_0$과 $\beta_1$의 추정값은 각각 다음과 같다.

$$\hat{\beta}_1 = \frac{S_{XY}}{S_{XX}} = \frac{31}{70} = 0.4429$$

$$\hat{\beta}_0 = \bar{y} - \hat{\beta}_1 \bar{x} = 4.5 - (0.4429)(6) = 1.8426$$

그러므로 추정회귀직선은 $\hat{y} = \hat{\beta}_0 + \hat{\beta}_1 x = 1.8426 + 0.4429x$이다.

(2) 첨가물의 양이 1에서 11 사이일 때 첨가물이 1씩 늘어날 때마다 수율은 0.4429씩 늘어난다.

(3) $\hat{y}|_{x=10} = 1.8426 + (0.4429)(10) = 6.2716$으로 예측된다.

(4) $S_{YY} = \sum(y_i - \bar{y})^2 = 15.5$이므로 오차분산 $\sigma^2$에 대한 추정값은 다음과 같다.

$$\hat{\sigma}^2 = \frac{1}{4}(S_{YY} - \hat{\beta}_1 S_{XY}) = \frac{1}{4}[15.5 - (0.4429)(31)] = 0.4425$$

(5) 결정계수는 $R^2 = \hat{\beta}_1 \dfrac{S_{XY}}{S_{YY}} = \dfrac{(0.4429)(31)}{15.5} = 0.8858$이다.

**14.** (1) 우선 다음 표를 완성한다.

| 번호 | $x$ | $y$ | $x - \bar{x}$ | $y - \bar{y}$ | $(x - \bar{x})^2$ | $(y - \bar{y})^2$ | $(x - \bar{x})(y - \bar{y})$ |
|---|---|---|---|---|---|---|---|
| 1 | 10 | 20 | -36 | -25.8 | 1296 | 665.64 | 928.8 |
| 2 | 20 | 25 | -26 | -20.8 | 676 | 432.64 | 540.8 |
| 3 | 30 | 32 | -16 | -13.8 | 256 | 190.44 | 220.8 |
| 4 | 40 | 45 | -6 | -0.8 | 36 | 0.64 | 4.8 |
| 5 | 40 | 40 | -6 | -5.8 | 36 | 33.64 | 34.8 |
| 6 | 50 | 48 | 4 | 2.2 | 16 | 4.84 | 8.8 |
| 7 | 60 | 56 | 14 | 10.2 | 196 | 104.04 | 142.8 |
| 8 | 60 | 58 | 14 | 12.2 | 196 | 148.84 | 170.8 |
| 9 | 70 | 64 | 24 | 18.2 | 576 | 331.24 | 436.8 |
| 10 | 80 | 70 | 34 | 24.2 | 1156 | 585.64 | 822.8 |
| 합계 | 460 | 458 | 0 | 0 | 4440 | 2497.6 | 3312 |

$$\bar{x} = \frac{1}{10}\sum x_i = 46, \quad \bar{y} = \frac{1}{10}\sum y_i = 45.8, \quad S_{XY} = 3312, \quad S_{XX} = 4440$$

따라서 $\beta_0$과 $\beta_1$의 추정값은 각각 다음과 같다.

$$\hat{\beta}_1 = \frac{S_{XY}}{S_{XX}} = \frac{3312}{4440} = 0.7459$$

$$\hat{\beta}_0 = \bar{y} - \hat{\beta}_1 \bar{x} = 45.8 - (0.7459)(46) = 11.4886$$

그러므로 추정회귀직선은 $\hat{y} = \hat{\beta}_0 + \hat{\beta}_1 x = 11.4886 + 0.7459x$이다.

(2) $\hat{y}|_{x=45} = 11.4886 + (0.7459)(45) = 45.05$으로 예측된다.

(3) $S_{YY} = \sum(y_i - \bar{y})^2 = 2497.6$이므로 오차분산 $\sigma^2$에 대한 추정값은 다음과 같다.

$$\hat{\sigma}^2 = \frac{1}{8}(S_{YY} - \hat{\beta}_1 S_{XY}) = \frac{1}{8}[2497.6 - (0.7459)(3312)] = 3.3974$$

(4) 결정계수는 $R^2 = \hat{\beta}_1 \dfrac{S_{XY}}{S_{YY}} = \dfrac{(0.7459)(3312)}{2497.6} = 0.9891$이다.

**15.** (1) 우선 다음 표를 완성한다.

| 번호 | $x$ | $y$ | $x-\bar{x}$ | $y-\bar{y}$ | $(x-\bar{x})^2$ | $(y-\bar{y})^2$ | $(x-\bar{x})(y-\bar{y})$ |
|------|-----|-----|-------------|-------------|------------------|------------------|--------------------------|
| 1 | 1 | 1.5 | -3.4 | -0.97 | 11.56 | 0.9409 | 3.298 |
| 2 | 2 | 1.7 | -2.4 | -0.77 | 5.76 | 0.5929 | 1.848 |
| 3 | 3 | 1.8 | -1.4 | -0.67 | 1.96 | 0.4489 | 0.938 |
| 4 | 3 | 2.0 | -1.4 | -0.47 | 1.96 | 0.2209 | 0.658 |
| 5 | 4 | 2.7 | -0.4 | 0.23 | 0.16 | 0.0529 | -0.092 |
| 6 | 5 | 2.6 | 0.6 | 0.13 | 0.36 | 0.0169 | 0.078 |
| 7 | 5 | 2.8 | 0.6 | 0.33 | 0.36 | 0.1089 | 0.198 |
| 8 | 6 | 3.2 | 1.6 | 0.73 | 2.56 | 0.5329 | 1.168 |
| 9 | 7 | 3.2 | 2.6 | 0.73 | 6.76 | 0.5329 | 1.898 |
| 10 | 8 | 3.2 | 3.6 | 0.73 | 12.96 | 0.5329 | 2.628 |
| 합계 | 44 | 24 | 0 | 0 | 44.4 | 3.9810 | 12.620 |

$$\bar{x}=\frac{1}{10}\sum x_i=4.4,\quad \bar{y}=\frac{1}{10}\sum y_i=2.47,\ S_{XY}=12.62,\ S_{XX}=44.4$$

따라서 $\beta_0$과 $\beta_1$의 추정값은 각각 다음과 같다.

$$\hat{\beta}_1=\frac{S_{XY}}{S_{XX}}=\frac{12.62}{44.4}=0.2842$$

$$\hat{\beta}_0=\bar{y}-\hat{\beta}_1\bar{x}=2.47-(0.2842)(4.4)=1.22$$

그러므로 추정회귀직선은 $\hat{y}=\hat{\beta}_0+\hat{\beta}_1x=1.22+0.2842x$이다.

(2) $S_{YY}=\sum(y_i-\bar{y})^2=3.981$이므로 결정계수는 다음과 같다.

$$R^2=\hat{\beta}_1\frac{S_{XY}}{S_{YY}}=\frac{(0.2842)(12.62)}{3.981}=0.9009$$

추정한 회귀직선 $\hat{y}=1.22+0.2842x$가 관찰한 자료를 90.1%로 대표한다.

**16.** (1) 우선 다음 표를 완성한다.

| 번호 | $x$ | $y$ | $x-\bar{x}$ | $y-\bar{y}$ | $(x-\bar{x})^2$ | $(y-\bar{y})^2$ | $(x-\bar{x})(y-\bar{y})$ |
|---|---|---|---|---|---|---|---|
| 1 | 2.5 | 1.7 | -1.05 | -1.62 | 1.1025 | 2.6244 | 1.701 |
| 2 | 2.7 | 2.3 | -0.85 | -1.02 | 0.7225 | 1.0404 | 0.867 |
| 3 | 3.0 | 3.1 | -0.55 | -0.22 | 0.3025 | 0.0484 | 0.121 |
| 4 | 3.4 | 3.2 | -0.15 | -0.12 | 0.0225 | 0.0144 | 0.018 |
| 5 | 3.4 | 3.5 | -0.15 | 0.18 | 0.0225 | 0.0324 | -0.027 |
| 6 | 3.8 | 3.6 | 0.25 | 0.28 | 0.0625 | 0.0784 | 0.070 |
| 7 | 4.0 | 3.6 | 0.45 | 0.28 | 0.2025 | 0.0784 | 0.126 |
| 8 | 4.1 | 3.9 | 0.55 | 0.58 | 0.3025 | 0.3364 | 0.319 |
| 9 | 4.2 | 4.1 | 0.65 | 0.78 | 0.4225 | 0.6084 | 0.507 |
| 10 | 4.4 | 4.2 | 0.85 | 0.88 | 0.7225 | 0.7744 | 0.748 |
| 합계 | 25.5 | 33.2 | 0 | 0 | 3.885 | 5.636 | 4.450 |

$$\bar{x} = \frac{1}{10}\sum x_i = 3.55, \quad \bar{y} = \frac{1}{10}\sum y_i = 3.32, \quad S_{XY} = 4.45, \quad S_{XX} = 3.885$$

따라서 $\beta_0$과 $\beta_1$의 추정값은 각각 다음과 같다.

$$\hat{\beta}_1 = \frac{S_{XY}}{S_{XX}} = \frac{4.45}{3.885} = 1.1454$$

$$\hat{\beta}_0 = \bar{y} - \hat{\beta}_1\bar{x} = 3.32 - (1.1454)(3.55) = -0.7462$$

그러므로 추정회귀직선은 $\hat{y} = \hat{\beta}_0 + \hat{\beta}_1 x = -0.7462 + 1.1454x$이다.

(2) $\hat{y}|_{x=3.9} = -0.7462 + (1.1454)(3.9) = 3.72$로 예측된다.

(3) $S_{YY} = \sum(y_i - \bar{y})^2 = 5.636$이므로 결정계수는 다음과 같다.

$$R^2 = \hat{\beta}_1 \frac{S_{XY}}{S_{YY}} = \frac{(1.1454)(4.45)}{5.636} = 0.9044$$

추정한 회귀직선 $\hat{y} = -0.7462 + 1.1454x$가 관찰한 자료를 90.4%로 대표한다.

## 10.3

**1.** 먼저 다음 표를 작성한다.

| 번호 | $x$ | $y$ | $x-\bar{x}$ | $y-\bar{y}$ | $(x-\bar{x})^2$ | $(y-\bar{y})^2$ | $(x-\bar{x})(y-\bar{y})$ |
|---|---|---|---|---|---|---|---|
| 1 | 1 | 2 | -1.4 | -2 | 1.96 | 4 | 2.8 |
| 2 | 1 | 3 | -1.4 | -1 | 1.96 | 1 | 1.4 |
| 3 | 2 | 3 | -0.4 | -1 | 0.16 | 1 | 0.4 |
| 4 | 3 | 5 | 0.6 | 1 | 0.36 | 1 | 0.6 |
| 5 | 5 | 7 | 2.6 | 3 | 6.76 | 9 | 7.8 |
| 합계 | 12 | 20 | 0 | 0 | 11.2 | 16.0 | 13.0 |

$$\overline{x} = \frac{1}{5} \sum x_i = 2.4, \quad \overline{y} = \frac{1}{5} \sum y_i = 4, \ S_{XY} = 13.0, \ S_{XX} = 11.2$$

따라서 $\beta_0$과 $\beta_1$의 추정값은 각각 다음과 같다.

$$\hat{\beta}_1 = \frac{S_{XY}}{S_{XX}} = \frac{13}{11.2} = 1.1607$$

$$\hat{\beta}_0 = \overline{y} - \hat{\beta}_1 \overline{x} = 4 - (1.1607)(2.4) = 1.2143$$

$\sigma^2 = 0.31$이므로 $\sigma = \sqrt{0.31} = 0.5568$이고 $z_{0.025} = 1.96$이므로 다음을 얻는다.

$$\hat{\beta}_0 - z_{0.025}\, \sigma \sqrt{\frac{1}{n} + \frac{\overline{x}^2}{S_{XX}}} = 1.2143 - (1.96)(0.5568)\sqrt{\frac{1}{5} + \frac{2.4^2}{11.2}} = 0.2920$$

$$\hat{\beta}_0 + z_{0.025}\, \sigma \sqrt{\frac{1}{n} + \frac{\overline{x}^2}{S_{XX}}} = 1.2143 + (1.96)(0.5568)\sqrt{\frac{1}{5} + \frac{2.4^2}{11.2}} = 2.1366$$

따라서 $\beta_0$에 대한 95% 신뢰구간은 $(0.2920,\ 2.1366)$이다.

$$\hat{\beta}_1 - z_{0.025}\, \frac{\sigma}{\sqrt{S_{XX}}} = 1.1607 - (1.96)\frac{0.5568}{\sqrt{11.2}} = 0.8346$$

$$\hat{\beta}_1 + z_{0.025}\, \frac{\sigma}{\sqrt{S_{XX}}} = 1.1607 + (1.96)\frac{0.5568}{\sqrt{11.2}} = 1.4868$$

이므로 $\beta_1$에 대한 95% 신뢰구간은 $(0.8346,\ 1.4868)$이다.

$$\hat{\beta}_0 + \hat{\beta}_1 x^* - z_{0.025}\, \sigma \sqrt{\frac{1}{n} + \frac{(x^* - \overline{x})^2}{S_{XX}}}$$

$$= 1.2143 + (1.1607)(4) - (1.96)(0.5568)\sqrt{\frac{1}{5} + \frac{(4 - 2.4)^2}{11.2}} = 5.1427$$

$$\hat{\beta}_0 + \hat{\beta}_1 x^* + z_{0.025}\, \sigma \sqrt{\frac{1}{n} + \frac{(x^* - \overline{x})^2}{S_{XX}}}$$

$$= 1.2143 + (1.1607)(4) + (1.96)(0.5568)\sqrt{\frac{1}{5} + \frac{(4 - 2.4)^2}{11.2}} = 6.5715$$

따라서 $x = 4$일 때 종속변수의 값 $\hat{y}|_{x=4}$에 대한 95% 신뢰구간 $(5.1427,\ 6.5715)$이다.

**2.** [연습문제 10.2] 문제 6으로부터 다음을 구했다.

$$\overline{x} = 5.818, \ S_{XX} = 63.6369, \ \hat{\beta}_0 = 1772.487, \ \hat{\beta}_1 = -126.225$$

$\sigma^2 = 37636$이므로 $\sigma = \sqrt{37636} = 194$이고 $z_{0.05} = 1.645$이므로 다음을 얻는다.

$$\hat{\beta}_0 - z_{0.05}\, \sigma \sqrt{\frac{1}{n} + \frac{\overline{x}^2}{S_{XX}}} = 1772.487 - (1.645)(194)\sqrt{\frac{1}{11} + \frac{5.818^2}{63.6369}} = 1520.63$$

$$\hat{\beta}_0 + z_{0.05}\, \sigma \sqrt{\frac{1}{n} + \frac{\overline{x}^2}{S_{XX}}} = 1772.487 + (1.645)(194)\sqrt{\frac{1}{11} + \frac{5.818^2}{63.6369}} = 2024.34$$

따라서 $\beta_0$에 대한 90% 신뢰구간은 $(1520.63,\ 2024.34)$이다.

$$\hat{\beta}_1 - z_{0.05}\frac{\sigma}{\sqrt{S_{XX}}} = -126.225 - (1.645)\frac{194}{\sqrt{63.6369}} = -166.23$$

$$\hat{\beta}_1 + z_{0.05}\frac{\sigma}{\sqrt{S_{XX}}} = -126.225 + (1.645)\frac{194}{\sqrt{63.6369}} = -86.22$$

이므로 $\beta_1$에 대한 90% 신뢰구간은 $(-166.23, -86.22)$이다.

$$\hat{\beta}_0 + \hat{\beta}_1 x^* - z_{0.05}\,\sigma\sqrt{\frac{1}{n} + \frac{(x^* - \overline{x})^2}{S_{XX}}}$$

$$= 1772.487 + (-126.225)(7.5) - (1.645)(194)\sqrt{\frac{1}{11} + \frac{(7.5 - 5.818)^2}{63.6369}} = 708.385$$

$$\hat{\beta}_0 + \hat{\beta}_1 x^* + z_{0.05}\,\sigma\sqrt{\frac{1}{n} + \frac{(x^* - \overline{x})^2}{S_{XX}}}$$

$$= 1772.487 + (-126.225)(7.5) + (1.645)(194)\sqrt{\frac{1}{11} + \frac{(7.5 - 5.818)^2}{63.6369}} = 943.214$$

따라서 $x = 7.5$일 때 종속변수의 값 $\hat{y}|_{x=7.5}$에 대한 90% 신뢰구간 $(708.385, 943.214)$이다.

**3.** [연습문제 10.2] 문제 7로부터 다음을 구했다.

$\overline{x} = 65.6375,\ S_{XX} = 106.8,\ \hat{\beta}_0 = 65.302,\ \hat{\beta}_1 = 1.603$

$\sigma^2 = 13$이므로 $\sigma = \sqrt{13} = 3.61$이고 $z_{0.025} = 1.96$이므로 다음을 얻는다.

$$\hat{\beta}_0 - z_{0.025}\,\sigma\sqrt{\frac{1}{n} + \frac{\overline{x}^2}{S_{XX}}} = 65.302 - (1.96)(3.61)\sqrt{\frac{1}{16} + \frac{65.6375^2}{106.8}} = 20.3276$$

$$\hat{\beta}_0 + z_{0.025}\,\sigma\sqrt{\frac{1}{n} + \frac{\overline{x}^2}{S_{XX}}} = 65.302 + (1.96)(3.61)\sqrt{\frac{1}{16} + \frac{65.6375^2}{106.8}} = 110.276$$

따라서 $\beta_0$에 대한 95% 신뢰구간은 $(20.3276, 110.276)$이다.

$$\hat{\beta}_1 - z_{0.025}\frac{\sigma}{\sqrt{S_{XX}}} = 1.603 - (1.96)\frac{3.61}{\sqrt{106.8}} = 0.9183$$

$$\hat{\beta}_1 + z_{0.025}\frac{\sigma}{\sqrt{S_{XX}}} = 1.603 + (1.96)\frac{3.61}{\sqrt{106.8}} = 2.2877$$

이므로 $\beta_1$에 대한 95% 신뢰구간은 $(0.9138, 2.2877)$이다.

$$\hat{\beta}_0 + \hat{\beta}_1 x^* - z_{0.025}\,\sigma\sqrt{\frac{1}{n} + \frac{(x^* - \overline{x})^2}{S_{XX}}}$$

$$= 65.302 + (1.603)(66) - (1.96)(3.61)\sqrt{\frac{1}{16} + \frac{(66 - 65.302)^2}{106.8}} = 169.314$$

$$\hat{\beta}_0 + \hat{\beta}_1 x^* + z_{0.025}\,\sigma\sqrt{\frac{1}{n} + \frac{(x^* - \overline{x})^2}{S_{XX}}}$$

$$= 65.302 + (1.603)(66) + (1.96)(3.61)\sqrt{\frac{1}{16} + \frac{(66 - 65.302)^2}{106.8}} = 172.886$$

따라서 $x = 66$일 때 종속변수의 값 $\hat{y}|_{x=66}$에 대한 95% 신뢰구간 $(169.314, 172.886)$이다.

**4.** [연습문제 10.2] 문제 12로부터 다음을 구했다.

$$\overline{x} = 2010.5, \ S_{XX} = 42, \ \hat{\beta}_0 = -47704.9, \ \hat{\beta}_1 = 23.793$$

$\sigma^2 = 3600$이므로 $\sigma = \sqrt{3600} = 60$이고 $z_{0.025} = 1.96$이므로 다음을 얻는다.

$$\hat{\beta}_0 - z_{0.025}\,\sigma\sqrt{\frac{1}{n} + \frac{\overline{x}^2}{S_{XX}}} = -47704.9 - (1.96)(60)\sqrt{\frac{1}{8} + \frac{2010.5^2}{42}} = -84187.6$$

$$\hat{\beta}_0 + z_{0.025}\,\sigma\sqrt{\frac{1}{n} + \frac{\overline{x}^2}{S_{XX}}} = -47704.9 + (1.96)(60)\sqrt{\frac{1}{8} + \frac{2010.5^2}{42}} = -11222.2$$

따라서 $\beta_0$에 대한 95% 신뢰구간은 $(-84187.6, -11222.2)$이다.

$$\hat{\beta}_1 - z_{0.025}\frac{\sigma}{\sqrt{S_{XX}}} = 23.793 - (1.96)\frac{60}{\sqrt{42}} = 5.6469$$

$$\hat{\beta}_1 + z_{0.025}\frac{\sigma}{\sqrt{S_{XX}}} = 23.793 + (1.96)\frac{60}{\sqrt{42}} = 41.9391$$

이므로 $\beta_1$에 대한 95% 신뢰구간은 $(5.6469, 41.9391)$이다.

$$\hat{\beta}_0 + \hat{\beta}_1 x^* - z_{0.025}\,\sigma\sqrt{\frac{1}{n} + \frac{(x^* - \overline{x})^2}{S_{XX}}}$$

$$= -47704.9 + (23.793)(2020) - (1.96)(60)\sqrt{\frac{1}{8} + \frac{(2020 - 2010.5)^2}{42}} = 179.629$$

$$\hat{\beta}_0 + \hat{\beta}_1 x^* + z_{0.025}\,\sigma\sqrt{\frac{1}{n} + \frac{(x^* - \overline{x})^2}{S_{XX}}}$$

$$= -47704.9 + (23.793)(2020) + (1.96)(60)\sqrt{\frac{1}{8} + \frac{(2020 - 2010.5)^2}{42}} = 534.291$$

따라서 $x = 2020$일 때 종속변수의 값 $\hat{y}|_{x=2020}$에 대한 95% 신뢰구간 $(179.629, 534.291)$이다.

**5.** [연습문제 10.2] 문제 13으로부터 다음을 구했다.

$$\overline{x} = 6, \ S_{XX} = 70, \ \hat{\beta}_0 = 1.8426, \ \hat{\beta}_1 = 0.4429$$

$\sigma^2 = 0.36$이므로 $\sigma = \sqrt{0.36} = 0.6$이고 $z_{0.005} = 2.58$이므로 다음을 얻는다.

$$\hat{\beta}_0 - z_{0.005}\,\sigma\sqrt{\frac{1}{n} + \frac{\overline{x}^2}{S_{XX}}} = 1.8426 - (2.58)(0.6)\sqrt{\frac{1}{6} + \frac{6^2}{70}} = 0.5652$$

$$\hat{\beta}_0 + z_{0.005}\,\sigma\sqrt{\frac{1}{n} + \frac{\overline{x}^2}{S_{XX}}} = 1.8426 + (2.58)(0.6)\sqrt{\frac{1}{6} + \frac{6^2}{70}} = 3.1200$$

따라서 $\beta_0$에 대한 99% 신뢰구간은 $(0.5652, 3.12)$이다.

$$\hat{\beta}_1 - z_{0.005}\frac{\sigma}{\sqrt{S_{XX}}} = 0.4429 - (2.58)\frac{0.6}{\sqrt{70}} = 0.2579$$

$$\hat{\beta}_1 + z_{0.005}\frac{\sigma}{\sqrt{S_{XX}}} = 0.4429 + (2.58)\frac{0.6}{\sqrt{70}} = 0.6279$$

이므로 $\beta_1$에 대한 99% 신뢰구간은 $(0.2579, 0.6279)$이다.

$$\hat{\beta}_0 + \hat{\beta}_1 x^* - z_{0.005}\, \sigma \sqrt{\frac{1}{n} + \frac{(x^* - \overline{x})^2}{S_{XX}}}$$

$$= 1.8426 + (0.4429)(10) - (2.58)(0.6)\sqrt{\frac{1}{6} + \frac{(10-6)^2}{70}} = 5.2984$$

$$\hat{\beta}_0 + \hat{\beta}_1 x^* + z_{0.005}\, \sigma \sqrt{\frac{1}{n} + \frac{(x^* - \overline{x})^2}{S_{XX}}}$$

$$= 1.8426 + (0.4429)(10) + (2.58)(0.6)\sqrt{\frac{1}{6} + \frac{(10-6)^2}{70}} = 7.2448$$

따라서 $x = 10$일 때 종속변수의 값 $\hat{y}|_{x=10}$에 대한 99% 신뢰구간 $(179629, 534.291)$이다.

**6.** [연습문제 10.2] 문제 14로부터 다음을 구했다.

$$\overline{x} = 46, \quad S_{XX} = 4440, \quad \hat{\beta}_0 = 11.4886, \quad \hat{\beta}_1 = 0.7459$$

$\sigma^2 = 4$이므로 $\sigma = 2$이고 $z_{0.025} = 1.96$이므로 다음을 얻는다.

$$\hat{\beta}_0 - z_{0.025}\, \sigma \sqrt{\frac{1}{n} + \frac{\overline{x}^2}{S_{XX}}} = 11.4886 - (1.96)(2)\sqrt{\frac{1}{10} + \frac{46^2}{4440}} = 8.512$$

$$\hat{\beta}_0 + z_{0.025}\, \sigma \sqrt{\frac{1}{n} + \frac{\overline{x}^2}{S_{XX}}} = 11.4886 + (1.96)(2)\sqrt{\frac{1}{10} + \frac{46^2}{4440}} = 14.465$$

따라서 $\beta_0$에 대한 95% 신뢰구간은 $(8.512, 14.465)$이다.

$$\hat{\beta}_1 - z_{0.025}\, \frac{\sigma}{\sqrt{S_{XX}}} = 0.7459 - (1.96)\frac{2}{\sqrt{4440}} = 0.6871$$

$$\hat{\beta}_1 + z_{0.025}\, \frac{\sigma}{\sqrt{S_{XX}}} = 0.7459 + (1.96)\frac{2}{\sqrt{4440}} = 0.8047$$

이므로 $\beta_1$에 대한 95% 신뢰구간은 $(0.6871, 0.8047)$이다.

$$\hat{\beta}_0 + \hat{\beta}_1 x^* - z_{0.025}\, \sigma \sqrt{\frac{1}{n} + \frac{(x^* - \overline{x})^2}{S_{XX}}}$$

$$= 11.4886 + (0.7459)(54.5) - (1.96)(2)\sqrt{\frac{1}{10} + \frac{(54.5-46)^2}{4440}} = 50.8035$$

$$\hat{\beta}_0 + \hat{\beta}_1 x^* + z_{0.025}\, \sigma \sqrt{\frac{1}{n} + \frac{(x^* - \overline{x})^2}{S_{XX}}}$$

$$= 11.4886 + (0.7459)(54.5) + (1.96)(2)\sqrt{\frac{1}{10} + \frac{(54.5-46)^2}{4440}} = 53.4768$$

따라서 $x = 54.5$일 때 종속변수의 값 $\hat{y}|_{x=54.5}$에 대한 95% 신뢰구간 $(50.8035, 53.4768)$이다.

**7.** [연습문제 10.2] 문제 15로부터 다음을 구했다.

$$\overline{x} = 4.4, \quad S_{XX} = 44.4, \quad \hat{\beta}_0 = 1.22, \quad \hat{\beta}_1 = 0.2842$$

$\sigma^2 = 0.04$이므로 $\sigma = 0.2$이고 $z_{0.025} = 1.96$이므로 다음을 얻는다.

$$\hat{\beta}_0 - z_{0.025}\,\sigma\sqrt{\frac{1}{n}+\frac{\overline{x}^2}{S_{XX}}} = 1.22-(1.96)(0.2)\sqrt{\frac{1}{10}+\frac{4.4^2}{44.4}} = 0.933$$

$$\hat{\beta}_0 + z_{0.025}\,\sigma\sqrt{\frac{1}{n}+\frac{\overline{x}^2}{S_{XX}}} = 1.22+(1.96)(0.2)\sqrt{\frac{1}{10}+\frac{4.4^2}{44.4}} = 1.507$$

따라서 $\beta_0$에 대한 95% 신뢰구간은 $(0.933,\ 1.507)$이다.

$$\hat{\beta}_1 - z_{0.025}\,\frac{\sigma}{\sqrt{S_{XX}}} = 0.2842-(1.96)\frac{0.2}{\sqrt{44.4}} = 0.2254$$

$$\hat{\beta}_1 + z_{0.025}\,\frac{\sigma}{\sqrt{S_{XX}}} = 0.2842+(1.96)\frac{0.2}{\sqrt{44.4}} = 0.3430$$

이므로 $\beta_1$에 대한 95% 신뢰구간은 $(0.2254,\ 0.3430)$이다.

$$\hat{\beta}_0 + \hat{\beta}_1 x^* - z_{0.025}\,\sigma\sqrt{\frac{1}{n}+\frac{(x^*-\overline{x})^2}{S_{XX}}}$$

$$= 1.22+(0.2842)(4.5)-(1.96)(0.2)\sqrt{\frac{1}{10}+\frac{(4.5-4.4)^2}{44.4}} = 2.3748$$

$$\hat{\beta}_0 + \hat{\beta}_1 x^* + z_{0.025}\,\sigma\sqrt{\frac{1}{n}+\frac{(x^*-\overline{x})^2}{S_{XX}}}$$

$$= 1.22+(0.2842)(4.5)-(1.96)(0.2)\sqrt{\frac{1}{10}+\frac{(4.5-4.4)^2}{44.4}} = 2.623$$

따라서 $x=4.5$일 때 종속변수의 값 $\hat{y}|_{x=4.5}$에 대한 95% 신뢰구간 $(2.3748,\ 2.623)$이다.

**8.** $n=5,\ \overline{x}=2.4,\ S_{XX}=11.2,\ S_{XY}=13,\ S_{XY}=16,\ \hat{\beta}_0=1.2143,\ \hat{\beta}_1=1.1607$을 구했다.

오차분산 $\sigma^2$의 추정값은 다음과 같다.

$$\hat{\sigma}^2 = \frac{1}{3}(S_{YY}-\hat{\beta}_1 S_{XY}) = \frac{1}{3}[16-(1.1607)(13)] = 0.3036$$

따라서 $\hat{\sigma}=\sqrt{0.3036}=0.551,\ t_{0.025}(3)=3.182$이므로 다음을 얻는다.

$$\hat{\beta}_0 - t_{0.025}(3)\,\hat{\sigma}\sqrt{\frac{1}{n}+\frac{\overline{x}^2}{S_{XX}}} = 1.2143-(3.182)(0.551)\sqrt{\frac{1}{5}+\frac{2.4^2}{11.2}} = -0.2676$$

$$\hat{\beta}_0 + t_{0.025}(3)\,\hat{\sigma}\sqrt{\frac{1}{n}+\frac{\overline{x}^2}{S_{XX}}} = 1.2143+(3.182)(0.551)\sqrt{\frac{1}{5}+\frac{2.4^2}{11.2}} = 2.6962$$

따라서 $\beta_0$에 대한 95% 신뢰구간은 $(-0.2676,\ 2.6962)$이다.

$$\hat{\beta}_1 - t_{0.025}(3)\,\frac{\hat{\sigma}}{\sqrt{S_{XX}}} = 1.1607-(3.182)\frac{0.551}{\sqrt{11.2}} = 0.6368$$

$$\hat{\beta}_1 + t_{0.025}(3)\,\frac{\hat{\sigma}}{\sqrt{S_{XX}}} = 1.1607-(3.182)\frac{0.551}{\sqrt{11.2}} = 1.6846$$

이므로 $\beta_1$에 대한 95% 신뢰구간은 $(0.6368,\ 1.6846)$이다.

$$\hat{\beta}_0 + \hat{\beta}_1 x^* - t_{0.025}(10)\hat{\sigma}\sqrt{\frac{1}{n} + \frac{(x^* - \overline{x})^2}{S_{XX}}}$$

$$= 1.2143 + (1.1607)(4) - (3.182)(0.551)\sqrt{\frac{1}{5} + \frac{(4-2.4)^2}{11.2}} = 4.7093$$

$$\hat{\beta}_0 + \hat{\beta}_1 x^* + t_{0.025}(10)\hat{\sigma}\sqrt{\frac{1}{n} + \frac{(x^* - \overline{x})^2}{S_{XX}}}$$

$$= 1.2143 + (1.1607)(4) + (3.182)(0.551)\sqrt{\frac{1}{5} + \frac{(4-2.4)^2}{11.2}} = 7.005$$

따라서 $x = 7$일 때 예상 취득 학점 $\hat{y}|_{x=7}$에 대한 95% 신뢰구간 $(4.7093, 7.005)$이다.

**9.** $n = 11$, $\overline{x} = 5.818$, $S_{XX} = 63.6369$, $S_{XY} = -8032.58$, $\hat{\beta}_0 = 1772.487$, $\hat{\beta}_1 = -126.225$을 구했다. 또한 $S_{YY} = \sum(y_i - \overline{y})^2 = 1351129$이므로 오차분산 $\sigma^2$의 추정값은 다음과 같다.

$$\hat{\sigma}^2 = \frac{1}{9}(S_{YY} - \hat{\beta}_1 S_{XY}) = \frac{1}{9}[1351129 - (-126.225)(-8032.58)] = 37468.5$$

따라서 $\hat{\sigma} = \sqrt{37468.5} = 193.568$, $t_{0.05}(9) = 1.833$이므로 다음을 얻는다.

$$\hat{\beta}_0 - t_{0.05}(9)\hat{\sigma}\sqrt{\frac{1}{n} + \frac{\overline{x}^2}{S_{XX}}} = 1772.487 - (1.833)(193.568)\sqrt{\frac{1}{11} + \frac{5.818^2}{63.6369}} = 1492.47$$

$$\hat{\beta}_0 + t_{0.05}(9)\hat{\sigma}\sqrt{\frac{1}{n} + \frac{\overline{x}^2}{S_{XX}}} = 1772.487 + (1.833)(193.568)\sqrt{\frac{1}{11} + \frac{5.818^2}{63.6369}} = 2052.5$$

따라서 $\beta_0$에 대한 95% 신뢰구간은 $(1492.47, 2052.5)$이다.

$$\hat{\beta}_1 - t_{0.05}(9)\frac{\hat{\sigma}}{\sqrt{S_{XX}}} = -126.225 - (1.833)\frac{193.568}{\sqrt{63.6369}} = -170.703$$

$$\hat{\beta}_1 + t_{0.05}(9)\frac{\hat{\sigma}}{\sqrt{S_{XX}}} = -126.225 + (1.833)\frac{193.568}{\sqrt{63.6369}} = -81.747$$

이므로 $\beta_1$에 대한 95% 신뢰구간은 $(0.6368, 1.6846)$이다.

$$\hat{\beta}_0 + \hat{\beta}_1 x^* - t_{0.05}(9)\hat{\sigma}\sqrt{\frac{1}{n} + \frac{(x^* - \overline{x})^2}{S_{XX}}}$$

$$= 1772.487 + (-126.225)(7.5) - (1.833)(193.568)\sqrt{\frac{1}{11} + \frac{(7.5-5.818)^2}{63.6369}} = 695.257$$

$$\hat{\beta}_0 + \hat{\beta}_1 x^* + t_{0.05}(9)\hat{\sigma}\sqrt{\frac{1}{n} + \frac{(x^* - \overline{x})^2}{S_{XX}}}$$

$$= 1772.487 + (-126.225)(7.5) + (1.833)(193.568)\sqrt{\frac{1}{11} + \frac{(7.5-5.818)^2}{63.6369}} = 956.342$$

따라서 $x = 7.5$일 때 예상 취득 학점 $\hat{y}|_{x=7.5}$에 대한 95% 신뢰구간 $(695.257, 956.342)$이다.

**10.** $n = 16$, $\overline{x} = 65.6375$, $S_{XX} = 106.8$, $S_{XY} = 171.22$, $\hat{\beta}_0 = 65.302$, $\hat{\beta}_1 = 1.603$을 구했다. 또한 $S_{YY} = \sum(y_i - \overline{y})^2 = 434.5$이므로 오차분산 $\sigma^2$의 추정값은 다음과 같다.

$$\hat{\sigma}^2 = \frac{1}{14}(S_{YY} - \hat{\beta}_1 S_{XY}) = \frac{1}{14}[434.5 - (1.603)(171.22)] = 11.431$$

따라서 $\hat{\sigma} = 3.38$, $t_{0.025}(14) = 2.145$이므로 다음을 얻는다.

$$\hat{\beta}_0 - t_{0.025}(14)\hat{\sigma}\sqrt{\frac{1}{n} + \frac{\overline{x}^2}{S_{XX}}} = 65.302 - (2.145)(3.38)\sqrt{\frac{1}{16} + \frac{65.6375^2}{106.8}} = 19.2184$$

$$\hat{\beta}_0 + t_{0.025}(14)\hat{\sigma}\sqrt{\frac{1}{n} + \frac{\overline{x}^2}{S_{XX}}} = 65.302 + (2.145)(3.38)\sqrt{\frac{1}{16} + \frac{65.6375^2}{106.8}} = 111.386$$

따라서 $\beta_0$에 대한 95% 신뢰구간은 $(19.2184, 111.386)$이다.

$$\hat{\beta}_1 - t_{0.025}(14)\frac{\hat{\sigma}}{\sqrt{S_{XX}}} = 1.603 - (2.145)\frac{3.38}{\sqrt{106.8}} = 0.9015$$

$$\hat{\beta}_1 + t_{0.025}(14)\frac{\hat{\sigma}}{\sqrt{S_{XX}}} = 1.603 + (2.145)\frac{3.38}{\sqrt{106.8}} = 2.3046$$

이므로 $\beta_1$에 대한 95% 신뢰구간은 $(0.9015, 2.3046)$이다.

$$\hat{\beta}_0 + \hat{\beta}_1 x^* - t_{0.025}(14)\hat{\sigma}\sqrt{\frac{1}{n} + \frac{(x^* - \overline{x})^2}{S_{XX}}}$$

$$= 65.302 + (1.603)(66) - (2.145)(3.38)\sqrt{\frac{1}{16} + \frac{(66 - 65.6375)^2}{106.8}} = 169.27$$

$$\hat{\beta}_0 + \hat{\beta}_1 x^* + t_{0.025}(14)\hat{\sigma}\sqrt{\frac{1}{n} + \frac{(x^* - \overline{x})^2}{S_{XX}}}$$

$$= 65.302 + (1.603)(66) + (2.145)(3.38)\sqrt{\frac{1}{16} + \frac{(66 - 65.6375)^2}{106.8}} = 172.93$$

따라서 $x = 66$일 때 예상 취득 학점 $\hat{y}|_{x=66}$에 대한 95% 신뢰구간 $(169.27, 172.93)$이다.

**11.** $n = 8$, $\overline{x} = 2010.5$, $S_{XX} = 42$, $S_{XY} = 999.3$, $S_{YY} = 24305$, $\hat{\beta}_0 = -47704.9$, $\hat{\beta}_1 = 23.793$을 구했다. 그러므로 오차분산 $\sigma^2$의 추정값은 다음과 같다.

$$\hat{\sigma}^2 = \frac{1}{6}(S_{YY} - \hat{\beta}_1 S_{XY}) = \frac{1}{6}[24305 - (23.793)(999.3)] = 88.11$$

따라서 $\hat{\sigma} = 9.39$, $t_{0.025}(6) = 2.447$이므로 다음을 얻는다.

$$\hat{\beta}_0 - t_{0.025}(6)\hat{\sigma}\sqrt{\frac{1}{n} + \frac{\overline{x}^2}{S_{XX}}} = -47704.9 - (2.447)(9.39)\sqrt{\frac{1}{8} + \frac{2010.5^2}{42}} = -54833.1$$

$$\hat{\beta}_0 + t_{0.025}(6)\hat{\sigma}\sqrt{\frac{1}{n} + \frac{\overline{x}^2}{S_{XX}}} = -47704.9 + (2.447)(9.39)\sqrt{\frac{1}{8} + \frac{2010.5^2}{42}} = -40576.7$$

따라서 $\beta_0$에 대한 95% 신뢰구간은 $(-54833.1, -40576.7)$이다.

$$\hat{\beta}_1 - t_{0.025}(6)\frac{\hat{\sigma}}{\sqrt{S_{XX}}} = 23.793 - (2.447)\frac{9.39}{\sqrt{42}} = 20.2475$$

$$\hat{\beta}_1 + t_{0.025}(6)\frac{\hat{\sigma}}{\sqrt{S_{XX}}} = 23.793 + (2.447)\frac{9.39}{\sqrt{42}} = 27.3385$$

이므로 $\beta_1$에 대한 95% 신뢰구간은 $(20.2475, 27.3385)$이다.

$$\hat{\beta}_0 + \hat{\beta}_1 x^* - t_{0.025}(6)\hat{\sigma}\sqrt{\frac{1}{n} + \frac{(x^* - \overline{x})^2}{S_{XX}}}$$

$$= -47704.9 + (23.793)(2020) - (2.447)(9.39)\sqrt{\frac{1}{8} + \frac{(2020 - 2010.5)^2}{42}} = 322.312$$

$$\hat{\beta}_0 + \hat{\beta}_1 x^* + t_{0.025}(6)\hat{\sigma}\sqrt{\frac{1}{n} + \frac{(x^* - \overline{x})^2}{S_{XX}}}$$

$$= -47704.9 + (23.793)(2020) + (2.447)(9.39)\sqrt{\frac{1}{8} + \frac{(2020 - 2010.5)^2}{42}} = 391.608$$

따라서 $x = 2020$일 때 예상 취득 학점 $\hat{y}|_{x=2020}$에 대한 95% 신뢰구간 $(322.312, 391.608)$이다.

**12.** $n = 6$, $\overline{x} = 6$, $S_{XX} = 70$, $S_{XY} = 31$, $S_{YY} = 15.5$, $\hat{\beta}_0 = 1.8426$, $\hat{\beta}_1 = 0.4429$을 구했다. 그러므로 오차분산 $\sigma^2$의 추정값은 다음과 같다.

$$\hat{\sigma}^2 = \frac{1}{4}(S_{YY} - \hat{\beta}_1 S_{XY}) = \frac{1}{4}[15.5 - (0.4429)31] = 0.4425$$

따라서 $\hat{\sigma} = 0.665$, $t_{0.005}(4) = 4.604$이므로 다음을 얻는다.

$$\hat{\beta}_0 - t_{0.005}(4)\hat{\sigma}\sqrt{\frac{1}{n} + \frac{\overline{x}^2}{S_{XX}}} = 1.8426 - (4.604)(0.665)\sqrt{\frac{1}{6} + \frac{6^2}{70}} = -0.6839$$

$$\hat{\beta}_0 + t_{0.005}(4)\hat{\sigma}\sqrt{\frac{1}{n} + \frac{\overline{x}^2}{S_{XX}}} = 1.8426 + (4.604)(0.665)\sqrt{\frac{1}{6} + \frac{6^2}{70}} = 4.3691$$

따라서 $\beta_0$에 대한 99% 신뢰구간은 $(-0.6839, 4.3691)$이다.

$$\hat{\beta}_1 - t_{0.005}(4)\frac{\hat{\sigma}}{\sqrt{S_{XX}}} = 0.4429 - (4.604)\frac{0.665}{\sqrt{70}} = 0.077$$

$$\hat{\beta}_1 + t_{0.005}(4)\frac{\hat{\sigma}}{\sqrt{S_{XX}}} = 0.4429 + (4.604)\frac{0.665}{\sqrt{70}} = 0.809$$

이므로 $\beta_1$에 대한 99% 신뢰구간은 $(0.077, 0.809)$이다.

$$\hat{\beta}_0 + \hat{\beta}_1 x^* - t_{0.005}(4)\hat{\sigma}\sqrt{\frac{1}{n} + \frac{(x^* - \overline{x})^2}{S_{XX}}}$$

$$= 1.8426 + (0.4429)(10) - (4.604)(0.665)\sqrt{\frac{1}{6} + \frac{(10 - 6)^2}{70}} = 4.3468$$

$$\hat{\beta}_0 + \hat{\beta}_1 x^* + t_{0.005}(4)\hat{\sigma}\sqrt{\frac{1}{n} + \frac{(x^* - \overline{x})^2}{S_{XX}}}$$

$$= 1.8426 + (0.4429)(10) + (4.604)(0.665)\sqrt{\frac{1}{6} + \frac{(10 - 6)^2}{70}} = 8.1964$$

따라서 $x = 10$일 때 예상 취득 학점 $\hat{y}|_{x=10}$에 대한 99% 신뢰구간 $(322.312, 391.608)$이다.

**13.** $n = 10$, $\overline{x} = 46$, $S_{XX} = 4440$, $S_{XY} = 3312$, $S_{YY} = 2497.6$, $\hat{\beta}_0 = 11.4886$, $\hat{\beta}_1 = 0.7459$를 구했다. 그러므로

오차분산 $\sigma^2$의 추정값은 다음과 같다.

$$\hat{\sigma}^2 = \frac{1}{8}(S_{YY} - \hat{\beta}_1 S_{XY}) = \frac{1}{8}[2497.6 - (0.7459)(3312)] = 3.3974$$

따라서 $\hat{\sigma} = 1.84$, $t_{0.025}(8) = 2.306$이므로 다음을 얻는다.

$$\hat{\beta}_0 - t_{0.025}(8)\,\hat{\sigma}\,\sqrt{\frac{1}{n} + \frac{\overline{x}^2}{S_{XX}}} = 11.4886 - (2.306)(1.84)\sqrt{\frac{1}{10} + \frac{46^2}{4440}} = 8.27$$

$$\hat{\beta}_0 + t_{0.025}(8)\,\hat{\sigma}\,\sqrt{\frac{1}{n} + \frac{\overline{x}^2}{S_{XX}}} = 11.4886 + (2.306)(1.84)\sqrt{\frac{1}{10} + \frac{46^2}{4440}} = 14.71$$

따라서 $\beta_0$에 대한 95% 신뢰구간은 $(8.27,\ 14.71)$이다.

$$\hat{\beta}_1 - t_{0.025}(8)\,\frac{\hat{\sigma}}{\sqrt{S_{XX}}} = 0.7459 - (2.306)\frac{1.84}{\sqrt{4440}} = 0.6822$$

$$\hat{\beta}_1 + t_{0.025}(8)\,\frac{\hat{\sigma}}{\sqrt{S_{XX}}} = 0.7459 + (2.306)\frac{1.84}{\sqrt{4440}} = 0.8096$$

이므로 $\beta_1$에 대한 95% 신뢰구간은 $(0.6822,\ 0.8096)$이다.

$$\hat{\beta}_0 + \hat{\beta}_1 x^* - t_{0.025}(8)\,\hat{\sigma}\,\sqrt{\frac{1}{n} + \frac{(x^* - \overline{x})^2}{S_{XX}}}$$

$$= 11.4886 + (0.7459)(54.5) - (2.306)(1.84)\sqrt{\frac{1}{10} + \frac{(54.5-46)^2}{4440}} = 50.693$$

$$\hat{\beta}_0 + \hat{\beta}_1 x^* + t_{0.025}(8)\,\hat{\sigma}\,\sqrt{\frac{1}{n} + \frac{(x^* - \overline{x})^2}{S_{XX}}}$$

$$= 11.4886 + (0.7459)(54.5) + (2.306)(1.84)\sqrt{\frac{1}{10} + \frac{(54.5-46)^2}{4440}} = 53.587$$

따라서 $x = 54.5$일 때 예상 취득 학점 $\hat{y}|_{x=54.5}$에 대한 95% 신뢰구간 $(50.693,\ 53.587)$이다.

**14.** $n = 10$, $\overline{x} = 4.4$, $S_{XX} = 44.4$, $S_{XY} = 12.62$, $S_{YY} = 3.981$, $\hat{\beta}_0 = 1.22$, $\hat{\beta}_1 = 0.2842$를 구했다. 그러므로 오차분산 $\sigma^2$의 추정값은 다음과 같다.

$$\hat{\sigma}^2 = \frac{1}{8}(S_{YY} - \hat{\beta}_1 S_{XY}) = \frac{1}{8}[3.981 - (0.2842)(12.62)] = 0.0493$$

따라서 $\hat{\sigma} = 0.222$, $t_{0.025}(8) = 2.306$이므로 다음을 얻는다.

$$\hat{\beta}_0 - t_{0.025}(8)\,\hat{\sigma}\,\sqrt{\frac{1}{n} + \frac{\overline{x}^2}{S_{XX}}} = 1.22 - (2.306)(0.222)\sqrt{\frac{1}{10} + \frac{4.4^2}{44.4}} = 0.8452$$

$$\hat{\beta}_0 + t_{0.025}(8)\,\hat{\sigma}\,\sqrt{\frac{1}{n} + \frac{\overline{x}^2}{S_{XX}}} = 1.22 + (2.306)(0.222)\sqrt{\frac{1}{10} + \frac{4.4^2}{44.4}} = 1.5948$$

따라서 $\beta_0$에 대한 95% 신뢰구간은 $(0.8452,\ 1.5948)$이다.

$$\hat{\beta}_1 - t_{0.025}(8)\frac{\hat{\sigma}}{\sqrt{S_{XX}}} = 0.2842 - (2.306)\frac{0.222}{\sqrt{44.4}} = 0.2074$$

$$\hat{\beta}_1 + t_{0.025}(8)\frac{\hat{\sigma}}{\sqrt{S_{XX}}} = 0.2842 + (2.306)\frac{0.222}{\sqrt{44.4}} = 0.3610$$

이므로 $\beta_1$에 대한 95% 신뢰구간은 $(0.2074, 0.3610)$이다.

$$\hat{\beta}_0 + \hat{\beta}_1 x^* - t_{0.025}(8)\hat{\sigma}\sqrt{\frac{1}{n} + \frac{(x^* - \overline{x})^2}{S_{XX}}}$$

$$= 1.22 + (0.2842)(4.5) - (2.306)(0.222)\sqrt{\frac{1}{10} + \frac{(4.5 - 4.4)^2}{44.4}} = 2.3368$$

$$\hat{\beta}_0 + \hat{\beta}_1 x^* + t_{0.025}(8)\hat{\sigma}\sqrt{\frac{1}{n} + \frac{(x^* - \overline{x})^2}{S_{XX}}}$$

$$= 1.22 + (0.2842)(4.5) + (2.306)(0.222)\sqrt{\frac{1}{10} + \frac{(4.5 - 4.4)^2}{44.4}} = 2.661$$

따라서 $x = 4.5$일 때 예상 취득 학점 $\hat{y}|_{x=4.5}$에 대한 95% 신뢰구간 $(2.3368, 2.661)$이다.

## 10.4

**1.** 먼저 다음 표를 작성한다.

| 번호 | $x$ | $y$ | $x - \overline{x}$ | $y - \overline{y}$ | $(x - \overline{x})^2$ | $(y - \overline{y})^2$ | $(x - \overline{x})(y - \overline{y})$ |
|---|---|---|---|---|---|---|---|
| 1 | 33 | 28 | -6 | -8.5 | 36 | 72.25 | 51.0 |
| 2 | 35 | 31 | -4 | -5.5 | 16 | 30.25 | 22.0 |
| 3 | 37 | 32 | -2 | -4.5 | 4 | 20.25 | 9.0 |
| 4 | 38 | 35 | -1 | -1.5 | 1 | 2.25 | 1.5 |
| 5 | 39 | 36 | 0 | -0.5 | 0 | 0.25 | 0.0 |
| 6 | 40 | 38 | 1 | 1.5 | 1 | 2.25 | 1.5 |
| 7 | 41 | 38 | 2 | 1.5 | 4 | 2.25 | 3.0 |
| 8 | 41 | 40 | 2 | 3.5 | 4 | 12.25 | 7.0 |
| 9 | 42 | 42 | 3 | 5.5 | 9 | 30.25 | 16.5 |
| 10 | 44 | 45 | 5 | 8.5 | 25 | 72.25 | 42.5 |
| 합계 | 390 | 365 | 0 | 0 | 100 | 244 | 154 |

$$\overline{x} = \frac{1}{10}\sum x_i = 39, \quad \overline{y} = \frac{1}{10}\sum y_i = 36.5, \quad S_{XY} = 154, \quad S_{XX} = 100$$

따라서 $\beta_0$과 $\beta_1$의 추정값은 각각 다음과 같다.

$$\hat{\beta}_1 = \frac{S_{XY}}{S_{XX}} = \frac{154}{100} = 1.54$$

$$\hat{\beta}_0 = \bar{y} - \hat{\beta}_1 \bar{x} = 35.6 - (1.54)(39) = -23.56$$

(1) ① 귀무가설과 대립가설을 설정한다.

$$H_0 : \beta_0 = -24, \ H_1 : \beta_0 \neq -24$$

② 유의수준 5%이므로 기각역은 $Z < -1.96$, $Z > 1.96$이다.

③ 검정통계량의 관찰값을 구한다.

$$z_0 = \frac{\hat{\beta}_0 - \tilde{\beta}_0}{\sigma \sqrt{\dfrac{1}{n} + \dfrac{\bar{x}^2}{S_{XX}}}} = \frac{-23.56 - (-24)}{\sqrt{\dfrac{1}{10} + \dfrac{39^2}{100}}} = 0.1125$$

④ 유의수준 5%에서 관찰값이 기각역 안에 놓이지 않으므로 귀무가설 $H_0 : \beta_0 = -24$를 기각할 수 없다.

(2) ① 귀무가설과 대립가설을 설정한다.

$$H_0 : \beta_0 = -32, \ H_1 : \beta_0 \neq -32$$

② 유의수준 5%이므로 기각역은 $Z < -1.96$, $Z > 1.96$이다.

③ 검정통계량의 관찰값을 구한다.

$$z_0 = \frac{\hat{\beta}_0 - \tilde{\beta}_0}{\sigma \sqrt{\dfrac{1}{n} + \dfrac{\bar{x}^2}{S_{XX}}}} = \frac{-23.56 - (-32)}{\sqrt{\dfrac{1}{10} + \dfrac{39^2}{100}}} = 2.157$$

④ 유의수준 5%에서 관찰값이 기각역 안에 놓이므로 귀무가설 $H_0 : \beta_0 = -32$를 기각한다.

(3) ① 귀무가설과 대립가설을 설정한다.

$$H_0 : \beta_1 = 1.5, \ H_1 : \beta_1 \neq 1.5$$

② 유의수준 5%이므로 기각역은 $Z < -1.96$, $Z > 1.96$이다.

③ 검정통계량의 관찰값을 구한다.

$$z_0 = \frac{\hat{\beta}_1 - \tilde{\beta}_1}{\sigma / \sqrt{S_{XX}}} = \frac{1.54 - 1.5}{1 / \sqrt{100}} = 0.4$$

④ 유의수준 5%에서 관찰값이 기각역 안에 놓이지 않으므로 귀무가설 $H_0 : \beta_1 = 1.5$를 기각할 수 없다.

(4) ① 귀무가설과 대립가설을 설정한다.

$$H_0 : \beta_1 = 1.75, \ H_1 : \beta_1 \neq 1.75$$

② 유의수준 5%이므로 기각역은 $Z < -1.96$, $Z > 1.96$이다.

③ 검정통계량의 관찰값을 구한다.

$$z_0 = \frac{\hat{\beta}_1 - \tilde{\beta}_1}{\sigma / \sqrt{S_{XX}}} = \frac{1.54 - 1.75}{1 / \sqrt{100}} = -2.1$$

④ 유의수준 5%에서 관찰값이 기각역 안에 놓이므로 귀무가설 $H_0 : \beta_1 = 1.75$를 기각한다.

**2.** 문제 1에서 $\bar{x} = 39$, $S_{XX} = 100$, $\hat{\beta}_0 = -23.56$, $\hat{\beta}_1 = 1.54$를 얻었다.

(1) $\hat{y}|_{x=36} = \hat{\beta}_0 + \hat{\beta}_1(36) = -23.56 + (1.54)(36) = 31.88$

$\tilde{\beta}_0 + \tilde{\beta}_1 x = -24 + (1.5)(36) = 30$

이므로 다음과 같이 가설을 검정한다.

① 유의수준 1%이므로 기각역은 $Z < -2.58$, $Z > 2.58$이다.

② 검정통계량의 관찰값을 구한다.

$$z_0 = \frac{(\hat{\beta}_0 + \hat{\beta}_1 x) - (\tilde{\beta}_0 + \tilde{\beta}_1 x)}{\sigma\sqrt{\frac{1}{n} + \frac{(x-\bar{x})^2}{S_{XX}}}} = \frac{31.88 - 30}{\sqrt{\frac{1}{10} + \frac{(36-39)^2}{100}}} = 4.313$$

③ 유의수준 1%에서 관찰값이 기각역 안에 놓이므로 귀무가설 $H_0 : \beta_0 + \beta_1 x = -24 + 1.5x$를 기각한다.

(2) $\hat{y}|_{x=36} = \hat{\beta}_0 + \hat{\beta}_1(36) = -23.56 + (1.54)(36) = 31.88$

$\tilde{\beta}_0 + \tilde{\beta}_1 x = -32 + (1.75)(36) = 31$

이므로 다음과 같이 가설을 검정한다.

① 유의수준 1%이므로 기각역은 $Z < -2.58$, $Z > 2.58$이다.

② 검정통계량의 관찰값을 구한다.

$$z_0 = \frac{(\hat{\beta}_0 + \hat{\beta}_1 x) - (\tilde{\beta}_0 + \tilde{\beta}_1 x)}{\sigma\sqrt{\frac{1}{n} + \frac{(x-\bar{x})^2}{S_{XX}}}} = \frac{31.88 - 31}{\sqrt{\frac{1}{10} + \frac{(36-39)^2}{100}}} = 2.0189$$

③ 유의수준 1%에서 관찰값이 기각역 안에 놓이지 않으므로 귀무가설 $H_0 : \beta_0 + \beta_1 x = -32 + 1.75x$를 기각할 수 없다.

**3.** 먼저 다음 표를 작성한다.

| 번호 | $x$ | $y$ | $x-\bar{x}$ | $y-\bar{y}$ | $(x-\bar{x})^2$ | $(y-\bar{y})^2$ | $(x-\bar{x})(y-\bar{y})$ |
|---|---|---|---|---|---|---|---|
| 1 | 0 | 0.05 | -3.5 | -0.99 | 12.25 | 0.0081 | 0.315 |
| 2 | 1 | 1.68 | -2.5 | 1.54 | 6.25 | 2.3716 | -3.850 |
| 3 | 2 | 0.22 | -1.5 | 0.08 | 2.25 | 0.0064 | -0.120 |
| 4 | 3 | -1.00 | -0.5 | -1.14 | 0.25 | 1.2996 | 0.570 |
| 5 | 4 | 1.28 | 0.5 | 1.14 | 0.25 | 1.2996 | 0.570 |
| 6 | 5 | -1.94 | 1.5 | -2.08 | 2.25 | 4.3264 | -3.120 |
| 7 | 6 | 1.41 | 2.5 | 1.27 | 6.25 | 1.6129 | 3.175 |
| 8 | 7 | -0.58 | 3.5 | -0.72 | 12.25 | 0.5184 | -2.520 |
| 합계 | 28 | 1.12 | 0 | 0 | 42 | 11.443 | -4.98 |

$$\bar{x} = \frac{1}{8}\sum x_i = 3.5, \quad \bar{y} = \frac{1}{8}\sum y_i = 0.14, \quad S_{XY} = -4.98, \quad S_{XX} = 42$$

따라서 $\beta_1$의 추정값은 $\hat{\beta}_1 = \dfrac{S_{XY}}{S_{XX}} = -\dfrac{4.98}{42} = -0.1186$이다.

(1) $\sigma^2 = 0.16$인 경우에 다음과 같이 가설을 검정한다.

① 유의수준 5%이므로 기각역은 $Z<-1.96$, $Z>1.96$이다.

② $\sigma=0.4$이고 검정통계량의 관찰값은 다음과 같다.

$$z_0 = \frac{\hat{\beta}_1 - \tilde{\beta}_1}{\sigma/\sqrt{S_{XX}}} = -\frac{0.1186}{0.4/\sqrt{42}} = 1.9215$$

③ 유의수준 5%에서 관찰값이 기각역 안에 놓이지 않으므로 귀무가설 $H_0 : \beta_1 = 0$를 기각할 수 없다.

(2) $\sigma^2 = 0.1296$인 경우에 $\sigma = 0.36$이고 검정통계량의 관찰값은 다음과 같다.

$$z_0 = \frac{\hat{\beta}_1 - \tilde{\beta}_1}{\sigma/\sqrt{S_{XX}}} = -\frac{0.1186}{0.36/\sqrt{42}} = 2.135$$

따라서 유의수준 5%에서 관찰값이 기각역 안에 놓이므로 귀무가설 $H_0 : \beta_1 = 0$를 기각한다.

**4.** 먼저 다음 표를 작성한다.

| 번호 | $x$ | $y$ | $x-\bar{x}$ | $y-\bar{y}$ | $(x-\bar{x})^2$ | $(y-\bar{y})^2$ | $(x-\bar{x})(y-\bar{y})$ |
|---|---|---|---|---|---|---|---|
| 1 | 1 | 1.0 | -4.5 | -4.36 | 20.25 | 19.0096 | 19.62 |
| 2 | 2 | 1.4 | -3.5 | -3.96 | 12.25 | 15.6816 | 13.86 |
| 3 | 3 | 2.4 | -2.5 | -2.96 | 6.25 | 8.7616 | 7.40 |
| 4 | 4 | 4.6 | -1.5 | -0.76 | 2.25 | 0.5776 | 1.14 |
| 5 | 5 | 5.8 | -0.5 | 0.44 | 0.25 | 0.1936 | -0.22 |
| 6 | 6 | 5.2 | 0.5 | -0.16 | 0.25 | 0.0256 | -0.08 |
| 7 | 7 | 7.8 | 1.5 | 2.44 | 2.25 | 5.9536 | 3.66 |
| 8 | 8 | 7.4 | 2.5 | 2.04 | 6.25 | 4.1616 | 5.10 |
| 9 | 9 | 8.8 | 3.5 | 3.44 | 12.25 | 11.8336 | 12.04 |
| 10 | 10 | 9.2 | 4.5 | 3.84 | 20.25 | 14.7456 | 17.28 |
| 합계 | 55 | 53.6 | 0 | 0 | 82.5 | 80.94 | 79.80 |

$$\bar{x} = \frac{1}{10}\sum x_i = 5.5, \ \bar{y} = \frac{1}{10}\sum y_i = 5.36, \ S_{XY} = 79.8, \ S_{XX} = 82.5$$

따라서 $\beta_0$과 $\beta_1$의 추정값은 각각 다음과 같다.

$$\hat{\beta}_1 = \frac{S_{XY}}{S_{XX}} = \frac{79.8}{82.5} = 0.9673$$

$$\hat{\beta}_0 = \bar{y} - \hat{\beta}_1\bar{x} = 5.36 - (0.9673)(5.5) = 0.0399$$

(1) ① 귀무가설과 대립가설을 설정한다.

$$H_0 : \beta_0 = 0, \ H_1 : \beta_0 \neq 0$$

② 유의수준 5%이므로 기각역은 $Z<-1.96$, $Z>1.96$이다.

③ $\sigma=0.3$이므로 검정통계량의 관찰값은 다음과 같다.

$$z_0 = \frac{\hat{\beta}_0 - \tilde{\beta}_0}{\sigma\sqrt{\frac{1}{n}+\frac{\bar{x}^2}{S_{XX}}}} = \frac{0.0399}{(0.3)\sqrt{\frac{1}{10}+\frac{5.5^2}{82.5}}} = 0.195$$

④ 유의수준 5%에서 관찰값이 기각역 안에 놓이지 않으므로 귀무가설 $H_0: \beta_0 = 0$을 기각할 수 없다.

(2) ① 귀무가설과 대립가설을 설정한다.

$$H_0: \beta_1 = 1.15, \quad H_1: \beta_1 \neq 1.15$$

② 유의수준 5%이므로 기각역은 $Z < -1.96, \ Z > 1.96$이다.

③ 검정통계량의 관찰값을 구한다.

$$z_0 = \frac{\hat{\beta}_1 - \tilde{\beta}_1}{\sigma / \sqrt{S_{XX}}} = \frac{0.9673 - 1.15}{0.3 / \sqrt{82.5}} = -5.5315$$

④ 유의수준 5%에서 관찰값이 기각역 안에 놓이므로 귀무가설 $H_0: \beta_1 = 1.15$를 기각한다.

**5.** 먼저 다음 표를 작성한다.

| 번호 | $x$ | $y$ | $x - \bar{x}$ | $y - \bar{y}$ | $(x - \bar{x})^2$ | $(y - \bar{y})^2$ | $(x - \bar{x})(y - \bar{y})$ |
|---|---|---|---|---|---|---|---|
| 1 | 56.2 | 121 | -14.91 | -21.25 | 222.3081 | 451.5625 | 316.8375 |
| 2 | 57.1 | 125 | -14.01 | -17.25 | 196.2801 | 297.5625 | 241.6725 |
| 3 | 62.2 | 128 | -8.91 | -14.25 | 79.3881 | 203.0625 | 126.9675 |
| 4 | 64.2 | 130 | -6.91 | -12.25 | 47.7481 | 150.0625 | 84.6475 |
| 5 | 65.5 | 133 | -5.61 | -9.25 | 31.4721 | 85.5625 | 51.8925 |
| 6 | 66.3 | 141 | -4.81 | -1.25 | 23.1361 | 1.5625 | 6.0125 |
| 7 | 68.1 | 131 | -3.01 | -11.25 | 9.0601 | 126.5625 | 33.8625 |
| 8 | 71.8 | 146 | 0.69 | 3.75 | 0.4761 | 14.0625 | 2.5875 |
| 9 | 73.2 | 149 | 2.09 | 6.75 | 4.3681 | 45.5625 | 14.1075 |
| 10 | 74.6 | 144 | 3.49 | 1.75 | 12.1801 | 3.0625 | 6.1075 |
| 11 | 76.2 | 153 | 5.09 | 10.75 | 25.9081 | 115.5625 | 54.7175 |
| 12 | 77.5 | 149 | 6.39 | 6.75 | 40.8321 | 45.5625 | 43.1325 |
| 13 | 79.7 | 151 | 8.59 | 8.75 | 73.7881 | 76.5625 | 75.1625 |
| 14 | 80.1 | 154 | 8.99 | 11.75 | 80.8201 | 138.0625 | 105.6325 |
| 15 | 81.5 | 158 | 10.39 | 15.75 | 107.9521 | 248.0625 | 163.6425 |
| 16 | 83.6 | 163 | 12.49 | 20.75 | 156.0001 | 430.5625 | 259.1675 |
| 합계 | 1137.8 | 2276 | 0 | 0 | 1111.72 | 2433.0 | 1586.15 |

$$\bar{x} = \frac{1}{16} \sum x_i = 71.11, \ \ \bar{y} = \frac{1}{16} \sum y_i = 142.25, \ \ S_{XY} = 1586.15, \ \ S_{XX} = 1111.72$$

따라서 $\beta_0$과 $\beta_1$의 추정값은 각각 다음과 같다.

$$\hat{\beta}_1 = \frac{S_{XY}}{S_{XX}} = \frac{1586.15}{1111.72} = 1.4267$$

$$\hat{\beta}_0 = \bar{y} - \hat{\beta}_1 \bar{x} = 142.25 - (1.4267)(71.11) = 40.797$$

(1) ① 귀무가설과 대립가설을 설정한다.

$$H_0: \beta_0 = 40, \quad H_0: \beta_0 \neq 40$$

② 유의수준 5%이므로 기각역은 $Z < -1.96$, $Z > 1.96$이다.

③ $\sigma = 2$이므로 검정통계량의 관찰값은 다음과 같다.

$$z_0 = \frac{\hat{\beta}_0 - \tilde{\beta}_0}{\sigma \sqrt{\dfrac{1}{n} + \dfrac{\bar{x}^2}{S_{XX}}}} = \frac{40.797 - 40}{(2)\sqrt{\dfrac{1}{16} + \dfrac{71.11^2}{1111.72}}} = 0.093$$

④ 유의수준 5%에서 관찰값이 기각역 안에 놓이지 않으므로 귀무가설 $H_0 : \beta_0 = 40$을 기각할 수 없다.

**(2)** ① 귀무가설과 대립가설을 설정한다.

$$H_0 : \beta_1 = 1.4, \quad H_1 : \beta_1 \neq 1.4$$

② 유의수준 5%이므로 기각역은 $Z < -1.96$, $Z > 1.96$이다.

③ 검정통계량의 관찰값을 구한다.

$$z_0 = \frac{\hat{\beta}_1 - \tilde{\beta}_1}{\sigma / \sqrt{S_{XX}}} = \frac{1.4267 - 1.4}{2 / \sqrt{1111.72}} = 0.2226$$

④ 유의수준 5%에서 관찰값이 기각역 안에 놓이지 않으므로 귀무가설 $H_0 : \beta_0 = 40$를 기각할 수 없다.

**(3)** $\hat{y}|_{x=75} = \hat{\beta}_0 + \hat{\beta}_1(75) = 40.797 + (1.4267)(75) = 147.7995$

$\tilde{\beta}_0 + \tilde{\beta}_1 x = 40 + (1.4)(75) = 145$

이므로 다음과 같이 가설을 검정한다.

① 유의수준 5%이므로 기각역은 $Z < -1.96$, $Z > 1.96$이다.

② 검정통계량의 관찰값을 구한다.

$$z_0 = \frac{(\hat{\beta}_0 + \hat{\beta}_1 x) - (\tilde{\beta}_0 + \tilde{\beta}_1 x)}{\sigma \sqrt{\dfrac{1}{n} + \dfrac{(x - \bar{x})^2}{S_{XX}}}} = \frac{147.7995 - 145}{(2)\sqrt{\dfrac{1}{16} + \dfrac{(75 - 71.11)^2}{1111.72}}} = 5.0737$$

③ 유의수준 5%에서 관찰값이 기각역 안에 놓이므로 귀무가설 $H_0 : \beta_0 + \beta_1 x = 40 + 1.4x$를 기각한다.

**6.** 문제 1에서 다음을 구했다.

$$n = 10, \ \bar{x} = 39, \ \bar{y} = 36.5, \ S_{XY} = 154, \ S_{XX} = 100, \ S_{YY} = 244, \ \hat{\beta}_1 = 1.54, \ \hat{\beta}_0 = -23.56$$

이제 오차분산의 추정값을 구하면 다음과 같다.

$$\hat{\sigma}^2 = \frac{1}{8}(S_{YY} - \hat{\beta}_1 S_{XY}) = \frac{1}{8}[244 - (1.54)(154)] = 0.855$$

**(1)** ① 귀무가설과 대립가설을 설정한다.

$$H_0 : \beta_0 = -24, \quad H_1 : \beta_0 \neq -24$$

② $t_{0.025}(8) = 2.306$이므로 유의수준 5%이므로 기각역은 $T < -2.306$, $Z > 2.306$이다.

③ $\hat{\sigma} = 0.925$이므로 검정통계량의 관찰값을 구한다.

$$t_0 = \frac{\hat{\beta}_0 - \tilde{\beta}_0}{\hat{\sigma}\sqrt{\frac{1}{n} + \frac{\overline{x}^2}{S_{XX}}}} = \frac{-23.56 - (-24)}{(0.925)\sqrt{\frac{1}{10} + \frac{39^2}{100}}} = 0.1216$$

④ 유의수준 5%에서 관찰값이 기각역 안에 놓이지 않으므로 귀무가설 $H_0 : \beta_0 = -24$를 기각할 수 없다.

(2) ① 귀무가설과 대립가설을 설정한다.

$$H_0 : \beta_0 = -32, \ H_1 : \beta_0 \neq -32$$

② 유의수준 5%이므로 기각역은 $T < -2.306, \ Z > 2.306$이다.

③ 검정통계량의 관찰값을 구한다.

$$t_0 = \frac{\hat{\beta}_0 - \tilde{\beta}_0}{\hat{\sigma}\sqrt{\frac{1}{n} + \frac{\overline{x}^2}{S_{XX}}}} = \frac{-23.56 - (-32)}{(0.925)\sqrt{\frac{1}{10} + \frac{39^2}{100}}} = 2.332$$

④ 유의수준 5%에서 관찰값이 기각역 안에 놓이므로 귀무가설 $H_0 : \beta_0 = -32$를 기각한다.

(3) ① 귀무가설과 대립가설을 설정한다.

$$H_0 : \beta_1 = 1.5, \ H_1 : \beta_1 \neq 1.5$$

② 유의수준 5%이므로 기각역은 $T < -2.306, \ Z > 2.306$이다.

③ 검정통계량의 관찰값을 구한다.

$$t_0 = \frac{\hat{\beta}_1 - \tilde{\beta}_1}{\hat{\sigma}/\sqrt{S_{XX}}} = \frac{1.54 - 1.5}{0.925/\sqrt{100}} = 0.432$$

④ 유의수준 5%에서 관찰값이 기각역 안에 놓이지 않으므로 귀무가설 $H_0 : \beta_1 = 1.5$를 기각할 수 없다.

(4) ① 귀무가설과 대립가설을 설정한다.

$$H_0 : \beta_1 = 1.75, \ H_1 : \beta_1 \neq 1.75$$

② 유의수준 5%이므로 기각역은 $T < -2.306, \ Z > 2.306$이다.

③ 검정통계량의 관찰값을 구한다.

$$t_0 = \frac{\hat{\beta}_1 - \tilde{\beta}_1}{\hat{\sigma}/\sqrt{S_{XX}}} = \frac{1.54 - 1.75}{0.925/\sqrt{100}} = -2.27$$

④ 유의수준 5%에서 관찰값이 기각역 안에 놓이지 않으므로 귀무가설 $H_0 : \beta_1 = 1.75$를 기각할 수 없다.

**7.** 문제 6에서 $\overline{x} = 39$, $S_{XX} = 100$, $\hat{\beta}_0 = -23.56$, $\hat{\beta}_1 = 1.54$를 얻었다.

(1) $\hat{y}|_{x=36} = \hat{\beta}_0 + \hat{\beta}_1(36) = -23.56 + (1.54)(36) = 31.88$

$\tilde{\beta}_0 + \tilde{\beta}_1 x = -24 + (1.5)(36) = 30$

이므로 다음과 같이 가설을 검정한다.

① 유의수준 1%이므로 기각역은 $T < -3.355, \ Z > 3.355$이다.

② 검정통계량의 관찰값을 구한다.

$$t_0 = \frac{(\hat{\beta}_0 + \hat{\beta}_1 x^*) - (\tilde{\beta}_0 + \tilde{\beta}_1 x^*)}{\hat{\sigma}\sqrt{\dfrac{1}{n} + \dfrac{(x^* - \bar{x})^2}{S_{XX}}}} = \frac{31.88 - 30}{(0.925)\sqrt{\dfrac{1}{10} + \dfrac{(36-39)^2}{100}}} = 4.6627$$

③ 유의수준 1%에서 관찰값이 기각역 안에 놓이므로 귀무가설 $H_0 : \beta_0 + \beta_1 x = -24 + 1.5x$를 기
각한다.

**(2)** $\hat{y}|_{x=36} = \hat{\beta}_0 + \hat{\beta}_1 (36) = -23.56 + (1.54)(36) = 31.88$

$\tilde{\beta}_0 + \tilde{\beta}_1 x = -32 + (1.75)(36) = 31$

이므로 다음과 같이 가설을 검정한다.

① 유의수준 1%이므로 기각역은 $T < -3.355,\ Z > 3.355$이다.

② 검정통계량의 관찰값을 구한다.

$$z_0 = \frac{(\hat{\beta}_0 + \hat{\beta}_1 x) - (\tilde{\beta}_0 + \tilde{\beta}_1 x)}{\hat{\sigma}\sqrt{\dfrac{1}{n} + \dfrac{(x - \bar{x})^2}{S_{XX}}}} = \frac{31.88 - 31}{(0.925)\sqrt{\dfrac{1}{10} + \dfrac{(36-39)^2}{100}}} = 2.1826$$

③ 유의수준 1%에서 관찰값이 기각역 안에 놓이지 않으므로 귀무가설 $H_0 : \beta_0 + \beta_1 x = -32 + 1.75x$
를 기각할 수 없다.

**8.** 문제 3에서 다음을 구했다.

$$n = 8,\ \bar{x} = 3.5,\ \bar{y} = 0.14,\ S_{XY} = -4.98,\ S_{XX} = 42,\ S_{YY} = 11.443,\ \hat{\beta}_1 = -0.1186$$

이제 오차분산의 추정값을 구하면 다음과 같다.

$$\hat{\sigma}^2 = \frac{1}{6}(S_{YY} - \hat{\beta}_1 S_{XY}) = \frac{1}{6}[11.443 - (-0.1186)(-4.98)] = 1.8087$$

다음과 같이 가설을 검정한다.

① $t_{0.025}(6) = 2.447$이므로 유의수준 5%이므로 기각역은 $T < -2.447,\ T > 2.447$이다.

② $\hat{\sigma} = 1.345$이고 검정통계량의 관찰값은 다음과 같다.

$$z_0 = \frac{\hat{\beta}_1 - \tilde{\beta}_1}{\hat{\sigma}/\sqrt{S_{XX}}} = -\frac{0.1186}{1.345/\sqrt{42}} = -1.9215$$

③ 유의수준 5%에서 관찰값이 기각역 안에 놓이지 않으므로 귀무가설 $H_0 : \beta_1 = 0$를 기각할 수 없다.

**9.** 문제 4에서 다음을 구했다.

$$n = 10,\ \bar{x} = 5.36,\ \bar{y} = 5.36,\ S_{XY} = 79.8,\ S_{XX} = 82.5,\ S_{YY} = 80.94,\ \hat{\beta}_0 = 0.0399,\ \hat{\beta}_1 = 0.9673$$

이제 오차분산의 추정값을 구하면 다음과 같다.

$$\hat{\sigma}^2 = \frac{1}{8}(S_{YY} - \hat{\beta}_1 S_{XY}) = \frac{1}{8}[80.94 - (0.9673)(79.8)] = 0.4687$$

**(1)** ① 귀무가설과 대립가설을 설정한다.

$$H_0 : \beta_0 = 0,\ H_1 : \beta_0 \neq 0$$

② $t_{0.025}(8) = 2.306$이므로 유의수준 5%이므로 기각역은 $T < -2.306,\ T > 2.306$이다.

③ $\hat{\sigma} = 0.6846$이므로 검정통계량의 관찰값은 다음과 같다.

$$z_0 = \frac{\hat{\beta}_0 - \tilde{\beta}_0}{\hat{\sigma}\sqrt{\dfrac{1}{n} + \dfrac{\overline{x}^2}{S_{XX}}}} = \frac{0.0399}{(0.6846)\sqrt{\dfrac{1}{10} + \dfrac{5.5^2}{82.5}}} = 0.0853$$

④ 유의수준 5%에서 관찰값이 기각역 안에 놓이지 않으므로 귀무가설 $H_0 : \beta_0 = 0$을 기각할 수 없다.

**(2)** ① 귀무가설과 대립가설을 설정한다.

$$H_0 : \beta_1 = 1.15, \ \ H_1 : \beta_1 \neq 1.15$$

② 유의수준 5%이므로 기각역은 $T < -2.306, \ T > 2.306$이다.

③ 검정통계량의 관찰값을 구한다.

$$z_0 = \frac{\hat{\beta}_1 - \tilde{\beta}_1}{\hat{\sigma}/\sqrt{S_{XX}}} = \frac{0.9673 - 1.15}{(0.6846)/\sqrt{82.5}} = -2.424$$

④ 유의수준 5%에서 관찰값이 기각역 안에 놓이므로 귀무가설 $H_0 : \beta_1 = 1.15$를 기각한다.

**10.** 문제 5에서 다음을 구했다.

$n = 16, \ \overline{x} = 71.11, \ \overline{y} = 142.25, \ S_{XY} = 1586.15, \ S_{XX} = 1111.72, \ S_{YY} = 2433, \ \hat{\beta}_0 = 40.797, \ \hat{\beta}_1 = 1.4267$

오차분산의 추정값을 구하면 다음과 같다.

$$\hat{\sigma}^2 = \frac{1}{14}(S_{YY} - \hat{\beta}_1 S_{XY}) = \frac{1}{14}[2433 - (1.4267)(1586.15)] = 12.146$$

**(1)** ① 귀무가설과 대립가설을 설정한다.

$$H_0 : \beta_0 = 40, \ \ H_0 : \beta_0 \neq 40$$

② $t_{0.025}(14) = 2.145$이므로 유의수준 5%이므로 기각역은 $T < -2.145, \ T > 2.145$이다.

③ $\hat{\sigma} = 3.485$이므로 검정통계량의 관찰값은 다음과 같다.

$$z_0 = \frac{\hat{\beta}_0 - \tilde{\beta}_0}{\hat{\sigma}\sqrt{\dfrac{1}{n} + \dfrac{\overline{x}^2}{S_{XX}}}} = \frac{40.797 - 40}{(3.485)\sqrt{\dfrac{1}{16} + \dfrac{71.11^2}{1111.72}}} = 0.1065$$

④ 유의수준 5%에서 관찰값이 기각역 안에 놓이지 않으므로 귀무가설 $H_0 : \beta_0 = 40$을 기각할 수 없다.

**(2)** ① 귀무가설과 대립가설을 설정한다.

$$H_0 : \beta_1 = 1.4, \ \ H_1 : \beta_1 \neq 1.4$$

② 유의수준 5%이므로 기각역은 $T < -2.145, \ T > 2.145$이다.

③ 검정통계량의 관찰값을 구한다.

$$z_0 = \frac{\hat{\beta}_1 - \tilde{\beta}_1}{\hat{\sigma}/\sqrt{S_{XX}}} = \frac{1.4267 - 1.4}{3.485/\sqrt{1111.72}} = 0.2555$$

④ 유의수준 5%에서 관찰값이 기각역 안에 놓이지 않으므로 귀무가설 $H_0 : \beta_0 = 40$를 기각할 수 없다.

**(3)** $\hat{y}|_{x=75} = \hat{\beta}_0 + \hat{\beta}_1(75) = 40.797 + (1.4267)(75) = 147.7995$

$\tilde{\beta}_0 + \tilde{\beta}_1 x = 40 + (1.4)(75) = 145$

이므로 다음과 같이 가설을 검정한다.

① 유의수준 5%이므로 기각역은 $T < -2.145$, $T > 2.145$ 이다.

② 검정통계량의 관찰값을 구한다.

$$z_0 = \frac{(\hat{\beta}_0 + \hat{\beta}_1 x) - (\tilde{\beta}_0 + \tilde{\beta}_1 x)}{\hat{\sigma}\sqrt{\dfrac{1}{n} + \dfrac{(x - \bar{x})^2}{S_{XX}}}} = \frac{147.7995 - 145}{(3.485)\sqrt{\dfrac{1}{16} + \dfrac{(75 - 71.11)^2}{1111.72}}} = 2.9117$$

③ 유의수준 5%에서 관찰값이 기각역 안에 놓이므로 귀무가설 $H_0 : \beta_0 + \beta_1 x = 40 + 1.4x$를 기각한다.

# 찾아보기

## 이공계 예제로 배우는 **확률과 통계**

인쇄 | 2025년 1월 10일
발행 | 2025년 1월 15일

지은이 | 이 재 원 · 이 욱 기
펴낸이 | 조 승 식
펴낸곳 | (주)도서출판 북스힐

등 록 | 1998년 7월 28일 제22-457호
주 소 | 서울시 강북구 한천로 153길 17
전 화 | (02) 994-0071
팩 스 | (02) 994-0073

홈페이지 | www.bookshill.com
이메일 | bookshill@bookshill.com

정가 28,000원

ISBN 979-11-5971-633-1